中国高等植物

·修订版·

HIGHER PLANTS OF CHINA

· Revised Edition ·

主 编

EDITORS-IN-CHIEF

傅立国 陈潭清 郎楷永 洪 涛 林 祁 李 勇

FU LIKUO, CHEN TANQING, LANG KAIYUNG, HONG TAO, LIN QI AND LI YONG

第五卷

VOLUME

05

编 辑

EDITORS

傅立国 洪 涛

FU LIKUO AND HONG TAO

青岛出版社

QINGDAO PUBLISHING HOUSE

中国高等植物（修订版）

中国高等植物（修订版）第五卷

编　　辑　傅立国　洪　涛

编 著 者　杨汉碧　丁托娅　陆莲立　方明渊　方瑞征　王希渠
林　祁　张宏达　王庆瑞　潘　洁　徐祥浩　徐　军
谷粹芝　路安民　陈书坤　张鹏云　周以良　郭荣麟
覃海宁　兰永珍　曾宪锋　李　恒　班　勤　杜玉芬
刘瑛心　王忠涛　罗献瑞　马金双　傅晓平　李　楠
王勇进

责任编辑　高继民　张　潇

HIGHER PLANTS OF CHINA **REVISED EDITION**

Principal Responsible Institutions

Institute of Botany, Chinese Academy of Sciences

Shenzhen Fairy Lake Botanical Garden

Editors-in-Chief Fu Likuo, Chen Tanqing, Lang Kaiyung, Hong Tao, Lin Qi and Li Yong

Vice Editors-in-Chief Fu Dezhi, Li Peichun, Qin Haining, Zhang Xianchun, Zhang Mingli, Jia Yu, Yang Qiner and Li Nan

Editorial Board (alphabetically arranged) Bao Bojian, Chang Hungta, Chang Yongtian, Chen Shouling, Chen Shukun, Chen Singchi, Chen Tanqing, Chen Weichiu, Chen Yiling, Chu Gelin, Fu Dezhi, Fu Likuo, Gao Jimin, He Tingnung, Hong Deyuang, Hong Tao, Hu Chiming, Huang Puhwa, Jia Yu, Ku Tsuechih, Lang Kaiyung, Lee Shinchiang, Li Hsiwen, Li Nan, Li Peichun, Li Pingtao, Li Yong, Liang Songjun, Lin Qi, Lin Youxing, Lo Hsienshui, Lu Dequan, Lu Lingti, Pan Kaiyu, Qin Haining, Shih Chu, Shing Kunghsia, Tsi Zhanhuo, Wang Wentsai, Wang Yingzheng, Wu Pancheng, Wu Telin, Wu Zhenlan, Xiang Qiaoping, Yang Hanpi, Yang Qiner, Ying Tsunshen, Zhang Mingli and Zhang Xianchun

Responsible Editors Gao Jimin and Zhang Xiao

HIGHER PLANTS OF CHINA **REVISED EDITION Volume 5**

Editors Fu Likuo and Hong Tao

Authors Ban Qin, Chang Hungta, Chang Panyung, Chen Shukun, Chou Yilian, Ding Touya, Du Yufen, Fan Mingyuan, Fang Rhuicheng, Fu Xiaoping, Guo Ronglin, Hsue Hsianghao, Ku Tsuechih, Lan Youngzhen, Li Hen, Li Nan, Lin Qi, Lou Lianli, Lu Anming, Pan Jie, Qin Haining, Wang Chingjui, Wang Xiqu, Wang Yongjin, Xu Jun, Yang Haipi and Zang Xianfeng

Responsible Editors Gao Jimin and Zhang Xiao

第五卷　被子植物门
Volume 5 ANGIOSPERMAE

科　　次

64. 杜英科 ELAEOCARPACEAE

（张宏达）

常绿或半落叶，乔木或灌木。单叶互生或对生；具柄，具托叶或缺。花单生或排成总状花序。花两性或杂性；萼片4-5；花瓣4-5，镊合状或覆瓦状排列，先端常撕裂，稀无花瓣；雄蕊多数，分离，生于花盘上或花盘外，花药2室，顶孔开裂或纵裂，药隔常芒状，或有毛丛；花盘环形或分裂为腺体；子房上位，2至多室，花柱连合或分离，每室2至多个胚珠。核果或蒴果，有时果皮有针刺。种子椭圆形，胚乳丰富，胚扁平。

12属400种，分布于东西两半球热带和亚热带。我国2属50余种。

1. 总状花序；花瓣撕裂；药隔突出成芒状；核果 ………………………………………………… 1. **杜英属 Elaeocarpus**
1. 花单生或数朵腋生；花瓣先端全缘或齿裂；花药突出呈喙状；蒴果具刺 …………………… 2. **猴欢喜属 Sloanea**

1. 杜英属 **Elaeocarpus** Linn.

常绿乔木。叶互生，全缘或有锯齿，下面常有黑色腺点；具叶柄，托叶线形，稀叶状，或缺。总状花序腋生。花两性或杂性；萼片4-6；花瓣4-6，白色，先端常撕裂或有浅齿，稀全缘；雄蕊多数，花丝极短，花药2室，顶孔开裂，药隔突出，常呈芒状，或为毛丛状；花盘常裂为5-10腺体，稀杯状；子房2-5室，每室2-6胚珠。核果1-5室，内果皮骨质，每室1种子。

约200种，分布于亚洲热带及西南太平洋和大洋洲。我国38种。

1. 子房及核果5室；核果球形 ……………………………………………………………… 1. **圆果杜英 E. sphaericus**
1. 子房2-3室；核果仅1室发育，椭圆形或纺锤形。
    2. 花药药隔突出呈芒状，长1-4毫米。
        3. 芒状药隔长3-4毫米；核果长3-4厘米。
            4. 花径3-4厘米，苞片叶状；核果纺锤形；叶窄倒披针形或长圆形，先端尖 … 2. **水石榕 E. hainanensis**
            4. 花径1-2厘米，无叶状苞片；核果长椭圆形；叶倒卵状披针形，先端钝 … 3. **长芒杜英 E. apiculatus**
        3. 芒状药隔长1-1.5毫米；核果长1.4-1.7厘米。
            5. 叶宽5-9厘米，侧脉10-4对；花长1.5厘米，雄蕊30-38 ……………………… 4. **美脉杜英 E. varunua**
            5. 叶宽1.5-5（7）厘米，侧脉5-12对；花长6-8（10）毫米，雄蕊20-30。
                6. 叶椭圆形或卵形，革质，宽达7厘米，长达18厘米，叶柄长达6厘米 … 5. **长柄杜英 E. petiolatus**
                6. 叶窄长圆形、披针形或倒披针形，宽2-4厘米，叶柄长1-2厘米；花瓣长1厘米，裂片9-20条。
                    7. 叶长圆形或披针形，长5-7（-10）厘米；花瓣长7-8毫米，裂片10-11 … 6. **显脉杜英 E. dubius**
                    7. 叶窄披针形或倒披针形，长10-13厘米；花瓣长1厘米，裂片7-20 … 6(附). **老挝杜英 E. laoticus**
    2. 药隔不伸长成芒，稀有刚毛丛。
        8. 花瓣全缘，稀有2-5浅齿；核果长1-2厘米。
            9. 叶椭圆形；幼枝及叶被银灰色绢毛；叶长10厘米以上。
                10. 叶下面无腺点，侧脉6-8对，叶柄长2-4厘米；子房2室 ……………… 7. **绢毛杜英 E. nitentifolius**
                10. 叶下面有黑色腺点，侧脉5-6对，叶柄长达6厘米；子房3室 ……………… 8. **日本杜英 E. japonicus**
            9. 叶卵状披针形，幼枝及叶无绢毛，叶长5-7厘米，先端尾尖 ……………… 9. **中华杜英 E. chinensis**
        8. 花瓣先端撕裂成流苏状；核果大或小。
            11. 核果长1-2厘米，内果皮厚1毫米，无沟纹。
                12. 叶长5-9厘米；雄蕊13-16，花瓣有裂片10-12 ……………………………… 10. **山杜英 E. sylvestris**
                12. 叶长10厘米以上；雄蕊15-30；幼枝有棱；叶有侧脉10对 ……… 11. **秃瓣杜英 E. glabripetalus**

11. 核果长2-4厘米，内果皮厚3-5毫米。
  13. 花药顶端有毛丛；幼枝被锈褐色茸毛；叶基部心形；花瓣裂片18-20 …… 12(附). **大叶杜英 E. balansae**
  13. 花药顶端无毛丛；叶基部圆、宽楔形、楔形或下延。
    14. 叶椭圆形或倒卵形。
      15. 花瓣无毛，雄蕊25-30。
        16. 叶被褐色茸毛，侧脉10-13对；花无小苞片 ………………………………… 12. **锈毛杜英 E. howii**
        16. 叶被灰褐色贴毛，侧脉6-8对；花有小苞片 ……………………………… 13. **灰毛杜英 E. limitaneus**
      15. 花瓣两面有毛，雄蕊28-30；叶长圆形；小苞片1，萼片4-5毫米 ……… 14. **褐毛杜英 E. duclouxii**
    14. 叶披针形或倒披针形，革质；萼片及花瓣均无毛；核果椭圆形，长2-2.5厘米 ……………………………………………………………………………………………… 15. **杜英 E. decipiens**

1. 圆果杜英 图 1 彩片 1

Elaeocarpus sphaericus（Gaertn.）K. Schum. in Engl. Pflangenfam. 3（6）：5. 1895.

Ganitrus sphaericus Gaertn. Fruct. 2：271，tab. 139. 1791.

乔木，高20米。幼枝被黄褐色柔毛。幼叶两面被柔毛，老叶无毛，纸质，倒卵状长圆形，长9-14厘米，下面常有黑色腺点，侧脉10-12对，边缘有小钝齿；叶柄长1-1.5厘米。总状花序腋生，长2-4厘米，有花数朵，花序轴被毛。花梗长5毫米；萼片披针形，长5毫米，两面被毛；花瓣与萼片等长，上部撕裂过半；雄蕊25，先端有毛丛；子房5室，被茸毛，花柱长5毫米。核果球形，径1.8厘米，5室，每室1种子，内果皮骨质，有沟。花期8-9月。

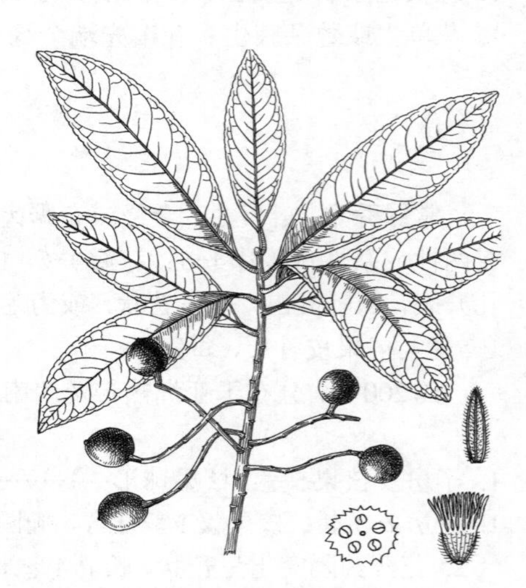

图 1 圆果杜英 （余汉平绘）

产海南、广西西南部及云南西南部，生于海拔450-1300米山谷林中。中南半岛、马来西亚、苏门答腊及喜马拉雅东南坡有分布。

2. 水石榕 图 2 彩片 2

Elaeocarpus hainanensis Oliver in Hook. Icon. Pl. t. 2462. 1896.

小乔木；树冠宽广。幼枝无毛。叶革质，窄倒披针形或长圆形，长7-15厘米，先端尖，基部楔形，幼叶无毛，侧脉14-16对，密生小钝齿；叶柄长1-2厘米。总状花序腋生，长5-7厘米，有2-6花。花径3-4厘米；苞片叶状，无柄，卵形，长1厘米，边缘有齿突，宿存。花梗长4厘米；萼片5，披针形，长2厘米；花瓣白色，倒卵形，长2厘米，先端撕裂，

图 2 水石榕 （仿《广州植物志》）

裂片30，长4-6毫米；雄蕊多数，与花瓣等长，药隔突出呈芒刺状，长4毫米；花盘多裂；子房2室，花柱长1厘米，被毛，每室2胚珠。核果纺锤形，长4厘米，内果皮坚骨质，有浅沟，腹缝线2条，厚1.5毫米，1室。种子长2厘米。花期6-7月。

产广东、海南、广西南部及云南东南部，生于山谷水边。越南及泰国有分布。

3. 长芒杜英 图 3：1-2

Elaeocarpus apiculatus Masters in Hook. f. Fl. Brit. Ind. 1: 407. 1874.

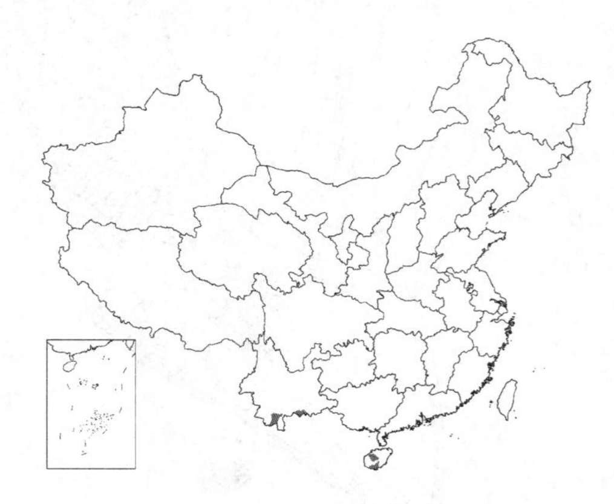

大乔木，高达30米，胸径2米。小枝粗，被灰褐色柔毛。叶聚生枝顶，革质，倒卵状披针形，长11-20厘米，先端钝，有小尖突，基部窄而略圆，全缘或上半部有小钝齿，侧脉12-14对；叶柄长1.3-3厘米。总状花序生于枝顶叶腋，长4-7厘米，有5-14花。花梗长0.8-1厘米；花长1.5厘米，径1-2厘米；花芽长1.2厘米；萼片6，窄披针形，长1.4厘米，宽1.5-2毫米，外面有柔毛；花瓣倒披针，长1.3厘米，被银灰色长毛，先端7-8裂，裂片长3-4毫米；雄蕊45-50，长1厘米，药隔长3-4毫米；花盘5裂；子房3室，花柱长9毫米，有毛。核果椭圆形，长3-3.5厘米，被茸毛。花期8-9月，果期冬季。

产海南及云南南部，生于低海拔山谷。中南半岛及马来西亚有分布。

4. 美脉杜英 图 3：3

Elaeocarpus varunua Buch.-Ham. ex Mast. in Hook. f. Fl. Brit. Ind. 1: 407. 1874.

大乔木，高达30米，胸径60厘米。幼枝被灰白色短柔毛，旋脱落。叶薄，椭圆形，长10-20厘米，先端骤短尖，基部圆，侧脉10-14对，第二次支脉密而平行，全缘或有不明显小钝齿；叶柄长3-8厘米。总状花序腋生，长7-12厘米，被灰白色柔毛。花长1.5厘米；花梗长1厘米，被灰白色毛；萼片5，窄披针形，长1厘米，内外面均被灰白色柔毛；花瓣5，长1.1厘米，宽3.5毫米，被毛，上半部撕裂，裂片16-18；雄蕊30-38，花丝长1毫米，花药长4.5毫米，芒刺长1-1.5毫米；花盘8-10裂；子房3室，花柱长8毫米。核果椭圆形，长1.4-1.7厘米，内果皮骨质，厚1毫米，有腹缝线3条，陷入，背缝线3条，突起。花期3-4月，果期8-9月。

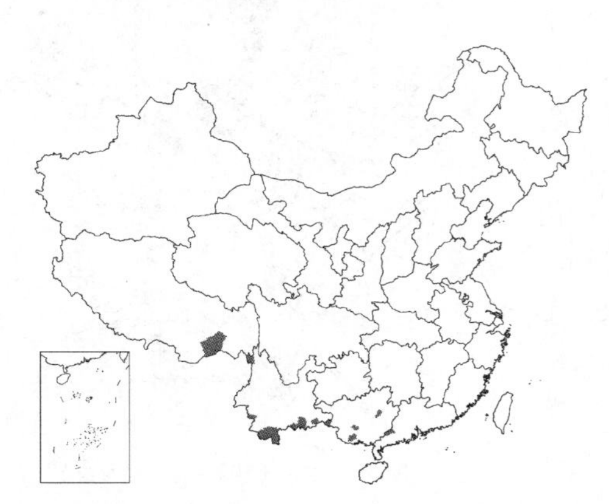

产广东西部、广西、云南及西藏东南部，生于海拔350-700米常绿林中。中南半岛、马来西亚及喜马拉雅东坡有分布。

图 3：1-2. 长芒杜英 3. 美脉杜英
（廖沃根仿绘）

5. 长柄杜英 图 4

Elaeocarpus petiolatus (Jack) Wall. ex Kurz For. Fl. Burma 1: 164. 1877.

Monocera petiolata Jack in Malay Misc. 1(5): 43. 1840.

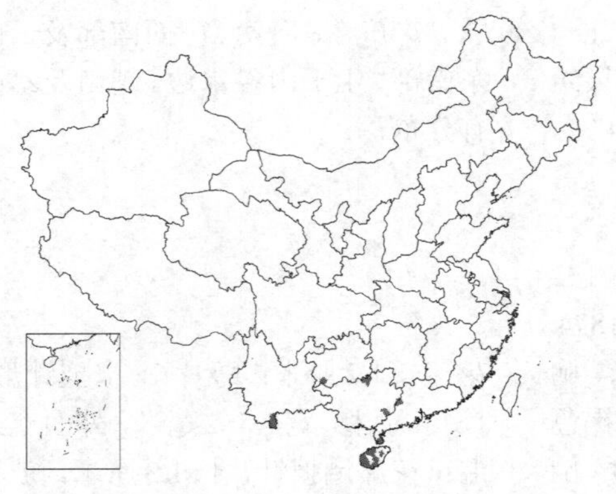

乔木，高12米；树皮有红色树脂渗出。叶革质，长卵形或椭圆形，长9-18厘米，宽4-7厘米，先端骤短尖，基部圆或钝，侧脉5-7对，有浅波状小钝齿，稀全缘；叶柄长3-6厘米，无毛。总状花序腋生，长6-12厘米，花序轴被柔毛。花梗长1-1.5厘米，被柔毛；萼片5，披针形，长6-7毫米，被柔毛；花瓣与萼片等长，长圆形，被褐色毛，上半部撕裂，裂片9-14；雄蕊30，被柔毛，花药顶端芒刺常外弯；花盘10裂；子房2室，花柱无毛。核果椭圆形，长1.5厘米，径9毫米，内果皮骨质，有浅沟，1室。种子长1厘米。花期8-9月。

产广东、海南、广西、贵州西南部及云南南部，生于低海拔常绿林中。中南半岛及马来西亚有分布。

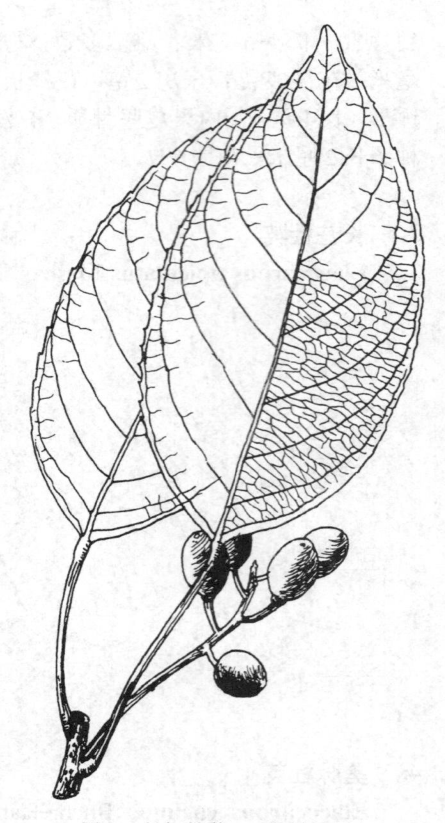

图 4 长柄杜英 （廖沃根仿绘）

6. 显脉杜英 图 5

Elaeocarpus dubius A. DC. in Bull. Herb. Boiss. ser. 2, 3: 366. 1903.

常绿大乔木，高达25米。幼枝被灰色短柔毛，旋脱落无毛。叶聚生枝顶，薄革质，长圆形或披针形，长5-7厘米，宽2-2.5厘米，偶长达10厘米，宽达4厘米，基部稍不等侧，侧脉8-10对，与网脉在上下两面突起，边缘有钝齿；叶柄长1-2厘米。总状花序腋生，长3-5厘米，被灰白色柔毛。花梗长7-9毫米；萼片5，窄披针形，长7-8毫米，被灰白色毛；花瓣5，与萼片等长，长圆形，内外两面均被灰白色毛，先端1/3撕裂，裂片9-11；雄蕊20-23，花丝长1毫米，花药长3.5毫米，芒刺长1.5毫米；花盘10裂，被毛；子房3室，被毛，花柱长5毫米。核果椭圆形，长1-1.3厘米，内果皮骨质，厚1毫米。花期3-4月。

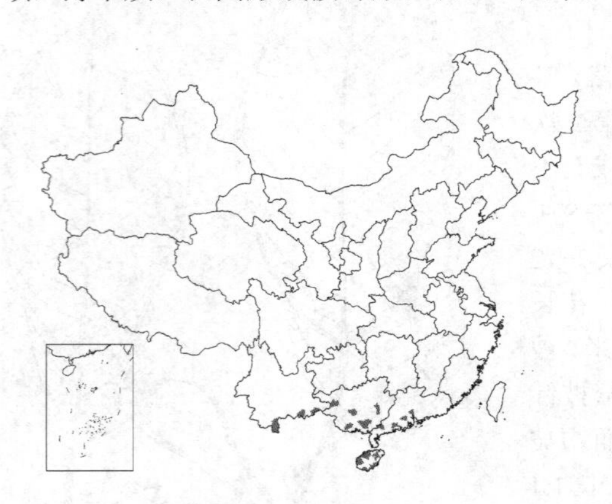

图 5 显脉杜英 （廖沃根仿绘）

产广东、海南、广西及云南，生于低海拔常绿林中。越南有分布。

［附］**老挝杜英 Elaeocarpus laoticus** Gagnep. in Lecomte Not. Syst. 11: 7. 1943. 本种与显脉杜英的区别：叶窄披针形或倒披针形，长10-13厘米，宽2-4厘米；花瓣长1厘米，上部有17-20裂片。产云南南部，生于中海拔常绿林中。老挝有分布。

7. 绢毛杜英 图 6

Elaeocarpus nitentifolius Merr. et Chun in Sunyatsenia 2: 279. 1935.

乔木，高20米。幼枝被银灰色绢毛。叶革质，椭圆形，长8-15厘米，先端骤尖或尾尖，初两面有绢毛，老叶无毛，侧脉6-8对，边缘密生小钝齿；叶柄长2-4厘米。总状花序腋生，长2-4厘米；苞片披针形，早落。花梗长3-4毫米，下弯；花杂性，萼片

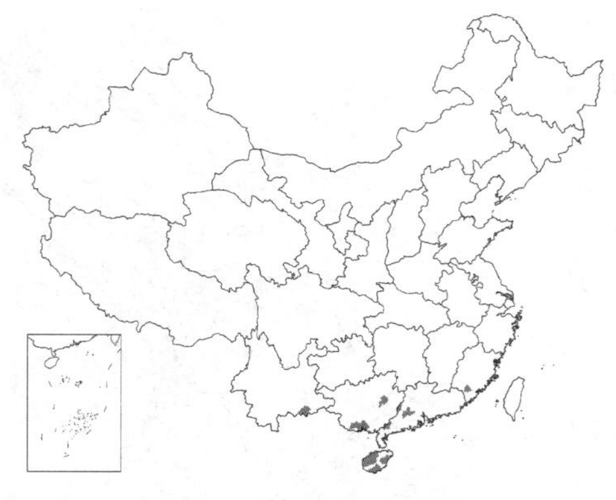

4-5，披针形，长4毫米，被毛；花瓣4-5，长圆形，长4毫米，先端有5-6个齿刻；雄蕊12-14，长2.5毫米，花药无芒刺；花盘不裂，被毛；子房2室，被毛，花柱长2.5毫米，有毛，先端2-3裂。核果椭圆形，长1.5-2厘米，径0.8-1.1厘米，蓝绿色，1室，内果皮厚1毫米。种子1，长约1厘米。花期4-5月。

图 6 绢毛杜英 （廖沃根仿绘）

产福建南部、广东、海南、广西及云南东南部，生于低海拔常绿林中。越南北部有分布。

8. 日本杜英 薯豆 图 7 彩片 3

Elaeocarpus japonieus Sieb. et Zucc. in Abh. Akad. Wiss. Wien, Math.-Phys. 4: pl. 2. 165 (Fl. Jap. Fam. Nat. 1: 57). 1845.

乔木。幼枝无毛。叶革质，卵形或椭圆形，长6-12厘米，先端尖，基部圆或钝，下面有黑色腺点，侧脉5-6对，疏生锯齿；叶柄长2-6厘米。总状花序长3-6厘米，花序轴被毛。花梗长3-4毫米；花两性或单性；萼片5，长圆形，长4毫米；花瓣长圆形，长4毫米，被毛，先端全缘或有3-4浅齿；雄蕊15，花丝极短，花药长2毫米，顶端无附属物；花盘10裂，连合成环；子房3室，被毛，花柱长3毫米；雄花有退化子房或缺。核果椭圆形，长1-1.3厘米，1室。种子1，长8毫米。花期4-5月。

图 7 日本杜英 （廖沃根仿绘）

产安徽南部、浙江、福建、台湾、江西、广东、海南、广西、湖南、湖北西南部、四川、贵州及云南，生于海拔400-1300米常绿林中。日本及越南有分布。木材可制器具。

9. 中华杜英 华杜英 图 8

Elaeocarpus chinensis (Garden. et Champ.) Hook. f. ex Benth. Fl. Hoogkong. 43. 1861.

Friesia chinensis Garden. et Champ. in Journ. Bot. 1: 243. 1849.

常绿小乔木，高达7米。幼枝有柔毛，老枝无毛。叶薄革质，卵状披针形，长5-8厘米，先端渐尖，基部圆，下面有黑色腺点，侧脉4-6对，网脉不明显，有波状浅齿；叶柄长1.5-2厘米。总状花序生于无叶老枝上，长3-4厘米。花梗长3毫米；花两性或单性；两性花：萼片5，披针形，长3毫米；花瓣5，长圆形，长3毫米，先端不裂；雄蕊8-10，长2毫米，花丝极短，花药顶端无附属物；子房2室，胚珠4，生于子房上部。雄花有雄蕊8-10，无退化子房。核果椭圆形，长不及1厘米。花期5-6月。

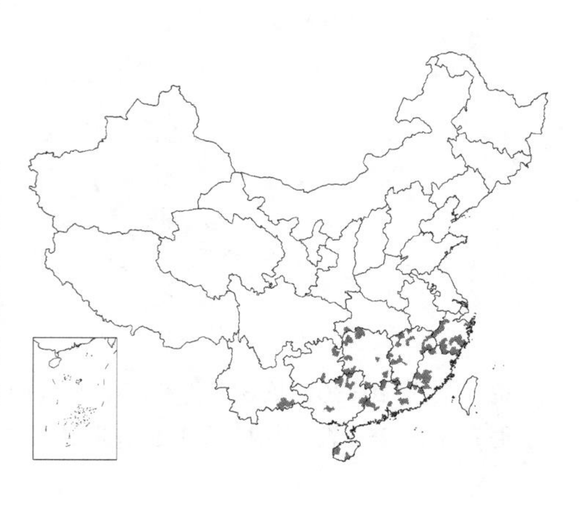

产浙江、福建、江西、湖北西南部、湖南、广东、香港、海南、广西、贵州及云南，生于350-850米山地常绿林中。老挝及越南北部有分布。树皮和果皮含鞣质，可提取栲胶；木材可培养白木耳。

图 8 中华杜英 （廖沃根仿绘）

10. 山杜英 图 9 彩片 4

Elaeocarpus sylvestris（Lour.）Poir. in Lamk. Encycl. Suppl. 11: 704. 1811.

Adenodus sylvestris Lour. Fl. Cochinch. 294. 1790.

小乔木，高达10米。幼枝无毛。叶纸质，倒卵形，长4-8厘米，幼树叶长达15厘米，宽6厘米，无毛，先端钝，基部窄而下延，侧脉5-6对，边缘有波状钝齿；叶柄长1-1.5厘米。总状花序生于枝顶叶腋，长4-6厘米。花梗长3-4毫米；萼片5，披针形，长4毫米；花瓣倒卵形，上部撕裂，裂片10-12条；雄蕊13-15，长3毫米，花药有微毛，顶端无附属物；花盘5裂，分离，被白毛；子房2-3室，被毛，花柱长2毫米。核果椭圆形，长1-1.2厘米，内果皮薄骨质，有腹缝沟3条。花期4-5月。

图 9 山杜英 （廖沃根仿绘）

产安徽南部、浙江、福建、台湾、江西、广东、海南、广西、湖南、贵州、四川及云南南部，生于海拔300-2000米常绿林中。越南、老挝及泰国有分布。树皮含鞣质，可提取栲胶；树皮纤维可造纸。

11. 秃瓣杜英 图 10

Elaeocarpus glabripetalus Merr. in Philipp. Journ. Sci. Bot. 21: 501. 1922.

乔木，高12米。幼枝无毛，多少有棱。叶纸质或膜质，倒披针形，长8-12厘米，先端尖，基部窄而下延，侧脉7-8对，边缘有小钝齿；叶柄长4-7毫米，稀达1厘米。总状花序生于无叶去年生老枝，长5-10厘米。花梗长5-6毫米；萼片5，披针形，长5毫米；花瓣5，白色，长5-6毫米，先端撕裂成14-18条；雄蕊20-30，长3.5毫米，花丝极短，花药顶端有毛丛；花盘5裂，被毛；子房2-3裂，花柱长3-5毫米。核果椭圆形，长1-1.5厘米，内果皮薄

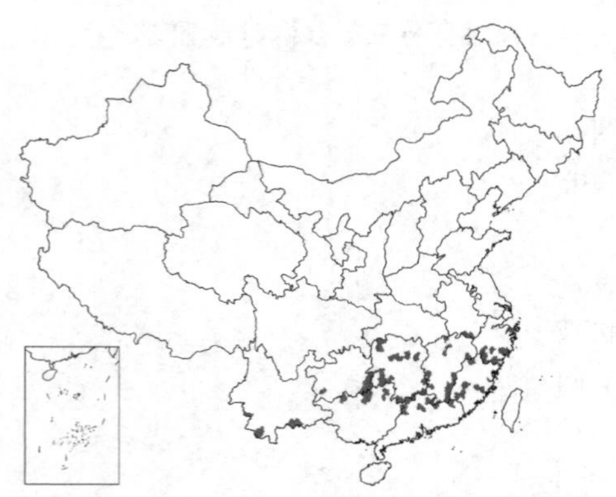

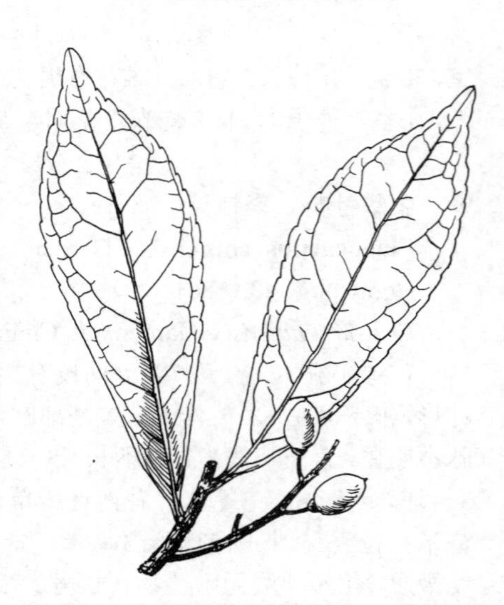

图 10 秃瓣杜英 （仿《中国植物志》）

骨质；有浅沟纹。花期7月。

产安徽南部、浙江、福建、江西、湖南、广东、广西、贵州及云南，生于海拔400-750米常绿林中。

12. 锈毛杜英 图 11

Elaeocarpus howii Merr. et Chun in Sunyatsenia 5: 124-125. 1940.

乔木，高10米。幼枝被锈褐色茸毛。叶革质，椭圆形，长10-19厘米，宽4-10厘米，先端骤尖，基部圆，下面被茸毛，侧脉10-13对，全缘或有不明显小齿；叶柄长2-5厘米。总状花序生于枝顶叶腋，长6-10厘米，花序轴粗，被锈褐色茸毛。花梗长3-5毫米；苞片肾形，长1毫米，宽1.5毫米；萼片5，披针形，长6毫米；花瓣倒卵形，与萼片等长，无毛，上半部撕裂，裂片约20；雄蕊25-30，长3毫米，花药顶端无附属物；花盘5裂；子房3室，被毛，花柱长4毫米，基部无毛。核果椭圆状卵形，长4-4.5厘米，被褐色茸毛，外果皮干后常皱摺，内果皮坚内质，多沟纹。种子长1-1.5厘米。花期6-7月。

产海南及云南东南部，生于海拔1100-1800米常绿林中。

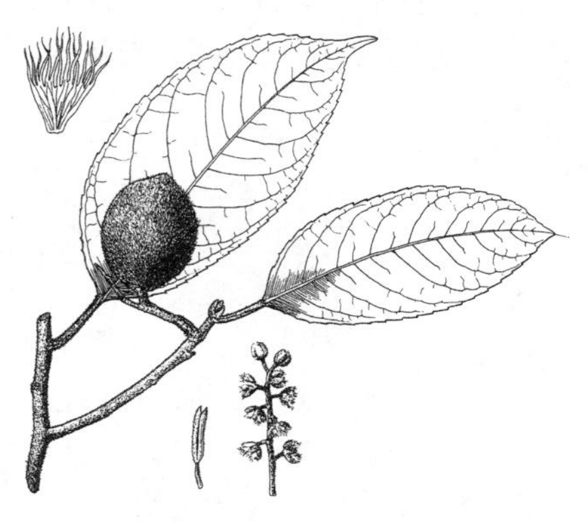

图 11 锈毛杜英 （廖沃根仿绘）

［附］ **大叶杜英 Elaeocarpus balansae** A. DC. in Bull. Herb. Boiss. ser. 2, 3: 366. 1903. 本种与锈毛杜英的区别：叶长18-32厘米，基部心形，边缘有浅波状钝齿；雄蕊花药顶端有刚毛丛；核果纺锤形。花期4月。产云南东南部，生于海拔130-1020米常绿林中。越南北部及印度有分布。

13. 灰毛杜英 图 12 彩片 5

Elaeocarpus limitaneus Hand.-Mazz. in Sinensis 3: 193. 1933.

小乔木。幼枝被褐色紧贴茸毛。叶革质，椭圆形或倒卵形，长7-16厘米，先端宽而骤短尖，基部宽楔形，下面被灰褐色紧贴茸毛，侧脉6-8对，边缘有稀疏小齿；叶柄长2-3厘米。总状花序生于枝顶叶腋及去年无叶老枝上，长5-7厘米，花序轴被灰色毛。花梗长3-4毫米；苞片1枚，极细小，早落；萼片5，窄披针形，长5毫米；花瓣白色，长6-7毫米，上半部撕裂，裂片12-16；雄蕊30，长4毫米，花药无附属物；花盘5裂，被毛；子房3室，被毛，花柱长3毫米。核果椭圆状卵形，长2.5-3厘米，顶端圆，外果皮无毛，内果皮坚骨质，有沟纹。花期7月。

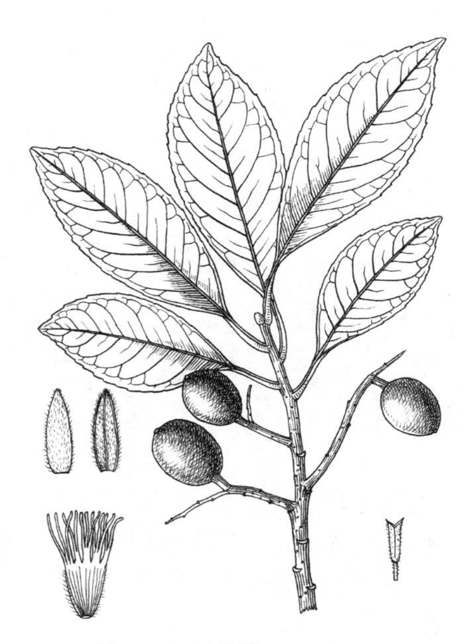

图 12 灰毛杜英 （余汉平绘）

产广东、海南、广西、贵州及云南东南部，生于海拔1050-1650米常绿林中。越南有分布。

14. 褐毛杜英 冬桃 图 13

Elaeocarpus duclouxii Gagnep. in Lecomte, Not. Syst. 1: 133. 1910.

常绿乔木，高20米，胸径50厘米。幼枝被褐色茸毛。叶聚生枝顶，革质，长圆形，长6-15厘米，先端骤尖，基部楔形，下面被褐色茸毛，侧脉8-10对，边缘有小钝齿；叶柄长1-1.5厘米，被褐色毛。总状花序生于无叶老枝上，长4-7厘米，被褐色毛；小苞片1，线状披针形，长3-4毫米，花梗长3-4毫米；萼片5，披针形，长4-5毫米；花瓣5，长5-6毫米，两面被毛，上半部撕裂，裂片10-12；雄蕊28-30，长3毫米，花丝极短，花药顶端无附属物；花盘5裂；子房3室，被毛，花柱长4毫米，基部有毛，每室2胚珠。核果椭圆形，长2.5-3厘米，无毛，内果皮坚骨质，厚3毫米，多皱纹，1室。种子长1.4-1.8厘米。花期6-7月。

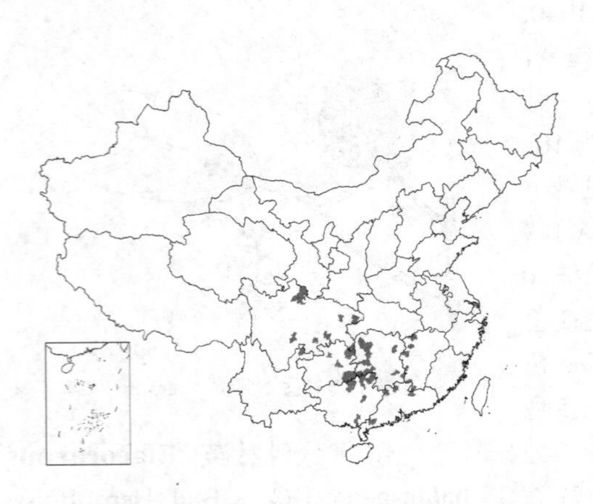

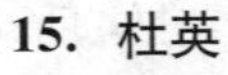

图 13 褐毛杜英 （廖沃根仿绘）

产江西、湖南、广东、广西、贵州、四川及云南东北部，生于海拔700-950米常绿林中。

15. 杜英 图 14

Elaeocarpus decipiens Hemsl. in Journ. Linn. Soc. Bot. 23: 94. 1886.

常绿乔木，高达15米。幼枝有微毛，旋脱落，干后黑褐色。叶革质，披针形或倒披针形，长7-12厘米，先端渐尖，基部下延，两面无毛，侧脉7-9对，边缘有小钝齿；叶柄长1厘米。总状花序生于叶腋及无叶老枝上，长5-10厘米，花序轴细，有微毛。花梗长4-5毫米；花白色；萼片披针形，长3.5毫米；花瓣倒卵形，与萼片等长，上半部撕裂，裂片14-16；雄蕊25-30，长3毫米，花丝极短，花药顶端无附属物；花盘5裂，有毛；子房3室，花柱长3.5毫米；每室2胚珠。核果椭圆形，长2-2.5厘米，外果皮无毛，内果皮骨质，有多数沟纹，1室。种子长1.5厘米。花期6-7月。

图 14 杜英 （廖沃根仿绘）

产安徽南部、浙江、福建、台湾、江西、湖南南部、广东、海南、广西、贵州及云南，生于400-2000米山谷常绿林中。日本有分布。种子油可作肥皂和润滑油；树皮可制染料。

2. 猴欢喜属 **Sloanea** Linn.

乔木。叶互生，具柄，全缘或有锯齿，羽状脉；无托叶。花单生或排成总状花序。花有梗；常两性；萼片4-5，镊合状或覆瓦状排列，基部稍连合；花瓣4-5，倒卵形，有时缺，全缘或齿裂；雄蕊多数，生于肥厚花盘上，花药顶孔开裂，或从顶部向下开裂，药隔常突出成喙，花丝短；子房3-7室，有沟，花柱分离或连生；胚珠每室数个。蒴果球形，多刺，室背3-7爿裂；外果皮木质，内果皮革质；种子1至数个，垂生。常有假种皮包种子下半部，胚乳丰富，子叶扁平。

约120种，分布于东西两半球热带及亚热带。我国13种。

1. 蒴果针刺长1-4毫米。
  2. 叶宽于10厘米，椭圆形或倒卵状椭圆形，基部圆或平截，下面被茸毛；蒴果针刺长2毫米 ………………………………………………………… 1. **毛猴欢喜 S. tomentosa**
  2. 叶宽不及8厘米，叶长圆形、倒卵状长圆形或披针形，基部楔形。
    3. 幼枝及叶无毛，叶膜质，长圆形或倒卵状长圆形，宽4-7厘米，侧脉4-5对，叶柄纤细 ………………………………………………………… 2. **膜叶猴欢喜 S. dasycarpa**
    3. 幼枝及叶被毛，叶革质，披针形，宽2-3.5厘米，侧脉6-8对，叶柄粗 …… 3. **薄果猴欢喜 S. leptocarpa**
1. 蒴果针刺长0.6-2.5厘米。
  4. 叶下面无毛，叶宽3-5厘米，稀更宽。
    5. 叶长圆形或窄倒卵形，近全缘，长6-9厘米，侧脉5-7对；蒴果4-7裂 …………… 4. **猴欢喜 S. sinensis**
    5. 叶倒卵状披针形，有钝齿，长10-15厘米，侧脉7-9对；蒴果4-5裂 ……………… 5. **仿栗 S. hemsleyana**
  4. 叶下面被毛，叶宽6-12厘米，叶先端长尖，基部宽圆，叶卵形或长圆形 …… 5(附). **滇越猴欢喜 S. mollis**

1. 毛猴欢喜 图 15

Sloanea tomentosa (Benth.) Rehd. et Wils. in Sarg. Pl. Wilson. 2: 362. 1916.

Echinocarpus tomentosus Benth. in Journ. Linn. Soc. v. Suppl. 2: 72. 1861.

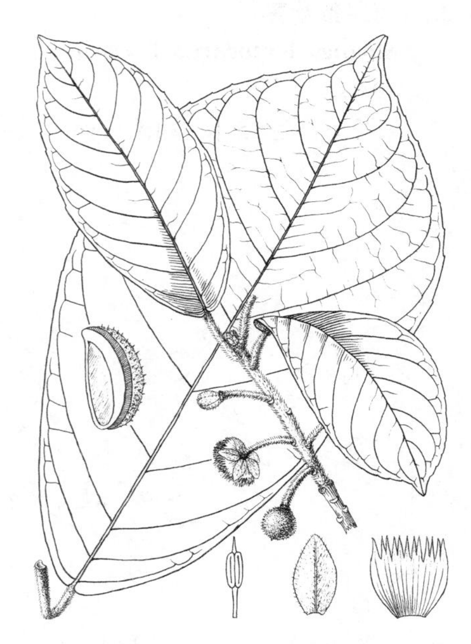

图 15 毛猴欢喜 （余汉平绘）

大乔木，高26米，胸径1.2米。幼枝被灰褐色茸毛。叶革质，宽椭圆形或倒卵状椭圆形，长15-27厘米，宽9-12厘米，先端圆有骤短尖头，长约1厘米，基部圆或平截，有时微心形，下面被毛，侧脉9-12对，全缘，仅先端有齿突；叶柄长2-6厘米。花生于枝顶叶腋。花梗长2-3厘米；萼片4-5，卵形，先端钝；花瓣比萼片短，宽度大于长度，上部撕裂；花药与花丝等长；子房卵形，被毛。蒴果4-5爿裂，果爿长3-4厘米，宽1-1.3厘米，厚5-6毫米；外果皮松软木质，宽1.5毫米，多短针刺，刺长2毫米，中果皮坚木质，厚4厘米，内果皮薄，内侧紫红色。种子长1.5厘米。花期5-6月，果期10月。

产云南南部及西南部，广西南部，生于海拔1000-1600米常绿林中。不丹、锡金、印度东部及泰国有分布。

2. 膜叶猴欢喜 图 16

Sloanea dasycarpa (Benth.) Hemsl. in Hook. Icon. Pl. 27: t. 2628. 1900.

Echinocarpus dasycarpus Benth. in Journ. Linn. Soc. v. Suppl.

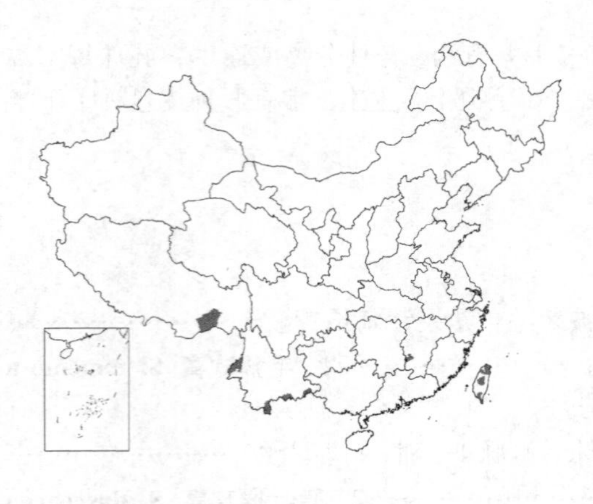

2: 73. 1861.

常绿乔木。幼枝无毛。叶膜质，长圆形或倒卵长圆形，长12-20厘米，宽4-7厘米，先端尖，基部窄，初疏被柔毛，后两面无毛，侧脉4-5对，全缘或有小锯齿；叶柄长2-3厘米，无毛。花生于枝顶叶腋。花梗长2-4厘米；萼片4-5，宽卵形，长5毫米；花瓣长短不齐，长6-8毫米，上部撕裂；雄蕊比花瓣稍短；子房有粗毛，花柱长6-8毫米。蒴果球形，径2-2.5厘米，3-4爿裂；果爿厚2毫米，针刺长2-3毫米。种子长8毫米，假种皮薄。花期4-5月。果期10月。

产台湾、江西、云南及西藏东南部，生于海拔1400-2000米山地常绿林中。不丹及印度东部有分布。

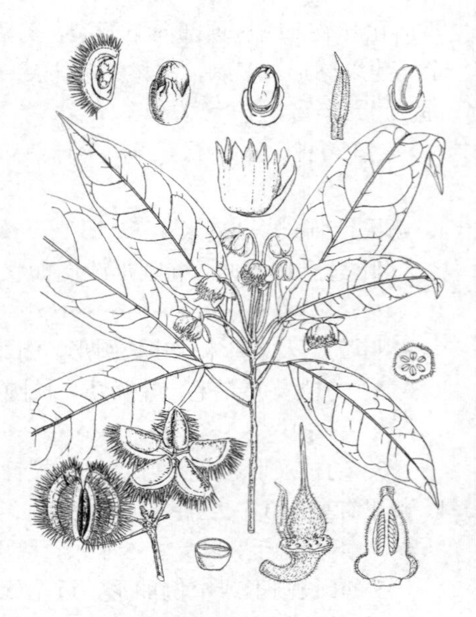

图 16 膜叶猴欢喜
（引自《Hook. Icon. Pl.》）

3. 薄果猴欢喜 图 17

Sloanea leptocarpa Diels in Notizbl. Bot. Gart. Mus. Berl. 11: 214. 1931.

乔木，高达25米。幼枝被褐色柔毛，老枝无毛。叶革质、披针形或倒披针形，长7-14厘米，宽2-3.5厘米，下面有疏毛，侧脉7-8对，全缘；叶柄长1-3厘米，被褐色柔毛。花生于叶腋，单生或数朵丛生。花梗长1-2厘米；萼片4-5，卵圆形，大小不等，长4-5毫米；花瓣4-5，长6-7毫米，宽度不等，顶端撕裂；雄蕊多数，长6-7毫米，花丝长3-4毫米，花药有毛；子房被褐色毛，花柱纤细。蒴果球形，径1.5-2厘米，3-4爿裂，果爿薄，针刺长1-2毫米。种子长1厘米，黑色，假种皮干后淡黄色，长为种子之半。花期4-5月，果期9月。

产湖南、广东、广西、贵州、四川及云南，生于海拔700-1000米常绿林中。

图 17 薄果猴欢喜 （仿《中国植物志》）

4. 猴欢喜 图 18 彩片 6

Sloanea sinensis (Hance) Hemsl. in Hook. Icon. Pl. t. 2628, 1900.

Echinocarpus sinensis Hance in Journ. Bot. 22: 103. 1884.

常绿乔木，高达20米。幼枝无毛。叶薄革质，长圆形或窄倒卵形，长6-9（-12）厘米，宽3-5厘米，先端骤尖，基部楔形，有时近圆，侧脉5-7对，两面无毛，全缘或上部有小锯齿；叶柄长1-4厘米，无毛。花簇生枝顶叶腋。花梗长3-6厘米；萼片4，宽卵形，长6-8毫米，被柔毛；花瓣

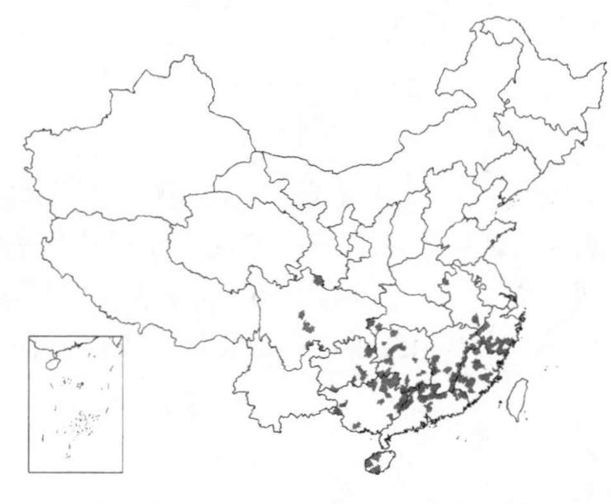

4，长7-9毫米，白色，先端撕裂，有缺齿；雄蕊与花瓣等长，花药长为花丝3倍；子房被毛，长4-5毫米，花柱合生，长4-6毫米。蒴果径2-5厘米，3-7爿裂，果爿长2-3.5厘米，厚3-5毫米，针刺长1-1.5厘米，内果皮紫红色。种子椭圆形，长1-1.3厘米，黑色；假种皮长5毫米，干后黄色。花期9-11月，果期翌年6-7月。

产安徽、浙江、福建、江西、广东、香港、海南、广西、湖南、湖北、四川及贵州，生于海拔700-1000米常绿林中。

图 18 猴欢喜 （引自《图鉴》）

5. 仿栗 图 19 彩片 7

Sloanea hemsleyana (Ito) Rehd. et Wils. in Sarg. Pl. Wilson. 2: 361. 1916.

Elaeocarpus hemsleyana Ito in Journ. Sci. Coll. Tokyo 12: 349. 1899.

大乔木，高25米。幼枝无毛。叶簇生枝顶，薄革质，常窄倒卵形或卵形，长10-15(-20)厘米，宽3-5厘米，先端骤尖或渐尖，基部窄，有时微心形，两面无毛，侧脉7-9对；具波状钝齿；叶柄长1-2.5厘米。花生于枝顶，组成总状花序，花序轴有毛。萼片4，卵形，长6-7毫米，两面被柔毛；花瓣白色，与萼片等长，先端有撕裂状缺齿，被微毛；雄蕊与花瓣等长，花药长3毫米，先端有芒刺，长1.5毫米；子房被茸毛，花柱突出雄蕊之上，长5-6毫米。蒴果(3)4-5(6)爿裂，果爿长2.5-5毫米，厚3-5毫米，内果皮紫红色，针刺长1-2厘米，果柄长2.5-6厘米。种子黑褐色，长1.2-1.5厘米，下半部有假种皮。花期7月。

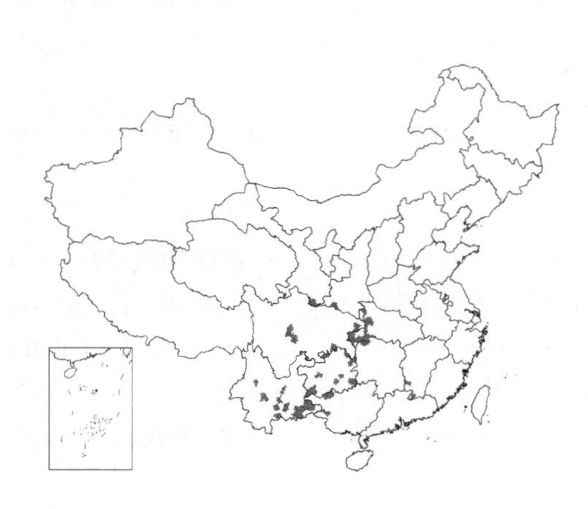

产江西、湖北西部、湖南西北部、广西、贵州、云南、四川、陕西西南部及甘肃南部，生于海拔500-1400米山谷常绿林中。越南有分布。

[附] **滇越猴欢喜** 彩片 8 **Sloanea mollis** Gagnep. in Lecomte, Not. Syst. 1: 195. 1910. 本种与仿栗、猴欢喜的区别：叶下面被毛，叶卵形或长圆形，宽6-12厘米，先端长尖，基部圆或微心形。产云南及广西，生于海拔1200-1400米常绿林中。越南北部有分布。

图 19 仿栗 （引自《图鉴》）

65. 椴树科 TILIACEAE

（张宏达）

乔木、灌木或草本。单叶互生，稀对生，具基出脉，全缘或有锯齿，或浅齿；具托叶或缺。花两性，稀单性，辐射对称，排成聚伞花序或圆锥花序，具苞片。萼片4-5，镊合状；花瓣4-5或缺，具腺体或有花瓣状退化雄蕊，与花瓣对生；雌雄蕊具柄或缺；雄蕊多数，稀5，花药2室，纵裂或顶端孔裂；子房上位，2-6室，稀更多，每室1至数个胚珠，中轴胎座，花柱多单生。核果、蒴果、浆果或翅果，2-10室。种子无假种皮，有胚乳，胚直，子叶扁平。

52属，约500种，分布于热带亚热带地区。我国13属85种。

1. 萼片离生；药室上部不连合；子房上位，胚珠每室2至多数。
  2. 花常两性，雌雄蕊常有柄，花瓣内侧有腺体；核果或蒴果。
    3. 叶对生；圆锥花序；花3-4（5）数，子房3室，子房柄无；蒴果胞间开裂，顶端有水平排列的3翅 ……………… 1. **斜翼属 Plagiopteron**
    3. 叶互生；聚伞花序；花5数，子房5室，雌雄蕊有柄或子房有柄；核果或为胞背开裂的蒴果，有直翅。
      4. 花瓣基部无腺体，雌雄蕊有柄或无。
        5. 木本；花有花瓣状退化雄蕊，子房每室2胚珠；核果 ……………… 2. **椴树属 Tilia**
        5. 草本；花无花瓣状退化雄蕊，胚珠多数；蒴果。
          6. 雄蕊全部能育，离生；蒴果有棱或具短角 ……………… 3. **黄麻属 Corchorus**
          6. 外轮雄蕊不育，能育雄蕊3枚连成一束；蒴果无棱 ……………… 4. **田麻属 Corchoropsis**
      4. 花瓣基部有腺体，雌雄蕊有柄。
        7. 蒴果，有翅 ……………… 5. **一担柴属 Colona**
        7. 核果或蒴果无翅。
          8. 核果，平滑；木本。
            9. 核果无沟；柱头尖细或分裂；顶生圆锥花序 ……………… 6. **破布树属 Microcos**
            9. 核果有纵沟，收缩成2-4分核；柱头盾形或分裂；腋生聚伞花序 ……… 7. **扁担干属 Grewia**
          8. 蒴果，有针刺，刺尖直或有倒钩；草本或亚灌木 ……………… 8. **刺蒴麻属 Triumfetta**
  2. 花单性，稀两性；雌雄蕊无柄，或子房有柄，萼片内侧有腺体，花瓣内侧无腺体；翅果，室间开裂。
    10. 花两性；无花瓣，有退化雄蕊10；蒴果有5条膜质具网纹的翅 ……………… 9. **滇桐属 Craigia**
    10. 花单性或两性；有花瓣，无退化雄蕊；蒴果翅平滑。
      11. 常绿乔木；叶革质，卵形或长卵形，基出脉3；花两性；子房无柄 …… 10. **蚬木属 Excentrodendron**
      11. 落叶乔木；叶纸质，心形，基出脉5-7；花单性；子房有柄 ……………… 11. **柄翅果属 Burretiodendron**
1. 萼片连成钟状，萼齿分离；药室在药隔上部连合，下部分叉，一起开裂，有时不连合。
  12. 退化雄蕊5，与花瓣对生，雄蕊连生成5束；蒴果5或4室，每室有棱 ……………… 12. **海南椴属 Hainania**
  12. 无退化雄蕊，雄蕊离生；蒴果3室，每室有2翅 ……………… 13. **六翅木属 Berrya**

1. 斜翼属 Plagiopteron Griff.

木质藤本。单叶，对生，全缘；托叶不明显。聚伞花序排成圆锥花序。花两性，3-4（5）数；萼片3-4（5），细小，齿状；花瓣3-4，萼片状，反卷，镊合状排列；雄蕊多数，插生于短小花托上，基部稍连生，花药2室，基部叉开；子房3室，每室2胚珠，花柱简单，无子房柄。蒴果三角状陀螺形，胞间开裂，顶端有水平排列的3翅。

2种，分布于亚洲东南部。我国1种。

华斜翼 图 20

Plagiopteron chinense X. X. Chen in Acta Bot. Yunnan. 2: 331. 1980.

蔓性灌木。幼枝被褐色茸毛。叶膜质，卵形或长卵形，长8-15厘米，先端骤尖，基形圆或微心形，上面脉上有星状茸毛，下面密被褐色星状茸毛，全缘，侧脉5-6对；叶柄长1-2厘米，被毛。圆锥花序生枝顶叶腋，短于叶，花序轴被茸毛。花梗长6毫米；小苞片针形，长2-3毫米；萼片3，披针形，长2毫米，被茸毛；花瓣3，长卵形，长4毫米，两面被茸毛；雄蕊长约5毫米，花药球形，纵裂；子房3室，被褐色茸毛，胚珠侧生。蒴果三角状陀螺形，顶端有3翅。

图 20 华斜翼 （谢庆建绘）

产广西龙州，生于海拔220米丘陵、灌丛中。

2. 椴树属 Tilia Linn.

落叶或常绿乔木。单叶，互生，有长柄，基部常斜心形，基出脉有二次支脉，边缘具锯齿，稀全缘；托叶早落。花两性，白或黄色，排成聚伞花序，花序梗下部常与舌状苞片连生。萼片5；花瓣5，覆瓦状排列，基部有小鳞片；雄蕊多数，离生或连生成5束，退化雄蕊花瓣状，与花瓣对生；子房5室，每室2胚珠，花柱合生，柱头5裂。核果，球形，稀浆果；不裂、稀干后开裂，有1-2种子。

约80种，分布于亚热带和北温带。我国32种。

1. 果干后裂为5爿；叶宽6-13厘米，被白毛 ………… 1. **白毛椴 T. endochrysea**
1. 果干后不裂。
  2. 果有5条棱突或无棱突，顶端尖或钝。
    3. 老叶下面常被星状柔毛；幼枝被星状柔毛或无毛。
      4. 幼枝被星状柔毛；苞片有柄。
        5. 叶缘锯齿长1.5-5毫米，侧脉5-7对；果球形或倒卵圆形。
          6. 枝叶被灰白色星状柔毛；叶卵圆形，锯齿三角形 ………… 2. **辽椴 T. mandshurica**
          6. 枝叶被黄色星状柔毛；叶圆形，锯齿有长芒状齿突 ………… 3. **毛糯米椴 T. henryana**
        5. 叶缘锯齿短小，侧脉7-9对；果卵圆形 ………… 4. **多毛椴 T. intonsa**
      4. 幼枝无毛；苞片有柄或无柄。
        7. 苞片无柄或近无柄；花序有1-3花；叶宽卵形，被灰白或灰色星状柔毛。
          8. 叶下面被灰色星状柔毛；果椭圆形，果棱突起 ………… 5. **华椴 T. chinensis**
          8. 叶下面被灰白色星状柔毛；果倒卵形，果棱不明显 ………… 6. **亮绿叶椴 T. laetevirens**
        7. 苞片有短柄；花序有3-15花；叶斜卵形，被灰白色星状柔毛；锯齿短，无芒。
          9. 叶下面被稀疏星状柔毛；花序有50花 ………… 6. **亮绿叶椴 T. laetevirens**
          9. 叶下面密被星状柔毛；花序有6-15花 ………… 7. **粉椴 T. oliveri**
    3. 老叶下面无毛或仅脉腋有毛丛；幼枝无毛。
      10. 苞片有柄；叶长4-6厘米，宽3.5-5.5厘米。

11. 叶先端常3浅裂；雄蕊30-40，有退化雄蕊；果倒卵圆形 ………………………… 8. **蒙椴 T. mongolica**
11. 叶缘非3浅裂；雄蕊20，无退化雄蕊；果卵圆形 ………………………………… 9. **紫椴 T. amurensis**
10. 苞片无柄；叶长12-17厘米，宽8-13厘米 ……………………………………… 10. **大椴 T. nobilis**
2. 果无棱，顶端圆。
12. 叶全缘或仅先端有少数齿刻。
13. 叶下面无毛，叶卵状长圆形，长7-11厘米；苞片无柄 ……………………… 11. **矩圆叶椴 T. oblongifolia**
13. 叶下面被星状柔毛；苞片有柄或无柄。
14. 幼枝无毛；苞片无柄；叶缘有小齿。
15. 果球形；叶侧脉6-9对。
16. 叶宽卵形，长7-14厘米，侧脉6-7对，叶柄长3-5厘米 ………………………… 12. **椴树 T. tuan**
16. 叶卵状长圆形，长8-12厘米，侧脉8-9对，叶柄长2-2.5厘米 ……… 13. **帽峰椴 T. mofungensis**
15. 果倒卵圆形；叶侧脉5-6对 ……………………………………………………… 14. **峨嵋椴 T. omeiensis**
14. 幼枝被星状柔毛；苞片有柄；叶下面被星状柔毛，全缘；果球形 ………… 15. **全缘椴 T. integerrima**
12. 叶缘有明显锯齿。
17. 叶下面无毛，或仅脉腋有毛丛；苞片有柄。
18. 叶圆形或扁圆形，干后暗褐色，革质；果卵圆形；萼片有星状柔毛 ………… 16. **华东椴 T. japonica**
18. 叶卵形或三角状卵形，干后绿色，薄革质；果倒卵形；萼片无星状毛 … 17. **少脉椴 T. paucicostata**
17. 叶下面被星状柔毛；苞片无柄；幼枝被星状柔毛；叶对称宽卵形，被灰黄色星状柔毛 ……………………………………………………………………………………………… 18. **南京椴 T. miqueliana**

1. 白毛椴 图 21

Tilia endochrysea Hand.-Mazz. in Sitzg. Akad. Wiss. Wien, Math.-Nat. 58: 2. 1926.

乔木。顶芽无毛。幼枝无毛或有微毛。叶卵形或宽卵形，长9-16厘米，先端渐尖或尖，基部斜心形或平截，下面被灰色星状柔毛，侧脉5-6对，边缘有疏齿，有时先端3浅裂；叶柄长3-7厘米。聚伞花序长9-16厘米，有10-18花。花梗长0.4-1.2厘米；苞片窄长圆形，长7-10厘米，宽2-3厘米，背面被灰白色星状柔毛，先端圆，基部心形或楔形，下部1-1.5厘米与花序梗合生，有长1-3厘米的柄。萼片长卵形，长6-8毫米，被柔毛；花瓣长1-1.2厘米；退化雄蕊花瓣状，短于花瓣，雄蕊与萼片等长；子房被毛，花柱长4-5毫米，顶端5浅裂。果球形，5爿裂。花期7-8月。

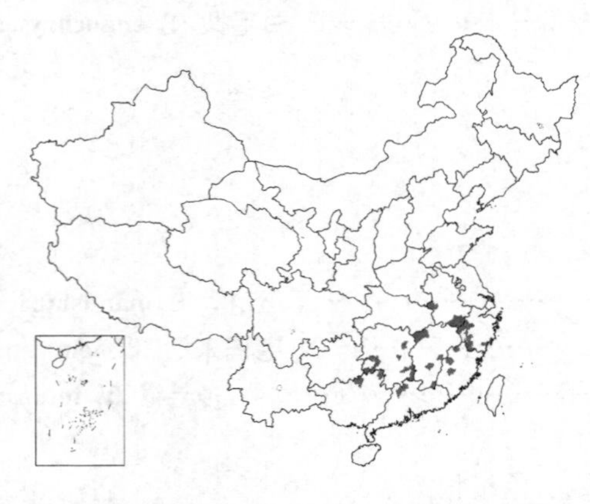

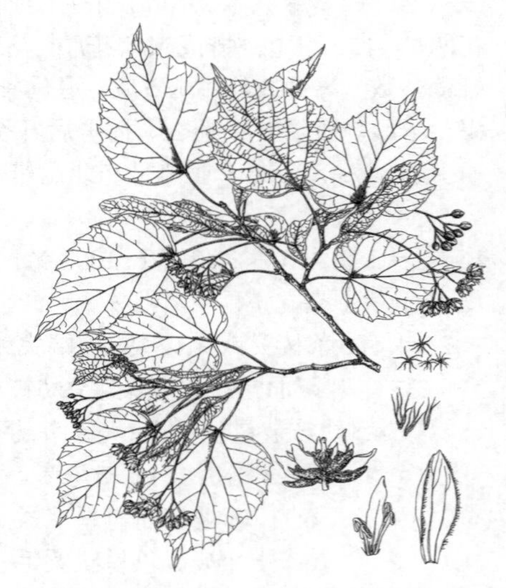

图 21 白毛椴 （引自《中国植物图谱》）

产浙江、安徽、福建、江西、湖南、广东北部及广西北部，生于海拔600-1150米山地常绿林中。

2. 辽椴 糠椴 图 22

Tilia mandshurica Rupr. et Maxim. in Bull. Acad. Sci. St. Pétersb. 16: 124. 1856.

乔木，高达20米。顶芽、幼枝、叶下面、苞片背面、花序梗、子房及果均被灰白星状柔毛。叶卵圆形，长8-10厘米，先端短尖，基部斜心形或平截，侧脉5-7对，有三角形锯齿，齿

长1.5-5毫米；叶柄长2-3厘米，初有茸毛，旋脱落。聚伞花序长6-9厘米，有6-12花；苞片窄长圆形或窄倒披针形，长5-9厘米，宽1-2.5厘米，先端圆，基部钝，下部1/3-1/2与花序梗合生，基部有长4-5毫米的短柄。花梗长4-6毫米；萼片长5毫米，两面被毛；花瓣长7-8毫米；退化雄蕊花瓣状，稍短小，雄蕊与萼片等长；花柱长4-5毫米。果球形，长7-9毫米，有5条不明显的棱。花期7月，果期9月。

产黑龙江、吉林、辽宁、内蒙古、河北、河南、山东及江苏北部。朝鲜及俄罗斯西伯利亚南部有分布。

图 22 白毛椴 （引自《中国植物图谱》）

3. 毛糯米椴 图 23

Tilia henryana Szyszyl. in Hook. Icon. Pl. 20: t. 1927. 1890.

乔木。顶芽、幼枝、叶下面、苞片、子房及果均被黄褐色星状毛。叶圆形，长6-10厘米，先端宽圆，有短尾尖，基部心形，稍对称或斜平截，侧脉5-6对，边缘有锯齿，有侧脉末端突出的芒刺，长3-5毫米；叶柄长3-5厘米。聚伞花序长10-12厘米，花多数；苞片窄倒披针形，长7-10厘米，宽1-1.3厘米，先端钝，基部窄，下部3-5厘米与花序梗合生，基部有长0.7-2厘米的柄。花梗长7-9毫米；萼片长卵形，长4-5毫米；花瓣长6-7毫米；退化雄蕊花瓣状，雄蕊与萼片等长；子房有毛，花柱长4毫米。果倒卵形，长7-9毫米，有5棱。花期6月。

图 23 毛糯米椴 （引自《中国植物图谱》）

产陕西、河南、安徽、江苏西南部、江西北部、湖北及湖南北部。长江流域各地用作行道树。

4. 多毛椴 图 24

Tilia intonsa Wils. ex Rehd. et Wils. in Sarg. Pl. Wilson. 2: 365. 1916.

乔木，高达20米。顶芽、幼枝、叶下面、叶柄、苞片、子房及果均被黄褐色星状柔毛。叶膜质，卵圆形，长10-13厘米，先端骤尖，尖尾长1-1.5厘米，基部心形，稍偏斜，或平截，侧脉7-9对，有细锯齿；叶柄长3-6厘米。聚伞花序长6-10厘米，有1-6花；苞片窄长圆形或窄倒披针形，长5-9厘米，先端圆，基部窄而钝，下部4厘米与花序梗合生，有长4-7毫米的短柄。萼片长卵形，长6-7毫米；花瓣长8-9毫米；退化雄蕊花瓣状，雄蕊长4-5毫米；花柱长4毫米。果卵圆形，长1厘米，有5棱。花期5-6月。

产陕西、四川及云南北部。

图 24 多毛椴 （引自《中国植物图谱》）

5. 华椴

图 25 彩片 9

Tilia chinensis Maxim. in Acta Hort. Petrop. 11: 83. 1890.

落叶乔木，高15米。幼枝及顶芽均无毛。叶宽卵形，长5-10厘米，先端骤短尖，基部斜心形或平截，上面无毛，下面被灰色星状柔毛，侧脉7-8对，有细密锯齿，齿尖长1-1.5毫米；叶柄长3-5厘米。聚伞花序长4-7厘米，有3花，下部与苞片合生；苞片窄长圆形，长4-8厘米，两面被毛，无柄。花梗长1-1.5厘米；萼片长卵形，长6毫米，被星状柔毛；花瓣长7-8毫米；退化雄蕊较雄蕊短，雄蕊长5-6毫米；子房被灰黄色星状柔毛，花柱长3-5毫米，无毛。果椭圆形，长1厘米，两端略尖。有棱5条，被黄褐色星状柔毛。花期夏初。

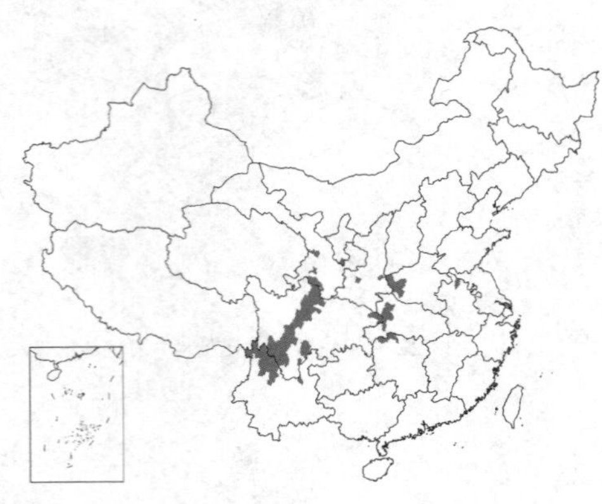

产宁夏、甘肃、陕西、河南西部、安徽北部、湖北西部、湖南西北部、四川及云南。

图 25 华椴 （引自《中国植物图谱》）

6. 亮绿叶椴

图 26

Tilia laetevirens Rehd. et Wils. in Sarg. Pl. Wilson. 2: 369. 1916.

乔木。幼枝及顶芽无毛。叶膜质，宽卵形，长6.5-10.5厘米，先端骤短尖，基部斜心形或平截，上面无毛，下面被灰白色星状柔毛，侧脉6-7对，脉腋有簇生毛，有细锯齿；叶柄长3-6厘米。聚伞花序长4-6厘米，有3花，花序梗纤细，被星状柔毛，苞片窄长圆形，长6-8厘米，宽1-1.5厘米，两面被星状柔毛，无柄或有长5-7毫米的短柄，下部与花序梗合生。花梗长7-9毫米；萼片三角卵形，长6-7毫米；花瓣长0.8-1厘米；退化雄蕊比花瓣短，雄蕊长5毫米；子房被毛，花柱长4-5毫米。果倒卵形，长0.8-1厘米，被褐色星状柔毛，有5条不明显棱状突起。花期7-8月。

产甘肃、陕西及四川。

图 26 亮绿叶椴 （引自《中国植物图谱》）

7. 粉椴 鄂椴

图 27

Tilia oliveri Szyszyl. in Hook. Icon. Pl. 20: t. 1727, 1890.

乔木，高8米；树皮灰白色。顶芽无毛。叶卵形或宽卵形，长9-12厘

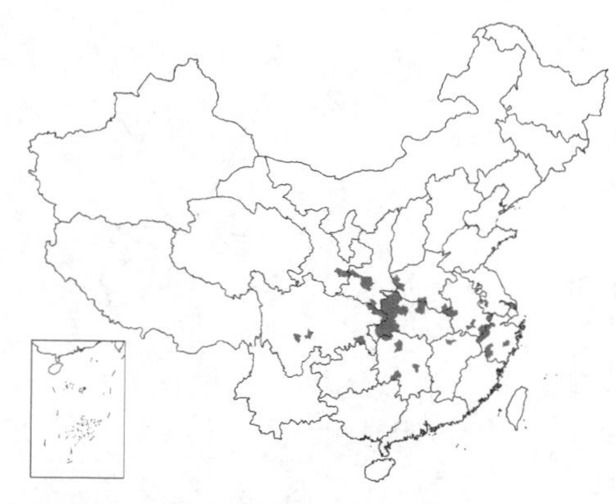

米，先端骤尖，基部斜心形，下面密被白色星状柔毛，侧脉7-8对，密生细锯齿；叶柄长3-5厘米。聚伞花序长6-9厘米，有6-15花，花序梗长5-7厘米，被灰白色星状柔毛，下部3-4.5厘米与苞片合生，苞片窄倒披针形，长6-10厘米，宽1-2厘米，下面被灰白色星毛，有短柄。花梗长4-6毫米；萼片卵状披针形，长5-6毫米；花瓣长6-7毫米；退化雄蕊较短，雄蕊与萼片等长；子房被星状柔毛，花柱长5毫米。果椭圆形，被毛，下半部有棱突。花期7-8月。

产河南、安徽、江苏、浙江、江西西北部、湖北、湖南、四川、陕西及甘肃东南部。茎皮纤维可代麻，造纸及火药导引线的原料；木材坚韧，宜制高级家俱；嫩叶作猪饲料；种子可榨油。

图 27 粉椴 （引自《中国植物图谱》）

8. 蒙椴 小叶椴 白皮椴 米椴 图 28

Tilia mongolica Maxim. in Bull. Acad. Sci. Pétersb. 26: 433. 1880.

乔木，高10米；树皮淡灰色，呈薄片脱落。幼枝及顶芽无毛。叶圆形或卵圆形，长4-6厘米，宽3.5-5.5厘米，先端常3浅裂，基部心形或斜平截，下面脉腋有毛丛，侧脉4-5对，边缘有粗齿，齿尖突出；叶柄长2-3.5厘米。聚伞花序长5-8厘米，有6-12花；苞片窄长圆形，长4-6厘米，宽0.6-1厘米。无毛，两端钝，下半部与花序梗合生，基部有长约1厘米的柄。花梗长5-8毫米；萼片披针形，长4-5毫米；花瓣6-7毫米；退化雄蕊花瓣状，较窄小，雄蕊30-40，与萼片等长；子房被毛，花柱无毛。果倒卵圆形，长6-8毫米，被毛，有不明显棱突。花期7月。

图 28 蒙椴 （引自《中国植物图谱》）

产辽宁、内蒙古、河北、河南、山西、山东、陕西及甘肃东南部。

9. 紫椴 图 29

Tilia amurensis Rupr. Fl. Cauc. 253. 1869.

大乔木，高25米。幼枝有白丝毛，旋脱落。顶芽无毛。叶宽卵形，长4.5-6厘米，宽4-5.5厘米，先端尖，基部心形，下面脉腋有毛丛，侧脉4-5对，边缘有锯齿，齿尖长1毫米；叶柄长2-3.5厘米。聚伞花序长3-5厘米，有3-20花；苞片窄带形，长3-7厘米，宽5-8毫米，无毛，下半部与花序柄合生，基部有长1-1.5厘米的柄。花梗长0.7-1厘米；萼片宽披针形，长5-6毫米，被柔毛；花瓣长6-7毫米；无退化雄蕊，雄蕊20，长5-6毫

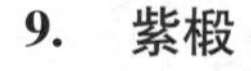

米；子房被毛，花柱长5毫米。果卵圆形，长5-8毫米，被星状柔毛，有棱或棱不明显。花期7月。

产黑龙江、吉林、辽宁、内蒙古、河北及山东。朝鲜有分布。为东北主要蜜源植物。

图 29 紫椴 （引自《中国植物图谱》）

10. 大椴 图 30

Tilia nobilis Rehd. et Wils. in Sarg. Pl. Wilson. 2: 363. 1916.

乔木，高12米。幼枝无毛。顶芽被毛。叶宽卵圆形，长12-17厘米，宽8-13厘米，先端锐尖，基部心形或近圆，下面脉腋有毛丛，侧脉6-8对，边缘有锐锯齿；叶柄长4-9厘米。聚伞花序长7-12厘米，有2-5花，无毛，花序梗下半部3.5-4.5厘米，与苞片合生，苞片窄长圆形，长7-9厘米，宽2-2.5厘米，近无柄，下面被星状柔毛。花梗长4-7毫米；萼片5，长卵形，长6毫米，宽3毫米；花瓣长圆形，长7-8毫米；退化雄蕊5，短于花瓣，雄蕊长4-6毫米；子房被毛，花柱长5毫米。果椭圆状卵圆形，长1-1.2厘米，被毛，有5条突起的棱。花期7-8月。

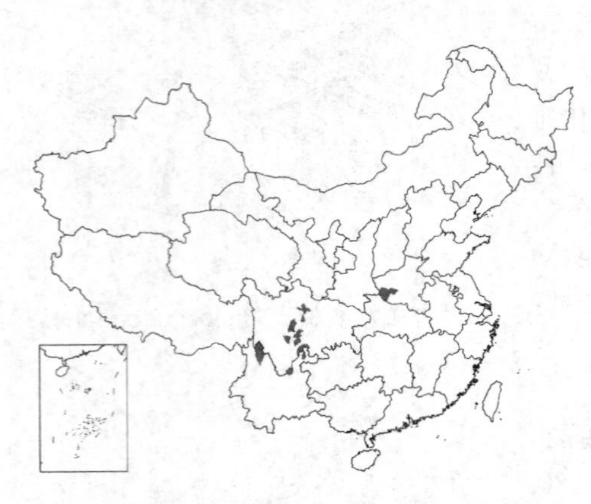

产河南西部、四川及云南北部。

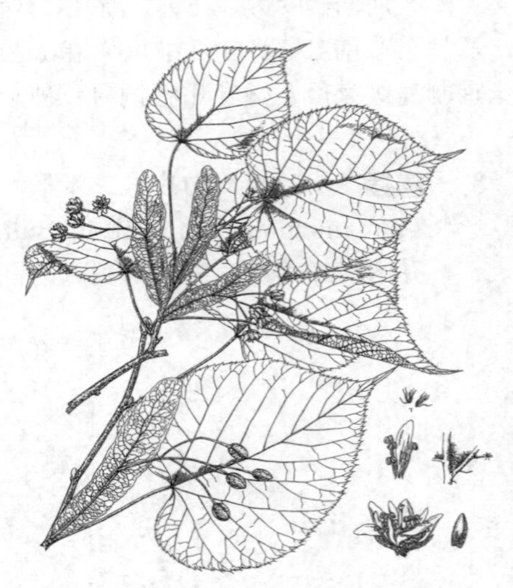

图 30 大椴 （引自《中国植物图谱》）

11. 矩圆叶椴 图 31

Tilia oblongifolia Rehd. in Journ. Arn. Arb. 8: 170. 1927.

乔木，高20米。幼枝及顶芽均无毛。叶卵状长圆形，长7-11厘米，先端渐尖或锐尖，基部不等侧心形或近平截，两面无毛，或下面脉腋有毛丛，侧脉约8对，全缘或近先端有数个齿刻；叶柄长1.5-2.5厘米。聚伞花序长7-10厘米，具多花；苞片与花序等长，无柄，带状长圆形，基部圆，宽1.5-1.8厘米，无毛，下半部与花序柄合生。果近球形，长7-8毫米，有小突起，被星状柔毛。果期7月。

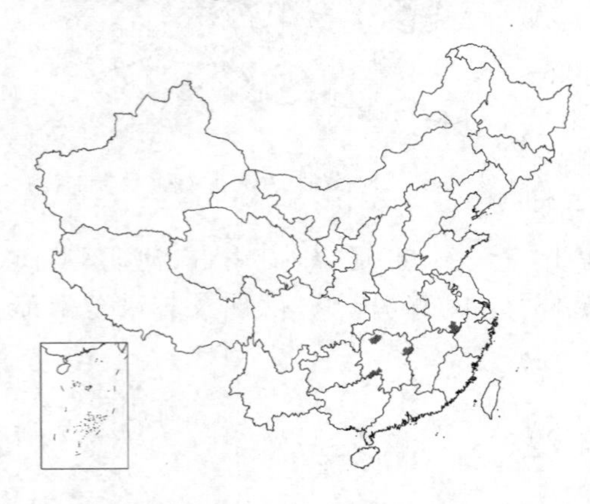

产安徽南部及湖南。

图 31 矩圆叶椴 （引自《中国植物图谱》）

12. 椴树 图 32

Tilia tuan Szyszyl. in Hook. Icon. Pl. 20: t. 1926. 1890.

大乔木，高20米；树皮灰色，纵裂。幼枝无毛。顶芽稀被微毛，叶宽

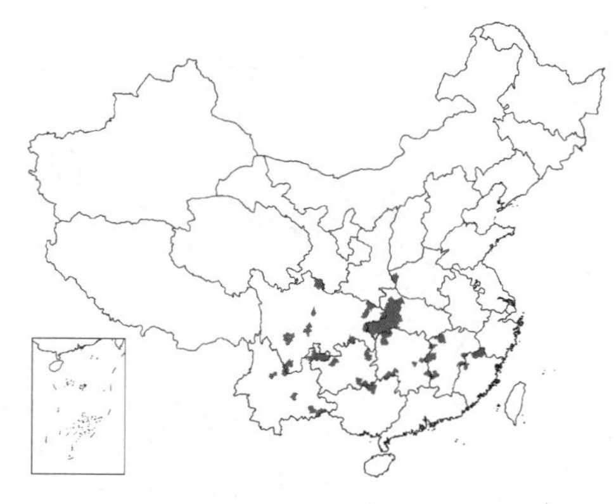

卵形，长7-14厘米，先端渐尖，基部单侧心形或斜平截，下面被毛，后变无毛，仅脉腋有毛丛，侧脉6-7对，边缘上半部疏生细齿；叶柄长3-5厘米。聚伞花序长8-13厘米；苞片窄倒披针形，长10-16厘米，宽1.5-2.5厘米，无柄，先端钝，基部圆或楔形，下面被星状柔毛，下半部5-7厘米，与花序梗合生。花梗长7-9毫米；萼片长圆状披针形，长5毫米，被茸毛；花瓣长7-8毫米；退化雄蕊长6-7毫米，雄蕊长约5毫米；子房被毛，花柱长4-5毫米。果球形，径0.8-1厘米，无棱，有小突起，被星状柔毛。花期7月。

产福建、江西、河南西部、湖北西部、湖南、广西、贵州、四川及云南。

图 32 椴树 （引自《中国植物图谱》）

13. 帽峰椴 图 33

Tilia mofungensis Chun et Wong in Sunyatsenia 3: 40. 1935.

乔木。幼枝及顶芽近无毛。叶薄革质，卵状长圆形，长8-12厘米，先端短尖，基部一侧耳形或斜平截，下面被褐色星状柔毛，侧脉8-9对，全缘，稀有小齿突；叶柄长2-2.5厘米，聚伞花序长7-10厘米，花序梗长5-8厘米，下部4-5厘米与苞片合生，被星状柔毛。花梗长4-5毫米；苞片带状倒披针形，与花序等长，无柄，先端钝，上部宽1-1.2厘米，下半部较窄，两面有褐色星状柔毛。果近球形，径7-8毫米，被柔毛。果期11月。

产江西、湖南、广东北部及云南东南部，生于海拔800-1000米山地常绿阔叶林中。

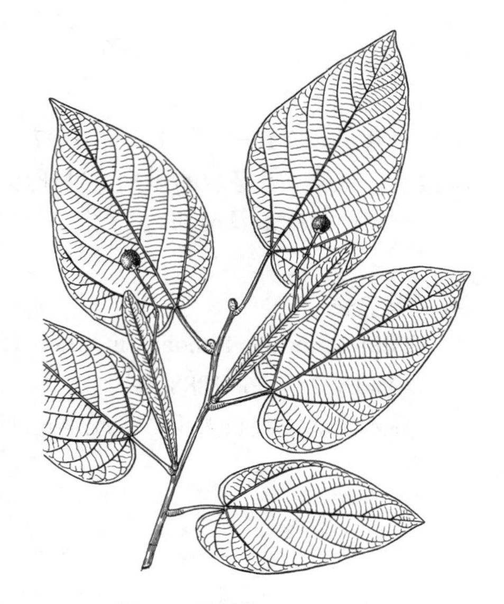

图 33 帽峰椴 （余汉平绘）

14. 峨眉椴 图 34

Tilia omeiensis Fang, Icon. Pl. Omei 2(2): 196. 1946.

乔木，高7米。幼枝及顶芽均无毛。叶长卵形，长9-11厘米，先端骤尖，基部斜心形或斜平截，下面被贴伏星状柔毛，侧脉5-6对，近全缘或近先端有少数小齿；叶柄长3-3.5厘米，无毛。聚伞花序长7.5-9厘米，有3-12花；苞片窄倒披针形，长7-16厘米，宽1-2.2厘米，先端钝，基部窄，无柄，下面被星状柔毛，下半部与花序梗合生。萼片长4-5毫米，长卵形，外被星状柔毛；花瓣长6毫米；退化雄蕊花瓣状，稍短于花瓣，雄蕊长4-

5毫米；子房被毛，花柱长3毫米，无毛。果倒卵圆形，径8-9毫米，无棱，被星状柔毛。

产四川、贵州东北部及湖南西北部，生于海拔1000-1800米常绿阔叶林中。

图 34 峨眉椴 （余汉平绘）

15. 全缘椴 图 35

Tilia integerrima H. T. Chamg in Acta Phytotax. Sin. 20(2): 172. 1982.

乔木。幼枝及顶芽被黄褐色星状柔毛。叶膜质，卵形或长卵形，长8-15厘米，先端渐尖，基部斜心形或斜平截，上面无毛，下面被稀疏星状柔毛，侧脉8-10对，全缘；叶柄长2-3厘米，被灰褐色星状柔毛。聚伞花序长7-8厘米，有5-7花，花序梗下部4-5厘米与苞片合生；花梗长4-5毫米，被毛；苞片窄匙形，长10-11厘米，宽1-1.7厘米，先端渐尖，基部钝，两面被星状柔毛，有长4-5毫米的短柄，果球形，无棱，被毛。

产湖南西南部及南部。

图 35 全缘椴 （余汉平绘）

16. 华东椴 图 36

Tilia japonica Simonk. in Math. Termesz. Kozlem. Magyar Tudom. Akad. 22: 326. 1888.

乔木。幼枝被长柔毛，旋脱落。顶芽卵形，无毛。叶革质，圆形或扁圆形，长5-10厘米，先端骤短尖，基部心形，对称或稍偏斜，有时斜平截，下面脉腋有毛丛，侧脉6-7对，边缘有锐细锯齿；叶柄长3-4.5厘米。聚伞花序长5-7厘米，有6-16花；苞片窄倒披针形或窄长圆形，长3.5-6厘米，宽1-1.5厘米，两面无毛，下半部与花序柄合生，基部有长1-1.5厘米的柄。花梗长5-8毫米；萼片窄长圆形，长4-5毫米，被星状柔毛；花瓣长6-7毫米；退化雄蕊花瓣状，稍短，雄蕊长5毫米；子房被毛，花柱长3-4毫米。果卵圆形，无棱突，被星状柔毛。

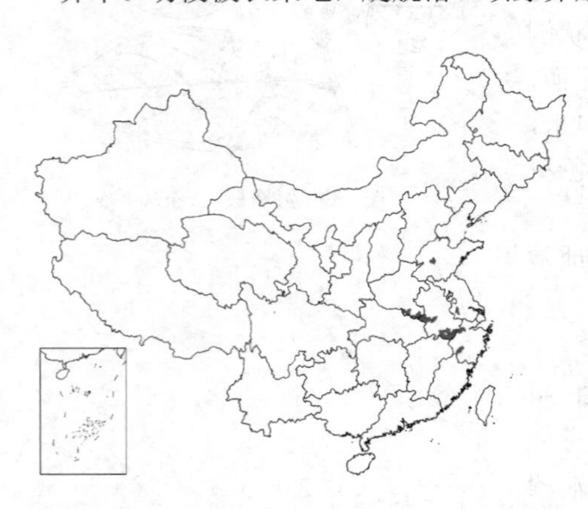

产河南、山东、安徽、江苏西南部及浙江。日本有分布。

图 36 华东椴 （引自《中国植物图谱》）

17. 少脉椴 图 37

Tilia paucicostata Maxim. in Acta Hort. Petersb. 11: 82. 1890.

乔木，高13米。幼枝无毛。顶芽被毛或无毛。叶薄革质，卵圆形，长6-10厘米，先端骤尖，基部斜心形或斜平截，下面脉腋有毛丛，边缘有细锯齿；叶柄长2-5厘米。聚伞花序长4-8厘米，有6-8花；苞片窄倒披针形，长5-8.5厘米，宽1-1.6厘米，两面无毛，下半部与花序梗合生，基部有长0.7-1.2厘米的短柄。花梗长1-1.5厘米；萼片长卵形，长4毫米；花瓣长5-6毫米；退化雄蕊比花瓣短小；雄蕊长4毫米；子房被星状柔毛，花柱长2-3毫米。果倒卵圆形，长6-7毫米。

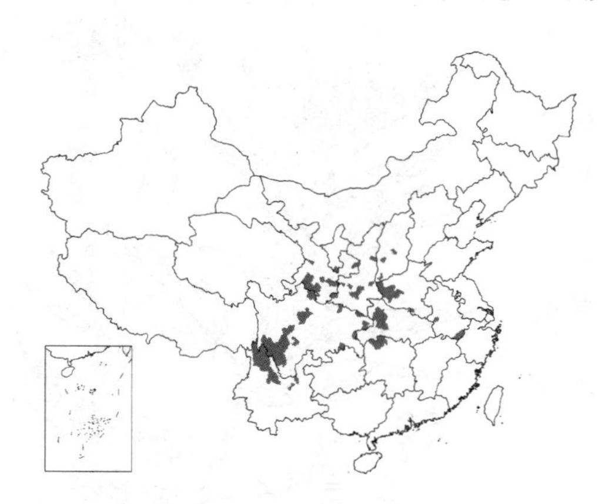

图 37 少脉椴 （引自《中国植物图谱》）

产宁夏、甘肃、陕西、山西、河南、安徽、湖北、湖南北部、四川及云南。

18. 南京椴 图 38 彩片 10

Tilia miqueliana Maxim. in Bull. Acad. Sci. Pétersb. 26: 434. 1880.

乔木，高20米。幼枝及顶芽均被黄褐色星状柔毛。叶卵圆形，长9-12厘米，先端骤尖，基部心形，稍偏斜。下面被灰或灰黄色星状柔毛，侧脉6-8对，边缘有齐整锯齿；叶柄长3-4厘米，被毛。聚伞花序长6-8厘米，有3-12花，花序梗被灰色星状柔毛；苞片窄倒披针形，长8-12厘米，宽1.5-2.5厘米，两面被星状柔毛，先端钝，基部窄，下半部4-6厘米与花序梗合生，有长2-3毫米的短柄或无柄。花梗长0.8-1.2厘米；萼片长5-6毫米，被毛；花瓣稍长于萼片；退化雄蕊花瓣状，较短小，雄蕊稍短于萼片；子房被毛，花柱与花瓣等长。果球形，无棱，被星状柔毛，有小突起。花期7月。

图 38 南京椴 （引自《中国植物图谱》）

产山东、河南、安徽、江苏、浙江、江西、湖南北部及广东北部。日本有分布。

3. 黄麻属 Corchorus Linn.

草本或亚灌木。叶纸质，基部3出脉，两侧常有伸长线状小裂片，边缘有锯齿；具叶柄，托叶2，线形。花两性，黄色；单生或数朵排成腋生或腋外生聚伞花序。萼片4-5；花瓣与萼片同数，无腺体；雄蕊多数，生于雌雄蕊柄上，全部能育，离生，无退化雄蕊；子房2-5室，每室有多数胚珠，花柱短，柱头盘状或盾状，全缘或浅裂。蒴果长筒形或球形，有棱或具短角，室背2-5爿裂。有多数种子。

40余种。分布于热带地区。我国3种。

1. 叶具3基出脉；蒴果球形，顶端无角；子房无毛 ………………………………………………… 1. **黄麻 C. capsularis**
1. 叶具5-7基出脉；蒴果长筒形，顶端有3-4长角，周围有翅；子房被毛 …………………… 2. **甜麻 C. aestuans**

1. 黄麻 图 39

Corchorus capsularis Linn. Sp. Pl. 529. 1753.

直立木质草本，高1-2米，无毛。叶卵状披针形或窄披针形，长5-12厘米，先端渐尖，基部圆，3出脉的两侧脉上行不过半，边缘有细锯齿；叶柄长2厘米，托叶丝形，脱落。花单生或数朵排成腋生聚伞花序，有短的花序梗及花梗。萼片4-5，长3-4毫米；花瓣黄色，倒卵形，与萼片等长；雄蕊18-22，离生；子房无毛，柱头浅裂。蒴果球形，径大于1厘米，顶端无角，有纵棱及瘤状突起，5爿裂。夏季开花，果期秋后。

原产亚洲热带。长江以南广泛栽培。为著名粗纤维作物。茎皮纤维可制麻袋、混纺织布。根叶药用，可祛瘀、止痢。

图 39 黄麻 （引自《图鉴》）

2. 甜麻 图 40

Corchorus aestuans Linn. Syst. ed. 10. 1774.

一年生草本，高约1米。叶卵形，长4.5-6.5厘米，先端尖，基部圆，两面疏被长毛，边缘有锯齿，基部有1对线状小裂片，基出脉5-7条；叶柄长1-1.5厘米。花单生或数朵组成聚伞花序，生叶腋，花序梗及花梗均极短。萼片5，窄长圆形，长5毫米；上部凹陷呈角状，先端有角，外面紫红色；花瓣5，与萼片等长，倒卵形，黄色；雄蕊多数，长3毫米，黄色；子房长圆柱形，花柱圆棒状，柱头喙状，5裂。蒴果长筒形，长2.5厘米，径5毫米，具纵棱6条，3-4条呈翅状，顶端有3-4长角，角2分叉，成熟时3-4爿裂，果爿有横隔，具多数种子。花期夏季。

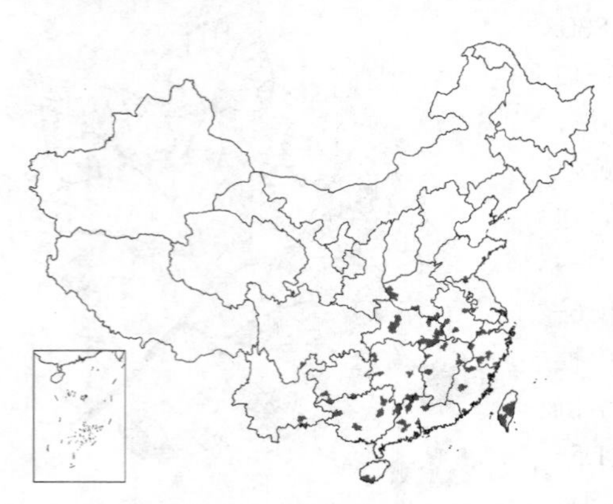

产山东南部、河南、安徽、江苏、浙江、台湾、福建、江西、湖北、湖南、广东、香港、海南、广西、贵州、云南及四川，生于旷野、荒地或村旁，为常见杂草。亚洲热带、中美洲及非洲有分布。纤维可作黄麻代用品。嫩叶可食用及药用，可清凉解毒。

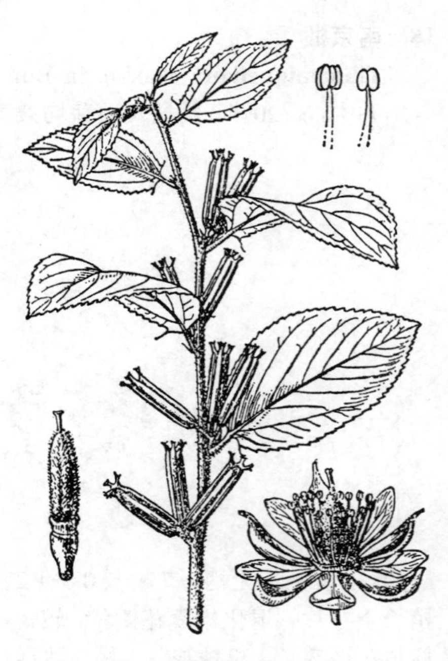

图 40 甜麻 （黄锦添绘）

4. 田麻属 **Corchoropsis** Sieb. et Zucc.

一年生草本。茎被星状柔毛或柔毛。叶互生，边缘有齿，被星状柔毛，基出脉3；具叶柄，托叶细小，早落。花黄色，单生叶腋；萼片5，披针形；花瓣5，倒卵形；雄蕊20，基中5枚退化无花药，与萼片对生，匙状线形，其余发育雄蕊每3枚连成一束；子房被毛或无毛，3室，每室胚珠多数，花柱近棒状，柱头顶端平截，3浅裂。蒴果角状圆筒形，3爿裂；种子多数。

约4种，分布于东亚。我国2种。

1. 子房被毛；果有星状柔毛 ························ 1. **田麻 C. tomentosa**
1. 子房无毛；果无毛 ························ 2. **光果田麻 C. psilocarpa**

1. 田麻 图 41

Corchoropsis tomentosa（Thunb.）Makino in Bot. Mag. Tokyo 17: 11. 1903.

一年生草本，高约50厘米。枝被星状柔毛。叶卵形或窄卵形，长2.5–6厘米，边缘有钝齿，两面密被星状柔毛，基出脉3；叶柄长0.2–2.3厘米，托叶针形，长2–4毫米，脱落。花单生于叶腋，径1.5–2厘米；有细梗；萼片5，窄披针形，长5毫米；花瓣5，黄色，倒卵形；发育雄蕊15，每枚连成束，退化雄蕊5枚，与萼片对生，匙状线形，长1厘米；子房被星状柔毛。蒴果角状圆筒形，长1.5–3厘米，被星状柔毛。果期秋季。

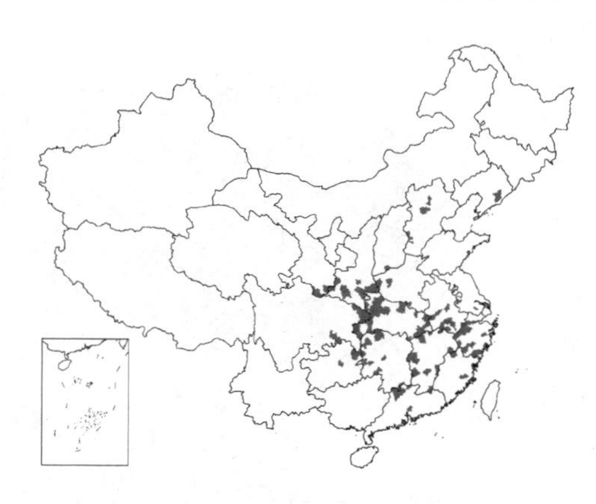

产辽宁、河北、山西、河南、安徽、江苏、浙江、福建、江西、湖北、湖南、广东、贵州、四川、陕西及甘肃。朝鲜及日本有分布。茎皮纤维可代黄麻制作绳索及麻袋。

图 41 田麻
（引自《江苏南部种子植物手册》）

2. 光果田麻 图 42

Corchoropsis psilocarpa Harms et Loes. ex Loes in Engl. Bot. Jahrb. 34 Bebin. 75: 51. 1904.

一年生草本，高达60厘米。枝带紫红色，有白色柔毛和平展长柔毛。叶卵形或窄卵形，长1.5–4厘米，边缘有钝牙齿，两面密生星状柔毛，基出脉3；叶柄长0.2–1.2厘米，托叶钻形，长约3毫米，脱落。花单生叶腋，径约6毫米；萼片5，窄披针形，长约2.5毫米；花瓣5，黄色，倒卵形；发育雄蕊和退化雄蕊近等长；子房无毛。蒴果角状圆筒形，长1.8–2.6厘米，无毛，3瓣裂。种子卵圆形，长约2毫米。果期秋季。

图 42 光果田麻 （引自《图鉴》）

产辽宁、河北、山东、河南、江苏、安徽、湖北及甘肃南部，生于草坡、田边或多石处。茎皮纤维可代麻，作麻袋、绳索等。

5. 一担柴属 **Colona** Cav.

乔木或灌木。单叶，有时先端3-5浅裂，基出脉5-7，全缘或有小锯齿，被毛；具长柄。花两性，多花排成聚伞花序再集成圆锥花序；具苞片和小苞片。萼片5，离生；花瓣5，基部有腺体；雌雄蕊柄极短；雄蕊多数，离生，生于隆起花盘上；子房3-5室，柱头尖细，不裂，每室2-4胚珠。蒴果近球形，有3-5翅，室间开裂。

约20种，分布于热带亚洲、我国2种。

一担柴 图 43

Colona floribunda（Kurz）Craib in Kew. Bull. 1：21. 1925.

Columbia floribunda Kurz in Journ. Asiat. Soc. Bengal. 42：2. 63. 1873.

小乔木，高达10米。幼枝被灰褐色星状柔毛。叶宽倒卵形或近圆形，长14-21厘米，先端骤尖或渐尖，基部微心形，有时近先端3-5浅裂，两面被粗糙灰褐色星状毛，基出脉5-7；叶柄长1.5-5.5厘米。圆锥花序顶生，长达27厘米。花小，径8毫米；萼片披针形，长约4毫米，被星状柔毛；花瓣黄色，匙形，约与萼片等长，基部有腺体；雄蕊多数，与花瓣等长；子房3-5室，花柱尖细，被毛，每室2-4胚珠。蒴果径约5毫米，有3-5翅，翅长约5毫米。花期6月，果期11月。

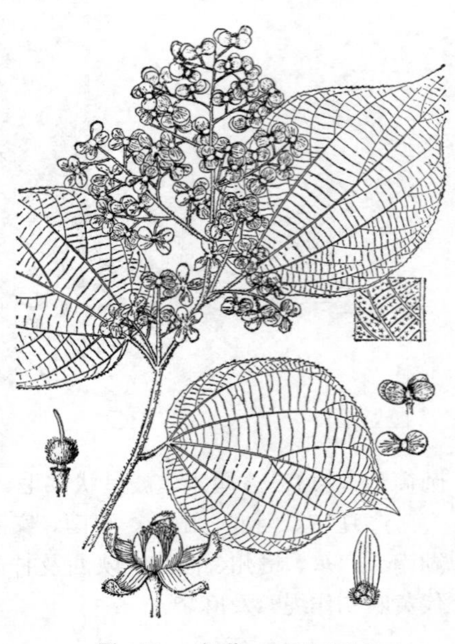

图 43 一担柴 （邓晶发绘）

产云南，生于海拔1000-2000米山地次生林中。越南、老挝、缅甸、泰国及印度有分布。茎皮纤维拉力强，可作麻类代用品。

6. 破布叶属 **Microcos** Linn.

灌木或小乔木。叶互生，基出脉3，全缘或先端有浅裂；具叶柄。花两性；聚伞花序组成圆锥花序。萼片5，离生；花瓣与萼片同数，内侧近基部有腺体，或无花瓣；雄蕊多数，离生，生于雌雄蕊柄上部；子房上位，常3室，花柱单生，柱头尖细或分裂，每室4-6胚珠。核果球形或梨形，无沟裂，无分核。

60种，分布于非洲至印度、马来半岛及中南半岛等热带地区。我国3种。

破布叶 图 44 彩片 11

Microcos paniculata Linn. Sp. Pl. 514. 1753.

灌木或小乔木，高达12米；树皮粗糙。幼枝被毛。叶薄革质，卵状长圆形，长8-18厘米，先端渐尖，基部圆，初两面被星状柔毛，后脱落无毛，3出脉的两侧脉由基部生出，向上过中部，边缘有细锯齿；叶柄长1-1.5厘米，托叶线状披针形，长5-7毫米。顶生圆锥花序长4-10厘米，被星状柔毛；苞片披针形。花梗短；萼片长圆形，长5-8毫米，被毛；花瓣长圆形，长3-4毫米，腺体长约2毫米；雄蕊多数，短于萼片；子房球形，无毛，柱头锥形。核果近球形或倒卵圆形，长1厘米；果柄短。花期6-7月。

产福建东南部、广东、香港、海南、广西及云南。中南半岛、印度及印度尼西亚有分布。叶药用；可清热解毒、去积食、收敛止泻。

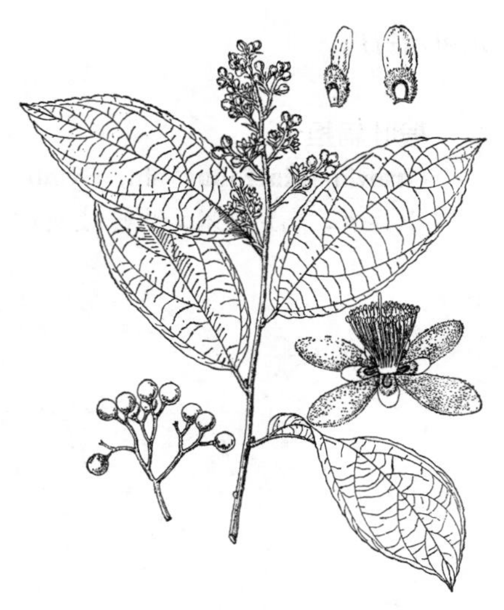

图 44 破布叶 （邓晶发绘）

7. 扁担干属 **Grewia** Linn.

灌木或小乔木。幼枝常被星状柔毛。叶互生，具基出脉，有锯齿或浅裂；叶柄短，托叶小，早落。花两性，或单性雌雄异株，常3朵组成腋生聚伞花序；苞片早落；花序梗及花梗常被毛。萼片5，离生，外面被毛；花瓣5，短于萼片，腺体常为鳞片状，生于花瓣基部，常有长毛；雌雄蕊柄短，无毛；雄蕊多数，离生；子房2-4室，每室胚珠2-8，花柱单生，柱头盾形或分裂。核果有纵沟，收缩成2-4分核，具假隔膜。种子胚乳丰富，子叶扁平。

约90余种，分布于东半球热带。我国26种。

1. 花两性；子房及核果球形，不裂，具1-2分核。
  2. 叶下面被灰色星状柔毛，基部斜圆或斜平截 ………………………… 1. **毛果扁担干 G. eriocarpa**
  2. 叶下面近无毛，基部斜心形 ………………………… 2. **椴叶扁担干 G. tiliaefolia**
1. 花两性或单性；子房及核果2-4裂，果双球形或四球形，有2-4分核。
  3. 叶卵圆形、菱形、近圆形或倒卵形，基部偏斜或对称，3出脉的两侧脉上行过半。
    4. 叶下面常无毛，或有疏毛，无茸毛。
      5. 叶宽2.5-4厘米，叶缘密生小齿，上面几无毛，下面疏生星状毛或几无毛；果橙红色 ………………………… 3. **扁担杆 G. biloba**
      5. 叶宽1.6-6厘米，叶缘密生不整齐小齿，或不明显浅裂，两面有星状柔毛，下面毛较密；果红色 ………………………… 4. **小花扁担杆 G. biloba** var. **parviflora**
    4. 叶下面被茸毛或粗茸毛，上面有短毛。
      6. 花序多枝腋生，花序梗长3-6毫米；柱头2裂 ………………………… 5. **蔄麻叶扁担干 G. abutilifolia**
      6. 花序1-2枝腋生，花序梗长1厘米；柱头5裂 ………………………… 6. **稔叶扁担干 G. urenifolia**
  3. 叶三角状披针形或长圆形，基部对称，3出脉的两侧脉上行不过半或达中部。
    7. 老叶两面除叶脉外均无毛，叶柄长5-7毫米 ………………………… 7. **同色扁担干 G. concolor**
    7. 老叶两面密被黄褐色星状柔毛，叶柄长1-3毫米 ………………………… 8. **无柄扁担干 G. sessiliflora**

1. 毛果扁担干　图 45

Grewia eriocarpa Juss. in Ann. Mus. Paris 4: 93. 1804.

灌木或小乔木，高达8米。幼枝被灰褐色星状柔毛。叶斜卵形或卵状长圆形，长6-13厘米，先端渐尖，基部斜圆或斜平截，下面被灰色星状茸毛，3出脉两侧脉上升达近先端，边缘有细锯齿；叶柄长0.5-1厘米，托叶线状披针形，长0.5-1厘米。聚伞花序1-3腋生，长1.5-3厘米，花序梗长3-8毫米。花两性；花梗长3-5毫米；苞片披针形；萼片窄长圆形，长6-8毫米，两面被毛；花瓣长3毫米，腺体短小；雌雄蕊柄被毛；雄蕊离生，不等长，短于萼片；子房被毛，花柱有毛，柱头盾状，4浅裂或不裂。核果近球形，径6-8毫米，被星状柔毛，有浅沟。

产台湾、海南、广西、贵州及云南，生于山地丘陵灌丛中。中南半岛、印度、印度尼西亚及菲律宾有分布。茎皮纤维可织麻袋、麻布；花、叶煎水可治胃病。

图 45 毛果扁担干 （引自《图鉴》）

2. 椴叶扁担干 图 46

Grewia tiliaefolia Vahl, Symb. 1: 35. 1790.

小乔木，高达8米。幼枝被灰黄色星状柔毛。叶圆形或宽卵形，长8-13厘米，先端骤短尖，基部斜心形，两面近无毛，脉腋有毛丛，3出脉的两侧脉上行达近先端，各有二次支脉5-6，边缘有细锯齿；叶柄长1厘米。聚伞花序2-6腋生，每序有3花，花序梗长1-1.5厘米，花梗长6-7毫米，均被褐色星状柔毛。萼片长圆状披针形，长7-8毫米，被灰黄色星状柔毛；花瓣黄色，比萼片短窄；雄蕊多数，短于萼片，分为5组，基部稍连生；子房被毛，花柱稍长于雄蕊，柱头头状。核果不裂。花期5-6月。

产云南西部，生于海拔1200-1600米灌丛中。非洲、印度、缅甸及中南半岛有分布。

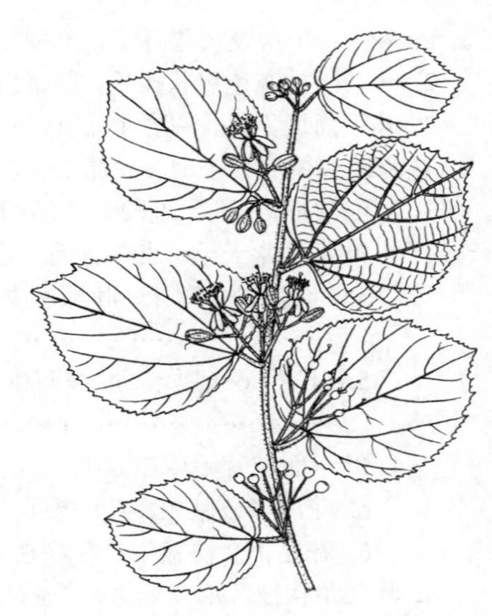
图 46 椴叶扁担干 （余汉平绘）

3. 扁担杆 图 47

Grewia biloba G. Don, Gen. Syst. 1: 549. 1831.

灌木或小乔木，高达4米；分多枝。幼枝被星状柔毛。叶窄菱状卵形，椭圆形或倒卵状椭圆形，长4-9厘米，先端锐尖，基部楔形，两面疏被星状柔毛，基出脉3条，两侧脉上行过半，边缘密生小齿；叶柄长4-8毫米，托叶钻形，长3-4毫米。聚伞花序腋生，具多花，花序梗长不及1厘米。花梗长3-6毫米；苞片钻形，长3-5毫米；萼片窄长圆形，长4-7毫米，被毛；花瓣长1.5毫米；雌雄蕊柄长0.5毫米；雄蕊长2毫米；子房被毛，花柱与萼片等长，柱头盘状，有浅裂。核果橙红色，有2-4分核。花5-7月。

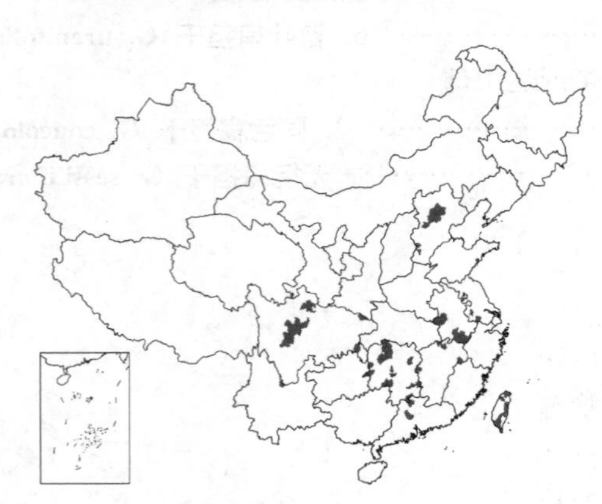

产河北、安徽、江苏南部、台湾、江西、湖南、广东、香港、云南及四川，生于低山丘陵灌丛或疏林中。枝叶药用，治小儿疳积。

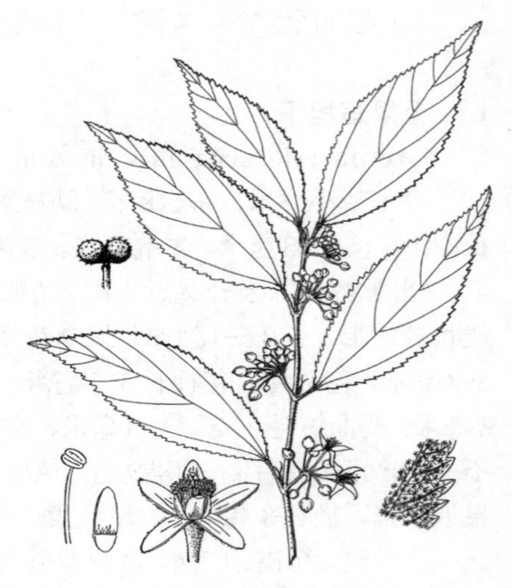
图 47 扁担杆 （引自《图鉴》）

4. 小花扁担杆 扁担木 孩儿拳头 图 48 彩片 12

Grewia biloba G. Don var. **parviflora** (Bunge) Hand.-Mazz. Symb.

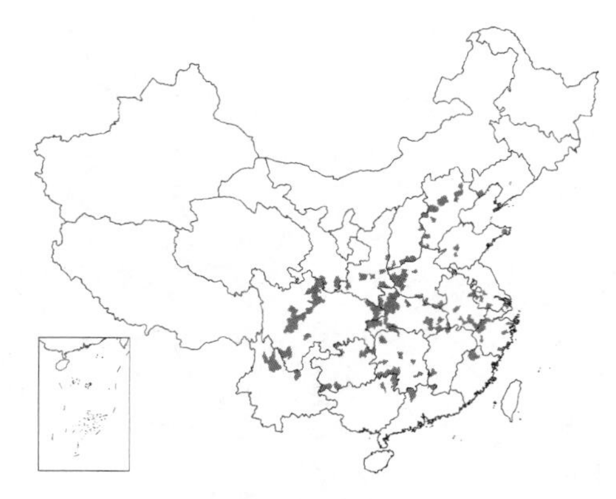

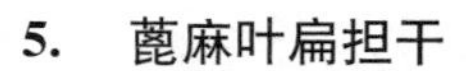

Sin. 7: 612. 1929.

Grewia parviflora Bunge in Mém. Sav. Etr. Acad. Sci. St. Pétersb. 2: 83. 1833.

落叶灌木，高达2米。小枝和叶柄密生黄褐色星状柔毛。叶菱状卵形或菱形，长3-11厘米，宽1.6-6厘米，密生小整齐小齿，有时不明显浅裂，两面被星状柔毛，下面毛较密；叶柄长0.3-1.8厘米。聚伞花序与叶对生。花淡黄色；萼片5，窄披针形，长4-8毫米，密生柔毛，花瓣5，小；雄蕊多数；子房密生柔毛。核果红色，径0.8-1.2厘米，无毛，2裂，每裂有2小核。

产辽宁、河北、山西、山东、河南、安徽、江苏、浙江、福建、江西、湖北、湖南、广东、广西、贵州、云南、四川、陕西及甘肃，生于平原、低山灌丛中。茎皮纤维可作人造棉。

图 48 小花扁担杆 （引自《图鉴》）

5. 苘麻叶扁担干 图 49

Grewia abutilifolia Vent ex Juss. in Ann. Mus. Paris 4: 92. 1804.

灌木或小乔木，高达5米。幼枝被黄褐色星状粗毛。叶宽卵圆形，长7-11厘米，先端骤短尖，基部圆或微心形，两面被星状粗毛，基出脉3，两面脉上行过半，并各有二次支脉7-9，边缘有细锯，先端常有浅裂；叶柄长1-2厘米。聚伞花序3-7簇生叶腋：花序梗长3-6毫米。花梗长4-8毫米；苞片线形，早落。萼片长圆形，长6-8毫米；花瓣长2-3毫米；雌雄蕊柄无毛；雄蕊长4-5毫米；子房被毛，花柱与萼片等长，柱头2裂。核果被毛，有2-4分核。

产海南、广西、贵州及云南，生于低山丘陵灌丛中。印度尼西亚、中南半岛及印度有分布。茎皮纤维代麻用。

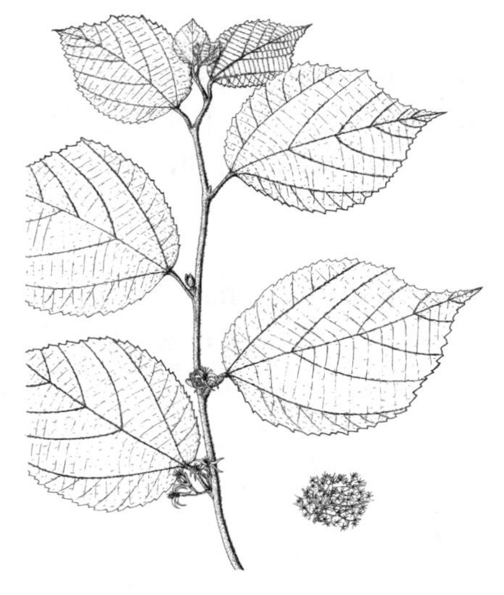

图 49 苘麻叶扁担干 （引自《图鉴》）

6. 稔叶扁担干 图 50

Grewia urenifolia (Pierre) Gagnep. in Lecomte, Not. Syst. 1: 126. 1909.

Grewia abutilifolia Vent ex Juss. var. *urenifolia* Pierre in Fl. Cochinch. Pl. 164. 1888.

灌木，高达2米。幼枝被星状粗毛，叶宽卵圆形，长6-8厘米，先端骤短尖，基部心形，上面有星状粗毛，下面密被星状粗毛；叶柄长1-1.5厘米，被粗毛。聚伞花序1-2腋生，花序梗长1厘米。花蕾长6-7毫米；花梗长4-6毫米；萼片长6毫米；外面有毛，内面无毛；花瓣短小；腺体基部

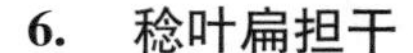

有毛；子房被毛，柱头5裂。

产广西及云南东南部，生于次生灌丛中。中南半岛有分布。

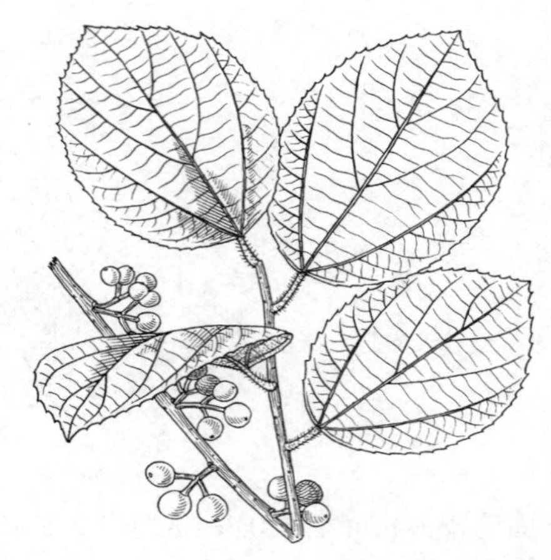

图 50 毡叶扁担干 （余汉平绘）

7. 同色扁担干 图 51

Grewia concolor Merr. in Lingnan Sci. Journ. 14: 35. 1935.

蔓性灌木。幼枝被褐色星状柔毛。叶长圆形，革质，长7-12厘米，先端短尖，尖头钝，基部近圆或微心形，稍偏斜，两面幼时有柔毛，后脱落无毛，基出脉3条，两侧脉上行不过半，边缘有细锯；叶柄长5-7毫米，托叶披针形，长5毫米。聚伞花序1-2腋生，各有2-3花，花序梗长约1厘米，被毛。花单性；花梗长5-9毫米，被毛；苞片钻形，长5毫米；萼片窄披针形，长7-8毫米；花瓣长2.5-3毫米，腺体倒卵形，周围有毛；雄蕊多数；子房被长毛，花柱无毛，柱头3裂。核果双球形或四球形。花期7-8月。

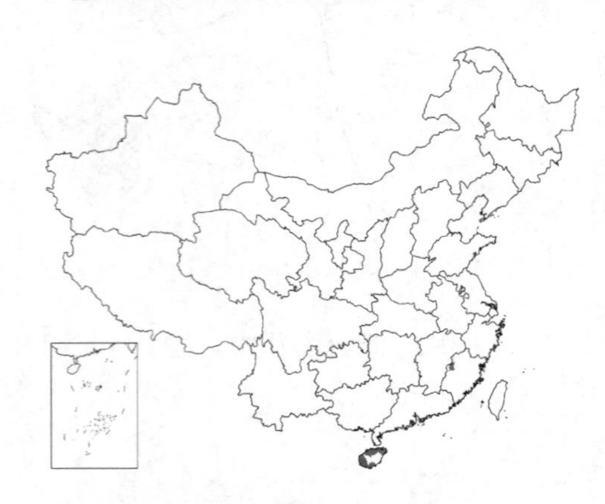

产福建西部及海南，生于林内或灌丛中。

图 51 同色扁担干 （黄锦添绘）

8. 无柄扁担干 图 52

Grewia sessiliflora Gagnep. in Lecomte, Not. Syst. 1: 167. 1910.

灌木。幼枝被黄褐色星状柔毛，叶三角状披针形，长6-10厘米，先端窄而渐尖，基部斜圆或微心形，两面被黄褐色星状柔毛，基出脉3，两侧脉上行达叶片中部，边缘有锯齿；叶柄长1-3毫米。聚伞花序1-2腋生，长4-5厘米，花序梗长3-4厘米。苞片线形，长7-8毫米，被茸毛；萼片披针形，长8-9毫米，被毛；花瓣长4-5毫米；雄蕊稍长于花瓣；子房被毛，花柱超出雄蕊。核果双球形，有光泽，疏被星状柔毛。花期6-7月。

产广东、海南及广西西南部，生于低海拔次生林中。越南北部有分布。茎皮纤维可织麻袋。

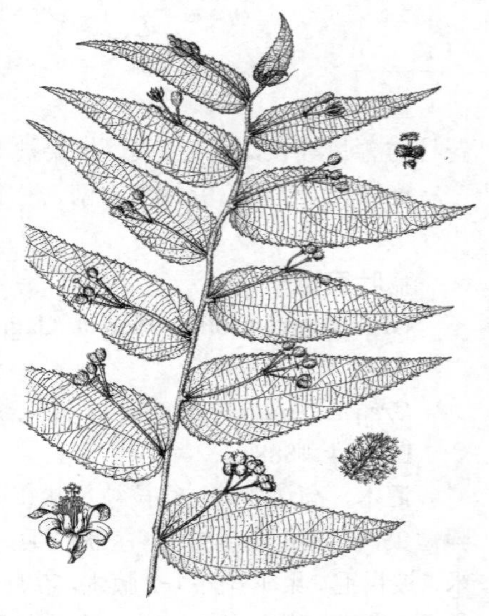

图 52 无柄扁担干 （引自《图鉴》）

8. 刺蒴麻属 Triumfetta Linn.

直立或匍匐草本或亚灌木。叶互生，有时掌状3裂，具基出脉，边缘有锯齿。花两性，单生或数朵排成腋生或腋外生聚伞花序。萼片5，离生，镊合状排列，先端常有角状突起；花瓣与萼片同数，离生，内侧基部有增厚的腺体；雄蕊5至多数，生于肉质有裂片的雌雄蕊柄上；子房2-5室，花柱单生，柱头2-5浅裂；每室2胚珠。蒴果近球形，3-6爿裂或不裂，有针刺，刺尖直伸或有倒钩。种子有胚乳。

60种，分布于热带亚热带地区。我国6种。

1. 果开裂，针刺长0.5-1厘米；叶不裂。
  2. 果刺弯曲，刺长5-7毫米 ………………………………………………… 1. **毛刺蒴麻 T. cana**
  2. 果刺顶端有钩，刺长0.8-1厘米 ………………………………………… 2. **长钩刺蒴麻 T. pilosa**
1. 果不裂，钩刺长2毫米；叶先端3裂，基部楔形 ………………………… 3. **刺蒴麻 T. rhomboidea**

1. 毛刺蒴麻　图 53

Triumfetta cana Bl. Bojer 1: 126. 1825.

Triumfetta tomentosa Bojer; 中国高等植物图鉴2: 800. 1972.

木质草本，高1.5米。幼枝被星状柔毛。叶卵形或卵状披针形，长4-8厘米，先端渐尖，基部圆，上面有疏毛，下面被厚星状柔毛，基出脉3-5，侧脉向上行达中部，边缘有不整齐锯齿；叶柄长1-3厘米。聚伞花序1至数枝腋生，花序梗长3毫米。花梗长1.5毫米；萼片窄长圆形，长7毫米，被毛；花瓣短于萼片，长圆形，基部有短柄；雄蕊8-10或稍多；子房有刺毛，4室，柱头4-5裂。蒴果球形，有弯刺，长5-7毫米，被毛，4爿裂，每室有2种子。花期夏秋。

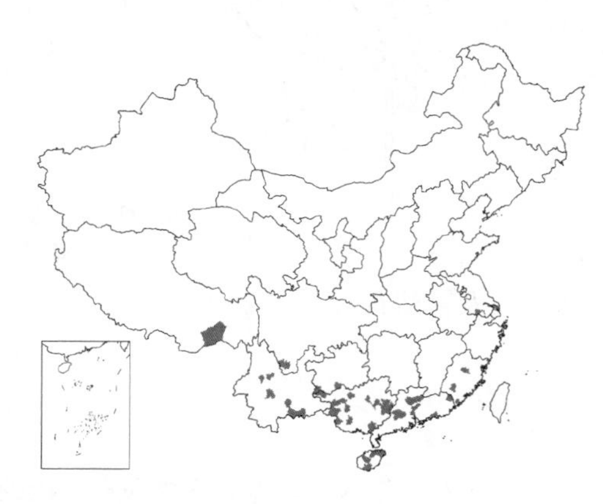

图 53 毛刺蒴麻 （引自《图鉴》）

产江苏西南部、福建、广东、香港、海南、广西、贵州、四川、云南及西藏东南部，生于平地丘陵次生林内或灌丛中。印度尼西亚、马来西亚、中南半岛、缅甸及印度有分布。茎皮纤维可制麻袋和绳索。

2. 长钩刺蒴麻　图 54

Triumfetta pilosa Roth, Nov. Pl. Sp. 223. 1821.

木质藤本或亚灌木，高1米。幼枝被褐色星状长柔毛。叶厚卵形或长卵形，长3-7厘米，先端渐尖或尖，基部圆或微心形，上面有疏毛，下面被厚星状柔毛，基出脉3，两侧脉上行过中部，边缘有不整齐锯齿；叶柄长1-2厘米。聚伞花序1至数枝腋生，花序梗长5-8毫米。花梗长3-5毫米；苞片披针形，长1毫米；萼片窄披针形，长7毫米，先端有角，被毛；花瓣黄色，与萼片等长；雄蕊10；子房被毛。蒴果有刺，刺长0.8-1厘

图 54 长钩刺蒴麻 （谢庆建绘）

米，被毛，先端有钩。花期夏季。

产台湾、湖南西北部、广东、广西、贵州、四川及云南，生于低海拔干旱阳坡灌丛中。热带亚洲各地及非洲有分布。

3. 刺蒴麻 图 55

Triumfetta rhomboidea Jacq. Enum Pl. Craib. 22. 1760.

Triumfetta batramia Linn；中国高等植物图鉴 2：801. 1972.

亚灌木，高约1米；多分枝。幼枝被灰褐色星状短柔毛。叶纸质，茎下部叶宽卵圆形，长5-8厘米，先端3裂，基部圆；茎上部叶长圆形，下面被柔毛，基出脉3-5，两侧脉直达裂片尖端，边缘有不规粗锯齿；叶柄长1-5厘米。聚伞花序数枝腋生；花序梗及花梗均极短。萼片窄长圆形，长5毫米，先端有角；花瓣短于萼片，黄色；雄蕊10；子房有刺毛。蒴果球形，不裂，具钩刺，刺长2毫米；有2-6种子。花期夏秋。

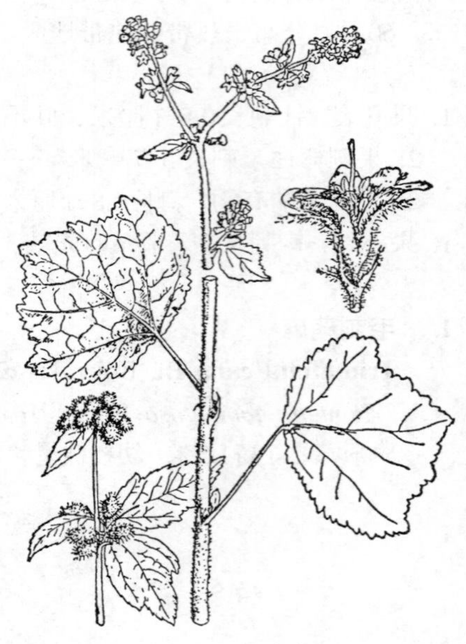

图 55 刺蒴麻 （引自《图鉴》）

产台湾、福建、湖北、湖南、广东、香港、海南、广西、云南、贵州及四川。热带亚洲及非洲有分布。全株供药用，辛温，消风散毒，治毒疮及肾结石。

9. 滇桐属 Craigia W. W. Smith et Evans

落叶乔木。顶芽有鳞片。叶革质，基出脉3，边缘有小齿突；具长柄，无托叶。花两性，排成聚伞花序。花梗有节；萼片5，肉质，分离、镊合状排列；无花瓣；无雌雄蕊柄；雄蕊多数，排成2-3列，外轮退化雄蕊10，成对着生，内轮发育雄蕊20，分为5组，花丝基部稍连生，花药2室；子房上位，无柄，5室，每室6胚珠，中轴胎座，花柱5。翅果椭圆形，有5条膜质具脉纹的薄翅，室间开裂，每1-4种子。种子长卵圆形。

2种，产云南、贵州和广西。

1. 叶椭圆形，基部圆，幼枝及叶下面无毛 ………………………………………… 1. **滇桐 C. yunnanensis**
1. 叶长圆形，基部楔形，幼枝及叶下面有毛 ………………………………………… 2. **桂滇桐 C. kwangsiensis**

1. 滇桐 图 56 彩片 13

Craigia yunnanensis Smith et Evans in Trans. Proc. Bot. Soc. Edinb. 28：69. 1921.

落叶乔木，高达20米。顶芽被灰白色毛。幼枝无毛。叶椭圆形，长10-20厘米，先端骤短尖，基部圆，两面无毛，基出脉3，两侧脉上行不过半，边缘有小齿突；叶柄长1.5-2厘米。聚伞花序腋生，长约3厘米，有2-5花。花梗有节；萼片5，长圆形，长1厘米，被毛；无花瓣；外轮退化雄蕊10，内轮发育雄蕊20，短于萼片；子房无毛，5室，每室6胚珠，花柱5。蒴果椭圆形，5棱，长约3.5厘米，具膜质翅。种子长约1厘米。

产广西西南部、贵州南部及云南。

2. 桂滇桐 图 57

Craigia kwangsiensis Hsue in Acta Phytotax. Sin. 13: 107. 1975.

落叶乔木。顶芽有鳞片，被柔毛。叶长圆形，长7-9厘米，先端渐尖，基部楔形，两面无毛或下面被短柔毛，基出脉3，两侧脉上行不过叶长1/3，边缘有细锯齿；叶柄长1.8-2.5厘米。果序腋生，聚伞式排列，果序柄长1-1.5厘米，果柄长1-1.2厘米，有节，均被星状柔毛；具翅蒴果椭圆形，长2.5-3厘米，翅薄膜质，有横走脉纹。种子每室4，椭圆形，长8毫米。果期11月。

产广西西北部，生于低海拔石灰岩山地常绿林中。

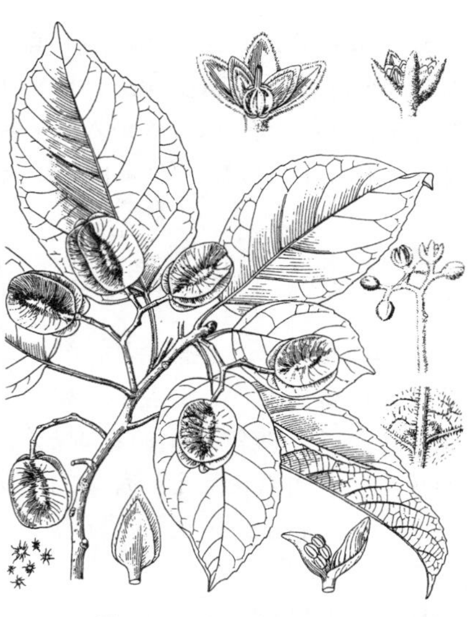

图 56 滇桐 （何顺清绘）

10. 蚬木属 Excentrodendron H. T. Chamg et R. H. Miau

常绿乔木，幼枝无毛。叶革质，卵形或长卵形，基部楔形或圆，非心形，基出脉3条，脉腋有囊状腺体，全缘；具长柄。花两性，稀单性，排成圆锥花序或总状花。花梗常有节；苞片早落；两性花或雄花5数，稀4或较多；萼片长圆形，镊合状排列，基部分离或略连生，无腺体或有2个球形腺体；花瓣4-5，有时更多，倒卵形，有短爪，比萼片短；雄蕊20-40，花丝线形，基部略连生，分成5组，花药2室，基部着生；子房5室，每室2胚珠，花柱5条，极短，无子房柄。蒴果长圆形，5室，有5条薄翅，室间开裂。每室有种子1个，着生于基底。

4种，我国均产。越南产1种。

图 57 桂滇桐 （何顺清绘）

蚬木 图 58 彩片 14

Excentrodendron hsienmu (Chun et How) H. T. Chang et R. H. Miau in Acad. Sci. Nat. Univ. Sunyatseni 3: 23. 1978.

Burretiodendron hsienmu Chun et How, in Acta Phytotax. Sin. 5: 9. 1956; 中国高等植物图鉴2: 805. 1972.

常绿乔木，高20米，胸径达3米。幼枝及顶芽均无毛。叶革质，卵圆形，长8-14厘米，先端渐尖，基部圆，上面有光泽，脉腋有囊状腺体，下面除腋有簇毛外，余无毛，基出脉3条，两侧脉上升过半，全缘；叶柄长3.5-6.5厘米。圆锥花序长5-9厘米，有7-13花。两性花；

图 58 蚬木 （邹贤桂绘）

花梗有节；萼片长圆形，长约1厘米，被星状毛，无腺体或内侧数片每片有2球形腺体；花瓣倒卵形，长8-9毫米，宽5-6毫米，基部有柄；雄蕊26-35，花丝线形，长4-6毫米，花药长3毫米；子房无柄，5室，每室2胚珠，花柱5条，极短。翅果长2-3厘米，有5条薄翅。

产广西西部及云南东南部，生于石灰岩山地常绿林中。木材坚重，供建筑和作砧板。

11. 柄翅果属 **Burretiodendron** Rehd.

落叶乔木。顶芽有鳞片。叶纸质，心形，基出脉5-7，边缘有小齿突；具柄，托叶早落。花单性，雌雄异株；数朵排成聚伞花序。雄花：5数，苞片2-3片，早落；花梗无关节；萼片5，内侧基部有腺体；花瓣5，有短爪，比萼片稍长；雌雄蕊无柄；雄蕊约30枚；花丝基部略连生，分5组，花药2室，纵裂；退化子房藏于雄蕊丛内。雌花未见。蒴果长圆形，有短的子房柄，具5条薄翅，室间开裂，每室1种子。种子长卵形，着生于基底。

3种，我国2种，另1种产泰国。

柄翅果 心叶蚬木 图 59 彩片 15

Burretiodendron esquirolii (Lévl.) Rehd. in Journ. Arn. Arb. 17: 48. pl. 178. 1936.

Pemace esquirolii Lévl. in Fedde, Repert. Sp. Nov. 10: 147. 1911.

落叶乔木，高20米。幼枝被星状柔毛。叶纸质，宽椭圆形或宽倒卵形，长9-14厘米，先端骤短尖，基部不等侧心形，上面被星状毛，下面密被星状柔毛，基出脉5条，边缘有小齿突；叶柄长2-4厘米。聚伞花序与叶柄等长，有3花；苞片2，卵形，长7毫米，早落。雄花：具花梗，径2厘米；萼片5，长卵形，长1厘米，宽4毫米，被星状柔毛，内侧有腺体，长3-4毫米；花瓣倒卵形，长1.3厘米，宽7毫米，有爪。果序具有翅蒴果1-2个，果序柄长1厘米，果柄长7-8毫米，无关节，被星状毛；蒴果椭圆形，长3.5-4厘米，有5条薄翅。基部圆，有长3-4毫米的子房柄。种子倒卵形，长约1厘米。

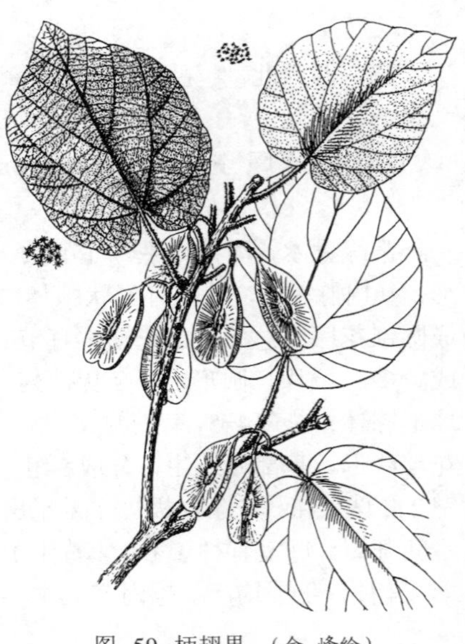

图 59 柄翅果 （余 峰绘）

产广西西北部、贵州西南部及云南东南部，生于石灰岩及沙岩山地常绿林中。

12. 海南椴属 **Hainania** Merr.

小乔木或灌木状，高达15米；树皮灰白色。幼枝密被灰褐色茸毛，老枝无毛。叶薄革质，卵圆形，长6-12厘米，先端渐尖或尖，基部心形或平截，上面近无毛，下面密被紧贴灰黄色星状茸毛，全缘、微波状或上部有钝齿，基出脉5-7条；叶柄长2.5-5.5厘米，被毛，托叶小，早落。花两性；圆锥花序顶生，长达26厘米，多花，花序梗密被黄色星状茸毛。花梗长5-7毫米，被毛；苞片小，早落；花萼钟状，萼齿2-5，大小不等；花瓣5，黄或白色，倒披针形，长6-7毫米，无毛；雄蕊20-30，花丝基部连成5束，无毛，退化雄蕊5，披针形与花瓣对生；子房卵圆形，5室，密被星状柔毛，花柱单生，柱头锥状。蒴果倒卵形，有5或4棱，长2-2.5厘米，成熟时5-4爿室背开裂，果爿有深槽，外面密被淡黄色星状柔毛，每室1-3种子。种子椭圆形，长约4毫米，密被褐色长柔毛。

我国特有单种属。

海南椴 图 60

Hainania trichosperma Merr. in Lingnan. Sci. Journ. 14: 35. 1935.

形态特征同属。花期秋季，果期冬季。

产海南及广西，生于中海拔山地疏林中。

图 60 海南椴 （黄锦添仿绘）

13. 六翅木属 **Berrya** Roxb.

乔木。叶互生，心形，基出脉5–7条，全缘。花多数，白色，细小，排成顶生圆锥花序。花萼钟形，3–5裂；花瓣5，匙形；雄蕊多数，离生，全部能育，无退化雄蕊；子房5位，3室，3浅裂，每室有垂生胚珠4–5个，柱头3裂。蒴果球形，室间3爿开裂，每裂爿有2直翅。种子每室1–2个，被长毛；胚乳肉质。子叶叶状。

6种，分布于热带亚洲地区及波利尼西亚。我国1种。

六翅木 图 61

Berrya cordifolia（Willd.）Burret in Notizbl. Bot. Gart. Mus. Berlin 9: 606, 1926.

Espera cordifolia Willd. in Neue Schrift. Nat. Fr. Berlin 3: 449. 1801.

大乔木。叶卵形，长10–20厘米，先端尖锐，基部心形，无毛，基出脉7–9条，中脉有4对侧脉，网脉近平行；叶柄长约10厘米，托叶线形，无毛，长约2厘米。圆锥花序顶生，长20余厘米，多花，被毛。花梗长1厘米；花萼钟形，长4毫米，3–5裂，裂片被毛；花瓣5，线状匙形，长8毫米；雄蕊多数，长5–6毫米，花丝基部略连生，花药横裂；子房被毛。3室，有3条纵沟，密被茸毛，花柱短，柱头3裂。蒴果球形，3室，有6翅，每室有种子1–2个。

图 61 六翅木 （谢庆建绘）

产台湾屏东。菲律宾、马来西亚、斯里兰卡、中南半岛等地有分布。

66. 梧桐科 STERCULIACEAE

（徐祥浩 徐颂军）

乔木或灌木，稀草本或藤本。树皮常有粘液和富含纤维。幼嫩部分常有星状毛。叶互生，单叶，稀掌状复叶，全缘、具齿或深裂，常有托叶。花序腋生，稀顶生，圆锥花序、聚伞花序、总状花序或伞房花序，稀花单生。花单性、两性或杂性；萼片5，稀3-4，多少合生，稀完全分离，镊合状排列；花瓣5或无花瓣，分离或基部与雌雄蕊柄合生，排成旋转的覆瓦状排列；常有雌雄蕊柄；雄蕊的花丝常合生成管状，有5枚舌状或线状的退化雄蕊与萼片对生，或无退化雄蕊，花药2室，纵裂；雌蕊由2-5（稀10-12）个多少合生的心皮或单心皮所组成，子房上位，室数与心皮数相同，每室有胚珠2个或多个，稀1个，花柱1枚或与心皮同数。蒴果或蓇葖，开裂或不裂，稀浆果或核果。种子有胚乳或无胚乳，胚直立或弯生，胚轴短。

68属，约1500种，分布于东、西两半球热带和亚热带地区，个别种分布至温带地区。我国17属84种6变种，连常见栽培的种类在内共19属88种6变种。

1. 花无花瓣，单性或杂性。
  2. 果开裂，无翅、无龙骨状突起，每果内1或多数种子；叶下面无鳞秕。
    3. 种子有长翅；果木质 ………… 1. **翅苹婆属 Pterygota**
    3. 种子无翅；果革质或膜质，稀木质。
      4. 果革质，稀木质，成熟时开裂 ………… 2. **苹婆属 Sterculia**
      4. 果膜质，成熟前开裂如叶状。
        5. 花出叶后开放；萼5深裂近基部，萼片外卷，无明显萼筒 ………… 3. **梧桐属 Firmiana**
        5. 花出叶前开放；萼筒漏斗状或圆筒状，稀近钟形，顶端5齿裂 ………… 4. **火桐属 Erythropsis**
  2. 果不裂，有翅或有龙骨状突起，每果内1种子；叶下面密被银白或黄褐色鳞秕 ………… 5. **银叶树属 Heritiera**
1. 花有花瓣，两性。
  6. 子房生于长的雌雄蕊柄顶端，柄长为子房2倍以上。
    7. 蒴果膜质，膨胀如气囊，每室常有1种子，稀2种子 ………… 6. **鹧鸪麻属 Kleinhovia**
    7. 蒴果或多或少木质，不膨胀，每室2或多数种子。
      8. 种子有明显膜质长翅，连翅长2厘米以上 ………… 7. **梭罗树属 Reevesia**
      8. 种子无翅，长不及4毫米 ………… 8. **山芝麻属 Helicteres**
  6. 子房无柄或有很短的雌雄蕊柄（翅子树属）。
    9. 花无退化雄蕊。
      10. 乔木或灌木；花有40-50雄蕊；蒴果木质或厚革质 ………… 9. **火绳树属 Eriolaena**
      10. 草本或亚灌木；花有5雄蕊；蒴果膜质。
        11. 蒴果5室；花柱5，分离或仅基部连合 ………… 10. **马松子属 Melochia**
        11. 蒴果1室；花柱1，柱头流苏状 ………… 11. **蛇婆子属 Waltheria**
    9. 花有退化雄蕊。
      12. 花簇生树干或粗枝；核果，不裂；种子无翅 ………… 12. **可可属 Theobroma**
      12. 花生于小枝；蒴果，开裂；种子有翅或无翅。
        13. 花有雄蕊15，稀10或20，每3枚雄蕊（稀2或4）集合并与退化雄蕊互生。
          14. 一年生草本；花红色，午间开放，隔日脱落 ………… 13. **午时花属 Pentapetes**
          14. 乔木或灌木，稀木质攀援藤本；花在枝上保留的时间较长。
            15. 种子顶端有膜质长翅；退化雄蕊线状 ………… 14. **翅子树属 Pterospermum**
            15. 种子无翅；退化雄蕊非线状。
              16. 蒴果无翅；退化雄蕊舌状，无毛，子房每室2胚珠 ………… 15. **平当树属 Paradombeya**

16. 蒴果有5翅；退化雄蕊宽匙形，顶端凹陷有沟，两面均有毛 ………………………… 16. **昂天莲属 Ambroma**
13. 花有雄蕊5。
17. 亚灌木或草本；花单生，黄色，花瓣凋而不落 ……………………………………………… 17. **梅蓝属 Melhania**
17. 乔木或木质大藤本；聚伞花序。
18. 藤本；退化雄蕊顶端钝，下部连合成筒状；蒴果有粗刺或锥尖状刺，室间5瓣裂 ……………………………………………………………………………………………… 18. **刺果藤属 Byttneria**
18. 乔木；退化雄蕊线状披针形，下部不连合；蒴果密被刚毛，室背开裂 ……… 19. **山麻树属 Commersonia**

1. 翅苹婆属 Pterygota Schott et Endl.

乔木。叶心形，常全缘，幼苗期常有浅裂，基生脉指状。花单性；排成腋生的总状花序或圆锥花序。萼钟状，5深裂近基部，先端反曲；无花瓣；雄花的雌雄蕊柄圆柱形，被花萼包围，顶端扩展成杯状，花药无柄，集成5束，常有退化雌蕊；雌花的雌雄蕊柄很短，有5束不发育雄蕊，心皮几分离，每心皮有多数胚珠，柱头膨大，辐射状。蓇葖果木质，近球形，有长柄，内有多数种子。种子顶端有1个长而宽的翅。

约20种，分布于亚洲热带和非洲热带。我国1种。

翅苹婆

图 62 彩片 16

Pterygota alata（Roxb.）R. Brown in Benn. Pl. Jav. 234. 1867.

Sterculia alata Roxb. Coromandel Pl. 3: 84. t. 287. 1819.

大乔木，高达30米。幼枝密被金黄色星状柔毛。叶心形或宽卵形，长13-35厘米，先端骤尖或钝，基部平截、心形或近圆，老时两面无毛；叶柄长5-15厘米，托叶钻状。圆锥花序腋生，短于叶柄。花稀疏，红色，几无花梗；花萼钟状，长1.7-2厘米，5深裂，裂片线状披针形，密被柔毛；雄花的雌雄蕊柄长圆柱状锥形，长不及萼之半，被毛，花药约20，每3-5个聚合，集生于雌雄蕊柄的顶端，有退化雌蕊；雌花的雌雄蕊柄短，子房球形且被短柔毛，花柱5，弯曲，每心皮胚珠40-50。蓇葖果木质，扁球形，径约12厘米，被粉状柔毛。种子多数，长圆形，扁，顶端有宽翅，连翅长约7厘米。

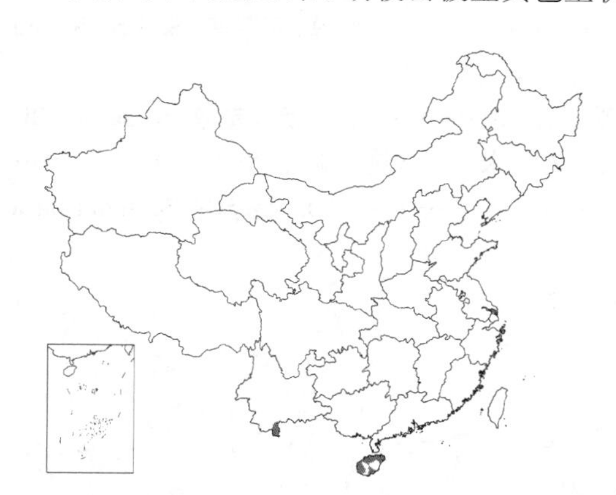

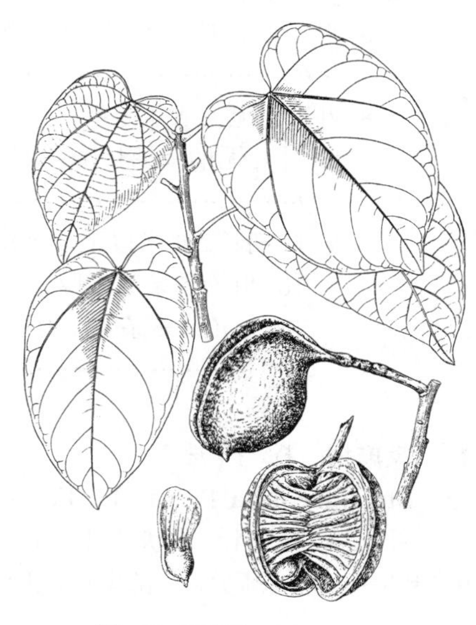

图 62 翅苹婆 （余汉平绘）

产海南及云南南部，生于山坡疏林中。越南、印度及菲律宾有分布。

2. 苹婆属 Sterculia Linn.

乔木或灌木。单叶，全缘、具齿或掌状深裂，稀掌状复叶。圆锥花序，稀总状花序，常腋生。花单性或杂性；花萼5浅裂或深裂；无花瓣；雄花的花药聚生于雌雄蕊柄的顶端，包退化雌蕊；雌花的雌雄蕊柄很短，顶端有轮生不育花药和发育雌蕊，雌蕊常由5个心皮合成，每心皮胚珠2或多个，花柱基部合生，柱头与心皮同数而分离。蓇葖果多革质或木质，成熟时开裂，内有1或多数种子。种子常有胚乳。

约300种，产东西两半球热带和亚热带地区，亚洲热带最多。我国26种3变种。本属有些种的种子可食，茎皮纤维可织麻袋和编绳等。

1. 掌状复叶，小叶7-9。
   2. 花萼钟状，裂片与萼筒等长或稍短，内弯；叶侧脉密而明显 …………………………… 1. **家麻树 S. pexa**
   2. 花萼星状，裂片分裂近基部，向外开展，无明显萼筒；叶侧脉疏而不明显 ……………… 2. **香苹婆 S. foetida**
1. 单叶。
   3. 叶掌状深裂，两面均密被褐色绒毛，下面尤密 …………………………………… 3. **绒毛苹婆 S. villosa**
   3. 叶全缘。
      4. 花萼有明显萼筒，裂片与萼筒等长或几等长，稀短于萼筒。
         5. 花萼裂片与萼筒等长或稍长于萼筒。
            6. 花萼裂片先端长渐尖，内弯并粘合。
               7. 花萼长1厘米，萼筒与萼片等长；叶两面均无毛 ……………………………… 4. **苹婆 S. nobilis**
               7. 花萼长5-6毫米；叶下面有毛 ……………………………………… 4(附). **小花苹婆 S. micrantha**
            6. 花萼裂片先端短尖，向外张开而不粘合；叶倒披针形或椭圆状倒卵形，叶及叶柄均散生小黑点 ……………………………………………………………………………… 5. **信宜苹婆 S. subracemosa**
         5. 花萼裂片远比萼筒短，裂片三角形，外弯，为萼全长的1/3，长约1. 8毫米 ………………………………………………………………………………… 6. **台湾苹婆 S. ceramica**
      4. 花萼无明显萼筒，分裂近基部或萼裂片长达萼筒2倍以上。
         8. 叶下面密被柔毛，叶卵状椭圆形、长圆形或倒卵状长圆形，基部浅心形或斜心形，基生脉5 ……………………………………………………………………………… 7. **粉苹婆 S. euosma**
         8. 叶下面无毛或几无毛。
            9. 叶几无柄或柄长0.6-1.2厘米，集生于小枝顶端，倒披针形或倒披针状窄椭圆形 ……………………………………………………………………………… 8. **短柄苹婆 S. brevissima**
            9. 叶柄长2厘米以上，叶散生。
               10. 叶有5条基生脉；萼片线状披针形，长8毫米，先端长渐尖 ………… 9. **罗浮苹婆 S. subnobilis**
               10. 叶有1-3条基生脉；萼片长圆形或长圆状披针形，长4-6毫米，先端钝或略有小短尖突 ……………………………………………………………………………… 10. **假苹婆 S. lanceolata**

1. 家麻树 棉毛苹婆　　图 63 彩片 17

Sterculia pexa Pierre, Fl. For. Cochinch. 12: t . 182. 1888.

乔木。小枝粗壮。掌状复叶；小叶7-9，倒卵状披针形或长椭圆形，长9-23厘米，先端渐尖，基部楔形，上面几无毛，下面密被星状柔毛，侧脉22-40对，平行；叶柄长20-23厘米，托叶三角状披针形，长5毫米，被毛。总状或圆锥花序长达20厘米。小苞片线状披针形，长约1厘米；花萼白色，钟状，5裂，长约6毫米，密被星状柔毛，裂片三角形，先端渐尖并粘合，与钟状萼筒等长；雄花的雌雄蕊柄线状，无毛，花药10-20集生成头状；雌花的子房球形，5室，密被茸毛，花柱短，柱头5裂，不育花药位于子房下部。蓇葖果红褐色，长圆状椭圆形并稍成镰状，长4-9厘米，密被星状毛和刚毛，内面有星状毛，边缘有缘毛，每果约3个种子。种子长圆形，黑色，长约1.5

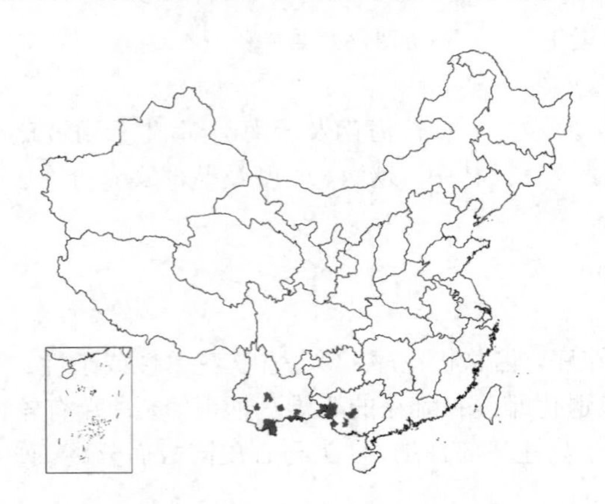

图 63 家麻树 （黄少容绘）

厘米。花期10月。

产广西及云南，常生于干旱阳坡，也栽培于村边、路旁。泰国、越南、老挝有分布。枝皮纤维坚韧，耐水湿，可做绳索和麻类代用品，也可造纸。种子煮熟可食。木材坚硬，可制家具。

2. 香苹婆

图 64

Sterculia foetida Linn. Sp. Pl. 1008. 1753.

乔木。枝轮生，平伸。聚生于枝端，掌状复叶；小叶7-9，椭圆状披针形，长10-15厘米，先端长渐尖或尾尖，基部楔形，幼时有毛，后无毛；叶柄长10-20厘米。圆锥花序着生新枝近顶部，有多花。小苞片细小；花梗比花短；花萼红紫色，长约1.2厘米，5深裂近基部，萼片椭圆状披针形，外展，比萼筒长；被淡黄褐色柔毛；雄花花药12-15，聚生成头状；雌花心皮5，被毛，花柱弯曲，柱头5裂。蓇葖果木质，椭圆形似船状，长5-8厘米，顶端喙状，几无毛，有10-15种子。种子椭圆形，黑色而光滑。长约1.5厘米。花期4-5月。

福建、广东、海南、广西、云南有栽培。印度、斯里兰卡、越南、泰国、柬埔寨、缅甸、澳大利亚北部及非洲热带均有分布。种子炒熟后可食。

图 64 香苹婆 （黄少容绘）

3. 绒毛苹婆 白榔皮

图 65

Sterculia villosa Roxb. Fl. Ind. 3: 148. 1832.

乔木；树皮灰白色。小枝粗，幼时有褐色星状柔毛。叶掌状3-7裂，基部宽心形，长17-22厘米，长宽几相等，中间裂片宽卵形，尾尖，长达8厘米，上面疏被柔毛，下面密被黄褐色星状柔毛；叶柄粗，长约16厘米，有毛，托叶披针形，长约1厘米。圆锥花序生于小枝上部叶腋，密被锈色星状柔毛。花黄色；花萼宽钟状，长约1厘米，5裂，被柔毛，内面无毛，裂片披针形，长约6毫米，外展；雄花的雌雄蕊柄弯曲，无毛，花药10；雌花的子房球形，花柱下弯，被毛。蓇葖果长椭圆形，长3-5厘米，顶端略有短喙，内外均密被锈色星状长柔毛。种子长圆形，黑色。

产云南，生于海拔540-1500米山谷林中或栽培于村边。印度北部有分布。树干可采取树胶，称“梧桐胶”或称卡拉雅胶（Karaya gum），可用于食品、纺织、医药、香烟等工业；树皮纤维可制绳索和作造纸原料。

图 65 绒毛苹婆 （余汉平绘）

4. 苹婆 凤眼果

图 66：1-3 彩片 18

Sterculia nobilis Smith in Rees's Cyclop. no 4. 1816.

乔木。幼枝微被星状毛。叶长圆形或椭圆形，长8-25厘米，先端骤尖或钝，基部圆或钝，两面无毛；叶柄长2-3.5厘米，托叶早落。圆锥花序顶生或腋生，长达20厘米，有柔毛。花梗远比花长；花萼初呈乳白色，后淡红色，钟状，长约1厘米，外面有柔毛，5裂，裂片线状披针形，先端渐尖内曲，在先端粘合，与钟状萼筒等长；雄花较多，雌雄蕊柄弯曲，无毛，花

药黄色；雌花较少，稍大，子房球形，有5条沟纹，密被毛，花柱弯曲，柱头5浅裂。蓇葖果鲜红色，厚革质，长圆状卵圆形，长约5厘米，顶端有喙，每果有1-4种。种子椭圆形，黑褐色，径约1.5厘米。花期4-5月。

产福建东南部、海南、广西西南部、云南南部、贵州西南部及四川南部，喜生于排水良好的肥沃土壤，耐荫。印度、越南及印度尼西亚有分布，亦栽培。种子可食，煮熟后味如栗子。树冠浓密，叶常绿，树形美观，可作行道树。

［附］**小花苹婆** 图 66：4-7 **Sterculia micrantha** Chun et Hsue in Journ. Arn. Arb. 28: 328. 1947. 本种与苹婆的区别：花萼长5-6毫米。产云南南部，生于海拔1400米疏林中。

图 66：1-3. 苹婆 4-7. 小花苹婆 8-10. 信宜苹婆 （黄少容绘）

5. 信宜苹婆 图 66：8-10

Sterculia subracemosa Chun et Hsue in Journ. Arn. Arb. 28: 328. 1947.

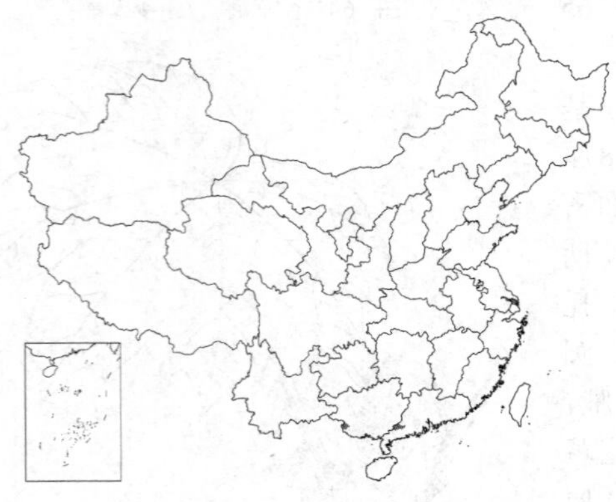

灌木。小枝疏被星状柔毛。叶倒披针形或椭圆状倒卵形，长11-18厘米，先端钝或骤短尖，基部楔形，两面无毛，侧脉8-10对，网脉在两面明显；叶柄长1.5-2.5厘米，微被柔毛，叶及叶柄常散生小黑点。总状花序柔弱，长约9厘米，密被淡黄褐色柔毛。花梗长0.8-1厘米；小苞片线状披针形，长2毫米；花白带粉红色或橙红色；花萼长1.3厘米，5裂，被柔毛，内面除裂片上部外均无毛，裂片卵状披针形，比钟状萼筒略长，先端短尖，向外张开而不粘合；雄花的雌雄蕊柄纤细；雌花的花药约17，子房球形，径约1.5毫米，密被柔毛，花柱被毛，柱头5裂。

产广东西南部信宜及广西西南部龙州，生于海拔550米山谷和山坡密林中。

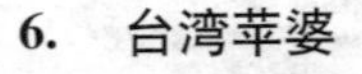

6. 台湾苹婆 图 67 彩片 19

Sterculia ceramica R. Br. in Benn. Pl. Jav. Rar. 233. 1844.

小乔木。叶卵形或椭圆状卵形，长8-17厘米，先端渐尖或尖，基部心形，全缘，两面无毛或下面基生脉腋间有稀少淡黄褐色星状柔毛，基生脉5-7；叶柄长3-5厘米。聚伞状圆锥花序腋生，花梗长约1.1厘米。雄花花萼椭圆形，长约5毫米，5浅裂，裂片三角形，外弯；雌雄蕊柄短，无毛，花药30-40聚生成头状；雌花花萼坛状，长5.5毫米，5浅裂，裂片为花萼全长1/3，向外开展；子房5室，有5纵沟，密

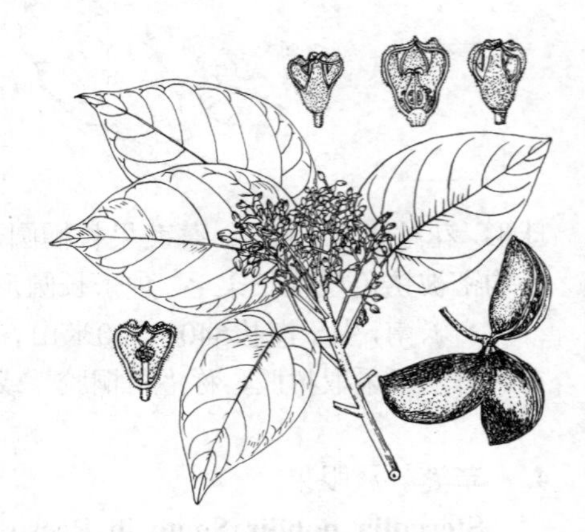

图 67 台湾苹婆 （赖玉珍仿绘）

被柔毛，花柱短，柱头5，球形。蓇葖果厚革质，卵状镰刀形，长3-6厘米，顶端钝，被红褐色毛，每蓇葖果有2种子。种子近椭圆形，长1.5-2厘米。花期6月。

产台湾红头屿。菲律宾有分布。

7. 粉苹婆 图 68

Sterculia euosma W. W. Smith in Notes Roy. Bot. Gard. Edinb. 10: 72. 1917.

乔木。幼枝密被黄褐色星状柔毛。叶卵形、椭圆形、长圆形或倒卵状长圆形，长12-30厘米，先端短尖或钝，基部浅心形或斜心形，基生脉5，上面无毛或几无毛，下面密被淡褐色星状柔毛；叶柄长约5厘米。花排成腋生或近顶生的总状花序或圆锥花序。花暗红色；花萼长约1厘米，5裂至近基部，裂片线状披针形，外面被柔毛，雌雄蕊柄长约2毫米；子房卵圆形，密被毛。蓇葖果成熟时红色，长圆形或长圆状卵形，长6-10厘米，外面密被短柔毛。种子卵圆形，黑色。长约2厘米。

图 68 粉苹婆 （赖玉珍绘）

产广西、贵州西南部、云南西部及西藏东南部，生于海拔约2000米石灰岩山坡或灌丛中。

8. 短柄苹婆 图 69：1 彩片 20

Sterculia brevissima Hsue in Acta Phytotax. Sin. 15(1): 74. 1977.

小乔木或灌木。幼枝被黄褐色星状柔毛。叶集生小枝顶端，倒披针形或倒披针状窄椭圆形，长15-30厘米，先端渐尖或骤钝尖，基部楔形，两面无毛；叶几无柄或柄长0.6-1.2厘米，被灰褐色柔毛。总状或圆锥花序，腋生，下垂。花粉红色，中部以下紫色；小苞片线状披针形，长7毫米，与花梗等长。花萼5裂近基部，萼片椭圆状披针形，长约8毫米，长于钟状萼筒3倍，疏被星状柔毛；雌雄蕊柄细长，弯曲，长4.5毫米；子房球形，密被柔毛，花柱反曲。蓇葖果椭圆形，红褐色，两端渐窄，长8厘米，密被柔毛。种子球形，褐色，径约1厘米。花期4月。

图 69：1. 短柄苹婆 2-4. 罗浮苹婆 （黄少容绘）

产云南南部及西南部，生于海拔540-1300米山谷和山坡混交林中或沟谷雨林中。

9. 罗浮苹婆 图 69：2-4

Sterculia subnobilis Hsue in Acta Phytotax. Sin. 15(1): 82. f. 6. 1977.

乔木。幼枝略被柔毛。叶椭圆形，长17-28厘米，先端短钝尖，基部近圆或近浅心形，两面无毛或幼时下面略被稀疏柔毛，侧脉6-9对，常有5基生脉；叶柄长2-5厘米，几无毛。

圆锥花序腋生，疏散，长10-18厘米，微被毛。花梗纤细，长约1厘米；花初粉绿色，后红色，径达1.8厘米；花萼分裂几至基部，裂片向外开展，线状披针形，长约8毫米，先端长渐尖，两面均疏被柔毛，边缘有缘毛；雄花的雌雄蕊柄无毛，花药约15；雌花子房具短柄，球形，密被黄褐色柔毛，花柱下弯，有毛。花期4月。

产广东及广西西南部，生于海拔约1000米山坡上。

10. 假苹婆 图 70 彩片 21

Sterculia lanceolata Cav. Diss. 5: 287. Pl. 143. f. 1. 1788.

乔木。幼枝被毛。叶椭圆形、披针形或椭圆状披针形，长9-20厘米，先端骤尖，基部钝或近圆，上面无毛，下面几无毛，侧脉7-9对；叶柄长2.5-3.5厘米。圆锥花序腋生，长4-10厘米，密集多分枝。花淡红色；萼片5，基部连合，外展如星状，长圆状披针形或长圆形，先端钝或略有小短尖突，长4-6毫米，被柔毛，边缘有缘毛；雄花的雌雄蕊柄长2-3毫米，弯曲，花药约10；雌花子房球形，被毛，花柱弯曲，柱头不明显5裂。蓇葖果鲜红色，长卵圆形或长椭圆形，长5-7厘米，顶端有喙，基部渐窄，密被柔毛。种子椭圆状卵圆形，黑褐色，径约1厘米，有2-4种子。花期4-6月。

图 70 假苹婆 （引自《中国树木志》）

产广东、海南、广西、云南、贵州及四川，生于山谷溪旁。缅甸、泰国、越南及老挝有分布。茎皮纤维可制麻袋及造纸；种子可食用，也可榨油。

3. 梧桐属 Firmiana Marsili

乔木或灌木。单叶，掌状3-5裂或全缘。圆锥花序，稀总状花序，腋生或顶生。单性或杂性；花萼5深裂近基部，萼片外卷，稀4裂；无花瓣；雄花花药10-15，聚集在雌雄蕊柄的顶端成头状，有退化雌蕊；雌花子房5室，基部围绕着不育花药，每室2或多数胚珠，花柱基部合生，柱头与心皮同数而分离。蓇葖果，具柄，果皮膜质，成熟前开裂成叶状；每蓇葖有1个或多数种子，着生在叶状果皮的内缘。种子球形，胚乳扁平或褶合；子叶扁平，甚薄。

约15种，分布亚洲和非洲东部。我国4种。

1. 花淡黄绿或黄白色，萼片长7-9毫米。
    2. 叶心形，掌状3-5裂，基部深心形，基生脉7；树皮青绿色，光滑 ………… 1. **梧桐 F. simplex**
    2. 叶卵形，全缘，基部平截或浅心形，基生脉5；树皮灰白色 ………… 2. **海南梧桐 F. hainanensis**
1. 花紫或紫红色，萼片1-1.2厘米。
    3. 叶全缘，稀先端3浅裂，两面无毛，叶柄长4.5-8.5厘米，无毛 ………… 3. **丹霞梧桐 F. danxiaensis**
    3. 叶掌状3裂，宽比长大，上面几无毛，下面密被黄褐色茸毛，叶柄长15-45厘米，初被柔毛 ………… 4. **云南梧桐 F. major**

1. 梧桐 图 71 彩片 22

Firmiana simplex (Linn.) W. F. Wight in U. S. Dep. Agri. Bur. Pl. Ind. Bull. 142: 67. 1909.

Hibiscus simplex Linn. Sp. Pl. Syst. Veget. 423. 1781.

落叶乔木；树皮青绿色，光滑。叶心形，掌状3-5裂，宽15-30厘米，裂片三角形，先端渐尖，基部深心形，两面无毛或微被柔毛，基生脉7；叶柄与叶片等长。圆锥花序顶生，长20-50厘米。花淡黄绿色；花萼5深裂近基部，萼片线形，外卷，长7-9毫米，被淡黄色柔毛，内面基部被柔毛；花梗与花近等长；雄花的雌雄蕊柄与花萼等长，无毛，花药15枚不规则聚集在雌雄蕊柄的顶端，退化子房梨形且甚小；雌花子房球形，被毛。蓇葖果膜质，有柄，成熟前开裂成叶状，长6-11厘米，径1.5-2.5厘米，被短柔毛或几无毛，每蓇葖果有2-4种子。种子球形，有绉纹，径约7毫米。花期6月。

图 71 梧桐 （黄少容绘）

产湖北西部及四川南部，陕西、山西、山东、江苏、安徽、浙江、台湾、福建、江西、湖北、湖南、广东、香港、海南、广西、贵州、四川、云南等地栽培作观赏树木。日本有分布。木材轻软，为制木匣和乐器良材；种子炒熟可食或榨油，油为不干性油。茎、叶、花、果和种子均可药用，清热解毒。

2. 海南梧桐 图 72

Firmiana hainanensis Kosterm. in Reinwardtia 4(2): 308. f. 11. 1957.

乔木；树皮灰白色。叶卵形，全缘，长7-14厘米，先端钝或骤尖，基部平截或浅心形，上面无毛，下面密被灰白色星状柔毛，基生脉5；叶柄长4-16厘米，疏被淡黄色星状柔毛。圆锥花序顶生或腋生，长达20厘米，密被淡黄褐色星状柔毛。花黄白色；萼片5，近分离，线状披针形，长9毫米，宽1.5毫米，密被淡黄褐色星状柔毛，内面基部有绵毛；雄花的雌雄蕊柄与萼等长，顶端5浅裂，花药15枚聚集在雌雄蕊柄顶端成头状；雌花子房卵圆形，长2.5毫米，有5纵沟，密被星状毛。蓇葖果卵圆形，长约7厘米，顶端骤尖或微凹，略被毛，每蓇葖果有种子3-5个。种子球形，黄褐色，径约6毫米。花期4月。

图 72 海南梧桐 （黄少容绘）

产海南，喜生于沙质土。

3. 丹霞梧桐 图 73

Firmiana danxiaensis Hsue et H. S. Kiu in Journ. South China Agric. Univ. 8(3): 1. 1987.

乔木，高3-8米；树皮黑褐色。幼枝青绿色，无毛。叶近圆形，薄革质，长8-10厘米，先端圆并有短尾状，基部心形，全缘，稀顶端3浅裂，两面无毛，基生脉7；叶柄长4.5-8.5厘米，无毛。圆锥花序顶生，长达20厘米，具多花，密被黄色星状柔毛。花紫色；花萼5深裂，萼片近分离，线

形，长1厘米，宽1-1.2毫米，密被淡黄色柔毛，内面基部有白色长柔毛，雄蕊的雄蕊柄长约1厘米，有花药15；雌花子房近球形，5室，有5条纵沟，密被毛。蓇葖果成熟前开裂，卵状披针形，长8-10厘米，宽2.5-3厘米，几无毛，有2-3种子。种子球形，淡黄褐色。径约6毫米。

产广东北部仁化县丹霞山，散生于海拔约250米石山陡坡上。

图 73 丹霞梧桐 （赖玉珍绘）

4. 云南梧桐 图 74

Firmiana major (W. W. Smith) Hand.-Mazz. in Anz. Akad. Wiss. Wien, Math.-Nat. 9: 96. 1923.

Sterculia platanifolia var. *major* W. W. Smith in Notes Roy. Bot. Gard. Edinb. 9: 130. 1915.

落叶乔木。小枝粗，被柔毛。叶掌状3裂，长17-30厘米，宽19-40厘米，先端尖或渐尖，基部心形，上面几无毛，下面密被黄褐色茸毛，后渐脱落，基生脉5-7；叶柄粗，长15-45厘米。圆锥花顶生或腋生。花紫红色；花萼5深裂近基部，萼片线形或长圆状线形，长约1.2厘米，被毛；雄花的雌雄蕊柄长管状，花药集生成头状；雌花的子房具长柄，子房5室，被茸毛，胚珠多数，有不发育雄蕊。蓇葖果膜质，长约7厘米，宽4.5厘米，几无毛。种子球形，径约8毫米，黄褐色，着生在心皮边缘近基部。花期6-7月，果期10月。

产四川西南部及云南，生于海拔1600-3000米山坡，村边、路边常见。速生。喜光，移植后易成活。木材轻软，色白，为制箱匣、乐器良材。种子可榨油；枝叶茂盛，为优良庭园树和行道树。

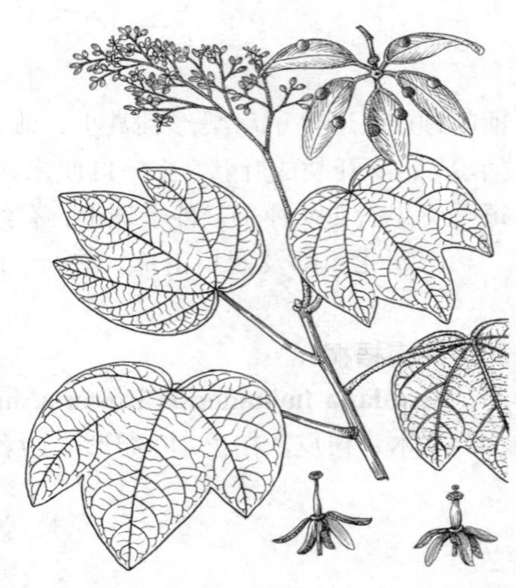

图 74 云南梧桐 （余汉平绘）

4. 火桐属 Erythropsis Lindley ex Schott et Endl.

落叶乔木。叶全缘、浅裂或深裂，具掌状叶脉；叶柄长。先叶开花；总状花序、圆锥花序或聚伞状圆锥花序。花萼橙红色或金黄色，漏斗状或圆筒状，稀近钟形，两面被毛，顶端5齿裂，裂片三角形或卵状三角形；无花瓣；雄花的花药约10-20，聚集在雌雄蕊柄的顶端成头状，包围退化雌蕊，花药2室，药室弯曲；雌花的子房5室，每室2或多数胚珠，柱头与心皮同数，种子着生于叶状果皮边缘，球形，胚乳丰富，子叶扁平。

约8种，分布亚洲和非洲热带。我国3种。

1. 叶基部深心形，先端钝；花萼漏斗状，基部近楔形，长2厘米 ………………………… 1. 火桐 **E. colorata**
1. 叶基部平截或浅心形，先端渐尖；花萼近钟形或圆筒形。

2. 花萼近钟形，长1.6厘米，密被棕红褐色星状柔毛；叶裂片长9-14厘米，先端尾尖 ………………………………………………………………………… 2. **美丽火桐 E. pulcherrima**
2. 花萼圆筒形，长3.2厘米，密被金黄带红褐色星状柔毛；叶裂片长2-3厘米，先端楔状短渐尖 ………………………………………………………………………… 3. **广西火桐 E. kwangsiensis**

1. 火桐 图 75：1-7

Erythropsis colorata (Roxb.) Burkill in Gard. Bull. S. S. 5: 231. 1931.

Sterculia colorata Roxb. Pl. Coromand. 1: 26. 1795.

落叶乔木，高达15米。叶亚革质，宽心形，长17-25厘米，先端3-5浅裂，基部深心形，两面均疏被淡黄色星状柔毛，中裂片长约5厘米，先端钝，两侧裂片长约3厘米，基生脉5-7；叶柄长10-15厘米。聚伞圆锥花序，长达7厘米，密被橙红色星状柔毛。花梗长4-5毫米，被柔毛；花萼漏斗状，基部近楔形，长2厘米，顶端5浅裂，密被橙红色星状柔毛，内面密被柔毛，裂片卵状三角形，长4毫米；雄花的雌雄蕊柄长1-1.2厘米，被星状柔毛；雌花的子房5室，近分离，无毛，花柱短，柱头外曲。蓇葖果有柄，膜质，无毛，成熟前开裂成叶状，舌形，长5-7厘米，有脉纹，成熟时红色或带紫红色，每蓇葖有种子2-4。花期3-4月。

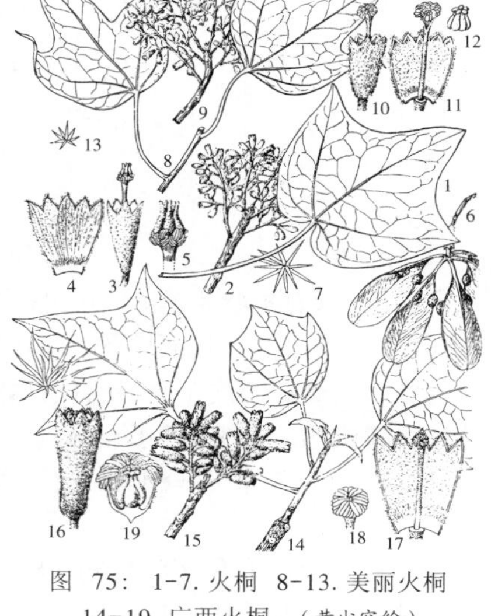

图 75：1-7. 火桐 8-13. 美丽火桐 14-19. 广西火桐 （黄少容绘）

产海南南部及云南，生于海拔720-950米山坡。印度、斯里兰卡、缅甸、越南、泰国有分布。

2. 美丽火桐 图 75：8-13

Erythropsis pulcherrima (Hsue) Hsue, Fl. Reipubl. Popul. Sin. 29 (2): 137. 1984.

Firmiana pulcherrima Hsue in Acta Phytotax. Sin. 8: 271. 1963.

落叶乔木，高达18米。叶异型，薄纸质，掌状3-5裂或全缘，长7-23厘米，先端尾尖，基部平截或浅心形，中脉基部微被褐色星状柔毛，中裂片长达14厘米，两侧裂片长达9厘米，先端尾尖，基生脉5，叶脉在两面凸出；叶柄长6-17厘米，无毛。聚伞圆锥花序长8-14厘米，密被棕红色星状柔毛，内面近基部有一圈白色长绒毛。花萼近钟形，长1.6厘米，裂片三角形，长3毫米；雄花的雌雄蕊柄长2.4厘米，被星状毛，花药15-25聚生成头状；退化雌蕊的心皮5枚，近分离。花期4-5月。

产海南及广西西南部，生于林中和山谷溪旁。

3. 广西火桐 图 75：14-19

Erythropsis kwangsiensis (Hsue) Hsue, Fl. Reipubl. Popul. Sin. 49 (2): 138. 1984.

Firmiana kwangsiensis Hsue in Acta Phytatax. Sin. 15(1): 81. f. 4. 1977.

落叶乔木，高达10米。小枝几无毛。芽密被淡黄褐色星状柔毛。叶纸

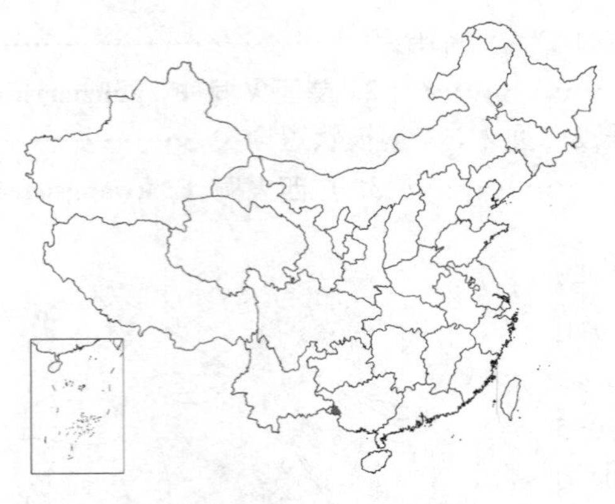

质，宽卵形或近圆形，长10-17厘米，全缘或先端3浅裂，裂片楔状短渐尖，长2-3厘米，基部平截或浅心形，两面疏被柔毛，5-7条基生脉的脉腋间密被黄褐色星状柔毛；叶柄长达20厘米。聚伞状总状花序长5-7厘米。花梗长4-8毫米，均密被金黄带红褐色星状绒毛；花萼圆筒形，长3.2厘米，顶端5浅裂，密被金黄带褐色星状绒毛，内面鲜红色，被星状柔毛，萼裂片三角状卵形，长约4毫米；雄花的雌雄蕊柄长2.8厘米，雄蕊15，集生成头状。花期6月。

产广西西部（靖西县），生于海拔910米山谷缓坡灌丛中。

5. 银叶树属 Heritiera Dryand.

乔木，常有板状干基。叶互生，单叶或掌状复叶，下面常有鳞秕。聚伞圆锥花序腋生，具多花，被柔毛或鳞秕。花细小，单性；萼钟状或坛状，4-6浅裂；无花瓣；雄花的雌雄蕊柄短，花药4-15环状排列在雌雄蕊柄的顶端，有不育雌蕊；雌花心皮3-5，粘合，不育花药位于子房基部，每心皮1胚珠，花柱短，柱头小。果木质或革质，有龙骨状突起或翅，不裂。种子无胚乳。

约35种，分布于非洲、亚洲和大洋洲热带地区。我国3种。

1. 果革质，上端有鱼尾状长翅，翅长2-4厘米；花白色 ………………………… 1. **蝴蝶树 H. parvifolia**
1. 果木质，有龙骨状突起或长约1厘米的短翅；花红或红褐色。
   2. 果具龙骨状突起；花药4-5排成1环；叶柄长不及2厘米 ………………… 2. **银叶树 H. littoralis**
   2. 果具长约1厘米的翅；花药8-12排成2环；叶柄长2-9厘米 ……………… 3. **长柄银叶树 H. angustata**

1. 蝴蝶树 图 76 彩片 23

Heritiera parvifolia Merr. in Journ. Arn. Arb. 6: 137. 1925.

常绿乔木，高达30米。小枝密被鳞秕。叶椭圆状披针形，长6-8厘米，先端渐尖，基部楔形或近圆，上面无毛，下面密被银白或褐色鳞秕；叶柄长1-1.5厘米。圆锥花序腋生，密被锈色星状柔毛。花小，白色；花萼长约4毫米，5-6裂，两面均有星状柔毛，裂片长圆状卵形，长1.5-2毫米；雄花的雌雄蕊柄长约1毫米，花盘厚，径约0.8毫米，围绕雌雄蕊柄基部，花药8-10排成1环，有不育雌蕊；雌花子房被毛，不育花药位于子房基部。果有长翅，长4-6厘米，含种子的部分长1-2厘米，翅鱼尾状，顶端钝，宽约2厘米，密被鳞秕，果皮革质。种子椭圆形。花期5-6月。

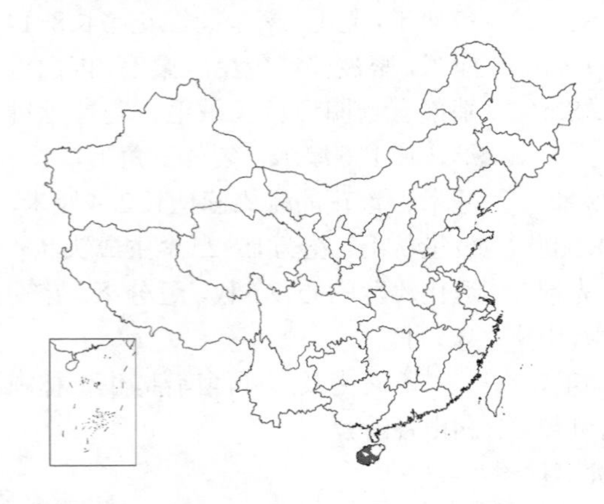

图 76 蝴蝶树 （黄少容绘）

产海南，在五指山一带山地为热带雨林最上层主要树种，有明显的板状干基。木材暗红色，质硬，为优良造船材。

2. 银叶树 图 77 彩片 24

Heritiera littoralis Dryand. in Ait. Hort. Kew. 3: 546. 1789.

常绿乔木，高约10米。幼枝被白色鳞秕。叶长圆状披针形、椭圆形或卵

形，长10-20厘米，先顶端锐尖或钝，基部钝，上面无毛或几无毛，下面密被银白色鳞秕；叶柄长1-2厘米。圆锥花序腋生，长约8厘米，密被星状毛和鳞秕。花红褐色；花萼钟状，长4-6毫米，两面被星状毛，5浅裂，裂片三角形，长约2毫米；雄花的花盘较薄，雌雄蕊柄短而无毛，花药4-5在雌雄蕊柄顶端排成1环；雌花心皮4-5，柱头4-5，下弯。果木质，坚果状，近椭圆形，光滑，干时黄褐色，长约6厘米，背有龙骨状突起。花期夏季。

产台湾、广东南部、香港、海南及广西南部。印度、东南亚、非洲东部及大洋洲均有分布。为热带海岸红树林树种之一。木材坚硬，为建筑、造船和制家具的良材。

图 77 银叶树 （引自《图鉴》）

3. 长柄银叶树 图 78

Heritiera angustata Pierre, Fl. For. Cochinch. 13: t. 204 c. 1889.

常绿乔木，高达12米。幼枝被柔毛。叶革质，长圆状披针形，全缘，长10-30厘米，基部楔形或近心形，上面无毛，下面被银白或略带金黄色鳞秕；叶柄长2-9厘米。圆锥花序顶生或腋生。花红色；花萼坛状，长约6毫米，4-6浅裂，两面被星状柔毛，裂片三角形；雄花的雌雄蕊柄长2-3毫米，花药8-12排成2环；雌花较少，比雄花短，不育花药4-10，子房略有5棱，被柔毛，花柱短，柱头5。果核果状，坚硬，椭圆形，褐色，长约3.5厘米，顶端有长约1厘米的翅。花期6-11月。

产海南南部及云南西南部，生于山地或近海岸附近。柬埔寨有分布。木材灰褐色，结构细密，坚重，不受虫蛀，耐水浸泡，为做船板的良材。

图 78 长柄银叶树 （黄少容绘）

6. 鹧鸪麻属 Kleinhovia Linn.

乔木，高达12米。小枝灰绿色，疏被柔毛。叶宽卵形或卵形，长5.5-18厘米，先端骤尖或渐尖，基部心形，上面无毛，下面幼时疏被柔毛，全缘或上部有小齿，基部有掌状脉3-7；叶柄长3-5.5厘米。聚伞状圆锥花序长50厘米，顶生，被毛；密集。花两性；小苞片披针形；萼片5，浅红色，分离，花瓣状，长约6毫米；花瓣5，短于花萼，一片唇状，具囊，顶端黄色，较其他各瓣短；雄蕊花丝合生成管状，与子房柄贴生形成雌雄蕊柄，雄蕊管上部坛状，包雌蕊，顶端分成5束，每束具3个花药，花药2室，药室略分歧，退化雄蕊齿状，与5个花丝束互生；子房5室，5裂，每室4胚珠，花柱纤细，柱头5裂。蒴果梨形或近球形，膜质，膨胀，长1-1.7厘米，室背开裂，成熟时淡绿带淡红色，每室1-2种子。种子球形，径1.5-2毫米，黑或黑褐色，有瘤状小突起。

单种属。

鹧鸪麻 图 79 彩片 25

Kleinhovia hospita Linn. Sp. Pl. ed. 2, 1365. 1763.

形态特征同属。花期3-7月。

产台湾、海南及广西东南部，生于丘陵或山地疏林中。亚洲、非洲、菲律宾、澳大利亚、斯里兰卡、马来西亚、印度、越南及泰国等地均有分布。木材轻软，可制家具和网罟的浮子等。树皮纤维可编绳和织麻袋。

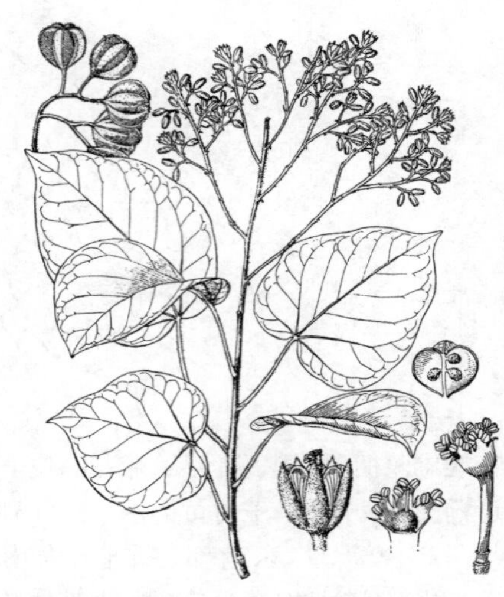

图 79 鹧鸪麻 （黄少容绘）

7. 梭罗树属 Reevesia Lindley

乔木或灌木。单叶，常全缘。花两性，多花密集；聚伞状伞房花序或圆锥花序。花萼钟状或漏斗状，不规则3-5裂；花瓣5，具爪；雄蕊花丝合生成管状，并与雌蕊柄贴生形成雌雄蕊柄，雄蕊管顶端扩大并包雌蕊，5裂，花药约15，2室，药室分歧，着生于雄蕊管顶端的裂片外面成头状；子房5室，有5条纵沟，每室有倒生胚珠2个，柱头5裂。蒴果木质，成熟后裂为5果瓣，果瓣室背开裂，有1-2种子。种子具膜质翅，翅向果柄；胚乳丰富。

约18种，主产我国和喜马拉雅山东部地区，美洲墨西哥有分布。我国14种3变种。

1. 叶无毛或仅幼时略有毛。
  2. 叶革质；花较大，萼长5-6毫米。
    3. 常绿乔木；叶先端尖或渐尖，两面无毛；花瓣白色，长1厘米 ………………… 1. **两广梭罗 R. thyrsoidea**
    3. 落叶乔木；叶先端钝或尖，初被星状柔毛，后无毛；花瓣黄绿色，长约7毫米 ………………………………………… 2. **台湾梭罗 R. formosana**
  2. 叶纸质，倒卵状长圆形，基部圆或不明显心形；花较小，萼长3毫米 …………… 3. **密花梭罗 R. pycnantha**
1. 叶有毛，下面更密。
  4. 叶圆形，稀卵圆形或倒卵圆形，长宽几相等，宽达15厘米，基生脉5条。
    5. 叶全缘，叶柄几无毛 ……………………………………………………… 4. **圆叶梭罗 R. orbicularifolia**
    5. 叶近端两侧有稀疏粗齿2-3个，叶柄有毛 ………………………………………… 5. **粗齿梭罗 R. rotundifolia**
  4. 叶非圆形，长大于宽，基生脉1-3条。
    6. 叶下面被灰白色星状柔毛；花萼长3毫米；蒴果长1.5厘米 ………………… 6. **瑶山梭罗 R. glaucophylla**
    6. 叶下面被淡黄褐、黄褐或褐色星状柔毛；花萼长4-9毫米；蒴果长2.5-5厘米。
      7. 蒴果密被褐色星状柔毛，棱脊窄；叶下面密被黄褐色毛 …………………… 7. **绒果梭罗 R. tomentosa**
      7. 蒴果被淡黄褐色星状柔毛，被毛较短且较稀疏，棱脊圆弧形，蒴果梨形，顶端平截；叶下面被淡黄褐色毛 ………………………………………………………………… 8. **梭罗树 R. pubescens**

1. 两广梭罗 图 80 彩片 26

Reevesia thyrsoidea Lindley in Quart. Journ. Sci. Lit Arts. 2(2): 112. 1827.

常绿乔木。幼枝疏被星状柔毛。叶革质，长圆形、椭圆形或长圆状椭

圆形，长5-7厘米，先端尖或渐尖，基部圆或钝，两面无毛；叶柄长1-3厘米，两端膨大。聚伞状伞房花序顶生，被毛，花密集。萼钟状，长约6毫米，5裂，外面被星状柔毛，内面裂片上端被毛，裂片长约2毫米，顶端尖；花瓣5，白色，匙形，长1厘米，略向外扩展；雌雄蕊柄长约2厘米，顶端有花药约15个；子房球形，5室，被毛。蒴果长圆状梨形，有5棱，长约3厘米，被柔毛。种子连翅长约2厘米。花期3-4月。

产江西西南部、广东、香港、海南、广西及云南，生于海拔500-1500米山谷溪旁。越南及柬埔寨有分布。

图 80 两广梭罗 （邓晶发 赖玉珍绘）

2. 台湾梭罗 图 81 彩片 27

Reevesia formosana Sprague in Kew Bull. 1914: 325. 1914.

落叶乔木。幼枝密被淡黄色星状柔毛，后无毛。叶椭圆状长圆形或卵状长圆形，薄革质，长3-6.5(-10)厘米，先端钝或尖，基部圆，浅心形或短楔形，初被星状柔毛，后无毛；叶柄长1-3厘米。圆锥状聚伞花序顶生，密被淡黄褐色柔毛，花密集。花萼钟形，长约5毫米，外面被短柔毛，内面无毛，4-5裂，裂片宽卵形，长约1毫米；花瓣5，宽匙形，黄绿色，长约7毫米；雌雄蕊柄长约1.3厘米。蒴果倒卵圆形或倒卵状球形；长2.5-3厘米，有5室和5条纵沟，微被毛。种子倒卵圆形，连翅长约2厘米，翅膜质，顶端略弯并尖。花期4月。

产台湾南部。

图 81 台湾梭罗 （赖玉珍仿绘）

3. 密花梭罗 图 82

Reevesia pycnantha Ling in Acta Phytotax. Sin. 1(2): 205. 1951.

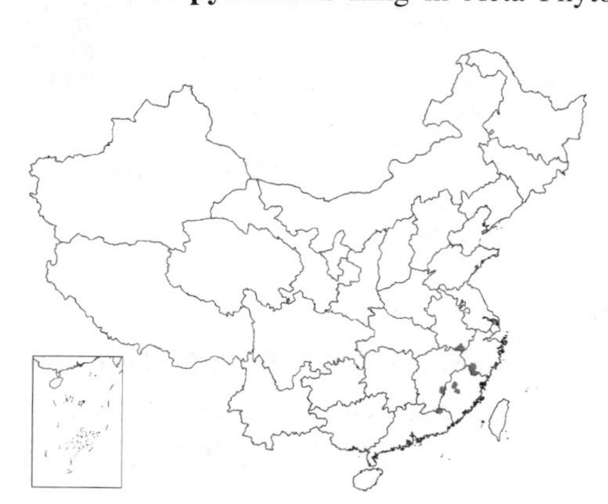

乔木。小枝灰色，无毛，或幼时微被毛。叶纸质，倒卵状长圆形，长8-12厘米，先端尖或渐尖，基部圆或不明显心形，全缘，稀近基部有小牙齿，两面无毛或幼时中脉基部疏生柔毛；叶柄长1.5-2.5厘米，无毛。聚伞状圆锥花序密生，顶生，长达5厘米，有多花，被红褐色星

图 82 密花梭罗 （赖玉珍仿绘）

状短柔毛。花萼倒圆锥状钟形，长约3毫米，5裂，外面被柔毛，裂片宽三角形，长不及1毫米，内面有微柔毛；花瓣5，浅黄色，长匙形，长1.5-2厘米，径1-1.5厘米，顶端平截，密被淡黄褐色柔毛。种子连翅长1.6厘米。花期5-7月。

产安徽南部、浙江西南部、福建、江西东部及广东东北部，生于海拔280米村边杂木林中和林缘。

4. 圆叶梭罗 图 83

Reevesia orbicularifolia Hsue in Acta Phytotax. Sin. 15(1): 81. 1977.

乔木；树皮灰褐色。小枝无毛或幼嫩部分略被浅褐或灰白色星状柔毛。叶革质，圆形或卵圆形，长7-18厘米，先端圆或突钝尖，基部圆或平截，全缘，上面疏被星状柔毛，后脱净，下面密被淡黄褐色星状柔毛，基生脉5条，叶脉在上面凹陷，在下面凸出；叶柄长3.5-7厘米，无毛或略被毛。蒴果椭圆状梨形，干后暗褐色，长2.5厘米，径1.5-2厘米，具5棱，疏被淡黄褐色星状柔毛及鳞秕。种子连翅长2.2厘米，翅膜质，长圆形。顶端钝。果期12月。

产云南东南部，生于海拔1500米较干旱石灰岩山地次生林中。

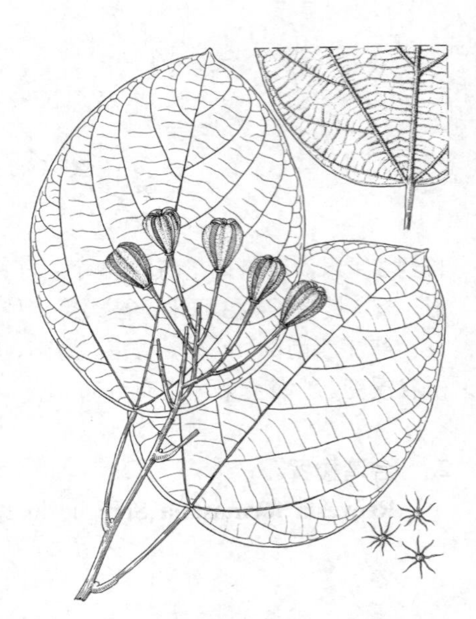

图 83 圆叶梭罗 （余汉平绘）

5. 粗齿梭罗 图 84

Reevesia rotundifolia Chun in Sunyatsenia 1: 169. 1934.

乔木；树皮灰白色。幼枝密被淡黄褐色星状柔毛。叶薄革质，圆形或倒卵状圆形，宽6-11.5厘米，或宽略过于长，先端圆或平截而有凸尖，基部平截或圆，近顶端两侧有粗齿2-3个，上面沿中脉和侧脉被淡黄褐色短柔毛，下面密被淡黄褐色短柔毛；叶柄长4-4.5厘米，被毛。蒴果倒卵状长圆形，有5棱，长3-4厘米，顶端圆，被淡黄色短柔毛和灰白色鳞秕。种子连翅长约2.5厘米，翅膜质，褐色。

产广西南部十万大山，生于海拔1000米山地。

图 84 粗齿梭罗 （何顺清绘）

6. 瑶山梭罗 图 85

Reevesia glaucophylla Hsue in Acta Phytotax. Sin. 8(3): 272. 1963.

乔木。幼枝几无毛。叶椭圆形或长圆状卵形，长8-13.5厘米，先端尖，基部钝、圆或浅心形，上面沿中脉和侧脉被淡黄褐色星状柔毛，下面密被灰白色星状柔毛，常有白霜；叶柄长2-5厘米，有毛。聚伞状伞房花序顶生，被淡黄褐色星状柔毛。花萼长3

毫米，密被淡黄褐色星状柔毛，5裂，裂片三角形，长约1毫米；花瓣5，长圆状倒披针形，长约4毫米，在中部以下收窄成细爪；雌雄蕊柄长约8毫米；子房被毛，花柱短，柱头不明显。蒴果长椭圆形或倒卵圆形，长约1.5厘米，有5棱，密被淡黄褐色星状柔毛。种子连翅长约1.4厘米，翅膜质，红褐色。花期5-6月。

产湖南西北部及西南部、广东北部、广西、贵州南部，生于山坡或山谷疏林中。

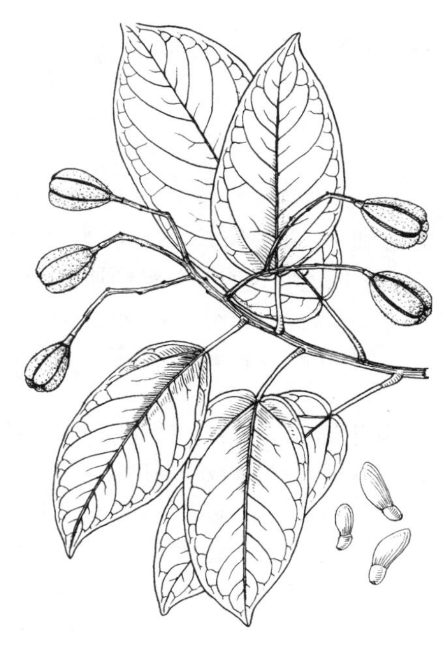

图 85 瑶山梭罗 （余汉平绘）

7. 绒果梭罗 图 86：1-2

Reevesia tomentosa Li in Journ. Arn. Arb. 24: 446. 1943.

乔木，高12米。小枝密被黄褐色星状柔毛。叶近革质，长圆状卵形或倒卵形，长8-14厘米，宽3-6厘米，先端骤尖或钝，基部圆或不明显浅心形，上面疏被星状柔毛，下面密被黄褐色柔毛；叶柄长1-3厘米，密被黄褐色毛。聚伞状伞房花序顶生。花萼钟状，长约4毫米，5裂，密被黄褐色毛；雌雄蕊柄长2.5厘米；花梗长4-5毫米，密被黄褐色毛。蒴果具长柄，倒卵状长圆形，长4厘米，有5条窄棱脊，顶端圆，略扁，基部尖，密被褐色星状绒毛；果柄长2.5-3厘米。种子连翅长约2.6厘米，翅褐色，长圆形，顶端斜圆。

产福建南部、广东及广西。

图 86：1-2. 绒果梭罗 3-6. 梭罗树
（邓晶发绘）

8. 梭罗树 图 86：3-6 彩片 28

Reevesia pubscens Mast. in Hoof. f. Fl. Brit. Ind. 1: 364. 1874.

乔木，高达16米。幼枝被星状柔毛。叶薄革质，椭圆状卵形或椭圆形，长7-12厘米，宽4-6厘米，先端渐尖或骤尖，基部钝、圆或浅心形，上面疏被柔毛或几无毛，下面被淡黄褐色毛。聚伞状伞房花序顶生，长约7厘米，被毛。花梗长0.8-1.1厘米；花萼倒圆锥状，长8毫米，5裂，裂片宽卵形；花瓣5，白或淡红色，线状匙形，长1-1.5厘米，被柔毛；雌雄蕊柄长2-3.5厘米。蒴果梨形或长圆状梨形，长2.5-5厘米，有5棱，顶端平截，棱脊圆弧形，被淡黄褐色星状短柔毛。种子连翅长约2.5厘米。花期5-6月。

产湖南西南部、广东东北部、海南、广西、贵州、四川、云南及西藏东南部，生于海拔550-2500米山坡或山谷疏林中。泰国、印度、缅甸、老

挝、越南、锡金及不丹有分布。

8. 山芝麻属 **Helicteres** Linn.

乔木或灌木。枝多少被星状柔毛。单叶，全缘或具锯齿。花两性；单生或排成聚伞花序，腋生，稀顶生；小苞片细小。花萼筒状，5裂，裂片常不相等而成二唇状；花瓣5，相等或成二唇状，具长爪且常具耳状附属体；雄蕊10，位于伸长的雌雄蕊柄顶端，花丝多少合生，围绕雌蕊，退化雄蕊5，位于发育雄蕊之内；子房5室，有5棱，每室多数胚珠；花柱5，线形，顶端略厚。成熟蒴果直伸或螺旋状扭曲，常密被毛。种子有多数瘤状突起。

约60种，分布于亚洲热带及美洲。我国9种。

1. 蒴果螺旋状扭曲；叶先端常有小裂片，叶缘有锯齿 ………… 1. **火索麻 H. isora**
1. 蒴果直伸，非螺旋状扭曲。
  2. 叶全缘，稀顶端有不明显疏锯齿数个；蒴果顶端尖或成喙状。
    3. 小枝被灰绿色柔毛；叶全缘；蒴果密被星状毛及混生长绒毛 ………… 2. **山芝麻 H. angustifolia**
    3. 小枝被黄褐色茸毛；叶全缘或在近顶端有不明显的疏齿数个；蒴果密被长绒毛 ………… 3. **剑叶山芝麻 H. lanceolata**
  2. 叶缘全部有明显的齿或锯齿。
    4. 萼长5毫米，小枝柔弱，散生；花瓣黄色 ………… 4. **长序山芝麻 H. elongata**
    4. 萼长1.2-1.8厘米；小枝粗；花瓣白、红或红紫色。
      5. 叶有小裂片；花白色，萼密被长绒毛 ………… 5. **粘毛山芝麻 H. viscida**
      5. 叶无小裂片；花红或紫红色，萼被柔毛 ………… 6. **雁婆麻 H. hirsuta**

1. 火索麻　图 87 彩片 29

Helicteres isora Linn. Sp. Pl. 963. 1753.

灌木，高达2米。小枝被星状柔毛。叶卵形，长10-12厘米，先端短渐尖且常具小裂片，基部圆或斜心形，边缘具锯齿，上面被星状柔毛，下面密被星状柔毛，基生脉5；叶柄长0.8-2.5厘米，被柔毛。聚伞花序腋生，常2-3簇生，长约2厘米。花红或紫红色，径3.5-4厘米；花萼长1.7厘米，常4-5浅裂，裂片三角形且排成二唇状；花瓣5，不等大，前面2枚，长1.2-1.5厘米，斜镰刀形；雄蕊10，退化雄蕊5，与花丝等长；子房微具乳头状突起。蒴果圆柱状，螺旋状扭曲，成熟时黑色，长5厘米，顶端有长喙，初被星状柔毛，后脱落。种子径不及2毫米。花期4-10月。

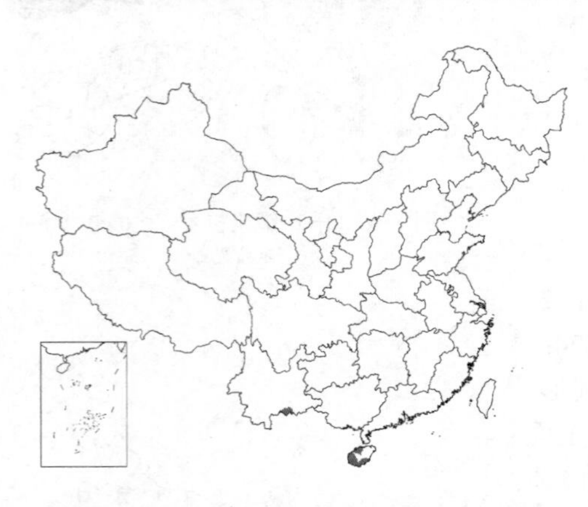

产海南及云南南部，生于海拔100-580米草坡和村边丘陵地或灌丛中，耐干旱。印度、越南、斯里兰卡、泰国、马来西亚、印度尼西亚及澳大利亚北部均有分布。茎皮纤维可织麻袋、编绳和造纸。根药用，治慢性胃炎和胃溃疡。

图 87 火索麻 （黄少容绘）

2. 山芝麻　图 88

Helicteres angustifolia Linn. Sp. Pl. 963. 1753.

小灌木。小枝被灰绿色柔毛。叶

窄长圆形或线状披针形，长3.5-5厘米，基部圆，全缘，上面几无毛，下面被灰白或淡黄色星状茸毛，混生刚毛；叶柄长5-7毫米。聚伞花序有花2至数朵。花梗常有锥尖小苞片4；花萼管状，长6毫米，被星状柔毛，5裂，裂片三角形；花瓣5，不等大，淡红或紫红色，稍长于花萼，基部有2个耳状附属体；雄蕊10，退化雄蕊5，线形；子房每室约10胚珠。蒴果卵状长圆形，长1.2-2厘米，顶端尖，密被星状毛及混生长绒毛。花期几全年。

产浙江东南部、台湾、福建、江西、湖南、广东、香港、海南、广西、贵州南部及云南南部，为丘陵山地常见小灌木，常生于草坡。印度及东南亚有分布。根药用，叶捣烂敷患处治疮疖。

图 88 山芝麻 （仿《广东植物志》）

3. **剑叶山芝麻** 图 89

Helicteres lanceolata DC. Prodr. 1: 476. 1824.

灌木，高达2米。小枝密被黄褐色星状柔毛。叶披针形或长圆状披针形，长3.5-7.5厘米，先端尖或渐尖，基部钝，两面被黄褐色星状柔毛，下面更密，全缘或近顶端有数个小锯齿；叶柄长3-9毫米。花簇生或排成长1-2厘米的聚伞花序，腋生。花长约1.2厘米；花萼筒状，5浅裂，被毛；花瓣5，红紫色，不等大；雌雄蕊柄的基部被柔毛；雄蕊10，花药外向，退化雄蕊5，线状披针形；子房5室，每室约12胚珠。蒴果圆筒状，长2-2.5厘米，顶端有喙，密被长绒毛。

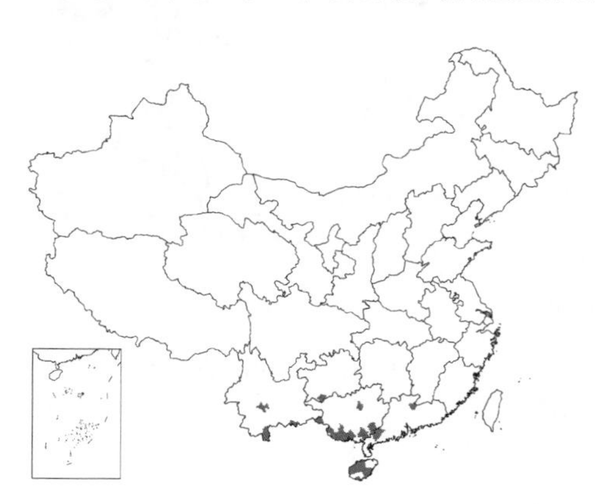

产广东、海南、广西、贵州西南部及云南，生于山坡草地或灌丛中。越南、缅甸、老挝、泰国及印度尼西亚有分布。

图 89 剑叶山芝麻 （黄少容绘）

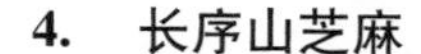

4. **长序山芝麻** 图 90

Helicteres elongata Wall. ex Mast. in Hook. f. Fl. Brit. Ind. 1: 365. 1874.

灌木。小枝柔弱，散生，被星状柔毛。叶长圆状披针形或长圆状卵形，长5-11厘米，先端渐尖，基部圆而偏斜，有不规则锯齿，上面疏被星状柔毛，下面被星状柔毛；叶柄长约1厘米。聚伞花序顶生或腋生，几与叶等长，有多花。花萼管状钟形，长约5毫米，5裂，裂片三角状披针形，宿存，被柔毛；花瓣5，黄色，下面的花瓣只有一个耳状附属体并在瓣片上有一

行毛；雌雄蕊柄有毛，雄蕊10；子房每室约10胚珠。蒴果长圆筒形，顶端尖，长2-3.5厘米，密被灰黄色星状毛。花期6-10月。

产云南、广西及贵州西南部，常生于海拔190-1600米村边荒地或干旱草坡。泰国、印度及缅甸有分布。茎皮纤维可制绳索及人造棉。全株药用，治发热症。

图 90 长序山芝麻 （黄少容绘）

5. 粘毛山芝麻　　图 91

Helicteres viscida Bl. Bijdr. 1: 79. 1825.

灌木，高达2米。幼枝被柔毛。叶卵形或近圆形，长6-15厘米，先端长渐尖，中部以上常有浅裂，基部心形，有不规则锯齿，上面疏被星状柔毛，下面密被白色星状茸毛，基生脉5-7；叶柄长0.3-1厘米，被毛。花单生叶腋或排成腋生聚伞花序。花梗有关节；花萼长1.5-1.8厘米，密被白色星状绒毛，5裂，裂片尖；花瓣5，白色，不等大，匙形；雄蕊10，退化雄蕊5；子房密被乳头状突起。蒴果圆筒形，长2.5-3.5厘米，顶端尖，密被星状长柔毛和皱卷的长达4毫米的长绒毛。花期5-6月。

产海南及云南，生于海拔330-850米灌丛中。越南、老挝、缅甸、马来西亚、印度尼西亚有分布。韧皮纤维供织布或编绳。

图 91 粘毛山芝麻 （黄少容绘）

6. 雁婆麻　　图 92

Helicteres hirsuta Lour. Fl. Cochinch. 530. 1790.

灌木。小枝被星状柔毛。叶卵形或卵状长圆形，长5-15厘米，先端渐尖或尖，基部斜心形或平截，有不规则锯齿，两面密被星状柔毛，基生脉5；叶柄长约2厘米，密被毛。聚伞花序腋生，伸长如穗状，不及叶长之半。花梗比花短，有关节，基部有早落小苞片；萼管状，长1.2-1.5厘米，4-5裂。被柔毛；花瓣5，红或红紫色，长2-2.5厘米；雌雄蕊柄无毛，雄蕊10，假雄蕊5，与花丝等长；子房具乳头状突起，每室20-30胚珠。蒴果圆柱状，长3.5-4厘米，顶端具喙，密被长绒毛并具乳头状突起。花期4-9月。

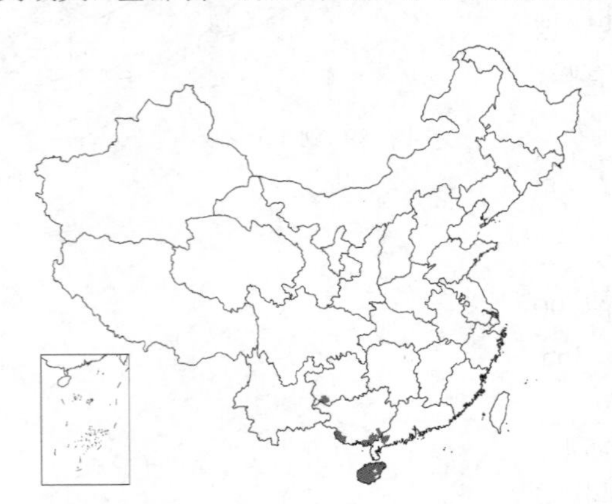

产广东南部、海南、广西南部及贵州西南部，生于旷野疏林内和灌丛中。印度、马来西亚、柬埔寨、老挝、越南、泰国及菲律宾有分布。

图 92 雁婆麻 （黄少容绘）

9. 火绳树属 Eriolaena DC.

乔木或灌木。叶心形，具齿或掌状浅裂，稀长圆形及全缘，下面被星状柔毛，稀几无毛；托叶早落，线形。花腋生稀顶生，有1-2花，稀为多花总状花序；小苞片3-5枚，有锯齿或条裂，稀全缘。萼被柔毛，在芽中为卵形，开花时5深裂近基部，萼片镊合状排列，线形，内面近基部被柔毛；花瓣5，下部收缩成扁平的有绒毛的爪；雄蕊连合成筒，为单体雄蕊，花丝顶端分离，花药多数，线状长圆形，2室，药室平行，无退化雄蕊；子房无柄，5-10室，被柔毛，每室多数胚珠，花柱线形，柱头5-10。蒴果木质或近木质，卵圆形或长卵圆形，室裂。种子具翅，翅长为全长1/2；胚乳薄，子叶褶合。

17种，产亚洲热带及亚热带。我国5种。国产各种均为紫胶虫的良好寄主，紫胶为工业原料。

1. 蒴果卵形或卵状椭圆形，具瘤状突起和棱脊，果瓣连合处有深沟，顶端钝或具喙；叶缘有不规则浅齿；花的小苞片长约4毫米 ………………………………………………………… 1. **火绳树 E. spectabilis**
1. 蒴果长椭圆状披针形，无瘤状突起，果瓣连合处无深沟，顶端尖且具喙；叶缘有钝锯齿；花的小苞片长1-1.5厘米 ………………………………………………………………………… 2. **桂火绳 E. kwangsiensis**

1. 火绳树 图 93：1-5 彩片 30

Eriolaena spectabilis (DC.) Planchon ex Mast. in Hook. f. Fl. Brit. Ind. 1: 371. 1874.

Wallichia spectabilis DC. Mem. Mus. 10: 104. t. 6. 1823.

落叶灌木或小乔木，高达8米。幼枝被星状柔毛。叶卵形或宽卵形，长8-14厘米，上面疏被星状柔毛，下面密被灰白或带褐色星状茸毛，有不规则浅齿，基生脉5-7；叶柄长2-5厘米，有茸毛，托叶锥尖状线形。聚伞花序腋生，密被茸毛。花梗与花等长或略短；小苞片线状披针形，全缘，稀浅裂，长约4毫米；萼片5，线状披针形，长1.8-2.5厘米，密被星状茸毛；花瓣5，白或带淡黄色，倒卵状匙形，与萼片等长，瓣柄厚，被长柔毛。蒴果木质，卵圆形或卵状椭圆形，长约5厘米，具瘤状突起和棱脊，果瓣连合处常有深沟，顶端钝或具喙。花期4-7月。

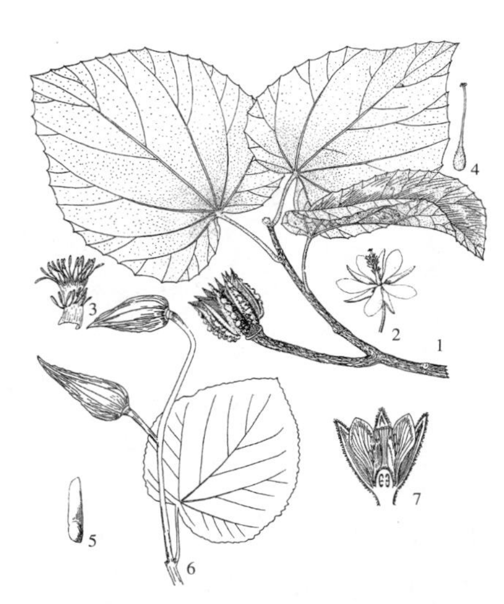

图 93：1-5. 火绳树 6-7. 桂火绳
（黄少容 徐颂娟绘）

产广西西部、贵州及云南，生于海拔500-1300米山坡疏林中或稀树灌丛中。印度有分布。为紫胶虫主要寄主。树皮纤维可编绳。

2. 桂火绳 图 93：6-7

Eriolaena kwangsiensis Hand.-Mazz. in Sinensia 3(8): 193. 1933.

乔木或灌木，高达11米。小枝被淡黄褐色星状柔毛。叶革质或亚革质，圆形或宽心形，长9-15厘米，先端短尖或短尾尖，基部心形，有钝齿，上面被星状疏柔毛，下面密被星状柔毛，基生脉5-7；叶柄长2-5厘米，有毛。聚伞状总状花序腋生。花梗长0.5-1.5厘米；小苞片匙状舌形，长1-1.5厘米，具深齿；萼片线状披针形，长2-2.5厘米，密被黄褐色茸毛，内面有灰色长柔毛；花瓣(4)5，白色，倒卵状匙形，长2.5厘米，瓣柄被长柔毛；

雄蕊筒长约1.2厘米。蒴果长椭圆状披针形，长3.5-5厘米，顶端尖而具喙，无瘤状凸起，无深沟。种子连翅长1.5-2厘米。花期6-8月。

产广西及云南，生于海拔800-1200米山谷密林内和灌丛中。

10. 马松子属 Melochia Linn.

草本或亚灌木，稀乔木，略被星状柔毛。叶卵形或宽心形，有锯齿。花小，两性；聚伞花序或团伞花序。萼5深裂或浅裂，钟状；花瓣5，匙形或长圆形，宿存；雄蕊5，与花瓣对生，基部连合成管状；花药2室，外向，药室平行，退化雄蕊无，稀细齿状；子房无柄或有短柄，5室，每室1-2胚珠，花柱5，分离或在基部合生，柱头略增厚。蒴果室背5瓣裂，每室1种子。种子倒卵圆形，微具胚乳，子叶扁平。

约54种，主产热带和亚热带地区。亚洲2-3种。我国1种。

马松子 图 94

Melochia corchorifolia Linn. Sp. Pl. 675. 1753.

亚灌木状草本，高不及1米。枝黄褐色，略被星状柔毛。叶薄纸质，卵形、长圆状卵形或披针形，稀不明显3浅裂，长2.5-7厘米，宽1-1.3厘米，先端尖或钝，基部圆或心形，有锯齿，上面近无毛，下面略被星状柔毛，基生脉5；叶柄长0.5-2.5厘米。花排成顶生或腋生密聚伞花序或团伞花序；小苞片线形，混生在花序内。花萼钟状，5浅裂，长约2.5毫米，外面被长柔毛和刚毛，内面无毛，裂片三角形；花瓣5，白色，后淡红色，长圆形，长约6毫米，基部收缩；雄蕊5，下部连合成筒，与花瓣对生；子房无柄，5室，密被柔毛，花柱5，线状。蒴果球形，有5棱，径5-6毫米，被长柔毛，每室1-2种子。种子卵圆形，略成三角状，褐黑色，长2-3毫米。花期夏秋。

图 94 马松子 （黄少容绘）

产安徽、江苏、浙江、福建、台湾、江西、湖北、湖南、广东、香港、海南、广西、贵州、云南、四川及河南东南部，生于田野或低山丘陵。亚洲热带地区有分布。茎皮富纤维，可与黄麻混纺制麻袋。

11. 蛇婆子属 Waltheria Linn.

草本或亚灌木，稀乔木，被星状柔毛。单叶，有锯齿；托叶披针形。花细小，两性；排成顶生或腋生聚伞花序或团伞花序。花萼5裂；花瓣5，匙形，宿存；雄蕊5，基部合生，与花瓣对生，花药2室，药室平行；子房无柄，1室，胚珠2，花柱上部棒状或流苏状。蒴果2瓣裂，有1种子。种子有胚乳，子叶扁平。

约50种，主产美洲热带。我国1种。

蛇婆子 图 95

Waltheria indica Linn. Sp. Pl. 673. 1753.

稀直立或匍匐状亚灌木，长达1米，多分枝。小枝密被柔毛。叶卵形或长椭圆状卵形，长2.5-4.5厘米，宽1.5-3厘米，先端钝，基部圆或浅心形，边缘有小齿，两面密被柔毛；叶柄长0.5-1厘米。聚伞花序腋生，头状，近无轴或有长约1.5厘米的花序

轴；小苞片窄披针形，长约4毫米。花萼筒状，5裂，长3-4毫米，裂片三角形，远比萼筒长；花瓣5，淡黄色，匙形，先端平截，比萼略长；雄蕊5，花丝合生成筒状，包雌蕊；子房无柄，被柔毛，花柱偏生，柱头流苏状。蒴果倒卵圆形，2瓣裂，长约3毫米，被毛，为宿存花萼所包，内有1种子。种子倒卵圆形，很小。花期春秋。

产台湾、福建东南部、广东、香港、海南、广西及云南，生于山野间向阳草坡。全世界热带地区有分布。耐旱、耐瘠薄，在地面匍匐生长，可作保土植物。

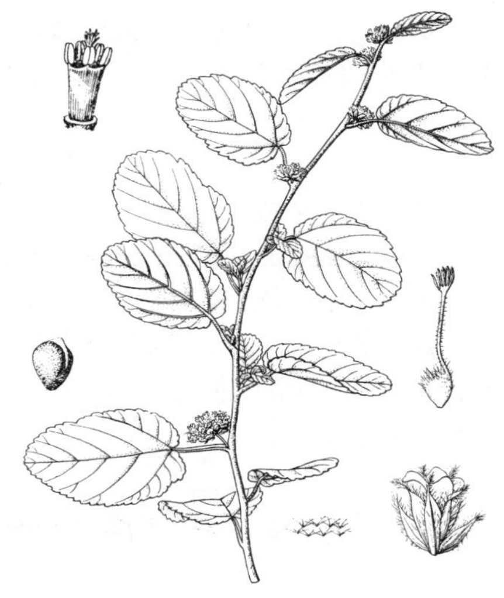

图 95 蛇婆子 （引自《图鉴》）

12. 可可属 Theobroma Linn.

乔木。叶互生，全缘。花两性；单生或排成聚伞花序，常生于树干或粗枝。花萼5深裂，近分离；花瓣5，上部匙形，中部窄，下部凹陷成盔状；雄蕊1-3聚成一组并与伸长的退化雄蕊互生，花丝基部合生成筒状，退化雄蕊5；子房无柄，5室，每室多数胚珠，柱头5裂。核果。种子多数，埋藏在果肉中。

约30种，分布于美洲热带。我国引入栽培1种。

可可

图 96 彩片 31

Theobroma cacao Linn. Sp. Pl. 1100. 1753.

常绿乔木，高达12米。幼枝被柔毛。叶具短柄，卵状长椭圆形或倒卵状椭圆形，长20-30厘米，先端长渐尖，基部圆、近心形或钝，两面无毛或叶脉疏被星状柔毛；托叶线形，早落。花径约1.8厘米；花梗长约1.2厘米；花萼粉红色，萼片5，长披针形，宿存；花瓣5，淡黄色，稍长于花萼，下部盔状并骤窄而反卷；退化雄蕊线状，发育雄蕊与花瓣对生。核果椭圆形或长椭圆形，长15-20厘米，有10条纵沟，干后内侧5条纵沟不明显，初淡绿色，后深黄或近红色，干后褐色；果皮厚，肉质，干后硬木质，每室有12-14种子。种子卵圆形，稍扁，长2.5厘米。花期几全年。

原产美洲中部及南部，现广泛栽培于全世界热带地区。海南及云南南部有栽培。喜温暖湿润气候和富含有机质冲积土缓坡。种子为制可可粉和“巧克力糖”的主要原料。

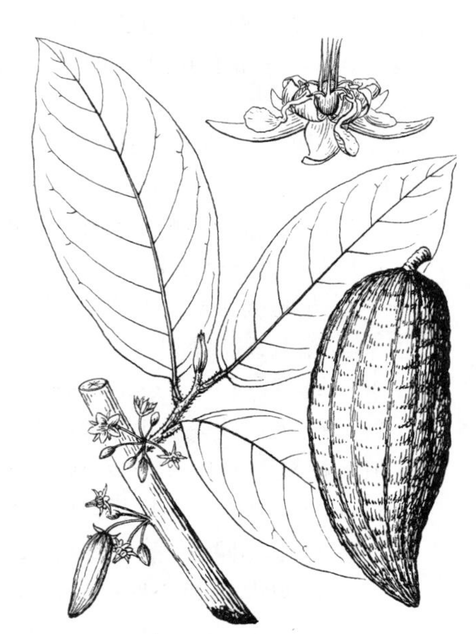

图 96 可可 （引自《图鉴》）

13. 午时花属 Pentapetes Linn.

一年生草本，高达1米；疏被星状柔毛。叶互生，线状披针形，长5-10厘米，宽1-2厘米，先端渐尖，基部宽三角形、圆或平截，有钝齿；叶柄长1-2.5厘米。花1-2朵腋生；小苞片3枚，锥尖状，早落。萼片5，披针形，长约1厘米，被星状柔毛及刚毛，基部合生；花瓣5，红色，宽倒卵形，长约1.2厘米；雄蕊15，每3枚集合与退化雄蕊互生，退化雄蕊5，舌状，与花瓣近等长，基部连合，长1.2-1.3厘米；子房无柄，5室，每室8-12胚珠，花柱线形，无毛。蒴果卵球形或近球形，径约1.2厘米，被星状毛及刚毛，每室有8-12种子，排成2列；宿存萼片比果长。种子椭圆形，有胚乳，子叶2深裂，褶扇状。

单种属。

午时花 夜落金钱 图 97 彩片 32

Pentapetes phoenicea Linn. Sp. Pl. 698. 1753.

形态特征同属。花期夏秋。

原产印度。广东、广西及云南南部等地多栽培供观赏。亚洲热带地区和日本有分布。花午间开放而晨闭合，故称“午时花”，常整朵花脱落，又称“夜落金钱”。

图 97 午时花 （余汉平绘）

14. 翅子树属 Pterospermum Schreber

乔木或灌木；被星状茸毛或鳞秕。叶革质，单叶，全裂或不裂，全缘或有锯齿，常偏斜；托叶早落。花单生或数朵排成聚伞花序，两性；小苞片常3枚，全缘、条裂或掌状裂，稀无小苞片。萼5裂，有时裂至近基部；花瓣5；雌雄蕊柄无毛，远较雄蕊短；雄蕊15，每3枚集合，花药2室，药室平行，药隔有凸尖，退化雄蕊5，线状，较花丝长且较粗，与雄蕊群互生；子房5室，每室多数倒生胚珠，中轴胎座，花柱棒状或线状，柱头有5纵沟。蒴果木质或革质，多木质，室背开裂为5果瓣。种子有长翅，翅长圆形，膜质；子叶叶状，常褶合；胚乳很薄。

约40种，分布于亚洲热带和亚热带。我国10种。

1. 萼片长9厘米；蒴果长圆状圆筒形，长10-15厘米；叶长24-34厘米 …………………… 1. **翅子树 P. acerifolium**
1. 萼片长不及6.5厘米；蒴果长不及12厘米；叶长不及20厘米。
  2. 成年树枝上的叶倒梯形或长圆状倒梯形，全缘或顶端有3-5浅裂。
    3. 叶先端有3-5浅裂。
      4. 花瓣倒卵形，宽2.8厘米；托叶卵形，全缘 ……………………………… 2. **景东翅子树 P. kingtungense**
      4. 花瓣线状镰刀形，宽4-5毫米；托叶掌状深裂；果有凸起5棱脊，基部收缩成长2-3厘米的柄并与果柄连接 ………………………………………………………………………… 3. **截裂翅子树 P. truncatolobatum**
    3. 叶全缘；蒴果长4厘米，有5个不明显的凹陷面 ……………………………… 4. **云南翅子树 P. yunnanense**
  2. 成年树枝上的叶长圆形、椭圆形或披针形，非倒梯形。
    5. 小苞片全缘；果柄粗，长不及1.5厘米。
      6. 叶基部偏斜，斜心形或斜圆形。
        7. 叶基部斜心形；萼片长4.5厘米，宽4毫米，雌雄蕊柄长2厘米 ………… 5. **台湾翅子树 P. niveum**
        7. 叶基部斜圆形；萼片长约3.5厘米，宽2.5毫米，雌雄蕊柄长8毫米 ……………………………………………………………………………………………… 6. **勐仑翅子树 P. menglunense**
      6. 叶基部钝或平截，稀斜心形；萼片长2.5-2.8厘米，宽4毫米；果柄粗，长1-1.5厘米 ……………………………………………………………………………………… 7. **翻白叶树 P. heterophyllum**
    5. 小苞片条裂；果柄柔弱，长3-5厘米；托叶2-3条裂，长于叶柄 ……… 8. **窄叶半枫荷 P. lanceaefolium**

1. 翅子树 图 98

Pterospermum acerifolium Willd. Sp. Pl. 729. 1800.

大乔木。幼枝密被茸毛。叶近圆形或长圆形，全缘、浅裂或粗齿，长24-34厘米，先端平截或近圆，有浅裂或突尖，基部心形，上面疏被毛或

几无毛，下面密被淡黄或带灰色星状茸毛；叶柄粗，托叶条裂，早落。小裂片条裂或掌状深裂。花单生，白色，芳香。萼片5，线状长，长9厘米，密被黄褐色星状茸毛，内面被白色长柔毛；花瓣5，线状长圆形，宽7毫米，稍短于花萼。蒴果木质，长圆状圆筒形，具柄，有5个不明显凹陷面或浅沟，长10-15厘米，初被淡红褐色茸毛，后无毛，顶端钝，基部渐窄，每室有多数种子。种子斜卵圆形，翅褐色。

产云南南部，生于海拔1200-1640米山坡。老挝、泰国、印度及缅甸有分布。

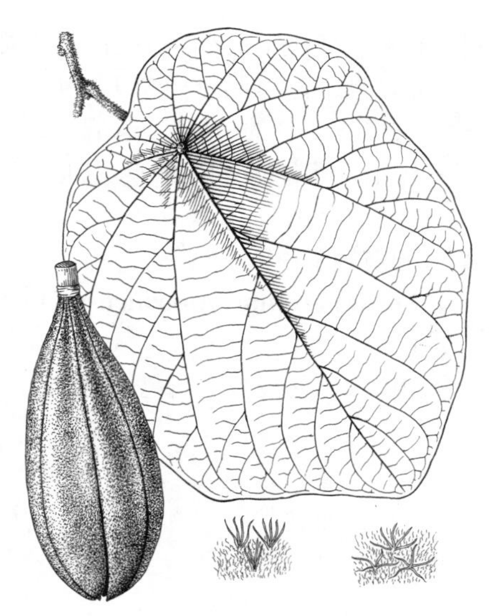

图 98 翅子树 （余汉平绘）

2. 景东翅子树 图 99：1-6

Pterospermum kingtungense C. Y. Wu ex Hsue in Acta Phytotax. Sin. 15(1): 81. f. 1. 1977.

乔木，高达12米。幼枝被深褐色柔毛。叶倒梯形或长圆状倒梯形，长8-13.5厘米，先端常有3-5不规则浅裂，基部圆、平截或浅心形，上面无毛，下面密被淡黄白色星状绒毛；叶柄长约1厘米，密被淡褐色绒毛，托叶卵形，全缘，长4毫米。花单生叶腋，几无梗，径7厘米；小苞片卵形，全缘，被毛。花萼分裂近基部，萼片5，线状窄披针形，长4.5厘米，密被深褐色绒毛，内面密被黄褐色绒毛；花瓣5，白色，斜倒卵形，长4.8厘米，基部渐窄，下面被星状微柔毛，基部毛密；退化雄蕊线状棒形，长3.5厘米，无毛，上部密生瘤状突起；雌雄蕊柄长6毫米；雄蕊花丝无毛，花药2室，药隔顶端突出尾状；子房密被黄褐色绒毛，花柱有毛，柱头分离而扭合。

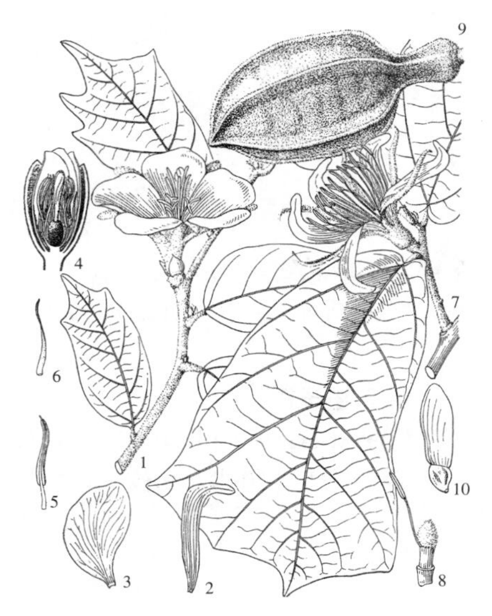

图 99：1-6. 景东翅子树 7-10. 截裂翅子树 （余汉平绘）

产云南景东，生于海拔1430米草坡。

3. 截裂翅子树 图 99：7-10

Pterospermum truncatolobatum Gagnep. in Lecomte, Not. Syst. 1: 84. 1909.

乔木，高达16米。幼枝密被黄褐色星状绒毛。叶长圆状倒梯形，长8-16厘米，先端平截并有3-5裂，长1-2厘米，基部心形或斜心形，上面无毛或中脉略被毛；叶柄粗，长0.4-1.2厘米。花腋生，单生，几无梗；小苞片条状裂。花萼分裂近基部，萼片5，较厚，线形，长4.5-6.5厘米，宽4毫米，密被褐色绒毛，内面被银白色长柔毛；花瓣5，线状镰刀形，长3-6厘米，基部渐窄，无毛。蒴果木质，卵圆形或卵状长圆形，有5棱和5条深沟，长达12厘米，径约7厘米，基部收缩成长2-3厘米的果柄，外面密被褐色星状绒毛，每室有6-10种子，排成2列。种子具翅，连翅长4-5.5厘米。花期7月。

产云南南部及广西西南部，生于海拔300-520米石灰岩山地密林中。越南北部有分布。

4. 云南翅子树 图 100

Pterospermum yunnanense Hsue in Acta Phytotax. Sin. 15(1): 81. f. 2. 1977.

小乔木。幼枝被灰白色柔毛。叶二型，在幼树和萌蘖枝上的叶盾形，掌状5深裂，长16厘米，裂片近线形，长11厘米，先端渐尖，成年树枝上的叶倒梯形，长6.5-8.8厘米，先端平截并有短钝尖，基部心形或斜心形，上面无毛，下面密被淡黄褐色星状柔毛；掌状深裂盾形叶的柄长达24厘米，倒梯形叶的柄长1-1.5厘米。蒴果卵状椭圆形，长4厘米，有5条不明显的棱和5个近平坦的凹陷面，顶端钝，基部收缩成长约6毫米的果柄，全部密被褐色柔毛。种子连翅长2.8厘米。

产云南南部，生于海拔1460米石灰岩山坡。

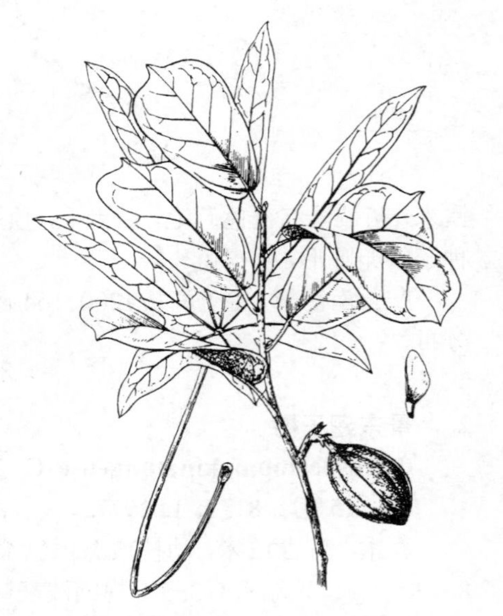

图 100 云南翅子树 （黄少容绘）

5. 台湾翅子树 图 101 彩片 33

Pterospermum niveum Vidal. Rev. Pl. Vasc. Filip. 67. 1886.

乔木，高达20米。幼枝被黄色星状茸毛，后无毛。叶长圆形或长圆状披针形，长12-18厘米，先端渐尖或尾状，基部斜心形，全缘，上面近基部微被黄色柔毛，下面密被灰黄色柔毛，基生脉5条，上面凹陷，下面凸出；叶柄长0.5-1厘米，被灰黄色茸毛，托叶披针形，长8毫米。花单生叶腋，径5-7厘米。萼片5，线状披针形，近基部连合，长4.5厘米，外面被黄褐色茸毛，内面被长柔毛；花瓣5片，白色，倒卵形，先端钝，长3.5厘米；雌雄蕊柄长2厘米。蒴果长圆形，或长圆状椭圆形，长8-10厘米，无毛，顶端锐尖如喙。种子具翅，连翅长3-4厘米，顶端钝。

图 101 台湾翅子树 （赖玉珍仿绘）

产台湾红头屿。菲律宾群岛有分布。

6. 勐仑翅子树 图 102 彩片 34

Pterospermum menglunense Huse in Phytotax. Sin. 15(1): 81. f. 3. 1977.

乔木，高12米。幼枝被灰白色绵

毛。叶披针形或椭圆状披针形，长4.5-12.5厘米，先端长渐尖或尾尖，基部斜圆，上面无毛或疏被柔毛，下面密被淡黄褐色星状茸毛；叶柄长3-5毫米。花单生于小枝上部叶腋，白色；小苞片长锥尖状，全缘。花梗长约5毫米；萼片5，线形，长3.5-3.8厘米，宽2.5毫米，密被黄褐色星状茸毛，内面无毛；花瓣5，倒卵形，白色，长3厘米，具瓣柄，两面无毛；雌雄蕊柄长8毫米，无毛。蒴果长椭圆形，长约8厘米，顶端骤尖，基部窄并与果柄连接，果柄长1-2厘米。种子连翅长约3.5厘米。花期4月。

产云南南部，生于石灰岩山地疏林中。

图 102 勐仑翅子树 （黄少容绘）

7. 翻白叶树 图 103 彩片 35

Pterospermum heterophyllum Hance in Journ. Bot. 6: 112. 1868.

乔木，高达20米。小枝被黄褐色柔毛。叶二型，生于幼树或萌蘖枝上的叶盾形，径约15厘米，掌状3-5裂，基部平截而略近半圆，上面几无毛，下面密被黄褐色星状柔毛，叶柄长12厘米，被毛；生于成长树上的叶长圆形或卵状长圆形，长7-15厘米，基部钝、平截或斜心形，下面密被黄褐色柔毛，叶柄长1-2厘米，被毛。花单生或2-4朵排成腋生聚伞花序。花梗长0.5-1.5厘米，无关节；小苞片鳞片状，与花萼紧靠；花青白色；萼片5，线形，长达2.8厘米，宽4毫米，两面被柔毛；花瓣5，倒披针形，与萼片等长；雌雄蕊柄长2.5毫米。蒴果木质，长圆状卵圆形，长约6厘米，被黄褐色绒毛，顶端钝，基部渐窄，果柄粗，长1-1.5厘米。种子具膜质翅。花期秋季。

产福建、湖南、广东、香港、海南、广西、贵州南部及云南。根药用，治风湿性关节炎，可浸酒或煎汤服用。植皮可编绳。也可放养紫胶虫。

图 103 翻白叶树 （引自《海南植物志》）

8. 窄叶半枫荷 图 104

Pterospermum lanceaefolium Roxb. Fl. Ind. ed. 2, 3: 163. 1832.

乔木，高达25米。幼枝被黄褐色茸毛。叶披针形或长圆状披针形，长5-9厘米，先端渐尖或尖，基部偏斜或钝，全缘或顶端有数个锯齿，上面几无毛，下面密被黄褐或黄白色茸毛；叶柄长约5毫米，托叶2-3条裂，被茸毛，比叶柄长。花白色，单生叶腋。花梗长3-5厘米，有关节，被茸毛，比叶柄长。花白色，单生叶腋。花梗长3-5厘米，有关节，被茸毛；小苞片位于花梗中部，4-5条裂，或线形，长7-8毫米；萼片5，线形，长2厘

米，两面被柔毛；花瓣5，披针形，与萼片等长或稍短；雄蕊15，退化雄蕊线形，比雄蕊长，基部被长茸毛。蒴果木质，长圆状卵圆形，长约5厘米，顶端钝，基部渐窄，被黄褐色绒毛，果柄柔弱，长3–5厘米。种子连翅长2–2.5厘米。花期春夏。

产广东、海南、广西、云南及西藏，生于海拔850米山坡林中。印度、越南、缅甸有分布。

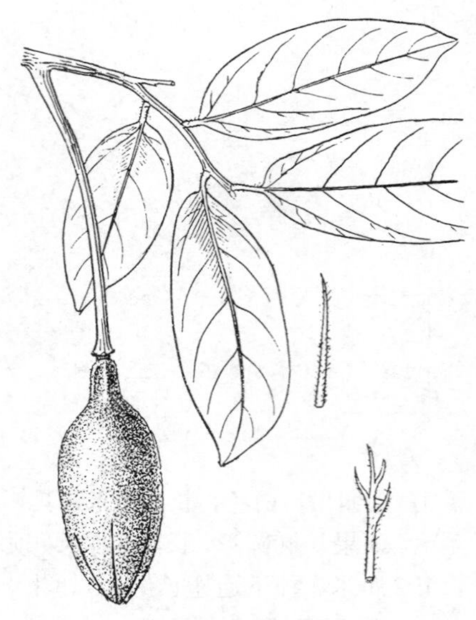

图 104 窄叶半枫荷 （余汉平绘）

15. 平当树属 **Paradombeya** Stapf

小乔木或灌木。叶互生，有小锯齿；托叶线形。花簇生叶腋，黄色。花梗有关节，在节的附近有轮生小苞片2–3；花萼5裂近基部，萼片镊合状排列，无毛；花瓣5，宽倒卵形，不相等，先端平截，凋而不落；雄蕊15，每3枚集合成群并与舌状的退化雄蕊互生，基部连成环状，花药卵形或椭圆形；子房无柄，2–5室，被星状柔毛，各室易分离，被星状柔毛，每室2胚珠，花柱伸长，向上稍膨大，常有4–5个小沟。蒴果近球形，果瓣易分离，被星状柔毛，每室1种子。种子长圆状卵圆形，深褐色。

2种，1种产我国，1种产缅甸及泰国。

平当树 图 105

Paradombeya sinensis Dunn in Hook. Icon. Pl. 4th. ser. 28: pl. 2743b. 1902.

小乔木或灌木，高达5米。小枝柔弱，疏被星状柔毛。叶膜质，卵状披针形或椭圆状倒披针形，长5–12.5厘米，宽1.5–5厘米，先端长渐尖，基部圆或近浅心形，密生小锯齿，上面无毛或几无毛，下面疏被星状柔毛，基生脉3；叶柄长3–5毫米或无柄。花簇生叶腋。花梗柔弱，长1–1.5厘米；小苞片披针形，早落；花萼5裂近基部，萼片卵状披针形，长4毫米；花瓣5，黄色，宽倒卵形，不相等，长约5毫米，先端平截，凋而不落；退化雄蕊稍短于花瓣；子房球形，2室，被星状茸毛。蒴果近球形，长2.5毫米，每果瓣有1种子。种子长圆状卵圆形，长约1.5毫米，深褐色。花期9–10月。

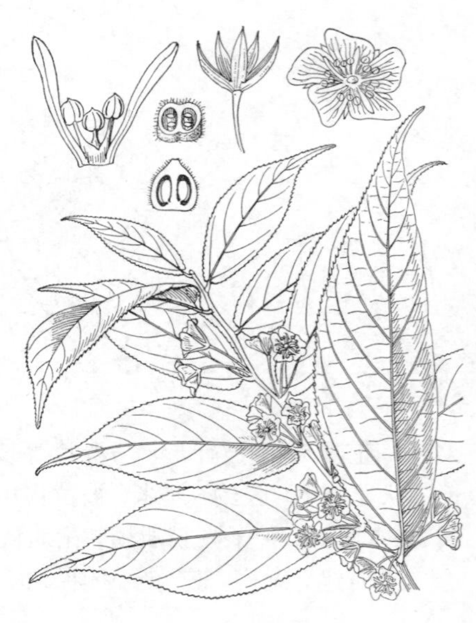

图 105 平当树 （余汉平绘）

产四川南部及云南，生于海拔280–1500米山坡稀树灌丛草坡。

16. 昂天莲属 **Ambroma** Linn. f.

乔木或灌木。叶心形或卵状椭圆形，全缘或有锯齿，有时掌状浅裂。花序与叶对生或顶生，具少花。花两性；萼片5，近基部合生；花瓣5，红紫色，中部以下骤窄，下部凹陷，上部匙形；雄蕊花丝合生成筒状，包围着雌蕊，退化雄蕊5枚，顶端钝，基部连合成筒状，边缘有缘毛，花药15，每3个集合成群，着生在雄蕊筒外侧并与退化雄蕊互生；子房无柄，有5沟槽，5室，每室有胚珠多个，花柱有5浅沟。蒴果膜质，有5棱和5翅，顶端平截。种子多数，有胚乳；子叶扁平，心形。

1或2种，分布于亚洲热带至大洋洲。我国1种。

昂天莲 图 106 彩片 36

Ambroma augusta（Linn.）Linn. f. Suppl. Pl. 341. 1781.

Theobroma augusta Linn. Syst. ed. 12, 233. 1767.

灌木。幼枝密被星状柔毛。叶心形或卵状心形，有时3-5浅裂，长10-22厘米，先端尖或渐尖，基部心形或斜心形，上面无毛或疏被星状柔毛，下面密被星状柔毛，基生脉3-7；叶柄长1-10厘米，托叶线形。聚伞花序有1-5花。花红紫色，径约5厘米；萼片5，近基部连合，披针形，长1.5-1.8厘米，两面密被柔毛；花瓣5，红紫色，匙形，长2.5厘米，与退化雄蕊基部连合，发育雄蕊15，每3枚集合，退化雄蕊5，近匙形，两面被毛。蒴果膜质，倒圆锥形，具5棱和5翅，径3-6厘米，被星状柔毛，边缘有长绒毛，顶端平截。种子多数，长圆形，黑色。花期春夏。

产广东、香港、海南、广西、贵州西南部、云南及西藏东南部，生于山谷沟边或林缘。印度及东南亚有分布。茎皮纤维洁白坚韧，可作丝织品代用品。根药用。

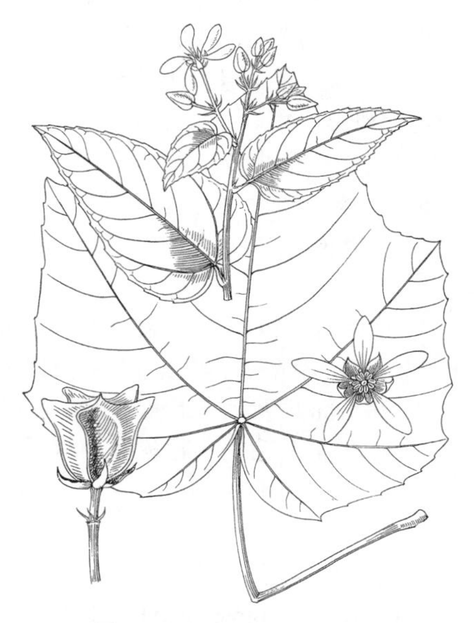

图 106 昂天莲 （余汉平绘）

17. 梅蓝属 **Melhania** Forsk.

小灌木或草本。单叶，有毛，有锯齿。花腋生，单生；小苞片3，心形或肾形，常比萼片长，宿存。花萼5深裂；花瓣5，围着子房且凋而不落；雄蕊柄杯状，很短，有5枚舌状退化雄蕊，雄蕊5，与退化雄蕊互生；子房无柄，5室，每室有1或多数胚珠，花柱上部有5钻形分枝。蒴果5室裂。种子有胚乳；子叶褶扇状，2深裂。

约60种，分布于非洲、马达加斯加、亚洲中部、大洋洲。我国1种。

梅蓝 图 107

Melhania hamiltaniana Wall. Pl. Asiat. Rar. 1: 69. 1830.

小灌木。小枝密被淡黄褐色柔毛。叶宽卵形或椭圆状卵形，长2.5-4厘米，先端钝，基部圆或浅心形，两面均密被柔毛，有细锯齿；叶柄长1-1.5厘米，托叶线状锥尖形。聚伞花序腋生，长达5厘米，密被柔毛，有3花。小苞片2-3，长约6毫米；靠萼下面着生；萼片5，披针形，长8-9毫米，小苞片和萼片均密被柔毛；花瓣5，黄色，倒卵状三角形，长1厘米；退化

雄蕊5，线状舌形，基部连合，长8毫米，与雄蕊互生，雄蕊5，花药2室；子房卵圆形，长约2.5毫米，被柔毛，5室，每室3-4胚珠，柱头5裂，有小柔毛。蒴果卵圆形，长约7毫米，顶端钝，为宿存的萼片和苞片所包围，5室裂，每室有2-3种子。种子椭圆形，黑褐色，长约2毫米。

产云南元江，生于海拔400-450米石山草坡灌丛中。印度有分布。

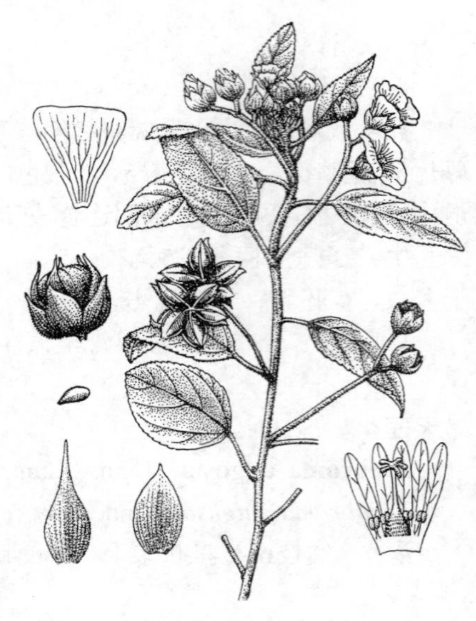
图 107 梅蓝 （杨可四绘）

18. 刺果藤属 Byttneria Loefl.

草本、灌木或乔木，多为藤本。聚伞花序顶生或腋生。花小；萼片5，基部连合；花瓣5，具爪，上部凹陷似盔状，先端有长带状附属体；雄蕊花丝合生成筒状，退化雄蕊5，片状，顶端钝，与萼片对生，具药雄蕊5，位于退化雄蕊之间，且与花瓣对生，花药2室，外向；子房无柄，5室，每室2胚珠，花柱全缘或顶端5裂。蒴果球形，有刺，成熟时分裂为5个果瓣，果瓣与中轴分离并在室背开裂，每室1种子。种子无胚乳，子叶褶合。

约70种，主产美洲热带。亚洲数种，非洲1种。我国3种。

1. 叶有锯齿，粗糙；蒴果密被有小分枝锥尖状软刺 ………… 1. **粗毛刺果藤 B. pilosa**
1. 叶全缘，不粗糙；蒴果有不分枝硬刺。
   2. 叶上面几无毛，下面密被白色星状茸毛；蒴果径3-4厘米，有短而粗的刺 ………… 2. **刺果藤 B. aspera**
   2. 叶两面无毛或叶脉疏被星状柔毛；蒴果径1.5-2厘米，有长锥尖状硬刺 ………… 2(附). **全缘刺果藤 B. integrifolia**

1. 粗毛刺果藤 图 108：1-3

Byttneria pilosa Roxb. Fl. Ind. 1: 618. 1832.

木质缠绕藤本。小枝初被星状毛，后几无毛。叶圆形或心形，长14-24厘米，先端钝或短尖，基部心形，基生脉7，边缘有细锯齿，常有3-5浅裂，两面均被淡黄褐色星状柔毛及硬毛，下面为甚；叶柄长12-15厘米，被毛，托叶线形，长约1.4厘米，早落。聚伞花序排成伞房状，腋生，少花。花梗柔弱，长约2.5毫米；萼片5，长3毫米，外面有毛；花瓣5，凹陷，4裂，裂片钝；雄蕊5，与花瓣对生，退化雄蕊5，下面连合，长1.5厘米；子房有乳头状突起。蒴果球形，黄色略带红色，密被有分枝锥尖状软刺，径约2厘米，刺长4-6毫米。种子卵圆形，长5毫米，黄色，具褐色斑点。

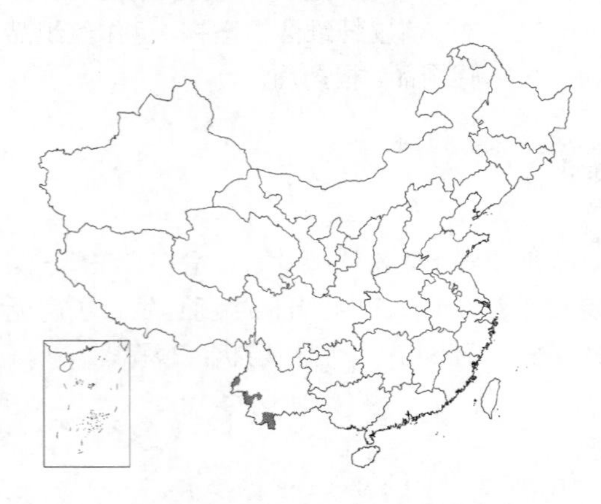

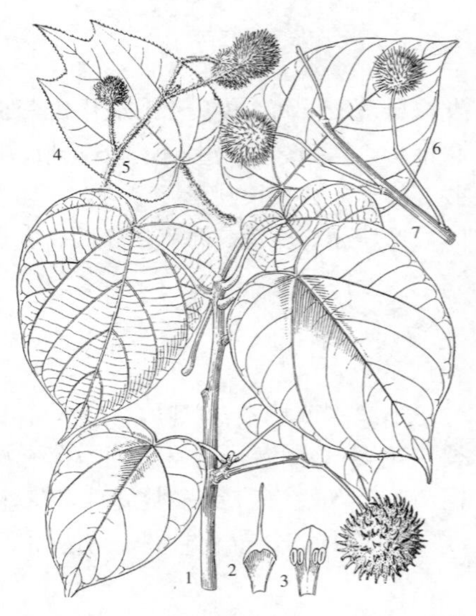

图 108: 1-3.粗毛刺果藤 4-5.刺果藤 6-7.全缘刺果藤 （余汉平绘）

产云南，生于海拔550-1000米山地林缘。老挝、泰国、越南及缅甸有分布。

2. 刺果藤 图 108：4-5 彩片 37

Byttneria aspera Colebr. in Roxb. Fl. Ind. ed. Carey, 2: 283. 1824.

木质大藤本。幼枝略被柔毛。叶宽卵形、心形或近圆形，长7-23厘米，

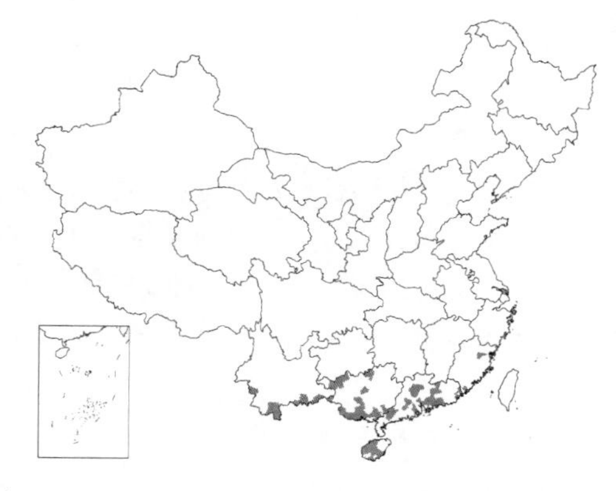

先端钝或尖，基部心形，全缘，上面几无毛，下面被白色星状柔毛，基生脉5；叶柄长2-8厘米，被毛。花小，淡黄白色，内面略带紫红色；萼片卵形，长2毫米，被柔毛；花瓣与萼片互生，先端2裂并有长条形附属体，约与萼片等长；雄蕊5，与退化雄蕊互生；子房5室，每室2胚珠。蒴果球形或卵状球形，径3-4厘米，具短而粗的刺，被柔毛。种子长圆形，长约1.2厘米，黑色。花期春夏。

产福建、广东、香港、海南、广西及云南，生于疏林中或山谷溪旁。印度、越南、柬埔寨、老挝及泰国有分布。

［附］**全缘刺果藤** 图 108：6-7 **Byttneria integrifolia** Lace in Kew Bull. 1915：396. 1915. 本种与刺果藤的区别：叶两面无毛或叶脉疏被星状柔毛；蒴果径1.5-2厘米，有长锥尖状硬刺。产云南南部西双版纳及广西西南部，生于海拔850米山坡疏林中。泰国及缅甸有分布。

19. 山麻树属 Commersonia J. R. et G. Forst.

乔木或灌木。单叶，常偏斜，有锯齿或深裂。聚伞状圆锥花序，顶生或腋生。花小，两性；萼5裂；花瓣5，基部扩大且凹入，先端伸长成带状附属体；雄蕊5，与花瓣对生，花药近球形，2室，药室分歧，退化雄蕊5，披针形，与萼片对生；子房无柄，5室，每室2-6胚珠，花柱基部连合或分离。蒴果5室，被刚毛，室背开裂。种子有胚乳，子叶扁平。

约9种，分布热带亚洲和大洋洲。我国1种。

山麻树 图 109 彩片 38

Commersonia bartramia (Linn.) Merr. Interpr. Rumph. Herb. Amboin. 362. 1917.

Muntingia bartramia Linn. Amoen. Acad. 4：124. 1759.

乔木。小枝密被黄色柔毛。叶宽卵形或卵状披针形，长9-24厘米，宽5-14厘米，先端尖或渐尖，基部斜心形，有不规则小齿，上面疏生星状柔毛，下面密被灰白色柔毛，叶缘有红毛；叶柄长0.6-1.8厘米，托叶掌状条裂。复聚伞花序顶生或腋生，多分枝。花密生，径约5毫米；萼片5，卵形，长约3毫米，被柔毛；花瓣5，白色，与萼等长，基部两侧有小裂片，先端带状。蒴果球形，径约2厘米，5室裂，密生细长刚毛。种子椭圆形，长2毫米，黑褐色。花期2-10月。

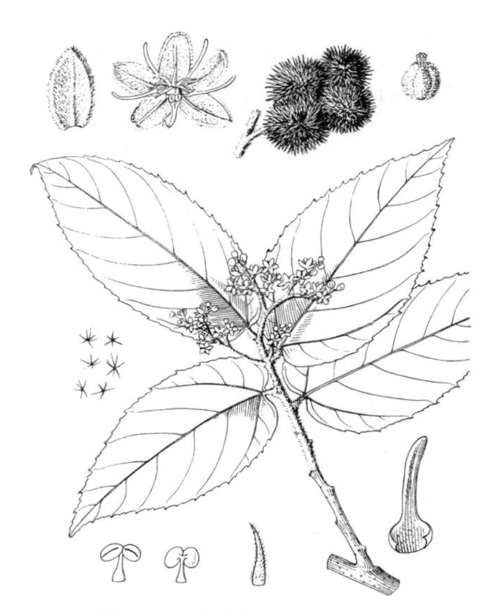

图 109 山麻树 （余汉平绘）

产广东南部、海南、广西南部及云南东南部，生于海拔100-400米山谷疏林中和山坡林中。印度、越南、马来西亚、菲律宾及澳大利亚有分布。茎皮纤维可织麻布和麻袋，也可编绳。

67. 木棉科 BOMBACACEAE

（李 恒）

乔木，主干基部常有板状根。叶互生，掌状复叶或单叶，常具鳞秕；托叶早落。花两性，大而美丽，辐射对称，腋生或近顶生，单生或簇生；花萼杯状，顶端截平或不规则的3-5裂；花瓣5片，覆瓦状排列，有时基部与雄蕊管合生，有时无花瓣；雄蕊5至多数，退化雄蕊常存在，花丝分离或合生成雄蕊管，花药肾形至线形，常1室或2室；子房上位，2-5室，每室有倒生胚珠2至多数，中轴胎座，花柱不裂或2-5浅裂。蒴果，室背开裂或不裂；种子常为内果皮的丝状绵毛所包围。

约有20属，180种，广布热带（主产美洲热带）地区。我国产1属2种，引种栽培5属5种。

1. 掌状复叶；果不裂或5爿裂，果爿从隔膜（宿存于中轴上）散开。
    2. 花梗长30厘米以上，下垂；花瓣绉波状，长12-15厘米，外翻；雄蕊管高5厘米以上，上部分离为极多数反折的花丝；花柱伸出雄蕊管，柱头分裂为肢5-15；果长圆形或近棒状，不开裂；果肉肉质，内面无绵毛；种子不藏于绵毛内 ………… 1. **猴面包树属 Adansonia**
    2. 花梗长不及10厘米；柱头全缘或浅裂；果开裂，内面具绵毛；种子藏于长绵毛内。
        3. 花丝40枚以上。
            4. 雄蕊管上部花丝集为多束，每束再分离为7-10枚细长的花丝；花萼截平或具浅齿，内面无毛，果期宿存；种子大，长达2.5厘米 ………… 2. **瓜栗属 Pachira**
            4. 雄蕊管上部花丝排成若干轮，最外轮集为5束；花萼平截或具短齿，内面被毛，果期脱落；种子小，长不及5毫米 ………… 3. **木棉属 Bombax**
        3. 花丝3-15，花萼宿存；果隔膜无毛 ………… 4. **吉贝属 Ceiba**
1. 单叶；果3-5爿裂，隔膜留在果爿上。
    5. 叶具掌状脉，有齿；雄蕊管上部扭转，无分离花丝，花药生于雄蕊管上部；果无刺或疣，内面密生丝状绵毛 ………… 5. **轻木属 Ochroma**
    5. 叶具羽状脉，全缘；雄蕊分离或成5束；果具圆锥状粗刺；果内面无毛 ………… 6. **榴莲属 Durio**

1. 猴面包树属 **Adansoinia** Linn.

落叶大乔木，无刺。叶螺旋状排列，掌状复叶；小叶3-9，全缘；托叶小。花大，腋生，单一或成对，具梗，下垂；苞片2；花萼革质，为5个近相等的裂片，两面密被柔毛，脱落；花瓣5，基部合生并贴生于雄蕊管基部；雄蕊多数，合生成管，上部分离，花丝极多数，花药肾形，1室；子房5-10（-15）室，每室胚珠多数，花柱伸出，柱头星状分叉为5-15肢，裂肢短，展开。果木质，不开裂，长圆形或近棒状，大，果肉肉质，无绵毛。种子多数，大，藏于果肉内，有假种皮，胚乳少。

10种，分布于非洲、马达加斯加及澳大利亚。我国引种1种。

猴面包树 图 110

Adansoinia digitata Linn. Sp. Pl. 1190. 1753.

落叶乔木，主干短，分枝多。叶集生枝顶，小叶通常5，长圆状倒卵形，长9-16厘米，先端急尖，上面暗绿色发亮，无毛或背面被稀疏星状柔毛；叶柄长10-20厘米。花生近枝顶叶腋；花梗长0.6-1米，下垂，密被柔毛；花萼长8-12厘米；花瓣外翻，宽倒卵形，白色，长12.5-15厘米；雄蕊管白色，长约7厘米，上部分离；极多花丝，花丝向外反折成绒轮状；子房密被黄色贴伏柔毛，花柱超出雄蕊管，柱头分裂为7-10肢。果长椭圆形，下垂，长25-35厘米。

原产非洲热带。福建、广东、云南的热带地区引种栽培。

2. 瓜栗属 **Pachira** Aubl.

乔木。叶互生，掌状复叶，小叶3-9，全缘。花单生叶腋，具梗；苞片2-3；花萼杯状，短、平截或具不明显的浅齿，内面无毛，宿存；花瓣长圆形或线形，白或淡红色，外面常被茸毛；雄蕊多数，基部合生成管，上部花丝集为多束，每束再分离为7-10枚细长花丝，花药肾形；子房5室，每室胚珠多数，花柱伸长，柱头5浅裂。果近长圆形，木质或革质，室背开裂为5爿，内面具长绵毛。种子大，长达2.5厘米，近梯状楔形，无毛，种皮脆壳质，光滑；子叶肉质，内卷。

2种，分布于美洲热带，我国引入1种。

图 110 猴面包树 （佘汉平绘）

瓜栗 图 111 彩片 39

Pachira macrocarpa (Cham. et Schlecht.) Walp. Repert. Bot. 1: 329. 1842.

Calolinea macrocarpa Cham. et Schlecht. in Linnaea 6: 423. 1831.

小乔木，高4-5米。幼枝无毛。小叶5-11，具短柄或近无柄，长圆形至倒卵状长圆形，先端渐尖，基部楔形，全缘，上面无毛，下面及叶柄被锈色星状茸毛；中央小叶长13-24厘米，外侧小叶渐小，中肋下面中脉强烈隆起，侧脉16-20对，近平伸，至边缘附近连结为波状集合脉，网脉细密，均在下面隆起；叶柄长11-15厘米。花单生枝顶叶腋；花梗长2厘米，被黄色星状茸毛；花萼杯状，疏被星状柔毛，内面无毛，平截或具3-6浅齿，宿存，基部有2-3枚圆形腺体；花瓣淡黄绿色，窄披针形或线形，长达15厘米，上半部反卷；雄蕊管较短，分裂为多数雄蕊束，每束再分裂为7-10枚细长的花丝，花丝连雄蕊管长13-15厘米，下部黄色，向上变红色，花药窄线形；花柱长于雄蕊，深红色，柱头5浅裂。蒴果近梨形，长9-10厘米，木质，黄褐色，内面密被长绵毛，开裂，每室种子多数。种子大，不规则的梯状楔形，长2-2.5厘米，暗褐色，有白色螺纹，内含多胚。花期5-11月，果先后成熟，种子落地后自然萌发。

原产中美墨西哥至哥斯达黎加。云南西双版纳栽培，生长正常。果皮未熟时可食，种子可炒食。

图 111 瓜栗 （曾孝濂绘）

3. 木棉属 **Bombax** Linn.

落叶大乔木，幼树树干常有圆锥状粗刺。叶为掌状复叶。花单生或簇生叶腋或近顶生，花大，先叶开放，通常红色，有时橙红或黄白色；无苞片；花萼革质，杯状，平截或具短齿，内面被毛，脱落；花瓣5，倒卵形或倒卵状披针形；雄蕊多数，合生成管，花丝排成若干轮，最外轮集生为5束，各束与花瓣对生，花药1室，肾形，盾状着生；子房5室，每室有胚珠多数，花柱细棒状，长于雄蕊，柱头星状5裂。蒴果室背开裂为5爿，果爿革质，内有丝状绵毛。种子小，长不及5毫米，黑色，藏于绵毛内。

约50种，主要分布于美洲热带，少数产亚洲热带、非洲和大洋洲。我国2种。

1. 花萼长3.8-5厘米，内面被浓密丝状毛；花丝线形，上下等粗；果长25-30厘米 …… 1. **长果木棉 B. insigne**
1. 花萼长2-3（-4.5）厘米，内面被短绢毛；花丝基部粗，向上渐细；果长10-15厘米 ………………………………………………………… 2. **木棉 B. malabaricum**

1. 长果木棉 图 112：1-4

Bombax insigne Wall. Pl. Asiat. Rar. 1: 71. t. 79. 80. 1830.

落叶大乔木，高达20米，树干无刺。幼枝具刺或无。小叶5-9，近革质，倒卵形或倒披针形，长10-15厘米，先端短渐尖，基部渐窄，下面沿中肋和侧脉被长柔毛；叶柄长于叶片，小叶柄长1.2-1.6厘米。花单生枝的近顶端，花梗长1.9厘米；花萼长3.8-5厘米，坛状球形，不明显的分裂，外面近无毛，内面被浓密丝状毛；花瓣肉质，长圆形或线状长圆形，舟状内凹，长10-15厘米，红、橙或黄色，内面无毛，外面被短绢毛；雄蕊约150枚，雄蕊管长1.2厘米，花丝线形，上下等粗，集成5束，短于花瓣；子房5室，花柱长于花丝。蒴果长圆筒形，栗褐色，无毛，长25-30厘米，具5棱，成熟时沿棱脊开裂。花期3月，果4月成熟。

图 112: 1-4.长果木棉 5-9.木棉
（曾孝濂绘）

产云南西部至南部，生于海拔500-1000米石灰岩山林内。印度安达曼群岛、缅甸、老挝及越南有分布。

2. 木棉 英雄树 攀枝花 图 112：5-9 彩片 40

Bombax malabaricum DC. Prodr. 1: 479. 1824.

Gossampinus malabarica（DC.）Merr.；中国高等植物图鉴 2：823. 1972.

落叶大乔木，高达25米，分枝平展；幼树树干常有圆锥状粗刺。掌状复叶，小叶5-7，长圆形或长圆状披针形，长10-16厘米，先端渐尖，基部宽或渐窄，全缘，两面无毛，羽状侧脉15-17对；叶柄长10-20厘米；小叶柄长1.5-4厘米；托叶小。花单生枝顶叶腋，红色，有时橙红色，径约10厘米；花萼杯状，长2-3（-4.5）厘米，内面密被淡黄色短绢毛，萼齿3-5，半圆形，高1.5厘米，宽2.3厘米；花瓣肉质，倒卵状长圆形，长8-10厘米，两面被星状柔毛，内面较疏；雄蕊管短，花丝基部粗，向上渐细，内轮部分花丝上部分2叉，中间10枚雄蕊较短，不分叉，外轮雄蕊多数，集成5束，每束花丝10枚以上，较长；花柱长于雄蕊。蒴果长圆形，长10-15厘米，密被灰白色长柔毛和星状柔毛。种子多数，倒卵圆形，光滑。花期3-4月，果夏季成熟。

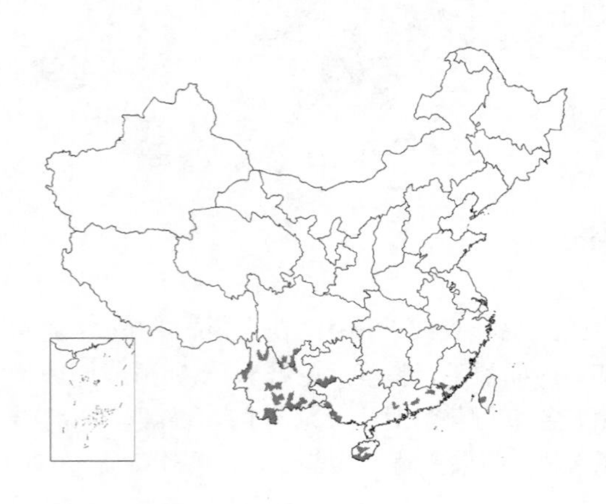

产台湾、福建、广东、香港、海南、广西、贵州、四川及云南，生于海拔1400(-1700)米以下干热河谷及稀树草原，也可生长在沟谷季雨林内。印度、斯里兰卡、中南半岛、马来西亚、印度尼西亚至菲律宾及澳大利亚北部有分布。花可供蔬食，入药清热除湿，能治菌痢、肠炎、胃痛；根皮祛风湿、治跌打；树皮为滋补药，亦用于治痢疾和月经过多。果内绵毛或作枕、褥、救生圈套等填充材料。种子油可作润滑油、制肥皂。木材轻软，可用作蒸笼、箱板、火柴梗、造纸等用。花大而美，树姿巍峨，可植为园庭观赏树，行道树。

4. 吉贝属 **Ceiba** Mill. emend. Gaertn.

落叶乔木，树干有刺或无刺。叶为掌状复叶，螺旋状排列，小叶3-9，具短柄，无毛，常全缘。花先叶开放，单一或2-15簇生于落叶的节上，下垂，辐射对称，稀近两侧对称；花萼钟状坛状，不规则3-12裂，宿存；花瓣淡红或黄白色，基部合生并贴生于雄蕊管上，与雄蕊和花柱一起脱落；雄蕊管短，花丝3-15，分离或分成5束，每束花丝顶端有1-3个扭曲的1室花药；子房5室，每室胚珠多数，花柱线形。蒴果木质或革质，下垂，长圆形或近倒卵形，室背开裂为5爿；果爿内面密被绵毛，由宿存的室隔基部以上脱落，室隔膜和中轴无毛。种子多数，藏于绵毛内，具假种皮；胚乳少。

10种，多分布于美洲热带。我国引种栽培1种。

吉贝 美洲木棉　　　　图 113：1-5

Ceiba pentandra（Linn.）Gaertn. Fruct. 2: 244. t. 133. 1791.

Bombax pentandrum Linn. Sp. Pl. 511. 1753.

落叶大乔木，高达30米，有大而轮生的侧枝。幼枝有刺。小叶5-9，长圆披针形。长5-16厘米，先端短渐尖，基部渐尖，全缘或近顶端有极疏细齿，两面无毛，下面带白霜；叶柄长7-14厘米，小叶柄长3-4毫米。花先叶或与叶同放，多数簇生上部叶腋，花梗长2.5-5厘米，无总梗，有时单生；花萼长1.25-2厘米，内面无毛；花瓣倒卵状长圆形，长2.5-4厘米，外面密被白色长柔毛；雄蕊管上部花丝不等高分离，不等长，花药肾形；子房无毛，花柱长2.5-3.5厘米，柱头棒状，5浅裂。蒴果长圆形，向上渐窄，长7.5-15厘米，5裂，果爿内面密生丝状绵毛；果柄长7-25厘米。种子圆形，平滑。花期3-4月。

原产美洲热带。云南、广西、广东热带地区栽培。果内绵毛是救生圈、救生衣、床垫、枕头等的优良填充物；又可作飞机上防冷、隔音的绝缘材料。

图 113: 1-5.吉贝 6-9.轻木
（曾孝濂绘）

5. 轻木属 **Ochroma** Swartz

常绿乔木，无刺。叶螺旋状排列，心状宽卵形，长15-31厘米，掌状浅裂或全缘，基出掌状脉7，下面被星状柔毛；叶柄长5-20厘米；托叶大，脱落。花大，单生近枝顶叶腋，花梗长8-10厘米；和花萼均被褐色星状毛，梗的近顶部有苞片，早落；花萼管状或漏斗状，长约3.5厘米，5裂，裂片长约1厘米，其中3枚宽卵圆形，边缘常染红色，另2枚锐三角形；花瓣匙形，初直立，然后外卷，白色，长8-8.5厘米；雄蕊管长约9厘米，上部扭转，无分离花丝，花药5-10，生于雄蕊管上部；子房上位，5室，每室胚珠多数，花柱长约4.5厘米，藏于雄蕊管内，粗壮，柱头5，相互扭转成纺锤形，有螺状沟纹；蒴果圆柱形，长12.5-18厘米，内面密被褐色丝状绵毛，室背开裂为5爿；种子多数，藏于绵毛内，有假种皮；胚乳肉质。

单种属。原产美洲热带。我国引种栽培。

轻木　　　　图 113：6-9

Ochroma lagopus Swartz Prod. Veg. Ind. Occ. 98. 1788.

形态特征同属。花期3-4月。

原产美洲热带。云南及台湾热带地区引入栽培。性喜高温、高湿的气候和深厚、排水良好、肥沃的土壤条件。是一种热带速生用材树种子，其年生长胸围可达30-40厘米。是世界上最轻的商品用材，可其溶重最小、材质均匀、易加工，可用做多种轻型结构。做航空工业夹心板、各种展览的模型或塑料贴面板、隔音设备、救生胸带、水上浮标及绝热材料等。

6. 榴莲属 **Durio** Adans.

常绿乔木，无刺。叶2列，单叶，全缘，革质，具羽状脉，下面常密被鳞片；托叶早落。花大，单生，簇生或为聚伞花序，生于叶已落的节上或较粗壮的枝条上；副萼（苞片）蕾时闭合，然后不规则开裂或2-3裂，脱落；花萼钟状，基部具刺，3-5裂，革质，外面密被鳞片，花后环裂脱落；花瓣4-5或更多，稀无花瓣；雄蕊多数，分离或为5束与花瓣互生，全育或外面变为花瓣状，花药扭曲，1室，纵裂或孔裂；子房3-6室，每室胚珠2至多数，花柱短，柱头头状。蒴果大，木质，椭圆形或卵圆形，具圆锥状粗刺，室背开裂，果爿3-5，厚，最后完全展开，内面无绵毛，每室种子1至多数；假种皮厚，肉质，几乎完全包住种子，有胚乳。

约27种，分布于缅甸至马来西亚西部。我国引入1种。

榴莲 图 114

Durio zibethinus Murr. Syst. ed. 13: 581. 1774.

常绿乔木，高达25米。幼枝顶部有鳞片。托叶长1.5-2厘米；叶长圆形，稀倒卵状长圆形，长10-15厘米，短渐尖或急渐尖，基部圆或钝，两面发亮，下面有贴生鳞片，侧脉10-12对；叶柄长1.5-2.8厘米。聚伞花序细长，下垂，簇生于茎上或大枝上，每序有3-30花。花梗被鳞片，长2-4厘米；苞片托住花萼，比花萼短；萼筒状，高2.5-3厘米，基部肿胀，内面密被柔毛，具5-6个短宽的萼齿；花瓣黄白色，长圆状匙形，长3.5-5厘米，为花萼长的2倍，后期外翻；雄蕊5束，每束有花丝4-18，花丝基部合生1/4-1/2。蒴果椭圆状，长15-30厘米，具圆锥状粗刺，淡黄或黄绿色，每室种子2-6，假种皮白或黄白色，有强烈气味。花果期6-12月。

原产印度尼西亚。海南栽培。

图 114 榴莲
（引自《Trans. Linn. Soc. London》）

68. 锦葵科 MALVACEAE

（潘 洁）

草本、灌木或乔木；常被星状毛或鳞秕。茎皮层纤维发达，具粘液腔。单叶，互生，全缘或分裂，叶脉常掌状；具托叶。花单生、簇生或为总状、圆锥、聚伞花序，腋生或顶生。花两性，辐射对称；花萼3-5，分离或合生，其下常附有3至多数总苞状小苞片（又称副萼）；花瓣5，分离，近基部与雄蕊柱合生；雄蕊多数，合生成雄蕊柱，雄蕊柱顶部或上半部具分离花丝，花药1室，纵裂，花粉具刺；子房上位，2至多室，通常5室，中轴胎座，每室具胚珠1至多枚，花柱单一，下部为雄蕊柱包围，上部分枝或为棒状，花柱分枝与心皮同数或为其2倍；分果或蒴果，稀浆果状。种子肾形或倒卵形，胚弯曲，具胚乳，子叶扁平、折叠状或回旋状。

约50属，约1000种，分布于热带至温带地区。我国18属，83种和36变种或变型。

1. 分果，果爿与果轴或花托脱离，子房由数个离生心皮组成。
  2. 雄蕊柱顶端着生花药，花柱分枝与心皮同数。
    3. 胚珠每室1枚。
      4. 小苞片3-9，胚珠上举。
        5. 花柱分枝线形，柱头下沿在花柱分枝内侧成纵长的柱头面；分果爿无芒刺。

6. 小苞片3，分离；花瓣倒心形或微缺；果轴圆筒形 ………………………………………… 1. **锦葵属 Malva**
6. 小苞片3-9，基部合生；花瓣啮蚀状；果轴盘状。
7. 小苞片3-6；心皮7-25，花柱基部果时成圆锥状或盘状；果轴常高出心皮 …… 2. **花葵属 Lavatera**
7. 小苞片6-9；心皮30或更多，花柱基部果时不扩大；果轴与心皮几相等或较矮 …… 3. **蜀葵属 Althaea**
5. 花柱分枝在顶端成头状柱头，分果爿具3条芒刺 ………………………………………… 4. **赛葵属 Malvastrum**
4. 无小苞片；分果爿具2条芒刺或无刺 ………………………………………………………… 5. **黄花稔属 Sida**
3. 胚珠每室2个或更多。
8. 草本或灌木；花黄或红色，无小苞片，心皮5枚或更多。
9. 心皮5，顶端有喙，内部有假横隔膜或横片 ………………………………………… 6. **隔蒴苘属 Wissadula**
9. 心皮7或更多，顶端圆钝或渐叉开，内部无假横隔膜 …………………………………… 7. **苘麻属 Abutilon**
8. 乔木；花粉红或白色，小苞片4-6，心皮2-3 ……………………………………………… 8. **翅果麻属 Kydia**
2. 雄蕊柱上的花药外部着生，顶端5齿或平截，花柱分枝约为心皮数2倍。
10. 小苞片钟形，5裂，分果爿具锚状倒刺毛 ………………………………………………… 9. **梵天花属 Urena**
10. 小苞片7-12，分果爿合生成肉质的浆果状，干后分裂，无锚状倒刺毛 ……… 10. **悬铃花属 Malvaviscus**
1. 蒴果；子房由数个合生心皮组成，常5室，稀10室，花柱分枝与心皮同数或花柱不分枝。
11. 花柱分枝，小苞片5-15；种子肾形，稀球形。
12. 子房5室，花柱分枝5。
13. 花萼佛焰苞状，花后沿一侧开裂，果时脱落；果长尖；种子无毛 …………… 11. **秋葵属 Abelmoschus**
13. 花萼钟状或杯状，5裂或5齿裂，果时宿存；果长圆形或球形；种子被毛或腺状乳突 ………………………………………………………………………………………………… 12. **木槿属 Hibiscus**
12. 子房6-10室，花柱分枝6-10 ……………………………………………………………… 13. **十裂葵属 Decaschistia**
11. 花柱不分枝，小苞片3-5；种子（倒）卵球形或具棱，稀肾形。
14. 萼片平截，小苞片3-5，子房3-5室，花柱棒状，柱头具纵槽（纹）；种子倒卵形或具棱角，常具绒毛或纤维，稀无毛。
15. 小乔木；小苞片3-5，小，开花后脱落；种子被毛或秃净 ……………………………… 14. **桐棉属 Thespesia**
15. 草本或灌木；小苞片3，大，叶状心形，宿存；种子被长绵毛 ……………………… 15. **棉属 Gossypium**
14. 萼片5裂，小苞片4，叶状，子房10室，柱头10，具柄；种子肾形，无毛，具细点 ………………………………………………………………………………………………… 16. **大萼葵属 Cenocentrum**

1. 锦葵属 Malva Linn.

一年生或多年生草本。叶互生，叶片掌状分裂或有角；花单生或簇生于叶腋，有或无花梗；小苞片3，线形，分离；花萼杯状，5裂；花瓣5，倒心形，先端常凹陷，白、玫瑰红或紫红色；雄蕊柱顶端着生花药；子房由9-15枚心皮组成，每心皮具1颗胚珠，花柱分枝与心皮同数；分果由9-15个心皮组成，分果爿成熟时彼此分离且与中轴脱离，果轴圆筒形。

约30种，分布于亚洲、欧洲和非洲北部。我国4种。

1. 花大，径3-5厘米；小苞片长圆形，先端钝圆；分果爿背面具网纹 ……………………… 1. **锦葵 M. sinensis**
1. 花小，径0.5-1.5厘米；小苞片线状披针形，先端尖；分果爿背面无网纹或边缘具条纹。
2. 一年生草本；叶缘皱曲；分果径5-8毫米，分果爿10-11 ………………………………… 2. **冬葵 M. crispa**
2. 二年生或多年生草本；叶缘平；分果径5-7毫米，分果爿10-11或13-15。

3. 植株矮小匍生，高约50厘米；花梗长2-5厘米，花冠长为花萼2倍，花瓣爪具髯毛；分果爿被柔毛 ………………………………………………………………………………………… 3. **圆叶锦葵 M. rotundifolia**

3. 植株高大直立，高1米以上；花近无梗或梗极短（有时1花梗特长），花冠略长于花萼，花瓣爪无髯毛；分果爿无毛。

4. 花近无梗或梗极短；叶裂片三角形 ……………………………………………… 4. **野葵 M. verticillata**

4. 花梗不等长，1花梗特长；叶裂片圆形 ………………………… 4(附). **中华野葵 M. verticillata** var. **chinensis**

1. 锦葵 图 115：1-2 彩片 41

Malva sinensis Cavan. Diss. 2: 77. t. 25. f. 4, 1786.

二年生或多年生直立草本，高达1米，分枝多，疏被粗毛。叶圆心形或肾形，5-7浅裂，裂片先端圆或钝，基部圆或近心形，具圆锯齿，两面近无毛或脉上疏被糙伏毛；叶柄长4-10厘米，近无毛或上面槽内被长硬毛，托叶偏斜，近卵形，具疏锯齿。花2-11朵簇生叶腋。花梗长1-2厘米，无毛或疏被粗毛；小苞片3，长圆形，长3-4毫米，先端钝圆，疏被柔毛；花萼杯状，长6-8毫米，萼裂片5，宽三角形，两面被星状疏柔毛；花冠紫红，稀白色，径3-5厘米；花瓣5，匙形或倒心形，长约2厘米，先端微凹，爪具髯毛；雄蕊柱长0.7-1厘米，被刺毛，花丝无毛；花柱分枝9-11，被柔毛。分果扁球形，径5-8毫米，分果爿9-11，肾形，被柔毛，背部具网纹。种子肾形，黑褐色。花期5-10月。

各地城市常见栽培供观赏，偶有野化。花及叶入药；富含粘液，为粘滑剂。

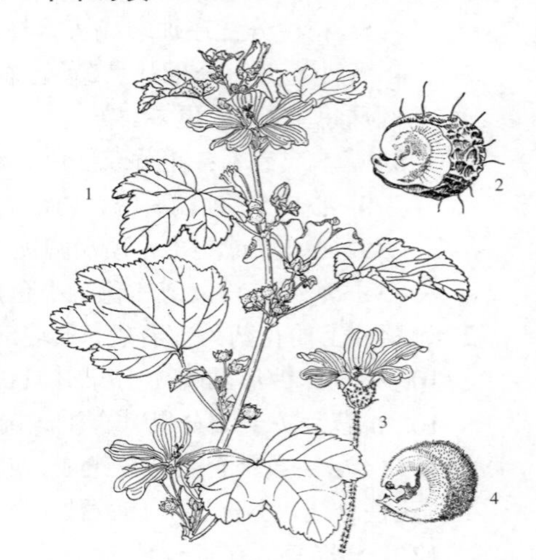

图 115: 1-2.锦葵 3-4.圆叶锦葵
（李锡畴绘）

2. 冬葵 图 116

Malva crispa Linn. Syst. ed. 10, 1147. 1759.

一年或二年生草本，高0.5-1.3米。茎直立，不分枝，被柔毛。叶近圆形，径5-10厘米，常5-7裂，裂片三角状圆形，具锯齿，并极皱曲（幼叶尤明显），两面无毛或疏被糙伏毛或星状毛；叶柄长3-8厘米，疏被柔毛，托叶卵状披针形，被星状柔毛。花小，单生或数朵簇生叶腋，近无花梗或梗极短；小苞片3，线状披针形，长4-6毫米，疏被糙伏毛；花萼浅杯状，长0.8-1厘米，5裂，裂片三角形，疏被星状柔毛；花冠白或淡紫红色；花瓣5，较萼片略长。分果扁球形，径5-8毫米；分果爿10-11，背面平滑，两侧具网纹。种子肾形，长约1毫米，暗褐色。花期5-9月。

河北、浙江、江西、湖南、贵州、云南、四川、甘肃等地栽培。嫩茎叶可作蔬菜，全草及种子入药。

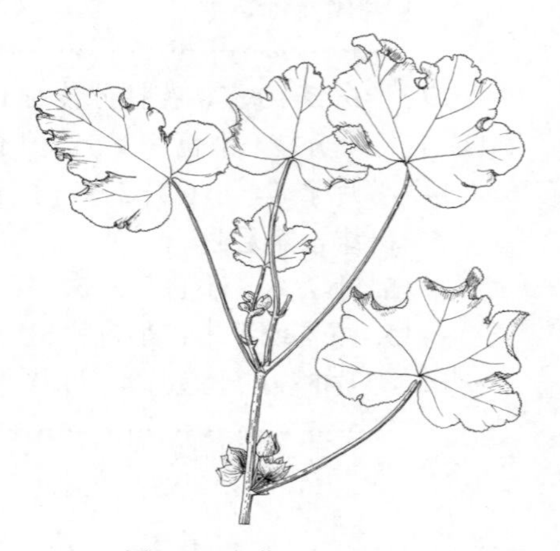
图 116 冬葵 （孙英宝绘）

3. 圆叶锦葵 图 115：3-4

Malva rotundifolia Linn. Sp. Pl. 2: 688. 1753.

多年生草本，高达50厘米，分枝多且常匍生，被粗毛。叶圆肾形，长1-3厘米，宽1-4厘米，基部心形，不裂或偶5-7浅裂，具细齿，上面疏被长柔毛，下面疏被星状柔毛；叶柄长3-12厘米，被星状长柔毛，托叶卵状渐尖，被长柔毛。花常3-4朵簇生叶腋。花梗不等长，长2-5厘米，疏被星状柔毛；小苞片3，披针形，长约5毫米，被星状柔毛；花萼杯状，长5-6毫米，密被星状柔毛，5裂，裂片三角形，先端渐尖；花冠白或浅粉红色；

花瓣5，倒心形，长1-1.2厘米；雄蕊柱被柔毛；花柱分枝13-15。分果扁球形，径约6毫米；分果爿13-15，无网纹，背面密被柔毛。种子肾形，径约1毫米，有或无网纹。花期4-8月。

产河北、山西、河南、山东、江苏、安徽、福建、台湾、江西、湖北、贵州、云南、四川、西藏、新疆、青海东部、甘肃、宁夏及陕西，生于荒野或草坡。欧洲和亚洲有分布。

4. 野葵 冬葵 图 117

Malva verticillata Linn. Sp. Pl. 689. 1753.

二年生草本，高达1米。茎被星状长柔毛。叶圆肾形或圆形，径5-11厘米，通常掌状5-7裂，裂片三角形，具钝尖头，具钝齿，两面疏被糙伏毛或近无毛；叶柄长2-8厘米，上面槽内被绒毛，托叶卵状披针形。花3-多朵簇生叶腋。花梗近无或极短；小苞片3，线状披针形，长5-6毫米，被纤毛；花萼杯状，径5-8毫米，5裂，裂片宽三角形，疏被星状毛；花冠白或淡红色，长稍超过萼片；花瓣5，长6-8毫米，先端微凹，爪无毛或具少数细毛；雄蕊柱长约4毫米，被毛；花柱分枝10-11。分果扁球形，径5-7毫米；分果爿10-11，背面无毛，两侧具网纹。种子肾形，长约1.5毫米，无毛，紫褐色。花期3-11月。

产黑龙江、吉林、辽宁、内蒙古、河北、山西、河南、山东、江苏、安徽、浙江、福建、江西、湖北、湖南、贵州、云南、四川、西藏、新疆、青海、甘肃、宁夏及陕西，生于平原旷野、村边或路旁。印度及欧洲有分布。嫩苗可作蔬菜；茎皮纤维可代麻；种子、根和叶药用，可利尿解毒，全草治咽喉肿痛。

图 117 野葵 （孙英宝绘）

［附］**中华野葵 Malva verticillata** Linn. var. **chinensis** (Mill.) S. Y. Hu Fl. China Family 153: 6, 1955. —— *Malva chinensis* Mill. Dict. ed. 8: 670, 1768. 本变种与模式变种的区别：叶浅裂，裂片圆形；花梗不等长，其中一花梗长达4厘米，其余各花具短梗。产黑龙江、内蒙古、河北、山西、山东、江苏、安徽、浙江、福建、江西、湖北、湖南、贵州、云南、西藏、四川、陕西、甘肃及新疆。朝鲜有分布。

2. 花葵属 Lavatera Linn.

草本或灌木，常被毛。叶有角或掌状分裂。花各色，稀黄色；1-4朵生于叶腋或组成顶生总状花序；小苞片3-6，基部合生成总苞状。花萼钟状，5裂；花冠漏斗状，花瓣5，先端具缺刻或平截，基部有爪；雄蕊柱顶部着生多数具花药的花丝；心皮7-25，环绕中轴合生，中轴顶部圆锥状或伞状而突出于心皮外，子房7-25室，每室1胚珠，花柱基部扩大，花柱分枝与心皮同数，柱头丝状。分果盘状。种子肾形，无毛。

约25种，分布于欧洲、亚洲、美洲及大洋州。我国3种。

1. 一年生或二年生草本；心皮7-18。
   2. 一年生草本；叶肾形，茎上部叶卵形，常3-5裂；花单生；小苞片具齿；心皮10-18 ………………………………………………………… 1. **三月花葵 L. trimestris**
   2. 二年生木质草本；叶肾形，5-9裂；花簇生或成总状花序；小苞片全缘；心皮7 ……………………………

·· 1(附). 花葵 L. arborea
1. 多年生草本；叶圆形，3-5裂；小苞片全缘；心皮20-25 ························· 2. 新疆花葵 L. cashemiriana

1. 三月花葵 图 118

Lavatera trimestris Linn. Sp. Pl. 692, 1753.

一年生草本，高达2米，全株被柔毛。叶肾形，茎上部叶卵形，常3-5裂，长2-5厘米，宽2.5-7厘米，具锯齿或牙齿，上面疏被柔毛，下面被星状柔毛；叶柄长2-7厘米，被长柔毛，托叶卵形，先端渐尖，长约5毫米。花单生叶腋。花梗长1.5-4厘米，被粗伏毛状疏柔毛；小苞片3，具齿，长约8毫米，下半部合生，两面均被柔毛；花萼钟状，5裂，裂片三角状卵形，略长于小苞片，密被星状柔毛；花冠淡紫至紫色，径约6厘米；花瓣5，倒卵形，长约3厘米；雄蕊柱长0.8-1厘米；花柱基部盘状，花柱分枝10-18，心皮10-18。分果扁球形，径约7毫米，果皮近膜质，透明，具平展条纹或网纹。种子肾形。花期4-8月。

原产欧洲地中海沿岸。河北、浙江、福建、四川及重庆等地栽培，供观赏。

［附］**花葵 Lavatera arborea** Linn. Sp. Pl. 690. 1753. 本种与三月花葵的区别：二年生草本；叶肾形，常5-9裂，宽6-20厘米；花1-4朵簇生叶腋，或成顶生总状花序；小苞片全缘；心皮7；分果径约1厘米。原产欧洲。河北引种栽培，供观赏。

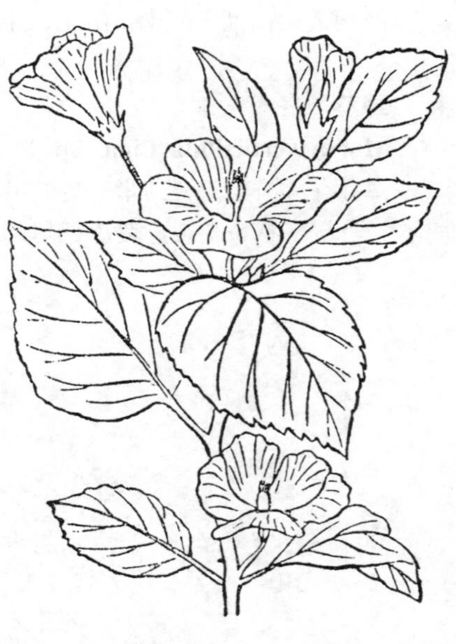
图 118 三月花葵 （引自《中国植物图谱》）

2. 新疆花葵 图 119 彩片 42

Lavatera cashemiriana Cambess. Jacquem. Vovage. 1, Inde 4: 29. 1844.

多年生草本，疏被星状柔毛。基生叶近圆形，顶生叶常3-5裂，长4-8厘米，宽5-9厘米，裂片具钝齿，上面疏被柔毛，下面被星状柔毛；叶柄长1-4厘米，疏被星状柔毛，托叶线形，长8毫米，被星状柔毛。总状花序，顶生或簇生叶腋。花梗长4-8厘米，疏被星状柔毛；小苞片3，长1厘米，全缘，基部合生成杯状，密被星状柔毛；花萼钟形，长约1.5厘米，5裂，裂片卵状披针形，密被星状柔毛；花冠淡紫色，径约8厘米，花瓣倒卵形，长4厘米，先端2深裂，密被星状长髯毛；雄蕊柱长约1.5厘米，疏被硬毛；心皮20-25。分果扁球形，分果爿20-25，肾形，无毛。花期6-8月。

图 119 新疆花葵 （引自《图鉴》）

产新疆北部，生于海拔540-2200米湿生草地或阳坡。克什米尔及阿尔泰山有分布。

3. 蜀葵属 Althaea Linn.

一年生至多年生直立草本，全株被长硬毛。叶近圆形，掌状浅裂或深裂；托叶宽卵形，先端3裂。花单生叶腋，或成顶生总状花序；小苞片6-9，基部合生呈杯状，密被绵毛和刚毛。花萼钟状，5齿裂，基部合生，被绵毛和刚毛；花冠漏斗状，具各色；花瓣倒卵状楔形，爪被髯毛；雄蕊柱顶端着生花药，花丝短；子房由多数心皮组成，多室，每室具1胚珠，花柱分枝与心皮同数，丝状，柱头线形，柱头面下沿于花柱分枝内侧。分果盘状，分果爿30或更多，成熟时与中轴分离脱落，果轴与心皮几相等或较矮。

约40种，分布亚洲和欧洲温带地区。我国3种。

1. 二年生草本；花径5厘米以上 ……………………………………………… 1. **蜀葵 A. rosea**
1. 多年生草本；花径不及3.5厘米 …………………………………………… 2. **药蜀葵 A. officinalis**

1. 蜀葵 图 120 彩片 43

Althaea rosea（Linn.）Cavan. Diss. 2: 91. 1790.

Alcea rosea Linn. Sp. Pl. 687. 1753.

二年生草本，高达2米。茎枝密被星状毛和刚毛。叶近圆心形，径6-17厘米，掌状5-7浅裂或具波状棱角，裂片三角形或近圆形，具圆齿，上面被星状柔毛，下面密被星状硬毛和柔毛；叶柄长5-18厘米，被星状长硬毛，托叶卵形，长5-8毫米，先端3裂，具长缘毛。花单生或近簇生叶腋，或成顶生总状花序，具叶状苞片。花梗长0.5-1厘米，被星状硬毛；小苞片6-7，基部合生呈杯状，裂片卵状披针形，密被星状硬毛；花萼钟形，5裂，裂片卵状三角形，长1-1.5厘米，密被星状硬毛；花冠径6-10厘米，红、紫、白、黄、粉红、黑紫色，重瓣或单瓣，花瓣倒卵状三角形，先端微凹缺，基部有爪，爪被髯毛；雄蕊柱长约2厘米，无毛，花丝纤细；子房多室，每室1胚珠，花柱分枝与心皮同数，被柔毛。分果盘状，径约2厘米，被柔毛，果柄长达2.5厘米；分果爿多数，近圆形，背部厚1厘米，具纵槽。种子肾形。花期2-8月。

图 120 蜀葵 （肖 溶绘）

产四川、贵州及云南，现各地有栽培，供观赏。世界各国有栽培。茎皮纤维可代麻；种子可榨油；全草药用，清热、消肿、解毒，治吐血、血崩。

2. 药蜀葵 图 121 彩片 44

Althaea officinalis Linn. Sp. Pl. 686. 1753.

多年生草本，高1米。茎密被星状长糙毛。叶卵圆形或心形，3裂或不裂，长3-8厘米，先端短尖，基部近心形或圆，具圆锯齿，两面密被星状绒毛；叶柄长1-4厘米，被星状绒毛。花单生或簇生叶腋，或成总状花序；小苞片9枚，披针形，长4毫米，密被星状糙毛。花萼杯状，5裂，裂片披针形，较小苞片长，密被星状糙毛；花冠径约2.5厘米，淡红色，花瓣5，长约1.5厘米，倒卵状长圆形；雄蕊柱长8毫米。分果圆肾形，径约8毫米，外包宿存花萼，被柔毛；分果爿多数。花期7月。

产新疆；陕西、河北、江苏、云南等地有栽培。根药用，可镇咳。欧洲有分布。

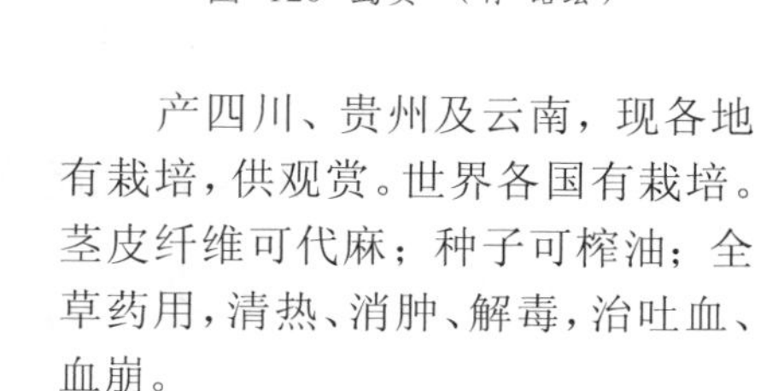

4. 赛葵属 Malvastrum A. Gray

草本或亚灌木。叶卵形，掌状分裂或具缺齿。花单生叶腋或成顶生总状花序；小苞片3，线形或钻形，分离。花萼杯状，5裂；花冠黄色，花瓣5；雄蕊柱仅顶部着生具花药的花丝；子房5室至多室，每室1胚珠，花柱分枝纤细，与心皮同数，柱头头状。分果成熟时各分果爿自中轴脱离，分果爿不裂，具短芒3条。种子肾形。

约80种，分布于美洲热带和亚热带地区，2种在热带地区野化。我国2种。

图 121 药蜀葵 （引自《图鉴》）

赛葵 图 122

Malvastrum coromandelianum (Linn.) Gürcke in Bonplandia 5: 297. 1857.

Malva coromandeliana Linn. Sp. Pl. 687. 1753.

亚灌木状草本，高达1米，疏被星状粗毛。叶卵形或卵状披针形，长2-6厘米，先端钝尖，基部宽楔形或圆，具粗齿，上面疏被长毛，下面疏被长毛和星状长毛；叶柄长0.5-3厘米，密被长毛，托叶披针形，长约5毫米。花单生叶腋。花梗长约5毫米，被长毛；小苞片3，线形，长约5毫米，疏被长毛；花萼浅杯状，长约8毫米，5裂，裂片卵形，基部合生，疏被星状长毛和单长毛；花冠黄色，径约1.5厘米，花瓣5，倒卵形，长约8毫米；雄蕊柱长约6毫米，无毛；花柱分枝8-15，柱头头状。分果扁球形，径约6毫米；分果爿8-15，肾形，近顶端具芒刺1条，背部被毛，具芒刺2条。种子肾形。

原产美洲。福建、台湾、广东、香港、海南、广西、云南等地栽培，已野化。全草药用，配十大功劳治肝炎；叶治疮疖。

图 122 赛葵 （引自《图鉴》）

5. 黄花稔属 Sida Linn.

草本或亚灌木，被星状毛。叶不裂或稍分裂，有锯齿。花单生、簇生或成圆锥花序、伞房花序，腋生或顶生；无小苞片。花萼杯状或钟状，5裂；花冠黄色，花瓣5，基部合生；雄蕊柱顶端着生具花药的花丝；子房由5-10枚心皮组成，5-10室，每室具1胚珠，花柱分枝与心皮同数，柱头头状。分果盘状或球形，成熟时各分果爿自中轴脱离，分果爿顶端具2芒或无芒。种子光滑或种脐具毛。

约90种，广布全球。我国13种、4变种。

1. 叶披针形、长圆形、菱形或卵形，茎下部叶稀近心形；花萼常密被星状柔毛；分果爿6-10，具条纹槽（直槽）。
  2. 花单生叶腋。
    3. 分果爿无芒。
      4. 叶长圆形、近圆形或倒卵形，长0.5-2厘米，叶柄长2-4毫米 …………… 1. **中华黄花稔 S. chinensis**
      4. 叶卵形或线状披针形，长2-7厘米，叶柄长0.8-2厘米 ……………………… 2. **东方黄花稔 S. orientalis**
    3. 分果爿具2芒。
      5. 叶披针形，基部圆或钝，疏被星状柔毛或无毛；花萼无毛；分果爿6，无毛 ……… 3. **黄花稔 S. acuta**

5. 叶菱形、圆形、卵形或倒卵形，基部常楔形；花萼被星状柔毛；分果爿8-10，顶端多被柔毛。
6. 叶柄长0.5-1厘米，茎下部叶具2齿；花有时簇生枝顶 ………………………… 4. **拔毒散 S. szechuensis**
6. 叶柄长2-5毫米，叶具锯齿或细圆齿；花单生叶腋。
7. 花萼被星状绵毛，雄蕊柱无毛；分果爿7-10 ………………………… 5. **白背黄花稔 S. rhombifolia**
7. 花萼被星状绒毛，边缘具长柔毛，雄蕊柱被毛；分果爿6-8。
8. 叶长2-5厘米，宽0.8-3厘米 ………………………… 6. **桤叶黄花稔 S. alnifolia**
8. 叶长不及2厘米，宽0.3-1.5厘米 ………………… 6(附). **小叶黄花稔 S. alnifolia** var. **microphylla**
2. 花簇生、伞房或圆锥花序。
9. 叶长5-10厘米，下面疏被星状柔毛或无毛；伞房或近圆锥花序；花冠径2-3.5厘米，雄蕊柱无毛 ………………………… 7. **榛叶黄花稔 S. subcordata**
9. 叶长1-4厘米，下面密被星状柔毛；花簇生或生于短枝顶端；花冠径不及1.5厘米，雄蕊柱被长硬毛。
10. 叶卵形，上面密被星状长硬毛；分果爿10 ………………………… 8. **心叶黄花稔 S. cordifolia**
10. 叶倒卵形、宽椭圆形或近圆形，上面疏被星状柔毛；分果爿6或7 …… 9. **云南黄花稔 S. yunnanensis**
1. 叶心形；花萼疏被长柔毛；分果爿5，平滑，无芒。
11. 平卧或披散亚灌木状草本，植株无腺毛；花单生叶腋或8朵成总状花序；花梗长2-4厘米 ………………………… 10. **长梗黄花稔 S. cordata**
11. 直立草本或亚灌木，植株被腺毛；花单生或成对腋生或数朵簇生短枝，成具叶的圆锥花序；花梗长2-6毫米 ………………………… 10(附). **粘毛黄花稔 S. mysorensis**

1. 中华黄花稔 图 123

Sida chinensis Retz. Obsterr. Bot. 4: Zeitschr. 29. 1786.

直立小灌木，高不及1米，分枝多，密被星状柔毛。叶倒卵形、长圆形或近圆形，长0.5-2厘米，宽0.3-1厘米，先端圆，基部楔形或圆，具细圆齿，上面疏被星状柔毛或几无毛，下面被星状柔毛；叶柄长2-4毫米，被星状柔毛，托叶钻形。花单生叶腋。花梗长约1厘米，花后长达2厘米，中部具节，被星状柔毛；花萼钟形，5齿裂，密被星状柔毛；花冠黄色，径约1.2厘米，花瓣5，倒卵形；雄蕊柱被长硬毛。分果球形；径约4毫米；分果爿7-8，包于宿萼内，平滑无芒，顶端疏被柔毛。种子扁三角形，近种脐具短毛。花期10月至翌年4月。

产台湾北部、香港、海南及云南，常生于阳坡丛草间或沟旁。

图 123 中华黄花稔 （余汉平绘）

2. 东方黄花稔 图 124

Sida orientalis Cavan. Diss. 1: 21. t. 12. f. 1. 1785.

直立亚灌木，高达2米。小枝密被星状绒毛。叶异形，茎下部叶卵形，长4-7厘米，先端尖，基部近圆或宽楔形，具圆齿，两面密被星状绒毛，叶柄长约2厘米；茎上部叶线状披针形或披针形，长2-4厘米，宽约1厘米，密被星状绒毛，叶柄长0.8-1厘米，托叶钻形，长3-5毫米，常早落。花单生叶腋，稀2-3朵簇生小枝顶端。花梗长1.5-3厘米，密被星状绒毛和长

丝毛，近顶端具节；花萼杯状，长约8毫米，密被星状绒毛，裂片5，三角形，具渐尖头；花冠黄色，花瓣5，长约1.4厘米；雄蕊柱被长硬毛。分果近盘形，径约6毫米；分果爿8或9，被细毛或皱纹，顶端无芒，有2短喙。花期6-9月。

产台湾、四川西南部及云南北部，生于海拔1000-2300米干旱阳坡、沟谷或草丛。印度有分布。

图 124 东方黄花稔 （曾孝濂绘）

3. 黄花稔 图 125

Sida acuta Burm f. Fl. Ind. 147. 1768.

直立亚灌木状草本，高达2米。小枝被星状柔毛或近无毛。叶披针形，长2-7厘米，宽0.5-1.5厘米，先端尖或渐尖，基部圆或钝，具锯齿，两面无毛或下面疏被星状柔毛，上面偶被单毛；叶柄长3-6毫米，疏被柔毛，托叶线形，长0.5-1厘米，常宿存。花单朵或成对腋生。花梗长0.2-1.5厘米，疏被柔毛，较长者中部具节；花萼杯状，无毛，长约6毫米，5裂，裂片三角形，先端尾尖，宿存；花冠黄色，径0.8-1厘米；花瓣5，倒卵形，被纤毛；雄蕊柱长约4毫米，无毛或疏被硬毛；花柱分枝4-9（常6），柱头头状。分果近球形，径约4毫米；分果爿（4-）6（-9），无毛，顶端具2短芒；果皮具网状皱纹。种子卵状三角形，种脐具柔毛。花期4-12月。

产福建东南部、台湾、广东、香港、海南、广西及云南，生于山坡灌丛间、路旁或荒坡。根、叶入药，可抗菌消炎。印度、越南及老挝有分布。

图 125 黄花稔 （余汉平绘）

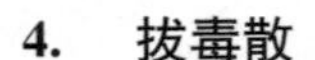

4. 拔毒散 图 126

Sida szechuensis Matsuda in Bot. Mag. Tokyo 32: 165. 1918.

直立亚灌木，高约1米，全株被星状柔毛。叶异形，茎下部叶宽菱形或扇形，长宽均2.5-5厘米，先端尖或圆，基部楔形，边缘具2齿，茎上部叶长圆状椭圆形或长圆形，长2-3厘米，两端钝或圆，上面疏被糙伏毛或近无毛，下面密被灰色星状绒毛；叶柄长0.5-1.5厘米，被星状柔毛，托叶钻形，短于叶柄。花单生叶腋或簇生枝端。花梗长约1厘米，密被星状绒毛，中部以上具节；花萼杯状，长约7毫米，5裂，裂片三角形，疏被星状毛；花冠黄色，径约1厘米，花瓣5，倒卵形，长约8毫米；雄蕊柱短于

花瓣，被长硬毛；花柱分枝8或9。分果近球形，径约6毫米，果柄长达2厘米；分果爿8或9，疏被星状柔毛，具2短芒。种子黑褐色，平滑，种脐被白色柔毛。花期5-11月。

产四川、云南、贵州、广西及香港，生于荒坡灌丛、路旁、林缘或沟边。全草药用，可消炎、拔毒生肌。茎皮纤维供制绳索。

图 126 拔毒散 （引自《图鉴》）

5. 白背黄花稔 图 127：1

Sida rhombifolia Linn. Sp. Pl. 684. 1753.

直立亚灌木，高达1米，分枝多。小枝被星状柔毛。叶菱形或长圆状披针形，长2-5厘米，宽0.5-2厘米，先端圆或具短尖头，基部宽楔形，具锯齿，上面疏被星状柔毛或近无毛，下面被灰白色星状柔毛；叶柄长2-5毫米，被星状柔毛，托叶刺毛状，与叶柄等长或短于叶柄。花单生叶腋。花梗长1-2厘米，密被星状柔毛，中部以上具节；花萼杯状，长3-5毫米，5裂，裂片三角形，被星状绵柔毛；花冠黄色，花瓣5，倒卵形，长约8毫米；雄蕊柱无毛，疏被腺状乳突，长约5毫米；花柱分枝8-10。分果半球形，径6-7毫米；分果爿8-10，被星状柔毛，顶端具2短芒。种子黑褐色，顶端具短毛。花果期5-12月。

产江苏、浙江、福建、台湾、广东、香港、海南、广西、贵州、湖北、湖南、四川及云南，生于荒坡、灌丛、旷野、路旁、沟谷。越南、老挝、柬埔寨及印度有分布。全草药用，消炎、解毒、祛风除湿、止痛。

图 127：1.白背黄花稔 2-3.桤叶黄花稔 （引自《图鉴》）

6. 桤叶黄花稔 图 127：2-3

Sida alnifolia Linn. Sp. Pl. 684. 1753.

亚灌木或灌木，高达2米。小枝细瘦，被星状柔毛。叶卵形、卵状披针形，近圆形或倒卵形，长2-5厘米，宽0.8-3厘米，先端钝或短渐尖，基部楔形或近圆，具不规则锯齿，上面疏被星状柔毛，下面密被星状长柔毛；叶柄长2-8毫米，被星状柔毛，托叶钻形，疏被星状柔毛。花单生叶腋。花梗长1-3厘米，中部以上具节，密被星状绒毛；花萼杯状，长5-8毫米，5裂，裂片三角形，密被星状绒毛，边缘混生长柔毛；花冠黄色，径约1厘米，花瓣5，倒卵形，长约1厘米；雄蕊柱长约5毫米，被长硬毛；花柱分枝6-8。分果扁球形，径约5毫米；分果爿6-8，背部被短柔毛，顶端具2芒刺。种子肾形，无毛。花期6-12月。

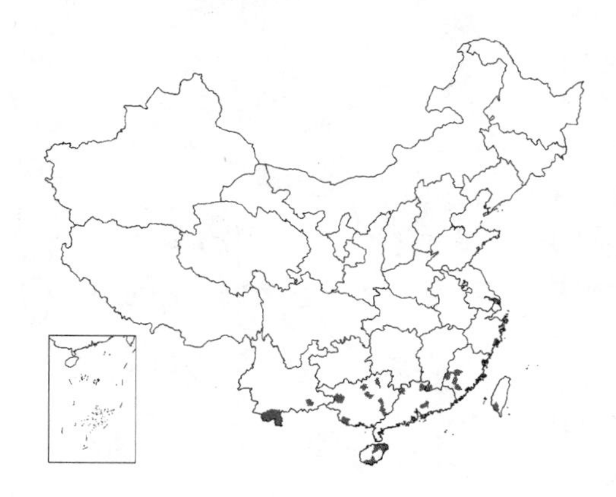

产浙江、福建、台湾、江西南部、广东、香港、海南、广西及云南，生

于山坡、林下、林旁或路边旷野。全草入药，有消炎解毒、祛风除湿和止痛等功效。越南及印度有分布。

［附］**小叶黄花稔 Sida alnifolia** Linn. var. **microphylla** (Cavan.) S. Y. Hu Fl. China Family 153: 22. pl. 15. f. 3. 1955. —— *Sida microphylla* Cavan. Diss. 1: 22. t. 12. f. 2. 1785. 本变种与原变种的区别：叶长圆形或卵圆形，长0.5–2厘米，宽0.3–1.5厘米，叶柄长2–3毫米。产浙江、福建、台湾、广东、海南、广西、云南及四川，生于山坡、灌丛或旷野。印度有分布。

7. 棒叶黄花稔 图 128：1–4

Sida subcordata Span. in Linnaea 15: 172. 1841.

Sida corylifolia Wall.；中国高等植物图鉴 2: 809. 1972.

直立亚灌木，高1–2米。小枝疏被星状柔毛。叶长圆形或卵圆形，长5–10厘米，先端短渐尖，基部钝圆，两面疏被星状柔毛，具细圆齿；叶柄长1.5–5厘米，疏被星状柔毛，托叶线形，长3–4毫米，疏被星状柔毛。花单生或为伞房花序或近圆锥花序，顶生或腋生；花序梗长2–7厘米，疏被星状柔毛。花梗长0.6–2厘米，近中部具节，疏被星状柔毛；花萼宽杯状，长0.8–1.1厘米，疏被星状柔毛，裂片5，三角形；花冠黄色，径2–3.5厘米，花瓣倒卵形；雄蕊柱长约1厘米，无毛；花柱分枝8–9。分果近球形，径约1厘米；分果爿8–9，具2长芒，芒长3–6毫米，突出花萼外，被倒生刚毛。种子卵形，顶端密被褐色柔毛。花期9月至翌年1月。

产广东、香港、海南、广西及云南，生于山谷疏林林缘、草丛、路旁或旷地。全草药用，抗菌消炎。越南、老挝、缅甸、印度及印度尼西亚有分布。

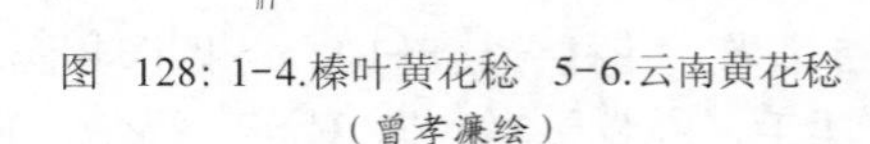

图 128：1–4.棒叶黄花稔 5–6.云南黄花稔
（曾孝濂绘）

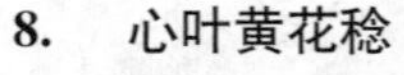

8. 心叶黄花稔 图 129

Sida cordifolia Linn. Sp. Pl. 684. 1753.

直立亚灌木，高达1米。小枝密被星状柔毛并混生长柔毛。叶卵形或近心形，长1.5–5厘米，先端钝或圆，基部微心形或圆，具钝齿或不规则锯齿，两面均密被星状柔毛，有时上面沿叶脉被毛，下面脉上混生长柔毛；叶柄长1–3厘米，密被星状柔毛和混生长柔毛，托叶线形，长约5毫米，密被星状柔毛。花单生或簇生叶腋或枝端。花梗长0.4–1.5厘米，密被星状柔毛和混生长柔毛，近顶端具节；花萼杯状，长5–7毫米，5裂，裂片三角形，密被

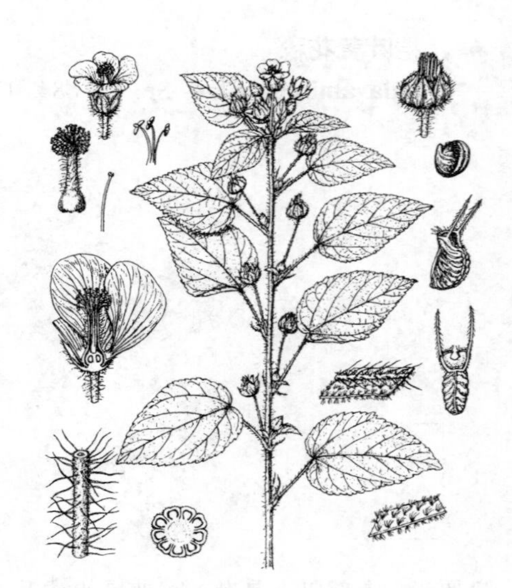

图 129 心叶黄花稔
（引自《Woody Fl. Taiwan》）

星状柔毛并混生长柔毛；花冠黄色，径约1.5厘米，花瓣5，长约8毫米；雄蕊柱长约6毫米，被长硬毛；花柱分枝10。分果近扁球形，径5-8毫米；分果爿10，顶端具2长芒，芒长3-4毫米，突出萼外，被倒生刚毛。种子长卵形，顶端具短毛。花期几全年。

产福建、台湾、广东、海南、广西、云南及四川，生于山坡灌丛或路旁草丛中。亚洲和非洲热带及亚热带地区有分布。

9. 云南黄花稔 图 128：5-6

Sida yunnaneasis S. Y. Hu, Fl. China Family 153: 16. pl. 16. f. 7. 1955.

直立亚灌木，高达1米。小枝被星状长柔毛。叶宽椭圆形、近圆形或倒卵形，长1-4厘米，两端钝或圆，具钝齿，上面疏被星状柔毛或无毛，下面密被星状毡毛；叶柄长3-8毫米，被星状柔毛，托叶线形，长约5毫米。花近簇生枝端或叶腋。花梗长3-4毫米，果时长达1.5厘米，被星状柔毛，中部以上具节；花萼钟状，长约4毫米，被星状柔毛，裂片5，三角形；花冠黄色，径约1厘米，花瓣5，倒卵状楔形；雄蕊柱疏被长硬毛。分果爿6-7，长3-5毫米，密被星状柔毛，顶端具2短芒。种子黑色，无毛，种脐周围被极疏柔毛。花期秋冬季。

产广东、海南、广西、贵州、云南及四川，生于山坡灌丛或路旁及地边草丛中。

10. 长梗黄花稔 图 130

Sida cordata（Burm. f.）Borss. in Blumea 14: 182. 1966.

Melochia cordata Burm. f. Fl. Ind. 143. 1768.

披散亚灌木状草本，高达1米。小枝纤细，被星状毛并混生长柔毛。叶心形，长1-5厘米，先端短渐尖，具钝齿或锯齿，上面疏被长柔毛，下面密被星状柔毛并混生长柔毛；叶柄长1-3厘米，被星状毛和长柔毛，托叶线形，长2-3毫米，疏被柔毛。花腋生，常单生或数朵成具叶的总状花序。花梗纤细，长2-4厘米，花后延长，中部以上具节，疏被星状毛和长柔毛；花萼杯状，长约5毫米，疏被长柔毛，5裂，裂片三角形，先端尖；花冠黄色，花瓣5，倒卵形，长4-6毫米；雄蕊柱疏被长硬毛；花柱分枝5。分果近球形，径约3毫米；分果爿5，卵形，无芒，顶端钝，疏被柔毛。种子卵形，无毛。花期7月至翌年2月。

产台湾、福建、广东、香港、海南、广西及云南，生于山谷灌丛中或路边草地。印度、斯里兰卡及菲律宾等热带地区有分布。

［附］**粘毛黄花稔 Sida mysorensis** Wight et Arn. Prodr. 1: 59. 1834. 本种与长梗黄花稔的区别：直立草本或亚灌木；茎枝被分泌粘质的星状腺毛并混生长柔毛；叶卵状心形；花单生或成对腋生，或数朵簇生短枝，成具叶的圆锥花序；花梗纤弱，长2-6毫米，近中部具节。花期9月至翌年4月。产福建、广东、海南、广西及云南，生于林缘草坡或路

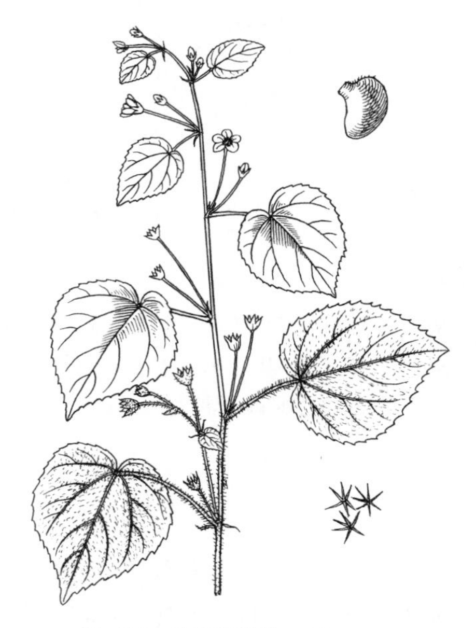

图 130 长梗黄花稔 （余汉平绘）

边草丛中。越南、老挝、柬埔寨、印度、印度尼西亚及菲律宾有分布。

6. 隔蒴苘属 **Wissadula** Medicus

小灌木，多少被星状毛。叶卵形或心形，掌状脉。圆锥花序或花单生叶腋；无小苞片。花萼杯状，裂片5；花冠黄色，花瓣5；雄蕊柱短，顶端着生多数分离花丝；子房5室，每室具3胚珠，花柱分枝5，丝形，较花丝为长，柱头头状。分果倒圆锥形，成熟时分裂为5个分果爿，分果爿常具假隔膜，顶端具喙，室背开裂。种子具散生腺点，粗糙或疏被毛。

约40种，主产美洲热带地区。我国1种。

隔蒴苘 图 131

Wissadula periplocifolia (Linn.) Presl ex Thwaites, Enum. Pl. Zeylan. 27. 1858.

Sida periplocifolia Linn. Sp. Pl. 684. 1753.

小灌木，高1-1.5米。小枝灰色，密被星状柔毛。叶卵形或卵状披针形，长4-11厘米，宽1.5-5厘米，先端长尾状，基部平截，全缘，上面疏被星状柔毛，下面密被星状绒毛；叶柄长0.5-4厘米，被星状绒毛和丛卷毛，托叶钻形，长3-6毫米。花小，成疏散圆锥花序，或单生叶腋。花梗长1-2厘米，果时长达6厘米，近端具节；花萼杯状，长约3毫米；花冠黄色，径约7毫米，花瓣5，倒卵形，长约4毫米；雄蕊柱无毛，顶端具数束分离花丝；花柱短，柱头头状。果倒圆锥形，顶端平截；分果爿5，内具假横隔膜，顶端具喙，近无毛。种子黑色，位于上半部的2颗种子被星状毛或单毛，下半部的1颗种子密被单长毛。花期9月至翌年2月。

图 131 隔蒴苘 （肖 溶绘）

产海南，生于干旱砂质土山坡或灌丛中。老挝、柬埔寨、泰国、斯里兰卡、印度、印度尼西亚、非洲及美洲热带地区有分布。

7. 苘麻属 **Abutilon** Miller

草本、亚灌木或灌木。叶互生，叶全缘或分裂，基部常心形，叶脉掌状。花腋生或顶生，单生或成圆锥花序状；无小苞片。花萼钟状或杯状；花冠钟状或轮状，黄色，5裂，花瓣5，基部连合，与雄蕊柱合生；雄蕊柱顶端具多数分离花丝；子房7-20室，每室2-9胚珠，花柱分枝与心皮同数。果近球形，陀螺状、磨盘状或灯笼状，分果爿7-20，成熟后与中轴分离。种子肾形，被星状毛或乳突状腺毛。

约150种，分布于热带和亚热带地区。我国9种（包括引入栽培种）。

1\. 花瓣长0.6-1厘米；成熟心皮灯笼状，顶端圆，无喙，果皮膜质 ························ 1. **泡果苘 A. crispum**
1\. 花瓣长1厘米以上；成熟心皮不膨肿，顶端具喙或叉开，果皮革质。
  2. 花柱分枝和分果爿7-10。
    3. 花柱分枝和分果爿7；花红色，花瓣长2.5-2.8厘米，内面具星状毛 ················ 2. **红花苘麻 A. roseum**

3. 花柱分枝和分果爿8-10。
 4. 花瓣长4-6厘米，萼裂片披针形，长1.5-2.5厘米。
  5. 叶近圆形或长卵圆形，不裂 ………………………………………………………… 3. **华苘麻 A. sinense**
  5. 叶掌状3-5裂；花钟形，下垂，桔黄色，具紫色条纹 ……………………………… 4. **金铃花 A. striatum**
 4. 花瓣长1.5-1.7厘米，萼片卵形，长0.7-1厘米 ……………………………………… 5. **圆锥苘麻 A. paniculatum**
2. 花柱分枝和分果爿13-20。
 6. 花梗长1-3厘米，雄蕊柱无毛；分果爿顶端具2长芒，芒长3毫米以上 ……………… 6. **苘麻 A. theophrasti**
 6. 花梗长4-5厘米，雄蕊柱被星状毛；分果爿顶端具短芒，芒长不及1 毫米。
  7. 叶卵圆形或近圆形，托叶钻形，长1-2毫米；花瓣长6-8毫米；分果爿15-20 …… 7. **磨盘草 A. indicum**
  7. 叶圆心形，托叶线形，长5-6毫米；花瓣长6毫米；分果爿14 ……………………………………………………………………………………………………… 7(附). **小花磨盘草 A. indicum** var. **forrestii**

1. 泡果苘

图 132

Abutilon crispum (Linn.) Medicus, Malv. 29. 1787.

Sida crispa Linn. Sp. Pl. 685. 1753.

多年生直立或披散草本，高达1米。枝被白色长毛和星状柔毛。叶心形，长2-7厘米，先端渐尖，具圆齿，两面均被星状长柔毛；叶柄长0.2-5厘米，被星状长柔毛，托叶线形，长3-7毫米，被柔毛。花梗丝状，长2-4厘米，被长柔毛，近顶端具节而膝曲；花萼杯状，长4-5毫米，密被星状柔毛和长柔毛，裂片5，卵形，先端渐尖；花冠黄色，径约1厘米，花瓣倒卵形，长0.6-1厘米。蒴果近球形，径0.9-1.5厘米，成熟心皮灯笼状，果皮膜质，疏被长柔毛，室背开裂，果瓣脱落，宿存花托长约2毫米。种子肾形，黑色。花期几全年。

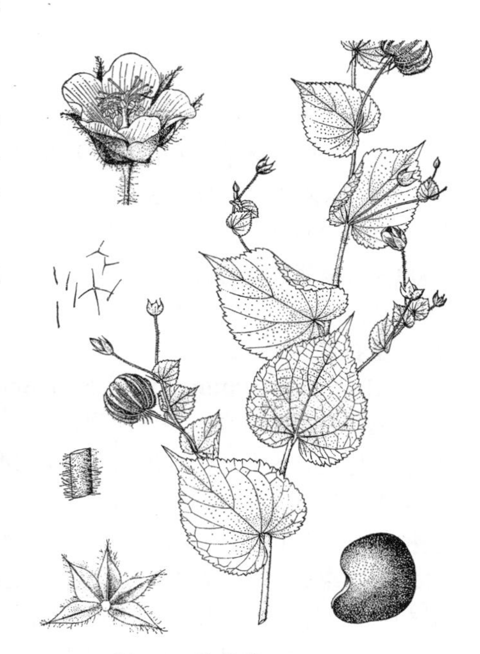

图 132 泡果苘 （肖 溶绘）

产海南及台湾，生于海岸砂地、湿生草地或疏林中。越南、印度及澳大利亚有分布。

2. 红花苘麻

图 133

Abutilon roseum Hand.-Mazz. Symb. Sin. 7: 607. f. 21. 1933.

一年生草本，高达1米。叶圆形或卵圆形，径6-20厘米，先端尾尖，基部心形，具浅波状齿，上面被粗伏毛，下面密被星状柔毛；叶柄与叶片近等长，托叶早落。花顶生或腋生，成圆锥花序状。花梗长3-7厘米，密被长柔毛，中部以上具节；花萼长0.6-1.2厘米，裂片5，卵状披针形，密被柔毛；花冠红色，花瓣倒卵形，长1.5-2.8厘米，内面被星状柔毛；雄蕊柱长约1厘米，被硬毛；心皮7，花柱分枝7，被毛，柱头头状。分果爿7，被长硬毛，顶端具开展的2短芒。花期6-11月。

产四川及云南，生于海拔1900-2200米山坡草丛中或河滩。

3.　华苘麻　　图 134

Abutilon sinense Oliv. in Hook. Icon. Pl. 18: t. 1750. 1888.

灌木，高达3.5米。叶近圆形或长卵圆形，长宽均4-13厘米，先端尾尖，基部心形，具不规则粗牙齿，上面被星状长硬毛和绒毛，下面被星状细绒毛和长毛；叶柄长5-20厘米，被绒毛和长毛，托叶早落。花单生叶腋。花梗长2-5厘米，密被细绒毛和长毛；花萼浅杯状，裂片5，披针形，长1.5-2.5厘米，密被星状细绒毛；花冠钟状，黄色，内面基部紫红色，花瓣倒卵形，长3-5厘米；雄蕊柱长2.5-3厘米，无毛，顶端具多数花丝；子房由8-10枚心皮组成，花柱分枝8-10，柱头头状。分果爿8-10，顶端尖，被星状毛，每分果爿具7-9种子。种子肾形，疏被短刚毛。花期1-5月。

产湖北西部、广西西北部、贵州西南部、四川及云南，生于海拔300-2000米山坡疏林或竹林内。

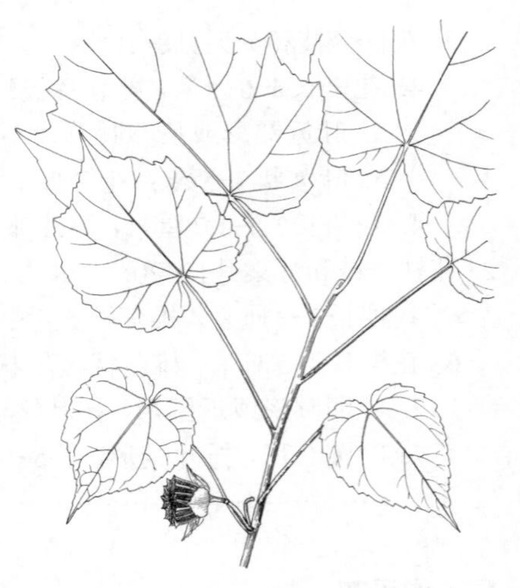

图 133 红花苘麻 （孙英宝绘）

图 134 华苘麻 （肖 溶绘）

4.　金铃花　　图 135：1-2 彩片 45

Abutilon striatum Dickson in Bot Reg. Misc. 39. 1839.

常绿灌木。叶掌状3-5深裂，长5-10厘米，宽5-13厘米，裂片卵形，先端长尾尖，具不规则锯齿或粗齿，两面无毛或下面疏被星状柔毛；叶柄长3-9厘米，无毛，托叶钻形，长0.3-1厘米，无毛，常早落。花单生叶腋。花梗下垂，长6-15厘米，无毛；花萼钟形，长约2厘米，裂片5，卵状披针形，深裂达3/4，密被星状柔毛；花冠钟形，桔黄色，具紫色条纹，长3-5厘米，径约3厘米，花瓣5，倒卵形，疏被柔毛；雄蕊柱长3-4厘米，顶端集生多数褐色花药；子房被毛，花柱分枝10，柱头头状，突出于雄蕊柱顶端。花期5-10月。

原产南美洲。辽宁、河北、江苏、浙江、福建、湖北、四川、贵州、云南等地栽培，供观赏。

5.　圆锥苘麻　　图 135：3-5

Abutilon paniculatum Hand.-Mazz. Symb. Sin. 7: 606. 1933.

落叶灌木，高达3米，全株被星状绒毛。小枝纤细。叶卵状心形，长4-9厘米，宽4-7厘米，先端长尾状，基部心形，具不规则细圆齿，两面密被星状绒毛；叶柄长2-5厘米，被绒毛，托叶线形，长1-2厘米。花序塔状圆锥形，顶生，被星状绒毛。花梗长2-3.5厘米，近顶端具节；花萼碟状，被星状绒毛，裂片5，卵形，长0.7-1厘米；花冠钟状，黄至黄红色，径1.5-2厘米，花瓣倒卵形，长1.5-1.7厘米，无毛；雄蕊柱被星状硬毛。果近球形，分果爿10，卵形，顶端圆，长3-4毫米。花期6-10月。

产四川西南部及云南西北部，生于海拔500-3000米山坡灌丛中或路边。

图 135: 1-2.金铃花 3-5.圆锥苘麻
（曾孝濂绘）

6. 苘麻 图 136 彩片 46

Abutilon theophrasti Medicus, Malv. 28. 1787.

一年生亚灌木状直立草本。茎枝被柔毛。叶互生，圆心形，长3-12厘米，先端长渐尖，基部心形，具细圆锯齿，两面密被星状柔毛；叶柄长3-12厘米，被星状柔毛；托叶披针形，早落。花单生叶腋。花梗长0.5-3厘米，被柔毛，近顶端具节；花萼杯状，密被绒毛，裂片5，卵状批针形，长约6毫米；花冠黄色，花瓣5，倒卵形，长约1厘米；雄蕊柱无毛；心皮15-20，顶端平截，轮状排列，密被软毛。分果半球形，径约2厘米，长约1.2厘米，分果爿15-20，被粗毛，顶端具2长芒，芒长3毫米以上。种子肾形，黑褐色，被星状柔毛。花期6-10月。

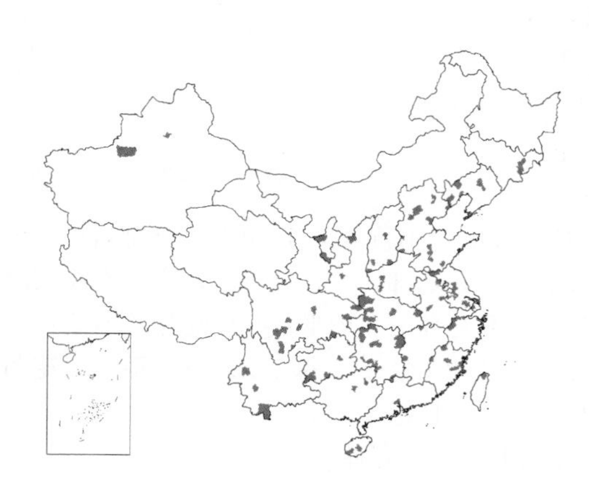

产吉林、辽宁、河北、山西、河南、山东、江苏、安徽、浙江、台湾、福建、江西、湖北、湖南、广东、海南、广西、贵州、云南、四川、陕西、宁夏及新疆，生于路旁、荒地或田野间。越南、印度、日本、欧洲及北美有分布。茎皮纤维可作编织材料；种子油可作润滑剂；种子药用，利尿，通乳，全草及根可祛风解毒。

图 136 苘麻 （引自《中国药用植物志》）

7. 磨盘草 图 137

Abutilon indicum（Linn.）Sweet Hort. Brit. 54. 1836.

Sida indica Linn. Cent. Pl. 2: 26. 1756.

一年生或多年生直立亚灌木状草本，分枝多。小枝、叶柄及花梗均被灰色柔毛并混生丝状长柔毛。叶卵圆形或近圆形，长2.5-9厘米，先端尖或渐尖，基部心形，具不规则钝齿，两面被灰或灰白色星状柔毛；叶柄长2-5厘米，托叶钻形，长1-2毫米，密被灰色柔毛，常外弯。花单生叶腋。花梗长4-6厘米，近顶端具节；花萼盘状，绿色，径0.6-1厘米，密被灰色柔毛，裂片5，宽卵形，先端尖；花冠黄色，花瓣5，长6-8毫米；雄蕊柱被星状硬毛；心皮15-20，轮状排列，花柱分枝与心皮同数，柱头头状。分果近球形，顶端平截，似磨盘，径约1.5厘米；

图 137 磨盘草 （引自《图鉴》）

分果爿15-20，顶端平截，具短芒，被星状长硬毛。种子肾形，被星状疏柔毛。花期7-10月。

产福建、台湾、广东、香港、海南、广西、贵州、云南及四川，生于海拔800米以下平原、海边、砂地、旷野、山坡、河谷或路旁。越南、老挝、柬埔寨、泰国、斯里兰卡、缅甸、印度及印度尼西亚有分布。皮层纤维可作麻类代用品；全草药用，散风清热。

［附］**小花磨盘草 Abutilon indicum**（Linn.）Sweet var. **forrestii**（S. Y. Hu）Feng, Fl. Yunnan. 2：206. 1979. —— *Abutilon forrestii* S. Y. Hu, Fl. China Family 153：34. Pl. 8-8, 17-2. 1955. 本变种与模式变种的区别：叶圆心形，托叶线形，长5-6毫米；分果爿14。产四川及云南，生于海拔1000-1500米干热山坡或河谷灌丛中。

8. 翅果麻属 Kydia Roxb.

乔木，被星状毛。叶脉掌状，常分裂。花杂性，单生或成圆锥花序，腋生；小苞片4-6，叶状，基部合生，果时扩大成广展的翅。萼片5，基部合生；花瓣5，粉红或白色，倒心形，具爪，基部合生，具髯毛，顶端具线状流苏；雄花：雄蕊柱圆筒形，5-6裂至中部，每裂具无柄、肾形的花药3-5，不发育子房球形，不孕性花柱内藏；雌花：雄蕊柱5裂，具不孕性花药，花柱顶端3裂，柱头盾状，具乳头，子房2-3（4）室，每室2胚珠，不孕性花药5，着生于短花丝顶端或短雄蕊柱上。蒴果近球形，室裂为3果爿。种子肾形，具槽。

约4种，分布于印度、锡金、不丹、缅甸、柬埔寨、越南和我国。我国3种1变种。

1. 花单生；果径约8毫米 ………………………………………… 1. **枣叶翅果麻 K. jujubifolia**
1. 圆锥花序；果径4-5毫米。
   2. 叶下面密被星状绵毛；宿存小苞片倒卵状长圆形，长1-1.5厘米，两面被星状柔毛 ………………………………………… 2. **翅果麻 K. calycina**
   2. 叶下面无毛或疏被星状柔毛；宿存小苞片倒披针形，长1.5-2厘米，无毛或近无毛 ………………………………………… 2(附). **光叶翅果麻 K. glabrescens**

1. 枣叶翅果麻 图 138

Kydia jujubifolia Griff. Notul. 4：534. 1854.

乔木，高5-7米。小枝密被星状绒毛。叶薄革质，卵形，长6-12厘米，先端渐尖，基部圆，全缘，上面疏被星状柔毛，下面密被灰色星状绒毛，基脉5；叶柄长1-3厘米，密被星状绒毛。果单生（稀2）于当年生小枝叶腋，果柄长约1.5厘米，密被星状绒毛；小苞片4（5-6），长圆形，长约2.5厘米，宽0.8-1.2厘米，先端圆或钝，具明显脉纹，上面疏被星状柔毛，下面密被星状绒毛；花萼长约8毫米，紧包蒴果，中部以下合生，裂片三角形，密被星状绒毛。蒴果近球形，径约8毫米，被粗长毛和绵毛，3爿裂。种子肾形，无毛，具乳突。

图 138 枣叶翅果麻 （肖 溶绘）

产云南，生于海拔1600米阔叶林中。锡金及不丹有分布。

2. 翅果麻 图 139

Kydia calycina Roxb. Pl. Corom. 3: 11. t. 215. 1819.

乔木，高10-20米。小枝圆柱形，密被淡褐色星状柔毛。叶近圆形，掌状3-5浅裂，长6-14厘米，宽5-11厘米，先端短尖或钝，基部圆或近心形，具疏细缺齿，上面疏被星状柔毛，下面密被灰色星状绵毛，基脉5-7；叶柄长2-4厘米，被星状疏柔毛。花顶生或腋生，成圆锥花序。花梗、小苞片和花萼均密被灰色星状柔毛；小苞片4，稀6，长圆形，长约4毫米；花萼浅杯状，中部以下合生，裂片5，三角形，与小苞片近等长；花冠淡红色，径约1.6厘米，花瓣倒心形，先端具腺状流苏。蒴果球形，径约5毫米，宿存小苞片倒卵状长圆形，长1-1.5厘米，宽5-9毫米，两面被星状柔毛。种子肾形，无毛，具腺脉纹。花期9-11月。

产云南，生于海拔500-1700米山谷疏林中。越南、缅甸及印度有分布。可放养紫胶虫。

［附］**光叶翅果麻 Kydia glabrescens** Mast. in Hook. f. Fl. Brit. Ind. 1: 348. 1874. 本种与翅果麻的区别：叶下面无毛；宿存小苞片披针形，长1.5-2厘米，无毛或近无毛。产云南，生于海拔500-1500米山谷疏林中。越南、印度及不丹有分布。

图 139 翅果麻 （肖 溶绘）

9. 梵天花属 Urena Linn.

多年生草本或灌木，全株被星状柔毛。叶互生，圆形或卵形，掌状分裂或深波状。花单生或近簇生叶腋，或集生小枝顶端；小苞片钟形，5裂。花萼蝶状，5深裂；花冠常粉红色，花瓣5，被星状柔毛；雄蕊柱平截或微齿裂，花药多数，近无柄；子房5室，每室1胚珠，花柱分枝10，反曲，柱头盘状。分果近球形，分果爿常具锚状倒刺毛，不裂，与中轴分离。种子倒卵状三棱形或肾形，无毛。

约6种，分布于两半球热带和亚热带地区。我国3种5变种。

1. 花单生或近簇生叶腋；分果爿具倒刺毛和柔毛。
  2. 叶长4-12厘米，掌状3-5浅裂，中裂片三角形或宽三角形，枝上端叶有时不裂，常卵形或披针形；花萼长5-9毫米。
    3. 茎下部叶近圆形而浅裂，上部叶披针形或长圆形；小苞片和花萼裂片近等长，花瓣长约1.5厘米 ………………………………………… 1. **地桃花 U. lobata**
    3. 茎下部叶卵形而浅裂，上部叶卵形、椭圆形或近圆形；小苞片较萼裂片长或短。
      4. 叶下面密被短粗绒毛和绵毛；小苞片密被绵毛 ……… 1(附). **粗叶地桃花 U. lobata** var. **scabriuscula**
      4. 叶下面被灰黄色长柔毛和星状柔毛；小苞片被星状长柔毛 ………………………………………… 1(附). **中华地桃花 U. lobata** var. **chinensis**
  2. 叶长1.5-6厘米，常掌状3-5深裂，中裂片倒卵形或近菱形，枝上部叶中部浅裂呈葫芦形；花萼长4-5毫米 ………………………………………… 2. **梵天花 U. procumbens**
1. 花集生小枝顶端，近总状花序；分果爿具条纹 ………………………… 3. **波叶梵天花 U. repanda**

1. 地桃花 图 140

Urena lobata Linn. Sp. Pl. 692. 1753.

直立亚灌木。小枝被星状绒毛。茎下部叶近圆形，长3-6厘米，宽4-7厘米，常3-5浅裂，基部圆或近心形，具不规则锯齿；小枝上部叶长圆形或披针形，长4-7厘米，宽1.5-3厘米，基部楔形；叶上面疏被柔毛，下面密被灰白色星状绒毛；叶柄长1-4厘米，被星状柔毛，托叶线形，早落。花单生或近簇生叶腋。花梗长2-3毫米，被绵毛；小苞片5，长4-6毫米，基部1/3合生，被星状柔毛；花萼杯状，5裂，较小苞片略短，被星状柔毛；花冠淡红色，径约1.5厘米，花瓣5，倒卵形，长约1.5厘米，被星状柔毛；雄蕊柱长约1.5厘米，无毛；花柱分枝10，疏被长硬毛。分果扁球形，径0.5-1厘米，分果爿被星状柔毛和锚状刺。种子肾形，无毛。花期7-12月。

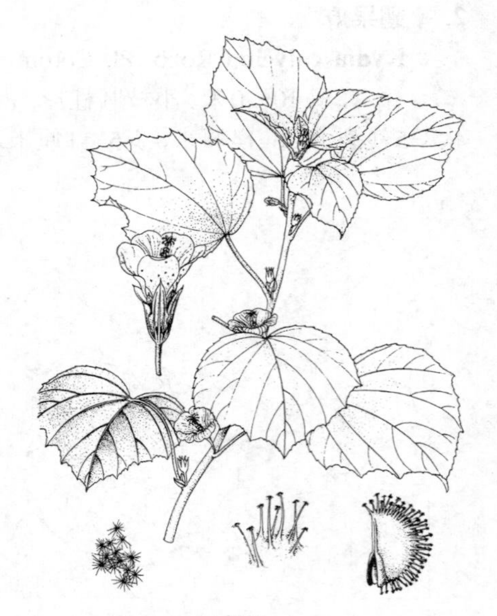

图 140 地桃花 （李锡畴绘）

产江苏、安徽、浙江、福建、台湾、江西、湖北、湖南、广东、香港、海南、广西、贵州、云南、四川及西藏东南部，生于干热旷地、草坡或疏林下。越南、柬埔寨、老挝、泰国、缅甸、印度及日本有分布。茎皮常作麻类代用品；根药用。

［附］**粗叶地桃花 Urena lobata** var. **scabriuscula**（DC.）Walp. in Nov. Acta Acad. Leop.-Carol. 19: 304. 1843. —— *Urena scabriuscula* DC. Prodr. 1: 441. 1824. 本变种与模式变种的区别：叶下面较粗糙，密被粗短绒毛和绵毛，茎下部叶宽卵形，宽超过长，先端常3浅裂，茎上部叶卵形或近圆形，具锯齿，叶下面密被短粗绒毛和绵毛；小苞片线形，密被绵毛，与花萼等长或稍长；花瓣长1-1.3厘米。产安徽、浙江、福建、江西、湖北、湖南、广东、海南、广西、贵州、云南及四川，生于草坡、灌丛中或路旁。印度至马来西亚有分布。

［附］**中华地桃花 Urena lobata** var. **chinensis**（Osbeck）S. Y. Hu, Fl. China Family 153: 77. 1955. —— *Urena chinensis* Osbeck, Dagbok Ostind. Resa 225. 1757. 与模式变种的区别：高达2米；茎下部叶卵形或近圆形，茎上部叶卵形，具锯齿，叶上面疏被星状长柔毛或近无毛，下面及叶柄被灰黄色长柔毛和星状柔毛，沿叶脉被长粗毛；小苞片疏被星状长柔毛。产安徽、福建、江西、广东、湖南、四川及云南。

2. 梵天花 图 141

Urena procumbens Linn. Sp. Pl. 692. 1753.

小灌木，高达1米。小枝被星状绒毛。茎下部叶近卵形，长1.5-6厘米，掌状3-5深裂达叶中部以下，中裂片倒卵形或近菱形，先端钝，基部圆或近心形，具锯齿；小枝上部叶中部浅裂呈葫芦形，两面被星状毛；叶柄长0.4-5厘米，被星状柔毛，托叶钻形，早落。花单生或簇生叶腋。花梗长2-4毫米；小苞片长4-7毫米，5裂，基部合生，疏被星状柔毛；花萼长4-5毫米，被星状柔毛；花冠淡红色，花瓣5，倒卵形，长1-1.8厘米；雄蕊柱无毛，与花瓣等长；花柱分枝10。分果近球形，径6-8毫米，分果爿具锚状刺和长硬毛。种子圆肾形，近无毛。花期6-9月。

产浙江、福建、台湾、江西、湖北西部、湖南、广东、海南及广西，常生于山坡灌丛中。

3. 波叶梵天花 图 142

Urena repanda Roxb. Fl. Ind. ed. 2(3)：182. 1832.

多年生草本，高达1米。小枝密被星状柔毛。茎下部叶卵形，长4-8厘米，先端常3浅裂，基部圆或近心形，具锯齿；茎上部叶卵状长圆形或披针形；叶上面被星状糙硬毛，下面被灰色星状绒毛；叶柄长1-7厘米，被星状毛，托叶线形，长4-5毫米。花集生小枝顶端，近总状花序。花梗长1-3毫米；小苞片钟形，长约8毫米，5裂，基部1/2合生，被星状长硬毛；花萼较长于小苞片，5裂，裂片卵形，宿存，被星状长硬毛；花冠粉红色，花瓣5，长2.5-3.5厘米；雄蕊柱无毛；子房无毛，花柱分枝具乳突。分果近球形，径约8毫米，无毛，果爿倒卵状三角形，长约4毫米，具羽片状条纹。种子黑色，无毛。花期8-11月。

产广西西部、贵州及云南，生于海拔300-1600米山坡灌丛中。越南、老挝、柬埔寨及印度北部有分布。

图 141 梵天花 （肖 溶绘）

图 142 波叶梵天花 （吴锡麟绘）

10. 悬铃花属 Malvaviscus Dill. ex Adans.

灌木或粗壮草本。叶互生，通常心形，浅裂或不裂。花单生叶腋或枝端，略倒垂；小苞片7-12，狭窄。花萼裂片5；花冠红色，花瓣5，直立；雄蕊柱突出花冠外，顶端具5齿，顶端以下多少着生具花药的花丝；子房5室，每室1胚珠，花柱分枝10。果为肉质浆果状体，干后分裂。

约6种，产美洲热带。我国引入栽培2变种。

1. 叶卵状披针形或卵形，叶柄长1-2厘米；花长4-6厘米，花梗长1.5-5厘米 ………………………… **垂花悬铃花 M. alboreus** var. **penduliflorus**
1. 叶宽心形或圆心形，叶柄长2-5厘米；花长约2.5厘米，花梗长3-4毫米 ……………………… （附）. **小悬铃花 M. alboreus** var. **drummondii**

垂花悬铃花 图 143 彩片 47

Malvaviscus arboreus Cav. var. **penduliflorus** (DC.) Schery in Ann. Mo. Bot. Gard. 29：223. 1942.

Malvaviscus penduliflorus DC. Prodr. 1：445. 1824.

灌木，高达3米。小枝被长柔毛。叶卵状披针形或卵形，长4-14厘米，宽2-7厘米，先端渐尖，基部宽楔形或近圆，具钝齿，两面近无毛或脉上疏被星状柔毛，基脉3；叶柄长1-5厘米，上面被长柔毛，托叶线形，长2-4毫米，早落。花单生叶腋或枝端。花梗长1.5-5厘米，被长柔毛；小苞片匙形，6-8，长1-1.5厘米，边缘具长硬毛，基部合生；花萼钟状，径约1厘米，裂片5，略长于小苞片，被长柔毛；花冠红色，下垂，筒状，上部略开展，花瓣5，长4-6厘米；雄蕊柱伸出花冠外，长5-8厘米，顶端5齿裂；子房5室，每室1胚珠，花柱分枝10，柱头头状。果为肉质浆果状体，干后分裂。花期几全年。

福建、广东、贵州、云南、四

川、香港等地引种栽培。花美丽，供观赏。

［附］**小悬铃花 Malvaviscus arboreus** var. **drummondii** Schery in Ann. Mo. Bot. Gard. 29: 223. 1942. 本变种叶宽心形或圆心形，叶柄长2-5厘米；花长约2.5厘米，花梗长3-4毫米，花冠长约2.5厘米，管状，雄蕊柱长约5厘米，突出花冠管外。福建及广东等省引种栽培。为美丽的观赏植物。

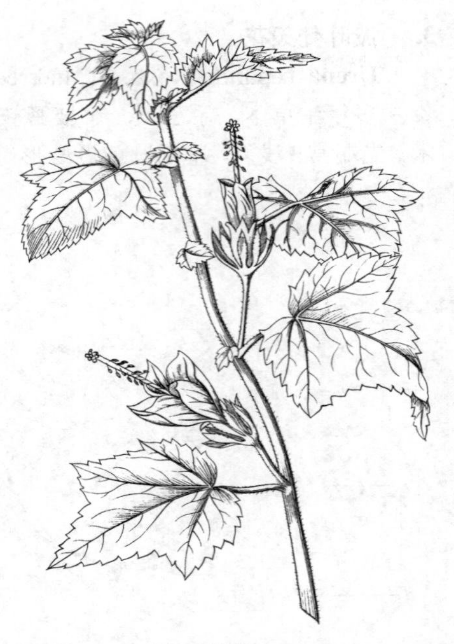

图 143 垂花悬铃花 （引自《图鉴》）

11. 秋葵属 Abelmoschus Medicus

一年生至多年生草本，全株常被硬毛。叶全缘或掌状分裂。花单生叶腋或聚生枝顶；小苞片4-15，线形或披针形。花萼佛焰苞状，一侧开裂，顶端具5齿，花后脱落；花冠黄或红色，漏斗形，花瓣5；雄蕊柱短于花冠，着生多数具花药的花丝；子房5室，每室具胚珠多颗，花柱5裂。蒴果顶端尖，室背开裂，密被长硬毛。种子肾形或球形，多数，无毛。

约15种，分布于东半球热带和亚热带地区。我国6种和1变种（包括栽培种）。

1. 小苞片4-5，卵状披针形，宽4-5毫米；花黄色。
    2. 植株疏被长硬毛 ………………………………………………………………………… 1. **黄蜀葵 A. manihot**
    2. 植株密被黄色长刚毛 ……………………………………………… 1(附). **刚毛黄蜀葵 A. manihot** var. **pungens**
1. 小苞片6-20，线形，宽1-3毫米；花红或黄色。
    3. 小苞片12-20；叶心形或掌状分裂 ……………………………………………………… 2. **长毛黄葵 A. crinitus**
    3. 小苞片6-12；叶卵状戟形、箭形或掌状3-7裂。
        4. 花梗长1-2厘米；蒴果柱状尖塔形，长10-25厘米 ……………………………… 3. **咖啡黄葵 A. esculentus**
        4. 花梗长2-7厘米；蒴果长圆状卵形或椭圆形，长2-6厘米。
            5. 一年生或二年生草本，高1-2米；具直根；小苞片果时紧贴；花黄色，花瓣基部暗紫色；蒴果长5-6厘米 ………………………………………………………………………… 4. **黄葵 A. moschatus**
            5. 多年生草本，高0.4-1米；具萝卜状肉质根；小苞片果时开展或反曲；花黄或红色；蒴果长约3厘米 ……………………………………………………………………… 5. **箭叶秋葵 A. sagittifolius**

1. 黄蜀葵 图 144 图 145：1

Abelmoschus manihot (Linn.) Medicus, Malv. 46. 1787.

Hibiscus manihot Linn. Sp. Pl. 696. 1753.

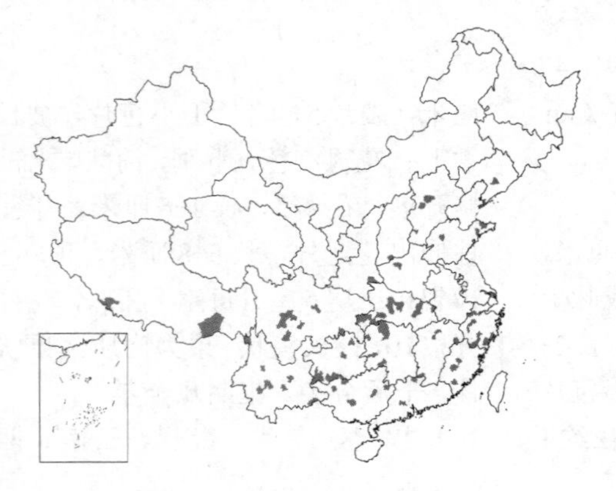

一年生或多年生草本，高1-2米，全株疏被长硬毛。叶近圆形，掌状5-9深裂，径10-30厘米，裂片长圆状披针形，长8-18厘米，宽1-6厘米，先端渐尖，具粗钝锯齿；叶柄长6-20厘米，托叶披针形，长0.8-1.5厘米。花单生枝端叶腋。花梗长1-3厘米；小苞片4-5，卵状披针形，长1.2-2.5厘米，宽0.4-1厘米，疏被长硬毛；花萼佛焰苞状，近全缘，顶端具5齿，较小苞片略长，被柔毛，果时脱落；花冠漏斗状，淡黄色，内面基部紫色，径7-12厘米，花瓣5，宽倒卵形；雄蕊柱长1.2-2厘米，无毛，基部着生花药，花药近无柄；子房被毛，5室，每室具多颗胚珠，花柱分枝5，柱头紫黑色，匙状盘形。蒴果卵状椭圆形，长4-6厘米，径2-3厘米，被硬毛；果柄长8厘米。种子多数，肾形，被多条由短柔毛组成的纵条纹。花期7-10月。

产辽宁、河北、山西南部、陕西、河南、山东、江苏、浙江、福建、江西、湖北、湖南、广东、广西、贵州、云南、四川及西藏，野生或栽培，常生于山谷草丛中、田边或沟旁灌丛中。印度有分布。全草药用，清热凉血；根富含粘液，为粘滑剂，可作造纸糊料；茎皮纤维可代麻。

［附］**刚毛黄蜀葵 Abelmoschus manihot** var. **pungens**（Roxb.）Hochr. in candollea 2: 87. 1924. —— *Hibiscus pungens* Roxb. Fl. Ind. 3: 213. 1832. 本变种与模式变种的区别：全株密被黄色长刚毛。产四川、贵州、云南、广西及广东。印度、锡金、尼泊尔及菲律宾有分布。

图 144 黄蜀葵 （引自《图鉴》）

2. 长毛黄葵　　图 145：2 彩片 48

Abelmoschus crinitus Wall. Pl. Asiat. Rar. 1: 39. t. 44. 1830.

一年生或多年生草本，全株被黄色长硬毛。茎下部叶圆形，径约9厘米，3-5浅裂；茎中部叶心形，具粗齿；茎上部叶箭形或戟形，长6-15厘米；叶两面均密被长硬毛，沿脉疏被长刚毛或星状长刚毛；叶柄长4-12厘米，密被黄色长硬毛，托叶线形，长1.5-3厘米，密被黄色长硬毛。花顶生或腋生，3-9朵成总状花序。花梗长1-1.5厘米；小苞片12-20，线形，长2-3.5厘米，宽1-2毫米；花萼佛焰苞状，较长于小苞片；花冠黄色，径10-13厘米，花瓣5，倒卵形，长5-8厘米；雄蕊柱长2-3厘米；子房5室，每室具多颗胚珠，花柱分枝5，柱头扁平。蒴果近球形，径约3厘米，长3-4厘米，果柄长达4厘米。种子多数，肾形，具乳突状脉纹。花期5-9月。

图 145: 1.黄蜀葵 2.长毛黄葵 3.咖啡黄葵 （邓盈丰绘）

产福建、广东雷州半岛、海南、广西、贵州、云南及四川西南部，生于海拔300-1500米草坡。越南、老挝、缅甸、尼泊尔及印度有分布。

3. 咖啡黄葵　　图 145：3 图 146

Abelmoschus esculentus（Linn.）Moench, Meth. 617. 1794.

Hibiscus esculentus Linn. Sp. Pl. 696. 1753.

一年生草本，高1-2米，全株疏被硬毛，幼时疏被刺毛。叶近圆形或圆肾形，径10-35厘米，掌状3-7裂，裂片具粗齿及凹缺；叶柄长7-15厘米，被长硬毛，托叶线形，长0.6-1.5厘米，疏被硬毛。花单生叶腋。花梗长1-2厘米；小苞片8-10，线形，长约1.5厘米；花萼佛焰苞状，较长于小苞片，密被星状柔毛，顶端5齿裂；花冠黄色，内面基部紫色，径5-7厘米，花瓣5，倒卵形，长4-5厘米；雄蕊柱短于花瓣；花柱分枝5。蒴果柱状尖塔形，长10-25厘米，径1.5-3厘米，顶端具长喙，疏被硬毛。种子多数，近球形，具短柔毛排列成的条纹。花期5-9月。

图 146 咖啡黄葵 （引自《图鉴》）

原产印度。河北、山东、江苏、安徽、浙江、福建、江西、湖南、湖北、广东、香港、海南、云南、四川等地引种栽培。种子含油15-20%，可榨油；嫩果可食。

4. 黄葵 图 147 图 148：1-3 彩片 49

Abelmoschus moschatus Medicus, Malv. 46. 1787.

一年生或二年生草本。茎、小枝、叶柄及叶片疏被硬毛。叶掌状5-7裂，径5-15厘米，裂片椭圆状披针形或三角形，基部心形，具不规则锯齿；叶柄长5-20厘米，托叶线形，长5-8毫米。花单生叶腋。花梗长2-5厘米，被倒硬毛；小苞片7-10，线形，长0.8-1.5厘米；花萼佛焰苞状，长2-3厘米，顶端5齿裂，常早落；花冠黄色，内面基部暗紫色，花瓣5，倒卵圆形，长5-6厘米；雄蕊柱长约2厘米，无毛；花柱分枝5，柱头盘状。蒴果长圆状卵形，长5-6厘米，顶端尖，被黄色长硬毛，果柄长达8厘米。种子肾形，具腺状乳突排成的条纹。花期6-10月。

产福建、台湾、广东、香港、海南、广西、贵州西南部、云南、四川、湖北及湖南，野生或栽培，生于平原、山谷、溪旁或山坡灌丛中。越南、老挝、柬埔寨、泰国及印度有分布。

图 147 黄葵 （引自《图鉴》）

5. 箭叶秋葵 图 148：4-6 彩片 50

Abelmoschus sagittifolius (Kurz) Merr. in Lingnan. Agr. Rev. 2: 40. 1924.

Hibiscus sagittifolius Kurz in Journ. Asiat. Soc. Bengal. 40: 46. 1871.

多年生草本，高达1米，具萝卜状肉质根。小枝被糙硬长毛。茎下部叶卵形，茎中部以上叶卵状戟形、箭形或掌状3-5浅裂或深裂，裂片宽卵形或宽披针形，基部心形或戟形，具锯齿或缺刻，上面疏被刺毛，下面被长硬毛；叶柄长4-8厘米，疏被长硬毛，托叶线形，长0.4-1.5厘米，被毛。花单生叶腋。花梗长4-7厘米，密被糙硬毛；小苞片6-12，线形，长1-1.5厘米，疏被长硬毛；花萼佛焰苞状，长约1厘米，顶端具5齿，密被细绒毛；花冠红或黄色，径4-5厘米，花瓣5，倒卵状长圆形，长3-4厘米；雄蕊柱长约2厘米，无毛；花柱分枝5，柱头扁平。蒴果椭圆形，长3-4厘米，被刺毛，顶端具短喙。种子具由腺点排成的纵条纹。花期5-9月。

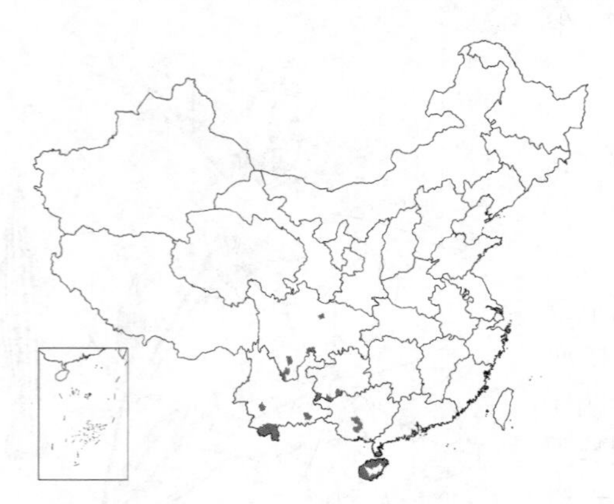

图 148：1-3.黄葵 4-6.箭叶秋葵 （曾孝濂绘）

产广东雷州半岛、海南、广西中南部、贵州西南部、云南及四川，生于低丘、旷地、稀疏松林下或干旱瘠地。越南、老挝、柬埔寨、泰国、缅甸、印度、马来西亚及澳大利亚有分布。

12. 木槿属 **Hibiscus** Linn.

草本、灌木或乔木。叶掌状分裂或不裂，叶脉掌状，具托叶。花两性，常单生叶腋；小苞片5至多数，分离或于基部合生。花萼钟状，稀杯状或管状，5齿裂，宿存；花瓣5，基部与雄蕊柱合生；雄蕊柱具多数花药，顶端平截或5齿裂；子房5室，每室具3颗至多数胚珠，花柱5裂，柱头头状。蒴果圆形或球形，室背开裂。种子肾形，被毛或腺状乳突。

约200余种，分布于热带和亚热带地区。我国24种和16变种或变型（包括引入栽培种）。

1. 灌木或乔木。
  2. 叶全缘或具细圆齿；总苞杯状，具8-12齿。
    3. 叶心形，掌状脉7-11，托叶叶状或佛焰苞状，长2-5厘米，常早落，托叶痕环状；宿存萼片与蒴果等长。
      4. 枝、叶和花蕾具簇生褐色丝状长毛；叶径20-36厘米；种子被柔毛 …… 1. **大叶木槿 H. macrophyllus**
      4. 枝无毛；叶径8-15厘米，被星状柔毛；种子无毛，具乳突 …… 2. **黄槿 H. tiliaceus**
    3. 叶卵状长圆形或近椭圆形，基脉5，托叶线形，早落；宿存萼片长于蒴果 …… 3. **樟叶槿 H. grewiifolius**
  2. 叶具粗锯齿或缺刻至浅裂；小苞片基部合生。
    5. 叶卵形或卵状椭圆形，无裂片；花下垂，花梗无毛，雄蕊柱长，伸出花外。
      6. 花瓣深裂成流苏状，反折，花萼管状 …… 4. **吊灯扶桑 H. schizopetalus**
      6. 花瓣不裂或微具缺刻，花萼钟状 …… 5. **朱槿 H. rosa-sinensis**
    5. 叶卵形或心形，常分裂；花直立，花梗被星状柔毛或长硬毛，雄蕊柱不伸出花外。
      7. 叶基部心形、平截或圆，掌状脉5-11；花柱分枝有毛。
        8. 小苞片卵形，宽0.8-1.2厘米。
          9. 花梗和小苞片被长硬毛，毛长约3毫米；花梗长2-4厘米，常短于叶柄 …… 6. **庐山芙蓉 H. paramutabilis**
          9. 花梗和小苞片密被星状绒毛；花梗长6-15厘米，较长于叶柄 …… 7. **美丽芙蓉 H. indicus**
        8. 小苞片线形，宽约2毫米 …… 8. **木芙蓉 H. mutabilis**
      7. 叶基部楔形或宽楔形，基脉3-5；花柱分枝无毛。
        10. 叶菱形或三角状卵形；小苞片线形，宽1-2毫米 …… 9. **木槿 H. syriacus**
        10. 叶宽楔状卵圆形；小苞片披针形，宽3-5毫米 …… 10. **华木槿 H. sinosyriacus**
1. 一年生或多年生草本。
  11. 多年生草本；子房和果爿无毛。
    12. 叶掌状5深裂，两面无毛；花粉红至深红色；种子球形 …… 11. **红秋葵 H. coccineus**
    12. 叶卵圆形或卵状披针形，不裂，下面密被灰白色粘毛；花白、粉红或红色，具红心；种子圆肾形 …… 12. **芙蓉葵 H. moscheutos**
  11. 一年或多年生草本；子房和果爿具糙硬毛。
    13. 茎具倒生皮刺；小苞片中部或上部具叶状附属物 …… 13. **刺芙蓉 H. surattensis**
    13. 茎无皮刺或近无刺；小苞片无附属物。
      14. 一年生草本，茎柔软，矮而铺散，具长白毛；叶3-5深裂，裂片倒卵形，不整齐；花萼钟形；果皮薄 …… 14. **野西瓜苗 H. trionum**
      14. 多年生草本，茎粗壮直立；叶掌状深裂，裂片披针形；花萼不膨大；果皮软骨质。
        15. 茎无刺；小苞片红色，披针形，肉质，近顶端具刺状附属物，基部合生 … 15. **玫瑰茄 H. sabdariffa**
        15. 茎干散生疏刺；小苞片非红色，线形，具刺，基部离生 …… 16. **大麻槿 H. cannabinus**

1. 大叶木槿 图 149：1

Hibiscus macrophyllus Roxb. ex DC. Prodr. 1: 455. 1824.

乔木，高6-9米，树皮灰白色，胸径达30厘米。小枝、芽、叶、叶柄、托叶和花序均被褐色丝状簇生毛，毛长约8毫米。芽肥大，顶生，长7-9厘米。叶近圆心形，径20-36厘米，全缘或具锯齿，先端渐尖，两面密被星状长绒毛，基脉7-9，侧脉和网脉明显，在上面微陷，在下面隆起；叶柄长15-30厘米，托叶长圆形，早落。多数花成顶生聚伞花序，长达30厘米。花梗长2.5-3厘米，基部具大型佛焰苞状苞片，基部合生，早落；小苞片10-12，线形，长约2.5厘米，与萼片近等长，基部合生，密被褐色丝状长毛；花萼钟状，裂片5，披针形；花冠黄色，内面基部紫色，径约6厘米，花瓣被绒毛；雄蕊柱长约3厘米，花药多数；子房被毛，花柱5裂，具腺毛，柱头头状。蒴果长圆形，长2.5-3厘米，密被糙硬毛。种子被柔毛。花期3-5月。

图 149: 1.大叶木槿 2-3.黄槿 4.樟叶槿 （李锡畴绘）

产云南南部及西南部，生于海拔460-1000米常绿阔叶林中。越南、柬埔寨、缅甸、巴基斯坦、印度及印度尼西亚有分布。

2. 黄槿 图 149：2-3 图 150 彩片 51

Hibiscus tiliaceus Linn. Sp. Pl. 694. 1753.

常绿灌木或小乔木，高达10米。小枝无毛或疏被星状绒毛。叶近圆形或宽卵形，径8-15厘米，先端尖或短渐尖，基部心形，全缘或具细圆齿，上面幼时疏被星状毛，后渐脱落无毛，下面密被灰白色星状绒毛并混生长柔毛，基脉7-9；叶柄长2-8厘米，托叶长圆形，长约2厘米，早落。花单生叶腋或数朵花成腋生或顶生总状花序。花梗长1-3厘米，基部具2枚托叶状苞片，被绒毛；小苞片7-10，线状披针形，被绒毛，中部以下连成杯状，被绒毛；花萼杯状，长1.5-3厘米，裂片5，披针形，基部1/3-1/4合生，被绒毛；花冠钟形，径5-7厘米，黄色，内面基部暗紫色，花瓣5，倒卵形，密被黄色柔毛；雄蕊柱长2-3厘米，无毛；花柱分枝5，被腺毛。蒴果卵圆形，长约2厘米，具短喙，被绒毛，果爿5，木质。种子肾形，具乳突。花期6-8月。

图 150 黄槿 （引自《Woody Fl. Taiwan》）

产福建、台湾、广东、香港、海南、广西及四川。木材坚硬致密，耐朽力强。越南、柬埔寨、老挝、缅甸、印度、印度尼西亚、马来西亚及菲律宾有分布。

3. 樟叶槿 图 149：4

Hibiscus grewiifolius Hassk. Cat. Hort. Bog. 197. 1844.

常绿小乔木，高达7米。小枝无毛或具极细毛。叶纸质或近革质，卵状长圆形或近椭圆形，长8-15厘米，先端短渐尖，基部宽楔形，全缘，两面无毛，基脉3(-5)；叶柄长2-4.5厘米，疏被柔毛，托叶线形，早落。果单生上部叶腋，果柄长3-4.5厘米，无毛；小苞片9，线形，长1-1.5厘米，无毛，宿萼5，长圆状披针形，无毛，下部1/5合生成钟状；蒴果卵圆形，径约2厘米，果爿5，无毛。种子在每果爿内4-5颗，肾形，长约5毫米，径约3毫米，背部密被绵毛。果期1-2月。

产海南南部，生于海拔2000米山地林中。越南、老挝、泰国、缅甸及印度尼西亚有分布。

4. 吊灯扶桑 吊灯花 图 151 彩片 52

Hibiscus schizopetalus（Mast.）Hook. f. in Curtis's Bot. Mag. 106: t. 6524. 1880.

Hibiscus rosa-sinensis Linn. var. *schizopetalus* Mast. in Gard. Chron. n. s. 12: 272. f. 45. 1879.

常绿灌木，高达3米。小枝常下垂，无毛。叶椭圆形或长圆形，长2-7厘米，先端尖或短渐尖，基部楔形，1/3或1/2以上具粗齿，两面无毛；叶柄长1-2厘米，上面被星状柔毛，托叶钻形，长2-3毫米，常早落；花单生枝端叶腋。花梗细，下垂，长7-14厘米，无毛或具纤毛，中部具节；小苞片5，披针形，长1-2毫米，被纤毛；花萼管状，长约1.5厘米，疏被细毛，具5浅齿，常一边开裂；花冠红色，花瓣5，长3-5厘米，深裂成流苏状，反折；雄蕊柱长7-10厘米，无毛；花柱分枝5，无毛，柱头头状。蒴果长圆柱形，长3-4厘米，无毛。花期全年。

原产东非热带。河北、安徽、浙江、福建、台湾、广东、香港、海南、广西、贵州、云南、四川等地栽培。供观赏或作绿篱。

图 151 吊灯扶桑 （引自《图鉴》）

5. 朱槿 图 152 彩片 53

Hibiscus rosa-sinensis Linn. Sp. Pl. 694. 1753.

常绿灌木，高1-3米。小枝疏被星状柔毛。叶宽卵形或长卵形，长4-9厘米，先端渐尖，基部圆或楔形，具粗齿或缺刻，下面沿脉有疏毛，余无毛；叶柄长0.5-3厘米，上面被长柔毛，托叶线形，长0.5-1.2厘米，疏被柔毛。花单生枝上部叶腋，常下垂。花梗长3-7厘米，疏被星状柔毛或近无毛，近顶端具节；小苞片6-7，线形，长0.7-1.5厘米，疏被星状柔毛，基部合生；花萼钟状，长约2厘米，被星状柔毛，裂片5，卵形或披针形；花冠漏斗状，径6-10厘米，红、粉红或淡黄色，花瓣5，倒卵形，先端圆或微具缺刻，疏被柔毛；雄蕊柱长4-8厘米或更长，无毛；花柱分枝5，柱头头状。蒴果卵圆形，长约2厘米，无毛，有喙。花期全年。

图 152 朱槿 （引自《图鉴》）

河北、山东、江苏、安徽、浙江、福建、台湾、江西、湖北、湖南、广东、香港、海南、广西、贵州、云南、四川等地栽培。供观赏。根、叶及花药用，利尿、消肿，治痈疽、腮肿。

6.　庐山芙蓉　　图 153

Hibiscus paramutabilis Bailey in Gentes Herb. 1: 109. f. 50. 1922.

落叶灌木或小乔木，高1-4米。小枝、叶及叶柄均被星状柔毛。叶宽卵形或心形，5-7浅裂，稀3裂，长5-14厘米，宽6-15厘米，基部平截或近心形，裂片先端渐尖，具稀疏波状齿，基脉5，两面被星状毛；叶柄长3-14厘米，托叶线形，长约6毫米，密被星状柔毛，早落。花单生枝端叶腋。花梗长2-4厘米，密被锈色长硬毛及柔毛；小苞片4-5，卵形，长约2厘米，密被柔毛及长硬毛；花萼钟状，裂片5，卵状披针形，长2-3厘米，基部合生，密被黄锈色星状绒毛；花冠白色，内面基部紫红色，径10-12厘米，花瓣倒卵形，先端圆或微缺，基部具白色髯毛；雄蕊柱长约3.5厘米；花柱分枝5，被长毛。蒴果长卵圆形，长约2.5厘米，径约2厘米，果爿5，密被黄锈色星状绒毛及长硬毛。种子肾形，被红棕色长毛，毛长约3毫米。花期7-8月。

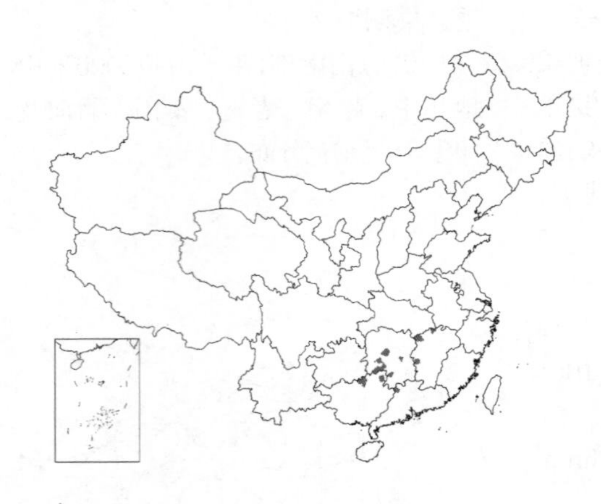

图 153 庐山芙蓉 （杨建昆 张世经绘）

产江西西北部、湖南、广东北部及广西，生于海拔850-1100米山地灌丛中。供观赏，可作绿篱。

7.　美丽芙蓉　　图 154

Hibiscus indicus (Burm. f.) Hochr. in Mém. Soc. Hist. Nat. Afr. Nord 2: 163. 1949.

Alcaea indica Burm. f. Fl. Ind. 149. 1768.

落叶灌木或小乔木，高3-5米。小枝密被星状毛。叶心形，长8-12厘米，宽10-15厘米，茎下部叶5-7裂，上部叶3-5裂，裂片宽三角形，具不整齐钝齿，两面密被星状柔毛；叶柄长5-11厘米，密被星状柔毛，托叶披针形，长0.5-1厘米，常早落。花单生枝端叶腋。花梗长6-15厘米，近顶端有节，密被星状绒毛；小苞片4-5，卵形，长约2厘米，基部合生，密被星状绒毛；花萼杯状，长约2.5厘米，近基部1/3合生，裂片5，卵状渐尖，密被星状绒毛；花冠白或粉红色，径6-10厘米，花瓣5，倒卵形，长6-8厘米，基部具髯毛，被星状长毛；雄蕊柱长3-4厘米；花柱分枝5-6，疏被长毛，柱头头状。蒴果近球形，被硬毛，径约3厘米，果爿5-6。种子肾形，长约3毫米，密被锈色柔毛。花

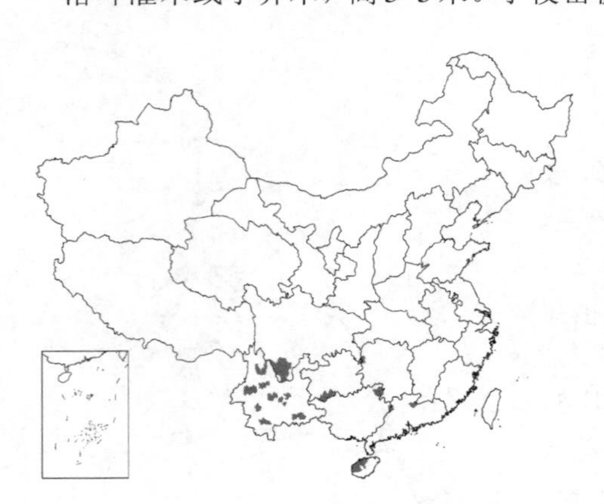

图 154 美丽芙蓉 （余汉平绘）

期7-12月。

产湖南西部、广东北部、海南、广西东北部、贵州西南部、云南及四川南部，生于海拔700-2000米山谷灌丛中。印度、越南及印度尼西亚有分布。供观赏；茎皮纤维可作绳索原料。

8. 木芙蓉 图 155 彩片 54

Hibiscus mutabilis Linn. Sp. Pl. 694. 1753.

落叶灌木或小乔木，高达5米。小枝、叶柄、花梗和花萼均密被星状毛与直毛相混的细绒毛。叶卵状心形，径10-15厘米，常5-7裂，裂片三角形，先端渐尖，具钝圆锯齿，上面疏被星状毛和细点，下面密被星状细绒毛，掌状脉5-11；叶柄长5-20厘米，托叶披针形，长5-8毫米，常早落。花单生枝端叶腋。花梗长5-8厘米，近顶端具节；小苞片8，线形，长1-1.6厘米，宽约2毫米，密被星状绵毛，基部合生；花萼钟形，长约3厘米，裂片5，卵形，先端渐尖；花冠初白或淡红色，后深红色，径约8厘米，花瓣5，近圆形，基部具髯毛；雄蕊柱长2-3厘米，无毛；花柱分枝5，疏被柔毛，柱头头状。蒴果扁球形，径约2.5厘米，被淡黄色刚毛和绵毛，果爿5。种子肾形，背面被长柔毛。花期8-10月。

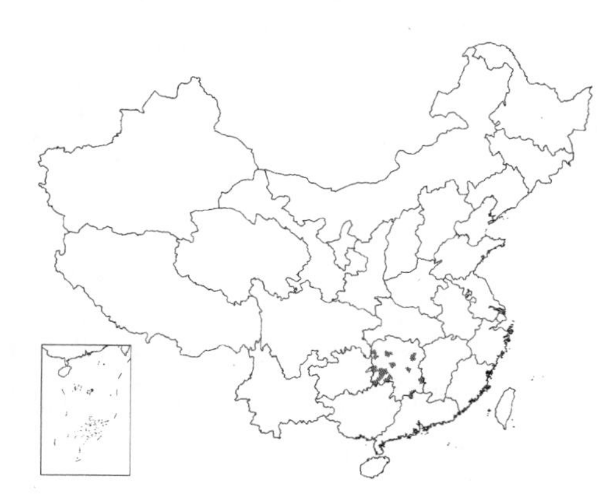

图 155 木芙蓉 （引自《图鉴》）

产湖南，现辽宁、河北、河南、山东、江苏、安徽、浙江、福建、台湾、江西、湖北、湖南、广东、香港、广西、贵州、云南、四川及陕西等地栽培。为我国久经栽培的园林观赏植物。日本和东南亚地区有栽培。

9. 木槿 朝开暮落花 图 156 彩片 55

Hibiscus syriacus Linn. Sp. Pl. 695. 1753.

落叶灌木。小枝密被黄色星状绒毛。叶菱形或三角状卵形，长3-10厘米，3裂或不裂，基部楔形，具不整齐缺齿，基脉3，下面沿叶脉微被毛或近无毛；叶柄长0.5-2.5厘米，上面被星状柔毛，托叶线形，长约6毫米，疏被柔毛。花单生枝端叶腋。花梗长0.4-1.4厘米，被星状绒毛；小苞片6-8，线形，长0.6-1.5厘米，基部稍合生，被星状毛；花萼钟形，长1.4-2厘米，裂片5，三角形，密被星状绒毛；花冠钟形，淡紫色，径5-6厘米，花瓣5，倒卵形，长3.5-5厘米，疏被纤毛和星状长柔毛；雄蕊柱长约3厘米；花柱分枝5，无毛。蒴果卵圆形，径约1.2厘米，密被黄色星状绒毛，具短喙。种子肾形，背部被黄白色长柔毛。花期7-11月。

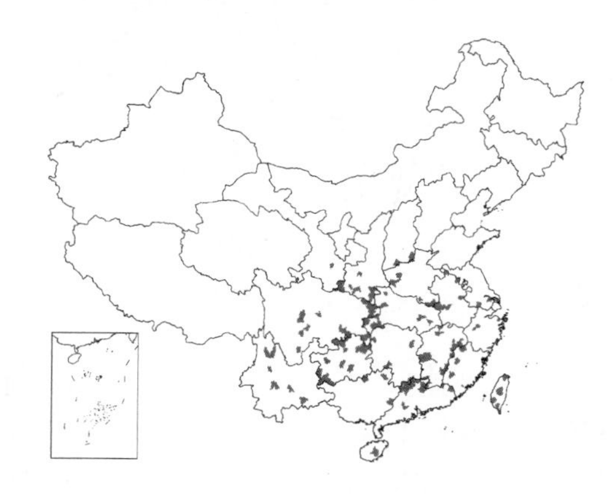

图 156 木槿 （引自《图鉴》）

山西南部、河南、山东、江苏、安徽、浙江、福建、台湾、江西、湖北、湖南、广东、海南、广西、贵州、云南、四川、陕西及甘肃等地野生或栽培。供观赏或作绿篱。

10. 华木槿

图 157

Hibiscus sinosyriacus Bailey in Gentes Herb. 1: 109. 1922.

落叶灌木或小乔木，高达5米。嫩枝被星状柔毛。叶宽楔状卵圆形，长宽均7-12厘米，常3裂，裂片三角形，中裂片较大，侧裂片较小，基部楔形或近圆，疏生锐齿，两面疏被星状柔毛；叶柄长2-6厘米，被星状柔毛，托叶线形，长0.6-1.2厘米，疏被星状柔毛。花单生或2-3朵生于枝端叶腋。花梗长1-2.5厘米，密被黄色星状绒毛；小苞片6-7，披针形，长1.7-2.5厘米，宽3-5毫米，密被星状柔毛，基部微合生；花萼钟形，裂片5，卵状三角形，密被星状绒毛；花冠淡紫色，径7-9厘米，花瓣倒卵形，长5-7厘米，被星状长柔毛；雄蕊柱长4-5厘米；花柱分枝5，无毛，柱头头状。花期6-9月。

图 157 华木槿 （肖 溶绘）

产江西北部、湖南、贵州、广西及四川，生于海拔1000米山谷灌丛中。花大艳丽。

11. 红秋葵

图 158 彩片 56

Hibiscus coccineus（Medicus）Walt. Fl. Carol. 1: 177. 1788.

Malvaviscus coccineus Medicus, Malv. 49. 1787.

多年生草本，高达3米。茎常被白霜，无毛。叶掌状5深裂，裂片窄披针形，长6-14厘米，宽0.6-1.5厘米，先端尖，基部楔形，具疏齿，两面无毛；叶柄长3-10厘米，无毛。花单生枝端叶腋。花梗长3-8厘米，无毛，微带白霜；小苞片12，线形，长约2.5厘米，宽约1.5毫米，无毛，基部微合生；花萼钟形，径3-4厘米，裂片5，卵状披针形，无毛；花冠粉红至深红色，花瓣5，倒卵形，长7-8厘米，疏被柔毛；雄蕊柱长约7厘米；花柱分枝5，被柔毛。蒴果近球形，径约2厘米，无毛，顶端具短喙。种子球形，径约3毫米，疏被棕色细毛。花期7-10月。

原产美国东南部。河北、山东、江苏、浙江、四川等地引种栽培。供观赏。

图 158 红秋葵 （引自《中国植物图谱》）

12. 芙蓉葵

图 159 彩片 57

Hibiscus moscheutos Linn. Sp. Pl. 693. 1753.

多年生草本，高1-2.5米。茎被星状柔毛或近无毛。叶卵圆形或卵状披针形，长7-18厘米，宽4-8厘米，基部楔形或近圆，先端尾尖，具钝圆锯齿，上面近无毛或被细柔毛，下面被灰白色毡毛；叶柄长3-10厘米，被柔毛，托叶丝状。花单生枝端叶腋。花梗长2-8厘米，近顶端具节；小苞片10-12，线形，长1.5-2厘米，宽约1.5毫米，密被星状柔毛；花萼钟状，长约3厘米，裂片5，卵状三角形，宽约1厘米；花冠白、粉红或红色，内面基部深红色，径10-15厘米，花瓣5，倒卵形，长约10厘米，疏被柔毛，内面基部具髯毛；雄蕊柱长约4厘米，中部以上着生花药；子房无毛，花柱分枝5，疏被糙硬毛，柱头平截。蒴果圆锥状卵形，长2.5-3厘米，果爿5，无毛。种子近圆肾形，顶端尖，径2-3毫米。花期7-9月。

原产美国东部。河北、山东、浙江、云南等地引种栽培。供观赏。

13. 刺芙蓉

图 160 彩片 58

Hibiscus surattensis Linn. Sp. Pl. 696. 1753.

一年生亚灌木状草本，高0.5-2米，常平卧，疏被长毛和倒生皮刺。叶掌状3-5裂，长5-10厘米，宽5-11厘米，裂片卵状披针形，长3-7厘米，宽1.5-3厘米，具不整齐锯齿，两面疏被糙硬毛，基脉5，疏被倒生刺；叶柄长2-7厘米，上面密被长硬毛，下面疏被倒生刺，托叶耳形，长约5毫米，疏被长硬毛。花单生叶腋。花梗长1-5厘米，疏被倒生刺和长柔毛；小苞片10，线形，长1-1.5厘米，近中部具匙形附属物，并被长刺；花萼浅杯状，5深裂，裂片卵状披针形，先端长尾状，具刺，长约2.5厘米；花冠黄色，内面基部暗红色，长约3.5厘米。蒴果卵球形，长约1.2厘米，具短喙，密被粗长硬毛。种子肾形，疏被白色细糙毛。花期9月至翌年3月。

产海南及云南南部，生于海拔1000-1200米山谷、荒坡、溪旁灌丛中或林缘。越南、老挝、柬埔寨、缅甸、斯里兰卡、印度、菲律宾、大洋洲及非洲热带地区有分布。

图 159 芙蓉葵 （曾孝濂绘）

图 160 刺芙蓉 （肖 溶绘）

14. 野西瓜苗

图 161 彩片 59

Hibiscus trionum Linn. Sp. Pl. 697. 1753.

一年生草本，常平卧，稀直立，高20-70厘米。茎柔软，被白色星状粗毛。茎下部叶圆形，不裂或稍浅裂，上部叶掌状3-5深裂，径3-6厘米，中裂片较长，两侧裂片较短，裂片倒卵形或长圆形，常羽状全裂，上面近无毛或疏被粗硬毛，下面疏被星状粗刺毛；叶柄长2-4厘米，被星状柔毛和长硬毛，托叶线形，长约7毫米，被星状粗硬毛。花单生叶腋。花梗长1-2.5厘米，被星状粗硬毛；小苞片12，线形，长约8毫米，被长硬毛，基部合生；花萼钟形，淡绿色，长1-2厘米，裂片5，膜质，三角形，具紫色纵条纹，被长硬毛或星状硬毛，中部以下合生；花冠淡黄色，内面基部紫色，径2-3厘米，花瓣5，倒卵形，长约2厘米，疏被柔毛；雄蕊柱长约5毫米，花丝纤细，花药黄色；花柱分枝5，无毛，柱头头状。蒴果长圆状球形，径约1厘米，被硬毛，果柄长达4厘米，果爿5，果皮薄，黑色。种子肾形，黑色，具腺状突起。花期7-10月。

原产非洲中部。全国各地平原、山野、丘陵、田埂均有分布，为常见杂草。全草和果实、种子药用，治烫伤、烧伤、急性关节炎。

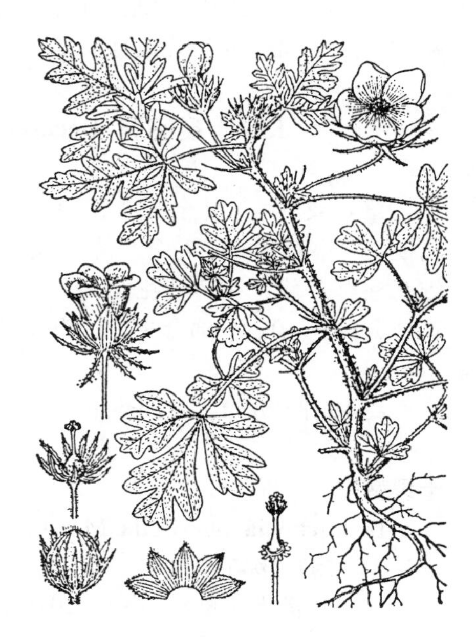

图 161 野西瓜苗 （引自《图鉴》）

15. 玫瑰茄

图 162 彩片 60

Hibiscus sabdariffa Linn. Sp. Pl. 695. 1753.

一年生草本，高1-2米。茎、枝淡紫色，无毛。茎下部叶卵形，不裂，上部叶掌状3深裂，裂片披针形，长2-8厘米，宽0.5-2厘米，具锯齿，基部近圆或宽楔形，两面无毛，基脉3-5，下面中脉具腺体；叶柄长2-12厘米，疏被长柔毛，托叶线形，长约1厘米，疏被长柔毛。花单生叶腋，具短梗。小苞片8-12，紫红色，肉质，披针形，长0.5-1厘米，宽约3毫米，疏被长硬毛，近顶端具刺状附属物，基部与花萼贴生；花萼杯状，紫红色，肉质，径约1厘米，疏被刺和粗毛，基部1/3合生，裂片5，三角状渐尖，长约1.5厘米；花冠黄色，内面基部深红色，径4-7厘米，花瓣5，倒卵形；雄蕊柱长1-2.5厘米；子房5室，被粗毛，花柱分枝5，柱头头状。蒴果卵球形，径约1.5厘米，密被长粗毛。种子肾形，无毛。花期7-10月。

原产东半球热带地区。浙江、江苏、福建、海南、广东、云南、四川、台湾等地栽培。花萼与小苞片肉质，味酸，可作果酱；茎皮纤维供制绳。

图 162 玫瑰茄 （引自《图鉴》）

16. 大麻槿 洋麻 图 163

Hibiscus cannabinus Linn. Syst. ed. 10, 1149. 1759.

一年生或多年生草本，高达3米。茎无毛，疏被锐利小刺。茎下部叶心形，不裂，上部叶掌状3-7深裂，裂片披针形，长2-12厘米，宽0.6-2厘米，基部心形或近圆，具锯齿，两面无毛，基脉5-7，下面中脉近基部具腺体；叶柄长5-20厘米，疏被小刺，托叶丝状，长5-8毫米。花单生枝端叶腋，近无梗；小苞片7-10，线形，长0.6-1厘米，分离，疏被小刺。花萼近钟状，长2-3厘米，被刺和白色绒毛，中部以下合生，裂片5，先端长尾状，基部具1大腺体；花冠黄色，内面基部深红色，花瓣5，长圆状倒卵形，长约6厘米；雄蕊柱长1.5-2厘米，无毛；花柱分枝5，无毛。蒴果球形，径约1.5厘米，密被刺毛，顶端具短喙。种子肾形，近无毛。花期7-10月。

原产印度。辽宁、河北、山东、安徽、浙江、福建、江西、湖北、湖南、广东、云南、四川等地有栽培。茎皮纤维为优良麻织原料。

图 163 大麻槿 （引自《图鉴》）

13. 十裂葵属 Decaschistia Wight et Arn.

草本或灌木。叶全缘或分裂；具叶柄和托叶。花腋生或聚生枝端。花梗短；小苞片10；花萼5裂，基部合生；花瓣5，基部与雄蕊柱合生；雄蕊柱有多数具花药的花丝，顶端5齿裂；子房6-10室，每室1胚珠；花柱分枝6-10，下部合生，柱头头状。蒴果室背开裂为6-10果爿。种子肾形。

约10种，分布于亚洲热带。我国1种。

十裂葵 图 164

Decaschistia nervifolia Masamume in Trans. Nat. Hist. Soc. Taiwan 33: 252. 1943.

多年生灌木状草本，高15-20厘米。根圆锥形，径达1.5厘米。小枝密被星状绒毛。叶卵状椭圆形，长1.5-3.5厘米，基部宽楔形或圆，疏生锯齿，

上面被星状柔毛，下面密被灰黄色星状绒毛；叶柄长0.5-1厘米，密被灰黄色星状绒毛，托叶线形，长约6毫米，密被星状绒毛，常早落。花聚生枝顶。花梗长约3毫米，密被灰黄色星状绒毛；小苞片10，线形，长约5毫米，密被星状绒毛，基部合生；花萼钟形，长约1厘米，裂片5，披针形，长约5毫米，密被星状柔毛及长硬毛；花冠钟形，红色，径约3厘米，花瓣5，长约2.5厘米，疏被星状柔毛；雄蕊柱长约3厘米，顶端7毫米以下具多数花药；子房6-9室，花柱分枝6-9，下部合生。花期4-5月。

产海南，生于沿海向阳砂地。

图 164 十裂葵 （曾孝濂绘）

14. 桐棉属 Thespesia Soland. ex Corr.

乔木或灌木。叶互生，单叶，全缘或分裂。花大，单生或少数簇生叶腋；小苞片3-5，花后脱落。花萼杯状，顶端平截或5齿裂；花冠钟形，花瓣5，黄色；雄蕊柱具5齿；子房5室，每室具数颗胚珠，花柱棒状，具5槽，柱头粗而粘合。蒴果球形或梨形，木质，室背开裂。种子卵形，秃净或被毛。

约10种，分布于亚洲热带和非洲。我国3种。

1. 植株被星状茸毛；叶掌状3裂；蒴果稍5棱椭圆形；种子长5毫米，种脐旁侧具一环柔毛 ………………………………………… 1. **白脚桐棉 T. lampas**
1. 植株被盾形鳞秕；叶卵状心形；蒴果梨形；种子长9毫米，被褐色纤毛 ……………………… 2. **桐棉 T. populnea**

白脚桐棉 肖槿 图 165

Thespesia lampas (Cavan.) Dalz. et Gibs. Bombay Fl. 19. 1861.

Hibiscus lampas Cavan. Diss. 3: 154. t. 56. f. 2. 1787.

常绿灌木，高1-2米。小枝被星状茸毛。叶卵形或掌状3裂，长8-13厘米，宽6-13厘米，先端渐尖，基部圆或近心形，两侧裂片浅裂，先端渐尖或圆，上面疏被星状柔毛，下面密被星状茸毛；叶柄长1-4厘米，被星状柔毛，托叶线形，长5-7毫米。花单生叶腋或成聚伞花序，花序梗长3-8厘米。花梗长0.5-1厘米，被星状柔毛；小苞片5，钻形，长2-3毫米；花萼平截，浅杯状，被星状柔毛，具5齿，齿长4-8毫米；花冠钟形，黄色，长约6厘米，花瓣密被柔毛；花柱棒状，具5槽纹。蒴果椭圆形，具5棱，径约2厘米，被星状柔毛，室背开裂。种子卵形，黑色，长5毫米，光滑，种脐旁侧具一环柔毛。花期9月至翌年1月。

图 165 白脚桐棉 （李锡畴绘）

产海南、广西及云南，生于低海拔山地灌丛中。越南、老挝、印度、菲律宾、印度尼西亚及东非热带地区有分布。

2. 桐棉 图 166 彩片 61

Thespesia populnea（Linn.）Soland. ex Corr. in Ann. Mus. Hist. Nat. Paris 9：290. t. 8. f. 2. 1807.

Hibiscus populneus Linn. Sp. Pl. 694. 1753.

常绿乔木，高约6米。小枝具褐色盾形细鳞秕；叶卵状心形，长7-18厘米，先端长尾状，基部心形，全缘，上面无毛，下面被稀疏鳞秕；叶柄长4-10厘米，具鳞秕；托叶线状披针形，长约7毫米。花单生叶腋；花梗长2.5-6厘米，密被鳞秕；小苞片3-4，线状披针形，长0.8-1厘米，被鳞秕，常早落；花萼杯状，截形，径约1.5厘米，具5尖齿，密被鳞秕；花冠钟形，黄色，内面基部具紫色块，长约5厘米；雄蕊柱长约2.5厘米；花柱棒状，端具5槽纹。蒴果梨形，径约5厘米；种子三角状卵圆形，长约9毫米，被褐色纤毛，间有脉纹。花期近全年。

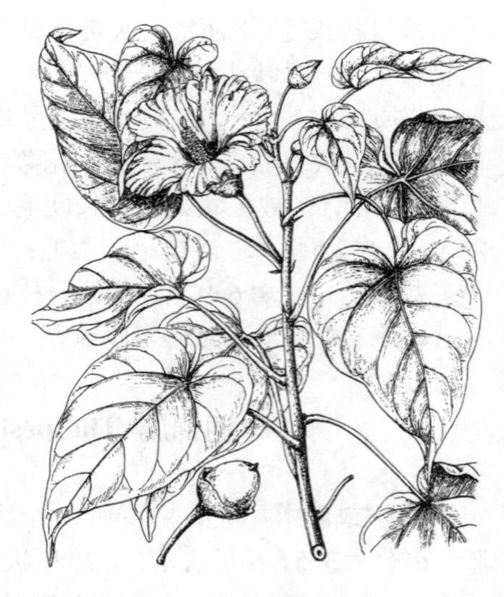

图 166 桐棉 （引自《Woody Fl. Taiwan》）

产台湾、广东、香港、海南及广西南部，生于海边和海岸向阳地。越南、柬埔寨、斯里兰卡、印度、泰国、菲律宾及非洲热带地区有分布。

15. 棉属 Gossypium Linn.

一年生或多年生草本，有时灌木状或乔木状，植株常具黑褐色腺点和柔毛。叶掌状分裂。花大，单生叶腋。花白、黄或粉红色，有时花瓣基部紫色，凋萎时常变色；小苞片常3枚，稀5-7，叶状，顶端分裂呈流苏状或具粗缺齿，基部心形，分离或合生，具腺点；花萼杯状，近平截或5裂；花瓣5，芽时旋转排列；雄蕊柱着生多数具花药的花丝，顶端平截；子房3-5室，每室胚珠2至多颗，花柱棒状，不裂，顶端具槽纹。蒴果球形或卵圆形，室背开裂。种子球形，密被白色长棉毛，或混生不易剥离的短纤毛

约20种，分布于热带和亚热带地区。我国引入栽培4种和2变种。

1. 小苞片基部合生，全缘或具3-8裂齿，裂齿长为宽1-2倍或宽超过长；花丝近等长。
   2. 小苞片三角形，长大于宽，顶端具3-4粗齿；蒴果圆锥形，顶端渐窄 …………………… 1. **树棉 G. arboreum**
   2. 小苞片宽三角形，宽大于长，顶端具6-8齿；蒴果卵圆形 ……………………………… 2. **草棉 G. herbaceum**
1. 小苞片基部离生，具长渐尖的裂齿，裂齿长约为宽的3-4倍；花丝不等长。
   3. 叶掌状3浅裂，稀5浅裂；小苞片具7-9齿；雄蕊柱长1-2厘米，花药排列疏散；种子具易剥离的长棉毛及极易剥离的短纤毛 ……………………………………………………………………… 3. **陆地棉 G. hirsutum**
   3. 叶掌状深裂；小苞片具10-15长粗齿；雄蕊柱长3厘米以上，花药排列紧密；种子具易剥离的长棉毛及极易剥离的短纤毛 ……………………………………………………………………… 4. **海岛棉 G. barbadense**

1. 树棉 图 167

Gossypium arboreum Linn. Sp. Pl. 693. 1753.

一年生草本或亚灌木，高2-3米。嫩枝被长柔毛。叶掌状5深裂，径4-8厘米，裂片长圆状披针形，上面疏被星状柔毛，下面被星状绒毛，沿叶脉密被长柔毛；叶柄长2-4厘米，被绒毛和长柔毛，托叶线形，早落。花单生叶腋。花梗长1.5-2.5厘米，被长柔毛；小苞片3，三角形，长约2.5厘米，宿存，近基部1/3合生，顶端具3-4齿，齿长不超过宽的3倍，脉上

被星状长柔毛；花萼浅杯状，顶端近平截；花冠淡黄色，内面基部暗紫色，花瓣5，倒卵形，长4-5厘米；雄蕊柱长1.5-2厘米。蒴果圆锥形，顶端渐窄，常下垂，长约3厘米，具喙，3室，稀4-5室，无毛，具多数油腺状细点，每室5-8种子。种子分离，卵圆形，径5-8毫米，混生白色长棉毛和不易剥离的短纤毛。花期6-10月。

原产印度。河北、山西、安徽、浙江、江西、湖北、湖南、广东、海南、云南、四川、陕西、甘肃等地栽培。为久经栽培的土棉；棉纤维供纺织；种子可榨油；棉子饼作饲料。

图 167 树棉 （引自《图鉴》）

2. 草棉 图 168

Gossypium herbaceum Linn. Sp. Pl. 693. 1753.

一年生草本或亚灌木，高0.5-1.5米。嫩枝及叶疏被柔毛。叶近心形，宽5-10厘米，通常宽大于长，掌状5裂，裂片宽卵形，先端短尖，基部心形；叶柄长3-8厘米，被长柔毛，托叶线形，长0.5-1厘米，早落。花单生叶腋。花梗长1-2厘米，被长柔毛；小苞片宽三角形，长2-3厘米，宽大于长，顶端具6-8齿，沿脉疏被长毛，基部合生；花萼杯状，5浅裂；花冠黄色，内面基部紫色，径5-7厘米；雄蕊柱长1-2厘米，花丝近等长。蒴果卵圆形，长约3厘米，具喙，3-4室。种子大，斜圆锥形，长约1厘米，分离，被白色长棉毛和短纤毛。花期7-9月。

原产阿拉伯和小亚细亚。辽宁、河北、山西、安徽、浙江、福建、湖北、湖南、广东、海南、贵州、云南、四川、陕西、甘肃、新疆等地栽培。生长期约130天，适宜西北地区栽培。棉花供纺织原料；根药用，通经止痛、止咳平喘；棉子油作润滑油及药用。

图 168 草棉 （引自《图鉴》）

3. 陆地棉 图 169

Gossypium hirsutum Linn. Sp. Pl. ed. 2, 975. 1763.

一年生草本或亚灌木，高0.6-1.5米。小枝疏被长柔毛。叶宽卵形，径5-12厘米，长、宽近相等或宽略大于长，基部心形或平截，常3裂，稀5裂，中裂片深达叶片之半，裂片宽三角状卵形，先端尖，基部宽，上面近无毛，沿脉被粗毛，下面疏被长柔毛；叶柄长3-14厘米，疏被柔毛，托叶卵状镰形，长5-8毫米，早落。花单生叶腋。花梗常较叶柄略短；小苞片3，分离，基部心形，具1个腺体，具7-9齿，连齿长达4厘米，宽约2.5厘米，被长硬毛和纤毛；花萼杯状，5齿裂，裂片三角形，具缘毛；花冠白或淡黄色，后淡红或紫色；雄蕊柱长1-2厘米，花药排列疏散。蒴果卵圆形，3-5室，长3.5-5厘米，具喙。种子卵圆形，分离，具白色长棉毛和灰白色不易剥离的短棉毛。花期6-10月。

原产中美。河北、山西、山东、安徽、浙江、福建、江西、湖北、湖南、广东、海南、广西、贵州、云南、四川、陕西、甘肃、新疆等地普遍栽培。为优良纺织原料；种子含油量约40%，油有催乳作用。

图 169 陆地棉 （引自《图鉴》）

4. 海岛棉 图 170

Gossypium barbadense Linn. Sp. Pl. 693. 1753.

一年生亚灌木或灌木，高1-2米，疏被柔毛或近无毛。叶径7-12厘米，掌状3-5深裂，达叶片中部以下，裂片卵形或长圆形，中裂片较长，侧裂片通常宽展；叶柄较长于叶片，散生黑色腺点，托叶披针状镰形，长约1厘米，常早落。花顶生或腋生。花梗常短于叶柄，被星状长柔毛和黑色腺点；小苞片5或更多，分离，宽卵形，基部心形，长3.5-5厘米，具10-15长粗齿；花萼杯状，顶端近平截，具黑色腺点；花冠钟形，淡黄色，内面基部紫色，花瓣倒卵形，具缺刻，被星状长柔毛；雄蕊柱无毛，长约3厘米，花药排列紧密。蒴果长圆状卵形，长3-5厘米，基部大，顶端尖，被腺点，3室，稀4室。种子卵形，具喙，离生，被易剥离的白色长棉毛，剥毛后表面黑色，光滑，一端或两端具少量不易剥离的短棉毛。花期7-9月。

原产南美热带及西印度群岛。河北、山东、江苏、安徽、浙江、福建、江西、广东、海南、广西、云南、四川、新疆有少量栽培。棉纤维特长，为纺细纱优良原料。

图 170 海岛棉 （肖 溶绘）

16. 大萼葵属 **Cenocentrum** Gagnep.

落叶灌木，高达4米，全株密被黄色星状长刺毛和单毛，毛长约4毫米。叶圆形，掌状5-9浅裂，径7-20厘米，裂片宽三角形，先端尖，基部心形，具粗齿，两面被星状长刺毛和单毛，基脉5-9；叶柄长6-18厘米，密被星状长刺毛和单毛，托叶卵形，长约6毫米，早落。花单生叶腋。花梗长5-10厘米，密被星状长刺毛和单毛；小苞片4，卵形，长约2.5厘米，基部合生，密被白色星状柔毛和褐黄色星状粗毛，边缘具白色长刺毛；花萼钟状，径达5厘米，长3-4厘米，裂片5，宽三角状卵形，先端长渐尖，密被星状柔毛和长刺毛；花黄色，内面基部紫色，径约10厘米，花瓣5，倒卵形，长约8厘米；雄蕊柱长约3.5厘米，花药螺丝状着生至顶端；子房10室，被毛，柱头10，具柄。蒴果近球形，径3.5-4厘米，密被星状长刺毛，胞背10裂。种子肾形，长约3毫米，径约2毫米，灰褐色，具褐色瘤点。

单种属。

大萼葵 图 171

Cenocentrum tonkinense Gagnep. in Lecomte, Not. Syst. 1: 78. 1909.

形态特征同属。花期9-11月。

产贵州西南部及云南南部，生于海拔700-1600米沟谷、疏林或草丛中。越南及老挝有分布。

图 171 大萼葵 （曾孝濂绘）

69. 玉蕊科 LECYTHIDACEAE

（覃海宁）

常绿乔木或灌木，叶螺旋状排列，常丛生枝顶，稀对生，具羽状脉。花单生、簇生或组成总状花序、穗状花序或圆锥花序，顶生、腋生，或在老茎、老枝上侧生。两性，辐射对称或左右对称；花上位或周位，萼筒与子房贴生，高出或不高出子房，裂片2-6（-8），或在芽时合生而不显裂缝，至花开放时撕裂为2-4裂片，或在近基部环裂而整块脱落，裂片镊合状或浅覆瓦状排列；花瓣通常4-6，稀无花瓣，分离或基部合生，覆瓦状排列，基部通常与雄蕊管连生；雄蕊极多，数轮，最内轮常小而无花药，外轮常不发育或有时呈副花冠状，花丝基部多少合生，花药基生或背部着生，纵裂，稀孔裂；花盘整齐或偏于一边，有时分裂；子房下位或半下位，2-6室，稀多室，隔膜完全或不完全，每室有1至多数胚珠，中轴胎座。果浆果状、核果状或蒴果状，通常大，常有棱角或翅，顶端常冠以宿萼；果皮通常厚，纤维质、海绵质或近木质。种子1至多数，有翅或无翅，胚直或弯，无胚乳。

约20属380种，广布于全世界热带和亚热带。我国1属3种。

玉蕊属 Barringtonia J. R. et Forst.

乔木或灌木。小枝有明显叶痕；顶芽基部有少数至多数苞叶。叶常丛生枝顶；托叶小，早落。总状花序或穗状花序，顶生或在老枝及老茎上侧生，通常长而俯垂，花序梗基部常有一丛苞叶；苞片和小苞片均早落；萼筒倒圆锥形，常有4棱或翅，上部2-5裂，或芽时合生不显裂缝，花开放时撕裂或环裂，裂片具平行脉；花瓣4，稀3或6；雄蕊多数，排成3-8轮，最内的1-3轮退化至仅存花丝，花丝在芽中折叠，宿存，子房2-4室，每室2-6胚珠，悬垂在中轴的近顶部。果大，外果皮稍肉质，中果皮多纤维或海绵质而兼有少量纤维，内果皮薄。种子1颗，种皮淡褐色，膜质；胚直，常纺锤状，无胚乳。

约40种，分布于非洲、亚洲和大洋洲的热带和亚热带地区。我国3种。

1. 花序直立；花较大，花梗长4-6厘米，花萼裂片长3-4厘米，花瓣长5.5-8.5厘米；果有腺点 ………………………… 1. **滨玉蕊 B. asiatica**
1. 花序下垂；花较小，花萼裂片长不及1.5厘米，花瓣长不及2.5厘米；果无腺点。
   2. 叶基部钝形，常微心形；花梗长0.5-1.5（-1.8）厘米；果卵球形 ………………………… 2. **玉蕊 B. racemosa**
   2. 叶基部楔形，多少下延；无花梗；果梭形 ………………………… 2(附). **梭果玉蕊 B. fusicarpa**

1. 滨玉蕊

图 172

Barringtonia asiatica (Linn.) Kurz, Rep. Pegu App. A 65: App. B. 52. in clavi, et in Journ. Asiat. Soc. Bengal. 45(2): 131. 1876.

Mammea asiatica Linn. Sp. Pl. 512. 1753.

常绿乔木，高达20米。小枝粗，叶痕大。叶簇生枝顶，近革质，倒卵形或倒卵状长圆形，长达40厘米，宽达20厘米，先端钝或圆，微凹头而有一小凸尖，基部通常钝，有时微心形，全缘，两面无毛，侧脉常10-15对，两面凸起，

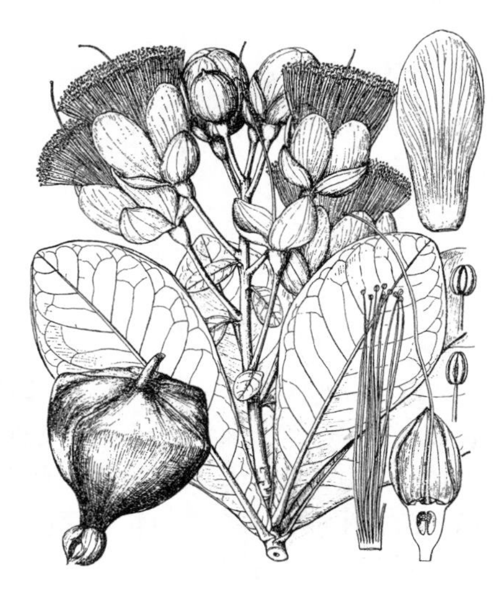

图 172 滨玉蕊 （引自《Woody Fl. Taiwan》）

边脉可见，网脉明显；有短柄。总状花序直立，顶生，稀侧生，长2-15厘米；苞片卵形，长0.8-1.5厘米；雄蕊6轮，内轮退化，花丝长8-12厘米，退化雄蕊长2-3.5厘米；子房近球形或有4棱，4室，隔膜不完全，每室4-5胚珠。果卵圆形或近圆锥形，长8.5-11厘米，径8.5-10厘米，常有4棱，外果皮薄，有腺点，中果皮厚2-2.5厘米，海绵质，内果皮富含纵向交织的纤维。种子长圆形，长4-5厘米，向上渐窄，凹头。

产台湾，常生滨海地区林中。亚洲、东非及大洋洲各热带、亚热带地区有分布。

2. 玉蕊 图 173：1-4 彩片 62

Barringtonia racemosa (Linn.) Spreng. Sys. Veg. 3: 127. 1826.

Eugenia racemosa Linn. Sp. Pl. 471. 1753.

常绿乔木，高达20米，稀灌木状。叶常丛生枝顶，纸质，倒卵形、倒卵状椭圆形或倒卵状长圆形，长12-30厘米或更长，先端短尖或渐尖，基部钝，常微心形，有圆齿状小锯齿；侧脉10-15对，稍粗大，两面凸起，网脉清晰；有短柄。总状花序顶生，稀在老枝上侧生，下垂，长达70厘米或更长；花疏生。花梗长0.5-1.5(-1.8)厘米；苞片小而早落；花萼撕裂为2-4片，裂片等大或不等大，椭圆形或近圆形，长0.7-1.3厘米；花瓣4，椭圆形或卵状披针形，长1.5-2.5厘米；雄蕊通常6轮，最内轮不育，发育雄蕊花丝长3-4.5厘米；子房常3-4室，隔膜完全，每室2-3胚珠。果卵圆形，长5-7厘米，径2-4.5厘米，微具4钝棱，果皮厚0.3-1.2厘米，稍肉质，内含网状交织纤维束。种子卵圆形，长2-4厘米。花期几全年。

产台湾及海南，生于滨海地区林中。非洲、亚洲和大洋洲热带、亚热带地区有分布。

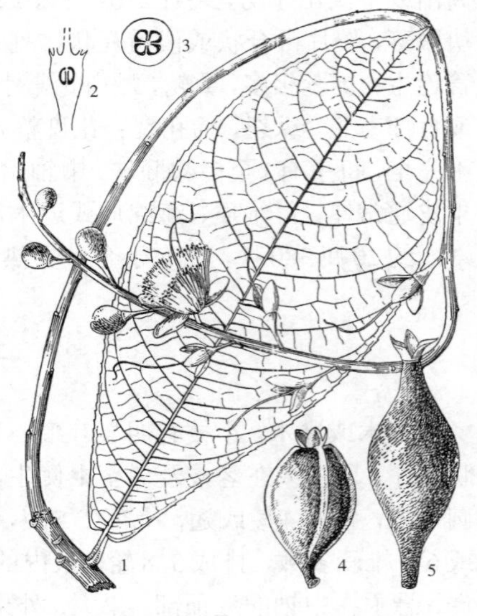

图 173: 1-4.玉蕊 5.梭果玉蕊
(余汉平绘)

[附] **梭果玉蕊** 图 173：5 彩片 63 **Barringtonia fusicarpa** Hu in Acta Phytotax. Sinica 8(3): 200. 1963. 本种与玉蕊的区别：叶基部楔形，多少下延；花无梗；果梭形。产云南南部及东南部，生于海拔120-760米密林中潮湿地。

70. 猪笼草科 NEPENTHACEAE

(王勇进)

草本，有时多少木质，直立、攀缘或平卧，高达15米。茎圆筒形或三棱形。叶互生，无柄或具柄，叶中脉延长成卷须、卷须上部扩大反卷而成瓶状体和卷须末端扩大而成瓶盖。花整齐，无苞片，单性异株；总状花序、圆锥花序或具二次分枝的蝎尾状聚伞花序。花被3-4片，腹面具腺体和蜜腺，通常分离而排成二基数的2轮，开展，稀基部合生成倒圆锥形的花被管；雄花具雄蕊24-4枚，无定数，花丝合生成一柱，花药于柱顶聚生成头状体，外向纵裂，2室；雌花雌蕊由4-3枚与花被片对生的心皮组成，子房上位，具短柄或无柄，卵球形、长圆球形或四棱柱形，稀倒金字塔形，4-3室，胚珠多数，窄长，数行排列于中轴胎座上，花柱极短或缺，柱头盘状，4-3裂。蒴果，室背开裂为4-3个革质果爿。种子多数，种皮向两端伸长，丝状，稀种皮不伸长，卵球形，胚乳肉质，胚直立，圆筒状。

2属，约68种，主产加里曼丹等热带岛屿，少数分布至大洋洲北部、非洲马达加斯加岛及印度半岛。我国1属。本科植物能捕食昆虫，其瓶状体口缘附近和瓶盖腹面分泌蜜汁，供蜜汁或颜色吸引昆虫进入瓶内而落入瓶底所分泌的水液中淹死，最后昆虫被消化，可溶性含氮物被瓶壁吸收作养料。

猪笼草属 **Nepenthes** Linn.

草本，有时多少木质，直立、攀援或平卧。叶互生，无柄或具柄，叶具叶柄、叶片、卷须、瓶状体和瓶盖五部分。花整齐，上位，单性异株；总状花序或圆锥花序。花被片4-3，开展，覆瓦状排列，腹面有腺体和蜜腺；雄花具雄蕊24-4枚；花丝合生成柱，花药于花柱顶聚生成一头状体，外向纵裂；雌花雌蕊由4-3心皮组成；子房卵形、长圆球形或四棱柱形，4-3室，胚珠多数，花柱极短或缺，柱头盘状，4-3裂。蒴果。种子多数，丝状，胚乳肉质，胚直立。

约67种，分布于亚洲东南部和大洋洲北部。我国1种。

猪笼草　　图 174 彩片 64

Nepenthes mirabilis (Lour.) Druce in Bot. Exch. Club Brit. Isles Rept. 4: 637. 1916.

Phyllamphora mirabilis Lour. Fl. Cochinch. 606. 1790.

直立或攀援草本，高达2米。基生叶密集，近无柄，基部半抱茎；叶披针形，长约10厘米，边缘具睫毛状齿；卷须短于叶片；瓶状体长2-6厘米，窄卵形或近圆柱形，被疏柔毛和星状毛，具2翅，翅缘睫毛状，瓶盖着生处有2-8距；瓶盖卵形或近圆形，内面密具近圆形腺体；茎生叶散生，具柄，叶长圆形或披针形，长10-25厘米，基部下延，全缘或具睫毛状齿，两面常具紫红色斑点，中脉每侧具纵脉4-8条；卷须与叶片近等长，具瓶状体或否，瓶状体长8-16厘米，被疏毛、分叉毛和星状毛，具纵棱2条，近圆筒形，下部稍扩大，口处收窄或否，口缘宽2-4毫米，内壁上半部平滑，下半部密生燕窝状腺体，有1-2距；瓶盖卵形或长圆形，内面密生近圆形腺体。总状花序长20-50厘米，被长柔毛，与叶对生或顶生。花梗长0.5-1.5厘米；花被片4，红或紫红色，椭圆形或长圆形，背面被柔毛，腹面密被近圆形腺体；雄花：花被片长5-7毫米，雄蕊柱具花药1轮，稍扭转；雌花：花被片长4-5毫米；子房椭圆形，密被淡黄色柔毛或星状毛。蒴果栗色，长0.5-3厘米；果爿4，窄披针形。种子丝状，长约1.2厘米。花期4-11月，果期8-12月。

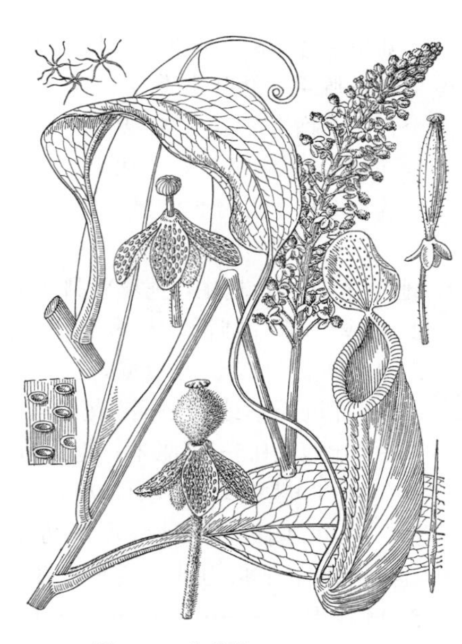

图 174 猪笼草 （余汉平绘）

产广东西部及南部、香港、澳门、海南、广西东南部，生于海拔50-400米沼地、路边、山腰和山顶等灌丛中、草地上或林下。亚洲中南半岛至大洋洲北部有分布。药用有清热止咳、利尿和降压之效。

71. 茅膏菜科 DROSERACEAE

（林 祁）

食虫植物，多年生或一年生草本，陆生或水生。根状茎具不定根，常有退化叶，地上茎短或伸长。叶互生，常基生而呈莲座状排列，稀轮生，常被头状粘腺毛，幼叶常拳卷；托叶干膜质，或无托叶。聚伞花序，顶生或腋生，稀单花腋生。花两性，辐射对称；花萼常5裂近基部或基部，裂片覆瓦状排列，宿存；花瓣5枚，离生，宿存；雄蕊常5，与花瓣互生；心皮2-5，1室，子房上位或半下位，侧膜胎座或基生胎座，胚珠常多数。蒴果，室背开裂。种子常多数，胚小，胚乳丰富。

4属，100余种，主产热带至温带地区。我国2属，6种，2变种。

1. 陆生植物；叶基生或互生；蒴果3-6瓣裂 ………………………………… 1. **茅膏菜属 Drosera**
1. 浮水或沉水植物；叶6-9轮生；蒴果不裂 ………………………………… 2. **貉藻属 Aldrovanda**

1. 茅膏菜属 Drosera Linn.

陆生草本，常多年生。根状茎短，具不定根，常有退化叶，末端具球茎或无。叶互生，或基生而成莲座状排列，被头状粘腺毛，幼叶常拳卷；托叶膜质，常条裂。聚伞花序，顶生或腋生，幼时弯卷。花萼5裂，稀4-8裂，基部多少合生，宿存；花瓣5，离生，宿存；雄蕊与花瓣同数且互生；心皮2-5，1室，子房上位，侧膜胎座，花柱常3-5，宿存，胚珠常多数。蒴果，室背开裂。种子多数，细小，具网纹。

约100种，主产大洋洲。我国5种、2变种。

1. 地上茎短；叶基生，莲座状排列；花序花葶状。
  2. 叶圆形或扁圆形，长短于宽 ………………………………… 1. **圆叶茅膏菜 D. rotundifolia**
  2. 叶其它形状，长过于宽。
    3. 叶近无柄或具短柄；花的苞片分裂 ………………………………… 2. **锦地罗 D. burmannii**
    3. 叶柄长0.5-3.2厘米；花的苞片不裂。
      4. 叶匙形或倒卵形，幼叶一次折叠 ………………………………… 3. **匙叶茅膏菜 D. spathulata**
      4. 叶倒披针形或线形，幼叶两次折叠 ………………………………… 4. **长柱茅膏菜 D. oblanceolata**
1. 地上茎伸长；叶互生；花序腋生或顶生。
  5. 叶线形 ………………………………… 5. **长叶茅膏菜 D. indica**
  5. 叶盾形。
    6. 花萼背面有长腺毛 ………………………………… 6. **茅膏菜 D. peltata** var. **multisepala**
    6. 花萼背面无毛或几无毛 ………………………………… 6(附). **光萼茅膏菜 D. peltata** var. **glabrata**

1. 圆叶茅膏菜 叉梗茅膏菜 图 175

Drosera rotundifolia Linn. Sp. Pl. 281. 1753.

Drosera rotundifolia var. *furcata* Y. Z. Ruan; 中国植物志 34(1): 24. 1984.

多年生草本。茎短小。叶基生，莲座状排列，圆形或扁圆形，长3-9毫米，边缘具长头状粘腺毛，上面腺毛较短，下面常无毛；叶柄长1-6厘米；托叶膜质，长约6毫米。聚伞花序花葶状，1-2条，常有分叉，长8.5-21厘米，具3-8花；苞片小，不裂，线形或钻形。花梗长1-3毫米；花萼5裂，下部合生；花瓣5，白色，匙形，长5-6毫米；雄蕊5；子房椭圆形，花柱3-4。蒴果3-4瓣裂。种子多数，椭圆形，外种皮囊状、疏松，向两端延伸。花果期5-10月。

产黑龙江、吉林、浙江、福建、江西东北部、湖南南部、广东北部及广西，生于海拔400-1500米山地疏林或草丛中。欧洲、亚洲及北美有分布。

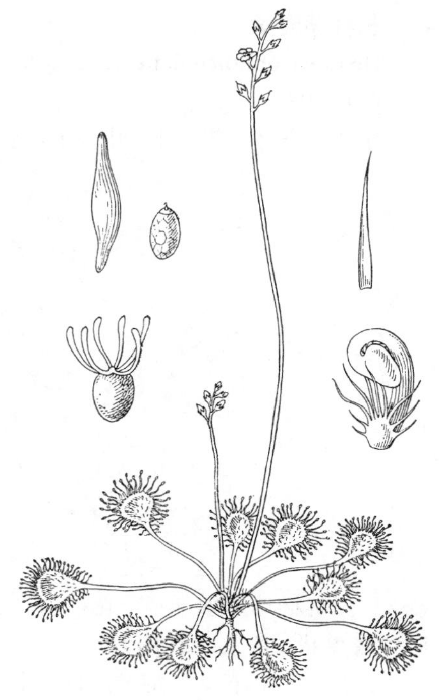

图 175 圆叶茅膏菜 （余汉平绘）

2. 锦地罗 图 176

Drosera burmannii Vahl, Symb. Bot. 3: 50. 1794.

草本。茎短小。叶基生，莲座状排列，楔形或倒卵状匙形，长0.5-1.5厘米，基部渐窄，边缘具较长的头状粘腺毛，上面腺毛较短，下面常无毛；近无柄或具短柄，托叶膜质，长约4毫米，基部与叶柄合生。聚伞花序花葶状，1-3条，长6-22厘米，具2-19花，无毛；苞片3或5裂，戟形。花梗长1-7毫米；花萼钟形，5裂，几达基部；花瓣5，白色、淡红或紫红色，倒卵形，长约4毫米；雄蕊5；子房近球形，花柱5-6。蒴果5-6瓣裂。种子多数，棕黑色，脉纹规则。花果期全年。

产福建、台湾、江西中部、广东、香港、海南、广西及云南，生于海拔1500米以下山地、丘陵草丛或灌丛中。亚洲、非洲及大洋洲的热带至亚热带地区有分布。全株入药，味微苦，清热去湿、凉血、化痰止咳、止痢，治肠炎、菌痢、咳嗽和小儿疳积，外敷可治疮痈肿毒。

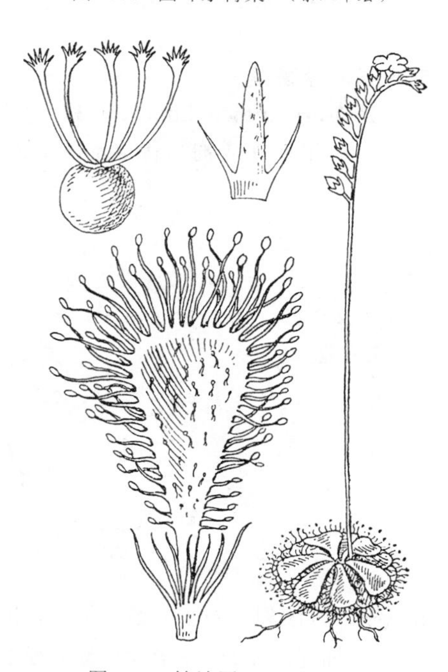

图 176 锦地罗 （余汉平绘）

3. 匙叶茅膏菜 图 177

Drosera spathulata Lab. Nov. Holl. Pl. Sp. 1: 79. pl. 106. f. 1. 1804.

草本。茎短小。叶基生，莲座状排列，幼叶向托叶处一次折叠；叶倒卵形、匙形或楔形，长1-2厘米，边缘密被长腺毛，上面腺毛较短，下面近无毛；叶柄长0.5-2厘米，下部无毛，上部具腺毛，托叶膜质，深裂。聚伞花序花葶状，1-2条，长4-16厘米；花序梗、花梗和花萼均被头状腺毛；苞片不裂，钻形、线形或倒披针形，长约2毫米。花萼钟状，5裂；花瓣5，紫红色，倒卵形，长约2毫米；雄蕊5；子房椭圆形，花柱3-4。蒴果3-4瓣裂。种子多数，细小，黑色，脉纹蜂巢状。花果期 3-9月。

产浙江东南部、福建东南部、台湾、广东、香港、海南及广西南部，生于海拔800米以下山谷、山坡、田野、海岛灌丛或草丛中。日本、菲律宾、马来西亚、印度尼西亚、澳大利亚及新西兰有分布。

4. 长柱茅膏菜 图 178

Drosera oblanceolata Y. Z. Ruan in Acta Phytotax. Sin. 19(3): 340. f. 1. 1981.

多年生草本。茎短小。叶基生，莲座状排列，幼叶两次折叠；叶线形、椭圆形或倒披针形，长0.5-1.2厘米，边缘具较长的头状腺毛，两面腺毛较短；叶柄长1-3.2厘米，无毛或有腺毛，托叶膜质，深裂。聚伞花序花葶状，1-2条，长5-9厘米，具8-10花；苞片不裂，线形，长约2毫米；花序轴、花梗和花萼被腺毛。花萼钟状，5深裂；花瓣5，粉红色，倒卵形或楔形；雄蕊5；子房椭球形或球形，花柱3。蒴果3瓣裂。种子多数，细小，黑色，脉纹蜂巢状。花果期5-10月。

产广东西南部、香港及广西，生于海拔350-650米山地沟谷灌丛、草丛、旷地或岩石上。

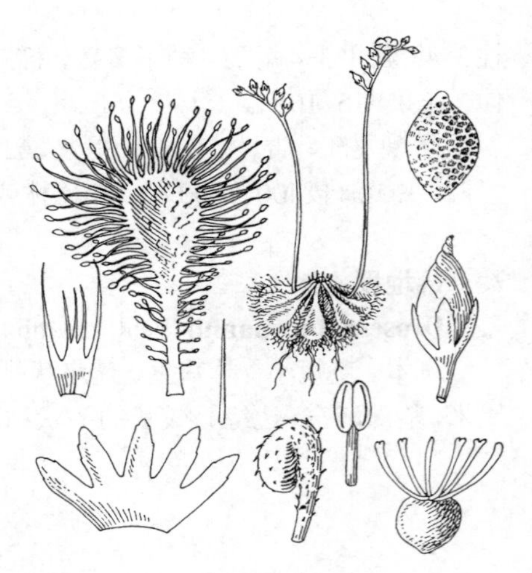

图 177 匙叶茅膏菜 （余汉平绘）

5. 长叶茅膏菜 图 179

Drosera indica Linn. Sp. Pl. 282. 1753.

一年生直立或匍匐状草本，高达38厘米。茎被腺毛。叶互生，线形，扁平，长2-12厘米，被长腺毛；托叶无，或退化成毛状。花序腋生或与叶近对生，长6-30厘米，具5-20花，被腺毛；苞片不裂，线形。花梗长0.6-1厘米；花萼5裂近基部；花瓣5，白色、淡红或紫红色，倒卵形或倒披针形，长约6毫米；雄蕊5；子房圆柱形、倒卵圆形或近球形，花柱3。蒴果倒卵圆形，长4-6 毫米，3瓣裂。种子多数，细小，黑色，脉纹蜂巢状。花果期全年。

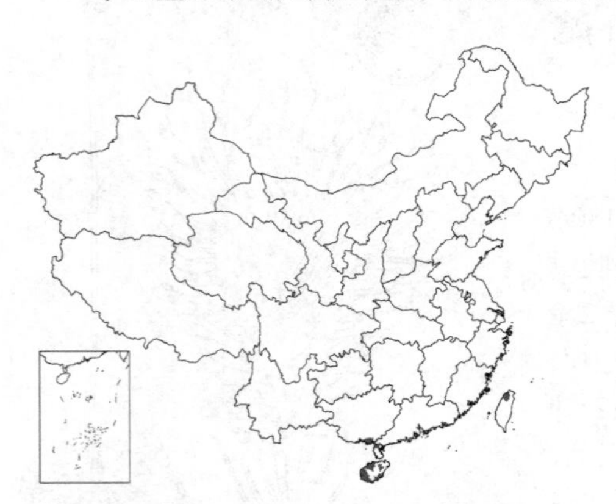

产福建东南部、台湾、广东、香港、海南及广西南部，生于海拔600米以下潮湿旷地或水田边。亚洲、非洲及大洋洲热带至亚热带地区有分布。

图 178 长柱茅膏菜 （余汉平绘）

6. 茅膏菜 图 180：1-13 彩片 65

Drosera peltata Smith var. **multisepala** Y. Z. Ruan in Acta Phytotax. Sin. 19(3): 341. f. 2: 1-13. 1981.

多年生直立草本，高达32厘米，具紫红色汁液。地下根状茎长1-4厘米，末端具紫色球茎，径1-8毫米；地上茎顶部3至多分枝。 基生叶密集

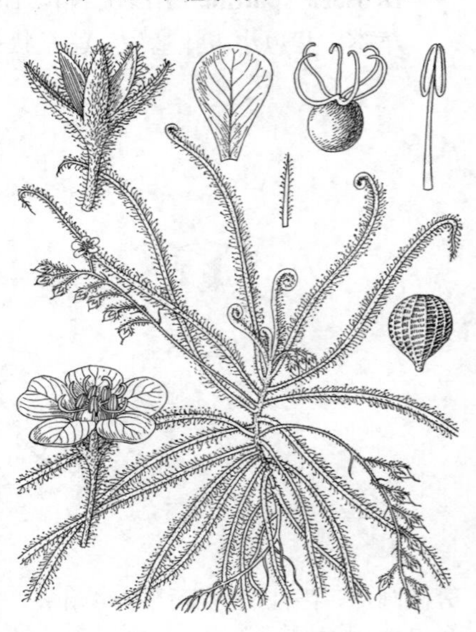

图 179 长叶茅膏菜 （余汉平绘）

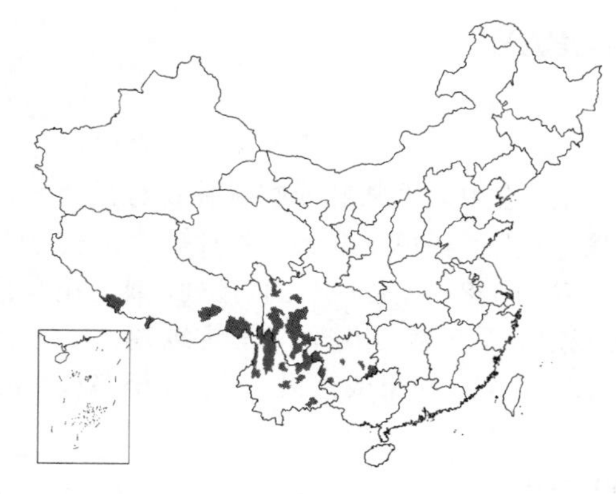

成一轮或最上几片着生于节间伸长的茎上，退化的基生叶线状钻形，正常的基生叶圆形或扁圆形；茎生叶互生，盾状，半月形或半圆形，长2-3毫米，边缘密被头状腺毛，下面无毛；叶柄长0.8-1.3厘米。聚伞花序生于枝顶，分枝或不分枝，具3-22花；苞片楔形、倒披针形或钻形。花梗长0.6-2厘米；花萼5-7裂，背面疏被或密被长腺毛；花瓣5，白色、淡红或红色；雄蕊5；子房近球形，花柱3-6。蒴果长2-4毫米，3-6瓣裂。种子卵圆形或球形，种皮脉纹蜂巢状。花果期6-9月。

产贵州、四川、云南及西藏，生于海拔1200-3600米山地或丘陵草丛、灌丛、疏林或溪边。

[附] **光萼茅膏菜** 图 177: 14-20 **Drosera peltata** var. **glabrata** Y. Z. Ruan in Acta Phytotax. Sin. 19(3): 342. f. 2: 14-20. 1981. 本变种花萼背面无毛，稀基部具短腺毛；花白色，花柱2-4，稀5；蒴果2-4裂，稀5裂。产江苏、安徽、浙江、福建、台湾、江西、湖北、湖南、广东、海南及广西，生于海拔1600米以下山地或丘陵草丛、灌丛、疏林、溪边或田边。

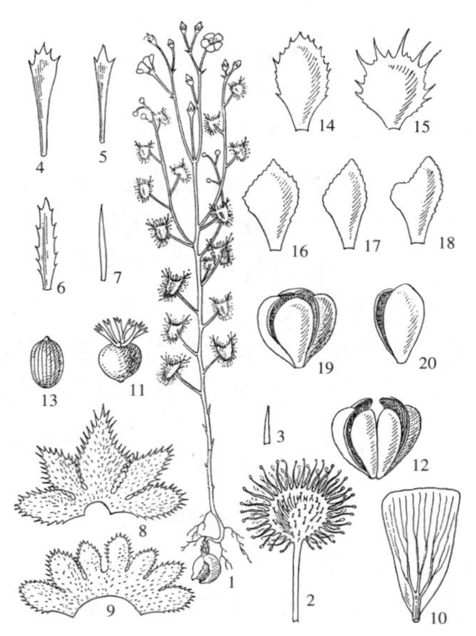

图 180: 1-13.茅膏菜 14-20.光萼茅膏菜
（余汉平绘）

2. 貉藻属 Aldrovanda Linn.

浮水或沉水草本，长6-10厘米，无根。叶6-9片轮生，基部合生；叶柄长3-4毫米，顶部具4-6条钻形裂条，裂条长5-7毫米；叶肾状圆形，长4-6毫米，具腺毛和感应毛，受刺激时两半以中肋为轴互相靠合，外圈紧贴，中央形成一囊体，以此捕捉昆虫。花单生叶腋，具短梗。萼片5，基部合生；花瓣5，白或淡绿色，长圆形；雄蕊5，花丝钻形，花药纵裂；子房近球状，花柱5，顶部扩大，多裂。果近球状，不裂。种子5-8粒，或更少，卵圆形，黑色。

单种属。

貉藻

图 181

Aldrovanda vesiculosa Linn. Sp. Pl. 281. 1753.

形态特征同属。

产黑龙江，生于水中。欧洲南部及亚洲有分布。

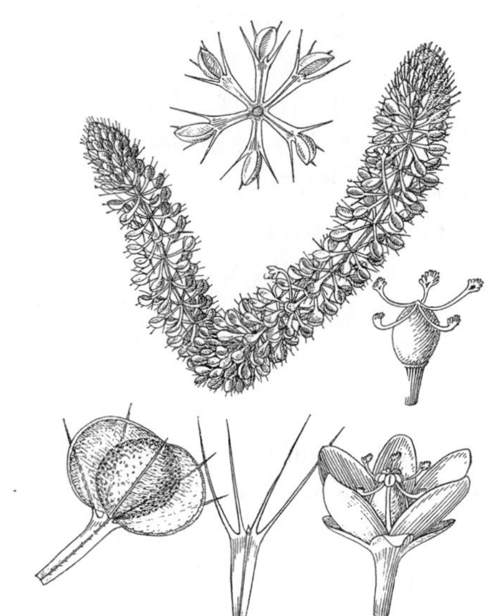

图 181 貉藻 （余汉平绘）

72. 大风子科 FLACOURTIACEAE

（林 祁）

乔木或灌木，常绿或落叶；有时具枝刺。单叶，互生，有时在枝顶呈簇生状，羽状脉或掌状脉；有托叶，早落。花序顶生或腋生，有时生于老茎上，成穗状、总状、圆锥、伞房或聚伞花序，稀单生或簇生；具鳞片状苞片或小苞片。花辐射对称，两性或单性；花梗常具节；萼片常3-6，常宿存；花瓣3-8，离生，覆瓦状排列，或无花瓣；下位花至周位花；花托在中央下陷，多具附属体；具花盘或腺体；雄蕊定数至多数，花药2室，常纵裂；子房上位，稀周位，1室，稀不完全 2-9室，侧膜胎座，每一胎座2至多数胚珠。蒴果、核果或浆果。种子1至多枚，常具假种皮或外部肉质，有时具翅，胚乳肉质。

90余属，1300余种，主要分布于热带至亚热带地区。我国12属50余种。

1. 花下位，两性或单性。
 2. 双被花。
  3. 花单性，花瓣基部具鳞片状附属物；浆果状蒴果。
   4. 萼片4-5，离生；无老茎生花现象 ······ 1. **大风子属 Hydnocarpus**
   4. 萼片3-5，结合成杯状；有老茎生花现象 ······ 2. **马蛋果属 Gynocardia**
  3. 花常两性，花瓣基部无鳞片状附属物；浆果 ······ 3. **箣柊属 Scolopia**
 2. 单被花。
  5. 浆果或浆果状核果；种子无翅。
   6. 浆果状核果；子房2-6室 ······ 4. **刺篱木属 Flacourtia**
   6. 浆果；子房1或3室。
    7. 植株常具刺；圆锥花序极短或为其它花序 ······ 5. **柞木属 Xylosma**
    7. 植株无刺；大型圆锥花序。
     8. 羽状叶脉，叶柄上无明显腺体；子房3室 ······ 6. **山桂花属 Bennettiodendron**
     8. 掌状叶脉，叶柄上有2-6明显腺体；子房1室 ······ 7. **山桐子属 Idesia**
  5. 果为纺锤状开裂的蒴果；种子有翅。
   9. 叶基部三出脉。
    10. 花单性同株；大型圆锥花序 ······ 8. **山拐枣属 Poliothyrsis**
    10. 花单性异株，或杂性花；总状花序或少花的圆锥花序 ······ 9. **山羊角属 Carrierea**
   9. 叶具羽状脉 ······ 10. **栀子皮属 Itoa**
1. 花周位，常两性。
 11. 叶无透明腺点；双被花 ······ 11. **天料木属 Homalium**
 11. 叶具透明腺点；单被花 ······ 12. **脚骨脆属 Casearia**

1. 大风子属 Hydnocarpus Gaertn.

乔木，稀灌木。叶互生，革质，全缘或有微锯齿，羽状叶脉；具短柄，托叶早落。花单性，雌雄异株；花下位；萼片4-5，离生，覆瓦状排列；花瓣4-8，离生，有时基部稍合生，基部具鳞片，被毛；雄花雄蕊5至多枚，花丝分离，花药基着，长圆形或线形，沿两侧纵裂；退化子房有或近无；雌花退化雄蕊5至多枚；子房上位，1室，花柱极短或不明显，柱头3-5，顶端2浅裂。浆果状蒴果，球形或卵圆形，外果皮常木质。种子卵圆形，具棱，胚乳油质。

40余种，主要分布于东南亚至马来西亚。我国4种。

1. 叶全缘；花瓣8 ·· 1. **大叶龙角 H. annamensis**
1. 叶缘有锯齿；花瓣4 ·· 2. **海南大风子 H. hainanensis**

1. 大叶龙角 图 182 彩片 66

Hydnocarpus annamensis（Gagnep.）Lescot et Sleumer in Fl. Camb. Laos Vietn. 11: 10. 1970.

Taraktogenos annamensis Gagnep. in Lecomte, Fl. Gen. Indoch. Suppl. 1: 206. f. 20. 1939.

常绿乔木，高达10米。幼枝具红棕色绒毛。叶倒卵形或披针状长圆形，长7-35厘米，先端突尖，基部宽楔形，多少偏斜，全缘或微波状，下面被微毛或无毛，侧脉5-7对，网脉致密；叶柄长1.5-2.5厘米。花腋生，单生或2-3朵组成聚伞花序，长1.5-2厘米，被淡黄褐色毛。萼片4，宽卵形，背面密被锈色绒毛，下面无毛；花瓣8，近圆形，边缘多少流苏状；鳞片肉质，圆形，径3-3.5毫米；雄花具雄蕊25，花丝长4-5毫米，被毛；雌花具退化雄蕊8，子房卵圆形，密生柔毛，柱头4-5。果黄绿色，近球形，径4-8厘米，被棕色短毛，宿存柱头4-5。种子多枚。花期5-6月，果期9-12月。

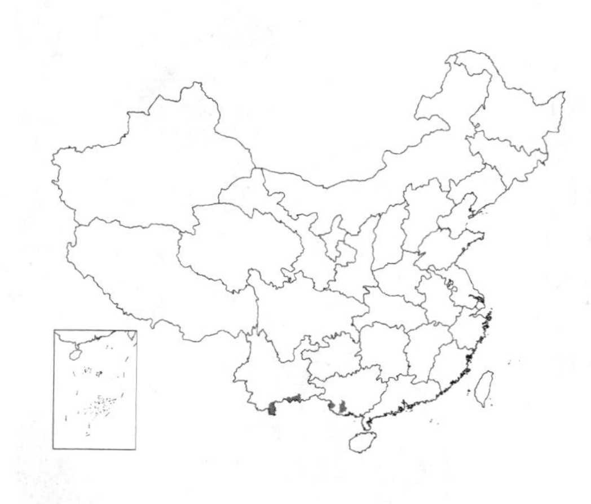

图 182 大叶龙角 （引自《云南树木图志》）

产广西西南部及云南南部，生于海拔180-1000米山地林中。越南有分布。

2. 海南大风子 图 183 彩片 67

Hydnocarpus hainanensis（Merr.）Sleumer in Engl. Bot. Jahrb. 69: 15. 1938.

Taraktogenos hainanensis Merr. in Philipp. Journ. Sci. Bot. 23: 255. 1923.

常绿乔木，高5-15米。幼枝无毛。叶长圆形，长9-18厘米，先端渐尖，基部楔形或微钝，常不对称，具波状圆齿或疏锯齿，两面均无毛，侧脉7-8对，网脉稀疏；叶柄长1-1.5厘米。伞形花序，腋生或近顶生，长1.5- 2.5厘米，具15-20花；花梗长0.8-1.5厘米；萼片4，椭圆形，长5-6毫米；花瓣4，近肾形，长2-2.5毫米；鳞片长约1厘米，不规则4-6齿裂；雄花具雄蕊10-12，花丝长约1.5毫米，被柔毛；雌花具退化雄蕊15，子房长卵圆形，密被毛，柱头3。果黑褐色，球形，径4-5厘米，约具20种子，幼时被绒毛；果柄粗，长6-7毫米。花期4-5月，果期6-10月。

图 183 海南大风子 （引自《图鉴》）

产海南、广西及云南东南部，生于海拔100-1600米常绿阔叶林或雨林中。越南有分布。

2. 马蛋果属 **Gynocardia** R. Br.

常绿大乔木，高达30米，胸径40厘米；全株无毛。叶互生。革质，长圆形或椭圆状披针形，长10-20厘米，先端骤渐尖或尾尖，基部楔形，全缘，侧脉7-9对，上面网脉不明显；叶柄长1-2.5厘米。花单性，雌雄异株；单朵或数朵簇生叶腋或老茎，花序梗长3-7厘米。花芳香，淡黄色，径1-3.5厘米；花下位；花萼杯状，有5齿或3-5裂；花瓣5，基部具被毛的鳞片状附属物；雄花具雄蕊多数，花药线形，基着，花丝被毛；雌花具羽状分裂的退化雄蕊10-15；被毛，子房无毛，1室，花柱5，柱头心形，胚珠多数，侧膜胎座5。浆果状蒴果，球形，径7-12厘米；果皮厚硬，粗糙；果柄粗，长2-4厘米。种子多数，倒卵球形；胚乳油质。

单种属。

马蛋果 图 184

Gynocardia odorata R. Br. in Roxb. Pl. Coromand. 3: 95. t. 299. 1819.

形态特征同属。花期12月至翌年2月，果期夏秋。

产云南南部及西藏东南部，生于海拔800-1200米雨林或沟谷林中，广东及香港有栽培。印度及缅甸有分布。果味甜可食；种子油可药用，治麻风及疥癣。

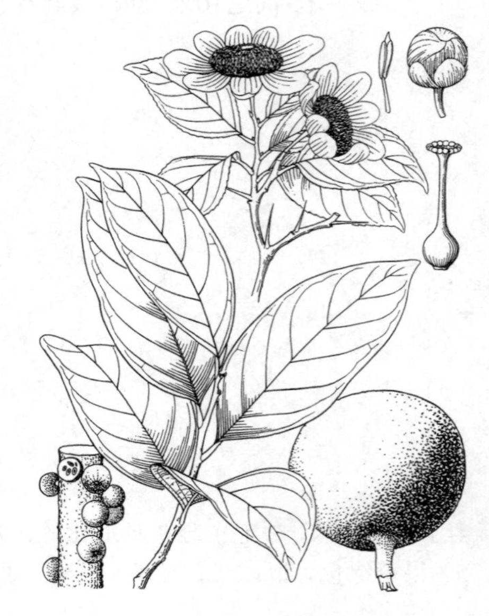

图 184 马蛋果 （刘怡涛绘）

3. 箣柊属 **Scolopia** Schreb.

乔木或灌木；常具刺。叶互生，革质，全缘，或具锯齿，羽状脉或三出脉，有时在叶柄顶端或叶片基部有2腺体；托叶细小，早落。总状花序，顶生或腋生。花两性，下位，细小；萼片4-6，基部稍合生；花瓣4-6；雄蕊多数，生于肥厚花托上，花丝较花瓣长，花药椭圆形，背着，药隔顶部延伸成一附属体；花盘全缘或8-10裂，或无花盘；子房1室，侧膜胎座2-4，胚珠少数，花柱线形，柱头不裂或2-4浅裂。浆果，肉质，基部常具宿存花被和雄蕊，顶端具宿存花柱。种子2-5，胚乳丰富。

30余种，主要分布于东半球热带地区。我国5种。

1. 叶柄顶端或叶基部有2腺体 …………………… 1.箣柊 **S. chinensis**
1. 叶柄顶端或叶基部无腺体。
  2. 叶先端圆，微凹 …………………… 2. **黄杨叶箣柊 S. buxifolia**
  2. 叶先端渐尖或钝圆，无凹缺。
    3. 小枝无刺；叶宽3-6厘米，叶柄长0.5-1厘米；浆果卵圆形 …………………… 3. **广东箣柊 S. saeva**
    3. 小枝常具刺；叶宽2-3厘米，叶柄长2-3毫米；浆果球形 …………………… 4. **鲁花树 S. oldhamii**

1. 箣柊 图 185 彩片 68

Scolopia chinensis (Lour.) Clos in Ann. Sci. Nat. Bot. ser. 4, 8: 249. 1857.

Phoberos chinensis Lour. Fl. Cochinch. 1: 318. 1790.

常绿小乔木或灌木，高达5米。枝和小枝常具不分枝硬刺，长1-6厘米。叶椭圆形或长圆状椭圆形，长3-7厘米，先端短钝尖或近圆，基部宽楔形或圆，两侧各有1腺体，全缘，稀有细锯齿，侧脉3-7对；叶柄长1-6毫米。总状花序腋生，长2-6厘米，被毛。花淡黄色；花梗长0.4-1厘米；萼片卵状三角形，具缘毛；花瓣卵形，具缘毛；雄蕊40-60，药隔延长，具毛；花盘腺体5-10；子房无毛，花柱细长，柱头3-4浅裂。浆果紫红色，椭圆形或近球形，径0.6-1厘米。具2-5种子。花期5-6月，果期9-12月。

产福建、广东、香港、海南及广西，生于海拔300米以下林中。东南亚有分布。木材硬重，是良好的细木工用材；亦可作绿篱。

图 185 箣柊 （引自《图鉴》）

2. 黄杨叶箣柊

图 186

Scolopia buxifolia Gagnep. in Bull. Soc. Bot. France 55: 524. 1808.

常绿小乔木或灌木，高达8米；具腋生刺，长达6厘米。叶椭圆形或倒卵形，长1.5-4厘米，先端圆，微凹，基部宽楔形或近圆，无腺体，全缘或具不明显小齿，侧脉2-3对；叶柄长1.5-3毫米。总状花序腋生或顶生，花序轴长1.5-2厘米，有短柔毛。花白色，4-5数，萼片和花瓣卵状长圆形，具缘毛；雄蕊40-60，花丝被毛，药隔延长；花盘腺体6-8；子房无毛，1室，花柱长3-5毫米，柱头3裂。浆果红或橙红色，近球形或卵圆形，径3-8毫米。具3-6种子。花期4-5月，果期8-9月。

产广西及海南，生于海边砂地或缓坡砂质土。

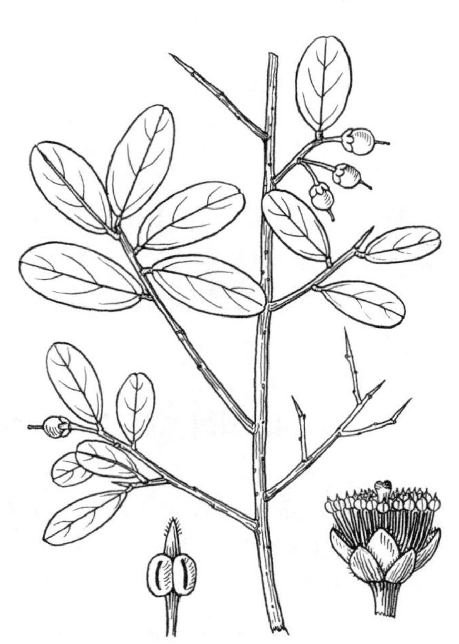

图 186 黄杨叶箣柊 （余汉平绘）

3. 广东箣柊

图 187

Scolopia saeva（Hance）Hance in Ann. Sci. Nat. Bot. ser. 4, 8: 217. 1862.

Phoberos saeva Hance in Walp. Ann. Bot. Syst. 3: 825. 1852.

常绿小乔木，高达10米；树干具单生或分枝刺，长达11厘米。小枝无刺。叶椭圆形或披针状椭圆形，长6-10厘米，宽3-6厘米，先端短钝尖，基部楔形，无腺体，边缘有疏齿，侧脉5-7对；叶柄长0.5-1厘米。总状花

序腋生或近顶生，长3-4.5厘米。花淡绿色，4-5数；萼片卵形，具缘毛；花瓣倒卵形或长圆形，具缘毛；雄蕊40-50，药隔伸长，无毛；花盘腺体4-10；子房无毛，花柱长3-5毫米，柱头3裂。浆果橙红色，卵圆形，长8-9毫米，具1-2种子。花期6-8月，果期7-9月。

产福建、广东、香港、海南、广西西南部及云南西南部，生于海拔1500米以下丘陵或山地常绿阔叶林或灌丛中。

图 187 广东箣柊 （引自《云南树木图志》）

4. 鲁花树 图 188 彩片 69

Scolopia oldhamii Hance in Ann. Sci. Nat. Bot. 5: 206. 1866.

常绿小乔木，高达6米。小枝常具刺，长达4厘米。叶椭圆状长圆形或椭圆形，长3-10厘米，宽2-3厘米，先端渐窄或圆钝，基部宽楔形，无腺体，边缘具浅齿或近全缘，侧脉4-5对；叶柄长2-3毫米。总状花序腋生或顶生，有时成圆锥花序状，长2-3厘米，幼时有微毛。花梗长3-4毫米；花淡黄或白色，5-6数；萼片卵状长圆形，具缘毛；花瓣与萼片相似；雄蕊40-60，药隔无毛；花盘腺体10-15；子房无毛，花柱长7-9毫米，柱头3浅裂。浆果黑红或红色，球形，径6-8毫米。具4-5种子。花期6-7月，果期11月。

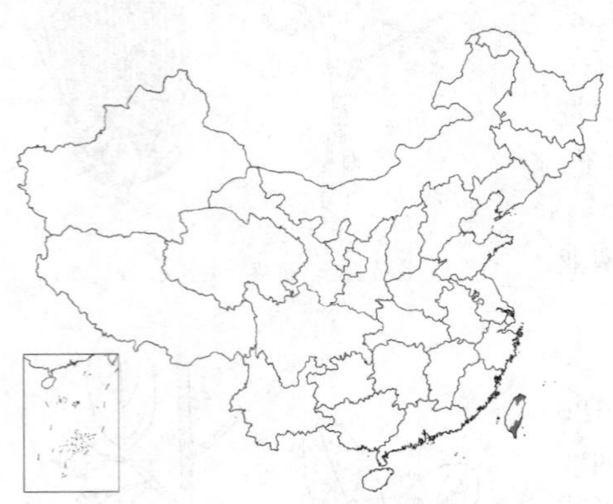

产台湾及福建东南部，散生于海拔400米以下海岸地带、平原或丘陵。

图 188 鲁花树
（引自《Woody Fl. Taiwan》）

4. 刺篱木属 Flacourtia Comm. ex L'Herit.

乔木或灌木；树干常具刺。幼枝常具腋生刺。叶螺旋状排列，羽状脉，稀3-5基出脉，叶缘有齿。花单性，稀杂性，细小，排成腋生或顶生短总

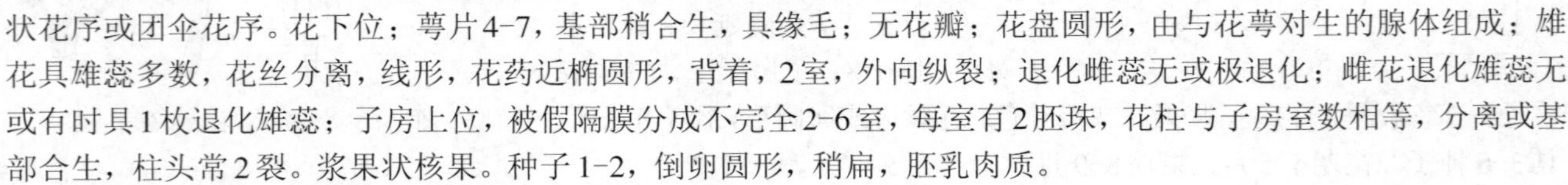

状花序或团伞花序。花下位；萼片4-7，基部稍合生，具缘毛；无花瓣；花盘圆形，由与花萼对生的腺体组成；雄花具雄蕊多数，花丝分离，线形，花药近椭圆形，背着，2室，外向纵裂；退化雌蕊无或极退化；雌花退化雄蕊无或有时具1枚退化雄蕊；子房上位，被假隔膜分成不完全2-6室，每室有2胚珠，花柱与子房室数相等，分离或基部合生，柱头常2裂。浆果状核果。种子1-2，倒卵圆形，稍扁，胚乳肉质。

约15种，产热带亚洲及非洲。我国5种。

1. 果具棱 …………………………………………………………………… 1. **云南刺篱木 F. jangomas**
1. 果无棱。
  2. 灌木；树干和粗枝常具刺；叶长2-4厘米，宽1-2厘米；果径0.5-1厘米 ………………… 2. **刺篱木 F. indica**
  2. 乔木，成龄树无刺；叶长4-12厘米，宽2.5-6厘米。
    3. 叶下面多少有毛，先端渐尖，侧脉5-11对；果径达1.4厘米 ……………………… 3. **大叶刺篱木 F. rukam**
    3. 叶无毛，先端圆钝或锐尖，侧脉4-6对；果径1.5-2.5厘米 ……………………… 4. **大果刺篱木 F. ramontchii**

1. **云南刺篱木** 图 189

Flacourtia jangomas (Lour.) Rauschel. in Nomen. Bot. ed. 3: 290. 1797.

Stigmarota jangomas Lour. Fl. Cochinch. 2: 634. 1790.

落叶小乔木或大灌木，高达10米；老树枝干常无刺，幼树枝有刺。枝无毛或微被柔毛。叶纸质或近膜质，卵形或卵状椭圆形，稀卵状披针形，长5-12厘米，宽2-2.5厘米，先端钝或渐尖，基部宽楔形或圆，全缘或有粗锯齿，无毛或脉上有柔毛，侧脉3-6对；叶柄长4-8毫米，被柔毛。聚伞花序腋生，少花，有毛。花梗长0.5-1.5厘米，被毛；萼片4-5，卵状三角形，具缘毛；雄花雄蕊多数，花丝丝状，生于肉质花盘上；雌花花盘多少分离或稍全缘；子房球形，4-6室，侧膜胎座，花柱4-6，基部连合。果淡棕或紫色，球形或椭圆形，径1.5-2.5厘米，有棱，顶端有宿存花柱。花期4-5月，果期5-10月。

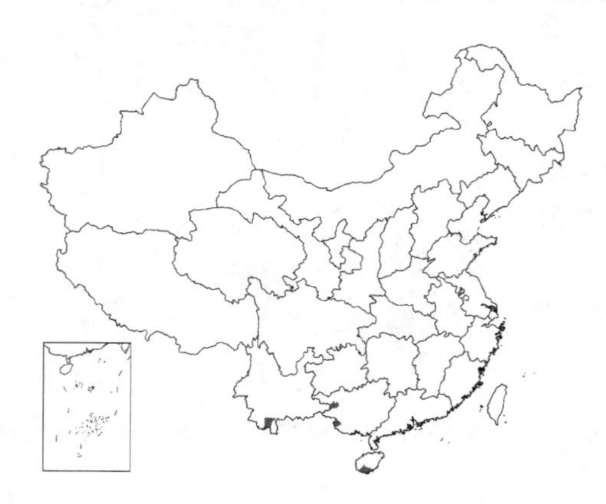

图 189 云南刺篱木 （引自《云南树木图志》）

产海南南部、广西西部及云南南部，生于海拔500-800米常绿阔叶林中。老挝、越南、泰国及马来西亚有分布。

2. **刺篱木** 图 190

Flacourtia indica (Burm. f.) Merr. in Interpr. Pumph. Herb. Amb. 377. 1917.

Gmelina indica Burm. f. Fl. Ind. 132. t. 39. 1768.

灌木，高达4米；树干和粗枝常具枝刺。叶倒卵形或长圆状倒卵形，长2-4厘米，先端短尖或近圆，有时有凹缺，基部楔形，中上部有锯齿，无毛或疏被短毛，侧脉5-6对；叶柄长2-5毫米，被柔毛。总状花序短，顶生或腋生，有花数朵，被柔毛。花梗长3-6毫米，被柔毛；萼片5-6，卵形，具缘毛；雄花雄蕊多数，花丝丝状，生于肉质花盘上；雌花花盘全缘；子房球形，5-6室，侧膜胎座，花柱5-6，基部有时连合。果黄绿色，球形或椭圆形，径0.5-1厘米，顶端有宿存花柱。花期3-4月，果期5-7月。

产福建南部、广东、海南及广西南部，生于海拔50-1400米阔叶林中。

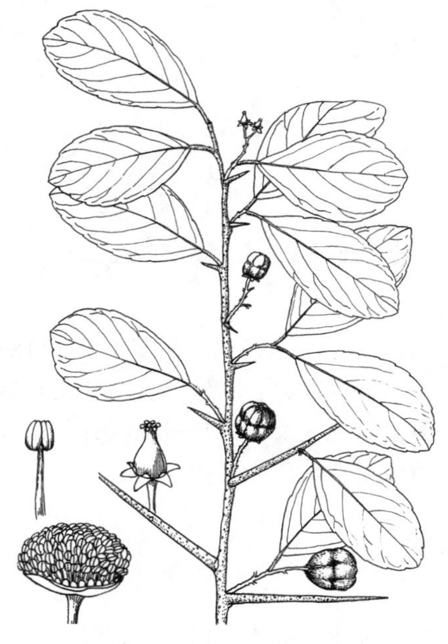

图 190 刺篱木 （引自《图鉴》）

热带亚洲及非洲有分布。果味甜，可生食或做蜜饯；可作绿篱。

3. **大叶刺篱木** 图 191 彩片 70

Flacourtia rukam Zoll. et Mor. in Mor. Syst. Verz. 2: 33. 1846.

乔木，高达15米。幼树具枝刺，刺长达10厘米，成龄树无刺。幼枝被柔毛，皮孔明显。叶卵状长圆形或长圆状披针形，长6-12厘米，先端渐尖，基部近圆或钝，叶缘有圆齿，叶下面

脉上有短毛，侧脉5-11对；叶柄长6-8 毫米，幼时被毛。总状花序腋生，被柔毛。萼片4-5，基部稍连合，被毛；雄花雄蕊约25，花丝长3-4毫米；花盘8裂；雌花花盘肉质，8裂；子房不完全4-6室，每个侧膜胎座生2胚珠，花柱6，分离。果深红色，球形，径达1.4厘米，顶端有宿存花柱。花期5-7月，果期8-11月。

产台湾、广东、海南、广西及云南东南部，生于海拔300-2000米山地或丘陵常绿阔叶林中。越南、泰国、印度及马来西亚有分布。

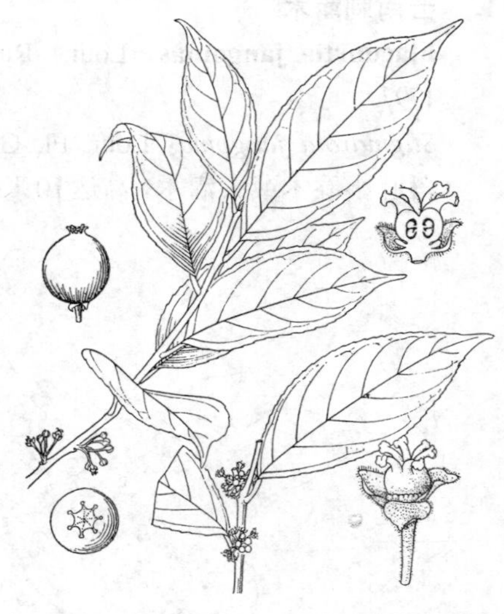

图 191 大叶刺篱木 （引自《云南树木图志》）

4. 大果刺篱木 图 192 彩片 71

Flacourtia ramontchii L'Herit. Stirp. Nov. 3: 59. pl. 30. 1785.

乔木，高达15米；幼树具枝刺，成龄树无刺或仅徒长枝具刺。叶宽椭圆形、椭圆形或椭圆状披针形，长4-10厘米，先端圆钝或锐尖，稀有凹缺，基部宽楔形或近圆，边缘有锯齿，无毛，侧脉4-6对；叶柄长0.5-1厘米。总状花序多花，微被短柔毛。萼片5-6；雄花雄蕊多数，花盘由多数圆齿状腺体组成；雌花花盘全缘或具圆齿，子房球形，花柱6-11，近分离。果红色，球形，径1.5-2.5厘米。花期3-4月和8-9月，果期3-5月和9-11月。

产广西、贵州及云南，生于海拔200-1700米常绿阔叶林中。亚洲热带、亚热带地区及非洲热带地区有分布。果味甜，可生食或做蜜饯；木材坚实，可做家具或农具。

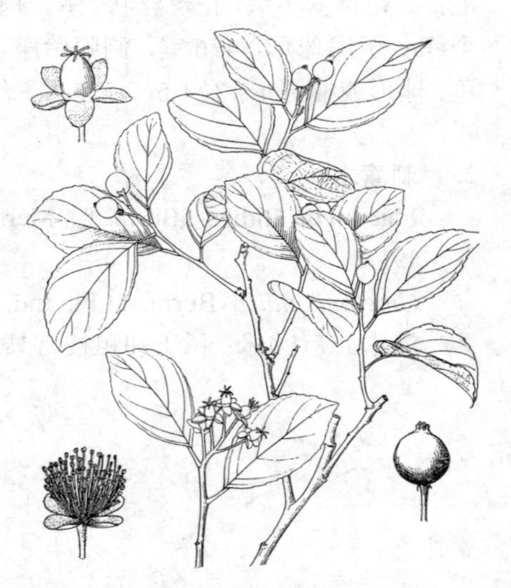

图 192 大果刺篱木 （引自《云南树木图志》）

5. 柞木属 Xylosma G. Forst.

灌木或乔木；树干上有时具刺。枝条常具腋生刺。叶互生，革质或薄革质，具钝圆状锯齿，稀全缘，羽状脉；叶柄短，无托叶。总状花序、聚伞花序或为较短的圆锥花序，腋生，花少；苞片较小，常宿存。花单性，下位，有时杂性；花梗具关节；萼片4-8，基部稍合生；无花瓣；花盘由4-8枚腺体组成或呈环状，围绕雄蕊或子房；雄花雄蕊多数，花丝分离，花药基着，内向纵裂；雌花退化雄蕊有或无；子房上位，1室，侧膜胎座2，花柱单生。浆果，肉质。具多数种子，种子近倒卵圆形，胚乳丰富。

约50种，主要分布于热带和亚热带地区。我国4种。

1. 叶宽卵形或椭圆状卵形，长3-8厘米。

2. 幼枝和叶均无毛 ………………………………………………………………………………… 1. **柞木 X. racemosum**
2. 幼枝和叶多少被毛 ……………………………………………… 1(附). **毛柞木 X. racemosum** var. **glaucescens**

1. 叶披针形、长圆状椭圆形或椭圆形，长4-20厘米。
   3. 叶柄长0.5-1厘米；花梗长0.5-1.2厘米，萼片5-7 …………………………………… 2. **南岭柞木 X. controversum**
   3. 叶柄长3-5毫米；花梗长2-4毫米，萼片4 …………………………………………………… 3. **长叶柞木 X. longifolium**

1. 柞木 图 193

Xylosma racemosum (Sieb. et Zucc.) Miq. in Ann. Mus. Bot. Lugd.-Bat. 2: 155. 1866.

Hisingera racemosa Sieb. et Zucc. Fl. Jap. Fam. Nat. 1: 169. 1826.

Xylosma japonicum A. Gray; 中国高等植物图鉴 2: 923. 1972.

常绿灌木或乔木，高达9米。枝条具有腋生刺。叶宽卵形或椭圆状卵形，长3-8厘米，先端短尖或渐尖，基部宽楔形或圆，有钝齿，无毛，侧脉4-6对；叶柄长0.4-1厘米。花单性，雌雄异株；总状花序，腋生，长1-2厘米，被柔毛。萼片4-6，淡黄或黄绿色；无花瓣；雄花雄蕊多数，花盘由多数腺体组成，位于雄蕊外围；雌花花盘圆盘状，边缘稍成浅波状；花柱短，柱头2浅裂。浆果黑色，球形，径3-4毫米，花柱宿存。具2-3种子。花期5-7月，果期9-10月。

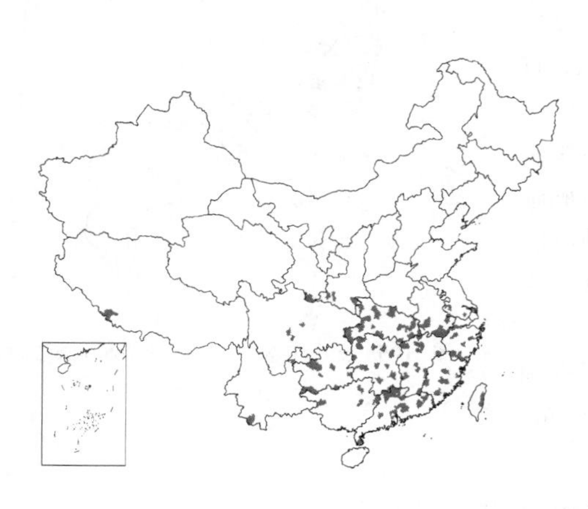

产江苏、安徽、浙江、台湾、福建、江西、湖北、湖南、广东、广西、贵州、云南、西藏、四川、陕西南部及甘肃南部，生于海拔800米以下山地、丘陵或平原灌丛中。日本及朝鲜有分布。

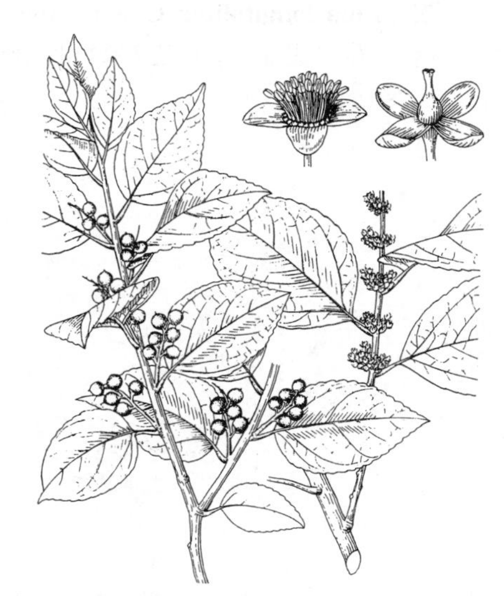

图 193 柞木 （引自《广东植物志》）

［附］**毛柞木 Xylosma racemosum** var. **glaucescens** Franch. Pl. Delav. 75. 1889. 本变种与模式变种的区别：幼枝、叶柄和叶背沿脉部分被柔毛。分布及生境与模式变种相同。

2. 南岭柞木 图 194

Xylosma controversum Clos in Ann. Sci. Nat. Bot. ser. 4, 8: 231. 1857.

常绿乔木，高达12米。枝条常生粗壮刺，幼枝被毛。叶披针形或椭圆形，长4-15厘米，先端渐尖，基部楔形，有钝齿，侧脉6-9对；叶柄长0.5-1厘米。雄花组成圆锥花序或复总状花序，雌花多为总状花序，腋生；花序梗长1-2厘米。花梗长0.5-1.2厘米；苞片在雄花序中近圆形，在雌花序中披针形；萼片5-7；花盘8裂；雄花雄蕊花丝线形，长3-4毫

图 194 南岭柞木 （引自《海南植物志》）

米；雌花子房卵圆形，每胎座具2-3胚珠。果橙红或红色，球形，径3-5毫米，顶端具宿存花柱。具4-5种子。花期2-3月，果期10月至翌年1月。

产福建、江西南部、湖北东南部、湖南、广东、海南、广西、贵州、四川及云南，生于海拔300-1600米山地林中。马来西亚、越南及印度有分布。

3. 长叶柞木 图 195

Xylosma longifolium Clos in Ann. Sci. Nat. Bot. ser. 4, 8: 231. 1857.

常绿乔木或灌木，高达7米。叶椭圆形或长圆状椭圆形，长6-20厘米，先端长渐尖，基部楔形或近圆，有钝齿，侧脉5-7对；叶柄长3-5毫米。圆锥花序或总状花序，长1-5厘米，被毛。花梗长2-4毫米；苞片披针形，长1.5-2毫米；萼片4，卵圆形，长2-3毫米，有缘毛；花盘具小腺体，生于雄蕊或子房周围；雄花雄蕊花丝长约4毫米，花药椭圆形；雌花子房具少数胚珠。果紫红色，球形，径4-6毫米，基部有宿存萼片。花期3-5月，果期4-6月。

产福建南部、湖南南部、广东、香港、海南、广西、贵州、四川东南部及云南，生于海拔1700米以下常绿阔叶林中。越南、老挝及印度有分布。

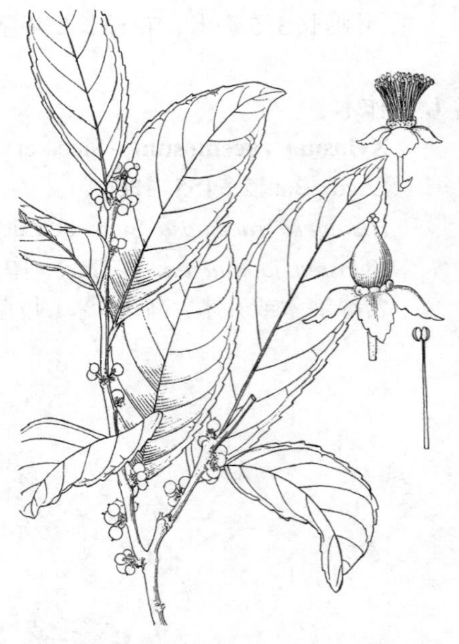

图 195 长叶柞木 （引自《云南树木图志》）

6. 山桂花属 Bennettiodendron Merr.

小乔木或灌木，植株无刺。顶芽具宿存鳞片。叶互生或在枝顶簇生状，有时近对生，叶缘具粗齿，齿端有腺体，稀全缘，羽状脉；叶柄长度变化大，生于小枝的叶柄较短，无托叶。圆锥花序，腋生或顶生，分枝多。花小，下位，具细小、早落苞片。花萼片3-5，有缘毛；无花瓣；雄花具多数、肉质盘状腺体，雄蕊多数，花丝被毛，花药小；雌花退化雄蕊多数；盘状腺体多数；子房不完全3室，花柱3，柱头2浅裂。浆果，球形。种子1-2，淡黑或淡黄色，有光泽。

6种，产亚洲东南部。我国4种。

1. 叶下面被毛及腺点 ………………………………………………………… 1. **披针叶山桂花 B. lanceolatum**
1. 叶下面无毛及腺点，或稀脉腋有毛。
    2. 叶集生于小枝上部，叶柄长不及2厘米；成熟果朱红色，径约3毫米 …………… 2. **短柄山桂花 B. brevipes**
    2. 叶散生于小枝，叶柄长于2厘米；成熟果红或橙红色，径0.6-1厘米 …………………… 3. **山桂花 B. leprosipes**

1. 披针叶山桂花 图 196

Bennettiodendron lanceolatum H. L. Li in Journ. Arn. Arb. 25: 309. 1944.

常绿灌木，高约2米。幼枝密被灰黄色柔毛。叶披针形或椭圆状披针形，长3-18厘米，先端长渐尖，基部圆或楔形，有疏齿，幼叶两面被毛，后上面脱落无毛，下面被毛并有腺点，沿脉较密，侧脉8-10对；叶柄长2-4厘米，密被柔毛。圆锥花序顶生或腋生，被柔毛。花梗长0.3-1厘米；萼片3-4，长2-3毫米；雄花雄蕊多数，花盘腺体肉质；雌花退化雄蕊短小，子房椭圆形，花柱3-4。浆果黑褐色，

球形，径约5毫米。种子1，近球形，有光泽。花期2–5月，果期4–10月。

产贵州西南部及广西西北部，生于海拔约600米山地沟谷林中。

图 196 披针叶山桂花 （陈兴中绘）

2. 短柄山桂花

图 197

Bennettiodendron brevipes Merr. in Journ. Arn. Arb. 8: 10. 1927.

常绿灌木或小乔木，高达6米。幼枝密被灰褐色柔毛。叶密集生小枝上部，长圆状披针形或倒卵状长圆形，长5–12厘米，先端短渐尖，基部楔形，边缘有疏钝锯齿，两面无毛或有时在脉腋有棕色短毛，侧脉7–9对；叶柄长0.3–2厘米，被毛。圆锥花序顶生，长6–12厘米，初被毛。花梗长3–4毫米；萼片常3，长3–4毫米；雄花雄蕊多数，花盘腺体肉质；雌花退化雄蕊短小，子房卵圆形，花柱3–4。浆果朱红色，球形，径约3毫米。种子1，近球形，有光泽。花期3–5月，果期7–10月。

产江西南部、湖南南部、广东、海南、广西、贵州及云南，生于海拔400–1800米丘陵或山地沟谷林中。

图 197 短柄山桂花 （引自《云南树木图志》）

3. 山桂花

图 198

Bennettiodendron leprosipes (Clos) Merr. in Journ. Arn. Arb. 8: 11. 1927.

Xylosma leprosipes Clos in Ann. Sci. Nat. Bot. ser. 4, 8: 233. 1857.

常绿小乔木，高达15米；树皮具臭味。幼枝被柔毛。叶互生或散生于小枝上，倒卵状长圆形或长圆状椭圆形，长4–18厘米，先端短渐尖，基部渐窄，边缘有粗锯齿，两面无毛，侧脉5–10对；

图 198 山桂花 （引自《云南树木图志》）

叶柄长2-6厘米，无毛。圆锥花序顶生，长6-20厘米，初被黄棕色毛，后脱落至无毛。花梗长3-5毫米；萼片常3枚，长3-4毫米；雄花雄蕊多数，花盘腺体紫色；雌花退化雄蕊短小，花柱常3，子房卵圆形。浆果红或橙红色，球形，径0.6-1厘米。种子1-2，扁球形或近球形，有光泽。花期2-6月，果期4-11月。

产湖南南部、广东、海南、广西及云南，生于海拔150-1500米丘陵或山地沟谷林中。马来西亚、印度尼西亚、泰国、缅甸及印度有分布。

7. 山桐子属 **Idesia** Maxim.

落叶乔木，高达15米；植株无刺。幼枝疏被柔毛。叶互生，卵圆形或卵形，长7-21厘米，宽5-20厘米，先端渐尖或尾尖，基部心形，掌状5出脉，疏生锯齿，下面有白粉，脉腋密生柔毛；叶柄与叶片近等长，顶端或近中部有2（-6）瘤状腺体，托叶小，早落。圆锥花序顶生或腋生，长12-25厘米，下垂。花单性，雌雄异株；花下位；花梗长0.5-1厘米；萼片4-6，长圆形，长7-9毫米，被毛；无花瓣；雄花雄蕊多数，花丝不等长，着生于花盘上，退化子房极小；雌花退化雄蕊多数，无花药，子房1室，侧膜胎座3-6，胚珠多数。浆果红色，球形，径0.7-1厘米。种子卵圆形，长1.5-2毫米；子叶圆形。

单种属。

山桐子 图 199 彩片 72

Idesia polycarpa Maxim. in Bull. Acad. Sci. St. Pétersb. ser. 3, 10: 485. 1866.

形态特征同属。花期5-6月，果期6-11月。

产安徽、江苏西部、浙江、福建、台湾、江西、湖北、湖南、广东、广西、贵州、云南、四川、陕西西南部及河南，生于海拔500-1300米山地沟谷、溪畔阔叶林中。日本及朝鲜有分布。树型优美，叶大、花香、果红，为优良庭园观赏树种。

［附］**毛叶山桐子 Idesia polycarpa** var. **vestita** Diels in Engl. Bot. Jahrb. 29: 478. 1900. 本变种与模式变种的区别：叶下面被短柔毛。分布和生境与模式变种同。

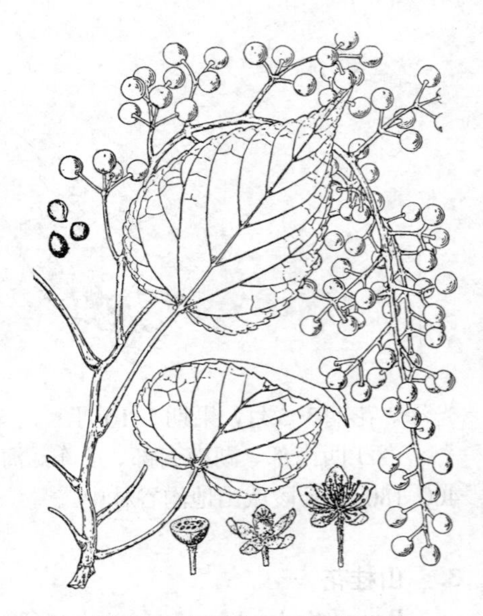

图 199 山桐子 （引自《图鉴》）

8. 山拐枣属 **Poliothyrsis** Oliv.

落叶乔木，高达15米。芽鳞及幼枝被毛。叶互生，卵形或卵状长圆形，长7-24厘米，宽5-14厘米，先端渐尖，基部圆或心形，有粗锯齿，基脉3条；侧脉明显，幼叶下面有柔毛，后脱落无毛；叶柄长2-7厘米，托叶小，早落。花单性，雌雄同株；圆锥花序顶生，长10-20厘米，被白色柔毛，分枝顶端多为雌花。花下位；萼片5，卵形或披针形，镊合状排列；无花瓣；雄花雄蕊20-25，离生，纵裂，退化子房极小；雌花退化雄蕊多数，短于子房，子房1室，侧膜胎座3，胚珠多数，花柱3，柱头2裂。蒴果纺锤形，长0.8-3.2厘米，径5-8毫米，被灰白色柔毛，3瓣裂。种子椭球形，周围具翅，胚乳丰富。

我国特有单种属。

山拐枣　　图 200

Poliothyrsis sinensis Oliv. in Hook. Icon. Pl. 19: 1885. 1889.

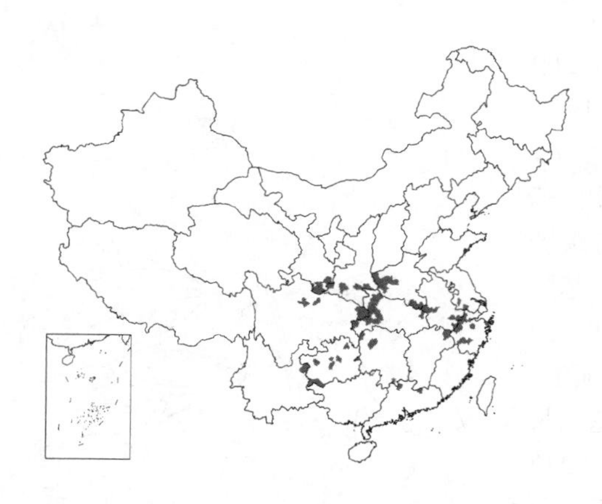

形态特征同属。花期6-7月，果期9-10月。

产河南、山东、江苏西南部、安徽、浙江、江西东北部、湖北、湖南、广东北部、贵州、云南、四川、甘肃及陕西，生于海拔600-1200米山地或丘陵常绿或落叶阔叶林中。

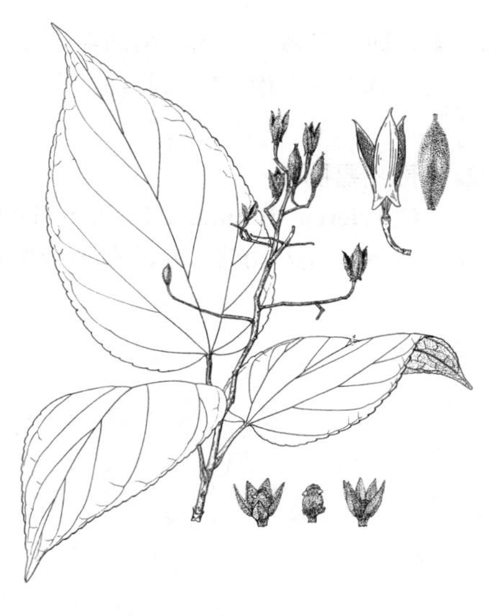

图 200　山拐枣　（引自《图鉴》）

9. 山羊角树属 Carrierea Franch.

落叶乔木。冬芽有2芽鳞。叶互生，边缘有圆形锯齿，基脉3出；叶柄长，无托叶。花单性，雌雄异株，或杂性；排成顶生总状花序或圆锥花序。花下位；花梗有叶状苞片2枚；萼片5，镊合状排列；无花瓣；雄花雄蕊多数，短于萼片，花药2室；雌花子房倒卵圆形，被毛，1-2室，具3-4侧膜胎座，胚珠多数，花柱3-4，反折。蒴果，椭球形，被毛，3瓣裂。种子多数，扁平，具翅。

2种，分布于亚洲东南部。我国均产。

1. 中脉在叶上面凹下，叶宽5-10厘米，先端锐尖；苞片长圆形，无毛；蒴果长3-5厘米 ………………………… 1. **山羊角树 C. calycina**
1. 中脉在叶上面凸起，叶宽3-5.5厘米，先端尾状；苞片锥状，有绒毛；蒴果长约2.5厘米 ………………………… 2. **贵州嘉丽树 C. dunniana**

1. 山羊角树　　图 201

Carrierea calycina Franch. in Rev. Hort. 497. f. 170. 1896.

乔木，高达15米。叶革质或薄革质，长卵形或长圆形，长8-16厘米，宽5-10 厘米，先端锐尖，基部圆或微心形，边缘有粗锯齿，中脉在叶上面凹下，基脉3出；叶柄长3-9厘米。圆锥花序通常顶生，稀腋生。花单性，雌雄异株；花梗长2-3厘米，近中部有2枚长圆形苞片，无毛；萼片5，卵形，长0.8-1厘米，被毛；雄花雄蕊多数；雌花子房1室，有3-4个侧膜胎座，胚珠多数，

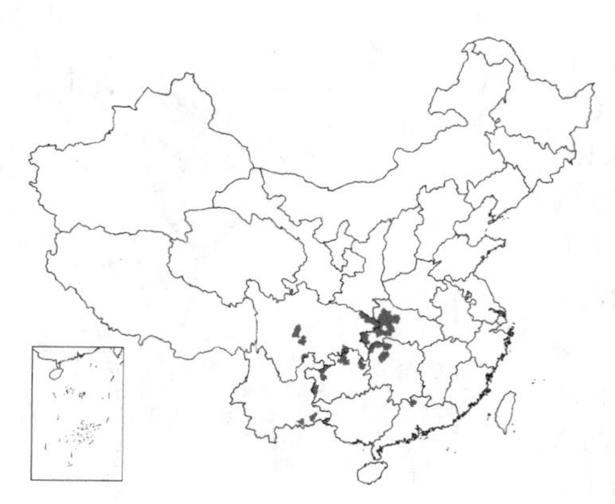

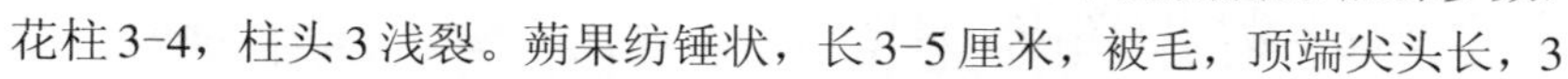

花柱3-4，柱头3浅裂。蒴果纺锤状，长3-5厘米，被毛，顶端尖头长，3

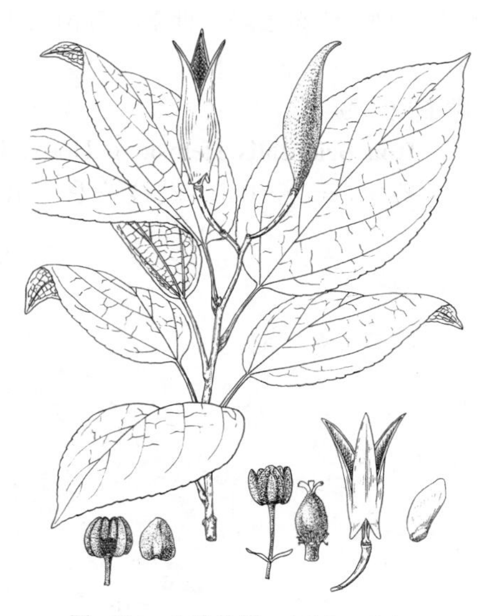

图 201　山羊角树　（引自《图鉴》）

瓣裂。种子多数，具翅。花期4-6月，果期5-10月。

产湖北、湖南、广东北部、广西西部、贵州、四川及云南东南部，生于海拔900-2500米山地林中。

2. 贵州嘉丽树 图 202

Carrierea dunniana Lévl. in Fedde, Repert. Sp. Nov. 9: 458. 1911.

乔木，高达10米。叶薄革质或纸质，长卵形或长圆形，长7-12厘米，宽3-5.5厘米，先端尾状，基部圆或宽楔形，边缘有疏锯齿，中脉在上面凸起，基脉3出；叶柄长2-15厘米。圆锥花序通常腋生，稀顶生。花单性，雌雄异株；花梗长1.5-1.8厘米，近中部有2枚锥状苞片，被棕色绒毛；萼片5，卵状椭圆形，长约1厘米，被绒毛；雄花雄蕊多数；雌花子房2室，侧膜胎座3，胚珠多数，花柱3，柱头3浅裂。蒴果纺锤状，长约2.5厘米，被毛，顶端尖头长，3瓣裂。种子多数，扁平，有翅。花期5-6月，果期8-10月。

图 202 贵州嘉丽树 （引自《云南树木图志》）

产云南及贵州，生于海拔1500-1700米山地林中。越南北部有分布。

10. 栀子皮属 Itoa Hemsl.

常绿乔木。叶互生或有时近对生，边缘有锯齿，羽状脉；叶柄长。雄花排列成顶生的圆锥花序，直立，花序梗短；雌花单生，腋生或顶生。花下位；萼片3-4，镊合状排列；无花瓣；雄花雄蕊多数，药室纵裂，有退化雌蕊；雌花子房1室，具6-8侧膜胎座，柱头6-8。蒴果，卵圆形或纺锤形，两端渐窄，中上部具节，常6-8瓣裂，顶端具宿存花柱。种子多数，极扁，周围具膜质翅，胚乳丰富。

2种，分布于马来西亚、越南及中国。我国1种。

栀子皮 伊桐 图 203 彩片 73

Itoa orientalis Hemsl. in Hook. Icon. Pl. 27. t. 2688. 1901.

乔木，高达10米。幼枝被毛，后渐脱落无毛，皮孔明显。叶互生，有时近对生或在枝顶呈轮生状，椭圆形或长圆形，长15-30厘米，先端渐尖，基部圆或心形，边缘有粗齿，下面被黄色柔毛，侧脉10-21对；叶柄长2-6厘米，被毛。雄花序为直立圆锥花序，长达15厘米；萼片3-4，基部常合生，长1-1.2厘米，被毛；雄蕊多数，花丝细长；退化

图 203 栀子皮 （引自《图鉴》）

雌蕊具毛。雌花单生，顶生或腋生；子房1室，被毛，具6-8侧膜胎座，花柱6-8。蒴果，卵圆形，长约8厘米，初被黄色毛，后渐脱落。种子扁，具膜质翅，长1.5-2厘米。花期4-6月，果期9-11月。

产海南、广西、贵州、四川及云南，生于海拔500-1600米山地常绿阔叶林中。

11. 天料木属 Homalium Jacq.

乔木或灌木。叶互生，边缘常有具腺钝齿，稀全缘；有叶柄，托叶细小，早落或无。花两性，排列成顶生或腋生的总状花序或圆锥花序，数朵簇生花序轴上，稀单生；花周位；花梗常有关节；萼筒陀螺状，与子房基部合生，裂片4-12，宿存；花瓣与萼裂片同数，着生于萼筒喉部；雄蕊多数或与花瓣同数，花丝线形，花药2室，背着，外向纵裂；子房半下位，1室，室顶有2-5侧膜胎座，胚珠多数至少数；花柱2-6，丝状，柱头小。蒴果，革质，顶部2-6瓣裂。种子少数，具棱，椭圆形，种皮坚脆，胚乳丰富。

近200种，产泛热带。我国12种。

1. 圆锥花序 …… 1. **广南天料木 H. paniculiflorum**
1. 总状花序。
  2. 叶下面被毛。
    3. 叶革质，下面被绒毛 …… 2. **毛天料木 H. mollissimum**
    3. 叶纸质，下面被疏柔毛 …… 3. **天料木 H. cochinchinense**
  2. 叶无毛。
    4. 乔木。
      5. 花白色；叶宽4-8厘米。
        6. 叶柄长1.5-3毫米；花序长7-12厘米；花瓣长7-8毫米 …… 4. **阔瓣天料木 H. kainantense**
        6. 叶柄长0.8-1厘米；花序长10-30厘米；花瓣长约2毫米 …… 5. **斯里兰卡天料木 H. ceylanicum**
      5. 花粉红色；叶宽2-4厘米 …… 6. **红花天料木 H. hainanense**
    4. 灌木 …… 7. **短穗天料木 H. breviracemosum**

1. 广南天料木 图 204

Homalium paniculiflorum How et Ko in Acta Bot. Sin. 8(1): 36. pl. 2. f. 3. 1959.

乔木，高达12米。幼枝被毛，后渐脱落无毛。叶椭圆形或卵状长圆形，长6-10厘米，先端短尖，基部宽楔形，边缘具细锯齿，上面无毛，下面有腋毛，侧脉6-7对；叶柄长4-6毫米，被柔毛。圆锥花序顶生或腋生，长9-13厘米，密被毛。花白色，(5-6)7数，常2-4簇生。花梗长2-4毫米，被毛；萼筒长约2毫米，裂片长2-4毫米，具缘毛；花瓣倒披针形，较花萼裂片稍大；雄蕊长于花被，花丝被毛；花盘腺体与雄蕊互生，被毛；花柱3，子房被毛，侧膜胎座3-4，每胎座有倒生胚珠3-5。花期6-10月，果期7-11月。

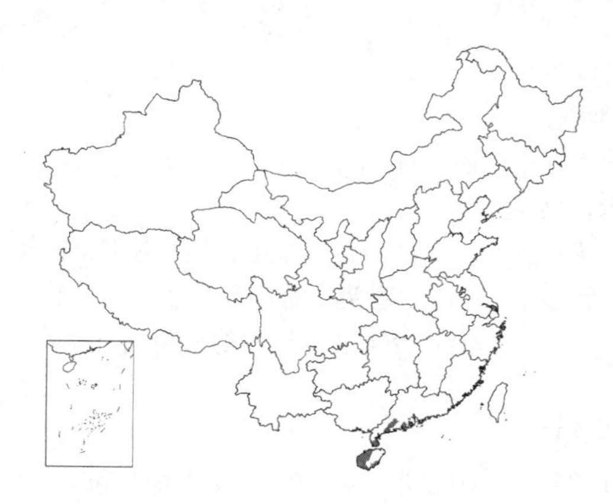

图 204 广南天料木 （余汉平绘）

产广东西南部及海南，生于海拔100-400米海岸灌丛、丘陵或山地常绿阔叶林中。

2. 毛天料木 图 205

Homalium mollissimum Merr. in Lingnan Sci. Journ. 14: 30. 1935.

乔木，高达10米。幼枝初被毛，后渐脱落。叶革质，椭圆形，长5-9厘米，先端短渐尖，基部宽楔形或钝，上面初被毛，后渐脱落，下面被绒毛，侧脉6-7对；叶柄长2-5毫米，密被绒毛，托叶长约5毫米，早落。总状花序顶生或腋生，多花，长4-8厘米，密被绒毛。花梗长约3毫米，被毛；萼筒长3-4毫米，被毛，裂片7，长约4毫米，被毛；花瓣7，白色，长约3毫米，被毛；雄蕊7，花丝与花瓣等长，被毛；花柱3-4，子房被长毛，侧膜胎座3-4，每胎座胚珠3-4。花期8-10月，果期9-11月。

图 205 毛天料木 （余汉平绘）

产广东西南部、海南及广西东北部，生于海拔300-900米丘陵山地林中。越南北部有分布。

3. 天料木 图 206

Homalium cochinchinense (Lour.) Druce in Rept. Bot. Exch. Club. Brit. Isles 4: 268. 1917.

Astranthus cochinchinensis Lour. Fl. Cochinchin. 222. 1790.

小乔木，高达8米。幼枝被毛，后渐脱落无毛。叶纸质，倒卵形或长椭圆形，长6-12厘米，先端短尖或短渐尖，基部宽楔形或近圆钝，边缘有锯齿，两面沿中脉被柔毛，有时下面有疏柔毛，侧脉7-9对；叶柄长2-3毫米，被黄色绒毛。总状花序腋生，长5-15厘米，被毛。花单生或数朵簇生于花序轴上。7-8数；花梗长2-3毫米，被绒毛；萼筒长2-3毫米，被毛，裂片长约3毫米，具缘毛；花瓣匙形，长3-4毫米，具缘毛；花丝长于花瓣，花药圆形；花盘腺体近四方形，被毛；花柱3，子房被毛，侧膜胎座3，每胎座有2-4胚珠。花期4-9月，果期5-11月。

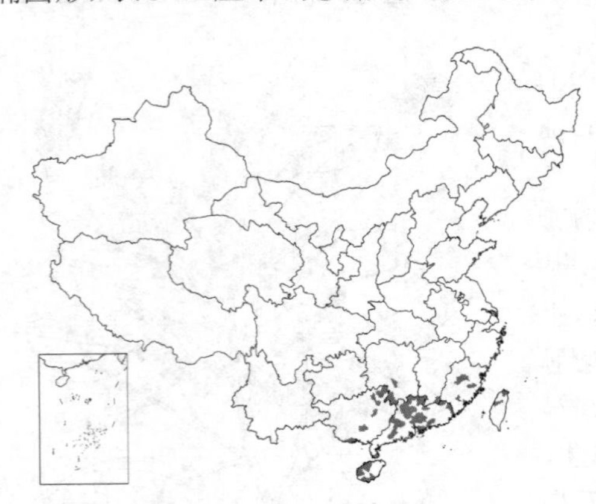

图 206 天料木 （引自《图鉴》）

产台湾、福建、江西南部、湖南、广东、香港、海南及广西，生于海拔400-1200米山地常绿阔叶林中。

4. 阔瓣天料木 图 207

Homalium kainantense Masam. in Trans. Nat. Hist. Soc. Taiwan 33: 169. 1943.

乔木，高达12米。幼枝无毛。叶椭圆状长圆形或倒卵状长圆形，长7-10厘米，宽4-6厘米，先端短渐尖，基部稍钝，边缘有钝齿，两面无毛，侧脉6-7对；叶柄长1.5-3毫米。总状

花序腋生，长7-12厘米，被柔毛。花白色，2-4簇生，5-7数。花梗长2-4毫米，被毛；萼筒长3-4毫米，具纵条纹，裂片长约3毫米，被毛；花瓣匙形，长7-8毫米，宽2-3毫米，具缘毛；雄蕊花丝稍长或等长于花瓣，下部被毛；花盘腺体6，与萼片对生；花柱3，子房被毛，侧膜胎座3，每胎座胚珠2-3。花期9月至翌年2月，果期10 月至翌年3月。

产广东南部、海南及广西南部，生于低海拔地区杂木林中。

图 207 阔瓣天料木 （余汉平绘）

5. 斯里兰卡天料木 图 208

Homalium ceylanicum（Gardn.）Benth. in Journ. Linn. Soc. Bot. 4: 35. 1859.

Blackwellia ceylanica Gardn. in Journ Nat. Hist. 7: 452. 1847.

大乔木，高达30米。幼枝无毛。叶椭圆形，长11-18厘米，宽5-8厘米，先端钝、骤尖或短渐尖，基部近圆或宽楔形，疏生钝齿或全缘，两面无毛，侧脉6-10对；叶柄长0.8-1厘米，无毛。总状花序腋生，长10-30厘米，被毛。花白色，4-6数；花梗长3-5毫米；萼筒被毛，裂片长约1.5毫米，有缘毛；花瓣长约2毫米，有缘毛；雄蕊4-6，花丝无毛；花盘腺体7-10，边缘有睫毛；花柱4-5，超出花被，侧膜胎座4-6，每胎座胚珠5-6。花期4-6月。

产云南及西藏东南部，生于海拔600-1200米山地雨林或沟谷雨林中。斯里兰卡、印度、泰国、老挝及越南有分布。

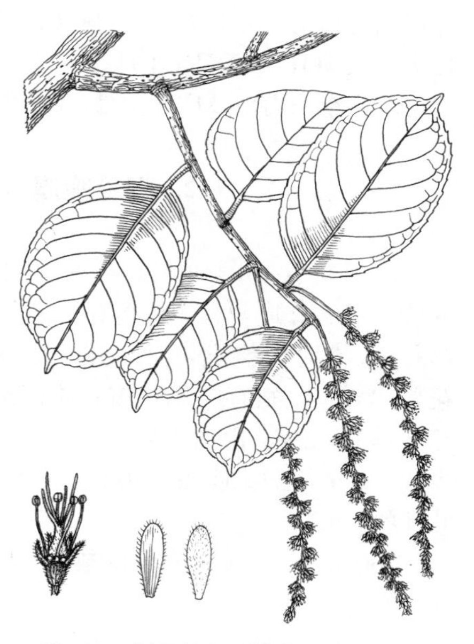

图 208 斯里兰卡天料木 （余汉平绘）

6. 红花天料木 图 209

Homalium hainanense Gagnep. in Lecomte, Nat. Syst. 3: 248. 1914.

乔木，高达25米。幼枝无毛。叶长圆形或椭圆状长圆形，长6-9厘米，宽2-4厘米，先端短渐尖，基部楔形或宽楔形，全缘，稀有小齿，无毛，侧脉8-10对；叶柄长0.8-1厘米，无毛。总状花序腋生，长5-15厘米，花序轴被柔毛，花3-4簇生，5-6数。花梗长1.5-2毫米；萼筒长约1毫米，裂片长约1.5毫米，被毛；花瓣背面粉红色，腹面粉白色，两面均被毛；雄蕊花丝长于花瓣，无毛；花盘腺体近陀螺状；花柱长约2毫米，子房被毛，侧膜胎座5-6，每胎座胚珠3-5。花期6月至翌年2月，果期6月至翌年3月。

产福建东南部、广东、海南及广西，生于低海拔至中海拔丘陵山地密

林中。越南有分布。

7. 短穗天料木 图 210

Homalium breviracemosum How et Ko in Acta Bot. Sin. 8(1): 40. pl. 4: 1. 1959.

灌木，高达3米；除花序外全株无毛。叶椭圆形或近倒卵状长圆形，长6-11厘米，先端短渐尖，基部微钝，边缘有锯齿，侧脉4-5对；叶柄长不及1毫米。总状花序腋生，长4-9厘米，略被毛，花6-7数，单生于花序轴上，稀2朵簇生。花梗长约2毫米，被毛；萼筒长3-4毫米，被毛，裂片长3-3.5毫米，有缘毛；花瓣长4-4.5毫米，有缘毛；雄蕊花丝长于花瓣，被毛；花盘腺体近四方体形；花柱3，长于雄蕊，侧膜胎座3，每胎座胚珠3-4。花期9-12月，果期10月至翌年1月。

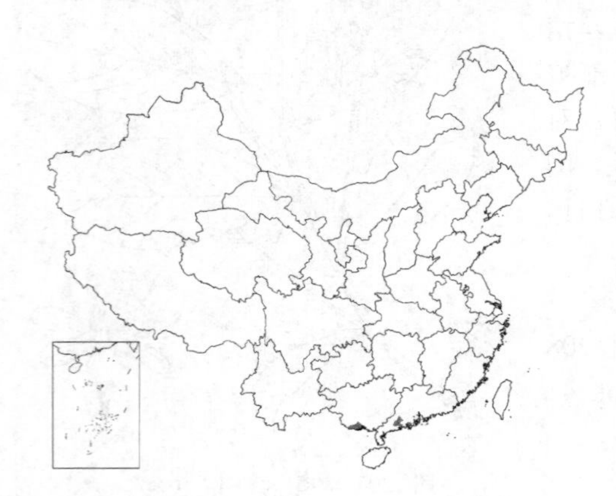

产广东西南部及广西南部，生于低海拔常绿阔叶林中。

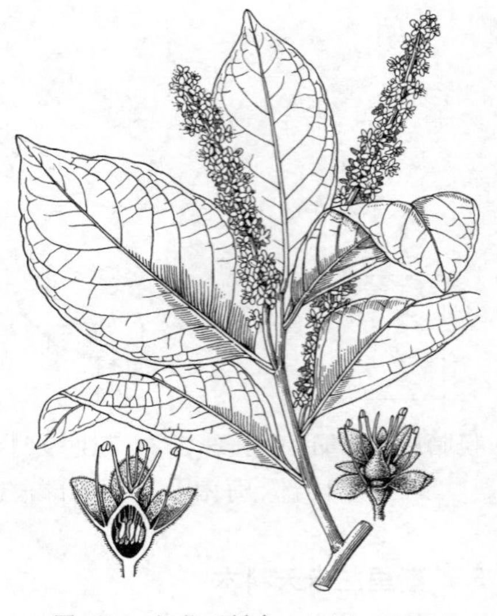

图 209 红花天料木 （引自《图鉴》）

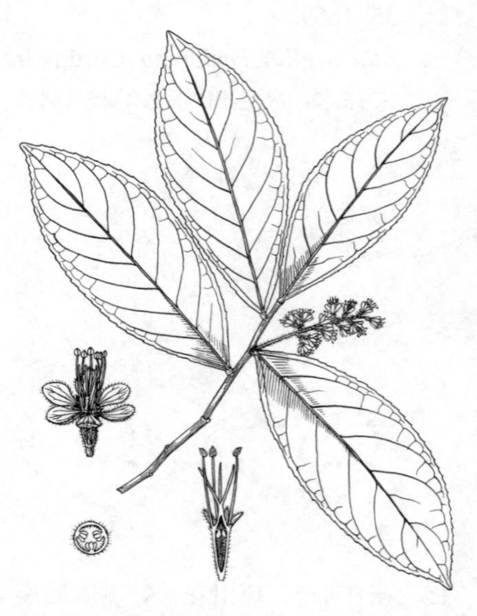

图 210 短穗天料木 （余汉平绘）

12. 脚骨脆属 Casearia Jacq.

灌木或小乔木。单叶，互生，常排成2列，常有透明腺点或腺条，全缘或具齿；托叶早落，稀宿存。花小，两性；数至多朵簇生成腋生的团伞花序，有时为单花。花梗基部以上有节，具多数鳞片状苞片；花周位；花萼 4-5裂，宿存；无花瓣；雄蕊5-12，基部与退化雄蕊连合成短管，花药基着，2室，内向纵裂；子房上位，1室，侧膜胎座2-4，胚珠多数至少数。蒴果，长圆形，2-4瓣裂。种子多数，具有色假种皮，胚乳肉质，子叶叶状。

160余种，主要分布于泛热带。我国8种。

1. 幼叶两面均被毛，老叶下面脉上被毛。
    2. 托叶线状披针形，长2-4毫米，近宿存；叶宽1-5厘米，侧脉5-8对，叶柄长3-5毫米 …………………………………………………………………… 1. **云南脚骨脆 C. flexuosa**
    2. 托叶三角形，长约2毫米，早落；叶宽4-8厘米，侧脉8-12对，叶柄长0.5-1厘米 …………………………………………………………………… 2. **毛脚骨脆 C. velutina**
1. 幼叶无毛或被毛，老叶无毛。
    3. 侧膜胎座2；蒴果长1-1.2厘米，2瓣裂 …………………………… 3. **球花脚骨脆 C. glomerata**
    3. 侧膜胎座3；蒴果长达3厘米，3瓣裂。
        4. 叶纸质或近膜质，叶柄长6-8毫米；花白色，花梗长6-9毫米 ………… 4. **膜叶脚骨脆 C. membranacea**
        4. 叶革质或厚革质，叶柄长0.8-1.3厘米；花淡绿或淡绿黄色，花梗长约3毫米 …………………………………………………………………… 5. **石生脚骨脆 C. tardieuae**

1.　云南脚骨脆　曲枝脚骨脆　　图 211

Casearia flexuosa Craib in Kew Bull. 1911: 54. 1911.

Casearia yunnanensis How et Ko; 中国植物志 52(1): 73. 1999.

灌木或小乔木，高达6米。幼枝被淡黄色短柔毛。叶长圆形或长圆状披针形，长3.5-15厘米，宽1-5厘米，先端渐尖，基部渐窄，边缘有疏齿，幼叶两面均被毛，后渐脱落，上面无毛，下面脉上有毛，侧脉5-8对；叶柄长3-5毫米，被毛，托叶线状披针形，长2-4毫米，近宿存。团伞花序腋生，具少花，幼时被毛，后渐脱落无毛。花梗长约1毫米；苞片卵形，长约2毫米；萼片4-5，倒卵状长圆形，长2-3毫米，具缘毛；雄蕊7-10，花丝被毛，花药锐尖；花盘裂片长圆形，被毛；子房圆锥形，被毛。蒴果椭圆形。花期4-5月，果期10-11月。

图 211　云南脚骨脆　（引自《云南树木图志》）

产广西西北部及云南东南部，生于海拔100-900米阔叶林中。老挝、越南及泰国有分布。

2.　毛脚骨脆　爪哇脚骨脆　　图 212

Casearia velutina Bl. in Mus. Bot. Lugd.-Bat. 1: 253. 1850.

Casearia villilimba Merr.; 中国高等植物图鉴 2: 928. 1972.

Casearia balansae Gagnep.; 中国植物志 52(1): 71. 1999.

乔木或灌木，高达10米。幼枝密被毛，后渐脱落无毛。叶椭圆形或长圆状椭圆形，长7-20厘米，宽4-8厘米，先端渐尖，基部楔形或钝圆，常不对称，边缘有小齿或近全缘，幼叶两面有毛，后渐脱落，上面无毛，下面脉上有毛，侧脉8-12对；叶柄长0.5-1厘米，密被毛，托叶三角形，长约2毫米，早落。花绿白或淡黄白色，极芳香，多朵簇生叶腋。花梗长2-4毫米，被毛；苞片被毛；花萼裂片5，长2-3毫米，被毛；雄蕊5-7，花丝被毛；子房椭圆形，侧膜胎座2，每胎座着生2-4胚珠。蒴果，椭圆形，长1.5-2厘米，2瓣裂。种子多枚。花期3-5月，果期5-6月。

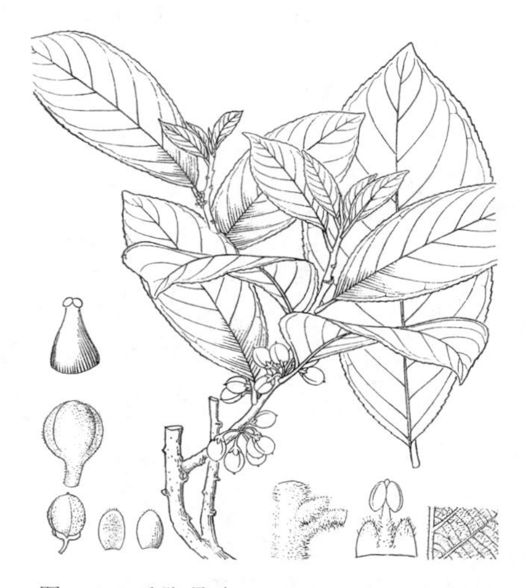

图 212　毛脚骨脆　（引自《云南树木图志》）

产福建南部、广东、海南、广西、贵州南部及云南，生于海拔150-1800米丘陵山地常绿阔叶林中。印度尼西亚、马来西亚、泰国、老挝及越南有分布。

3.　球花脚骨脆　　图 213

Casearia glomerata Roxb. in Fl. Ind. 2nd. ed. 2: 419. 1832.

乔木或灌木。幼枝被毛，后渐脱落无毛。叶长椭圆形，长9-12 厘米，有橙黄色透明腺点或腺条，先端短渐尖，基部钝圆而稍偏斜，边缘微波状或有小齿，幼时被毛，后渐脱落无毛，侧脉7-8对；叶柄长0.7-1.2厘米，无毛，托叶长约1毫米，早落。多花簇

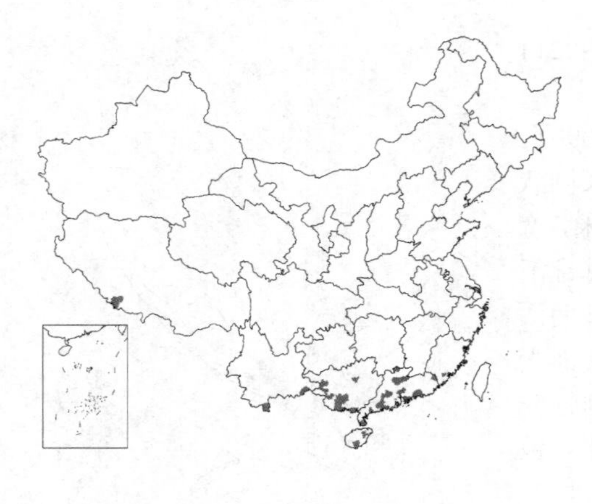

生成团伞花序，腋生，被毛。花黄绿色；花梗长0.7-1厘米，被毛；苞片长约1毫米，被毛；花萼裂片5，长2.5-3毫米，被毛； 雄蕊8-10，花丝在基部与退化雄蕊稍合生，被毛；子房圆锥形，侧膜胎座2，每胎座4-5胚珠。蒴果，椭圆形，长1-1.2厘米，2瓣裂；果柄被毛。种子多数，长约4毫米。花期8-10月，果期11月至翌年2月。

产福建南部、广东、香港、海南、广西、云南及西藏，生于海拔400米以下疏林中。越南及印度有分布。

图 213 球花脚骨脆 （引自《图鉴》）

4. **膜叶脚骨脆** 海南脚骨脆 图 214

Casearia membranacea Hance in Journ. Bot. 6: 113. 1868.

Casearia aequilateralis Merr.; 中国植物志 52(1): 79. 1999.

乔木，高达18米。幼枝无毛或初具不明显微毛。叶纸质或膜质，披针状长圆形或椭圆形，长5-12厘米，具极密的透明腺条，先端短渐尖或钝，基部宽楔形，边缘浅波状或有钝齿，两面无毛，侧脉5-8对；叶柄长6-8毫米，托叶长约1毫米，早落。花白色，芳香，单生或数朵簇生叶腋。花梗长6-9毫米；苞片长约2毫米；花萼裂片4-5，长约2.5毫米；雄蕊8，花丝被毛；柱头头状，花柱短，子房具侧膜胎座3，胚珠多枚。蒴果，卵圆形或椭圆形，长1.5-3厘米，3瓣裂。种子多数，卵圆形。花期7-8月，果期10-12月。

图 214 膜叶脚骨脆
（引自《Woody Fl. Taiwan》）

产台湾、广东、海南、广西及云南，生于海拔100-1600米丘陵或山地林中。越南有分布。

5. **石生脚骨脆** 图 215

Casearia tardieuse Lescot et Sleumer in Adans. ser. 2, 10: 293. 1970.

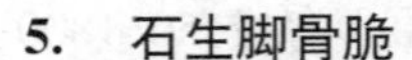

Casearia calciphila C. Y. Wu et Y. C. Huang ex S. Y. Bao; 中国植物志 52(1): 74. 1999.

乔木或灌木，高达12米。小枝无毛。叶革质或厚革质，卵状长圆形或长圆形，长8-13厘米，先端短渐尖，基部楔形，边缘有波状齿，两面无毛，侧脉6-8对；叶柄长0.8-1.3厘米，托叶长约2毫米，早落。团伞花序，腋生，具少花。花淡绿或淡绿黄色；花梗长约3毫米，无毛或被疏柔毛；苞

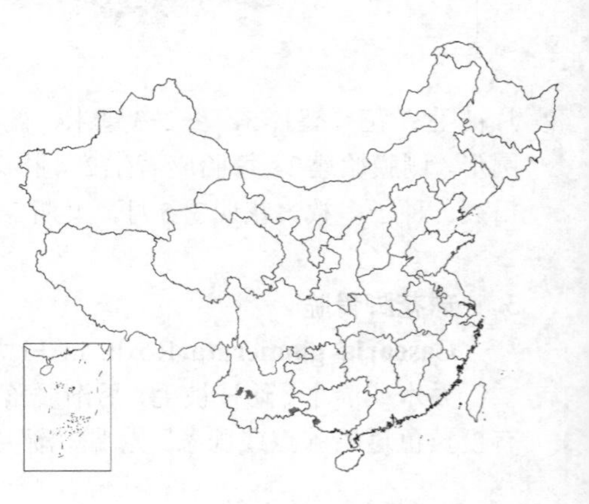

片背面有毛；花萼裂片5，长3-5毫米，无毛或被疏毛；雄蕊8，花丝无毛或近无毛；子房圆锥形，侧膜胎座3，胚珠少数。蒴果近肉质，椭圆形，3瓣裂。种子多数。花期12月至翌年3月，果期3-11月。

产广西西南部及云南，生于海拔1000-1600米石灰岩山坡杂木林中。

图 215 石生脚骨脆 （引自《云南树木图志》）

73. 红木科 BIXACEAE

（曾宪锋）

灌木或小乔木。单叶，互生，具掌状脉；托叶小，早落。花两性，辐射对称，排列为圆锥花序；萼片5，分离，覆瓦状排列，脱落；花瓣5，大而显著，覆瓦状排列；雄蕊多数，分离或基部稍连合，花药顶裂；子房上位，1室，胚珠多数，生于侧膜胎座上；花柱细弱，柱头2浅裂。蒴果，外被软刺，2瓣裂。种子多数，种皮稍肉质，红色；胚乳丰富，胚大，子叶宽阔，顶端内曲。

3属，约6种，广布热带地区。我国1属1种。

红木属 **Bixa** Linn.

常绿灌木或小乔木，高达10米；枝棕褐色，密被红棕色短腺毛。叶互生，心状卵形或三角状卵形，长10-20厘米，先端渐尖，基部圆或近截形，有时稍呈心形，全缘，基出脉5，侧脉在顶端向上弯曲，上面无毛，下面被树脂状腺点；叶柄长2.5-5厘米，无毛。圆锥花序顶生，长5-10厘米，花序梗粗壮，密被红棕色鳞片和腺毛；花径4-5厘米；萼片5，倒卵形，长0.8-1厘米，外面密被红褐色鳞片，基部有腺体；花瓣5，倒卵形，长1-2厘米，白或粉红色；雄蕊多数，花药长圆形，黄色，2室，顶孔开裂；子房上位，1室，胚珠多数，花柱单一，柱头2浅裂。蒴果近球形或卵圆形，长2.5-4厘米，密生栗褐色长刺，刺长1-2厘米，2瓣裂。种子多数，倒卵圆形，暗红色。

单种属。

图 216 红木 （引自《广州植物志》）

红木

图 216 彩片 74

Bixa orellana Linn. Sp. Pl. 512. 1753.

形态特征同属。花期秋冬间。

原产热带美洲。云南、广东、台湾等省有栽培。种子外皮可做红色染料，供染果点和纺织物用；种子供药用，为收敛退热剂。

74. 半日花科 CISTACEAE

（曾宪锋）

草本、灌木或半灌木。单叶，通常对生，稀互生，具托叶或无。花单生，或集成总状聚伞花序或圆锥状聚伞花序；两性，整齐；萼片5，外面2片在形状和大小与内面3片不同，或外面2片完全缺如；花瓣5（稀3），早落；雄蕊多数，花丝分离，长短不一，生于伸长或盘状的花托部分，花药2室，纵裂；雌蕊由3-5或10枚心皮构成；子房上位，1室或不完全3-5室，侧膜胎座，胚珠2至多数，直生，稀倒生，花柱1，具3柱头。蒴果革质或木质，室背开裂，即沿心皮中肋线裂成果爿。种子小，有角棱，常粗糙；胚常弯曲或盘卷，子叶窄，内胚乳粉质或软骨质。

8属，约170种，多生地中海区域，北美亦产；中国1属1种。

半日花属 **Helianthemum** Mill.

灌木或亚灌木，稀草本，多年生或一年生。叶对生或上部互生，具托叶或无。花单生或蝎尾瘙聚伞花序。萼片5，外面2片短小，长为内面3片之半，内面3片近等大，具3-6棱脉，结果时扩大；花瓣5，淡黄、橙黄或粉红色；雄蕊多数；雌蕊花柱丝状，柱头大，头状。蒴果具3棱，3瓣裂，1室或不完全的3室。种子多数。

约80种，主产地中海区域和南北美洲，我国1种。

半日花 图 217 彩片 75

Helianthemum songaricum Schrenk in Fisch. et Mey. Enum. Pl. Nov. Schrenk 1：94. 1841.

矮小灌木，多分枝，稍呈垫状，高达12厘米。小枝对生或近对生，幼时被紧贴白色短柔毛，后渐光滑，先端成刺状。叶对生，革质，披针形或窄卵形，长5-7（-10）毫米，全缘，边缘常反卷，两面均被白色短柔毛，中脉稍下陷，具短柄或几无柄；托叶钻形或线状披针形，长约0.8毫米，长于叶柄。花单生枝顶，径1-1.2厘米；花梗长0.6-1厘米，被白色长柔毛；萼片背面密生白色短柔毛，不等大，外面2片线形，长约2毫米，内面3片卵形，长5-7毫米，背部有3条纵肋；花瓣黄或淡桔黄色，倒卵形，长约8毫米；雄蕊长约为花瓣的1/2，花药黄色；子房密生柔毛，长约1.5毫米，花柱长约5毫米。蒴果卵圆形，长约5-8毫米，外被短柔毛。种子卵圆形，长约3毫米，褐棕色，有棱角，具纲纹，有时有绉缩。

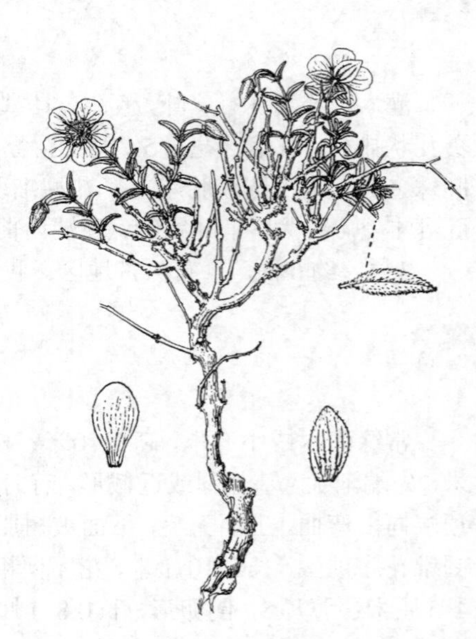

图 217 半日花 （引自《图鉴》）

产内蒙古、甘肃及新疆，为古老的残遗种，超旱生植物，生于草原化荒漠区的石质或砾质山坡。中亚地区有分布。地上部分含红色物质，可作红色染料。

75. 旋节花科 STACHYURACEAE

（曾宪锋）

落叶或常绿灌木或小乔木，有时为攀援状灌木。小枝具髓。冬芽具2-6枚鳞片。单叶互生，具锯齿；托叶线状披针形，早落。总状花序或穗状花序腋生，直立或下垂；花小，整齐，两性或雌雄异株，具短梗或无梗；花梗基部具1苞片，花基部具2小苞片，基部连合；萼片4，覆瓦状排列；花瓣4，覆瓦状排列，分离或靠合；雄蕊8，2轮，花丝钻形，花药丁字着生，内向纵裂；能结实花的雄蕊短于雌蕊，花药色浅，不含花粉，胚珠发育较大；不能结实花的雄蕊与雌蕊近等长，花药黄色，有花粉，后渐脱落；子房上位，4室，胚珠多数，生于中轴胎座；花柱短而单一，柱头头状，4浅裂。浆果，外果皮革质。种子小，多数，具柔软的假种皮，胚乳肉质，胚直立；子叶椭圆形，胚根短。染色体2n=24。

为东亚特有科。仅1属。

旋节花属 **Stachyurus** Sieb. et Zucc.

属的特征同科。

约15种，6变种，分布亚洲东部，约北纬21°-35°之间，从喜马拉雅山脉东部经尼泊尔、不丹、印度北部的阿萨姆、缅甸北部、越南北部至我国秦岭山脉以南广大地区，直延伸至日本。我国10种，5变种。有些种类供庭园栽培，作观赏树种；枝条具白色髓心，称“小通草”，为著名中草药。

1. 叶革质，稀坚纸质，具细而密的锐齿，稀具内弯的钝齿。
  2. 常绿灌木。
    3. 叶线状披针形或长圆状披针形，长为宽的4-8倍。
      4. 叶革质，线状披针形，长为宽的7倍以上 ………………………………………… 1. **柳叶旋节花 S. salicifolius**
      4. 叶坚纸质，长圆状披针形，长为宽的4倍 ……… 1(附). **披针叶旋节花 S. salicifolius** var. **lancifolius**
    3. 叶椭圆状长圆形、长圆状披针形、倒卵形或倒卵状椭圆形，长不及宽的3倍，宽2-4厘米。
      5. 叶椭圆状长圆形或长圆状披针形；花序长3-8厘米。花序梗长约7毫米；无果柄 …………………………………………………………………………………………………… 2. **云南旋节花 S. yunnanensis**
      5. 叶倒卵形或倒卵状椭圆形；花序长1-2厘米，花序梗长约5毫米；果柄长2-3毫米 …………………………………………………………………………………………………… 3. **倒卵状旋节花 S. obovtus**
  2. 落叶灌木。
    6. 叶长圆状椭圆形，侧脉于边缘网结，基部圆，先端急尖、长渐尖或钝圆 …………………………………………………………………………………………………… 4. **矩圆叶旋节花 S. oblongifolius**
    6. 叶长圆形或长圆状披针形，侧脉于主脉与边缘间突然上升并联接成一纵脉；基部心形，先端尾状渐尖 …………………………………………………………………………………………… 4(附). **滇缅旋节花 S. cordatulus**
  2. 叶纸质或膜质，具粗齿或细齿。
    7. 叶圆形、卵形、长圆状卵形或倒卵形，稀为披针形，长宽近相等，稀长为宽的2倍。
      8. 叶圆形或椭圆形，先端凹或2浅裂，稀圆具短尖头，下面密被白色短柔毛 …………………………………………………………………………………………………… 5. **凹叶旋节花 S. retusus**
      8. 叶卵形、长圆状卵形、长圆状椭圆形或近圆形，先端渐尖或短尾尖，或微凹，具尾状突尖，下面无毛。
        9. 叶长圆状卵形或宽卵形，两面沿脉无毛；花被片果时脱落。
          10. 叶长圆状卵形或宽卵形 ………………………………………………… 6. **中国旋节花 S. chinensis**
          10. 叶近圆形或宽卵形。
            11. 叶先端短尾状渐尖，尖长5-6毫米 ………………… 6(附). **宽叶旋节花 S. chinensis** var. **latus**

11. 叶先端微凹，具尾状突尖，尖长1-1.5厘米 ………… 6(附). **骤尖叶旋节花 S. chinensis** var. **cuspidatus**

9. 叶长圆状卵形，两面沿中脉被伸展长柔毛或近无毛；花被片果时宿存 ……………………………………………………… 7(附). **短穗旋节花 S. chinensis** var. **brachystachyus**

7. 叶长圆形或长圆状披针形，稀卵形，长为宽的2倍或2倍以上 …………………… 7. **西域旋节花 S. himalaicus**

1. 柳叶旋节花 通花 图 218 彩片 76

Stachyurus salicifolius Franch. in Journ. de Bot. 12: 253. 1898.

常绿灌木，高2-3米。小枝光滑无毛。叶革质或厚纸质，线状披针形，长7-16厘米，先端渐尖，基部钝或圆，具不明显内弯疏齿，两面无毛，中脉在两面均凸起，侧脉6-8对，下一侧脉与上一侧脉在边缘多少网结，网脉在上面下陷；叶柄长约4毫米。穗状花序腋生，长5-7厘米，花序梗长约6毫米，基部无叶。花黄绿色，长5-6毫米，无梗；苞片1，三角状卵形，小苞片2，卵形，具缘毛；萼片4，卵形，长约4毫米，具缘毛；花瓣4，倒卵形，长约5毫米；雄蕊8，与花瓣等长；子房瓶状，被短柔毛，柱头头状，不露出花瓣。果球形，径5-6毫米，具宿存花柱；果柄长约2.5毫米。花期4-5月，果期6-7月。

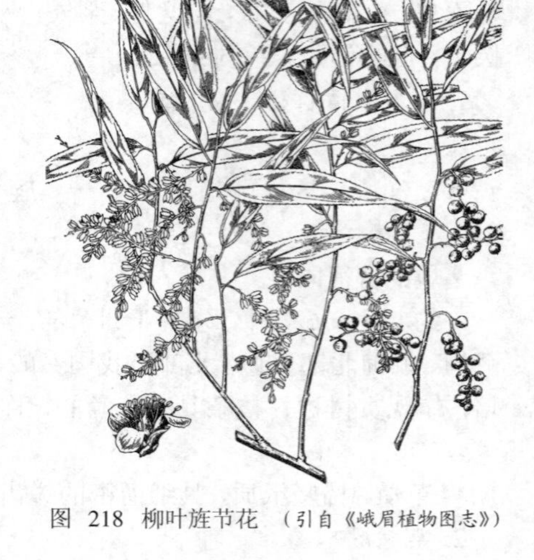

图 218 柳叶旋节花 （引自《峨眉植物图志》）

产贵州东北部、四川及云南东北部，生于海拔1300-2000米山坡阔叶混交林下或灌木丛中。

［附］**披针叶旋节花 Stachyurus salicifolius** var. **lancifolius** C. Y. Wu ex S. K. Chen in Acta Bot. Yunnan. 3(2): 127. 1981. 本变种与模式变种的区别：叶坚纸质，长圆状披针形，长为宽的4倍，侧脉于边缘网结。产四川东南部、云南东北部及贵州北部绥阳，生于海拔800-1900米山坡或山谷溪边杂木林中。

2. 云南旋节花 图 219

Stachyurus yunnanensis Franch. in Journ. de Bot. 12: 253. 1898.

常绿灌木，高达3米。叶革质或薄革质，椭圆状长圆形或长圆状披针形，长7-15厘米，宽2-4厘米，先端渐尖或尾状渐尖，基部楔形或钝圆，具细尖锯齿，齿尖骨质，下面淡绿或紫色，两面无毛，侧脉5-7对；叶柄粗壮，长1-2.5厘米。总状花序腋生，长3-8厘米，花序轴之字形，花序梗长约7毫米，有12-22花。花近无梗；苞片1，三角形，小苞片三角状卵形；萼片4，卵圆形，长约3.5毫米；花瓣4，黄或白色，倒卵圆形，长5.5-6.5毫

图 219 云南旋节花 （引自《峨眉植物图志》）

米；雄蕊8，无毛；子房和花柱长约6毫米，无毛，柱头头状。果球形，径6-7毫米，无梗，具宿存花柱和苞片及花丝的残存物。花期3-4月，果期6-9月。

产湖北、湖南西北部、贵州、四川及云南，生于海拔800-1800米山坡常绿阔叶林中或林缘灌丛中。

3.　倒卵叶旌节花　　图 220 彩片 77

Stachyurus obovatus (Rehd.) Hand.-Mazz. in Oesterr. Bot. Zeitschr. 90: 118. 1941.

Stachyurus yunnanensis Franch. var. *obovata* Rehd. in Journ. Arn. Arb. 11: 165. 1930.

Stachyurus obovatus (Rehd.) H. L. Li; 中国高等植物图鉴 2: 930. 1972.

常绿灌木或小乔木，高达4米。叶革质或亚革质，倒卵形或倒卵状椭圆形，长5-8厘米，先端长尾状渐尖，基部楔形，中上部具锯齿，齿尖骨质，无毛，侧脉5-7对；叶柄长0.5-1厘米。总状花序腋生，长1-2厘米，有5-8花，花序梗长约0.5厘米，基部具叶。花淡黄绿色，近无梗；苞片1，三角形，宿存；小苞片2，卵形；萼片4，卵形；长2毫米；花瓣4，倒卵形，长5.5-7毫米；雄蕊8，长约4毫米；子房长卵圆形，被微柔毛，柱头卵圆形。浆果球形，径6-7毫米，疏被微柔毛，顶端具宿存花柱；果柄长2-3毫米，具关节。花期4-5月，果期8月。

图 220 倒卵叶旌节花
（引自《峨眉植物图志》）

产湖北西南部、湖南西北部、贵州北部、四川及云南东北部，生于海拔500-2000米山坡常绿阔叶林下或林缘。

4.　矩圆叶旌节花　　图 221：1-2

Stachyurus oblongifolius Wang et Tang in Acta Phytotax. Sin. 1(3): 325. 1951.

落叶灌木，高达3米。稀匍匐。叶革质，长圆状椭圆形，长4-8厘米，先端急尖，长渐尖或钝圆，基部圆，具疏生尖锯齿，齿端坚硬，叶缘稍反卷，两面无毛，下面带红色，中脉在上面明显，在下面突起，侧脉5-6对，从中脉分出弯向边缘和细脉连结成网状，两面均明显；叶柄长0.5-1.5厘米。总状花序腋生，长2.5-4.5厘米；苞片无毛，卵状短披针形，长2.5毫米；小苞片无毛，卵状三角形；萼片4，无毛，下面一对卵形中凹，微具短缘毛，上面一对长圆形，缘毛不明显；花瓣4，无毛，倒卵形，长5毫米；雄蕊8，长

图 221: 1-2.矩圆叶旌节花
3-4.滇缅旌节花　（张作嵩绘）

短不等，长2.5-3毫米，短于雌蕊；雌蕊不伸出瓣外，子房上位，卵状椭

圆形，花柱不明显，柱头头状，4浅裂。浆果圆形，径5毫米，顶端具短喙；果柄短。花期3-4月，果期6-7月。

产湖北西部、湖南西北部、贵州及四川，生于海拔600-1000米的溪沟、路边或山坡灌丛中。

［附］**滇缅旌节花** 图 221：3-4 **Stachyurus cordatulus** Merr. in Brittonia 4：122. 1941. 本种与矩圆叶旌节花的区别：叶长圆形或长圆状披针形，侧脉于主脉与边缘间突然上升并联接成一纵脉；基部心形，先端尾状渐尖。产云南西北部贡山，生于海拔1900米山坡阔叶林中。缅甸北部有分布。

5. 凹叶旌节花 图 222 彩片 78

Stachyurus retusus Yang in Contr. Biol. Lab. Sci. China 12：105. pl. 6. 1939.

落叶灌木，高2-3米。叶坚纸质，近圆形或椭圆形，长6-10厘米，先端钝，稀近截形，稍凹缺或2浅裂，基部钝圆或微心形，边缘稍反卷，具疏锯齿，上面无毛，下面被白色柔毛；侧脉5-6对，于边缘网结；叶柄长1-2厘米。总状花序腋生，长2-5厘米，下垂，几无花序梗，基部具叶或结果时无叶。花无梗；苞片1，宽三角状卵形，小苞片2，卵形，先端急尖；萼片4，淡绿色，卵形；花瓣淡黄色，倒卵形；雄蕊8，2轮，外轮较长，内轮较短；子房卵圆形，无毛；花柱长于子房，柱头头状，不露出花冠。果球形，径约6毫米，近无柄。花期5月，果期7月。

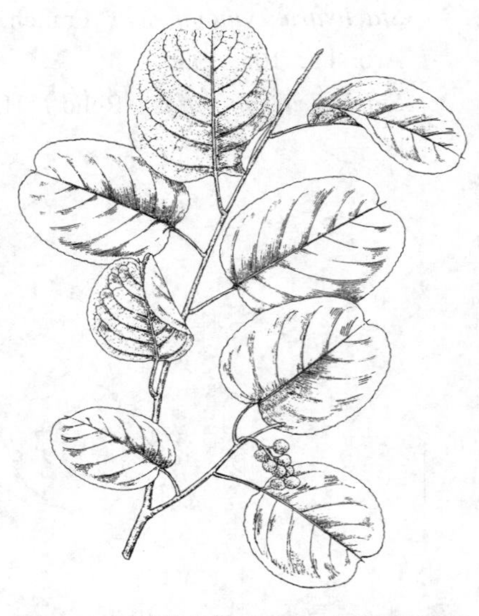

图 222 凹叶旌节花 （引自《峨眉植物图志》）

产四川中南部及云南东北部，生于海拔1600-2000米山坡杂木林中。

6. 中国旌节花 旌节花 图 223 彩片 79

Stachyurus chinensis Franch. in Journ. de Bot. 12：254. 1898.

落叶灌木，高达4米。叶于花后发出，纸质至膜质，卵形、长圆状卵形或长圆状椭圆形，长5-12厘米，先端渐尖或短尾状渐尖，基部钝圆或近心形，具圆齿状锯齿，侧脉5-6对，上面无毛，下面幼时沿主脉和侧脉疏被短柔毛，叶柄长1-2厘米，通常暗紫色。穗状花序腋生，先叶开放，长5-10厘米，无梗。花黄色，长约7毫米，近无梗或有短梗；苞片1，三角状卵形，小苞片2，卵形；萼片4，黄绿色，卵形；花瓣4，卵形，长约6.5毫米；雄蕊8，与花瓣等长；子房瓶状，连花柱长约6毫米，被微柔毛，柱头头状，不裂。果圆球形，径6-7厘米，无毛，

图 223 中国旌节花 （引自《峨眉植物图志》）

近无柄，基部具花被的残留物。花期3-4月，果期5-7月。

产陕西、甘肃、河南、安徽、浙江、福建、江西、湖北、湖南、广东北部、广西、贵州、四川、云南及西藏，生于海拔400-3000米山坡谷地林中或林缘。越南北部有分布。

［附］**宽叶旌节花 Stachyurus chinensis** var. **latus** H. L. Li in Bull. Torr. Bot. Club. 70(6): 627. f. 12. 1943. 与模式变种的区别：叶近圆形或宽卵形，先端短尾状渐尖，尖长5-8毫米，基部心形或微心形，边缘具粗锯齿。产河南、安徽、浙江、福建、江西、湖北、湖南、贵州、四川、陕西及甘肃，生于海拔1200-2000米山坡林下。

［附］**骤尖叶旌节花 Stachyurus chinensis** var. **cuspidatus** H. L. Li in Bull. Torr. Bot. Club 70(6): 627. f. 13. 1943. 与模式变种的区别：叶近圆形，基部圆或微心形，先端微凹，具尾状突尖，尖长1-1.5厘米。产四川西部及西北部，生于海拔1700-2400米山坡林下或灌丛中。

［附］**短穗旌节花 Stachyurus chinensis** var. **brachystachyus** C. Y. Wu et S. K. Chen in Acta Bot. Yunnan. 3(2): 132. 1981. 与模式变种的区别：叶缘具细密锯齿；果密集，无梗，组成密穗状，顶端喙不明显，基部具宿存花瓣及花丝。产四川、贵州、云南西北部及西藏东南部，生于海拔1200-3000米山坡林中。

7. 西域旌节花 喜马山旌节花 图 224 彩片 80

Stachyurus himalaicus Hook. f. et Thoms. ex Benth. in Journ. Linn. Soc. Bot. 5: 55. 1861.

落叶灌木或小乔木，高达5米。叶坚纸质或薄革质，披针形或长圆状披针形，长8-13厘米，先端渐尖或长渐尖，基部钝圆，具细密的锐锯齿，齿尖骨质并加粗，侧脉5-7对；叶柄紫红色，长0.5-1.5厘米。穗状花序腋生，长5-13厘米，无梗，常下垂，基部无叶。花黄色，长约6毫米，几无梗；苞片1，三角形，小苞片2，宽卵形，先端急尖，基部连合；萼片4，宽卵形；花瓣4，倒卵形，长约5毫米；雄蕊8，长4-5厘米，通常短于花瓣；花药黄色；子房卵状长圆形，连花柱长约6毫米，柱头头状。果近球形，径7-8厘米，无柄或近无柄，具宿存花柱。花期3-4月，果期5-8月。

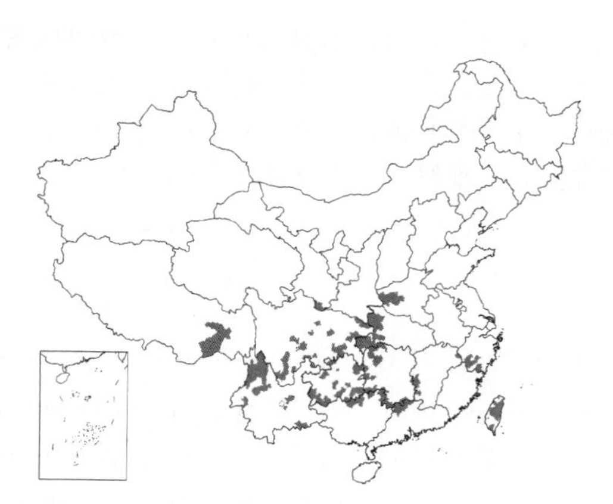

产浙江、台湾、江西、湖北、湖南、广东、广西、贵州、云南、西藏、四川、甘肃东南部及河南，生于海拔400-3000米山坡阔叶林下或灌丛中。印度北部、尼泊尔、不丹及缅甸北部有分布。茎髓供药用，为中药“通草”。

图 224 西域旌节花 （引自《峨眉植物图志》）

76. 堇菜科 VIOLACEAE

（王庆瑞）

多年生草本，亚灌木或小灌木，稀一年生草本、攀援灌木或小乔木。单叶，常互生，稀对生，全缘、有锯齿或分裂；有叶柄，托叶小或叶状。花两性或单性，稀杂性，辐射对称或两侧对称；单生或组成腋生或顶生穗状、总状或圆锥状花序，有2枚小苞片，有时有闭花受精花。萼片5，覆瓦状，同形或异形，宿存；花瓣5，覆瓦状或旋转状，异形，下面1枚常较大，基部囊状或有距；雄蕊5，花药直立、分离或围绕子房成环状靠合，药隔延伸于药室顶端成膜质附属物，花丝很短或无，下方2枚雄蕊基部有距状蜜腺；子房上位，被雄蕊复盖，1室，由3-5心皮合成，侧膜胎座3-5，花柱单一稀分裂，柱头形状多样，胚珠1至多数，倒生。蒴果，室背弹裂，或浆果状。种子无柄或具极短的种柄，种皮坚硬，有光泽，常有油质体，有时具翅，胚乳丰富，肉质，胚直立。

约22属，900多种，广布世界各洲，温带，亚热带及热带均产。我国4属，130余种。

1. 小乔木或灌木；花冠辐射对称，花瓣基部无距。
  2. 花盘杯状，柱头不裂，雄蕊有花丝，药隔背部无鳞片 ………………………… 1. **三角车属 Rinorea**
  2. 花盘5裂，柱头3微裂，雄蕊无花丝，药隔背部有小颗粒状鳞片 ………………… 2. **鳞隔堇属 Scyphellandra**
1. 亚灌木或草本；花冠两侧对称，花瓣基部延伸成距。
  3. 亚灌木；萼片基部不下延 ………………………………………… 3. **鼠鞭草属 Hybanthus**
  3. 草本；萼片基部下延 …………………………………………… 4. **堇菜属 Viola**

1. 三角车属（雷诺木属）**Rinorea** Aubl.

灌木或小乔木。叶互生，稀对生，全缘或有锯齿；托叶早落或迟落。花小，两性，辐射对称；单生或组成密伞花序、总状花序或圆锥花序，顶生或腋生。萼片近等大，革质；花瓣等大或近等大，无距；雄蕊5，花丝分离或多或少合生，着生于花盘顶部内侧，药隔背面无鳞片状附属物，顶端延伸成膜质附属物；花盘杯状，稍5裂；子房上位，卵状，花柱直立，柱头顶生不裂，胚珠多数或少数。蒴果常3瓣裂，稀2瓣裂。种子少数，无毛，椭圆状，种脐大。

约340种，分布于亚洲热带、美洲热带及非洲。我国3种。

1. 药隔顶端附属物宽卵形，花药腹面基部无垫状绵毛，顶端无髯毛；叶近革质，托叶早落 ………………………………………………………… 1. **三角车 R. bengalensis**
1. 药隔顶端附属物窄三角形，长不及1毫米，花药腹面基部具垫状绵毛，顶端具髯毛；叶膜质，托叶迟落 ……………………………………………… 2. **毛蕊三角车 R. erianthera**

1. 三角车 雷诺木 图 225

Rinorea bengalensis (Wall.) O. Kuntze, Rev. Gen. Pl. 1: 42. 1891.
Alsodeia bengalensis Wall. in Trans. Med. Phys. Soc. Calc. 7: 224. 1864.

灌木或小乔木，高达5米。幼枝叶痕明显，淡绿色，老枝暗褐色，粗糙。老叶近革质，叶椭圆状披针形或椭圆形，长（2.5）5-12（17）厘米，宽1.5-6厘米，先端渐尖，基部楔形，稀圆，具细锯齿，近基部渐稀或全缘，叶脉两面突起；叶柄长0.5-1.2厘米，无毛，托叶披针形，早落，有环状托叶痕。花白色，组成腋生无梗的密伞花序。花梗长达1厘米，略被黄色绒毛；萼片宽披针形，长约2毫米，背面被黄褐色绒毛；花瓣卵状长圆形，长约5毫米，先端外弯；雄蕊花丝短，花药长圆形，药隔顶部附属物宽卵形。蒴果近球形。种子宽卵形，苍白色，有褐色斑点。花期春夏，果期秋季。

产海南及广西西南部，生于灌丛或密林中。越南、缅甸、印度、斯里兰卡、马来西亚及澳大利亚有分布。

2. 毛蕊三角车 毛蕊三角草 图 226

Rinorea erianthera C. Y. Wu et C. Ho in Acta Bot. Yunnan. 1(1): 149. 1979.

落叶灌木，高达3米。老枝淡紫褐色，皮孔圆点状。长枝叶较大而疏生，短枝叶较小而簇生，叶长1.5-6.5厘米，宽0.6-2.5厘米，膜质，菱状椭圆形或倒卵状椭圆形，先端锐尖或短渐尖，基部楔形，具细锯齿；叶柄长2-5毫米，托叶窄三角状披针形，迟落。单花或2-3花组成聚伞花序，生于长枝叶腋。花梗纤细，具2小苞片；萼片长4.5-6毫米，宽2-5.5毫米，外轮3枚近圆形，密被脉纹，内轮2枚椭圆形，脉纹不明显，背面均被毛，边缘具纤毛；花瓣白色，窄披针形，长0.9-1.1厘米，宽1.5-2毫米，背面中部以上被毛，边缘具纤毛，花后反折；雄蕊淡黄白色，花药线形，腹面基部具垫状绵毛，药室顶端渐尖，具髯毛，药隔顶端附属物窄三角形，长不及1毫米。未成熟种子圆肾形，褐色。花期6-7月。

产四川南部，生于海拔1300米灌丛中。

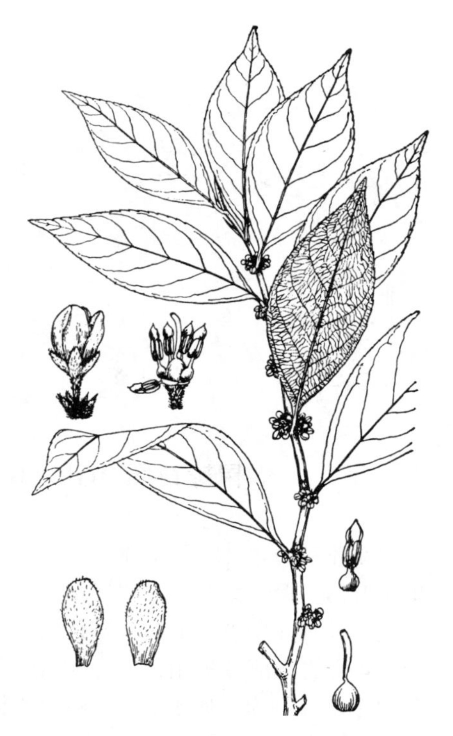

图 225 三角车 （白建鲁绘）

2. 鳞隔堇属（茜菲堇属）Scyphellandra Thw.

灌木或亚灌木。叶小，互生，全缘或有缺齿。花小，两性或单性；单生或簇生。萼片近等大；花瓣近等大，无爪，上部开展；雄蕊无花丝，背部有小颗粒状鳞片，药隔顶端延伸为膜质附属物；花盘为5个分离的鳞片；子房具3个侧膜胎座，每胎座胚珠1-3，花柱钻状，柱头顶生，3微裂。蒴果3瓣裂，稀2瓣裂。种子近球形，无毛。

4种，分布于越南、泰国和斯里兰卡。我国1种。

鳞隔堇 茜菲堇 图 227

Scyphellandra pierrei H. de Boiss. in Bull. Soc. Bot. France 55: 33. 1908.

图 226 毛蕊三角车 （白建鲁绘）

灌木，高约1米。幼枝被柔毛，老枝灰白色，无毛。茎下部叶常2-3片簇生，上部叶互生；叶卵形或椭圆形，长3-4厘米，宽1.5-2厘米，具细锯齿，先端钝或稍尖，略被柔毛；叶柄长约3毫米，被绒毛，托叶小，披针形或近三角形，被柔毛。花小，单性，辐射对称；单生或簇生叶腋。雄花：花梗长约5毫米，略被毛或无毛；萼片近三角形，有短毛；花瓣长圆形，外面略被毛，先端渐尖；雄蕊与花瓣几等长，药隔钻状；子房退化；雌花：花梗长约3毫米，基部有小苞片3-4；萼片宿存，近三角形，边缘有细缘毛；花瓣长圆形，外面略被毛；雄蕊退化，药隔披针形，无花药；子房卵圆形，无毛，花柱直立，柱头头状。蒴果长

圆形，顶端具尾尖。花期春夏，果期夏秋。

产海南，生于林缘或灌木林中。越南有分布。

图 227 鳞隔堇 （白建鲁绘）

3. 鼠鞭草属 Hybanthus Jacq. nom. cons.

草本或亚灌木，稀灌木。叶互生，稀对生；托叶常小而早落。花通常单生叶腋，橙色或紫色，两性，两侧对称。萼片近等大，基部无下延的附属物；花瓣不等大，下面一瓣最大，基部呈囊状或成距；花丝细而短，其中2-4枚的背部具短距，花药合生或离生，药隔顶端延伸成膜质附属物；胚珠多数，侧膜胎座3个，花柱棍棒状，顶端内弯，柱头斜生。蒴果近球形，3瓣裂。种子具纵条纹。2n=32。

约150种，分布于全世界热带和亚热带地区。我国1种。

鼠鞭草 图 228 彩片 81

Hybanthus enneaspermus (Linn.) F. Muell. Fragm. Phyt. Austr. 10: 81. 1876.

Viola enneasperma Linn. Sp. Pl. 937. 1753.

亚灌木，高约20厘米，枝多铺散。叶线状披针形、线状倒披针形或窄匙形，长0.5-3.5厘米，宽2-5毫米，先端尖，基部楔形，全缘或上部疏生1-3细齿；近无柄，托叶三角形或钻形。花蓝紫色；花梗长不超过叶，上部近花处有2枚对生小苞片；萼片披针形，长2-3毫米，边缘膜质，白色，具缘毛；花瓣上方两瓣最小，长圆形，先端尖，侧方两瓣卵圆形，先端稍外弯，下方花瓣比其他各瓣约大1倍，前半部宽，两侧内曲，颜色较深，具囊状短距；雄蕊离生，花丝短，其中两枚中部有弯曲距状附属物，药隔顶端附属物膜质，黄褐色。蒴果球形，下垂。种子卵圆形，乳黄色。花期6-7月，果期7-8月。

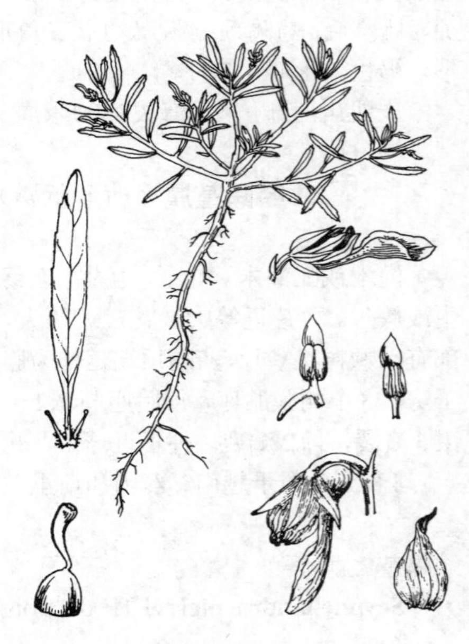

图 228 鼠鞭草 （白建鲁绘）

产台湾、广东及海南，生于河岸灌丛及海边沙地。亚洲、美洲、非洲热带及澳大利亚均有分布。

4. 堇菜属 **Viola** Linn.

多年生，少数二年生草本，稀亚灌木。具根状茎。地上茎发达或缺少，有时具匍匐枝。单叶，互生或基生，全缘、具齿或分裂；托叶大或小，离生或不同程度与叶柄合生。花两性，两侧对称；单生，稀2花。花2型：生于春季者有花瓣，生于夏季者花瓣退化为闭花。花梗腋生，有2小苞片；萼片5，略同形，基部延伸成附属物；花瓣5，异形，稀同形，下方（远轴）1瓣常稍大且基部延伸成距；雄蕊5，花丝极短，花药环生于雌蕊周围，药隔顶端延伸成膜质附属物，下方2枚雄蕊的药隔背面近基部形成距状蜜腺；子房1室，3心皮，侧膜胎座，胚珠多数，花柱棍棒状，基部较细，常稍膝曲，有附属物，前方具喙或无喙，柱头孔位于喙端或柱头面。蒴果3瓣裂。种子具坚硬种皮，有光泽，富含内胚乳。

约500余种，广布温带、热带及亚热带，主要分布于北半球温带。我国约130种。本属有不少种类供药用，能清热解毒、活血去瘀；有些种类花色艳丽，可供观赏，如三色堇为著名观赏花卉。本属植物的闭花能产生种子；蒴果有自动弹射种子的功能。

1. 花柱不裂，棍棒状，顶部常肥厚形成柱头。
  2. 柱头非头状或球状，腹面具喙，喙端具较细的柱头孔。
    3. 果柄弯曲，果密被柔毛；柱头连腹面之喙呈钩状，喙与花柱最宽处直径近等长。
      4. 植株具匍匐枝；花深紫色，有香味，花瓣边缘微波状 ………………………………… 1. **香堇菜 V. odorata**
      4. 植株无匍匐枝；花淡紫色，花瓣无波状缘。
        5. 叶两面密生白色柔毛，叶柄被倒生柔毛；萼片具缘毛 ………………………… 2. **球果堇菜 V. collina**
        5. 叶片、叶柄及萼片均无毛 ……………………… 2(附). **光叶球果堇菜 V. collina** var. **intramongolica**
    3. 果柄直立。
      6. 柱头腹面延伸成钩状喙，喙短于花柱最宽处的直径。
        7. 柱头有乳头状突起。
          8. 叶披针形、宽披针形或卵状披针形。
            9. 叶基部平截或浅心形，上部托叶叶状，卵状披针形，上半部全缘，下半部疏生牙齿，基部具2–3小裂片；花大、下瓣先端微缺 ………………………………………………… 7. **高堇菜 V. elatior**
            9. 叶基部楔形，上部托叶披针形，羽状深裂；花较小，下瓣先端圆 …… 8. **蓼叶堇菜 V. websteri**
          8. 叶心形或卵形，托叶羽状深裂或浅裂成牙齿状 …………………………… 9. **鸡腿堇菜 V. acuminata**
        7. 柱头无乳头状突起。
          10. 柱头蚕头状，具粗短之喙，柱头孔粗，几与柱头直径相等。
            11. 基生叶心形或宽心形，基部不下延于叶柄；花瓣先端圆 ………… 5. **紫花堇菜 V. grypoceras**
            11. 基生叶三角状卵形，基部宽楔形下延于叶柄；花瓣先端微缺 …… 6. **庐山堇菜 V. stewardiana**
          10. 柱头鸟嘴状，喙稍细长，柱头孔细。
            12. 植株高达20厘米，有地上茎；叶宽心形或肾形；花长约2厘米，侧瓣内面基部有须毛 ………………………………………………………………………………… 3. **奇异堇菜 V. mirabilis**
            12. 植株，高约6厘米，无地上茎；叶卵形或椭圆形，基部下延；花长约1.2厘米，侧方花瓣内面无须毛 ……………………………………………………………… 4. **西藏堇菜 V. kunawarensis**
      6. 柱头腹面下延成钩状喙，顶部平或微凹，两侧及后方（背部）具或窄或宽的边缘。
        13. 无地上茎，或具短的地上茎。
          14. 柱头顶部肥厚倾斜呈钉帽状；根状茎细长而横走 ………………………… 10. **溪堇菜 V. epipsila**
          14. 柱头顶部平或微凹，非钉帽状。

15. 托叶离生或基部与叶柄合生。
16. 花较大；无匍匐枝或花后生出；根状茎粗而伸长；叶大形。
17. 叶三角形或三角状卵形，基部宽心形或深心形，垂片大而开展，具内曲的粗锯齿 …………………………………………………………………………………… 36. **犁头叶堇菜 V. magnifica**
17. 叶心形、宽卵形或肾形，垂片内卷，具细钝锯齿。
18. 匍匐枝；叶宽卵形或近肾形，具细锯齿；蒴果无腺点 ……………………………… 35. **辽宁堇菜 V. rossii**
18. 匍匐枝细长，常在花后生出；叶心形或肾形，具钝锯齿，两面无毛；花淡紫或白色；蒴果有褐色腺点 …………………………………………………………………………………… 37. **荁 V. moupinensis**
16. 花小；植株具发达的匍匐茎（枝）。
19. 匍匐枝上具散生叶片；柱头顶部平，无缘边或两侧及后方具缘边。
20. 植株被柔毛或糙毛。
21. 柱头顶部近平，无缘边；叶柄被倒生长硬毛；蒴果近球形，常被柔毛。
22. 叶卵形或窄卵形，先端尾尖，两面散生白色硬毛，托叶披针形，边缘具较短的流苏；蒴果被柔毛或无毛 …………………………………………………………………… 38. **匍匐堇菜 V. pilosa**
22. 叶宽卵形或肾形，先端钝，两面被灰色柔毛，托叶披针形，边缘具长流苏；蒴果被柔毛 ……………………………………………………………………………… 38(附). **灰堇菜 V. canescens**
21. 柱头顶部具缘边；叶柄被开展柔毛；蒴果长圆形，常无毛。
23. 叶卵形或宽卵形，先端钝圆，基部宽心形；花白色，侧瓣内面基部有须毛 …………………………………………………………………………………… 40. **柔毛堇菜 V. principis**
23. 叶长圆形或长圆状卵形，先端尖或渐尖，基部浅心形；花淡红或白色，侧瓣内面无须毛 ……………………………………………………………………………… 46. **云南堇菜 V. yunnanensis**
20. 植株常无毛，稀散生短毛。
24. 柱头顶部近平，无缘边，有乳头状突起 ……………………………… 39. **江西堇菜 V. kiangsiensis**
24. 柱头两侧及后方具直立或平展的缘边，无乳头状突起。
25. 叶较薄，非革质，下面及叶缘的齿端无刺尖。
26. 叶卵形或近圆形，先端钝，叶缘具钝齿。
27. 柱头缘边较窄；叶较小，基部浅心形或平截，疏生深圆齿 …… 41. **深圆齿堇菜 V. davidii**
27. 柱头具宽而明显的缘边；叶较大，基部深心形。
28. 侧瓣内面无须毛；叶宽卵形或近圆形，密生浅圆齿 ……… 42. **锡金堇菜 V. sikkimensis**
28. 侧瓣内面基部有须毛；叶卵形或卵圆形，疏生浅圆齿 … 43. **浅圆齿堇菜 V. schneideri**
26. 叶三角状卵形，先端尖，叶缘有具腺体的锯齿 ………………………… 45. **光叶堇菜 V. hossei**
25. 叶较厚，近革质，下面灰绿色，散生尖刺，叶缘齿端具刺尖 …… 44. **小尖堇菜 V. mucronulifera**
19. 匍匐枝顶端簇生莲座状叶；柱头顶部2浅裂。
29. 植株被柔毛或糙伏毛；叶柄具翅，叶卵形或卵状长圆形，基部宽楔形或平截，稀心形。
30. 侧方花瓣内面无须毛 ……………………………………………………………… 47. **七星莲 V. diffusa**
30. 侧方花瓣内面基部有短须毛 ……………………… 47(附). **短须毛七星莲 V. diffusa** var. **brevibarbata**
29. 植株无毛或疏生短毛；叶柄细，无翅，叶宽心形或近圆形，基部深心形 …………………………………………………………………………………… 48. **台湾堇菜 V. formosana**
15. 托叶1/2–2/3与叶柄合生。
31. 叶掌状3–5全裂或深裂、羽状浅裂或具缺刻状牙齿。
32. 叶羽状浅裂至中裂，或具缺刻状牙齿，或具锯齿。
33. 花白色，下瓣先端微缺；叶卵形或宽卵形，具较整齐钝锯齿 ……………………… 30. **朝鲜堇菜 V. albida**

33. 花紫堇或淡紫色，下瓣先端钝圆。
34. 叶缘上部具不整齐钝锯齿，下部具浅裂状粗锯齿，叶三角状披针形，两面无毛或仅叶脉被柔毛 ………………………………………………………………………………………… 31. **辽东堇菜 V. savatieri**
34. 叶缘具缺刻状圆齿，中部以下锐裂，叶三角状卵形或窄卵形，上面被柔毛，下面无毛 ……………………………………………………………………………………………… 31(附). **羽裂堇菜 V. forrestiana**
32. 叶掌状3-5全裂或深裂。
35. 叶掌状3全裂，侧裂片深裂，各裂片常再裂。
36. 花淡紫或紫堇色，萼片附属物长1-1.5毫米；叶裂片线形、长圆形或窄卵状披针形 ………………………………………………………………………………………… 32. **裂叶堇菜 V. dissecta**
36. 花白或淡紫色，萼片附属物长4-6毫米；叶裂片卵状披针形、长圆形、线状披针形 ……………………………………………………………………………………………… 33. **南山堇菜 V. chaerophylloides**
35. 叶掌状5全裂，裂片具钝齿 ………………………………………………… 34. **掌叶堇菜 V. dactyloides**
31. 叶不裂，具圆齿或各式锯齿。
37. 花白色。
38. 植株具鳞茎。
39. 叶长圆状卵形，稀近圆形，托叶大部分与叶柄合生；侧瓣内面无须毛，下瓣先端微缺；鳞茎白色 ……………………………………………………………………………………… 29. **鳞茎堇菜 V. bulbosa**
39. 叶肾形或近圆形，托叶1/3与叶柄合生；侧瓣内面基部有须毛，下瓣先端圆，无微凹；鳞茎干后深灰色 …………………………………………………………………………… 29(附). **块茎堇菜 V. tuberifera**
38. 植株无鳞茎。
40. 叶卵形、窄卵形、心形、卵状心形、椭圆状心形。
41. 植株被柔毛；萼片附属物长3-4毫米，末端具缺刻 ………………………… 14. **阴地堇菜 V. yezoensis**
41. 植株无毛或叶疏被短毛；萼片附属物长不及2.5毫米。
42. 叶卵形或窄卵形，先端尖或尾尖，基部深心形；柱头具直立缘边 … 19. **维西堇菜 V. monbeigii**
42. 叶心形、卵状心形或椭圆状心形，先端钝或尖；柱头具较宽缘边 … 13. **蒙古堇菜 V. mongolica**
40. 叶长圆形、椭圆形、长三角形或长圆状披针形。
43. 根深褐或近黑色；下瓣之距浅囊状；叶椭圆形、窄卵形或长圆状披针形 ………………………………………………………………………………………………… 24. **白花地丁 V. patrinii**
43. 根淡褐色；下瓣之距筒状；叶长三角形或长圆形 …………………………… 26. **白花堇菜 V. lactiflora**
37. 花淡紫、紫堇或蓝紫色。
44. 叶柄无毛或被短毛。
45. 叶圆形、卵形、三角形或三角状卵形。
46. 子房无毛；蒴果无毛。
47. 叶上面深绿色，沿中脉有白色斑带，花期明显，下面稍带紫红色 …… 15. **斑叶堇菜 V. variegata**
47. 叶上面无白色斑带。
48. 叶卵形、圆形或心形。
49. 侧瓣内面无须毛；叶较大。
50. 下瓣先端圆；叶柄被白色短毛；根状茎细长，节间伸长 ……… 11. **深山堇菜 V. selkirkii**
50. 下瓣先端微缺；叶柄无毛；根状茎粗短，节密生 ………… 12. **心叶堇菜 V. concordifolia**
49. 侧瓣内面基部有须毛；叶形较小。
51. 萼片附属物长1-1.5毫米，先端平截或圆；叶卵形，具浅圆齿 ………………………………………………………………………………………………… 16. **细距堇菜 V. tenuicornis**

51. 萼片附属物长2-3毫米，先端浅裂；叶圆形或卵状心形，具钝齿 ……………………………………………………………………………………… 17. **北京堇菜 V. pekinensis**

48. 叶三角形或戟形，具垂片；萼片附属物长，末端具缺刻状浅齿 ……………………………………………………………………………………… 18. **长萼堇菜 V. inconspicua**

46. 子房被柔毛；蒴果幼时密被粗毛，后渐稀疏；叶卵形，基部心形，幼叶密被短毛 ……………………………………………………………………………………… 20. **茜堇菜 V. phalacrocarpa**

45. 叶舌形、长圆形、三角状卵形、戟形、匙形或披针形，长大于宽约2倍以上。

52. 叶匙形、舌形、长圆形或披针形。

53. 花较大；叶草质；子房无颗粒状突起。

54. 根淡褐或灰白色。

55. 叶长圆状卵形、卵状披针形或窄卵形，基部宽楔形或微心形；距粗管状，末端微向上弯 ……………………………………………………………………………………… 22. **早开堇菜 V. prionantha**

55. 叶三角状卵形或窄卵形，基部平截或楔形；距细管状，末端不向上弯 ……………………………………………………………………………………… 23. **紫花地丁 V. philippica**

54. 根暗褐色；叶长圆形、舌形，基部平截或宽楔形，叶柄具窄翅，果期增宽；侧瓣内面基部有须毛 ……………………………………………………………………………………… 25. **东北堇菜 V. mandshurica**

53. 花较小；叶近革质，匙形；子房沿背棱有颗粒状突起 ……………… 28. **兴安堇菜 V. gmeliniana**

52. 叶戟形或窄披针形 ……………………………………………………………………………… 27. **戟叶堇菜 V. betonicifolia**

44. 叶柄密被白色细长毛 ……………………………………………………………………… 21. **毛柄堇菜 V. hirtipes**

13. 地上茎明显；柱头两侧及后方具肥厚的边缘。

56. 植株高不及35厘米；托叶小，非叶状；花白或淡紫色，侧瓣内面基部有须毛。

57. 花白或淡紫色，下方花瓣倒卵形，先端微凹；叶宽心形或肾形，先端圆 …… 49. **堇菜 V. verecunda**

57. 花白色，下瓣匙形；叶卵状三角形或窄三角形，先端尖 ………… 51. **三角叶堇菜 V. triangulifolia**

56. 植株高达1米；托叶呈叶状，长1.5-4厘米；花淡蓝紫色，侧方花瓣内面无须毛 ……………………………………………………………………………………… 50. **立堇菜 V. raddeana**

2. 柱头头状或球状，腹面无喙，具大型柱头孔，两侧或近基部有须毛或柔毛。

58. 柱头头状，两侧簇生须毛，柱头孔下方无瓣片状突起物；花黄稀白色；托叶小，不裂。

59. 根状茎短粗，常垂直或斜生，密生粗根；花较小，下瓣连距长1-1.5厘米。

60. 最下方1枚茎生叶位于茎中部以上，其叶腋间生花 …………………… 59. **东方堇菜 V. orientalis**

60. 最下方1枚茎生叶位于茎中部以下，其叶腋间无花 …………………… 60. **尖叶堇菜 V. acutifolia**

59. 根状茎细长，常横走，节上具细根；花较大，下瓣连距长1.5-2厘米 … 61. **大黄花堇菜 V. muehldorfii**

58. 柱头球状，近基部两侧有柔毛，柱头孔下方具瓣片状突起物；花蓝色、紫堇色、黄色及杂色；托叶大，羽状或掌状分裂。

61. 花杂色；地上茎伸长，具开展而互生的叶 ………………………………………… 62. **三色堇 V. tricolor**

61. 花黄或蓝紫色，常1朵；地上茎极短，常具簇生叶 …………………… 62(附). **阿尔泰堇菜 V. altaica**

1. 花柱上部2裂成片状，柱头孔位于两裂片间的腹面；花黄色，侧方花瓣内面基部无须毛。

62. 下方花瓣的距较粗，长不及4毫米。

63. 叶卵形或卵状披针形，厚纸质，下面苍白色，具波状齿 ………………………… 52. **灰叶堇菜 V. delavayi**

63. 叶肾形、圆形或卵状心形，草质或多少肉质。

64. 叶在茎顶部集生，肾形，多少肉质 ………………………………………… 54. **密叶堇菜 V. confertifolia**

64. 叶在茎上互生，草质。

65. 下方花瓣的距长2-2.5毫米。

66. 植株较健壮，直立。
67. 叶卵状心形、宽卵形或肾形，基部弯缺较浅 ························ 53. **四川堇菜 V. szetschwanensis**
67. 叶较大，圆卵形，基部弯缺较深 ·············· 54(附). **康定堇菜 V. szetschwanensis** var. **kangdienensis**
66. 植株较细弱，常斜生；叶肾形或近圆形，有时宽卵形 ························ 56. **双花堇菜 V. biflora**
65. 下方花瓣的距长仅1-1.5毫米；叶长1-1.5厘米 ························ 55. **圆叶小堇菜 V. rockiana**
62. 下方花瓣的距较细，长（3）4-6毫米。
68. 植株较健壮，高25-30厘米；叶卵状披针形，长3-7厘米，先端渐尖 ·············· 58. **紫叶堇菜 V. hediniana**
68. 植株较细弱，高不及20厘米。
69. 叶肾形或近圆形，先端圆；下方花瓣先端具浅裂齿 ························ 57. **西藏细距堇菜 V. wallichiana**
69. 叶宽卵形或三角状卵形，先端长渐尖；下方花瓣先端圆 ···················· 57(附). **阔紫叶堇菜 V. cameleo**

1. 香堇菜 图 229

Viola odorata Linn. Sp. Pl. 933. 1753.

多年生草本，无地上茎，高达15厘米。根状茎较粗，淡褐色，生多数细根和细长匍匐枝。叶基生，圆形、肾形或宽卵状心形，长与宽均1.5-2.5厘米，花后增大，可达4.5厘米，先端圆或稍尖，基部深心形，具圆钝齿，两面疏被柔毛或近无毛。花较大，深紫色，有香味；花梗细长，中部或中部以上有2枚小苞片；萼片长圆形或长圆状卵形，基部附属物长2-3毫米；花瓣边缘微波状，上瓣倒卵形，侧瓣内面近基部有须毛，下瓣宽倒卵形，连距长1.5-2厘米；子房被柔毛，花柱顶部弯曲成钩状短喙，喙长度与花柱直径近等长，喙端具较细柱头孔。蒴果球形，密被柔毛；果柄弯曲。

原产欧洲、非洲北部、亚洲西部。北京、天津、西安、上海、广州栽培。花芳香，花色变化较大，园艺品种多，栽培供观赏。各大城市多有栽培。

图 229 香堇菜 （白建鲁绘）

2. 球果堇菜 毛果堇菜 圆叶毛堇菜 图 230

Viola collina Bess. Catal. Hort. Cremen. 151. 1816.

多年生草本，高达20厘米。叶基生，莲座状；叶宽卵形或近圆形，长1-3.5厘米，先端钝或锐尖，基部具弯缺，具锯齿，两面密生白色柔毛，果期长达8厘米，基部心形；叶柄具窄翅，被倒生柔毛，托叶膜质，披针形，基部与叶柄合生，疏生流苏状细齿。花淡紫色，芳香，长约1.4厘米，具长梗，中部以上有2枚小苞片；萼片长圆状披针形或披针形，长5-6毫米，具缘毛和腺体，基部附属物短而钝；花瓣基部微白色，上瓣及侧瓣先端钝圆，侧瓣内面有须毛或近无毛，下瓣距白色，较短；花柱上部疏生乳头状突起，顶部成钩状短喙，喙端具较细柱头孔。蒴果球形，密被白色柔毛，果柄通下弯。花期5-8月。

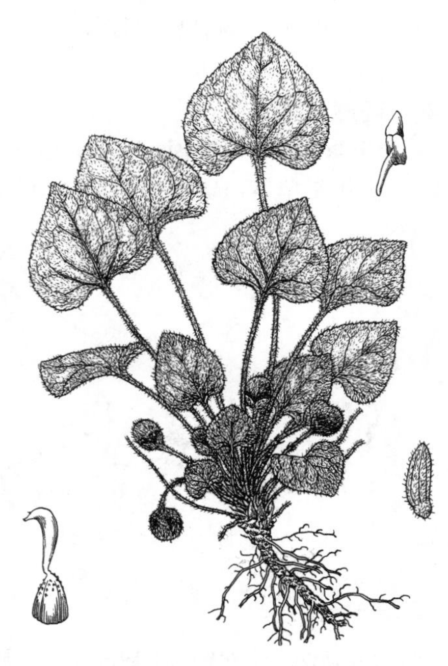

图 230 球果堇菜 （白建鲁绘）

产黑龙江、吉林、辽宁、内蒙古、河北、山西、山东、江苏、浙江、福建、安徽、河南、湖北、湖南、贵州、四川、陕西、甘肃及宁夏，生于林下或林缘、灌丛、草坡、沟谷及路旁较阴湿处。朝鲜、日本。俄罗斯及欧洲有分布。全草药用，能清热解毒，凉血消肿。

［附］**光叶球果堇菜 Viola collina** var. **intramongolica** C. J. Wang in Acta Bot. Yunnan. 13(3): 257. 1991. 本变种与模式变种的区别：叶及叶柄无毛；萼片长圆形，两面无毛，仅沿边缘下方疏生黄褐色小腺体，基部附属物疏生缘毛。果期8月。产内蒙古东北部，生于海拔1140-1200米落叶松林下或山坡草丛中。

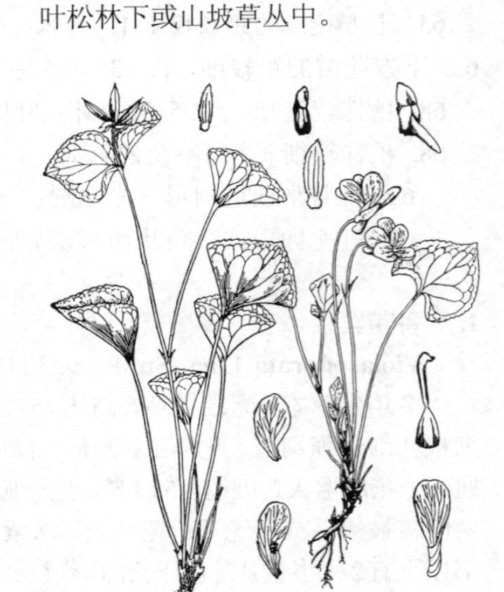

图 231 奇异堇菜 （白建鲁绘）

3. 奇异堇菜 图 231

Viola mirabilis Linn. Sp. Pl. 936. 1753.

多年生草本，花后抽出地上茎，高达20厘米。茎直立，被柔毛或无毛，中部常仅1枚叶片，上部叶片密生。叶宽心形或肾形，长3-5厘米，宽4-6厘米，先端圆或短尖，基部心形，具浅圆齿，上面两侧及下面叶脉被柔毛；基生叶叶柄长5-15厘米，具窄翅，茎生叶中部者长约8厘米，上部者极短或无柄，托叶大，基部者鳞片状，卵形，赤褐色，上部者宽披针形。花较大，淡紫或紫堇色，生于基生叶叶腋者常不结实，具长梗，生于茎生叶者结实，具短梗，梗具2枚小苞片；萼片长圆状披针形或披针形，长0.7-1.6厘米，先端锐尖，基部附属物末端钝圆，边缘被缘毛或近无毛；花瓣倒卵形，侧瓣内面近基部密生长须毛，下瓣连距长达2厘米，距较粗，上弯；花柱顶端微弯具短喙，无乳头状突起，柱头孔较小。蒴果椭圆形，无毛。花果期5-8月。

产黑龙江、吉林、辽宁、内蒙古、河北、宁夏南部及甘肃南部，生于阔叶林或针阔混交林下、林缘、山地灌丛中或草坡。朝鲜、日本、俄罗斯及欧洲有分布。

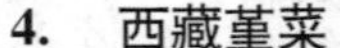

4. 西藏堇菜 图 232

Viola kunawarensis Royle, Illustr. Himal. Bot. 75. 1839.

多年生草本，高达6厘米。根状茎短，较粗。叶基生，莲座状；叶厚纸质，卵形或椭圆形，长0.5-2厘米，先端钝，基部楔形，全缘或疏生浅圆齿，无毛；叶柄较叶片稍长或近等长；托叶膜质，1/2-2/3与叶柄合生。花小，深蓝紫色；花梗稍长于叶或与叶近等长，中部有2枚小苞片；萼片长圆形或卵状披针形，长3-4毫米，先端钝，基部附属物极短；花瓣长圆状倒卵形，长0.7-1厘米，先端钝圆，基部稍窄，侧瓣无须毛，下瓣稍短、有囊状短距；子房卵球形，无毛；花柱顶部钝圆无缘边，具短喙，柱头孔较细。蒴果卵

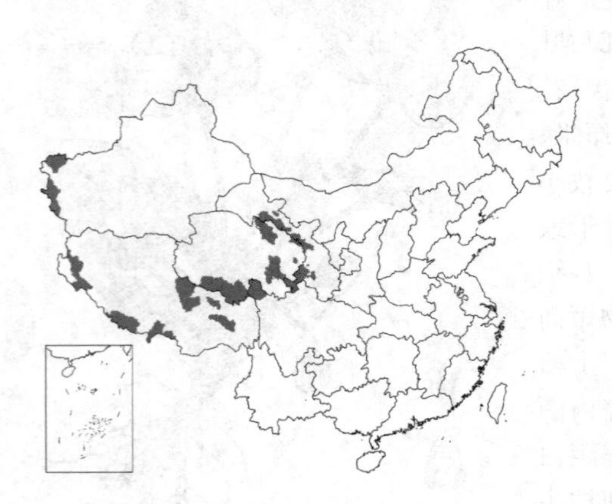

图 232 西藏堇菜 （白建鲁绘）

形。花期6-7月，果期7-8月。染色体2n=20。

产甘肃、新疆、青海、西藏及四川西北部，生于海拔2900-4500米高山及亚高山草甸或亚高山灌丛中，多见于岩石缝隙或碎石堆边阴湿处。中亚、喜马拉雅、帕米尔等地区有分布。

5. 紫花堇菜 紫花高茎堇菜 图 233

Viola grypoceras A. Gray in Narr. Perry's. Jap. Exped. 2: 308. 1856.

多年生草本。根状茎短粗，褐色；地上茎高达30厘米。基生叶心形或宽心形，长1-4厘米，宽1-3.5厘米，先端钝或微尖，基部弯缺窄，具钝锯齿，两面无毛，密布褐色腺点；茎生叶三角状心形或卵状心形；基生叶叶柄长达8厘米，茎生叶者较短，托叶褐色，窄披针形，具流苏状长齿，齿长2-5毫米。花淡紫色；花梗长6-11厘米，中部以上有2线形小苞片；萼片披针形，长约7毫米，有褐色腺点，基部附属物末端平截，具浅齿；花瓣倒卵状长圆形，先端圆，有褐色腺点，边缘波状，侧瓣无须毛，下瓣连距长1.5-2厘米，距长6-7毫米，下弯；子房无毛，柱头无乳头状突起，具短喙，柱头孔较宽。蒴果椭圆形，密生褐色腺点。花期4-5月，果期6-8月。

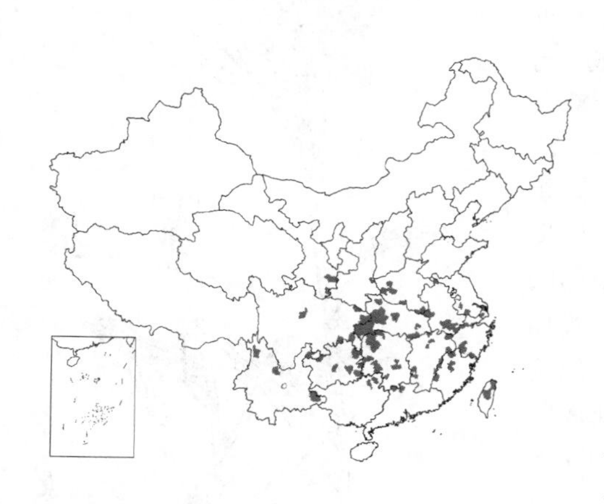

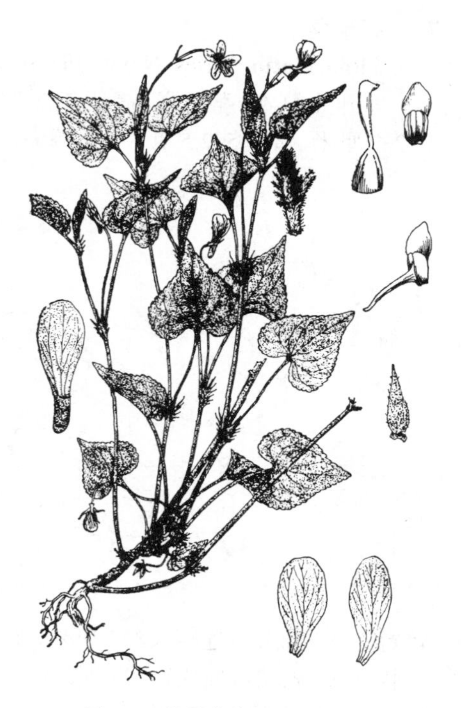

图 233 紫花堇菜 （白建鲁绘）

产河南、安徽、江苏、浙江、福建、台湾、江西、湖北、湖南、广东、广西、贵州、云南、四川、陕西及甘肃。日本及朝鲜半岛南部有分布。全草药用，能清热解毒。

6. 庐山堇菜 拟蔓地草 图 234

Viola stewardiana W. Beck. in Fedde, Repert. Sp. Nov. 21: 237. 1925.

多年生草本。根状茎粗。茎地下部分横卧；地上茎高达25厘米，数条丛生。基生叶莲座状，叶三角状卵形，长1.5-3厘米，先端具短尖，基部宽楔形或平截，下延，具圆齿，齿端有腺体，两面有褐色腺点；茎生叶长卵形或菱形，长达4.5厘米，先端短尖或渐尖，基部楔形；叶柄具窄翅，托叶褐色，披针形或线状披针形，具长流苏。花淡紫色；花梗长1.5-3厘米；萼片窄卵形或长圆状披针形，长3-3.5毫米，基部附属物短，全缘，无毛；花瓣先端微缺，上瓣匙形，长约8毫米，侧瓣长圆形，内面无须毛，下瓣倒卵形，连距长约

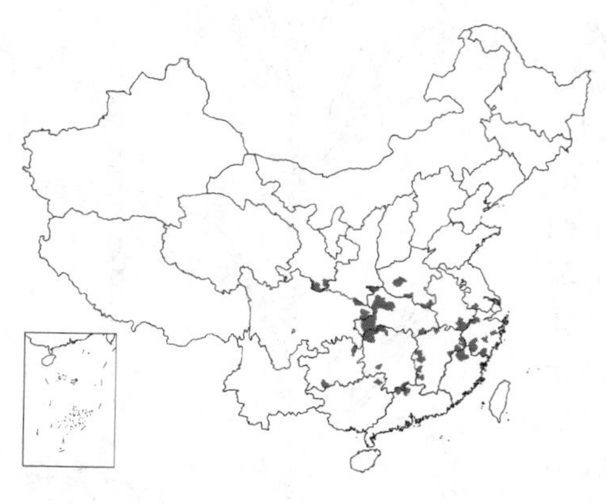

图 234 庐山堇菜 （引自《安徽植物志》）

1.4厘米，距长约6毫米；子房无毛，花柱顶部具钩状短喙，柱头孔较大。蒴果近球形，散生褐色腺体。花期4-7月，果期5-9月。染色体2n=20。

产河南、安徽、江苏、浙江、福建、江西、湖北、湖南、广东、广西、贵州、四川、陕西及甘肃南部，生于海拔600-1500米山坡草地、路旁、杂木林下、溪边或石缝中。

7. 高堇菜

图 235

Viola elatior Fries Novit. Fl. Suec. ed. 2, 277. 1828.

多年生草本。茎直立，高达50厘米，被柔毛。叶披针形或卵状披针形，长2-7厘米，宽1.5-2.5厘米，先端尖，基部平截或浅心形稍下延，具钝齿和缘毛，两面被柔毛并密布褐色腺点；叶柄具窄翅，托叶叶状，先端尖，上半部全缘，下半部具牙齿，基部常具2-3小裂片。花大，淡紫堇色，喉部带白色；花梗长于叶或与叶近等长，中部以上有2枚线形小苞片；萼片披针形，长1-1.4厘米，先端尖，基部附属物短；花瓣倒卵形，侧瓣长约1.8厘米，内面近基部密生长须毛，下瓣较短，先端微缺，连距长约2厘米，距长于萼片附属物；花柱上部密生乳头状突起，先端弯曲成钩状短喙，喙端边缘稍增厚，有较宽大的柱头孔。蒴果无毛，有隆起棱角。花果期6-8月。

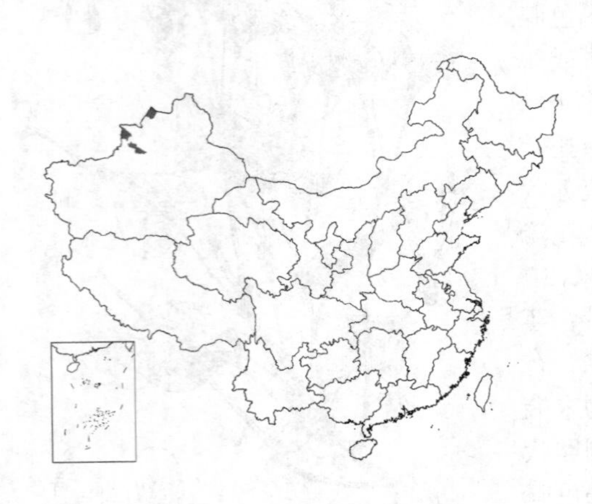

产新疆天山及塔城一带，生于林缘、林下或山坡草地。欧洲、西西伯利亚及中亚地区有分布。

图 235 高堇菜 （白建鲁绘）

8. 蓼叶堇菜

图 236

Viola websteri Hemsl. in Journ. Linn. Soc. Bot. 23: 56. 1886.

多年生草本。根状茎粗。茎直立，高达40厘米，被微柔毛，下部无叶。叶披针形或宽披针形，长5-12厘米，宽1.2-5厘米，先端尖，基部楔形下延，具疏锯齿，上面和边缘被疏柔毛，下面近无毛或沿叶脉有毛；具短柄，下部托叶膜质，椭圆状披针形，基部抱茎，疏生细锯齿，上部托叶披针形，先端尖，基部与叶柄合生，羽状深裂。花较小，紫色；花梗较叶短，有2枚小苞片；萼片窄披针形，先端渐尖，基部附属物短、平截；花瓣近等大，倒卵状匙形，侧瓣内面近基部有须毛，下瓣先端圆，连距长约1.3厘米；距短，直伸，末端钝；子房无

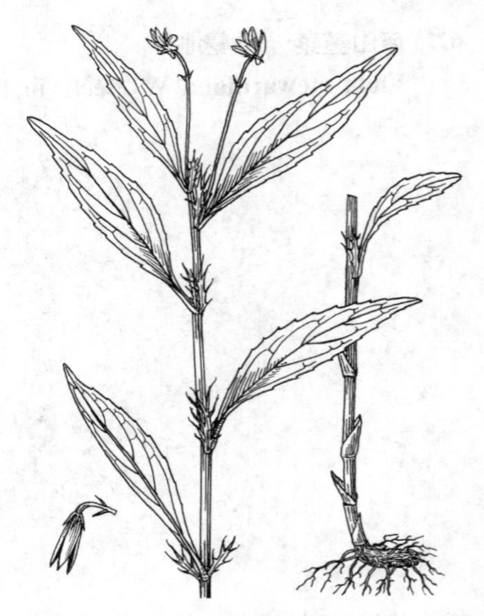

图 236 蓼叶堇菜 （余汉平绘）

毛，花柱上部短钩状，具乳头状突起。蒴果长圆形，无毛。种子黄色，窄卵形。花果期5-8月。

产吉林，生于海拔650-900米山地疏林下。朝鲜有分布。

9. 鸡腿堇菜

图 237

Viola acuminata Ledeb. Fl. Ross. 1: 252. 1842.

多年生草本。根状茎较粗。茎2-4条丛生，高达40厘米，无毛或上部被白色柔毛。叶心形，卵状心形或卵形，长1.5-5.5厘米，先端尖或渐尖，基部心形、稀平截，具钝锯齿及短缘毛，两面密生褐色腺点，沿叶脉被疏柔毛；叶柄长达6厘米，上部者较短，托叶叶状，长1-3.5厘米，羽状深裂呈流苏状，或浅裂呈牙齿状，被缘毛。花淡紫或近白色；花梗常长于叶，中部以上或在花附近有2枚小苞片；萼片线状披针形，基部附属物末端平截或具1-2齿裂；花瓣有褐色腺点，侧瓣与上瓣近等长，内面近基部有长须毛，下瓣有紫色脉纹，连囊状距长0.9-1.6厘米；花柱顶部有乳头状突起，先端具短喙，喙端微上翘，具较大柱头孔。蒴果椭圆形，有黄褐色腺点。花果期5-9月。

图 237 鸡腿堇菜 （白建鲁绘）

产黑龙江、吉林、辽宁、内蒙古、宁夏、甘肃、陕西、山西、河南、河北、山东、江苏、安徽、浙江、江西、湖北、湖南西北部、广西、贵州、云南及四川，生于杂木林下、林缘、灌丛、山坡草地或溪谷湿地。日本、朝鲜、俄罗斯东西伯利亚及远东地区有分布。全草药用，能清热解毒，排脓消肿；嫩叶可做蔬菜。

10. 溪堇菜

图 238

Viola epipsila Ledeb. Ind. Sem. Hort. Dorpat. 5: 1820.

多年生草本，无地上茎，高达20厘米。根状茎细长而横走，白色，节间较长，有残留褐色托叶。叶基生，2（3）枚；叶宽卵形、圆形或肾形，长1.5-2.5厘米，宽2-3厘米，基部深心形，具浅圆齿，上面无毛，下面无毛或沿叶脉疏生柔毛；叶柄果期长达10厘米，托叶离生，卵状披针形，白色膜质。花紫或淡紫色；花梗较粗，不长于或稍长于叶，上部有2线形小苞片；萼片卵状披针形，长约4毫米，基部附属物短，末端平截；花瓣长圆状倒卵形，侧瓣内面疏生微毛，下瓣有紫色条纹，连距长1.5-1.8厘米，距粗短；子房无毛，柱头顶部两侧及后方具肥

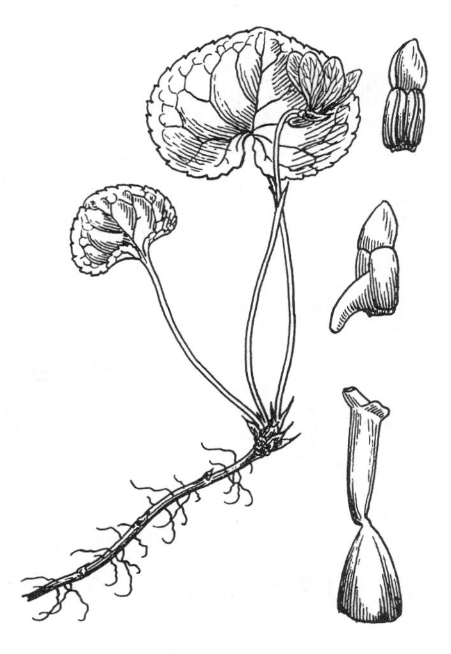

图 238 溪堇菜 （白建鲁绘）

厚缘边，呈钉帽状，前方有斜生短喙，喙端有较宽的柱头孔。蒴果椭圆形。染色体2n=24。

产黑龙江、吉林及内蒙古，生于针叶林下、林缘、灌丛、草地或溪谷湿地苔藓群落中。朝鲜、日本、俄罗斯及欧洲有分布。

11. 深山堇菜 图 239

Viola selkirkii Pursh ex Gold in Edinb. Phil. Journ. 6: 324. 1822.

多年生草本，高达16厘米。根状茎细，长达10厘米。叶基生，常较多，呈莲座状；叶薄膜质，心形或卵状心形，长1.5-5厘米，果期长约6厘米，先端稍尖或圆钝，基部窄深心形，两侧垂片发达，具钝齿，两面疏生白色短毛；叶柄长2-7（-13）厘米，有窄翅，疏生白色短毛，托叶1/2与叶柄合生，离生部分披针形，疏生腺齿。花淡紫色；花梗长4-7厘米，中部有2小苞片；萼片卵状披针形，长6-7毫米，具窄膜质缘，基部附属物长圆形，末端具不整齐缺刻状浅裂并疏生缘毛；花瓣倒卵形，侧瓣无须毛，下瓣先端圆，连距长1.5-2厘米，距较粗；子房无毛，柱头顶部平，两侧具窄缘边，前方具短喙，喙端具上向的柱头孔；蒴果较小，椭圆形。花果期5-7月。

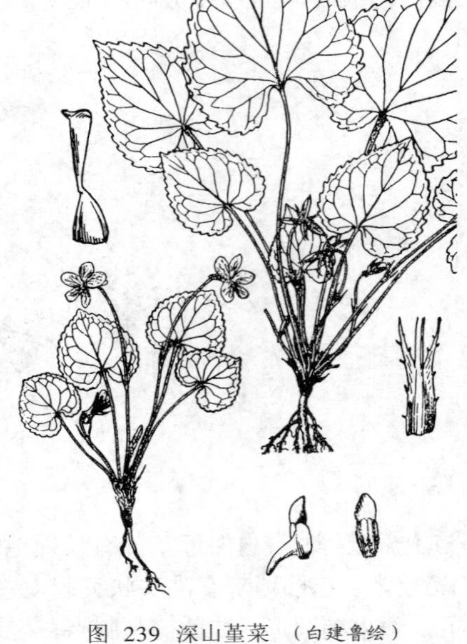

图 239 深山堇菜 （白建鲁绘）

产黑龙江、吉林、辽宁、内蒙古东部、河北、山西、河南、山东、江苏、安徽、浙江、江西、湖北、湖南、广东、云南西北部、四川、陕西及甘肃南部，生于海拔1700米以下针阔混交林、落叶阔叶林及灌丛下腐殖层较厚的土壤、溪谷、沟旁阴湿处。朝鲜、日本、蒙古、俄罗斯、欧洲及北美洲有分布。

12. 心叶堇菜 图 240

Viola concordifolia C. J. Wang, Fl. Reipubl. Popul. Sin. 51: 42. 1991.

多年生草本，无地上茎。根状茎粗短，节密生，有多条褐色根。叶基生，卵形、宽卵形，长宽均3-8厘米，先端尖或稍钝，基部深心形或宽心形，具圆钝齿，两面无毛或疏生短毛；叶柄花期与叶片近等长，无毛，托叶下部与叶柄合生，离生部分开展。花淡紫色；花梗不高出叶片，近中部有2小苞片；萼片宽披针形，长5-7毫米，宽约2毫米，先端渐尖，基部附属物末端钝或平截；上瓣与侧瓣均倒卵形，长1.2-1.4厘米，宽5-6毫米，侧瓣内面无毛，下瓣倒心形，先端微缺，连距长约1.5厘米，距圆筒状，径约2毫米；子房无毛，柱头顶部平，两侧及背方具明显的缘边，前方具短喙，柱头孔较粗。蒴果椭圆形，长约1厘米。

产河南、山东、江苏、安徽、浙江、江西、湖北、湖南、广东北部、贵州、云南及四川，生于林缘、林下草地、草丛及溪旁。

13. 蒙古堇菜　白花堇菜

图 241

Viola mongolica Franch. Pl. David. 1: 42. 1884.

多年生草本，无地上茎，高达9（-17）厘米，花期常有去年残叶宿存。根状茎垂直或斜生，生多条白色细根。叶基生；叶心形、卵状心形或椭圆状心形，长1.5-3厘米，宽1-2厘米，果期增大，先端钝或尖，具钝锯齿，两面疏生短柔毛，有时下面几无毛；叶柄具窄翅，长2-7厘米，托叶1/2与叶柄合生，离生部分窄披针形，疏生细齿。花白色；花梗常高出于叶，近中部有2线形小苞片；萼片椭圆状披针形或窄长圆形，先端钝或尖，基部附属物末端浅齿裂，具缘毛；侧瓣内面近基部稍有须毛，下瓣连距长1.5-2厘米，中下部有时具紫色条纹，有管状距；子房无毛，柱头两侧及后方具较宽缘边，前方具短喙。蒴果卵形，无毛。花果期5-8月。

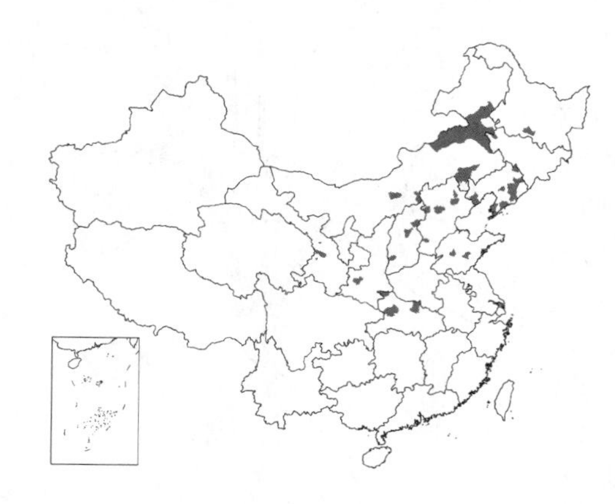

产黑龙江、吉林、辽宁、内蒙古、河北、山东、山西、陕西、甘肃及湖北，生于阔叶林、针叶林林下及林缘、石砾地。

图 240 心叶堇菜 （白建鲁绘）

14. 阴地堇菜

图 242

Viola yezoensis Maxim. in Bull. Acad. St. Pétersb. 23: 326. 1877.

多年生草本，无地上茎，高达15厘米。根状茎较粗，垂直或斜生。叶基生，卵形或长卵形，长2-5厘米，果期增大，基部深心形，具浅锯齿，两面被柔毛；叶柄长3-4厘米，果期较长，被柔毛，具窄翅，托叶1/2与叶柄合生，离生部分披针形。花白色；花梗较粗，长6-8厘米，中部以上有2小苞片；萼片披针形，连附属物长1.1-1.3厘米，宽3-4毫米，基部具附属物，长3-4毫米，末端具缺刻；上瓣倒卵形，长约1.2厘米，宽约8毫米，基部爪状，侧瓣长圆状倒卵形，内面近基部疏生须毛或几无毛，下瓣连距长1.8-2厘米，距圆筒形，常上弯或直伸；子房无毛，花柱基部常直，柱头两侧及后方具窄的缘边，前方具粗短的喙，喙端具较大的柱头孔。蒴果长圆状。花期4-5月，果期5-6月。

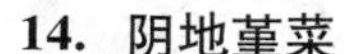

产辽宁、内蒙古、甘肃、河北及山东，生于阔叶林林下、山地灌丛中及山坡草地。朝鲜及日本有分布。

图 241 蒙古堇菜 （白建鲁绘）

15. 斑叶堇菜

图 243 彩片 82

Viola variegata Fisch ex Link, Enum. Hort. Berol. 1: 240. 1821.

多年生草本，高达12厘米。根状茎细短。叶基生，莲座状，叶圆形或圆卵形，长1.2–5厘米，宽1–4.5厘米，先端圆或钝，基部心形，具圆钝齿，上面深绿色，沿叶脉有白色斑纹，下面稍带紫红色，两面密被粗毛，有时毛较稀疏或近无毛；叶柄长1–7厘米，托叶近膜质，2/3与叶柄合生，离生部分披针形，边缘疏生流苏状腺齿。花红紫或暗紫色，长1.2–2.2厘米；花梗超出叶或较叶稍短；萼片常带紫色，长圆状披针形或卵状披针形，长5–6毫米，具窄膜质边缘并被缘毛，基部附属物短，末端平截或疏生浅齿；花瓣倒卵形，长0.7–1.4厘米，侧瓣内面基部有须毛，下瓣基部白色并有紫堇色条纹，连筒状距长1.2–2.2厘米；子房近球形，常有粗毛，柱头两侧及后方增厚成直伸的缘边，前方具短喙，柱头孔向上开口。蒴果椭圆形，无毛或疏生短毛。花期4月下旬至8月，果期6–9月。

产黑龙江、吉林、辽宁、内蒙古、河北、山西、山东、江苏西北部、安徽、河南、湖北、陕西、甘肃及四川，生于山坡草地、林下、灌丛中或阴处岩缝中。朝鲜、日本、俄罗斯远东地区有分布。全草药用，清热解毒、除脓消炎。

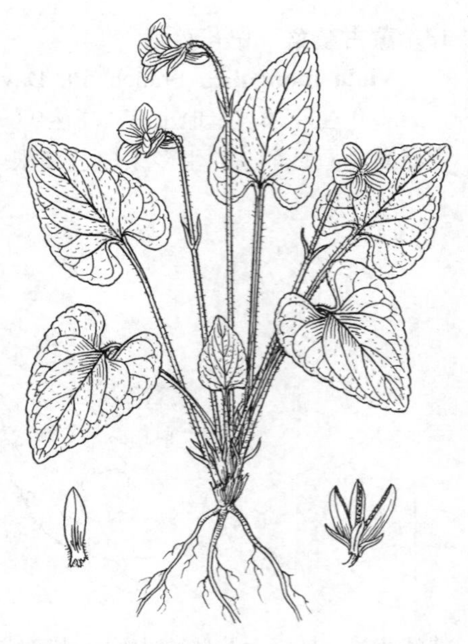

图 242 阴地堇菜 （余汉平绘）

图 243 斑叶堇菜 （白建鲁绘）

16. 细距堇菜

图 244

Viola tenuicornis W. Beck. in Beih. Bot. Centralbl. 34(2): 248. 1916.

多年生细弱草本，高达13厘米。根状茎短，垂直。叶基生，卵形或宽卵形，长1–3厘米，先端钝，基部微心形或近圆，具浅圆齿，两面无毛或沿叶脉及叶缘有微柔毛；叶柄细，托叶外侧者近膜质，内侧者淡绿色，2/3与叶柄合生，疏生流苏状短齿。花紫堇色；花梗细，稍超出或不长于叶，中部或中部稍下有2线形小苞片；萼片绿或带紫红色，披针形，长5–8毫米，基部附属物长1–1.5毫米，先端平截或圆，稀具浅齿；花瓣倒卵形，上瓣长1–1.2厘米，侧瓣内面基部稍有须毛或无毛，下瓣连距长1.5–1.7(2)厘米，距圆筒状，末端圆而上弯；柱头两侧及后方增厚成直伸的缘边，中央部分微隆起，前方具稍粗的短喙，喙端具向上开口的柱头孔。蒴果椭圆形，无毛。花果期4月中旬至9月。染色体2n=40。

产黑龙江东南部、吉林、辽宁、内蒙古、河北、山东、山西、陕西、甘肃及云南，生于山坡湿润草地、灌木林中、林下或林缘。朝鲜及俄罗斯远东地区有分布。

17. 北京堇菜

图 245

Viola pekinensis (Regel) W. Beck. in Beih. Bot. Centralbl. 34(2): 251. 1916.

Viola kamtschatica Ging var. *pekinensis* Regel, Pl. Radd. 230. 1861.

多年生草本，无地上茎，高达8厘米。根状茎粗短。叶基生，莲座状，叶圆形或卵状心形，长宽均2-3厘米，先端钝圆，基部心形，具钝锯齿，两面无毛或沿叶脉被疏柔毛；叶柄长1.5-4.5厘米，无毛，托叶外侧者较宽，白色，膜质，内部者较窄，绿色，离生部分窄披针形，具稀疏的流苏状细齿。花淡紫或近白色；花梗稍高于叶丛，近中部有2小苞片；萼片披针形或卵状披针形，长7-9毫米，宽1.5-2毫米，边缘窄膜质，基部附属物长2-3毫米，先端浅裂；花瓣宽倒卵形，上瓣长约1.1厘米，宽约7毫米，侧瓣内面近基部有须毛，下瓣连距长1.5-1.8厘米，距圆筒状，稍粗而直伸；柱头顶部平，两侧及后方具缘边，前方具短喙，喙端具较宽的柱头孔。蒴果无毛。花期4-5月，果期5-7月。

产内蒙古、河北及陕西，生于海拔500-1500米阔叶林林下或林缘草地。

图 244 细距堇菜 （白建鲁绘）

图 245 北京堇菜 （白建鲁绘）

18. 长萼堇菜 犁头草

图 246

Viola inconspicua Bl. ex Bijdr. Fl. Nederl. Ind. 1: 58. 1825.

多年生草本，无地上茎。叶基生，莲座状，叶三角形、三角状卵形或戟形，长1.5-7厘米，基部宽心形，弯缺呈宽半圆形，具圆齿，两面常无毛，上面密生乳点；叶柄具窄翅，长2-7厘米，托叶3/4与叶合生，离生部分披针形，疏生流苏状短齿。花淡紫色，有暗紫色条纹；花梗与叶片等长或稍高出于叶，中部稍上有2小苞片；萼片卵状披针形或披针形，长4-7毫米，基部附属物长，末端具缺刻状浅齿；花瓣长圆状倒卵形，长7-9毫米，侧瓣内面基部有须毛，下瓣连距长1-1.2厘米，距管状，直伸；柱头顶端平，两侧具较宽的缘边，前方具短喙，喙端具上向的柱头孔。蒴果长圆形，无毛。花果期3-11月。染色体2n=24。

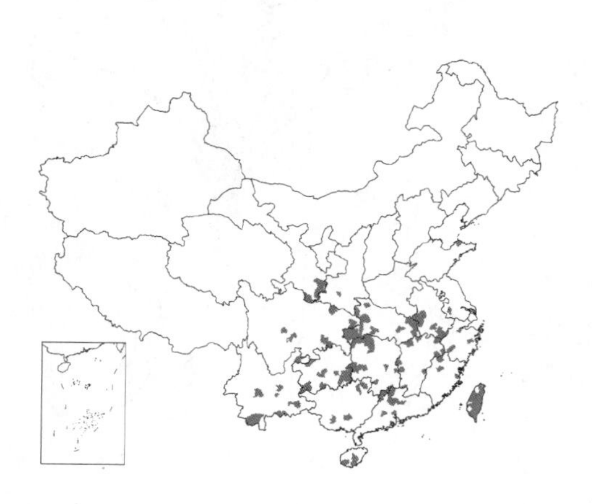

产山东、江苏、安徽、浙江、福建、台湾、江西、湖北、湖南、广东、

图 246 长萼堇菜 （白建鲁绘）

香港、海南、广西、云南、贵州、四川、陕西及甘肃南部，生于林缘、山坡草地、田边及溪旁。东南亚有分布。全草入药，能清热解毒。

19. 维西堇菜 凤凰堇菜 图 247

Viola monbeigii W. Beck. in Kew Bull. Misc. Inform. 6: 248. 1928.

多年生草本，无地上茎，高达15厘米。根状茎粗长。叶基生，叶深绿色，卵形或窄卵形，长2-4.5厘米，宽1.5-3厘米，先端尖或尾尖，基部深心形，有时两垂片叠置，具钝锯齿，两面近无毛或幼叶下面有细柔毛；叶柄上部有窄翅，托叶外方者卵状披针形，全缘，内方者约1/2与叶柄合生，离生部分窄披针形，疏生细齿。花白色，长1.7-1.9厘米；花梗高出叶或与叶近等长，中部有2枚对生小苞片；萼片长圆状或卵状披针形，长0.7-1厘米，宽2-2.5毫米，基部附属物近方形，末端具齿；花瓣倒卵形，侧瓣长约1.2厘米，内面近基部稍有须毛，下瓣连筒状距长1.6-1.9厘米；柱头两侧及后方具直立缘边，前方具较粗的短喙，喙端具较粗的柱头孔。蒴果椭圆形，无毛。花期4-7月。染色体2n=24。

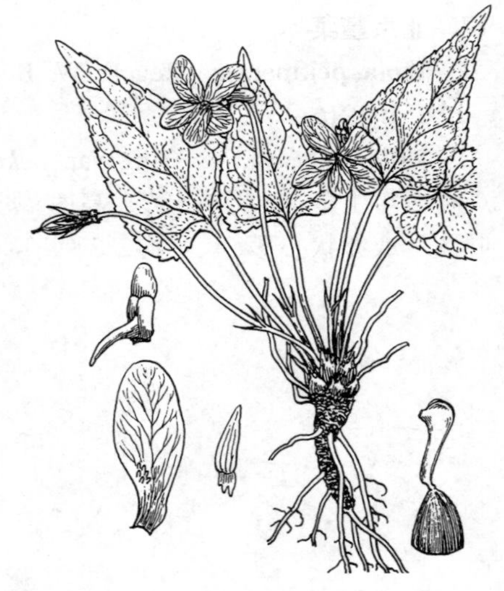

图 247 维西堇菜 （白建鲁绘）

产吉林、辽宁、河北、山西南部、山东、江苏、安徽、浙江、江西、云南、四川、陕西及甘肃，生于林缘、山地阴坡草丛或山谷溪旁。

20. 茜堇菜 白果堇菜 图 248

Viola phalacrocarpa Maxim. in Mél. Biol. 9: 726. 1876.

多年生草本，无地上茎，高达17厘米。根状茎粗短，被白色鳞片。叶基生，莲座状，最下方叶片圆形，余卵形或卵圆形，长1.5-4.5厘米，果期增大，具圆齿，基部稍心形，果期深心形，两面有白色短毛；叶柄细长，密被短毛，后渐稀疏，托叶外方者膜质，苍白色，无叶片，内部者淡绿色，1/2以上与叶柄合生，离生部分披针形，疏生短流苏状细齿。花紫红色并有深紫色条纹；花梗长于叶，被短毛，中部以上有2小苞片；萼片披针形或卵状披针形，具不整齐浅牙齿，被短毛及缘毛；上方花瓣倒卵形，长1.1-1.3厘米，先端具波状凹缺，侧瓣长圆状倒卵形，内面基部有长须毛，下瓣连距长1.7-2.2厘米，先端微凹，距细管状，有时疏生细毛；柱头两侧及背部增厚成直伸或平展的缘边，前方具较短的喙，柱头孔较粗。蒴果椭圆形，幼果密被粗毛，成熟时毛渐稀疏。花果期4月下旬至9月。

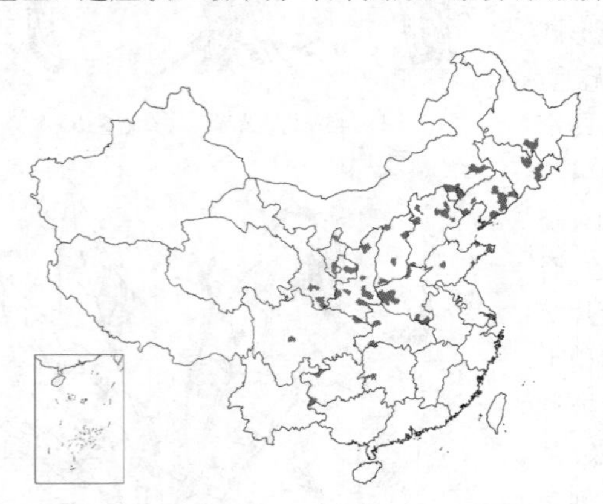

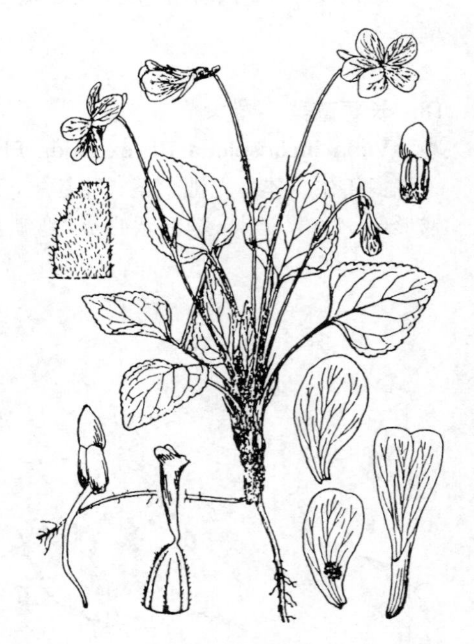

图 248 茜堇菜 （白建鲁绘）

产黑龙江东南部、吉林东部、辽宁、内蒙古、河北、山西、山东、河南、湖北、湖南、贵州、四川、陕西、宁夏及甘肃，生于阳坡草地、灌丛或林缘。朝鲜、日本及俄罗斯远东地区有分布。

21. 毛柄堇菜 图 249

Viola hirtipes S. Moore in Journ. Linn. Soc. Bot. 17: 379. t. 16. f. 16. 1879.

多年生草本，无地上茎，高达15（-30）厘米。根状茎短，垂直，常有残存托叶。叶在花期1-4枚，果期增多；叶长圆状卵形或卵形，长2-7（-15）厘米，基部心形，具圆齿，两面无毛，或下面沿叶脉被白色细长毛；叶柄与叶片等长或稍长，密被白色细长毛，果期长达18厘米，托叶近膜质，离生部分线状披针形，疏生短流苏状腺齿。花淡紫色，径2-3厘米；花梗与叶片等长或稍长；萼片长圆状披针形或窄披针形，长6-8毫米，边缘窄膜质，基部附属物末端平截或圆钝；花瓣倒卵形，长约1.6厘米，侧瓣长约1.5厘米，内面基部有长须毛，下瓣有紫色条纹，连圆筒状距长2-2.5厘米；柱头两侧及后方具厚而伸展的缘边，前方具短喙，喙端具细而上向的柱头孔。蒴果长椭圆形，无毛。花期4-6月，果期5-7月。

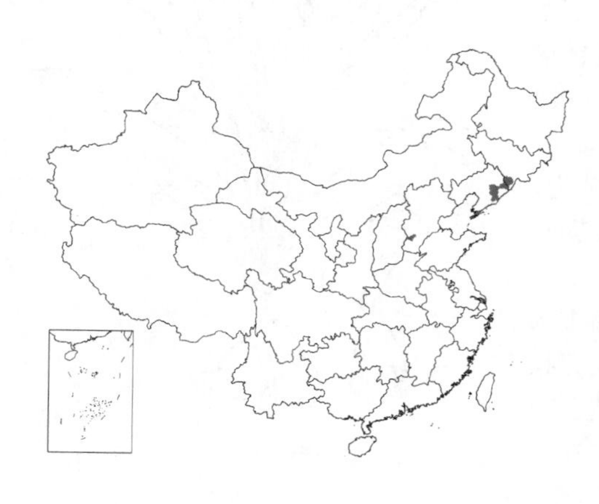

图 249 毛柄堇菜 （白建鲁绘）

产吉林东南部、辽宁东部及河北，生于阔叶林林下、林缘或灌丛、山坡草地。朝鲜、日本及俄罗斯远东地区有分布。

22. 早开堇菜 光瓣堇菜 图 250 彩片 83

Viola prionantha Bunge in Mém. Acad. Sci. St. Pétersb. Sav. Etrang. 2: 82. 1833.

多年生草本，无地上茎，高达10（-20）厘米。根状茎垂直。叶多数，均基生，叶在花期长圆状卵形、卵状披针形或窄卵形，长1-4.5厘米，基部微心形、平截或宽楔形，稍下延，幼叶两侧常向内卷折，密生细圆齿，两面无毛或被细毛，果期叶增大，呈三角状卵形，基部常宽心形；叶柄较粗，上部有窄翅，托叶苍白色或淡绿色，干后呈膜质，2/3与叶柄合生，离生部分线状披针形，疏生细齿。花紫堇色或紫色，喉部色淡有紫色条纹，径1.2-1.6厘米；花梗高于叶，近中部有2线形小苞片；萼片披针形或卵状披针形，长6-8毫米，具白色膜质缘，基部附属物末端具不整齐牙齿或近全缘；上方花瓣倒卵形，无须毛，长0.8-1.1厘米，向上反曲，侧瓣长圆状倒卵形，内面基部常有须毛或近无毛，下瓣连距长1.4-2.1厘米，距粗管状，末端微向上弯；柱头顶部平或微凹，两侧及后方圆或具窄缘边，前方具不明显短喙，喙端具较窄的柱头孔。蒴果长椭圆形，无毛。花果期4月上中旬至9月。

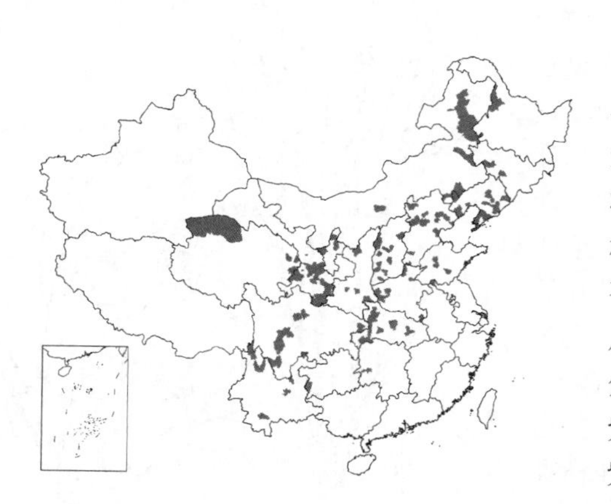

图 250 早开堇菜 （白建鲁绘）

产黑龙江、吉林、辽宁、内蒙古、青海、宁夏、甘肃、陕西、山西、河北、山东、江苏、河南、湖北、湖南、四川及云南，生于山坡草地、沟边或宅旁等向阳处。朝鲜及俄罗斯远东地区有分布。全草药用，能清热解毒，捣烂外敷可排脓、消炎、生肌。花色艳丽，为早春观赏植物。

23. 紫花地丁 图 251

Viola philippica Cav. Icons et Descr. Pl. Hisp. 6: 19. 1801.

多年生草本，无地上茎，高达14（-20）厘米。根状茎短，垂直，节密生，淡褐色。基生叶莲座状；下部叶较小，三角状卵形或窄卵形，上部者较大，圆形、窄卵状披针形或长圆状卵形，长1.5-4厘米，宽0.5-1厘米，先端圆钝，基部平截或楔形，具圆齿，两面无毛或被细毛，果期叶长达10厘米；叶柄果期上部具宽翅，托叶膜质，离生部分线状披针形，疏生流苏状细齿或近全缘。花紫堇色或淡紫色，稀白色或侧方花瓣粉红色，喉部有紫色条纹；花梗与叶等长或高于叶，中部有2线形小苞片；萼片卵状披针形或披针形，长5-7毫米，基部附属物短；花瓣倒卵形或长圆状倒卵形，侧瓣长1-1.2厘米，内面无毛或有须毛，下瓣连管状距长1.3-2厘米，有紫色脉纹；距细管状，末端不向上弯；柱头三角形，两侧及后方具微隆起的缘边，顶部略平，前方具短喙。蒴果长圆形，无毛。花果期4月中下旬至9月。

图 251 紫花地丁 （白建鲁绘）

产黑龙江、吉林、辽宁、内蒙古、河北、山西、河南、山东、江苏、安徽、浙江、福建、台湾、江西、湖北、湖南、广东、广西、云南、贵州、四川、陕西、宁夏及甘肃，生于田间、荒地、山坡草丛、林缘或灌丛中。朝鲜、日本及俄罗斯远东地区有分布。全草药用，能清热解毒。

24. 白花地丁 图 252

Viola patrinii DC. ex Ging in DC. Prodr. 1: 293. 1824.

多年生草本，无地上茎，高达20厘米。根状茎粗短而垂直，与根均深褐或带黑色。叶3-5枚或较多，均基生；叶较薄，椭圆形、窄卵形或长圆状披针形，长1.5-6厘米，宽0.6-2厘米，先端圆钝，基部平截、稍心形或宽楔形，疏生波状齿或近全缘，无毛或沿叶脉有毛；叶柄较叶片长2-3倍，无毛或疏生毛，上部具翅，托叶2/3与叶柄合生，离生部分线状披针形。花白色，带淡紫色脉纹；花梗高于叶或与叶近等长，无毛或疏生毛；萼片卵状披针形或披针形，基部附属物短而钝；上方花瓣倒卵形，长约1.2厘米，基部较窄，侧瓣长圆状倒卵形，内面基部有细须毛，下瓣连距长约1.3厘米，距浅囊状；

图 252 白花地丁 （白建鲁绘）

柱头顶部三角形，两侧具较窄的缘边，前方具斜生短喙，柱头孔较细。蒴果无毛。花果期5-9月。

产黑龙江、吉林、辽宁、内蒙古、河北、河南、安徽、湖北及甘肃东南部，生于沼泽化草甸、草甸、河岸湿地、灌丛或林缘较阴湿地带。朝鲜、日本及俄罗斯远东地区有分布。全草药用，能清热解毒、消肿，捣烂外敷，治节疮肿痈。

25. 东北堇菜 紫花地丁 图 253

Viola mandshurica W. Beck. in Engl. Bot. Jahrb. 54, Beibl. 120: 179. 1917.

多年生草本，无地上茎，高达18厘米。根状茎短，垂直，暗褐色。叶基生，长圆形、舌形、卵状披针形，长2-6厘米，宽0.5-1.5厘米，花后长三角形、椭圆状披针形或稍戟形，先端钝圆，基部平截或宽楔形，疏生波状齿，两面无毛或被疏柔毛；叶柄较长，上部具窄翅，花后翅增宽，托叶膜质，外方者鳞片状，褐色，内方者2/3与叶柄合生，离生部分线状披针形，疏生细齿或近全缘。花紫堇色或淡紫色，径2厘米；花梗高于叶；萼片卵状披针形或披针形，长5-7毫米，基部附属物宽短，末端圆或平截；上瓣倒卵形，长1.1-1.3厘米，侧瓣长圆状倒卵形，内面基部有长须毛，下瓣连距长1.5-2.3厘米，距圆筒状，粗而长；柱头两侧及后方具薄而直立的缘边，前方具斜上的短喙，喙端具较粗的柱头孔。蒴果长圆形，无毛。花果期4月下旬至9月。

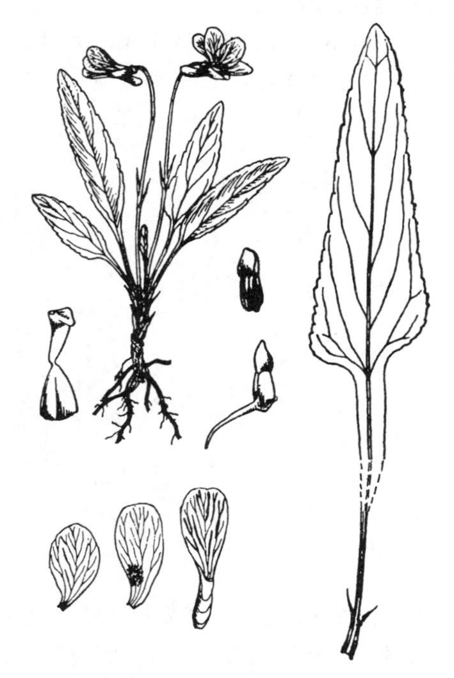

图 253 东北堇菜 （白建鲁绘）

产黑龙江、吉林、辽宁、内蒙古、河北、河南、湖北、四川、甘肃、陕西、山西、山东及台湾，生于草地、草坡、灌丛、林缘、疏林下、田野荒地或河岸沙地。朝鲜、日本及俄罗斯远东地区有分布。全草药用，能清热解毒，外敷可排脓消炎。

26. 白花堇菜 宽叶白花堇菜 图 254

Viola lactiflora Nakai in Bot. Mag. Tokyo 28: 329. 1914.

多年生草本，无地上茎，高达18厘米。根状茎稍粗，垂直或斜生。根淡褐色。叶基生，长三角形或长圆形，长2-5厘米，宽1.5-2.5厘米，先端钝，基部浅心形或平截，具圆齿，两面无毛；叶柄长1-6厘米，无翅，托叶近膜质，中部以上与叶柄合生，离生部分线状披针形。花白色，长1.5-2厘米；花梗不高出或稍高于叶；萼片披针形或宽披针形，长5-7毫米，基部附属物

图 254 白花堇菜 （白建鲁绘）

短，末端平截；花瓣倒卵形，侧瓣内面基部有须毛，下瓣较宽，具筒状距；柱头两侧及后方稍增厚成窄的缘边，前方具短喙，喙端有较细的柱头孔。蒴果椭圆形，无毛。

产辽宁南部、山东、江苏、浙江、江西、云南、四川东南部及陕西，西南地区多生于海拔1500-1900米的针叶林或针阔混交林林缘及山坡草地，其他地区生于草地或草坡。朝鲜南部及日本有分布。

27. 戟叶堇菜 图 255

Viola betonicifolia J. E. Smith in Rees, Cyclop. 37, n. 7. 1819.

多年生草本，无地上茎。叶基生，莲座状，叶窄披针形、长三角状戟形或三角状卵形，长2-8厘米，基部平截或略浅心形，有时宽楔形，基部垂片开展并具牙齿，疏生波状齿，两面无毛或近无毛；叶柄长1.5-13厘米，上半部有窄翅，托叶褐色，约3/4与叶柄合生，离生部分线状披针形或钻形，全缘或疏生细齿。花白或淡紫色，有深色条纹，长1.4-1.7厘米；花梗基部附属物较短；上方花瓣倒卵形，长1-1.2厘米，侧瓣长圆状倒卵形，内面基部密生或有少量须毛，下瓣常稍短，距管状，粗短，直或稍上弯；柱头两侧及后方略增厚成窄缘，前方具短喙，喙端具柱头孔。蒴果椭圆形或长圆形，无毛。花果期4-9月。

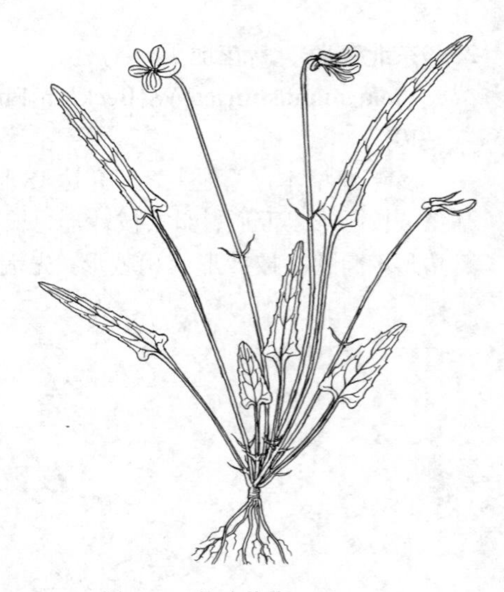

图 255 戟叶堇菜 （余汉平绘）

产河南、山东、江苏、安徽、浙江、福建、台湾、江西、湖北、湖南、广东、香港、海南、广西、贵州、云南、西藏、四川、陕西西南部及甘肃，生于田野、路边、山坡草地、灌丛或林缘。喜马拉雅地区、印度、斯里兰卡、印度尼西亚、日本及澳大利亚有分布。全草药用，可清热解毒，消肿散瘀，外敷治节疮肿痛。

28. 兴安堇菜 图 256

Viola gmeliniana Roem. et Schult, Syst. Veget. 5: 354. 1819.

多年生草本，无地上茎，高达10厘米。根状茎肥厚，垂直。叶基生，莲座状，叶近革质，匙形或长椭圆形，长2-5厘米，宽0.5-1.2厘米，基部下延，具圆齿，或近全缘，两面无毛或密生粗毛，或仅上面叶脉上被粗毛；幼叶近无柄，果期叶柄长达4厘米，上部具窄翅，托叶离生部分披针形，疏生细齿或近全缘。花小，紫堇色；花梗常高于叶，中部有2小苞片；萼片卵状披针形或披针形，长5-6毫米，基部附属物近方形；花瓣长圆状倒卵形，上瓣长约9毫米，侧瓣内面近基部有须毛，下瓣连距长1-1.3厘米，距较短，微上弯；子房沿背棱有颗

图 256 兴安堇菜 （白建鲁绘）

粒状突起，柱头两侧及后方具薄而直展的缘边，顶部稍隆起，前方具喙，喙端的柱头孔较粗。蒴果长椭圆形，无毛。花果期5-8月。

产黑龙江东部、内蒙古东部及东北部，生于山坡灌丛、沙地或沙丘草地。蒙古、俄罗斯远东地区及西伯利亚有分布。

29. 鳞茎堇菜 图 257

Viola bulbosa Maxim. in Mél. Biol. 748. 1876.

多年生草本，地上茎高达4.5厘米。根状茎细长，垂直，下部生一小鳞茎；鳞茎肉质，白色，具4-6枚舟状鳞片。叶簇生茎顶；叶长圆状卵形或近圆形，长1-2.5厘米，宽0.5-1.4厘米，基部楔形或浅心形，具圆齿，无毛或下面尤其是幼叶有白色柔毛；叶柄具窄翅，被柔毛，托叶大部与叶柄合生，无毛或疏生具腺体的缘毛。花小、白色，花梗自地上茎叶腋抽出，稍高于叶或与叶近等长；萼片卵形或长圆形，先端尖，基部附属物短而圆，无毛或具缘毛；花瓣倒卵形，侧瓣长0.8-1厘米，内面无须毛，下瓣长7-8毫米，有紫堇色条纹，先端微缺，距粗短，囊状；子房无毛，柱头三角形，两侧及后方具窄缘边，喙短，近直立，柱头孔与喙近等粗。花期5-6月。

图 257 鳞茎堇菜 （白建鲁绘）

产湖北、陕西、宁夏、甘肃、青海、西藏、四川及云南，生于海拔2200-3800米山谷、山坡草地或耕地边缘。

［附］**块茎堇菜 Viola tuberifera** Franch. in Bull. Soc. Bot. France 33: 410. 1886. 本种与鳞茎堇菜的区别：鳞茎干后深灰色；叶肾形或近圆形，长1-2厘米，宽1.5-3厘米，托叶1/3与叶柄合生，离生部分线状披针形；侧瓣内面近基部有须毛，下瓣先端圆。花期5-6月。染色体2n=24。产陕西、甘肃、青海、云南、四川、西藏，生于海拔2100-2400米山地草丛、杨桦林林缘、灌丛中及农田。

30. 朝鲜堇菜 图 258

Viola albida Palib. in Acta Hort. Petrop. 17(1): 30. 1899.

多年生草本，无地上茎，高达20厘米。根状茎短，垂直。叶基生，常2-4枚，叶卵形或宽卵形，长1.5-4厘米，先端渐尖或短渐尖，基部心形，具较整齐而内弯的钝锯齿，两面无毛；叶柄细长，上部具窄翅，托叶淡绿色，1/2与叶柄合生，离生部分线状披针形，疏生细齿。花径约1.6厘米，白色，有时内面淡红色，具紫色条纹；花梗细，与叶等长或稍超出于叶，中部有2小苞片；萼片长圆状披针形，基部附属物明显，末端

图 258 朝鲜堇菜 （白建鲁绘）

具2-3个不整齐牙齿；花瓣倒卵形，长约1.6厘米，上瓣宽约9毫米，侧瓣宽约6毫米，内面基部疏生须毛，下瓣先端微缺，基部具长而粗的距；子房无毛，柱头两侧及后方具窄的缘边，中央部分稍隆起并向前延伸成短喙，柱头孔中等粗细。花期4月下旬至5月。

产辽宁，生于海拔300-900米山地阔叶林或灌丛中。朝鲜及日本有分布。

31. 辽东堇菜 图 259

Viola savatieri Makino in Bot. Mag. Tokyo 16: 125. 1902.

多年生草本，无地上茎，高约15厘米。根状茎粗短。叶基生，2-4枚，叶三角状披针形，长4-5.5厘米，宽1-1.5厘米，花后长达9厘米，基部稍心形或近平截，上部具钝齿，下部具浅裂状粗齿，两面无毛或沿叶脉被柔毛；叶柄细，上部具极窄的翅，托叶1/2与叶柄合生，离生部分钻状或线状披针形，疏生细齿或全缘。花紫堇色；花梗与叶等长或稍高于叶，中部以下有2小苞片；萼片披针形，长6-8毫米，边缘膜质，无毛，基部附属物长方形或近半圆形；上瓣长圆状倒卵形，长约1.3厘米，侧瓣长圆形，长约1.1厘米，内面基部疏生短须毛，下瓣连粗而长的距长约1.8厘米；子房近长圆形，柱头两侧具极窄的缘边，前方具平伸短喙，喙具较粗的柱头孔。花期5月。

图 259 辽东堇菜 （白建鲁绘）

产辽宁东部及江苏南部，生于阳坡草地。朝鲜及日本有分布。

［附］**羽裂堇菜 Viola forrestiana** W. Beck. in Fedde, Repert. Sp. Nov. 19: 234. 1923. 本种与辽东堇菜的区别：叶三角状卵形或窄卵形，具不整齐缺刻状圆齿或中部以下锐裂，裂片长圆形具圆齿，上面被柔毛，下面无毛；花紫或淡紫色。产云南西北部及西藏东南部，生于海拔2200-3700米山坡草地或溪边。

32. 裂叶堇菜 图 260

Viola dissecta Ledeb. Fl. Alt. 1: 255. 1829.

多年生草本，无地上茎，高达30厘米。根状茎短而垂直。叶基生，圆形或宽卵形，长1.2-9厘米，宽1.5-10厘米，3（5）全裂，两侧裂片2深裂，中裂片3深裂，裂片线形、长圆形或窄卵状披针形，全缘或疏生缺刻状钝齿，或近羽状浅裂，小裂片全缘，幼叶两面被白色柔毛，后渐无毛；叶柄长1.5-24厘米，幼时常被短柔毛，后渐无毛，托叶近膜质，约2/3与叶柄合生，离生部分窄披针形，疏生细齿。花较大，淡紫或紫

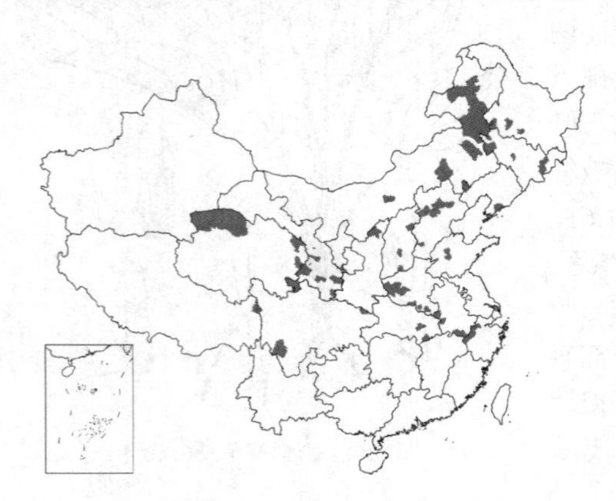

图 260 裂叶堇菜 （白建鲁绘）

堇色；花梗与叶等长或稍高于叶，果期较叶短，中部以下有2线形小苞片；萼片卵形或披针形，基部附属物长1-1.5毫米，末端平截；上方花瓣长倒卵形，长0.8-1.3厘米，侧瓣长圆状倒卵形，内面基部有长须毛或疏生须毛，下瓣连圆筒状距长1.4-2.2厘米；柱头两侧及后方具直展的缘边，前方具短喙，喙具明显的柱头孔。蒴果长圆形或椭圆形，无毛。花期4-9月，果期5-10月。染色体2n=24。

产黑龙江、吉林、辽宁、内蒙古、宁夏、甘肃、青海、西藏、四川、陕西、湖北、河南、山西、河北、山东、安徽及浙江，生于山坡草地、杂木林林缘、灌丛下或田边。朝鲜、蒙古、俄罗斯远东地区及西伯利亚、中亚有分布。

33. 南山堇菜 胡堇草 图 261

Viola chaerophylloides（Regel）W. Beck. in Bull. Herb. Boiss. ser. 2（2）：856. 1902, pro part

Viola pinnata Linn. var. *chaerophylloides* Regel, Pl. Radd. 1：222. 1861.

多年生草本，无地上茎，花期高达20厘米，果期高达30余厘米。根状茎粗短。叶基生，2-6枚，叶3全裂，侧裂片2深裂，中裂片2-3深裂，裂片卵状披针形、长圆形、线状披针形，具缺刻状齿或浅裂，有时深裂，两面无毛或沿叶脉被柔毛；叶柄长3-9厘米，果期达20余厘米，托叶膜质，1/2与叶柄合生，宽披针形，疏生细齿或全缘。花径2-2.5厘米，白、乳白或淡紫色，有芳香；花梗淡紫色，有光泽，花期与叶等长或高于叶，中部以下有2小苞片；萼片长圆状卵形或窄卵形，长1-1.4厘米，基部附属物长4-6毫米，末端具缺刻或浅裂；花瓣宽倒卵形，上瓣长1.3-1.5厘米，侧瓣长约1.5厘米，内面基部有细须毛，下瓣有紫色条纹，连粗而长的距长1.6-2厘米；柱头两侧及后方有稍肥厚的缘边，中央部分微隆起，前方具短喙，喙端具圆形柱头孔。蒴果大，长椭圆状，无毛。花果期4-9月。染色体2n=24。

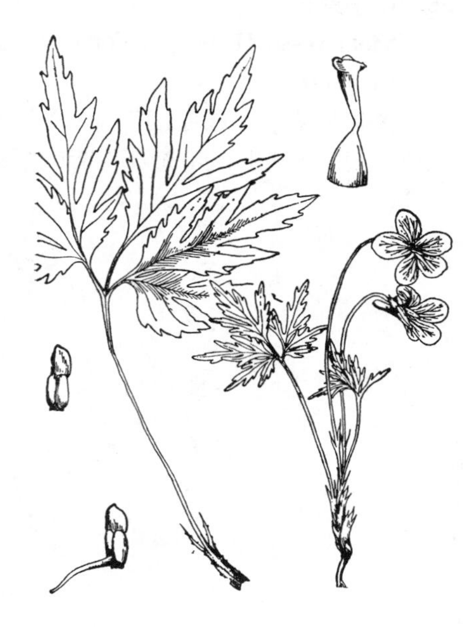

图 261 南山堇菜 （白建鲁绘）

产黑龙江、吉林、辽宁、内蒙古、河北、山西、河南、山东、江苏、安徽、浙江、江西、湖北、四川、陕西、甘肃及青海，生于海拔1600米以下山地阔叶林下、林缘、溪谷阴湿处、阳坡灌丛或草坡。朝鲜、日本及俄罗斯远东地区有分布。

34. 掌叶堇菜 图 262

Viola dactyloides Roem. et Schult. Syst. Veget. 5：351. 1819.

多年生草本，无地上茎，高达20厘米。根状茎短，具多条赤褐色根。叶基生，掌状5全裂，裂片长圆形、长圆状卵形或宽披针形，花期长3-4厘米，宽0.5-1厘米，果期稍增大，具短柄，疏生钝齿或具浅刻状齿，有的裂片2-3浅裂至深裂，上面无毛或疏生细毛，下面沿叶脉及边缘毛较多；叶柄长达15厘米，托叶干膜质，卵状披针形，约1/2以上与叶柄合生，全缘或疏生流苏状细齿。花大，淡紫色；花梗不高于叶，中部以下有2小苞片；萼片长圆形或披针形，长约8毫米，基部附属物短，边缘窄膜质；上方花瓣宽倒卵形，长约1.6厘米，具爪，侧瓣长圆状倒卵形，长约1.5厘米，内面基部有长须毛，下瓣倒卵形，连长而粗的距长2-2.3厘米；柱头2裂，两

侧具窄而直立的缘边，中央部分稍凹，前方具斜生而较粗的短喙，喙端具较粗的柱头孔。蒴果椭圆形，无毛。花果期5-8月。

产黑龙江小兴安岭山区、吉林长白山区、内蒙古及河北北部，生于山地落叶阔叶林及针阔混交林林下、林缘、灌丛或岩缝中。俄罗斯东西伯利亚及远东地区有分布。

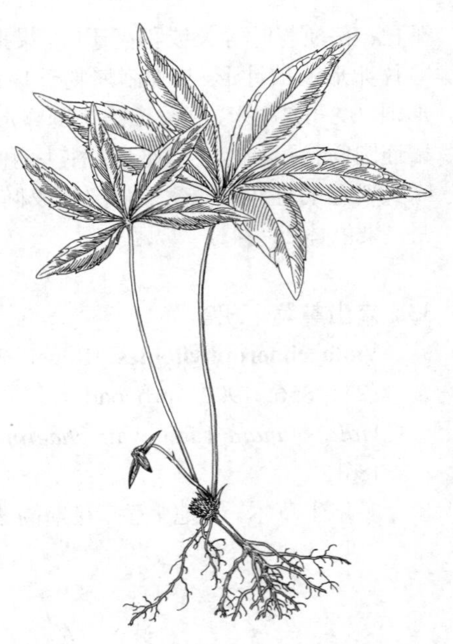

图 262 掌叶堇菜 （白建鲁绘）

35. 辽宁堇菜 图 263

Viola rossii Hemsl. ex Forbes et Hemsl. in Journ. Linn. Soc. Bot. 23: 54. 1866.

多年生草本，无地上茎。根状茎垂直或斜生，深褐色，节间短，密生褐色细根。叶基生；叶宽卵形或近肾形，长2-6厘米，宽2-5厘米，先端渐尖，基部浅心形，耳部常内卷，具细锯齿，上面绿色，疏生白色柔毛，下面淡绿色，密被白色柔毛，老叶毛渐少；叶柄具窄翅，花后长达14厘米，托叶离生，披针形或窄卵形，全缘或疏生细齿。花较大，淡紫色；花梗与叶近等长，无毛，中部稍上有2对生小苞片；萼片卵形或长圆状卵形，长约7毫米，基部附属物短，末端钝或平截，具疏齿；花瓣倒卵形，侧瓣内面基部有少量须毛，下瓣匙形，连囊状距长1.8-2厘米；柱头顶部两侧具稍肥厚的缘边，中央略平，前方具短喙。蒴果较大，无毛。花期4-7月，果期6-8月。2n=24。

产辽宁、内蒙古、甘肃、四川、湖南、河南、山东、江苏、安徽、浙江、江西及广西，生于山地针阔混交林或阔叶林林下或林缘、灌丛中或山坡草地。朝鲜及日本有分布。

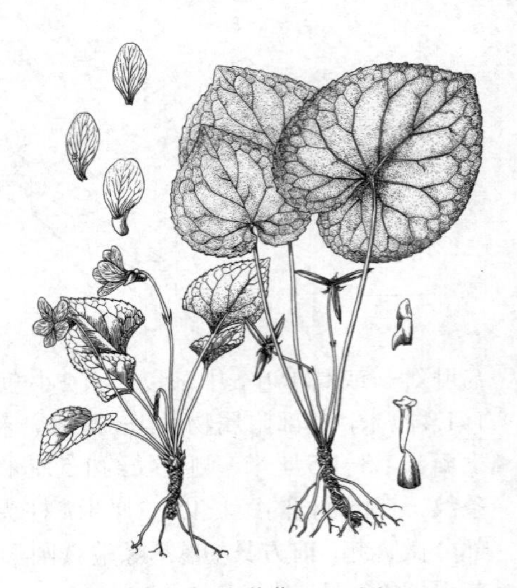

图 263 辽宁堇菜 （白建鲁绘）

36. 犁头叶堇菜 图 264

Viola magnifica C. J. Wang in Acta Bot. Yunnan. 13(3): 263. 1991.

多年生草本，高约28厘米，无地上茎。根状茎粗，长1-2.5厘米，有多条圆柱状支根及纤维状细根。叶基生，常5-7枚；叶果期较大，三角形、三角状卵形或长卵形，长7-15厘米，宽4-8厘米，先端渐尖，基部宽心形或深心形，两侧垂片大而开展，具粗锯齿，齿端钝而稍内曲，上面深绿色，两面无毛或下面沿脉疏生短毛；叶柄长达20厘米，上部有窄翅，托叶大，1/2-2/3与叶柄合生，离生部分线形或窄披针形，近全缘或疏生细齿。蒴果椭圆形，无毛；果柄长4-15厘米，近中部或中部以下有2小苞片；宿存萼片窄卵形，长4-7毫米，基部附属物长3-5毫米，末端齿裂。果期7-9月。

产安徽、浙江、江西、湖北、湖南、四川及贵州西北部，生于海拔700-1900米山坡林下或林缘、谷地阴湿处。

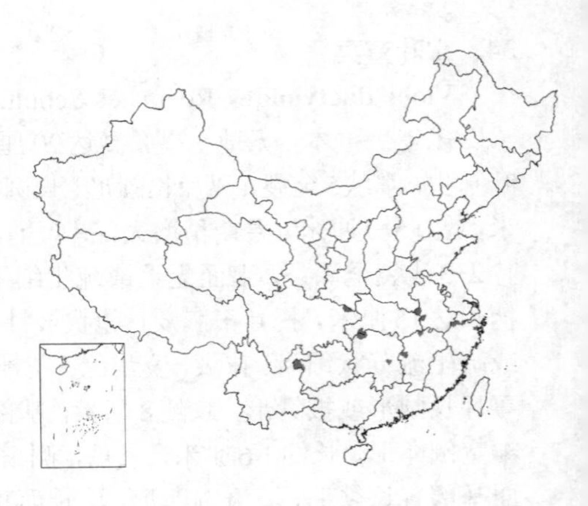

图 264 犁头叶堇菜 （白建鲁绘）

37. 萱

图 265

Viola moupinensis Franch. in Bull. Soc. Bot. France 33: 412. 1886.

多年生草本，无地上茎，有时具长达30厘米的匍匐枝。根状茎粗，长达15厘米，节间短而密。叶基生；叶心形，花后肾形，长约9厘米，宽约10厘米，先端尖或渐尖，基部弯缺窄或宽三角形，耳部花期常向内卷，有钝腺齿，两面无毛，有时下面沿叶脉稍被毛；叶柄有翅，花后长达25厘米，托叶离生，卵形，先端渐尖，疏生细锯齿或全缘。花较大，淡紫或白色，具紫色条纹；花梗长不超出叶；萼片披针形或窄卵形，先端稍尖，基部附属物短，末端平截，疏生浅齿；花瓣长圆状倒卵形，侧瓣内面近基部有须毛，下瓣连囊状距长约1.5厘米；柱头平截，两侧及后方具肥厚的缘边，前方具平伸的短喙。蒴果椭圆形，无毛，有褐色腺点。花期4-6月，果期5-7月。

产河北、江苏、安徽、浙江、福建、江西、湖北、湖南、广东、广西、云南、贵州、四川、陕西及甘肃，生于林缘旷地或灌丛中、溪旁及草坡。全草入药，能清热解毒，活血祛瘀。

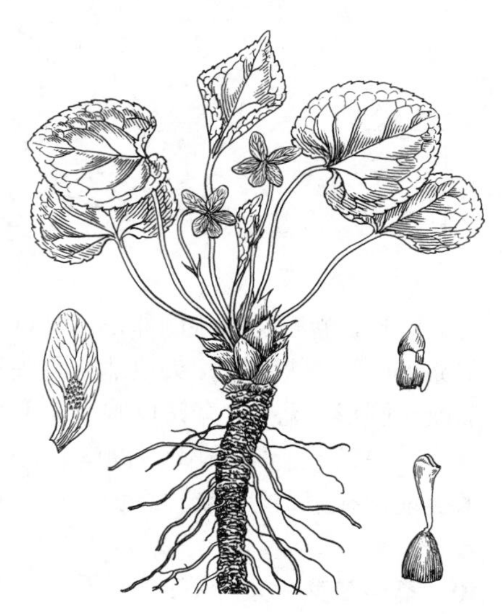
图 265 萱 （白建鲁绘）

38. 匍匐堇菜

图 266

Viola pilosa Bl. Cat. Gew. Buitenz. 57. 1823.

多年生草本，地上茎极短或无，具纤细匍匐枝。根状茎垂直或斜生，节间明显。叶近基生，叶卵形或窄卵形，长2-6厘米，宽1-3厘米，先端尾尖或锐尖，基部弯缺窄而深，两侧有垂片，密生浅钝齿，两面淡绿色，散生白色硬毛，下面沿脉毛较密；叶柄与叶近等长或下部者长于叶片，密被倒生长硬毛，托叶大部分离生，宽披针形，具流苏状齿。花中等大，淡紫或白色；花梗高于叶，疏生短毛或近无毛，中部以上有2线形小苞片；萼片披针形，长6-7.5毫米，基部附属物末端疏生浅牙齿；花瓣长圆状倒卵形，基部较窄，侧瓣内面基部有须毛，下瓣较短，有深色条纹，具囊状距；柱头顶部稍平，无缘边，前方具短喙，喙端具细小的柱头孔。蒴果近球形，被柔毛或无毛。花期春季。

产云南、西藏、四川、贵州西南部、湖北西部及江西，生于海拔800-

图 266 匍匐堇菜 （白建鲁绘）

2500米山地林下、草地或路边。印度、缅甸、泰国、印度尼西亚、马来西亚及喜马拉雅地区有分布。

［附］**灰堇菜 Viola canescens** Wall. in Roxb. Fl. Ind. ed. Carey 2: 450. 1824. 本种与匍匐堇菜的区别：叶卵形或窄卵形，先端尾尖，两面散生白色硬毛；托叶披针形，边缘具流苏状齿；蒴果被柔毛或无毛。产云南、西藏、四川及湖北，生于山坡林下或草坡。印度、不丹及克什米尔地区有分布。

39. 江西堇菜 图 267

Viola kiangsiensis W. Beck. in Fedde, Repert. Sp. Nov. 21: 321. 1925.

多年生草本，无地上茎，有匍匐枝。根状茎垂直，短缩，节密生，有多条细根。叶基生或互生于匍匐枝上；叶长圆状卵形或卵形，长2-8厘米，基部心形或窄心形，具圆锯齿，两面无毛或幼叶边缘疏生短硬毛，下面常有橄榄绿色或锈色腺点；叶柄无毛，长短不等，托叶离生，披针形或线状披针形，具长而密的流苏状齿。花淡紫色；花梗纤细，中部以上有2枚对生的小苞片；萼片披针形，长约4毫米，基部附属物2深裂，边缘膜质，常有褐色腺点；花瓣沿脉纹有腺点，上瓣长圆形，侧瓣长圆状倒卵形，内面基部有须毛，下瓣较短而窄，长圆状倒卵形，有管状距；柱头顶部有乳头状突起，前方具极短的喙。蒴果近球形或长圆形，无毛，有锈色腺点。花期春夏，果期秋季。

产福建、江西、湖北、湖南、广东、海南及广西，生于海拔600-1000米山地密林下、溪边或林缘。

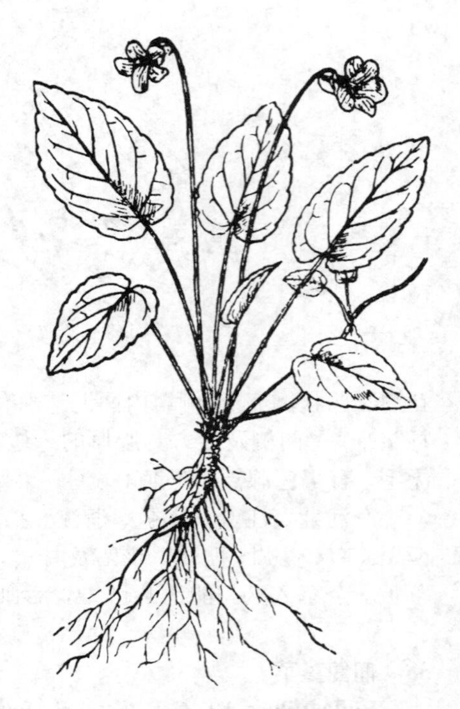

图 267 江西堇菜 （引自《图鉴》）

40. 柔毛堇菜 紫叶堇菜 图 268

Viola principis H. de Boiss. in Bull. Soc. Bot. France 57: 258. 1910.

多年生草本，植株被白色柔毛。根状茎较粗。匍匐枝较长。叶近基生或互生于匍匐枝上；叶卵形或宽卵形，有时近圆形，长2-6厘米，先端圆，稀具短尖，基部宽心形，有时较窄，密生浅钝齿，下面沿中脉毛较密；叶柄长5-13厘米，托叶大部分离生，先端渐尖，具长流苏状齿。花白色；花梗常高于叶丛，中部以上有2对生小苞片；萼片窄卵状披针形或披针形，长7-9毫米，基部附属物短；花瓣长圆状倒卵形，长1-1.5厘米，侧瓣内面基

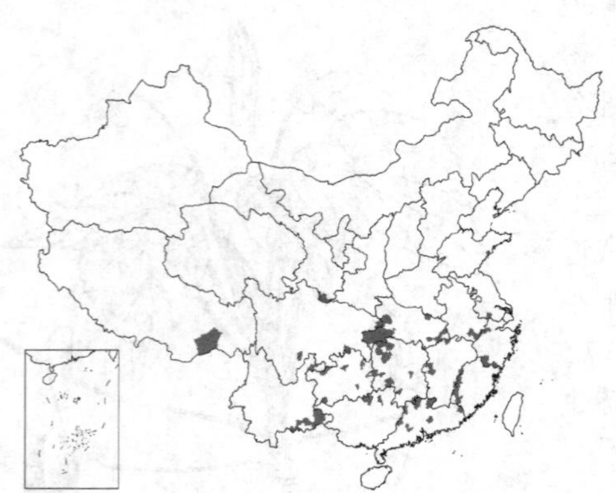

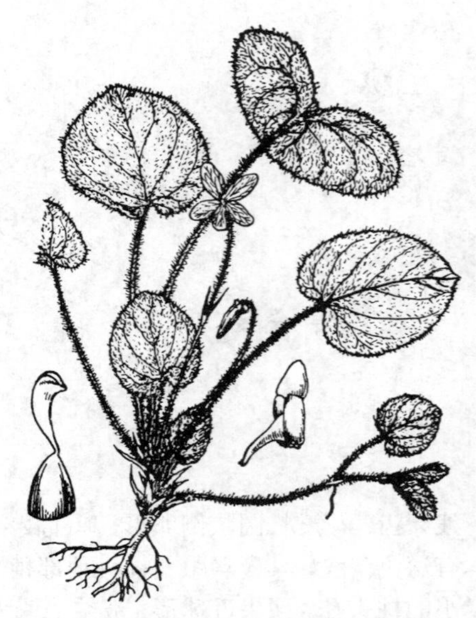

图 268 柔毛堇菜 （白建鲁绘）

部稍有须毛，下瓣较短连囊状距长约7毫米；子房圆锥状，无毛，柱头顶部略平，两侧有缘边，前方具短喙。蒴果长圆形。花期3-6月，果期6-9月。

产江苏、安徽、浙江、福建、江西、湖北、湖南、广东、广西、贵州、云南、四川、西藏及甘肃南部，生于山地林下、林缘、草地、溪谷、沟边或路旁。

41. 深圆齿堇菜 图 269

Viola davidii Franch. in Nouv. Arch. Mus. Paris ser. 2, 8: 230. 1886.

多年生细弱无毛草本，无地上茎，高达9厘米，有时具匍匐枝。根状茎细，垂直，节密生。叶基生；叶圆形或肾形，长宽1-3厘米，先端圆钝，基部浅心形或平截，具较深圆齿，下面灰绿色；叶柄长2-5厘米，托叶离生或基部与叶柄合生，披针形，疏生细齿。花白或淡紫色；花梗长4-9厘米，上部有2线形小苞片；萼片披针形，长3-5毫米，基部附属物短，末端平截；花瓣倒卵状长圆形，上瓣长1-1.2厘米，宽约4毫米，侧瓣与上瓣近等大，内面无须毛，下瓣较短，连囊状距长约9毫米，有紫色脉纹；柱头两侧及后方有窄的缘边，前方具短喙。蒴果椭圆形，常具褐色腺点。花期3-6月，果期5-8月。

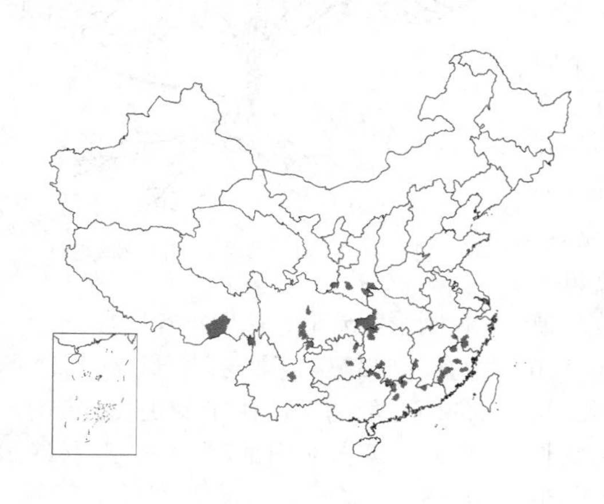

图 269 深圆齿堇菜 （引自《图鉴》）

产浙江、福建、江西、湖北、湖南、广东、海南、广西、贵州、云南、四川、西藏东南部、陕西南部及甘肃，生于林下、林缘、山坡草地、溪谷或石上阴湿处。

42. 锡金堇菜 图 270

Viola sikkimensis W. Beck. in Beih. Bot. Centaralb. 34(2): 260. 1916.

多年生草本，无地上茎。根状茎粗短，节密生，常残存褐色托叶。匍匐枝长达10余厘米，节间较长。叶基生；叶宽卵形或近圆形，长1.5-5厘米，宽1.5-4厘米，先端钝，基部深心形，密生浅圆锯齿，两面无毛或疏生短毛，下面灰绿色；叶柄长3-10厘米，托叶披针形，具长流苏状齿。花白或淡紫色；花梗长于叶，中部以上有线形小苞片2；萼片窄披针形，长5-6毫米，基部附属物末端圆或疏生牙齿；花瓣长圆状倒卵形，长1-1.2厘米，宽4-4.5毫米，侧瓣内面无须毛，下瓣较短，有紫色脉纹，连距长1-1.2厘米；子房圆锥状，无毛，柱头顶部平，两侧具较宽展的缘边，前方具直伸的短喙。蒴果卵球形。花期4-5月，果期5-6月。

图 270 锡金堇菜 （白建鲁绘）

产四川、贵州西南部、云南及西藏东南部，生于海拔1500-3500米山地林下、林缘、溪谷或河旁。尼泊尔、锡金及缅甸有分布。

43. 浅圆齿堇菜 图 271

Viola schneideri W. Beck. in Fedde, Repert. Sp. Nov. 17: 315. 1921.

多年生草本，几无地上茎。根状茎斜生，节短而明显。匍匐茎长10-15厘米，顶端常发育成新植株。叶近基生；叶卵形或卵圆形，长2-7厘米，宽1.5-3.5厘米，先端圆，基部深心形，具6-8对浅圆齿，下面常带红色，干后有褐色腺点；叶柄长达5厘米，托叶大部分离生，宽披针形，先端长渐尖，具流苏状疏齿。花白或淡紫色；花梗超出叶，或与叶近等长；萼片披针形或卵状披针形，长5-6毫米，先端尖，基部附属物短呈平截；花瓣长圆状倒卵形，长7-8毫米，侧瓣内面基部有须毛，下瓣较短有囊状距；子房长圆形，无毛，柱头两侧具宽而明显的缘边，前方具向上而直伸的短喙，喙端具粗大的柱头孔。蒴果长圆形，无毛。花期4-6月。

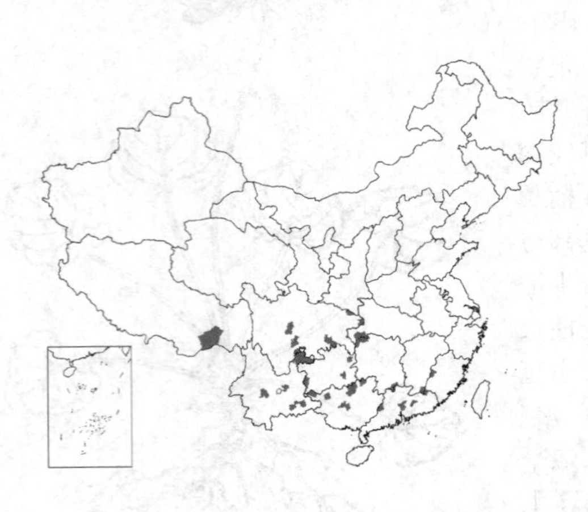

图 271 浅圆齿堇菜 （引自《图鉴》）

产福建、江西东南部、湖北、湖南西北部、广东、广西、贵州、云南、四川及西藏东南部，生于林下、林缘、草坡或溪谷。

44. 小尖堇菜 图 272

Viola mucronulifera Hand.-Mazz. in Sinensia 2: 4. 1931.

多年生草本，近无地上茎。根状茎细长。匍匐茎长达15厘米。叶近基生或密集于短茎；叶近革质，卵状心形或椭圆状心形，长2-5厘米，基部窄心形，具粗锯齿，齿端具刺尖，刺端具淡红色腺体，两面无毛，下面灰绿色，沿中脉散生刺尖；叶柄与叶片近等长，托叶仅基部与叶柄合生，披针形，具流苏状齿。花白或淡紫色；花梗与叶近等长或稍短，中部以上有2小苞片；萼片披针形，长约5毫米，有窄膜质边缘，基部附属物短，末端平截，疏生浅齿；花瓣倒卵形，上瓣及侧瓣近等长，长约1.3厘米，侧瓣内面无须毛，下瓣较短，连囊状距长约1.1厘米；柱头顶部稍隆起，两侧具窄的缘边，先端具不明显的短喙，柱头孔细小。蒴果椭圆形。花期4-5月，果期5-6月。

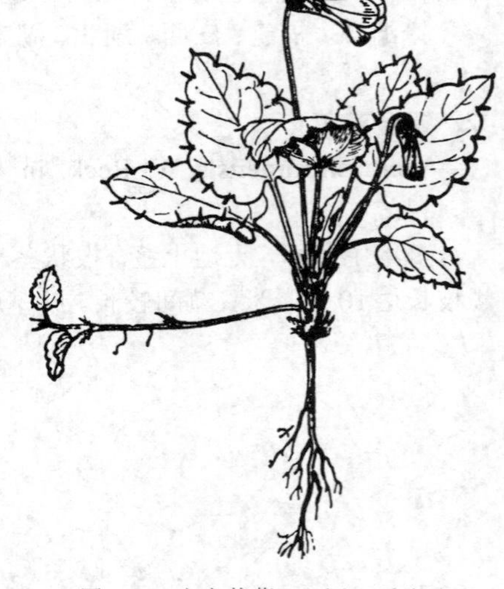

图 272 小尖堇菜 （引自《图鉴》）

产浙江南部、福建西南部、江西、湖北、湖南、广东、海南、广西、贵州、云南及四川，生于海拔1900米以下山地林下、林缘或草地。

45. 光叶堇菜 图 273

Viola hossei W. Beck. in Beih. Bot. Centralbl. 34(2): 257. 1916.

多年生草本，无地上茎，有细长

匍匐枝。根状茎垂直。叶基生或互生于匍匐枝上；叶三角状卵形或长圆状卵形，长2-5厘米，基部深心形，密生浅齿或稀具浅圆齿，齿端具腺体，两面无毛或疏生白色短毛并有褐色腺点，下面淡绿色；叶柄长2-9厘米，具窄翅，托叶深褐色，离生，线状披针形，具长流苏状齿。花淡紫或紫色；花梗不超出叶，中部有2对生小苞片；萼片线状披针形，长5-6毫米，基部附属物甚短，末端平截，边缘膜质，有锈色腺点；花瓣长圆状卵形，长0.8-1厘米，侧瓣内面无须毛，下瓣较短，连囊状距长约7毫米；柱头两侧有直展缘边，前方具直立短喙，喙端具较细柱头孔。蒴果较小，近球形，有褐色腺点。花期春夏，果期夏秋。

产安徽南部、江西、湖南西南部、海南、广西、贵州、云南、四川及陕西，生于海拔2000米以下阴蔽林下、林缘、溪畔或沟边岩缝中。缅甸、泰国、越南及马来西亚有分布。

图 273 光叶堇菜 （引自《图鉴》）

46. 云南堇菜 图 274

Viola yunnanensis W. Beck. et H. De Boiss. in Bull. Herb. Boiss. ser. 2, 8: 740. 1908.

多年生草本。根状茎斜生或平卧。地上茎缺或较短。匍匐枝密被白色柔毛，具互生叶，先端有簇生的叶丛且常形成新植株。叶近基生，叶长圆状卵形或卵形，长3-8厘米，先端尖或渐尖，基部浅心形，具浅圆齿，两面密被灰白色柔毛；叶柄长3-8厘米，密被白色柔毛，托叶大部分离生，披针形，膜质，具长流苏状齿。花淡红或白色，径约1.5厘米；花梗密被柔毛，中部以上有2对生小苞片；萼片窄披针形，长5-7毫米，基部附属物短，沿脉疏生白色毛，密生缘毛；上瓣长圆形，长1.3-1.5厘米，侧瓣长约1厘米，内面无须毛，下瓣较短，连浅囊状距长8-9毫米；柱头具窄而直展缘边，前方具直伸短喙，喙端具较细的柱头孔。蒴果小，长圆形或近球形。花期3-6月，果期8-12月。

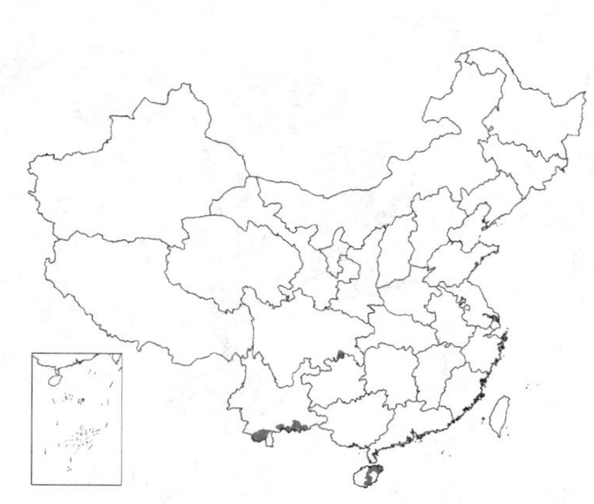

图 274 云南堇菜 （白建鲁绘）

产云南南部、四川东南部及海南，生于海拔1300-2400米山地林下、林缘草地、沟谷或路旁岩石上较湿润处。

47. 七星莲 蔓茎堇菜 图 275

Viola diffusa Ging. in DC. Prodr. 1: 298. 1824.

一年生草本，根状茎短。匍匐枝先端具莲座状叶丛。叶基生，莲座状，或互生于匍匐枝上；叶卵形或卵状长圆形，长1.5-3.5厘米，先端钝或稍尖，基部宽楔形或平截，稀浅心形，边缘具钝齿及缘毛，幼叶两面密被白色柔毛，后稀疏，叶脉及边缘被较密的毛；叶柄具翅，有毛，托叶基部与叶柄合生，线状披针形，先端渐尖，边缘疏生细齿或流苏状齿。花较小，淡紫或

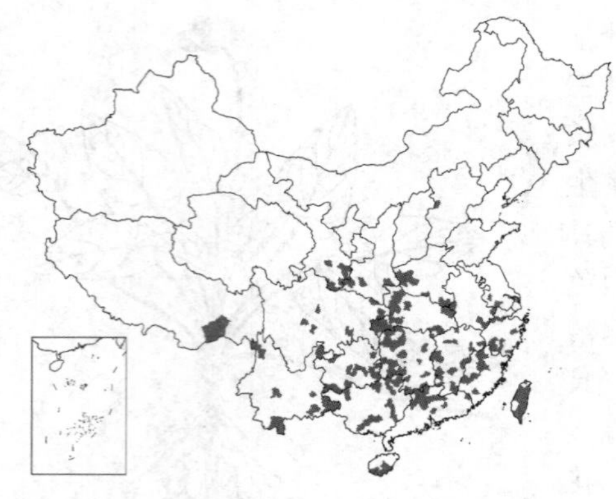

浅黄色；花梗纤细，中部有1对小苞片；萼片披针形，长4-5.5毫米，基部附属物短，末端圆或疏生细齿；侧瓣倒卵形或长圆状倒卵形，长6-8毫米，内面无须毛，下瓣连距长约6毫米，距极短；柱头两侧及后方具肥厚的缘边，中央部分稍隆起，前方具短喙。蒴果长圆形，无毛。花期3-5月，果期5-8月。2n=26。

产河北、河南、安徽、江苏、浙江、台湾、福建、江西、湖北、湖南、广东、香港、海南、广西、贵州、云南、西藏、四川、甘肃及陕西，生于山地林下、林缘、草坡、溪谷旁或岩缝中。印度、尼泊尔、菲律宾、马来西亚及日本有分布。全草入药，能清热解毒；外用能消肿、排脓。

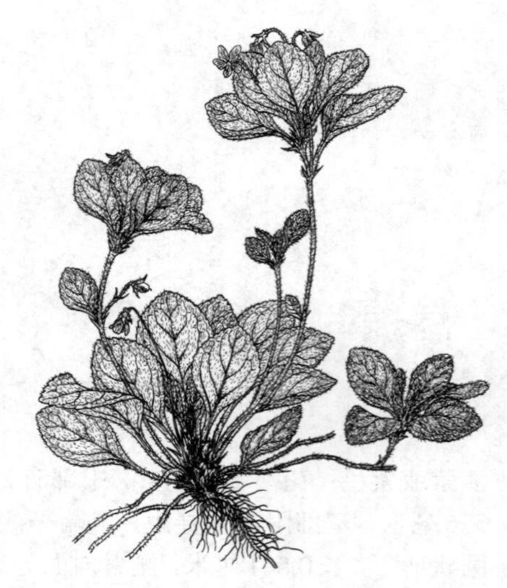

图 275 七星莲 （白建鲁绘）

［附］**短须毛七星莲 Viola diffusa var. brevibarbata** C. J. Wang in Acta Bot. Yunnan. 13(3)：264. 1991. 本变种与模式变种的区别：侧方花瓣内面基部有短须毛。产河北、河南、安徽、江苏、浙江、福建、江西、湖北、湖南、广东、海南、广西、贵州、四川、西藏、甘肃南部及陕西，生境与七星莲同。

48. 台湾堇菜 图 276

Viola formosana Hayata in Journ. Coll. Sci. Univ. Tokyo 22：28. 1906.

多年生草本，无地上茎，具垂直或斜生根状茎。匍匐枝先端具莲座状叶。叶基生；叶宽心形或近圆形，长1-3厘米，先端短尖或钝圆，基部深心形，具圆齿。两面无毛或疏生短毛，有时沿叶缘圆齿上有柔毛，下面带淡紫色；叶柄细，长1-10厘米，托叶基部与叶柄合生，离生部分线状披针形，边缘具流苏或撕裂。花冠径1.5-2厘米；花梗长达15厘米，中部以上有2枚钻状小苞片；萼片窄披针形，长4-6毫米，宽1-1.5毫米，先端渐尖，基部附属物较短；上方花瓣与侧瓣近等大，卵形，长约1.2毫米，先端微缺，基部楔形，内面无须毛，下瓣长约1.5厘米，先端具较深微缺或2浅裂，距长5-7毫米；柱头两侧及后方具窄缘边，前方具短喙。蒴果球形或椭圆状。染色体2n=22。

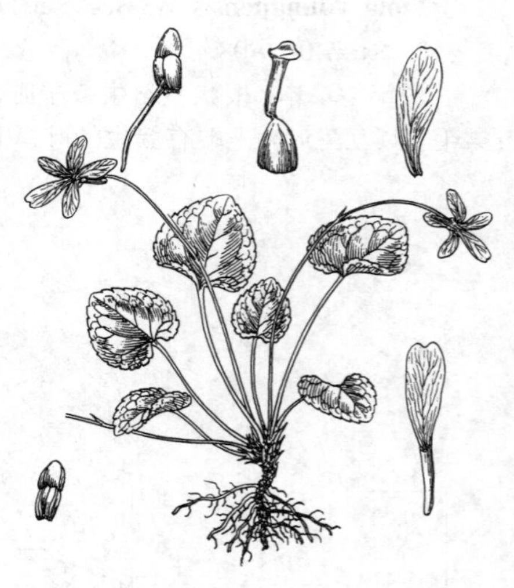

图 276 台湾堇菜 （白建鲁绘）

产台湾，生于海拔1400-2500米山地。

49. 堇菜 图 277 彩片 84

Viola verecunda A. Gray in Mém. Amer. Acad. Nat. Sci. n. ser. 6：382. 1858.

多年生草本，高达20厘米。根状茎粗短，密生多条须根。地上茎常数条丛生，无毛。基生叶宽心形或肾形，长1.5-3.5厘米，先端圆或微尖，基部宽心形，具圆齿，两面近无毛；茎生叶少，与基生叶相似，基部弯缺较深，幼叶垂片常卷折；叶柄长1.5-7厘米，具窄翅；基生叶的托叶褐色，

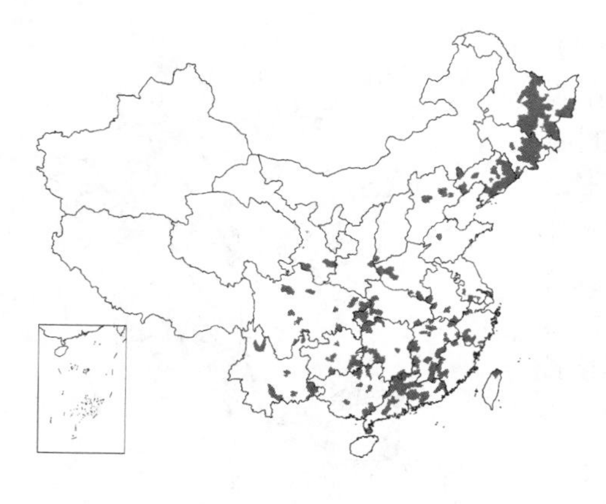

下部与叶柄合生；茎生叶的托叶离生，卵状披针形或匙形，常全缘。花小，白或淡紫色；花梗细弱，远长于叶片，中部以上有2线形小苞片；萼片卵状披针形，先端尖，基部附属物短，末端平截，具浅齿，边缘窄膜质；上方花瓣长圆形，长约9毫米，侧瓣长圆形，长约1厘米，内面基部有短须毛，下瓣倒卵形，连浅囊状距长约1厘米，先端微凹，下部有深紫色条纹；柱头2裂，裂片稍肥厚而直立，裂片间的前方有斜生的短喙，喙端具圆形的柱头孔。蒴果长圆形，无毛。花果期5-10月。染色体2n=24。

产黑龙江、吉林、辽宁、内蒙古、河北、河南、山西、山东、江苏、安徽、浙江、福建、台湾、江西、湖北、湖南、广东、广西、云南、贵州、四川、陕西及甘肃，生于湿草地，山坡草丛、灌丛、林缘、田野或宅旁。朝鲜、日本、蒙古及俄罗斯有分布。全草药用，能清热解毒，可治节疮、肿毒。

图 277 堇菜 （白建鲁绘）

50. 立堇菜 直立堇菜 图 278

Viola raddeana Regel in Bull. Soc. Nat. Mosc. 34(2): 463. 501. 1861.

多年生无毛草本，高达1米。根状茎短。地上茎常丛生，花期高约30厘米，花后达1米。基生叶早期凋萎；茎生叶长圆状窄三角形，长1.5-7厘米，基部近戟形、浅心形或近平截，疏生浅波状齿或近全缘；叶柄较短，具窄翅，托叶叶状，窄披针形，长1.5-4厘米，近全缘或下部具1-3枚小裂片。花小，淡蓝紫色；花梗长，不超出叶，上部有2线形小苞片；萼片披针形或钻状，长4-4.5毫米，基部附属物极短；花瓣长圆状倒卵形，长7-8毫米，有褐色腺点，边缘稍波状，侧方花瓣无须毛，下方花瓣较短，连距长约7.5毫米，有深蓝紫色条纹，距极短；子房无毛，有小颗粒状腺体，柱头2裂，裂片肥厚，直立，前方2裂片间的基部具短喙，喙端具明显的柱头孔。蒴果长圆形。花果期4-8月。染色体2n=24。

产黑龙江、吉林、内蒙古及新疆，生于河流两岸灌丛、林下或湿草地。朝鲜、日本及俄罗斯远东地区有分布。

图 278 立堇菜 （白建鲁绘）

51. 三角叶堇菜 蔓地草 图 279

Viola triangulifolia W. Beck. in Kew Bull. Misc. Inform. 6: 202. 1929.

多年生草本，具地上茎，高达35

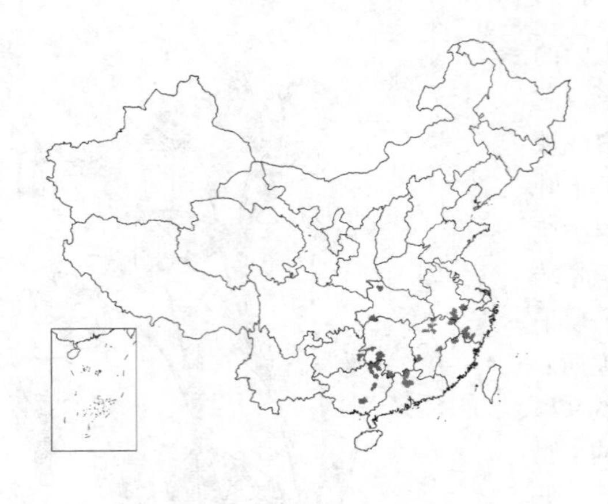

厘米。根状茎深褐色，粗短，斜生，节密。基生叶早枯，叶宽卵形或卵形；茎生叶卵状三角形或窄三角形，长2-5厘米，先端尖，基部心形或平截，具浅齿，两面无毛；具长柄，托叶离生，披针形或线状披针形，全缘或疏生细齿。花小，白色，有紫色条纹；花梗细弱，与叶近等长，上部有2枚对生小苞片；萼片卵状披针形或披针形，长约3毫米，基部附属物长约0.5毫米；上方花瓣长倒卵形，长5-7.5毫米，侧瓣长圆形，长5-8毫米，内面基部有须毛，下瓣较短，匙形，连浅囊状距长约6毫米；柱头两侧及背部增厚成斜展的缘边，前方具短喙，柱头孔较粗。蒴果较小，椭圆形，无毛。花期4-6月。

产安徽、浙江、福建、江西、湖北、湖南、广东、广西及贵州，生于山谷溪旁、林缘或路旁。

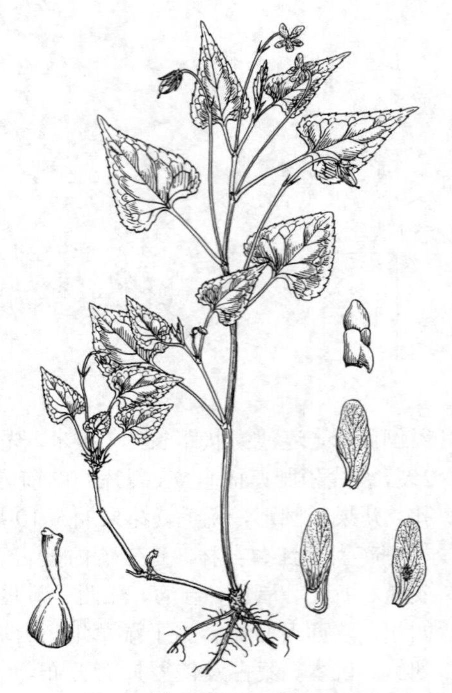

图 279 三角叶堇菜 （白建鲁绘）

52. 灰叶堇菜 图 280

Viola delavayi Franch. in Bull. Soc. Bot. France 33: 413. 1886.

多年生草本。根状茎粗短。地上茎高达25厘米，细弱，下部无叶。基生叶常1枚或缺，叶厚纸质，卵形，长3-4厘米，先端渐尖，基部心形，具波状锯齿，齿端具腺体，上面无毛，下面苍白色，基部疏生长柔毛，叶柄长达7厘米；茎生叶较小，宽卵形或三角状卵形，基部浅心形或平截，上部叶卵状披针形；叶柄长0.5-1厘米，托叶披针形，长圆形或卵形，下部者短于叶柄，上部者与叶柄等长或超出，全缘或疏生粗齿。花黄色；花梗长于叶片，上部有2线形小苞片；萼片线形，长约5毫米，先端尖，无毛或被疏柔毛，基部附属物极短，平截；上方花瓣倒卵形，长约1.2厘米，侧瓣长约1厘米，下瓣宽倒卵形，长8-9毫米，基部有紫色条纹，距长0.5-1毫米；子房卵形，无毛，花柱上部2裂，裂片直伸，宽卵形，顶端圆。蒴果小，卵形或近圆形。花期6-8月，果期7-8月。

产贵州西北部、四川、云南及西藏，生于海拔1800-2800米山地林缘、草坡或溪谷潮湿处。全草入药，能清热解毒，根治跌打损伤。

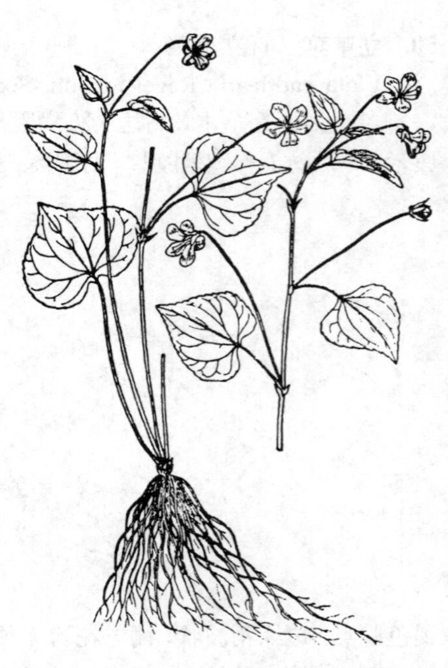

图 280 灰叶堇菜 （引自《图鉴》）

53. 四川堇菜 川黄堇菜 图 281

Viola szetschwanensis W. Beck. et H. de Boiss. in Bull. Herb. Boiss. 2, 8: 742. 1908.

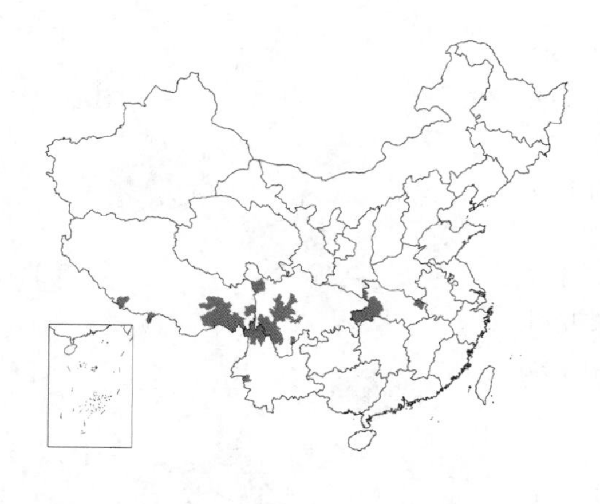

多年生草本，高约25厘米。基生叶具长柄，叶卵状心形或宽卵形，长2-2.5厘米，先端短尖，基部深心形或心形；茎生叶宽卵形、肾形或近圆形，宽1.5-3厘米，先端短尖或渐尖，基部浅心形，具浅圆齿，齿端具腺体，上面近无毛或沿中脉疏生柔毛，下面散生柔毛；叶柄长短不等，被柔毛，托叶窄卵形或长圆状卵形，先端渐尖，疏生浅齿。花黄色；花梗远较叶长，上部具2线形小苞片；萼片线形，长4-6毫米，基部附属物极短，平截，无毛或被柔毛；上方花瓣长圆形，具细爪，长1-1.2厘米，侧瓣及下瓣稍短，距长2-2.5毫米，末端钝；花柱上部2裂，裂片耳状，向两侧伸展。蒴果长圆形，密布褐色斑点并疏生柔毛。花期6-8月。

产湖北、四川西部、云南及西藏，生于海拔2500-3800米山地林下、林缘、草坡或灌丛间。

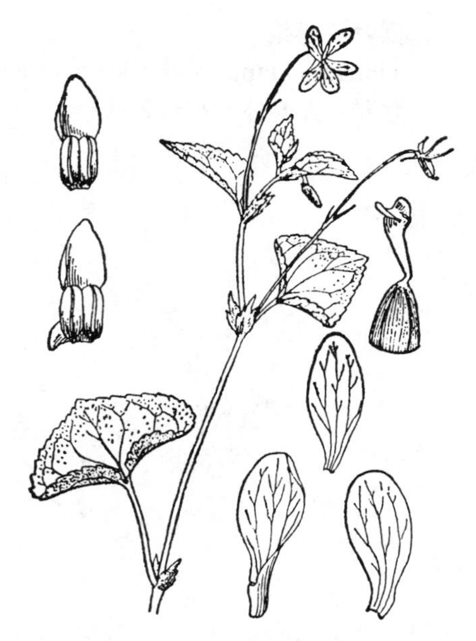

图 281 四川堇菜 （白建鲁绘）

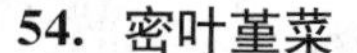

［附］**康定堇菜** 心叶四川堇菜 **Viola szetschwanensis** var. **kangdienensis** Chang in Bull. Fan. Mém. Inst. Biol. new ser. 1(3): 237. 1949. 本变种与模式变种的区别：叶较大，圆卵形，先端渐尖，基部心形，具较深而窄的弯缺。产云南西北部、四川西部及西藏，生于海拔2300-3600米山地林下、林缘、山坡草丛、灌丛间或溪谷旁。

54. 密叶堇菜

图 282

Viola confertifolia Chang in Bull. Fan Mém. Inst. Biol. new ser. 1 (3): 238. 1949.

多年生草本。根状茎垂直，节密生。地上茎高达11厘米，有明显条纹，中下部无叶。基生叶少或凋枯，叶肾形，上面疏生柔毛，下面除叶脉外无毛；托叶膜质，具疏牙齿，叶柄具窄翅；上部叶密集茎顶，叶肾形，长约1.5厘米，宽2.5-4厘米，多少肉质，先端常钝，稀具短尖，具钝锯齿，两面疏被短柔毛；托叶草质，卵形，具疏齿或近全缘，叶柄长1.5厘米。花少，黄色；花梗线形，长2-2.5厘米，无苞片；萼片线形，长约5毫米，近全缘，基部附属物短；花瓣倒卵状长圆形，上瓣长约7.5毫米，宽约2.5毫米，侧瓣及下瓣长约8毫米，宽约4毫米，距囊状；子房卵球形，无毛，花柱上部2裂，裂片窄而厚。

产云南西北部，生于海拔2800米山谷湿地。

图 282 密叶堇菜 （白建鲁绘）

55. 圆叶小堇菜 图 283

Viola rockiana W. Beck. in Fedde, Repert. Sp. Nov. 21: 236. 1925.

多年生小草本，高达8厘米。根状茎近垂直。茎细弱，无毛，仅下部生叶。基生叶较厚，圆形或近肾形，长1-1.5（2）厘米，基部浅心形或近平截，具波状浅齿，上面及叶缘被粗毛，下面无毛；托叶离生，卵状披针形或披针形，近全缘。花黄色，有紫色条纹；花梗较叶长，上部有2小苞片；萼片窄条形，长约5毫米，基部附属物极短，边缘膜质；上方及侧方花瓣倒卵形或长圆状倒卵形，长7-9毫米，侧瓣内面无须毛，下瓣稍短，具浅囊状距，长0.5毫米；花柱上部2裂，裂片肥厚，微平展。闭锁花生于茎上部叶腋，花梗较叶短，结实。蒴果卵圆形，无毛。花期6-7月，果期7-8月。

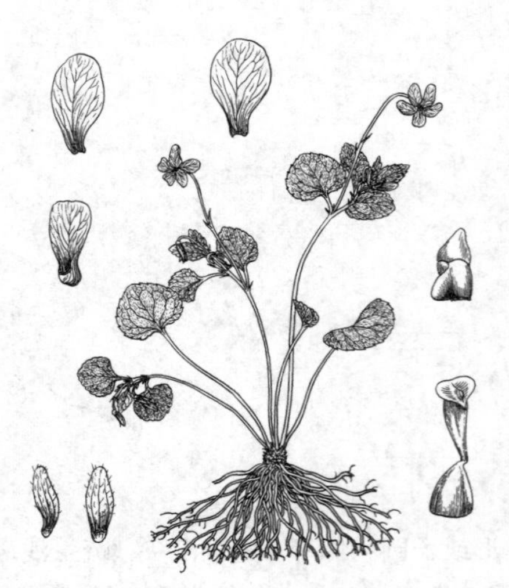

图 283 圆叶小堇菜 （白建鲁绘）

产甘肃、青海、西藏、四川及云南，生于海拔2500-4300米山地草坡、林下或灌丛中。全草入药，能清热解毒。

56. 双花堇菜 短距黄堇 图 284 彩片 85

Viola biflora Linn. Sp. Pl. 936. 1753.

多年生草本，高达25厘米。根状茎垂直或斜生。基生叶具长柄，叶肾形，宽卵形或近圆形，长1-3厘米，先端钝圆，基部深心形或心形，具钝齿，上面散生短毛，下面无毛，有时两面被柔毛；茎生叶具短柄，叶较小；托叶离生，卵形或卵状披针形，先端尖，全缘或疏生细齿。花黄或淡黄色；花梗细柔，上部有2枚披针形小苞片；萼片线状披针形或披针形，长3-4毫米，基部附属物极短，具膜质缘，无毛或中下部具短缘毛；花瓣长圆状倒卵形，长6-8毫米，具紫色脉纹，侧瓣内面无须毛，下瓣连短筒状距长约1厘米，距长2-2.5毫米；花柱上半部2深裂，裂片斜展，具明显的柱头孔。蒴果长圆状卵形，无毛。花果期5-9月。

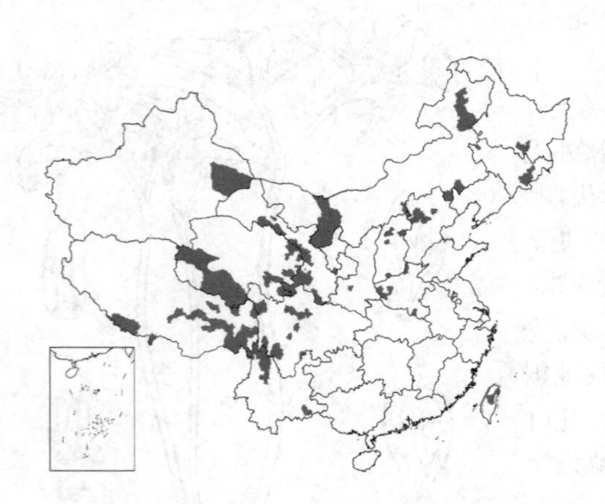

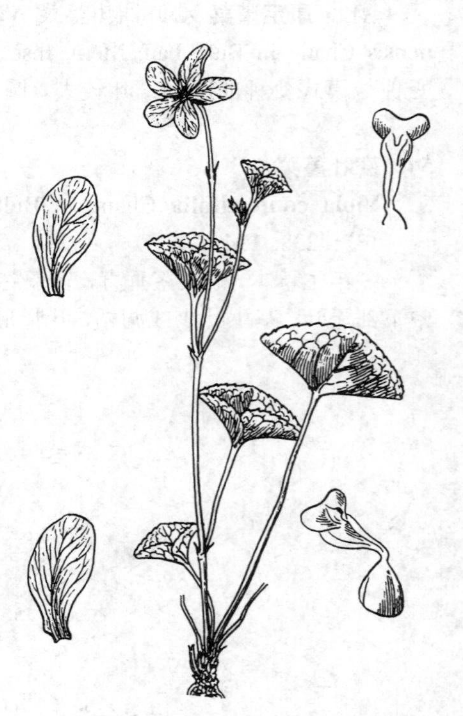

图 284 双花堇菜 （白建鲁绘）

产黑龙江、吉林、辽宁、内蒙古、河北、山东、河南、山西、陕西、宁夏、甘肃、青海、新疆、西藏、四川、云南及台湾，生于海拔2500-4000米草甸、灌丛、林缘或岩缝中。朝鲜、日本、喜马拉雅山区、印度东北部、马来西亚、俄罗斯、欧洲及北美洲西北部有分布。全草药用，治跌打损伤。

57. 西藏细距堇菜 细距堇菜 图 285

Viola wallichiana Ging in DC. Prodr. 1: 300. 1824.

多年生草本。根状茎粗短，垂直，被鳞片。地上茎细弱，高达10厘米。基生叶2-4，叶肾形或近圆形，长0.8-1.5厘米，宽1.5-2.5厘米，先端圆，基部心形或深心形，具圆齿，两面无毛，仅沿叶缘被细毛，叶柄细长；茎生叶较小，叶肾形或近心形，先端尖，基部浅心形或平截，叶柄较短，托叶离生，窄卵形或披针形，近膜质，先端渐尖。花黄色；花梗细弱，上部有膜质小苞片；萼片钻形，长4-6毫米，宽约1毫米，先端尖，基部附属物极不明显，具窄膜质缘，无毛；上方与侧方花瓣长圆状倒卵形，长7-9毫米，宽2.5-3毫米，下瓣宽倒卵形，连细管状距长约1.4厘米，先端具浅齿裂；子房卵球状，无毛，花柱上部2裂，裂片肥厚而平展。蒴果卵球形，无毛。花果期7-8月。

图 285 西藏细距堇菜 （白建鲁绘）

产西藏，生于海拔约2900米林下石缝中。尼泊尔、锡金及不丹有分布。

［附］**阔紫叶堇菜** 图 286: 1-6 Viola cameleo H. de Boiss. in Bull. Herb. Boiss. 2(11): 1074. 1901. 本种与西藏细距堇菜的区别：叶宽卵形或三角状卵形，先端长渐尖；下方花瓣先端圆。产甘肃、四川东部及云南，生于海拔3000米山地灌丛中。

58. 紫叶堇菜 图 286：7

Viola hediniana W. Beck. in Beih. Bot. Centralbl. 34(2): 262. 1916.

多年生草本。根状茎粗短，横卧或斜生，稍带白色。地上茎高达30厘米。基生叶1-2枚或缺，具长柄；茎生叶下部者具短柄，上部者几无柄；叶卵状披针形，长3-7厘米，先端长渐尖，基部浅心形或圆，具钝圆齿，上面暗绿色，散生短毛或近无毛，下面无毛；托叶小，离生，卵状披针形或披针形，具疏齿。花黄色；花梗细，稍短于叶，近中部有2钻形小苞片；萼片线形，长约5毫米，先端尖，基部附属物极不明显，末端平截；上方及侧方花瓣长圆形，长0.8-1.2厘米，宽3-4毫米，侧瓣内面无须毛，下瓣三角状倒卵形，连圆筒状距长约1.3厘米，距长5-6毫米；子房无毛，花柱上部2裂，裂片卵形，先端尖。蒴果椭圆形，无毛。花期5-6月，果期6-8月。

图 286: 1-6.阔紫叶堇菜 7.紫叶堇菜 （白建鲁绘）

产湖北西部、四川及云南西北部，生于海拔1500-4000米山地林下、林缘、草坡或石缝潮湿处。

59. 东方堇菜 黄花堇菜 图 287：1-7

Viola orientalis (Maxim.) W. Beck. in Beih. Bot. Centralbl. 34(2): 265. 1916.

Viola uniflora Linn. var. *orientalis* Maxim. Enum. Pl. Mong. 81. 1889, pro part.

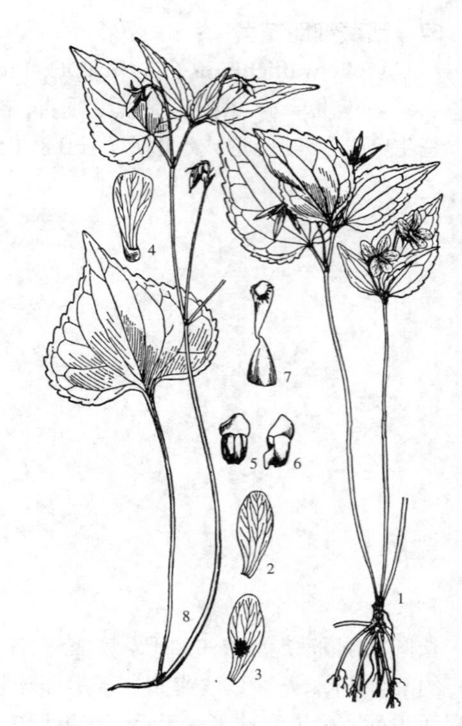

图 287: 1-7.东方堇菜 8.尖叶堇菜 （白建鲁绘）

多年生草本。根状茎粗。地上茎高达10厘米，上部被细毛。基生叶卵形、宽卵形或椭圆形，长2-4厘米，基部心形，有时近平截，具钝齿，上面近无毛，下面被短毛，叶柄长3-10厘米；茎生叶3(4)，上方2枚具极短的叶柄或近无柄，呈对生状，下方1枚具短柄与上方叶疏离，托叶小，仅基部与叶柄合生，全缘或疏生细齿。花黄色，径约2厘米，常1-3朵生于茎生叶叶腋；花梗被白色细毛，上部有卵形小苞片2；萼片披针形或长圆状披针形，长5-7毫米，先端尖，基部附属物短；花瓣倒卵形，上瓣内面有暗紫色脉纹，侧瓣内面有须毛，下瓣较短，连囊状距长1-1.5厘米；柱头头状，两侧有数列白色长须毛。蒴果椭圆形或长圆形，常有紫黑色斑点。花期4-5月，果期5-6月。

产黑龙江、吉林东部、辽宁、内蒙古及山东，生于山地疏林下、林缘、灌丛、山坡草地。俄罗斯远东地区、朝鲜、日本有分布。

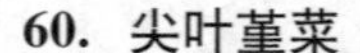

60. 尖叶堇菜 图 287：8

Viola acutifolia (Kar. et Kir.) W. Beck. in Beih. Bot. Centralbl. 34 (2): 263. 1916.

Viola biflora Linn. β. *acutifolia* Kar. et Kir. in Bull. Soc. Nat. Mosc. 15: 163. 1842.

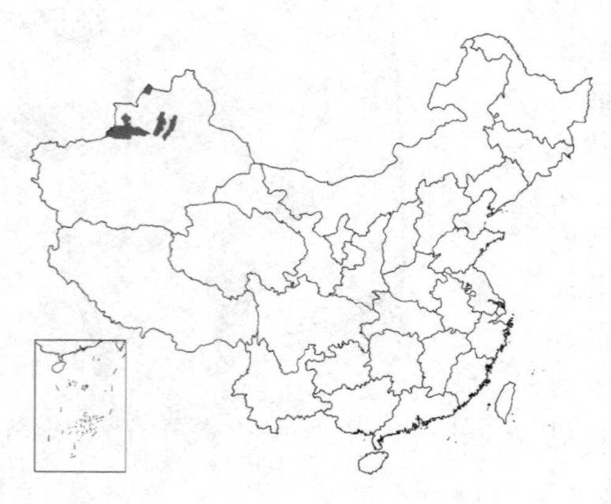

多年生草本。根状茎密生黄褐色细根。地上茎高达25厘米，无毛或下部有柔毛。基生叶心形或肾形，长3-5厘米，宽3.5-5.5厘米，基部深心形，两面近无毛或疏生细毛，花后枯萎；茎下部生1叶，具长柄，茎顶部之叶近轮生状，具短柄，叶宽卵形，长5-7厘米，先端渐尖，基部心形，具疏齿，两面被疏柔毛；托叶基部与叶柄合生，卵状披针形，全缘或疏生流苏状齿。花淡黄色，径1-2厘米，常2朵生于茎顶叶腋。花梗较叶短，中部以上有2线形小苞片；萼片线状披针形或线形，长6-8毫米，基部附属物极短；花瓣倒卵形，有紫色脉纹，下瓣较短，连囊状距长1.3-1.5厘米。蒴果长圆形，无毛。花期5-6，果期6-7月。

产新疆，生于海拔1000-3000米高山及亚高山草甸、山坡草地或林缘。俄罗斯中亚地区有分布。

61. 大黄花堇菜 图 288

Viola muehldorfii Kiss. in Bot. Közlem. 19: 92. 1921.

多年生草本。根状茎细长，横走，节间较长，具细根。地上茎高达20厘米，被白色长毛或下部近无毛。基生叶1-3，叶心形或肾形，先端短尖，

基部心形，具锯齿及缘毛，两面疏生白色细毛，下面脉上毛较密，叶柄长达10厘米；茎生叶常3枚，下方1枚叶圆心形，长约4厘米，宽约4.5厘米，先端渐尖，基部宽心形，叶柄长约3厘米，柄密生长细毛，上方2枚叶片生于茎顶，近对生，卵形，基部浅心形，具短柄或近无柄，托叶与叶柄离生，2枚，对生，卵形，全缘或具腺状锯齿。花金黄色，生于茎顶第二叶的叶腋；花梗无毛，在上部弯曲处有2枚宽卵形小苞片；萼片长卵形或披针形，长约8毫米，全缘，无毛，基部附属物短；花瓣倒卵形，有紫色脉纹，侧瓣内面基部有须毛，下瓣近匙形，连距长1.5-2厘米，距较粗；子房无毛，柱头头状，两侧有一列白色须毛，中央具短喙，喙端具圆形柱头孔。蒴果椭圆形。花期5月中下旬至6月下旬，果期6-7月。

产黑龙江（伊春市带岭林区及尚志县等地），生于针阔混交林林下、林缘或溪边。朝鲜、俄罗斯远东地区有分布。

图 288 大黄花堇菜 （白建鲁绘）

62. 三色堇 蝴蝶花 图 289

Viola tricolor Linn. Sp. Pl. 935. 1753.

一、二年生或多年生草本，高达40厘米，地上茎伸长，具开展而互生的叶。基生叶长卵形或披针形，具长柄；茎生叶卵形，长圆状卵形或长圆状披针形，先端圆或钝，基部圆，疏生圆齿或钝锯齿，上部叶叶柄较长，下部者较短，托叶叶状，羽状深裂。花径3.5-6厘米，每花有紫、白、黄三色；花梗稍粗，上部有2枚对生小苞片；萼片长圆状披针形，长1.2-2.2厘米，基部附属物长3-6毫米，边缘不整齐；上方花瓣深紫堇色，侧瓣及下瓣均为三色，有紫色条纹，侧瓣内面基部密被须毛，下瓣距较细；子房无毛，花柱短，柱头球状，前方具较大的柱头孔。蒴果椭圆形，无毛。染色体2n=20，26，42，46。

原产欧洲。全国各地公园有栽培，为早春观赏花卉。

［附］**阿尔泰堇菜** 彩片 86 **Viola altaica** Ker-Gawl. in Edwards Bot. Regist. 54. 1815. 本种与三色堇的区别：花黄或蓝紫色，常1朵；地上茎极短，常具簇生叶。花期5-8月。产新疆，生于高山及亚高山草甸、山坡林下、草地。俄罗斯西西伯利亚及中亚地区有分布。

图 289 三色堇 （白建鲁绘）

77. 柽柳科 TAMARICACEAE

（张耀甲）

灌木、亚灌木或乔木。单叶，互生，叶常呈鳞片状，草质或肉质，多具泌盐腺体；常无叶柄，无托叶。花常集成总状或圆锥花序，稀单生。花常两性，整齐；花萼4-5深裂，宿存；花瓣4-5，分离，花后脱落或宿存；下位花盘常肥厚，蜜腺状；雄蕊4-5或多数，着生于花盘上，花丝分离，稀茎部结合成束，或连合至中部成筒，花药丁字着生，2室，纵裂；雌蕊由2-5心皮构成，子房上位，1室，侧膜胎座，稀茎底胎座，倒生胚珠多数，稀少数，花柱短，常3-5，分离，有时结合。蒴果圆锥形，室背开裂。种子多数，全被毛或顶端具芒柱，芒柱从茎部或1/2开始被毛；有或无内胚乳，胚直生。

3属约120种，分布于欧洲、亚洲、非洲。多生于草原和荒漠地区。我国3属32种。

1. 矮小灌木或亚灌木；花单生或稀疏总状、穗状花序；花瓣内侧具2附属物；种子全被毛，无芒柱，有内胚乳 ……………………………………………………………………………………… 1. **红砂属 Reaumuria**
1. 较大型灌木或乔木；花集成总状、穗状或圆锥花序；花瓣无附属物；种子顶端具被毛芒柱，无内胚乳。
    2. 雄蕊4-5，等长，花丝分离；雌蕊具短花柱；种子顶端芒柱较短，全被柔毛；叶鳞片状，长1-7毫米 ……………………………………………………………………………………… 2. **柽柳属 Tamarix**
    2. 雄蕊10，不等长，花丝下部连合成筒状；雌蕊无花柱；种子顶端芒柱仅上半部被柔毛；叶扁平，常长圆形或披针形，长达1.5厘米 ……………………………………………………… 3. **水柏枝属 Myricaria**

1. 红砂属 **Reaumuria** Linn.

亚灌木或灌木；有多数曲拐小枝。叶鳞片状，短圆柱形或条形，全缘，常肉质或草质，几无柄，有泌盐腺体。花单生或成稀疏总状或穗状花序。花两性，5数；苞片覆瓦状排列，较花冠略长或略短；花萼肉质或草质，近钟形，宿存；花瓣脱落或宿存，内侧具2鳞片状附属物；雄蕊5-多数，分离或花丝基部合生成5束，与花瓣对生；雌蕊1，花柱3-5。蒴果，3-5瓣裂。种子全被褐色长毛，无芒柱，有胚乳。

约20种，主要分布于亚洲大陆、南欧和北非，多生于荒漠、半荒漠和干旱草原。我国4种。

喜光、耐盐、耐旱，喜生于含硫酸盐土壤，体内富含硫化物，常为荒漠地区建群种，形成大面积群落。

1. 叶长1-5毫米，短圆柱形，鳞片状；花瓣长3-4.5毫米，雄蕊6-8（-12）；蒴果长椭圆形 ……………………………………………………………………………………… 1. **红砂 R. soogarica**
1. 叶长0.4-1.5厘米，近条形、圆柱形；花瓣长5-8毫米，雄蕊多数，常茎部连合成5束；蒴果长圆形或长圆状卵形。
    2. 苞片宽卵形；花黄色，花柱3；蒴果长圆形，3瓣裂 ……………………… 2. **黄花红砂 R. trigyna**
    2. 苞片窄条形；花粉红色，花柱5；果长圆状卵形，5瓣裂 ……………… 3. **五柱红砂 R. kaschgarica**

1. 红砂　　图 290 彩片 87

Reaumuria soongarica (Pall.) Maxim. Fl. Tangut. 1: 97. 1889.

Tamarix soongarica Pall. in Nova Acta Petrop. 10: 374. t. 10. f. 1. 1797.

小灌木，高达30（-70）厘米；树皮不规则薄片剥裂。多分枝。老枝灰褐色。叶肉质，短圆柱形，鳞片状，上部稍粗，长1-5毫米，宽0.5-1毫米，微弯，先端钝，灰蓝绿色，具点状泌盐腺体，常4-6枚簇生短枝。花单生叶腋，无梗，径约4毫米；苞片3，披针形。花萼钟形，5裂，裂片三角形，被腺点；花瓣5，白色略带淡红，长3-4.5毫米，宽约2.5毫米，内侧具2倒披针形附属物，薄片状；雄蕊6-8（-12），分离，花丝基部宽，几与花瓣等长；子房椭圆形，花柱3，柱头窄长。蒴果纺锤形或长椭圆形，长4-6毫米，径约2毫米，具3棱，3（4）瓣

裂，常具3-4种子。种子长圆形，长3-4毫米，全被淡褐色长毛。花期7-8月，果期8-9月。

产内蒙古、河北、陕西、宁夏、甘肃、新疆及青海，生于海拔3200米以下山间盆地、山前冲积及洪积平原、湖岸盐碱地、戈壁、砂砾山坡；为荒漠地带重要建群种。俄罗斯、蒙古有分布。为荒漠地区的优良牧场，可供放牧羊和骆驼。

图 290 红砂 （引自《图鉴》）

2. **黄花红砂** 黄花枇杷柴 图 291

Reaumuria trigyna Maxim. in Bull. Acad. Imp. Sci. Pétersb. 27: 425. 1882.

亚灌木，高达30厘米；树皮片状剥裂。多分枝。幼枝纤细，淡绿色。叶肉质，半圆柱状条形，先端渐粗，长0.5-1（-1.5）厘米，常2-5枚簇生。花单生叶腋，5数，径5-7毫米。花梗纤细，长0.8-1厘米；苞片约10，宽卵形，在萼茎呈覆瓦状密接；萼片5，基部合生，与苞片同形；花瓣黄色，长圆状倒卵形，长约5毫米，内面下半部有2鳞片状附属物；雄蕊15，花丝钻形；花柱3，长3-5毫米，长于子房，宿存。蒴果长圆形，长达1厘米，3瓣裂。花期7-8月，果期8-9月。

产内蒙古、宁夏及甘肃，生于草原化荒漠砂砾地、石质及土石质干旱山坡。

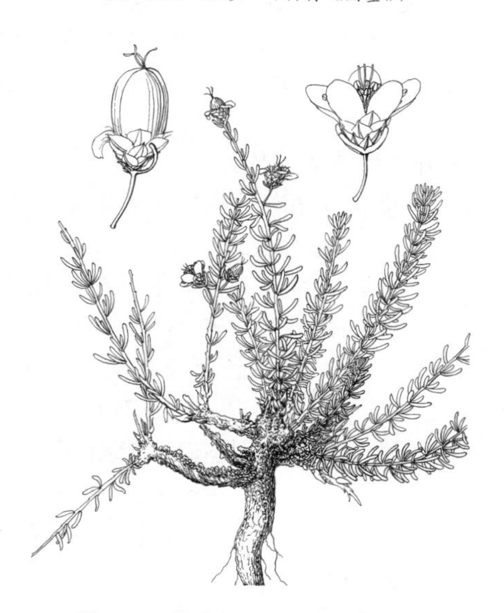

图 291 黄花红砂 （引自《图鉴》）

3. **五柱红砂** 五柱枇杷柴 图 292

Reaumuria kaschgarica Rupr. in Mém. Acad. Imp. Sci. Pétersb. VII. 14(4): 42. 1869.

矮小亚灌木，高达20厘米；具多数曲拐的细枝，呈垫状。老枝灰棕色。叶窄条形或略近圆柱形，稍扁，肉质，长0.4-1厘米，宽0.6-1毫米。花单生枝顶，近无花梗；苞片少，与叶同形，长3-4毫米。萼片5，卵状披针形，长3-4毫米；花瓣5，粉红色，椭圆形，内侧有2长圆形附属物；雄蕊15（-18），花丝茎部连合；子房卵圆形，长3毫米，花柱5，柱头窄尖。蒴果长圆状卵形，长约7毫米，径3-4毫米，5瓣裂。种子长圆状椭圆形，长3-4毫米，除顶部外，全被褐色毛。花期7-8月，果期9月。

产甘肃、新疆南部、青海及西藏北部，自天山至昆仑山、阿尔金山向

东到祁连山中段，生于盐土荒漠、草原、石质阶地、山坡或砂岩上。俄罗斯有分布。

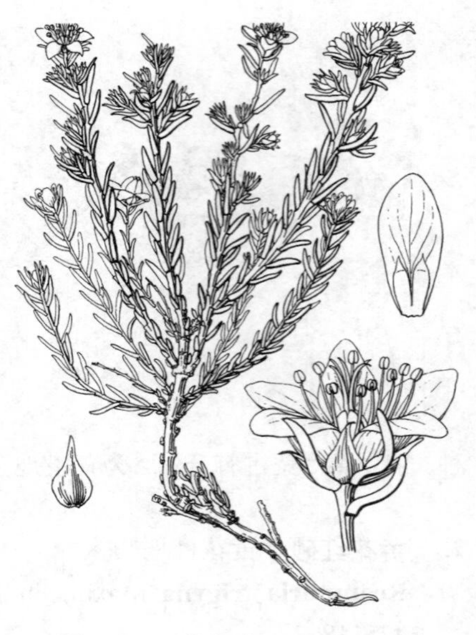

图 292 五柱红砂 （引自《图鉴》）

2. 柽柳属 **Tamarix** Linn.

落叶灌木或小乔木；多分枝。小枝多数细长而柔软，除木质化长枝外，尚有多数纤细绿色营养枝，营养枝与叶均于秋后脱落。叶鳞片状，互生，无托叶及叶柄，抱茎或呈鞘状，叶多具泌盐腺体。花序总状，春季侧生去年老枝上，或夏、秋生于当年生枝顶组成顶生圆锥花序，或兼有两种花序。花两性，稀单性，4-5数，常具花梗；苞片1；花萼4-5深裂，宿存；花瓣与花萼裂片同数，花后脱落或宿存，白或淡红色；花盘常4-5裂，裂片先端全缘或凹缺至深裂；雄蕊4-5，与花萼裂片对生，少数种类雄蕊多数（我国不产），花丝线状，分离，着生在花盘裂片间，或基部宽，着生花盘裂片顶端，或与花盘裂片融合；花药心形；雌蕊由3-4心皮组成，子房上位，多圆锥状，1室，胚珠多数，基底或侧膜胎座，花柱3-4，柱头头状。蒴果3瓣裂。种子多数，细小，顶端芒状较短，全被白色长柔毛。

约90种，分布于亚洲、非洲和欧洲。我国18种1变种，主要分布于西北、华北。耐旱、耐盐、耐热、喜砂、喜水，多为防风、固沙和盐碱荒地优良造林树种，也是营造薪炭林和水土保持树种。

1. 叶不抱茎成鞘状。
  2. 总状花序春季侧生于去年生老枝上；花4或5数。
    3. 花4数。
      4. 总状花序粗，长（6-）12（-25）厘米 ………… 1. **长穗柽柳 T. elongata**
      4. 总状花序长不及6厘米。
        5. 苞片长不及花梗1/2 ………… 2. **短穗柽柳 T. laxa**
        5. 苞片与花梗近等长。
          6. 总状花序与绿色营养细枝同时从去年生的生长枝上发出；花径不及3毫米，白色 ………… 3. **白花柽柳 T. androssowii**
          6. 总状花序不与绿色营养枝同生；花径达5毫米，粉红色 ………… 4. **翠枝柽柳 T. gracilis**
    3. 花5数。
      7. 花5数，但同一总状花序上兼有4数花，春季开花 ………… 5. **甘肃柽柳 T. gansuensis**
      7. 花全为5数，春季开花后夏、秋季又开花2-3次。
        8. 花瓣开展，花后脱落 ………… 6. **密花柽柳 T. arceuthoides**
        8. 花瓣不开展，宿存，包蒴果茎部。
          9. 花序簇生，花瓣靠合 ………… 7. **多花柽柳 T. hohenackeri**
          9. 花序单生，花瓣直伸或略开展，先端外弯。
            10. 小枝细长开展而下垂；花序下弯，花梗长3-4毫米 ………… 8. **柽柳 T. chinensis**
            10. 小枝直立或斜展；花序直伸，花梗极短 ………… 9. **甘蒙柽柳 T. austromongolica**
  2. 总状花序生于当年生枝上，组成圆锥花序，夏秋开花，花全为5数。
    11. 春季开花后，夏秋又开花2-3次。
      12. 花瓣开展，花后脱落。
        13. 春季花4数，夏秋花5数，花开展，径达5毫米；蒴果长4-7毫米 ………… 4. **翠枝柽柳 T. gracilis**
        13. 花均为5数，花径不及3毫米 ………… 6. **密花柽柳 T. arceuthoides**

12. 花瓣不开展，果时宿存。
  14. 花瓣靠合，花冠呈鼓形或球形 ································· 7. **多花柽柳 T. hohenackeri**
  14. 花瓣近直伸，先端外弯，花冠非鼓形或球形。
    15. 小枝下垂，幼枝叶深绿色；叶钻形或卵状披针形，先端内弯 ··················· 8. **柽柳 T. chinensis**
    15. 小枝斜展，幼枝叶灰蓝绿色；叶长圆形或长圆状披针形，先端外倾 ································· 9. **甘蒙柽柳 T. austromongolica**
11. 春季不开花，夏季或秋季开花。
  16. 幼枝叶被直毛和柔毛 ································· 10. **刚毛柽柳 T. hispida**
  16. 幼枝叶无毛或微具乳头状毛。
    17. 花序长1-5厘米；花瓣宿存，花丝细 ································· 11. **多枝柽柳 T. ramsissima**
    17. 花序长4-15厘米，花后花瓣脱落或部分脱落，花丝基部宽。
      18. 总状花序组成紧密圆锥花序，花后花瓣全部脱落；幼枝叶光滑 ········ 12. **细穗柽柳 T. leptostachys**
      18. 圆锥花序开展，花后花瓣部分脱落；幼枝叶微具乳头状毛 ················ 13. **盐地柽柳 T. karalinii**
1. 叶抱茎成鞘状 ································· 14. **沙生柽柳 T. taklamakanensis**

1. 长穗柽柳

图 293

Tamarix elongata Ledeb. Fl. Alt. 1: 421. 1929.

大灌木，高达4米。小枝粗短，老枝灰色，营养小枝淡黄绿微灰蓝色。生长枝上的叶披针形、条状披针形或条形，长4-9（10）毫米，宽1-3毫米，先端尖，基部宽心形，半抱茎；营养小枝上的叶心状披针形或披针形，半抱茎。总状花序春季侧生于去年生枝上，长6-15（-25）厘米，花序梗长1-2厘米，苞片条状披针形或宽条形，长3-6毫米。花4数；花萼深钟形，萼片卵形，长约2毫米；花瓣卵状椭圆形或长圆状倒卵形，长2-2.5毫米，粉红或紫红色，张开，花后即落；顶生花盘薄，4裂；雄蕊4，花丝基部宽；子房长1.3-2毫米，几无花柱，柱头3。蒴果卵状圆锥形，长4-6毫米。花期4-5月。

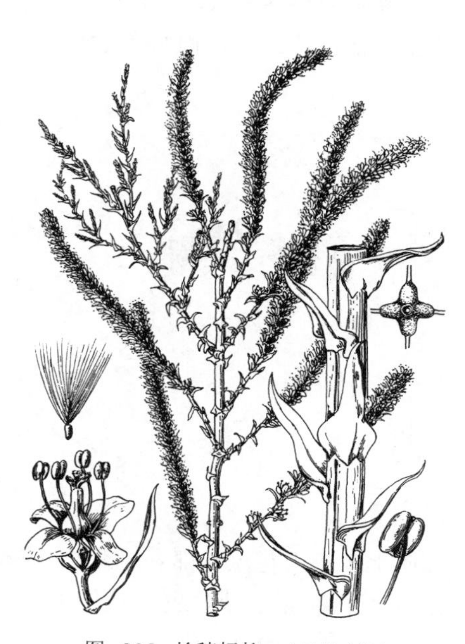

图 293 长穗柽柳 （刘铭廷绘）

产内蒙古西部、宁夏北部、甘肃、青海及新疆，生于荒漠河谷、冲积淤积平原高度盐渍化阶地。俄罗斯中亚至西伯利亚和蒙古有分布。为荒漠地区盐渍化沙地良好的固沙造林树种；幼枝为羊、骆驼和驴的饲料；枝干是优良薪炭材。

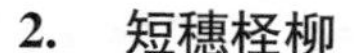

2. 短穗柽柳

图 294 彩片 88

Tamarix laxa Willd. in Abh. Phys. Kl. Acad. Wiss. Berlin 1812-1813: 82. 1816.

灌木，高达3米。老枝灰色，小枝短而脆易折断。叶黄绿色，披针形、卵状长圆形或菱形，长1-2毫米，宽约0.5毫米，先端尖。总状花序侧生于去年生老枝，早春开花，长达4厘米；苞片卵形或长椭圆形，长不及花梗1/2。花梗长2-3毫米；花4数，花萼长约1毫米，萼片4，卵形，果时外弯；花瓣4，粉红或淡紫色，略长圆状椭圆形或长圆状倒卵形，长约2毫米，花后脱落；花盘4裂，肉质，暗红色；雄蕊4，与花瓣等长或略长，花丝基部宽，花药红紫色；花柱3，柱头头状。蒴果窄圆锥形，长3-4（5）

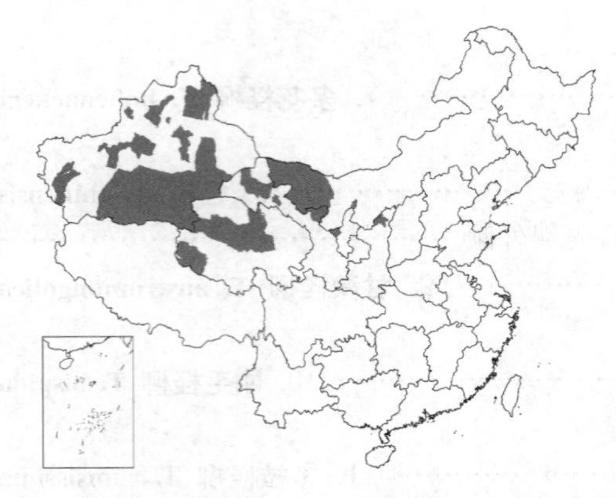

毫米。花期4-5月，偶见秋季二次在当年生枝开少量花，秋季花为5数。

产内蒙古西部、陕西北部、宁夏北部、甘肃、青海及新疆，生于荒漠河流阶地、湖盆和沙丘边缘、土壤强盐渍化或盐土。俄罗斯、蒙古、伊朗、阿富汗有分布。为荒漠冲积平原、盐碱沙地优良固沙造林树种，也是羊、骆驼的早春饲料。

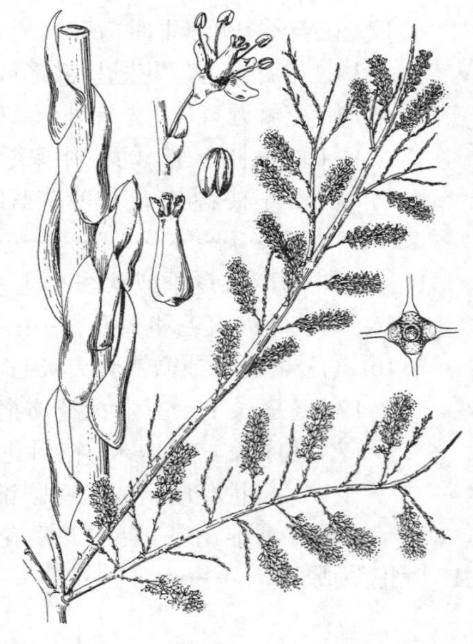

图 294 短穗柽柳 （刘铭廷绘）

3. 白花柽柳 紫杆柽柳 图 295

Tamarix androssowii Litw. in Sched. Herb. Fl. Ross. 5: 41. 1905.

灌木或小乔木状，高达5米。茎和老枝暗棕红或紫红色；当年生木质化生长枝直伸，淡红绿色。绿色营养枝之叶卵形，长1-2毫米，先端尖。总状花序侧生于去年生枝，单生或2-3个簇生，长2-3（-5）厘米，绿色营养小枝和总状花序同时成簇生出，基部有总梗长0.5-1厘米。苞片长圆状卵形，长0.7-1毫米，比花梗短或等长；花梗长1-1.5毫米；花4数；萼片卵形，长0.7-1毫米，花后开展；花瓣粉白或淡绿粉白色，倒卵形，长1-1.5毫米，靠合，宿存；花盘肥厚，紫红色，4裂片向上渐窄为花丝基部；雄蕊4，花丝基部宽，生于花盘裂片顶端（假顶生），花药暗紫红或黄色；花柱3（4），短棍棒状。蒴果窄圆锥形，长4-5毫米。种子黄褐色。花期4-5月。

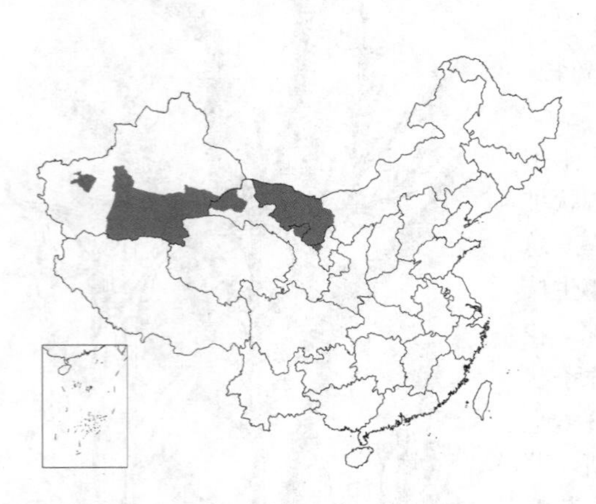

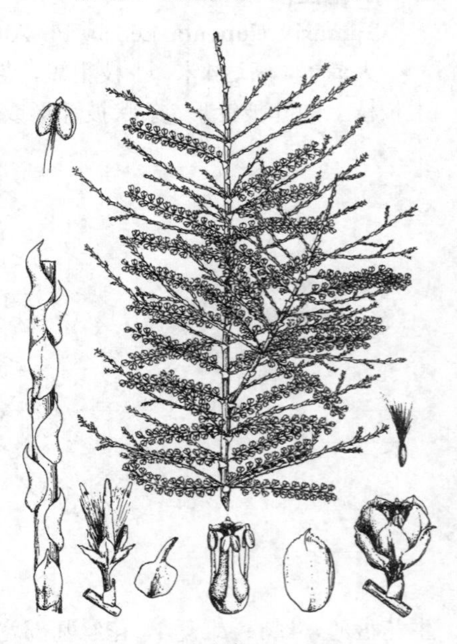

图 295 白花柽柳 （刘铭廷绘）

产内蒙古西部、宁夏、甘肃及新疆，多生于荒漠河谷沙地、流动沙丘边缘。蒙古及俄罗斯有分布。速生，耐沙埋沙压，为优良固沙造林树种。茎干通直，材质坚硬，可作农具柄。幼枝供羊及骆驼饲料。

4. 翠枝柽柳 图 296

Tamarix gracilis Willd. in Abh. Phys. Kl. Akad. Wiss. Berlin, 1812-1813: 81. pl. 25. 1816.

灌木，高达4米。树皮灰绿或棕栗色。老枝被淡黄色木栓质皮孔。叶披针形，淡黄绿色，长约4毫米。春季总状花序侧生去年枝上，长2-4（5）厘米，花4数；夏季总状花序长2-5（-7）厘米，生于当年生枝顶，组成稀疏圆锥花序，花5数；花径4（5）毫米；春季花苞片为匙形或窄铲形，长1.5-2毫米。花梗长0.5-1.5（-2）毫米；萼片三角状卵形，长约1毫米；

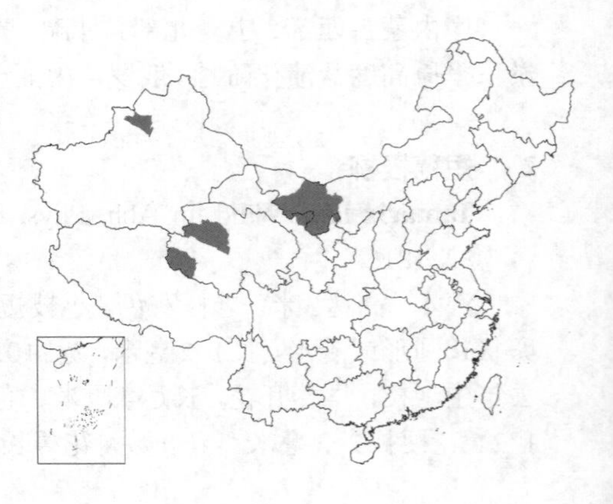

花瓣倒卵圆形或椭圆形，长2.5-3毫米，张开外弯，鲜粉红或淡紫红色，花后脱落；花盘肥厚，紫红色，4或5裂；雄蕊4或5，花丝宽线形，基部宽，生于花盘裂片顶端，花药紫或粉红色；花柱3（4）。果长4-7毫米。花期5-8月。

产内蒙古西部、宁夏、甘肃、青海及新疆，生于荒漠和干旱草原地区河湖岸边、阶地、盐渍化泛滥滩地、沙地和沙丘。俄罗斯自欧洲部分至中亚、蒙古均有分布。为荒漠、盐渍滩地、沙地优良固沙造林树种。花期长，花大而美丽，可栽培供观赏。

图 296 翠枝柽柳 （刘铭廷绘）

5. 甘肃柽柳 图 297

Tamarix gansuensis H. Z. Zhang in Acta Bot. Bor.-Occ. Sin. 8(4): 259. f. 1. 1988.

灌木，高达4米。茎和老枝紫褐或棕褐色。叶披针形，长2-6毫米，基部半抱茎，具耳。总状花序侧生于去年生枝条，单生，长6-8厘米；苞片卵状披针形或宽披针形，长1.5-2.5毫米。花梗长1.2-2毫米；花朵数，兼有4数花；萼片三角状卵圆形，长约1毫米；花瓣淡紫或粉红色，卵状长圆形，长约2毫米，宽1-1.5毫米，花后花瓣部分脱落；花盘紫棕色，5裂；雄蕊5，花丝长达3毫米，多超出花冠，着生于花盘裂片间或裂片顶端；4数花之花盘4裂，花丝着生于花盘裂片顶端；子房窄圆锥状瓶形，花柱3，柱头头状。蒴果圆锥形，种子25-30。花期4-5月。

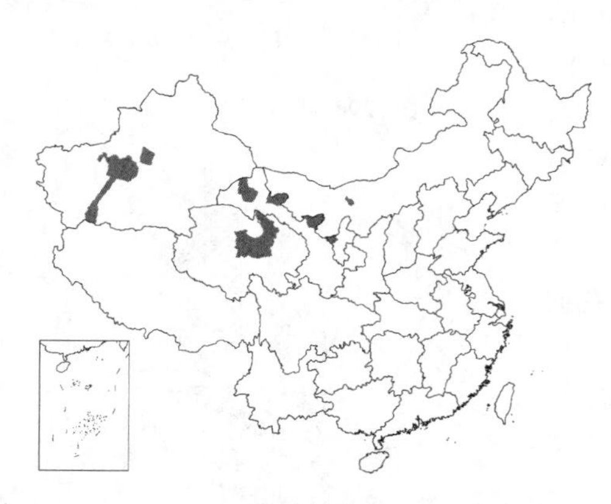

产内蒙古西部、宁夏、甘肃、青海及新疆，生于荒漠河岸、湖边滩地、沙丘边缘。为荒漠地区绿化和固沙造林树种。主要用作薪柴。

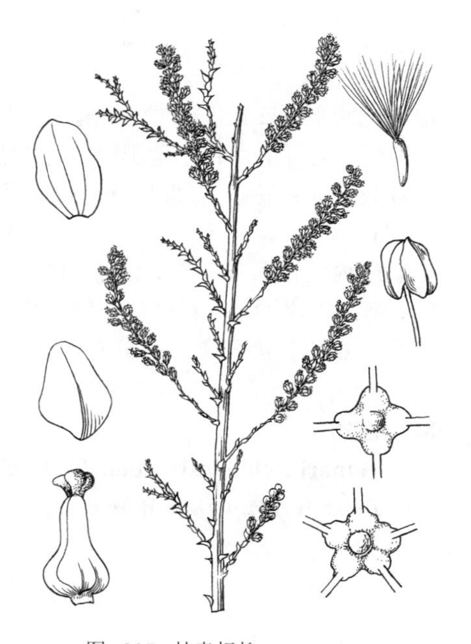

图 297 甘肃柽柳 （刘铭廷绘）

6. 密花柽柳 图 298 彩片 89

Tamarix arceuthoides Bunge in Mém. Acad. Sci. St. Pétersb. Sav. Etr. 7: 295. 1854.

灌木或为小乔木，高达6米。小枝红紫色。绿色营养枝之叶鳞绿色，几抱茎，卵形、卵状披针形或近三角状卵形，长1-2毫米；木质化生长枝之叶长卵形。春季总状花序组成复总状侧生去年老枝，花序长4-5厘米；夏秋季花序生于当年生枝顶组成圆锥花序，花序长2-3厘米。苞片卵状钻形或条状披针形；花梗长0.5-0.7毫米；花5数；萼片卵状三角形；花瓣倒卵形或椭圆形，开展，长1-1.7（-2）毫米，宽0.5毫米，粉红、紫红或粉白色，早落；花盘5深裂，每裂片顶端常凹缺或再深裂成10裂片，紫红色；花丝细长，常超出花瓣1-2倍，常生于花盘2裂片间；子房长圆锥形，花柱3。蒴果长3-4毫米，径0.7毫米。花期5-9月。

产甘肃、青海及新疆，生于山地及山前河流两岸砂砾质戈壁滩、砂

砾质河床。俄罗斯中亚、伊拉克、伊朗、阿富汗、巴基斯坦和蒙古有分布。

7. 多花柽柳 图 299

Tamarix hohenackeri Bunge, Tent. Gen. Tamar. 44. 1852.

灌木或小乔木，高达6米。老枝灰褐色，二年生枝暗红紫色。营养枝之叶条状披针形或卵状披针形，长2-3.5毫米，内弯；木质化生长枝之叶几抱茎，卵状披针形，基部下延。春季开花，总状花序侧生于去年生枝，长3-5（-7）厘米，常数个簇生；夏季开花，总状花序生于当年生枝顶，集生成圆锥花序。苞片条状长圆形、条形或倒卵状窄长圆形，膜质；花5数，萼片卵圆形，长1毫米；花瓣卵圆形或近圆形，长1.5-2（-2.5）毫米，玫瑰色或粉红色，常靠合成鼓形或球形花冠，果时宿存；花盘肥厚，暗红紫色，5裂；雄蕊5，花丝细，着生于花盘裂片间；花柱3，棍棒状匙形。蒴果长4-5毫米，超出花萼4倍。花期5-8月。

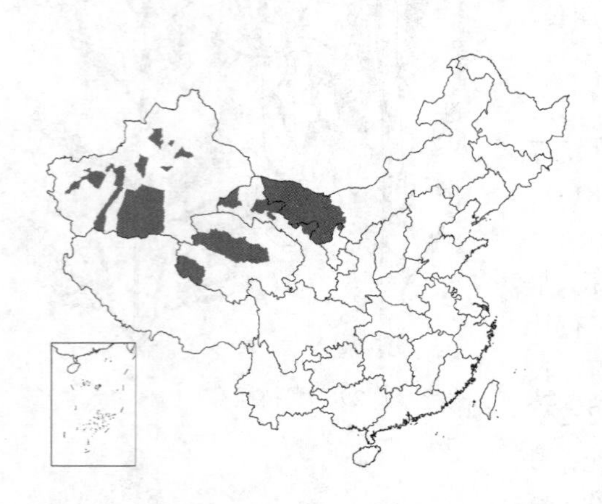

产内蒙古西部、宁夏北部、甘肃、青海及新疆，生于荒漠地带河岸林中、河湖沿岸沙地，轻度盐渍地冲积、淤积平原。俄罗斯（欧洲部分东南部至中亚）、伊朗和蒙古有分布。为西北荒漠地区优良固沙造林树种。

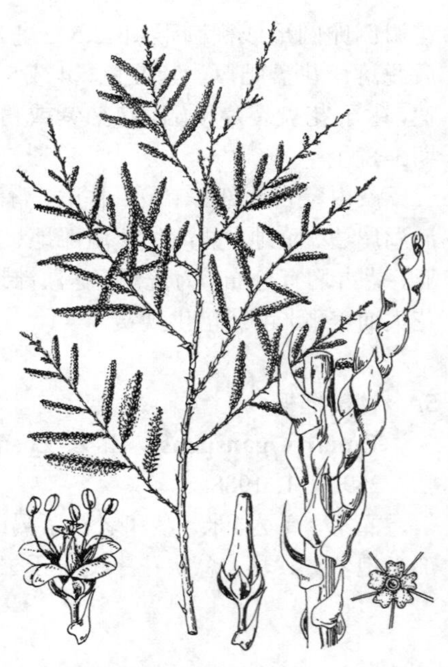

图 298 密花柽柳 （刘铭廷绘）

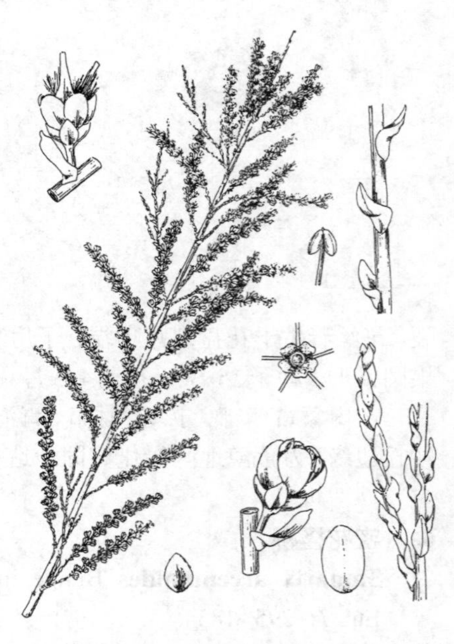

图 299 多花柽柳 （刘铭廷绘）

8. 柽柳 图 300

Tamarix chinensis Lour. Fl. Cochinch. 1: 182. Pl. 24. 1790.

Tamarix juniperina Bunge; 中国高等植物图鉴 2: 893. 1985.

小乔木或灌木，高达8米。幼枝稠密纤细，常开展而下垂，红紫或暗紫红色，有光泽。叶鲜绿色，钻形或卵状披针形，长1-3毫米，背面有龙骨状突起，先端内弯。每年开花2-3次；春季总状花序侧生于去年生小枝，长3-6厘米，下垂；夏秋总状花序，长3-5厘米，生于当年生枝顶端，组成顶生圆锥花序，疏散而常下弯；苞片条状长圆形、长圆形或窄三角形。花梗纤细，较萼短；花5数；萼片长卵形或三角状卵形；花瓣卵状椭圆形或椭圆状倒卵形，粉红色，果时宿存；花盘5裂，或每一裂片再裂成10裂片状，紫红色，肉质；雄蕊5，花丝着生于花盘裂片间；花柱3，棍棒状。蒴果圆锥形，长3.5毫米。花期4-9月。

产吉林、辽宁、内蒙古、河北、河南、山东、山西、陕西、宁夏、甘肃及青海，东部及西南各省区有栽培，生于河流冲积平原、河漫滩、沙荒地、潮湿盐碱地及沿海滩地。日本、朝鲜、

美国有栽培。温带海滨河畔潮湿盐碱地及沙荒地可用作造林，木材质密坚重，可作薪炭柴，亦可制农具；细枝柔韧有弹性，可编制筐篮；枝叶药用，为解表发汗药，治麻疹。

图 300 柽柳 （刘铭廷绘）

9. 甘蒙柽柳 图 301

Tamarix austromongolica Nakai in Journ. Jap. Bot. 14: 289. 1938.

灌木或乔木，高达6米；树干和老枝栗红色。小枝直立或斜展。营养枝之叶长圆形或长圆状披针形，先端外倾，灰蓝绿色。春季总状花序侧生于去年生枝，花序直立，长3-4厘米；苞片线状披针形；花梗极短。夏、秋季总状花序生于当年生幼枝，组成顶生圆锥花序；花5数；萼片卵形；花瓣倒卵状长圆形，淡紫红色，先端外弯，花后宿存；花盘5裂，顶端微凹，紫红色；雄蕊5，伸出花瓣之外，花丝丝状，着生于花盘裂片间；子房红色，柱头3，下弯。蒴果长圆锥形，长约5毫米。花期5-9月。

产内蒙古、河北北部、河南、山东、山西、陕西北部、宁夏、甘肃及青海，生于盐渍化河漫滩及冲积平原、盐碱沙荒地。为华北、西北盐碱地及沙荒地营造防风固沙、保持水土及薪炭林的主要造林树种。

图 301 甘蒙柽柳 （刘铭廷绘）

10. 刚毛柽柳 图 302 彩片 90

Tamarix hispida Willd. in Abh. Phys. Kl. Akad. Wiss. Berlin. 1812-1813: 77. 1816.

灌木或小乔木状，高达6米。小枝密被细刚毛。木质化生长枝之叶卵状披针形或窄披针形，绿色营养枝之叶宽心状卵形或宽卵状披针形，长0.8-2.2毫米，先端内弯，背面隆起，被细柔毛。总状花序长5-7(-15)厘米，夏秋季生于当年生枝顶，集成顶生紧缩圆锥花序；苞片窄三角状披针形。花5数；萼片卵圆形，长0.7-1毫米，宽0.5毫米；花瓣倒卵形或长圆状椭圆形，长1.5-2毫米，宽0.6-1毫米，紫红或鲜红色，开张，早落；花盘5裂；雄蕊5，伸出花冠外，花丝基部粗，有蜜腺；子房长瓶状，花柱3，柱头极短。蒴果窄锥形，长4-7毫米。花期7-9月。

产内蒙古西部、宁夏、甘肃、青海及新疆，生于荒漠河漫滩、冲积及淤平原、湖边盐碱地、盐渍化草甸和沙地。俄罗斯中亚、伊朗、阿富汗和蒙古有分布。花艳丽，为产区荒漠固沙造林树种。

11. 多枝柽柳 图 303 彩片 91

Tamarix ramosissima Ledeb. Fl. Alt. 1: 424. 1829.

灌木或小乔木状，高达6米。老枝暗灰色，当年生木质化生长枝红棕色，有分枝。营养枝之叶卵圆形或三角状心形，长2-5毫米，先端稍内倾。总状花序生于当年生枝顶，集成顶生圆锥花序，长1-5厘米；苞片披针形或卵状披针形。花5数；萼片卵形；花瓣倒卵形，粉红或紫色，靠合成杯状花冠，果时宿存；花盘5裂，裂片顶端有凹缺；雄蕊5，花丝细，基部着生于花盘裂片间边缘略下方；花柱3，棍棒状。蒴果三棱圆锥状瓶形，长3-5毫米。花期5-9月。

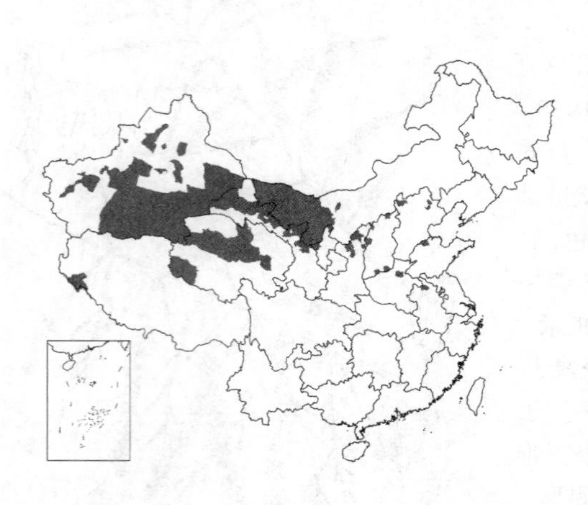

产内蒙古、宁夏、新疆、西藏、青海、甘肃、陕西、山西、河北、河南、山东及安徽，生于河漫滩、河谷阶地、沙质或粘土质盐碱化平原或沙丘。东欧、俄罗斯欧洲部分东南部至中亚、伊朗、阿富汗、蒙古有分布。为西北荒漠地区固沙造林先锋树种。枝条可编筐及作农具；幼枝叶是羊和骆驼的好饲料。枝叶药用，可解热透疹，祛风去湿。

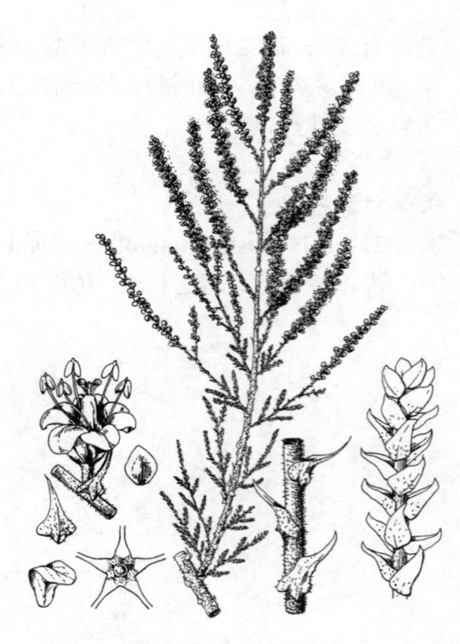

图 302 刚毛柽柳 （刘铭廷绘）

12. 细穗柽柳 图 304 彩片 92

Tamarix leptostachys Bunge in Mém. Aci. Sci. Pétersb. Sav. Etr. 7: 293. 1854.

灌木，高达6米。老枝淡棕或灰紫色。营养枝之叶窄卵形或卵状披针形，长1-4（-6）毫米。总状花序细，长4-12厘米，生于当年生枝顶端，集成顶生紧密圆锥花序；苞片钻形，长1-1.5毫米。花5数；萼片卵形，长0.5-0.6毫米；花瓣倒卵形，长约1.5毫米，上部外弯，淡紫红或粉红色，早落；花盘5裂，稀再2裂成10裂片；雄蕊5，花丝细长，伸出花冠之外，花丝基部宽，着生于花盘裂片顶端，稀花盘裂片再2裂，雄蕊则着生于花盘裂片间；花柱3。蒴果窄圆锥形，长4-5毫米。花期6-7月。

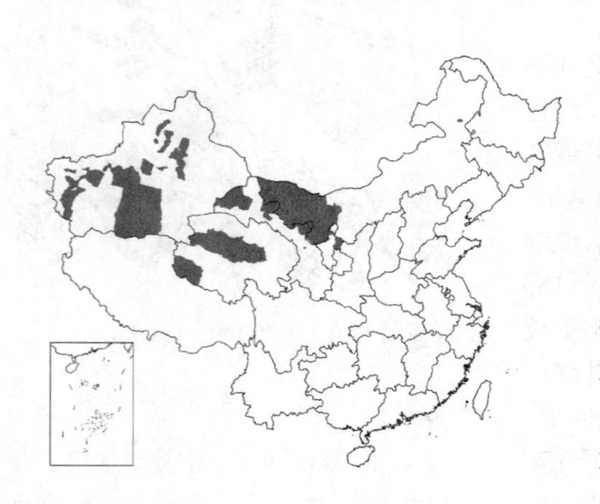

产内蒙古西部、宁夏、甘肃、青海及新疆，生于荒漠地区盆地下游潮湿盐土、丘间低地、河湖沿岸、河漫滩和灌溉绿洲的盐土。俄罗斯中亚及蒙古有分布。为西北荒漠地区盐碱土绿化造林的优良树种；花色艳丽，供观赏。

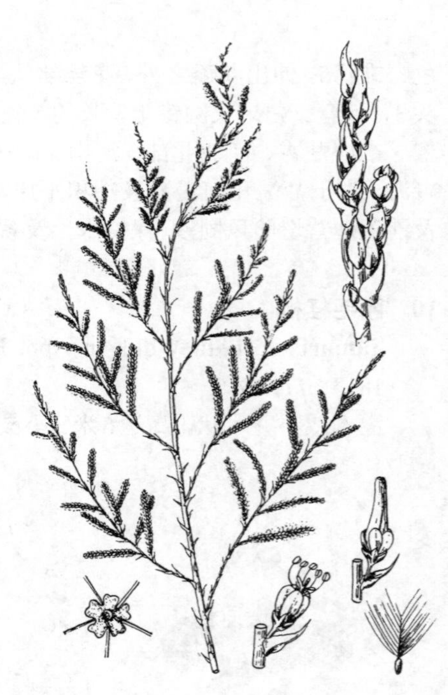

图 303 多枝柽柳 （刘铭廷绘）

13. 盐地柽柳

图 305

Tamarix karelinii Bunge, Tent. Gen. Tamar. 68. 1852.

大灌木或小乔木，高达7米；树皮紫褐色。幼枝上具不明显乳头状毛。叶卵形，长1-1.5毫米，先端尖，内弯。总状花序长5-15厘米，生于当年生枝顶，集成开展圆锥花序；苞片披针形。花5数；萼片近圆形；花瓣倒卵状椭圆形，长约1.5毫米，直伸或靠合，深红或紫红色，花后部分脱落；花盘薄膜质，5裂；雄蕊5，花丝基部具退化蜜腺；花柱3。蒴果长5-6毫米。花期6-9月。

产内蒙古西部、甘肃、青海及新疆，生于荒漠地区盐渍化土质沙漠、沙丘边缘、河湖沿岸。俄罗斯中亚、伊朗、阿富汗及蒙古有分布。耐盐性强，是盐渍化沙地和重盐碱地主要造林绿化树种。

图 304 细穗柽柳 （引自《图鉴》）

14. 沙生柽柳

图 306 彩片 93

Tamarix taklamakanensis M. T. Liu in Acta Phytotax. Sin. 17(3): 120. f. 1. 1979.

大灌木或小乔木，高达7米；树皮黑紫色，有光泽。一、二年生枝细长下垂。营养枝之叶宽三角形，长约1毫米，几抱茎呈鞘状，春季灰绿色，夏季黄绿色。总状花序于秋初生于当年生枝顶端，长5-7（-12）厘米，集成顶生圆锥花序；苞片宽三角状卵形。花梗长约2毫米；花5数；萼片卵形，淡黄绿色；花瓣倒卵形或长倒卵形，粉红色，开展，花后大部脱落；花盘5裂；雄蕊5，花丝粗，着生在花盘裂片顶端；花柱3，基部连合，上部靠合，柱头头状。蒴果圆锥状瓶形，长5-7毫米，3瓣裂，有15-20粒种子。种子短棒状，长2-2.5（-3）毫米，黑紫色，顶端丛生白色毛。花期8-9月，果期9-11月。

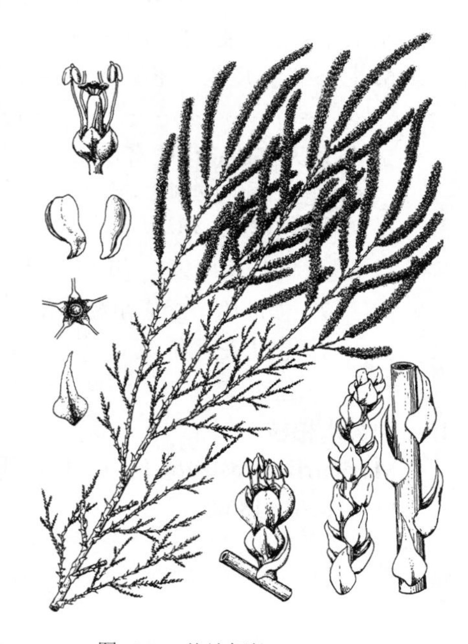

图 305 盐地柽柳 （刘铭廷绘）

产新疆及甘肃西部，生于沙丘。为荒漠地区流动沙丘上最耐旱、耐炎热的固沙造林树种。

3. 水柏枝属 Myricaria Desv.

落叶灌木。稀亚灌木或小乔木，直立或匍匐。单叶，互生，常密集于当年生绿色幼枝上，全缘；无柄，无托叶。花两性，5数，集成顶生或侧生总状或圆锥花序；苞片具膜质边。花梗短；花萼5深裂，萼片常具膜质边；花瓣5，常内曲，先端圆钝或具微缺刻，粉红、淡紫红或粉白色，果时常宿存；雄蕊10，常5长5短，花丝下部连合成筒，稀基部合生或几分离；花药2室，纵裂，黄色；雌蕊由3心皮构成，子房具3棱，基底胎座，胚珠多数；柱头头状，3浅裂。蒴果圆锥形，1室，3瓣裂。种子多数，顶端具芒柱，芒柱全部或1/2以上被白色长柔毛，无胚乳。

13种，分布于亚洲及欧洲。我国10种。

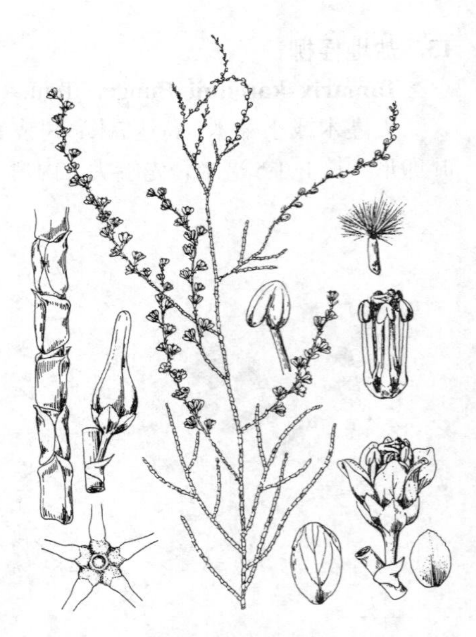
图 306 沙生柽柳 （刘铭廷绘）

1. 匍匐或伏卧灌木。
  2. 枝匍匐；总状花序具1-4花 ………… 1. **匍匐水柏枝 M. prostrata**
  2. 老枝伏卧；幼枝直立；总状花序具多花，花序枝高出叶枝 ……………………………………………… 2. **卧生水柏枝 M. rosea**
1. 直立灌木。
  3. 叶长0.5-1.5厘米，宽2毫米以上，在枝上疏生。
    4. 叶披针形或长圆状披针形，基部渐窄缩；雄蕊花丝基部合生或几分离 ………………………………… 3. **秀丽水柏枝 M. elegans**
    4. 叶宽卵形或椭圆形，基部宽；雄蕊花丝合生达1/2以上 ……………………………………………… 4. **宽叶水柏枝 M. platyphylla**
  3. 叶长1.5-5毫米，宽2毫米以下，在枝上密生。
    5. 枝条常有皮膜；花序侧生于老枝，单生或数个花序簇生枝腋，花序基部宿存多数覆瓦状排列鳞片 ……………………………………………… 5. **具鳞水柏枝 M. squamosa**
    5. 枝条无皮膜；花序常顶生，基部无宿存鳞片或兼有顶生及侧生花序。
      6. 花序顶生或侧生，春季总状花序侧生，夏秋季为顶生较疏散圆锥花序，一年开二次花 ……………………………………………… 6. **三春水柏枝 M. paniculata**
      6. 总状花序顶生，一年开一次花。
        7. 总状花序密集呈穗状；苞片宽卵形 ……………… 7. **宽苞水柏枝 M. bracteata**
        7. 总状花序稀疏；苞片披针形或卵状披针形 ……………… 8. **疏花水柏枝 M. laxiflora**

1. 匍匐水柏枝 图 307 彩片 94

Myricaria prostrata Hook. f. et Thoms. ex Benth. et Hook. f. Gen. Pl. 1: 161. 1862.

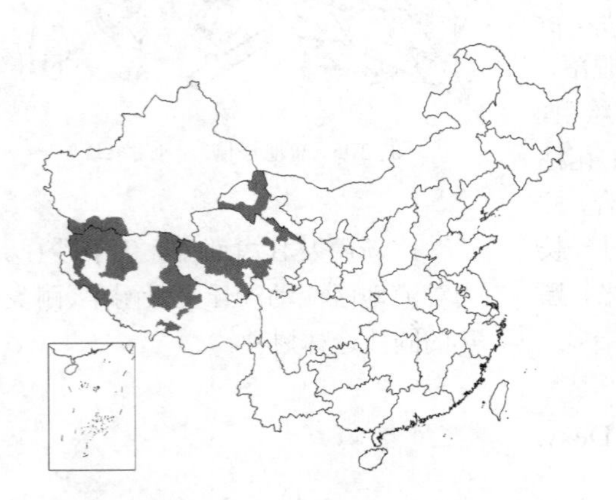

匍匐矮灌木，高达14厘米。小枝纤细，红棕色，匍匐枝具不定根固着地面。叶在当年生枝上密集，长圆形或窄椭圆形，长2-5毫米，宽1-1.5毫米。总状花序球形，具1-3（4）花，侧生于去年生枝，密集。花梗长1-2毫米，基部被卵形或长圆形鳞片。苞片椭圆形或卵形，有窄膜质边；萼片卵状披针形或长圆形，长3-4毫米，边膜质；花瓣倒卵状形或倒卵状长圆形，长4-6毫米，淡紫或粉红色；雄蕊花丝2/3合生。蒴果圆锥形，长0.8-1厘米。种子

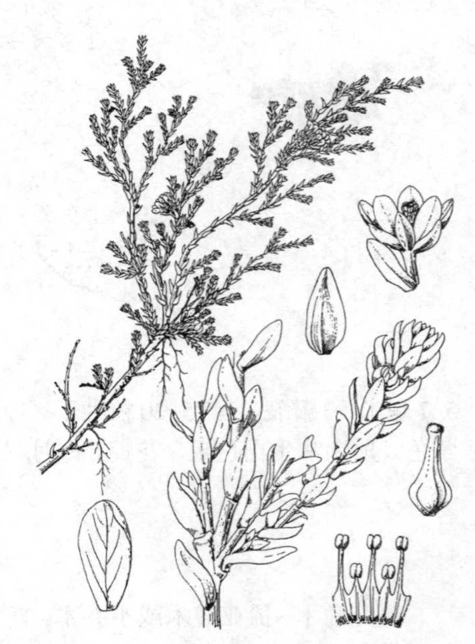
图 307 匍匐水柏枝 （刘铭廷绘）

长圆形，长1.5毫米，顶端具芒柱，全被白色长柔毛。花期6-7月，果期7-8月。

产甘肃（祁连山西部）、新疆西南部、青海及西藏，生于海拔3000-5200米河谷砂砾地、湖边沙地、砾石质山坡、冰川雪线以下溪边。俄罗斯中亚、印度及巴基斯坦有分布。

2. 卧生水柏枝 图 308 彩片 95

Myricaria rosea W. W. Sm. Notes Roy. Bot. Gard. Edinb. 10: 52. 1917.

伏卧灌木，高达1米；多分枝，老枝伏卧，红褐色或紫褐色。幼枝直立或斜升，淡绿色。叶披针形、条状披针形或卵状披针形，呈镰状，长5-8（-15）毫米，宽1-2毫米，叶缘膜质；叶腋常生绿色小枝，小枝叶较小。总状花序顶生，近穗状，花序枝粗，常高出叶枝，黄绿或淡紫红色，下部疏生条状披针形或卵状披针形苞片，长0.7-1.5厘米。花梗长约2毫米；萼片5，条状披针形或卵状披针形，长2-4毫米；花瓣5，窄倒卵形或长椭圆形，长5-7毫米，粉红或紫红色，果时宿存；花丝1/2或2/3部分合生。蒴果窄圆锥形，长0.8-1（-1.5）厘米，3瓣裂。种子芒柱全被白色长柔毛。花期5-6月，果期7-8月。

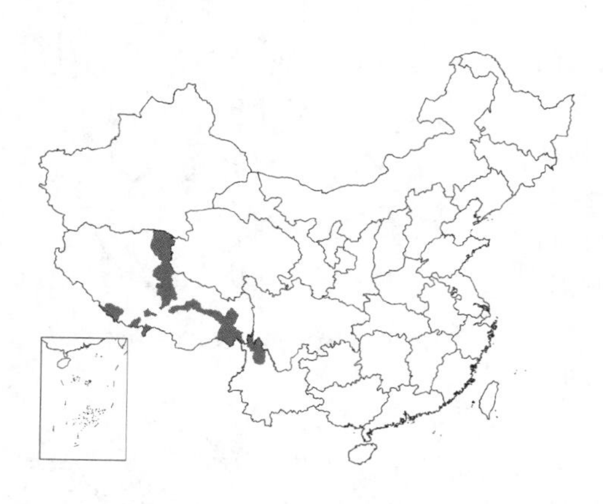

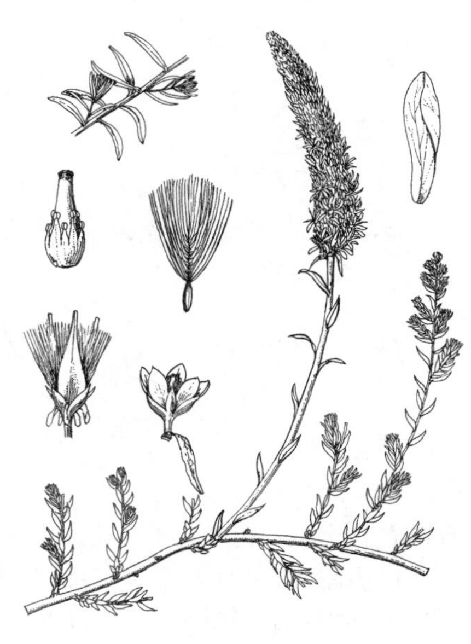

图 308 卧生水柏枝 （刘铭廷绘）

产云南西北部及西藏，生于海拔2600-4600米砾石质山坡、砂砾质河滩、草地及高山冰川河谷冲积地。尼泊尔、锡金、不丹及印度西北部有分布。

3. 秀丽水柏枝 图 309

Myricaria elegans Royle, Illustr. Bot. Himal. 214. 1839.

小乔木或灌木状，高达5米。老枝红褐或暗紫色。叶长0.5-1.5厘米，宽2-3毫米，长椭圆形、长圆状披针形或卵状披针形，具窄膜质边。总状花序常侧生，稀为顶生圆锥花序；苞片卵形或卵状披针形，具宽膜质边。花梗长2-3毫米；萼片5，卵状披针形或三角状卵形，长约2毫米；花瓣5，倒卵形、倒卵状长圆形或椭圆形，长5-6毫米，白、粉红或紫红色；雄蕊花丝基部连合；柱头头状，3裂。蒴果窄圆锥形，长约8毫米。种子长约1毫米，芒柱全被白色长柔毛。花期6-7月，果期8-9月。

图 309 秀丽水柏枝 （刘铭廷绘）

产青海、新疆西南部及西藏，生于海拔3000-4600米河岸、湖边砂砾地及河滩。印度、巴基斯坦、俄罗斯中亚有分布。为产区固沙造林及营造薪炭林树种。木材供建筑及薪炭用。

4. **宽叶水柏枝** 图 310

Myricaria platyphylla Maxim. in Bull. Acad. Imp. Pétersb. 27: 425. 1881.

灌木，高达2米。多分枝。叶疏生，宽卵形或椭圆形，长0.7-1.2厘米，宽3-8毫米，基部圆或宽楔形，不抱茎。总状花序常侧生，基部被多数覆瓦状排列的卵形鳞片；苞片宽卵形或椭圆形，长约7毫米，具宽膜质边。花梗长约2毫米；萼片5，卵状披针形或长椭圆形，长4-5毫米；花瓣5，倒卵形，长5-6毫米，粉红或紫红色；雄蕊10，花丝2/3连合。蒴果圆锥形，长约1厘米，3瓣裂。种子长圆形，顶端芒柱全被白色长柔毛。花期4-6月，果期7-8月。

产内蒙古、陕西北部及宁夏，生于海拔约1300米河漫滩沙地、流动沙丘间低洼地。为产区固沙造林树种。

图 310 宽叶水柏枝 （引自《图鉴》）

5. **具鳞水柏枝** 三春柳 图 311

Myricaria squamosa Desv. in Ann. Sci. Nat. 4: 350. 1825.

Myricaria laxa auct. non W. W. Smith: 中国高等植物图鉴 2: 898. 1972.

灌木，高达5米；老枝紫褐或灰褐色，常有灰白色皮膜，薄片剥落。叶披针形、卵状披针形或长圆形，长1.5-5（-10）毫米。总状花序侧生于老枝，单生或数个花序簇生枝腋，花序基部被多数覆瓦状排列的鳞片；鳞片宽卵形或椭圆形，近膜质；苞片椭圆形或卵状长圆形，长4-6毫米。花梗长2-3毫米；萼片卵状披针形或长圆形，长2-4毫米；花瓣倒卵形、倒卵状披针形或长椭圆形，长4-5毫米，常内曲，紫红或粉红色；雄蕊10，花丝约2/3连合。蒴果窄圆锥形，长约1厘米。种子长约1毫米，顶端芒柱上半部具白色长柔毛。花期5-7月，果期7-8月。

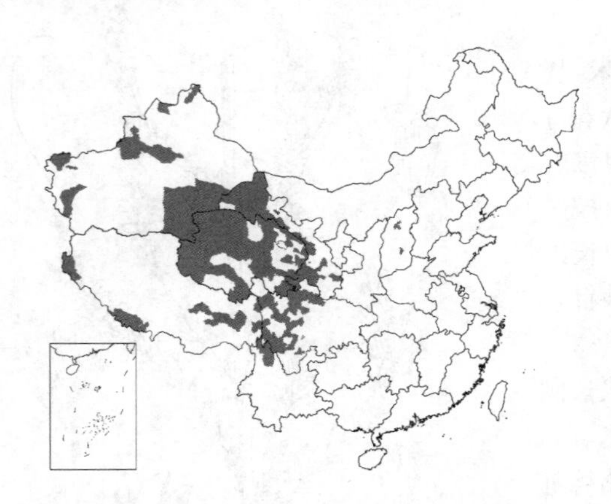

产山西、甘肃、新疆、青海、西藏、四川及云南，生于海拔2400-4600米山地河漫滩、湖边沙地、河滩草地。俄罗斯、阿富汗、巴基斯坦、印度有分布。叶含维生素丙。

图 311 具鳞水柏枝 （刘铭廷绘）

6. **三春水柏枝** 水柏枝 图 312 彩片 96

Myricaria paniculata P. Y. Zhang et Y. J. Zhang in Bull. Bot. Res. (Harbin) 4(2): 75. 1984.

Myricaria germanica auct. non (Linn.) Desv.; 中国高等植物图鉴 2: 895. 1972.

灌木，高达3米。当年生枝灰绿或红褐色。叶披针形、卵状披针形或长圆形，长2-4（-6）毫米，密集。一年开两次花，春季总状花序侧生于去年生枝，基部被有多数覆瓦状排列的膜质鳞片；苞片椭圆形或倒卵形；夏秋季开花，圆锥花序生于当年生枝顶端，苞片卵状披针形或窄卵形，长4-6毫米。花梗长1-2毫米；萼片卵状或卵状长圆形，长3-4毫米，内曲；花瓣倒卵形或倒卵状披针形，长4-6毫米，常内曲，粉红或淡紫红色，花后宿存；雄蕊10，花丝1/2或2/3连合。蒴果窄圆锥形，长0.8-1厘米，3瓣裂。种子长1-1.5毫米，芒柱一半以上被白色长柔毛。花期3-9月，果期5-10月。

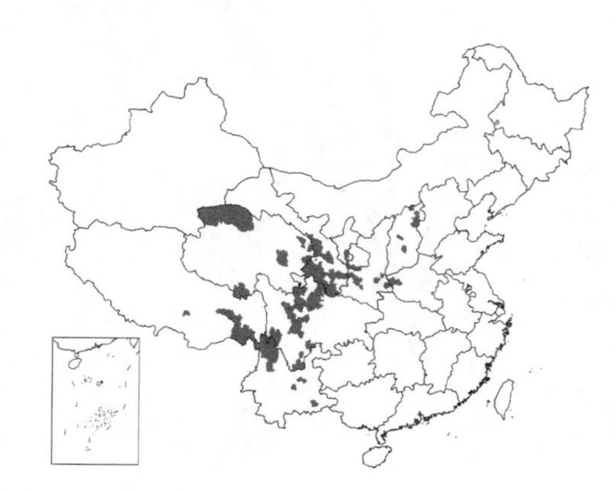

图 312 三春水柏枝 （刘铭廷绘）

产河南、山西、陕西、宁夏东南部、甘肃、青海、西藏、四川及云南，生于海拔1000-2800米山地河谷砾石质河滩、河床沙地、河漫滩及河谷山坡。为产区水土保持树种。

7. 宽苞水柏枝 河柏 图 313

Myricaria bracteata Royle, Illustr. Bot. Himal. 214. t. 44. f. 2. 1839.

Myricaria alopecuroides Schrenk; 中国高等植物图鉴 2: 896. 1972.

灌木，高达3米。当年生枝红棕或黄绿色。叶卵形、卵状披针形或窄长圆形，长2-4（-7）毫米，密集。总状花序顶生于当年生枝上，密集呈穗状；苞片宽卵形或椭圆形，长7-8毫米，宽4-5毫米，具宽膜质啮齿状边，先端尖或尾尖；花梗长约1毫米；萼片披针形或长圆形，长约4毫米；花瓣倒卵形或倒卵状长圆形，长5-6毫米，常内曲，粉红或淡紫色，花后宿存；雄蕊花丝连合至中部或中部以上。蒴果窄圆锥形，长0.8-1厘米。种子长1-1.5毫米，顶端芒柱上半部被白色长柔毛。花期6-7月，果期8-9月。

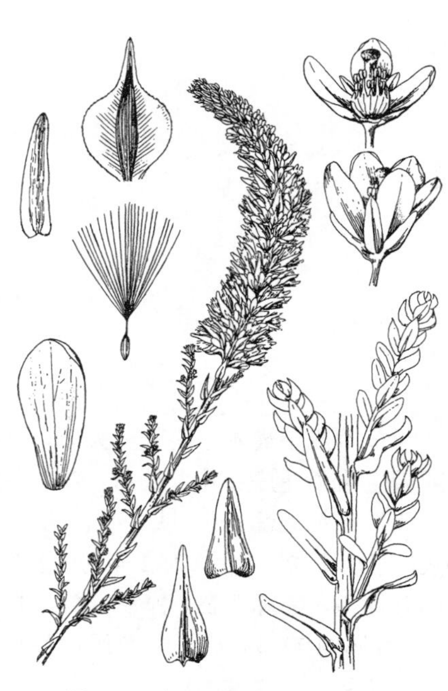

图 313 宽苞水柏枝 （刘铭廷绘）

产内蒙古、河北、河南、山西、陕西、宁夏、甘肃、新疆、青海、西藏、云南、四川及湖北，生于海拔1100-3300米砂砾质河滩、湖边沙地及山前冲积扇砂砾质戈壁滩。印度、巴基斯坦、阿富汗、俄罗斯及蒙古有分布。适应性强，为水土保持树种。

8. 疏花水柏枝 图 314

Myricaria laxiflora (Franch.) P. Y. Zhang et Y. J. Zhang in Bull. Bot. Res. (Harbin) 4(2): 76. 1984.

Myricaria germanica (Linn.) Desv. var. *laxiflora* Franch. in Nouv. Arch. Mus. Hist. Nat. Paris II. 8: 205. 1885.

灌木，高约1.4米。老枝红褐或紫褐色，当年生枝绿或红褐色。叶披针形或长圆形，长2-4毫米，具窄膜质边。总状花序顶生，长6-12厘米，稀疏；苞片卵状披针形或披针形，长约4毫米。花梗长约2毫米；萼片披针形或长圆形，长2-3毫米；花瓣倒卵形或倒卵状长圆形，长5-6毫米，粉红或淡紫色；花丝1/2或1/3连合。蒴果窄圆锥形，长6-8毫米。种子长1-1.5毫米，顶端芒柱一半以上被白色长柔毛。花果期6-8月。

产湖北西部及四川东部，生于平原路边及河边。

图 314 疏花水柏枝 （刘铭廷绘）

78. 瓣鳞花科 FRANKENIACEAE

（杜玉芬）

草本或小灌木。茎节具关节。单叶，小形，对生或轮生；无托叶。花两性，小，辐射对称；单生或集成顶生或腋生聚伞花序；花萼筒状，具4-7齿，齿镊合状排列，宿存；花瓣与萼齿同数，分离，内侧有鳞片状附属物，覆瓦状排列；雄蕊4-6，或多数，花丝分离或基部微合生，花药2室，外向，纵裂；雌蕊1，由（2）3（4）枚心皮构成，子房上位，1室，有2-4侧膜胎座，各生两列倒生胚珠，花柱单生，纤细，柱头与心皮同数。蒴果包藏在宿存的萼筒内，室背开裂。种子多数，小，有薄壳质种皮，胚直伸在中轴上，埋于内胚乳中。

4属约90种。广泛分布于世界热带及温暖地区，生于海滨、干旱荒漠及半荒漠地带。我国1属1种。

瓣鳞花属 **Frankenia** Linn.

草本或灌木，多分枝。单叶，小，在茎和分枝下部为对生，在上部为4叶轮生；叶柄基部结合成短鞘，全缘，无托叶。花单生或成聚伞花序或伞房花序。花萼具5(4)齿，有5(4)条由萼齿伸到萼筒基部的纵棱脊；花瓣5(4)，较花萼长，基部渐窄缩为楔状爪；雄蕊4-6，比花瓣短，分离，2轮，外轮较短，花丝丝状，基部扩展；子房1室，胚珠多数，花柱丝状，柱头3-4裂，裂片长圆形或棍棒状。蒴果1室，3-5瓣裂。

约80种，主要分布于温带和亚热带荒漠地区海滨或河、湖滩地。我国1种。

瓣鳞花 图 315

Frankenia pulverulenta Linn. Sp. Pl. 332. 1753.

一年生草本，高6-16厘米，平卧。茎基部多分枝，略被紧贴白色微柔

毛。叶小，通常4叶轮生，窄倒卵形或倒卵形，长2-7毫米，宽1-2.5毫米，全缘，上面无毛，下面微被粉状短柔毛；叶柄长1-2毫米。花小，多单生，稀数朵生于叶腋或小枝顶端。萼筒长2-2.5毫米，具5纵棱脊，萼齿5，钻形；花瓣5，粉红色，长圆状倒披针形或长圆状倒卵形，顶端微具牙齿，具爪和舌状鳞片附属物；雄蕊6，花丝基部稍合生；子房1室，胚珠多数，侧膜胎座。蒴果卵形，长约2毫米，裂为3瓣。种子下部急尖，淡棕色。

产新疆（新源）、甘肃（民勤）及内蒙古（额济纳旗），生于荒漠地带河流泛滥地、湖盆低湿盐碱化土壤。欧洲南部经俄罗斯高加索、中亚、西伯利亚南部至蒙古，非洲、亚洲西南部至阿富汗、巴基斯坦及印度有分布。

图 315 瓣鳞花 （引自《图鉴》）

79. 钩枝藤科 ANCISTROCLADACEAE

（谷粹芝）

藤本，无毛。枝具环状钩。单叶互生，常聚生枝顶，全缘；通常无柄，托叶小，早落。花小，两性，辐射对称；顶生或侧生二歧状分枝圆锥状穗状花序；苞片小。萼筒短，和子房下部合生；萼片5，覆瓦状排列，果时增大呈翅状，翅不等大；花瓣5，基部稍合生；雄蕊5或10，花丝不等长，花药通常2室，基底着生，内向，纵裂；子房大部下位，3心皮，1室，有1侧生或基生胚珠，花柱粗厚，球形或长圆形，柱头3。坚果，由增大的萼筒所包被。种子1，近球形，外种皮革质，种皮薄；胚短，直立，子叶稍叉形，胚乳肉质。

仅1属。

钩枝藤属 Ancistrocladus Wall. ex Arnott.

形态特征同科。

约10余种，分布亚、非大陆热带地区。我国1种。

钩枝藤 图 316 彩片 97

Ancistrocladus tectorius (Lour.) Merr. in Lingnan Sci. Journ. 6: 329. 1930. *Bembix tectoria* Lour. Fl. Cochinch. 1: 282. 1790.

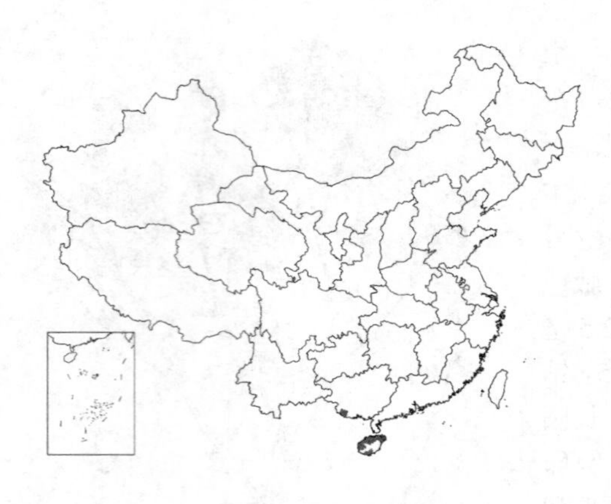

攀援灌木，长达10米，幼时常呈直立灌木状。枝具环形内弯的钩，无毛。叶常聚生茎顶，革质，长圆形、倒卵状长圆形或倒披针形，长7-10厘米，先端钝或圆，稀尖，基部渐窄下延，全缘，两面无毛，均被白色圆形小鳞秕和小点，中脉在上面下陷，在下面明显凸起；常无叶柄，叶痕马鞍状，托叶小，早落。花几朵或多数，成顶生或侧生二歧状分枝圆锥状穗状花序；小苞片卵形，边缘薄，流苏状。花小，径7-8毫米；无梗；花萼基部合生呈短筒，裂片5，长椭圆形，稍不等大，长4-5毫米，有小缘毛，内面近基部有白色圆形小鳞秕，外面在中下部常有1-3浅杯状腺体；花瓣基部合生，质厚，斜椭圆形，常内卷；雄蕊5长5短，花丝基部较宽；子房半下位，3心皮，1室，花柱短，直立，柱头3。坚果红色，倒圆锥形，和萼筒合生，径6-9毫米，萼片增大成翅状，翅倒卵状匙形，不等大，大的长达4.5厘米，宽1.6厘米，小的长1.5-2厘米，宽5-7毫米，均有脉纹。种子近球形。花期4-6月，果期6月开始。

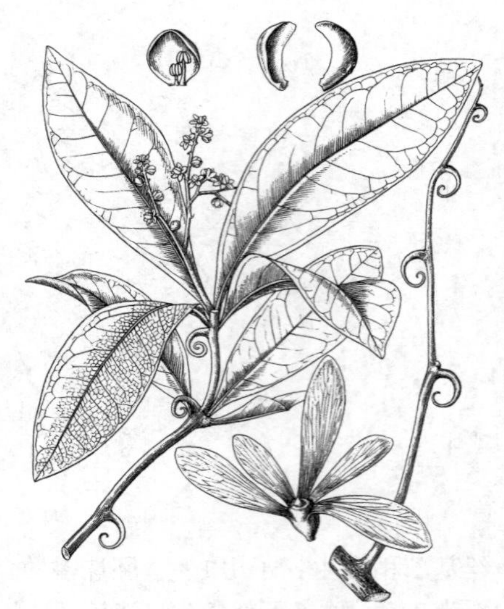

图 316 钩枝藤 （引自《海南植物志》）

产海南及广西西南部，生于海拔500-700米山坡、山谷密林中或山地林中。中南半岛至印度有分布。

80. 西番莲科 PASSIFLORACEAE

（林 祁）

多年生或一年生藤本，常具腋生卷须，稀灌木或小乔木。叶互生，稀对生，单叶，稀复叶，叶下面和叶柄有腺体，常具托叶。聚伞花序腋生，有时具1-2花；常有1苞片和2小苞片。花两性、单性，稀杂性，整齐；花萼常5裂，裂片覆瓦状排列，宿存；花瓣和花萼裂片同数，互生，分离或稍合生，覆瓦状排列，稀无花瓣；副花冠由1至数轮丝状体、鳞片状体或杯状体组成，常位于花冠与雄蕊之间，稀无；雄蕊5，稀4-8枚或不定数，花丝离生或合生成管状，花药2室，纵裂；雌蕊由3-5心皮组成，常位于雌雄蕊柄或雌蕊柄之上，子房上位，1室，侧膜胎座，胚珠多数。蒴果或肉质浆果，室背开裂或不裂。种子少数至多数；胚大；胚乳肉质。

16属，500余种，分布于热带至温带地区。我国2属20余种， 主产华南至西南地区。

1. 花大而美丽，两性，副花冠发达；浆果 ………………………… 1. **西番莲属 Passiflora**
1. 花小，两性、单性或杂性，副花冠不发达；蒴果 ………………………… 2.**蒴莲属 Adenia**

1. 西番莲属 Passiflora Linn.

多年生藤本，具腋生卷须。单叶，全缘或分裂，叶下面近基部和叶柄常有腺体，托叶线形或叶状，或无托叶。聚伞花序腋生，有时具1-2花；苞片和小苞片形成总苞；花序梗具关节。花两性；萼片5，常呈花瓣状；花瓣5，与萼片近等长，有时缺；副花冠常由萼管喉部生出的丝状体或杯状体组成；内花冠膜质，扁平或褶状，全缘或流苏状，位于雌雄蕊柄或雌蕊柄下，其内或下部有蜜腺环或缺；雄蕊5-8，着生于雌雄蕊柄上，花丝分离或基部合生，花药长圆形或线形，2室，药背着；柱头头状或肾状，花柱3-4，基部分离或连合，子房1室，侧膜胎座，胚珠多数。浆果。种子数枚至多数，假种皮肉质。

400余种，主要分布于热带至亚热带美洲。我国野生及栽培近20种，主产东南部至西南部。

1. 叶全缘，先端渐尖或圆。
  2. 木质藤本，茎被毛 ………… 1. **长叶西番莲 P. siamica**
  2. 草质藤本，茎无毛。
    3. 叶革质 ………… 2. **蛇王藤 P. moluccana** var. **teysmanniana**
    3. 叶薄纸质 ………… 3. **广东西番莲 P. kwangtungensis**
1. 叶先端2-7裂或平截。
  4. 无托叶。
    5. 子房及果被毛 ………… 4. **尖峰西番莲 P. jianfengensis**
    5. 子房及果均无毛。
      6. 草质藤本；叶裂片先端圆钝或圆 ………… 5. **杯叶西番莲 P. cupiformis**
      6. 木质藤本；叶裂片先端尖或渐尖 ………… 6. **镰叶西番莲 P. wilsonii**
  4. 有托叶。
    7. 叶3浅裂，被毛 ………… 7. **龙珠果 P. foetida**
    7. 叶3-7深裂，无毛。
      8. 托叶线状披针形 ………… 8. **鸡蛋果 P. edulis**
      8. 托叶肾形，抱茎 ………… 9. **西番莲 P. coerulea**

1. 长叶西番莲 图 317

Passiflora siamica Craib in Kew Bull. 1911: 55. 1911.

木质藤本；幼茎、叶、花序、花梗和花被片均密被锈色柔毛。叶近革质，卵状椭圆形或披针形，长6-25厘米，宽2.5-7厘米，先端尖或渐尖，基部楔形或近心形，全缘，侧脉5-7对；叶柄长1-4厘米，下部具杯状腺体2枚，无托叶。花序在卷须两侧对生，具4-15花。花梗长0.5-2厘米；萼片5，长0.9-1.2厘米；花瓣白色，5，长0.9-1厘米；副花冠裂片丝状，2轮排列，外轮长0.7-1厘米，内轮长1.5-4毫米；内花冠褶状，长2-2.5毫米；花盘高约0.5毫米；雌雄蕊柄长3-5毫米；雄蕊5-8，花丝长1-1.1厘米，基部合生；雌蕊花柱3-5，长4-9毫米，基部合生，子房近无柄，椭球形，长2-3毫米，被毛。果近球形，径1-2厘米，被疏毛。花期3-4月，果期6-7月。

图 317 长叶西番莲 （李锡畴绘）

产广西及云南南部，生于海拔540-1600米疏林及灌丛中。印度、缅甸、泰国、老挝及越南有分布。

2. 蛇王藤 图 318 彩片 98

Passiflora moluccana Reinw. ex Bl. var. **teysmanniana** (Miq.) Wilde in Fl. Males. ser. 1, 7(2): 413. 1972.

Disemma horsfieldii Reinw. ex Bl. var. *teysmanniana* Miq. Fl. Ind. Bot. I, 1: 700. 1856.

草质藤本。茎无毛，稍具棱。叶互生或近对生，革质，线形、线状长圆形或宽椭圆形，长4-14厘米，宽1-6厘米，先端圆而微缺或极短尖，基部圆钝，全缘，下面被短绒毛，侧脉4-6对；叶柄长0.6-1.5厘米，被疏毛，顶端有2腺体，无托叶。聚伞花序常具1-2花；苞片和小苞片极小，线形。花梗长2.5-4.5厘米；萼片4，窄长圆形，长约2厘米，背面疏被柔毛；花瓣白色，长圆形，长约1.5厘米；副花冠由多数线形裂片组成，2轮排列，外轮长1.2-1.5厘米，内轮长1.5-3毫米，青紫或黄色；内花冠皱褶，长1.5-2毫米；雌雄蕊柄长3-5毫米；雄蕊4，花丝分离，长0.6-1厘米；雌蕊花柱3，分离，子房球形。浆果粉绿色，卵球形或近球形，长1.5-2.5厘米，径1-2厘米，无毛。种子扁平，长约4毫米，有小窝孔。花期1-4月，果期5-8月。

图 318 蛇王藤 （引自《图鉴》）

产广东、海南、广西及云南，生于海拔50-1000米林缘或灌丛中。马来西亚、老挝及越南有分布。

3. 广东西番莲 图 319

Passiflora kwangtungensis Merr. in Lingnan Sci. Journ. 13: 38. 1934.

草质藤本。茎无毛。叶薄纸质，披针形或长圆状披针形，长 7-13 厘米，宽1.5-5 厘米，先端长渐尖，基部圆或心形，全缘，无毛，侧脉5-7对；叶柄长1.2-2厘米，近顶端具2腺体，无托叶。聚伞花序在卷须两侧对生，具2-4花，花径不及2厘米。花梗柔弱，长达1.5厘米；苞片和小苞片钻形，长2-3毫米；萼片5，窄长圆形，长8-9毫米；花瓣白色，5枚，与萼片近等长；副花冠由多数排成1轮的丝状体组成，长2-3毫米；内花冠膜质，皱褶；雌雄蕊柄长4-5毫米；雄蕊5，花丝基部合生，长约3.5毫米；柱头头状，花柱3，子房无毛。浆果球形，径1-1.5厘米。花期3-5月，果期5-7月。

产福建、江西、广东及广西，生于海拔350-900米山地疏林或灌丛中。全草外用可治疮疖、湿疹。

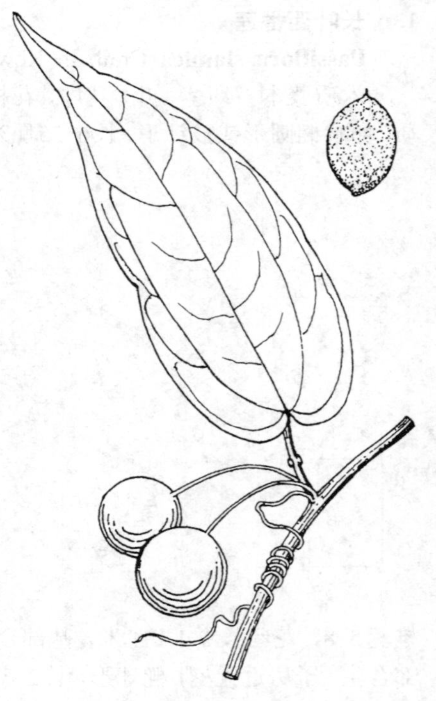

图 319 广东西番莲 （李锡畴绘）

4. 尖峰西番莲

图 320

Passiflora jianfengensis S. M. Hwang et Q. Huang in Acta Phytotax. Sin. 23(1): 64. 1985.

草质藤本。幼茎疏被柔毛。叶坚纸质，宽卵形，长10-16厘米，先端3浅裂，基部圆，叶上面无毛或仅脉上被疏毛，叶下面被红棕色柔毛，侧脉 3-4对；叶柄长2-3厘米，被红棕色柔毛，基部有2腺，无托叶。聚伞花序具2花。花白色，径4-5厘米；花梗长3-4厘米；苞片钻形或披针形，长2-3毫米；萼片粉红色，卵状披针形，长2.5-3厘米，背面有柔毛；花瓣长圆形，与萼片近等长；副花冠的丝状体成2轮排列，外轮长1-1.2厘米，内轮长约5毫米；内花冠皱褶，流苏状；雌雄蕊柄长0.5-1厘米；雄蕊5，花丝长约1厘米，基部合生；柱头头状，花柱长约1厘米，子房被淡黄色毛。果黑色，卵球形或倒卵状球形，长2.5-3.5厘米，被毛。种子卵球形，褐色，密具小窝点。花期3-4月，果期6-8月。

图 320 尖峰西番莲
（引自《植物分类学报》）

产广东、海南及广西，生于低海拔山谷林下或沟边灌丛中。

5. 杯叶西番莲

图 321

Passiflora cupiformis Mast. in Hook. Icon. Pl. 18: t. 1768. 1888.

Passiflora altebilobata Hemsl.; 中国植物志 52(1): 108. 1999.

草质藤本。幼茎被毛，后渐脱落。叶坚纸质，杯状，长4-15厘米，宽4-13厘米，先端2浅裂至2深裂，裂片长1-9厘米，先端圆钝或圆，叶基部圆或心形，无毛或被疏微毛，中脉延长成小尖头；叶柄长3-7厘米，近基部具2腺体，无托叶。花序近无梗，具5-20花，被棕色毛。花梗长0.5-2厘米；花白色，径1.5-2 厘米；萼片5，长0.8-1厘米，背面近顶端具1腺体或角状附属器，被毛；花瓣长7-8.5毫米；副花冠裂片丝状，2轮排列，外轮长8-9毫米，内轮长2-3毫米；内花冠褶状，长约2毫米；花盘高约1/4毫米；雌雄蕊柄长0.5-1厘米；雄蕊5，花丝分离，长4-6毫米；花柱3，长约4毫米，子房近球形。浆果成熟时紫色，球形，径1-2厘米，无毛。花期4-5月，果期7-9月。

图 321 杯叶西番莲 （李锡畴绘）

产湖北、贵州、广西、四川及云南，生于海拔300-2000米山地灌丛或路边草丛中。越南有分布。根、叶或全草入药，有消食健胃、引气止痛、解毒散瘀之效，外敷可止血、治蛇伤、跌打损伤。

6. 镰叶西番莲　　图 322

Passiflora wilsonii Hemsl. in Kew Bull. 1908: 17. 1908.

木质藤本。幼枝被疏毛，后渐脱落。叶纸质，长4-11厘米，宽4-13厘米，先端平截，三尖头状，或2-3微裂，裂片长达1.5厘米，尖或渐尖，叶基部宽圆形或近心形，无毛；叶柄长2-6.5厘米，下部具2腺体，无托叶。花序近无梗，在卷须两侧对生；花2-20朵，无毛或微被疏毛。花白色，径2-3厘米；花梗长0.5-1.5厘米；萼片5；副花冠裂片丝状，单轮排列，长3-6毫米；内花冠褶状，长2毫米；花盘高2-3毫米；雌雄蕊柄长0.6-1厘米；雄蕊5，花丝长4-6毫米，离生；花柱3，长3-5毫米，子房椭球形。果初被白粉，成熟时紫黑色，近球形，径2.5-3厘米。花期4-6月，果期7-9月。

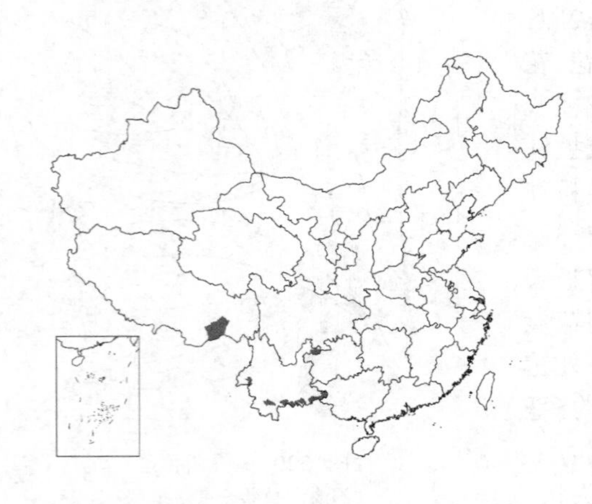

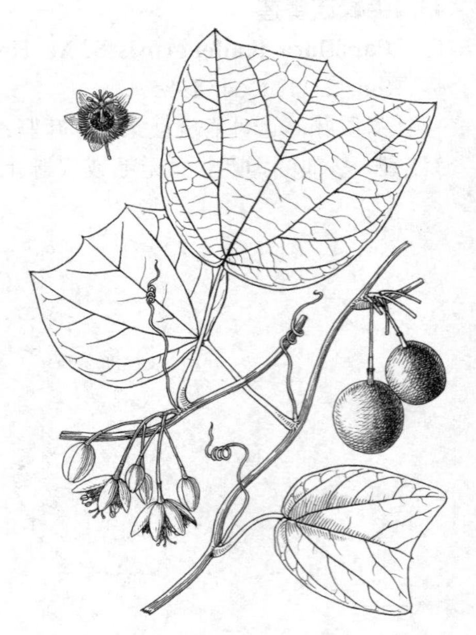

图 322 镰叶西番莲 （余汉平绘）

产云南及西藏，生于海拔1300-2500米山地灌丛中。缅甸、泰国、老挝及越南有分布。全草药用，有舒筋活络、散瘀活血、止咳化痰和驱虫之效。

7. 龙珠果　　图 323 彩片 99

Passiflora foetida Linn. Sp. Pl. 2: 959. 1753.

草质藤本。茎柔弱，被平展柔毛。叶膜质，宽卵形或长圆状卵形，长4.5-13厘米，宽4-12厘米，先端尖或渐尖，基部心形，3浅裂，有缘毛及少数腺毛，两面及叶柄均被丝状长伏毛，叶上面混生少量腺毛，叶下面中部有散生小腺点；叶柄长2-6厘米，无腺体，托叶细线状分裂，裂片顶端有腺体。聚伞花序具1花；花白或淡紫色，径2-3厘米；苞片羽状分裂，裂片顶端具腺毛。萼片长圆形，长1.5-1.8厘米，背面近顶端具角状附属物；花瓣与萼片近等长；副花冠裂片3-5轮；内花冠长1-1.5毫米；雌雄蕊柄长5-7毫米；花丝基部合生，花药长约4毫米；柱头头状，花柱3-4，子房椭球形，长约6毫米。浆果卵球形或球形，径2-3厘米。花期7-8月，果期翌年4-5月。

原产西印度群岛。台湾、福建、江西、广东、香港、海南、广西、贵州及云南有栽培或野化。果味甜可食，亦可用于治疗猪、牛的肺部疾病；全草外用可治疮疖、水火烫伤。

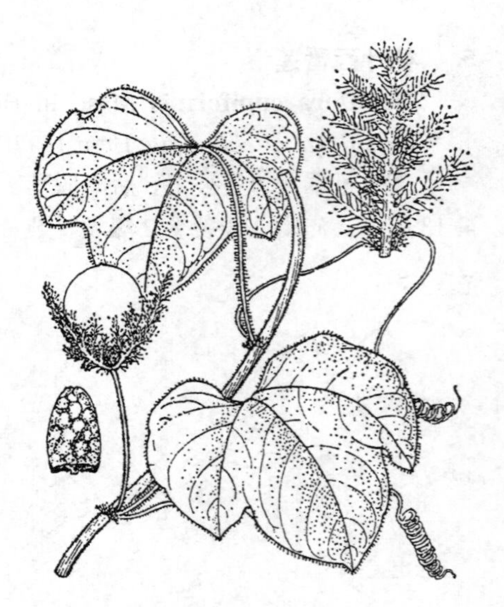

图 323 龙珠果 （引自《图鉴》）

8. 鸡蛋果　　图 324

Passiflora edulis Sims in Curtis's Bot. Mag. 45: t. 1989. 1918.

草质藤本。茎无毛。叶纸质，长6-13厘米，宽8-14厘米，先端短渐尖，基部楔形或近心形，掌状3深裂，裂片有锯齿，两面无毛；叶柄长2-3厘米，近顶端有2腺体，托叶线状披针形，长0.5-1厘米。聚伞花序有1花；花芳香，白色，径约5厘米；花梗长3-5厘米；苞片和小苞片宽卵形或菱形，长约1.5厘米；萼片长圆形，长2-3厘米，背面近顶端具角状附属物；

花瓣披针形，与萼片近等长；副花冠裂片4-5轮，外2轮丝状，与花瓣近等长，内2-3轮极短；内花冠皱褶，长1-1.5毫米；雌雄蕊柄长1-1.2厘米；雄蕊5，被短毛；柱头肾形，花柱基部被短毛，子房倒卵球形。浆果卵球形，长5-7厘米，径约5厘米，果皮坚硬。种子多数，长约0.5毫米。花期4-6月，果期7月至翌年4月。

原产中美洲。湖北、安徽、江苏、台湾、福建、广东、香港、海南、云南、贵州及四川有栽培。观赏植物；果可食、作蔬菜或制作饮料，入药具有兴奋和强壮之效。

图 324 鸡蛋果 （引自《图鉴》）

9. 西番莲 图 325

Passiflora coerulea Linn. Sp. Pl. 2: 959. 1753.

草质藤本。茎无毛。叶纸质，长5-7厘米，宽6-8厘米，基部近心形，掌状3-7深裂，裂片先端尖或钝，全缘，两面无毛；叶柄长2-3厘米，中部散生2-6腺体；托叶肾形，长达1.2厘米，抱茎，疏具波状齿。聚伞花序具1花。花淡绿色，径6-10厘米；花梗长3-4厘米；苞片宽卵形，长1.5-3厘米，全缘；萼片长圆状披针形，长3-4.5厘米；花瓣长圆形，与萼片近等长；副花冠裂片丝状，3轮排列，外轮和中轮长1-1.5厘米，内轮长1-2毫米；内花冠裂片流苏状，紫红色；雌雄蕊柄长0.8-1厘米；花丝长约1厘米，花药长约1.3厘米；柱头肾形，花柱3，长约1.5厘米，子房卵球形。果橙色或黄色，卵球形或近球形，长5-7厘米，径4-5厘米。花期5-7月，果期7-9月。

原产美洲。河北、河南、江苏、安徽、湖北、台湾、福建、江西、广东、贵州及云南有栽培。花供观赏；全草入药，有祛风、清热解毒的功效。

图 325 西番莲 （引自《图鉴》）

2. 蒴莲属 Adenia Forsk.

攀援藤本；常无毛，有卷须。叶互生，全缘或分裂，基部或叶柄顶端常有2扁平腺体。聚伞花序腋生，花梗长而卷曲。花两性、单性或杂性；雄花花萼管状或钟状，4-5裂，裂片覆瓦状排列；花瓣5，离生，着生于萼管喉部而突出，或生于中部而内藏；副花冠为多数丝状体或裂片，排列成1轮，由萼管上长出或缺；腺体5，带状或头状；雄蕊5，合生成一环，着生于萼管下部；雌蕊退化或缺；雌花花萼和花冠与雄花的相似；副花冠膜质而皱褶或缺；退化雄蕊5，花丝基部合生成一膜质环状体，围绕子房基部；柱头3，头状或扩大，子房无柄或位于雌蕊柄上。蒴果，室背开裂。种子多数，具窝点，生于延长的种柄上，有肉质假种皮。

约100种，主产非洲热带至亚热带地区。我国2-3种，主要分布于西南至华南地区。

蒴莲 图 326

Adenia chevalieri Gagnep. in Bull. Mus. Hist. Nat. Paris 25: 126. 1919.

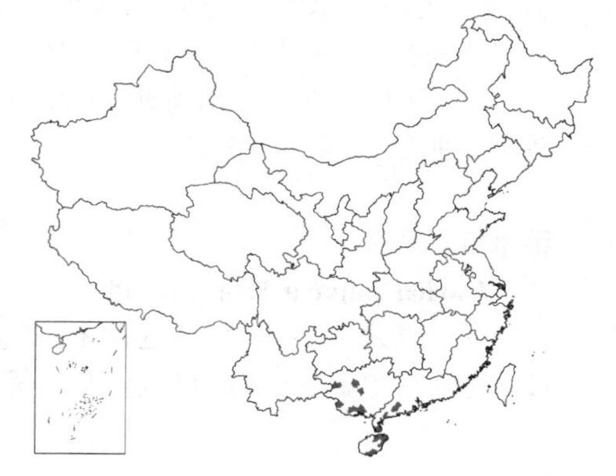

草质藤本；全株无毛。叶纸质，卵形或卵状长圆形，长6-20厘米，宽3-13厘米，先端短渐尖或尖，基部圆或平截，稀近心形，全缘或多少3裂，基出脉3-5条，侧脉3-5对；叶柄长1.5-7厘米，顶端有2圆形腺体。聚伞花序腋生；花序梗长3-6厘米，分枝，中间的形成卷须，两侧着生1-2花；苞片和小苞片长约1毫米。花常单性；雄花长约4毫米，有退化雌蕊；雌花花萼管状或壶状，长约1厘米，裂片三角形；花瓣5，长圆形或披针形，长约5毫米；腺体5，着生于萼管基部；退化雄蕊5，花丝基部合生；子房近球形，着生于雌蕊柄上，雌蕊柄长约2.5毫米。蒴果淡黄或红色，椭球形，长6-9厘米，径6-8厘米，果瓣3；果柄长3-10厘米。种子多数，扁圆形或斜三角形，径约8毫米。花期1-7月，果期9-12月。

产广东、海南及广西，生于海拔600米以下丘陵山地林中、林缘或灌丛中。越南北部有分布。全草药用，可治疥疮。

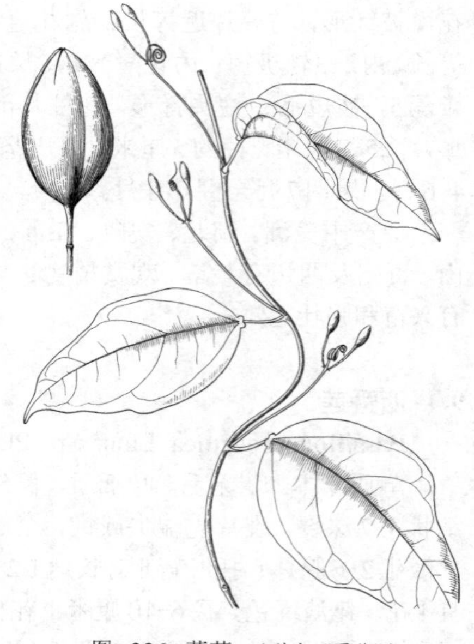

图 326 蒴莲 （引自《图鉴》）

81. 番木瓜科 CARICACEAE

（李 楠）

小乔木，具乳汁，常有分枝。叶聚生茎顶，掌状分裂，稀全缘，具长柄，无托叶。花单性或两性，同株或异株。雄花无柄，圆锥花序下垂；花萼5裂，裂片细长；花冠细长成管状；雄蕊10，互生呈2轮，生于花冠管，花丝分离或基部连合，花药2室，纵裂；具退化子房或缺。雌花单生或数朵成伞房花序，花较大；花萼与雄花花萼相似；花冠管较雄花冠管短，花瓣初靠合，后分离；子房上位，一室或具假隔膜而成5室，胚珠多数或有时少数生于侧膜胎座，花柱5，极短或几无花柱，柱头分枝或不分枝。两性花花冠管极短或长；雄蕊5-10。浆果肉质，通常较大。种子卵圆形或椭圆形，胚乳含油脂。

4属，约60种，产热带美洲及非洲，热带地区广泛栽培。我国引种栽培1属1种。

番木瓜属 **Carica** Linn.

小乔木或灌木；树干不分枝或有时分枝。叶聚生茎顶，近盾形，各式锐裂至浅裂或掌状深裂，稀全缘；具长柄。花单性或两性；雄花：花萼细小，5裂；花冠管细长，裂片长圆形或线形，镊合状或扭转状排列；雄蕊10，着生于花冠喉部，互生或与裂片对生，花丝短，着生萼片，花药2室，内向开裂，不育子房钻状；雌花：花萼与雄花相同；花冠5，线状长圆形，凋落，分离，无不育雄蕊；子房无柄，1室，柱头5，扩大或线形，不裂或分裂；胚珠多数或少数，侧膜胎座5。浆果大，肉质。种子多数，卵球形或略扁，具假种皮，外种皮平滑多皱或具刺，胚包于肉质胚乳中，扁平，子叶长椭圆形。

约45种，分布于中南美洲、大洋洲、夏威夷群岛、菲律宾群岛、马来半岛、中南半岛、印度及非洲。我国引种栽培1种。

番木瓜 番瓜 图 327 彩片 100

Carica papaya Linn. Sp. Pl. 1036. 1753.

常绿软木质小乔木，高达10米，具乳汁。茎不分枝或有时于损伤处分枝，托叶痕螺旋状排列。叶大，聚生茎顶，近盾形，径达60厘米，5-9深裂，每裂片羽状分裂；叶柄中空，长0.6-1米。花单性或两性，有些品种雄株偶生两性花或雌花，并结果，有时雌株出现少数雄花。植株有雄株，雌株和两性株。雄花：成圆锥花序，长达1米，下垂；花无梗；萼片基部连合；花冠乳黄色，冠管细管状，长1.6-2.5厘米，花冠裂片5，披针形，长约1.8厘米，宽4.5毫米；雄蕊10，5长5短，短的几无花丝，长的花丝白色，被白色绒毛；子房退化。雌花：单生或由数朵成伞房花序，着生叶腋，具短梗或近无梗，萼片5，长约1厘米，中部以下合生；花冠裂片5，分离，乳黄或黄白色，长圆形或披针形，长5-6.2厘米，宽1.2-2厘米；花柱5，柱头数裂，近流苏状。两性花：雄蕊5，着生于近子房基部极短的花冠管，或为10枚着生于较长的花冠管，成2轮，冠管长1.9-2.5厘米，花冠裂片长圆形，长约2.8厘米，宽9毫米，子房比雌株子房较小。浆果肉质，成熟时橙黄或黄色，长球形，倒卵状长球形，梨形或近球形，长10-30厘米或更长，果肉柔软多汁，味香甜。种子多数，卵球形，成熟时黑色，外种皮肉质，内种皮木质，具皱纹。花果期全年。

原产热带美洲，广植于世界热带和较温暖亚热带地区。福建南部、台湾、广东、海南、广西、云南南部广泛栽培。果成熟时可作水果，未成熟果可作蔬菜煮食或腌食，可加工成蜜饯，果汁、果酱、果脯及罐头。种子可榨油。果和叶均可药用。

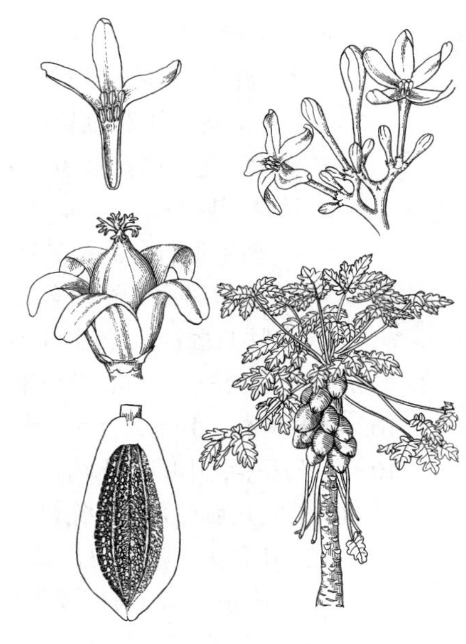

图 327 番木瓜 （引自《海南植物志》）

82. 葫芦科 CUCURBITACEAE

（路安民 陈书坤）

一年生或多年生草本或木质藤本。茎匍匐或攀援。叶互生，无托叶，卷须侧生叶柄基部；叶具掌状脉。花单性（稀两性），雌雄同株或异株；单生、簇生、或集成花序。雄花：花萼辐状、钟状或管状，5裂；花冠插生萼筒檐部，5裂，裂片全缘或边缘成流苏状；雄蕊5或3，花丝分离或合生成柱状，花药分离或靠合，1室或2室，药室通直、弓形或S形折曲至多回折曲。雌花：花萼与花冠同雄花；子房下位，稀半下位，通常由3心皮合成，侧膜胎座，胚珠通常多数，有时具几个极稀具1枚；花柱单一或3裂，柱头膨大，2裂或流苏状。果大型至小型，常为肉质浆果状或果皮木质，不裂或成熟后盖裂或3瓣纵裂。种子常多数，稀少数至1枚，水平生或下垂生；无胚乳；胚直，具短胚根，子叶大、扁平，富含油脂。

约113属800种，大多数分布于热带和亚热带，少数种类至温带。我国33属154种。

1. 花冠裂片全缘或近全缘，非流苏状。
  2. 雄蕊5，药室卵形且通直。
    3. 单叶。
      4. 花较小，花冠裂长不及1厘米；果成熟后由中部以上或顶端盖裂或3瓣裂。
        5. 叶分裂；果长1-3.5厘米，盖裂；种子无翅或顶端有膜质长翅。
          6. 叶心状戟形，无腺体；果成熟后近中部盖裂；种子无翅 ……………… 1. **盒子草属 Actinostemma**
          6. 叶近圆形，基部裂片顶端有1-2对突出腺体；果顶端盖裂；种子顶端有膜质长翅 ………………………………………………………………………… 2. **假贝母属 Bolbostemma**

5. 叶近全缘；果长6-10厘米，顶端平截，3瓣裂；种子周围环以膜质翅 …………… 6. **翅子瓜属 Zanonia**

4. 花较大，花冠裂片长约2厘米，若花较小时则花萼比花冠长；果浆果状，不裂；种子无翅。

7. 花较小，花萼比花冠长，花药肾形；果长约30厘米 …………………………………… 7. **藏瓜属 Indofevillea**

7. 花较大，花萼比花冠短，花药窄长圆形；果长不及10厘米。

8. 植株无腺鳞。

9. 药室通直；卷须在分歧点以上旋卷 …………………………………………………… 8. **赤爬属 Thladiantha**

9. 药室弓曲；卷须有分歧点上下均卷曲 ………………………………………………… 9. **白兼果属 Baijiania**

8. 植株具腺鳞；药室S形折曲；卷须在分歧点上下均旋曲 …………………………… 10. **罗汉果属 Siraitia**

3. 叶常为鸟足状3-9小叶，极稀单叶。

10. 木质藤本；小叶近全缘，基部常有2腺体；种子顶端有膜质长翅 ………………… 4. **棒锤瓜属 Neoalsomitra**

10. 草质藤本；小叶有锯齿，基部无腺体；种子周围有膜质翅或无翅。

11. 果成熟后由顶端3缝裂，若不裂则果小而球形；种子下垂生。

12. 花稍大，花冠裂片长5毫米以上；果较大，棍子棒状圆筒形、倒锥形或球形，具种子6枚以上；种子周围具膜质翅或无翅 ……………………………………………………………………… 5. **雪胆属 Hemsleya**

12. 花极小，花冠裂片长不及3毫米；果较小，陀螺状或球形，具种子1-3；种子无翅。

13. 雌雄同株；果陀螺状，成熟后由顶端3缝裂 ………………………………… 3. **锥形果属 Gomphogyne**

13. 雌雄异株；果球形 …………………………………………………………………… 31. **绞股蓝属 Gynostemma**

11. 果不裂，瓠果状，中等大；种子水平生；花冠裂片长约2厘米 ………………… 8. **赤爬属 Thladiantha**

2. 雄蕊3或1，若为1枚，则药室水平生，极稀5枚而药室折曲。

14. 雄蕊3，稀5且药室折曲。

15. 花及果均小型。

16. 花常雌雄同株，稀异株；果不裂；种子多数，水平生。

17. 雄花退化雌蕊球形或近钻形；药室通直、弓曲，稀之字形折曲。

18. 药室通直。

19. 雄蕊全部2室；雄花序总状或近伞房状 …………………………………………… 12. **马瓟儿属 Zehneria**

19. 雄蕊1枚1室，2枚2室；雄花簇生，雌花单生或簇生 …………………………… 13. **帽儿瓜属 Mukia**

18. 药室弧曲或之字形折曲；雄花序近伞形，雌花单生 ………………………………… 14. **茅瓜属 Solena**

17. 雄花无退化雌蕊；药室S形折曲；雌雄花簇生同一叶腋内 ………………………… 22. **毒瓜属 Diplocyclos**

16. 花雌雄异株或同株，稀两性花；果3瓣裂或不裂。种子1-3，下垂生 ……… 15. **裂瓜属 Schizopepon**

15. 花及果中等大或大型；药室S形折曲或多回折曲，极稀药室通直但花萼筒窄漏斗形。

20. 药室通直，萼筒窄漏斗形 ………………………………………………………………… 11. **三棱瓜属 Edgaria**

20. 药室S形折曲或多回折曲。

21. 卷须缺 ……………………………………………………………………………………… 18. **喷瓜属 Ecballium**

21. 卷须存在。

22. 花冠辐状，若钟状时则5深裂或近分离。

23. 雄花花萼筒不伸长。

24. 花梗有盾状苞片；果常具瘤状突出，成熟后有时3瓣裂 ……………… 16. **苦瓜属 Momordica**

24. 花梗无盾状苞片。

25. 雄花生于总状或聚伞状花序上。

26. 一年生草质藤本；果有多数种子 ……………………………………… 17. **丝瓜属 Luffa**

26. 多年生草质藤本；果有1枚大型种子 ……………………………… 32. **佛手瓜属 Sechium**

25. 雄花单生或簇生。
27. 叶两面密被硬毛；花萼裂片叶状，有锯齿，反折 ………………………… 19. **冬瓜属 Benincasa**
27. 叶两面被柔毛状硬毛；花萼裂片钻形，近全缘，不反折。
28. 卷须2-3歧；叶羽状深裂；药隔不伸出 ………………………… 20. **西瓜属 Citrullus**
28. 卷须不分歧；叶3-7浅裂；药隔伸出 ………………………… 21. **黄瓜属 Cucumis**
23. 雄花萼筒伸长，筒状或漏斗状，长约2厘米。
29. 花黄色；叶基部无腺体。
30. 花冠钟状；叶长超过10厘米。
31. 叶分裂过半；种子多数，水平生 ………………………… 23. **三裂瓜属 Biswarea**
31. 叶浅裂；种子少数，下垂生 ………………………… 24. **波棱瓜属 Herpetospermum**
30. 花冠辐状；叶长不及10厘米 ………………………… 25. **金瓜属 Gymnopetalum**
29. 花白色；叶柄顶端有2腺体 ………………………… 26. **葫芦属 Lagenaria**
22. 花冠钟状，5中裂。
32. 叶被长硬毛，基部无腺体；花黄色；果大型 ………………………… 29. **南瓜属 Cucurbita**
32. 叶无毛，基部有数个腺体；花白色；果中等大，长约5厘米 ………………………… 30. **红瓜属 Coccinia**
14. 雄蕊1，花药水平生；叶不裂、分裂或鸟足状5-7小叶 ………………………… 33. **小雀瓜属 Cyclanthera**
1. 花冠裂片流苏状。
33. 草质稀木质藤本；花冠裂片流苏长不及7厘米；果中等大，具多数种子 ………… 27. **栝楼属 Trichosanthes**
33. 木质藤本；花冠裂片的流苏长达15厘米；果较大，具6枚能育种子（另6枚不发育），种子长达7厘米 …………………………………… 28. **油渣果属 Hodgsonia**

1. 盒子草属 **Actinostemma** Griff.

（路安民）

纤细攀援草本。枝纤细，疏被长柔毛，后脱落无毛。叶心状戟形，心状窄卵形、宽卵形或披针状三角形，长3-12厘米，不裂、3-5裂或基部分裂，边缘微波状或疏生锯齿，基部弯缺半圆形、长圆形或深心形，两面疏生疣状凸起；叶柄细，长2-6厘米，被柔毛，卷须细，2叉，稀单一。花单性，雌雄同株，稀两性。雄花序总状或圆锥状，稀单生或双生；花萼辐状，筒部杯状，裂片线状披针形，花冠辐状，裂片披针形，尾尖；雄蕊5（6），离生，花丝短，花药近卵形，外向，基着，药隔在花药背面乳头状凸出，1室，纵裂。雌花单生、双生或雌雄同序；雌花梗具关节，长4-8厘米，花萼和花冠同雄花、子房有疣状凸起。果卵形、宽卵形或长圆状椭圆形，长1.6-2.5厘米，疏生暗绿色鳞片状凸起，近中部盖裂，果盖锥形，种子2-4。种子稍扁，卵形，长1.1-1.3厘米，有不规则雕纹。

单种属。

盒子草

图 328

Actinostemma tenerum Griff. Pl. Cantor. 25, t. 3. 1837.

Actinostemma lobatum（Maxim.）Maxim. ex Franch. et Sav.; 中国高等植物图鉴 4: 347. 1975.

形态特征同属。花期7-9月，果期9-11月。

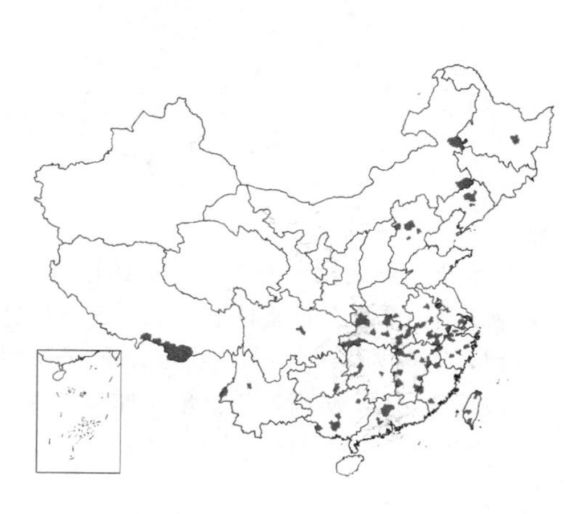

产黑龙江、辽宁、内蒙古、河北、河南、山东、江苏、浙江、安徽、福建、台湾、江西、湖北、湖南、广东、广西、贵州、云南西部、四川及西藏南部，生于水边草丛中。朝鲜、日本、印度及中南半岛有分布。种子（本草纲目拾遗称鸳鸯木）及全草药用，有利尿消肿、清热解毒、去湿之效。

图 328 盒子草 （引自《图鉴》）

2. 假贝母属 Bolbostemma Franquet

（路安民）

攀援草本。茎、枝细。叶近圆形或心形，波状5浅裂或掌状5深裂，基部小裂片顶端有2腺体；卷须单一或分2叉。雌雄异株；雄花序为疏散圆锥花序，雌花为疏散圆锥花序，有时单生或簇生。雄花：花萼辐状，裂片5，线状披针形；花冠辐状，裂片5，窄披针形，尾尖；雄蕊5，花丝分离或两两成对在花丝中部以下联合，余1枚单生，花药卵形，1室。雌花：花萼和花冠同雄花；子房近球形，有瘤状凸起或无，3室，每室具2枚下垂胚珠，花柱粗短，柱头3，2裂。果圆柱形，有刺或无刺，上部环状盖裂，果盖圆锥形，连同胎座脱落，具4-6种子。种子近卵形，有雕纹，顶端有膜质翅。

2种及1变种，为我国特有。

1. 叶掌状5深裂，裂片3-5浅裂；花小，花萼及花冠裂片长约2.5毫米，雄蕊5，分离，药隔不伸出花药，子房疏生不明显疣状凸起；果较平滑，无刺 ……………… **假贝母 B. paniculatum**
1. 叶近圆形，5波状浅裂或波状浅圆裂；花较大，花萼及花冠裂片长6-8毫米，雄蕊5，两两成对在花丝中部以下结合，余1枚分离，药隔伸出花药呈尾状；子房密生小瘤状凸起；果被锐尖细长刺 ……………………………………………………………………（附）. **刺儿瓜 B. biglandulosum**

假贝母

图 329：1-4 彩片 101

Bolbostemma paniculatum (Maxim.) Franquet in Bull. Mus. Hist. Nat. Paris. sér. 2, 2: 327. 1930.

Mitrosicyos paniculatus Maxim. in Mém. Acad. Sc. St. Pétersb. Sav. Etrang. 9: 113. 1859. in not.

鳞茎肥厚，肉质，乳白色。茎草质，无毛。叶柄长1.5-3.5厘米，叶卵状近圆形，长4-11厘米，宽3-10厘米，掌状5深裂，每裂片3-5浅裂，基部小裂片顶端各有1突出腺体；卷须单一或2歧。花雌雄异株；雌、雄花序均为疏散圆锥状，稀花单生，花序轴丝状。花梗长1.5-3.5厘米；花黄绿色；花萼与花冠相似，裂片长约2.5毫米，顶端具长丝状尾；雄蕊5，离生，花丝长0.3-0.5毫米，花药长0.5毫米，药隔不伸出花药；子房近球形，疏生不显著疣状凸起。果圆柱状，长1.5-3厘米，径1-1.2厘米，成熟后顶端盖裂，果盖圆锥形，具6种子。种子卵状菱形，暗褐色，有雕纹状凸起，边缘有不规则齿，长0.8-1厘米，宽约5毫米，厚1.5毫米，顶端有膜质翅，翅长0.8-1厘米。花期6-8月，果期8-9月。

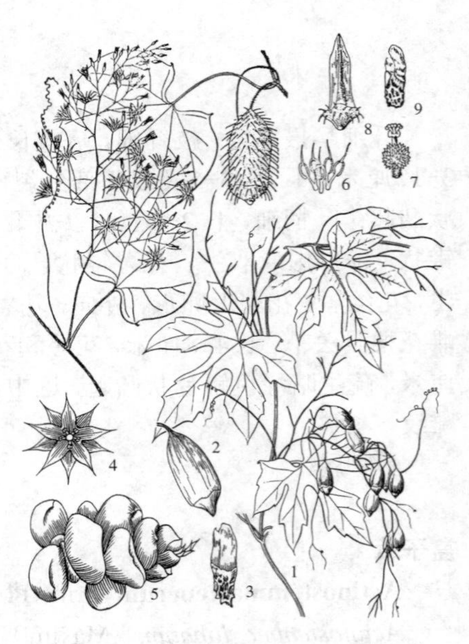

图 329：1-4.假贝母 5-9.刺儿瓜 （引自《图鉴》）

产辽宁、河北、山东、河南、山西、陕西、宁夏南部、甘肃东部、四川及湖南西北部，生于阴坡；广泛栽培。鳞茎为我国古代最早应用的中药贝母，有清热解毒、散结消肿的功效，用于淋巴结结核、骨结核、乳腺炎、疮疡肿毒等症。

［附］**刺儿瓜** 图 329：5-9 **Bolbostemma biglandulosum** (Hemsl.) Franquet in Bull. Mus. Hist. Nat. Paris. sér. 2, 2: 328. 1930. —— *Actinostemma biglanduloum* Hemsl. in Hook. Icon. Pl. 27: t. 2645. 1901. 本种与假贝母的区别：叶膜质，近圆形，5波状浅裂或不规则浅裂；雄蕊5，两两成对在花丝中部以下联合，余1枚分生；子房密生小瘤状凸起；果被锐尖细长刺。花期9月，果期10月。产云南东南部，生于海拔1300-1400米林缘。

3. 锥形果属 Gomphogyne Griff.

（陈书坤）

攀援草本。茎纤细，具纵棱及槽。叶互生，具柄，鸟足状，具5-9小叶，小叶披针形或长圆形，具牙齿；卷须单一或2歧。花小，雌雄同株，淡绿色。雄花排成总状花序或圆锥花序；花萼辐状，5裂，裂片长圆形，边缘啮蚀状；花冠辐状，5深裂，裂片长圆状披针形，常尾尖，啮蚀状；雄蕊5，花丝短，基部联合，花药近球形，1室，直立，纵裂；无退化雌蕊。雌花排成圆锥花序或簇生叶腋；花萼与花冠同雄花；子房下位，1室，花柱3，顶端2裂；胚珠3，自室顶下垂；无退化雄蕊。蒴果，陀螺形或近三棱状钟形，具纵肋，顶端平截，具冠状宿存花柱3枚，成熟后自顶端3缝裂，种子1-3粒。种子扁，具皱纹及乳突，边缘常具齿。

6种，分布于印度、中南半岛和马来西亚。我国1种1变种。

1. 果疏被毛或近无毛 …………………………………… **锥形果 G. cissiformis**
1. 果密被绵毛状绒毛 …………………………………… （附）. **毛锥形果 G. cissiformis** var. **villosa**

锥形果 图 330

Gomphogyne cissiformis Griff. Pl. Cantor. 26. t. 4. 1837. in adnot.

草质藤本。茎无毛或节上有毛。叶鸟足状，具7-9小叶，圆形，径5-10厘米，叶柄长3-6厘米，无毛；小叶膜质，倒卵状长圆形，中间者长4-6厘米，侧生者较小，先端渐尖或锐尖，基部渐尖，具圆齿状牙齿，两面无毛，侧脉6-8对，小叶柄长3-6毫米，无毛，卷须2歧。花雌雄同株；雄花花序总状，花序梗及花梗纤细，无毛，基部具小苞片；花萼裂片窄卵形，长1-1.5毫米；花冠5裂，裂片卵状披针形，长2.5-3毫米，宽1毫米；雄蕊5，花丝基部合生；退化雌蕊无。雌花花序圆锥状，长5-12厘米，或簇生叶腋；花梗丝状，具小苞片。果长1.2-1.6厘米，顶端平截，具3枚冠状物及8-10条纵棱。种子1-3，长圆状四棱形，暗褐色，边缘具齿。

图 330 锥形果 （引自《图鉴》）

产云南，生于海拔2110-2800米山坡林中或沟边。印度西北部、锡金、不丹经越南北方、泰国、马来半岛至印度尼西亚（爪哇）及菲律宾有分布。

［附］**毛锥形果 Gomphogyne cissiformis** var. **villosa** Cogn. in DC. Mon. Phan. 3: 925. 1881. 与模式变种的区别：果密被绵毛状绒毛。产云南南部及西南部，生于海拔2350米山坡林中。锡金有分布。

4. 棒锤瓜属 Neoalsomitra Hutch.

（陈书坤）

攀援灌木或草质藤本，无毛或被柔毛。单叶或指状复叶具3-5小叶；小叶全缘，基部有时具2腺体；卷须单一或2歧。花雌雄异株，白或淡绿色，组成腋生圆锥花序或总状花序，花序梗及花梗通常毛发状。雄花：花萼筒杯状，5深裂，裂片长圆形或长圆状披针形；花冠辐状，5深裂，裂片长圆形，啮蚀状；雄蕊5，分离，花丝短，基部邻接，花药长圆形，小，1室，纵向外弯。雌花：花萼和花冠同雄花；子房1室或不完全3室，花柱3（4），圆锥形，肉质，柱头新月形，胚珠多数，下垂。果棒锤状或圆柱状，干燥，无棱或稍具棱，顶端宽平截，3瓣裂。种子多数，扁，覆瓦状排列，顶端具膜质翅，边缘具深波状疣状凸起，种皮坚脆。

约12种，分布于印度至波利尼西亚及澳大利亚。我国2种。

1. 小叶5，小叶两面沿脉被柔毛；果长4-6.5厘米，被柔毛；种子窄卵形 ………………… 棒锤瓜 **N. integrifoliola**
1. 小叶3，无毛；果长8厘米以上，无毛；种子近心状 ……………………………………（附）. 藏棒锤瓜 **N. clavigera**

棒锤瓜 图 331：1-4

Neoalsomitra integrifoliola（Cogn.）Hutch. in Ann. Bot. n. s. 6: 99. 1942.

Gynostemma integrifoliola Cogn. in DC. Mon. Phan. 3: 916. 1881.

攀援草本。茎多分枝，被柔毛或近无毛。叶鸟足状，具5小叶，叶柄长1.5-2厘米，被柔毛；小叶膜质或薄纸质，长圆形或长圆状披针形，中间小叶长7-14厘米，宽3-5.5厘米，侧生小叶较小，先端渐尖，基部钝，有时具2腺体，全缘，两面沿脉被柔毛，侧脉4-5对，细脉网状；小叶柄长0.5-1厘米，密被柔毛。卷须近顶端2歧，疏被柔毛。雄花：圆锥花序腋生，多分枝，长20厘米，被柔毛，侧轴细，基部具鸟足状5小叶；花梗毛发状，疏被柔毛状红色腺体；花萼筒短，5深裂，裂片卵状披针形，疏被长柔毛；花冠辐状，白色，5深裂，裂片卵形，密被柔毛；雄蕊5，分离。雌花：圆锥花序较小，花被同雄花。蒴果圆柱形，长4-6.5厘米，径1.5-2厘米，被柔毛，顶端平截；种子多数，窄卵形，边缘具5-7粗尖齿，顶端具翅。花期9-11月，果期11月至翌年4月。

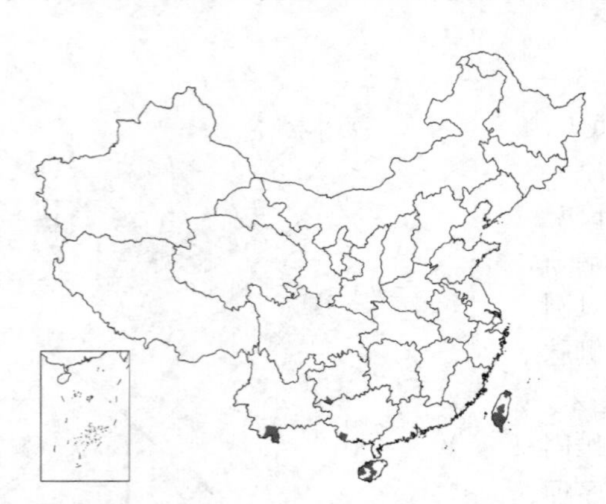

产台湾、海南、广西、贵州西南部及云南南部，生于海拔550-840（-1600）米沟谷雨林、次生林或灌丛中。越南、老挝、柬埔寨、泰国、马来西亚及菲律宾有分布。

图 331：1-4.棒锤瓜 5-6.藏棒锤瓜
（肖 溶绘）

［附］**藏棒锤瓜** 图 331：5-6 **Neoalsomitra clavigera**（Wall.）Hutch. in Ann. Bot. n. s. 6: 100. 1942. —— *Zanonia clavigera* Wall. Pl. Asiat. Rar. 2: 28. 1831. 本种与棒锤瓜的主要区别：叶具3小叶，小叶无毛；果长8-8.5厘米，无毛；种子近心状。产西藏东南部（墨脱），生于海拔900米常绿阔叶林中。印度北部、孟加拉、锡金、缅甸及马来西亚有分布。

5. 雪胆属 Hemsleya Cogn.

（路安民）

多年生草质藤本，常上膨大块茎。茎和小枝纤细；卷须线形，先端2歧。鸟足状复叶具（3-）5-9（-11）小叶；小叶椭圆状披针形或倒卵状披针形。花雌雄异株，二歧聚伞花序腋生，花序梗纤细，被微柔毛，常呈“之”字形曲折；花萼深裂至基部，裂片5，平展或中部以上反折。雄花花冠碗状、幅状、伞状松散球状或覆盆状，浅黄、浅黄绿、绿或红棕色，5深裂，花瓣膜质，薄肉质或肉质，基部两侧常具一对不明显腺体，先端平展或反折至反卷；雄蕊5，分离；雌花与雄花同型，花柱3，柱头2裂，子房具多数胚珠。果倒锥形、圆柱形、棒状长椭圆形或球形，具10条以上凸纵肋或下凹细纹，具瘤突或几平滑，顶端3瓣裂。种子扁长圆形，双凸透镜形或不规则颗粒形，周围有膜质至薄木质翅或无翅。

约24种，产亚洲亚热带至温带地区，2种分布至印度东部及越南北部。我国均产。多种块茎供药用，作提取雪胆素原料或作生药。

1. 无块茎；种子小，具宽膜质翅 …………………… 1. **马铜铃 H. graciliflora**
1. 具块茎；种子无翅或具薄木栓质翅。
  2. 果序大型，果皮薄；种子具薄木栓质翅；花冠径5-7毫米 …………………… 2. **短柄雪胆 H. delavayi**
  2. 果序具1-3果，果皮厚；种子具翅或否；花冠裂片平展或反折至反卷，径0.8-1.5厘米。
    3. 花冠裂片平展或平展后前伸，碗状或辐状。
      4. 种子四方形，具薄木栓质翅；果长椭圆形或长圆锥形 …………………… 3. **翼蛇莲 H. dipterygia**
      4. 种子颗粒状或双凸透镜形，无翅；果球形或圆锥形。
        5. 种子颗粒状；花冠辐状 …………………… 4. **曲莲 H. amabilis**
        5. 种子双凸透镜形；花冠碗状 …………………… 5. **蛇莲 H. sphaerocarpa**
    3. 花冠裂片反折至反卷，呈伞状、灯笼状或覆盆状。
      6. 种子边缘较宽且平滑；花冠淡黄至黄绿色 …………………… 6. **浙江雪胆 H. zhejiangensis**
      6. 种子边缘较窄，啮蚀状或平滑；花冠橙红色，基部常深红棕色。
        7. 花冠灯笼状；果长椭圆形 …………………… 7. **雪胆 H. chinensis**
        7. 花冠覆盆状；果卵球形 …………………… 8. **罗锅底 H. macrosperma**

1. 马铜铃 雪胆 图 332

Hemsleya graciliflora (Harms) Cogn. in Engl. Pflanzenr. 66(IV. 275. 1): 24. f. 7A-H. 1916.

Alsomitra graciliflora Harms in Engl. Bot. Jahrb. 29: 602. 1901.

Hemsleya chinensis auct. non. Cogn.: 中国高等植物图鉴 4: 344. t. 6102. 1975, quoad fl. foem. ft. et sem.

Hemsleya szechuanensis Kuang et A. M. Lu, 中国高等植物图鉴 4: 345. 1975. nom. nov.

多年生宿根性草本；无块茎。鸟足状复叶具7小叶，叶柄长1.8-3厘米；小叶长圆状披针形或倒卵状披针

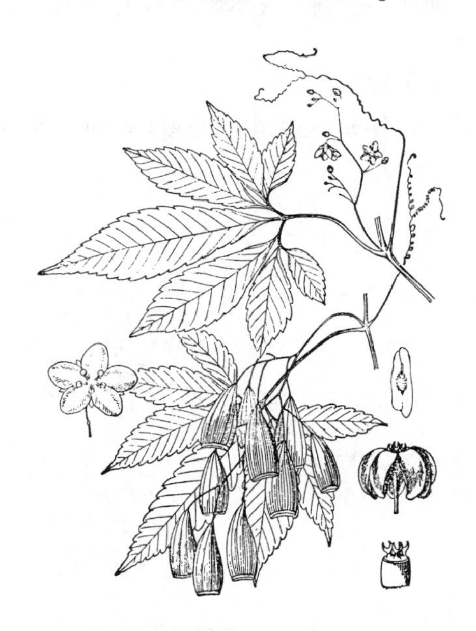

图 332 马铜铃 （引自《图鉴》）

形，长5-10厘米，宽2-3.5厘米。二歧聚伞花序长5-20厘米，密被柔毛。花梗丝状；花萼裂片三角形，平展；雄花花冠辐状，浅黄或淡黄绿色，径5-6毫米，平展，裂片倒卵形，薄膜质，长3-4毫米，宽2毫米；雄蕊5，花丝短，长约1毫米；雌花与雄花同型。果圆锥形，基部稍弯曲，长2.5-3.5厘米，径1-1.5厘米，果柄弯曲，长5-6毫米。种子连翅长圆形，具宽膜质翅，种子倒卵形。花期6-9月，果期8-11月。染色体2n=28。

产安徽、浙江、江西、湖北、四川、广东及广西，生于海拔500-2400米灌丛中。越南北部有分布。

2. 短柄雪胆 图 333

Hemsleya delavayi (Gagnep.) C. Jeffrey ex C. Y. Wu et C. L. Chen in Acta Phytotax. Sin. 23(2): 134. 1985.

Gomphogyne delavayi Gagnep. in Bull. Mus. Hist. Nat. Paris 24: 373. 1918.

块茎扁球形或圆锥形。茎及小枝纤细；卷须无毛。鸟足状复叶具5-7小叶，叶柄长2-5毫米；小叶披针形或椭圆状披针形，中间小叶长3-10厘米，宽0.8-1.5厘米。二歧聚伞花序长达30厘米。花梗丝状，长2-5毫米；雄花花萼裂片卵状披针形，长2-4毫米；花冠覆盆状，橙黄或浅黄色，径5-7毫米；花冠裂片卵形，反卷，长5-7毫米；雄蕊花丝长0.5-1毫米。果圆锥形或圆柱形，基部渐窄，稍弯曲，长2.4-3.5厘米，径0.8-1厘米；果皮薄。种子深褐色，连翅长椭圆形，长1-1.2厘米，扁平；周生薄木栓质翅，上端翅长3-4毫米，两侧翅宽1毫米；种子短椭圆形或卵形。花期7-9月，果期8-10月。

图 333 短柄雪胆 （引自《李德铢专著》）

产云南及四川西南部，生于海拔2200-2400米阔叶林中。

3. 翼蛇莲 图 334

Hemsleya dipterygia Kuang et A. M. Lu in Acta Phytotax. Sin. 29(1): 88. pl. 1: 9-14. 1982.

具膨大块茎。茎节常增粗，密被柔毛，后渐无毛；卷须无毛。鸟足状复叶具5-7小叶，叶柄长2-6厘米；小叶宽披针形或菱形，具锯齿或圆锯齿；中央小叶长7-11厘米，两侧渐小。花序梗及分枝纤细；雄花花梗长0.5-1厘米；花萼裂片卵形，长0.7厘米；花冠辐状或浅碗状，淡黄或淡黄绿色，径1.2-1.3厘米；花冠裂片宽倒卵形，长8毫米，平展。果长椭圆形或长圆锥形，

图 334 翼蛇莲 （孙英宝绘）

长4–5.5厘米，成熟后几无毛。种子连翅四方形，暗棕色，长1.4–1.5厘米，周围为薄木栓质翅，两端翅宽3–4毫米；种子卵圆形。花期6–10月，果期8–11月。

产广西、贵州、云南中部及南部，生于海拔150–1500米阔叶林内。越南北部有分布。

4. 曲莲 小蛇莲 图 335

Hemsleya amabilis Diels in Notes Roy. Bot. Gard. Edinb. 5: 106. 1912.

块茎扁卵球形。茎和小枝纤细。鸟足状复叶具5–9小叶，叶柄长2–4厘米；小叶披针形或窄披针形，中间小叶长4–5厘米，宽1–1.5厘米。雄花成二歧聚伞花序，长5–15厘米；花萼裂片卵状三角形，长4–5毫米，宽2毫米；花冠辐状，浅黄或浅黄绿色，径1–1.2厘米；花冠裂片宽倒卵形，平展，长5–6毫米；花丝长2毫米，伸出。雌花成总状花序或单生；花较大，径1.1–1.2(–1.5)厘米。果球形，径1.2–2厘米；果柄丝状，具关节，长2–3毫米。种子颗粒状，暗褐色，宽卵球形，长6–8毫米，无翅。染色体2n=28。花期6–10月，果期8–11月。

图 335 曲莲 （引自《图鉴》）

产四川西南部及云南，生于海拔1800–3000米阔叶林或针叶林下。

5. 蛇莲 图 336

Hemsleya sphaerocarpa Kuang et A. M. Lu in Acta Phytotax. Sin. 20(1): 87. pl. 1: 1–8. 1982.

块茎扁卵球形。茎及小枝纤细，茎节密被柔毛。鸟足状复叶具5–9小叶，叶柄长1.6–4厘米；小叶长圆状披针形或宽披针形，中央小叶长7–16厘米，宽2.5–4厘米。雄花成大型二歧聚伞花序，长达25(–45)厘米；花萼裂片卵状三角形，长4毫米；花冠浅碗状，浅黄绿色，径0.7–1.5厘米，花冠裂片宽卵形，先端渐尖。果球形或卵球形，径2–3厘米，果柄具关节。种子双凸透镜形，径8–9毫米，无翅，边缘较宽。染色体2n=28。花期5–9月，果期7–11月。

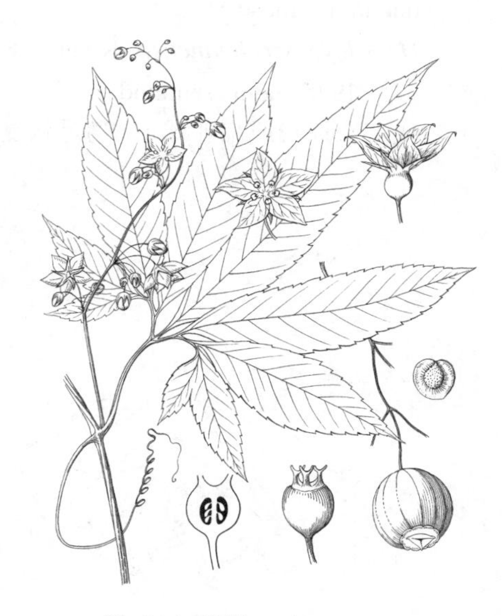

图 336 蛇莲 （引自《图鉴》）

产湖南西南部、广西东部及东北部、贵州、云南西南部及东南部，生于海拔400–1600米阔叶林内。

6. 浙江雪胆 图 337

Hemsleya zhejiangensis C. Z. Zheng in Acta Phytotax. Sin. 23(1): 67. f. 1-8. 1985.

块茎膨大，成串着生。茎和小枝节被毛较密。鸟足状复叶具5-9小叶；小叶椭圆状披针形，具疏锯齿，中央小叶长6-11厘米，宽2-3.5厘米。雄花成二歧聚伞花序，花序梗呈之字形曲折，长13-17厘米；花萼裂片卵状披针形，长4-5毫米，宽3-4毫米，先端向后反折；花冠覆盆状，淡黄或黄绿色，径0.8-1厘米；花冠裂片倒卵形，近肉质，长7-8毫米，先端反折。果宽椭圆形或长椭圆形，长(6-)11-17厘米，径2-3厘米；纵肋不明显；果柄具关节。种子暗棕色，长圆形，几无翅，边缘宽2-4毫米，平滑。花期6-9月，果期8-11月。

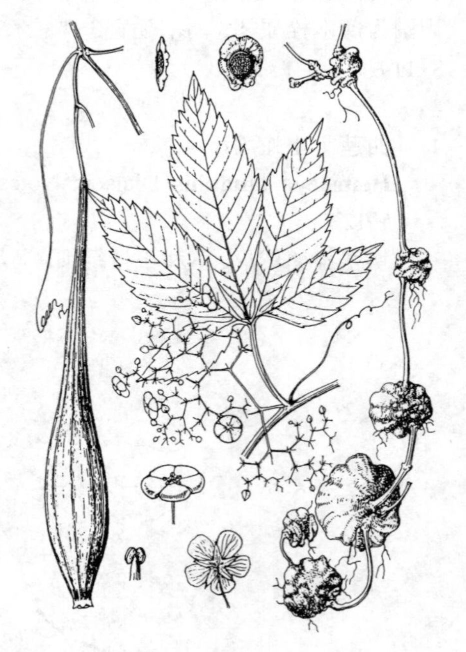

图 337 浙江雪胆 （何冬泉绘）

产安徽南部、浙江南部及江西西部，生于海拔800-1000米阔叶林下或竹林下。

7. 雪胆 中华蛇莲 图 338

Hemsleya chinensis Cogn. in Hook. Icon. Pl. t. 1822. 1889. p. p. quoad fl. masc.

Hemsleya szechuanensis Kuang et A. M. Lu；中国高等植物图鉴 4: 345. 1975. nom. seminud.

块茎卵球形或扁卵球形。鸟足状复叶具5-9小叶，叶柄长4-8厘米；小叶卵状披针形、长圆状披针形或宽披针形，具圆锯齿；中央小叶长5-12厘米，宽2-2.5厘米。雄花成二歧聚伞花序或圆锥花序状，花序长5-12厘米；花萼裂片卵形，长7毫米，反折；花冠灯笼状(松散球形)，橙红色，径1.2-1.5厘米；花冠裂片长圆形，长1-1.3厘米。雌花序长2-4厘米；雌花径1.5厘米。果长椭圆形，长3-7厘米，径2厘米，基部渐窄；果柄关节不明显。种子褐色，近圆形，长1-1.2厘米，无翅，边缘宽1毫米。染色体2n=28。花期7-9月，果期9-11月。

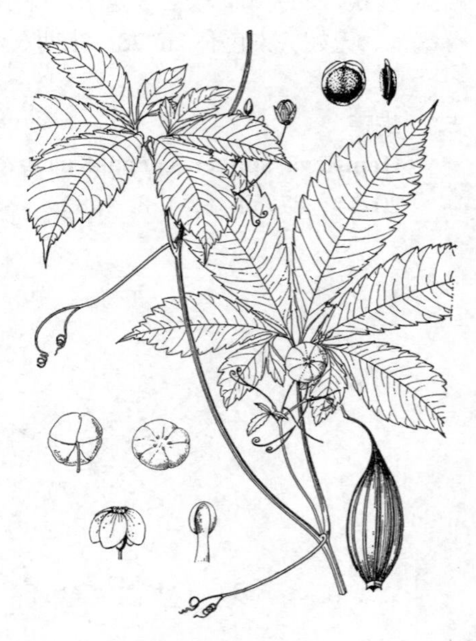

图 338 雪胆 （李锡畴绘）

产湖北、四川、贵州及云南，生于海拔400-2800米常绿阔叶林内或林缘。

8. 罗锅底 图 339

Hemsleya macrosperma C. Y. Wu in Acta Phytotax. Sin. 23(2): 139. 1985.

块茎扁卵球形。鸟足状复叶具5-7小叶，叶柄长4-5厘米；小叶长圆状披针形或倒卵状披针形，具圆锯齿，中央小叶长4-9厘米，宽1.5-3厘米。雄花成二歧聚伞花序，长2-8厘米；花萼裂片卵形，长4-5毫米，宽3毫米，先端尖，反折；花冠覆盆状，橙红色，径0.8-1厘米，花冠裂片长圆形，长8毫米，宽4毫米，疏被白色长柔毛；花丝长2毫米。雌花序长1-5厘米。果卵球形，径3.5-4厘米。种子卵圆形，暗棕色，长0.9-1.1厘米，宽8-9毫米，无翅，边缘平滑，宽约1毫米。花期7-9月，果期9-11月。

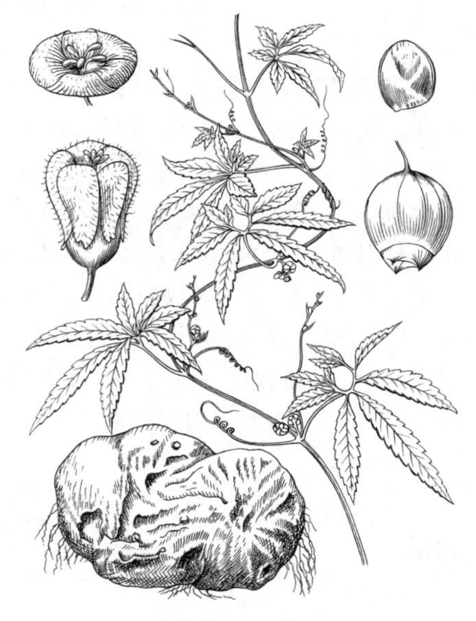

图 339 罗锅底 （引自《图鉴》）

产四川南部及云南东北部，生于海拔1800-3200米常绿阔叶林下或针叶林内。

6. 翅子瓜属 Zanonia Linn.

（陈书坤）

攀援灌木。茎粗壮，多分枝，无毛。单叶互生，革质，卵状长圆形，长8-16厘米，基部圆或微凹，全缘，两面无毛，侧脉3-4对，弧曲上升，下面细脉网状；叶柄长1.5-3厘米，无毛，卷须单一或2歧，无毛。花雌雄异株；雄花序圆锥状，花序梗细，长约16厘米，多分枝；雄花花梗粗，长4-5毫米，中部具关节，萼筒短杯状，裂片3(4)，卵状三角形，长2毫米，花冠幅状，淡黄褐色，裂片长圆形，长3-3.5毫米，雄蕊5，等长，离生，着生肉质花盘，花药1室，无退化雌蕊。雌花序总状，具5-10花；雌花花梗粗短，花萼裂片长4毫米，花冠裂片长6-8毫米，子房下位，3室，后隔膜缩回成1室，花柱3，顶端2裂，每室2胚珠，下垂，着生肉质侧膜胎座。蒴果，圆柱状棍棒形，长6-10厘米，顶端平截，成熟后顶端3瓣裂。种子长圆形，长约2厘米，宽约1厘米，淡黄褐色，周围有淡黄色膜质翅，翅长5-6厘米，宽1.3-1.5厘米，两端圆，种皮坚脆。

单种属。

翅子瓜 图 340

Zanonia indica Linn. Sp. Pl. ed. 2: 1457. 1763.

形态特征同属。

产广西西部（那坡），生于海拔285米河边、山坡。印度、斯里兰卡、锡金、孟加拉、缅甸、中南半岛、泰国、马来西亚、加里曼丹及菲律宾有分布。

［附］**滇南翅子瓜 Zanonia indica** var. **pubescens** Cogn. in DC. Mon. Phan. 3: 927. 1881. 与模式变种的区别：果长约10厘米，宽4.5-5厘米，密被柔毛；种子长约2厘米，宽1.5厘米，翅乳白色，长约8厘米，宽2厘米。产云南南部（孟腊），生于海拔810米疏林中及干旱沟谷边缘。印度北部有分布。

7. 藏瓜属 Indofevillea Chatterjee

（路安民）

木质藤本。茎攀援，具棱沟，幼时被长柔毛，后脱落无毛。叶革质，宽卵状心形，长15–25厘米，全缘，两面无毛，具掌状脉；叶柄长1.5–8厘米，初密被柔毛，后脱落无毛，卷须2歧，长20–30厘米，无毛。雌雄异株；雄花序圆锥状，长达17厘米；苞片线形，长5–9毫米，小苞片长2–3毫米；花萼裂片5，长约6毫米，具3–4脉，花冠裂片5，卵状披针形，较花萼裂片短，具3–5脉，外面微被柔毛，内面具乳头状突起，雄蕊5，4枚成对靠合，1枚分离，花丝几无，花药肾形，1室，有柔毛，无退化雌蕊。果长圆形，不裂，3–6枚簇生于长柄，长约30厘米，果皮近木质，无毛，种子多数。种子扁，卵形，边缘拱起，长3.5–4厘米，宽2厘米，厚5毫米。

单种属。

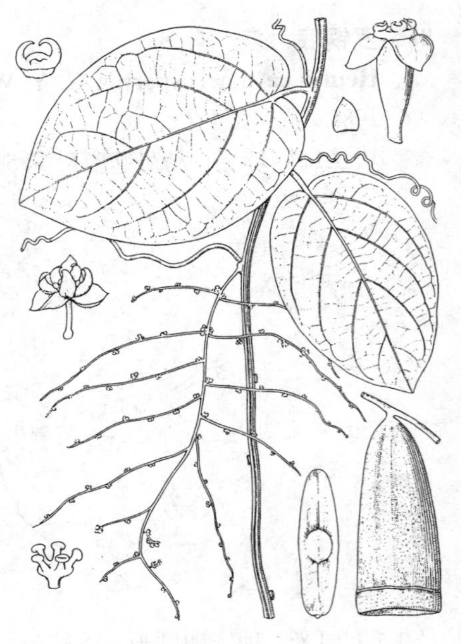

图 340 翅子瓜

（引自《Fl. Camb. Laos Vietn》）

藏瓜 图 341

Indofevillea khasiana Chatterjee in Kew Bull. 1947: 119. 1947.

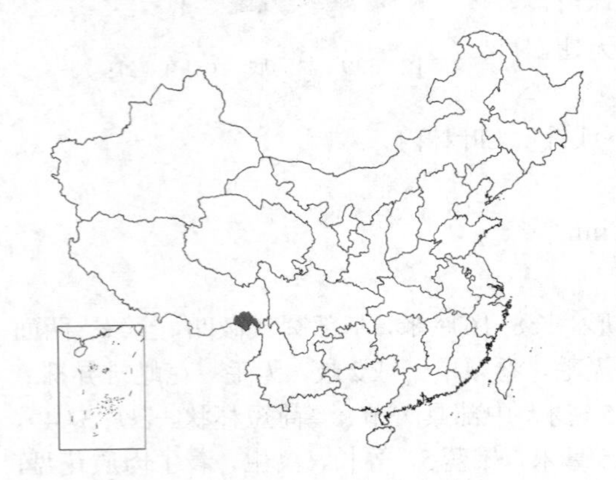

形态特征同属。果期8月。

产西藏东南部（墨脱），生于海拔约900米山坡林中。印度东北部有分布。

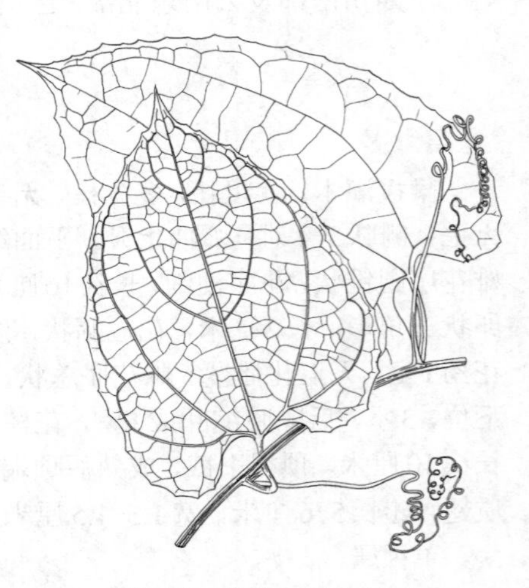

图 341 藏瓜 （孙英宝绘）

8. 赤爬属 Thladiantha Bunge

（路安民）

多年生，稀一年生草质藤本。根块状。茎具纵向棱沟。卷须单一或2歧，在分歧点以上旋卷；叶多为单叶，心形，极稀掌状分裂或鸟趾状3–5（–7）小叶。雌雄异株；雄花序总状或圆锥状，稀单生；雄花：萼筒短钟状或杯状，裂片5，1–3脉；花冠钟状，黄色，5深裂，裂片全缘，常5–7脉；雄蕊5，通常4枚两两成对，第5枚分离，花丝短，花药1室，药室通直；退化雌蕊腺体状。雌花单生、双生或3–4朵簇生短梗，花萼和花冠同雄花；花柱3裂，柱头2裂，肾形，具3胎座，胚珠多数，水平生。果中等大，浆质，不裂，平滑或具多数瘤状突起，有纵肋或无。种子多数，水平生。

23种10变种，主要分布我国西南部，少数种至黄河流域以北地区；个别种分布朝鲜、日本、印度半岛东北部、中南半岛和大巽他群岛。

1. 叶通常卵状心形，不裂。
    2. 雄花序具覆瓦状排列扇形苞片；花序不分枝。
        3. 叶长8–15厘米，宽6–11厘米，下面被长柔毛；子房疏被长柔毛；果长圆形，长3–5厘米，径2–3厘米；种子宽卵形 …………………………………………………… 1. **大苞赤爬 T. cordifolia**

3. 叶长（3-）5-10厘米，宽（1.6）3-6厘米，下面疏被微柔毛；子房密被淡黄色绵毛；果球形或卵球形，径1.8-2.3厘米；种子三角状卵形 ………… 2. **球果赤瓟 T. globicarpa**

2. 雄花序无覆瓦状排列扇形苞片。

4. 子房有瘤状凸起；果有瘤状凸起或成皱褶状。

5. 卷须2歧；子房及果基部下延，下延部分花时达5毫米，果时达1厘米，边缘有不规则裂片；果椭圆形，果皮不规则隆起成皱褶状；枝、叶近无毛或疏被柔毛 ………… 3. **皱果赤瓟 T. henryi**

5. 卷须单一；果有瘤状凸起，不成皱褶状，基部稍内凹，不延伸至花梗成裂片状。

6. 全株近无毛或疏被柔毛；叶卵状披针形或长卵状三角形；花萼裂片三角状披针形；果宽卵形，长达4厘米 ………… 4. **长叶赤瓟 T. longifolia**

6. 全株密被淡黄色柔毛和杂生多节长柔毛；叶卵状心形；花萼裂片线状披针形；果卵球形，径2-3厘米 ………… 4(附). **云南赤瓟 T. pustulata**

4. 子房和果无瘤状凸起。

7. 雄花序的花在花序轴顶端聚生成伞形或近头状 ………… 5. **川赤瓟 T. davidii**

7. 雄花序总状或分枝成圆锥形，有时雄花单生。

8. 卷须不分叉。

9. 子房和果顶端非喙状。

10. 仅子房稍被微柔毛，全株几无毛；子房卵形，基部稍圆，顶端渐窄；果卵形或长圆形 ………… 6. **台湾赤瓟 T. punctata**

10. 全株被柔毛或短刚毛。

11. 子房长圆形；雄花单生或聚生短枝成假总状花序；果卵状长圆形，具10条纵纹 ………… 7. **赤瓟 T. dubia**

11. 子房窄长圆形；雄花序总状，具2-7花，花序梗中部常有1-2叶状总苞片；果长圆形 ………… 8. **长毛赤瓟 T. villosula**

9. 子房和果纺锤形，顶端喙状 ………… 8(附). **斑赤瓟 T. maculata**

8. 卷须2歧。

12. 全株近无毛。

13. 叶基部一对侧脉离弯缺边缘外展；花萼裂片长圆状披针形；果长椭圆形或长卵形，两端钝圆 ………… 9. **齿叶赤瓟 T. dentata**

13. 叶基部一对侧脉沿弯缺边缘外展；花萼裂片线形，反折；果卵形，基部平截，稍内凹，顶端钝圆，有喙状小尖头 ………… 10. **鄂赤瓟 T. oliveri**

12. 全株被柔毛或柔毛状硬毛。

14. 雄花序总状；种子有网纹 ………… 11. **南赤瓟 T. nudiflora**

14. 雄花序圆锥状；种子平滑 ………… 12. **丽江赤瓟 T. lijiangensis**

1. 叶3-5裂或鸟足状3-7小叶，稀不裂 ………… 13. **异叶赤瓟 T. hookeri**

1. 大苞赤瓟

图 342

Thladiantha cordifolia（Bl.）Cogn. in DC. Mon. Phan. 3: 424. 1881.

Luffa cordifolia Bl. Bijdr. 929. 1826.

Thladiantha calcarata（Wall.）C. B. Clarke；中国高等植物图鉴 4: 350. 1975.

草质藤本，全株被长柔毛。叶柄长4-10（-12）厘米；叶卵状心形，长8-15厘米，宽6-11厘米，先端渐尖或短渐尖，基部1对叶脉沿叶基弯缺边缘外展，叶面密被长柔毛和基部膨大的短刚毛；卷须单一。雄花3至数朵生于花序梗上端，成密集短总状花

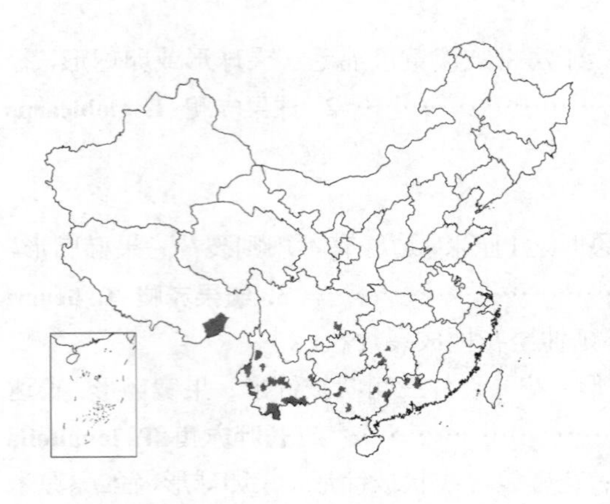

序，每花基部有1苞片，苞片覆瓦状排列，折扇形，锐裂，长1.5-2厘米，两面疏生长柔毛；萼筒钟形，裂片线形，长1厘米，1脉，疏被柔毛；花冠黄色，裂片卵形或椭圆形，长约1.7厘米；雄蕊花丝长4毫米，花药椭圆形，长4毫米；退化子房半球形。雌花单生；花萼及花冠似雄花；子房长圆形，被疏长柔毛。果长圆形，长3-5厘米，径2-3厘米，两端钝圆，粗糙，有疏长柔毛及10条纵纹。种子宽卵形，长4-5毫米，两面稍稍隆起，有网纹。花果期5-11月。

产西藏、云南、四川、湖南、广西及广东，生于海拔800-2600米林中或溪旁。越南、印度及老挝有分布。

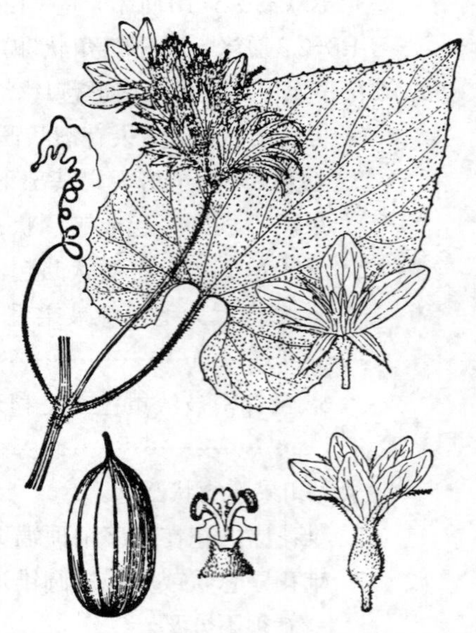

图 342 大苞赤瓟 （引自《图鉴》）

2. 球果赤瓟 图 343

Thladiantha globicarpa A. M. Lu et Z. Y. Zhang in Bull. Bot. Res.(Harbin) 1(1-2): 70. pl. 1: 1-9. 1981.

攀援藤本。叶柄长2-5厘米，近无毛或疏被微柔毛；叶膜质，卵状心形，长（3-）5-10厘米，宽（1.6-）3-6厘米，先端渐尖，下面疏被微柔毛，基部侧脉沿叶基弯缺外展；卷须单一。雄花单生或3-5朵聚生花序梗顶端，成密集总状花序，每花具宽卵形或近折扇形苞片，苞片边缘锐裂，长和宽均1-2厘米；萼筒钟形，裂片线形，长8-9毫米，1脉；花冠黄色，裂片卵形，长约1.2厘米；花丝长4-5毫米，花药椭圆形，长1.8毫米；退化雌蕊半球形。雌花单生；花梗长1-2厘米，花萼裂片线形，反折，长0.6-1厘米，具1脉；花冠黄色，裂片长1.8厘米；子房近球形或卵球形，长6-8毫米，径5-6毫米，基部钝圆，密被淡黄色绵毛。果卵球形或球形，径1.8-2.3厘米，顶端钝，基部钝圆，被淡黄色绵毛。种子宽三角状卵形，有网纹。花果期夏、秋季。

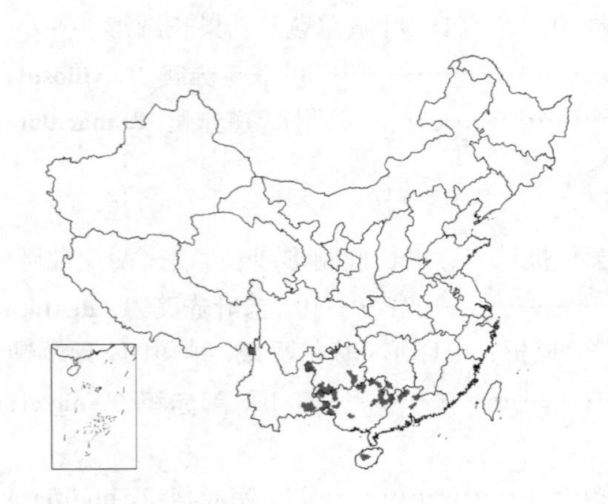

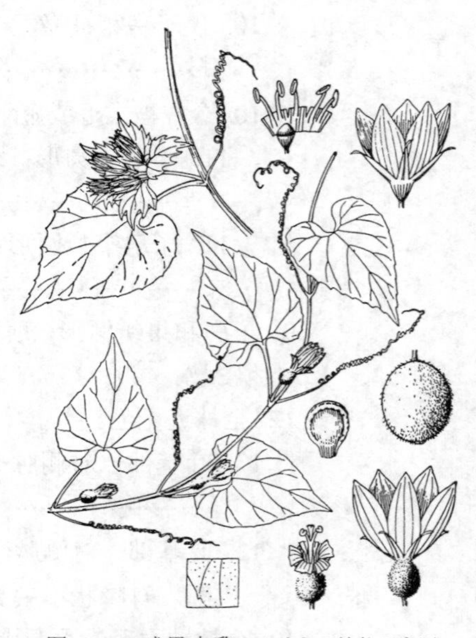

图 343 球果赤瓟 （引自《植物研究》）

产湖南南部、广东、海南、广西、贵州及云南，生于海拔200-1200米山坡林下、沟谷灌丛或沟旁。

3. 皱果赤瓟 图 344：1-4

Thladiantha henryi Hemsl. in Journ. Linn. Soc. Bot. 23: 316. 1887.

攀援藤本。茎、枝疏被柔毛，后渐脱落近无毛。叶柄长4-12厘米；叶宽卵状心形，长8-16厘米，宽7-14厘米，先端尖或短渐尖，基部一对侧脉沿叶基弯缺外展，叶背被柔毛；卷须2歧或单一。雄花6-10多朵生于花序轴上端成总状花序，或花序分枝成圆

锥状，花序轴长5-12厘米；萼筒宽钟形，裂片披针形，长1-1.2厘米，1脉；花冠黄色，裂片长圆状椭圆形或长圆形，长约2厘米，5脉，稍生微柔毛；花丝基部有3枚黄色、长约2毫米的鳞片状附属物。雌花单生、双生或3-数朵生于花序梗上；子房被柔毛，多瘤状突起成皱褶状，基部下延至花梗顶端达5毫米，下延部分的边缘有小裂片。果椭圆形，长5-10厘米，径3-4厘米，果皮隆起成皱褶状，果基部下延至果柄顶端达1厘米。种子长卵形，长5-6毫米，较平滑。花果期6-11月。

产陕西南部、湖北西部、湖南西南部及四川东部，生于海拔1150-2000米山坡林下、路旁或灌丛中。

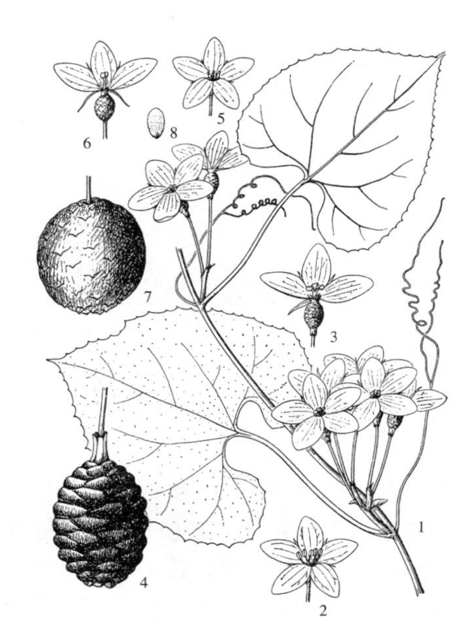

图 344：1-4.皱果赤瓟 5-8.云南赤瓟
（吴彰桦绘）

4. 长叶赤瓟　　图 345

Thladiantha longifolia Cogn. ex Oliv. in Hook. Icon. Pl. 23: t. 2222. 1892.

攀援草本。茎、枝无毛或疏被柔毛。叶柄长2-7厘米；叶卵状披针形或长卵状三角形，长8-18厘米，下部宽4-8厘米，基部叶脉不沿弯缺边缘，叶下面无毛；卷须单一。雄花3-9(-12)花生于花序梗上部成总状花序，长2-2.5厘米；萼筒浅杯状，裂片三角状披针形，长7-8毫米，1脉；花冠黄色，裂片长圆形或椭圆形，长1.5-2厘米。雌花单生或2-3朵生于短花序梗上；子房基部内凹有小裂片，多皱褶。果宽卵形，长达4厘米，有瘤状突起，基部稍内凹。种子卵形，长6-8毫米，两面稍膨胀，边缘稍隆起成环状，顶端圆钝。花期4-7月，果期8-10月。

产湖北西部、湖南、广东北部、广西北部、贵州东南部及西南部、云南东南部、四川东部，生于海拔1000-2200米山坡林内、沟边或灌丛中。

［附］ **云南赤瓟** 图 344：5-8 **Thladiantha pustulata** (Lévl.) C. Jeffrey ex A. M. Lu et Z. Y. Zhang, Fl. Reipubl. Popul. Sin. 73(1): 141. 1986. —— *Melothria pustulata* Lévl. Cat. Pl. Yunnan 65. 1916. 本种与长叶赤的区别：全株密被淡黄色柔毛和多节长柔毛；叶卵状心形；花萼裂片线形或线状披针形；果卵球形，径2-3厘米。花果期4-11月。产云南及贵州，生于海拔1500-2600米山谷溪旁或灌丛中。

图 345 长叶赤瓟 （引自《图鉴》）

5. 川赤瓟　　图 346

Thladiantha davidii Franch. in Nouv. Archiv. Mus. Paris. ser. 2, 8: 243. 1886.

攀援草本。茎枝无毛。叶柄长6-8厘米，无毛；叶卵状心形，长10-20厘米，宽6-12厘米，先端渐尖，无毛，基部1对叶脉沿弯缺外展；卷须2歧。雄花10-20或多花密集花序轴顶端成伞形总状花序或近头形总状花序，花序轴长10-20厘米；花梗长3-6（-15）毫米；花萼裂片披针状长圆形，长1-1.2厘米，边缘具缘毛，具3脉；花冠黄色，裂片卵形，长约1.5厘米。雌花单生或2-3朵生于粗壮花序梗顶端，花序梗长1（-3）厘米；花萼裂片披针状长圆形，长1-1.5厘米，具3脉；花冠黄色，裂片长圆形，长2.5-2.7厘米；子房窄长圆形，长1.7厘米，基部平截，顶端稍窄，平滑，几无毛，长约1.5厘米。果长圆形，长3-4.5厘米，基部和顶端钝圆。种子卵形，长3-4毫米，宽2.5毫米，光滑。花果期夏、秋季。

产四川及贵州东北部，生于海拔1100-2100米路旁、沟边或灌丛中。

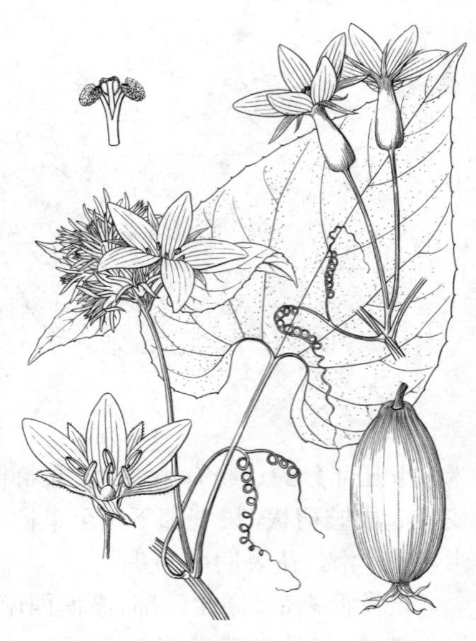

图 346 川赤瓟 （引自《图鉴》）

6. 台湾赤瓟 图 347

Thladiantha punctata Hayata in Journ. Coll. Sc. Tokyo 30(1): 119. 1911.

Thladiantha longifolia auct. non Cogn. ex Oliv.: 中国高等植物图鉴 4: 351. 1975. pro part.

攀援草本；全株几无毛。叶柄长3-12厘米；叶长卵形或长卵状披针形，长8-16（-20）厘米，宽6-10（-12）厘米，基部侧脉离弯缺边缘外展；卷须单一。雄花花序常总状或上部分枝成圆锥状，稀单生；花梗长0.5-1厘米；萼筒宽钟形，裂片披针形，长8毫米，1脉；花冠黄色，裂片长卵形或长卵状披针形，长1.8-2厘米；花丝长4毫米，花药长圆形，长2-3毫米。雌花常单生，稀2-3朵生于长约1厘米的花序梗顶端；花梗长2-5厘米，无毛；花冠常比雄花大，裂片长2-2.5厘米；子房卵形，稍被微柔毛，后无毛，长1-1.3厘米，基部稍圆，顶端渐窄。果柄长3-7厘米；果卵形或长圆形，长3-5厘米，径2-3.5厘米，基部钝圆，顶端有小尖头，平滑。种子宽卵形，褐色，长5-6毫米，基部圆，顶端稍窄，两面有不明显疣状突起。花期5-6月，果期7-8月。

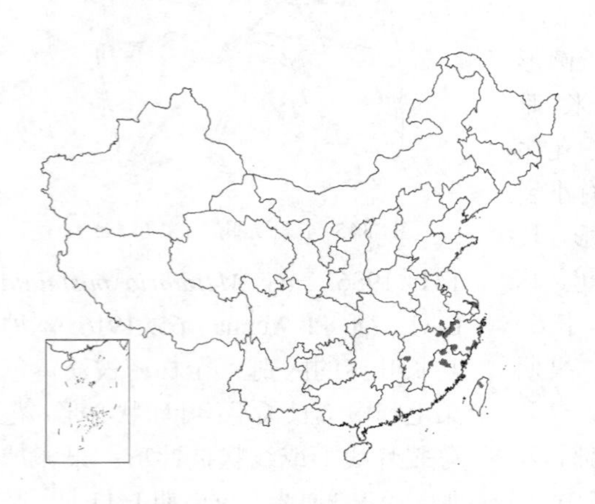

图 347 台湾赤瓟 （孙英宝绘）

产安徽南部、浙江、江西西部、福建西北部及台湾，生于海拔600-900米山坡、沟边林下或湿地。

7. 赤瓟 图 348 彩片 102

Thladiantha dubia Bunge, Enum. Pl. Chin. Bor. 29. 1833.

攀援草质藤本，全株被黄白色长柔毛状硬毛。茎稍粗，有棱沟。叶柄稍粗，长2-6厘米；叶宽卵状心形，长5-8厘米，宽4-9厘米，最基部1对叶脉沿叶基弯缺边缘外展；卷须单一。雄花单生或聚生短枝上端成假总状花序，有时2-3花生于花序梗上；花梗长1.5-3.5厘米；花萼裂片披针形，外折，长1.2-1.3厘米；花冠黄色，裂片长圆形，长2-2.5厘米，上部外折。雌花单生；花梗长1-2厘米；子房密被淡黄色长柔毛。果卵状长圆形，长4-5厘米，径2.8厘米，具10条纵纹。种子卵形，黑色，无毛，长4-4.3毫米，宽2.5-3毫米。花期6-8月，果期8-10月。

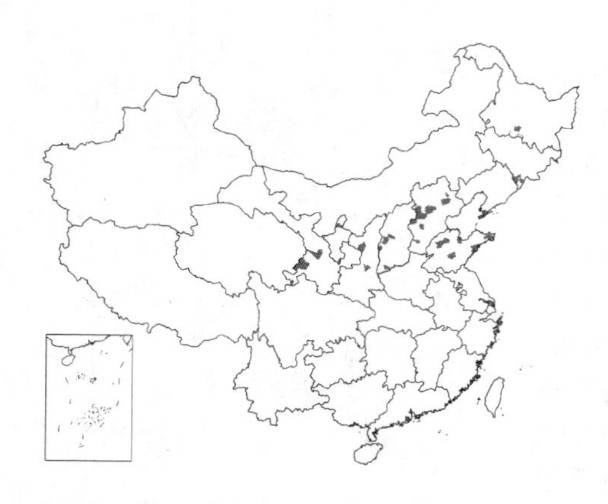

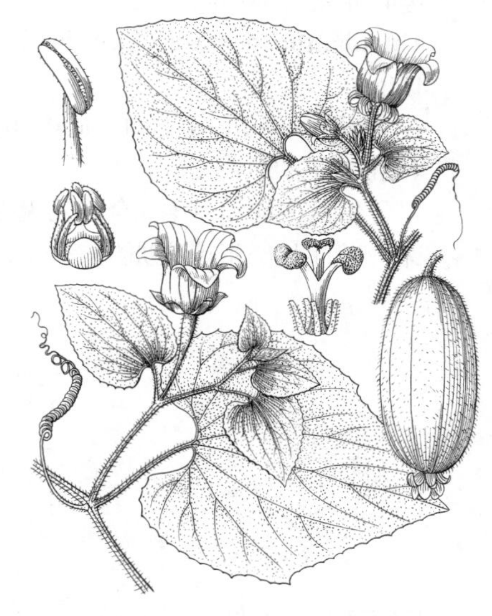

图 348 赤瓟 （引自《图鉴》）

产黑龙江南部、吉林南部、辽宁南部、山东、河北、山西、陕西、甘肃及宁夏，生于海拔300-1800米山坡、河谷或林缘湿处。果和根入药，果能活血、祛痰，根有活血去瘀、清热解毒、通乳之效。

8. 长毛赤瓟 图 349

Thladiantha villosula Cogn. in Engl. Pflanzenr. 66(IV. 275. 1): 44. 1916.

草质攀援藤本，全株密被腺质茸毛和疏生长刚毛。茎多分枝。叶柄长3-6厘米；叶卵状心形、宽卵状心形或近圆形，长6-12厘米，宽5-10厘米，先端短渐尖，边缘有小齿，基部侧脉沿叶基弯缺外展；卷须单一。雄总状花序，具2-7花，长1-3厘米，花序梗中部常有1-2叶状总苞片。花梗长1-2.5厘米；萼筒裂片窄披针形，黄绿色，长4-6毫米，宽1.5毫米；花冠黄色，裂片卵形或长卵形，长1.2-1.5厘米。雌花单生，长3-5毫米；花萼裂片窄披针形，长5-6毫米；花冠裂片长卵形，长约2厘米；子房窄长圆形，长1.5-1.8厘米，基部稍圆，密生淡黄色腺质茸毛。果长圆形，长达7厘米，干后红褐色，具黄褐色柔毛，顶端钝，基部近圆。种子卵形，褐色，长5毫米，两面网状。花果期夏、秋季。

图 349 长毛赤瓟 （引自《图鉴》）

产四川、贵州、云南北部及西北部、西藏东南部、甘肃、陕西南部、湖北西部及河南西部，生于海拔2000-2800米沟边林下或灌丛中。

［附］**斑赤瓟 Thladiantha maculata** Cogn. in Engl. Pflanzenr. 66(IV. 275. 1): 49. 1916. 本种与长毛赤瓟的区别：茎、枝细弱，有棱，疏被微柔毛或近无毛；果纺锤形，基部渐窄，顶端渐尖，喙状。花期5-8月，果期10月。产湖北西部及河南，生于海拔570-1800米沟谷和林下。

9. 齿叶赤瓟 鄂赤瓟 图 350

Thladiantha dentata Cogn. in Engl. Pflanzenr. 66(IV. 275. 1): 44. 1916.

Thladiantha oliveri auct. non Cogn. ex Mottet: 中国高等植物图鉴 4: 353. 1975.

粗壮攀援或匍匐草本，全株几无毛。茎、枝光滑，有棱沟。叶柄长5–16厘米；叶卵状心形或宽卵状心形，长12–20厘米，宽8–12厘米，先端短渐尖，基部弯缺开放或向内靠合，基部侧脉离弯缺外展；卷须2歧。雄花序总状或上部分枝成圆锥状；裂片长圆状披针形，长约5毫米，宽约1.5毫米，3脉；花冠黄色，裂片卵状长圆形，长1.2厘米。雌花单生或2–5朵生于长1–1.5厘米的粗壮花序梗端；花萼裂片长圆状披针形，长4–5毫米，有不甚明显3脉；花冠裂片卵状长圆形，长约1.5厘米，具5脉；子房窄长圆形，无毛，长1.3–1.6厘米，基部稍圆微平截，顶端渐窄。果长椭圆形或长卵形，两端圆，顶端有小尖头，长3.5–6厘米，径2.5–3.5厘米，平滑。种子长卵形，黄白色，长约6毫米，两面有不明显小疣状突起。花期夏季，果期秋季。

图 350 齿叶赤瓟 （引自《图鉴》）

产湖北西部及西南部、湖南西部、四川、贵州及云南东北部，生于海拔500–2100米路旁、山坡、沟边或灌丛中。

10. 鄂赤瓟 光赤瓟 图 351

Thladiantha oliveri Cogn. ex Mottet in Rev. Hort. 1903: 473. f. 194. 1903.

Thladiantha glabra Cogn.; 中国高等植物图鉴 4: 352. 1975.

攀援或蔓生多年生草本。茎、枝几无毛。叶柄近无毛，长5–15厘米；叶宽卵状心形，长10–20厘米，宽8–18厘米，基部1对叶脉沿弯缺边缘外展，基部弯缺开展；卷须2歧。雄花多数聚生于花序梗上端，有时稍分枝，花序梗粗，光滑，有棱沟，长达20厘米或更长；花梗长0.5–1厘米；花萼裂片线形，反折，长7–9毫米，1脉；花冠黄色，裂片卵状长圆形，长1.8–2.2厘米，5脉。雌花常单生或双生，极稀3–4朵生于长1–1.5厘米花序梗上；花梗长2–4厘米，花萼裂片线形，反折，长1–1.2厘米，花冠裂片同雄花，长2–4厘米。果柄长3–5厘米；果卵形，长3–4厘米，径2–2.5厘米，基部平截，稍内凹，顶端钝圆，有喙状小尖头，无毛，有暗绿色纵纹。种子卵形，稍扁，长5–6毫米，密生颗粒状突起。花果期5–10月。

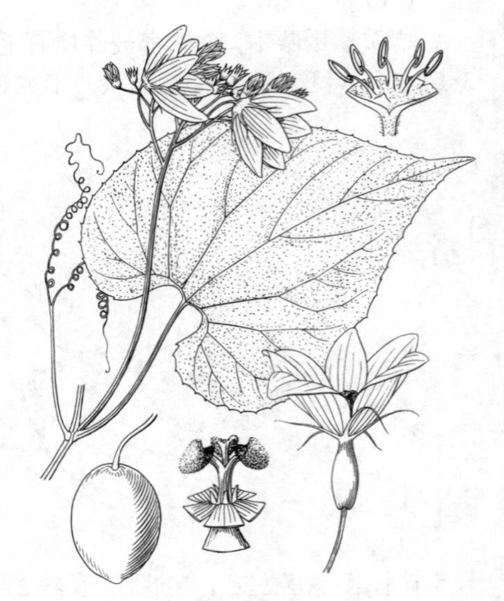

图 351 鄂赤瓟 （引自《图鉴》）

产甘肃南部、陕西南部、四川及湖北西部，生于海拔660–2100米山坡路旁、灌丛或山沟湿地。

11. 南赤爮 图 352 彩片 103

Thladiantha nudiflora Hemsl. ex Forbes et Hemsl. in Journ. Linn. Soc. Bot. 23: 316. t. 8. 1887.

全株密生柔毛状硬毛。叶柄长3-10厘米；叶质稍硬，卵状心形、宽卵状心形或近圆心形，长5-15厘米，宽4-12厘米，基部侧脉沿叶基弯缺外展；卷须2歧。雄花为总状花序，多花集生花序轴上部，花序轴纤细，长4-8厘米，密生柔毛；花梗纤细，长1-1.5厘米；花萼密生淡黄色长柔毛，裂片卵状披针形，长5-6毫米，3脉；花冠裂片卵状长圆形，长1.2-1.6厘米，5脉。雌花单生，花梗长1-2厘米，有长柔毛；子房窄长圆形，长1.2-1.5厘米，密被淡黄色长柔毛状硬毛。果柄长2.5-5.5厘米；果长圆形，干后红或红褐色，长4-5厘米，径3-3.5厘米。种子卵形或宽卵形，长5毫米，有网纹，两面稍拱起。春、夏开花，秋季果熟。

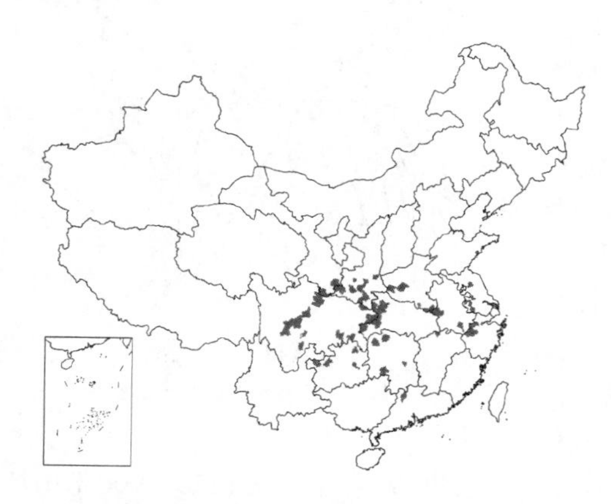

图 352 南赤爮 （引自《图鉴》）

产河南、安徽、江苏、浙江、江西北部、湖北、湖南、广东北部、贵州、四川、甘肃及陕西，生于海拔900-1700米沟边、林缘或山坡灌丛中。越南有分布。

12. 丽江赤爮 图 353

Thladiantha lijiangensis A. M. Lu et Z. Y. Zhang in Bull. Bot. Res. (Harbin) 1(1-2): 88. 图2: 1-7. 1981.

草质藤本。茎、枝幼时生柔毛，后渐脱落。叶柄长2-6厘米；叶卵状心形，长4-11厘米，宽3-7厘米，先端渐尖，下面密被灰白色柔毛，基出掌状脉7条；卷须2歧，稀单一。雄花序多分枝，成圆锥花序，花序梗长7-16厘米，花序分枝基部常有1卵形叶状总苞片；花萼裂片三角状披针形，长约5毫米，1脉；花冠黄色，裂片卵形，长1.2-1.5厘米，5脉。雌花单生、双生或3朵生于长1.5-2.5厘米花序梗顶端；花萼裂片披针形，长约6毫米，1脉，两面疏生柔毛；花冠黄色，裂片卵形，长3-3.5厘米；子房椭圆形，顶端近平截，基部近圆，密被黄色硬毛。果柄长2-4厘米，疏生柔毛，果近球形或卵球形，径1.5-2厘米，疏生硬毛。种子卵形，灰褐色，长5毫米，平滑，无网纹，一面稍平，另一面拱起。花期5-7月，果期9-10月。

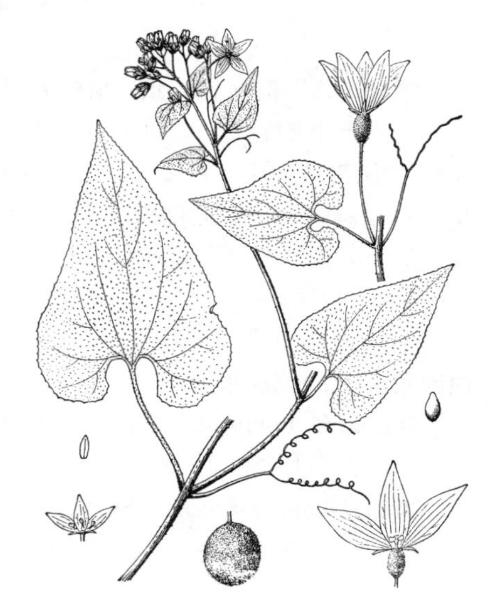

图 353 丽江赤爮 （吴彰桦绘）

产四川西南部及云南西北部，生于海拔2200-2900米林缘或林下。

13. 异叶赤爮 五叶赤爮 七叶赤爮 图 354 彩片 104

Thladiantha hookeri C. B. Clarke in Hook. f. Fl. Brit. Ind. 2: 631. 1879.

Thladiantha pentadactyla Cogn.;

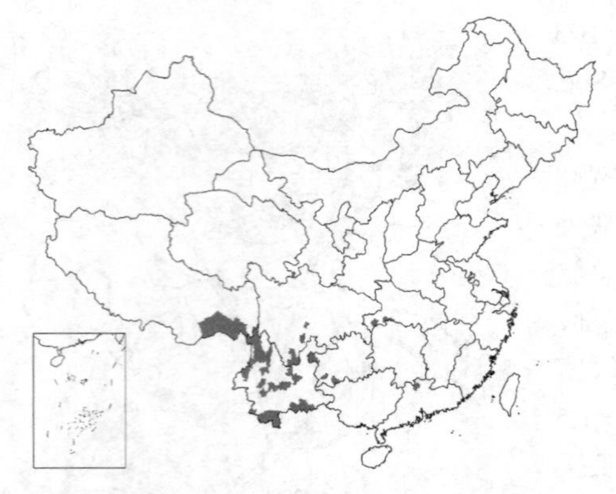

中国高等植物图鉴 4: 354. 1983.

Thladiantha heptadactyla Cogn.; 中国高等植物图鉴 4: 355. 1983.

攀援草本。块根扁圆形。茎近无毛。叶柄长3-6厘米，无毛或有微柔毛；叶不规则（2）3-5裂或鸟足状3-7小叶，稀不裂，无毛；卷须单一。雄花序总状，或与单花并生，3-7（-12）朵生于花序轴上，无毛；花梗长1-2.5厘米；萼筒宽钟形，长3-4毫米，裂片伸直，窄三角形，长约4毫米，3脉；花冠黄色，裂片卵形，长1-1.2厘米；雄蕊5，花丝无毛，长2-3毫米，花药长圆形，长2毫米。雌花单生；花梗长2-4厘米；花萼和花冠与雄花同，稍大，花萼裂片长1厘米，花冠裂片长约2厘米；子房密被黄褐色柔毛，花柱顶端3叉，柱头肾形。果长圆形，长4-6厘米，径2-3厘米，光滑。种子宽卵形，长6-7毫米，宽5毫米，基部钝圆，两面拱起，平滑。花果期4-10月。

图 354 异叶赤爮
（仿《中国树木志》及《图鉴》）

产湖北西南部、贵州西部及西南部、云南、西藏东南部、四川南部、广东北部，生于海拔1250-2900米山坡林下或林缘。印度半岛东北部及中南半岛有分布。

9. 白兼果属 Baijiania A. M. Lu et J. Q. Li

（路安民）

攀援草本。根茎扁球状。全株无黑色疣状腺鳞。叶卵状心形或三角状心形，全缘、波状或3-5裂；卷须2歧，在分叉点上下均旋卷。雌雄异株；雄花序总状或圆锥状，花序轴上部生7-15花。雄花萼筒杯状，裂片5；花冠裂片5，长圆形或卵形；雄蕊5，成对基部靠合，1枚分离，花药1室，药室弓曲。雌花单生或2-3朵聚生花序梗上端；花萼和花冠同雄花；退化雄蕊5；子房长圆形，花柱伸长，柱头膨大，2裂；胚珠多数，水平生。果长圆形或近球形。种子多数，水平生，两面平滑，无翅。

3种，我国均产。

白兼果 无鳞罗汉果 图 355

Baijiania borneensis (Merr.) A. M. Lu et J. O. Li in Acta Phytotax. Sin. 31(1): 50. 1993.

Thladiantha borneensis Merr. in Univ. Calif. Publ. Bot. 15: 298. 1929.

Siraitia borneensis (Merr.) C. Jeffrey ex A. M. Lu et Z. Y. Zhang; 中国植物志 73(1): 165. 1986.

攀援草本。茎、枝有棱沟，初被刚毛和柔毛，后渐脱落近无毛。叶柄长2-6厘米；叶长卵状心形，长8-15厘米，全缘或有胼胝质小齿，下面疏被柔毛或近无

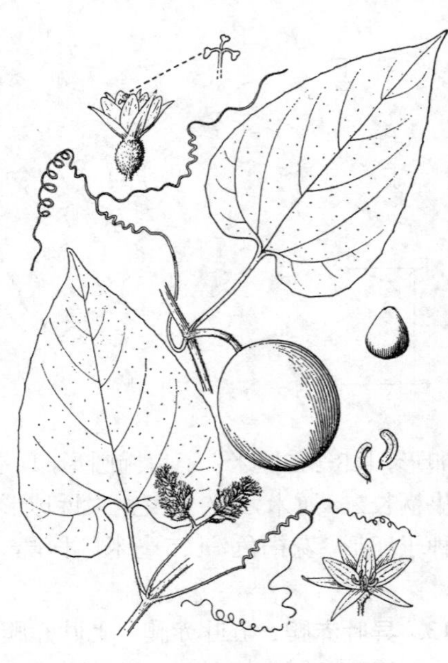

图 355 白兼果 （吴彰桦绘）

毛；卷须2歧，在分叉点上下均旋卷。雄花序长3-14厘米；花梗基部有1枚披针形或长卵形、长2-3毫米、密被毛的苞片；花萼裂片披针形，长6-7.5毫米，具3脉；花冠黄色，裂片长卵形，长6-6.5毫米。雌花单生或2-3朵聚生花序梗上端；子房密被黄褐色硬毛和柔毛。果柄粗，具棱沟；果长圆形或近球形，干后红褐色，长5.5-6.5厘米，径4-5厘米。种子三角状宽卵形，淡黄褐色，长约8毫米，宽约7毫米，基部钝圆，顶端平截，平滑。花期6-8月，果期9-12月。

产海南、云南东南部及南部、西藏东南部，生于山谷林中或溪旁。泰国及马来西亚有分布。

10. 罗汉果属 Siraitia Merr.

（路安民）

多年生攀援草本。根茎肥大。茎、枝有棱沟，常被红或黑色疣状腺鳞。叶具长柄，密布红或黑色疣状腺鳞，稀无腺鳞；叶卵状心形或长卵状心形；卷须分2叉，在分叉点上下均旋卷。雌雄异株；雄花序总状或圆锥状，常具1-2叶状苞片；萼筒短钟状或杯状，裂片5，扁三角形或三角形；花冠黄色，裂片5，基部常具3-5鳞片；雄蕊5，两两基部靠合，1枚分离，花丝基部膨大，花药1室，药室S形折曲。雌花单生、双生或数朵生于花序梗顶端；退化雄蕊3-5，腺体状；花萼裂片和花冠裂片形状似雄花但较大；花柱短粗，3浅裂，柱头膨大，2裂，胚珠多数，水平生。果球形、扁球形或长圆形；果柄较粗。种子多数，水平生，具沟纹，无翅，稀具木栓质翅。

约7种，分布我国南部、中南半岛及印度尼西亚。我国4种。

1. 种子无翅，中央稍凹陷，有放射状沟纹；花萼裂片三角形，长、宽均3-4毫米，先端钻状尾尖，花冠裂片长圆形，先端尖；植株初被柔毛后渐脱落 ………………………… **罗汉果 S. grosvenorii**
1. 种子具3层翅，翅木栓质，边缘有不规则钝齿；花萼裂片扁宽三角形，长3-5毫米，宽7-9毫米，先端尖；花冠裂片卵形或长圆形，先端钝圆；植株密被柔毛 ………………………… （附）. **翅子罗汉果 S. siamensis**

罗汉果 光果木 图 356：1-7 彩片 105

Siraitia grosvenorii（Swingle）C. Jeffrey ex A. M. Lu et Z. Y. Zhang in Guihaia 4(1)：29. pl. 1：1-7. 1984.

Momordica grosvenorii Swingle in Journ. Arn. Arb. 22：198. 1941；4：359. 1975.

攀援草本。茎、枝和叶柄均被黄褐色柔毛和黑色疣状腺鳞。叶膜质，卵状心形、三角状卵形或宽卵状心形，长12-23厘米，先端渐尖或长渐尖，基部心形，边缘微波状，疏被柔毛和黑色疣状腺鳞；卷须初时被柔毛后近无毛。雌雄异株；雄花序总状，6-10花生于花序轴上部，花序轴长7-13厘米；花梗长0.5-1.5厘米；萼筒宽钟状，长4-5毫米，上部径8毫米，花萼裂片5，三角形，长约4.5毫米；花冠黄色，被黑色腺点，裂片长圆形，长1-1.5厘米；雄蕊花丝长约4毫米，花药药室S形折曲。雌花单生或2-5朵集生花序梗顶端；花萼和花冠比雄花大；退化雄蕊5；子房密生黄褐色茸毛。果球形或长圆形，长6-11厘米，径4-8厘米，初密生黄褐色茸毛和混生黑色腺鳞，老后渐脱落，果皮较薄，干后易脆。种子近圆形或宽卵形，长1.5-

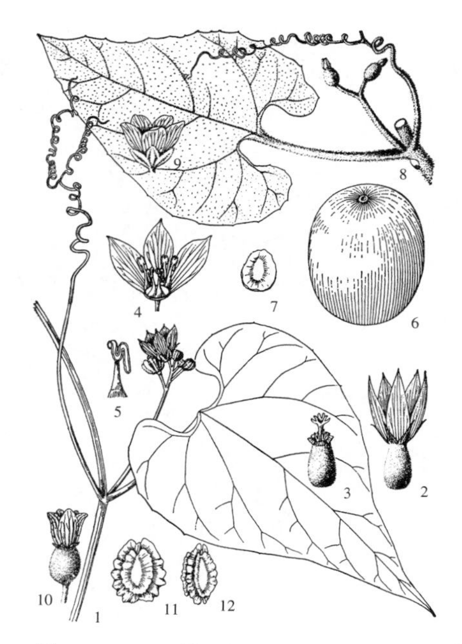

图 356：1-7.罗汉果 8-12.翅子罗汉果
（王金凤绘）

1.8厘米，宽1-1.2厘米，两面中央稍凹陷，周围有放射状沟纹，边缘有微波状缘檐。花期5-7月，果期7-9月。

产江西西部及西南部、湖南南部、广东、广西、贵州东南部，生于海拔400-1400米山坡林下、河边湿地及灌丛中；广西永福、临桂等地作为重要经济植物栽培。果入药，味甘甜，甜度比蔗糖高150倍，有润肺、祛痰、消渴之效，也可作清凉饮料，能润肺；叶晒干后治慢性咽炎、慢性支气管炎等。

［附］**翅子罗汉果** 图 356：8-12 **Siraitia siamensis**（Craib）C. Jeffrey ex Zhong et D. Fang in Guihaia 4(1)：23. f. 1. 1984. —— *Thladiantha siamensis* Craib in Kew Bull. Misc. Inf. 1914: 7. 1914. 本种与罗汉果的区别：种子具3层木栓质翅，边缘有不规则钝齿；花萼裂片扁三角形。花期4-6月，果期7-9月。产广西西部及云南东南部，生于海拔300-700米山坡林中。越南北部及泰国有分布。

11. 三棱瓜属 Edgaria C. B. Clarke

（路安民）

攀援草本。茎、枝细弱。卷须2歧，叶柄细；叶长8-12厘米，卵状心形，有不规则小齿，两面初有柔毛，后稍粗糙。雌雄异株；雄花常10-16组成总状花序，稀单生；萼筒窄漏斗状，裂片5，线形；花冠近辐状，黄色，5深裂，裂片倒卵形，全缘；雄蕊3，内藏，着生萼筒，花丝离生，短，花药合生，1枚1室，2枚2室，药室通直，药隔顶端窄，不伸出；退化雌蕊近钻形。雌花单生，花萼和花冠与雄花同；无退化雄蕊；子房3室，具3胎座，每室1-3胚珠，花柱丝状，伸长，柱头3，长圆形，顶端2裂，胚珠多少水平着生。果宽纺锤形，具3棱角，长6-7厘米，成熟时3爿深裂。种子下垂着生，近方形，扁平，长1.3-1.4厘米，基部稍3裂，稍具皱褶。

单种属。

三棱瓜 图 357

Edgaria darjeelingensis C. B. Clarke in Journ. Linn. Soc. Bot. 15: 114. f. 1-9. 1876.

形态特征同属。花期5-8月。

产西藏，生于海拔约1700米山坡草地或阔叶林中。锡金、尼泊尔及印度北部有分布。

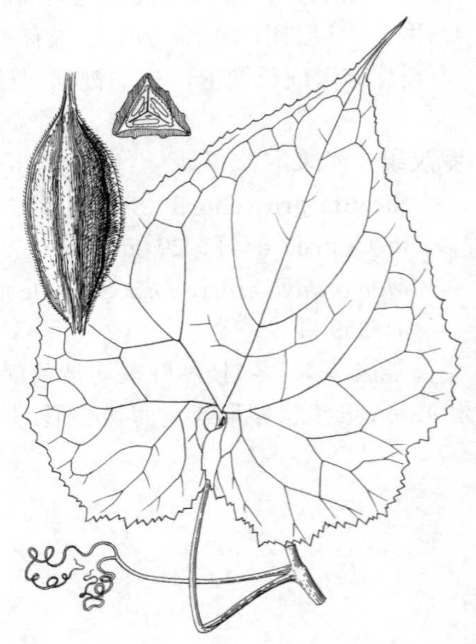

图 357 三棱瓜 （孙英宝绘）

12. 马㼎儿属 Zehneria Endl.

（路安民）

攀援或匍匐草本，一年生或多年生。叶具柄；叶膜质或纸质，全缘或3-5浅裂至深裂；卷须纤细，单一，稀2歧。雌雄同株或异株；雄花序总状或近伞房状，稀兼有单生；花萼钟状，裂片5；花冠钟状，裂片5；雄蕊3，着生冠筒基部，花药全为2室或2枚2室，1枚1室，药室常通直或稍弓曲，药隔稍伸出或不伸出，退化雌蕊形状不变。雌花单生或少数几朵呈伞房状；花萼和花冠同雄花；子房3室，胚珠多数，水平着生，花柱柱状，具环状花盘，柱头3。果不裂。种子多数，卵形，扁平，边缘拱起或不拱起。

约7种，分布于非洲和亚洲热带至亚热带。我国5种1变种。

1. 雄花序总状或兼有单生；果具长柄；花丝长0.5毫米，花药均2室或2枚2室，1枚1室 ··· 1. 马瓟儿 **Z. indica**
1. 雄花序伞房状或近头状；花丝长1-2毫米，花药2枚2室，1枚1室。
   2. 花雌雄同株；果球形或卵形 ································ 2. 钮子瓜 **Z. maysorensis**
   2. 花雌雄异株；果长圆形 ································ 3. 台湾马瓟儿 **Z. mucronata**

1. 马瓟儿 图 358 彩片 106

Zehneria indica (Lour.) Keraudren in Aubréville et Leroy, Fl. Camb. Laos Viêtn. 15: 52. f. 5-8. 1975.

Melothria indica Lour. Fl. Cochinch. 35. 1790; 中国高等植物图鉴 4: 356. 1975.

攀援或平卧草本。茎、枝纤细，无毛。叶柄长2.5-3.5厘米；叶膜质，三角状卵形、卵状心形或戟形，不裂或3-5浅裂，长3-5厘米。雌雄同株；雄花：单生，稀2-3朵成短总状花序；花萼宽钟形，长1.5毫米；花冠淡黄色，有柔毛，裂片长圆形或卵状长圆形，长2-2.5毫米；雄蕊花药2枚2室，1枚1室，有时全部2室，花丝长0.5毫米，花药长1毫米，药室稍弓曲，药隔宽，稍伸出。雌花：与雄花在同一叶腋内单生，稀双生；花冠宽钟形，径2.5毫米，裂片披针形，长2.5-3毫米；子房有疣状凸起。果柄纤细，长2-3厘米；果长圆形或窄卵形，无毛，长1-1.5厘米，成熟后桔红或红色。种子灰白色，卵形，长3-5毫米。花期4-7月，果期7-10月。

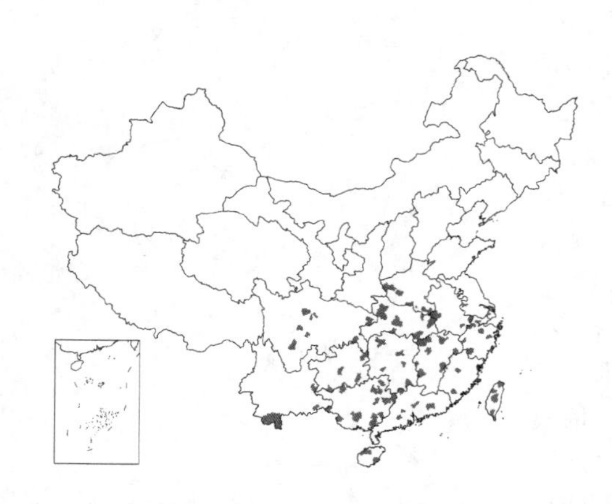

图 358 马瓟儿 （引自《图鉴》）

产河南、安徽、江苏、浙江、台湾、福建、江西、湖北、湖南、广东、海南、广西、贵州、云南及四川，生于海拔500-1600米林中阴湿处、路旁、田边或灌丛中。日本、朝鲜、越南、印度半岛、印度尼西亚（爪哇）及菲律宾有分布。

2. 钮子瓜 图 359 彩片 107

Zehneria maysorensis (Wight et Arn.) Arn. in Journ. Bot. 3: 275. 1841.

Bryonia maysorensis Wight et Arn. Prodr. Fl. Pen. Ind. Or. 1: 345. 1834.

Melothria maysorensis (Wight et Arn.) Chang; 中国高等植物图鉴 4: 357. 1975.

草质藤本。茎、枝细弱，无毛或稍被长柔毛。叶柄长2-5厘米；叶膜质，宽卵形，稀三角状卵形，长、宽均3-10厘米，不裂或3-5浅裂，脉掌状；卷须单一。雌雄同株；雄花：常3-9朵成近头状或伞房状花序，花序梗纤细，长1-4厘米；雄花梗长1-2毫米；萼筒宽钟状，长2毫米，无毛或被微柔毛，裂片窄三角形，长0.5毫米；花冠白色，裂片卵形或卵状长圆形，长2-2.5毫米；雄蕊3枚，2枚2室，1枚1室，有时全部2室。雌花：

单生，稀几朵生于花序梗顶端，极稀雌雄同序。果球形或卵形，径1-1.4厘米，浆果状，无毛。种子卵状长圆形，扁，平滑，边缘稍拱起。花期4-8月，果期8-11月。

产四川、贵州、云南、广西、广东、海南、福建东北部、江西及河南东南部，生于海拔500-1000米林缘或山坡路旁潮湿处。印度半岛、中南半岛、苏门答腊、菲律宾及日本有分布。

图 359 钮子瓜 （引自《图鉴》）

3. 台湾马㼎儿 图 360

Zehneria mucronata (Bl.) Miq. Fl. Ind. Bot. 1(1): 656. 1855.

Bryonia mucronata Bl. Bidjr. 923. 1826.

Melothria mucronata (Bl.) Cogn.; 中国高等植物图鉴 4: 357. 1975.

草质藤本；全株几无毛，稀茎、枝有柔毛。卷须不分歧，叶柄长1.5-5厘米；叶膜质，宽卵形，长、宽均4-8厘米，不裂或有3-5角。雌雄异株；雄花：10-30花成伞房状花序，花序轴细弱，长1.5-5厘米；花梗长3-6毫米；萼筒宽钟状，裂片钻形，外弯，长0.5毫米；花冠淡黄色，有柔毛，裂片卵形，长2.5毫米，具3脉；雄蕊3，花丝长约1毫米，花药卵形，长0.8-1毫米。雌花：单生或几朵簇生，稀成伞房状花序；花梗长1-1.5厘米。果浆果状，长圆形，无毛，长1-1.5厘米，径0.7-1厘米。种子灰白色，卵状长圆形，长2-3毫米。花果期3-12月。

产台湾及云南南部，生于海拔800-1400米林缘或林中。亚洲热带地区有分布。

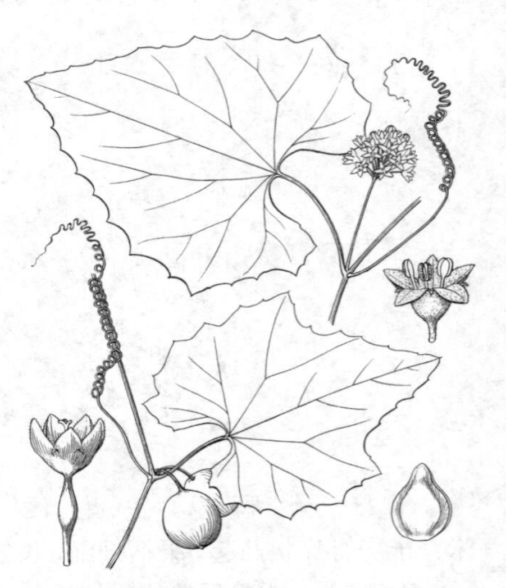

图 360 台湾马㼎儿 （引自《图鉴》）

13. 帽儿瓜属 Mukia Arn.

（路安民）

一年生攀援草本，全株被糙毛或刚毛，茎纤细。叶柄极短或近无毛；叶常3-7浅裂，基部心形；卷须不分歧。雌雄同株；花小，雄花簇生；雌花常单一或数朵与雄花簇生同一叶腋；花萼钟形，裂片5，近钻形；花冠辐状，5深裂；雄蕊3，分离，着生萼筒上，花丝短，花药长圆形，2枚2室，1枚1室，药室直，药隔稍伸出；退化子房腺体状。雌花花萼和花冠同雄花；退化雄蕊缺如或极小；子房被糙硬毛，花柱棒状，插生环状花盘，柱头2-3裂，胚珠少数，水平着生。浆果长圆形或球形，小型，不裂，具少数种子。种子水平生，卵形，扁，边缘拱起，粗糙或光滑。

约3种，主要分布于亚洲热带和亚热带、非洲及澳大利亚。我国2种。

1. 果球形，果皮稍厚；种子具蜂窝状皱纹，边缘不甚明显 ………………………………… **帽儿瓜 M. maderaspatana**
1. 果长圆形，果皮薄；种子雕纹不甚明显，边缘拱起 …………………………………（附）. **爪哇帽儿瓜 M. javanica**

帽儿瓜 图 361：1-6

Mukia maderaspatana（Linn.）M. J. Roem. Syn. Mon. 2: 47. 1846.

Cucumis maderaspatanus Linn. Sp. Pl. 1012. 1753.

Melothria maderaspatana（Linn.）Cogn.；中国高等植物图鉴 4: 356. 1975.

一年生平卧或攀援草本，全株密被黄褐色糙硬毛。茎有棱沟及疣状凸起。叶柄长2-6厘米；叶薄革质，宽卵状五角形或卵状心形，常3-5浅裂，长、宽均5-9厘米，脉上毛被密；卷须不分歧。雌雄同株；雄花数朵簇生叶腋；萼筒钟状，长2毫米，裂片近钻形，外折，长1-1.5毫米；花冠黄色，裂片卵状长圆形，长2毫米；雄蕊3，花丝长0.5毫米，花药长圆形，有毛，长1毫米。雌花：单生或3-5朵与雄花在同一叶腋内簇生。果柄近无；果熟后深红色，球形，径约1厘米，果皮较厚，无毛。种子卵形，长4毫米，两面膨胀，具蜂窝状凸起，边缘不明显。花期4-8月，果期8-12月。

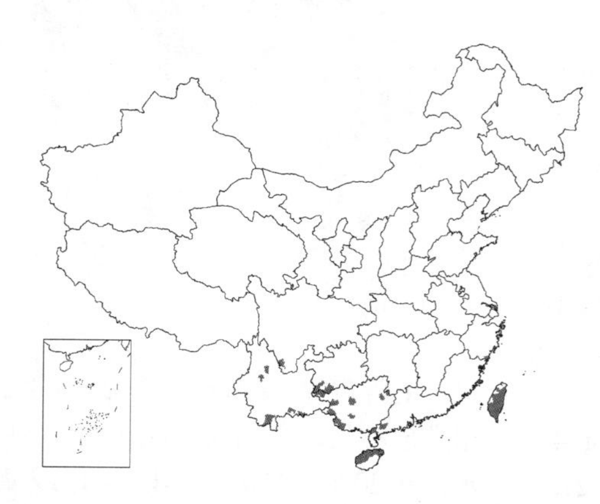

产浙江东南部、台湾、广东西南部、海南、广西、贵州西南部、四川西南部及云南，生于海拔450-1700米山坡岩缝或灌丛中。亚洲热带和亚热带地区、澳大利亚及非洲有分布。

［附］**爪哇帽儿瓜** 图 361：7-8 **Mukia javanica**（Miq.）C. Jeffrey in Hook. Icon. Pl. 37(3)：t. 3661：3. 1969. —— *Karivia javanica* Miq. Fl. Ind. Bat. 1(1)：661. 1856. 本种与帽儿瓜的区别：果长圆形，果皮薄；种子雕纹不甚明显，边缘拱起。花期4-7月，果期7-10月。产云南、广东、广西及台湾，生于海拔500-1200米林下阴处或山坡草地。越南、印度及印度尼西亚（爪哇）有分布。

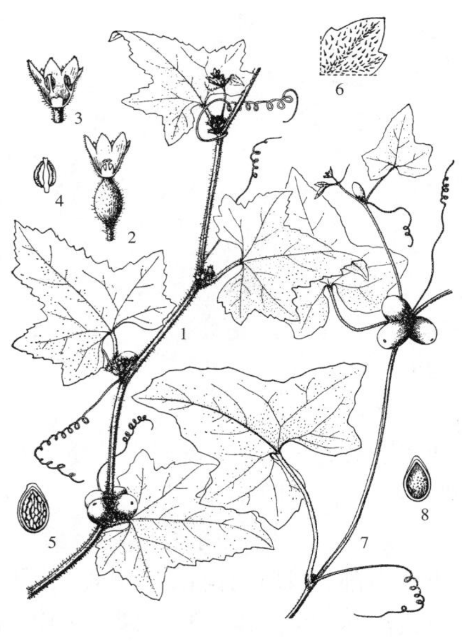

图 361：1-6.帽儿瓜 7-8.爪哇帽儿瓜
（吴彰桦绘）

14. 茅瓜属 Solena Lour.

（路安民）

多年生攀援草本，具块状根。茎、枝纤细，近无毛。卷须单一，无毛，叶柄极短或近无；叶全缘或分裂，基部深心形或戟形。花雌雄异株或同株；雄花：多花成伞状或伞房状花序；萼筒钟状，裂片5，近钻形；花冠黄或黄白色，裂片三角形或宽三角形；雄蕊3，2枚2室，1枚1室，花丝短，花药长圆形，药室弧曲或之字形折曲。雌花单生，子房胚珠少数，水平着生；退化雄蕊3，着生萼筒基部。果长圆形或卵球形，不裂，光滑。种子几枚，球形。

2种，分布于印度半岛和中南半岛。我国均产。

1. 雌雄异株；叶形多样；花药药室弧曲，不折曲 …… **茅瓜 S. amplexicaulis**
1. 雌雄同株；叶掌状5深裂，裂片披针形；花药药室二回折曲 …… （附）.**滇藏茅瓜 S. delavayi**

茅瓜 图 362 彩片 108

Solena amplexicaulis（Lam.）Gandhi in Saldanha et Nicholson, Fl. Hassan Distr. 179. 1976.

Bryonia amplexicaulis Lam. Encycl. 1: 496. 1785.

Melothria heterophylla（Lour.）Cogn.；中国高等植物图鉴 4: 355. 1975.

攀援草本。叶柄长0.5-1厘米；叶薄革质，卵形、长圆形、卵状三角形或戟形，不裂、3-5浅裂至深裂，长8-12厘米，宽1-5厘米；卷须不分歧。雌雄异株；雄花：10-20朵生于长2-

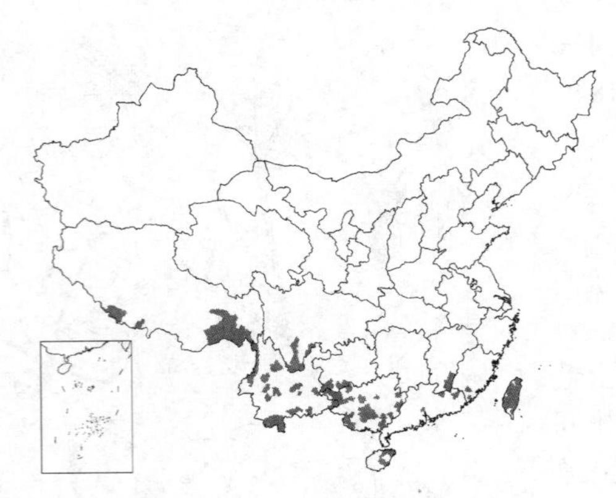

5毫米的花序梗顶端，成伞房状花序；萼筒钟状，径3毫米，裂片近钻形，长0.2–0.3毫米；花冠黄色，三角形，长1.5毫米；雄蕊3，花丝长约3毫米，花药近圆形，长1.3毫米，药室弧曲。雌花：单生叶腋；花梗长0.5–1厘米。果红褐色，长圆状或近球形，长2–6厘米，近平滑。种子数枚，灰白色，近球形或倒卵形，长5–7毫米，边缘不拱起，无毛。花期5–8月，果期8–11月。

产台湾、福建南部、江西南部、广东、香港、海南、广西、云南、贵州西南部、四川西南部及西藏，生于海拔600–2600米山坡路旁、林下、林中或灌丛中。越南、锡金、尼泊尔、印度及印度尼西亚（爪哇）有分布。块根药用，能清热解毒、消肿散结。

［附］**滇藏茅瓜 Solena delavayi**（Cogn.）C. Y. Wu, Fl. Xizang 4: 553. 1984. —— *Melothria delavayi* Cogn. in Engl. Pflanzenr. 66(IV. 275. 1): 124. 1916. 本种与茅瓜的区别：雌雄同株；叶掌状5深裂，裂片披针形；花药药室二回折曲。花期5–6月，果期6–8月。产云南及西藏东南部，生于海拔2000–2300米山坡、草地或灌丛中。

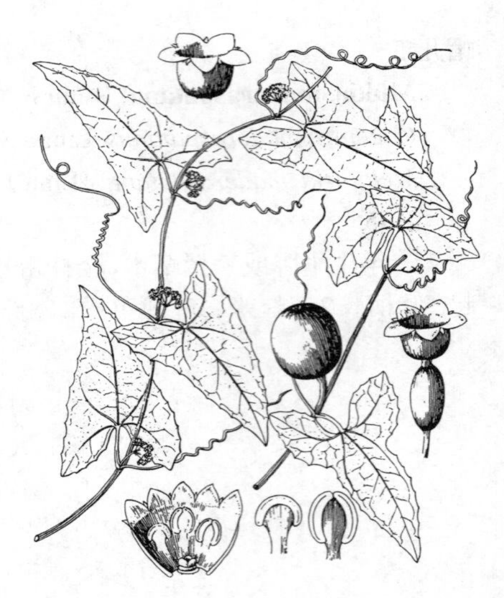

图 362 茅瓜 （黄少容绘）

15. 裂瓜属 Schizopepon Maxim.

（路安民）

攀援草质藤本。茎、枝细弱。卷须2歧；叶具长柄，叶卵状心形或宽卵状心形，稀戟形，通常5–7浅裂至中裂，稀不裂。花两性或单性，雌雄同株或异株；两性花或雄花生于总状花序上；雌花单生，稀少花生于缩短的总状花序上，雌雄同株则雌花和雄花同序而仅1–2朵生于花序下部；萼筒杯状或钟状，裂片5，披针形或钻形；花冠裂片5，白色，卵形；雄蕊3，分离或各式合生，花丝短，花药1枚1室、2枚2室，药室直；子房3室或不完全3室，每室具1垂生胚珠，花柱短，3深裂，极稀5裂，柱头稍膨大，2裂。果卵状或圆锥状，顶端尖或成喙状，3瓣裂或不裂，种子1–3。种子垂生，卵形，扁，边缘有不规则齿。

8种2变种，分布于亚洲东部至喜马拉雅。我国均产。

1. 花两性；雄蕊离生 …………………………………… 1. **裂瓜 S. bryoniaefolius**
1. 花单性；雌雄同株或异株；雄蕊成各式联合。
    2. 花丝合生，花药分离或基部合生，花萼裂片长1–1.2毫米，花冠裂片长2–3.5毫米 …………………………………… 2. **湖北裂瓜 S. dioicus**
    2. 花丝和花药均合生；花萼裂片长3毫米，花冠裂片长9毫米 ……………… 2(附). **大花裂瓜 S. macranthus**

1. 裂瓜 图 363

Schizopepon bryoniaefolius Maxim. in Mém. Acad. Sc. St. Pétersb. Sav. Etrang. 111. t. 6. 1859.

一年生攀援草本。枝近无毛或疏被柔毛。卷须2歧；叶柄长4–13厘米；叶卵状圆形或宽卵状心形，膜质，长6–10厘米，有3–7个角或不规则波状浅裂，疏生不等大小齿。花极小，两性，单生叶腋或3–5朵聚生于短缩花序轴上端，成密集总状花序，花序轴长1–1.5厘米；花萼裂片披针形，长1.5毫米；花冠辐状，白色，裂片长椭圆形，长约2毫米；雄蕊3，离生，花丝线形，与花药近等长或稍短，花药长圆状椭圆形，长约0.5毫米，药隔不伸出，顶端微缺。果宽卵形，长1–1.5厘米，3瓣裂。种子卵形，长约9毫

米，顶端平截，边缘有不规则齿。花果期夏、秋季。

产黑龙江、吉林、辽宁及河北北部，生于海拔500-1500米山沟林下或沟旁。朝鲜、日本及俄罗斯远东地区有分布。

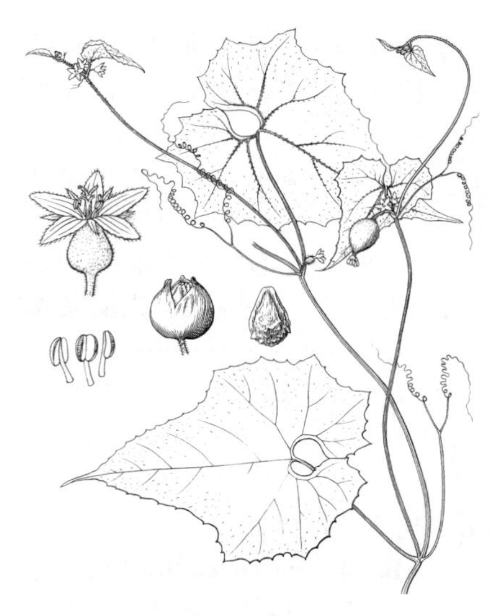

图 363 裂瓜 （引自《图鉴》）

2. 湖北裂瓜 图 364

Schizopepon dioicus Cogn. ex Oliv. in Hook. Icon. Pl. ser. 4, 3: t. 2224. 1892.

一年生攀援草本。茎、枝无毛。卷须2歧，叶柄长3.5-7.5厘米；叶宽卵状心形或宽卵形，长5-9厘米，有2-3对三角形裂片，稀波状，两面无毛。雌雄异株；雄总状花序长5-10厘米；花梗长2-3毫米；花萼裂片线状钻形或窄披针形，长1-1.2毫米；花冠辐状，白色，裂片披针形或长圆状披针形，长2-3.5毫米，具1脉；雄蕊3，花丝合生，长0.8毫米，花药离生或仅基部合生，长0.5毫米，药隔不伸出。雌花单生叶腋或少花聚生短缩花序梗上端；子房3室，花柱3裂，柱头稍膨大，2裂。果柄长1-2厘米；果宽卵形，长约1.2厘米，被疣状突起，成熟时淡褐色，3瓣裂。种子卵形，具不规则齿，先端稍缢缩，顶端平截，长约8毫米，厚2毫米，成熟时淡褐色。花果期6-10月。

图 364 湖北裂瓜 （引自《图鉴》）

产陕西南部、四川、湖北西部及西南部、湖南西北部，生于海拔1000-2400米林下、山沟草丛或山坡路旁。

［附］**大花裂瓜 Schizopepon macranthus** Hand.-Mazz. Symb. Sin. 7: 1064. t. 39. f. 12-13. 1936. 本种与湖北裂瓜的区别：花萼裂片长3毫米，花冠裂片长9毫米，花丝和花药均合生。花期7-9月。产四川西部及云南西北部，生于海拔约2300米山坡路旁。

16. 苦瓜属 Momordica Linn.

（路安民）

一年生或多年生攀援或匍匐草本。卷须不分歧或2歧，叶柄有腺体或无；叶近圆形或卵状心形，掌状3-7浅裂至深裂，稀不裂。花雌雄异株，稀同株。雄花单生或成总状花序；花梗常具大型兜状圆肾形苞片；萼筒钟状、杯状或短漏斗状，裂片5；花冠黄或白色，辐状或宽钟状，5深裂至基部，稀5浅裂；雄蕊3，极稀5或2，花丝离生，花药初靠合，后分离，1枚1室，其余2室，药室折曲、极稀直或弓曲，药隔不伸长；退化雌蕊腺体状或缺。雌花单生；花梗具苞片或无；花萼和花冠同雄花；花柱细长，柱头3，不裂或2裂；胚珠多数，水平着生。果不裂或

3瓣裂，具瘤状、刺状突起，顶端有喙或无。种子少数或多数，卵形或长圆形，平滑或有刻纹。

约80种，多数种分布于非洲热带地区，少数在温带地区有栽培。我国4种。

1. 花雌雄同株；苞片生于雄花花梗中部或中部以下；叶5-7深裂；雄蕊3；果长10-20厘米，纺锤形或圆柱形，多瘤皱 ………… 1. **苦瓜 M. charantia**
1. 花雌雄异株；苞片生于雄花花梗顶端。
   2. 花萼裂片宽披针形，先端尖或渐尖，雄蕊3；果长12-15厘米，卵球形，密生具刺尖的突起 ………… 2. **木鳖子 M. cochinchinensis**
   2. 花萼裂片卵状长圆形，先端钝、稍微凹，雄蕊5；果卵状长圆形，被软刺 ………… 2(附). **凹萼木鳖 M. subangulata**

1. 苦瓜 凉瓜 图 365 彩片 109

Momordica charantia Linn. Sp. Pl. 1009. 1753.

一年生攀援状柔弱草本。茎、枝被柔毛。卷须不分歧，叶柄长4-6厘米；叶卵状肾形或近圆形，长、宽均4-12厘米，5-7深裂，裂片卵状长圆形，具粗齿或有不规则小裂片。雌雄同株；雄花：单生叶腋；花梗中部或下部具1绿色苞片，肾形或圆形，长、宽均0.5-1.5厘米；花萼裂片卵状披针形，长4-6毫米；花冠黄色，裂片倒卵形，长1.5-2厘米；雄蕊3，离生，药室2回折曲。雌花：单生；花梗基部常具1苞片；子房密生瘤状突起。果纺锤形或圆柱形，多瘤皱，长10-20厘米，成熟后橙黄色，顶端3瓣裂。种子多数，具红色假种皮，两端各具3小齿，两面有刻纹。花果期5-10月。

广泛栽培于世界热带至温带地区。我国南北普遍栽培。果味甘苦，作蔬菜，也可糖渍；成熟果肉和假种皮也可食用；根、藤及果入药，有清热解毒功效。

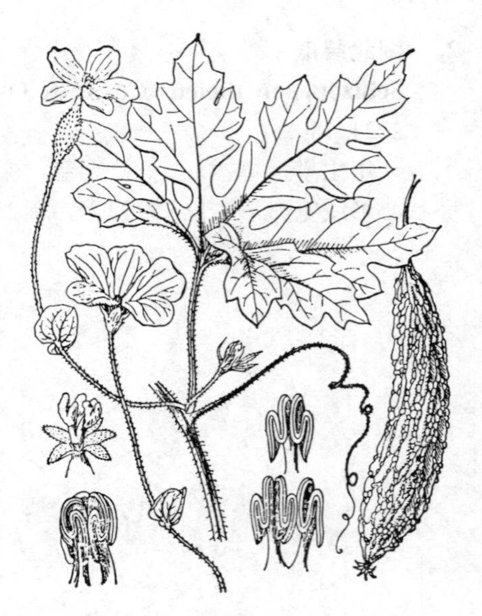

图 365 苦瓜 （引自《图鉴》）

2. 木鳖子 木鳖 图 366 彩片 110

Momordica cochinchinensis (Lour.) Spreng. Syst. Veg. 3: 14. 1826.

Muricia cochinchinensis Lour. Fl. Cochinch. 596. 1790.

粗壮大藤本；全株近无毛或稍被柔毛。叶柄长5-10厘米，基部或中部有2-4腺体；叶卵状心形或宽卵状圆形，3-5中裂至深裂或不裂，卷须不分歧。雌雄异株；雄花单生叶腋或3-4朵着生极短总状花序轴；花梗顶端生兜状苞片，圆肾形，长3-5厘米，宽5-8厘米；花萼裂片宽披针形或长圆形，长1.2-2厘米，先端渐尖或尖；花冠黄色，裂片卵状长圆形，长5-6厘米；雄蕊3，药室1回折曲。雌花单生；花梗近中部生一苞片；子房密生刺毛。果卵球形，顶端有短喙，长12-15厘米，成熟时红色，肉质，密生长3-4毫米

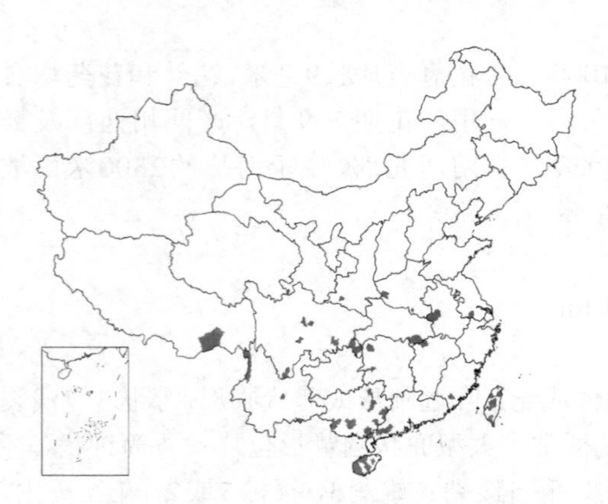

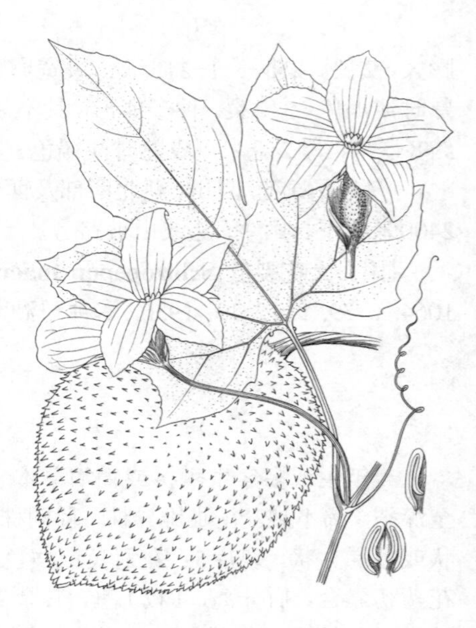

图 366 木鳖子 （引自《图鉴》）

具刺尖突起。种子卵形或方形，干后黑褐色，长2.6–2.8厘米。花期6–8月，果期8–10月。

产河南西南部、江苏、安徽西部、福建南部、台湾、江西西北部、广东、海南、广西、湖北、湖南、贵州、云南、西藏东南部、四川及陕西西南部，生于海拔450–1100米山沟、林缘或路旁。中南半岛及印度半岛有分布。种子、根和叶入药，有消肿、解毒止痛之效。

［附］**凹萼木鳖 Momordica subangulata** Bl. Bijdr. 928. 1826. 本种与木鳖子的区别：花萼裂片卵状长圆形，先端钝、稍微凹，雄蕊5；果卵状长圆形，长6厘米，被软刺。产云南、贵州、广西及广东，生于海拔800–1500米山坡或路旁阴处。缅甸、老挝、越南、马来西亚及印度尼西亚有分布。

17. 丝瓜属 Luffa Mill.

（路安民）

一年生攀援草本，无毛或被柔毛。卷须稍粗糙，2歧或多歧，叶柄顶端无腺体；叶通常5–7裂。花黄或白色，雌雄异株；雄花成总状花序；萼筒倒锥形，裂片5，三角形或披针形；花冠裂片5，离生，开展，全缘或啮蚀状；雄蕊3或5，离生，若3枚，1枚1室，2枚2室，5枚时，全部1室，药室线形，多回折曲，药隔膨大；退化雌蕊缺，稀腺体状。雌花单生；具花梗；花被与雄花同；退化雄蕊3，稀4–5；子房圆柱形，柱头3，3胎座，胚珠多数，水平着生。果长圆形或圆柱状，未成熟时肉质，熟后干燥，内面呈网状纤维，熟时顶端盖裂。种子多数，长圆形，扁。

约8种，分布于东半球热带和亚热带地区。我国引入栽培2种。

1. 雄蕊5，全部1室；果平滑，无棱 ………………………………………… **丝瓜 L. cylindrica**
1. 雄蕊3，1枚1室，2枚2室；果具8–10纵棱 ……………………………… （附）. **广东丝瓜 L. acutangula**

丝瓜 图 367：1–10 彩片 111

Luffa cylindrica (Linn.) Roem. Syn. Mon. 2: 63. 1846.

Momordica cylindrica Linn. Sp. Pl. 1009. 1753.

一年生攀援藤本。卷须2–4歧，叶柄长10–12厘米；叶三角形或近圆形，长、宽均10–20厘米，通常掌状5–7裂。雄花15–20朵生于总状花序上部；花梗长1–2厘米，萼筒宽钟形，径5–9毫米，裂片卵状披针形或近三角形，长0.8–1.3厘米，具3脉；花冠黄色，辐状，径5–9厘米，裂片长圆形，长2–4厘米；雄蕊通常5，稀3，花丝长6–8毫米，药室多回折曲。雌花单生。果圆柱状，直或稍弯，有深色纵纹，未熟时肉质，成熟后干燥，内面呈网状纤维，顶端盖裂。种子黑色，卵形。花果期夏、秋季。

我国南北各地普遍栽培。世界温带、热带地区广泛栽培。云南南部有野生，果较短小。果作蔬菜，成熟时内面的网状纤维称丝瓜络，可用作洗刷灶具及家具；也可药用，有清凉、利尿、活血、通经、解毒之效。

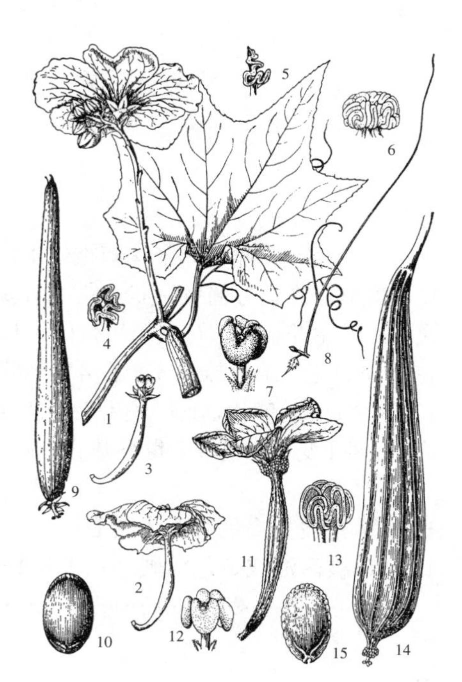

图 367：1–10.丝瓜 11–15.广东丝瓜
（吴彰桦绘）

［附］**广东丝瓜** 图 367：11–15 彩片 112 **Luffa acutangula** (Linn.) Roxb. Hort. Beng. 70. 1814. —— *Cucumis acutangula* Linn. Sp. Pl. 1011. 1753. 本种与丝瓜的区别：雄蕊3枚；果具8–10条纵棱。花果期夏、秋季。我国南部多栽培，北部少见。世界热带地区有栽培。嫩果作菜蔬，成熟后网状纤维即丝瓜络药用，能通经络。

18. 喷瓜属 Ecballium A. Rich.

（路安民）

蔓生草本，伸长，粗壮。茎、叶下面、叶柄、花序梗、花萼外面、子房、果实均被刚毛。无卷须；叶卵状长圆形或戟形，长8-20厘米，边缘波状或多少分裂，具粗齿，上面有粗糙疣点和白色刚毛，下面密被白色短柔毛，基部弯缺半圆形，稀近平截；叶柄长5-15厘米。花雌雄同株极稀异株；雄花序总状；萼筒短钟状，裂片5，线状披针形；花冠黄色，宽钟形或近辐状，5深裂，裂片卵状长圆形，先端尖；雄蕊3，线形，花丝短，分离，花药宽，1枚1室，其余的2室，药室折曲，药隔宽，不伸出；无退化雌蕊。雌花单生；花萼和花冠同雄花；退化雄蕊3，舌形；子房长圆形，有短刚毛，胎座3，花柱短，柱头3，2裂；胚珠多数，水平着生。果长圆形或卵状长圆形，长4-5厘米，粗糙，成熟后极膨胀，自果梗脱落后基部开一洞，由瓜瓤收缩将种子和果液同时喷出。种子长圆形，扁平，长约4毫米，褐或近黑色，有窄的边缘。

单种属。

喷瓜 图 368

Ecballium elaterium (Linn.) A. Rich. Dict. Class. Hist. Nat. 6: 19. 1824.

Momordica elaterium Linn. Sp. Pl. 1010. 1753.

形态特征同属。花果期夏季。

产新疆，生于干旱山坡或草地。地中海沿岸地区及小亚细亚有分布。

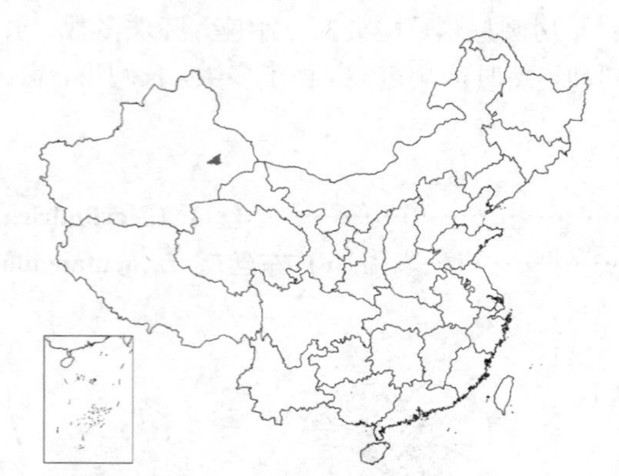

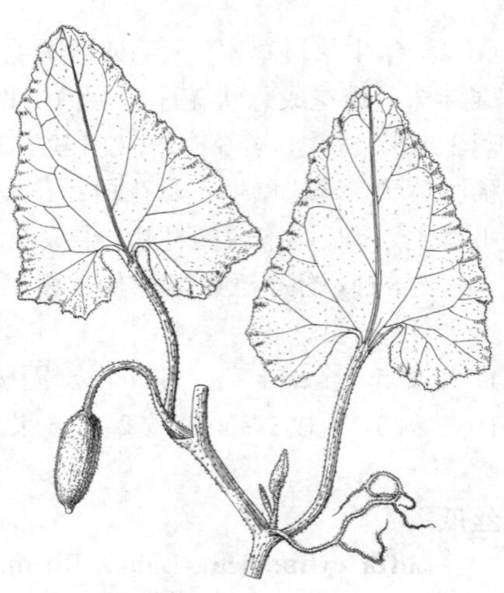

图 368 喷瓜 （孙英宝绘）

19. 冬瓜属 Benincasa Savi

（路安民）

一年生蔓生草本，全株密被硬毛。叶掌状5浅裂；叶柄无腺体，卷须2-3歧。花大型，黄色，通常雌雄同株，单生叶腋。雄花萼筒宽钟状，裂片5，近叶状，有锯齿，反折；花冠辐状，通常5裂，裂片倒卵形，全缘；雄蕊3，离生，着生花被筒，花丝粗短，花药1枚1室，其余2室，药室多回折曲，药隔宽；退化子房腺体状。雌花花萼和花冠同雄花；退化雄蕊3；子房卵球状，具3胎座，胚珠多数，水平生，花柱插生花盘上，柱头3，膨大，2裂。果长圆柱状或近球状，具糙硬毛及白霜，不裂，种子多数。种子圆形，扁，边缘肿胀。

1种1变种，栽培于世界热带、亚热带和温带地区。

1. 子房密被黄褐色茸毛状硬毛；果长25-60厘米，径10-25厘米，被硬毛和白色蜡质粉被 ……… 冬瓜 **B. hispida**
1. 子房被污浊或黄色糙硬毛；果长15-20（-25）厘米，径4-8（-10）厘米，被糙毛，无白色蜡质粉被 ……………………………………………………………………………………………… （附）. 节瓜 **B. hispida** var. **chiehqua**

冬瓜 图 369：1-10 彩片 113

Benincasa hispida (Thunb.) Cogn. in DC. Mor. Phan. 3: 513. 1881.

Cucurbita hispida Thunb. Fl. Jap. 322. 1784.

形态特征同属。花果期夏季。

我国各地栽培，云南南部（西双版纳）有野生，果较小。主要分布于亚洲热带、亚热带地区，澳大利亚东部及马达加斯加也有。果作蔬菜，也可浸渍为糖果；果皮和种子药用，有消炎、利尿、消肿的功效。

［附］节瓜 图 369：11 **Benincasa hispida** var. **chiehqua** How in Acta Phytotax. Sin. 3(1): 76. 1954.

与模式变种的区别：子房被污浊或黄色糙硬毛；果长15-20（-25）厘米，径4-8（-10）厘米，成熟时被糙硬毛，无白色蜡质粉被。我国南方，广东、广西普遍栽培。果作夏季蔬菜食用。

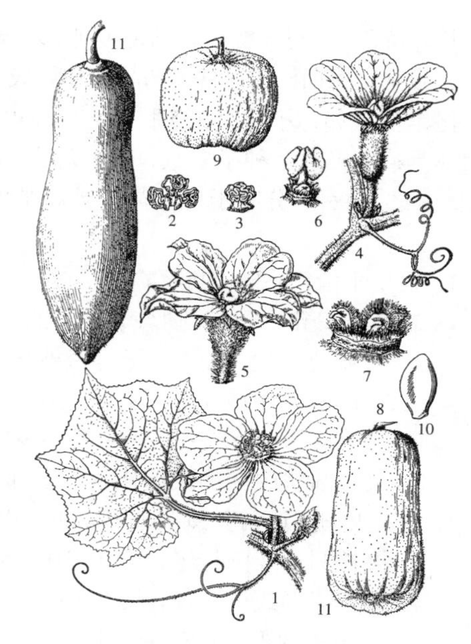

图 369：1-10.冬瓜 11.节瓜
（吴彰桦绘）

20. 西瓜属 **Citrullus** Schrad.

（路安民）

一年生或多年生蔓生草本。茎、枝稍粗，粗糙。卷须2-3歧，稀不分歧，极稀为刺状；叶3-5深裂，裂片羽状或2回羽状浅裂或深裂。雌雄同株；雌、雄花单生，稀簇生，黄色。雄花：萼筒宽钟形，裂片5；花冠辐状或宽钟状，5深裂，裂片长圆状卵形，钝；雄蕊3，生于花被筒基部，花丝短，离生，花药稍靠合，1枚1室，其余2室，药室线形，折曲，药隔膨大，不伸出；退化雌蕊腺体状。雌花：花萼和花冠与雄花同；退化雄蕊3，刺毛状或舌状；子房3胎座，胚珠多数，水平着生，花柱短，柱状，柱头3，肾形，2浅裂。果球形或椭圆形，平滑，肉质，不裂。种子多数，长圆形或卵形，扁，平滑。

9种，分布于地中海东部、非洲热带、亚洲西部。我国引入栽培1种。

西瓜 图 370 彩片 114

Citrullus lanatus（Thunb.）Matsum. et Nakai in Cat. Sem. Spor. Hort. Bot. Univ. Imp. Tokyo 30：854. 1916.

Momordica lanata Thunb. Prodr. Fl. Cap. 13. 1800.

一年生蔓生藤本。茎、枝密被白或淡黄褐色长柔毛。卷须2歧，叶柄长3-12厘米；叶三角状卵形，长8-20厘米，3深裂。雌、雄花均单生叶腋。雄花花梗长3-4厘米；萼筒宽钟形，花萼裂片窄披针形，长2-3毫米；花冠淡黄色，径2.5-3厘米，裂片卵状长圆形，长1-1.5厘米；雄蕊3，近离生，药室折曲。雌花花萼和花冠与雄花同；子房密被长柔毛。果近球形或椭圆形，肉质，果皮光滑，色泽及纹饰各式。种子卵形，黑、红、白、黄、淡绿色或有斑纹。花果期夏季。

我国各地栽培，品种甚多，外果皮、果肉及种子形式多样。可能原产非洲，广泛栽培于世界热带至温带，金、元时始传入我国。为夏季水果，果肉味甜，去暑；种子含油，可作食品；果皮药用，有清热、利尿、降血压之效。

图 370 西瓜 （引自《图鉴》）

21. 黄瓜属 **Cucumis** Linn.

（路安民）

一年生攀援或蔓生草本。茎、枝有棱沟，密被白或稍黄色糙硬毛。卷须不分歧；叶3-7浅裂或不裂，具锯齿，被刚毛。雌雄同株，稀异株；雄花：簇生，稀单生；萼筒钟状或近陀螺状，5裂，裂片近钻形；花冠辐状或近钟状，黄色，5裂，裂片长圆形或卵形；雄蕊3，离生，着生花被筒，花丝短，花药长圆形，1枚1室，2枚2室，药室线形，折曲，稀弓曲，药隔伸出，成乳头状；退化雌蕊腺体状。雌花单生，稀簇生；花萼和花冠与雄花同；退化雄蕊缺如；子房具3-5胎座，花柱短，柱头3-5，靠合，胚珠多数，水平着生。果肉质或质硬，通常不裂，平滑或具瘤状凸起。种子多数，扁，无毛，边缘不拱起。

约70种，分布于世界热带至温带地区，非洲种类较多。我国4种3变种。

1. 果皮平滑，无瘤状凸起。
  2. 果长圆形、长椭圆形、球形或陀螺形，有香味。
    3. 雌花单生，较大，子房密被长柔毛和长糙硬毛；果较大，果肉厚，有甜味 ………………… 1. **甜瓜 C. melo**
    3. 雌花双生或3花聚生，较小，子房密被微柔毛和糙硬毛；果小，果肉极薄，无甜味 ……………………………………………………………………………………… 1(附). **马泡瓜 C. melo** var. **agrestis**
  2. 果长圆状圆柱形或近棒状，上部比下部稍粗，无香甜味 ………………… 1(附). **菜瓜 C. melo** var. **conomon**
1. 果皮粗糙，通常具刺尖瘤状凸起，极稀平滑。
  4. 果长圆形或圆柱形，长10-30(-50)厘米 ………………………………………………………… 2. **黄瓜 C. sativus**
  4. 果长圆形或近球形，长4-6厘米。
    5. 果长圆形或近球形，长5-6厘米 ……………………………… 2(附). **西南野黄瓜 C. sativus** var. **hardwickii**
    5. 果长圆形，长4-5厘米，平滑，无刺尖瘤状突起 ……………………………………………… 3. **野黄瓜 C. hystrix**

1. 甜瓜 香瓜 图 371：1-9 彩片 115

Cucumis melo Linn. Sp. Pl. 1011. 1753.

一年生匍匐或攀援草本。卷须单一，叶柄长8-12厘米；叶近圆形或肾形，长、宽均8-15厘米，上面被白色糙硬毛，下面沿脉密被糙硬毛，不裂或3-7浅裂。花单性，雌雄同株；雄花数朵簇生叶腋；花梗纤细，长0.5-2厘米；萼筒窄钟形，密被白色长柔毛，长6-8毫米，裂片近钻形，比筒部短；花冠黄色，长2厘米，裂片卵状长圆形；雄蕊3，花丝极短，药室折曲，药隔顶端伸长。雌花单生；花梗粗糙，被柔毛；子房密被长柔毛和长糙硬毛。果形、颜色因品种而异，通常长圆形或长椭圆形，果皮平滑，有纵沟纹或斑纹，无刺状突起，果肉白、黄或绿色，有香甜味。种子污白或黄白色，卵形或长圆形。花果期夏季。

全国各地及世界温带至热带地区广泛栽培。果为盛夏重要水果；全草药用，有祛炎败毒、催吐、除湿、退黄疸等功效。

［附］**马泡瓜 Cucumis melo** var. **agrestis** Naud. in Ann. Sc. Nat. sér. 4, 11: 73. 1859. 本种与模式变种的区别：植株纤细；雌花较小，双生或3枚聚生；子房密被微柔毛和糙硬毛；果小，长圆形、球形或陀螺状，有香味，不甜，果肉极薄。常不食用，供观赏。我国南北各地少有栽培，普遍逸为野生。朝鲜也有。

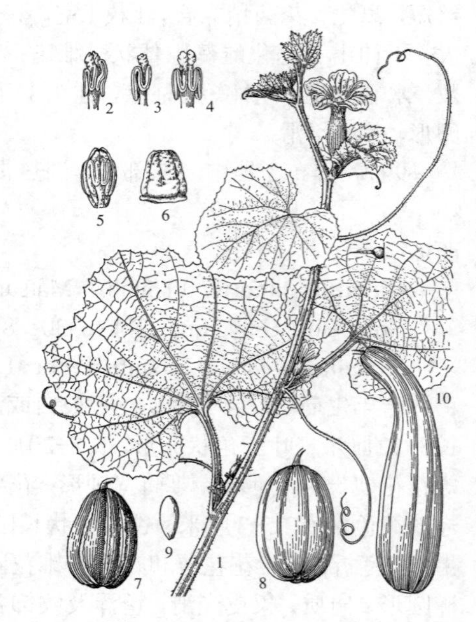

图 371：1-9.甜瓜 10.菜瓜
（王金凤绘）

［附］**菜瓜** 图 371：10 **Cucumis melo** var. **conomon** (Thunb.) Makino in Bot. Mag. Tokyo 16: 16. 1902. —— *Cucumis conomon* Thunb. Fl. Jap. 362. 1784. 本种与模式变种的区别：果长圆状圆柱形或近棒状，上部比下部略粗，两端圆或稍平截，无毛，淡绿色，有纵线条，果肉白或淡绿色，无香甜味。我国南北普遍栽培。果为夏季蔬菜。可酱渍作酱瓜。

2. 黄瓜 图 372 彩片 116

Cucumis sativus Linn. Sp. Pl. 1012. 1753.

一年生攀援草本。卷须不分歧，叶柄长10-16(-20)厘米；叶宽卵状心形，长、宽均7-20厘米，两面被糙硬毛，具3-5个角或浅裂，裂片三角形。雌雄同株；雄花常数朵簇生叶腋；花梗长0.5-1.5厘米；萼筒窄钟状或近圆筒状，长0.8-1厘米，密被白色长柔毛，花萼裂片钻形；花冠黄白色，长约2厘米，花冠裂片长圆状披针形；雄蕊3，花丝近无，花药长3-4毫米，药隔伸出，长约1毫米。雌花单生，稀簇生；花梗长1-2厘米；子房有小刺状突起。果长圆形或圆柱形，长10-30（-50）厘米，有具刺尖的瘤状突起，极稀近平滑。种子小，窄卵形，白色。花果期夏季。

我国各地普遍栽培。现广泛种植于温带和热带地区。果为我国各地夏季主要菜蔬之一。茎藤药用，能消炎、祛痰、镇痉。

［附］**西南野黄瓜 Cucumis sativus** var. **hardwickii**（Royle）Gabaev, Ogurcy 47. 1932. —— *Cucumis hardwickii* Royle, Ill. Himal. Pl. 1: 220. 1939. 本种与模式变种的区别：果较小，长圆形或近球形，长5-6厘米，平滑，无瘤状突起。产云南、贵州及广西，生于海拔700-2000米山坡、林下、路旁或灌丛中。印度东北部、尼泊尔、缅甸及泰国有分布。

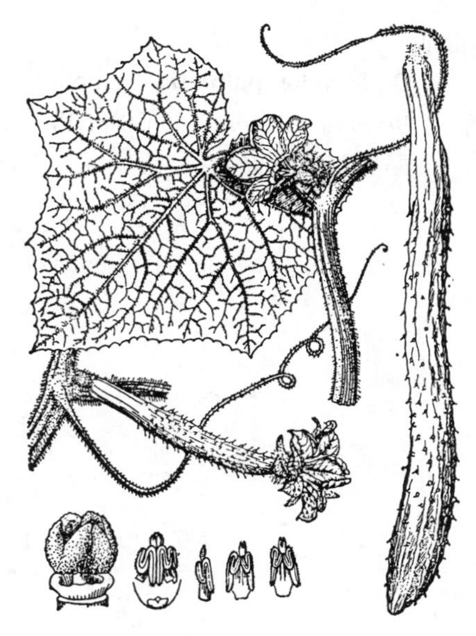

图 372 黄瓜 （引自《图鉴》）

3. 野黄瓜 图 373

Cucumis hystrix Chakr. in Journ. Bombay Nat. Hist. Soc. 50: 896. 1952.

一年生攀援草本，全株被白色糙硬毛和刚毛。卷须不分歧。叶柄长6-10厘米；叶厚膜质，宽卵形或三角状卵形，长6-13厘米，常不规则3-5浅裂，稀不裂。雄花单生或簇生；萼筒窄钟状，裂片线形，长1-2毫米；花冠黄色，裂片卵状长圆形，长5-6毫米；雄蕊3，花丝长1毫米，花药长2毫米，药室折曲。雌花单生；花梗长5毫米；子房密被黄褐色硬毛。果柄长0.5-1厘米；果长圆形，长4-5厘米，密生长达2毫米具刺尖瘤状突起。种子窄卵形，长3-4毫米。花期6-8月，果期8-9月。

产云南，生于海拔780-1550米山谷、河边、阴湿处、林下或灌丛中。印度东北部及缅甸有分布。

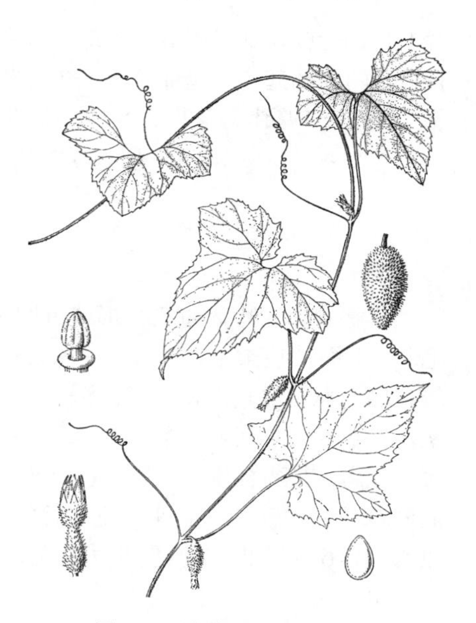

图 373 野黄瓜 （张泰利绘）

22. 毒瓜属 Diplocyclos（Endl.）Post et Kuntze

（路安民）

攀援草本。卷须2歧；叶掌状5深裂。花小型，雌雄同株；雄花和雌花在同一叶腋内簇生。雄花：萼筒宽钟形，裂片短；花冠宽钟形，裂片卵形；雄蕊3，离生，着生花被筒，花丝短，花药卵形，1枚1室，其余的2室，药室线形，稍折曲，药隔宽，不伸长；无退化雌蕊。雌花：花被与雄花同；退化雄蕊3；子房3胎座，胚珠少数，水平着生，花柱细，柱头3，2深裂。浆果，小型，球形或卵球形。种子边缘有环带，两面隆起。

3种，分布于亚洲热带、澳大利亚及非洲。我国1种。

毒瓜 图 374

Diplocyclos palmatus (Linn.) C. Jeffrey in Kew Bull. 15: 352. 1962. *Bryonia palmata* Linn. Sp. Pl. 1012. 1753.

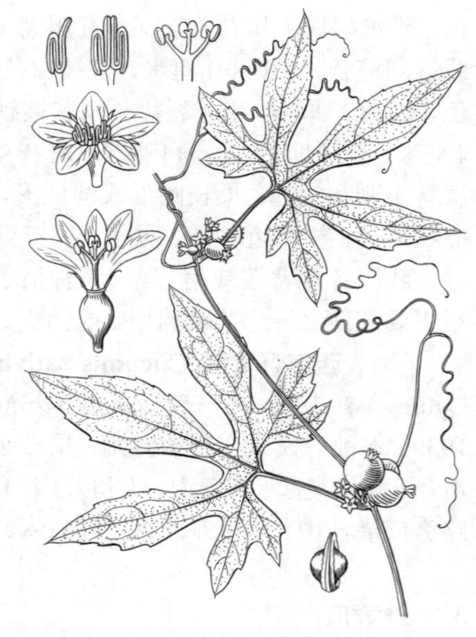

图 374 毒瓜 （引自《图鉴》）

攀援草本；根块状。茎无毛。卷须2歧，叶柄长4-6厘米，疏被柔毛；叶宽卵圆形，长、宽均8-12厘米，掌状5深裂。雌雄同株，雌、雄花常各数朵簇生在同一叶腋。雄花花梗长0.5-1.5厘米，无毛，花萼裂片开展，钻形，长0.5-1毫米；花冠绿黄色，径约7毫米，裂片卵形，长2毫米，具3脉；雄蕊3，花丝离生，长1-1.5毫米，花药卵形，长2毫米，药室折曲。雌花：子房近无毛。果近无柄，球形，不裂，径1.4-1.8厘米，果皮平滑，黄绿至红色，间以白色纵纹。种子少数，卵形，褐色，两面凸起，凸起部分厚1-2毫米，环以隆起环带，长5毫米，宽3毫米，厚3.5-4毫米。花期3-8月，果期7-12月。

产台湾、广东雷州半岛、海南及广西，生于海拔约1000米山坡疏林或灌丛中。越南、印度、马来西亚、澳大利亚及非洲有分布。果和根有剧毒。

23. 三裂瓜属 Biswarea Cogn.

（路安民）

攀援草本。叶宽卵状心形或近圆形，5-7浅裂，长14-17厘米，上面初被短柔毛状刚毛，脱落后留有疣状糙点毛基，下面被短柔毛，基部弯缺深2.5-3.5厘米，边缘锯齿显著；叶柄长6-10厘米，卷须2歧。雌雄异株；花黄色；雄花序总状，常具5-8花，花序轴长8-10厘米，通常和一单生花并生于同一叶腋；雌花单生。雄花萼筒下部窄管状，上部扩大成钟状，裂片5，线形；花冠宽钟状，5深裂，裂片卵形，全缘；雄蕊3，内藏，插生花被筒，花丝短，分离，花药合生，1枚1室，2枚2室，药室线形，3回折曲，药隔窄，不伸出；退化子房钻形。雌花花萼和花冠同雄花；子房具3胎座，花柱丝状，伸长，柱头3，膨大，胚珠多数，水平着生。果长圆形，三棱状，长10-12厘米，具6条纵肋，3瓣裂几达基部，具多数水平生的种子。种子椭圆形，扁，平滑，长1-1.5厘米，淡褐色。

单种属。

三裂瓜 图 375

Biswarea tonglensis (C. B. Clarke) Cogn. in Bull. Soc. Bot. Belg. 21 (2): 16. 1882.

Warea tonglensis C. B. Clarke in Journ. Linn. Soc. Bot. 15: 129. f. 1-8. 1876.

形态特征同属。

产云南西部。缅甸、锡金及印度北部有分布。

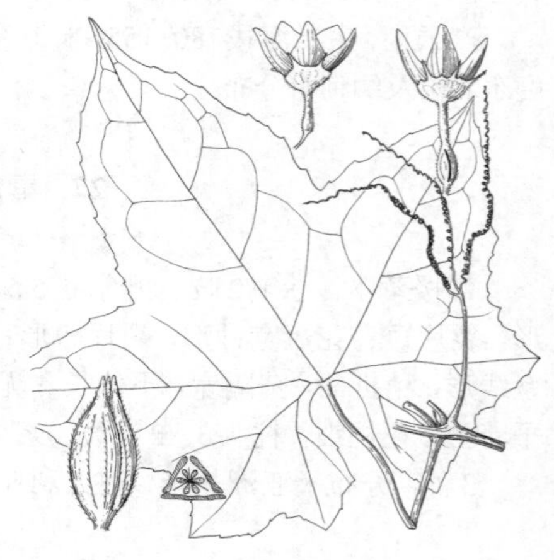

图 375 三裂瓜 （孙英宝绘）

24. 波棱瓜属 Herpetospermum Wall. ex Hook. f.

（路安民）

一年生攀援草本；根伸展。叶卵状心形，长6-12厘米，先端尾状渐尖，边缘有细齿或有不规则的角，基部心形，弯缺宽深1-2厘米，两面粗糙；叶柄长4-8（-10）厘米，卷须分2歧。雌雄异株。雄花生于总状花序，稀同时单生，花序长12-40厘米，单生花花梗长10-16厘米；萼筒上部漏斗状，下部管状，裂片5，钻形；花冠宽钟状，5深裂，裂片全缘；雄蕊3，内藏，花丝离生，短，花药合生，1枚1室，2枚2室，药室线形，3回折曲，药隔窄，不引长；退化雌蕊钻形或圆锥形。雌花单生；花被与雄花相同；无退化雄蕊或有3枚钻形退化雄蕊；子房长圆状，3室，每室具4-6枚胚珠，胚珠下垂生，花柱丝状，伸长，柱头3，卵圆形或长圆形。果宽长圆形，三棱状，长7-8厘米，被长柔毛，成熟时3瓣裂至近基部。种子少数，下垂生，长圆形或倒卵形，扁平，近光滑，长约1.2厘米，基部平截，顶端不明显3裂，边缘拱起。

单种属。

波棱瓜 图 376

Herpetospermum pedunculosum（Ser.）C. B. Clarke in Journ. Linn. Soc. Bot. 15: 115. 1876.

Bryonia pedunculosa Ser. in DC. Prodr. 3: 306. 1828.

形态特征同属。花果期6-10月。

产四川西南部、云南西北部及西藏，生于海拔2300-3500米山坡灌丛、林缘或路旁。印度及尼泊尔有分布。

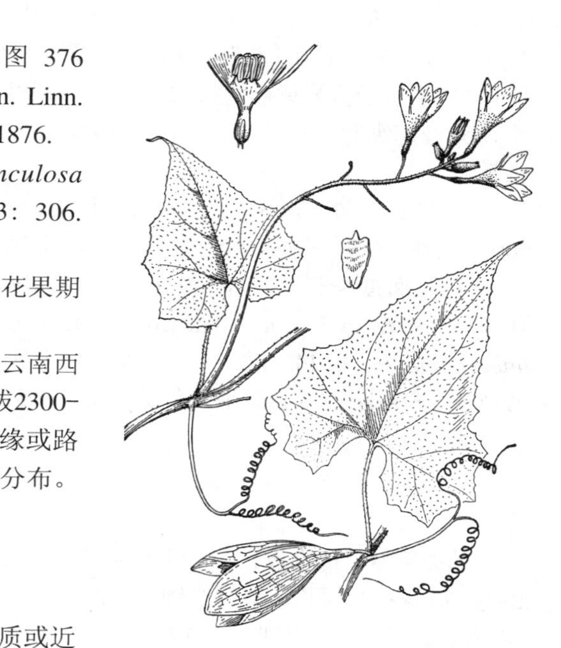

图 376 波棱瓜 （吴彰桦绘）

25. 金瓜属 Gymnopetalum Arn.

（路安民）

纤细藤本，攀援；植株被微柔毛或糙硬毛。叶卵状心形，厚纸质或近革质，常五角形或3-5裂；卷须不分歧或2歧。雌雄同株或异株；雄花：生于总状花序或单生，无苞片或有苞片；萼筒伸长，管状，上部膨大，5裂，裂片近钻形；花冠辐状，白或黄色，5深裂，裂片长圆形或倒卵形；雄蕊3，着生花被筒中部，花丝短，离生，花药合生，1枚1室，其余2室，药室折曲，药隔不伸出；退化子房直立。雌花：单生；花萼和花冠同雄花；退化雄蕊3，线形；子房3胎座，胚珠多数，水平生，花柱丝状。果卵状长圆形，不裂。种子倒卵形或长圆形，扁平，边缘稍隆起。

6种，主要分布印度半岛、中南半岛和我国。我国2种。

1. 叶膜质，两面稍粗糙，疏被刚毛，五角形或3-5中裂，先端渐尖，有不规则疏齿；果长圆状卵形，两端尖，具10纵肋 ………………………………………………………… 金瓜 G. chinense
1. 叶厚纸质或薄革质，两面极粗糙，密被刚毛或长柔毛，不裂或波状3-5浅裂，先端钝，有三角锯齿；果近球形，两端稍钝圆，无纵肋 ………………………………………… （附）. 凤瓜 G. integrifolium

金瓜 图 377：1-7 彩片 117

Gymnopetalum chinense（Lour.）Merr. in Philipp. Journ. Sc. Bot. 15: 256. 1919.

Evonymus chinense Lour. Fl. Cochinch. 156. 1790.

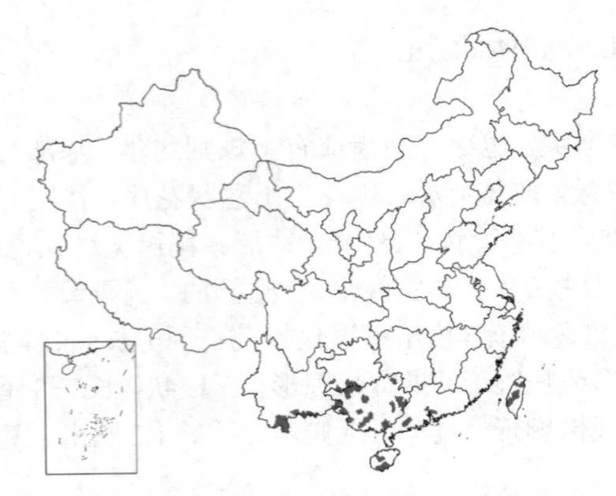

草质藤本；根多年生，近木质；茎、枝初时有糙硬毛及长柔毛，老后渐脱落。叶柄长2-4厘米；叶膜质，卵状心形，五角形或3-5中裂，长、宽均4-8厘米，两面粗糙，疏被刚毛；卷须不分歧或2歧。雌雄同株；雄花单生或3-8朵成总状花序，每花常具一叶状苞片；苞片菱形，常3中裂，长1-2.5厘米；萼筒管状，长约2厘米，上部膨大，径3-4毫米，裂片近条形，长7毫米；花冠白色，裂片长圆状卵形，长1.5-2厘米；雄蕊3，花丝粗，长0.5毫米，花药长7毫米，药室折曲。雌花单生；花梗长1-4厘米；子房被黄褐色长柔毛。果长圆状卵形，橙红色，长4-5厘米，具10条凸起纵肋，两端尖。种子长圆形，长7毫米。花期7-9月，果期9-12月。

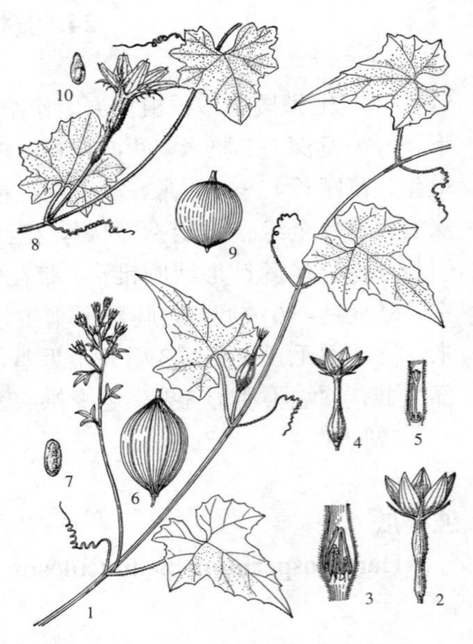

图 377：1-7.金瓜 8-10.凤瓜
（王金凤绘）

产台湾、广东、海南、广西、贵州西南部及云南南部，生于海拔430-900米山坡、路旁、疏林或灌丛中。越南、印度及马来西亚有分布。

［附］**凤瓜** 图 377：8-10 彩片 118 **Gymnopetalum integrifolium**（Roxb.）Kurz in Journ. Asiat. Soc. Bengal 40：58. 1871. —— *Cucumis integrifolius* Roxb. Fl. Ind. 3：724. 1832. 本种与金瓜的区别：叶厚纸质或薄革质，密被刚毛或长柔毛，不裂或波状3-5浅裂；果近球形，两端稍钝圆，无纵肋。产广东、广西、云南及贵州，生于海拔400-800米山坡或草丛中。印度、越南、马来西亚及印度尼西亚有分布。

26. 葫芦属 Lagenaria Ser.

（路安民）

攀援草本；植株被粘毛。叶柄顶端具1对腺体；叶卵状心形或肾状圆形，卷须2歧。雌雄同株，花大，单生，白色。雄花：花梗长；萼筒窄钟状或漏斗状，裂片5，小；花冠裂片5，长圆状倒卵形，微凹；雄蕊3，花丝离生，花药内藏，稍靠合，长圆形，1枚1室，2枚2室，药室折曲，药隔不伸出；退化雌蕊腺体状。雌花花梗短；萼筒盂状，花萼和花冠同雄花；子房3胎座，花柱短，柱头3，2浅裂；胚珠多数，水平着生。果形状多型，不裂，嫩时肉质，成熟后果皮木质，中空。种子多数，倒卵圆形，扁，边缘多少拱起，顶端平截。

6种，主要分布于非洲热带地区。我国引入栽培1种及3变种。

1. 果中部缢缩，下部和上部膨大，上部大于下部。
    2. 植株结实较少；果长达数十厘米 …………………………………………………… **葫芦 L. siceraria**
    2. 植株结实较多；果长约10厘米 ………………………… （附）. **小葫芦 L. siceraria** var. **microcarpa**
1. 果中部不缢缩。
    3. 果圆柱形，直或稍弓曲，长60-80厘米 ………………………… （附）. **瓠子 L. siceraria** var. **hispida**
    3. 果扁球形，径约30厘米 ………………………………………… （附）. **瓠瓜 L. siceraria** var. **depressa**

葫芦 图 378 彩片 119

Lagenaria siceraria（Molina）Standl. Publ. Field Mus. Nat. Hist. Chicago Bot. ser. 3：435. 1930.

Cucurbita siceraria Molina, Sagg. Chile 133. 1782.

一年生攀援草本。茎、枝被粘质长柔毛。卷须2歧，叶柄长16-20厘米，顶端有2腺体；叶卵状心形或肾状卵形，长、宽均10-35厘米，不裂或3-5裂，两面均被微柔毛。雌、雄花均单生。雄花花梗比叶柄稍长；萼筒漏斗状，长约2厘米，裂片披针形，长5毫米；花冠黄色，裂片皱波状，长3-4厘米，宽2-3厘米。雌花花梗比叶柄稍短或近等长；萼筒长2-3毫米；子房中间缢缩，密生粘质长柔毛，花柱粗短，柱头3，膨大，2裂。果初绿色，后白色至带黄色，中间缢缩，下部和上部膨大，上部大于下部，长数十厘米。种子白色，倒卵形或三角形，顶端平截或2齿裂，稀圆，长约2厘米。花期夏季，果期秋季。

我国各地及世界热带、温带地区广泛栽培。幼嫩时可作蔬菜，成熟后外壳木质化，中空，可作容器、水瓢或儿童玩具；也可药用。

[附] **瓠子** 彩片 120 **Lagenaria siceraria** var. **hispida** (Thunb.) Hara in Bot. Mag. Tokyo 61: 5. 1948. —— *Cucurbita hispida* Thunb. in Nov. Act. Reg. Soc. Sci. Upsal. 4: 33. 38. 1783. 本变种与模式变种的区别：子房圆柱状；果粗细匀称呈圆柱状，直或稍弓曲，长60-80厘米，绿白色，果肉白色。全国各地有栽培，长江流域一带广泛栽培。果嫩时柔软多汁，可作蔬菜。

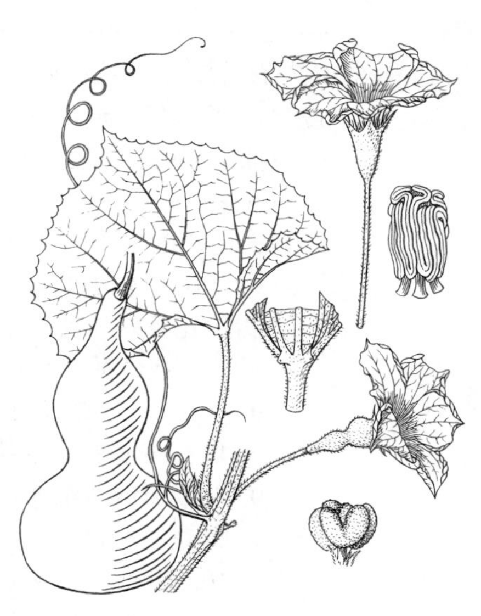

图 378 葫芦 （引自《图鉴》）

[附] **小葫芦** 彩片 121 **Lagenaria siceraria** var. **microcarpa** (Naud.) Hara in Bot. Mag. Tokyo 61: 5. 1948. —— *Lagenaria microcarpa* Naud. in Rer. Hort. ser. 4, 4: 65. 1855. 本变种与模式变种的区别：植株结实较多，果形似葫芦，长约10厘米。我国多栽培。果药用，成熟后外壳木质化，可作儿童玩具。种子油可制肥皂。

[附] **瓠瓜** **Lagenaria siceraria** var. **depressa** (Ser.) Hara in Bot. Mag. Tokyo 61: 5. 1948. —— *Lagenaria vulgaris* ϒ *depressa* Ser. in DC. Prodr. 3: 299. 1828. 本变种与模式变种的区别：瓠果扁球形，径约30厘米。各地栽培。果可制水瓢和容器；古代和近代许多少数民族也供作乐器，为“八音”的一种，西南少数民族用作葫芦笙或葫芦丝，音调优美。

27. 栝楼属 Trichosanthes Linn.

（陈书坤）

一年生或多年生草质稀木质藤本。茎攀援或匍匐，多分枝。单叶互生，具柄，叶全缘，或3-7（-9）裂，具细齿，稀为具3-5小叶的复叶；卷须3-5歧，稀单一。花雌雄异株或同株。雄花成总状花序，有时有单花与之并生，或为单花；常具苞片，稀无；萼筒筒状，通常自基部向顶端渐宽，5裂，裂片披针形，全缘、具齿或条裂；花冠白色，稀红色，5裂，裂片先端具流苏，长不及7厘米；雄蕊3，着生花被筒内，花丝短，分离，花药外向，靠合，1枚1室，2枚2室，药室对折，药隔窄，不伸长，花粉粒球形，无刺，具3槽，3-4孔。雌花单生，稀总状花序；花萼与花冠同雄花；子房下位，1室，侧膜胎座，花柱纤细，柱头3，全缘或2裂，胚珠多数，水平或半下垂。果肉质，球形、卵形或纺锤形；种子多数。

约50种，分布于东南亚，南经马来西亚至澳大利亚北部，北经中国至朝鲜、日本。我国34种、6变种。

1. 种子1室，椭圆形、卵状椭圆形或长圆形，扁或膨胀；雄花苞片宽卵形、长圆形、近圆形或菱形，稀线形或无，具锐齿或牙齿，稀全缘；叶无毛或被柔毛。
  2. 多年生攀援植物；花雌雄异株，雄花苞片大；果瓤黄或墨绿色；种子多数，平滑，稀具雕纹。
    3. 单叶或趾状复叶，叶上面常具圆糙点；雄花苞片卵形、长圆形或菱形，常内凹，具锐裂齿，稀具牙齿；花萼裂片常具齿，稀全缘；果瓤墨绿色。
      4. 单叶，常分裂或具三角状大齿，叶上面粗糙具圆糙点；雄花苞片宽卵形或长圆形，内凹，具锐裂齿，稀全缘。
        5. 花白色。
          6. 雄花苞片卵形，沿中脉两侧各具1行腺状斑点，近全缘；花萼裂片边缘具羽状尖裂片；叶五角形

………………………………………………………………………… 1. **五角栝楼 T. quinquangulata**

6. 雄花苞片宽椭圆形或卵状兜形，沿中脉两侧无腺斑，具锐裂片或牙齿；萼裂片具裂齿或牙齿；叶通常3-5浅至中裂，稀卵形，不裂。

  7. 植株密被褐色柔毛；雄花苞片宽椭圆形，具短齿；叶宽卵形，不裂或中上部具几个大齿 ………………………………………………………………………… 2. **密花栝楼 T. villosa**

  7. 植株无褐色柔毛；雄花苞片卵状兜形，具锐裂齿；叶3-7浅裂至深裂。

    8. 叶革质（稀幼时膜质），3-5浅裂，通常3浅裂，中裂片宽卵形、三角形或卵状长圆形，具钻状细齿；花萼裂片具2-5长锐裂片 ………………………………… 3. **马干铃栝楼 T. lepiniana**

    8. 叶膜质或纸质，常3-7中裂至深裂。

      9. 叶纸质，3-7浅裂至深裂，裂片三角状卵形或菱状倒卵形，常具小裂片，叶下面沿脉被刺毛；雄花序梗粗；萼裂片具锐尖齿 ………………………………… 4. **长萼栝楼 T. laceribractea**

      9. 叶膜质或薄纸质，不裂或具不规则2-3浅至中裂，或5-7深裂，裂片无小裂片，沿叶脉无刚毛；雄花序梗较细；花萼裂片全缘，稀具齿。

        10. 叶圆心形或宽卵状心形，不裂或具2-3浅至中裂，裂片卵状三角形，近基部具盘状腺体；苞片具不整齐锐裂片 ………………………………… 5. **裂苞栝楼 T. fissibracteata**

        10. 叶近圆形，5-7深裂，基部无腺体；小苞片中部以上具钻状锐齿 ………………………………………………………………………… 6. **薄叶栝楼 T. wallichiana**

5. 花红色。

  11. 茎、叶柄、叶两面沿脉、卷须均具圆糙点；叶裂片倒卵状长圆形；花萼裂片全缘；种子卵圆形，膨胀 ………………………………………………………………………… 7. **糙点栝楼 T. dunniana**

  11. 叶上面具圆糙点，余无糙点，叶裂片宽卵形、长圆形或披针形；花萼裂片全缘或具齿；种子长圆状椭圆形 ………………………………………………………………………… 8. **红花栝楼 T. rubriflos**

4. 指状复叶，小叶3-5；雄花苞片倒卵形或菱状卵形，中部以上撕裂或具不规则锐齿 ………………………………………………………………………… 9. **趾叶栝楼 T. pedata**

3. 单叶，叶上面光滑，无糙点；雄花苞片菱形、扇形或卵形，全缘或具粗齿，花萼裂片全缘；果瓤橙黄色。

12. 雄花成总状花序或窄圆锥花序；花径3厘米以上，萼筒窄漏斗形，长2厘米以上。

  13. 叶革质。

    14. 雄花成窄圆锥花序或兼有总状花序；叶不裂，叶基心形或圆。

      15. 叶卵形或宽卵状心形，基部凹入2-3厘米，两面沿脉被柔毛，卷须5歧；花序、苞片、花萼及果均密被锈色柔毛；种子边缘无齿 ………………………………… 10. **两广栝楼 T. reticulinervis**

      15. 叶卵形，基部圆，微凹，两面无毛，卷须3歧；花序、苞片、花萼被非锈色柔毛；果球形，无毛；种子边缘具齿 ………………………………… 11. **菝葜叶栝楼 T. smilacifolia**

    14. 雄花成总状花序；叶窄卵形或宽卵形，不裂或3浅裂至深裂，基部平截；雄花苞片近圆形或长圆形，具柄 ………………………………………………………………………… 12. **截叶栝楼 T. truncata**

  13. 叶纸质。

    16. 叶卵状心形或长圆状心形，不裂。

      17. 叶两面、茎、叶柄、卷须、花序梗、花梗、花萼及果均密被褐色长柔毛；雄花小苞片线形；果长圆形，种子边缘具圆齿 ………………………………… 13. **长果栝楼 T. kerrii**

      17. 叶长圆状心形或窄卵状心形，上面疏被短刚毛，下面沿叶脉被短柔毛，余无毛，叶柄、卷须、花序梗、花梗、花萼疏被短柔毛或近无毛 ………………………………… 14. **芋叶栝楼 T. homophylla**

    16. 叶近圆形或宽心状卵形，3-7裂；植株无上述毛；苞片非线形；果球形或椭圆形；种子边缘无齿或具细齿。

      18. 叶坚纸质，宽卵状心形，3-5深裂，叶下面及子房均密被白色绢毛 ………………………………

…………………………………………………………………………………………… 15. **丝毛栝楼 T. sericeifolia**

18. 叶纸质，形状多变，通常圆心形，叶下面及子房无白色绢毛。
    19. 叶宽卵形或近圆形，(3-) 5 (-7) 深裂，几达基部，裂片披针形或倒披针形，稀具小裂片；苞片菱状倒卵形，无柄；花萼裂片线形；种子棱线远距边缘。
        20. 叶纸质，裂片较窄，卷须2-3歧，疏被微柔毛；萼筒窄喇叭形，长2.5-3.5厘米，顶端径约7毫米，疏被短柔毛 …………………………………………………………………… 16. **中华栝楼 T. rosthornii**
        20. 叶较厚，裂片较宽，卷须4-6歧，被长密毛；萼筒粗，长约2厘米，顶端径约1.3厘米，密被短柔毛 ……………………………………………… 16(附). **多卷须栝楼 T. rosthornii** var. **mulficirrata**
    19. 叶近圆形，常3-5 (-7) 浅至中裂，裂片常再裂；小苞片倒卵形或宽卵形，具柄；花萼裂片披针形；种子棱线近边缘 …………………………………………………………………… 17. **栝楼 T. kirilowii**

12. 雄花单生；花梗丝状，长4-7厘米，中上部被毛；花径约3厘米；萼筒窄钟状，长1.2-1.5厘米，裂片钻状线形 …………………………………………………………………… 18. **湘桂栝楼 T. hylonoma**

2. 一年生攀援植物；花雌雄同株；雄花苞片极小或无；果圆柱形，扭曲或卵状椭圆形，果瓤红色；种子少数，两面具雕纹或网纹。
    21. 雄花苞片钻状披针形，长约3毫米；果圆柱形，通常扭曲，长1-2米，种子10余粒，种子两面具雕纹 …
    …………………………………………………………………………………… 19. **蛇瓜 T. anguina**
    21. 雄花苞片极小或无；果卵状圆锥形，长5-7厘米，种子7-10，种子两面具网纹 ……………………
    …………………………………………………………………………………… 20. **瓜叶栝楼 T. cucumerina**

1. 种子3室，横长圆形或倒卵状三角形，中央室呈凸起或凹陷的环带，内有种子，两侧室空，表面通常具乳突状突起；叶密被茸毛。
    22. 雄花成伞房状花序，长约2厘米，几无花序梗；叶卵形，不裂 ……………… 21. **短序栝楼 T. baviensis**
    22. 雄花成总状花序，或与单花并生，花序梗长达10厘米或以上；叶宽卵形或圆形，3-5裂或不裂。
        23. 雄花苞片及花萼裂片均线状披针形，长不及6毫米，全缘；种子横长圆形，宽大于长，侧室近圆形 ……
        …………………………………………………………………………………… 22. **王瓜 T. cucumeroides**
        23. 雄花苞片披针形或倒披针形，长1.6厘米，具三角状齿；萼裂片三角状卵形，长0.7-1厘米；种子三角形，长宽近相等，两侧室小，圆锥形 …………………………………………… 23. **全缘栝楼 T. ovigera**

1. 五角栝楼 图 379：1-5

Trichosanthes quinquangulata A. Gray in Bot. Un. St. Expl. Exped. 1: 645. 1854.

攀援草本。茎具纵棱，无毛或节上有毛。单叶互生，叶膜质，五角形或宽卵形，长13-22厘米，5浅裂至中裂，裂片宽三角形或卵状三角形，先端尾尖，疏生骨质小齿，基部心形，两侧耳垂重叠，弯缺深2-4厘米，上面密具糙点，沿脉有毛，下面无毛，基出掌状5脉；叶柄长5-11厘米，卷须4-5歧，无毛。雌雄异株；雄花成总状花序，长17-30厘米，具8-10花；苞片卵形，长3.5-4.3厘米，先端尾状渐尖，近全缘，沿中脉两侧各具1行深色腺状

图 379: 1-5.五角栝楼 6-9.马干铃栝楼
(曾孝濂绘)

斑点；萼筒窄漏斗形，长2厘米，裂片线状披针形，具2-3羽状裂片；花冠白色，裂片倒卵状三角形，先端凹入并骤缩成短尖头，具长流苏。果球形，径5-7厘米，无毛，成熟时红色。种子三角状卵形，长1-1.2厘米，褐色。花期7-10月，果期10-12月。

产云南南部及台湾南部，生于海拔580-850米沟谷林中或路旁。

2. 密毛栝楼 图 380

Trichosanthes villosa Bl. Bijdr. 934. 1825.

攀援草本。茎粗壮，密被褐或黄褐色长柔毛。叶纸质，宽卵形，长11-18厘米，不裂或中上部具3个三角形大齿，先端渐尖，基部深心形，具细齿，上面密被黄褐色柔毛，下面密被毡状长柔毛，沿脉更密，基出掌状脉5-7；叶柄长10-12厘米，密被黄褐色长柔毛，卷须3-5歧，被柔毛。雌雄异株；雄花：总状花序长10-20厘米，密被黄褐色柔毛，中上部具15-20花；苞片宽椭圆形，长3-5厘米，具不等短齿，被柔毛；花萼密被柔毛，筒长2.5-3厘米，裂片线状披针形，全缘；花冠白色，裂片宽卵形，长1.5厘米，先端具尖头，两侧具流苏。雌花单生；花梗长1.5厘米，与花萼均密被柔毛；子房密被长柔毛。果近球形，径8-13厘米。种子椭圆形或倒卵状三角形，长1.7-2.8厘米，顶端平截，中央具一椭圆形带。花期12月至翌年7月，果期9-11月。

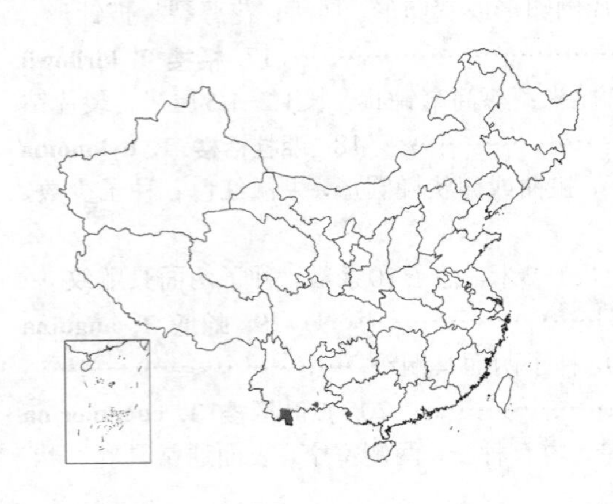

产广西西南部及云南南部，生于海拔350-950米山坡林中。越南、老挝、马来西亚、印度尼西亚及菲律宾有分布。

图 380 密毛栝楼
（引自《Fl. Camb. Laos. Vietn.》）

3. 马干铃栝楼 图 379：6-9

Trichosanthes lepiniana (Naud.) Cogn in DC. Mon. Phan. 3: 377. 1881.

Involucraria lepiniana Naud. in Huber, Cat. 2. 1868.

草质藤本。茎多分枝，具纵棱，无毛或节上被柔毛。叶膜质至革质，近圆形，长宽均9-17（-19）厘米，3-5浅裂至中裂，裂片叉开，中裂片宽卵形、三角形或卵状长圆形，具钻状细齿，侧裂片基部深心形，上面粗糙，两面沿脉被柔毛，基出掌状脉3-5；叶柄长4-7厘米，无毛，具糙点，卷须3歧，无毛。雌雄异株；雄总状花序长13-17厘米，无毛；花梗长5毫米；苞片近圆形，径4厘米，外面被微柔毛，具长锐尖齿；萼筒长7厘米，被毛，裂片窄卵形，长1.5厘米，具3-5长锐裂片；花冠白色，裂片卵形，具条状流苏；花药柱圆柱形，长1厘米，花丝极短。雌花单生；花梗长2.5-3厘米，无毛；花萼裂片及花冠同雄花。果卵球形，径约9厘米，无毛，熟时红色。种子宽卵形，长1.5厘米，无棱线。花期5-7月，果期8-11月。

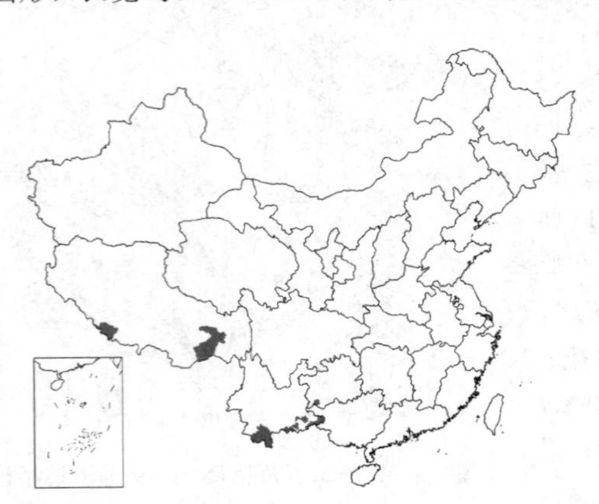

产贵州西南部、云南及西藏，生于海拔700-1200米山谷常绿阔叶林中、山坡疏林或灌丛中。印度及锡金有分布。根入药，用于糖尿病口渴、黄疸、乳腺炎、疮毒；果用于肺热咳嗽、咽喉肿痛、胸痛；种子可治便秘。

4. 长萼栝楼 图 381

Trichosanthes laceribractea Hayata in Journ. Coll. Sc. Tokyo 30, Art. 1: 117. 1911.

攀援草本。茎、枝无毛或被刺毛。叶纸质，近圆形或宽卵形，长5-16（-19）厘米，3-7裂，裂片三角状卵形或菱状倒卵形，具波状齿或再浅裂，最外侧裂片耳状，叶上面密被刚毛状刺毛，后脱落为白色糙点，下面沿脉被刺毛，掌状脉5-7条；叶柄长1.5-9厘米，被刺毛，后为白色糙点，卷须2-3歧。雌雄异株；雄花总状花序腋生，花序梗粗，长10-23厘米，被毛或刚毛；具宽卵形、边缘细长裂的小苞片；萼筒窄线形，长5厘米，裂片卵形，具锐尖齿；花冠白色，裂片倒卵形，长2-2.5厘米，边缘具纤细长流苏；药隔被柔毛。雌花单生；花梗长1.5-2厘米；苞片线状披针形，长2厘米；萼筒圆柱状，长4厘米，萼齿线形。果球形或卵状球形，径5-8厘米，无毛。种子多数，长方形或长方状椭圆形，长1-1.4厘米。花期7-8月，果期9-10月。

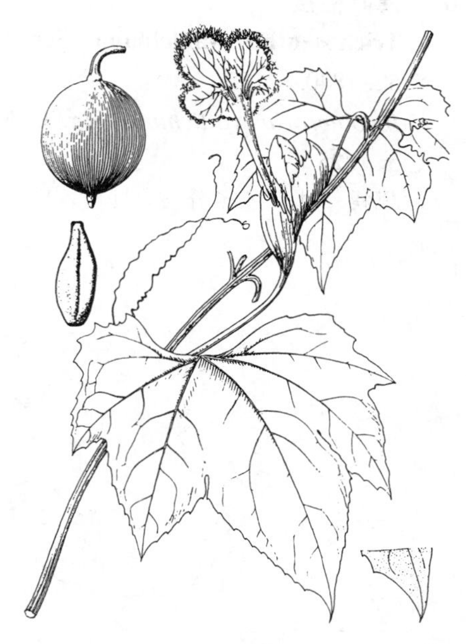

图 381 长萼栝楼 （余 峰绘）

产安徽、湖北、台湾、江西、广东、海南、广西及四川，生于海拔200-1020米山地林中或山坡。

5. 裂苞栝楼 图 382

Trichosanthes fissibracteata C. Y. Wu ex C. Y. Cheng et C. H. Yueh in Acta Phytotax. Sin. 12(4): 438. pl. 86. f. 1, pl. 88. f. 20. 1974.

攀援草本。茎干后黑色。叶膜质或薄纸质，圆心形或宽卵状心形，长11-25厘米，不裂或不规则2-3浅至中裂，稀5中裂，裂片卵状三角形，稀卵状椭圆形，近全缘或疏生小齿，具缘毛，基部深心形，凹入3-4厘米，上面干后黑色，幼时被硬毛，脱落后成糙点，下面无毛，近基部具盘状腺体，掌状脉5-7；叶柄长6-10厘米，无毛，卷须2-3歧，无毛。雌雄异株；雄总状花序长9-20厘米，顶端具2-5花；苞片卵状兜形，长2.3-3厘米，外面被柔毛，具不整齐锐裂片；萼筒长3.5厘米，被绒毛，萼齿披针形，全缘或具齿；花冠绿白色。果近球形，径约6厘米，具瘤状突起。种子长方形，长1.1-1.5厘米，种脐端平截或钝圆，边缘平直。花期8-9月，果期10月。

图 382 裂苞栝楼 （孙英宝绘）

产广西及云南东南部，生于海拔1100-1250米沟谷密林中或山坡灌丛中。

6. 薄叶栝楼 图 383

Trichosanthes wallichiana（Ser.）Wight in Madras Journ. Lit. Sc. 12: 52. 1840.

Involucraria wallichiana Ser. in Mem. Soc. Hist. Nat. Geneve 3(1): 5. 1825.

攀援草本。茎多分枝，具棱，节上被柔毛。叶膜质或薄纸质，近圆形，长宽均18-20厘米，掌状5-7深裂，裂片长圆形，具细齿或波状齿，基部宽心形，深2-3.5厘米，宽3-4厘米，上面被柔毛，后具糙点，下面无毛，基出掌状脉5-7；叶柄长6-10厘米，被柔毛，卷须2-3歧，被柔毛。雌雄异株；雄总状花序长10-20(-30)厘米，具微柔毛，顶端具6-15花；苞片带状，长2-3厘米，全缘；花梗短或近无梗；小苞片宽卵形，长2-3厘米，被微柔毛，中上部具钻状锐齿；萼筒长约5厘米，被柔毛，萼齿线形，长1.5毫米，全缘；花冠白色，裂片倒卵形，长3-4厘米，先端具流苏；花药柱长1.2-1.3厘米，花丝极短。果卵球形或长圆形，长5-14厘米，径7厘米，无毛，桔红色。种子椭圆形，长1.5-1.8厘米，棕褐色。花期7-9月，果期10-11月。

产广西及云南，生于海拔920-2200米山谷林中。印度、尼泊尔及不丹有分布。

图 383 薄叶栝楼 （孙英宝绘）

7. 糙点栝楼 图 384：1-4

Trichosanthes dunniana Lévl. in Fedde, Repert. Sp. Nov. 10: 148. 1911.

藤状攀援草本，长3-4米。茎、叶两面沿脉、叶柄及卷须均被白色糙点。叶纸质，近圆形，径10-15厘米，掌状5-7深裂，幼时密被硬毛，后渐脱落，成白色糙点，下面具颗粒状突起，裂片倒卵状长圆形，中裂片长8-11厘米，宽3-4厘米，先端渐尖，基部收缩，疏生细齿，侧裂片较小，最外者卵状三角形，叶基心形，凹缺深1.5-2厘米，掌状脉5-7；叶柄长4-5厘米，卷须2-3歧。雌雄异株；雄花序总状，腋生，长8-10厘米，具5-10花；花序梗及苞片密被绒毛，苞片宽卵形，具多数锐裂齿，背面具大的深色斑点；萼筒窄漏斗形，长5厘米，密被柔毛，裂片窄三角形，全缘；花冠淡红色，裂片5，倒卵形，密被绒毛，具流苏；雄蕊3，花丝短，花药柱圆柱形。果长圆形，长8厘米，红色。种子卵圆形，长1.2厘米。花期7-9月，果期10-11月。

产海南、广西、云南、贵州及四川，生于海拔920-1900米山谷密林、疏林或灌丛中。果皮入药，有清热化痰、利气、消痈肿之功效。

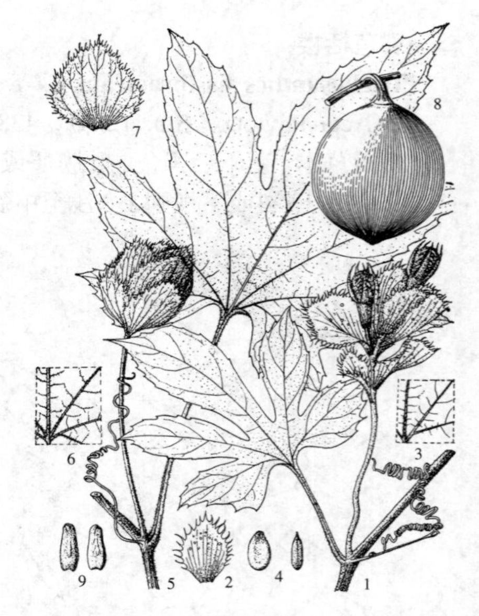

图 384：1-4.糙点栝楼 5-9.红花栝楼 （蔡淑琴绘）

8. 红花栝楼

图 384：5-9

Trichosanthes rubriflos Thorel ex Cayla in Bull. Mus. Nat. Hist. Paris. 14：170. 1908.

草质攀援藤本。茎被柔毛。叶纸质，宽卵形或近圆形，长、宽均7-20厘米，掌状3-7深裂，裂片宽卵形、长圆形或披针形，中裂片长12-16厘米，全缘或具齿，叶基宽心形，弯缺深2-3厘米，宽3-4厘米，叶上面被刚毛，后脱落成糙点，下面被柔毛，基出掌状脉5-7；叶柄长5-12（-18）厘米，被柔毛及刚毛，卷须3-5歧，疏被微柔毛。雄总状花序长10-25厘米，被微柔毛，具（6-）11-14花；苞片宽卵形或倒卵状菱形，具锐裂长齿；花梗长1厘米；萼筒长4-6厘米，红色，被柔毛，裂片线状披针形，全缘或略具细齿；花冠粉红或红色，裂片倒卵形，具流苏；花药柱长1.1厘米。雌花单生；花梗被柔毛；花萼裂片及花冠同雄花；子房无毛。果宽卵形或球形，径5.5-8厘米，红色。种子长圆状椭圆形。花期5-11月，果期8-12月。

产广东北部、海南、广西、贵州西南部、云南及西藏，生于海拔（150-）400-1540米山谷密林、疏林或灌丛中。印度东北部、缅甸、泰国及印度尼西亚（爪哇）有分布。种子可代栝楼子入药。

9. 趾叶栝楼 叉指叶栝楼

图 385 彩片 122

Trichosanthes pedata Merr. et Chun in Sunyatsenia 2：20. 1934.

草质攀援藤本。指状复叶具3-5小叶，叶柄长2.5-6厘米，无毛；小叶膜质或纸质，中央小叶披针形或长圆状披针形，长9-12厘米，宽2.5-3.5厘米，疏生细齿，外侧两片近菱形或不等侧卵形，上面密被柔毛，后脱落为糙点，下面无毛，小叶柄长2-5毫米，被柔毛，卷须细长，2歧。雄总状花序长14-19厘米，具8-20花，花序梗及花梗被褐色柔毛；苞片倒卵形或菱状卵形，被毛，中上部撕裂或具不规则锐齿；萼筒窄漏斗形，裂片披针形，全缘或具齿；花冠白色，裂片倒卵形，具流苏；药隔有毛。雌花单生；萼筒圆柱形，萼齿和花冠同雄花。果球形，径5-6厘米，橙黄色，无毛。种子多数，卵形，膨胀，长1-1.2厘米，灰褐色。花期6-8月，果期7-12月。

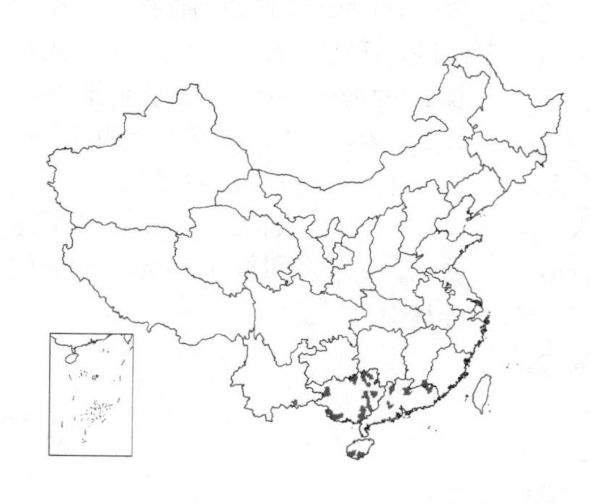

产江西南部、湖南南部、广东、海南、广西及云南东南部，生于海拔200-1500米山谷疏林、灌丛中或路旁草丛中。越南有分布。块根及全草入药，有清凉散毒之功效。

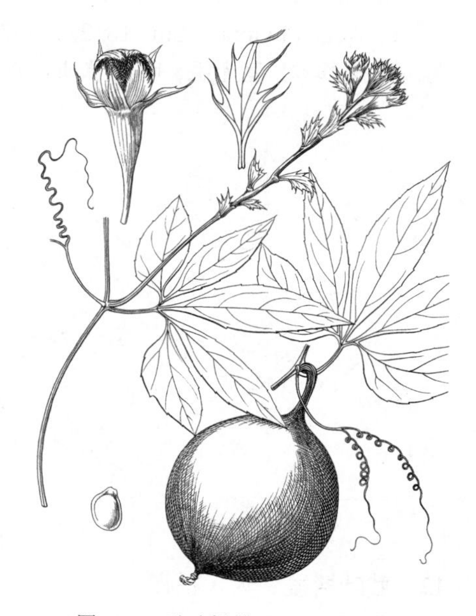

图 385 趾叶栝楼 （引自《图鉴》）

10. 两广栝楼

图 386：1-5

Trichosanthes reticulinervis C. Y. Wu ex S. K. Chen in Bull. Bot. Res.（Harbin）5（2）：114. f. 1. 1985.

攀援草本，叶草质，卵形或宽卵状心形，长15-20厘米，不裂，先端渐尖，基部心形，凹入2-3厘米，疏生细齿，两面沿主脉和侧脉被柔毛，基出掌状脉3-5；叶柄长4-6厘米，密被柔毛，卷须5歧，被毛。雌雄异株；雄花成总状或窄圆锥花序，长5-6厘米；花梗长约6毫米，均密被锈色柔

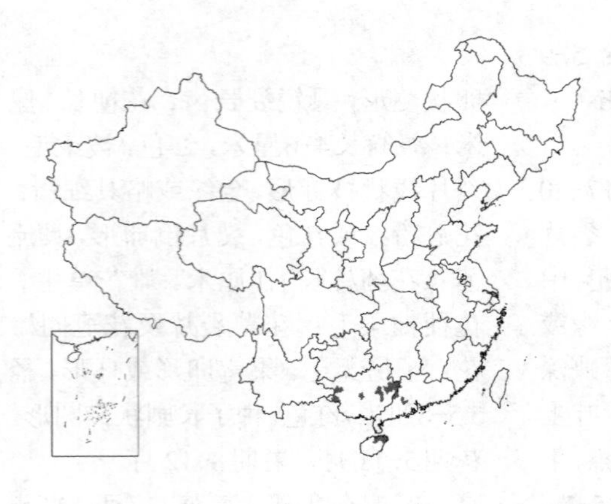

毛；小苞片披针形，密被长柔毛；萼筒钟状，长1.5厘米，密被长柔毛，裂片三角状卵形，长约1厘米；花冠白色，裂片扇形，长约2厘米，宽约4厘米；密被茸毛，边缘具流苏；花药柱长圆形。雌花单生；花梗长2厘米，密被长柔毛；花萼裂片线形，全缘，密被长柔毛；花冠裂片窄长圆形，被柔毛，具丝状流苏；子房密被伸展长柔毛。果卵圆形，长约6厘米，密被锈色长柔毛。种子扁卵形，长1.1厘米，具棱线。花期5-6月，果期7-8月。

产广东、海南及广西，生于低海拔山地疏林中。

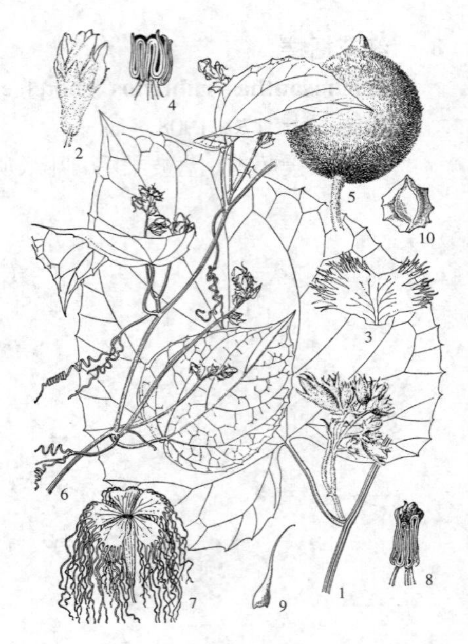

图 386：1-5.两广栝楼 6-10.菝葜叶栝楼 （蔡淑琴绘）

11. 菝葜叶栝楼 图 386：6-10

Trichosanthes smilacifolia C. Y. Wu ex C. H. Yueh et C. Y. Cheng in Acta Phytotax. Sin. 18(3)：347. f. 5B. pl. 6. f. 13. 1980.

攀援草本。茎无毛。叶薄革质，卵形，不裂，长9-13厘米，先端长渐尖，基部圆，微凹，边缘反卷，具疏尖齿，两面无毛，基出脉3-5，纤细；叶柄长2-3厘米，无毛，卷须3歧。雌雄异株；雄花成圆锥花序，长8-15厘米，被微柔毛；花梗长约5毫米，密被柔毛；小苞片卵圆形，长1厘米，中上部具2三角状齿，背面沿脉被柔毛；萼筒长2厘米，密被柔毛，萼齿钻状长渐尖，反折，长约7毫米；花冠裂片倒卵形，长约1.2厘米，密被茸毛，具丝状流苏；雄蕊3，花药柱长6毫米。雌花单生。果球形，径约7厘米，光滑，顶端圆，具短喙，成熟时橙黄色，果柄长2.5-3厘米。种子三角状卵形，扁，长2厘米，具波状圆齿，有皱纹。花期秋季，果期11-12月。

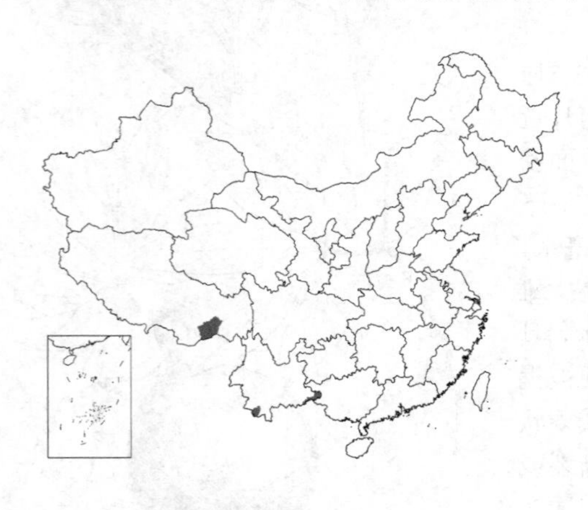

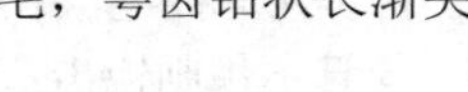

产云南南部及东南部、西藏东南部，生于海拔600-1500米常绿阔叶林中。

12. 截叶栝楼 大子栝楼 图 387

Trichosanthes truncata C. B. Clarke in Hook. f. Fl. Brit. Ind. 2：608. 1879.

草质攀援藤本；块根肥大。叶革质，卵形、窄卵形或宽卵形，不裂或3浅至深裂，长7-12厘米，宽5-9厘米，先端渐尖，疏生细齿，基部平截，若分裂，裂片三角形、卵形或倒卵状披针形，两面无毛，基出脉3-5；叶柄长3-4厘米，卷须2-3歧。雌雄异株；雄总状花序长7-20（-25）厘米，具15-20花；花梗长3毫米，花序梗顶端均被微柔毛；苞片革质，具柄，近圆形或长圆形，长2-3厘米，全缘或具波状圆齿；萼筒窄漏斗状，长2.5厘米，被微柔毛，裂片线状披针形，全缘；花冠白色，被柔毛，裂片扇形，长2.5厘米，具长流苏；花药柱圆柱形，花丝分离。雌花单生；萼筒筒状，花冠同雄花，子房被棕色柔毛。果柄长4-5厘米，果椭圆形，长12-18厘米，

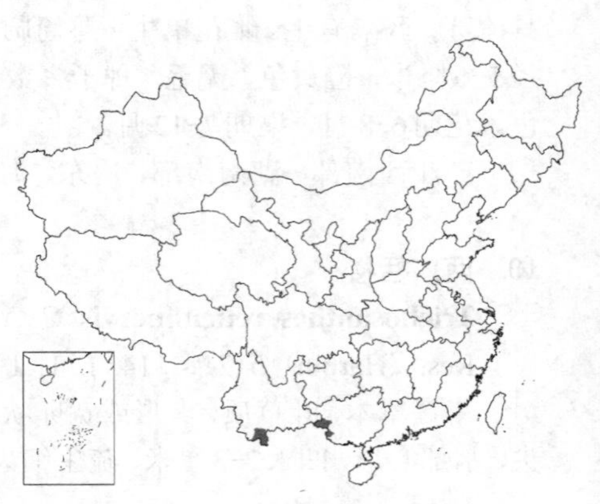

径5-10厘米，光滑。种子多数，卵形或长圆状椭圆形，长1.8-2.3厘米。花期4-5月，果期7-8月。

产广西西部及云南南部，生于海拔300-1600米密林或灌丛中。印度及孟加拉有分布。

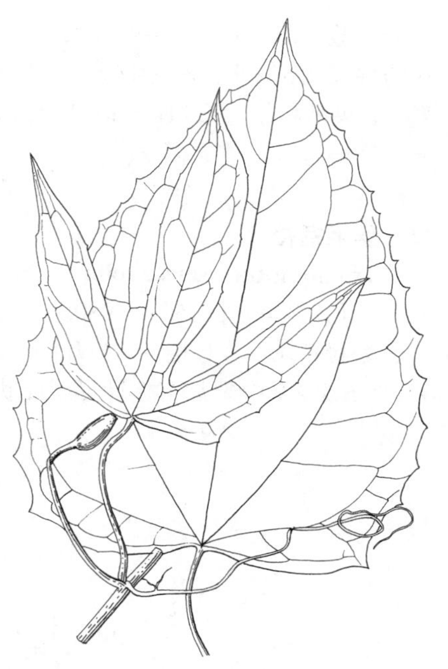

图 387 截叶栝楼 （孙英宝绘）

13. 长果栝楼

图 388：1-4

Trichosanthes kerrii Craib in Kew Bull. 1914: 7. 1914.

攀援草本。茎、叶、卷须、花萼和果均密被褐色长柔毛。叶纸质，卵状心形，长10-20厘米，不裂，先端渐尖或尾尖，疏生尖头细齿，基部心形，叶基弯缺三角形，深1-2厘米，两面密被长柔毛，基出掌状脉5；叶柄长5-9厘米，卷须2-3歧。雌雄异株；雄总状花序长2.5厘米，花梗长8毫米，均密被红褐色长柔毛；小苞片线形，长1.5厘米，宽2.5毫米；萼筒长2-3.5厘米，裂片倒披针形，长约1.8厘米；花冠白或淡黄色，裂片近倒心形，长约1.2厘米，被红棕色毛，流苏长约3毫米。雌花单生；花梗长2.5-3.5厘米，密被红棕色柔毛；花萼裂片窄三角形，长约1厘米；花冠似雄花；子房密被长柔毛。果长圆形或长圆状椭圆形，长8-10厘米，幼时具白色条纹，密被长柔毛，成熟后先端及基部残留有毛，橙黄色。种子近卵形，扁，具波状圆齿。

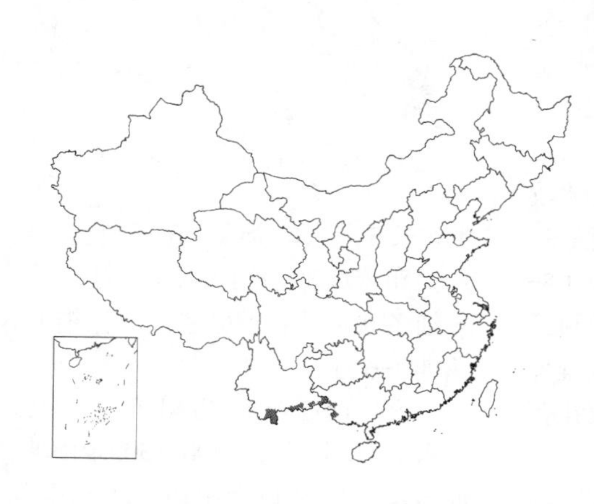

产广西西南部及云南南部，生于海拔700-1900米沟谷林中。印度及泰国有分布。果药用，治癣。

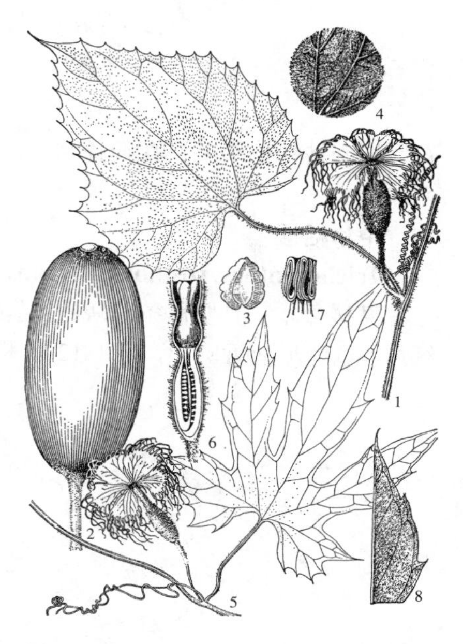

图 388: 1-4.长果栝楼 5-8.丝毛栝楼 （邓盈丰绘）

14. 芋叶栝楼

图 389

Trichosanthes homophylla Hayata, Ic. Pl. Formos. 10: 8. f. 4-5. 1921.

攀援草本。茎被柔毛。叶互生，纸质，长圆状心形或窄卵状心形，长7-9厘米，先端具长1-2毫米芒尖，基部心形，凹缺三角形，深约1.5厘米，边缘微波状，疏生尖头状细齿，上面深绿色，疏被刚毛，下面淡绿色，沿脉被柔毛，余无毛，基出脉3-5，上面稍凸起；叶柄长2-3厘米，具条纹及糙点，被柔毛，卷须3-5歧，疏被微柔毛或近无毛。雌雄异株；雄花：总状花序腋生，长8-9厘米，花梗长约3毫米，或单花腋生，花梗长5-6厘米，具纵条纹，幼时被柔毛，近顶端更密，后近无毛；苞片倒卵形，长0.8-1厘米，两面被柔毛状长硬毛，中部以上具钝齿；萼筒芽时钟状，被柔毛，盛开时长3厘米，顶端径约8毫米，基部径约2毫米，萼齿线形，长约6毫米，被柔毛；花冠5裂，裂片宽倒卵形，长1.4厘米，

顶端平截，具骤尖头，两侧各具一束丝状流苏，基部爪状，两面被柔毛；花药柱长约5毫米，径约4毫米，药室S形，药隔沿药室有毛，花丝长约4毫米。果柄稍粗，长2厘米；果长圆形，长7-8厘米。种子椭圆形，扁平。

产台湾。

图 389 芋叶栝楼 （肖 溶绘）

15. 丝毛栝楼 图 388：5-8

Trichosanthes sericeifolia C. Y. Cheng et Yueh in Acta Phytotax. Sin. 18(3): 346. pl. 5. f. 1980.

攀援草本。茎具棱沟，被疏绢毛。叶坚纸质，宽卵状心形，长8-17厘米，3-5深裂，中裂片窄披针形或卵状披针形，具细齿，侧生裂片较短，最外一对短小，外侧具齿状小裂片，叶基宽三角状心形，深2厘米，宽3厘米，叶上面极疏被绢毛，沿主脉较密，下面密被白色绢毛，基出掌状脉3-5；叶柄长3.5-7厘米，被白色绢毛，卷须纤细，2歧，被疏绢毛。雌雄异株；雄花单生；花梗及花蕾均密被白色绢毛。雌花单生；花梗长1.5-2.5厘米，与花萼均密被白色绢毛；萼筒筒状，长约1厘米，径4毫米，裂片线状披针形，长5毫米，全缘；花冠白色，裂片倒卵状扇形，长1厘米，密被柔毛，具细条状流苏；子房密被白色绢毛。花期4-6月。

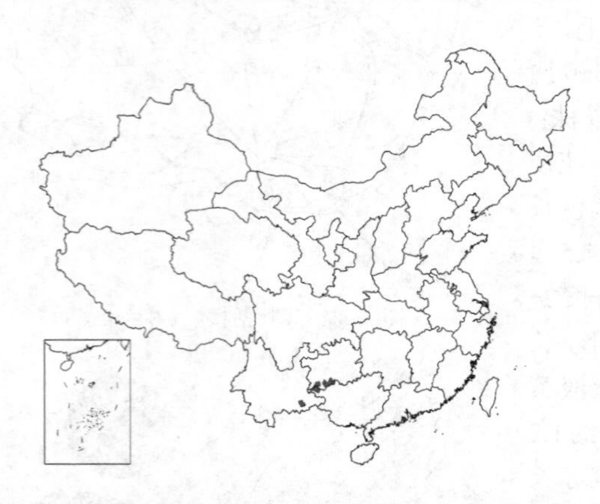

产广西西北部、贵州西南部及云南东南部，生于海拔700-1500米山坡、河滩灌丛中及村旁田边。果和根入药，药效同全缘栝楼。

16. 中华栝楼 图 390 彩片 123

Trichosanthes rosthornii Harms in Engl. Bot. Jahrb. 29: 603. 1901.

攀援藤本；具肥厚条状块根。茎疏被柔毛，有时具片状白色斑点。叶纸质，宽卵形或近圆形，长8-12厘米，（3）5（7）深裂近基部，裂片线状披针形、披针形或倒披针形，具细齿，稀具1-2粗齿，叶基心形，弯缺深1-2厘米，上面疏被硬毛，下面无毛，掌状脉5-7；叶柄长2.5-4厘米，疏被微柔毛，卷须2-3歧。雌雄异株；雄花单生，或成总状花序，或两者并生，单花花梗长7厘米，花序梗长8-10厘米，具5-10花；小苞片菱状倒卵形，中部以上具钝齿；萼筒窄喇叭形，长2.5-3.5厘米，被柔毛，裂片线形，尾尖，全缘；花冠白色，裂片倒卵形，长1.5厘米，被柔毛，具丝状流苏；花丝被柔毛。雌花单生；花梗长5-8厘米，被毛；萼筒被微柔毛，裂片与花冠同雄花。果球形或椭圆形，长8-11厘米，无毛。花期6-8月，果期8-10月。

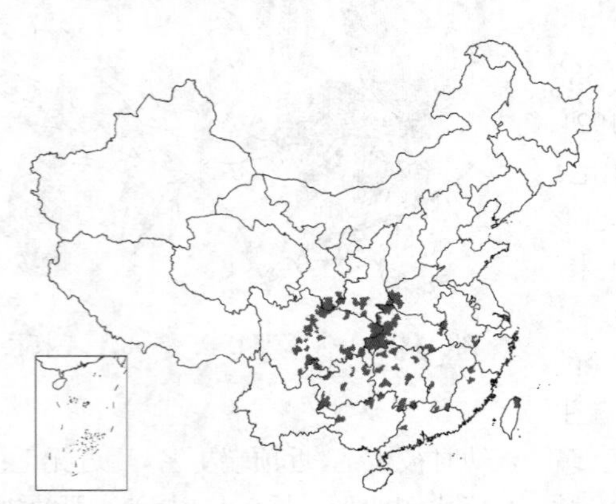

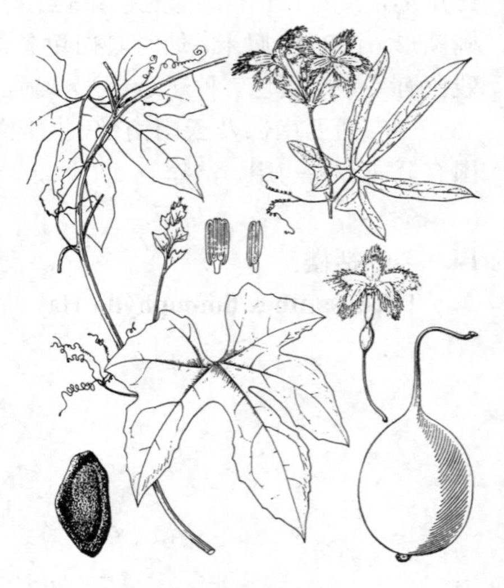

图 390 中华栝楼 （余 峰绘）

产河南、安徽、福建、台湾、江西、湖北、湖南、广东、广西、贵州、四川、甘肃东南部及陕西南部，生于海拔400-1850米山地林中、山坡灌丛或草丛中。根和果均作天花粉和栝楼入药。

［附］ **多卷须栝楼 Trichosan-**

thes rosthornii var. **multicirrata**（C. Y. Cheng et Yueh）S. K. Chen, Fl. Reipubl. Popul. Sin. 73(1): 244. 1986. —— *Trichosanthes multicirrata* C. Y. Cheng et Hueh in Acta Phytotax. Sin. 12(3): 430. pl. 83: 4. pl. 88: 14. 1974. 本变种与模式变种的主要区别：叶较厚，裂片较宽，卷须4-6歧，被长柔毛，萼筒长约2厘米，密被柔毛。产广东北部、广西、贵州及四川，生于海拔600-1500米林下、灌丛中或草地。根、果作天花粉和栝楼入药。

17. 栝楼 瓜蒌 药瓜 图 391 彩片 124

Trichosanthes kirilowii Maxim. Prim. Pl. Amur. 482. 1859, in nota.

攀援藤本，长达10米；块根圆柱状，淡黄褐色。茎多分枝，被伸展柔毛。叶纸质，近圆形，径5-20厘米，常3-5（-7）浅至中裂，裂片菱状倒卵形、长圆形，常再浅裂，叶基心形，弯缺深2-4厘米，两面沿脉被长柔毛状硬毛，基出掌状脉5；叶柄长3-10厘米，被长柔毛，卷须被柔毛，3-7歧。雌雄异株；雄总状花序单生，或与单花并存，长10-20厘米，被柔毛，顶端具5-8花；单花花梗长15厘米；小苞片倒卵形或宽卵形，长1.5-2.5厘米，具粗齿，被柔毛；萼筒筒状，长2-4厘米，被柔毛，裂片披针形，全缘；花冠白色，裂片倒卵形，长2厘米，具丝状流苏；花丝被柔毛。雌花单生；花梗长7.5厘米，被柔毛。果椭圆形或圆形，长7-10.5厘米，黄褐或橙黄色。种子卵状椭圆形，扁，长1.1-1.6厘米，棱线近边缘。花期5-8月，果期8-10月。

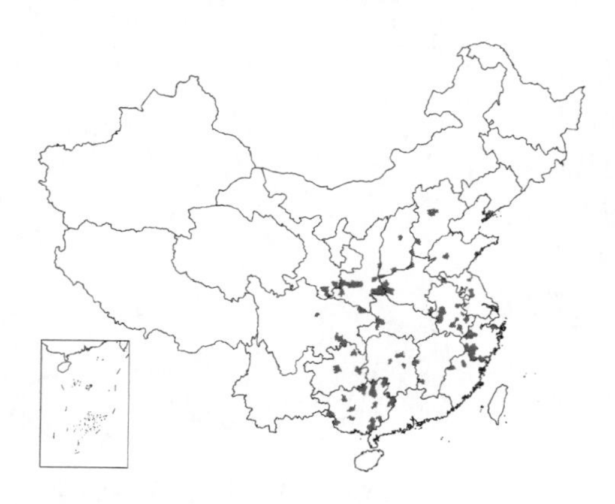

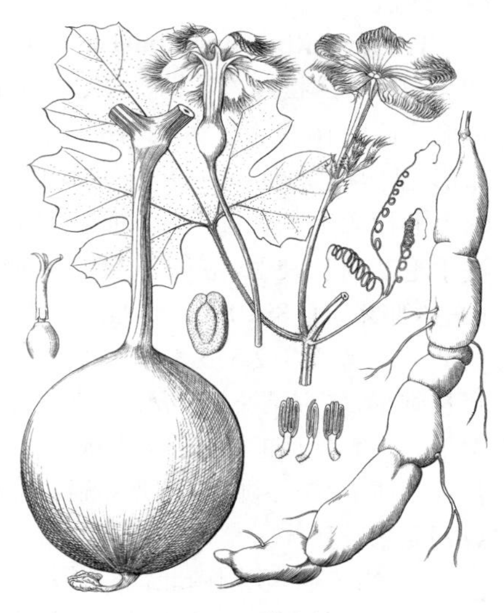

图 391 栝楼 （引自《图鉴》）

产辽宁、河北、山西、河南、山东、江苏、安徽、浙江、福建、江西、湖北、湖南、广西、贵州、四川、陕西及甘肃，生于海拔200-1800米山坡林下、灌丛中、草地或村旁。现广为栽培。朝鲜、日本、越南及老挝有分布。根、果、果皮和种子均为传统中药天花粉；根有清热生津、解毒消肿的功效，根含天花粉蛋白，有引产作用，是良好的避孕药；果、种子和果皮有清热化痰、润肺止咳、润肠的功效。

18. 湘桂栝楼 图 392

Trichosanthes hylonoma Hand.-Mazz. Symb. Sin. 7: 1066. 1936.

攀援藤本。茎幼时被柔毛，后近无毛。叶纸质，宽卵形，长11-17厘米，3-5中裂，外侧具1-2对不明显裂片或波状大齿，中裂片卵形，两侧裂片长约为中裂片的一半，疏生细齿，叶基弯缺近四方形，凹入2厘米，叶上面幼时疏被糙伏毛状柔毛，下面无毛，基出掌状脉3-5；叶柄长3-6厘米，卷须2歧。雌雄异株；雄花单生叶腋，花梗丝状，长4-7厘米；萼筒窄钟状，长1.2-1.5厘米，无毛或疏被柔毛，裂片钻状线形，长6-7毫米；花冠白色，径约3厘米，密被腺状柔毛，裂片宽倒卵形，具丝

图 392 湘桂栝楼 （肖 溶绘）

状细裂流苏；花药头状，长3毫米，花丝长2毫米。果卵状椭圆形，长9厘米，桔红色，具短喙。种子长圆形，灰褐色。花期5-6月，果期9-10月。

产湖北东南部、湖南南部、广东北部、广西东北部及贵州，生于海拔800-950米山坡灌丛中。种子入药，有润肺、化痰、润肠、养胃之功效。

19. 蛇瓜 图 393：1-3 彩片 125

Trichosanthes anguina Linn. Sp. Pl. 1008. 1753.

一年生攀援藤本。茎被柔毛及疏长柔毛状硬毛。叶膜质，圆形或肾状圆形，长8-16厘米，宽12-18厘米，3-7浅至中裂，有时深裂，裂片常倒卵形，两侧不对称，先端圆钝，或宽三角形，疏生细齿，叶基弯缺深心形，叶上面被柔毛和长硬毛，下面密被柔毛，基脉5-7；叶柄长3.5-8厘米，密被柔毛及疏长硬毛，卷须2-3歧。雌雄同株；雄总状花序常与单花并存，长10-18厘米，具8-10花，被毛；花梗长0.5-1.2厘米，密被柔毛；苞片钻状披针形；萼筒长2.5-3厘米，密被毛，裂片窄三角形；花冠白色，裂片卵状长圆形，具流苏；花药柱卵球形；具退化雌蕊。雌花单生；花梗密被长柔毛，长不及1厘米；子房密被毛。果长圆柱形，径3-4厘米，橙黄色，常扭曲。种子10余颗，长圆形，扁，长1.1-1.7厘米，具波状齿，具雕纹。花果期夏末及秋季。

原产印度。我国南北均有栽培。日本、马来西亚、菲律宾及非洲东部有栽培。果供蔬食，可消渴，治黄疸；根和种子止泻、杀虫。

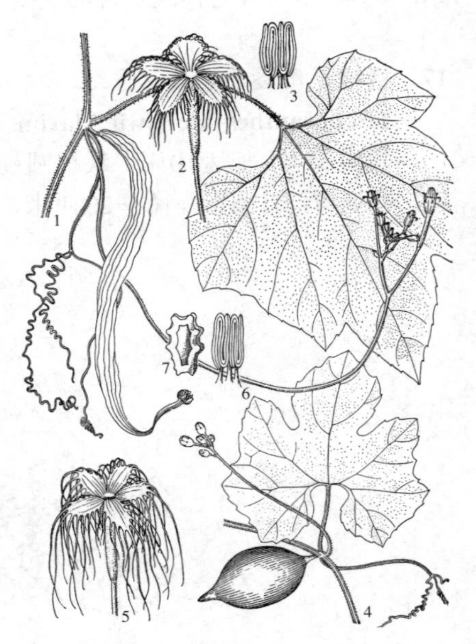

图 393：1-3.蛇瓜 4-7.瓜叶栝楼
（肖 溶绘）

20. 瓜叶栝楼 图 393：4-7

Trichosanthes cucumerina Linn. Sp. Pl. 1008. 1753.

一年生攀援藤本。茎被柔毛及长硬毛。叶膜质或薄纸质，肾形或宽卵形，长7-10厘米，宽8-11厘米，5-7浅至中裂，常5裂，裂片三角形或菱状卵形，具细齿或波状齿，基部心形，弯缺深1-1.5厘米，上面疏被微柔毛及长硬毛，下面密被柔毛；基脉5-7；叶柄长1.5-7厘米，被毛，卷须2-3歧，被毛。雌雄同株；雄花成总状花序；雌花单生于雄花序基部；花序梗长15-20厘米，被柔毛；雄花花梗长0.5-1.5厘米，裂片窄三角形；花冠白色，裂片长圆形，流苏及与裂片等长；花药柱长圆形；退化雌蕊无。果卵状圆锥形，长5-7厘米，径3厘米，具喙。种子7-10，卵状长圆形，长1厘米，具波状圆齿，具网纹。花果期秋季。

产广东北部及云南，生于海拔450-1600米山地林中或灌丛中。斯里兰卡、巴基斯坦、印度、尼泊尔、孟加拉、缅甸、马来西亚及澳大利亚有分布。根、果和种子药用，根治头痛、气管炎；果治胃病、气喘及消渴；种子可解热、杀虫。

21. 短序栝楼 图 394

Trichosanthes baviensis Gagnep. in Bull. Mus. Hist. Nat. Paris. 24: 379. 1918.

攀援草本。茎枝无毛或被柔毛。叶薄纸质，卵形，长5-20厘米，不裂，先端渐尖，基部深心形，凹入2-4厘米，疏生细齿，上面疏被柔毛，下面密被茸毛，基出掌状脉5；叶柄长4-9厘米，密被柔毛，卷须密被柔毛，2歧。雌雄异株；雄花序伞房状，长约2厘米；花梗长1-1.5厘米，密被柔毛；小苞片无；花芽球形；花萼漏斗形，长2厘米，被柔毛，裂片窄三角形；花冠绿色，裂片卵状椭圆形，先端流苏状；雄蕊3，花药柱倒卵形，长3毫米。雌花单生；花梗长7毫米，密被柔毛；花萼长3厘米，向顶端加

宽，裂片及花冠同雄花；子房密被茸毛。果卵形，长3.5-5厘米，无毛，具短喙。花期4-5月，果期5-9月。

产广西、贵州西南部、云南南部及东南部，生于海拔600-1500米山地常绿阔叶林下或灌丛中。越南北部有分布。根可治疟疾。

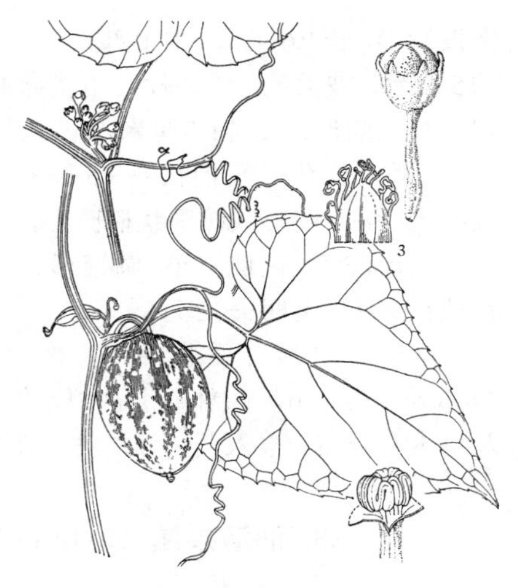

图 394 短序栝楼 （肖 溶绘）

22. 王瓜 图 395

Trichosanthes cucumeroides (Ser.) Maxim. in Franch. et Sav. Pl. Jap. 1: 172. 1875.

Bryonia cucumeroides Ser. in DC. Prodr. 3: 308. 1828.

多年生攀援藤本；块根纺锤形。茎被柔毛。叶纸质，宽卵形或圆形，长3-13（-19）厘米，常3-5浅至深裂，稀不裂，裂片三角形、卵形或倒卵状椭圆形，具细齿或波状齿，叶基深心形，凹入2-5厘米，叶上面被绒毛及刚毛，下面密被茸毛，基出掌状脉5-7；叶柄长3-10厘米，密被茸毛及刚毛，卷须2歧，被毛。雌雄异株；雄总状花序长5-10厘米，被茸毛；花梗长5毫米，小苞片线状披针形，均被茸毛；萼筒喇叭形，长6-7厘米，裂片线状披针形，全缘，被毛；花冠白色，裂片长圆状卵形，具极长丝状流苏；药隔有毛；退化雌蕊刚毛状。雌花单生；花梗长0.5-1厘米，与子房均有毛。种子横长圆形，长0.7-1.2厘米，3室，两侧室近圆形，具瘤状凸起。花期5-8月，果期8-11月。

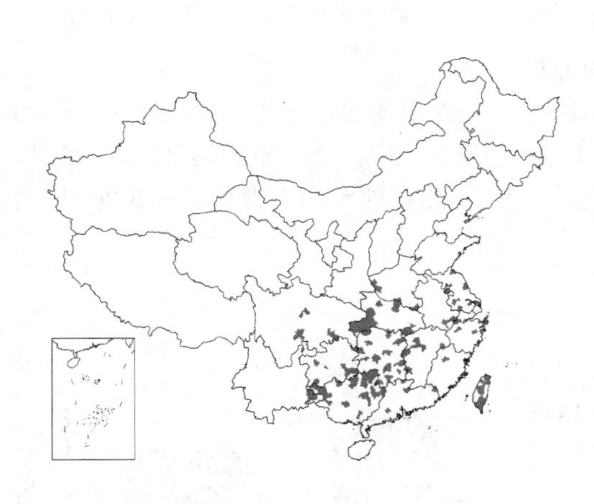

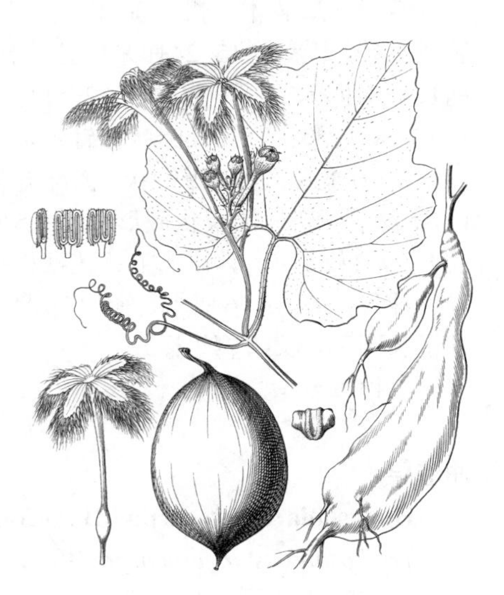

图 395 王瓜 （引自《图鉴》）

产河南、安徽、江苏、浙江、福建、台湾、江西、湖北、湖南、广东、广西、贵州、云南及四川，生于海拔（250-）600-1700米山地林中或灌丛中。根、果和种子入药，根可清热解毒、利尿消肿、散瘀止痛，果（王瓜）可清热生津、消瘀、通乳，种子可清热凉血。

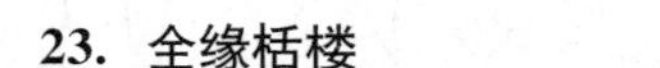

23. 全缘栝楼 图 396

Trichosanthes ovigera Bl. Bijdr. 934. 1826.

草质攀援藤本；茎细弱，被柔毛。叶纸质，卵状心形或近圆形，长7-19厘米，不裂或具3齿裂或3-5中裂至深裂，先端渐尖，基部深心形，弯缺深2-3厘米，宽2-2.5厘米，疏生细齿或波状齿，中裂片卵形、长圆形或倒卵状长圆形，长10-13厘米，侧裂片较小，两侧不等，叶上面深绿色，被柔毛及疏硬毛，下面淡绿色，密被茸毛；叶柄长4-12厘米，密被柔毛，卷须2-3歧，被柔毛。花雌雄异株；雄花：总状花序腋生，或1单花与之并存，花序梗长10-26厘米；花梗长5毫米，均密被柔毛；小苞片披针形或

倒披针形，长1.6厘米，中上部具三角状粗齿，两面被柔毛；萼筒窄长，长约5厘米，被柔毛，萼裂片三角状卵形，长0.7-1厘米，全缘；花冠白色，裂片窄长圆形，长约1.5厘米，先端具丝状流苏；花药柱长4-5.5毫米，花丝短。雌花单生；花梗长1-3.5毫米，密被柔毛；萼筒长2-5厘米；子房被柔毛。果卵圆形或纺锤状椭圆形，长5-7厘米，成熟时橙红色，无毛。种子三角形，3室，两侧室小，圆锥形，中央环节宽而隆起，淡黄褐或深褐色。花期5-9月，果期9-12月。

产台湾、广东、香港、海南、广西、贵州、四川及云南，生于海拔760-2400米山谷、山坡疏林或灌丛中。东喜马拉雅、越南、泰国、印度尼西亚及日本有分布。根入药，可祛痰、消炎、解毒。

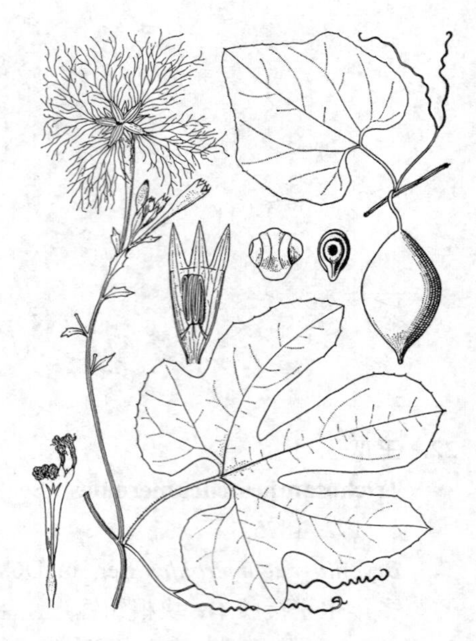

图 396 全缘栝楼
（引自《Fl. Camb. Laos Vietn.》）

28. 油渣果属 **Hodgsonia** Hook. f. et Thoms.

（路安民）

常绿木质藤本，长达30米。茎枝粗，具纵棱，无毛。叶厚革质，3-5裂或不裂，长宽均15-24厘米，基部平截或微凹，两面无毛，基脉3-5；叶柄长4-8厘米，无毛，卷须粗，2-5歧，无毛。雌雄异株；雄花成总状花序，长15-30厘米；苞片长圆状披针形，肉质，长0.5-1厘米；花梗粗短；萼筒长8-10厘米，上部短钟状，檐部五角形；花冠幅状，外面黄色，内面白色，5深裂，裂片倒楔状截形，长约5厘米，先端流苏长达15厘米；雄蕊3，花丝不明显，花药靠合，药室折曲，1枚1室，2枚2室。雌花单生；花梗粗短；花萼和花冠同雄花；子房1室，胎座3，胚珠12，花柱长，柱头3，2裂。果扁球形，高10-16厘米，径约20厘米，淡红褐色，被绒毛，具12条纵沟，具能育种子和不育种子各6枚。能育种子长圆形，长约7厘米。

单种属。

油渣果 图 397 彩片 126

Hodgsonia macrocarpa (Bl.) Cogn. in DC. Mon. Phan. 3, 349. 1881.
Trichosanthes macrocarpa Bl. Bijdr. 935. 1826.

形态特征同属。花果期6-10月。

产广西、云南及西藏东南部，生于海拔300-1500米灌丛中或山坡路旁。印度、马来西亚、缅甸及孟加拉有分布。种子富含油脂，可榨油，供食用。

［附］**腺点油瓜 Hodgsonia macrocarpa** var. **capniocarpa** (Ridl.) Tsai, Fl. Reipubl. Popul. Sin. 73 (1): 259. 1986. —— *Hodgsonia capniocarpa* Ridl. in Journ. Fed. Mal. States Mus. 10: 135. 1920. 本变种与模式变种的区别：叶大多数掌状5深裂；果无纵沟，密被腺点。产云南南部。马来西亚有分布。

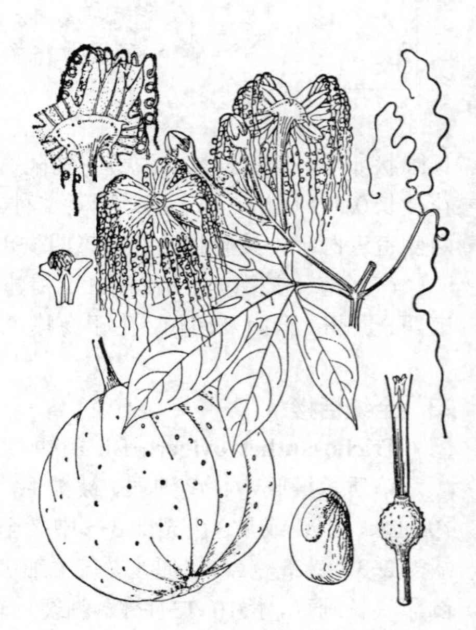

图 397 油渣果 （引自《图鉴》）

29. 南瓜属 Cucurbita Linn.

（路安民）

一年生蔓生草本。茎、枝稍粗。叶具浅裂，被长硬毛，基部心形，无腺体，卷须2-多歧。雌雄同株；花单生，黄色。雄花：萼筒钟状，稀伸长，裂片5，披针形或顶端扩大成叶状；花冠合瓣，黄色，钟状，5裂达中部；雄蕊3，花丝离生，花药靠合成头状，1枚1室，2枚2室，药室线形，折曲，药隔不伸长；无退化雌蕊。雌花：花梗短；花萼和花冠同雄花；退化雄蕊3，短三角形；子房具3胎座；花柱短，柱头3，2浅裂或2分枝，胚珠多数，水平着生。果大型，肉质，不裂。种子多数，扁平，光滑。

约30种，分布于热带及亚热带地区，在温带地区栽培。我国引入栽培3种。

1. 花萼裂片不扩大成叶状；瓜蒂不扩大成喇叭状。
   2. 叶三角形或卵状三角形，不规则5-7浅裂；花萼裂片线状披针形；果柄有棱沟，瓜蒂粗或稍扩大，非喇叭状；种子边缘拱起而钝 ·· 1. **西葫芦 C. pepo**
   2. 叶肾形或圆形，近全缘或具细锯齿；花萼裂片披针形；果柄无棱和槽，瓜蒂不扩大或稍膨大；种子边缘钝或多少拱起 ·· 2. **笋瓜 C. maxima**
1. 花萼裂片条形，上部扩大成叶状；瓜蒂扩大成喇叭状；种子灰白色，边缘薄 ················ 3. **南瓜 C. moschata**

1. 西葫芦

图 398 彩片 127

Cucurbita pepo Linn. Sp. Pl. 1010. 1753.

一年生蔓生草本。茎有短刚毛和半透明糙毛。叶柄被短刚毛，长6-9厘米；叶质硬，挺立，三角形或卵状三角形，先端锐尖，不规则5-7浅裂，有不规则锐齿，基部心形，两面有糙毛；卷须分多歧。雌雄同株；雄花单生；花梗粗，有棱角，长3-6厘米，被黄褐色刚毛；萼筒有5角，花萼裂片线状披针形；花冠黄色，基部渐窄呈钟状，长5厘米，径3厘米，分裂近中部，裂片直立或稍扩展；雄蕊3，花丝长1.5厘米，花药靠合，长1厘米。雌花单生；子房1室。果柄粗，有棱沟，果蒂粗或稍扩大，非喇叭状，果形因品种而异。种子多数，卵形，白色，长约2厘米，边缘拱起而钝。

世界各国普遍栽培。我国清代从欧洲引入，现各地均有栽培。果作蔬菜。

图 398 西葫芦 （引自《图鉴》）

2. 笋瓜

图 399

Cucurbita maxima Duch. ex Lam. Encycl. 2: 151. 1786.

一年生粗壮蔓生藤本。茎具白色刚毛。叶柄长15-20厘米，密被刚毛；叶肾形或圆肾形，长15-25厘米，近全缘或具细齿，先端钝圆，基部心形，两面有刚毛；卷须粗，通常多歧，疏被刚毛。雌雄同株；雄花单生；花梗长10-20厘米；萼筒钟形，裂片披针形，长1.8-2厘米，密被白色刚毛；花冠筒状，5中裂，裂片卵圆形，长、宽均2-3厘米，边缘皱褶状，外折，有3-5脉；雄蕊3，花丝靠合，长5-7毫米，花药靠合，药室折曲。雌花单生。果柄短，圆柱状，无棱和槽，瓜蒂不扩大或稍膨大；瓠果形状和颜色因品种而异。种子丰满，扁，边缘钝或多少拱起。

原产印度。我国南、北各地普遍栽培。果作蔬菜，种子含油。

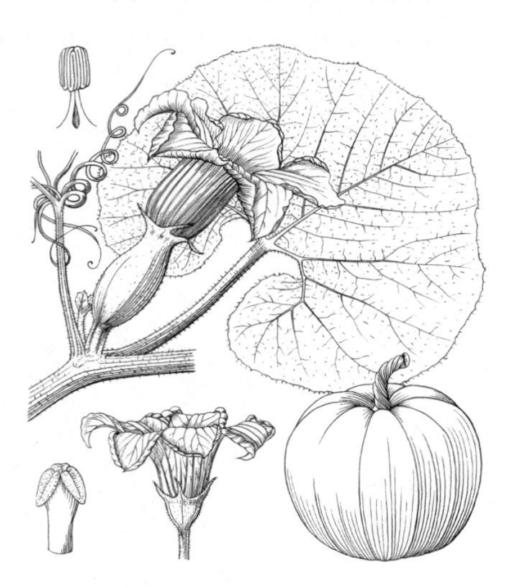

图 399 笋瓜 （引自《图鉴》）

3. 南瓜

图 400 彩片 128

Cucurbita moschata (Duch. ex Lam.) Duch. ex Poiret, Dict. Sc. Nat.

11: 234. 1818.

Cucurbita pepo Linn. var. *moschata* Duch. ex Lam. Encycl. 2: 152. 1786.

一年生蔓生草本。茎常节部生根，密被白色刚毛。叶柄长8-19厘米，被刚毛；叶宽卵形或卵圆形，质稍软，有5角或5浅裂，稀钝，长12-25厘米，宽20-30厘米，密生细齿；卷须3-5歧。雌雄同株；雄花单生；萼筒钟形，长5-6毫米，裂片条形，长1-1.5厘米，被柔毛，上部叶状；花冠黄色，钟状，长8厘米，径6厘米，5中裂，裂片边缘反卷，具皱褶，先端尖；雄蕊3，花丝长5-8毫米，花药靠合，长1.5厘米，药室折曲。雌花单生；子房1室。果柄粗，有棱和槽，长5-7厘米，瓜蒂扩大成喇叭状；瓠果形状多样，因品种而异，常有数条纵沟或无。种子长卵形或长圆形，灰白色，边缘薄，长1-1.5厘米。

原产墨西哥至中美洲，世界各地普遍栽培。明代传入我国。现南北各地广泛种植。果作肴馔，亦可代粮食。全株各部供药用；种子含南瓜子氨基酸，有清热除湿、驱虫的功效，对血吸虫有控制和杀灭作用；藤有清热作用；瓜蒂有安胎功效，根治牙痛。

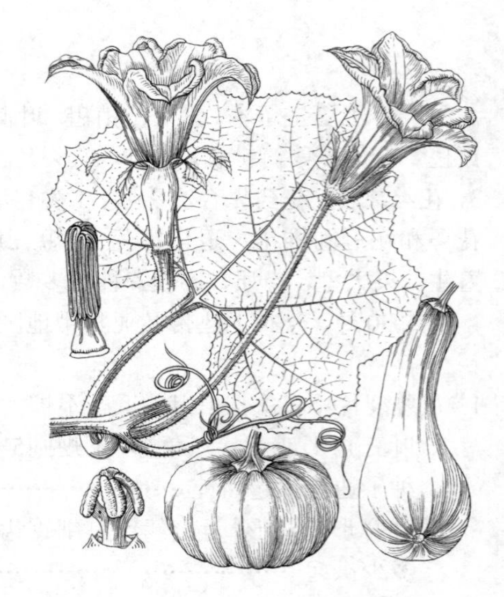

图 400 南瓜 （引自《图鉴》）

30. 红瓜属 Coccinia Wight et Arn.

（路安民）

攀援草本；常具块状根。枝无毛或稍粗糙。叶有角或分裂，无毛，基部有数个腺体；卷须单一，稀2歧。雌雄异株，稀雌雄同株；雄花单生或成伞房状、总状花序；萼筒钟状或陀螺状，裂片5，花冠钟形，白色，裂片5；雄蕊3，着生萼筒基部，花丝联合成柱，稀离生，花药合生，1枚1室，2枚2室，药室折曲，药隔窄而不伸出；无退化雌蕊。雌花单生；花萼和花冠与雄花同；退化雄蕊3，长圆形或近钻形；子房3胎座，花柱纤细，柱头3裂，胚珠多数，水平着生。果卵状或长圆状，浆果状，不裂，种子多数。种子卵形，扁，边缘拱起。

约50种，主产非洲热带。我国1种。

红瓜 图 401

Coccinia grandis (Linn.) Voigt, Hort. Suburb. Calc. 59. 1845.

Bryonia grandis Linn. Mant. 1: 126. 1767.

Coccinia cordifolia auct. non (Linn.) Cogn.: 中国高等植物图鉴 4: 371. 1975.

攀援草本。多分枝，有棱角，无毛。叶柄长2-5厘米；叶宽心形，长、宽均5-10厘米，常有5角，稀近5中裂，两面被颗粒状小凸点，先端钝圆，基部有数个腺体，叶下面腺体明显，穴状；卷须不分歧。雌雄异株；雌花、雄花均单生。雄花花梗长2-4厘米；萼筒宽钟形，长、宽均4-5毫米，裂片线状披针形，长3毫米；花冠白或稍黄色，长2.5-3.5厘米，5中裂，裂片卵形；雄蕊3，

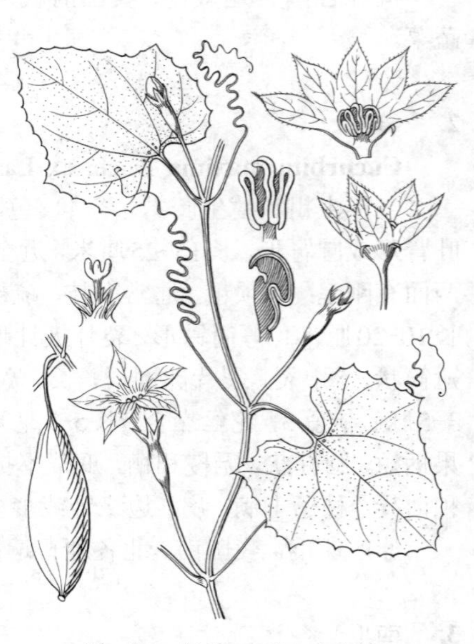

图 401 红瓜 （引自《图鉴》）

花丝及花药合生，花丝长2-3毫米，花药近球形，长6-7毫米，药室折曲。雌花花梗长1-3厘米；退化雄蕊3，长1-3毫米，近钻形。果纺锤形，长5厘米，径2.5厘米，熟时深红色。种子黄色，长圆形，长6-7毫米，两面密被小疣点，顶端圆。

产海南、广西南部（涠洲岛）及云南，生于海拔100-1100米山坡灌丛或林中。非洲热带、亚洲及马来西亚有分布。

31. 绞股蓝属 Gynostemma Bl.

（陈书坤）

多年生攀援草本，无毛或被柔毛。叶互生，鸟足状，具3-9小叶，稀单叶，小叶卵状披针形，具锯齿；卷须2歧，稀单一。花单性，雌雄异株，成圆锥花序；花梗具关节，基部具小苞片。雄花：萼筒短，5裂，裂片窄卵形；花冠辐状，淡绿或白色，5深裂，裂片芽时内卷；雄蕊5，着生花被筒基部，花丝短，合生成柱状，花药2室，卵形，直立，纵裂；退化雌蕊无。雌花：花萼与花冠同雄花；具退化雄蕊；子房3-2室，花柱（2）3，分离，柱头2或新月形；每室具2枚下垂胚珠。浆果球形，不裂，或蒴果，成熟时顶端3裂，顶端具鳞脐状宿存花柱基或3枚冠状宿存花柱。种子2-3，宽卵形，扁，无翅，具乳突状凸起或小凸刺。

约12种，产热带亚洲至东亚，自喜马拉雅至日本、马来亚半岛和巴布亚新几内亚。我国10种2变种。

1. 蒴果，钟状，顶端平截，具3枚喙状或冠状宿存花柱，成熟时沿腹缝3裂。
  2. 雌花簇生叶腋；花柱细，长达2.5-3毫米；蒴果具长喙，长达5毫米；种子边缘无沟及窄翅 …… 1. **喙果绞股蓝 G. yixingense**
  2. 雌花成短总状花序；花柱粗短，长约0.5毫米；蒴果具短喙；种子边缘具沟及窄翅 …… 2. **心籽绞股蓝 G. cardiospermum**
1. 浆果，球形，顶端圆，具3枚鳞脐状宿存花柱基，成熟后不裂。
  3. 单叶 …… 3. **单叶绞股蓝 G. simplicifolium**
  3. 鸟足状复叶，具3-7（-9）小叶。
    4. 叶具3小叶，叶两面无毛，或仅上面沿中脉有毛 …… 4. **光叶绞股蓝 G. laxum**
    4. 叶具（3-）5-9小叶，通常5-7枚，叶上面常被柔毛。
      5. 果柄长不及5毫米。
        6. 叶具（3-）5-7（-9）小叶，上面疏被硬毛或无毛，中间小叶卵状长圆形或披针形 …… 5. **绞股蓝 G. pentaphyllum**
        6. 叶具5小叶，两面密被柔毛，中间小叶菱形或菱状椭圆形 …… 6. **毛绞股蓝 G. pubescens**
      5. 果柄长（0.8-）1.5-2厘米；叶具7-9小叶，中间小叶菱状椭圆形或倒卵状披针形 …… 7. **长梗绞股蓝 G. longipes**

1. 喙果绞股蓝 喙果藤 图 402

Gynostemma yixingense（Z. P. Wang et Q. Z. Xie）C. Y. Wu et S. K. Chen in Acta Phytotax. Sin. 21(4): 364. 1983.

Trirostellum yixingense Z. P. Wang et Q. Z. Xie in Acta Phytotax. Sin. 19(4): 483. f. 1. 1981.

多年生攀援草本。茎纤细，近节具长柔毛。鸟足状复叶，具5或7小叶，叶柄长3-6厘米，被柔毛；小叶膜质，椭圆形，中央小叶长4-8厘米，侧生者较小，先端渐尖或尾尖，具锯齿或重锯齿，基部楔形，两面沿脉被柔毛；小叶柄长约5毫米，卷须单一，丝状。花雌雄异株；雄花：圆锥花序长9-12厘米，花序轴疏被微柔毛；花萼5裂，裂片椭圆状披针形，长1-1.5毫米；花冠淡绿色，5深裂，裂片卵状披针形，长2-2.5毫米，尾尖；雄蕊5；无退化雌蕊。雌花簇生叶腋，花被同雄花；子房疏被微柔毛，花柱3，略叉开，柱头半月形，外缘具齿；退化雄蕊5，钻状。蒴果钟形，径8毫米，无毛，顶端平截，具3枚长达5毫米喙状宿存花柱，成熟时沿腹缝3裂。种子宽心形，扁，两面具小疣状凸起。花期8-9月，果期9-10月。

产江苏南部、安徽南部及浙江北部，生于海拔60-100米林下或灌丛中。

图 402 喙果绞股蓝 （王竟成绘）

2. 心籽绞股蓝 图 403

Gynostemma cardiospermum Cogn. ex Oliv. in Hook. Icon Pl. 23. t. 2225. 1892.

草质攀援藤本。茎无毛。鸟足状复叶，具3-7小叶，叶柄长2.5-5厘米；小叶膜质，披针形或长圆状椭圆形，中间者长4-10厘米，具圆齿状重锯齿，无毛或沿中脉和边缘具小刚毛；小叶柄短，卷须2歧。花雌雄异株；雄花成窄圆锥花序；花萼5裂，裂片长圆状披针形；花冠5深裂，裂片披针形，尾尖；花丝合生成柱，花药卵形。雌花成总状花序；子房疏被长柔毛，花柱3，粗短，略叉开，柱头半月形，外缘具不规则裂齿。蒴果球形或近钟形，径8毫米，无毛或疏被微柔毛，顶端平截，具3枚冠状宿存花柱（短喙），成熟后顶端3裂。种子宽心形，微扁，边缘具沟及窄翅，两面具小疣状凸起。花期6-8月，果期8-10月。

产甘肃南部、陕西南部、湖北西部、四川东部及西南部，生于海拔（1400-）1900-2300米山坡林下或灌丛中。

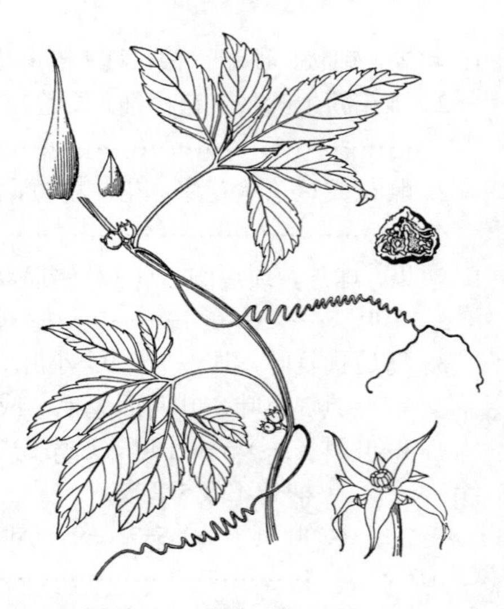

图 403 心籽绞股蓝 （肖 溶绘）

3. 单叶绞股蓝 图 404

Gynostemma simplicifolium Bl. Bijdr. 23. 1825.

草质攀援藤本。茎多分枝，被柔毛。单叶互生，叶纸质，卵形，长10-15厘米，宽8-9厘米，先端渐尖，基部圆或微心形，具圆齿，齿具芒状尖头，上面沿脉被下弯柔毛，余无毛，疏生小瘤，下面无毛，基出脉7-9；叶柄长4-6厘米，被柔毛，卷须2歧，被柔毛。雌雄异株；雄花：圆锥花序长10-25厘米，花序梗及分枝细弱，被柔毛；花梗丝状；花萼辐状，裂片长圆状披针形，长0.5-1毫米，被柔毛；花冠淡绿白或淡绿黄色，裂片5，长圆形，长3毫米。果球形，径7-8毫米，成熟后黑色，无毛。

图 404 单叶绞股蓝 （孙英宝绘）

种子宽卵形，长约4毫米，扁，顶端圆，略尖，基部圆，具疣状突起。花期6-7月，果期8-9月。

产云南南部及海南，生于海拔1300-1320米阔叶林中。缅甸、马来西亚、印度尼西亚(爪哇)、加里曼丹岛及菲律宾有分布。

4. 光叶绞股蓝 图 405

Gynostemma laxum（Wall.）Cogn. in DC. Mon. Phan. 3: 914. 1881.

Zanonia laxa Wall. Pl. Asiat. Rar. 2: 29. 1931.

攀援草本。茎无毛或疏被微柔毛。叶鸟足状，具3小叶，叶柄长1.5-4厘米，无毛；小叶纸质，中央小叶长圆状披针形，稀带菱形，长5-10厘米，宽2-4厘米，侧生小叶卵形，长4-7厘米，稍不对称，具浅波状宽钝齿，两面无毛或上面中脉有毛；小叶柄长(2-)5-7毫米。花雌雄异株；雄花：圆锥花序长（5-）10-30厘米，被柔毛，侧枝短，具钻状披针形苞片；花梗丝状，长3-7毫米；花萼5裂，裂片窄三角状卵形，长约0.5毫米；花冠黄绿色，5深裂，裂片窄卵状披针形，长1.5毫米；雄蕊5，花丝合生。雌花序同雄花；花冠裂片窄三角形；花柱3，离生，顶端2裂。浆果球形，径0.8-1厘米。种子宽卵形，扁，两面具乳突。花期8月，果期8-9月。

图 405 光叶绞股蓝 （肖 溶绘）

产安徽、湖北西北部、湖南西北部、广东北部、海南、广西及云南东南部，生于中海拔沟谷密林或石灰岩山地林中。印度、尼泊尔、锡金、缅甸、越南、泰国、马来西亚、印度尼西亚及菲律宾有分布。

5. 绞股蓝 图 406 彩片 129

Gynostemma pentaphyllum（Thunb.）Makino in Bot. Mag. Tokyo 16: 179. 1902.

Vitis pentaphylla Thunb. Fl. Jap. 105. 1784.

草质攀援藤本。茎无毛或疏被柔毛。鸟足状复叶，具（3-）5-7（-9）小叶，叶柄长3-7厘米；小叶膜质或纸质，卵状长圆形或披针形，中央小叶长3-12厘米，宽1.5-4厘米，具波状齿或圆齿状牙齿，两面疏被硬毛，侧脉7-8对；小叶柄略叉开，长1-5毫米，卷须2歧，稀单一。雌雄异株；雄花：圆锥花序长10-15(-30)厘米，被柔毛；花梗长1-4毫米，具钻状小苞片；花萼5裂，裂片三角形；花冠淡绿或白色，5深裂，裂片卵状披针形，具缘毛状小齿；雄蕊5，花丝短而合生。雌圆锥花序较小；子房球形；退化雄蕊5。果球形，径5-6毫米，成熟后黑色，无毛。种子2，卵状心形，扁，两面具乳突。花期3-11月，果期4-12月。

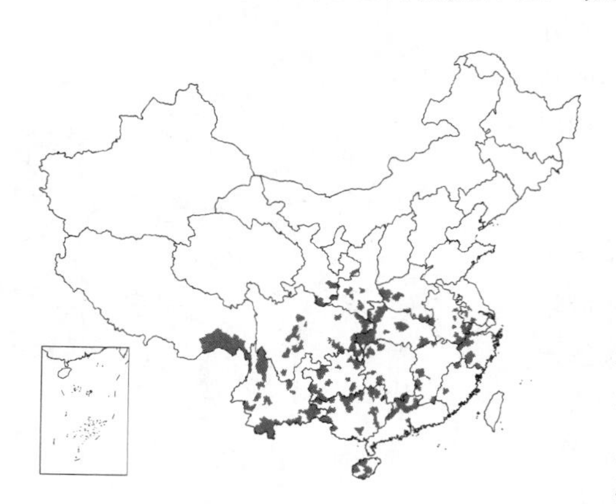

图 406 绞股蓝 （引自《图鉴》）

产河南、安徽、江苏、浙江、福建、江西、湖北、湖南、广东、海南、广西、贵州、云南、西藏、四川、陕西及甘肃，生于海拔300-3200米山谷密林、山坡疏林、灌丛中或路旁草丛中。印度、尼泊尔、锡金、孟加拉、东南亚、朝鲜半岛及日本有分布。全草含绞股蓝苷等成分，具有降血脂、降血糖、抗癌、抗疲劳、镇静、催眠等药效，可治疗慢性气管炎、传染性肝炎、肾盂炎、胃肠炎。

6. 毛绞股蓝　　图 407

Gynostemma pubescens (Gagnep.) C. Y. Wu ex C. Y. Wu et S. K. Chen in Acta Phytotax. Sin. 21(4): 362. 1983.

Gynostemma pedata Bl. var. *pubescens* Gagnep. in Lecomte, Fl. Gén. Indo-Chine 2: 1082. 1921.

攀援草本。茎密被卷曲柔毛。叶纸质，鸟足状，具5小叶，两面均密被硬毛状柔毛，叶柄长3-5厘米，具纵条纹，密被柔毛；中间小叶近菱形或菱状椭圆形，长5.5-10厘米，先端具芒尖，基部楔形，最外一对小叶基部偏斜，近圆形，疏生粗齿，齿具短尖头，下面淡绿色，侧脉8-9对，弓形上升，直达齿尖，两面凸起；小叶柄长0.5-0.9厘米，密被柔毛，卷须自基部旋转，近顶端2歧，疏被柔毛。雌雄异株；雌花成窄圆锥花序，长约5厘米，密被长柔毛；花萼裂片三角形，长约1毫米；花冠裂片披针形，长约2毫米，有毛；子房被柔毛，花柱3，短锥状，顶端2歧。果序长4-7厘米，密被柔毛；果球形，径约5毫米，无毛。种子宽心形，径3毫米，淡灰褐色，扁，具乳突。花果期8-10月。

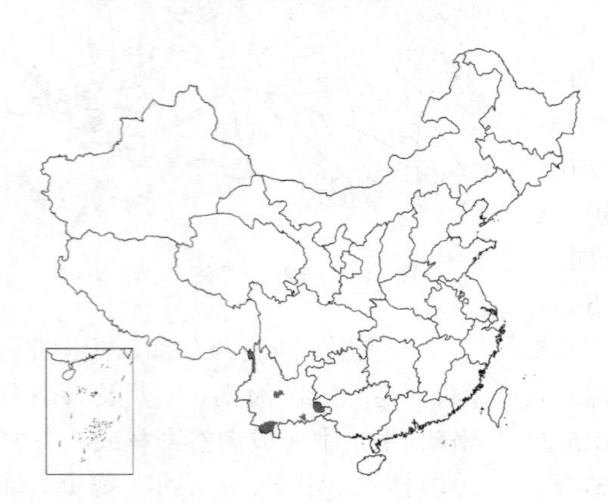

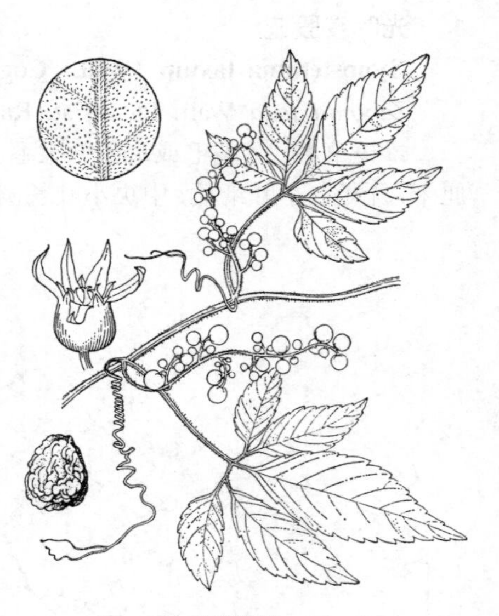

图 407　毛绞股蓝　（肖　溶绘）

产云南，生于海拔1880米林中。老挝有分布。

7. 长梗绞股蓝　　图 408

Gynostemma longipes C. Y. Wu ex C. Y. Wu et S. K. Chen in Acta Phytotax. Sin. 21(4): 362. f. 3. 1983.

草质攀援藤本。茎、枝被柔毛。鸟足状复叶，具7-9小叶，叶柄长4-8厘米，被卷曲柔毛；小叶纸质，菱状椭圆形或倒卵状披针形，中间小叶长5-12厘米，宽（2-）3-4.5厘米，具不整齐圆齿状锯齿，叶上面被短毛，沿脉更密，下面沿脉被长硬毛状柔毛；小叶柄长约1厘米，被毛，卷须2歧。花雌雄异株；雄花：圆锥花序长10-20厘米，被柔毛；花梗丝状，长4毫米；花萼裂片5，卵形，长1毫米；花冠白色，5深裂，裂片窄卵状披针形，长2.5毫米，被柔毛；雄蕊5，花丝合生。浆果球形，径6-7毫米，无毛；果柄丝状，长（0.8-）1.5-2厘米，顶端稍增粗。种子心形，扁，长、宽均约3毫米，边

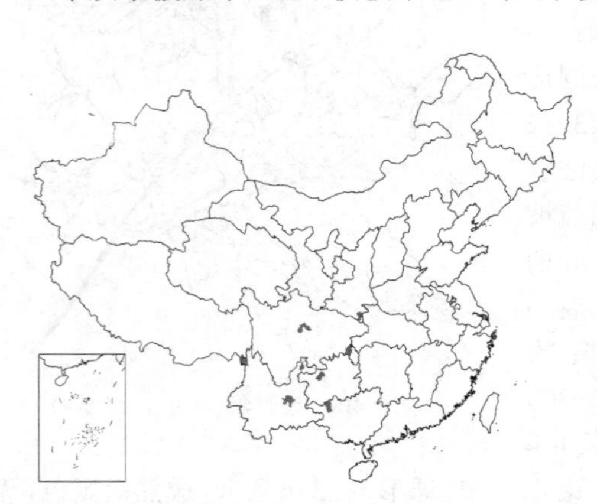

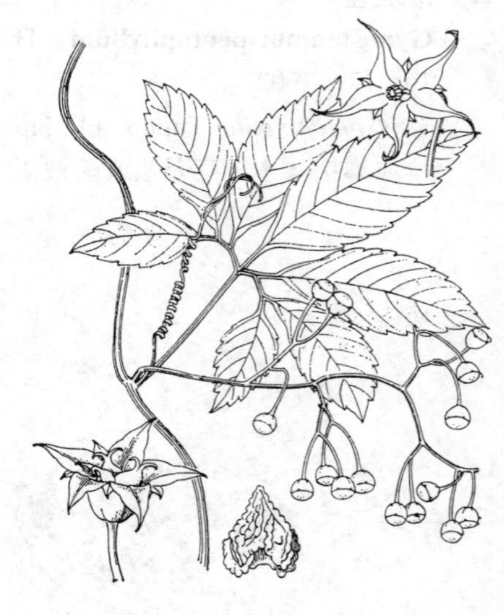

图 408　长梗绞股蓝　（肖　溶绘）

缘具齿及纵槽，两面具瘤状条纹。花期8月，果期10月。

产陕西南部、四川、云南、贵州西北部及广西西北部，生于海拔1400-3200米山地沟谷林中或林缘。.

32. 佛手瓜属 Sechium P. Br.

（路安民）

多年生宿根草质藤本；具块根。叶膜质，心状圆形，3浅裂，边缘有细齿，基部心形，弯缺较深，下面有短柔毛，脉上毛较密；叶柄长5-15厘米，卷须3-5歧。雌雄同株；花小，白色。雄花生于总状花序上；萼筒半球形，裂片5；花冠辐状，5深裂，裂片卵状披针形；雄蕊3，着生花被筒下部，花丝短，连合成柱，花药离生，1枚1室，其余2室，药室折曲；无退化雌蕊。雌花单生或双生，通常与雄花序在同一叶腋，花萼及花冠同雄花；无退化雄蕊；子房倒卵圆形，具5棱，有刺毛，1室，花柱短，柱头头状，5浅裂，裂片反折，具1枚胚珠，胚珠从室的顶端下垂生。果肉质，淡绿色，倒卵圆形，长8-12厘米，上端具沟槽。种子1，卵圆形，扁，长达10厘米，种皮木质，光滑，子叶大。

单种属。

佛手瓜 洋丝瓜 图 409 彩片 130

Sechium edule (Jacq.) Swartz, Fl. Ind. Occ. 2: 1150. 1800.

Sicyos edulis Jacq. Enum. Pl. Carib. 32. 1760.

形态特征同属。花期7-9月，果期8-10月。

原产南美洲。云南、广西及广东等地引入栽培或已野化。果作蔬菜。

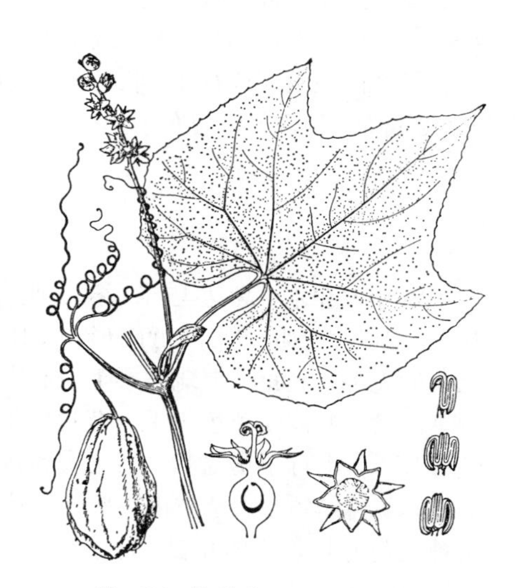

图 409 佛手瓜 （引自《图鉴》）

33. 小雀瓜属 Cyclanthera Schrad.

（路安民）

多年生或一年生攀援草本。叶不裂、分裂或鸟足状5-7小叶；卷须单一或2至多歧。雌雄同株；雄花：生于总状花序或圆锥花序；萼筒碟状或杯状，具5钻形裂片，有时近无裂片；花冠辐状，5深裂，裂片宽卵状长圆形；雄蕊1，花丝极短，花药水平生，1室，环状。雌花在具雄花的同一叶腋内单生、双生、或3朵簇生；花萼和花冠与雄花同；子房斜卵状，有小喙，1-3室或2至多个小腔室，花柱极短，柱头大，胚珠直立或斜升。果偏斜，卵形或肾形，近肉质，有刺状毛或皮刺，稀无毛，1至多枚种子，果开裂。种子扁平，有角，顶端和基部常2裂或具2尖头，种皮硬脆。

约50种，分布美洲热带。我国引入栽培1种。

小雀瓜 图 410

Cyclanthera pedata (Linn.) Schrad. Ind. Hort. Goett. 1831: 2. 1831.

Momordica pedata Linn. Sp. Pl. 1009. 1753.

一年生攀援草本。茎无毛。叶柄长5-15厘米；叶鸟足状5全裂，中间裂片较长，椭圆形或长椭圆状披针形，长7-16厘米，侧裂片长椭圆形，长5-14厘米；卷须通常2歧。雄花：生于圆锥花序，花序轴纤细，长10-23厘米，具20-50花；花梗长0.4-1厘米；花萼裂片线形，长约2毫米；花冠黄色，裂片卵状三角形，长1.5-2毫米；雄蕊花丝极短，连合成一中央轴柱，花药环状，盘形，径1.5-2毫米。雌花在生于花序的叶腋内，单生、双生及簇生；子房卵状，基部偏斜，长2-3毫米。果窄长圆形或窄长椭圆形，长5-7厘米，径2.5-3厘米，具喙，具囊状凸起及刺刚毛，种子8-10。种子

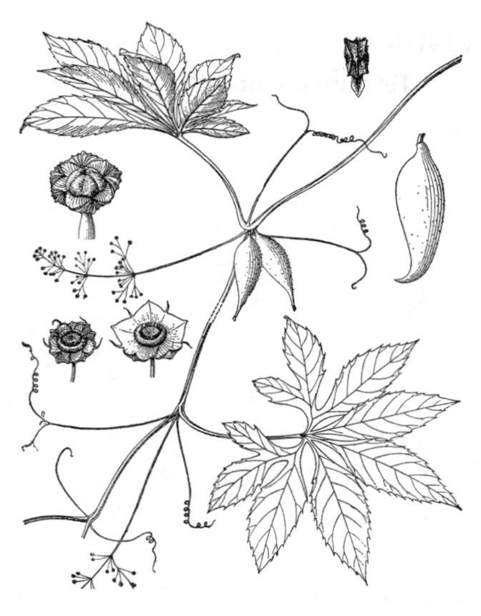

图 410 小雀瓜 （张泰利绘）

黑褐色，近长方形，长1-1.2厘米，顶端有2小尖头，边缘具小齿。花果期夏、秋季。

原产南美洲及中美洲。西藏及云南引入栽培。幼苗及果作蔬菜食用。

83. 四数木科 TETRAMELACEAE

（杜玉芬）

落叶乔木，通常具板状根，各部被毛或鳞片。单叶，互生，全缘或具锯齿，掌状脉，无托叶。花单性异株，稀杂性，具苞片，早落；穗状花序或圆锥花序。雄花萼片4或6-8，等大或不等大；无花瓣或有时具花瓣，插生于萼片；雄蕊4或6-8，与萼片对生，花丝较长，花药底着，内向或外向，花蕾时内弯；不育子房存在或无。雌花萼片在子房下面部分合生或分离；无花瓣和不育雄蕊；花柱4或6-8，与萼片对生，插生于萼管喉部边缘，柱头头状或偏斜状，子房下位，1室，具4或6-8侧膜胎座，胎座与萼片互生，胚珠多数。蒴果由萼管内面顶部的子房壁开裂，或沿背缝自上而下成6-8星状开裂，果皮木质。种子极小，卵圆形或纺锤形。

2属约2种，主要分布于中南半岛至伊里安岛。我国1属。

四数木属 **Tetrameles** R. Br.

落叶大乔木，高达45米，树干通直，板状根高2-4.5（-6）米。小枝粗壮，叶痕突起。椭圆形或倒卵形，单叶互生，心形、心状卵形或近圆形，长10-26厘米，先端尖或渐尖，具粗锯齿，幼树叶有2-3角状齿裂，掌状脉5-7，上面近无毛，下面脉上疏被柔毛。先叶开花，花单性异株，无花瓣。雄花成圆锥花序，长10-20厘米，顶生，成簇，下垂，花序梗被淡黄色柔毛；苞片匙形；花梗极短或近无梗，花萼4深裂，基部杯状，雄蕊4，与萼片对生，花丝较萼片长，不育子房盘状。雌花成穗状花序，长8-20厘米，花序梗被毛；花无梗或梗极短；花萼微四棱形，被微柔毛，萼筒纺锤形，密被褐色腺点；花柱4（5），柱头倒卵形，子房1室，侧膜胎座4。蒴果球状坛形，具8-10脉，疏被褐色腺点，顶部开裂。种子细小，多数，卵圆形，长不及0.5毫米。

单种属。

四数木 图 411

Tetrameles nudiflora R. Br. in Benn. Pl. Jav. Rar. 79. t. 17. 1838.

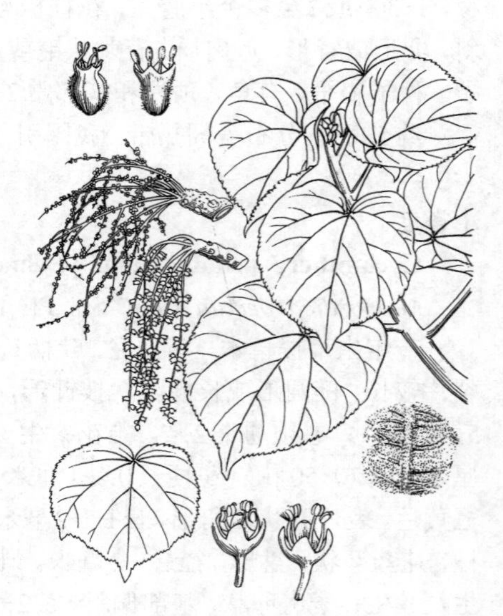

图 411 四数木 （刘怡涛绘）

形态特征同属。花期3月上旬至4月中旬，果期4月下旬至5月下旬。

产云南，多生于海拔500-700米石灰岩山地雨林或沟谷雨林中。印度、斯里兰卡、缅甸、越南、马来半岛至印度尼西亚及澳大利亚昆士兰有分布。为热带东南亚雨林上层落叶树种，在我国为其分布的最北缘。材质较次，只用于临时建筑，轻型箱板材及舢板等。

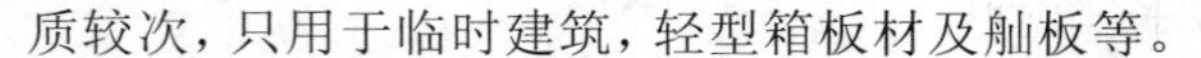

84. 秋海棠科 BEGONIACEAE

（谷粹芝）

多年生肉质草本，稀亚灌木。茎直立、匍匐状稀攀援状或仅具根状茎、球茎或块茎。单叶互生，稀复叶，具齿或分裂，极稀全缘，常基部偏斜；具长柄，托叶早落。花单性，雌雄同株，稀异株，常组成聚伞花序。花被片花瓣状；雄花被片2-4（-10），离生，极稀合生；雄蕊多数，花丝离生或基部合生，花药2室；雌花被片2-5（6-10），离生，稀合生；雌蕊具2-5（-7）心皮，子房下位，稀半下位，1室，侧膜胎座3或中轴胎座，2-3-4（5-7）室，每室胎座有1-2裂片，裂片常不分枝，稀分枝，花柱离生或基部合生，柱头螺旋状、头状、肾形及U字形，带刺状乳头。蒴果，有时浆果状，常具不等大3翅，稀近等大，少数种无翅而具棱；种子极多数。

约5属，1000余种，广布热带和亚热带地区。我国1属，140余种。

秋海棠属 **Begonia** Linn.

多年生肉质草本，极稀亚灌木，具根状茎。单叶，稀掌状复叶，互生或全基生；叶基部两侧不等，稀几相等，常有不规则疏浅锯齿，常浅至深裂，稀全缘，基部叶脉常掌状；叶柄较长，托叶膜质，早落。花单性，多雌雄同株，极稀异株；（1）2-4至数花组成聚伞花序，有时呈圆锥状。花具梗；有苞片；花被片花冠状；雄花花被片2-4，2对生或4交互对生，常外轮大，内轮小，雄蕊多数，花丝离生或基部合生，稀合成单体，花药2室，顶生或侧生，纵裂；雌花花被片2-5（6-8）；雌蕊具2-3-4（5-7）心皮；子房下位，1室，侧膜胎座3，具中轴胎座，或2-3-4（5-7）室，每胎座具1-2裂片，裂片稀分枝，柱头膨大，扭曲呈螺旋状或U字形，稀头状或近肾形，常有带刺状乳头。蒴果有时浆果状，常有不等大，稀近等大3翅，少数种类无翅，具3-4棱或小角状突起。种子小，极多数，长圆形，淡褐色，光滑或有纹理。

约1000余种，广布于热带和亚热带地区，中、南美洲最多。我国约140余种。

花朵艳丽，花期较长，易栽培，为著名观赏植物；有些种类供药用。

1. 子房1室，侧膜胎座，每室胎座有2裂片，裂片偶有分枝。
  2. 叶盾形，均基生，近圆形或宽卵形 ………………………………… 1. **龙虎山秋海棠 B. umbraculifolia**
  2. 叶非盾形。
    3. 叶、叶柄、花梗和花序梗均无毛；叶斜长卵形或斜卵状宽披针形，基部极偏斜；雄花被片4，雌花被片3 ……………………………………………………………… 1(附). **鸟叶秋海棠 B. ornithophylla**
    3. 叶、叶柄、花梗和花序梗均被毛。
      4. 圆锥状聚伞花序；蒴果和翅被卷曲毛。
        5. 花较小而密，组成大型花序；花梗长0.5-1厘米；叶上面中心常有铁十字状浅色斑纹，密被锥状长硬毛；雄花被片被紫色长毛 ………………………………… 2. **铁甲秋海棠 B. masoniana**
        5. 花较大而疏，组成小型花序；花梗长3-3.5厘米；叶上面被短硬毛，无铁十字斑纹；雄花被片无毛 ……………………………………………………………… 3. **卷毛秋海棠 B. cirrosa**
      4. 花2-4朵；蒴果和翅无毛。
        6. 叶上面被基部球形锉状毛，基部两侧常双叠，下面被褐色长卷毛，叶柄被褐色卷曲长硬毛；果1翅较大，常半圆形 ………………………………………… 4. **龙州秋海棠 B. morsei**
        6. 叶上面被基部非球形锉状毛，基部两侧常不重叠。
          7. 叶上面常有短硬毛和柔毛，有不等大缺刻状三角形齿，齿尖芒长0.5-1毫米；果3翅近等大 ……………………………………………………………… 5. **侧膜秋海棠 B. obsolescens**
          7. 叶上面被卷曲褐色长柔毛，不规则三角形浅齿，齿尖芒长1-1.8毫米；果具不等大3翅 …………

…………………………………………………………………………………………… 6. 罗甸秋海棠 **B. porteri**

1. 子房2、3或4室，中轴胎座，每室胎座具2或1裂片。
  8. 子房3室，中轴胎座，每室胎座具2或1裂片。
    9. 子房3室，中轴胎座，每室胎座具2裂片。
      10. 蒴果无翅或具3棱。
        11. 蒴果长纺锤形；根状茎匍匐状，有长匍匐枝；叶均基生，两面有极细网脉和下陷细小窝孔 …………………………………………………………………………………………… 7. 癞叶秋海棠 **B. leprosa**
        11. 蒴果近球形或扁球形；根状茎直立，多块状；叶两面无下陷细小窝孔。
          12. 蒴果球形，顶端凸起，喙长约3毫米；叶疏生浅齿，齿尖有短芒 …………………………………………………………………………………………… 8. 粗喙秋海棠 **B. crassirostris**
          12. 蒴果球形，顶端下陷，无喙；叶缘具疏浅小齿 ………………………… 9. 圆果秋海棠 **B. hayatae**
      10. 蒴果具3翅，翅不等大，偶近等大。
        13. 叶盾形。
          14. 根状茎块状或球形；花葶近基部常具1小叶；叶缘具缺刻状三角形锐齿，中部以上常不规则浅裂 …………………………………………………………………………………………… 10. 重锯齿秋海棠 **B. josephii**
          14. 根状茎圆柱状；花葶常无叶；叶缘具疏浅不明显锯齿，常不裂。
            15. 叶先端渐尖或长渐尖，两面无窝点。
              16. 叶近圆形，先端长渐尖；花葶具1-3花；雄花被片4，雌花被片3 …………………………………………………………………………………………… 11. 昌感秋海棠 **B. cavaleriei**
              16. 叶卵状长圆形或卵状披针形，先端渐尖；花数朵，雌雄花被片均2 …………………………………………………………………………………………… 12. 少瓣秋海棠 **B. wangii**
            15. 叶卵形或椭圆形，先端短尾尖，两面有窝点；雄花被片4，雌花被片2 …………………………………………………………………………………………… 11(附). 盾叶秋海棠 **B. peltatifolia**
        13. 叶非盾形。
          17. 植株有地上茎，直立或匍匐，具数叶或1-2叶。
            18. 果3翅近等大，上方边缘平截，等高；雌花单生叶腋；叶长5-8厘米，脉带红色 …………………………………………………………………………………………… 13. 海南秋海棠 **B. hainanensis**
            18. 果3翅不等大，偶近等大，但上方边缘非平截。
              19. 茎直立。
                20. 茎高50厘米以上，节间长，具数叶。
                  21. 叶披针形或宽披针形。
                    22. 叶斜披针形，疏生锐齿，齿尖具短芒；蒴果三棱形 …………………………………………………………………………………………… 14. 台湾秋海棠 **B. taiwaniana**
                    22. 叶卵状披针形，疏生极浅齿；蒴果长圆形 …………………………………………………………………………………………… 14(附). 黄连山秋海棠 **B. coptidi-montana**
                  21. 叶非披针形，多为斜卵形或斜心形，长度常不及宽度的1.5倍。
                    23. 叶不裂或宽侧有极浅裂，长卵形，先端渐尖。
                      24. 植株较小而柔弱；花序腋生者短于叶柄；根状茎常似球形膨大，纤维根多而细长；雌雄花被片均为4 ………………………………… 15. 云南秋海棠 **B. yunnanensis**
                      24. 植株较粗大；花序常长于叶柄；根状茎多球形。
                        25. 雄花被片2，雌花被片2(3)；果3翅近等大；植株具长匍匐枝，节部着地生根，生出小植株 ………………………………… 15(附). 岩生秋海棠 **B. ravenii**

25. 雄花被片4，雌花被片3；果3翅不等大；植株偶有匍匐枝。
26. 花柱基部合生或微合生，有分枝，柱头螺旋状扭曲或呈U字形，雄蕊柱较长。
27. 植株较高大；叶较大，宽卵形或卵形，下面带红晕或紫红色；雄蕊柱长2-3毫米 …………………………………………………………………………………………………… 16. **秋海棠 B. grandis**
27. 植株较细弱；叶较小，椭圆状卵形或三角状卵形；雄蕊柱长不及2毫米 …………………………………………………………………………… 16(附). **中华秋海棠 B. grandis** subsp. **sinensis**
26. 花柱分离，不分枝，柱头头状，稀肾状，雄花柱长不及1毫米 …………………………………………………………………………… 16(附). **全柱秋海棠 B. grandis** subsp. **holostyla**
20. 茎矮小，高20厘米以下，通常具1-2叶。
28. 叶下面无白色乳头，基部两侧不相等。
29. 植株上部、叶柄及叶下面沿脉均被硬毛；花2-4朵；果翅3个，2个近等大，1翅较小 ……………………………………………………………………………………………… 17. **睫毛秋海棠 B. pingbienensis**
29. 植株、叶柄及叶下面均无毛；花较多；果翅3个不等大，1个特大，斜三角形 ……………………………………………………………………………………………… 15. **云南秋海棠 B. yunnanensis**
28. 叶下面密被白色细小乳头，有长短极不等深缺刻状锯齿 ………………… 18. **桑叶秋海棠 B. morifolia**
17. 无明显地上茎；叶均基生；花葶自根状茎抽出。
30. 叶缘常不裂，偶有不规则浅裂或缺刻状重锯齿。
31. 子房和蒴果被毛。
32. 叶两侧近相等或略不等，卵状心形，有缺刻状重锯齿，上面散生硬柔毛，下面沿脉被毛 ……………………………………………………………………………………………… 19. **樟木秋海棠 B. picta**
32. 叶两侧不相等，宽卵形或近圆形，有小而浅不明显齿，上面散生粗硬带褐紫色长毛，毛长达6毫米，下面沿脉被硬毛，老时少 ……………………………………………… 19(附). **刚毛秋海棠 B. setifolia**
31. 子房和蒴果无毛。
33. 雌花被片5，花柱基部合生；叶宽卵形，长15-20（-30）厘米 …… 20. **糙叶秋海棠 B. asperifolia**
33. 雌花被片3-4；花柱大部或1/2合生；植株和叶片均较小。
34. 雌花被片4，花柱大部合生，达4毫米；叶卵形，上面散生稍硬毛，下面沿脉被短毛，柱头扭曲呈U字形 ………………………………………………… 21. **心叶秋海棠 B. labordei**
34. 雌花被片3，花柱近离生或约1/2合生；叶宽卵形，上面被短毛，下面沿脉被毛；柱头扭曲呈环状 …………………………………………………………………… 22. **紫背天葵 B. fimbristipula**
30. 叶缘分裂。
35. 叶缘浅至中裂，稀达2/3。
36. 叶浅裂，稀达1/2，稀再分裂，裂片短三角形 ………………………… 23. **木里秋海棠 B. muliensis**
36. 叶分裂达1/2-2/3，裂片常再浅裂，裂片常披针形 …………… 23(附). **大理秋海棠 B. taliensis**
35. 叶缘深裂，超过2/3。
37. 叶柄和叶下面脉基部及花葶均密被褐色卷曲片状毛，毛长5-6毫米，叶斜卵形、圆形或扁圆形；果翅厚，最大翅宽舌形，长约1.5厘米 ………………………………… 24. **截裂秋海棠 B. miranda**
37. 叶柄和叶下面毛被非褐色卷曲片状毛；叶五角形；果翅较薄，最大翅披针形，长达3厘米 ……………………………………………………………………………… 24(附). **石生秋海棠 B. lithophila**
9. 子房3室，中轴胎座，每室胎座具1裂片。
38. 蒴果纺锤形，长大于宽3-5倍，无翅 ………………………………………………… 25. **一点血 B. wilsonii**
38. 蒴果长圆形，长宽近相等或长稍大于宽，具不等3翅。
39. 蒴果无毛；雌、雄花被片均2；叶基部深心形，具圆齿或扁圆齿 ………………………… 26. **独牛 B. henryi**

39. 蒴果有毛；雄花被片4，雌花被片3或5。

40. 植株柔弱，高达8厘米；叶具圆齿，先端圆钝；雌花被片5 ························ 27. **小叶秋海棠 B. parvula**

40. 植株高10–20厘米；叶具浅锐锯齿，先端短尾尖；雌花被片3 ········ 27(附). **丝形秋海棠 B. filiformis**

8. 子房4室或2室，中轴胎座，每室胎座具2裂片，稀有4裂片。

41. 子房4室；果无翅或具4小角状突起。

42. 茎直立，有多数茎生叶；根状茎常块状；叶卵状披针形、长圆状披针形或长圆形。

43. 叶疏生浅齿，无毛（或变种叶上面有小刺毛，下面较疏，沿脉较密）；胎座裂片2 ·· 28. **无翅秋海棠 B. acetosella**

43. 叶具重锐齿，常浅裂或缺刻状，上面疏生硬毛；胎座裂片4 ········ 28(附). **角果秋海棠 B. tetragona**

42. 茎匍匐，节部着地生根或常有匍匐枝；叶常基生，稀有1–2茎生叶。

44. 果壁厚，被褐色长硬毛；叶卵形或宽卵形，长宽均达20厘米，下面密被褐色弯曲柔毛 ·· 29. **厚壁秋海棠 B. silletensis**

44. 果壁较薄，无毛或近无毛；叶宽卵形，宽7–10.5厘米，下面无毛，或脉腋有疏卷曲毛 ·· 29(附). **铺地秋海棠 B. prostrata**

41. 子房2室，中轴胎座，每室胎座具2裂片；果具3翅。

45. 单叶。

46. 茎直立、匍匐或上升，具数叶或2–1叶。

47. 叶不裂，卵状披针形或椭圆状披针形，长6–9.6厘米；雄花花被片3 ··· 30. **墨脱秋海棠 B. hatacoa**

47. 叶深裂或浅裂，稀不裂。

48. 叶基部极偏斜，两侧不相等。

49. 叶卵形或宽卵形，上面有一圈红紫色带，密被硬毛 ·············· 31. **花叶秋海棠 B. cathayana**

49. 叶斜卵形或偏圆形，上面绿色，无紫红色带。

50. 叶长12–20厘米，上面散生硬毛 ··· 32. **裂叶秋海棠 B. palmata**

50. 叶长5–16厘米，上面密被硬毛 ················· 32(附). **红孩儿 B. palmata** var. **bowringiana**

48. 叶基部不偏斜或不明显偏斜，长宽近相等或宽大于长，似掌状分裂。

51. 植株被红褐色粗硬毛，叶柄毛密；果翅被长硬卷曲毛；叶粗糙呈褐色，下面有白色小乳头 ··· ·· 33. **金平秋海棠 B. baviensis**

51. 植株局部被毛；叶较薄，下面无白色小乳头。

52. 叶浅裂达1/3或不及1/3，裂片三角形或倒四边形。

53. 叶柄密被锈褐色卷曲短柔毛，叶上面被短小毛，下面沿脉被短小卷毛 ························ ·· 34. **截叶秋海棠 B. truncatiloba**

53. 叶柄近无毛或近顶端被硬毛，叶上面被短小硬毛或稍长硬毛，下面近无毛或沿脉疏被短毛 ··· 35. **食用秋海棠 B. edulis**

52. 叶中裂达1/2或更深。

54. 叶柄密被卷曲褐色毛。

55. 植株匍匐；茎生叶常1片；叶裂片不裂；雄花外花被片长1.4–1.7厘米 ··················· ··· 36. **黎平秋海棠 B. lipingensis**

55. 植株高达37厘米；茎生叶常少数；叶裂片再浅裂或中裂；雄花外花被片长1.7–2厘米 ··· 37. **槭叶秋海棠 B. digyna**

54. 叶柄无毛。

56. 叶中裂片镰状披针形，再裂较浅，边缘齿较疏浅，有突出芒头，齿距2–4毫米；雌花被片5 …………………………………………………………………………………………………… 38. **锡金秋海棠 B. sikkimensis**
56. 叶中裂片长圆形或宽披针形，再裂较深，有大小不等三角形锯齿；雌花被片3 …………………………………………………………………………………………………… 38(附). **大裂秋海棠 B. macrotoma**
46. 茎短，常无地上茎；叶均基生，稀茎生叶1。
57. 根状茎节部着地生根，细弱，径2-3毫米；叶卵形或宽卵形，长5-8厘米，两面被毛 …………………………………………………………………………………………………… 39. **蕺叶秋海棠 B. limprichtii**
57. 根状茎短而粗厚，常竖直或横，非伸长着地生根。
58. 叶不裂或浅裂。
59. 叶两面和叶柄均无毛，叶长圆状宽卵形，长9-17厘米，叶柄长16-50厘米 …………………………………………………………………………………………………… 40. **南川秋海棠 B. dielsiana**
59. 叶两面和叶柄均被毛。
60. 叶卵形或宽卵形，有尖锯齿及不规则浅裂，叶柄长9-25厘米，散生卷曲毛 …………………………………………………………………………………………………… 41. **长柄秋海棠 B. smithiana**
60. 叶长卵形，有不等三角形浅齿，齿尖有芒，长3-4.5毫米，叶柄长4-11.2厘米，密被褐色长硬毛 …………………………………………………………………………………………………… 42. **紫叶秋海棠 B. rex**
58. 叶分裂达1/2-2/3，或近基部。
61. 叶分裂达1/2。
62. 匍匐草本；叶裂片不再裂，稀再极浅裂；雄花外花被片长1.4-1.7厘米 …………………………………………………………………………………………………… 36. **黎平秋海棠 B. lipingensis**
62. 非匍匐草本；叶裂片再浅裂或中裂。
63. 茎常具1-2叶；叶卵形或近圆形，有大小不等重锯齿；雄花外花被片长1.7-2厘米 …………………………………………………………………………………………………… 37. **槭叶秋海棠 B. digyna**
63. 茎短，无叶；基生叶宽卵形或长圆形，疏生大小不等三角形浅齿；雄花外花被片长2-2.7厘米 …………………………………………………………………………………………………… 43. **美丽秋海棠 B. algaia**
61. 叶分裂达2/3或近基部。
64. 叶裂片不再裂或叶缘具粗齿。
65. 叶长18-21厘米，裂片7-9，镰状或近菱形，叶柄长约35厘米；蒴果椭圆形 …………………………………………………………………………………………………… 44. **圆翅秋海棠 B. laminariae**
65. 叶长10-17厘米，裂片5-6，长圆形，叶柄长8-28厘米；蒴果倒卵状长圆形 …………………………………………………………………………………………………… 45. **周裂秋海棠 B. circumlobata**
64. 叶中裂片再羽状浅裂，小裂片披针形，稀三角状披针形；花葶中部偶有1小叶；蒴果倒卵状球形 …………………………………………………………………………………………………… 46. **掌裂叶秋海棠 B. pedatifida**
45. 掌状复叶，小叶7（8），小叶长圆状披针形或倒卵状披针形，上面散生硬毛，下面沿脉散生硬毛 …………………………………………………………………………………………………… 47. **掌叶秋海棠 B. hemsleyana**

1. 龙虎山秋海棠 图 412

Begonia umbraculifolia Y. Wan et B. N. Chang in Acta Phytotax. Sin. 25(4): 322. pl. 1. f. 1-4. 1987.

草本。根状茎匍伏，扭曲，径5-8毫米。叶盾形，均基生，近圆形或宽卵形，长（6-）9-13厘米，先端短渐尖或尾尖，基部圆，疏生不等大三角形细齿或近全缘，齿尖带短芒，有时不规则极浅裂或波状，上面有糙伏毛，幼时较密，下面被白色小斑点，沿脉被短硬毛，幼时密，老时少，叶柄长（6-）14-40厘米，幼时密被倒生褐色长卷毛，老时疏被长卷曲毛，托叶卵形或椭圆形，长约2厘米。花葶

高达30厘米，被极疏倒生长毛；花数朵，粉红色，呈二歧聚伞状，疏被长毛；苞片卵形，长圆形，浅疏齿，齿尖带芒，脱落。雄花花梗长1-1.5（-2）厘米，被腺毛；花被片4，外轮2枚宽卵形，长1.6-1.9厘米，下部散生长毛，内面2枚椭圆形，长7-8毫米；花药倒卵状长圆形；雌花花梗长达4厘米，有腺毛；花被片3，外轮2枚近圆形或宽卵形，长1.5-1.8厘米，内轮1片椭圆形，长约8毫米，疏被长毛，1室，每胎座2裂片，具不等3翅；花柱3，基部合生，柱头半月形，扭曲，被刺状乳突。花期10-11月。

产广西西南部，生于海拔170-500米石灰岩石上、林下或山谷中。

［附］**乌叶秋海棠 Begonia ornithophylla** Irmsch. in Mitt. Inst. Allg. Bot. Hamburg 10：556. 1939. 本种与龙虎山秋海棠的区别：叶长卵形或斜卵状宽披针形，宽4.5-6.5厘米，先端长渐尖，基部浅心形，极偏斜，两面无毛，叶柄长10-15厘米，无毛；花梗无毛，雄花被片4，雌花被片3。产广西（龙州）。

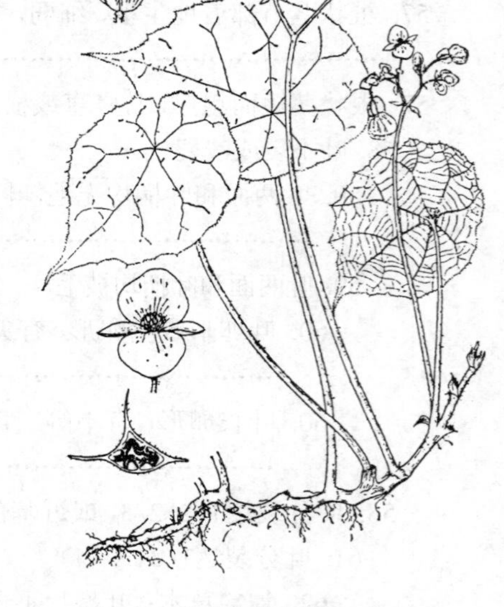

图 412 龙虎山秋海棠 （黄增任绘）

2. 铁甲秋海棠 图 413：1-4

Begonia masoniana Irmsch. in Begonian 26：202-203, 231, 1959.

多年生草本。叶均基生，常1片，叶斜宽卵形或斜近圆形，长10-19厘米，先端骤尖或短尾尖，基部深心形，有微凸长芒密齿，芒长1-1.7毫米，上面有铁十字状浅色斑纹，密被锥状长硬毛，下面淡褐绿色，沿脉被硬刺毛；叶柄长约11厘米，密被褐色卷曲粗硬毛。花葶高达54厘米，有棱，近顶端有极疏长毛；花多数，黄色，4-5回圆锥状二歧聚伞花序。花梗长0.5-1厘米，和分枝均散生长腺毛；苞片和小苞片均膜质，披针形或长圆形，长3-5毫米，边有腺毛。雄花花被片4，外轮2枚宽卵形或半圆形，长5-7毫米，基部微心形，外面被紫色长毛，内轮2枚长圆形，长约5毫米；花丝离生，长约0.8毫米，花药倒卵球形，先端微凹；雌花花被片3，外轮2枚长圆倒卵形，长约6毫米，有毛，内轮1枚，长圆形，长约5毫米；子房被带紫色长毛，具3窄翅，翅近等宽；花柱3，柱头2裂，呈U字形。花期5-7月，果期9月开始。

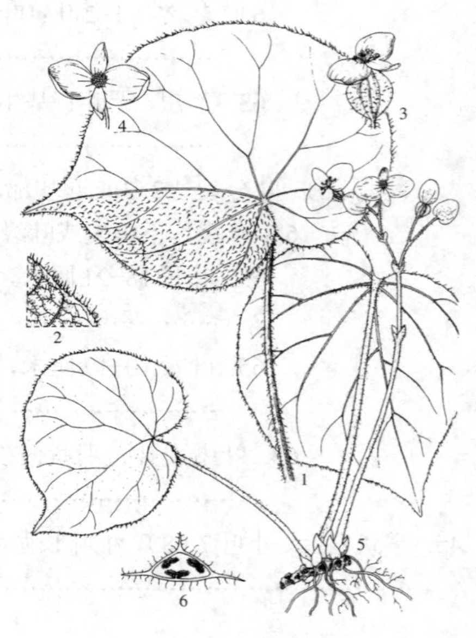

图 413：1-4.铁甲秋海棠 5-6.卷毛秋海棠 （张泰利绘）

产广西西南部，生于海拔170-220米山坡石灰岩石上、沟边灌丛中。昆明植物园有栽培。

3. 卷毛秋海棠 图 413：5-6

Begonia cirrosa L. B. Smith et D. C. Wasshausen in Phytologia 53: 442. 1983.

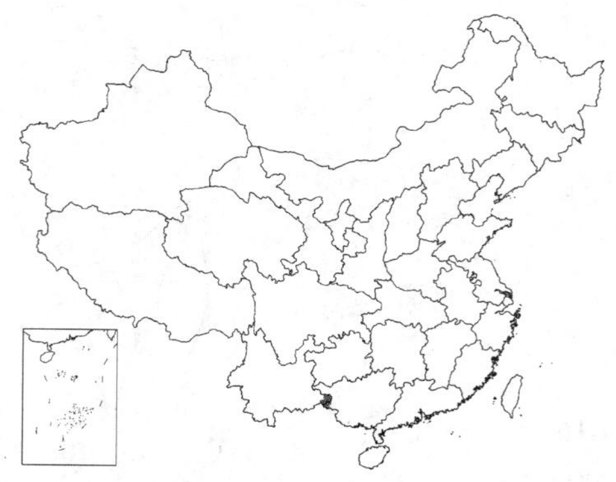

多年生草本。叶均基生，2-3片，斜宽卵形或斜近圆形，长6-10厘米，先端短尾尖，基部偏斜，深心形，具不等大、细密三角形齿，齿尖带芒，芒长5-1.2毫米，上面散生短硬毛，下面紫褐色，被长卷曲硬柔毛，沿脉密；叶柄长8.9-11.5厘米，密被褐色卷曲长硬毛，托叶膜质，早落。花葶高达24厘米，密被长卷曲毛；花8-10朵，3-4回二歧聚伞状；花梗长3-3.5厘米，分枝和花梗密被带紫色长硬毛；苞片膜质，长圆形或卵状披针形。雄花花被片4，外轮2枚宽卵形，长7-8毫米，内轮2枚长圆形，长4-5毫米，无毛；花丝离生，花药长圆形；雌花花被片3，外轮2枚，宽卵形，长6-7毫米，内轮长圆形，长约5毫米；子房被毛，1室，每胎座具2裂片；花柱3，柱头扭曲呈U形，带刺状乳头。蒴果下垂，幼果长圆形或椭圆形，长1-1.5厘米，被紫色长硬毛；翅3，半圆形，径约4毫米，1翅较小，翅均被毛。果期4月。

产广西西部及云南东南部，生于海拔1000米密林下石隙。

4. 龙州秋海棠 图 414

Begonia morsei Irmsch. in Mitt. Inst. Allg. Bot. Hamburg 10: 556. 1939.

矮小草本，柔弱。叶均基生，斜宽卵形或斜长圆形，长5-7厘米，先端短尾尖，基部深心形，两侧常双叠，有细密浅三角形齿，齿尖芒长0.8-1.5毫米，上面密被基部球形锉状毛，下面幼时密被褐色卷曲长硬毛，后沿脉被卷曲长硬毛；叶柄长5-11（-16）厘米，密被褐色长硬毛。花葶高达11厘米，被长卷曲毛；花粉红色，常2-4朵呈二歧状。花梗长0.8-1厘米，近无毛；苞片早落；雄花花被片4，外轮2枚宽卵形或近圆形，长0.8-1厘米，内轮2枚倒卵状长圆形，长约7毫米；花丝基部合生；雌花花被片3，外轮2枚宽卵形，内面1枚较小；无毛，1室，每胎座具2裂片。蒴果下垂，长圆形，长6.5-9毫米，无毛，具3翅，1翅半圆形，宽约5毫米，另2翅宽约1.5毫米；果柄长10-11厘米。花期9-11月，果期11月开始。

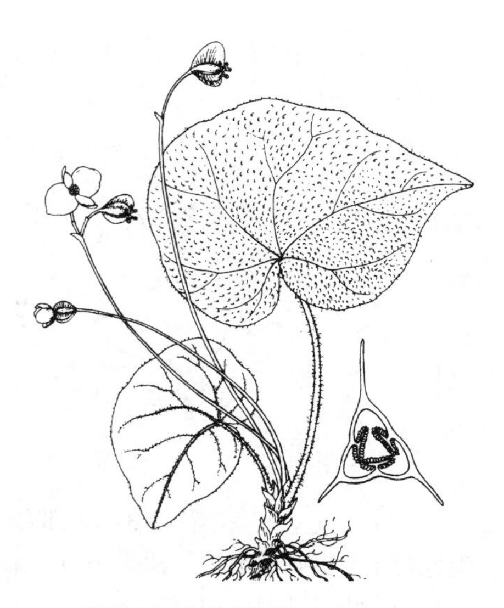

图 414 龙州秋海棠 （张泰利绘）

产广西西南部及云南东南部，生于海拔1475米岩洞石壁上、林下阴处石缝中。

5. 侧膜秋海棠 图 415

Begonia obsolescens Irmsch. in Notes Roy. Bot. Gard. Edinb. 21(1): 37. 1951.

多年生草本，柔弱。叶全基生，卵形或长圆状卵形，长6-8厘米，先端尖或渐尖，基部深心形，有不等大三角形缺刻状齿，齿尖芒长0.5-1毫米，上面褐绿色，散生短硬毛，常兼有柔毛，下面沿脉有长卷曲毛；叶柄长4-8厘米，散生长柔毛，托叶膜质早落。花葶高约10厘米，被褐色卷曲长毛；花白色，常2朵，呈二歧状。雄花花梗长1.5-1.8厘米，被褐色长毛，花被片4，外轮2枚宽卵形或长圆形，长

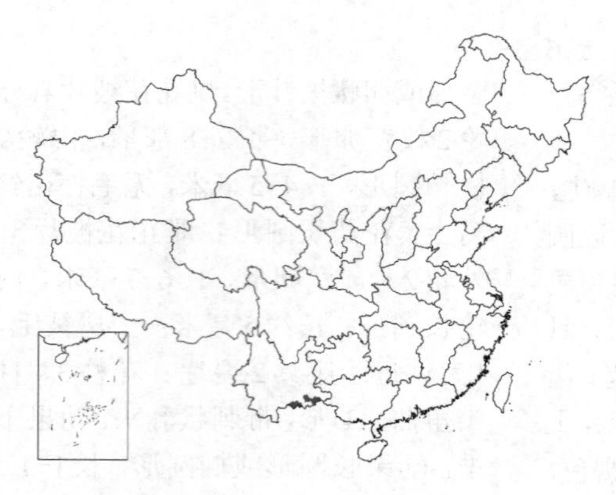

7-8.5毫米，内轮2枚长圆形或椭圆形，长5-6毫米；花丝基部稍合生，花药倒卵状长圆形。蒴果3翅近等大，斜三角形，无毛。花期6月开始，果期6月开始。

产云南东南部，生于海拔1200米密林下石缝中。

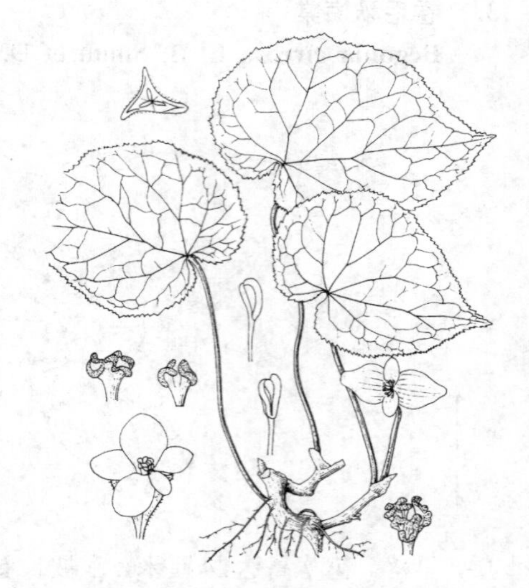

图 415 侧膜秋海棠 （孙英宝绘）

6. 罗甸秋海棠 单花秋海棠 图 416

Begonia porteri Lévl. et Vant. in Fedde, Repert. Sp. Nov. 9: 20. 1912.

多年生草本。叶全基生，1-2片，卵形，稀宽卵形，长3-5.5厘米，先端渐尖或尖，基部心形，有不规则三角形浅齿，齿尖芒长1-1.8毫米，上面被卷曲褐色长柔毛，下面淡褐绿色，常有紫斑，幼时密被卷曲褐色长柔毛，渐脱落，老叶散生卷曲褐色长柔毛；叶柄长3.5-7厘米，密被褐色卷曲长柔毛。花葶高达10.5厘米，无毛；花2-4朵，成2回二歧聚伞状；花序梗长4.5-9厘米，无毛。花梗长1.2厘米，无毛；苞片膜质，卵形，早落。雌花外轮花被片半圆形，长约7毫米；子房无毛，1室，花柱3，基部合生，长约1.5毫米，向上渐膨大，柱头近肾形，带刺状乳突。蒴果下垂，无毛，长圆形，长约8毫米，具不等大3翅，1翅宽长圆形，长约6毫米，无毛，有网脉，另2翅长2毫米；果柄长约1.2厘米。花期6月。

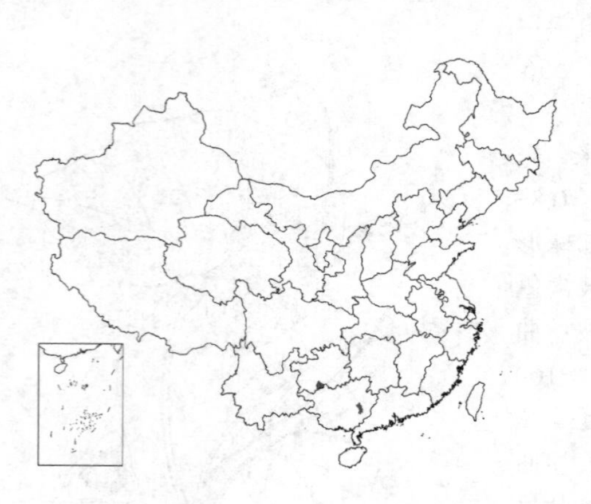

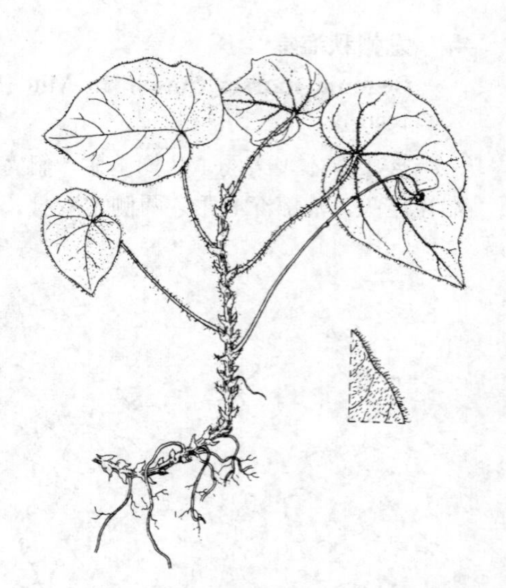

图 416 罗甸秋海棠 （张泰利绘）

产贵州南部及广西东南部。

7. 癞叶秋海棠 团扇叶秋海棠 图 417

Begonia leprosa Hance in Journ. Bot. 21: 202. 1883.

多年生草本。叶均基生，近圆形或宽卵圆形，长4-8厘米，先端圆钝、尖或短尾尖，基部偏斜，心形，密生微凸起细齿，幼时齿尖芒长0.5-1毫米，老时不明显，上面有白斑，下面沿脉被锈褐色卷曲长毛，两面密被下陷圆形细小窝孔；叶柄长4-9.5厘米，幼时密被锈褐色卷曲长毛，老时少，托叶膜质，卵形，先端有长芒。花白或粉红色，2-5（-7）朵，成聚伞状，花序梗长约2厘米，被疏毛。雄花花梗长0.6-1.1厘米，被疏毛或近无毛；苞片膜质，卵形，有缘毛；花被片4，外轮2枚宽卵形，长7-9毫米，内轮2枚

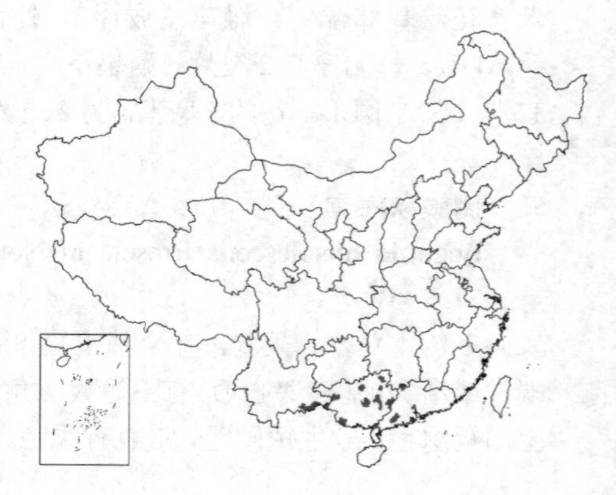

长圆形，长5-7毫米；花丝离生；雌花近无梗；苞片膜质，卵形，长3.5-5毫米，有缘毛；花被片4，外轮2枚倒宽卵形或近圆形，长7-9毫米，内轮2枚倒卵长圆形，长5-7毫米；子房3室，每室胎座具2裂片；花柱3，离生，中部以上分枝，柱头螺旋状扭曲，带刺状乳突。蒴果下垂，纺锤状，长1.2-2厘米，有圆形窝孔，无翅；果柄长1.2-1.5毫米。花期9月，果期10月开始。

产广东、广西及云南东南部，生于海拔700-1800米林下潮湿处、路边阴湿地或山坡潮湿岩缝中。

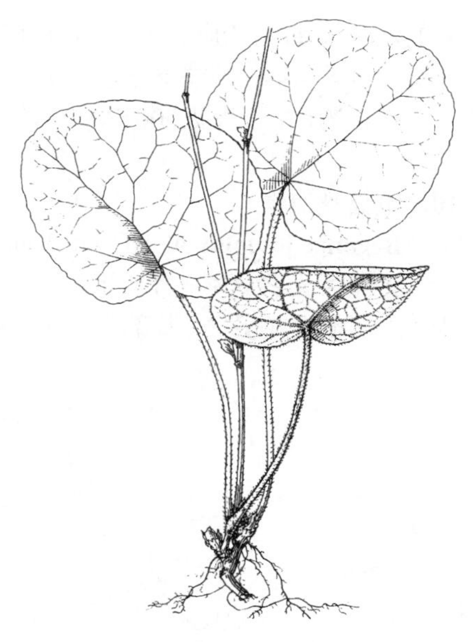

图 417 癞叶秋海棠 （冯晋庸绘）

8. 粗喙秋海棠 图 418

Begonia crassirostris Irmsch. in Mitt. Inst. Allg. Hamburg 10: 513. 1933.

多年生草本。茎高达1.5米。叶披针形或卵状披针形，长8.5-17厘米，先端渐尖或尾尖，基部极偏斜，微心形，有大小不等极疏的带突头浅齿，齿尖有短芒，两面无毛或近无毛；叶柄长2.5-4.7厘米，近无毛，托叶膜质，卵状披针形，无毛。花白色，2-4朵，腋生，二歧聚伞状。花梗长0.8-1.2厘米，近无毛；苞片膜质，披针形，长0.5-1厘米，无毛；雄花花被片4，外轮2枚长方形，长约8.5毫米，内轮2枚长圆形，长约6毫米；花丝离生，花药长圆形；雌花花被片4，和雄花被片相似；子房顶端具长约3毫米粗喙，3室，中轴胎座，每室胎座具2裂片；花柱3，近基部合生，柱头螺旋状扭曲，带刺状乳突。蒴果下垂，近球形，径1.7-1.8厘米，无毛，顶端具粗厚长喙，无翅，无棱；果柄长约1.2厘米。花期4-5月，果期7月。

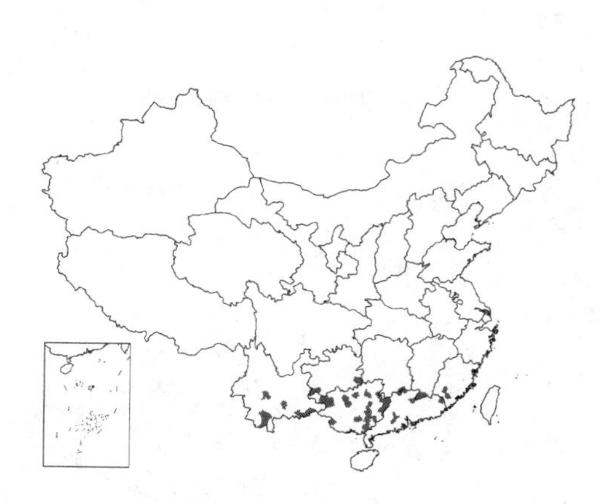

图 418 粗喙秋海棠 （引自《海南植物志》）

产福建、江西南部、湖南南部、广东、海南、广西、贵州东南部及西南部、云南，生于海拔600-2200米山谷密林中、河边、山坡疏林中、山谷灌丛中或沟边。全草药用，消肿止痛，治喉炎。

9. 圆果秋海棠 图 419

Begonia hayatae Gagnep. in Bull. Mus. Hist. Nat. Paris 25: 282. 1919.

多年生草本。茎高达70厘米。叶斜长圆状卵形或卵状披针形，长10-13.6厘米，先端渐尖，基部心形，疏生浅小齿，上面褐绿色，下面色淡，两面无毛，掌状6-7脉；叶柄长4.8-6.8厘米，近无毛，托叶膜质，披针形，长约1毫米。花白色，3-5朵，聚伞状。花梗长0.8-1.2厘米，无毛；苞片膜质，披针形，长5-6毫米，边有腺毛，早落；雄花花被片4，外面2枚宽卵形，长约1.2厘米，内面2枚长约1厘米，先端圆；花丝离生，长1.5-2.1毫米，花药长圆形，长1.5-2毫米，顶端尖；雌花花被片4-6；子房

无毛，3室，每室胎座有2裂片，花柱3，离生，柱头螺旋状扭曲，带刺状乳头。蒴果球形，顶端下陷，无翅。花期5-9月。

产台湾，生于海拔500-2000米林下。

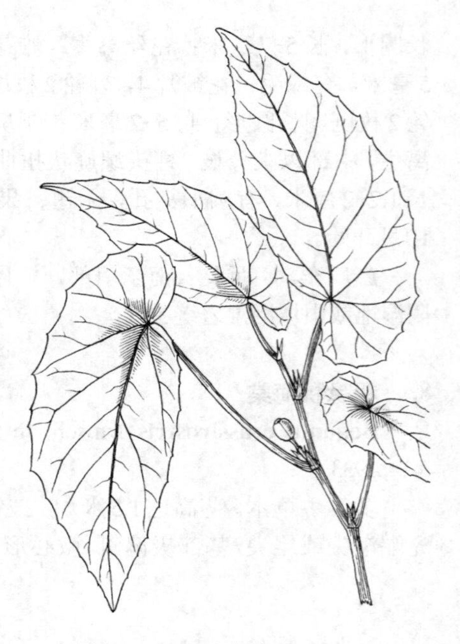
图 419 圆果秋海棠 （余汉平绘）

10. 重齿秋海棠 图 420

Begonia josephii A. DC. in Ann. Sci. Nat. Bot. ser. 4, 11: 126. 1859.

多年生无茎草本。叶盾形，全基生，叶宽卵形或近圆形，长10-19厘米，先端渐尖或尾尖，基部圆，有缺刻状三角形锐齿，齿尖有芒，中部以上常有4-5浅裂，裂片三角形，上面密被或疏被弯曲硬柔毛，下面被淡褐色柔毛；叶柄长10-25厘米，密被或疏被褐色长毛，托叶膜质，卵形，有缘毛。花葶高达28厘米，近基部常有1小叶，疏被褐色长毛；花粉红色，数朵，呈二歧聚伞状。花梗长1-1.8厘米，无毛；苞片膜质，卵形，外面和边缘有毛；雄花花被片4，外轮2枚长圆形，长约4毫米；雌花花被片4-6；子房散生极疏紫色毛，渐脱落，3室，每室胎座具2裂片；花柱3，基部1/2合生，柱头头状，带刺状乳头状突起。蒴果下垂，倒卵球形或近球形，长约7毫米，无毛，具不等3翅，1翅镰刀状，长达1.2厘米，另2翅近等大，均无毛；果柄长约1.5厘米，无毛。花期7-8月，果期8月开始。

产西藏南部错那，生于海拔2600-2800米针阔叶混交林中或林缘湿地岩缝中。尼泊尔、锡金、不丹及印度东北部有分布。

11. 昌感秋海棠 盾叶秋海棠 图 421

Begonia cavaleriei Lévl. in Fedde, Repert. Sp. Nov. 7: 20. 1909.

多年生草本。叶盾形，全基生，厚纸质，近圆形，长8-15（22）厘米，先端渐尖或长渐尖，基部略偏圆，全缘常浅波状，上面被极短毛，老时脱落，下面近无毛；叶柄长7-25厘米，有棱，无毛。花葶高约20厘米，无毛；花淡粉红色，1-3朵，聚伞状。雄花花梗长2-3厘米，无毛；苞片倒卵形，长约8毫米，无毛；花被片4，外面2枚宽卵形或卵形，长1.7-2厘米，无毛，内面2枚长圆形，长约1.2厘米；雌花花

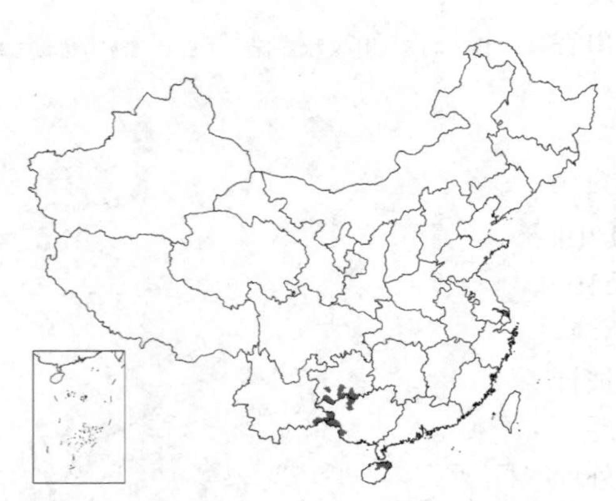

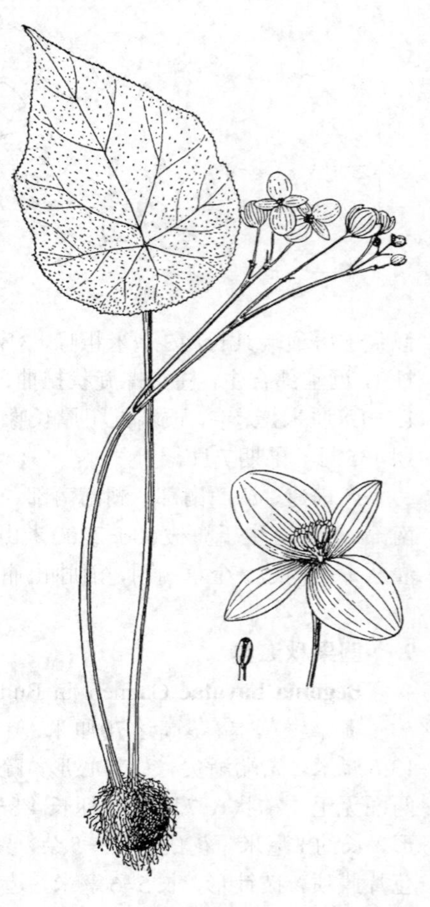
图 420 重齿秋海棠 （路桂兰绘）

被片3，外面2枚宽卵形或近圆形，长1.7-1.8厘米，无毛，内面1枚，长圆形，长约8.5毫米；子房无毛，3室，中轴胎座，每室胎座具2裂片，具不等3翅，花柱3，基部合生，上部分枝，柱头螺旋状扭曲，带刺状乳头。蒴果下垂，长圆形，长约2.9毫米，无毛，具不等3翅，翅新月形，大的长约7毫米，小的长2-3毫米，均无毛；果柄长约3.5厘米，无毛。花期5-7月，果期7月开始。

产海南、广西、贵州南部及西南部、云南东南部，生于海拔700-1000米山沟阴湿岩缝中或山麓及山谷密林下。

［附］**盾叶秋海棠** 掌裂叶秋海棠 图 422：1-3 **Begonia peltatifolia** H. L. Li in Journ. Arn. Arb. 25：209. 1944. 本种与昌感秋海棠的区别：叶卵形或椭圆形，先端短尾尖，上面褐绿色，有下陷小窝孔，下面有蜂窝状突起，基脉10-12；花4-8（-10）朵，成3-4（5）回二歧聚伞花序；雄花花被片4，雌花花被片2；蒴果倒卵球形。花期6-7月，果期7月开始。产海南，生于石缝中。根状茎药用，散血消肿。

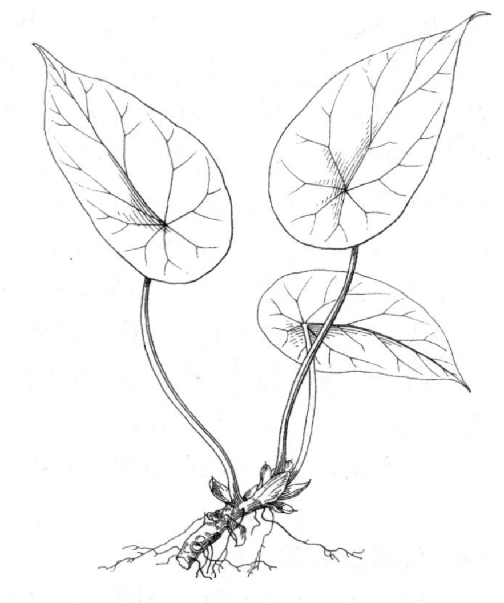
图 421 昌感秋海棠 （冯晋庸绘）

12. 少瓣秋海棠 图 422：4-5

Begonia wangii Yu in Bull. Fan Mem. Inst. Biol. new ser. 1(2)：126. 1948.

Begonia cavaleriei auct. non Lévl.：中国高等植物图鉴 2：944. 1972. quoad f. 3618. excl. descr.

多年生草本。叶盾形，均基生，叶卵状长圆形或卵状披针形，长7-20厘米，先端渐尖，基部圆，全缘或略波状，两面无毛；叶柄长5-20厘米，无毛，托叶卵形，顶端带刺芒，无毛。花葶高达17厘米，无毛；花数朵，二歧聚伞状。花梗长0.8-1厘米，无毛；苞片卵形，长6-8毫米，无毛；雄花花被片2，宽卵形或扁圆形，长1.5-1.8厘米；花丝基部合生；雌花花被片2，圆卵形，长1.4-1.8厘米；子房3室，中轴胎座，每室胎座具2裂片，花柱3，离生，2裂，柱头成U形，密被刺状乳头。幼果下垂，长圆柱状，长约2.1厘米，无毛，翅不明显；果柄长约3.5厘米，无毛。花期5月。

图 422：1-3.盾叶秋海棠 4-5.少瓣秋海棠 （张泰利绘）

产广西西部、贵州中部及云南东南部，生于海拔800米石缝中。

13. 海南秋海棠 图 423

Begonia hainanensis Chun et F. Chun in Sunyatsenia 4：20. pl. 8. f. 4. 1939.

多年生草本，高达33厘米。茎下部匍伏，上部直立，密被红褐色卷曲长毛。茎生叶多数，叶卵状长圆形或椭圆状长圆形，长5-8厘米，先端渐

尖，基部偏斜，多圆而微凹，具不规则浅波状齿，上面无毛，脉带红色，下面红褐色，有淡色小乳突并散生褐色粗硬毛，沿脉较密，叶柄长2-3厘米，密被褐色卷曲粗毛，托叶长圆状披针形，长0.8-1厘米，外面和边缘被卷曲毛。花雌雄异株；雌花单生叶腋，花梗长约8毫米，近无毛；苞片窄长圆状披针形，长约1厘米，全缘，小苞片椭圆形，长约3毫米，具短刺尖头；花被片5，红色，无毛，外面3枚宽椭圆形，长约8毫米，内面2枚倒卵状长圆形，长约8毫米；子房3室，每室胎座有2裂片，花柱基部微合生，近中部成3粗壮分枝，无毛，柱头U状，直立而扭曲并带刺状乳头。蒴果卵状长圆形，长约1.4厘米，具近等大3翅，翅斜三角形，长1.1-1.5厘米，无毛。花期4月，果期5月开始。

产海南，生于海拔约1000米林内石缝中。

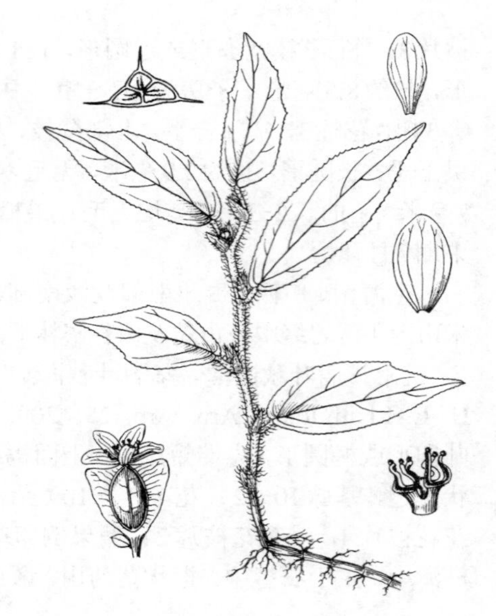

图 423 海南秋海棠 （余汉平绘）

14. 台湾秋海棠 图 424：1

Begonia taiwaniana Hayata in Journ. Coll. Sci. Univ. Tokyo 30(1): 125. 1911.

草本。茎高约1米，粗壮，无毛。叶斜披针形，长6.5-9（-13）厘米，宽1.8-4厘米，先端长渐尖或尾尖，疏生大小不等浅锐齿，齿尖有短芒，上面深绿色，下面淡绿色，两面无毛；叶柄长2-2.4（-4）厘米，无毛。花2-3朵，白色，呈聚伞状，腋生。花梗长1-2厘米，无毛；苞片卵形，长约5毫米；雄花花被片4，外面2枚宽倒卵形，长0.6-1.2厘米；花丝分离；雌花花被片5，近等大，长1-1.4厘米；花柱3，顶端2裂，柱头螺旋状扭曲，带刺状乳突。蒴果三棱形，长约1.3厘米，具不等3翅，1枚长1.7-2厘米，另2枚长4-6毫米。花期6-10月。

产台湾及海南昌江，生于林下。

［附］**黄连山秋海棠** 图 424：2-5 **Begonia coptidi-montana** C. Y. Wu in Acta Phytotax. Sin. 33(3): 251, f. 1. 1995. 本种与台湾秋海棠的区别：叶卵状披针形，疏生极浅齿，两面疏生硬毛，叶柄长3-5厘米；蒴果长圆形。产云南东南部及南部，生于海拔1750-1825米芭蕉林下或密林下石缝中。

图 424: 1.台湾秋海棠 2-5.黄连山秋海棠 （余汉平绘）

15. 云南秋海棠 图 425 彩片 131

Begonia yunnanensis Lévl. in Fedde, Repert. Sp. Nov. 6: 20. 1909.

多年生具茎草本。茎高达40厘米，无毛。茎生叶多数，叶斜三角形，长3.5-8厘米，先端长渐尖，基部极偏斜，浅心形，具宽三角形齿及斜三角形齿，齿尖有短芒，两面无毛；叶柄长1.8-5.5厘米，无毛，托叶卵形，有

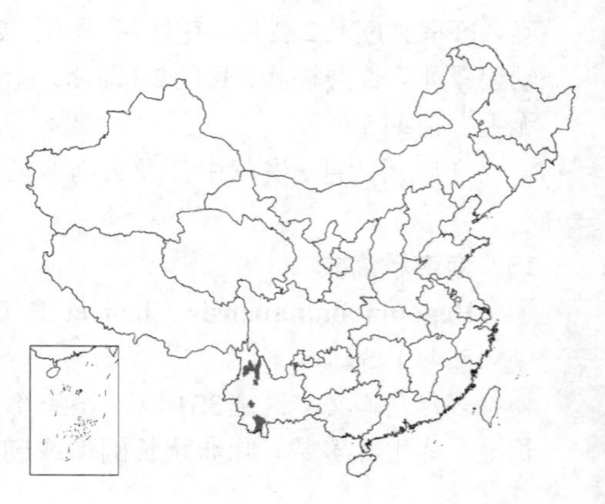

缘毛。花粉红色，常2朵腋生，有花序梗，短于叶柄，顶生花较多，2朵成束，排成总状。花梗长0.6-1厘米，花序梗和花梗均无毛；苞片卵形。雄花花被片4，外轮2枚宽卵形，长5-7毫米，近无毛，内轮2枚长椭圆形，长约3毫米；花丝基部合生；雌花花被片4，外轮2枚宽卵形，长7-8毫米，无毛，内轮2枚，长椭圆形，长6-7毫米；子房无毛，3室，中轴胎座，每室胎座具2裂片，花柱3，基部合生，柱头2裂，螺旋状扭曲呈头状或盘状并带刺状突头。蒴果下垂，长椭圆形，长约1厘米，无毛；具不等3翅，1翅斜三角形，长约1.5厘米，另2翅窄，近等大；果柄长1.5-1.7厘米，无毛。花期8月，果期9月开始。

产云南，生于海拔720-1380米林下溪旁或密林潮湿地。

［附］**岩生秋海棠** 彩片 132 **Begonia ravenii** C. I. Peng et Y. K. Chen in Bot. Bull. Acad. Sin. 29: 222. pl. 1. f. A-J. pl. 2. f. A-D. 1988. 本种与云南秋海棠的区别：植株较粗大，具长匍匐茎，节部着地生根；叶斜卵形，长达27厘米，有不规则浅齿；雄花被片2，雌花被片2（3）；蒴果倒卵球形，长约1.9厘米，具3翅，近等大；果柄长约3厘米。花期10月，果期11月开始。产台湾，生于海拔350-1000米山谷崖壁上。

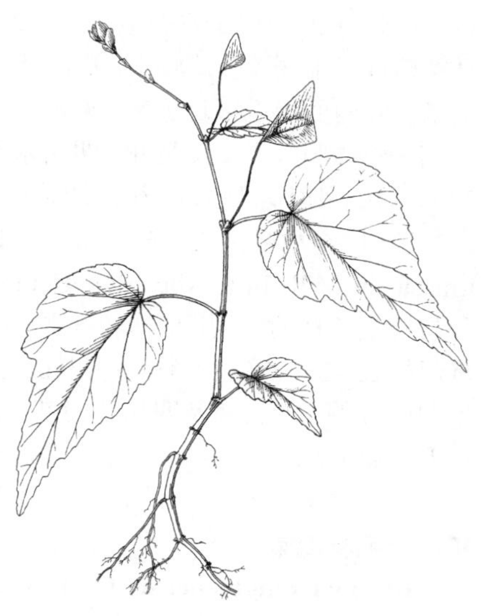

图 425 云南秋海棠 （冯晋庸绘）

16. 秋海棠 图 426：1-6

Begonia grandis Dry. in Trans. Linn. Soc. Bot. London 1: 163. 1791.

Begonia evasiana Andr.; 中国高等植物图鉴 2: 934. 1972.

多年生草本。茎高达60厘米，近无毛。茎生叶宽卵形或卵形，长10-18厘米，先端渐尖，基部心形，具不等大三角形浅齿，齿尖带短芒，上面常有红晕，幼时散生硬毛，老时近无毛，下面带红晕或紫红色，沿脉散生硬毛或近无毛；叶柄长4-13.5厘米，近无毛。花葶高达9厘米，无毛；花粉红色，较多，(2)3-4回二歧聚伞状，花葶基部常有1小叶，无毛；苞片长圆形，早落。雄花花梗长约8毫米，无毛，花被片4，外面2枚宽卵形或近圆形，长1.1-1.3厘米，内面2枚倒卵形或倒卵状长圆形，长7-9毫米，无毛；花丝基部合生；雌花花梗长约2.5厘米，无毛，花被片3，外面2枚近圆形或扁圆形，长宽约1.2厘米，内面1枚倒卵形，长约8毫米；子房无毛，3室，中轴胎座，每室胎座具2裂片，花柱3，柱头常2裂或头状或肾状，螺旋状扭曲，或U字形带刺状乳头。蒴果下垂，长圆形，长1-1.2厘米，无毛，具不等3翅，大翅斜长圆形或三角状长圆形，长约1.8厘米，另2翅窄三角形，或2窄翅呈窄檐状或无翅，近无毛。花期7月开始，果期8月开始。

产河北南部、河南、山东、江苏、安徽、浙江、福建、江西、湖北、湖南、广东北部、广西西北部、贵州、云南、四川及陕西南部，生于海拔100-1100米山谷潮湿石壁上、山谷溪旁密林石上、沟边岩石上或山谷灌丛中。日本、爪哇、马来西亚及印度有分布。全草及块茎药用，健胃、活血、消肿、驱虫。

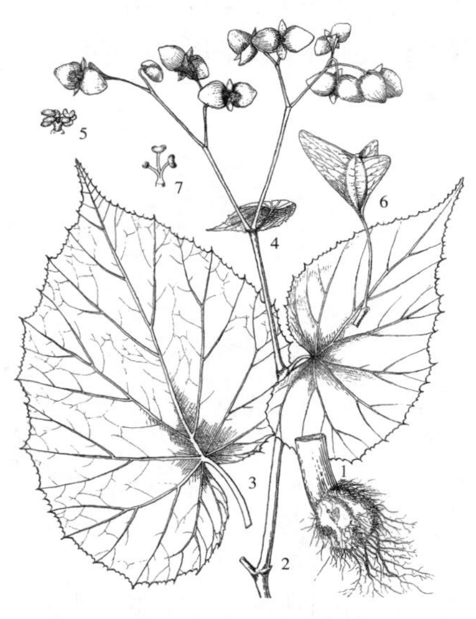

图 426：1-6.秋海棠 7.全柱秋海棠 （引自《图鉴》）

［附］**中华秋海棠** 图 427 彩片 133 **Begonia grandis** subsp. **sinensis** (A. DC.) Irmsch. in Mill. Inst. Allg. Bot. Hamburg. 10: 494. pl. 13. 1939. —— *Begonia sinensis* A. DC. in Ann. Sci. Nat. Bot. ser. 4,

11: 125. 1859; 中国高等植物图鉴 2: 935. 1972. 本变种与模式变种的区别：植株较细弱；叶片较小，椭圆状卵形或三角状卵形；雄蕊柱长不及2毫米；叶两面无毛或近无毛。产河北、山西、河南、山东、江苏、浙江、福建、湖南、湖北、广西、贵州、四川东部、甘肃南部及陕西，生于海拔300-2900米山谷阴湿岩缝、疏林内或荒坡阴湿地。药用，发汗、治筋痛。

［附］**全柱秋海棠** 图 426：7 **Begonia grandis** subsp. **holostyla** Irmsch. in Mill. Inst. Allg. Bot. Hamburg. 10: 498. pl. 14. 15. 1939. 本变种与模式变种的区别：植株较细弱，常不分枝；叶三角状卵形；雄蕊较少，雄蕊柱长0.3-0.8（-1）毫米；花柱分离，柱头头状，稀肾状。花期7-8月，果期9-10月。产云南及四川西南部，生于海拔2200-2800米山坡常绿阔叶林下或潮湿岩边。

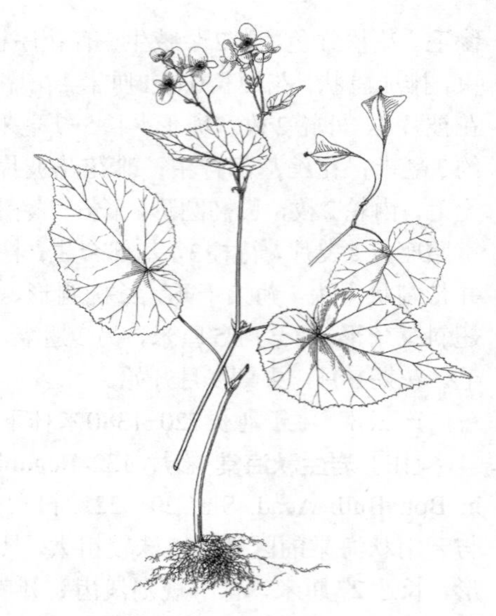

图 427 中华秋海棠 （冯晋庸绘）

17. 睫毛秋海棠 图 428

Begonia pingbienensis C. Y. Wu in Acta Phytotax. Sin. 33(3): 258. f. 7. 1995.

多年生草本。茎高达60厘米，方形，匍伏，被褐色硬毛。茎生叶卵形，长6.5-11厘米，先端尾尖，基部斜心形，具不规则三角形浅齿，齿尖带短芒，有时浅裂，上面散生硬毛，下面沿主脉和侧脉被硬毛，脉明显；叶柄长5-9.5厘米，被卷曲柔毛，托叶膜质，先端渐尖，被睫毛，早落。花粉红色，2(-4)朵，聚伞状；花梗长1-2厘米，和花序梗均被柔毛；苞片早落。雄花花被片4，外轮2枚宽卵形，长7-8毫米，被长柔毛，内轮2枚卵形，比外轮短小；花丝离生；雌花花柱3，离生，柱头扭曲呈螺旋状，带刺状乳头。蒴果被长硬毛，具不等3翅，2个近等大，1翅稍小。花期4月开始，果期5月开始。

产云南东南部，生于海拔1400-1500米山谷常绿林下。

图 428 睫毛秋海棠 （曾孝濂绘）

18. 桑叶秋海棠 图 429

Begonia morifolia Yü in Bull. Fan Mem. Inst. Biol. new ser. 1(2): 119. 1948.

多年生草本。茎上部直立，下部匍匐，幼时密被褐色卷曲毛，老时毛少。叶纸质，卵形或长卵形，长6-9厘米，先端长渐尖，基部浅心形，密生深缺刻状锐齿，齿尖带短芒，上面散生短硬毛，下面密被白色乳点，沿主脉和侧脉密被短卷硬毛；叶柄长1.5-2.5厘米，密被长卷曲柔毛，托叶三角状卵形，有褐色卷曲柔毛。花粉红色，少数，聚伞状。花梗长1-1.5厘米，被毛；苞片卵形，被长柔毛；雄花花被片4（5），外面2枚卵形，长约1.5厘米，被褐色长毛，内面2枚卵状长圆形，长约1.5厘米，被褐色长毛，内

面2枚卵状长圆形，长约8毫米；花丝离生；雌花花被片4，外面2枚宽卵形，长约1厘米，内轮2枚，卵状长圆形，长约7毫米；子房3室，每室胎座具2裂片，花柱3，柱头2裂，成U字形，带刺状乳头。蒴果下垂，被褐色卷曲毛，长圆形，长约1厘米，具不等大3翅；果柄长约1.5厘米。花期10-11月，果期12月开始。

产云南东南部，生于海拔1300-1600米疏林下潮湿处。

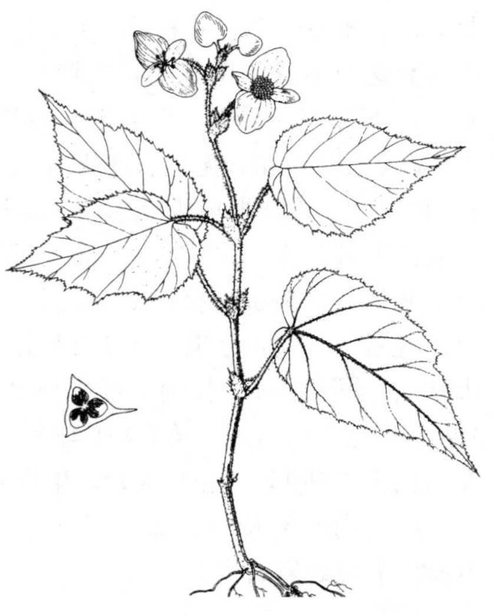

图 429 桑叶秋海棠 （张泰利绘）

19. 樟木秋海棠 图 430

Begonia picta J. E. Smith, Exot. Bot. 2: 81. t. 101. 1805.

多年生草本。基生叶常1片，卵状心形，长5-8厘米，先端渐尖，基部心形或深心形，有缺刻状重锯齿，有时极浅裂，上面散生硬柔毛，下面沿脉被硬柔毛；叶柄长5-8（-15）厘米，中部以上具柔毛，近顶端密，托叶卵状披针形，被毛。花葶高达15（-21）厘米，上部有柔毛，中部以下偶有茎生叶，长3-4厘米；花深粉红色，少数，聚伞状。花梗长0.5-1厘米，近无毛；苞片卵状披针形，疏被柔毛；雄花花被片4，外轮2枚近圆形，长约9毫米，有长毛，内轮2枚椭圆形，长5-6毫米，花丝基部合生；雌花花被片5，外轮2枚多宽倒卵形，长6-7毫米，中间1枚，卵形，长约5毫米，内轮2枚椭圆形，长约3.2毫米；子房被毛，3室，每室胎座具2裂片，花柱3，基部合生，柱头环状或螺旋状，带刺状乳头。蒴果下垂，倒卵球形，长和直径均约6毫米，幼时被柔毛，成熟后近无毛；具不等3翅，大的披针形，长约1.5厘米，径约4毫米，有纵棱，无毛，另2个短三角形；果柄长2.1-2.5厘米，无毛。

产西藏南部樟木，生于海拔2200-2900米山坡沟边、林下或林缘阴湿处岩缝中。尼泊尔、锡金、不丹及印度东北部有分布。

［附］**刚毛秋海棠 Begonia setifolia** Irmsch. in Mitt. Inst. Allg. Bot. Hamburg 10: 549. 1939. 本种与樟木秋海棠的区别：叶宽卵形或近圆形，先端短尾尖，基部偏斜，有小而浅不明显齿，上面散生粗硬带紫褐色长毛，毛长达6毫米，下面沿脉被硬毛，老时少；蒴果斜卵球形，长约1厘米。花期5月。产云南南部，生于海拔1300米常绿阔叶林下或箐边。

图 430 樟木秋海棠
（仿《Curtis's. Bot. Mag.》）

20. 糙叶秋海棠 图 431

Begonia asperifolia Irmsch. in Mitt. Inst. Allg. Bot. Hamburg 6: 359. 1927.

多年生草本。基生叶1（2），叶宽卵形，长15-20（-30）厘米，先端渐尖，基部略偏斜呈心形，具不等大三角形重锯齿，齿尖带短芒，老时不明显，常浅裂，裂片三角形，长达3.5厘米，有时波状分裂，上面散生直或卷

曲毛，下面被柔毛；叶柄长（8-）15-23（-28）厘米，近顶端常被卷曲毛。花葶高达15厘米，近无毛；花粉红色，数朵，成（2）3-4回二歧聚伞花序，无毛；下部苞片早落，宽卵形，小苞片膜质，长卵形或卵形。雄花花梗长1-1.5（-2.5）厘米，无毛；花被片4，外面2枚近圆形，长1.1-1.3厘米，无毛，内面2枚长圆形或卵状长圆形，长0.8-1厘米；雌花花梗长2-2.5厘米，无毛；花被片5，不等大，外面的近圆形，长0.7-1.1厘米，无毛，最内面的倒卵形，长5-6毫米；子房无毛，3室，每室胎座具2裂片，具不等大3翅；花柱3，基部合生，柱头2裂，呈U字形或新月形螺旋扭曲，密具刺状乳头。蒴果下垂，长圆形或倒卵状长圆形，长1-1.2厘米，无毛，具不等3翅，大的斜三角形，长1.2-1.4厘米，无毛，有纵纹，余2翅长3-4毫米；果柄长3-3.5厘米。花期8月，果期9月。

产云南西部及西北部、西藏东南部，生于海拔2400-3400米沟边林中或山坡林下湿处岩石上。

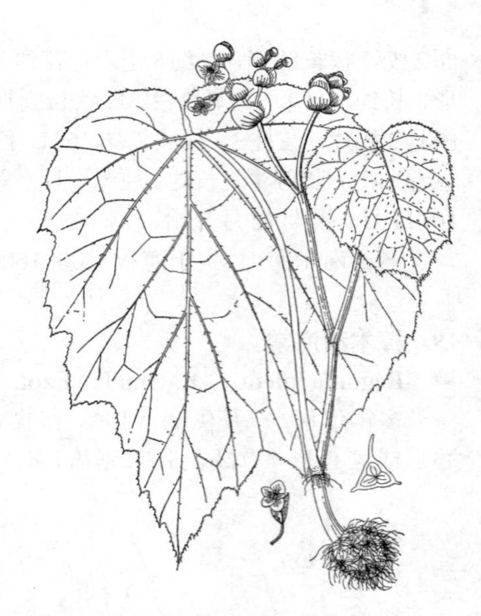
图 431 糙叶秋海棠 （引自《西藏植物志》）

21. 心叶秋海棠 俅江秋海棠 图 432 彩片 134

Begonia labordei Lévl. in Bull. Soc. Agr. Sci. et Arts de la Sarthe 59: 323. 1904.

多年生无茎草本。叶基生，卵形，长10-25厘米，先端渐尖或骤尖，基部略偏斜，心形，具不等大三角形齿，齿尖带芒，常不裂，上面散生稍硬毛，下面沿脉疏被短毛，余近无毛或无毛；叶柄长6.5-24.6厘米，无毛或顶端常被卷曲毛。花葶高达6.5厘米，无毛；花粉红或淡玫瑰色，数朵，呈总状2-3回二歧聚伞花序，无毛，下部苞片早落，小苞片长圆形，长3-4毫米，有不明显疏齿。雄花花梗长约1厘米，无毛；花被片4，外面2枚长圆形或卵状长圆形，长约1厘米，无毛，内面2枚椭圆形，长约7毫米；花丝连合成柱；雌花花梗长8-9毫米，无毛，花被片4，外面2枚宽椭圆形，长0.9-1厘米，无毛，内面2枚窄长圆形，长6-7毫米；子房无毛，3室，每室胎座具2裂片，花柱大部合生达4毫米，柱头3，膨大，螺旋状扭曲呈U字形，密被刺状乳头。蒴果下垂，长圆状倒卵形，长约1厘米，无毛，具不等大3翅，大的斜三角形，长约1.3厘米，余2翅窄，长2-3毫米，均无毛；果柄长1.8-2.3厘米，无毛。花期8月，果期9月开始。

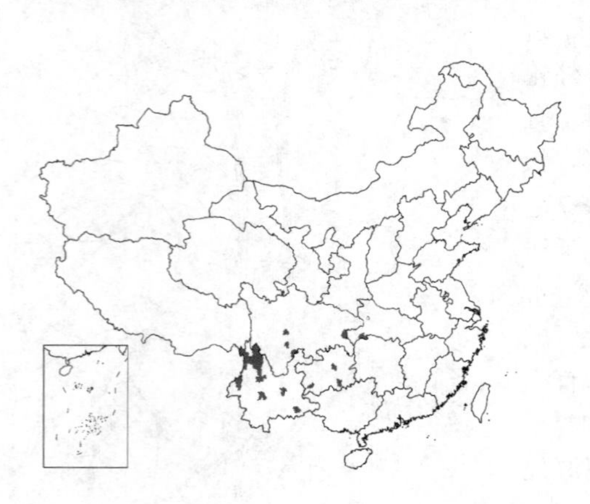

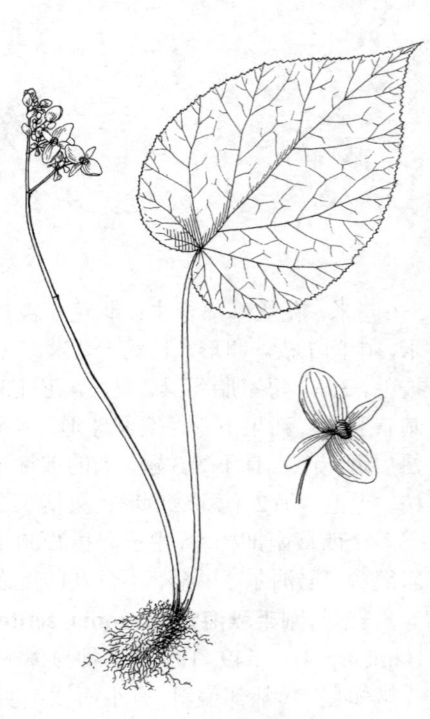
图 432 心叶秋海棠 （冯晋庸绘）

产湖北西南部、四川中南部、贵州及云南，生于海拔850-3000米山坡常绿阔叶林下岩石上、阴坡湿处岩石上、沟边林中或林内箐边岩石上。缅甸北部有分布。

22. 紫背秋海棠 图 433 彩片 135

Begonia fimbristipula Hance in Journ. Bot. 21: 202. 1883.

多年生无茎草本。叶基生，宽卵形，长6-13厘米，先端尖或渐尖，基部略偏斜，心形或深心形，有大小不等三角形重锯齿，有时缺刻状，齿尖

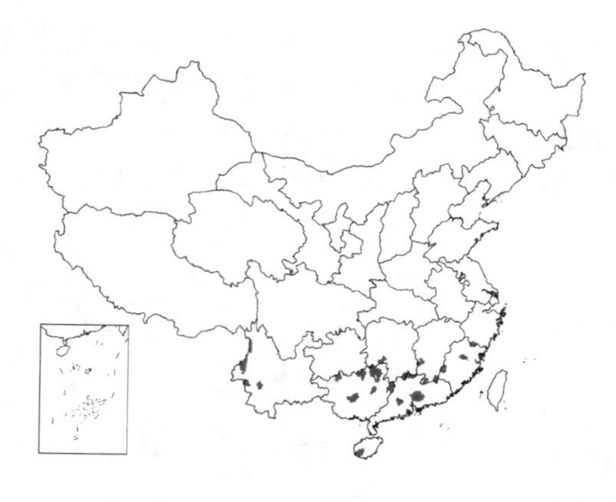

有长达0.8毫米的芒，上面散生短毛，下面沿脉被毛，常有不明显白色小斑点；叶柄长4-11.5厘米，被卷曲长毛，托叶卵状披针形，顶端带刺芒，边撕裂状。花葶高达18厘米，无毛；花粉红色，数朵，2-3回二歧聚伞状花序，近无毛；下部苞片早落，小苞片膜质，长圆形，长3-4毫米，无毛。雄花花梗长1.5-2厘米，无毛；花被片4，红色，外面2枚宽卵形，长1.1-1.3厘米，无毛，内面2枚倒卵状长圆形，长1.1-1.6厘米；雌花花梗长1-1.5厘米，无毛，花被片3，外面2枚宽卵形或近圆形，长0.6-1.1厘米，近等宽，内面的倒卵形，长6.5-9.2毫米；子房3室，每室胎座具2裂片，花柱3，近离生或1/2合生，柱头扭曲呈环状。蒴果下垂，倒卵状长圆形，长约1.1毫米，无毛，具不等3翅，大翅近舌状，长1.1-1.4厘米，余2翅窄，长约3毫米；果柄长1.5-2毫米，无毛。花期5月，果期6月开始。

产浙江南部、福建、江西、湖南、广东、海南、香港、广西及云南，生于海拔700-1120米山顶疏林下石上、悬崖石缝中或林下潮湿岩石上。全草药用，解毒、止咳、活血、消肿。

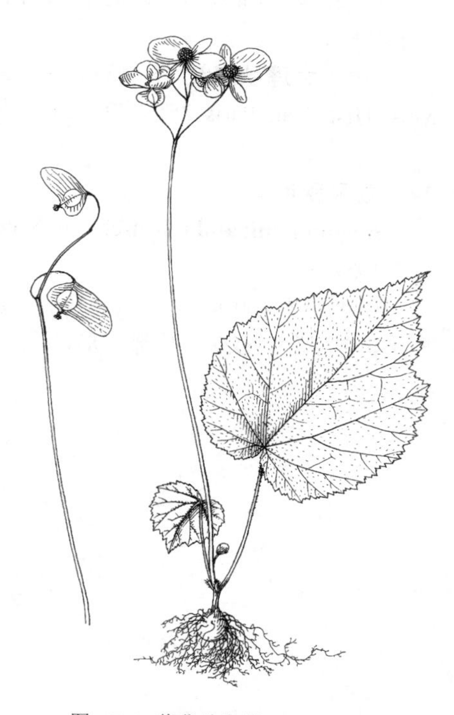

图 433 紫背秋海棠 （冯晋庸绘）

23. 木里秋海棠 图 434：1-5

Begonia muliensis Yu in Bull. Fan Mem. Inst. Biol. new ser. 1(2): 119. 1948.

中型无茎草本。基生叶常1（2），宽心状卵形，长9-14厘米，宽11-17厘米，先端渐尖，基部心形，两侧几相等，呈圆耳状，5-7浅裂，裂片短三角形，具三角形齿，齿尖带短芒，上面散生弯曲硬毛，下面沿脉散生短硬毛；叶柄长14-21厘米，有极疏毛。花葶高达30厘米，有极疏毛；花粉红色，数朵，2-3回二歧聚伞状。花梗长0.8-1.2厘米，无毛；苞片卵状披针形，长约5毫米，无毛；雄花花被片4，外面2枚宽卵形，长约1厘米，内面2枚椭圆形，长约6毫米；花丝基部合生；雌花花被片3，外面2枚，卵形，长约8毫米，内轮1枚，椭圆形，长约6毫米；子房3室，每室胎座具2裂片，花柱3，基部微合生，柱头2裂，扭曲呈环状，带刺状乳头。蒴果下垂，倒卵状长圆形或长圆形，长0.8-1厘米，无毛，有不等3翅，1翅斜三角形，长约1.5厘米，另2翅小，均斜三角形；果柄长2.5-3厘米，无毛。花期8月，果期9月开始。

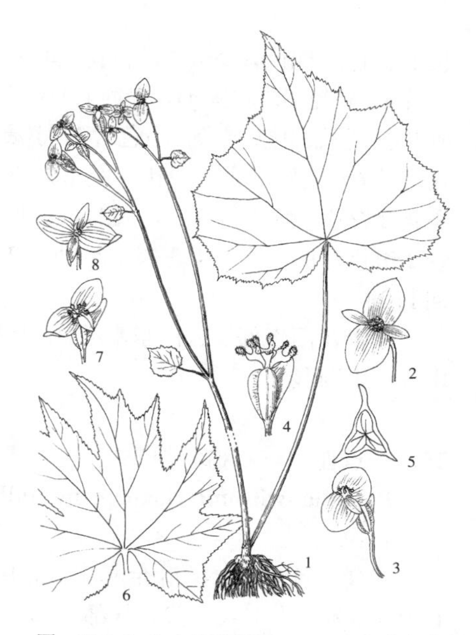

图 434：1-5.木里秋海棠 6-8.大理秋海棠 （张泰利绘）

产四川西南部及云南西北部，生于海拔1800-2600米河边及山沟岩石下或密林中。

［附］**大理秋海棠** 图 434：6-8 **Begonia taliensis** Gagnep. in Bull. Mus. Hist. Nat. Paris 25：279. 1919. 本种与木里秋海棠的区别：叶近圆形或扁圆形，分裂达1/2-2/3，裂片常再浅裂，裂片常披针形，具不整齐浅锐齿，叶柄长21-41厘米。产云南西北部，生于海拔2400米林下。

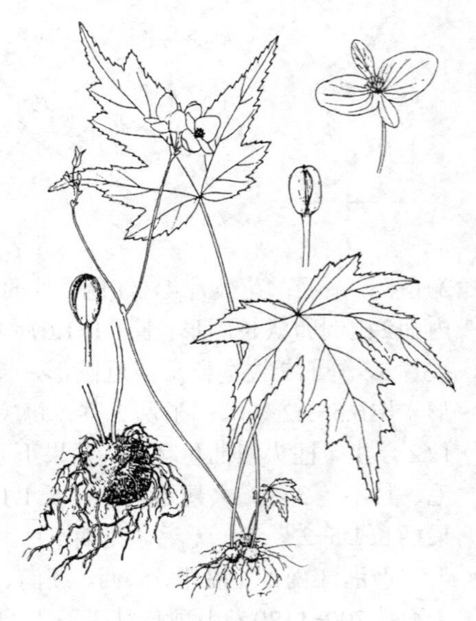

图 435 石生秋海棠 （李锡畴绘）

24. 截裂秋海棠

Begonia miranda Irmsch. in Notes Roy. Bot. Gard. Edinb. 21：36. 1951.

中型草本。叶均基生，1（2）片，斜卵形、近圆形或扁圆形，长16-21厘米，先端渐尖或尖，基部心形，掌状6深裂，中间2裂片长8-16厘米，再中裂，二次裂片三角形，两侧裂片披针形，最下面2侧裂片三角形或披针形，有极疏不明显浅齿，上面被极短毛，下面主脉和侧脉被长片状毛，近叶柄处较密，网脉被短毛；叶柄长（11-）28-32厘米，幼时密被褐色片状长毛，毛长达6毫米，渐脱落。花葶高达28厘米，被褐色卷曲片状长毛，有时中部以下具1叶，密被褐色片状长毛；花玫瑰色，少数。雄花花梗长约2厘米，近无毛；小苞片早落；花被片4，外轮2枚扁圆形，宽约1.9厘米，内轮2枚长圆形，长约1.1厘米；雌花花梗长2.4-3厘米；小苞片2，膜质，卵状长圆形，长约9毫米，无毛；花被片6。蒴果下垂，卵状长圆形，长1.8-2厘米，近无毛，3室，每室胎座具2裂片，具不等3翅，大的宽舌形，长约1.5厘米，有条纹，近无毛，余2翅新月形，长3-4毫米；果柄长2.5-3厘米，近无毛。花期10月，果期11月。

产贵州西南部及云南东南部，生于海拔1200-1600米山坡潮湿处石上或山谷林中潮湿处。

［附］**石生秋海棠** 图 435 **Begonia lithophila** C. Y. Wu in Acta Phytotax. Sin. 33(3)：257. f. 6. 1995. 本种与截裂秋海棠的区别：叶五角形，长7-17厘米，叶下面毛被非褐色卷曲片状毛，叶柄长2-12厘米，近无毛；蒴果椭圆状，翅较薄，不等3翅，最大翅披针形，长达3厘米。产云南中北部，生于海拔1670-1800米岩缝中或山麓石灰岩洞。

25. 一点血 一点血秋海棠 图 436 彩片 136

Begonia wilsonii Gagnep. in Bull. Mus. Hist. Nat. Paris 25：281. 1919.

多年生无茎草本。叶全基生，常1（2），菱形或宽卵形，稀长卵形，长12-20厘米，先端长尾尖，基部心形，常3-7（-9）浅裂，裂片三角形，有三角形齿，齿尖有短芒，两面近无毛；叶柄长11-19（-25）厘米，近无毛。花葶高达12厘米，无毛；花粉红色，5-10朵，成2-3回二歧聚伞状，花序梗长0.8-3.5（-5）厘米，无毛。花梗长1-1.8（-2.2）厘米，无毛；苞片和小苞片均膜质，卵状披针形；雄花花被片4，外轮2枚，卵形或宽卵形，长1-1.4厘米，无毛，内轮2枚长圆状倒卵形，长约8毫米；花丝离生；雌花花被片3，外轮2枚，宽长圆形或近圆形，长约1厘米，内轮1枚椭圆形，

长5-6毫米；子房3室，中轴胎座，每室胎座具1裂片；花柱3，基部或1/2合生，柱头3裂，顶端头状或环状，带刺状乳突。蒴果下垂，纺锤形，长1-1.2厘米，无毛，无翅，具3棱；果柄长1-1.5厘米，无毛。花期8月，果期9月开始。

产四川近中部及东南部、贵州东南部，生于海拔700-1950米山坡密林下、沟边石壁或山坡阴处岩石上。根药用，补血、活血、补虚。

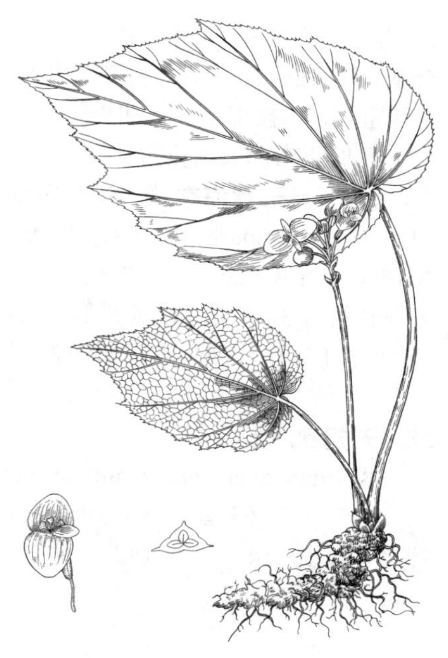

图 436 一点血 （引自《图鉴》）

26. 独牛 柔毛秋海棠

图 437

Begonia henryi Hemsl. in Journ. Linn. Soc. Bot. 23: 334. 1887.

多年生无茎草本。叶均基生，常1（2），三角状卵形或宽卵形，稀近圆形，长3.5-6厘米，先端尖或短渐尖，基部深心形，有三角形单或重圆齿，上面散生淡褐色柔毛，下面散生褐色柔毛，沿脉较密或常有卷曲毛；叶柄长6-13厘米，被褐色卷曲长毛。花葶高达12厘米，花粉红色，常2或4朵，2-3回二歧聚伞状。花梗长约1厘米，被疏柔毛；苞片膜质，长圆形或椭圆形，长约5毫米，有齿；雄花花被片2，扁圆形或宽卵形，长0.8-1.2厘米，基部微心形，花丝离生；雌花花被片2，扁圆形，长6-8毫米，基部微心形；子房3室，中轴胎座，每室胎座具1裂片，花柱3，柱头2裂，裂片头状，带刺状乳头。蒴果下垂，长圆形，长约1.1厘米，无毛；3翅不等大，大的斜三角形，长5-7毫米，另2翅窄三角形；果柄长1.3-1.7厘米，无毛。花期9-10月，果期10月开始。

产湖北西部、四川、贵州西南部、云南及广西东北部，生于海拔850-2600米山坡阴处岩石上、石灰岩山坡石缝中、路边阴湿处或常绿阔叶林下。

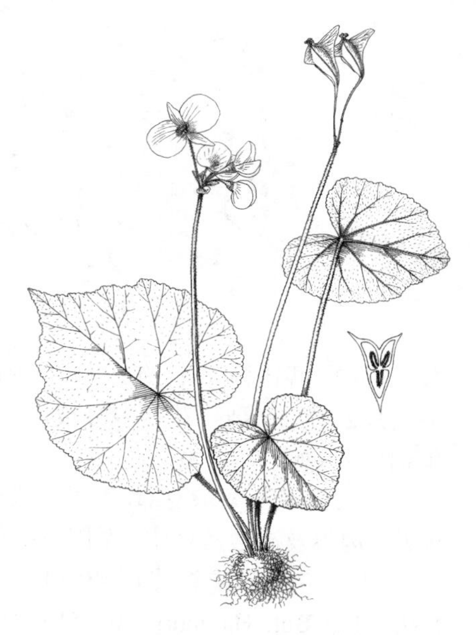

图 437 独牛 （冯晋庸绘）

27. 小叶秋海棠 小秋海棠

Begonia parvula Lévl. et Vant. in Fedde, Repert. Sp. Nov. 2: 113. 1906.

多年生无茎草本，高达8厘米。基生叶常2-3，宽卵形，长2-3.4（-4）厘米，先端圆钝，基部心形，有单或重圆齿，上面被细毛，下面疏被细毛或近无毛；叶柄长4-6.5厘米，被细毛。花葶高达7厘米，极柔弱，被细毛；花粉红色，常2朵；苞片倒卵状长圆形或卵状三角形，长8-9毫米，具齿，上部1/3有缺刻状齿，齿尖有短芒。雄花花梗长2.8厘米，有细毛；花被片4，外轮2枚，扁圆形，宽约1.1厘米，基部微心形，有细毛，内轮2枚长圆形，长8-9毫米；花丝离生；雌花花被片6，外轮2枚扁圆形，宽约1厘米，被细毛，中间2枚倒卵形，长约9毫米，内轮2枚长圆状倒卵形，长6-

7毫米；子房3室，中轴胎座，每室胎座具1裂片；花柱3，下部1/2部分合生，柱头膨大，扭曲，被刺状乳头。幼果有不等大3翅，大的斜三角形，另2翅窄，均被细毛。花期9月。

产贵州南部及云南近中部，生于海拔980米岩石上。

［附］**丝形秋海棠** 图 438 **Begonia filiformis** Irmsch. in Mitt. Inst. Allg. Bot. Hamburg 10: 521. 1939. 本种与小叶秋海棠的区别：植株高达20厘米；叶长约9厘米，先端短尾尖，具浅锐锯齿；花葶高25-38厘米；雌花花被片3，外轮2枚宽卵形；果翅大的舌状。花期4月开始，果期5月开始。产广西西南部，生于林下潮湿岩石穴内。

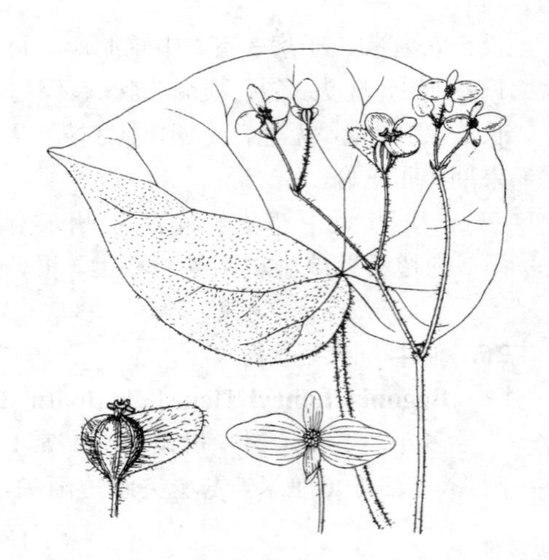
图 438 丝形秋海棠 （引自《中国植物志》）

28. 无翅秋海棠 图 439

Begonia acetosella Craib in Kew Bull. 1912: 153. 1912.

多年生草本。茎高达1.5米，无毛。叶长圆形、卵状披针形或长圆状披针形，长10-14（-27）厘米，宽3-4.5（-8）厘米，先端渐尖，稀尖，基部极偏斜，疏生浅齿，上面近无毛，下面无毛，稀沿脉散生极疏硬毛；叶柄长2-7（-10）厘米，近无毛。花粉红色，1或2朵；小苞片2，膜质，卵状披针形。雄花花梗长约1.2厘米，无毛；花被片4，外轮2枚倒卵形或扁圆形，长约1.2厘米，内轮2枚长圆状倒披针形，长1.3-1.5厘米；花丝离生；雌花花梗长0.5-1厘米；花被片4，外面2枚扁圆形，长约1厘米，内面2枚长圆形，长约1厘米；子房胎座裂片2，倒卵球形，花柱多分枝，柱头螺旋状扭曲，有刺毛。花期4-5月，果期5月开始。

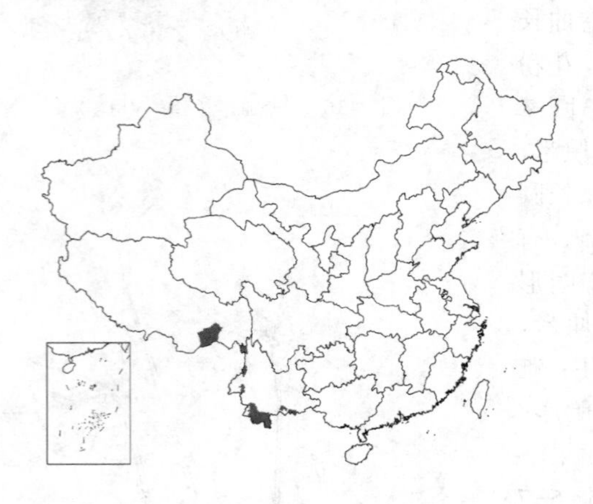

产云南及西藏东南部，生于海拔510-1500米山坡常绿阔叶林下、山坡灌丛、沟谷及溪边密林中。泰国及缅甸有分布。

图 439 无翅秋海棠 （路桂兰绘）

［附］**角果秋海棠** 图 440：1-2 **Begonia tetragona** Irmsch. in Mitt. Inst. Allg. Bot. Hamburg 10: 515. 1939. 本种与无翅秋海棠的区别：叶具不整齐重锐齿，齿尖有芒，常浅裂或缺刻状，上面疏生硬毛；花白色，3-4朵，成二歧聚伞状；胎座裂片4。花期5月，果期6月。产云南东南部及南部，生于海拔1110-1600米密林中、常绿林箐沟或潮湿草坡。

29. 厚壁秋海棠 图 440：3-4

Begonia silletensis (A. DC.) C. B. Clarke in Hook. f. Fl. Brit. Ind. 2: 636. 1879 "sihetensis".

Casparya silletensis A. DC. Prodr. 15(1): 277. 1864.

多年生草本。叶均基生，卵形或宽卵形，长（11-）13-20厘米，先端尾尖，基部深心形，具极疏三角形浅齿，齿尖幼时有短芒，上面幼时散生短毛，老时近无毛，下面密被褐色弯曲贴生柔毛；叶柄长达30厘米，被卷曲褐色贴生毛。花葶短于叶片，被褐色卷曲毛，老时毛少；花红色，2至数朵，呈二歧聚伞状；苞片膜质，早落。雄花花梗长1-2厘米，密被褐色卷曲短毛；花被片4，外轮2枚宽卵形，长约1.1厘米，被褐色卷

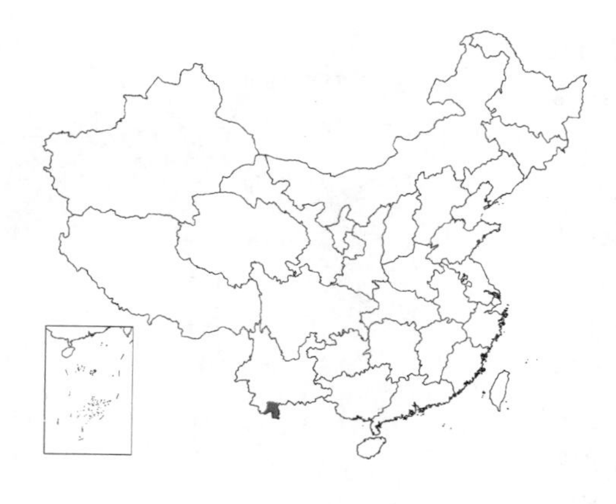

曲毛，内轮2枚扁圆形，长0.9-1厘米；花丝离生。蒴果下垂，近球形，4室，壁厚，径1.8-1.9厘米，顶端喙长4毫米，被褐色长硬毛，无翅，有棱；果柄长7-8毫米，被褐色长硬毛。花期3月，果期12月。

产云南南部，生于海拔600-800米水边山谷湿地阴湿林中。印度有分布。

［附］**铺地秋海棠** 匍匐秋海棠 **Begonia prostrata** Irmsch. in Mitt. Inst. Allg. Bot. Hamburg 10: 516. 1939. 本种与厚壁秋海棠的区别：叶宽卵形，长9-14厘米，下面无毛或幼时基部脉腋散生卷曲毛；蒴果倒卵球形，无毛，果壁较薄。花期5月，果期6月。产云南南部及西南部，生于海拔1100-1500米山地灌丛、峡谷岩缝或深谷林中。

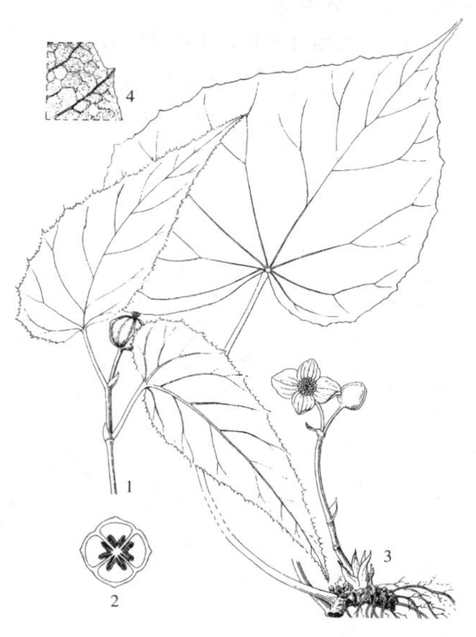

图 440: 1-2.角果秋海棠 3-4.厚壁秋海棠
（张泰利绘）

30. 墨脱秋海棠 图 441

Begonia hatacoa Buch.-Ham. ex D. Don, Prodr. Fl. Nepal. 223. 1825.

多年生草本，高达65厘米。茎生叶卵状披针形或椭圆状披针形，长6-9.6厘米，宽2.1-3.2厘米，先端长渐尖或尾尖，基部圆或微心形，具极疏三角形小齿，上面近无毛，下面沿脉被褐色柔毛，掌状3（-5）脉；叶柄长0.8-2.4厘米，密被褐色硬柔毛，托叶膜质，披针形。花粉红色，2-4朵，2-3回聚伞状，花序梗长2-3.1厘米。花梗长0.5-1厘米，近无毛或被褐色硬柔毛，小苞片和苞片膜质，长椭圆形或披针形，长5-8毫米，幼时有褐色硬柔毛，后近无毛。雄花花被片3，外面2枚三角状卵形，长约5毫米，近无毛，内面1枚长圆形，长约4毫米；花丝离生；雌花花被片5，外面2片宽卵形，长约7毫米，无毛，内面3片长圆形或披针形，长6-7毫米；子房2室，每室胎座具2裂片，花柱2，基部合生，柱头2裂，螺旋状扭曲，带刺状乳突。蒴果下垂，长圆形，长约1.4厘米，无毛，具不等3翅，1翅宽镰刀状，长1.5-2厘米，另2翅窄，长约4毫米，均无毛；果柄长1.2-1.5厘米，无毛。花期10-11月，果期12月-翌年1月。

产西藏东南部，生于海拔1200-1500米常绿阔叶林下石隙、山坡林下、林下潮湿处或林下沟边。尼泊尔、不丹及印度北部有分布。

图 441 墨脱秋海棠
（仿《Curtis's. Bot. Mag.》）

31. 花叶秋海棠 图 442

Begonia cathayana Hemsl. in Curtis's Bot. Mag. 134: t. 8202. 1908.

多年生具茎草本，高达60厘米。茎被褐色毛。茎生叶卵形或宽卵形，长9-14厘米，先端渐尖或长渐尖，基部深心形，有三角形浅齿，齿尖芒长0.6-1厘米，常浅裂，裂片三角形，上面有一圈红紫色带，密被硬毛，下面密被柔毛，沿脉被开展直毛；叶柄长3.5-9.8厘米，密被开展毛，托叶披针形，顶端有长芒，两面和边缘均被褐色直毛。花粉红色；8-10朵，2-3回二歧聚伞状，花序梗长5-6.1（-11）厘米，花期均密被开展短毛，渐脱落；小苞片披针形，长0.5-1厘米，两面和边缘被硬毛。雄花花梗长约1.3厘米，密被褐色卷曲毛；花被片4，外面2枚宽卵形，长1.7-2厘米，密被褐色长毛，内面2枚长圆形或卵形，长约1.4厘米；雌花花梗长约1.7厘米，被褐色毛；花被片5，近等长，长圆形或宽卵形，被褐色毛，子房被毛，2室，每室胎座具2裂片，花柱2，基部合生，柱头扭曲呈U字形，密被刺状乳突。蒴果下垂，倒卵状长圆形，长1.8-2.1厘米，疏被毛或近无毛，具不等3翅，大的宽舌状或长圆形，长1.2-1.5厘米，无毛，余2翅斜三角形；果柄长3.5-4.8厘米，无毛。花期8月，果期9月开始。

图 442 花叶秋海棠 （冯晋庸绘）

产广西西部及云南东南部，生于海拔1200-1500米林下、山坡山谷阴处、沟底潮湿处。

32. 裂叶秋海棠 图 443

Begonia palmata D. Don, Prodr. Fl. Napel 223. 1825.

Begonia laciniata Roxb. ex Wall.; 中国高等植物图鉴 2: 937. 1972.

多年生具茎草本，高达50厘米。茎被褐色绵状绒毛，老时脱落。茎生叶斜卵形或偏圆形，长12-20厘米，先端渐尖，基部微心形或心形，疏生三角形极浅齿，齿尖常有短芒，掌状3-7浅至中至深裂，裂片窄三角形或宽三角形，常再浅裂，上面散生硬毛，下面被毛，沿脉较密；叶柄长5-10厘米，被褐色长毛，托叶膜质，披针形，先端有刺尖头，有缘毛。花玫瑰色、白至粉红色，4至数朵，2-3回二歧聚伞状花序，密被褐色绒毛；苞片大，被褐色绒毛。雄花花梗长1-2厘米，被褐色毛；花被片4，外面2枚宽卵形或宽椭圆形，长1.5-1.7厘米，被柔毛，内轮2枚宽椭圆形，长约8毫米；花丝离生；雌花花被片4-5，外面宽卵形，长0.8-1厘米，被柔毛，向内渐小；子房被褐色毛，花柱基部合生，柱头2裂，螺丝状扭曲呈环形。蒴果下垂，倒卵球形，长约1.5厘米，近无毛，具不等3翅，大的长圆形或斜三角形，长1.1-2厘米，无毛，余2个窄；果柄长

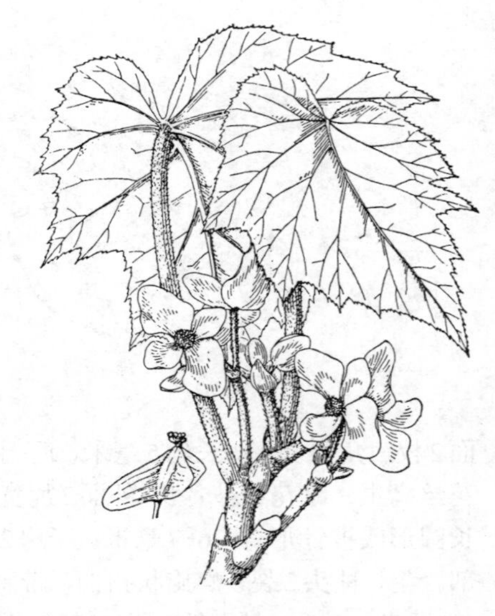

图 443 裂叶秋海棠 （引自《图鉴》）

2.5-3.2厘米。花期8月，果期9月开始。

产西藏东南部及云南，生于海拔1300-2010米山坡沟边灌丛下、常绿阔叶林、沟谷林下或山坡阔叶林下。印度（阿萨姆）、孟加拉国、尼泊尔东部、锡金、不丹、缅甸及越南有分布。全草药用，有清凉解毒、止痛之效。

［附］**红孩儿** 彩片 137 **Begonia palmata** var. **bowringiana**（Champ. ex Benth.）J. Golding et C. Kareg. in Phytologia 54: 494. 1984. —— *Begonia bowringiana* Champ. et Benth. in Journ. Bot. Gard. Misc. 4: 120. 1852. 本变种与模式变种的区别：叶长5-16厘米，上面密被硬毛。产福建、台湾、江西、湖南、广东、香港、海南、广西、贵州、云南及四川，生于海拔100-1700米河边阴湿地、山谷阴地岩缝、密林中岩壁、山坡常绿阔叶林下、石山林下石壁或林中湿地岩缝中。

33. 金平秋海棠 图 444

Begonia baviensis Gagnep. in Bull. Mus. Hist. Nat. Paris 25: 195. 1919.

多年生粗壮草本。茎高约10厘米或过之，密被红褐色卷曲长硬毛。叶粗糙，褐色，扁圆形或近圆形，长15-22厘米，宽12-24厘米，先端渐尖，基部微心形，5-7浅裂，裂片卵形、三角状卵形或卵状披针形，具三角形浅齿，齿尖常带芒，两面散生硬毛，下面有白色小乳头；叶柄长4-7（-11）厘米，密被锈褐色卷曲长毛，托叶三角形，被褐色长卷曲毛。花2-4朵，聚伞状，腋生；花序梗长10-15厘米，密被褐色长卷曲毛；苞片三角形，长5-7毫米，顶端带刺芒，两面和边缘均被褐色卷曲长毛。雄花花被片4，外面2枚宽卵形，长约1.7厘米，有红褐色长卷曲毛，内面2枚倒心形，长宽均约2厘米，无毛；雌花花被片5，外面2枚卵形，长1.2-1.4厘米，被毛，内面3枚倒卵形，无毛；子房2室，每室胎座具2裂片，花柱2，离生，分裂。蒴果下垂，倒卵状长圆形，长1.5-1.8厘米，被褐色卷曲长毛，3翅不等大，大的扁三角形，被褐色卷曲长硬毛，2窄翅新月形；果柄长2.2-2.6厘米，密被褐色卷曲长硬毛。果期4月开始。

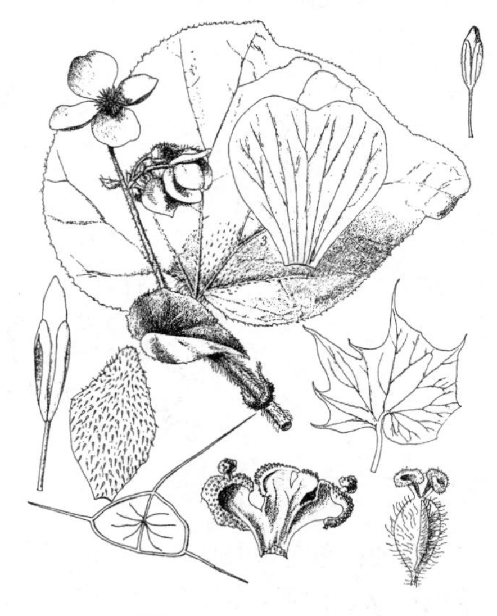

图 444 金平秋海棠
（引自《Fl. Gen. Indo-Chine》）

产云南南部，生于山谷阴湿水边或密林下阴湿处。越南有分布。

34. 截叶秋海棠 图 445：1

Begonia truncatiloba Irmsch. in Mitt. Inst. Allg. Bot. Hamburg 10: 534. 1939.

多年生草本，高达60厘米。茎直立，有沟棱，节被褐色卷曲柔毛。叶卵形或扁圆形，长8-16厘米，宽9-18厘米，先端渐尖，基部下延，具圆钝浅齿，5-7浅裂，裂片倒四边形，上面密被短毛，稀散生较长硬毛，下面常沿脉密被褐色卷毛；叶柄长3-7厘米，密被褐色卷曲柔毛，托叶长圆形，顶端具长约2毫米的刺芒，无毛。花常4朵，二回二歧聚伞花序，腋生。雄花花梗长1.6-1.9厘米，无毛，花被片4，外面2枚卵形，长约1.5厘米，无毛，内面2枚倒卵形，长约1.1厘米。蒴果下垂，果2-4个。长圆状椭圆形，长1.8-2.1厘米，无毛，2室，每室胎座具2裂片，具不等3翅，大的宽舌状，

长1.3-1.5厘米，有纵纹，无毛，窄的长3-5毫米，无毛；果柄长3-4厘米，近无毛。花期5月，果期6月开始。

产广西西部及西南部、云南东南部，生于海拔1000-1600米山坡林中沟边、山谷或溪边。越南有分布。

图 445：1.截叶秋海棠 2.圆翅秋海棠
（张泰利绘）

35. 食用秋海棠 葡萄叶秋海棠 图 446

Begonia edulis Lévl. in Fedde, Repert. Sp. Nov. 7: 20. 1909.

多年生草本，高达60厘米。茎近无毛。茎生叶近圆形或扁圆形，长16-20厘米，先端渐尖，基部心形或深心形，疏生三角形浅齿，浅裂达1/3，裂片宽三角形，上面被硬毛和稍长硬毛，下面近无毛；叶柄长15-25厘米，下部近无毛，近顶端被硬毛，托叶三角状披针形，无毛。雄花粉红色，常4-6朵，2-3回二歧聚伞状，花序梗长4-10厘米，无毛。花梗长1-2厘米，密被褐色绒毛，后脱落；花被片4，外面2枚卵状三角形，长约1.9厘米，被褐色绒毛，内面2枚长圆形，长约1.4厘米，微被褐色毛。果葶高16-26厘米，近无毛，果4-6，蒴果下垂，长圆形或倒卵状长圆形，长1.5-1.8厘米，无毛，2室，每室胎座有2裂片；果翅大的镰状长圆形，长1-1.3厘米，余2翅窄，均无毛。花期6-9月，果期8月开始。

产广东、广西、贵州西南部、云南东南部及西南部，生于海拔500-1500米沟边或林下岩石上。

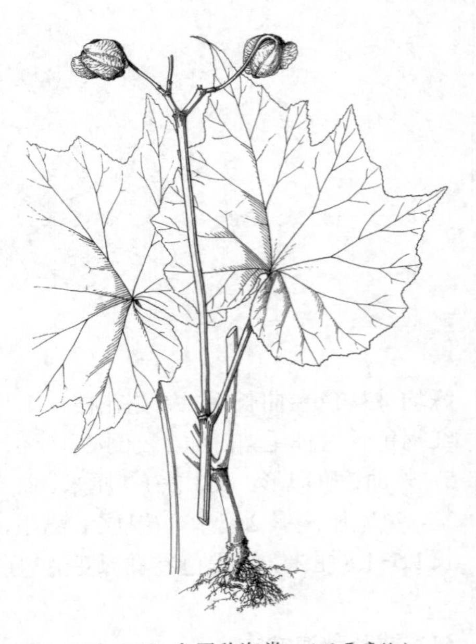
图 446 食用秋海棠 （冯晋庸绘）

36. 黎平秋海棠 图 447

Begonia lipingensis Irmsch. in Mitt. Inst. Allg. Bot. Hamburg 6: 353. 1927.

多年生匍匐草本。茎高达18厘米，中部具1叶，稀具1对叶，常无毛。基生叶和茎生叶同形，宽卵形，长4-6厘米，基部心形，有浅齿，5-6深裂，上部裂片长圆状卵形，先端渐尖，基部楔状下延，基部1对裂片常宽三角形，上面散生硬柔毛，下面沿脉有疏生刺毛；基生叶柄长9-19厘米，茎生叶柄长3-7厘米，均被锈褐色卷曲长毛。花少数，聚伞状，腋生，常无毛。雄花花梗长1.5-2.3厘米，无毛，花被片4，玫瑰色，外面2枚宽卵形，长1.4-1.7厘米，基部微心形，被锈褐色卷曲长毛，内面2枚倒卵形，长1-1.1厘米，无毛；花丝下部1/2合生；雌花花梗长约1.5厘米；花被片6，花柱2。幼果下垂，长圆状宽椭圆形，2室，每室胎座具2裂片；3翅极不等大，大的近三角形，长约1.1厘米，上

部圆，小的长约2毫米，上部圆；果柄长约1.3厘米。花期7月开始，果期8月开始。

产湖南、广西东北部、贵州东北部及南部，生于海拔350-1120米灌丛下湿处岩石上、山谷灌丛下湿处、水旁或密林中。

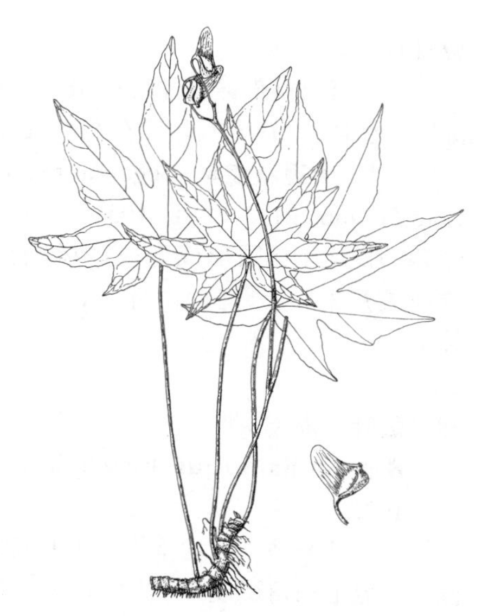

图 447 黎平秋海棠 （孙英宝绘）

37. 槭叶秋海棠 图 448

Begonia digyna Irmsch. in Mitt. Inst. Allg. Bot. Hamburg 6: 352. 1927.

多年生草本，高达37厘米。茎散生卷曲柔毛。叶卵形或近圆形，长7-15（-18）厘米，先端渐尖，基部心形，有重锯齿，6-7中裂，裂片三角状卵形，中裂片常再浅裂；叶柄长11-25厘米，被卷曲淡褐色柔毛。花粉红或玫瑰色，2-4朵，腋生，花序梗长18-20厘米，被卷曲疏柔毛；苞片早落。雄花花梗长2.5-3厘米，被卷曲毛；花被片4，外面2枚宽卵形，长1.7-2厘米，疏被长柔毛，内面2枚长圆状倒卵形，无毛；雌花花梗长1.7-2.1厘米，被卷曲柔毛，花被片5，外面宽卵形，长1.6-2.1厘米，被长柔毛，最内面的长圆状椭圆形，长约1.1厘米，无毛；子房2室，每室胎座具2裂片，花柱2裂，裂片长3.5-4毫米，柱头螺旋状扭曲，有时环状，带刺状乳头。蒴果下垂，椭圆形；具不等3翅，大的近直三角形或宽舌形，长1.3-1.8厘米，有网纹，小的偏三角形，均无毛；果柄长1.7-2.1厘米，被毛。花期7月开始，果期8月开始。

产浙江南部、福建北部及西部、江西东部、广西西部，生于海拔550-700米沟边林下阴湿处或山谷石壁上。

图 448 槭叶秋海棠 （引自《图鉴》）

38. 锡金秋海棠 图 449

Begonia sikkimensis A. DC. in Ann. Sci. Nat. Bot. ser 4, 11: 134. 1859.

多年生草本，高约30厘米。无毛。叶近圆形，长12-19厘米，先端长渐尖，基部浅心形，具带短芒状浅齿，5-7掌状深裂，裂片镰状披针形，常再1-3浅裂或齿裂，两面无毛；叶柄长3-15厘米，无毛。花粉红色，数朵，二歧聚伞状，腋生；花序梗长8-12厘米，无毛；苞片卵状披针形。雄花花梗长1.5-1.8厘米，无毛，小苞片宽椭圆形，全缘；花被片4，外面2枚卵形，内面2枚椭圆形；雌花花被片5；子房2室，1室不发育，花柱2，基部合生，柱头2裂，螺旋状扭曲，带刺状乳头。蒴果下垂，倒卵状长圆形，长1.5-2厘米，大翅长圆状三角形，下部距状，长2-2.5厘米，无毛，另2窄翅长6-8毫米；果柄长2-3.5厘米，无毛。花期8-9月，果期

12-1月。

产西藏东南部，生于海拔850-1200米常绿阔叶林下阴湿地或江边林下湿地。尼泊尔、锡金及印度东北部有分布。

［附］**大裂秋海棠 Begonia macrotoma** Irmsch. in Notes Roy. Bot. Gard. Edinb. 21(1): 41. 1951. 本种与锡金秋海棠的区别：叶长圆形，6深裂，中裂片长圆形或宽披针形，再裂较深，有大小不等三角形锯齿；雌花被片3。产云南西南部，生于海拔1300-2350米河边峡谷、溪边疏林中。

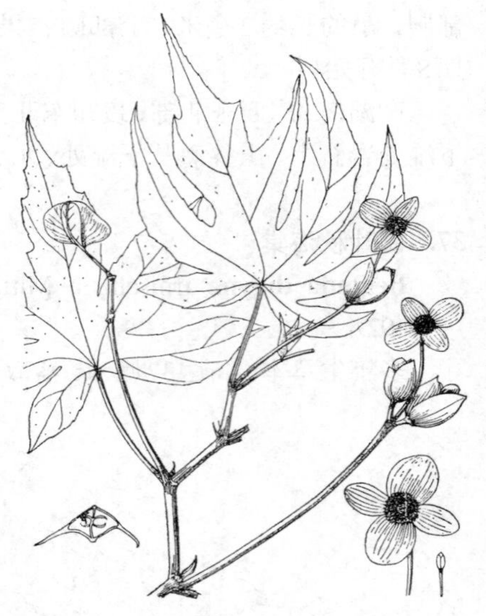

图 449 锡金秋海棠 （路桂兰绘）

39. 戟叶秋海棠 图 450

Begonia limprichtii Irmsch. in Fedde. Repert. Sp. Nov. Beih. 12: 440. 1922.

多年生草本。叶均基生，卵形或宽卵形，长5-8厘米，先端短尾尖或渐尖，疏生三角形浅齿，齿尖芒长1-1.5（-2）毫米，上面散生长毛，下面沿脉有刺毛；叶柄长3-8厘米，密被褐色卷曲长毛。花葶高达16厘米，近无毛，花少数，常白色，稀粉红色，聚伞状，花序梗长1-1.3厘米，疏被毛或近无毛；苞片卵状披针形，带短刺芒，被缘毛。雄花花梗长达4厘米，被卷曲疏柔毛；花被片4，外面2枚宽卵形，被疏柔毛，内面2枚宽椭圆形；雌花花梗长约2.2厘米，被卷曲疏柔毛；花被片4-5，外面的近圆形、宽长圆形或宽卵形，内面的宽椭圆形或长圆形；2室，每室胎座具2裂片，花柱2，基部1/2处2分枝，柱头螺旋状扭曲，带刺状乳头。蒴果下垂，倒卵状长圆形，长1-1.3厘米，无毛，大翅舌状，长1.3-1.7厘米，另2翅较窄，长3-5毫米，均无毛；果柄长1.5-2.5厘米，无毛。花期6月，果期8月。

产四川及贵州，生于海拔500-1650米灌丛下阴湿处或山坡阴处林下。全草药用，泡酒，治跌打损伤。

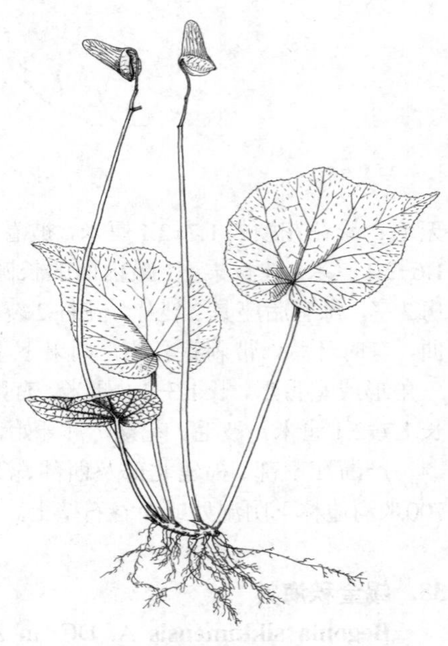

图 450 戟叶秋海棠 （冯晋庸绘）

40. 南川秋海棠 图 451

Begonia dielsiana E. Pritz. in Engl. Bot. Jahrb. 29: 479. 1900.

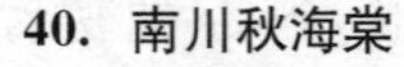

多年生草本。叶1-2，均基生，长圆状宽卵形，长9-17厘米，先端渐尖，基部宽深心形，5-10浅裂，裂片三角形，疏生浅锐齿或不明显钝齿，上面深绿色，下面淡绿色，两面无毛；叶柄长16-50厘米，无毛。花葶高达24厘米，无毛，花白或带粉色，2-4朵，聚伞状。花梗长2-2.5厘米，无毛；苞片早落；雄花花被片4，外面2枚近圆形或宽卵形，长2.2-2.5厘米，内面2枚长圆形，长约2厘米；花被片2；子房倒卵球形，具不等3翅，花柱基部合生，粗厚，上部有分枝，柱头螺旋状或环状扭曲，具多数刺状乳

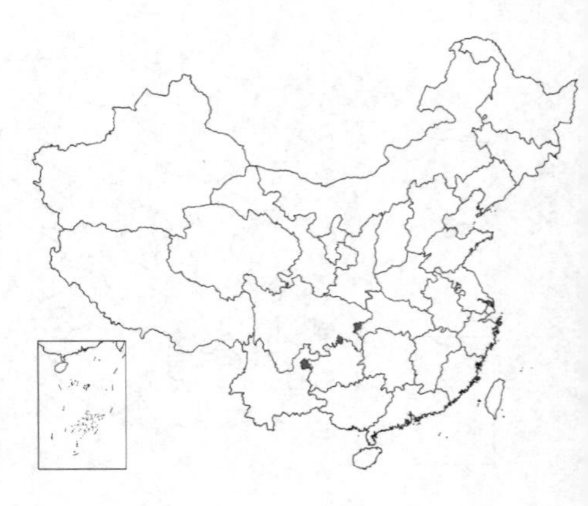

头。花期7月开始。

产湖北西南部、四川东南部及贵州西北部，生于海拔1000-1250米山谷沟边阴湿处或岩石上。

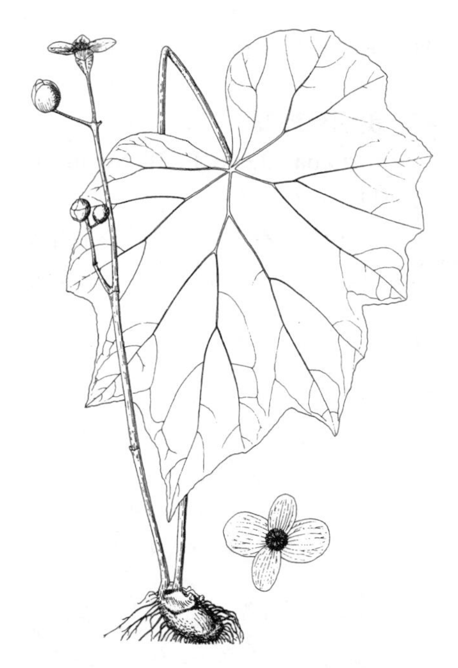
图 451 南川秋海棠 （孙英宝绘）

41. 长柄秋海棠 图 452

Begonia smithiana Yüex Irmsch. in Notes Roy. Bot. Gard. Edinb. 21(1): 44. 1951.

多年生草本，无茎或茎极短。叶多基生，卵形或宽卵形，稀长圆状卵形，长（3.5）5-9（-12）厘米，先端尾尖或渐尖，基部斜心形，有尖齿及不规则浅裂，裂片三角形，上面散生硬毛，下面沿主脉和网脉被硬毛；叶柄长9-25厘米，散生卷曲毛，近顶端密。花葶高达20（-30）厘米，近无毛；花粉红色，少数，二歧聚伞状。雄花花梗长1.2-2厘米，无毛；花被片4，外面2枚宽卵形，长1-1.2厘米，全缘，外面被刺毛，内面2枚长圆卵形，长6-8毫米，无毛；花丝基部合生；雌花花梗长1.2-1.5厘米，无毛；花被片3（4），外面的宽卵形，微被毛，内面窄椭圆形或长圆倒卵形；子房2室，每室胎座具2裂片，花柱2，在上部1/3分枝，柱头螺旋状扭曲，带刺状乳突。蒴果下垂，倒卵球形，被毛，大翅近三角形，长约1.5厘米，余2翅窄，均无毛。花期8月，果期9月。

产湖北西部、湖南西部及贵州，生于海拔700-1320米水沟阴处岩石上、山谷密林下、山麓湿地灌丛中或水旁岩石上。

图 452 长柄秋海棠 （冯晋庸绘）

42. 紫叶秋海棠 毛叶秋海棠 图 453

Begonia rex Putz. Fl. Serres Jard. Eur. 2: 141. pls. 1255. 1258. 1857.

多年生草本，高达23厘米。叶均基生，长卵形，长6-12厘米，先端短渐尖，基部心形，具三角形浅齿，齿尖芒长3-4.5毫米，上面散生长硬毛或近无毛，下面散生柔毛，沿脉较密；叶柄长4-11.2厘米，密被褐色长硬毛。花葶高达13厘米，近无毛，花2朵，顶生。花梗长1.2-2.1厘米，近无毛；雄花花被片4，外轮2枚长圆状卵形，长约1.3厘米，内轮花被片2枚，长圆状披针形，长约9毫米。蒴果3翅，1翅宽披针形，长1.5-2.5厘米，先端圆，无毛，有脉纹，余2翅较窄，长约3.5毫米，新月形。花期5月，果期8月。

产广西西部、贵州西南部及云南东南部，生于海拔990-1100米山沟岩石上和山沟密林中。越南北部、印度

东北部及喜马拉雅山区有分布。

43. 美丽秋海棠 图 454

Begonia algaia L. B. Smith et D. C. Wasshausen in Phytologia 52: 441. 1981.

多年生草本。茎短缩。基生叶宽卵形或长圆形，长10-20厘米，先端长尾尖或长渐尖，基部心形或深心形，疏生三角形浅齿，常6（-8）中裂或略过之，中间3裂再中裂，裂片披针形或卵状披针形，下部两侧裂片常再浅裂，裂片三角状卵形，上面散生粗柔毛，下面沿脉被疏柔毛；叶柄长13-26厘米，被锈褐色卷曲长毛。花葶高达27厘米，疏被锈褐色卷曲毛；花常玫瑰色带白，4朵，二歧聚伞状；苞片长圆状卵形。雄花花梗长4-4.5厘米，无毛，花被片4，外面2枚，宽卵形，长2-2.7厘米，散生长柔毛，内面2枚倒卵状长圆形，无毛；花丝基部合生；雌花花梗长4-5厘米，无毛；花被片5，不等大，外面的宽卵形，长约2.5厘米，内面倒卵形；子房2室，每室胎座具2裂片，花柱2，长8-9毫米，近中部2裂，柱头螺旋状扭曲，带刺状乳突。蒴果下垂，卵球形，长约1.2厘米，具3极不相等之翅，大的近三角形，长约1.3厘米，先端圆，无毛，小的半圆形，长3-5毫米，无毛；果柄长约5厘米，无毛。花期6月开始，果期8月。

产浙江南部、江西、湖北西南部、湖南东部及贵州西南部，生于海拔320-800米山谷水沟边阴湿处、山地灌丛中石壁上、河畔或阴坡林下。根状茎药用，治跌打损伤、浮肿、蛇伤。

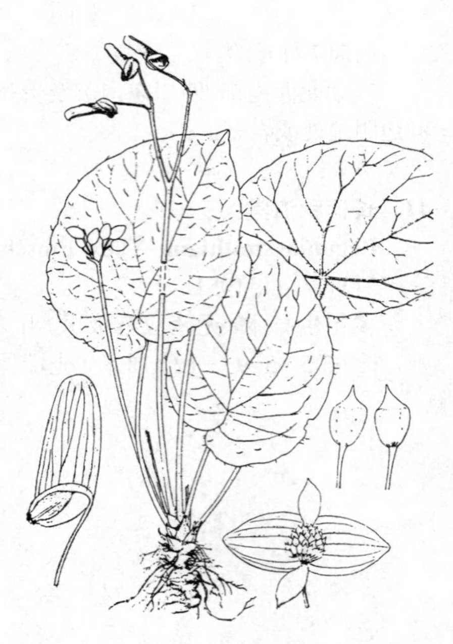

图 453 紫叶秋海棠 （吴锡畴绘）

图 454 美丽秋海棠 （冯晋庸绘）

44. 圆翅秋海棠 图 445：2

Begonia laminariae Irmsch. in Notes Roy. Bot. Gard. Edinb. 21(1): 40. 1951.

多年生草本。叶均基生，基生叶1-2片，近圆形或扁圆形，长18-21厘米，宽19-23厘米，基部微心形，掌状7-9深裂，中裂片镰状或似菱状，长17-18厘米，宽4-5厘米，先端长渐尖或长尾尖，两侧裂片较小，疏生粗浅齿，有时浅裂状，两面无毛，掌状7-9脉；叶柄长约35厘米，幼时被褐色膜质片状卷曲长毛。果葶高约25厘米，幼时被褐色卷曲片状长毛，后近无毛；常2（-4）果，果序梗长约9厘米，蒴果下垂，椭圆形，长1.8-2厘米，无毛，2室，每室胎座具2裂片，大翅近舌状或宽长方形，长1.3-1.6厘米，无毛，余2翅长5.5-6.5毫米，无毛；果柄长约4厘米，近无毛。花期6月开始，果期9月开始。

产贵州西南部及云南东南部，生于海拔1400-1820米石山林下、疏林中阴湿处。

45. 周裂秋海棠

图 455 彩片 138

Begonia circumlobata Hance in Journ. Bot. 21: 208. 1883.

草本。叶均基生，宽卵形或扁圆形，长10-17厘米，基部近平截或微心形，5-6深裂，裂片椭圆形，长5-13厘米，常不裂，具粗浅齿，齿尖带短芒，上面散生硬毛，下面沿脉散生糙伏毛；叶柄长8-28厘米，被褐色卷曲长毛，托叶卵形，顶端带刺毛。花葶高5-6厘米；花少数，2-3回二歧聚伞状，苞片长圆形，无毛。雄花花梗长约1.5厘米，无毛，花被片4，玫瑰色，外面2枚宽卵形，长1-1.4厘米，散生褐色卷曲毛，内面2枚长圆形，无毛；雌花花梗长0.8-1厘米，散生卷曲毛；花被片5，外面近圆形，长约1厘米，内面的渐小；子房2室，每室胎座具2裂片，花柱2，约1/2有分枝，柱头螺旋状扭曲呈环状，带刺状乳突。蒴果下垂，倒卵状长圆形，长约1.3厘米，被极疏毛，大翅长舌状，长1.7-2.1厘米，余2翅窄，均无毛；果柄长2.2-3.5厘米，无毛或疏被毛。花期6月开始，果期7月开始。

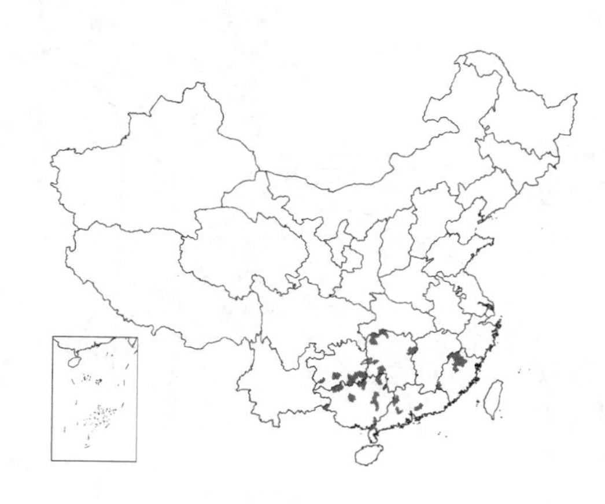

图 455 周裂秋海棠 （冯晋庸绘）

产湖北西南部、湖南、贵州、广西、广东及福建，生于海拔250-1100米林下沟边、山谷密林下。

46. 掌裂叶秋海棠

图 456

Begonia pedatifida Lévl. in Fedde, Repert. Sp. Nov. 7: 21. 1909.

草本。叶自根状茎抽出，叶扁圆形或宽卵形，长10-17厘米，基部平截或心形，(4) 5-6深裂，中间3裂片再中裂，稀深裂，小裂片披针形，稀三角状披针形，两侧裂片再浅裂，披针形或三角形，疏生三角形浅齿，上面散生硬毛，下面沿脉有硬毛；叶柄长12-20（-30）厘米，被褐色卷曲长毛。花葶高达15厘米，被长毛，偶在中部有1小叶，花白色或带粉红，4-8朵，二歧聚伞状，苞片早落。雄花花梗长1-2厘米，花被片4，外面2枚宽卵形，有疏毛，内面2枚宽卵形，长1.8-2.5厘米，有疏毛，内面2枚长圆形，长1.4-1.6厘米，无毛；雌花花梗长1-2.5厘米；花被片5，不等大，外面的宽卵形，长1.8-2厘米，内面的长圆形，长

图 456 掌裂叶秋海棠 （冯晋庸绘）

0.9-1厘米；2室，每室胎座具2裂片，花柱2，约1/2分枝，柱头扭曲呈环状，带刺状乳突。蒴果下垂，倒卵状球形，长约1.5厘米，无毛，大翅三角形或斜舌状，长约1.2厘米，余2翅短，三角形，均无毛；果柄长2-2.5厘米，无毛。花期6-7月，果期10月开始。

产湖北西部及西南部、湖南西北部、广西北部、贵州及四川，生于海拔350-1700米林下潮湿处、常绿林山坡沟谷、阴湿林下石壁上、山坡阴处密林下或林缘。根状茎药用，散血消肿。

47. 掌叶秋海棠 图 457

Begonia hemsleyana Hook. f. in Curtis's Bot. Mag. 125: t. 7685. 1899.

多年生草本。茎高达50厘米。基生叶常2-3，掌状复叶，总叶柄长9-12厘米，被极疏短硬毛或近无毛；小叶形状与茎生叶同形；茎生叶总叶柄长3.5-6厘米，被淡褐色短毛；掌状7（8）小叶，小叶长圆状披针形或倒卵状披针形，长6-7.5（-9）厘米，先端渐尖或长尾尖，基部楔形，疏生三角形浅锐齿，上面散生硬毛，下面沿脉散生硬毛，羽状脉；小叶柄长6-7毫米，被淡褐色短毛。花序长12-18厘米，近无毛；花粉红色，常（2-）4朵，二歧聚伞状，花序梗长4-7.5厘米，无毛；苞片和小苞片膜质，披针形，顶端有刺芒，被短毛。雄花花梗长0.8-1.4厘米，被短毛；花被片4，外面2枚宽卵形或近圆形，长约1厘米，内面2枚卵形，长约5毫米，无毛。蒴果下垂，倒卵状球形或椭圆形，长1-1.3厘米，无毛，2室，每室胎座具2裂片，大翅三角形或斜三角形，长1.5-2.1厘米，先端圆，无毛，余2翅短三角形，长约3毫米，均无毛；果柄长1.5-2.5厘米，近无毛。花期12月，果期6月。

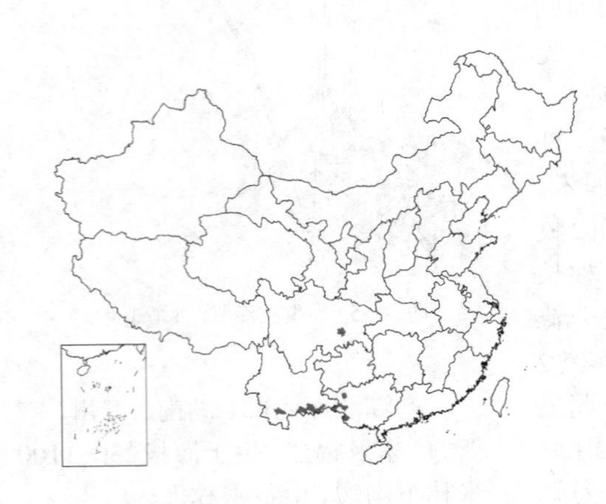

图 457 掌叶秋海棠 （引自《图鉴》）

产四川东南部、云南东南部及南部、广西西部，生于海拔1000-1300米阴坡潮湿地、疏林中、山谷林内石壁上或水边。

85. 杨柳科 SALICACEAE

（丁托娅）

落叶乔木或灌木；树皮常味苦。有顶芽或无顶芽；芽由1-多数鳞片包被。单叶互生，稀对生；有托叶，早落或宿存，稀无托叶。花单性，雌雄异株，稀杂性；柔荑花序，直立或下垂，先叶开花，或花叶同放，稀后叶开花；花着生于苞片与花序轴间，苞片脱落或宿存。花有杯状花盘或腺体，稀缺如；雄蕊2或多数，花药2室，纵裂，花丝分离或合生；雌花子房无柄或有柄，雌蕊由2-4（5）心皮合成，子房1室，侧膜胎座，胚珠多数，花柱不明显或长，柱头2-4裂。蒴果2-4（5）瓣裂。种子微小，种皮薄，胚直立，无胚乳，或有少量胚乳，基部围有多数白色丝状长毛。

3属，约620余种，分布于寒温带、温带和亚热带。我国3属，约320余种。喜光，适应性强；常用无性繁殖，或萌芽更新，也可用种子繁殖，但易丧失发芽力，应及时播种或注意贮存；根系发达，速生。木材轻软，纤维细长。为我国北方重要防护林、用材林和绿化树种。

1. 萌枝髓心五角状；有顶芽，芽鳞多数；雌、雄花序下垂，苞片先端分裂，花盘杯状；叶常宽大，叶柄较长 …… 2. **杨属 Populus**
1. 萌枝髓心圆形；无顶芽，芽鳞1枚，雌花序直立或斜展，苞片全缘，无杯状花盘；叶常窄长，叶柄短。
   2. 雄花序下垂；花无腺体，花丝下部与苞片合生 ……………………………………… 1. **钻天柳属 Chosenia**
   2. 雄花序直立；花有腺体，花丝与苞片离生 ……………………………………………… 3. **柳属 Salix**

1. 钻天柳属 Chosenia Nakai

乔木，高达30米，胸径1米；树皮褐灰色。小枝无毛，有白粉。芽扁卵形，具1枚芽鳞。叶长圆状披针形或披针形，长5-8厘米，先端渐尖，基部楔形，无毛，上面灰绿色，下面苍白色，常有白粉，稍有锯齿或近全缘；叶柄长5-7毫米，无托叶。柔荑花序先叶开放，雄花序下垂；雌花序直立或斜展。雌花雄花均无腺体，雄花：苞片倒卵形，宿存，边缘有长缘毛；雄蕊5，短于苞片，花药球形，黄色；雌花：苞片脱落，有长缘毛，子房卵状长圆形，有短柄，无毛，花柱2，每花柱顶端具2裂柱头，脱落。蒴果2瓣裂。种子长椭圆形，无胚乳。

单种属。

钻天柳

图 458 彩片 139

Chosenia arbutifolia（Pall.）A. Skv. in Bot. Syst. Herb. Inst. Bot. Kom. Acad. Sci. URSS，18：43. 1957.

Salix arbutifolia Pall. Fl. Ross. 1（2）：79. 1788.

形态特征同属。花期5月，果期6月。

产黑龙江、吉林、辽宁及内蒙古，生于海拔300-1500米林区河流两岸排水良好碎石沙土。朝鲜、日本、俄罗斯远东地区及东西伯利亚有分布。木材质软，白色，心材带红色，供建筑、家具、造纸等用；也是优美的观赏树种。

图 458 钻天柳 （许芝源绘）

2. 杨属 Populus Linn.

乔木，树干常端直；树皮光滑或纵裂，常灰白色。有顶芽（胡杨无），芽鳞多数，常有粘脂。有长短枝之分。叶互生，在长枝、短枝、萌枝上常为不同的形状，齿状缘；叶柄长，侧扁或圆，近顶端有或无腺点。柔荑花序下垂，常先叶开放；雄花序较雌花序稍早开放；苞片先端尖裂或条裂，膜质，早落，花盘斜杯状；雄花有雄蕊4-多数，着生于花盘内，花药暗红色，花丝较短，离生；花柱短，柱头2-4裂。蒴果2-4（5）裂。种子小，多数，子叶椭圆形。

约100余种，广布于欧、亚、北美。我国约62种（包括6杂交种），其中分布我国的有57种，引入栽培的约4

种，还有很多变种、变型和引种的品系。较耐寒、喜光、速生。木材白色，轻软，供建筑、板料、火柴杆、造纸等用；叶可做为牛、羊饲料；芽脂、花序、树皮可药用；为营造防护林、水土保持林或四旁绿化树种。

1. 叶两面非灰蓝色；花盘非膜质，宿存；萌枝叶分裂或为锯齿缘（玉泉杨有时例外）。
  2. 叶缘具裂片、缺刻或波状齿，若为锯齿（响叶杨）则叶柄近顶端具2腺点，而叶缘无半透明边；苞片边缘具长毛。
    3. 长枝与萌枝叶常3-5掌状浅裂，叶下面、叶柄与短枝叶下面密被白色绒毛 …………… 1. **银白杨 P. alba**
    3. 长枝与萌枝叶非3-5掌状分裂，叶两面、叶柄与短枝叶下面无毛或被灰色绒毛。
      4. 叶缘为缺刻状或深波状齿；芽被毛。
        5. 短枝叶宽卵形、卵状椭圆形或菱状宽卵形，先端钝尖，长3-8厘米，宽2-7厘米 …………………………………………………………………………………………………… 2. **银灰杨 P. canescens**
        5. 短枝叶卵形或三角状卵形，先端短渐尖，长7-11（-18）厘米，宽6.5-10.5（-15）厘米 …………………………………………………………………………………………………… 6. **毛白杨 P. tomentosa**
      4. 叶缘为波状齿，若为锯齿时，则叶柄近顶端具腺点；芽常无毛或仅芽鳞边缘或基部具毛。
        6. 叶近圆形或三角状宽卵形，短枝叶柄近顶端无腺点（山杨有时具腺点）。
          7. 叶先端钝尖、尖或短渐尖，边缘有密波状浅齿 ……………………………… 3. **山杨 P. davidiana**
          7. 叶先端圆或短尖，边缘具疏波状浅齿或圆齿 ………………………………… 4. **欧洲山杨 P. tremula**
        6. 叶宽卵形或卵形；短枝叶柄近顶端具2腺点 ………………………………… 5. **响叶杨 P. adenopoda**
  2. 叶缘具锯齿（玉泉杨有时为全缘叶，帕米杨为浅波状齿）；苞片边缘无长毛。
    8. 叶缘无半透明边。
      9. 叶柄近顶端常具腺点，叶下面淡绿（伊犁杨除外）或灰绿色，若苍白色时，则叶下面具密绒毛或柔毛，果密被毛；若叶柄近顶端有时无腺点，则叶柄长为叶片4/5；花盘深裂或波状（短柄椅杨除外）。
        10. 芽、叶柄与蒴果被毛；叶柄长不及叶片1/3-1/2，叶卵形，下面被柔毛 … 7. **大叶杨 P. lasiocarpa**
        10. 芽、叶柄与蒴果无毛或近无毛；叶柄长为叶片4/5，叶宽卵形、近圆形或宽卵状长椭圆形，长8-20厘米 …………………………………………………………………………… 8. **椅杨 P. wilsonii**
      9. 叶柄近顶端常无腺点（青毛杨、亚东杨除外）；叶下面常为苍白色，稀黄绿或淡绿白色（伊犁杨为淡绿色）；花盘不裂或浅波状；蒴果常无毛，稀有毛。
        11. 叶最宽处常在中部或中上部，长枝叶与萌枝叶更明显，有时在同一枝上有少数叶最宽处在中下部。
          12. 叶菱状卵形、菱状椭圆形或菱状倒卵形，基部楔形（圆叶小叶杨变种除外）；蒴果2瓣裂。
            13. 叶柄、叶两面沿脉及蒴果无毛 ………………………………………… 9. **小叶杨 P. simonii**
            13. 叶柄、叶两面沿脉、果序轴及蒴果均被毛 ………………………… 10. **青甘杨 P. przewalskii**
          12. 叶近圆形、椭圆形，基部圆或浅心形；蒴果3-4瓣裂。
            14. 小枝被毛，稀幼枝被毛。
              15. 叶仅下面脉上或近基部微被柔毛；小枝无棱 ……………………… 13. **甜杨 P. suaveolens**
              15. 叶两面沿脉被柔毛。
            14. 小枝无毛；叶上面具皱纹，下面带白色或稍粉红色，叶长大于宽；蒴果较大，多4瓣裂 ………………………………………………………………………………………… 14. **香杨 P. koreana**
              16. 叶通常椭圆形；小枝有棱；果序轴有毛，近基部更密 ……………… 15. **大青杨 P. ussuriensis**
              16. 叶通常宽椭圆形；小枝无棱；果序轴无毛 ………………………… 16. **辽杨 P. maximowiczii**
        11. 叶最宽处在中下部。

17. 小枝或幼枝与果序轴被毛；若果序轴无毛，则芽或叶柄和叶缘具毛；叶被毛或或沿脉有毛。
18. 小枝淡黄色，萌枝姜黄色；叶基部圆或楔形；蒴果2-3瓣裂 ………………………… 18. **苦杨 P. laurifolia**
18. 小枝非姜黄色；叶基部浅心形或心形，稀兼有圆形；蒴果3（4）瓣裂，若2瓣裂则蒴果有毛或具果柄。
19. 短枝叶较大，长10厘米以上。
20. 叶先端长渐尖，稀渐尖；小枝有棱，或幼时具棱；蒴果4瓣裂 ……… 24. **亚东杨 P. yatungensis**
20. 叶先端尖，短渐尖或渐尖；小枝无棱。
21. 叶宽三角形或宽卵状心形，先端渐尖；蒴果2瓣裂，具长柄 … 17. **欧洲大叶杨 P. candicans**
21. 叶宽卵形、卵形或卵状长椭圆形，先端短渐尖，常扭曲；蒴果3-4瓣裂，幼时密被柔毛 ………………………………………………………………………………………… 23. **德钦杨 P. haoana**
19. 短枝叶较小，长10厘米以内。
22. 叶椭圆形、宽椭圆形或近圆形；小枝具棱 ………………………………………… 15. **大青杨 P. ussuriensis**
22. 叶卵圆形或卵圆状椭圆形；小枝无棱 ………………………………………… 19. **密叶杨 P. talassica**
17. 小枝与果序轴无毛。
23. 叶菱状椭圆形或菱状卵形，稀卵状披针形，叶缘锯齿上下交错，不在一平面上 ……………………………………………………………………………………………… 20. **小青杨 P. pseudo-simonii**
23. 叶不为菱状椭圆形或菱状卵形，叶缘锯齿不上下交错，在同一平面上，若叶为卵状披针形，仅上部有疏锯齿。
24. 叶上面有皱纹，叶柄被短毛；蒴果4（2）瓣裂，无毛 ………………………………… 14. **香杨 P. koreana**
24. 叶上面无皱纹，叶柄无毛。
25. 小枝无棱；短枝叶长5-10厘米，沿脉无毛 ………………………………………… 11. **青杨 P. cathayana**
25. 小枝或幼枝有棱；叶较大，长7-17厘米，沿脉有毛。
26. 叶两面沿脉有毛，叶缘具睫毛；树皮片状剥裂 ……………………………… 12. **冬瓜杨 P. purdomii**
26. 叶上面沿脉无毛，下面沿脉有毛，叶缘无毛；树皮纵裂。
27. 小枝淡紫或绿褐色；叶先端短渐尖，叶下面中脉黄绿色 ………… 21. **川杨 P. szechuanica**
27. 小枝黄褐色，带红色；叶先端长渐尖，稀钝尖，叶下面中脉常淡红色 ………………………………………………………………………………………… 22. **滇杨 P. yunnanensis**
8. 叶缘有半透明窄边。
28. 叶柄圆柱形或近圆柱形。
29. 叶柄无毛，长为叶片1/2，短枝叶菱状椭圆形或菱状卵形，叶缘具疏毛；蒴果卵状椭圆形，2瓣裂 ………………………………………………………………………………………… 26. **小黑杨 P. x xiaohei**
29. 叶柄被毛，稀无毛，与叶片近等长，叶卵形、菱状卵形或三角状卵形，叶缘无毛；蒴果卵圆形，2（3）瓣裂 ………………………………………………………………………………… 27. **额河杨 P. x jrtyschensis**
28. 叶柄侧扁。
30. 长枝和萌枝叶较大，短枝叶三角形或三角状卵形，叶缘具毛，叶柄近顶端常有腺点，稀无腺点 ………………………………………………………………………………………… 28. **加杨 P. x canadensis**
30. 长、短枝叶同形、菱形、菱状卵形或三角形， 叶缘无毛，叶柄近顶端无腺点 ……… 25. **黑杨 P. nigra**
1. 叶两面均灰蓝色；花盘膜质，早落。
31. 小枝稀被毛；叶与蒴果无毛；叶上部边缘具多个牙齿，萌枝叶线状披针形或披针形 ……………………………………………………………………………………………… 29. **胡杨 P. euphratica**
31. 小枝、叶与蒴果均被绒毛；叶上部边缘常有2-3个牙齿，萌枝叶椭圆形 ……………… 30. **灰胡杨 P. pruinosa**

1. 银白杨 图 459

Populus alba Linn. Sp. Pl. 1034. 1753.

乔木，高达30米；树皮白或灰白色。幼枝被白色绒毛，萌条密被绒毛。芽密被白绒毛，后脱落。萌枝和长枝叶卵圆形，掌状3-5浅裂，长4-10厘米，裂片先端钝尖，基部宽楔形、圆、平截或近心形，裂片边缘不规则凹缺，初两面被白绒毛，后上面脱落；短枝叶长4-8厘米，卵圆形或椭圆状卵形，基部宽楔形、圆，稀微心形或平截，有不规则钝齿牙，上面光滑，下面被白色绒毛；叶柄短于或等于叶片，略侧扁，被白色绒毛。雄花序长3-6厘米，花序轴有毛，苞片膜质，宽椭圆形，长约3毫米，边缘有不规则齿牙和长毛；花盘有短梗，宽椭圆形，歪斜；雄蕊8-10。雌花序长5-10厘米，花序轴有毛，雌蕊具短柄，花柱短，柱头2，有淡黄色长裂片。蒴果细圆锥形，长约5毫米，2瓣裂，无毛。花期4-5月，果期5月。

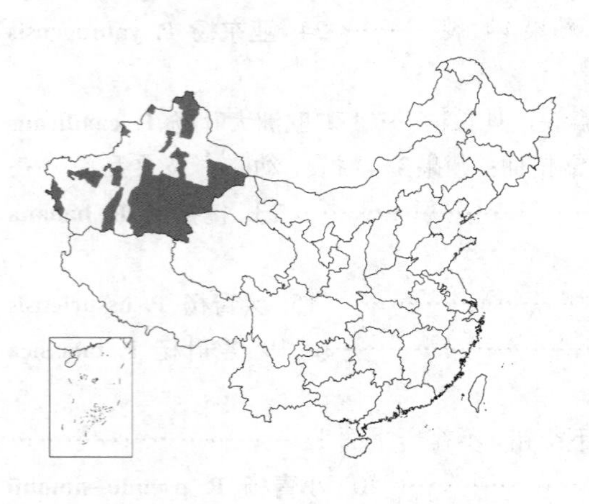

图 459 银白杨 （引自《图鉴》）

产新疆；吉林、辽宁南部、内蒙、山东、河北、河南、山西、陕西、甘肃、宁夏、青海、西藏、湖北、江西、浙江及福建等省区栽培。欧洲、北非、亚洲西部及北部有分布。不耐湿热，北京以南地区栽培的多受病虫害。木材供建筑、家具、造纸等用。为西北地区平原沙荒造林树种。

2. 银灰杨 图 460

Populus canescens (Ait.) Smith. Fl. Brit. 3: 1080. 1804.

Populus alba Linn. var. *canescens* Ait. Hort. Kew. 3: 405. 1789.

乔木，高达20米。小枝无毛；短枝被绒毛。芽被绒毛。萌条或长枝叶宽椭圆形，浅裂，有不规则牙齿，上面无毛或被疏绒毛，下面和叶柄均被灰绒毛；短枝叶宽卵形、卵状椭圆形或菱状宽卵形，长4-8厘米，宽2-7厘米，先端钝尖，基部宽楔形或圆，有凹缺状牙齿，两面无毛，或有时下面被灰绒毛；叶柄微侧扁，无毛，与叶片近等长。雄花序长5-8厘米，雄蕊8-10，花盘绿色，歪斜；雌花序长5-10厘米，花序轴初有绒毛；子房具短柄，无毛。蒴果细长卵形，长3-4毫米，2瓣裂。花期4月，果期5月。

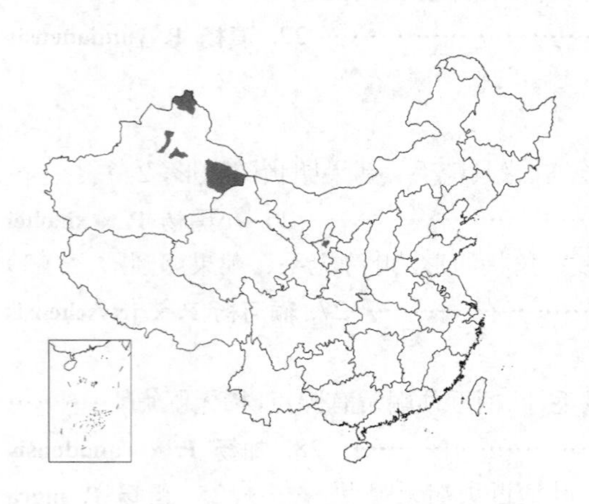

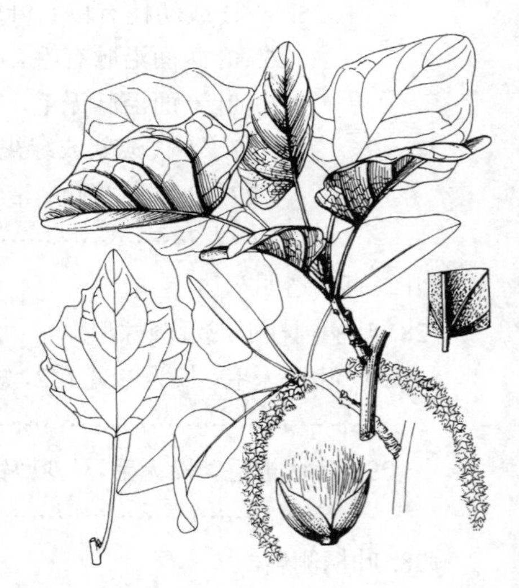

图 460 银灰杨 （张荣生绘）

产宁夏中部及新疆。俄罗斯高加索、巴尔干部分地区、阿尔泰地区、西亚及欧洲有分布。为银白杨 P. alba Linn. 与山杨P. davidiana Dode的天然杂种，生于河湾滩地、林缘、林中空地或冲积沙土。

3. 山杨

图 461：1-3

Populus davidiana Dode in Bull. Soc. Hist. Nat. Autun. 18: 189. t. 11: 31.（Extr. Monogr. Ined. Populus, 31）1905.

乔木，高达25米。小枝光滑，萌枝被柔毛。芽无毛，微有粘质。叶三角状宽卵形或近圆形，长宽均3-6厘米，基部圆、平截或浅心形，有密波状浅齿，萌枝叶三角状卵圆形，下面被柔毛；叶柄侧扁，长2-6厘米。花序轴有毛；苞片掌状条裂，边缘有密长毛；雄花序长5-9厘米，雄蕊5-12，花药紫红色；雌花序长4-7厘米，柱头带红色。果序长达12厘米；蒴果卵状圆锥形，长约5毫米，有短柄，2瓣裂。花期3-4月，果期4-5月。

产黑龙江、吉林、辽宁、内蒙古、河北、山东、河南、山西、陕西、甘肃、宁夏、新疆、青海、西藏、云南、四川、贵州、湖南、湖北及广西，垂直分布自东北低山海拔1200米以下，青海2600米以下，湖北西部、四川中部、云南在海拔2000-4000米，多生于山坡、山脊和沟谷地带，常形成小面积纯林或与其他树种形成混交林。朝鲜及俄罗斯有分布。木材富弹性，供造纸、火柴杆及民房建筑等用；树皮可作药用或提取栲胶；萌枝条可编筐；幼枝及叶为饲料；为绿化荒山保持水土树种。

图 461：1-3.山杨 4.欧洲山杨（张桂芝绘）

4. 欧洲山杨

图 461：4

Populus tremula Linn. Sp. Pl. 1043. 1753.

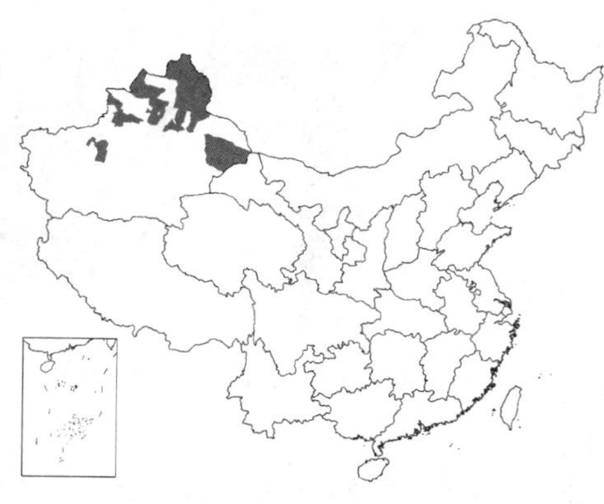

乔木，高10-20米；树皮灰绿色，光滑，基部不规则浅裂或粗糙。小枝红褐色，有光泽，无毛或被柔毛。芽卵圆形与枝同色。叶近圆形，长3-7厘米，先端圆或短尖，基部平截、圆或浅心形，有疏波状浅齿或圆齿，两面无毛，或幼叶被柔毛；叶柄侧扁，约与叶片等长；萌枝叶较大，三角状卵圆形，基部心形或平截，具圆锯齿。雄花序长5-8厘米，花序轴有柔毛，苞片褐色，掌状深裂，有长毛，雄蕊5-10或较多；雌花序长4-6厘米。果序长达10厘米，蒴果细圆锥形，近无柄，无毛，2瓣裂。花期4月，果期5月。

产新疆，生于海拔700-2300米河谷及针叶林林缘。俄罗斯西伯利亚、高加索及欧洲有分布。

5. 响叶杨

图 462

Populus adenopoda Maxim. in Bull. Soc. Nat. Mosc. 54(1): 50. 1879.

乔木，高达30米。小枝被柔毛，老枝无毛。芽有粘质，无毛。叶宽卵形或卵形，长5-15厘米，先端长渐尖，基部平截或心形，稀近圆或楔形，有内曲圆锯齿，齿端有腺点，上面无毛或沿脉有柔毛，下面灰绿色，幼时被密柔毛；叶柄侧扁，被绒毛或柔毛，长2-8（12）厘米，近顶端有2腺点。雄花序长6-10厘米，苞片条裂，有长缘毛，花盘齿裂。果序长12-20（30）厘米；花序轴有毛；蒴果卵状长椭圆形，长（2-3）4-6毫米，无毛，有短柄，2瓣裂，种子2。花期3-4月，果期4-5月。

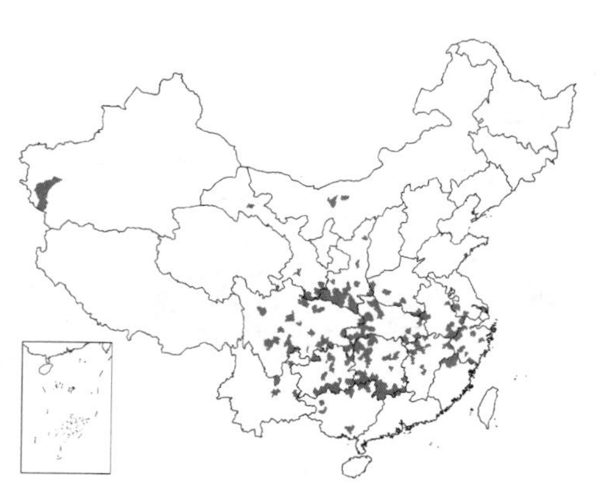

产内蒙古、新疆、甘肃、陕西、河南、安徽、江苏、浙江、福建、江西、湖北、湖南、广东北部、广西、贵州、云南及四川，生于海拔128-3800米阳坡灌丛、林中或河边。木材白色，供建筑、器具、造纸等用；可作饲料。

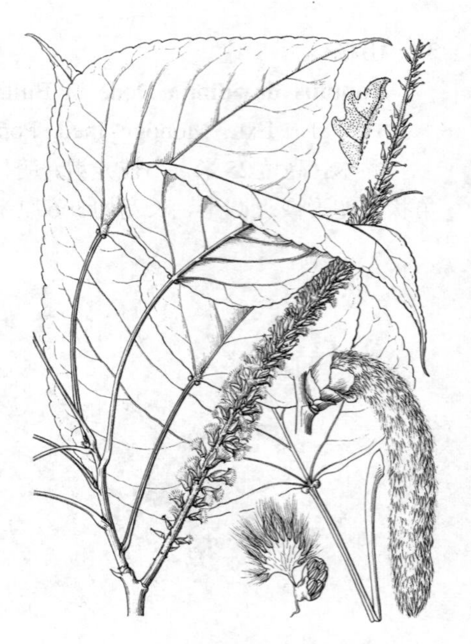

图 462 响叶杨 （引自《图鉴》）

6. 毛白杨 图 463

Populus tomentosa Carr. in Rev. Hort. 1867: 340. 1867.

乔木，高达30米。幼枝被灰毡毛，后光滑。芽卵形，花芽卵圆形或近球形，微被毡毛。长枝叶宽卵形或三角状卵形，长10-15厘米，宽6.5-10.5(-15)厘米，先端短渐尖，基部心形或平截，具深牙齿或波状牙齿，上面光滑，下面密生毡毛，后渐脱落；叶柄上部侧扁，长3-7厘米，近顶端常有2（3-4）腺点；短枝叶卵形或三角状卵形，长7-11(-18)厘米，先端渐尖，下面光滑，具深波状牙齿；叶柄稍短于叶片，侧扁，近顶端无腺点。雄花序长10-14(20)厘米，雄花苞片约具10个尖头，密生长毛，雄蕊6-12；雌花序长4-7厘米，苞片褐色，尖裂，沿边缘有长毛；柱头粉红色。果序长达14厘米；蒴果圆锥形或长卵形，2瓣裂。花期3月，果期4-5月。

产辽宁南部、河北、山东、山西、河南、安徽、江苏、浙江、江西北部、湖北、陕西、甘肃、宁夏、新疆及青海，黄河流域中、下游为中心分布区，生于海拔2000米以下平原地区。木材纹理直，油漆及胶结性能好，供建筑、家具、箱板及火柴杆、造纸等用，是人造纤维的原料。

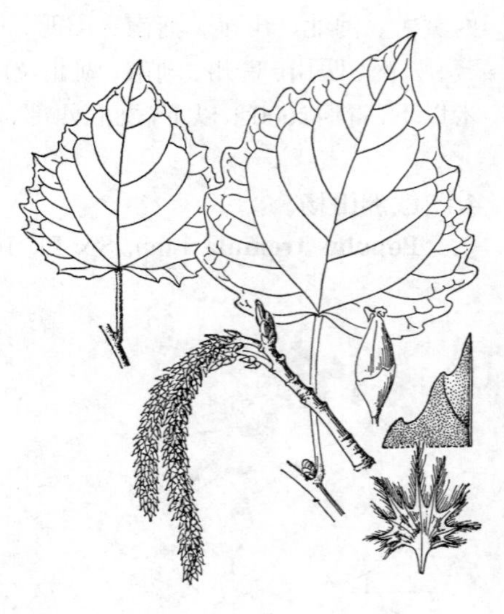

图 463 毛白杨 （冯金环绘）

7. 大叶杨 图 464：1-3

Populus lasiocarpa Oliv. in Hook. Icon. Pl. 20. 20: t. 1943.

乔木，高达20余米。幼枝被绒毛或疏柔毛。叶卵形，长15-30厘米，宽10-15厘米，先端渐尖，稀短渐尖，基部深心形，常具2腺点，具反卷圆腺锯齿，上面亮绿色，近基部密被柔毛，下面淡绿色，被柔毛，沿脉尤密；叶柄圆，有毛，长8-15厘米，常与中脉同为红色。雄花序长9-12厘米；花序轴具柔毛；苞片倒披针形，光滑，灰褐色，先端条裂；雄蕊40-120。果序长15-24厘米，轴具毛；蒴果卵形，长1-1.7厘米，密被绒毛，有柄或近无柄，3瓣裂。种子棒状，暗褐色，长3-3.5毫米。花期4-5月，果期5-6月。

产陕西南部、湖北西南部、湖南西北部、四川、贵州、云南及广西北部，生于海拔1200-4400米山坡或沿溪林中或灌丛中。木材供家具、板料等用。

8. 椅杨 图 464：4 彩片 140

Populus wilsonii Schneid. in Sarg. Pl. Wilson. 3: 16. 1916.

乔木，高达25米，胸径1.5米；树皮浅纵裂，呈片状剥裂，暗灰褐色。小枝圆柱形，光滑，幼时紫或暗褐色，具疏柔毛，老时灰褐色。芽卵圆形，红褐或紫褐色，无毛，微具粘质。叶宽卵形、近圆形或宽卵状长椭圆形，长8-20厘米，先端钝尖，基部心形或圆截，有腺状圆牙齿，上面暗蓝绿色，叶基沿脉被疏毛或无毛，下面初被绒毛，后渐无毛，灰绿色，叶脉隆起；叶柄圆，近顶端微有棱，有时具腺点，紫色，长（4-）6-16厘米，无毛。雌花序长约7厘米。果序长达15厘米，轴有柔毛；蒴果卵圆形，具短柄，近光滑。花期4-5月，果期5-6月。

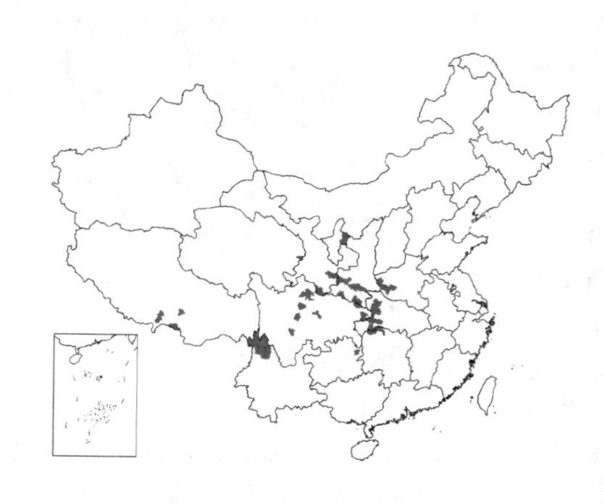

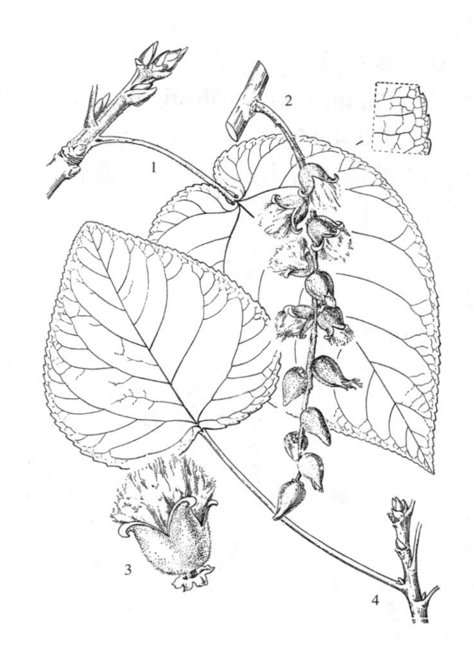

图 464：1-3.大叶杨 4.椅杨
（张桂芝绘）

产甘肃南部、宁夏、陕西南部、河南西南部、湖北西部及西南部、湖南北部、四川、贵州东部、云南西北部及东北部、西藏、青海东部，生于海拔400-4000米近河流两旁或山坡林中。

9. 小叶杨 图 465

Populus simonii Carr. in Rev. Hort. 1867: 360. 1867.

乔木，高达20米，胸径50厘米以上。幼树小枝及萌枝有棱脊，常红褐色，老树小枝圆，无毛。芽细长，有粘质。叶菱状卵形、菱状椭圆形或菱状倒卵形，长3-12厘米，中部以上较宽，先端骤尖或渐尖，基部楔形、宽楔形或窄圆，具细锯齿，无毛，下面灰绿或微白；叶柄圆筒形，长0.5-4厘米，无毛。雄花序长2-7厘米，花序轴无毛，苞片细条裂，雄蕊8-9（-25）；雌花序长2.5-6厘米；苞片淡绿色，裂片褐色，无毛。果序长达15厘米；蒴果小，2（3）瓣裂，无毛。花期3-5月，果期4-6月。

图 465 小叶杨 （仿《河北习见树木图说》）

产黑龙江、吉林、辽宁、内蒙古、河北、河南、山西、陕西、宁夏、甘肃、新疆、青海、四川、云南、湖南及湖北，多生于海拔2000米以下，最高达3800米；山东、江苏、安徽、浙江及广西等省区有栽培。欧洲及朝鲜有分布。木材轻软细致，供民用建筑、家具、火柴杆、造纸等用；为防风固沙、护堤固土、绿化观赏树种，也是东北和西北防护林和用材林主要树种之一。

10. 青甘杨 图 466

Populus przewalskii Maxim. in Bull. Acad. Sci. St. Pétersb. 27: 540. 1882.

乔木，高达20米；树干通直，树皮灰白色，较光滑，下部色较暗，有沟裂。叶菱状卵形，长4.5-7厘米，先端短渐尖或渐尖，基部楔形，有细锯齿，近基部全缘，上面绿色，下面带白色，两面脉上有毛；叶柄长2-2.5厘米，有柔毛。雌花序细，长约4.5厘米，花序轴有毛；子房卵圆形，被密毛，柱头2裂再分裂，花盘微具波状缺刻。果序轴及蒴果被柔毛；蒴果卵形，2瓣裂。

产内蒙古、陕西、甘肃、青海、湖北西部及四川北部，多生于海拔1000-3300米山麓、溪流沿岸或道旁。用途同小叶杨，为我国西北地区绿化树种。

图 466 青甘杨 （冯金环绘）

11. 青杨 图 467

Populus cathayana Rehd. in Journ. Arn. Arb. 7: 59. 1931.

乔木，高达30米。幼枝无毛。芽长圆锥形，无毛，多粘质。短枝叶卵形、椭圆状卵形、椭圆形或窄卵形，长5-10厘米，最宽在中部以下，先端渐尖或骤渐尖，基部圆，稀近心形或宽楔形，具腺圆锯齿，下面绿白色，侧脉5-7，无毛，叶柄圆柱形，长2-7厘米，无毛；长枝或萌枝叶卵状长圆形，长10-20厘米，基部常微心形，叶柄圆柱形，长1-3厘米，无毛。雄花序长5-6厘米，雄蕊30-35，苞片条裂，无毛；雌花序长4-5厘米，柱头2-4裂。果序长10-15（20）厘米，蒴果卵圆形，长6-9毫米，（2）3-4瓣裂。花期3-5月，果期5-7月。

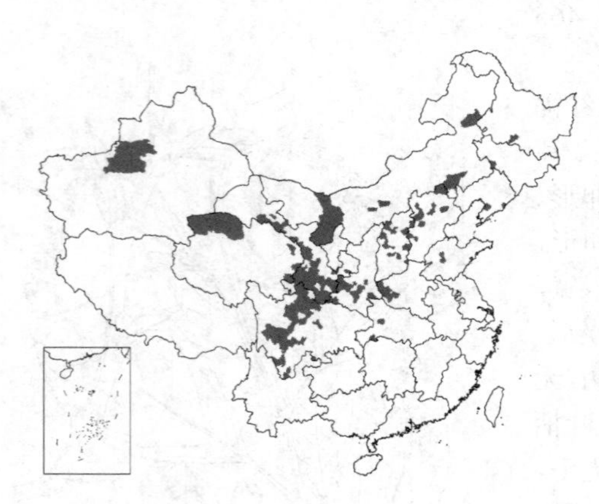

产黑龙江、吉林西南部、辽宁、内蒙古、河北、山西、陕西、宁夏、甘肃、青海、新疆、山东、河南、湖北及四川，生于海拔450-3980米沟谷、河岸或阴坡山麓。各地有栽培。木材结构细，供家具、箱板及建筑用材。

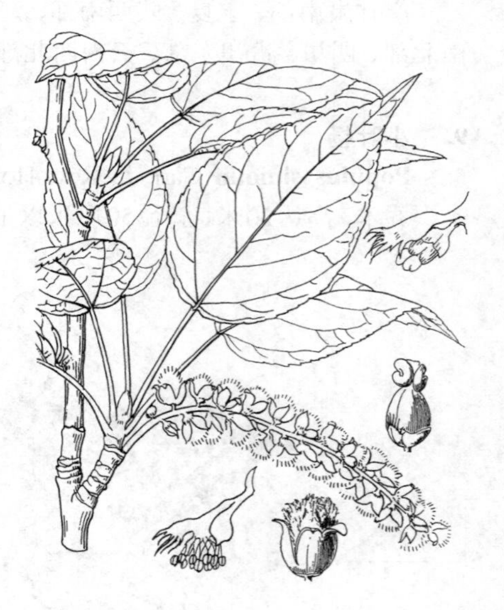

图 467 青杨 （仿《河北习见树木图说》）

12. 冬瓜杨 图 468

Populus purdomii Rehd. in Journ. Arn. Arb. 3: 325. 1922.

乔木，高达30米；树皮暗灰色，呈片状剥裂。幼枝有棱，无毛。芽无毛，有粘质。叶卵形或宽卵形，长7-14厘米，先端渐尖，基部圆或近心形，具细锯齿或圆锯齿，齿端有腺点，具缘毛，上面沿脉具疏柔毛，下面带白色，沿脉有毛，后渐脱落；叶柄圆柱形，长2-5厘米，无毛；萌枝叶长卵形，长达25厘米，宽达15厘米。果序长11（13）厘米，无毛；蒴果球状

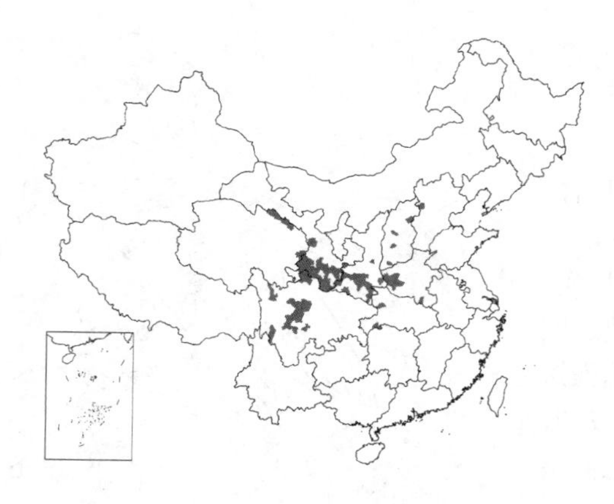

卵形，长约7毫米，无梗或近无梗，(2)3-4瓣裂。花期4-5月，果期5-6月。

产河北、河南、山西、陕西、甘肃、青海、四川及湖北，生于海拔700-3800米山地或沿溪两旁，成小片纯林或与山杨成混交林，或散生林中。木材供建筑及造纸等用。

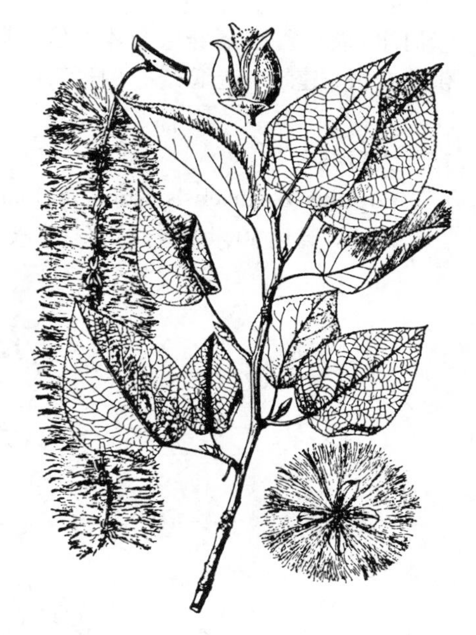

图 468 冬瓜杨 （引自《秦岭植物志》）

13. 甜杨

图 469

Populus suaveolens Fisch. in Allg. Gartenzeit. 9: 404. 1841.

乔木，高达30米。小枝微有短柔毛。芽有粘质。叶椭圆形、卵圆形、椭圆状长圆形或倒卵状长椭圆形，长5-12厘米，常中部最宽，先端骤渐尖或短渐尖，常扭转，基部圆或近心形，有圆齿状锯齿，具缘毛；萌枝叶长达18厘米，基部近心形，上面暗绿色，叶脉较明显，下面灰白色，具3-5掌状脉，脉上或近基部微有柔毛；叶柄圆，长0.5-3(4)厘米，无毛，或稍有柔毛。雄花序花序长4-5厘米；雌花序长6-8厘米；子房无毛，花柱3深裂，柱头宽卵形或肾形，有波状边缘。果序长10厘米；蒴果近无柄，多3瓣裂，无毛。花期5月，果期6月。

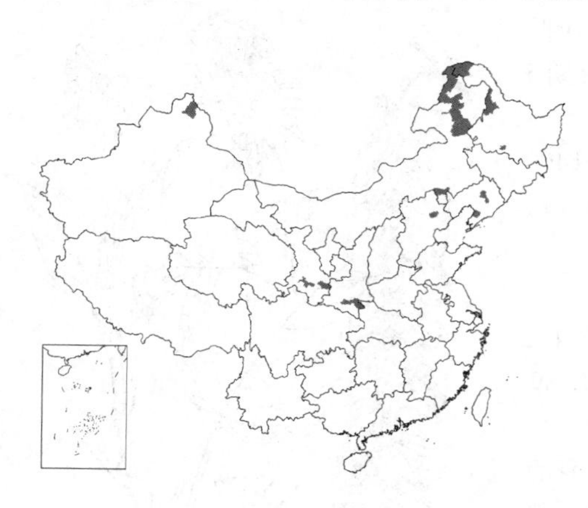

产黑龙江、辽宁、内蒙古东部及东北部、河北北部、陕西南部、甘肃南部、新疆北部，生于海拔580-650米河流两岸。俄罗斯西伯利亚及远东地区、土耳其有分布。木材可作板材、器具及火柴杆等用。

图 469 甜杨 （马 平绘）

14. 香杨

图 470

Populus koreana Rehd. in Journ. Arn. Arb. 3: 226. 1922.

乔木，高达30米，胸径1.5米。小枝初有粘性树脂，具香气，无毛。芽富粘性，具香气。短枝叶椭圆形、椭圆状长圆形、椭圆状披针形及倒卵状椭圆形，长9-12厘米，先端钝尖，基部窄圆或宽楔形，具细的腺圆锯齿，上面暗绿色，有皱纹，下面带白色或稍粉红色；叶柄长1.5-3厘米，近顶端有短毛；长枝叶窄卵状椭圆形、椭圆形或倒卵状披针形，长5-15厘米，基部多楔形，叶柄长0.4-1厘米。雄花序长3.5-5厘米；苞片近圆形或肾形，雄蕊10-30，花药暗紫色；雌花序长3.5厘米，无毛。蒴果绿色，卵圆形，无柄，无毛，(2) 4瓣裂。花期4月下旬或5月，果期6月。

产黑龙江、吉林、辽宁、内蒙古东部及河北北部，生于海拔340-1710

米河岸、溪边谷地。朝鲜、日本及俄罗斯远东地区有分布。木材耐腐力强，供胶合板、建筑、造纸、火柴杆等用。

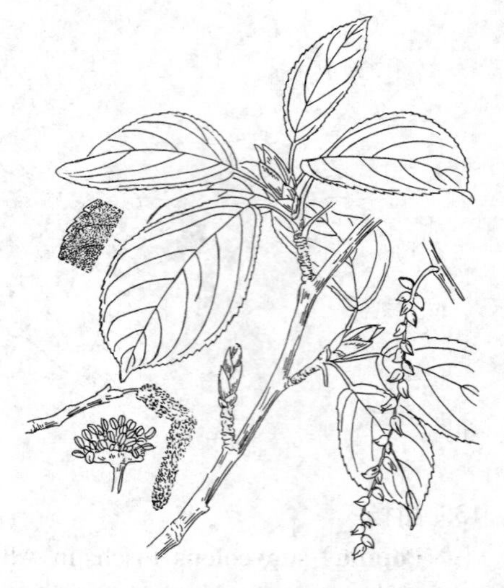

图 470 香杨 （引自《黑龙江植物志》）

15. 大青杨 图 471

Populus ussuriensis Kom. in Journ. Bot. URSS，19: 510. 1934.

乔木，高达30米，胸径2米。小枝有棱，灰绿色，有柔毛。芽有粘质。叶椭圆形、宽椭圆形或近圆形，长5-12厘米，先端骤短尖，扭曲，基部近心形或圆，具圆齿，密生缘毛，上面暗绿色，下面微白色，两面沿脉密生或疏生柔毛；叶柄长1-4厘米，密生毛。花序长12-18厘米，花序轴密生短毛，基部较密。蒴果无毛，近无柄，长约7毫米，3-4瓣裂。花期4月上旬-5月上旬，果期5月中下旬-6月中下旬。

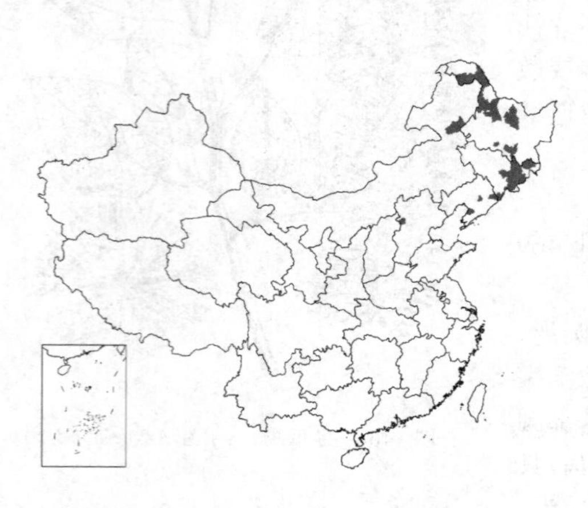

产黑龙江、吉林、辽宁、内蒙古东部及河北西部，生于海拔300-1400米河边、沟谷坡地林中。俄罗斯远东地区及朝鲜有分布。木材轻软致密，耐朽力强，供建筑、舟船、造纸、火柴杆等用。

图 471 大青杨 （张桂芝绘）

16. 辽杨 图 472

Populus maximowiczii Henry in Gard. Chron. ser. 3, 53: 198. f. 89. 1913.

乔木，高达30米；树冠开展。小枝圆柱形，粗壮，密被短柔毛。芽有粘性。叶倒卵状椭圆形、椭圆形、椭圆状卵形或宽卵形，长5-10（14）厘米，先端短渐尖或尖，常扭转，基部近心形或近圆，具腺圆锯齿，有睫毛，两面脉上均被柔毛；叶柄圆，长1-4厘米，有疏柔毛。雄花序长5-10厘米，花序轴无毛；苞片尖裂，边缘具长柔毛；雄蕊30-40；雌花序细长，花序轴无毛。果序长10-18厘米；蒴果卵圆形，无柄或近无柄，无毛，3-4瓣裂。花期4-5月，果期5-6月。

产黑龙江东南部、吉林东部、辽宁辽东半岛、内蒙古东南部、河北、陕西及甘肃南部，分布多在海拔500-2000米间，常生于溪谷林内。俄罗斯东部、日本及朝鲜有分布。木材轻软，纹理直，致密耐腐，供建筑、造船、造纸、火柴杆等用。

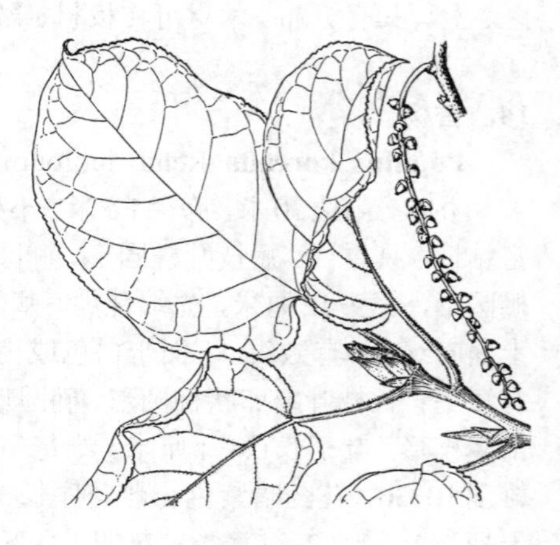

图 472 辽杨 （马 平绘）

17. 欧洲大叶杨 图 473

Populus candicans Ait. Hort. Kew. 3: 406. 1789.

乔木；树冠宽阔，枝粗壮而开展。小枝圆筒形，栗色，被柔毛。芽大，多粘质。萌条和大树叶几同形，宽卵状三角形或宽卵状心形，长12-16厘米，先端渐尖，基部心形，稀平截，有圆齿，有缘毛，上面暗绿色，下面微白，两常被疏毛，沿脉密；叶柄圆柱形，长3-5厘米，有绒毛。果序长达16厘米，轴密被毛；蒴果卵圆形，具柄，2瓣裂，常不育。花期5月。

新疆栽培，生于海拔480-1700米。欧、亚、美及大洋洲均有栽培，起源不明。喜光，抗寒，要求深厚湿润土壤。初期生长快，在干旱瘠薄的条件下，易染病虫害。

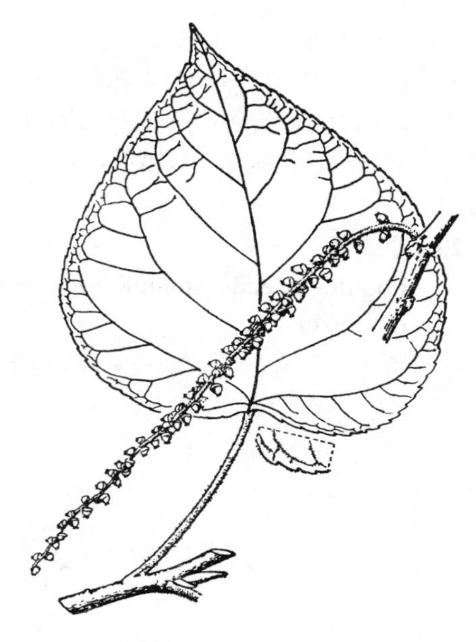

图 473 欧洲大叶杨 （张桂芝绘）

18. 苦杨 图 474

Populus laurifolia Ledeb. Fl. Alt. 4: 297. 1833.

乔木，高达15米。小枝有棱，密被绒毛，稀无毛。芽多粘质，下部芽鳞有绒毛。萌枝叶披针形或卵状披针形，长10-15厘米，先端骤尖或短渐尖，基部楔形、圆或微心形，有密腺锯齿；短枝叶椭圆形、卵形、长圆状卵形，长6-12厘米，先端骤尖或短渐尖，有细钝齿，有睫毛，两面沿叶脉常有疏绒毛；叶柄圆，长2-5厘米，密生绒毛。雄花序长3-4厘米，雄蕊30-40；苞片长3-5毫米，近圆形，裂成多数细窄的褐色裂片；雌花序长5-6厘米，轴密被绒毛。蒴果卵圆形，长5-6毫米，近无毛，2-3瓣裂。花期4-5月，果期6月。

产新疆北部阿尔泰和塔城地区，生于海拔360-2400米山地河谷。俄罗斯西伯利亚、阿富汗及蒙古西北部有分布。木材供燃料、造纸或小农具等用；叶可做饲料。

图 474 苦杨 （张荣生绘）

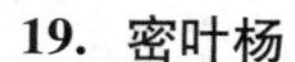

19. 密叶杨 图 475

Populus talassica Kom. in Journ. Bot. URSS. 19: 509. 1934.

乔木；树皮灰绿色。萌条微有棱角，几无毛，小枝无毛。萌枝叶披针形或宽披针形，长5-10厘米，基部楔形或圆，短枝叶卵圆形或卵圆状椭圆形，长5-8厘米，先端渐尖，基部楔形、宽楔形

图 475 密叶杨 （张荣生绘）

或圆，有浅圆齿，上面淡绿，无毛，下面常沿脉有疏毛；叶柄圆，长2-4厘米，近无毛。雄花序长3-4厘米，花序轴无毛，花药紫色。果序长5-6（-10）厘米，果序轴有疏毛；蒴果卵圆形，长5-8毫米，3瓣裂，裂片卵圆形，无毛，多皱纹，具短柄，被绒毛。花期5月，果期6月。

产新疆，生于海拔170-3000米山地河谷。俄罗斯中亚部分、伊朗及阿富汗有分布。在平原地区易受病虫害。喜光，抗寒，生长快。

20. 小青杨 图 476

Populus pseudo-simonii Kitagawa in Bull. Inst. Sci. Res. Manch. 3: 601. 1939.

乔木，高达20米。幼枝有棱，萌枝棱更显著，小枝圆柱形，无毛。芽较长，有粘性。叶菱状椭圆形、菱状卵圆形、卵圆形或卵状披针形，长4-9厘米，最宽在叶中部以下，先端渐尖或短渐尖，基部楔形或宽楔形，稀近圆，具细密交错起伏的锯齿，有缘毛，上面无毛，稀脉上被短柔毛，下面无毛；叶柄圆，长1.5-5厘米，顶端有时被短柔毛。雄花序长5-8厘米；雌花序长5.5-11厘米，子房圆形或圆锥形，无毛，柱头2裂。蒴果近无柄，长圆形，长约8毫米，顶端渐尖，2-3瓣裂。花期3-4月，果期4-5（6）月。

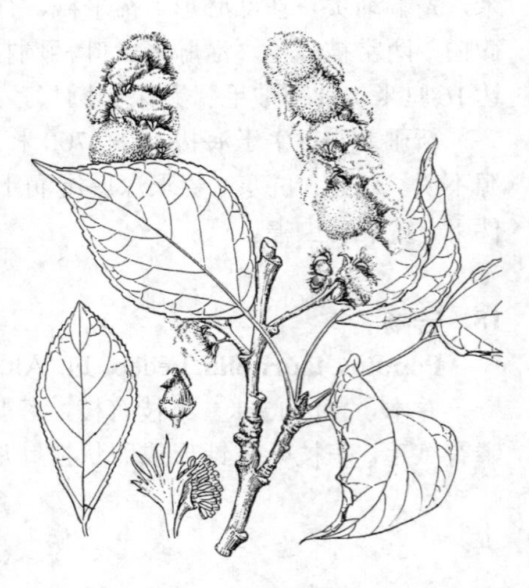

图 476 小青杨 （马 平绘）

产黑龙江西南部、吉林、辽宁南部、内蒙古东南部、河北、河南西部、山西、陕西南部及甘肃南部，生于海拔2300米以下山坡、山沟或河流两岸。木材质较软，可作一般建筑用材。

21. 川杨 图 477：1-3

Populus szechuanica Schneid. in Sarg. Pl. Wilson. 3: 20. 1916.

乔木，高达40米；树皮灰白色，上部光滑，下部粗糙，开裂；树冠卵圆形。幼枝有棱，粗壮，绿褐或淡紫色，无毛，老枝圆，黄褐色，后灰色。芽先端尖，淡紫色，无毛，有粘质。叶初带红色，上面白色，无毛；萌枝叶通常卵状长椭圆形，长11-20厘米，宽5-11厘米，有时长达28厘米，宽达16厘米，先端尖或短渐尖，基部近心形或圆，具圆腺齿；果枝叶宽卵形、卵圆形或卵状披针形，长8-18厘米，宽5-15厘米，先端通常短渐尖，基部圆、楔形或浅心形，有腺齿，初有缘毛；萌枝叶柄长2-4厘米，果枝叶柄长2.5-8厘米，无毛。果序长10-20厘米或更长，果序轴光滑；蒴果卵圆形，长7-9毫米，近无柄，光滑，3-4瓣裂。

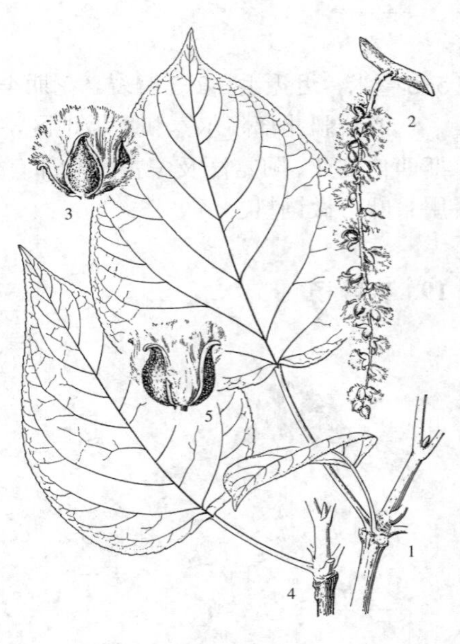

图 477：1-3.川杨 4-5.滇杨
（张桂芝绘）

花期4-5月，果期5-6月。

产河北西部、陕西、甘肃、青海东部、四川、贵州西北部、云南及西藏，多生于海拔1100-4600米地带，常与云杉混交或有时形成块状钝林。

22. 滇杨 云南白杨 图 477：4-5

Populus yunnanensis Dode in Bull. Soc. Nat. Autun. 18:221. t. 12: 103a (Extr. Monogr. Ined. Populus 63). 1905.

乔木，高达20米，树皮纵裂。幼枝无毛。芽无毛，有粘质。叶纸质，卵形、椭圆状卵形、宽卵形或三角状卵形，长5-16厘米，先端长渐尖，基部宽楔形或圆，有细腺圆锯齿，初有睫毛，后无毛，上面沿中脉稍有柔毛，下面灰白色，无毛，中脉黄或红色，叶缘无毛；叶柄长1-4厘米，带红色，无毛；短枝叶卵形，长7.5-17厘米，先端长渐尖或钝尖，基部圆或浅心形，稀楔形；叶柄长2-9厘米。雄花序长12-20厘米，轴光滑，雄蕊20-40；苞片掌状，丝状条裂，光滑，赤褐色；雌花序长10-15厘米。蒴果3-4瓣裂，近无柄。花期4月上旬，果期4月中、下旬。

产云南、贵州及四川，生于海拔755-3800米山地。常栽培为行道树。

23. 德钦杨 图 478

Populus haoana Cheng et C. Wang in Bull. Bot. Lab. North.-East. For. Inst. 4: 17. pl. 1: 4-5. 1979.

乔木，高20米；树皮灰色，光滑。小枝粗，暗褐色，被柔毛，幼时更密。芽被柔毛，微粘质。短枝叶宽卵形、卵形或卵状长椭圆形，长10-18厘米，宽5-11厘米，先端短渐尖，常扭曲，基部心形，有细腺锯齿，上面暗绿色，沿脉具柔毛，下面苍白色，被疏柔毛，沿脉密被柔毛；叶柄圆，被密柔毛，长4-7厘米。果序长达18厘米，轴被柔毛，果序柄幼时毛密；蒴果卵圆形，近无柄，4-3瓣裂，幼时被密柔毛，后渐脱落。种子褐色，长1毫米余。

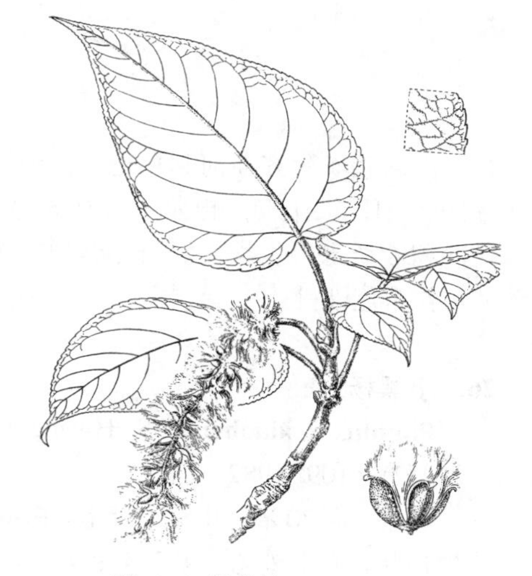

图 478 德钦杨 （张桂芝绘）

产四川中西部及西南部、云南西北部、西藏东部，生于海拔2000-3840米林中。

24. 亚东杨 图 479

Populus yatungensis (C. Wang et P. Y. Fu) C. Wang et Tung, Fl. Reipubl. Popul. Sin. 20(2): 60. 1984.

Populus yunnanensis Dode var. *yatungensis* C. Wang et P. Y. Fu in Acta Phytotax. Sin. 12(2): 192. pl. 49: 2. 1974.

乔木，高10米。幼枝有棱脊，被淡黄色长柔毛。芽紫色，被柔毛，有粘质。叶卵形或宽卵形，长14-16厘米，先端长渐尖，基部浅心形或心形，

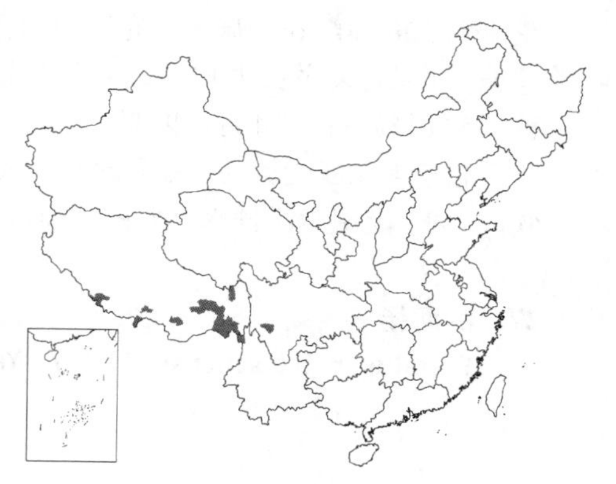

有腺状细锯齿，下面苍白色。两面沿脉被疏柔毛；叶柄圆，长4-7厘米，被长柔毛，叶柄顶端及叶片基部具腺点。果序长达22厘米，果序轴粗，带紫红色，基部有毛；蒴果卵圆形，常具短柄，无毛，4瓣裂。

产四川西南部、云南西北部及西藏，多生于海拔1840-3800米山坡。

图 479 亚东杨 （冯金环绘）

25. 黑杨 图 480

Populus nigra Linn. Sp. Pl. 1034. 1753.

乔木，高达30米。小枝圆，无毛。芽富粘质，花芽先端外弯。叶在长短枝上同形，薄革质，菱形、菱状卵圆形或三角形，长5-10厘米，先端长渐尖，基部楔形，稀平截，具圆锯齿，有半透明边，无缘毛，下面淡绿色；叶柄长5-10厘米，侧扁，无毛。雄花序长5-6厘米，花序轴无毛，苞片膜质，淡褐色，长3-4毫米，顶端有线条状尖裂片；雄蕊15-30，花药紫红色；子房无毛。果序长5-10厘米，果序轴无毛，蒴果卵圆形，有柄，长5-7毫米，2瓣裂。花期4-5月，果期6月。

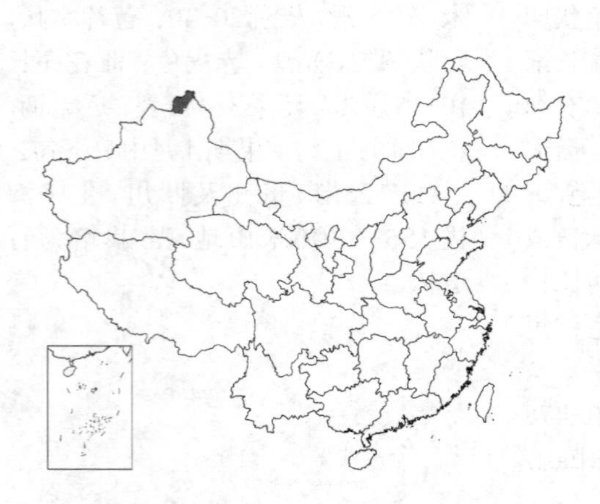

图 480 黑杨 （张荣生绘）

产新疆额尔齐斯河和乌伦古河流域，现广为栽培。俄罗斯中南部、阿富汗、土耳其、伊朗、巴尔干及欧洲等地区有分布。不耐盐碱，不耐干旱，在冲积沙质土上生长良好。材质轻软，供家具和建筑用；树皮可提取栲胶，并可作黄色染料。

26. 小黑杨 图 481

Populus x xiaohei T. S. Hwang et Liang in Bull. Bot. Res. (Harbin) 2(2): 109. 1982.

乔木，高20米。叶芽圆锥形，微红褐色，先端长渐尖，贴枝直立；花芽牛角状，先端外弯，多3-4个集生，有粘质。长枝叶常宽卵形或菱状三角形，先端短渐尖或骤尖，基部微心形或宽楔形；叶柄短而扁，带红色；短枝叶菱状椭圆形或菱状卵形，长5-8厘米，先端长尾状或长渐尖，基部楔形，具圆锯齿，具疏毛，近基部全缘，具极窄半透明边，下面淡绿色，光滑；叶柄先端侧扁，长2-4厘米，无毛。雄花序长4.5-5.5厘米，有50余花，雄蕊20-30，花盘扇形，黄色，苞片纺缍形，黄色，条状分裂；雌花序长5-7厘米，果序长达17厘米；蒴果较大，卵状椭圆形，具柄，2瓣裂；种子5-10粒。花期4月，果期5月。

北起黑龙江爱辉县，南至黄河流域各省区均有栽植。喜光，喜冷湿气候，喜生于土壤肥沃排水良好的砂质壤土。

图 481 小黑杨 （张桂芝绘）

27. 额河杨 图 482

Populus x jrtyschensis Ch. Y. Yang in Bull. Bot. Res. (Harbin) 2

(2)：112. 图2. 1982.

乔木，树皮淡灰色，基部不规则开裂，树冠开展。小枝淡黄褐色，被毛，稀无毛，微有棱。叶卵形、菱状卵形或三角状卵形，长5-8厘米，先端渐尖或长渐尖，基部楔形、宽楔形，稀圆或平截，边缘半透明，具腺圆锯齿，上面淡绿色，两面沿脉有疏绒毛，下面较密；叶柄近顶端微侧扁，被毛，稀无毛，与叶片近等长。雄花序长3-4厘米，雄蕊30-40，花药紫红色；雌花序长5-6厘米，有15-20花，轴被疏毛，稀无毛。蒴果卵圆形，2（3）瓣裂。花期5月，果期6月。

产新疆，生于海拔500-1300米林缘、林中空地或沿河沙丘。

图 482 额河杨 （冯金环绘）

28. 加杨 加拿大杨 图 483

Populus x canadensis Moench. Verz. Ausl. Baume Weissent. 81. 1785.

大乔木，高达30余米。萌枝及苗茎有棱角，小枝稍有棱角，无毛，稀微被柔毛。芽先端反曲，富粘质。叶三角形或三角状卵形，长7-10厘米，长枝和萌枝叶长10-20 厘米，先端渐尖，基部平截或宽楔形，无或有1-2枚腺体，边缘半透明，有圆锯齿，近基部较疏，具短缘毛，下面淡绿色；叶柄侧扁而长。雄花序长7-15厘米，花序轴光滑，每花有雄蕊 15-25(40)；苞片淡绿褐色，丝状深裂，无毛，花盘淡黄绿色，全缘；雌花序有45-50花，柱头4裂。果序长达27厘米；蒴果长圆形，长约8毫米，顶端尖，2-3瓣裂。雄株多，雌株少。花期4月，果期 5-6月。

除广东、云南、西藏外，各省区均有引种栽培。喜温暖湿润气候，耐瘠薄及微碱性土壤。

图 483 加杨 （引自《图鉴》）

29. 胡杨 图 484

Populus euphratica Oliv. Voy. Emp. Othoman. 3: 449. f. 45-46. 1807.

Populus deversifolia Schrenk；中国高等植物图鉴 1：357. 1972.

乔木，高达15米。萌枝细，圆形，光滑或微有绒毛。芽椭圆形，光滑。萌枝叶披针形或线状披针形，全缘或有不规则疏波状牙齿；枝内富含盐分，有咸味。叶卵圆形、卵圆状披针形、三角状卵圆形或肾形，上部有粗牙齿，基部有2腺点，两面均灰蓝色，无毛；叶柄微扁，约与叶片等长，萌枝叶柄长1厘米，有绒毛或光滑。雄花序细圆柱形，长2-

图 484 胡杨 （张荣生绘）

3厘米，轴有绒毛，雄蕊 15-25，花药紫红色，花盘膜质，边缘有不规则牙齿，早落；苞片略菱形，长约3毫米，上部有疏牙齿；雌花序长约2.5厘米，花序轴有绒毛或无毛，子房被绒毛或无毛，子房柄与子房近等长，柱头3或2浅裂，鲜红或黄绿色。果序长达9厘米；蒴果长卵圆形，长 1-1.2厘米，2-3瓣裂，无毛。花期5月，果期7-8月。

产内蒙古西部、山西、宁夏、甘肃、青海及新疆。胡杨林主要分布在新疆、内蒙古山区、山西（朔县）、宁夏，多生于盆地、河谷和平原，在准噶尔盆地为海拔250-600米，在伊犁河谷为600-750米，在天山南坡上限为1800米，在塔什库尔干和昆仑山为2300-4114米，塔里木河岸最常见。蒙古、俄罗斯、中亚、埃及、叙利亚、印度、伊朗、阿富汗、巴基斯坦及土耳其有分布。喜光、耐热、耐大气干旱、耐盐碱、抗风沙。在水分好的条件下，寿命可达百年。木材供建筑、桥梁、农具 家具等用。木纤维长，为优良造纸原料；为西北干旱盐碱地带的优良造林绿化树种。

30. 灰胡杨 图 485 彩片 141

Populus pruinosa Schrenk in Bull. Phys.-Math. Acad. Sci. St. Pétersb. 3: 210. 1845.

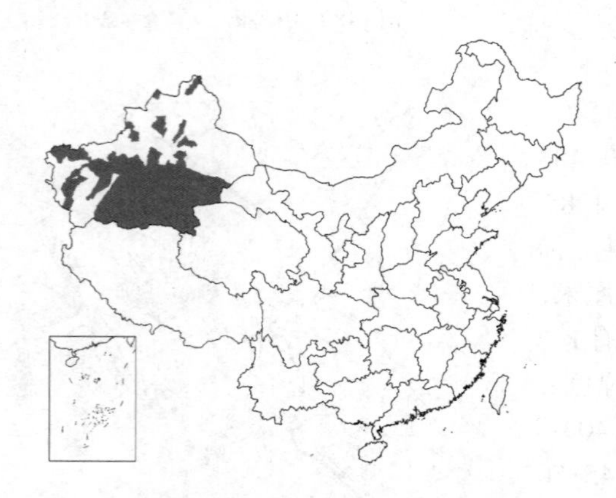

小乔木，高达12（20）米；树冠开展，树皮淡灰黄色。萌枝密被灰色绒毛；小枝有灰色绒毛。萌枝叶椭圆形，两面被灰绒毛；短枝叶肾形，长2-4厘米，全缘或先端具2-3疏牙齿，两面灰蓝色，密被绒毛；叶柄长2-3厘米，微侧扁。果序长5-6厘米，果序轴、果柄和蒴果均密被绒毛。蒴果长卵圆形，长0.5-1厘米，2-3瓣裂。花期5月，果期7-8月。

产新疆，生于海拔480-2800米。俄罗斯中亚部分、阿富汗及伊朗有分布。常和胡杨混生，或自成群落。用途同胡杨。

图 485 灰胡杨 （张荣生绘）

3. 柳属 **Salix** Linn.

乔木或灌木。枝圆柱形，髓心近圆形。无顶芽，侧芽常紧贴枝上，芽鳞单一。叶互生，稀对生，常窄而长，羽状脉，有锯齿或全缘；叶柄短，具托叶，多有锯齿，常早落，稀宿存。柔荑花序直立或斜展，虫媒花，先叶开放，或与叶同放，稀后叶开放；苞片全缘，宿存，稀早落；雄蕊2-多数，花丝离生或部分或全部合生，花药多黄色；腺体1-2（位于花序轴与花丝之间者为腹腺，近苞片者为背腺）；雌蕊由2心皮组成，子房无柄或有柄，花柱长短不一，或缺，单1或分裂，柱头 1-2，分裂或不裂。蒴果2瓣裂。种子小。多暗褐色。

约520余种，主产北半球温带地区，寒带次之，亚热带和南半球极少，大洋洲无野生种。我国 257种，122 变种，33变型。扦插易成活。木材轻柔，供小板材、木器，矿柱、民用建筑、农具和薪炭等用，有些种类的木炭为制造火药原料；枝条可编制筐、篮、家具、柳条箱、安全帽；树皮含单宁，供工业用或药用；幼枝、叶为野生动物饲料；为保持水土，固堤，防沙和四旁绿化美化环境的优良树种；有的是早春蜜源植物。

根据雌株分种检索表

1. 匍匐或垫状小灌木，高30厘米以内。
   2. 苞片2色（中上部暗褐或棕褐色，下部色浅）。

3. 叶全缘，叶柄长为叶片的1/4或更长 ………………………………………… 83. **北极柳 S. arctic**
3. 叶边缘有尖锐锯齿，叶柄短于叶片的1/4 ……………………………………… 84. **刺叶柳 S. berberifolia**
2. 苞片1色（鲜时黄绿色，有时先端微紫红色，干标本为褐色）
4. 子房有长柄，花柱短或无 ………………………………………………… 18. **台高山柳 S. taiwanalpina**
4. 子房柄短或近无，如柄明显，则花柱明显或长。
5. 植株匍匐或垫状
6. 叶常较窄，先端不微凹，常尖，脉距近相等，羽状脉，不弧曲，叶柄明显或长。
7. 花先叶开放 ………………………………………………………………… 45. **栅枝垫柳 S. clathrata**
7. 花叶同放。
8. 子房被毛；叶卵状长圆形；腹腺较宽，长约为苞片1/2 ………… 50. **吉隆垫柳 S. gyirongensis**
8. 子房无毛。
9. 子房具长柄；叶先端尖，基部楔形，有稀疏整齐的腺锯齿，幼叶下面被长柔毛 ……………………………………………………………………………… 44. **锯齿叶垫柳 S. crenata**
9. 子房无柄，近无柄或具短柄（果柄较明显）。
10. 叶长2-4毫米 ………………………………………………… 47. **卵小叶垫柳 S. ovatomicrophylla**
10. 叶长4毫米以上。
11. 叶全缘。
12. 叶椭圆形或卵状椭圆形 ……………………………………… 46. **黄花垫柳 S. souliei**
12. 叶倒卵状长圆形、长圆形或倒卵状披针形 ………………… 49. **青藏垫柳 S. lindleyana**
11. 叶缘有齿。
13. 苞片倒卵形；幼叶上面无毛 ……………………………………… 43. **小垫柳 S. brachista**
13. 苞片卵状长圆形；幼叶两面密被灰白色长柔毛 ……………………………………………………………… 48. **类扇叶垫柳 S. paraflabellaris**
6. 叶较宽，椭圆形或长椭圆形，先端常微凹或钝，叶脉近基部密，脉距往上渐疏，脉稍弧曲状，叶柄极短 ……………………………………………………………………………… 79. **圆叶柳 S. rotundifolia**
5. 植株直立或斜升，高达30厘米。
14. 叶下面幼时密被灰白色柔毛，后被丛卷毛或无毛 ………………………… 39. **丛毛矮柳 S. floccosa**
14. 叶下面无毛或幼叶下面被柔毛。
15. 叶倒卵圆形，先端钝圆，常有一皱褶，上面绿色，散生短柔毛，下面苍白色，有腊质白粉 ……………………………………………………………………………… 41. **怒江矮柳 S. coggygria**
15. 叶倒卵状椭圆形、倒卵状长圆形或倒披针形。
16. 叶倒卵状长圆形、长圆状椭圆形，稀倒披针形，上面伏生长柔毛，下面密被长柔毛 ……………………………………………………………………………… 40. **察隅矮柳 S. zayulica**
16. 叶倒卵状椭圆形，上面无毛，幼叶下面被灰白色柔毛，后无毛 … 42. **环纹矮柳 S. annulifera**
1. 直立灌木或乔木，高30厘米以上。
17. 子房柄较长；果柄更长。
18. 花柱无或近无（一般不超过0.5毫米）。
19. 腹腺马蹄形，常半抱柄。
20. 花序长6厘米以上；果序达13厘米，轴、苞片常密被灰白色柔毛 ………… 2. **四子柳 S. tetrasperma**
20. 花序长6厘米以内；果序达8（9）厘米，轴、苞片不被灰白色柔毛。
21. 子房卵圆形，苞片两面有柔毛 ………………………………………… 3. **云南柳 S. cavaleriei**

21. 子房窄卵圆形或披针形；苞片两面基部有毛。
22. 苞片卵形，背腺有时不发育；蒴果卵圆形 …………………………………………… 6. **南川柳 S. rosthornii**
22. 苞片非卵形，背腺小；蒴果卵状椭圆形。
23. 花序长4-5.5厘米；叶柄近顶端有腺点；苞片椭圆状倒卵形 …………… 4. **腺柳 S. chaenomeloides**
23. 花序长2-4厘米，叶柄近顶端无腺点或腺点不明显，苞片椭圆形 ……………… 5. **紫柳 S. wilsonii**
19. 腹腺非马蹄形，不抱柄，分裂或不裂。
24. 苞片黄绿色，干后褐色。
25. 花期叶两面被毛 …………………………………………………………… 17. **褐毛柳 S. fulvopubescens**
25. 花期叶两面无毛。
26. 幼叶披针形或椭圆形。
27. 苞片长圆形。
28. 腺体2；果瓣干后开裂不向背面拳卷 ………………………………………… 11. **三蕊柳 S. triandra**
28. 腺体1，果瓣干后开裂向背面拳卷 ……………………………………… 94. **山丹柳 S. shandanensis**
27. 苞片卵形或倒卵形；仅1腹腺，不裂或3裂 ……………………………………… 7. **长梗柳 S. dunnii**
26. 幼叶线形；果正常发育，无毛；枝栗褐色 ………………………………… 116. **蓝叶柳 S. capusii**
24. 苞片二色，上部褐或黑色，稀微紫红色。
29. 当年生小枝长2毫米以上；植株高1米以上，不生于沼泽地。
30. 子房长卵圆形 ……………………………………………………………………… 81. **皱纹柳 S. vestita**
30. 子房圆锥形。
31. 花序长1.5-2.5厘米；苞片与子房柄近等长。
32. 花序始放时长约1.5厘米；子房柄长为子房2/3或近等长 ……………… 88. **黄花柳 S. caprea**
32. 花序始放时长2-2.5厘米；子房柄长为子房1/2 ………………………… 90. **大黄柳 S. raddeana**
31. 花序长2.5厘米以上；苞片长于子房柄 ……………………………………… 91. **皂柳 S. wallichiana**
29. 当年生小枝纤细，长1.5毫米以内；植株高60-80厘米，生于沼泽地。
33. 子房、小枝被毛 ………………………………………… 101. **沼柳 S. rosmarinifolia** var. **brachypoda**
33. 子房、小枝无毛 …………………………………………………………… 80. **越桔柳 S. myrtilloides**
18. 花柱明显或长约0.5毫米以上，分裂或不裂。
34. 花序下垂，细长，疏花；柱头受粉后连同花柱渐脱落 …………………… 1. **大白柳 S. maximowiczii**
34. 花序不下垂(果序有时下弯)。
35. 花序近无花序梗，或受粉后稍伸长，基部无叶或具2-3鳞片状小叶（最长约1厘米）。
36. 花柱与子房近等长 ……………………………………………………………… 96. **粉枝柳 S. rorida**
36. 花柱短于子房。
37. 子房无毛，圆锥形 ……………………………………………………… 86. **鹿蹄柳 S. pylolaefolia**
37. 子房被毛。
38. 子房卵圆形或窄卵圆形；果有时卵状圆锥形；果瓣干后外反，不拳卷。
39. 小枝密被灰绒毛 ………………………………………………………… 99. **吐兰柳 S. turanica**
39. 小枝无毛或被毛，无密灰绒毛。
40. 子房有短柄；雌花序长约2厘米；苞片披针形或舌形；小枝无毛或被疏毛 ……………………………………………………………………………… 97. **卷边柳 S. siuzevii**
40. 子房无柄；幼叶下面被银白色绢毛 ………………………………… 100. **蒿柳 S. viminalis**
38. 子房圆锥形或窄圆锥形；果瓣干后向外拳卷。

41. 花序无花序梗，如有花序梗则长不超过5毫米。
  42. 花序长2.5-4厘米；苞片长于子房柄 ························ 91. **皂柳 S. wallichiana**
    43. 幼叶披针形 ························ 91. **皂柳 S. wallichiana**
    43. 幼叶椭圆形或近圆形 ························ 89. **中国黄花柳 S. sinica**
  42. 花序长1-2.5厘米；苞片与子房柄近等长。
    44. 子房柄约为子房1/3-1/2；苞片黄绿色；花叶同放；叶长0.5-2 厘米 ··· 94. **山丹柳 S. shandanensis**
    44. 子房柄长为子房1/2 或近等长；苞片上部黑色；果序长6-8厘米；花先叶开放；叶长达11厘米。
      45. 花序始放时长约1.5厘米；子房柄长为子房2/3或近等长 ························ 85. **黄花柳 S. caprea**
      45. 花序长2-2.5厘米；子房柄长为子房1/2 ························ 90. **大黄柳 S. raddeana**
41. 花序有花序梗，长超过5毫米。
  46. 幼叶下面密被绢质绒毛 ························ 93. **崖柳 S. floderusii**
  46. 幼叶下面被柔毛，仅脉上较密 ························ 92. **谷柳 S. taraikensis**
35. 花序有花序梗，梗常有（1）2-3叶（叶长1厘米以上），有的于果熟时脱落。
  47. 苞片通常黄绿色，干后浅褐色。
    48. 开花时，幼叶长4厘米以上；有的花序下部的子房柄较长，向上渐短或或无柄；果序长10厘米以上。
      49. 花序轴无毛。
        50. 花序长6厘米以上；幼叶全缘 ························ 19. **大叶柳 S. magnifica**
        50. 花序长4厘米；幼叶有锯齿 ························ 21. **小光山柳 S. xiaoguongshanica**
      49. 花序轴被毛。
        51. 子房有柄。
          52. 腹腺宽卵形或半圆形 ························ 20. **宝兴柳 S. moupinensis**
          52. 腹腺线形或短圆柱状 ························ 22. **长穗柳 S. radinostachya**
        51. 子房无柄 ························ 23. **墨脱柳 S. medogensis**
    48. 开花时，幼叶很小；果序长不及10厘米。
      53. 子房被毛；花序径6毫米以上 ························ 77. **紫枝柳 S. heterochroma**
      53. 子房无毛（个别种子房基部或腹部有毛）；花序径2-4（-6）毫米。
        54. 苞片无毛；幼叶下面被毛；子房柄无毛 ························ 26. **西柳 S. pseudowolohoensis**
        54. 苞片有毛。
          55. 苞片两面被毛，卵形或长圆状卵形 ························ 37. **巴柳 S. etosia**
          55. 苞片边缘具毛，两面有毛或无毛。
            56. 苞片长圆状椭圆形或长椭圆形，上部褐色，两面有或无毛，边缘多少有毛 ························ 32. **腹毛柳 S. delavayana**
            56. 苞片外面及边缘均具长毛。
              57. 苞片倒卵形或近圆形，黄绿色 ························ 29. **类四腺柳 S. paratetradenia**
              57. 苞片卵形，上部微褐色 ························ 36. **汶川柳 S. ochetophylla**
  47. 苞片上部深褐或黑色。
    58. 子房被毛。
      59. 苞片长2毫米以上；子房长约4毫米；幼叶倒卵形 ························ 82. **绿叶柳 S. metaglauca**
      59. 苞片长约1毫米；子房长约2毫米；幼叶倒披针形 ························ 87. **天山柳 S. tianschanica**
    58. 子房无毛；开花时幼叶椭圆形或近圆形。
      60. 叶全缘；花柱长1-1.5毫米 ························ 95. **喜马拉雅山柳 S. himalayensis**

60. 叶有细锯齿；花柱较短 ………………………………………………………… 86. **戟柳 S. hastata**

17. 子房无柄或具短柄，果柄极短。

61. 花序顶生于当年生枝上，基部生有数枚正常或较小叶；植株高20-50厘米 … 42. **环纹矮柳 S. annulifera**

62. 苞片长圆形，先端钝或圆截形，有不规则齿牙，无毛或仅外面基部有毛 …… 38. **迟花矮柳 S. oreinoma**

62. 苞片倒卵状长圆形，先端微凹，被疏毛，外面中下部毛较密 ………………… 43. **小垫柳 S. brachista**

61. 花序侧生稀顶生于当年生枝上，花序梗上的叶一般较正常枝叶小；植株高1米以上。

63. 腹腺窄长圆形或线形，长0.5毫米以上。

64. 苞片2色，下部色浅，上部深褐或黑色；或背腺与腹腺基部结合成假花盘状。

65. 子房无毛，背腺和腹腺常结合成假花盘状 ……………………………………… 51. **杯腺柳 S. cupularis**

65. 子房有毛。

66. 花序稍细，径约8毫米；叶披针形或倒披针形 ………………………… 98. **川滇柳 S. rehderiana**

66. 花序较粗短，径约1厘米以上；幼叶倒卵状长圆形或宽椭圆形。

67. 花柱短于子房；果序长1.5-2(-4)厘米 ……………………………………… 106. **洮河柳 S. taoensis**

67. 花柱比子房长或近等长；果序长达8厘米 ………………………… 107. **细柱柳 S. gracilistyla**

64. 苞片1色(黄绿色，干标本为褐色)。

68. 苞片有柔毛。

69. 花柱无或近无；叶长圆状倒披针形或倒卵状长圆形 ………………………… 110. **秋华柳 S. variegata**

69. 花柱明显；叶椭圆形、卵状椭圆形、卵状披针形或卵形。

70. 子房无柄；幼叶有齿。

71. 花序常3-4(-6)厘米；苞片常被金色长柔毛；腺体先端常内卷 … 102. **川柳 S. hylonoma**

71. 花序长2.5-3.2厘米；苞片不被金色毛；腺体先端不内卷 … 103. **石泉柳 S. shihtsuanensis**

70. 子房有短柄；幼叶全缘 ……………………………………………………………… 78. **秦岭柳 S. alfredi**

68. 苞片仅基部有柔毛；叶线形、线状披针形或线状倒披针形。

72. 苞片近圆形；叶长较宽大5-6倍 ………………………………………………… 111. **乌柳 S. cheilophila**

72. 苞片卵圆形；叶长较宽大6倍以上 …………………………………………… 112. **线叶柳 S. wilhelmsiana**

63. 腹腺下部宽而粗，长0.5毫米以内。

73. 花序椭圆形、长圆形或短圆柱形（白柳 S. alba 有时为圆柱形），长较径大3(4)倍以内。

74. 花序基部无小叶。

75. 幼叶长宽之比为3:2-3:1。

76. 花柱长约子房的 1/3或更短 ……………………………………… 104. **杜鹃叶柳 S. rhododendrifolia**

76. 花柱长约子房的 1/2 或稍长 ……………………………………………………… 105. **坡柳 S. myrtillacea**

75. 幼叶长宽之比为4:1-10:1。

77. 子房密被灰色绒毛；叶倒卵形或披针形 ……………………………………… 114. **黄龙柳 S. liouana**

77. 子房被极疏柔毛；叶线形或线状披针形 ……………………………………… 121. **黄柳 S. gordejevii**

74. 花序基部有小叶。

78. 子房较大；果长达9毫米；幼叶有粘质，边缘有整齐明显细腺锯齿。

79. 花期小枝红褐色；雌花具腹腺1，2裂或全裂为2，背腺较小或缺；幼叶多粘质 …………………………………………………………………………………………… 8. **五蕊柳 S. pentandra**

79. 花期小枝灰色；雌花具腹腺1-2，无背腺；幼叶粘质少 ……………… 9. **康定柳 S. paraplesia**

78. 子房及果长不及5毫米；幼叶无粘质，边缘齿尖的腺不明显或全缘。

80. 叶灰蓝或灰绿色。

81. 叶上面绿或暗绿色，下面灰白或苍白色。
82. 叶互生 …… 108. **欧杞柳 S. caesia**
82. 叶对生或近对生 …… 109. **杞柳 S. integra**
81. 叶上面绿色，下面灰绿色 …… 82. **绿叶柳 S. metaglauca**
80. 叶不为上述色泽，互生。
83. 小枝细长；幼叶倒披针形或披针形，窄椭圆形；乔木或小乔木。
84. 枝下垂；子房无毛或仅基部稍有毛；苞片披针形 …… 14. **垂柳 S. babylonica**
84. 枝直立或开展，不下垂。
85. 子房被毛。
86. 雌花的腺体2，背生和腹生 …… 15. **朝鲜柳 S. koreensis**
86. 雌花具1腹腺 …… 16. **巴郎柳 S. sphaeronymphe**
85. 子房无毛。
87. 幼枝被绒毛；幼叶被银白色绢毛。
88. 花序长3–4.5厘米，果期长达5.5厘米；子房卵状圆锥形，长4.5–5毫米；苞片披针形或卵状披针形，两面有绵毛 …… 11. **白柳 S. alba**
88. 花序长1.2–1.8厘米，果期长达4厘米；子房卵圆形，长约2毫米；苞片卵形，两面无毛，有缘毛 …… 13. **银叶柳 S. chienii**
87. 幼枝、幼叶有丝状柔毛；花序长2厘米，果期长不及2.5厘米 …… 12. **旱柳 S. matsudana**
83. 小枝短；叶不为上述形状；灌木。
89. 花序基部或花序梗上的叶长圆形或倒披针形。
90. 花序基部常有3枚以上小叶；叶缘有不明显腺锯齿；腺体2，腹腺常2–3裂 …… 55. **奇花柳 S. atophantha**
90. 花序基部有1–2枚小叶；叶全缘；腺体1，腹腺不裂 …… 52. **新山生柳 S. neoamnematchinensis**
89. 花序基部或花序梗上的叶椭圆形或近圆形。
91. 苞片长约5毫米，长圆形，先端近平截 …… 58. **大苞柳 S. pseudospissa**
91. 苞片长3毫米以内。
92. 花序椭圆形、长圆状椭圆形或头状；叶小，花期长0.8–1.4厘米。
93. 仅有腹腺1 …… 53. **华西柳 S. occidentali-sinensis**
93. 常有腹腺和背腺 …… 57. **硬叶柳 S. sclerophylla**
92. 花序短圆柱形或圆柱形；叶大，花期长1.5厘米以上（木里柳 S. muliensis有时未放叶，例外）。
94. 仅有腹腺；苞片先端近平截 …… 56. **木里柳 S. muliensis**
94. 有背腺和腹腺。
95. 背腺和腹腺在基部常连接成多裂盘状，或腹腺2–3裂 …… 54. **山生柳 S. oritrepha**
95. 背腺和腹腺不连接成盘状 …… 59. **吉拉柳 S. gilashanica**
73. 花序圆柱形，长为径4倍以上，如小于4倍，则花序梗较长，叶较大。
96. 花柱长1毫米以上。
97. 花柱不裂或微有浅裂。
98. 子房被毛；当年生小枝无毛 …… 83. **北极柳 S. arctica**
98. 子房无毛；当年生小枝密被褐绿色绒毛 …… 95. **喜马拉雅山柳 S. himalayensis**
97. 花柱全裂或中裂，稀浅裂。
99. 子房无毛 …… 23. **墨脱柳 S. medogensis**

99. 子房有毛。

100. 花序先叶开放或近先叶开放，开花时无花序梗或近无梗，若花序梗长1-2厘米，但基部无叶或无鳞片状小叶。

101. 花柱深裂，与子房近等长；叶倒卵状披针形或窄倒卵形，下面仅中脉常有簇生长柔毛 ………………………………………………………………………… 64. **灰叶柳 S. spodiophylla**

101. 花柱中裂，长为子房一半；叶椭圆形、椭圆状长圆形或倒卵状长圆形，下面被绒毛，无簇生长柔毛 …………………………………………………………………………… 65. **白背柳 S. balfouriana**

100. 花序与叶同放或稍晚开放，花序梗长1厘米以上，常有叶；幼叶在开花时已较大。

102. 花柱与子房等长，深裂至全裂。

103. 叶披针形。

104. 叶对生 ………………………………………………………… 66. **对叶柳 S. salwinensis**

104. 叶互生 ………………………………………………………… 67. **裸柱头柳 S. psilostigma**

103. 叶非披针形。

105. 柱头丝状，常扭曲 ………………………………………………… 61. **银背柳 S. ernesti**

105. 柱头非丝状，不扭曲。

106. 花柱全裂，叉开，柱头短，不裂或2裂；花序径达1.5厘米，顶生枝端 ………………………………………………………………………… 71. **双柱柳 S. bistyla**

106. 花柱上部2裂，柱头长，常2裂；花序径1厘米以内，侧生于小枝 …… 60. **川鄂柳 S. fargesii**

102. 花柱长为子房1/2-1/3，全裂或中裂，稀浅裂。

107. 叶下面密被绢毛，有光泽。

108. 花柱全裂或深裂，苞片倒卵状三角形，先端平截或圆截，全缘，两面或外面被白色长毛；叶下面被白色绢毛 …………………………………………………… 68. **大理柳 S. daliensis**

108. 花柱中裂（长度有时超过子房一半），苞片匙状长圆形，先端钝或近平截，有时有圆齿或2裂齿，内面无毛；叶下面被铅灰色绢毛 …………………………………… 69. **褐背柳 S. daltoniana**

107. 叶下面被绒毛或长柔毛。

109. 叶卵状披针形、椭圆状披针形或椭圆形，长达17厘米，有细腺齿；苞片先端常有3-4腺齿；子房无柄；果序长10厘米以上 …………………………………… 62. **长叶柳 S. phanera**

109. 叶倒卵状椭圆形或倒卵状披针形，长4-9厘米，全缘或有不明显疏腺齿；苞片先端无腺齿；子房有短柄；果序长达10厘米 …………………………………… 70. **怒江柳 S. nujiangensis**

96. 花柱长1毫米以内。

110. 花柱不裂或无；花序无梗，稀有梗；叶线形、线状披针形或披针形。

111. 小枝、叶无毛。

112. 花序具梗，梗基部有不脱落小叶；苞片无毛或有疏毛 ……………………… 117. **细枝柳 S. gracilior**

112. 花序无梗或具短梗，基部仅有易脱落性的鳞片状叶片。

113. 花柱短；苞片2色；叶缘有腺锯齿 ………………………………… 118. **筐柳 S. linearistipularis**

113. 花柱明显。

114. 花序梗基部和鳞片状小叶下面无毛或有疏毛；苞片同色，仅最上部微暗；小枝淡黄绿或淡紫红色；叶披针形 …………………………………………………… 119. **簸箕柳 S. suchowensis**

114. 花序梗基部和鳞片状小叶下面密被长柔毛；苞片2色；小枝淡黄色；叶线形 ………………………………………………………………………… 120. **北沙柳 S. psammophila**

111. 幼枝、幼叶被毛。

115. 花柱短或几缺。

116. 幼叶披针形；花序基部的鳞片披针形 …… 113. **川红柳 S. haoana**
116. 幼叶倒卵形；花序基部的鳞片椭圆形 …… 114. **黄龙柳 S. liouana**
115. 花柱明显较长；花序基部的鳞片椭圆形 …… 115. **红皮柳 S. sinopurpurea**
110. 花柱全裂或浅裂，稀不裂；花序有梗。
117. 子房无毛（或稍有微毛，近无毛，或仅基部有毛）。
118. 苞片有毛。
119. 苞片有缘毛。
120. 苞片两面被毛，缘毛长于苞片1-2倍 …… 33. **丝毛柳 S. luctuosa**
120. 苞片缘毛比苞片短或与苞片等长 …… 35. **中华柳 S. cathayana**
119. 苞片仅基部有毛，黄褐色。
121. 子房卵圆形，柱头2浅裂 …… 24. **细序柳 S. guebrianthiana**
121. 子房卵状椭圆形，柱头不裂 …… 28. **黑水柳 S. heishuiensis**
118. 苞片无毛。
122. 苞片宽卵圆形；腹腺圆柱形；子房卵圆形 …… 34. **周至柳 S. tangii**
122. 苞片非宽卵圆形。
123. 雌花序长1.5-3厘米；苞片宽椭圆形或近圆形；小枝黄或黄褐色 …… 27. **异型柳 S. dissa**
123. 小枝非黄或黄褐色。
124. 小枝褐红或带紫色；雌花序长1-2.5厘米；苞片卵圆形 …… 25. **光苞柳 S. tenella**
124. 小枝暗褐或带黑色；雌花序长2.5-6厘米；苞片宽椭圆状长圆形 …… 31. **眉柳 S. wangiana**
117. 子房被毛。
125. 幼叶下面被柔毛，或脉上有毛；苞片常被长毛。
126. 苞片先端平截或圆截，两面有毛。
127. 苞片长约1毫米，比子房短，与腹腺近等长；当年生小枝被绒毛 …… 73. **林柳 S. driophila**
127. 苞片长约2毫米，与子房近等长，长为腹腺3倍；小枝无毛 …… 76. **截苞柳 S. resecta**
126. 苞片先端圆或钝。
128. 苞片长约1毫米，近圆形 …… 72. **丑柳 S. inamoena**
128. 苞片长1.5-2毫米，椭圆形或椭圆状长圆形。
129. 苞片两面常密被长毛 …… 74. **绵毛柳 S. erioclada**
129. 苞片内面无毛，有时外面上部毛脱落 …… 75. **异色柳 S. dibapha**
125. 幼叶下面密被白色丝状绒毛 …… 63. **纤柳 S. phaidima**

根据雄株分种索表

（尚未见雄株：墨脱柳 S. medogensis，汶川柳 S. ochetophylla，察隅矮柳 S. zayulica，景东矮柳 S. jingdongensis，怒江柳 S. nujiangensis，山丹柳 S. shandanensis，石泉柳 S. shihtsuanensis，黄龙柳 S. liouana，蓝叶柳 S. capusii）

1. 匍匐、垫状或直立小灌木，高30厘米以内。
2. 苞片2色（中上部暗褐或棕褐色，下部色浅）。
3. 植株部分叶的叶柄长为叶片1/4或更长 …… 83. **北极柳 S. arctica**
3. 叶柄短于叶片1/4 …… 84. **刺叶柳 S. berberifolia**
2. 苞片1色（鲜时黄绿色，有时先端微紫红色，干标本为褐色）。
4. 植株或少有部分幼叶的先端微凹 …… 79. **圆叶柳 S. rotundifolia**

4. 幼叶先端多不微凹。
5. 花先叶开放；干粗短；枝极多而呈栅栏状 ………………………………… 45. **栅枝垫柳 S. clathrata**
5. 花与叶同时开放。
6. 花丝无毛。
7. 叶长2-4毫米，宽1-2毫米，密集生长，覆盖整个枝条 ……… 47. **卵小叶垫柳 S. ovatomicrophylla**
7. 叶长0.8-1.7厘米，宽0.4-1.2厘米。
8. 叶椭圆形或卵状椭圆形，全缘 ……………………………………………… 46. **黄花垫柳 S. souliei**
8. 叶倒卵形、倒卵状圆形或倒卵状椭圆形，有疏圆齿或全缘；苞片卵状长圆形 ………………………………………………………………………………… 48. **类扇叶垫柳 S. paraflabellaris**
6. 花丝基部有毛。
9. 叶较大，长（0.5）1-2厘米，宽4-8毫米。
10. 叶全缘；苞片有疏缘毛 ……………………………………………… 49. **青藏垫柳 S. lindleyana**
10. 叶缘中部以上具疏腺锯齿；苞片无毛 …………………………………… 43. **小垫柳 S. brachista**
9. 叶长0.7-1厘米，宽2-4（5.5）毫米。
11. 叶卵形，具疏而整齐腺锯齿；腹腺长圆柱形 …………………………… 44. **锯齿叶垫柳 S. crenata**
11. 叶卵状长圆形，两端渐窄，全缘；腹腺较宽，非长圆柱形，上部更宽，或有浅裂 ……………………………………………………………………………………… 50. **吉隆垫柳 S. gyirongensis**
1. 直立灌木或乔木，高超过30厘米。
12. 雄蕊3枚以上。
13. 雄蕊常3；托叶上面常密被黄色腺点 ………………………………………… 10. **三蕊柳 S. triandra**
13. 雄蕊3以上或多数；托叶无黄色腺点。
14. 苞片膜质；雄蕊贴生苞片，雄蕊5 ……………………………………… 1. **大白柳 S. maximowiczii**
14. 苞片非膜质；雄蕊不贴生苞片，雄蕊（3-）5-10。
15. 花序长约10厘米，花近轮状排列，轴上密生短柔毛；叶柄上端无腺点 … 2. **四子柳 S. tetrasperma**
15. 花序长（2.5）4-6厘米，稀7-8厘米；叶柄上端多有腺点。
16. 花序密花，长4厘米以内；幼叶富含粘质。
17. 雄花序径约1厘米以上；雄蕊长3-4.5毫米；苞片长2.5毫米，背、腹腺棒形，背腺长达1毫米，两腺基部不结合；小枝灰棕色 ………………………………………… 8. **五蕊柳 S. pentandra**
17. 雄花序径约8毫米；雄蕊长1-3毫米，长短不一；苞片长1.5-2毫米，背、腹腺宽扁形，先端浅裂，两腺基部结合；小枝灰色稀带紫色 ………………………… 9. **康定柳 S. paraplesia**
16. 花序疏花，长4-6厘米，幼叶常无粘质或稀有粘质。
18. 雄蕊5-12，花丝基部有长柔毛。
19. 雄花序花较密，径8毫米以上 …………………………………… 3. **云南柳 S. cavaleriei**
19. 雄花序盛花时疏花，径8毫米以内 ………………………… 4. **腺柳 S. chaenomeloides**
18. 雄蕊3-6（8），每花序中必有少于5数的花；花丝基部具短柔毛或绒毛。
20. 花序梗长1厘米，轴有长柔毛；叶先端钝圆或尖 ………………… 7. **长梗柳 S. dunnii**
20. 花序梗长1厘米以上，轴有短柔毛；叶先端渐尖。
21. 苞片中、下部和边缘有毛；叶椭圆形、宽椭圆形或长圆形，下面苍白色，叶柄上端通常无腺点 ………………………………………………………………… 5. **紫柳 S. wilsonii**
21. 苞片仅基部有柔毛；叶披针形、椭圆状披针形或长圆形，下面淡绿色，叶柄上端有腺点；腺体结合成多裂的盘状 ………………………………………………… 6. **南川柳 S. rosthornii**
12. 雄蕊2（或花序中偶有3枚），或合生为1。
22. 雄花有腹、背腺。

23. 花序侧生于正常小枝上，花序梗上的叶一般比正常叶小；植株高1米以上。

24. 花序径大，径8毫米以上，无梗或有梗，若径5毫米，则花丝几全部有毛或花序长达5厘米以上；开花时，幼叶长3-4厘米。

25. 叶两面或下面密被绢毛、绒毛或中脉有丛毛，稀毛少；花丝有毛。

26. 花序先叶开放，稀与叶同时开放；花序梗无，基部具1-3鳞片状小叶或无。

27. 叶互生。

27. 叶对生 ………………………………………………………………………… 66. **对叶柳 S. salwinensis**

28. 叶倒卵状披针形或窄倒卵形，基部楔形或圆楔形，下面脉上常簇生长柔毛；花序基部有2-3鳞片状小叶 ………………………………………………………………………… 64. **灰叶柳 S. spodiophylla**

28. 叶椭圆形或倒卵状长圆形，基部圆，下面被绒毛，白色；花序基部无叶或具1-2鳞片状小叶 …………………………………………………………………………………… 65. **白背柳 S. balfouriana**

26. 花序与叶同时开放或稍晚开花，花序梗长，基部有2-5鳞片状小叶。

29. 花期花序梗上的最大的叶长1-4厘米。

30. 花序梗长1厘米以内，梗上的小叶倒披针形或倒卵状长圆形，先端圆或圆钝，基部楔形；叶披针形、窄椭圆状披针形或长圆状披针形，下面被绢毛，有光泽；花序长1.5-6厘米。

31. 花序径8毫米以上 ………………………………………………………… 67. **裸柱头柳 S. psilostigma**

31. 花序径4-6毫米 …………………………………………………………… 68. **大理柳 S. daliensis**

30. 花序梗长1-2厘米，梗上的小叶宽长圆形或椭圆形，先端尖或圆钝，基部圆。

32. 花序纤细，长达12厘米，径约5毫米；叶线状披针形或卵状披针形，先端尖或渐尖 ………… ……………………………………………………………………………………… 63. **纤柳 S. phaidima**

32. 花序较粗，长3.5-6厘米，径0.8-1厘米；叶长圆形或椭圆形，稀披针形，先端尖 ……………… ……………………………………………………………………………………… 69. **褐背柳 S. daltoniana**

29. 花期花序梗上的叶长3-9厘米。

33. 花序径1-1.5厘米，长4-6厘米；苞片先端平截，有不明显腺齿；花丝被密柔毛 ……………… ……………………………………………………………………………………… 71. **双柱柳 S. bistyla**

33. 花序径1厘米以内，花盛开时长7-12厘米，径7-9毫米。

34. 苞片先端无腺齿，全缘或稍缺刻状；花丝仅中下部有长柔毛或无毛。

35. 花丝无毛；苞片窄倒卵形；叶有细腺锯齿 ……………………………… 60. **川鄂柳 S. fargesii**

35. 花丝中下部被长柔毛；苞片倒卵形或倒卵状长圆形；叶全缘或上部有腺锯齿尖 …………… ……………………………………………………………………………………… 61. **银背柳 S. ernesti**

34. 苞片先端有3-4腺齿；花丝被皱曲毛 ……………………………………… 62. **长叶柳 S. phanera**

25. 叶两面常无毛，或不为上述的毛；花丝无毛或有疏毛。

36. 花丝无毛。

37. 花序轴和苞片无毛 ……………………………………………………… 19. **大叶柳 S. magnifica**

37. 花序轴和苞片被毛 ……………………………………………………… 20. **宝兴柳 S. moupinensis**

36. 花丝有疏毛。

38. 花丝基部有疏毛；当年生枝绿色，无毛；老叶椭圆形，下面有白粉 ……………………………… ……………………………………………………………………… 21. **小光山柳 S. xiaoguongshanica**

38. 花丝中部以下有柔毛；幼枝紫褐色，有毛；老叶披针形或长圆状披针形，叶下面无白粉 ………… …………………………………………………………………………… 22. **长穗柳 S. radinostachya**

24. 花序较细小，径不及8毫米，稀1厘米以上，则花序多为椭圆形或短圆柱形；开花时幼叶长不及3厘米。

39. 叶披针形；乔木或小乔木。

40. 枝下垂；花丝与苞片近等长或较长；苞片披针形 ……………………………… 14. **垂柳 S. babylonica**

40. 枝直立或开展，不下垂；花丝离生或下部合生或基部合生。
41. 幼枝有绒毛，幼叶有绢状毛。
42. 花序长3-5厘米，花序梗长0.5-1厘米；花丝离生；苞片卵状披针形或倒卵状长圆形，内面无毛，外面无毛或基部有疏毛，有缘毛 ………………………………… 11. **白柳 S. alba**
42. 花序长1.5-2厘米，花序梗长3-6毫米；花丝基部合生；苞片倒卵形，两面有毛 ………………………………………………………… 13. **银叶柳 S. chienii**
41. 幼枝、幼叶有毛，无绒毛或绢状毛；花序梗长不及7毫米；花丝下部或基部有毛。
43. 小枝红褐或紫褐色；苞片倒卵状圆形 ……………………… 16. **巴郎柳 S. sphaeronymphe**
43. 小枝不带红或紫色；苞片卵形、长卵形或卵状长圆形。
44. 花序有短梗；苞片卵形，基部有毛 ……………………………… 12. **旱柳 S. matsudana**
44. 花序近无梗；苞片卵状长圆形，两面有毛或内面近无毛；花丝离生，有时基部合生 ……………………………………………………………… 15. **朝鲜柳 S. koreensis**
39. 叶非披针形；灌木，稀小乔木。
45. 花序椭圆形或短圆柱形，长约为粗的3（4）倍。
46. 花序长1.5 厘米以内，椭圆状或头状。
47. 背腺和腹腺的基部常结合成多裂的假花盘状 ………………………… 51. **杯腺柳 S. cupularis**
47. 腹腺的基部不结合。
48. 花序基部无叶或仅2枚鳞片状小叶；幼叶全缘或开花时幼叶未开放，有白色长毛 ……………………………………………………………… 56. **木里柳 S. muliensis**
48. 花序基部具小叶。
49. 幼叶下面无毛，上面有白色柔毛 ……………… 52. **新山生柳 S. neoamnematchinensis**
49. 幼叶下面密被暗红色或锈色平伏短毛 ……………… 53. **华西柳 S. occidentali-sinensis**
46. 花序长1.5厘米以上，短圆柱形或圆柱形。
50. 花序梗长0.4-1厘米；叶椭圆状长圆形或长圆形，稀披针形，常有不明显腺密锯齿 ……………………………………………………………… 55. **奇花柳 S. atopantha**
50. 花序梗长不及4毫米。
51. 背腺和腹腺基部常合生；花序长椭圆形或短圆柱形 ……………… 54. **山生柳 S. oritrepha**
51. 背腺和腹腺基部不合生；花序短圆柱形或圆柱形 ……………… 59. **吉拉柳 S. gilashanica**
45. 花序圆柱形，长为粗4倍以上。
52. 苞片常无毛或有缘毛，如两面或1面有毛，则腺体为苞片长的1/2或更长；花丝基部有长柔毛。
53. 苞片无毛。
54. 花序长1-2.5厘米，径3-4毫米；小枝暗褐、褐红或带紫色。
55. 枝无毛 ……………………………………………………… 25. **光苞柳 S. tenella**
55. 枝被细绒毛 ……………………………………… 26. **西柳 S. pseudowolohoensis**
54. 花序长2-4厘米，径5-7毫米；苞片宽倒卵形或近圆形；小枝黄或黄褐色 …… 27. **异形柳 S. dissa**
53. 苞片有毛。
56. 苞片仅一面和边缘有长毛；当年生枝被毛 ……………… 29. **类四腺柳 S. paratetradenia**
56. 苞片有疏缘毛。
57. 苞片长圆状椭圆形，黄绿色或上部褐色，两面有毛或无毛，边有缘毛；花药黄色或花序上部的为红色 ……………………………………………………… 32. **腹毛柳 S. delavayana**
57. 苞片倒卵形、圆形或倒卵状椭圆形，黄褐或暗褐色。
58. 花序长达6厘米，径3-5毫米 ……………………… 24. **细序柳 S. guebrianthiana**
58. 花序长 1-1.5 厘米，径约 3 毫米 ……………………… 28. **黑水柳 S. heishuiensis**

52. 苞片有毛，或至少一面有毛和有缘毛。
59. 雄花序径5毫米以内（植株中个别花序径6-7毫米）；叶椭圆形，下面被黄或锈色柔毛；苞片近圆形 ……………………………………………… 72. **丑柳 S. inamoena**
59. 雄花序径6-7毫米；苞片椭圆形；花丝长3毫米以内；小枝密被白色柔毛；幼叶面或下面被白色绢质柔毛 ……………………………………………… 74. **绵毛柳 S. erioclada**
23. 花序着生在正常小枝顶端；花丝有毛；植株高30-50（-100）厘米。
60. 叶下面幼时密被灰白色长柔毛，后被丛卷毛或无毛，倒卵形或倒卵状椭圆形；苞片外面无毛，内面有疏长柔毛 ……………………………………………… 39. **丛毛矮柳 S. floccosa**
60. 叶下面无毛或幼时被柔毛。
61. 叶上面散生短柔毛，下面幼时被长柔毛，后无毛而具腊粉，先端常有皱褶 ……………………………………………… 41. **怒江矮柳 S. coggygria**
61. 叶上面无毛或幼时被灰白色柔毛。
62. 叶倒卵状椭圆形、椭圆形或长圆形，长1.5-3.5厘米，宽1-1.8厘米，先端急尖或钝；花丝下部1/3有毛；苞片长圆形，仅基部有毛，有缘毛 ……………… 38. **迟花矮柳 S. oreinoma**
62. 叶倒卵状椭圆形，长2-5厘米，宽1.5-2.5厘米，先端钝圆；花丝3/4至全部被柔毛；苞片倒卵状长圆形，被密毛 ……………………………………………… 42. **环纹矮柳 S. annulifera**
22. 雄花仅有腹腺。
63. 植株低矮，常高60厘米。
64. 当年生小枝细小，径1-1.5毫米；生于沼泽地。
65. 小枝、叶无毛或幼枝疏被柔毛 ……………………………… 80. **越桔柳 S. myrtilloides**
65. 小枝密被黄褐色绒毛；叶下面被白色绒毛 ………… 101. **沼柳 S. rosmarinifolia** var. **brachypoda**
64. 当年生小枝较粗，径2毫米以上；不生于沼泽地。
66. 叶上面有皱纹；苞片倒卵圆形，边缘密生短缘毛 ……………………… 81. **皱纹柳 S. vestita**
66. 叶上面平滑；苞片长椭圆形，内面有长柔毛 ……………………………… 83. **北极柳 S. arctica**
63. 植株较高，达1米以上。
67. 雄蕊2，离生，或在同一花序中偶有花丝基部合生。
68. 花序有梗或近无梗，基部有小叶。
69. 花序梗长5毫米以上。
70. 花丝有毛；花序长为径的4倍以上。
71. 幼叶下面被绢质柔毛或绒毛 ……………………………………… 73. **林柳 S. driophila**
71. 幼叶下面无毛或被短柔毛，如近绢毛，在开花时则叶多数未展开；花丝基部有长柔毛。
72. 苞片无毛。
73. 苞片宽卵形或长圆形，先端有2缺刻；花序长1-2.5厘米；腹腺棒形 ……………………………………………… 31. **眉柳 S. wangiana**
73. 苞片倒卵形。
74. 腹腺卵圆形；花序长2.5-4.5厘米 ……………………… 30. **小叶柳 S. hypoleuca**
74. 腹腺圆柱形；花序长1.8-2.5厘米 ……………………… 34. **周至柳 S. tangii**
72. 苞片被毛。
75. 苞片的缘毛长于苞片，黄绿色或上部褐色 ……………………… 33. **丝毛柳 S. luctuosa**
75. 苞片的缘毛短于苞片或与苞片等长，褐色或黄褐色 ………… 35. **中华柳 S. cathayana**
70. 花丝无毛；花序长为径的4倍以内。
76. 花后叶开放；苞片先端暗棕或黑色；幼叶被短绒毛 ………… 82. **绿叶柳 S. metaglauca**
76. 花先叶或与叶同放；苞片黄绿色或上部褐色；幼叶下面被长柔毛 ………… 37. **巴柳 S. etosia**

69. 花序梗短于5毫米或近无。
77. 花丝下部有柔毛。
78. 幼叶常被棕褐或白色绢毛或平伏柔毛。
79. 叶下面被棕褐色柔毛；苞片无毛或有短柔毛 ………………………… 17. **褐毛柳 S. fulvopubescens**
79. 叶下面被平伏柔毛；苞片仅基部有毛 ……………………………………… 28. **黑水柳 S. heishuiensis**
78. 幼叶被短柔毛，后无毛。
80. 花丝全部离生。
80. 有部分花丝不同程度合生 ……………………………………………………… 87. **天山柳 S. tianschanica**
81. 花序长3-5.5厘米；苞片长圆形；腹腺倒卵圆形 ……………………… 77. **紫枝柳 S. heterochroma**
81. 花序长1.5-3厘米；苞片倒卵形；腹腺窄卵形 ………………………………… 78. **秦岭柳 S. alfredi**
77. 花丝无毛。
82. 叶全缘，两面有白色柔毛；苞片外面有长毛；花丝较苞片长约3倍 ……………………………………
……………………………………………………………………………………… 95. **喜马拉雅山柳 S. hymalayensis**
82. 幼叶边缘有齿，有疏毛。
83. 花序梗具正常叶片 ……………………………………………………………………………… 85. **戟柳 S. hastata**
83. 花序梗具早落的鳞片状小叶或缺 ………………………………………………… 86. **鹿蹄柳 S. pyrolaefolia**
68. 花序无梗，基部多无叶。
84. 花序圆柱形，长为径的3倍以上；苞片近黑色，先端尖 …………………………… 96. **粉枝柳 S. rorida**
84. 花序椭圆形或短圆柱形，稀近球形，长为径的1-2.5倍（3倍）。
85. 幼叶（或上年落叶）椭圆形、倒卵形或长圆状倒卵形。
86. 花序径一般在1.5厘米以上。
87. 花序盛开时为椭圆形或宽椭圆形，稀近球形。
88. 苞片披针形，上部黑色，下部色浅，2色；花丝长约8毫米，比苞片长约3-4倍 ………………
……………………………………………………………………………………………… 88. **黄花柳 S. caprea**
88. 苞片深褐色或黑色，近同色，花丝长约6毫米，比苞片长约1-2倍 …………………………
……………………………………………………………………………………………… 89. **中国黄花柳 S. sinica**
87. 花序盛开时为短圆柱形；苞片卵状椭圆形；花丝比苞片长约4-5倍 … 90. **大黄柳 S. raddeana**
86. 花序径一般在1.5厘米以内。
89. 花序短圆柱形或圆柱形，长2.5厘米以上，花常自花序基部先开 ……… 91. **皂柳 S. wallichiana**
89. 花序卵圆形、椭圆形或长圆形。
90. 一年生枝（花枝）通常无毛，栗褐色 ………………………………………… 92. **谷柳 S. taraikensis**
90. 一年生枝通常被柔毛 ………………………………………………………………… 93. **崖柳 S. floderusii**
85. 幼叶（或上年落叶）线形、线状披针形或长圆形。
91. 幼叶线形；小枝淡黄色，无毛 ……………………………………………………… 121. **黄柳 S. gordejevii**
91. 幼叶线状披针形或长圆形，小枝灰绿或红黑色，被毛或无毛。
92. 小枝密被灰绒毛；雄花序长2-4厘米 ……………………………………………… 99. **吐兰柳 S. turanica**
92. 小枝不被灰绒毛；雄花序较短而细，长1.5-3厘米，粗不超过1.5厘米。
93. 雄花序椭圆状卵形，径约1.5厘米，长2-3厘米 …………………………… 100. **蒿柳 S. viminalis**
93. 雄花序椭圆形、短圆柱形或圆柱形，径约1厘米，长2.5-3厘米。
94. 小枝被疏毛或近无毛；苞片披针形或舌形 …………………………………… 97. **卷边柳 S. siuzevii**
94. 小枝被密毛；苞片长圆形 ……………………………………………………… 98. **川滇柳 S. rehderiana**
67. 雄蕊2，花丝部分合生或完全合生。
95. 叶长不及宽的5倍。

96.花序基部有小叶，如无叶，则花序对生或近对生。
97. 苞片黄绿色或干后淡褐色，有时上部微粉红色；花药黄色或花序上部的花药带红色 …………………………………… 110. **秋华柳 S. variegata**
97. 苞片褐色或近黑色。
98. 花后叶开放，花序互生；花丝基部有柔毛，花药黄色 …………………………… 108. **欧杞柳 S. caesia**
98. 花先叶开放，花序对生，稀互生；花丝无毛，花药红紫色 ……………………… 109. **杞柳 S. integra**
96. 花序基部无小叶。
99. 花序长3-4（-6）厘米，径约6毫米；腺体窄圆柱形，上端常卷 ………………… 102. **川柳 S. hylonoma**
99. 花序长1-3厘米，径约1厘米；腺体卵形或条形，先端不内弯。
100. 苞片近黑色，有长毛；花药红紫色。
101. 花丝上部常不合生 ………………………………………… 104. **杜鹃叶柳 S. rhododendrifolia**
101. 花丝完全合生。
102. 腺体线形。
103. 腺体长约1毫米，约为苞片长的2/3 ……………………………………… 106. **洮河柳 S. taoensis**
103. 腺体长约2毫米，与苞片近等长 ……………………………………… 107. **细柱柳 S. gracilistyla**
102. 腺体短圆柱形；花丝比苞片长1/2，花药合生或仅花丝合生 ………… 105. **坡柳 S. myrtillacea**
100. 苞片黄绿色，干后褐色，有5（7）脉纹，两面有短柔毛 ………………… 58. **大苞柳 S. pseudospissa**
95. 叶长超过宽的5倍以上，如近5倍，则幼枝被灰色柔毛或绒毛。
104. 幼枝、叶被伏毛或灰色柔毛和绒毛。
105. 苞片黑色；叶披针形。
106. 枝、叶干后发黑；花序梗基部的鳞片下面沿中脉有疏毛；花丝较粗，花药黄色 …………………………………… 113. **川红柳 S. haoana**
106. 枝、叶干后不发黑；花序梗基部的鳞片下面密被长毛；花丝纤细，花药黄或淡红色 …………………………………… 115. **红皮柳 S. sinopurpurea**
105. 苞片黄绿、淡黄或淡黄绿色，或上端发红色；叶线形、线状披针形或线状倒披针形。
107. 苞片倒卵状长圆形；小枝较粗，灰黑或红黑色，初被绒毛 ……………………… 111. **乌柳 S. cheilophila**
107. 苞片卵形或长卵形；小枝细长，末端半下垂，被疏毛或近无毛，紫红或栗色 …………………………………… 112. **线叶柳 S. wilhelmsiana**
104. 幼枝、叶无毛，或微有毛，旋脱落；花序较细长，径3-4（5）毫米。
108. 花序梗长0.5-1厘米 ………………………………………… 117. **细枝柳 S. gracilior**
108. 花序无梗或近无梗。
109. 苞片同色，长倒卵形 ………………………………………… 119. **簸箕柳 S. suchowensis**
109. 苞片2色。
110. 苞片倒卵形 ………………………………………… 118. **筐柳 S. linearistipularis**
110. 苞片卵状长圆形 ………………………………………… 120. **北沙柳 S. psammophila**

1. 大白柳 图 486

Salix maximowiczii Kom. in Acta Hort. Petrop. 18: 442. 1901.

乔木，高达20米。小枝无毛。叶卵状长圆形或卵状披针形，长达12厘米，先端长渐尖，基部钝，稀心形，上面沿中脉初具柔毛，后无毛，下面苍白色，无毛；叶柄长0.5-1.8厘米，老时无毛，托叶卵圆形，有牙齿，早落。花序与叶同放。雄花序长2.5-4.5厘米，密花，有花序梗，轴无毛；雄蕊5，与苞片贴生，花丝基部有柔毛；苞片膜质，倒卵形，有3-5脉，长2-

5毫米，边缘有长毛；腺体2，腹生和背生。雌花序长4-6（-10）厘米，疏花，下垂，有梗，轴无毛；子房有柄，无毛，花柱2裂，柱头披针形，2深裂；苞片长圆形，边缘和背部有疏长毛，脱落；腺体2或3，腹生2，在两侧，常基部合生，背生1或无。果序长5-15厘米。花期5-6月，果期6-7月。

产黑龙江、吉林东部、辽宁东部及河北西部，生于海拔50-750米林区河边。朝鲜及俄罗斯远东地区有分布。木材质软，作火柴杆；为蜜源植物及观赏树种。

图 486 大白柳 （张桂芝绘）

2. 四子柳 图 487

Salix tetrasperma Roxb. Pl. Corom. 1：66. l. 97. 1795.

乔木，高达10米余。老枝无毛。芽无毛。叶卵状或线状披针形，长6-16厘米，基部楔形或近圆，上面无毛，下面苍白色，有白粉，无毛，有细锯齿；叶柄长1-1.5厘米，无毛，托叶偏卵形，有腺锯齿。花后叶开放。雄花序长约10厘米，径约6毫米，花序梗长1.5-2厘米，有2-3个两面有稀疏伏柔毛小叶，轴密被白色柔毛，雄花近轮状排列，雄蕊常8（9），花丝中部以下有柔毛；苞片椭圆形，两面密生灰白色柔毛；腺体2，常结合成多裂的假花盘。雌花序与雄花序等长或稍短，花序梗长约1厘米，有2-3小叶，轴密被灰白色柔毛；子房柄与子房等长或稍短，花柱短，先端2圆裂；苞片同雄花，约与子房柄等长，仅有腹腺，约为柄长1/5，稍抱柄。蒴果长达1厘米，无毛。花期9-10月或翌年1-4月，果期11-12月或5月。

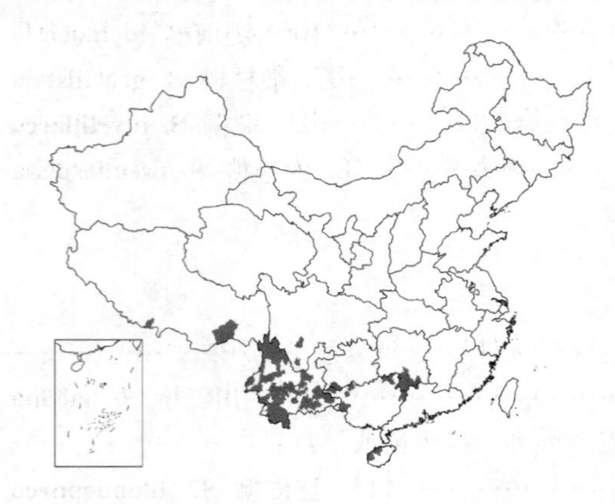

图 487 四子柳 （张桂芝绘 冯金环绘）

产湖南南部、广东北部、海南、广西西部、贵州西南部、四川西南部、云南及西藏，生于海拔300-2800米河边。印度、巴基斯坦、孟加拉国、尼泊尔、中南半岛各国及印度尼西亚有分布。

3. 云南柳 图 488

Salix cavaleriei Lévl. in Bull. Soc. Bot. France 56：298. 1909.

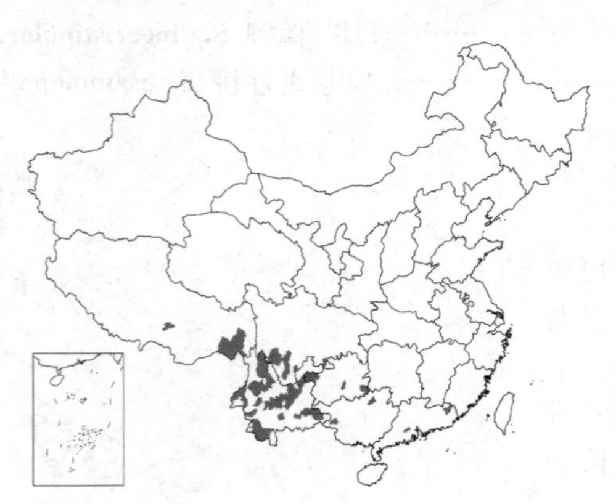

乔木，高达18（-25）米。小枝初有绒毛，后无毛。叶宽披针形、椭圆状披针形或窄卵状椭圆形，长4-11厘米，先端渐尖，基部楔形或圆，有细腺锯齿，下面淡绿色，老叶两面无毛，幼叶常带红色；叶柄长0.6-1厘米，密生柔毛，上部边缘有腺点，托叶三角状卵形，具细腺齿。

图 488 云南柳 （引自《图鉴》）

花叶同放，花序梗长，有2-3（4）叶。雄花序长3-4.5厘米，径8毫米，轴具粗糙柔毛；雄蕊6-8（12）；苞片卵圆形或三角形，两面有柔毛及缘毛；腺体2。雌花序长2-3.5厘米；子房有长柄；苞片同雄花；腹腺宽，包子房柄，背腺常2-3裂。蒴果卵形，长约6毫米；果柄比蒴果稍短。花期3-4月，果期4-5月上旬。

产广东、广西、贵州、四川、云南及西藏，生于海拔100-3685米路旁、河边、林缘。越南有分布。木材可制作器具；可栽植作护堤树。

4. 腺柳 河柳 图 489

Salix chaenomeloides Kimura in Sci. Rep. Tohoku Imp. Univ. ser. 4 (Biol.) 13: 77. 1938.

小乔木。枝暗褐或红褐色。叶椭圆形、卵圆形或椭圆状披针形，长4-8厘米，先端尖，基部楔形，稀近圆，两面光滑，下面苍白或灰白色，有腺锯齿；叶柄幼时被绒毛，后渐光滑，长0.5-1.2厘米，近顶端具腺点，托叶半圆形或肾形，有腺锯齿，早落。雄花序长4-5厘米，径8毫米；花序梗和轴被柔毛；苞片卵形，长约1毫米；雄蕊5，花丝长为苞片2倍，基部有毛，花药黄色，球形。雌花序长4-5.5厘米，径达1厘米，花序梗长达2厘米，轴被绒毛，子房具长柄，无毛，花柱缺，柱头头状或微裂；苞片椭圆状倒卵形，与子房柄等长或稍短；腺体2，基部连结成假花盘状；背腺小。蒴果卵状椭圆形，长3-7毫米。花期4月，果期5月。

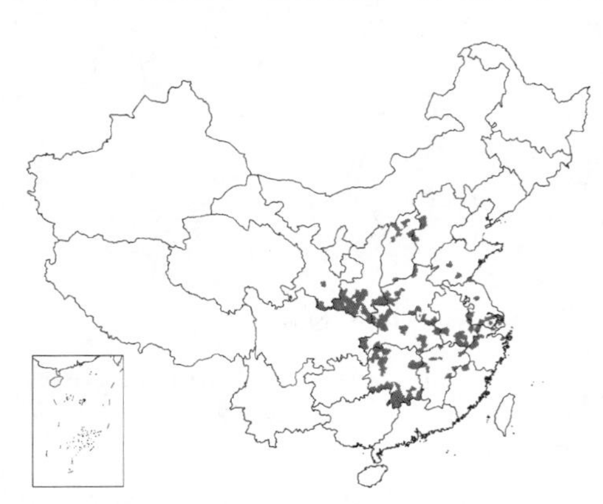

产辽宁东南部、河北西部、山东、江苏、安徽、浙江、福建西北部、江西、湖南、湖北、河南、山西、陕西及甘肃，生于海拔2500米以下沟旁。朝鲜及日本有分布。

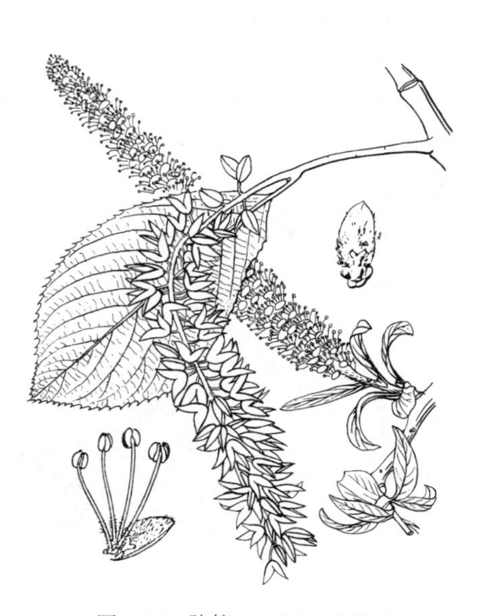

图 489 腺柳 （引自《图鉴》）

5. 紫柳 图 490

Salix wilsonii Seemen in Engl. Bot. Jahrb. 36 (Beibl. 82): 28. 1905.

乔木，高达13米。幼枝被毛，后无毛。叶椭圆形，宽椭圆形或长圆形，稀椭圆状披针形，长4-5(6)厘米，先端尖或渐尖，基部楔形或圆，下面苍白色，有圆锯齿或圆齿；叶柄长0.7-1厘米，被柔毛，托叶卵形，早落，萌枝托叶肾形，长达1厘米以上，有腺齿。花叶同放；花序梗长1-2厘米，有3(5)小叶。雄花序长(2.5)-6厘米，径6-7毫米，疏花，轴密被白柔毛；雄蕊3-5(6)；苞片椭圆形，长约1毫米；有背腺和腹腺，常分裂。雌花序长2-4厘米，疏花，径约5毫米；花序轴有白柔毛；子房无毛，有长柄，花柱无，柱头短，

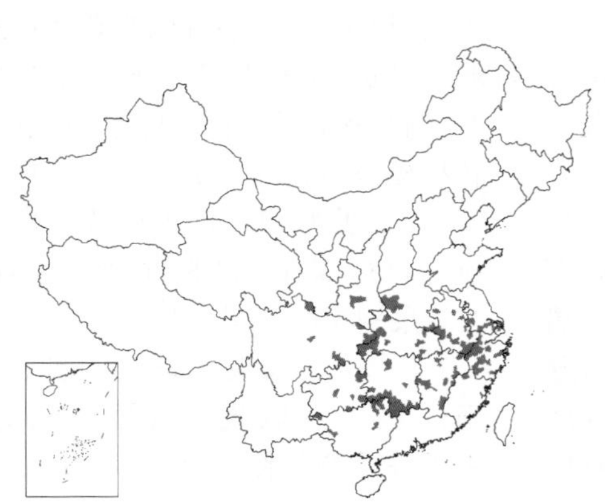

图 490 紫柳 （引自《江苏植物志》）

2裂；苞片同雄花；腹腺宽厚，抱柄，两侧常有2小裂片，背腺小。蒴果卵状长圆形。花期3月底或4月上旬，果期5月。

产山东东南部、江苏南部、浙江、安徽、福建、江西、广西、湖南、湖北、贵州、四川、陕西及河南，生于海拔100-3600米水边堤岸。

6. 南川柳 图 491：1-5

Salix rosthornii Seemen in Engl. Bot. Jahrh. 29: 276. t. 2: E-H. 1900.

乔木或灌木。幼枝被毛，后无毛。叶披针形、椭圆状披针形或长圆形，稀椭圆形，长4-7厘米，先端渐尖，基部楔形，下面淡绿色，两面无毛，有腺锯齿；叶柄长0.7-1.2厘米，被短柔毛，上端有腺点，托叶偏卵形，有腺齿，早落；萌枝托叶肾形或偏心形。花叶同放。雄花序长3.5-6厘米，径约6毫米，疏花；花序梗长1-2厘米，有3（-6）小叶；轴有柔毛；雄蕊3-6，基部有柔毛；苞片卵形，两面基部有柔毛；花具腹腺和背腺，常结合成多裂的盘状。雌花序长3-4厘米，径约5毫米；子房无毛，有长柄，花柱短，2裂；苞片同雄花；腺体2，腹腺大，常抱柄，背腺有时不发育。蒴果卵圆形，长5-6毫米。花期3月下旬-4月上旬，果期5月。

产河南、江苏、安徽、浙江、福建、江西、广东、广西、湖南、湖北、贵州、四川、陕西南部及甘肃，生于海拔26-3600米平原、丘陵及低山地区水旁。

图 491：1-5.南川柳 6.长梗柳
（张桂芝绘）

7. 长梗柳 图 491：6

Salix dunnii Schneid. in Sarg. Pl. Wilson. 3: 97. 1916.

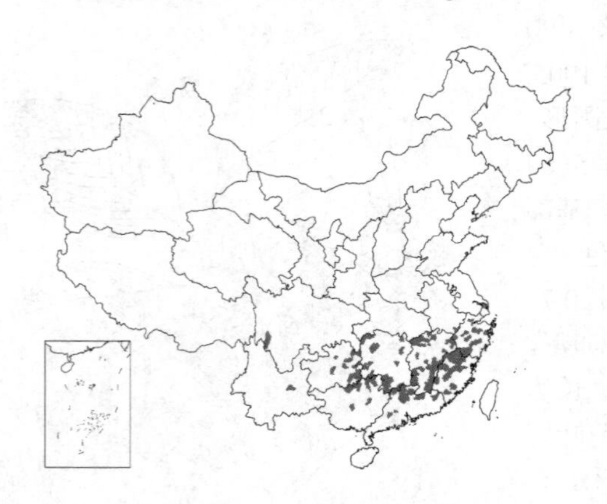

灌木或小乔木。小枝密被柔毛，后无毛。叶椭圆形或椭圆状披针形，长2.5-4厘米，先端钝圆或尖，常有短尖头，基部宽楔形或圆，上面有稀疏柔毛，下面灰白色，密被平伏长柔毛，幼叶两面毛密，有稀疏腺齿，稀近全缘；叶柄长2-3毫米，有密柔毛，萌枝叶叶柄近顶端具腺点，托叶半心形，有腺齿，两面被毛。雄花序长约5厘米，径约4毫米，疏花；花序梗长约1厘米，有3-5叶；轴有密灰白色柔毛；雄蕊3-6，花丝基部具柔毛；苞片卵形或倒卵形，长为雄蕊1/3，两面基部及边缘有柔毛；腺体2，等长或背腺稍长，腹腺短圆锥形，不裂，背腺不裂或3裂，两侧裂片约为苞片1/3。雌花序长约4厘米，花序梗有3-5（6）叶，轴有密柔毛；子房无毛，具长柄，花柱极短，柱头2裂；苞片与子房柄等长，仅具腹腺，不裂或3裂，约为苞片1/3。果序长达6.5厘米。花期4月，果期5月。

产安徽、浙江、福建、江西、湖南、广东、广西、贵州、四川及云南，生于海拔3900米以下溪旁。

8. 五蕊柳 图 492

Salix pentandra Linn. Sp. Pl. 1016. 1753.

灌木或小乔木。幼枝红褐色，无毛。芽发粘。叶革质，宽披针形、卵

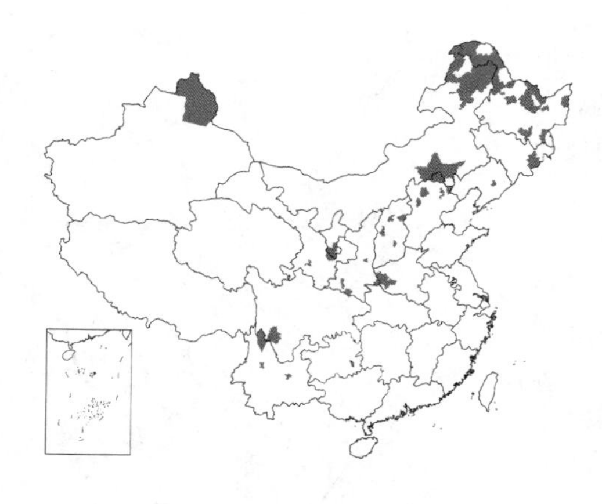

状长圆形或椭圆状披针形，长3-13厘米，先端渐尖，基部楔形，下面淡绿色，无毛，有腺齿；叶柄长0.2-1.4厘米，无毛，上端边缘具腺点，托叶长圆形或宽卵形。雄花序长2-4（-7）厘米，径1-1.2厘米，密花；轴有柔毛；雄蕊（5）6-9（-12）；花丝长约4.5毫米，不等长，或中部有曲毛；苞片绿色，长约2.5毫米，披针形、长圆形或椭圆形，具腺齿，稀全缘，具2-3脉，雄花有背腺和腹腺，离生，背腺棒形，腹腺2-3深裂。雌花序长2-6厘米，径8毫米；子房无毛，近无柄；花柱和柱头明显，2裂；腹腺1，2裂或全裂为2，窄卵形或卵形，先端平截，背腺较小或无。蒴果卵状圆锥形，长达9毫米，有短柄，无毛。花期6月，果期8-9月。

图 492 五蕊柳 （张桂芝绘）

产黑龙江、吉林、辽宁、内蒙古东部、河北、河南西部、山西、陕西、宁夏、甘肃南部、新疆、四川及云南，生于海拔200-1200米山坡路旁、山谷林缘、河边或山地林间水甸子及草甸子中。朝鲜、蒙古、俄罗斯及欧洲有分布。木材可制小农具或作柴薪。

9. 康定柳 图 493

Salix paraplesia Schneid. in Sarg. Pl. Wilson. 3: 40. 1916.

小乔木。小枝无毛。叶倒卵状椭圆形或椭圆状披针形，稀披针形，长3.5-6.5厘米，先端渐尖或尖，基部楔形，下面带白色，两面无毛，有细腺锯齿；叶柄长 5-8毫米，无毛，近顶端有腺点。花叶同放，密生；花序梗长，具 3-5叶；花序轴有柔毛。雄花序长 3.5-6厘米，径约7毫米，雄蕊 5-7，长达 3.5毫米，花丝基部有柔毛；苞片椭圆形，常有腺齿，两面有毛，腺体2，背腺宽扁， 2-3浅裂，腹腺稍小，先端2裂，背腹腺基部常结合。雌花序长 2-3（4）厘米，子房有短柄，花柱与柱头明显，2裂；苞片同雄花；雌花有腹腺 1-2，2深裂，无背腺。果序长达5厘米；蒴果卵状圆锥形，长约9毫米。花期4-5月，果期6-7月。

图 493 康定柳 （仲世奇 丑 力绘）

产河北、河南、山西、陕西、宁夏、甘肃、青海、西藏东部、云南、四川及湖北，生于海拔274-4000米山沟及山脊。欧洲中亚及朝鲜有分布。

10. 三蕊柳 图 494

Salix triandra Linn. Sp. Pl. 1016. 1753.

灌木或乔木。芽有棱，无毛。叶宽长圆状披针形、披针形或倒披针形，长7-10厘米，下面苍白色，有腺齿，老叶无毛；叶柄长5-6（10）毫米，上

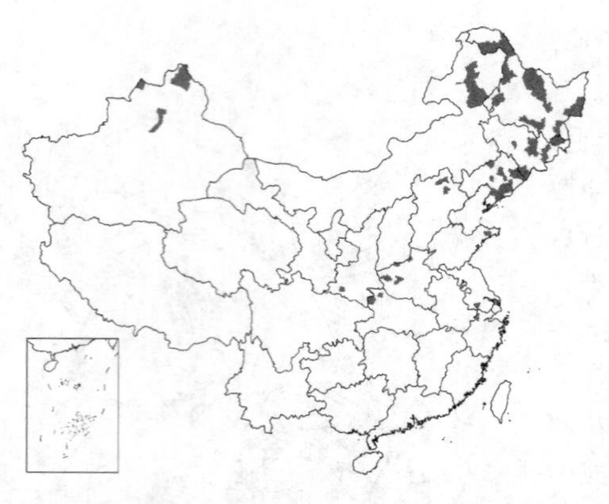

部有2腺点，托叶斜宽卵形或卵状披针形，有牙齿，上面常密被黄色腺点；萌枝叶披针形，长达15厘米；托叶肾形或卵形。花序与叶同放，有梗，基部具有2-3锯齿缘的叶。雄花序长3（-5）厘米，轴有长毛；雄蕊3（稀2、4、5）花丝基部有柔毛；苞片长圆形或卵形，长1.5-3毫米，黄绿色；腺体2，背生或腹生，有时2裂或4-5裂。雌花序长3.5（-6）厘米，有梗，着生有锯齿缘的叶；子房无毛，子房柄长1-2毫米，花柱短，柱头2裂；苞片长圆形，与子房柄近等长；腺体2，背腺较小，常比子房柄短。果瓣开裂不向背面拳卷。花期4月，果期5月。

产黑龙江、吉林、辽宁、内蒙古、河北、山东、江苏南部、浙江西北部、湖北西北部、河南、陕西及新疆，生于海拔2900米以下林区，多沿河生长。欧洲、巴尔干半岛、俄罗斯、蒙古及日本有分布。

图 494 三蕊柳 （丑 力绘）

11. 白柳 图 495

Salix alba Linn. Sp. Pl. 1021. 1753.

乔木，高达20（25）米。幼枝有银白色绒毛，老枝无毛。叶披针形、线状披针形、宽披针形、倒披针形或倒卵状披针形，长5-12（15）厘米，幼叶两面被银白色绢毛，老叶上面常无毛，下面疏被绒毛，侧脉 12-15 对，有细锯齿；叶柄长 0.2-1 厘米，有白色绢毛，托叶披针形。花序与叶同放，梗长 5-8毫米，基部有长圆状倒卵形小叶，轴密被白色绒毛。雄花序长3-5厘米，花序梗长0.5-1厘米；雄蕊2，离生，花丝基部有毛；苞片卵状披针形或倒卵状长圆形，淡黄色，全缘；腺体2，背生和腹生。雌花序长3-4.5厘米，子房卵状圆锥形，长4.5-5毫米，有短柄或近无柄，无毛，花柱短，常2浅裂，柱头2裂；苞片披针形或卵状披针形，全缘，淡黄色，内面有白色绵毛，外面基部有白色绵毛，有缘毛，早落；腺体1，腹生。果序长3-5.5厘米。花期4月，果期5月。

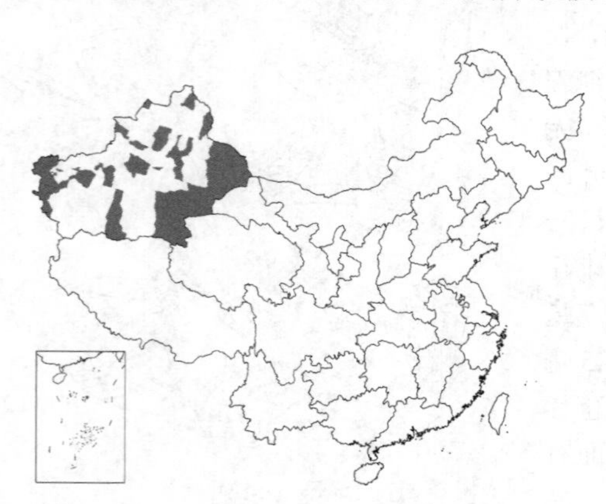

图 495 白柳 （冯金环绘）

产新疆，河北、山东、宁夏、甘肃、青海、西藏等地有栽培。多沿河生长，上达海拔3800米。伊朗、巴基斯坦、印度北部、阿富汗、欧洲及俄罗斯有分布和引种。为速生用材柳树和早春蜜源植物，枝条供编织；幼叶作饲料；野生林见于新疆额尔齐斯河流域和塔城南湖。

12. 旱柳 图 496

Salix matsudana Koidz. in Tokyo Bot. Mag. 29: 312. 1915.

乔木，高达18米，胸径80厘米。枝细长，直立或斜展，无毛，幼枝有毛。芽微有柔毛。叶披针形，长5-10厘米，基部窄圆或楔形，下面苍白或

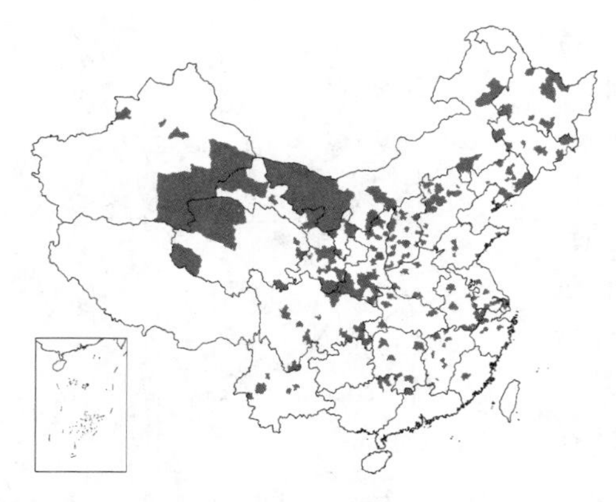

带白色，有细腺齿，幼叶有丝状柔毛；叶柄长5-8毫米，上面有长柔毛，托叶披针形或缺，有细腺齿。花序与叶同放；雄花序圆柱形，长1.5-2.5（-3）厘米，径6-8毫米，多少有花序梗，轴有长毛；雄蕊2，花丝基部有长毛；苞片卵形；腺体2；雌花序长达2厘米，径4毫米，基部有3-5小叶生于短花序梗上，轴有长毛；子房近无柄，无毛，无花柱或很短，柱头卵形，近圆裂；苞片同雄花；腺体2，背生和腹生。果序长达2（2.5）厘米。花期4月，果期 4-5月。

产黑龙江、吉林、辽宁、内蒙古、河北、山西、河南、山东、江苏、安徽、浙江、福建、江西、湖北、湖南、广东北部、广西西北部、贵州东北部、云南、四川、陕西、宁夏、甘肃、青海及新疆，生于海拔3600米以下平原地区。俄罗斯远东地区有分布。为早春蜜源树，又为固堤保土四旁绿化树种。

图 496 旱柳 （引自《图鉴》）

13. 银叶柳 图 497

Salix chienii Cheng in Contr. Biol. Lab. Sci. Soc. China, Bot. 9(1): 59. f. 4. 1933.

灌木或小乔木，高达12米。小枝有绒毛，后近无毛。芽有柔毛。叶长椭圆形、披针形或倒披针形，长2-3.5（5.5）厘米，幼叶两面有绢状柔毛，下面苍白色，有绢状毛，稀近无毛，侧脉8-12对，具细腺齿；叶柄长约1毫米，有绢状毛。花序与叶同放或稍先叶开放；雄花序圆柱状，长1.5-2厘米，花序梗长3-6毫米，基部有3-7小叶，轴有长毛；雄蕊2，花丝基部合生，基部有毛；苞片倒卵形，两面有长柔毛；腺体2，背生和腹生；雌花序长1.2-1.8厘米，梗长2-5毫米，基部有3-5小叶，轴有毛；子房卵形，无柄，无毛，花柱短而明显，柱头2裂，苞片卵形，无毛，有缘毛；腺体1，腹生。果序长2-4厘米；蒴果卵状长圆形，长约3毫米。花期4月，果期5月。

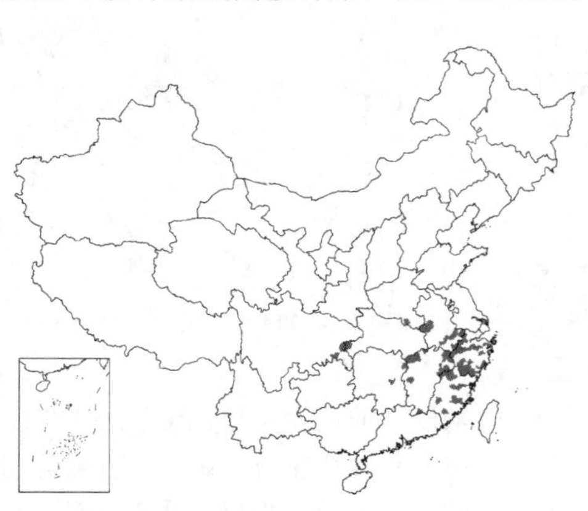

图 497 银叶柳 （引自《图鉴》）

产河南南部、安徽、江苏南部、浙江、江西、福建、湖南、湖北及四川东部，生于海拔110-3600米溪流两岸灌丛中。

14. 垂柳 图 498 彩片 142

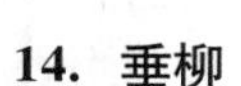

Salix babylonica Linn. Sp. Pl. 1017. 1753.

乔木，高达18米。枝细长下垂，无毛。叶窄披针形或线状披针形，长9-16厘米基部楔形，两面无毛或微有毛，下面色淡绿色，有锯齿；叶柄长（0.3）0.5-1厘米，有柔毛，萌枝托叶斜披针形或卵圆形，有牙齿。花序先叶开放，或与叶同放；雄花序长1.5-2（2）厘米，有短梗，轴有毛；雄蕊2，花丝与苞片近等长或较长，基部多

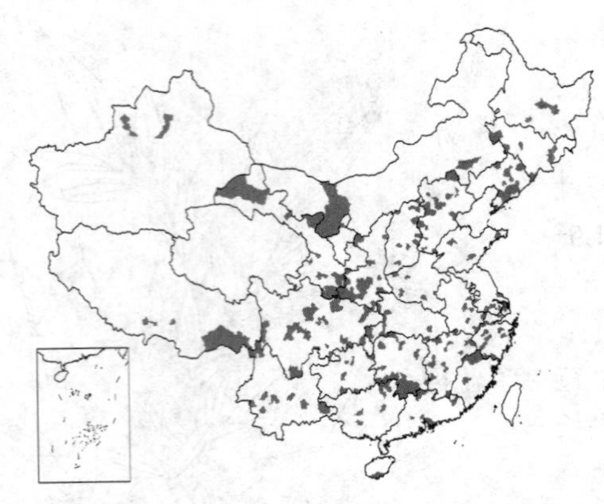

少有长毛，花药红黄色；苞片披针形，外面有毛；腺体2；雌花序长2-3（5）厘米，有梗，基部有3-4小叶，轴有毛；子房无柄或近无柄，花柱短，柱头2-4深裂；苞片披针形，长1.8-2（2.5）毫米，外面有毛；腺体1。蒴果长3-4毫米。花期3-4月，果期4-5月。

产黑龙江、吉林、辽宁、内蒙古、河北、山西、陕西、宁夏、甘肃、新疆、山东、江苏、安徽、浙江、福建、江西、河南、湖北、湖南、广东、香港、海南、广西、贵州、四川、云南及西藏，各地栽培，为道旁、水边绿化树种。耐水湿，也能生于干旱处；海拔最高达3800米。亚洲、欧洲、美洲各国均有引种。为优美的绿化树种。

图 498 垂柳 （引自《图鉴》）

15. 朝鲜柳 图 499

Salix koreensis Anderss. in DC. Prodr. 16(2): 271. 1868.

乔木，高达20米。叶披针形、卵状披针形或长圆状披针形，长6-9（13）厘米，基部楔形或楔圆，下面苍白色，沿中脉有柔毛，有腺齿；叶柄长0.6-1.3厘米，初有柔毛，后近无毛，托叶斜卵形或卵状披针形，先端长尾尖，有锯齿。花序先叶或与叶近同放，近无梗；雄花序窄圆柱形，长1-3厘米，径6-7毫米，基部有3-5小叶，轴有毛；雄蕊2，离生，花丝有时基部合生，下部有长柔毛，花药红色；苞片卵状长圆形；腺体2，腹生和背生；雌花序椭圆形或短圆柱形，长1-2厘米，基部有3-5小叶；子房无柄，有柔毛，花柱较长，柱头2-4裂，红色；苞片卵状长圆形或卵形；腺体2，腹生和背生，有时背腺缺。花期5月，果期6月。

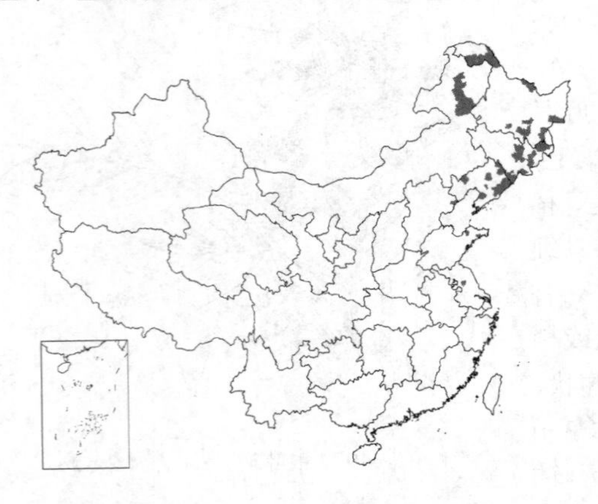

产黑龙江、吉林、辽宁、内蒙古、河北、山东及江苏，生于海拔1320米以下河边及山坡。朝鲜及日本有分布。木材供建筑、薪炭、造纸等用；枝条可编筐；为早春蜜源植物。

图 499 朝鲜柳 （引自《图鉴》）

16. 巴郎柳 图 500 彩片 143

Salix sphaeronymphe Gorz in Bull. Fan. Mem. Inst. Biol. Bot. 6: 4. 1935.

灌木或小乔木。小枝有毛，后无毛。叶披针形，稀窄披针形，长3.5-5厘米，幼叶两面有柔毛，后脱落，除叶脉外近无毛，下面淡绿色，有腺齿；叶柄长1.5-5毫米，托叶线状披针形。花序与叶同放，梗有2-3小叶，轴有毛；雄花序长约2厘米，径 4-6毫米；雄蕊2，花丝离生，基部有长柔毛；苞片倒卵状圆形，两面有柔毛；腺体2，背生和腹生，腹腺不裂或2-3 裂，背腺不裂，较腹腺稍小；雌花序长1-2.5（3）厘米，径2-3毫米，密花；子房密被白色柔毛，无柄，花柱短，上部2裂，柱头全缘或2浅

裂；苞片倒卵形或近圆形，淡褐色，外面及边缘被长柔毛；腺体1，腹生，圆柱形，长0.4-0.9毫米，有时有背腺，长约0.3毫米。果序长2.5-4.5厘米，径7-9毫米。蒴果卵状圆锥形，长3-4毫米，无柄或有短柄。花期4-5月，果期5-6月。

产陕西西南部、甘肃南部、青海南部及东南部、四川、云南西北部及西藏东部，生于海拔400-4000米沟旁或山坡路旁。

图 500 巴郎柳 （张桂芝 冯金环绘）

17. 褐毛柳

图 501 彩片 144

Salix fulvopubescens Hayata, Ic. Pl. Formos. 5: 202. 1915.

灌木或小乔木。小枝被褐色柔毛。叶披针形或长圆状披针形，长5-10厘米，先端尖或渐尖，基部圆或钝，上面无毛或脉上有柔毛，下面有褐色柔毛，侧脉约12对，全缘；叶柄长5-8毫米，密被褐色柔毛。花叶同放，幼叶两面被毛，花序圆柱形，花序梗短，梗上无叶或具1-2小叶，雄花序长约4厘米，雄蕊2，离生，花丝下部有疏毛，苞片椭圆形或长圆形，有柔毛或近无毛，腹腺1，径壮；雌花序疏花，子房卵状圆锥形，无毛，子房柄长，有毛，约与苞片的长度相等，花柱极短，柱头4裂。

产台湾，生于海拔2000米山坡。日本有分布。

图 501 褐毛柳 （冯金环绘）

18. 台高山柳

图 502 彩片 145

Salix taiwanalpina Kimura in Sci. Rep. Tohoku Univ. 4. Biol. 10(3) 555. f. 1-2. 1935.

低矮灌木，高达30厘米；多分枝。小枝棕色，有柔毛。叶椭圆形、长圆状椭圆形或倒卵形，长2-4厘米，先端尖或短渐尖，基部钝，上面散生柔毛，下面有密柔毛，侧脉7-8对，上部稍有细锯齿，近基部全缘；叶柄长约7毫米。果序长3厘米，径1.5

图 502 台高山柳 （引自《Fl. Taiwan》）

厘米，花序梗长4-8毫米，具椭圆形或披针形小叶；子房窄卵状圆锥形，暗红色，有柔毛，具1-2毫米的长柄，花柱短，柱头短，2裂；苞片披针状长圆形。蒴果长达6.5毫米，有毛。

产台湾，生于山坡及山顶。

19. 大叶柳 图 503：1-3 彩片 146

Salix magnifica Hemsl. in Kew Bull. Misc. Inform. 163. 1906.

灌木或小乔木。小枝幼时有腊粉，无毛。芽无毛。叶革质，椭圆形或宽椭圆形，长达20厘米，基部圆或近心形，稀宽楔形，下面苍白色，中脉常带紫红色，侧脉约15对，两面稍隆起，幼叶密生弯曲长柔毛，后无毛，全缘或有不规则细腺齿；叶柄幼时红色，长达4厘米。花叶同放，或稍叶后开放；花序长达10厘米，径约1.5厘米，花序梗长达7厘米，具叶，轴粗，无毛；苞片宽倒卵形或长椭圆形，有不规则齿裂，无毛；雄蕊2，离生或部分合生，长约5毫米，花丝无毛；腹腺大，常2深裂，裂片近圆柱形，背腺长圆形；子房柄长达2毫米，花柱长不及1毫米，上端2裂，柱头2裂；有腹腺，宽卵形，顶端平截，或2裂。果序长达23厘米。蒴果卵状椭圆形，长5毫米，柄长达4毫米。花期5-6月，果期6-7月。

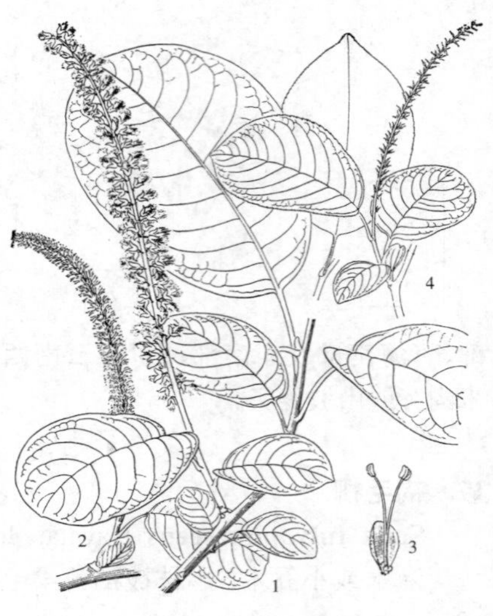

图 503：1-3.大叶柳 4.宝兴柳
（冯金环绘）

产陕西南部、四川及云南西北部，生于海拔1680-4000米山地。树形美观。

20. 宝兴柳 图 503：4

Salix moupinensis Franch. in Nouv. Arch. Mus. Paris. ser. 2, 10: 82 (Pl. David. 2: 120). 1887.

乔木。小枝初有白色丝状毛，后除基部外无毛。芽无毛。幼叶上面无毛，下面脉上密被白色丝状毛，老时近无毛或仅中脉有毛，叶长圆形、椭圆形、倒卵形或卵形，长达13厘米，有腺齿，下面淡绿色，侧脉约15对；叶柄长达1.7厘米，初有丝状毛，后无毛，上端有1-数枚腺点，托长约1毫米，有丝状毛。花序长达6厘米，花序梗长1-2厘米，具正常叶，轴被疏丝伏毛；苞片长椭圆形，疏被丝状毛；雄蕊2，花丝离生，无毛，腹腺近半圆形，有时2裂，背腺宽卵形；子房无毛，有短柄，花柱短，2裂，柱头2裂；腹腺宽卵形。果序长达15厘米，轴和苞片近无毛；蒴果长椭圆状卵形，长约4毫米，花柱长约0.5毫米，柄长不及1毫米。花期4月，果期5-6月。

产甘肃南部、湖北西部、四川及云南东北部，生于海拔890-3400米山地。

21. 小光山柳 图 504

Salix xiaoguongshanica Y. L. Chou et N. Chao in Bull. Bot. Lab. North.-East. For. Inst. 9: 27. 1980.

灌木。小枝绿色，无毛。叶椭圆形，长4-8厘米，下面有白粉，侧脉11-13对，两面无毛，有不明显浅腺齿；叶柄紫色，长0.6-1厘米，无毛。花叶同放或稍叶后开放；雄花序长5-8（9）厘米，径约8毫米，花序梗长约1厘米，无毛，具1枚椭圆形小叶或无小叶而只具1-2枚鳞片，轴无

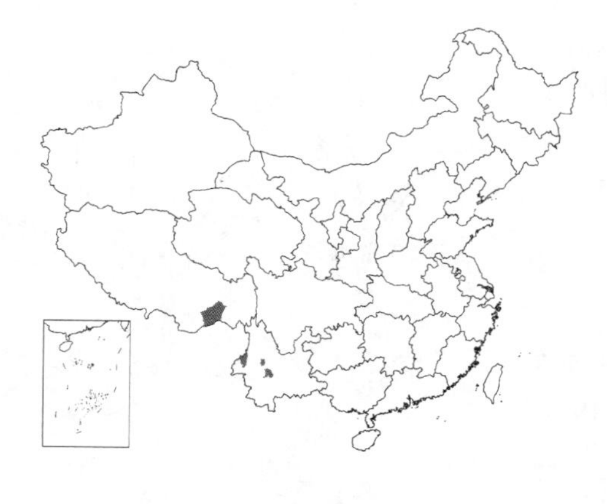

毛；花丝基部有疏长毛，长为苞片2倍；苞片宽倒卵形，两面无毛，先端平截或中间微凹；腹腺近半球形，背腺圆柱形，或无背腺；雌花序长约3.5厘米，径约8毫米，花序梗长约1厘米，无毛，有2个近圆形小叶，轴无毛；子房柄长约1.2毫米，无毛，花柱长约0.3毫米，不裂或2浅裂，苞片近倒卵形；腺体1，腹生，短圆柱形，长约为子房柄1/4。蒴果卵形，长2.5-3毫米，有白粉，果柄长1.5毫米。花期5月，果期6月。

产云南西部及西藏东南部，生于海拔1280-3000米山坡杜鹃、南烛等灌丛中或路旁。

图 504 小光山柳 （冯金环绘）

22. 长穗柳

图 505

Salix radinostachya Schneid. in Sarg. Pl. Wilson. 3: 116. 1916.

大灌木。幼枝有毛，紫褐色。芽紫褐色，无毛。叶披针形、长圆状披针形，稀窄椭圆形或倒披针形（幼叶），长（10）15-20厘米，幼叶两面有绢质柔毛，或下面被绒毛，后毛渐脱落，老叶除中脉外近无毛，淡绿或稍白色，侧脉每厘米约3条，全缘或有不明显腺齿；叶柄长1-1.5厘米，有柔毛。花叶同放；花序长7-10（-13）厘米（果序长达20厘米），径5-7毫米，花序梗长1.5（2）厘米，有2-3（4）叶；雄蕊2，花丝离生，中部以下有柔毛，较苞片长约近1倍；苞片倒卵状椭圆形，外面有柔毛；腺体2，腹生和背生，近等长；子房无毛，有短柄，花柱明显，柱头2裂；苞片卵状长圆形，基部有疏柔毛，与子房几等长；雌花仅1腹腺。蒴果长达5毫米。花期5月中旬，果期6月。

图 505 长穗柳 （冯金环绘）

产四川、云南、西藏东南部及南部，生于海拔1760-4120米山坡。锡金有分布。

23. 墨脱柳

图 506

Salix medogensis Y. L. Chou in Acta Phytotax. Sin. 17(4): 107. f. 5: 1-6. 1979.

小乔木。小枝暗褐紫色，幼时有绒毛，后近无毛。叶倒卵状长圆形，长5-9厘米，先端尖、钝或圆钝，基部宽楔形，幼时两面有绒毛，老叶上面有疏柔毛，沿脉有密毛，下面灰绿色，无毛或极疏毛，中脉有柔毛，全缘；叶柄长4-6毫米，有柔毛。雌花序与叶同放，长3.5-5厘米，果期达6-6.5

厘米，梗长1.5-1.8厘米，有长柔毛，具2-3正常叶，轴有绒毛；子房无毛，无柄，花柱较长，与子房近等长，2裂，柱头短，2裂；苞片卵状长圆形或长卵形，与子房近等长，先端近平截或近圆，外面有长毛，内面无毛，有缘毛；腺体1，腹生，卵状方形，长约为苞片1/4。蒴果长约4毫米，无毛。花期7月上旬，果期7月中下旬。

产云南西北部及西藏东南部，生于海拔3100-4300米山地林内。

图 506 墨脱柳 （张桂芝绘）

24. 细序柳 图 507

Salix guebrianthiana Schneid. in Bot. Gaz. 64: 139. f. c 1-5. 1917.

直立灌木。枝绿褐或黑紫色，幼枝有柔毛。叶椭圆形或披针形，长达5(-7)厘米，先端钝或短尖，基部圆或圆楔，下面淡绿色，有时带白色，无毛或仅脉上有柔毛，全缘或有不明显腺齿。花先叶开放或同放；花序直立，长达6厘米，径3-5毫米，花序梗着生2-5小叶，轴有毛；苞片倒卵形、圆形或瓢状，长约1毫米，黄褐色，无毛或仅基部有毛；花药黄色或部分带红色，花丝长约2毫米，近基部有柔毛；腺体2，雄花的腹腺有时3-4裂；子房无柄，无毛，花柱短，柱头2浅裂，有1腹腺。花期4月下旬-5月上旬。

产湖北西部、湖南西北部、贵州、四川、云南及西藏东北部，生于海拔860-3900米山坡及山谷中。

图 507 细序柳 （张桂芝绘）

25. 光苞柳 图 508

Salix tenella Schneid. in Bot. Gaz. 64: 137. f. a 1-6. 1917.

灌木。小枝褐红或带紫色，无毛。叶椭圆状长圆形或倒卵状长圆形，稀倒卵形，长约2.5厘米，宽约1厘米，壮枝与萌枝叶长达6.5厘米，先端短骤尖，基部圆，下面带白色，全缘或有不明显腺齿；叶柄长5-8毫米。花叶同放；花序长1-2.5厘米，径3-4毫米，花序梗短，有2-3小叶；雄花具雄蕊2，花丝离生，长1.3-2毫米，下部有柔毛，花药近球形，金黄或黄色；苞片倒卵形，长约1毫米，无毛，先端圆或圆截，常弯曲，腺体2，分裂或不裂；子房无毛，无柄，花柱不明显，柱头2浅裂；苞片卵圆形，无毛或稍有缘毛，

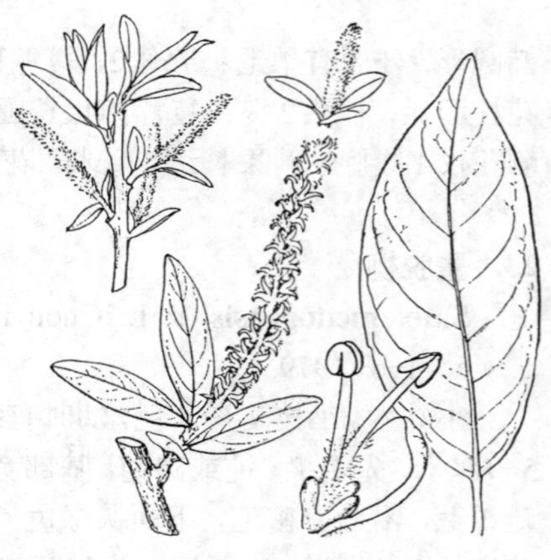

图 508 光苞柳 （张桂芝绘）

与子房等长；腹腺1，分裂或不裂，背腺有或无。蒴果圆锥形，长达2.5毫米，无柄或柄极短。花期5月上旬，果期6月上旬。

产陕西东南部、甘肃南部、四川及云南，生于海拔1300-4300米山坡或沟谷中。

26. 西柳 图 509

Salix pseudowolohoensis Hao in Fedde, Repert. Sp. Nov. Beih. 93: 80. t. 28: 56. 1936.

直立灌木，高2米。枝暗褐或褐红色，具细绒毛。叶披针形或长圆状披针形，长3-5厘米，先端尖，基部楔形，上面具绒毛，下面白色，密被绢质绒毛，有不明显疏腺齿或近全缘；叶柄长3-6毫米，有沟槽，有白绒毛。雄蕊3或2，花丝基部具柔毛，花药黄色，椭圆形，苞片倒卵圆形，无毛，有背腺和腹腺，背腺较小（稀无背腺）；雌花序细圆柱形，长1-1.5厘米，径2-3毫米，花序梗短，有3-5个多毛小叶，轴有密白色柔毛；子房无毛；雌花仅1腹腺，先端微裂。蒴果卵状长圆形，具短柄。花期4月，果期5-6月。

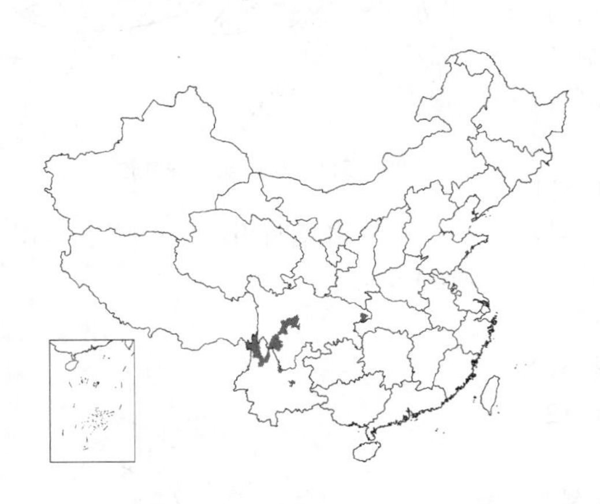

图 509 西柳 （冯金环绘）

产四川及云南，生于海拔1200-4000米山坡湿地、林缘处。

27. 异型柳 图 510

Salix dissa Schneid. in Sarg. Pl. Wilson. 3: 52. 1916.

灌木，高约1米。叶长圆形、长圆状椭圆形或长圆状卵形，长1-3（4）厘米，基部圆（萌枝叶近心形），下面带白色，无毛，全缘；叶柄短。花叶同放，轴有毛；雄花序长2-4厘米，径5-7毫米，花序梗长约1厘米，着生3-5小叶，雄蕊2，花丝较粗，中下部有柔毛；苞片宽倒卵形或近圆形，两面无毛；腺体2，腹生和背生；雌花序长1.5-3厘米，径2-4毫米，具3-5小叶，子房无柄，无毛，花柱短，柱头短，常2浅裂；苞片与雄花同；腺体1，腹生，卵形，有时分裂。蒴果卵状长圆形，长4毫米。花期5月上旬，果期6月。

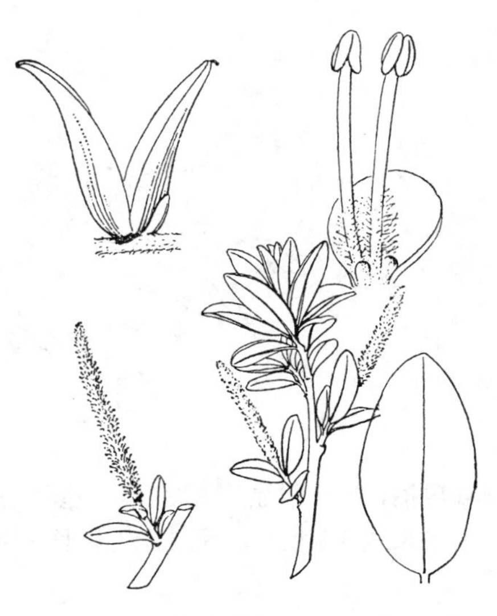

图 510 异型柳 （张桂芝绘）

产陕西西南部、甘肃南部、贵州西南部、四川、云南及西藏东南部，生于海拔900-300米溪旁开旷地和山坡。

28. 黑水柳 图 511

Salix heishuiensis N. Chao in Bull. Bot. Lab. North-East. For. Inst. 9: 24. 1980.

灌木，高达4米。小枝被灰色绒毛。芽被柔毛。叶窄披针形或窄长椭圆形，长达4.5厘米，上面初有绒毛，后渐脱落，下面密被平伏柔毛，侧脉纤细，脉距2-3毫米，全缘或有不明显细腺齿；叶柄细，长2-5毫米，有毛，常有1或数枚小腺点。花序长1-1.5厘米，径约3毫米，密花，轴有绒毛，花序梗长约2毫米，无叶或有1-2小叶；雄蕊2，离生，花丝基部有长毛；腹腺短圆柱形，背腺小或缺；苞片倒卵状椭圆形；子房无柄，花柱粗短，柱头短，几平展，2裂，头状，腹腺宽卵形；苞片近圆形，仅基部被毛。果序长2.5厘米，径约7毫米；蒴果长2.5-3毫米，柄极短。花期5-6月，果期6-7月。

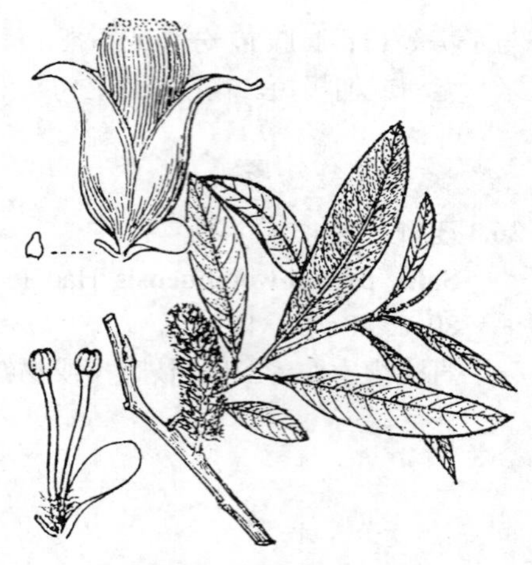

图 511 黑水柳 （杨再新绘）

产甘肃及四川，生于海拔1440-4100米地区。

29. 类四腺柳 图 512

Salix paratetradenia C. Wang et P. Y. Fu in Acta Phytotax. Sin. 12: 203. 1974.

灌木，高达5米。小枝被毛，老枝无毛。叶长椭圆形、椭圆形或倒卵状长椭圆形，长2.5-6厘米，下面淡绿或带白色，两面无毛，或中脉基部有柔毛，全缘；叶柄长2-9（15）毫米，被毛。花叶同放，花序梗短，有2-3小叶，轴有密长柔毛；雄花序长2.5-3.5（4）厘米，径约6毫米；雄蕊2，花丝离生，下部有长柔毛，苞片倒卵形或近圆形，有浅齿，外面有长毛或上部无毛，有缘毛；腺体2（1），腹腺卵状圆柱形，背腺较小，或缺；雌花序长2.5-4厘米，径4-6（7）毫米；子房有短柄，花柱明显，柱头2裂；苞片与雄花同，腹腺1（2），与苞片近等长。果序长达5.5厘米，蒴果无毛，长3毫米。花期4月下旬-5月上旬。

图 512 类四腺柳 （冯金环绘）

产四川西南部、西藏、云南西北部及东北部，生于海拔1950-4300米河旁或泥石流沙石上、山坡灌丛中或林缘。

30. 小叶柳 图 513 彩片 147

Salix hypoleuca Seemen in Engl. Bot. Jahrb. 36(Beibl. 82): 31. 1905.

灌木，高1-3.6米。枝暗棕色，无毛。叶椭圆形、披针形或椭圆状长圆形，稀卵形，长2-4（-5.5）厘米，先端急尖，基部宽楔形或窄，上面无毛或近无毛，下面无毛，叶脉明显突起，全缘；叶柄长3-9毫米。花序梗在开花时长0.3-1厘米，轴无毛或有毛；雄花序长2.5-4.5厘米，径5-6毫米；雄蕊2，花丝中下部有长柔毛，花药球形，黄色；苞片倒卵形，褐色，无

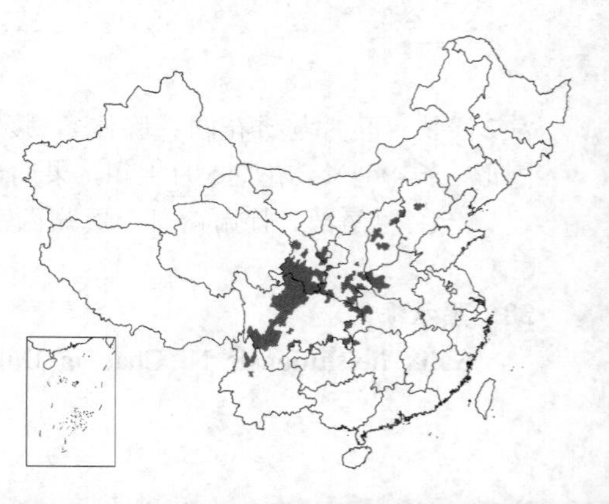

毛；腺1，腹生，卵圆形，先端缺刻，长为苞片的一半；雌花序长2.5-5厘米，径5-7毫米，密花，花序梗短；子房卵圆形，花柱2裂，柱头短；苞片宽卵形，先端急尖，无毛，长为蒴果的1/4；仅1腹腺。蒴果卵圆形，长约2.5毫米，近无柄。花期5月上旬，果期5月下旬-6月上旬。

产河北、山西、陕西、宁夏、甘肃、河南、湖北、湖南西部、贵州、四川及云南，生于海拔1400-2700米山坡林缘或山沟。

图 513 小叶柳 （郭木森绘）

31. 眉柳

图 514

Salix wangiana Hao in Fedde, Repert. Sp. Nov. Beih. 93. 81. 1936.

灌木，高达3米。小枝暗褐色或带黑色，常直立，无毛。叶椭圆形或卵圆形，稀倒卵圆形，长3-5厘米，先端钝，稀圆，基部圆或宽楔形，两面无毛，下面带白色，有疏细齿；叶柄长0.5-1.2厘米，无毛。花序有短梗，雄花序长1-2.5厘米，轴被长毛；雄蕊2，花丝长为苞片2倍，基部具长毛，花药球形；苞片宽卵形或长圆形，先端有2缺刻，无毛；腹腺棒状；雌花序在果期长3-6厘米；子房无柄，椭圆状长圆形，无毛，花柱细，长约1.5毫米，柱头2；苞片宽椭圆状长圆形，两面无毛；仅有棒状腹腺。蒴果连宿存花柱长6-8毫米。花期5月，果期6月。

产陕西、甘肃西南部、青海东部、四川、云南西北部及西藏，多生于海拔1850-4650米山梁及山坡。

图 514 眉柳 （钟世奇 冯金环绘）

32. 腹毛柳

图 515

Salix delavayana Hand.-Mazz. Symb. Sin. 7: 78. 1929.

灌木或小乔木。幼枝有柔毛，后无毛。叶长圆状椭圆形或宽椭圆形，长3-8厘米，下面苍白色或具白粉，侧脉7-14对，幼叶两面被淡黄色绒毛，后渐脱落，全缘；叶柄长约1厘米，托叶歪卵形，有腺齿。花叶同放，花序轴有短梗或无梗，具1-2小叶，长2-4（5）厘米，径约7毫米；雄蕊2，离生，花丝长2.3-3.5毫米，有长柔毛；苞片长圆状椭圆形；腺体2，腹生和背生，长为苞片1/3，腹腺圆柱形或卵形，有时浅裂，背腺圆柱形，比腹腺稍短；雌花序长2-3厘米，径4-6毫米，有

图 515 腹毛柳 （孙英宝绘）

花序梗，具2-4小叶；子房有短柄，柄有短毛，子房无毛，花柱明显，2浅裂，柱头粗，2浅裂；苞片同雄花；腺腺1，卵形或短圆柱形。蒴果长约5毫米。花期4月中下旬-5月，果期6月上、中旬。

产青海南部、西藏东南部、四川及云南，生于海拔2800-3800米山坡、林间隙地及山谷溪旁。

33. 丝毛柳 图 516

Salix luctuosa Lévl. in Fedde, Repert. Sp. Nov. 13: 342. 1914.

灌木。小枝初有丝状绒毛，老枝近无毛。叶椭圆形或窄椭圆形，长1-4厘米，上面无毛，或中脉有毛，下面初有绢质柔毛，后近无毛，中脉有毛，全缘；叶柄长1-3毫米，有疏柔毛。雄花序长3-4.5厘米，径5-9毫米，有花序梗，基部有3-4小叶，轴具疏长柔毛；雄蕊2，花丝中部以下有长柔毛；苞片宽卵形；腺腺1，背腺有或无，长椭圆形；雌花序长3厘米，径约6毫米，具花序梗，基部有3小叶；子房无毛，无柄或近无柄，花柱先端2裂，柱头小；苞片卵形，有长柔毛；仅1腺腺。果序长达5厘米；蒴果长约3毫米。花期4月，果期4-5月。

图 516 丝毛柳 （引自《图鉴》）

产陕西南部、宁夏、甘肃、湖北西部、湖南北部、贵州东北部、四川、云南及西藏东部，生于海拔30-5400米河边、山沟及山坡。

34. 周至柳 图 517

Salix tangii Hao in Fedde, Repert. Sp. Nov. Beih. 93: 78. 1936.

直立灌木，高达2米。小枝无毛，雄株小枝微被柔毛。叶长圆形或椭圆状长圆形，长1.5-4厘米，下面淡绿色，幼时被毛，后无毛，全缘；叶柄长4-5毫米，无毛。雄花序圆柱形，长1.8-2.5厘米，径约4毫米，轴被长柔毛，雄蕊2，花丝基部具柔毛；苞片倒卵形，无毛；腺腺圆柱形；雌花序圆柱形，果期伸长达4厘米；子房无柄，无毛，花柱2裂，柱头短；苞片宽卵圆形，无毛；腺腺圆柱形，长为苞片的一半。花期5月下旬-6月初，果期6月。

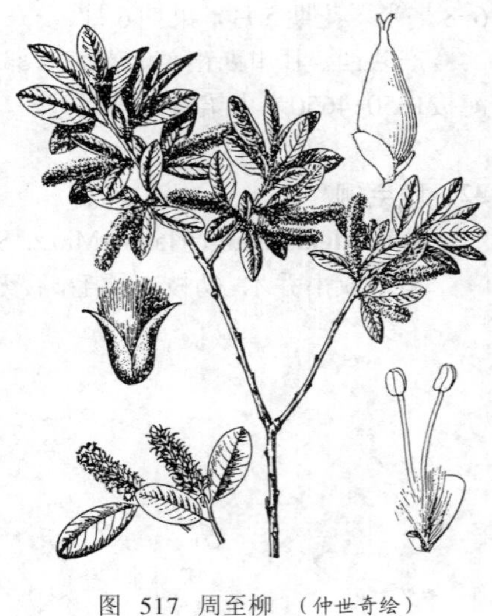

图 517 周至柳 （仲世奇绘）

产内蒙古、河北、山西，陕西，宁夏、甘肃、青海、四川、湖北及河南，生于海拔200-3600米山坡及林中。

35. 中华柳 图 518

Salix cathayana Diels in Notes Roy. Bot. Gard. Edinb. 5: 281. 1921.

灌木，高0.6-1.5米，多分枝。小

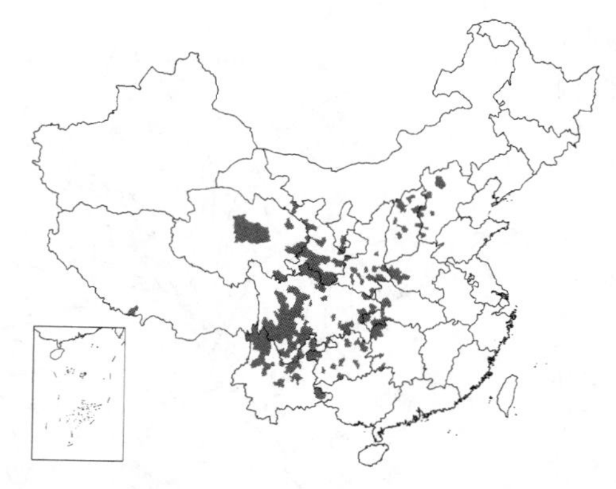

枝褐或灰褐色，当年生枝被绒毛。芽卵圆形或长圆形，被绒毛，稍短于叶柄。叶长椭圆形或椭圆状披针形，长1.5-5.2厘米，两端钝或急尖，上面有时被绒毛，下面无毛，全缘；叶柄长0.2-1.5厘米，疏被柔毛。雄花序长2-3.5厘米，径6-8毫米，密花，花序梗被长柔毛，长0.5-1.5厘米，常具3小叶，稀3枚以上；雄蕊2，花丝下部有疏长柔毛，长为苞片的2-3倍；腹腺卵状长圆形，稍短于苞片。雌花序窄圆柱形，长2-3（-5）厘米，花序梗短，密花；子房无柄，无毛，椭圆形，长约3毫米，花柱短，顶端2裂；苞片倒卵状长圆形，有缘毛；腺体1，腹生。蒴果近球形，无柄或近无柄。花期5月，果期6-7月。

产河北、河南、山西、陕西、宁夏、甘肃、青海、西藏、云南、四川、贵州、湖北及湖南，生于海拔1800-3000米山谷或山坡灌丛中。

图 518 中华柳 （引自《图鉴》）

36. 汶川柳 图 519

Salix ochetophylla Gorz in Bull. Fan. Mem. Inst. Biol. Bot. 6 (1): 7. 1935.

灌木，高约1.5米。小枝较粗，带红色或红黑色，幼枝有毛。芽卵状圆锥形，棕色。叶椭圆形或倒卵状椭圆形，长3-5厘米，基部宽楔形或钝，上面无毛，幼叶下面中脉簇生长柔毛，余无毛，淡绿色，侧脉5-7对，全缘或上部有不明显疏腺齿；叶柄长5-8毫米，红色。花叶同放，花序梗长约1厘米，有2-3叶，花序长2-4.5厘米，径5-7毫米，密花。子房无毛，有短柄或无柄，花柱较长，中裂，常成钝角叉开，柱头2裂；苞片卵形，长约为子房1/2，外面及边缘有长柔毛，内面无毛；腺体1，腹生，卵形或近圆形，背腺缺或偶有小腺体。花期5月底-6月初。

图 519 汶川柳 （冯金环绘）

产甘肃中南部、四川及云南西北部，生于海拔4250米以下山坡。

37. 巴柳 图 520

Salix etosia Schneid. in Sarg. Pl. Wilson. 3: 73. 1916.

灌木或小乔木。小枝密被柔毛或绒毛，后无毛。芽暗褐色，有毛。叶椭圆形或长圆状椭圆形，长4-6.5厘米，下面淡绿色或稍带白色，两面仅中脉有柔毛，幼叶下面被长柔毛，侧脉10-15对，全缘；叶柄长5-7毫米，有柔毛或绒毛。花先叶开放或与叶同放，花序圆柱形，有0.5-1厘米长的花序梗，梗具有约1厘米长的2-4个小叶；雄花序长3-3.5厘米，径0.8-1厘米；

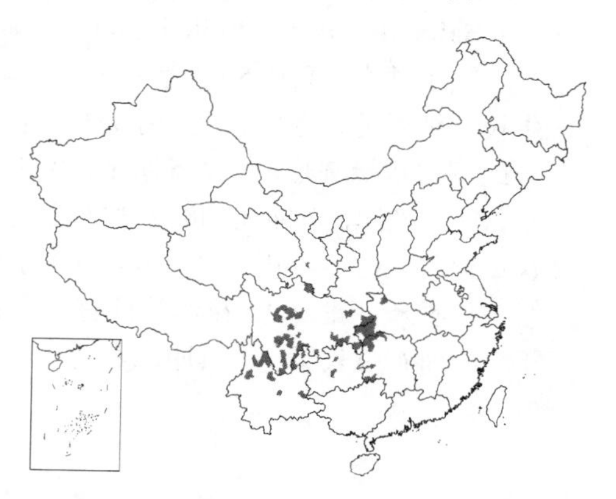

雄蕊2，花丝离生或部分全生，长达5毫米，无毛；苞片卵形或长圆状卵形，被长毛，仅1腹腺；雌花序长4-6厘米，径6-8毫米；子房无毛或腹部稍有柔毛，有柄，花柱明显，柱头卵形，有时分裂；苞片同雄花；腺体1，腹生，长圆形，比子房柄稍短。蒴果长6-7毫米。花期3月下旬-4月中下旬，果期5月。

产湖北、湖南、贵州、云南、四川及甘肃，生于海拔790-3950米林缘、溪边、湿地及路旁。

［附］**景东矮柳 Salix jingdongensis** C. F. Fang in Bull. Bot. Lab. North.-East. For. Inst. 9: 8. 1980. 本种与巴柳的区别：全株无毛；芽暗红色；叶宽椭圆形，长2-3厘米，下面有腊质白粉，侧脉约7对；花序长约1.5厘米；苞片倒卵形。花期5月。产云南西部，生于海拔2480米山坡。

图 520 巴柳 （冯金环绘）

38. 迟花矮柳 图 521

Salix oreinoma Schneid. in Sarg. Pl. Wilson. 3: 138. 1916.

小灌木，高达50厘米。幼枝红褐色，被疏长柔毛，节明显，老枝暗褐色，无毛。叶倒卵状椭圆形、椭圆形或长圆形，长1.5-3.5厘米，宽1-1.8厘米，先端急尖或钝，基部宽楔形或稍钝，上面无毛或仅沿中脉有短柔毛，下面幼时有白色长柔毛，后变无毛，叶脉明显，微隆起，边缘有不明显疏腺锯齿；叶柄长0.5-1.5厘米，上面有微柔毛。花序与叶同时展开，生于当年生枝顶，长2-3厘米，基部有数枚小叶，轴密生柔毛。雄蕊2，长约5毫米，花丝下部1/3有毛；苞片长圆形，先端钝圆，约为花丝长的一半，仅基部有毛，有缘毛；具背、腹腺；子房卵状长圆形，无柄，被密毛，至果期自上而下脱落仅基部有疏柔毛，花柱明显，先端2裂，柱头2裂；苞片长圆形，先端钝或圆截形，有不规则齿牙，无毛或仅外面基部有毛，仅有腹腺。花期7月，果期8-9月。

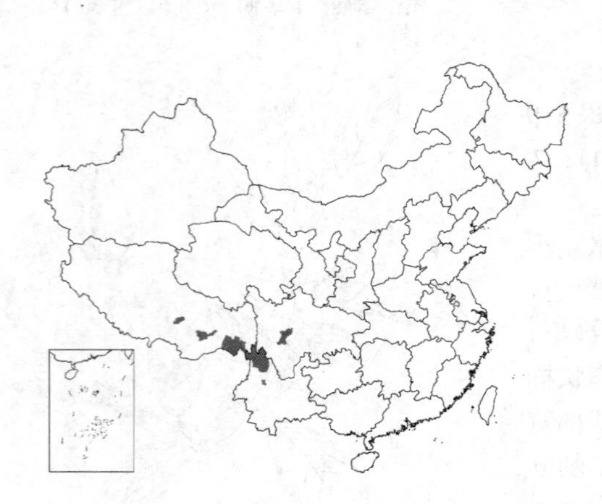

产四川西部、云南西北部及西藏，生于海拔3600-4800米高山地区。

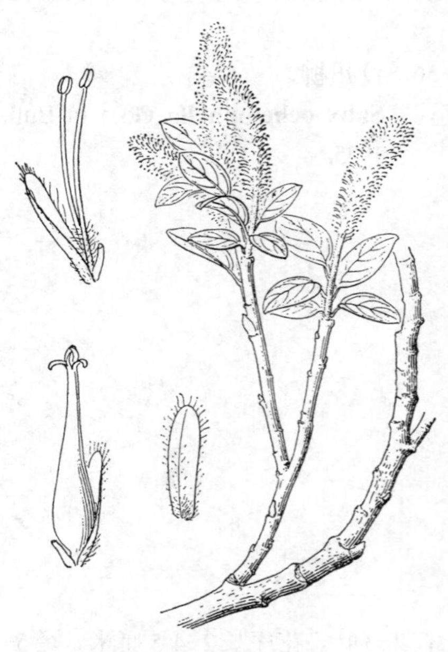
图 521 迟花矮柳 （冯金环绘）

39. 丛毛矮柳 图 522

Salix floccosa Burkill in Journ. Linn. Soc. Bot. 26: 529. 1899.

矮小灌木，高达50厘米；分枝多。小枝暗褐色；老枝带黑色；当年生枝常被柔毛，老枝无毛。芽卵形，长3-4毫米，红褐色，无毛。叶倒卵形或倒卵状椭圆形，长2-5厘米，宽1-2厘米，先端钝，基部窄，上面无毛，常有光泽，下面在幼时密被灰白色长柔毛，后有丛卷毛或无毛，具细齿或全缘。花序与叶同时展开，着生于当年生枝顶端，轴被柔毛；雄花序长1-3厘米；雄蕊2，花丝基部有长毛；苞片倒卵形，先端钝圆，外面无毛，内面有疏长柔毛，具腹腺和背腺，背腺较细；雌花序长约2厘米；子

房无柄，密被柔毛，花柱2裂，柱头2裂；苞片倒卵形，先端钝圆，两面被疏毛，背面较密；仅有腹腺，长圆形。花期7月，果期8-9月。

产云南西北部及西藏东南部，生于海拔1000-4500米山地灌丛中。

图 522 丛毛矮柳 （冯金环绘）

40. 察隅矮柳 图 523

Salix zayulica C. Wang et C. F. Fang in Acta Phytotax. Sin. 17(4): 108. f. 6: 5-7. 1979.

小灌木，高达30厘米；主干斜升，常生有不定根。当年生枝密被长柔毛；一年生枝和老枝紫红色，无毛。叶倒卵状长圆形或长圆状椭圆形，稀倒披针形，长2-4.5厘米，先端尖，基部楔形，上面深绿色，伏生长柔毛，叶脉凹下，下面灰白色，密被伏生长柔毛，侧脉6-7对，隆起，全缘或有不明显腺齿；叶柄长2-3毫米。果序着生于当年生枝顶端，长约4厘米，径7-8毫米，子房无柄，密被柔毛，花柱红色，长约1毫米，2中裂，柱头2裂，裂片椭圆形或近头状；苞片椭圆形，长约子房1/2，外面及边缘密被白长毛；仅1腹腺，红色，卵形，先端平截。蒴果长约3毫米。雄株未见。果期7月中下旬。

产云南及西藏，生于海拔3150-4000米山坡砾石滩。

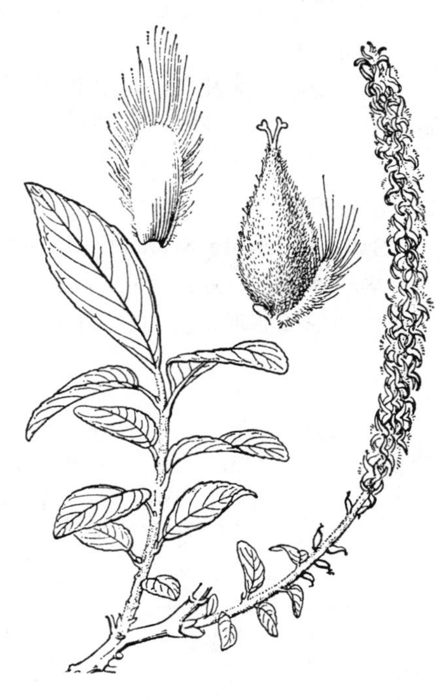

图 523 察隅矮柳 （张桂芝绘）

41. 怒江矮柳 图 524

Salix coggygria Hand.-Mazz. Symb. Sin. 7: 79. t. 1: 5-6. 1929.

小灌木，高达50厘米。幼枝褐色，当年生枝被灰色或褐色绒毛，后无毛。芽卵形，褐色，被微毛。叶倒卵圆形，长1.5-4.5厘米，先端钝圆，常有一皱褶，上面绿色，被散生柔毛，下面苍白色，有蜡粉，幼叶上面密被锈色柔毛，下面密被白色长柔毛，后无毛，全缘，稀近先端有疏齿；叶柄长2-5毫米，被密毛，托叶三角状卵形，有毛。花序与叶同放，长2-3厘米，密花，生于当年生枝顶端，基部有数枚小叶，花序轴密被绒毛；雄蕊2，花丝中部以下有毛；苞片倒卵状长圆形，长约3毫米，两面有疏柔毛，边缘较密；腺体2，腹生和背生，圆柱形；子房无柄，密被灰白色毡毛，花柱明显，先端2裂，柱头2裂。花期6月，果期7月。

产四川、云南西北部及西藏东南部，生于海拔2400-4700米高山地区。

42. 环纹矮柳 图 525

Salix annulifera Marq. et Airy-Shaw in Journ. Linn. Soc. Bot. 48: 222. 1929.

小灌木，高达50厘米。小枝被灰白色柔毛，后无毛。叶倒卵状椭圆形，长2-5厘米，宽1.5-2.5厘米，上面无毛，下面色淡，幼时被灰白色柔毛，后无毛，有疏圆锯齿；叶柄长达1.5厘米，上面有柔毛。花序与叶同放，顶生，基部有小叶，轴密被柔毛；雄花序圆柱形，长2-4厘米（不包括花序梗）；雄蕊2，花丝被柔毛；苞片倒卵状长圆形，被密毛，稍有不规则齿，长约为雄蕊1/2；具腹、背腺，长圆状披针形；雌花序长约3.5厘米（果序达7厘米）；子房密被灰白色柔毛，花柱明显，不裂，柱头2，或花柱先端2裂，柱头2裂；苞片同雄花，倒卵状长圆形，先端微凹，被疏毛，外面中部以下毛较密，仅有腹腺。花期7月中旬，果期8月。

产云南西北部及西藏东南部，生于海拔2800-4700山坡灌丛中，常与杜鹃混生。

图 524 怒江矮柳 （张桂芝绘）

图 525 环纹矮柳 （张桂芝绘）

43. 小垫柳 图 526

Salix brachista Schneid. in Sarg. Pl. Wilson. 3: 145. 1916.

垫状灌木。小枝近直立，红褐色；老枝无毛。芽无毛。叶椭圆形、倒卵状椭圆形或卵形，长（0.5）1（2）厘米，上面无毛，中、侧脉凹下，下面淡绿色，幼时密被长伏柔毛，中脉，侧脉及细脉明显隆起呈网状，中部以上具疏腺齿，下部齿疏或全缘；叶柄长约3毫米，幼时密生长柔毛。花叶同放，花序卵圆形，长约1厘米（果序长达2厘米），约有10花，轴密生长柔毛，苞片倒卵形，或有粗牙齿；雄蕊2，基部有长柔毛；具腹、背腺，腹腺细圆柱形，背腺较短宽，或有不等2深裂；子房无柄，无毛，花柱明显，2浅裂，柱头卵球形，2圆裂，仅具腹腺，细圆柱形。蒴果长卵形，无毛，长约4毫米。花期6-7月，果期7-8月。

产河北、陕西、甘肃西南部、四川、贵州北部、云南及西藏东南部，生于海拔830-5000米河谷及山坡阴湿处或灌丛下。

图 526 小垫柳 （张桂芝绘）

44. 锯齿叶垫柳 图 527：4-6

Salix crenata Hao in Fedde. Repert. Sp. Nov. Beih. 93: 50. t. 6: 11. 1936.

垫状灌木。小枝有疏柔毛，后无毛。芽无毛。叶密集，枝条全被覆盖，卵形，长约8毫米，革质，上面无毛，有褶皱，叶脉凹下，下面淡绿色，侧脉不显，具疏而整齐腺齿，幼叶下面被长柔毛，后无毛；叶柄长约4毫米，幼时下面有长柔毛。花序极小，约5花，轴有稀疏柔毛；苞片倒卵形，内面基部及边缘有柔毛；雄蕊2，长约为苞片2倍，花丝基部具柔毛；腺体2，腹生和背生，腹腺长圆柱形，基部稍宽，背腺较细，约与腹腺等长，有时先端2浅裂；子房具长柄，花柱短，2深裂，柱头2裂，仅具腹腺，细圆柱形，几与子房柄等长。蒴果长卵形，无毛。花期7月，果期8-9月。

图 527：1-3.栅枝垫柳 4-6.锯齿叶垫柳（张桂芝绘）

产云南及西藏东南部，生于1200-4800米高山灌丛或潮湿岩缝中。

45. 栅枝垫柳 图 527：1-3

Salix clathrata Hand.-Mazz. Symb. Sin. 7: 86. 1929.

垫状灌木，枝条极多交错呈栅栏状。幼枝被茸毛，后脱落。芽被疏柔毛。叶椭圆形或倒卵形，长1.5（3）厘米，革质，上面无毛，具褶皱，叶脉凹下，下面灰白色，有腊质层，幼叶下面散生柔毛，后无毛，全缘，反卷，幼时具疏缘毛；叶柄长约4（-7）毫米，红色，初被柔毛。花先叶开放，花序椭圆形，长约6毫米，径约3毫米，花序梗极短，有2-3小叶，花多而密，轴粗，密被柔毛；苞片倒卵圆形；雄蕊2，长约为苞片2倍，基部有长柔毛，花药红色；腺体2，腹腺细圆柱形，基部稍宽，背腺稍宽短；子房无柄，无毛，花柱明显，2裂，柱头2裂，仅具腹腺，细圆柱形。果序长达2厘米，蒴果窄卵形，长4毫米，无柄或有短柄。花期7月，果期8-9月。

产四川、云南西北部及西藏，生于海拔4700米以上裸露岩石上。

46. 黄花垫柳 图 528

Salix souliei Seemen in Fedde, Repert. Sp. Nov. 3: 23. 1906.

垫状灌木。小枝无毛或有疏白柔毛。叶椭圆形或卵状椭圆形，长0.8-1.3厘米，萌枝叶长达2.7厘米，宽达1.2厘米，全缘，革质，上面具皱纹，无毛，中脉凹下，下面苍白色或有白粉，幼时密生白色柔毛，后无毛，侧脉不显，全缘；叶柄长4-7毫米，幼时有毛。花序与叶同放，椭圆形，少花，顶生，轴有疏柔毛；雄蕊2，花丝无毛；苞片长圆形，约为雄蕊长1/2；有腹腺和背腺，短圆柱形；子房有短柄，无毛，花柱短，2裂，柱头长圆形，2裂；苞片长圆形，无毛，具腹腺，短圆柱形，约为苞片长1/3，

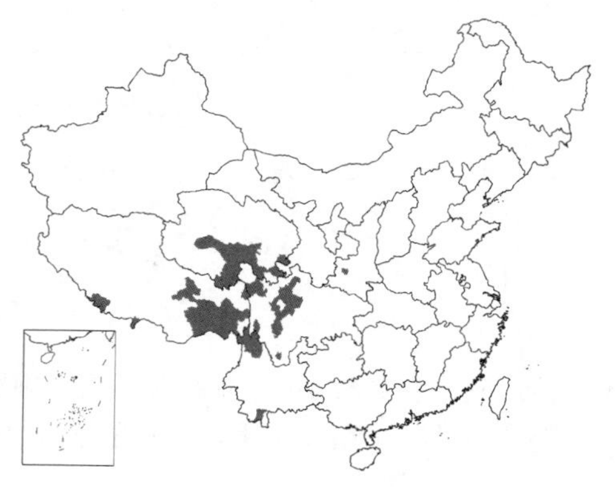

稀具1小背腺。蒴果长达3毫米。花期6月，果期 7-8月。

产陕西西南部、青海、四川、云南及西藏，生于海拔900-5000米高山草地或裸露岩石上。

图 528 黄花垫柳 （张桂芝绘）

47. 卵小叶垫柳 图 529

Salix ovatomicrophylla Hao in Fedde, Repert. Sp. Nov. Beih. 93: 53. t. 8: 15. 1936.

垫状灌木。幼枝近无毛。芽无毛。叶密集，覆盖整个枝条，卵形、卵状椭圆形或椭圆形，长2-4毫米，宽1-2毫米，上面无毛，中脉凹下，下面色较淡，初有毛，全缘，稀叶缘上部有疏腺齿，中下部全缘；叶柄长1-2毫米。花序与叶同放，顶生，基部具叶片，轴有微毛；雄花序头状，长约6毫米，有数花；雄蕊2，花丝无毛或基部稍有毛；苞片椭圆形；具腹腺和背腺，腺体圆柱形，近等长，长为苞片1/3，有时背腺先端分裂；子房具短柄，约与苞片等长，花柱明显，2裂，柱头2裂；苞片倒卵形，无毛；仅具腹腺，细圆柱形，约与子房柄近等长。蒴果卵形，无毛。花期6月，果期7-8月。

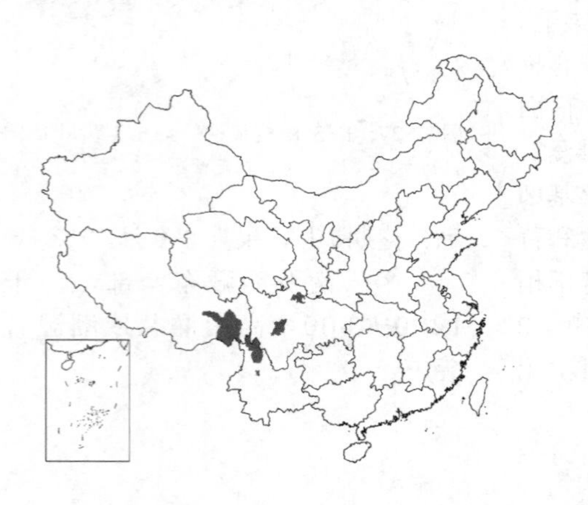

产四川、云南西北部及西藏东南部，生于海拔3000-5000米高山灌丛中或裸露岩石上。尼泊尔有分布。

图 529 卵小叶垫柳 （张桂芝绘）

48. 类扇叶垫柳 图 530

Salix paraflabellaris S. D. Zhao in Bull. Bot. Lab. North.-East. For. Inst. 9: 14. 1980.

垫状灌木。幼枝无毛。芽无毛。叶倒卵形、倒卵状圆形或倒卵状椭圆形，长1-1.7厘米，宽达1.2厘米，先端圆或稍钝，稀尖，基部钝、稀圆或楔形，上面无毛，下面苍白色，有白粉，幼时两面密被灰白色长柔毛，后为丛卷毛或无毛，有疏圆齿，中上部较密，或全缘。花序与叶同放；花序头状，长约5毫米，生于当年生侧枝顶部，基部有数枚小叶，轴被疏柔毛；雄蕊2，离生，花丝无毛，长约6毫米；苞片卵状长圆形，无毛，具疏缘毛，脉明显；具腹腺和背腺，腹腺较宽短，

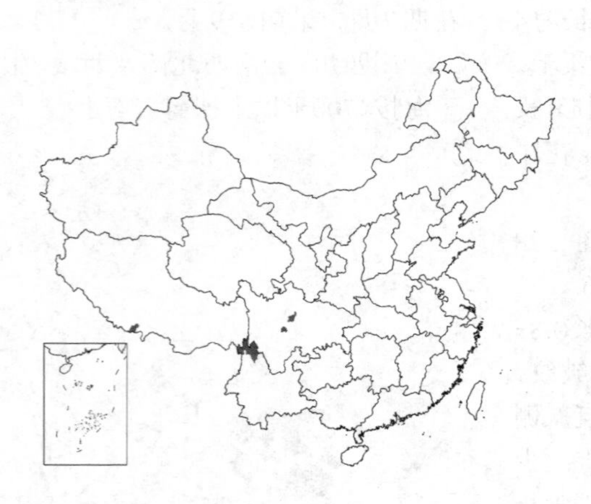

图 530 类扇叶垫柳 （张桂芝绘）

背腺与腹腺近等长，细圆柱形；子房无毛，无柄，长约3.5毫米，花柱明显，2浅裂，柱头2圆裂；苞片同雄花，无毛，有疏缘毛，仅有腹腺。花期6月，果期7-9月。

产四川中部、云南西北部及西藏南部，生于海拔2600-4200米裸露岩缝中。

49. 青藏垫柳 图 531：1-4 彩片 148

Salix lindleyana Wall. apud Anderss. in Svensk. Vetensk. Akad. Handl. 1850：499. 1850.

垫状灌木。老枝无毛。芽无毛。叶倒卵状长圆形、长圆形或倒卵状披针形，长1.2-1.6厘米，萌枝叶长达 2.5厘米，宽9毫米，上面无毛，中脉凹下，下面苍白色，无毛，幼叶两面有稀疏柔毛，全缘，常稍反卷；叶柄长3-6毫米，幼时有柔毛，后无毛。花序与叶同放，卵圆形，每花序有数花，顶生，基部有叶，轴有疏长柔毛或无毛；雄蕊2，花丝基部有长柔毛；苞片宽卵圆形，淡紫红色，有疏缘毛，有背腺和腹腺，近等长，长约苞片1/3；子房近无柄，无毛，花柱粗短，顶端2裂，柱头2裂；苞片同雄花，仅有腹腺。蒴果有短柄。花期6月中下旬，果期7-9月初。

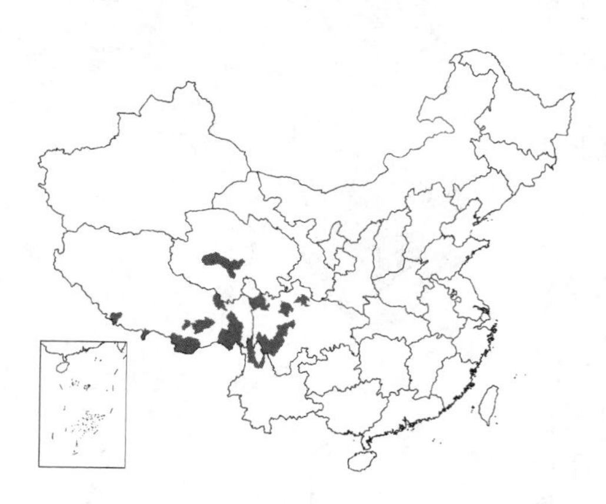

图 531：1-4. 青藏垫柳 5-8. 吉隆垫柳（张桂芝绘）

产青海、四川、云南西北部及西藏，生于海拔2600-5200米高山顶部较潮湿岩缝中。锡金、尼泊尔及巴基斯坦有分布。

50. 吉隆垫柳 图 531：5-8

Salix gyirongensis S. D. Zhao et C. F. Fang in Acta Phytotax. Sin. 17(4)：109. 1979.

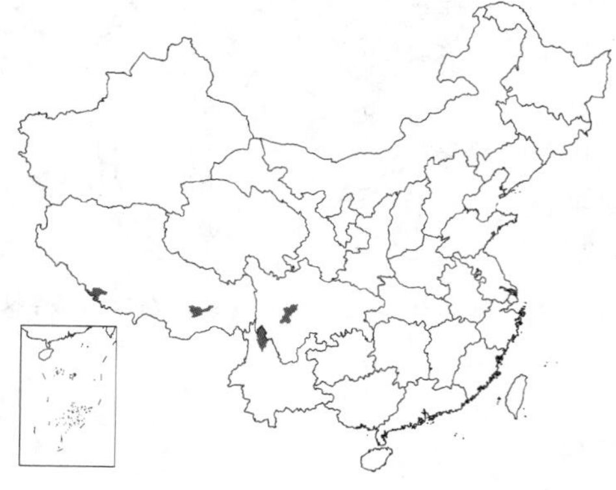

垫状灌木。芽无毛。叶革质，卵状长圆形，长0.7-1厘米，上面无毛，下面淡绿色或带苍白色，有疏柔毛，全缘，常反卷。花序与叶同放；花序卵球形，长约1厘米，顶生，少花，基部有多数小叶，轴有疏柔毛；雄蕊2，花丝基部有毛，花药紫色；苞片紫色，卵形，长为雄蕊1/2；腺体2，背生和腹生，近等长，腹腺较宽，长约为苞片1/2；子房稍有柄，密被灰白色柔毛，花柱短，2浅裂，柱头2裂；苞片卵形，无毛，约与子房等长，仅有腹腺，常2裂。花期7月底-8月初，果期8-9月。

产四川、云南西北部及西藏，生于海拔4000-4500米高山灌丛中。

51. 杯腺柳 图 532

Salix cupularis Rehd. in Journ. Arn. Arb. 4：140. 1923.

小灌木。小枝紫褐或黑紫色，老枝灰色，节突起。芽窄长圆形，长约4毫米，棕褐色，有光泽。叶椭圆形或倒卵状椭圆形，稀近圆形，长1.5-2.5厘米，先端近圆，有小尖突，基部圆或宽楔形，侧脉6-9对，全缘，两面无毛；叶柄长为叶的1/3-1/2，淡黄色，托叶近圆盘形，长约5毫米。花与叶同时开放，或稍晚开放；雄花序长约1厘米，有短梗，基部有3小叶；雄蕊2，花丝中下部有柔毛；苞片倒卵形，先端圆截形，两面被柔毛，或外面上部被毛，为花丝长的一半；有

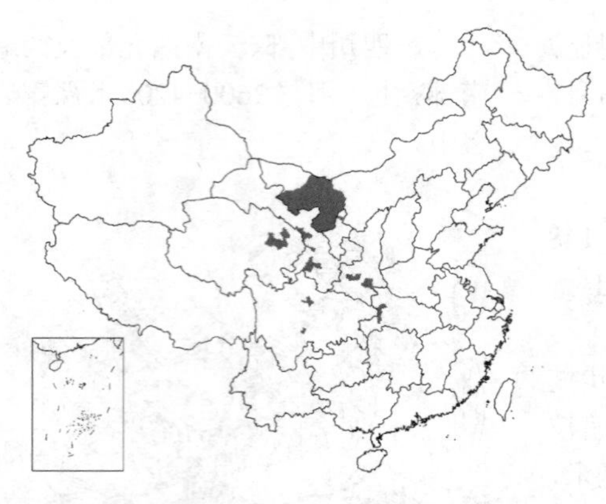

背、腹腺，窄卵状圆柱形。雌花序椭圆形或短圆柱形，长约1厘米，花序梗较明显；子房长卵圆形，无毛，有短柄，花柱长约1毫米，柱头2裂；苞片卵形或宽卵形，长1.5-2毫米，先端圆，基部有疏毛；腺体2，腹腺2-3深裂，与子房柄近等长，背腺稍短，基部结合成假花盘状。蒴果长约3毫米。花期6月，果期7月-8月上旬。

产内蒙古西部、陕西南部、宁夏、甘肃、青海东北部、四川及湖北西部，生于海拔2500-4000米高寒山坡。

图 532 杯腺柳 （引自《图鉴》）

52. 新山生柳 图 533

Salix neoamnematchinensis T. Y. Ding et C. F. Fang in Acta Phytotax. Sin. 31(3): 277. 1993.

灌木，高达1米。小枝有柔毛。芽有柔毛。叶倒披针形或倒卵状长椭圆形，长0.8-1.5（2）厘米（萌枝叶或达3.2厘米），上面有白色柔毛，下面淡绿色，无毛，全缘；叶柄长1-4毫米。花序与叶同放，有短梗，基部有1-2小叶；雄花序长圆柱状，长约8毫米，径约3毫米，雄蕊2，离生，花丝中上部以下有毛，苞片卵形或长卵形，两面有柔毛，具长圆柱状腹腺和背腺，离生，背腺比腹腺稍短。雌花序球状，长约5毫米，有短梗，基部有1-2枚鳞片状小叶，子房有短柄，密被短毛，花柱不明显，柱头（2）3-4裂，苞片同雄花，仅有圆柱状腹腺。果序长约1厘米，有短梗；蒴果有毛，有短柄，常红色。花期6月下旬，果期8月。

产青海东部海拔2700-3700米山坡灌丛中。

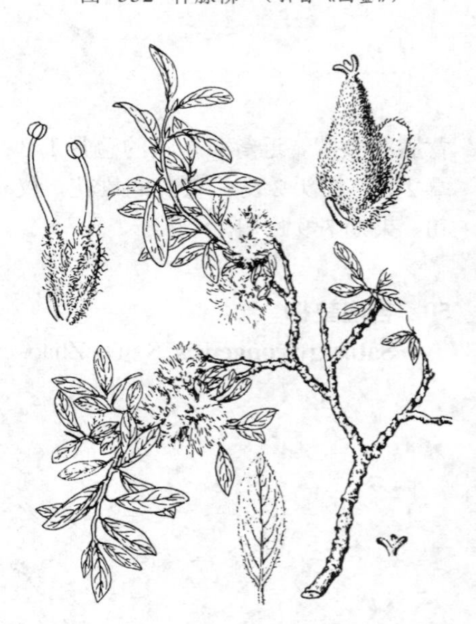

图 533 新山生柳 （引自《植物分类学报》）

53. 华西柳 图 534

Salix occidentali-sinensis N. Chao in Bull. Bot. Lab. North.-East. For. Inst. 9: 25. 1980.

灌木，高约1.5米。小枝被灰色绒毛，二年生小枝无毛。叶椭圆形、长椭圆形或倒卵状长椭圆形，长1-2.4（3.5）厘米，先端钝或近圆，稀尖，基部楔形，常有细腺齿，上面初密被白色绢毛，后仅脉上被毛，下面密被暗红或锈色平伏短毛，侧脉约8对；叶柄短，有毛。花序长约1厘米，径约6毫米，有短梗，基部有小叶；苞片小，近圆形，长约1毫米，多少

被短柔毛；雄蕊2，花丝离生，下部被曲长柔毛，腹腺近披针形，背腺较小；子房密被白色短毛，无柄，花柱长约0.5毫米，柱头2裂；腹腺窄卵形。果序长达3厘米；蒴果窄卵形，长约3毫米，无柄，被密毛。花期6月，果期7月。

产甘肃（天水）、四川、云南西北部及西藏，生于海拔1800-4600米地区。

图 534 华西柳 （杨再新绘）

54. 山生柳

图 535：1-3

Salix oritrepha Schneid. in Sarg. Pl. Wilson. 3: 113. 1916.

直立小灌木，高达1.2米。幼枝被灰绒毛，后无毛。叶椭圆形或卵圆形，长1-1.5厘米，萌枝叶长达2.4厘米，下面灰色或稍苍白色，有疏柔毛，后无毛，叶脉网状凸起，全缘；叶柄长5-8毫米，紫色。雄花序圆柱形，长1-1.4厘米，径约5毫米，花密集，花序梗短，具2-3倒卵状椭圆形小叶；花丝离生，中下部有柔毛，腺体2，圆柱状；雌花序长1-1.5厘米，径约1厘米，花密生，花序梗长3-7毫米，具2-3叶，轴有柔毛；子房无柄，具长柔毛，花柱2裂，柱头2裂；苞片宽倒卵形，具毛，深紫色；腺体2，常分裂，形成盘状。花期6月，果期7月。

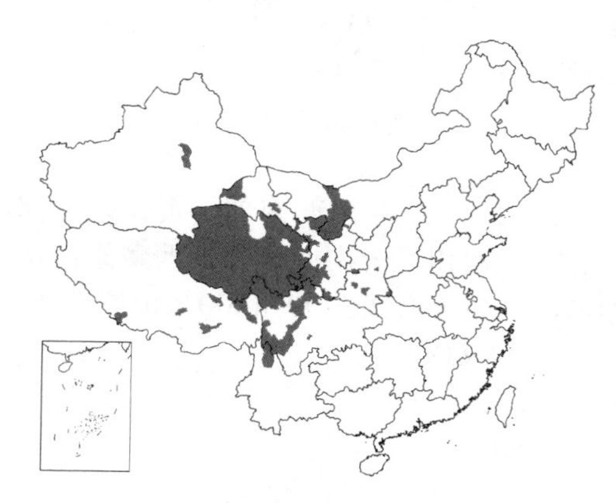

产内蒙古西部、陕西、宁夏、甘肃东南部、青海、新疆（托克逊）、四川、云南西北部及西藏东部，生于海拔2000-4700米山脊、山坡及山沟河边、灌丛中。

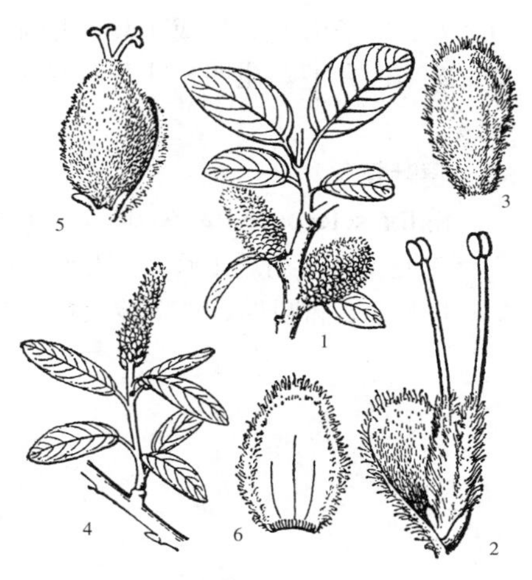

图 535: 1-3. 山生柳 4-6. 奇花柳 （张桂芝绘）

55. 奇花柳

图 535：4-6

Salix atopantha Schneid. in Sarg. Pl. Wilson. 3: 43. 1916.

灌木，高达2米。小枝初有毛，后无毛。叶椭圆状长圆形或长圆形，稀披针形，长1.5-2.5(4)厘米，上面初有柔毛，后无毛，下面带白色，无毛，有不明显腺齿，稀全缘，侧脉6-7对；叶柄长2-6毫米。花叶同放，花序长圆形或短圆柱形，长1.5-2厘米，径5-6毫米，花序梗长0.4-1厘米，具3-4小叶；雄蕊2，花丝中部以上有绵毛；苞片倒卵形，或有不规则浅圆齿，稍有短柔毛及缘毛，长约为花丝1/2-1/3；腺体2，常圆柱形，稀先端分裂，长约为苞片1/2；子房有密绵毛，无柄，花柱及柱头明显，2深裂，红色；苞片倒卵形或椭圆形，常有不明显细圆齿，黑红褐色，被白绵毛，与子房近等长；腺体2，腹腺常2-3裂，背腺小，有时无。花期6月上、中旬，果期7月。

产甘肃、青海、四川、云南西北部及西藏，生于海拔1800-5000米山坡或山谷。

56. 木里柳 图 536

Salix muliensis Gorz in Journ. Arn. Arb. 13: 389. 1932.

灌木，高达2米。幼枝有毛，后无毛。叶倒卵状长圆形、倒卵状椭圆形或椭圆形，长1.8-4.5厘米，上面有时散生蛛丝状柔毛，下面淡绿色，初有白长毛，后渐脱落，或仅中脉有长柔毛，侧脉(7)10-13对，全缘或有不明显腺齿；叶柄长4-8毫米，密被短柔毛。花先叶开放，花序椭圆形或短圆柱形，无梗，基部无叶或具1-2小鳞片状小叶；雄蕊2，花丝离生，下部有柔毛；苞片倒卵形或长圆形，被黄或白色长毛，长为花丝1/2；腺体2，腹生和背生，条形，下部稍宽，长约苞片1/3；子房无柄，花柱明显，中裂或浅裂，柱头不裂或分裂；苞片同雄花，与子房近等长或稍短，先端近平截；仅1腹腺。蒴果圆锥状卵形，长4毫米，有毛。花期5月下旬-6月上旬，果期7月上、中旬。

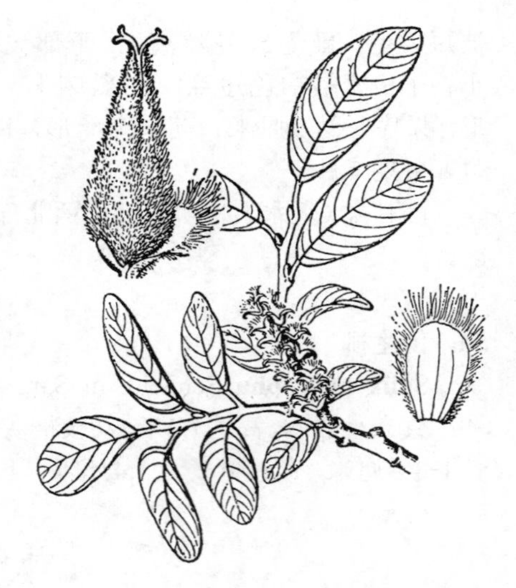

图 536 木里柳 （张桂芝绘）

产陕西西南部、贵州东北部、四川、云南西北部及西藏东南部，生于海拔3000-4000米山坡灌丛中或林下。

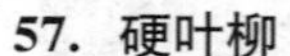

57. 硬叶柳 图 537

Salix sclerophylla Anderss. in Journ. Linn. Soc. Bot. 4: 52. 1859.

直立灌木，高达2米。小枝多节，呈串珠状，暗紫红色，或有白粉，无毛。叶革质，椭圆形、倒卵形或宽椭圆形，长2-3.4厘米，两面有柔毛或近无毛，下面淡绿色，全缘；叶柄长1-2毫米。花序椭圆形，长约1厘米，无梗或有短梗，基部无小叶或有1-2小叶；雄蕊2，花丝长约3毫米，基部有柔毛，苞片椭圆形或倒卵形，长约花丝1/2，褐或褐紫色，有柔毛，常有短缘毛；腺体2，背腺有时分裂；子房有密柔毛，比苞片长近一倍，花柱短，柱头4裂；苞片同雄花，有背腺和腹腺(腺体偶分裂)，稀无背腺。蒴果卵状圆锥形，长3.2毫米，有柔毛，无柄或有短柄。

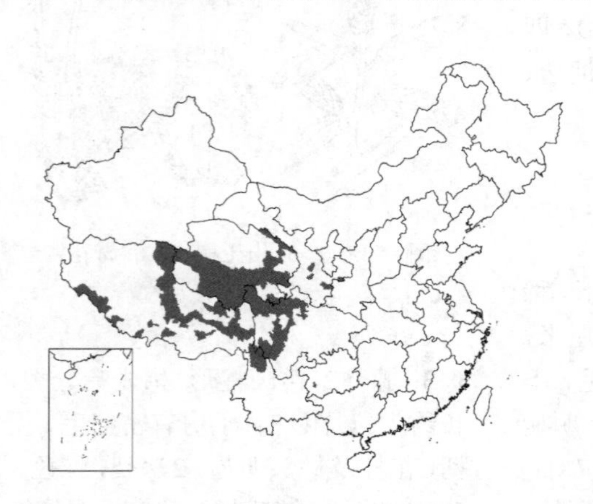

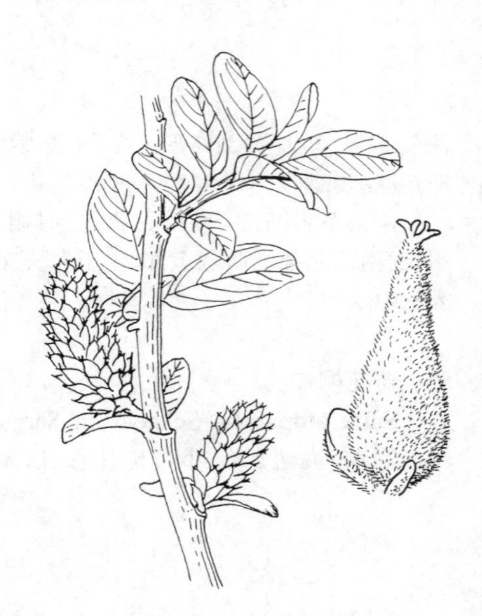

图 537 硬叶柳 （张桂芝绘）

产青海、甘肃、四川、贵州西南部、云南西北部及西藏，生于海拔400-5100米山坡、沟边或林中，为高山柳灌丛的建群种。印度、尼泊尔及巴基斯坦有分布。

58. 大苞柳 图 538

Salix pseudospissa Gorz in Journ. Arn. Arb. 13: 395. 1932.

灌木，高达2米。小枝无毛，紫黑色。叶倒卵形，长3-5厘米，基部圆，下面带白色，侧脉8-10对，两面无毛，有锯齿。花叶同放，花序长圆

状圆柱形，长约3厘米，径1.2厘米，花序梗无或极短，常有 1-3小叶，轴有柔毛；雄蕊2，花丝下部或中部以上合生，中下部有柔毛；苞片倒卵状长圆形，有5（-7）脉纹，常有波状凹缺，两面有柔毛；腹腺1，卵形；子房有短柄，具金色柔毛，花柱2深裂或浅裂，中下部有柔毛，柱头长，2深裂，苞片同雄花，常包子房；腺体2或1，红色，腹腺卵状圆柱形，背腺很小。花期6月下旬，果期8月中旬。

产甘肃、青海东部及南部、四川北部，生于海拔2900-4700米灌丛中及河岸。

图 538 大苞柳 （张桂芝绘）

59. 吉拉柳

图 539

Salix gilashanica C. Wang et P. Y. Fu in Acta Phytotax. Sin. 12(2): 196. pl. 50: 4. 1974.

灌木。小枝黑紫或褐色，较粗，光滑。叶倒卵状椭圆形、倒卵形或椭圆形，长3-5厘米，无毛，具腺齿或近全缘，先端尖或近圆，基部钝或近圆，两面无毛，或中脉稍有柔毛，下面色浅或有白粉；叶柄长0.5-1.3厘米，光滑，带红色。花序短圆柱形或圆柱形，长1.5-2.5（-3.5）厘米，花序梗短，基部有 1-3小叶；苞片椭圆形或宽倒卵形，先端圆或平截，两面有毛；雄蕊2，花丝离生，或中部有绵毛，比苞片长1倍；腺体2，背生和腹生，条形或圆柱形，不裂或2裂；子房密被柔毛，花柱约与子房等长，2中裂，背腺较腹腺稍细小，或无。果序长达5厘米；蒴果长6毫米。花期7月中旬，果期8月。

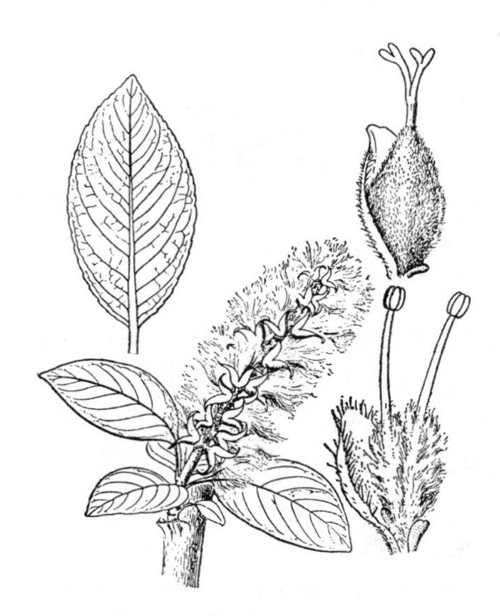

图 539 吉拉柳 （张桂芝绘）

产青海东南部及南部、四川、云南西北部、西藏，生于海拔3000-4800米山坡或山顶。

60. 川鄂柳

图 540

Salix fargesii Burk. in Journ. Linn. Soc. Bot. 26: 528. 1899.

乔木或灌木。当年生小枝基部有丝状毛。芽顶端有疏毛。叶椭圆形或窄卵形，长达11厘米，先端尖或圆，基部圆或楔形，有细腺齿，上面无毛或多少有柔毛，下面淡绿色，脉上被白色长柔毛，侧脉16-20对；叶柄长达1.5厘米，初有丝状毛，后无毛，常有数枚腺体。花序长6-8厘米，花序梗长1-3厘米，有正常叶，轴有疏丝状毛；苞片窄倒卵形，先端圆，长约1毫米，密被长柔毛；雄蕊2，花丝无毛；腹腺长方形，长约0.5毫米，背

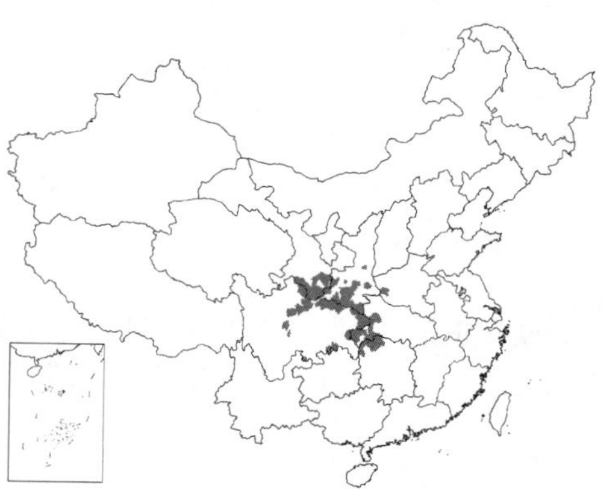

腺甚小，宽卵形；子房有长毛，有短柄，花柱长约1毫米，上部2裂，柱头2裂；1腹腺，宽卵形，长约0.5毫米。果序长12厘米；蒴果长圆状卵形，有毛，有短柄。

产陕西西南部、甘肃南部、河南西部、湖北西部、湖南西北部及四川，生于海拔600-2300（-3900）米山区。

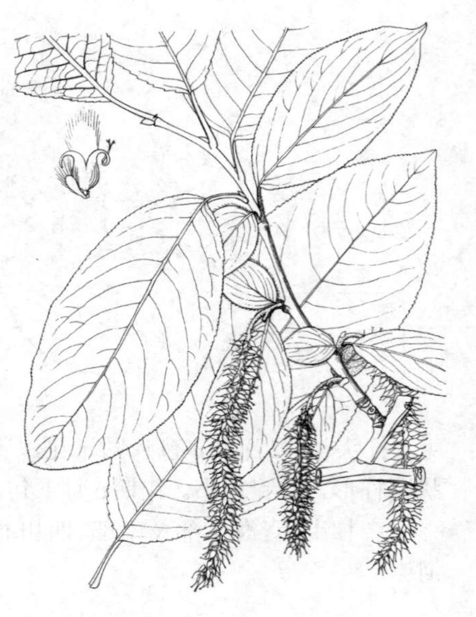

图 540 川鄂柳 （引自《图鉴》）

61. 银背柳 图 541：1-3

Salix ernesti Schneid. in Sarg. Pl. Wilson. 3: 47. 1916.

灌木。小枝初被灰色皱曲长柔毛，后渐脱落。芽被长毛。叶椭圆形或倒卵状椭圆形，长达11厘米，上面脉上被柔毛，下面被丝状绒毛，全缘或上部具不明显腺齿；叶柄长达1厘米，被丝状长柔毛（雄株枝叶毛较少）。花叶同放；花序长4-5厘米，雄花序径达1厘米；雌花序较细，花序梗长1-3.5厘米，具正常叶，和轴均被皱曲长柔毛；苞片倒卵形或倒卵状长圆形，长2.5毫米，被长柔毛；雄蕊2，花丝中下部被长柔毛；腺体2，腹腺较背腺宽；子房被柔毛，花柱长约1.5毫米，常2全裂，柱头丝状，2裂，常扭曲；腹腺卵状长圆形，背腺甚小或缺。果序长达13厘米；蒴果长5毫米，被毛。花期5-6月，果期7-8月。

产陕西、甘肃、青海、湖北西部、四川、云南西北部及西藏，生于海拔340-4700米山坡。

图 541：1-3.银背柳 4-7.长叶柳 （张桂芝绘）

62. 长叶柳 图 541：4-7

Salix phanera Schneid. in Sarg. Pl. Wilson. 3: 50. 1916.

大灌木或小乔木。幼枝密被白色绵毛，后无毛。芽无毛。叶卵状披针形、椭圆状披针形或椭圆形，长达17厘米，基部宽楔形或近心形，上面脉多少被白色绒毛，下面初被白色厚绒毛，后脱落，侧脉多数，网脉显著，有细腺齿；叶柄长达2厘米，初被绵毛。花序长约10厘米，径约5毫米，花序梗有正常叶，长2-3厘米，轴有密绒毛；苞片宽卵形或宽椭圆形，被丝状毛，先端有3-4腺齿；雄蕊2，花丝分离，被皱曲柔毛，腹腺长约1毫米，常2深裂，裂片近线形，背腺长约1毫米，近线形；子房无柄，花柱2裂，柱头2裂，裂片纤细卷曲；腹腺长达1.5毫米，线状披针形，有时2裂达基部，裂片线形。果序长10厘米以上，径约1厘米；蒴果被绒毛，无柄，长4-5毫米。花期6月，果期6-7月。

产陕西西南部、甘肃南部、四川、云南西北部及西藏西南部，生于海拔1750-4400米溪旁。

63. 纤柳

图 542

Salix phaidima Schneid. in Sarg. Pl. Wilson. 3: 51. 1916.

乔木或灌木。小枝多少被灰色皱曲长毛，后脱落。芽被毛。叶线状披针形或卵状披针形，长达9厘米，宽2厘米，上面中脉有丝状皱曲毛，后脱落，下面初密被白色丝状绒毛，后毛较稀或近无毛，侧脉不明显，全缘，稀有不规则细腺齿；叶柄长4-7毫米，被丝状皱曲毛，托叶甚小，被丝状毛。花序长达12厘米，径约5毫米，轴有丝状皱曲毛，花序梗长3厘米，具叶；苞片长圆形，被丝状皱曲毛；雄蕊2，花丝分离或下部连合，被长柔毛；腹腺近线形或长圆形，有时2裂，背腺与腹腺相似，2-3深裂，或缺；子房无柄，有丝状毛，花柱长约0.5毫米，2裂，柱头2裂，裂片窄；仅有腹腺，近线形。蒴果无柄，长约3毫米，被丝状毛。花期5月，果期6月。

图 542 纤柳 （张桂芝绘）

产湖北西南部、湖南北部、四川、云南东北部及西藏东南部，生于海拔1100-3700米山区。

64. 灰叶柳

图 543

Salix spodiophylla Hand.-Mazz. Symb. Sin. 7: 77. 1929.

灌木，高达3米。叶革质，倒卵状披针形或窄倒卵形，长4-9厘米，上面无毛或稍有蜘丝状柔毛，下面脉上常有簇生长柔毛，全缘。花叶同放，花序圆柱形，花序梗长不及1厘米，基部有2-3鳞片状小叶；雄花序长2-3厘米，径6-8毫米，雄蕊2，花丝离生，稀部分合生，基部有柔毛；苞片倒卵形，密被白色长毛；腺体2，卵状长圆形，背腺较腹腺窄小；雌花序长3.5-4.5厘米(果序长达5.5厘米，果序柄长达1.5厘米，有小叶或脱落)，径约8毫米；子房被毛，花柱约与子房等长，常2深裂，柱头2裂；苞片倒卵形或倒卵状长圆形，长约3毫米，比子房稍长，密被白色长毛；腺体1，卵状长圆形。蒴果宽卵形，长达3.5毫米，有毛。花期6月，果期7-8月。

图 543 灰叶柳 （冯金环绘）

产陕西西南部、四川、贵州东部、云南西北部及西藏东部，生于海拔1400-5000米山坡灌丛中或林缘。

65. 白背柳

图 544

Salix balfouriana Schneid. in Bot. Gaz. 64: 137. f. B. 1-4. 1917.

灌木或小乔木。小枝被绒毛，后渐脱落。芽黑褐色，有毛。叶椭圆形、椭圆状长圆形或倒卵状长圆形，长6-8（12）厘米，先端扭转，上面无毛或沿脉有柔毛，下面密被绒毛，幼叶常兼有锈色绢毛，老叶毛渐脱落，下面白色，全缘，萌枝叶长达18厘米，有腺齿。花序先叶开花或与叶同放，长2-（4）厘米，径0.6-1厘米，花序梗短或无，基部无叶或有1-2鳞片状小

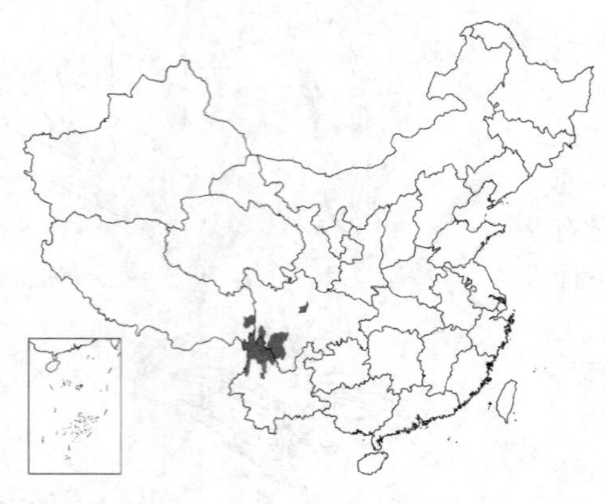

叶；雄蕊2，花丝有柔毛；苞片倒卵状长圆形，先端圆截或有缺刻，被柔毛；腺体2，背生和腹生，有时分裂；子房无柄，密被柔毛，花柱长约为子房1/2，2中裂，柱头2裂；苞片同雄花；腺体1，腹生。果序长达8厘米；蒴果长5.5毫米，近无毛。花期4月下旬-5月上旬，果期6-7月。

产四川、云南西北部及西藏东部，生于海拔2800-4200米山坡或灌丛中。

图 544 白背柳 （冯金环绘）

66. 对叶柳 图 545：1-4

Salix salwinensis Hand.-Mazz. in Sitzg. Akad. Wiss. Wien, Math.-Nat. 63: 95. 1926.

灌木，高1米以上。幼枝及芽均有密毛。叶对生，披针形，长4-8厘米，先端尖或渐尖，基部楔形或近圆，两面密被绒毛，下面淡绿色，全缘；叶柄长3-4毫米，托叶披针形，有齿。花序先叶开放；雄花序无梗，长约3厘米，径5毫米；雄蕊2，离生，中部或中部以上有柔毛；苞片倒卵形，先端近平截，外面和边缘有柔毛，内面近无毛；腺体2，背腺比腹腺稍小；雌花序圆柱形，长4-6厘米，花序梗长0.5-1厘米，基部有2-4枚长圆形小叶；子房无柄，密被柔毛，花柱长，2深裂，柱头2裂；苞片长圆形，先端近平截或钝，外面及边缘有长柔毛，内面近无毛；腺体1，卵状长圆形。蒴果长约5毫米。

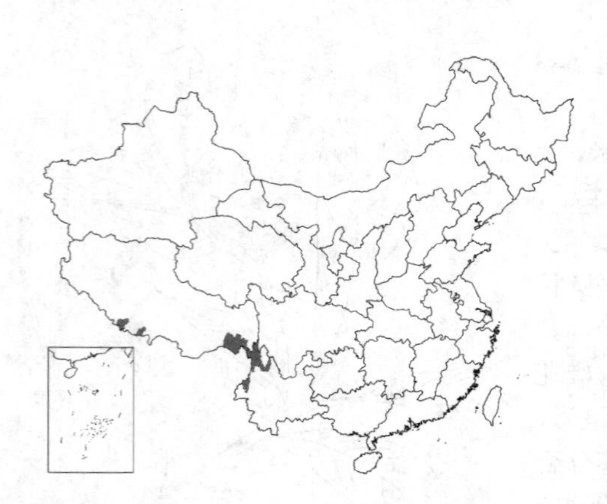

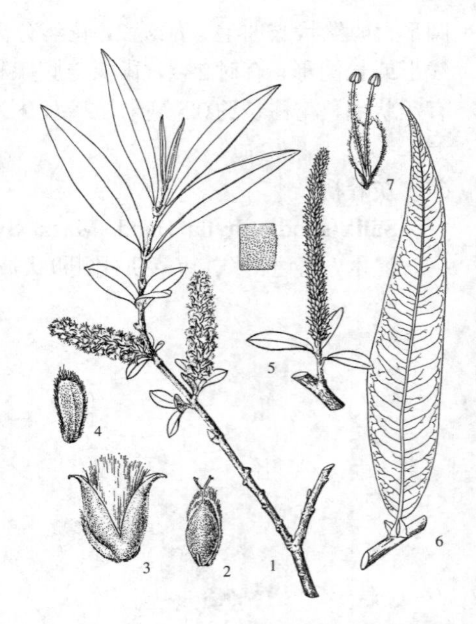

图 545：1-4.对叶柳 5-7.裸柱头柳 （张桂芝绘）

产云南西北部及西部、西藏东南部及南部，生于海拔2200-3900米林中。不丹及锡金有分布。

67. 裸柱头柳 图 545：5-7

Salix psilostigma Anderss. in Svensk. Akad. Handl. 1850: 496. 1851.

灌木，稀小乔木。幼枝有毛，后无毛。叶披针形，稀窄椭圆状披针形，长4-8厘米，萌枝叶长达16厘米，上面有绒毛或近无毛，下面密被白色绒毛，侧脉约18对以上，全缘或有极不明显疏腺齿；叶柄长约1厘米；萌枝托叶歪半卵状披针形。花叶同放或稍后叶开放。花序圆柱形，有花序梗，基部有2-5鳞片状小叶；雄花序长4-6厘米，径约8毫米；雄蕊2，花丝离生，有柔毛；苞片近倒卵形，有不规则牙齿，被白柔毛；腺体2，腹生和

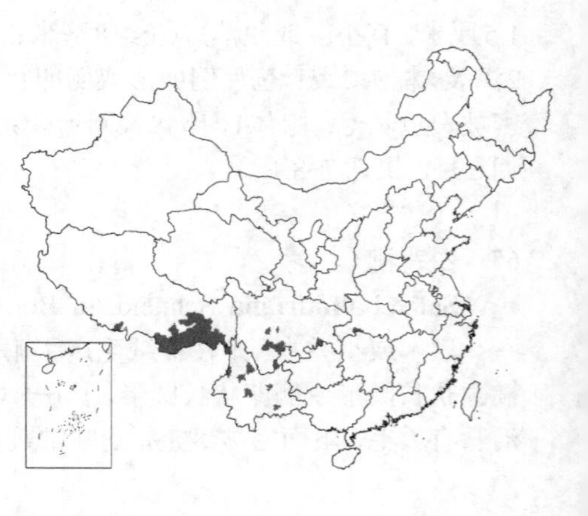

背生，窄卵形，几同大；雌花序长6-8厘米，径0.8-1厘米；子房密被灰白色柔毛，花柱长，中裂至深裂，柱头短，2裂；苞片同雄花；仅1腹腺。果窄卵形，无柄。花期5月下旬-6月上中旬，果期7-8月。

产湖北西南部、四川、云南及西藏，生于海拔1000-3900米河谷及冷杉林林缘。印度、锡金、不丹及尼泊尔有分布。

68. 大理柳 图 546

Salix daliensis C. F. Fang et S. D. Zhao in Bull. Bot. Lab. North.-East. For. Inst. 9: 5. 1980.

灌木。幼枝有毛，后无毛。叶披针形、长圆状披针形或窄椭圆形，长（3）5-6（8）厘米，上面近无毛，下面密被白色绢毛，侧脉20对以上，全缘或有不明显疏腺齿尖；叶柄长3-5毫米，被密柔毛，托叶半卵状披针形。花叶同放；花序圆柱形，长1.5-6厘米，有花序梗，着生2-5鳞片状小叶；雄蕊2，离生，花丝被柔毛；苞片倒三角形或三角状倒卵形，密被白色柔毛，具缘毛；有背、腹腺，卵形或长圆状卵形；子房无柄，密被白色柔毛，花柱明显，全裂或深裂，柱头短，2裂；苞片同雄花；仅有1腹腺，长圆状卵形，长约为子房1/3。蒴果有密毛。花期4月中下旬，果期6月。

图 546 大理柳 （张桂芝绘）

产安徽西南部、湖北西南部及东南部、四川、云南、西藏，生于海拔1500-3900米山谷溪旁。

69. 褐背柳 图 547 彩片 149

Salix daltoniana Anderss. in Journ. Linn. Soc. Bot. 4: 49. 1859.

灌木或小乔木。幼枝被疏柔毛。芽黑紫色，有时有白粉。叶披针形、长圆形或椭圆形，长4.5-9厘米，先端尖，基部楔形或圆，侧脉11-14（18）对，无毛或脉上有柔毛，幼叶散生柔毛，下面密被伏生铅灰色绢毛，叶脉不明显，多全缘，少有极不明显细腺齿。花序有梗，梗上着生2-5小叶，花叶同放；雄花序长3.5-6厘米，径0.8-1厘米；雄蕊2，花丝有柔毛；苞片匙状长圆形，有时有圆齿或2裂，有柔毛；腺体2，圆柱形；雌花序长4-6（7）厘米，径5-6毫米，果序长达10厘米以上；子房密被柔毛，花柱2深裂，柱头2裂，紫红色；苞片同雄花；腺体1，腹生。蒴果卵状圆锥形，渐窄，有毛或毛脱落，无柄或有短柄。花期5月下旬-6月上旬，果期7月。

图 547 褐背柳 （张桂芝绘）

产青海南部、四川、贵州西南部、云南西北部及西藏，生于海拔1630-4750米山坡灌丛中。锡金、不丹、尼泊尔及印度有分布。

70. 怒江柳 图 548：1-2

Salix nujiangensis N. Chao in Bull. Bot. Lab. North.-East. For. Inst. 9: 25. 1980.

灌木，高约1.5米。小枝无毛。芽无毛。叶倒卵状椭圆形或倒卵状披针形，长4-9厘米，全缘或有不明显疏腺齿，上面中脉有毛，下面灰白色，被长柔毛，侧脉约15对，脉距4-6毫米，几成直角，网脉明显；叶柄长0.5-1厘米，有疏短柔毛。果序长10厘米以上，径约1.3厘米，花序梗长3-4.5厘米，有数枚正常叶，轴被疏曲毛；子房近无柄，被曲毛，花柱长约1毫米，上部叉裂，柱头2裂；苞片近长圆形，长2-3毫米，先端近平截，常有不规则浅齿，褐色，被长柔毛，内面无毛；仅1腹腺，卵状长圆形，先端近平截，长约0.5毫米。果长5-6毫米，近无柄，多少被曲毛。果期10月。

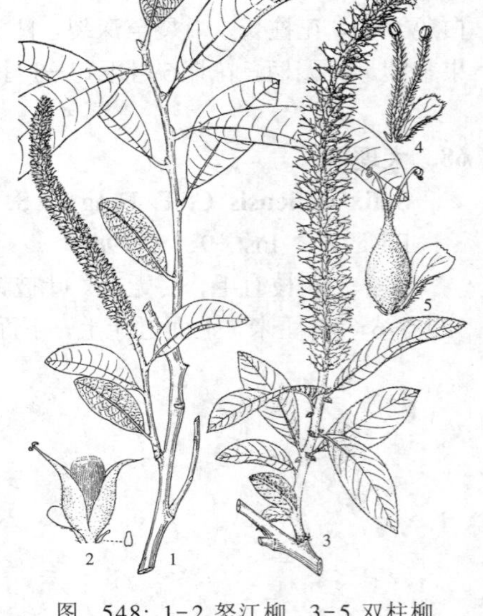

图 548: 1-2.怒江柳 3-5.双柱柳（杨再新绘）

产云南西北部，生于海拔1900-3000米。

71. 双柱柳 图 548：3-5

Salix bistyla Hand.-Mazz. Symb. Sin. 7: 76. t. 1: 7-8. 1929.

灌木。小枝初被皱曲长柔毛，旋无毛。芽无毛。叶窄椭圆形或倒卵状窄椭圆形，长达7厘米，基部楔形，上面脉被灰色皱曲长毛，下面密被灰色绒毛，侧脉约10（-12）对，有腺齿；叶柄长约5毫米，被绒毛，托叶叶状，长约5毫米，有腺齿，下面被绒毛。花叶同放，花序着生枝端，长4-6厘米，径1-1.5厘米，密花，花序梗的叶长3-7厘米，轴有绒毛；苞片倒卵状扇形，有不明显腺齿，被白色丝毛；雄蕊2，花丝离生，被密柔毛；腺体2，腹腺长椭圆形，背腺近线形；子房无柄，密生白色绒毛，花柱下部被绒毛，全裂，叉状，柱头不裂或2裂，裂片短；腹腺线形，背腺较小或无。果序长达16厘米，径达2厘米；蒴果卵形，被绒毛，长达9毫米，无柄，宿存花柱长5毫米。花期6月下旬-7月，果期8-9月。

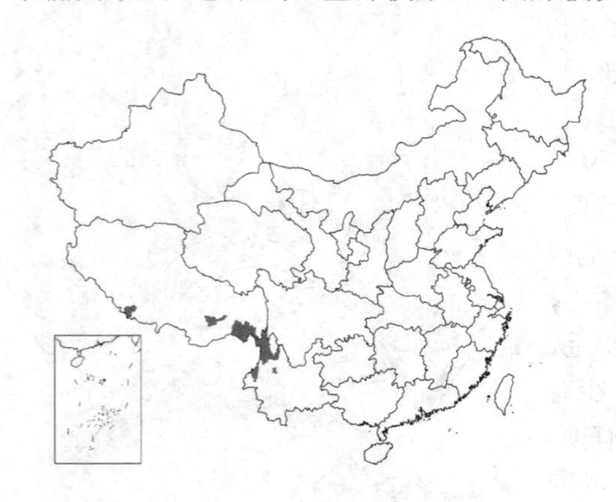

产云南西北部、东南部及南部，生于海拔2000-4000米山区。尼泊尔有分布。

72. 丑柳 图 549

Salix inamoena Hand.-Mazz. Symb. Sin. 7: 69. t. 1: 14, 15. 1929.

小灌木。小枝被白或淡黄色柔毛或绒毛，后无毛。叶椭圆形，长2-4.5厘米，幼叶沿叶脉有黄色柔毛，下面淡绿色或发白，被淡黄或锈色柔毛，侧脉6-8对，凸起，有不明显腺齿；叶柄被锈毛。花序与叶同放，圆柱形，长2-6厘米，花序梗短，着生2-4小叶；雄花序径3-5（-7）毫米；雄蕊2，花丝离生，长2毫米，有柔毛；苞片近圆形，无毛或外面基部有柔毛，长1毫米，绿黄或稍褐色；背腺和腹腺各1，短圆柱形；子房密被白色柔毛，

花柱短，柱头2浅裂；苞片近圆形，散生长柔毛；腺体1，腹生。蒴果卵状长圆形，长达4毫米，带褐红色。花期4月下旬。

产湖北西南部、广西北部、贵州、四川南部及云南，生于海拔3200米以下沟边及潮湿山谷。

图 549 丑柳 （张桂芝绘）

73. 林柳

图 550

Salix driophila Schneid. in Sarg. Pl. Wilson. 3: 59. 1916.

灌木。小枝被绒毛。叶椭圆形、长圆形或倒卵状长圆形，长（2）3-5.5厘米，上面微被柔毛或近无毛，下面被绢质绒毛或柔毛，全缘；叶柄长5-7毫米。花序直立，与叶同放，长（2.5）4-4.5厘米（果序长达5.5厘米），径6-8毫米，着生2-5叶；雄蕊2，花丝离生，基部有毛；苞片倒卵状长圆形，有长柔毛；腺体1，腹生，长圆状圆柱形，少数先端有浅裂，长约为苞片1/2；子房无柄，密被白色柔毛，比苞片长1倍多；花柱明显，上端2裂，柱头分裂或不裂，苞片近圆形，长1毫米，有长柔毛；腺体1，腹生，卵状圆柱形，与苞片近等长。蒴果卵形，无柄，有毛，长约3毫米。花期4月下旬，果期5月下旬。

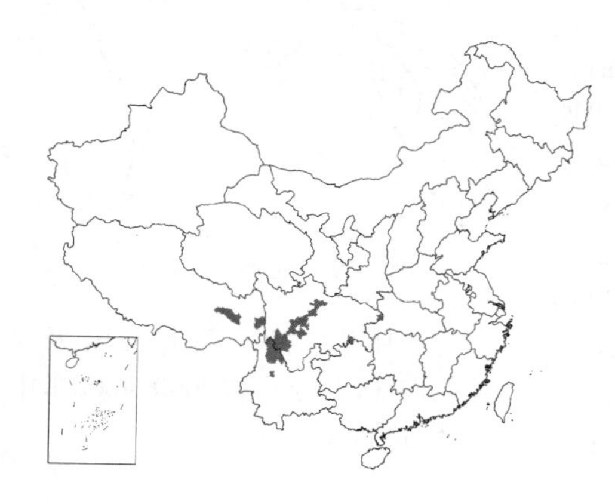

产四川、云南西北部及西藏东部，生于海拔1300-4000米山坡林中、岩缝中及河滩地。

图 550 林柳 （张桂芝绘）

74. 绵毛柳

图 551

Salix erioclada Lévl. in Fedde, Repert. Sp. Nov. 3: 22. 1906.

灌木或小乔木。小枝密被白色柔毛，后无毛。叶卵状披针形或椭圆形，长5厘米，下面有白粉或灰蓝色，侧脉7-12对，全缘，幼叶席卷，两面或下面被绢质柔毛，后无毛；叶柄短，有柔毛。花先叶开放或近同放，花序窄圆柱形，长（2.5）-6厘米，径6-7毫米，轴有柔毛；雄蕊2，花丝离生，基部有柔毛；苞片倒卵形，被绢质长柔毛；有腹腺和背腺，分裂或不裂；雌花序长3-6厘米，径4-6毫米；子房无柄或有短柄，被绢质绒毛，花柱中裂，柱头2浅裂；苞片椭圆形，密被银白色长绢毛；腺体1，腹生。蒴果窄卵形或卵状圆锥形，长4-6毫米，近无毛。花期4月上中旬，果期5月。

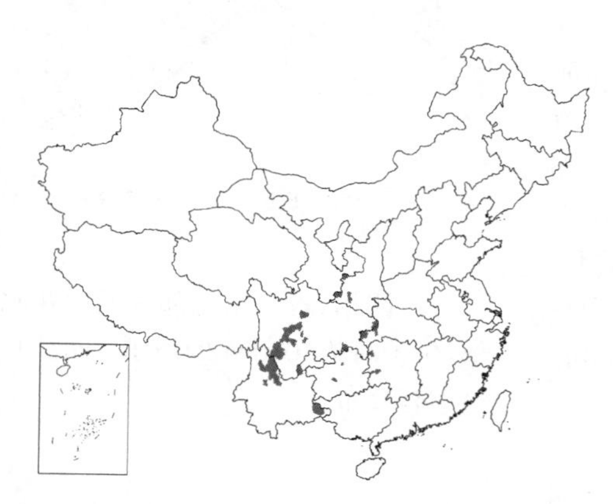

产陕西西南部、湖北西部、湖南西部、贵州、四川、云南东南部及北

图 551 绵毛柳 （冯金环绘）

部，生于海拔590-3600米山坡林缘、沼泽地及路旁。

75. 异色柳 图 552

Salix dibapha Schneid. in Bot. Gaz. 64：146. f. 1：1-6. 1917.

灌木，高达4米。幼枝被柔毛，后无毛。叶椭圆形或椭圆状长圆形，长4-6（8）厘米，基部楔形或近圆，幼叶上面淡绿色，稍带红色，下面发白，两面无毛，或上面脉上稍有柔毛，全缘；叶柄长4-7毫米。花序先叶开花或与叶近同时开花，有花序梗或很短，果期长达1厘米，具2-3小叶；子房密被白柔毛，花柱明显，约为子房长1/3-1/2，浅裂或中裂，柱头2裂，仅1腹腺，不裂或2裂；苞片椭圆状长圆形，黑棕色，外面及边缘被长柔毛，有时上部毛脱落，内面无毛，长约1.3毫米。果长4毫米，无柄或有短柄。花期4月中下旬，果期5月中旬或6月。

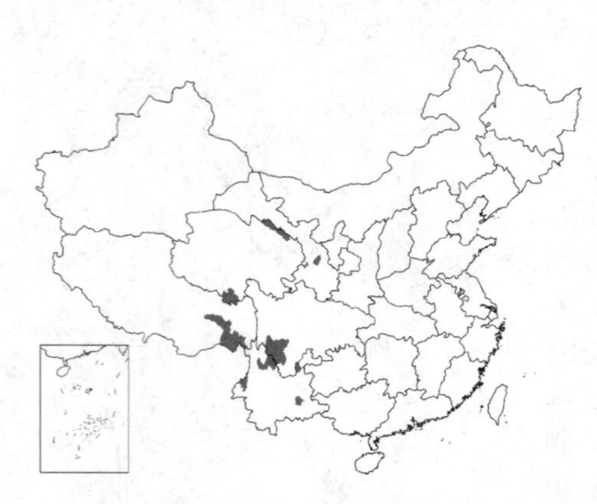

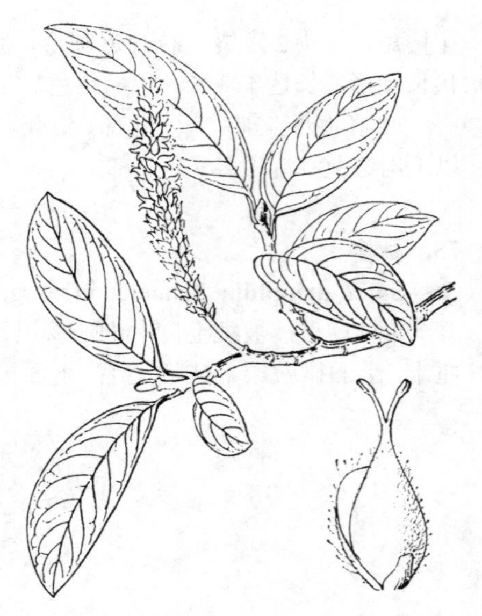

图 552 异色柳 （冯金环绘）

产甘肃、青海、四川、云南及西藏东南部，生于海拔2000-4600米山坡及河滩地。

76. 截苞柳 图 553

Salix resecta Diels in Nat. Bot. Gard. Edinb. 5：281. 1912.

灌木，高达2米。小枝无毛。叶常集生枝端，长圆形或微倒卵状椭圆形，长2-2.5（-3.5）厘米，上面有疏柔毛，下面毛较多，苍白色，全缘；叶柄短。花序多着生枝端，侧生，有花序梗，具3-6正常叶；雄花序长约3厘米，径6-8毫米；雄蕊2，花丝离生，有柔毛，长5毫米；苞片近圆形，先端平截或圆截，稀微缺，约为花丝长1/2，两面及边缘有柔毛；腺体2，背生和腹生；雌花序长2-5.5厘米，径4-7毫米；子房无柄，密被白或淡黄色柔毛，花柱长，2裂，柱头2裂；苞片同雄花，长约2毫米，常有1腹腺（个别花具有1小背腺），长约苞片1/3。蒴果长约3毫米，有短柄。花期5月下旬，果期6月中下旬。

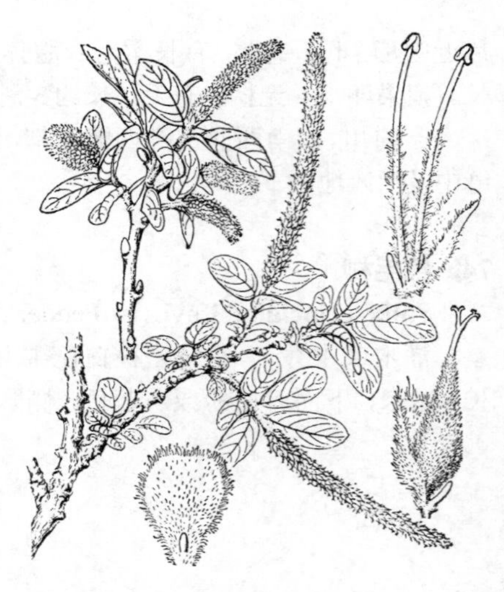

图 553 截苞柳 （张桂芝绘）

产四川、贵州东北部及云南西北部，生于海拔1070-4250米山谷湿地。缅甸有分布。

77. 紫枝柳 图 554

Salix heterochroma Seemen in Engl. Bot. Jahrb. 21（Beibl. 53）：56. 1896.

灌木或小乔木，高达10米。枝初有柔毛，后无毛。叶椭圆形、披针形或卵状披针形，长4.5-10厘米，下面带白粉，具疏绢毛，全缘或有疏细齿；叶柄长0.5-1.5厘米。雄花序近无梗，

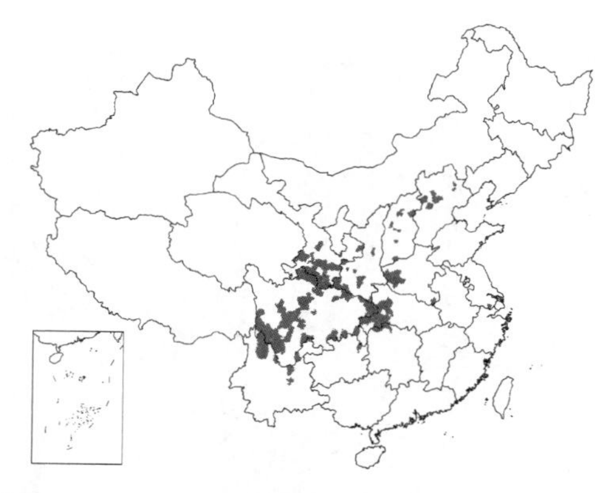

长3-5.5厘米，轴有绢毛；雄蕊2，离生，花丝具疏柔毛；苞片长圆形，被绢质长柔毛和缘毛，腺体倒卵圆形，长为苞片1/3；雌花序圆柱形（果序长6-10厘米），花序梗长约1厘米，轴具柔毛；子房有柄，花柱长为子房1/3，柱头2裂；苞片披针形或椭圆形，有毛；腺体1，腹生。蒴果卵状长圆形，长约5毫米，顶端尖，被灰色柔毛。花期4-5月，果期5-6月。

产河北、山西、陕西、宁夏南部、甘肃、河南、江苏（惠丰）、湖北、湖南、贵州东北部、四川及云南，生于海拔535-4200米林缘、山谷。

图 554 紫枝柳 （冯金环绘）

78. 秦岭柳

图 555

Salix alfredi Gorz in Journ. Arn. Arb. 13: 403. 1932.

小乔木或灌木。小枝细，无毛。叶椭圆形或卵状椭圆形，长2.5-4（4.5）厘米，下面淡绿或灰蓝色，初有柔毛，后无毛，幼叶中脉有长柔毛，全缘；叶柄长3-5毫米。花序与叶同放，有短梗，着生（1）2小叶或为鳞片状小叶，脱落；雄花序长1.5-3厘米，径0.6-1厘米；雄蕊2，离生，花丝基部有柔毛；苞片倒卵形，有疏长毛；腹腺1，窄卵形，长约0.4毫米，单一，稀分裂为2，偶有1小背腺；子房密被白色长柔毛，有短柄，花柱短，柱头4浅裂；苞片倒卵形，外面及边缘被白色长柔毛；腹腺1，扁条形。幼果序长2.5-4厘米，径 4-5毫米；蒴果近球形，长3毫米，散生柔毛，有柄。花期5月中、下旬-6月上旬，果期7月。

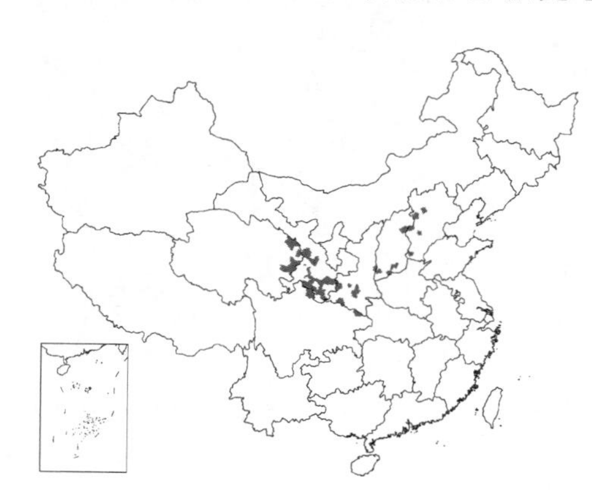

图 555 秦岭柳 （冯金环 张桂芝绘）

产河北、山西、陕西、甘肃、青海东部及四川东北部，生于1100-3800米山坡。

79. 圆叶柳

图 556

Salix rotundifolia Trautv. in Nouv. Soc. Nat. Mosc. 8:304，t. 11. 1832.

匍匐小灌木。小枝无毛，幼枝有白色毛或无毛。芽无毛。叶倒卵状椭圆形、椭圆形或近圆形，长0.6-1.7厘米，基部圆或心形，革质，下面绿色，幼时有疏长毛，全缘，有时上部有不明显锯齿，叶脉近基部密；叶柄长1.4-3毫米，初有柔毛，后无毛。花序与叶同放，生于具短柔毛小枝末端；雄花序长3-8毫米，有5-8（15）花；雄蕊2，离生，花丝无毛；苞片圆形或宽倒卵形，长1-1.5毫米2；腺体2，腹生和背生；雌花序长0.7-1厘米，4-

7（12）花，轴有短柔毛；子房柄长0.7-1毫米，花柱长0.5-1毫米，柱头2-4裂；苞片同雄花；腺体1，腹生，长圆形，比子房柄长。花期7月上旬，果期7月中、下旬。

产吉林东南部，生于长白山海拔1700-2670米高山苔原带。朝鲜、日本、俄罗斯及加拿大北极地区有分布。为野生动物饲料。

图 556 圆叶柳 （冯金环绘）

80. 越桔柳 图 557

Salix myrtilloids Linn. Sp. Pl. 1019. 1753.

灌木，高达80厘米，径2-3厘米；树皮灰色。小枝纤细，一年生萌枝无毛，幼枝无毛或有疏短柔毛。芽无毛。叶椭圆形或长椭圆形，长1-3.5厘米，基部圆，稀宽楔形，两面无毛，上面暗绿或稍带紫色，下面带白色，全缘，稀有齿；叶柄长2-4毫米，托叶披针形或卵形。花序与叶同放；雄花序圆柱形，基部有数小叶；雄蕊2，花丝无毛；苞片椭圆形，绿或黄绿色，先端带紫色，两面有疏长毛；腺体1，腹生，长约为苞片1/2；雌花序卵形，基部有小叶；子房有柄，无毛，花柱短，柱头2裂；苞片椭圆形，两面有疏毛，腺体1，腹生。花期5月，果期6月。

产黑龙江、吉林、辽宁（丹东）及内蒙古东部，常生于海拔300-2000米林区沼泽化草甸内，成丛。朝鲜、欧洲及俄罗斯有分布。用种子和插条繁殖。幼叶可供家畜或野生动物饲料。

图 557 越桔柳 （引自《图鉴》）

81. 皱纹柳 图 558：1-2

Salix vestita Pursch. Fl. Amer. sept. 2：610. 1814.

小灌木，高约1米。小枝无毛，栗褐色，有光泽。芽被疏绒毛。叶椭圆形、卵圆形或倒卵圆形，长4-5厘米，先端钝，基部圆或宽楔形，全缘或具疏钝齿，上面叶脉凹陷，有鳞斑状皱纹，下面密被白色细长毛，侧脉和网脉突出；叶柄长约5毫米，上面有沟槽，无毛，下面常有白色长毛。花与叶近同时或叶后开放，花序梗具小叶和丝状柔毛，侧生于小枝，花序细圆柱形，长1-2厘米，径3-4毫米；苞片倒卵圆形，先端钝，褐色或棕色，边缘密生短缘毛；雄蕊2，花丝离生，基

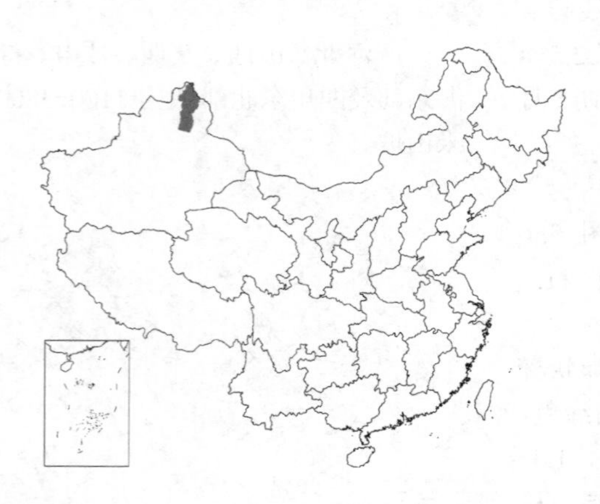

图 558：1-2.皱纹柳 3-4.北极柳
（冯金环绘）

部密生白色柔毛，花药黄色；子房密被绒毛，有子房柄，花柱几缺，柱头2深裂，淡黄褐色；腺体1，腹生，2浅裂，长约1毫米。蒴果卵圆形，长3-5毫米，黄褐色，被柔毛。

产新疆北部，生于海拔1900-2500米落叶松和西伯利亚松林下。俄罗斯、蒙古北部及北美有分布。

82. 绿叶柳 图 559

Salix metaglauca Ch. Y. Yang in Bull. Bot. Lab. North.-East. For. Inst. 9: 89. 1980.

灌木，高约1米。小枝初有绒毛，后无毛。芽初有毛，后无毛。叶椭圆形或长圆状倒卵形，长3-5厘米，先端短渐尖，基部楔形，有疏浅细齿，两面均灰绿色，幼叶倒卵形，被绒毛，后无毛或下面沿中脉有毛，叶脉两面明显，侧脉呈锐角开展；叶柄长2-3毫米，被绒毛，托叶卵圆形，偏斜，有锯齿，常早落。花后叶开放，花序长2-4厘米，径0.8-1.3厘米，花序梗被绒毛，基部有3-4小叶；苞片卵状椭圆形，暗棕或黑色，被长毛；腺体1，腹生，褐色，长方形，短于子房柄；雄蕊2，花丝离生，密被绒毛；子房长圆锥形，密被灰绒毛，具短柄，花柱短，柱头2深裂。蒴果灰绿色，长6-7毫米，密被绒毛。花期6月，果期7-8月。

图 559 绿叶柳 （冯金环绘）

产新疆(阿尔泰山区)，生于海拔1800-3900米岩缝中。俄罗斯阿尔泰地区有分布。

83. 北极柳 图 558：3-4

Salix arctica Pall. Fl. Ross. 1(2): 86. 1788.

小灌木。小枝无毛。叶长倒卵形、椭圆形或卵圆形，长2-3厘米，基部宽楔形，下面淡绿色，全缘，幼叶微有柔毛；叶柄长（0.3）0.5-1厘米，较粗，基部宽，上面有沟槽，被疏柔毛。花序生于小枝上部，细圆柱形，长2-3厘米；雌花序花序梗具小叶和绒毛；苞片长椭圆形，上部棕褐色，下部色浅，内面有长柔毛；腺体1，腹生，全缘或2浅裂(雄花)；雄蕊2，花丝离生，无毛；子房被短绒毛，花柱长约1毫米，柱头2深裂。蒴果长5-6毫米，棕褐色，微有毛。花期6-7月，果期8月。

产新疆（阿尔泰山区），生于海拔2000-2900米高山冻原。欧洲、俄罗斯远东地区、北极地区及西伯利亚地区、加拿大、美国等地的高山均有分布。

84. 刺叶柳 图 560

Salix berberifolia Pall. Reise 3: 321. 759. 1776.

垫状灌木。枝淡褐色，无毛。叶椭圆形或倒卵圆形，长0.5-2厘米，先端钝或渐尖，边缘有尖锐锯齿，革质，有光泽；叶柄短于叶片1/4。花与叶同时或叶后开放，花序近枝顶侧生，梗长1-2厘米，具小叶片，花密生；苞片倒卵形，上部暗褐色，下部

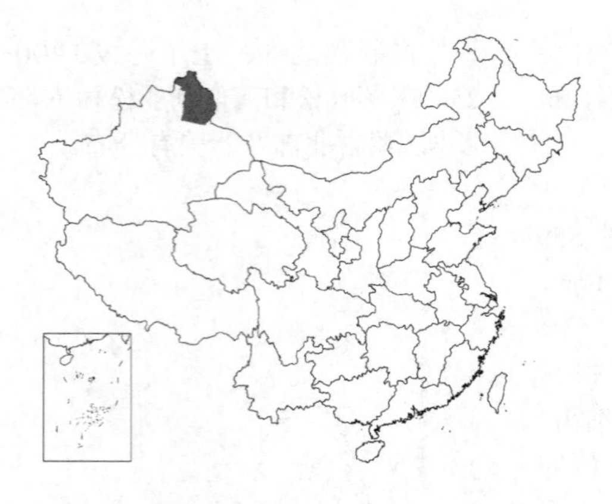

色浅，密生长柔毛；雄蕊2，花丝离生，无毛，花药黄色；子房长圆形，柄短，花柱2裂。蒴果淡褐色，无毛。花期6-7月。

产新疆北部，生于海拔2070-3000米高山冻原，甚普遍，常与欧越桔柳混生。蒙古北部、俄罗斯西伯利亚有分布。

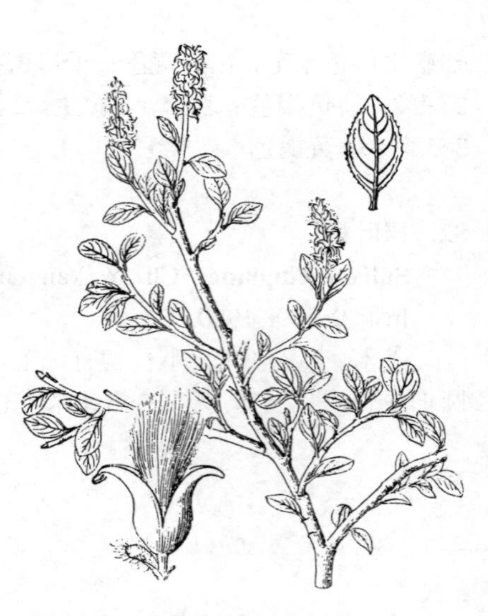

图 560 刺叶柳 （冯金环绘）

85. 戟柳 图 561：5

Salix hastata Linn. Sp. Pl. 1017. 1753.

灌木，高达2米，稀较高。小枝初有柔毛，后无毛或几无毛。叶卵形、长圆形或长圆状倒卵形，长2-8厘米，先端短渐尖，基部楔形或楔圆，有细锯齿，上面绿色，下面较淡；叶柄长2-5毫米，常短于托叶，托叶斜卵形或半心形，有锯齿。花叶同放，花序长2-4厘米；花序梗具小叶，被绒毛；苞片长圆形，淡褐色，密被灰白色长柔毛；腺体1，腹生；雄蕊2，花丝离生，稀基部合生，无毛，花药淡黄色；子房无毛，有短柄，花柱明显，有时2裂，柱头短，2裂。蒴果绿或褐色，无毛。花期5-6月，果期6-7月。

产新疆阿尔泰山区，生于海拔1000-4570米山区河边。蒙古、中亚、俄罗斯及欧洲有分布。

图 561：1-4.鹿蹄柳 5.戟柳 （张桂芝绘）

86. 鹿蹄柳 图 561：1-4

Salix pyrolaefolia Ledeb. Fl. Alt. 4: 270. 1833.

大灌木或小乔木。幼枝有疏柔毛。芽黄褐色，初有毛，后无毛。叶圆形、卵圆形、卵状椭圆形，长2-8厘米，先端短渐尖或圆，基部圆或微心形，边缘有细锯齿，下面带白色，两面无毛，叶脉明显；叶柄长2-7毫米，初有柔毛，后无毛，托叶肾形，有锯齿。花先叶或与叶同放，花序长3-4厘米；花序梗短，具早落的鳞片状小叶或缺；苞片长圆形或长圆状匙形，棕褐或褐色，有长柔毛；腺体1，腹生，长圆形；雄蕊2，花丝离生，无毛，花药黄色；子房圆锥形，无毛，柄长约0.5毫米，花柱明显，柱头2裂。蒴果长6-7毫米，淡褐色。花期5-6月，果期6-7月。

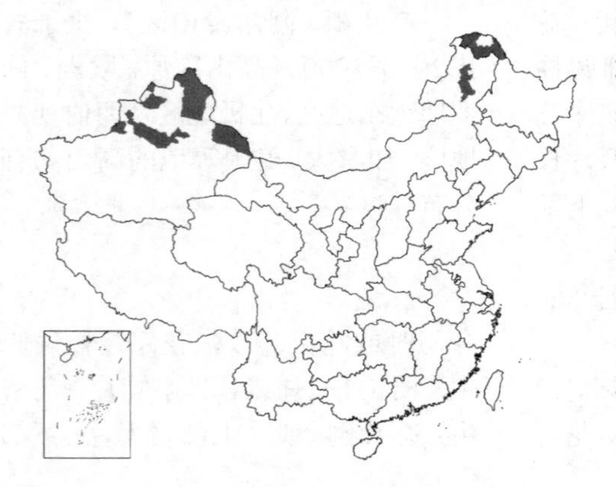

产黑龙江北部、内蒙古东部及新疆北部，生于海拔400-2100米山地河谷和林缘，大兴安岭上达森林冻土带。蒙古、中亚、俄罗斯西伯利亚、北极地区、远东地区及欧洲均有分布。

87. 天山柳

图 562

Salix tianschanica Regel. in Acta Hort. Petrop. 6: 471. 1880.

灌木，高1-3米，多分枝。小枝栗红色，无毛，有光泽。芽小，披针形，具微弯尖头。叶椭圆形或倒卵状椭圆形，先端钝或具短尖，基部楔形，上面绿色，下面较淡，幼叶倒披针形，两面被疏毛，沿叶脉尤密，老叶无毛，有密的弯尖齿；托叶斜卵形，有腺齿。花几与叶同放，花序长2-3厘米；花序梗短，基部具鳞片状叶，早落；苞片长卵圆形，栗色或近黑色，有长毛；腺体1，腹生；雄蕊2，花丝离生或部分合生，基部有柔毛；子房卵圆形，长约2毫米，被绒毛，有柄，花柱长约1毫米，柱头短。蒴果长约5毫米，褐色，有疏毛。花期5月，果期6月。

图 562 天山柳 （许芝源绘）

产新疆北部及天山，生于海拔1700-2700米山区河边、林缘或灌丛中。俄罗斯及中亚山区有分布。

88. 黄花柳 黄花儿柳

图 563

Salix caprea Linn. Sp. Pl. 1020. 1753.

灌木或小乔木。叶卵状长圆形、宽卵形或倒卵状长圆形，长5-7厘米，先端常扭转，基部圆，上面鲜叶发皱，无毛（幼叶有柔毛），下面被白绒毛或柔毛，有不规则缺刻或牙齿或近全缘，常稍反卷；叶柄长约1厘米，托叶半圆形。花先叶开放；雄花序椭圆形或宽椭圆形，长1.5-2.5厘米，径约1.6厘米，无花序梗；雄蕊2，花丝长8毫米，比苞片长3-4倍，离生；苞片披针形，长约2毫米，上部黑色，两面密被白长毛；仅1腹腺；雌花序短圆柱形，长约2厘米，径0.8-1厘米，有短花序梗；子房窄圆锥形，长2.5-3毫米，有柔毛，有长柄，长约2毫米，花柱短，柱头2-4裂，苞片和腺体同雄花。蒴果长达9毫米，开裂后果瓣向外拳卷。花期4月下旬-5月上旬，果期5月下旬-6月初。

图 563 黄花柳 （冯金环 张桂芝绘）

产新疆北部、宁夏、甘肃东南部、陕西南部、河南及湖北，生于海拔500-3100米山坡或林中。俄罗斯及欧洲有分布。树皮可提取栲胶。

89. 中国黄花柳

图 564：1-5

Salix sinica (Hao) C. Wang et C. F. Fang, Fl. Reipubl. Popul. Sin. 22(2): 304. 1984.

Salix caprea Linn. var. *sinica* Hao in Fedde, Repert. Sp. Nov. Beih. 93: 91. t. 34: 67. 1936.

灌木或小乔木。幼枝被柔毛，后小枝红褐色，无毛。叶椭圆形、椭圆

状披针形、椭圆状菱形或倒卵状椭圆形，稀披针形、卵形或宽卵形，长3.5-6厘米，先端短渐尖或急尖，基部楔形或圆楔形，幼叶有毛，后无毛，多全缘，在萌枝或小枝上部的叶较大，并常有皱纹，下面常被绒毛，有不规整的牙齿；叶柄有毛，托叶半卵形或近肾形。花先叶开放；雄花序无梗，宽椭圆形或近球形，长2-2.5厘米，自上往下开花；雄蕊2，离生，花丝细长，长约6毫米，基部有极疏柔毛，花药长圆形，黄色；苞片椭圆状卵形或微倒卵状披针形，长约3毫米，深褐或近黑色，两面被白色长毛；仅有1枚近方形的腺腺。雌花序短圆柱形，长2.5-3.5厘米，径0.7-1厘米，无梗，基部有2具绒毛的鳞片，子房窄圆锥形，长约3.5毫米，柄长1.2毫米，有毛，花柱短，柱头2裂，苞片椭圆状披针形，长约2.5毫米，深褐或黑色，两面密被白色长毛；仅1腹腺。蒴果线状圆锥形，长达6毫米，果柄与苞片近等长。花期4月下旬，果期5月下旬。

产内蒙古、河北、山西、河南、山东、江苏西北部、安徽东南部、湖北、贵州北部、广西西北部、云南、四川、陕西、宁夏、甘肃及青海，生于山坡林下。

图 564：1-5.中国黄花柳 6-7.大黄柳
（冯金环绘）

90. 大黄柳 图 564：6-7

Salix raddeana Laksch. in Kom. Fl. URSS. 5: 707. 92. 1936.

灌木或乔木。幼枝具灰色长柔毛，后无毛。芽大，叶革质，倒卵状圆形、卵形、近圆形或椭圆形，长3.5-9（10）厘米，先端短渐尖或尖，上面有皱纹，下面具灰色绒毛，全缘或有不整齐牙齿；叶柄长1-1.5厘米，有密毛。花先叶开放；雄花序多椭圆形，长约2.5厘米，径1.6-2厘米，无梗，轴有柔毛；雄蕊2，花丝比苞片长4-5倍，无毛或基部稍有疏柔毛；苞片卵状椭圆形，黑色，两面密被长柔毛；腺1，腹生；雌花序长2-2.5厘米，径0.8-1厘米；果序长达8厘米，径达2厘米，有短柄，基部有1-3枚鳞片；子房长圆锥形，有灰色绢质柔毛，有长柄，长2-2.5毫米，花柱长约1毫米，柱头4（2）裂；苞片与腺体同雄花。蒴果长达1厘米。花期4月中旬，果期5月初-中旬。

产黑龙江、吉林、辽宁、内蒙古及河北，生于海拔140-2400米林区山坡或林中。俄罗斯东部及朝鲜有分布。

91. 皂柳 图 565 彩片 150

Salix wallichiana Anderss. in Svensk. Vet. Acad. Handl. Stockh. 1850. 477. 1851.

灌木或乔木。小枝初有毛，后无毛。芽有棱，常外弯，无毛。叶披针形、长圆状披针形、卵状长圆形或窄椭圆形，长4-8（10）厘米，上面初有丝毛，后无毛，下面有平伏绢质柔毛或无毛，淡绿色或有白霜，全缘，萌枝叶常有细齿；叶柄长约1厘米，托叶半心形，有牙齿。花序先叶开放或近同放，无花序梗；雄花序长1.5-2.5（-3）厘米；雄蕊2，花丝离生，无毛或基部有疏柔毛；苞片长圆形或倒卵

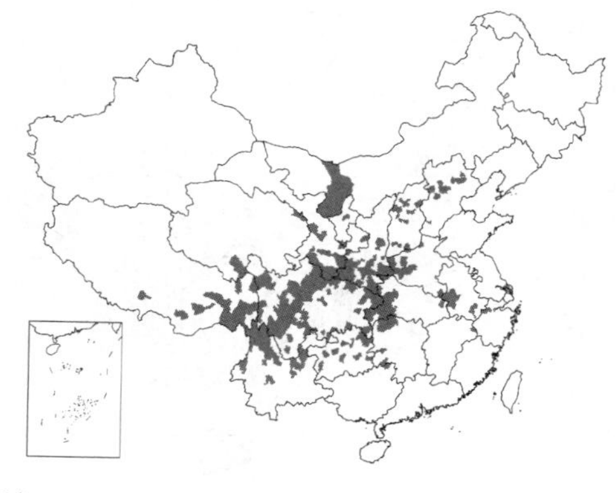

形，两面有白色长毛；腺1，卵状长方形；雌花序圆柱形，长2.5-4厘米；子房窄圆锥形，长3-4毫米，密被柔毛，花柱短或明显，柱头直立，2-4裂；苞片长圆形，有长毛，比子房柄长；腺体同雄花。蒴果长达9毫米，有毛或近无毛，开裂后果瓣向外反卷。花期4月中下旬-5月初，果期5月。

产内蒙古、河北、河南、山西、陕西、宁夏、甘肃、青海南部、西藏、四川、云南、贵州、湖南、湖北、江西东北部、江苏东南部、安徽及浙江，生于海拔140-4100米山谷溪旁、林缘或山坡。印度、巴基斯坦、不丹及尼泊尔有分布。枝条可编筐，板材可制木箱，根入药，治风湿性关节炎。

图 565 皂柳 （引自《图鉴》）

92. 谷柳

图 566

Salix taraikensis Kimura in Journ. Fac. Agricult. Hokk. Univ. Sapp. 26(4): 419. 1934.

灌木或小乔木，高3-5米。小枝无毛，栗褐色。叶椭圆状倒卵形或椭圆状卵形，长（2-）6-10厘米，先端急尖、钝或圆，基部圆或宽楔形，两面无毛或幼叶稍有短柔毛，全缘，或萌枝或小枝上部的叶有不规则齿牙缘；叶柄长5-7毫米，无毛，托叶肾形或偏卵形，有齿牙缘。花与叶同放或稍先叶开放；雄花序椭圆形或短圆柱形，长1.5（-2.5）厘米，径1-1.2厘米，有短梗，基部有数个小叶，轴疏被长毛；雄蕊2，花丝无毛，为苞片长的4-5倍；苞片椭圆状倒卵形，先端带褐色或近黑色；腺体1，腹生。雌花序长1-3厘米，径0.8-1厘米，花序梗长0.5厘米，至果期可伸长达1厘米，被短柔毛，基部有数小叶；子房被柔毛，具长柄，与子房近等长，有毛，花柱短，柱头2裂；苞片同雄花；腺体1，腹生，比子房柄短4-6倍。蒴果长约7毫米，有毛。花期4月下旬，果期6月上旬。

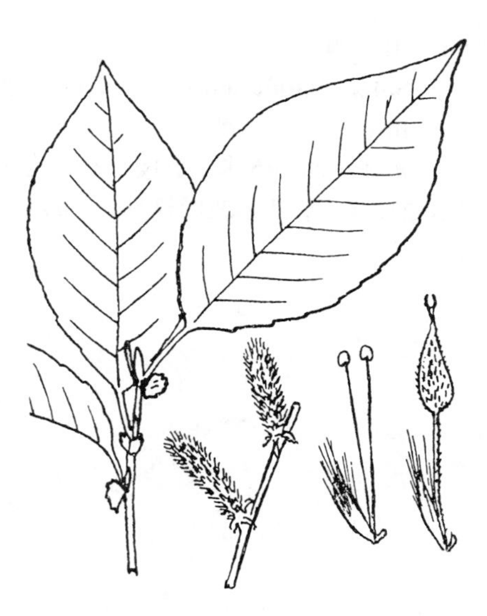

图 566 谷柳 （引自《东北木本植物图志》）

产黑龙江、吉林、辽宁、内蒙古、河北、山西、宁夏及新疆北部，生于林内或山坡林缘。俄罗斯东部及日本有分布。

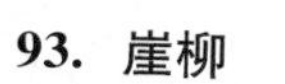

93. 崖柳

图 567

Salix floderusii Nakai, Fl. Sylv. Kor. 18: 123. t. 23. 1930.

灌木，稀小乔木，高达6米。幼枝有白绒毛，老枝无毛。芽有毛。叶长椭圆形、披针状长椭圆形或倒卵状长椭圆形，稀倒披针形，长4-6（7）厘米，先端急尖或短渐尖，基部圆或宽楔形，上面被绒毛，老叶常近无毛或稍有短柔毛，下面被绢质白绒毛或微被白绒毛，近全缘，稀有齿；叶柄长0.4-1厘米，被毛，托叶小，卵状长椭圆形或卵状披针形，被毛。花先叶开

放或近与叶同放，无花序梗，轴被毛；雄花序长1.8-2.5厘米，径1-1.3厘米；雄蕊2，花丝无毛，花药黄色；苞片卵状长椭圆形，长2.5-2.7毫米，褐色，先端色较暗或近黑色，两面被长毛；腺体1，腹生。雌花序长3.5（-6）厘米，常有花序梗，花稍稀疏（果序可更长）；子房窄卵状圆锥形，长（4）5-7毫米，密被绢毛，具长柄，长达5.5毫米，较腺体长5-10倍，花柱短而明显，柱头2深裂；苞片长圆形，长1.4-1.7毫米；腺体同雄花。蒴果卵状圆锥形，被绢毛。花期5月，果期6月。

产黑龙江、吉林、辽宁、内蒙古东部、河北及山西，生于沼泽地或较湿润山坡。朝鲜及俄罗斯东部有分布。

图 567 崖柳 （冯金环绘）

94. 山丹柳 图 568

Salix shandanensis C. F. Fang in Bull. Bot. Lab. North.-East. For. Inst. 9: 17. 1980.

灌木，高 1.5米。小枝有灰色卷曲柔毛。叶椭圆形或卵状椭圆形，长1.5-2厘米，基部圆或圆楔形，上面有蛛丝状柔毛，侧脉 7-8对，下面淡绿色，无毛，有细锯齿，稀近全缘；叶柄长 1-2毫米，密被柔毛，粉紫红色，托叶半卵形，先端尖。花与叶同放或稍后叶开放，花序梗极短，具 2-3小叶；花序圆柱形，长约2厘米，径约9毫米；子房长3毫米，有柔毛，子房柄长 1.2毫米，有毛，花柱短或无，柱头4裂；苞片长圆形，与子房柄近等长，黄绿色，外面和边缘有疏长毛，内面近无毛；腺体1，腹生，短圆柱形。蒴果窄圆锥形，长9毫米，果柄长 1.5毫米，果瓣干后开裂时向背面拳卷。花期6月下旬-7月上旬，果期7月中旬。

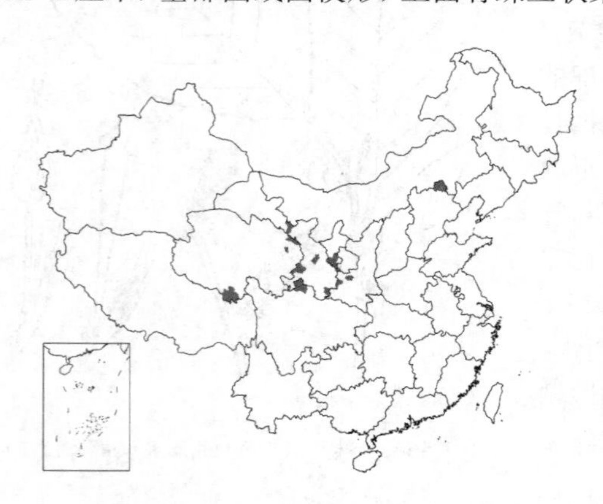

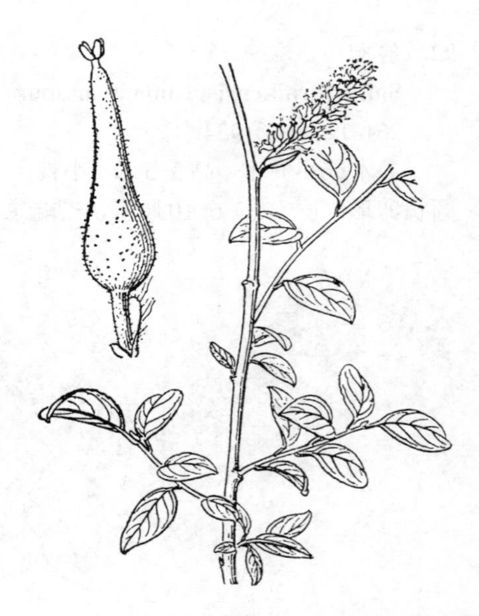

图 568 山丹柳 （冯金环绘）

产河北北部、陕西、宁夏、甘肃、青海及四川北部，生于海拔1650-3800米山坡。

95. 喜马拉雅山柳 图 569

Salix himalayensis（Anderss.）Flod. in Geogr. Ann.（Stockholm）17: 306. 1935.

Salix hastata Linn var. *himalayensis* Anderss. in Svensk.Vetensk. Akad. Handl. 6: 73（Monog. Salic.）. 1867.

灌木或小乔木。小枝密被褐绿色绒毛。叶椭圆形，长3-5.5厘米，下面灰绿色，侧脉8-11对，两面有白色柔毛，后仅脉上有毛，全缘，稀微有不

明显齿；叶柄长3-5毫米，密被柔毛，托叶卵形或披针形。花先叶开放或近同放；花序圆柱形，长约5厘米，密花，花序梗长约1厘米，具1-3小叶。花丝无毛，较苞片长约3倍；子房无毛，花柱长1-1.5毫米，柱头2裂，子房柄长约1毫米；苞片卵状披针形或披针形，有长毛；腺体1，腹生，短圆柱形，比子房柄稍短。蒴果长6-7毫米。花期5月下旬-6月上旬。

产西藏，生于海拔2300-3500米山坡路旁、灌丛或山谷中。尼泊尔、不丹有分布。

图 569 喜马拉雅山柳 （冯金环绘）

96. 粉枝柳

图 570

Salix rorida Laksch. in Sched. Herb. Fl. Ross. 7: 131. 1911.

乔木，高达15米。小枝无毛；二年生小枝常具白粉。芽无毛。叶披针形或倒披针形，长8-12厘米，无毛，下面有白粉，有腺齿；叶柄长0.8厘米，托叶卵形、宽卵形或斜卵圆形。花序先叶开放；雄花序圆柱形，长1.5-3.5厘米，径1.8-2厘米，无梗；雄蕊2，花丝无毛；苞片倒卵形，有长毛；腺体1，腹生；雌花序圆柱形，长3-4厘米，径1-1.5厘米；子房无毛，柄长1-1.5毫米，花柱与子房近等长，柱头2裂；苞片倒卵状长圆形，有毛；腺体1，腹生，长为子房柄约1/2。果序长达5厘米。花期5月，果期6月。

产黑龙江、吉林、辽宁、内蒙古及河北，生于海拔200-1800米山地溪边。朝鲜、日本及俄罗斯西伯利亚、远东地区有分布。为山区固岸树种。

图 570 粉枝柳 （张桂芝绘）

97. 卷边柳

图 571

Salix siuzevii Seemen in Fedde. Repert. Sp. Nov. 5: 17. 1908.

灌木或乔木。叶披针形，长7-12厘米，萌枝叶长达14厘米，宽达2厘米，上面无毛，下面有白霜，无毛或有稀疏伏柔毛，边缘波状，近全缘，微内卷；叶柄长0.2-1厘米，托叶披针形。花序先叶开放，无梗；雄花序圆柱形，直立，长约3厘米，径1厘米；雄蕊2，花丝离生，无毛；苞片披针形或舌形，有毛；腺体1，腹生，长圆状线形；雌花序圆柱形，长2厘米，径6毫米，基部有小叶或无叶；子房有短柄，有柔毛，花柱长0.2-0.6毫米，柱头长；苞片同雄花；腺体1，腹生，与子房柄近等长。花期5月，果期6月。

产黑龙江、吉林、辽宁、内蒙古东部及河北东北部，生于海拔1930米以下河边或山坡。朝鲜、俄罗斯东西伯利亚及远东地区有分布。用种子和插条繁殖。枝条供编织；为早春蜜源植物；又为护岸树种。

98. 川滇柳　　图 572

Salix rehderiana Schneid. in Sarg. Pl. Wilson. 3: 66. 1916.

灌木或小乔木。幼枝被密毛，后无毛或有疏毛。叶披针形或倒披针形，长5-11厘米，上面具白柔毛，下面淡绿色，有白柔毛或无毛，近全缘或有腺圆锯齿，稀全缘；叶柄长2-8毫米，具白柔毛，托叶半卵状椭圆形。花序先叶开放或近同放；雄花序椭圆形或短圆柱形，无梗，长达2.5厘米，径约1厘米；雄蕊2，花丝离生或基部合生；苞片长圆形，具长柔毛；腺体1，腹生，窄长圆形，长为苞片1/3；雌花序圆柱形，长2-6厘米，径约8毫米，花序梗短，基部有2-3长圆形小叶；子房近无柄，花柱长为子房1/2，柱头2（4）裂；苞片长圆形，两面有长柔毛，长为子房3/4，褐色；腺体1，腹生。蒴果淡褐色。花期4月，果期5-6月。

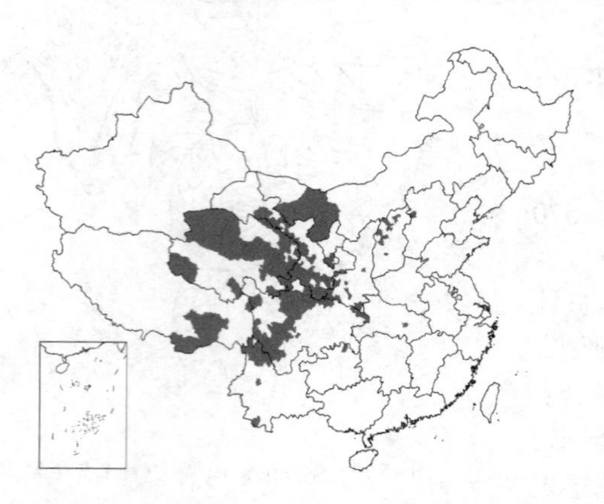

产内蒙古西部、河北西北部、山西、陕西、宁夏、甘肃、青海、湖北（汉川）、四川、贵州东北部、云南及西藏，生于海拔1400-4000米山坡、山脊、林缘、灌丛中和山谷溪旁。

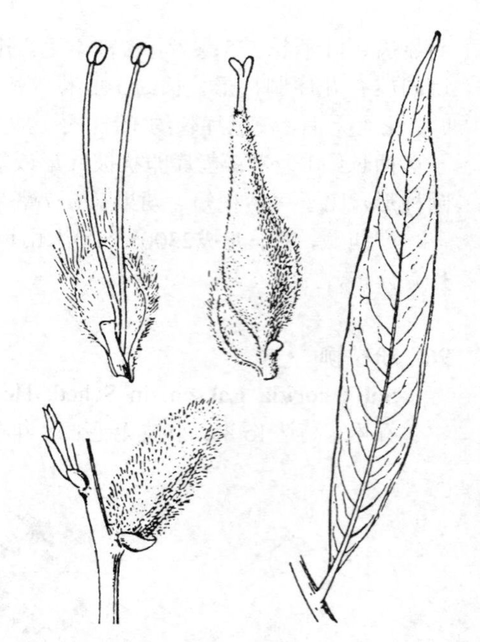

图 571 卷边柳 （张桂芝 冯金环绘）

图 572 川滇柳 （许芝源绘）

99. 吐兰柳　　图 573

Salix turanica Nas. in Kom. Fl. URSS. 5: 138. 709. 1936.

大灌木，高达3米。小枝密被灰白色绒毛。叶宽披针形、长圆形或卵圆状长圆形，长4.5-14厘米，先端渐尖，基部宽楔形，上面暗绿或灰绿色，有密绒毛或疏毛，下面有暗银白色绢毛，边缘内卷，全缘或微波状；叶柄长2-5毫米，有密绒毛。花先叶或与叶近同时开放，无梗，轴有长绒毛；雄花序长2-4厘米；雄蕊2，离生，花丝无毛；苞片长圆形，棕色或近黑色；腺体1，腹生，线形，长0.8-1.6毫米；雌花序长3-4厘米；子房无柄，密被灰绒毛，花柱长0.8-1.5毫米，长于柱头，柱头2裂；苞片同雄花；腺体1，腹生。花期4月，果期5月。

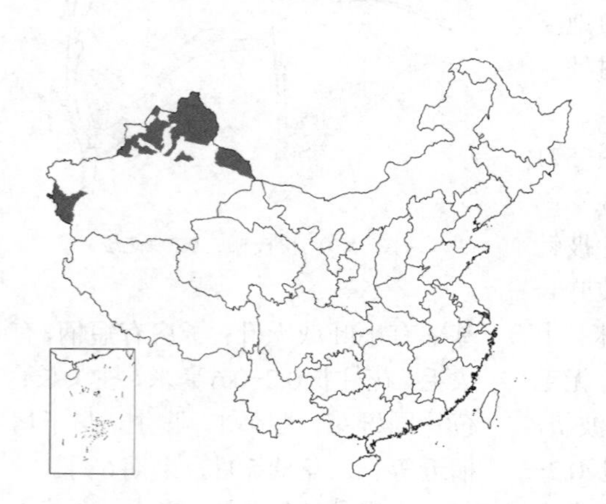

产新疆，生于海拔190-4200米荒漠河边。蒙古、中亚、伊朗、阿富汗及巴基斯坦有分布。

100. 蒿柳　　图 574

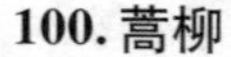

Salix viminalis Linn. Sp. Pl. 1021. 1753.

灌木或小乔木。叶线状披针形，长15-20厘米，全缘或微波状，内卷，下面有密丝状长毛；叶柄长0.5-1.2厘米，有丝毛，托叶窄披针形。花序先

叶开放或同放，无梗；雄花序长圆状卵形，长2-3厘米，径1.5厘米；雄蕊2，花丝离生，稀基部合生，无毛；苞片长圆状卵形，有疏长毛或疏柔毛；腺体1，腹生；雌花序圆柱形，长3-4厘米；子房无柄或近无柄，有密丝毛，花柱长0.3-2毫米，长约子房1/2，柱头2裂或近全缘；苞片同雄花；腺体1，腹生。果序长达6厘米。花期4-5月，果期5-6月。

产黑龙江、吉林、辽宁、内蒙古东部、河北、河南、山西西部、陕西东南部及新疆北部，生于海拔80-2740米河边、溪边。朝鲜、日本、俄罗斯西伯利亚及欧洲有分布。用种子和插条繁殖。枝条可编筐；叶可饲蚕；又为护岸树种。

图 573 吐兰柳 （许芝源绘）

图 574 蒿柳 （丑 力绘）

101. 沼柳 图 575

Salix rosmarinifolia Linn. var. **brachypoda**（Trautv. et Mey.）Y. L. Chou, Fl. Reipubl. Popul. Sin. 20(2): 331. 1984.

Salix repens Linn. var. *brachypoda* Trautv. et Mey. in Midd. Sibir. Reise 2 (2): 79. 1856.

灌木，全株或幼枝密生黄褐色绒毛。芽密生黄褐色绒毛。叶线状披针形或披针形，长2-6厘米，上面无毛，下面苍白色，被白色绒毛，幼叶柄有丝状长柔毛或白绒毛，侧脉10-12对；叶柄短，托叶窄披针形或披针形。花序先叶开放或与叶同放；雄花序近无梗，长1.5-2厘米，雄蕊2，花丝离生，无毛；苞片倒卵形，有毛；腺体1，腹生；雌花序短圆柱形，近无梗；子房有长柔毛，柄较长，花柱短，柱头全缘或浅裂；苞片同雄花；腺体1，腹生。花期5月，果期6月。

产黑龙江、吉林、辽宁、内蒙古、甘肃及新疆，生于海拔450-3950米草甸。朝鲜及俄罗斯有分布。

102. 川柳 图 576

Salix hylonoma Schneid. in Sarg. Pl. Wilson. 3: 68. 1916.

小乔木。幼枝有毛，后无毛。叶椭圆形、长圆状披针形、卵状披针形或卵形，长2.5-7（8.5）厘米，基部宽楔形或微心形，幼叶常褐红色，两面

图 575 沼柳 （许芝源绘）

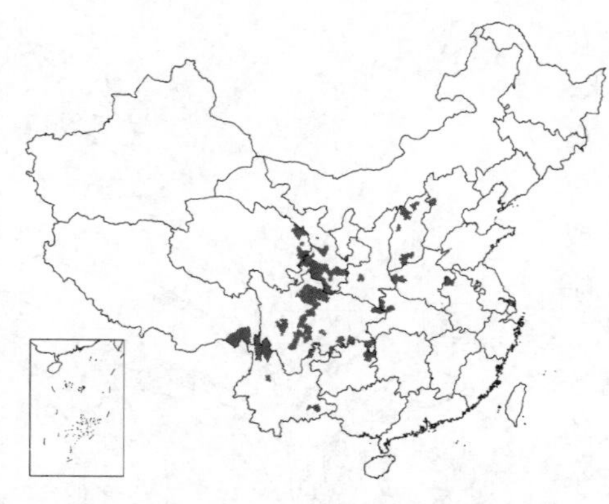

网脉明显，有不明显细腺齿，全缘。花与叶同放，或稍先叶开放，花序长3-4（-6）厘米，径约6毫米，呈金色光泽，几无花序梗；雄蕊2，合生或花丝多少合生，基部有柔毛，花药红紫色；苞片椭圆形或倒卵形，有金色长毛；腺体1，腹生，窄圆柱形，与苞片近等长；雌花序长5-7厘米；果序长8（-12）厘米，径7毫米；子房有短柄或无柄，有柔毛，花柱2裂，柱头2裂；苞片常被金色长柔毛；腺体顶端常内卷。蒴果有短柄，具疏柔毛，长4毫米。

产河北西部、山西、陕西中南部、宁夏南部、甘肃、青海、西藏东南部、云南、贵州东北部、四川、湖北西部、河南及安徽西北部，生于海拔3500米以下山坡林中。

图 576 川柳 （张桂芝绘）

103.石泉柳 图 577

Salix shihtsuanensis C. Wang et C. Y. Yu, Fl. Tsinling. 1 (2): 36. 598. f. 21. 1974.

灌木或小乔木。小枝无毛，幼枝具柔毛。芽卵状椭圆形，棕褐色，有光泽。叶椭圆状披针形或披针形，长2.4-6.5厘米，先端渐尖，基部宽楔形，上面绿色，叶脉明显，黄色，沿中脉具柔毛，下面苍白色，被白粉，叶脉黄色，显著，沿中脉有白色柔毛，有腺齿；叶柄长3-6毫米，密被白色短柔毛，先端有腺点。雌花序长2.5-3.2厘米，有花序梗，具2-3叶片，花序轴具柔毛；子房卵状长圆形，具短柄，被柔毛，花柱明显，柱头2裂；苞片卵圆形，两面及边缘有白色柔毛；腺体1，腹生，棒形。蒴果卵状长圆形。花期5月初，果期6月。

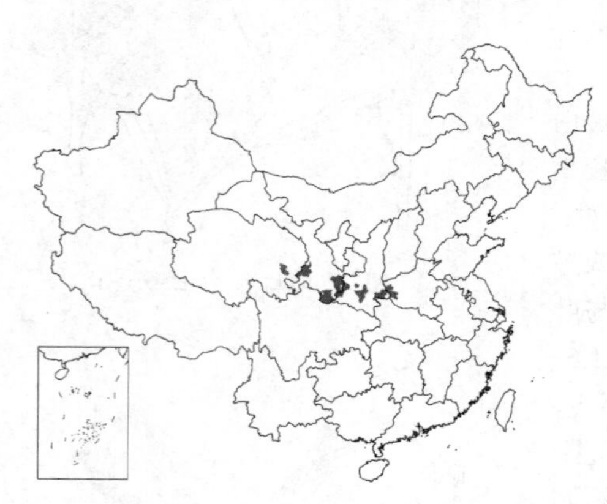

图 577 石泉柳 （仲世奇绘）

产陕西南部、甘肃南部、青海东部及河南西部，生于海拔700-2500米山谷河边、山沟、山坡。

104.杜鹃叶柳 图 578

Salix rhododendrifolia C. Wang et P. Y. Fu in Acta Phytotax. Sin. 12 (2): 205. pl. 54: 3. 1974.

灌木。小枝暗紫或黑紫色，无毛。叶椭圆形或倒卵状椭圆形，长1.3-2.5厘米，基部圆楔形或渐窄，下面常淡绿色，两面无毛，全缘；叶柄长 1-2毫米或近无柄。花序先叶开放，长约2厘米，径约1厘米，无花序梗；雄蕊2，花药紫红色，花丝部分合生，花药分离，无毛；苞片黑色，密被白

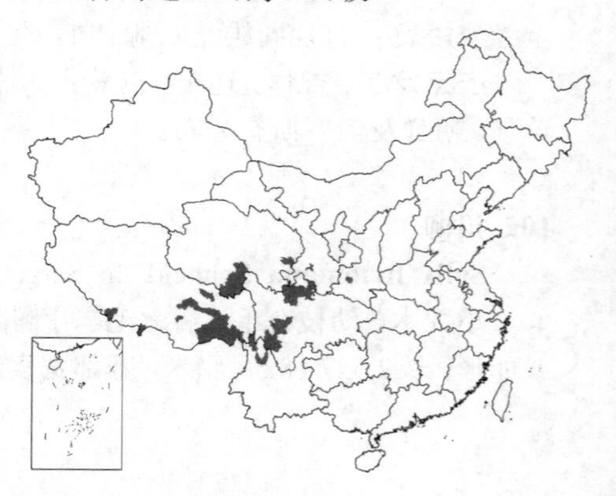

色长柔毛；腺体1，腹生；子房密被柔毛，近无柄或无柄，花柱长约子房1/3或更短，柱头2-4裂；苞片黑紫色，长椭圆形，两面有白色长绢毛；仅1腹腺。蒴果具短柄。花期5月下旬-6月上旬，果期6月中、下旬。

产陕西西南部、甘肃西南部、青海、四川、云南西北部及西藏，生于海拔2900-4350米山沟灌丛中或河谷台地。

图 578 杜鹃叶柳 （张桂芝绘）

105. 坡柳

图 579 彩片 151

Salix myrtillacea Anderss. in Journ. Linn. Soc. Bot. 4: 51. 1850.

灌木。小枝无毛，有光泽；花芽卵形，渐尖，叶芽长圆状披针形。叶倒卵状长圆形或倒披针形，稀倒卵状椭圆形，长 3-6厘米，先端尖，基部近圆或楔形，两面无毛，下面浅绿色，有细锯齿；叶柄短。花序先叶开放，无花序梗，长2-3厘米，径1-1.3厘米；雄蕊2，花药紫红色，合生或仅花丝合生，无毛或基部有柔毛；苞片黑色或下部褐黄色，椭圆形或卵形，两面有白色长柔毛，上部的长毛脱落；仅1腹腺，短圆柱形，红黄色；子房密被短柔毛，花柱明显，长约子房1/2或稍长；腹腺1，卵形；苞片同雄花。花期4月中、下旬，果期5月下旬-6月。

产陕西西南部、甘肃、青海、西藏、四川及云南，生于海拔1000-4850米山谷溪旁或湿润山坡。不丹、尼泊尔、锡金、印度有分布。

图 579 坡柳 （张桂芝绘）

106. 洮河柳

图 580

Salix taoensis Gorz Journ. Arn. Arb. 13: 401. 1932.

大灌木。小枝有时有白粉。芽扁卵形，微有毛。叶窄倒卵状长圆形或窄倒披针形，长2-4厘米，先端尖，基部楔形或圆，下面淡绿或稍带白色，有锯齿，近基部全缘；叶柄短。花序长圆形，无梗，花先叶开放或近同放；雄花序长 1.2-2（2.5）厘米，径约1厘米；雄蕊2，花丝合生，长约3毫米，无毛，花药离生或微合生，红色；苞片倒卵形，长约1毫米，中部黑色，下部黄绿色，有长毛；腺体1，腹生线形，长约1毫米，约为苞片长的2/3；雌花序长约1厘米，径约7毫米；子房无柄，被密毛，花柱短于子房，柱头2裂或不裂；苞片倒卵形或近圆形，2

图 580 洮河柳 （张桂芝绘）

色，外面稍有长毛，仅1腹腺。果序长1.5-2（-4）厘米；蒴果被毛。花期5月上、中旬。

产甘肃、青海、四川北部及西藏东南部，生于海拔1650-4100米河岸。

107. 细柱柳 图 581

Salix gracilistyla Miq. in Ann. Mus. Bot. Lugd.-Bat. 3: 26. 1867.

灌木。小枝初有绒毛，后无毛。芽有柔毛。叶椭圆状长圆形、倒卵状长圆形或长圆形，长约5(12)厘米，上面无毛，下面灰色，有绢质柔毛，叶脉凸起，有锯齿；叶柄明显，托叶半心形。花序先叶开花，无花序梗，长2.5-3.5厘米，径1-1.5厘米（果序长达8厘米）；雄蕊2，花丝合生，无毛；苞片椭圆状披针形，上部密生长毛；腺体1，腹生，线形，与苞片近等长，红黄色；子房椭圆形，被绒毛，无柄，柱头2裂；苞片和腺体同雄花，较短小。果序长达8厘米；蒴果被密毛。花期4月，果期5月上旬。

图 581 细柱柳 （张桂芝绘）

产黑龙江、吉林、辽宁、内蒙古东部及河北东北部，生于海拔100-1350米山区溪旁。俄罗斯东部、朝鲜及日本有分布。可栽培护堤、观赏、编织等用。用播种、插条繁殖。

108. 欧杞柳 图 582

Salix caesia Vill. Hist. Pl. Dauph. 3: 768. 1789.

小灌木。幼枝有丝状毛，老枝无毛。叶卵形、椭圆形或披针形，长0.5-3厘米，先端短渐尖，基部宽楔形，全缘，上面绿色，下面灰白色，老叶无毛；叶柄短，被绒毛，托叶披针形，膜质，常早落。花后叶开放，花序互生，粗短，长0.5-2厘米，基部有鳞片状小叶；苞片长圆形或倒卵形，密生灰柔毛，稀无毛；雄蕊2，花丝全部或仅中部以下合生，基部有柔毛，花药黄色；腺体1，腹生，全缘或2-3浅裂，长于子房柄；子房卵状圆锥形，被绒毛，长3-4毫米，柄短，花柱短，柱头全缘或2裂。蒴果淡黄或红褐色，密被绒毛。花期5月，果期6月。

图 582 欧杞柳 （冯金环绘）

产新疆北部及西部，生于海拔730-4580米山间沼泽和低湿地。印度、中亚地区、俄罗斯西伯利亚地区及欧洲有分布。

109. 杞柳 图 583

Salix integra Thunb. Fl. Jap. 24. 1784.

灌木。小枝无毛。芽卵形，黄褐

色，无毛。叶近对生或对生，萌枝叶有时3叶轮生，椭圆状长圆形，长2-5厘米，先端短渐尖，基部圆或微凹，全缘或上部有尖齿，幼叶带红褐色，老叶上面暗绿色，下面苍白色，中脉褐色，两面无毛；叶柄短或近无柄而抱茎。花先叶开放，花序对生，稀互生，长1-2（2.5）厘米，基部有小叶；苞片倒卵形，被柔毛，稀无毛；腺体1，腹生；雄蕊2，花丝合生，无毛，花药红紫色；子房长卵圆形，有柔毛，几无柄，花柱短，柱头小，2-4裂。蒴果长2-3毫米，有毛。花期5月，果期6月。

产黑龙江、吉林、辽宁、内蒙古（科尔沁左翼后旗）、河北、河南东南部、山东（泰安）及安徽南部，生于海拔80-2100米山地河边、湿草地。俄罗斯东部、朝鲜及日本有分布。

图 583 杞柳 （马 平绘）

110. 秋华柳 图 584

Salix variegata Franch. in Nouv. Arch. Mus. Hist. Nat. Paris. ser. 2 (10): 82 (Pl. David. 2: 120). 1887.

灌木。幼枝有绒毛，后无毛。叶长圆状倒披针形或倒卵状长圆形，长1.5厘米，上面散生柔毛，下面有伏生绢毛，全缘或有锯齿；叶柄短。花后叶开放，稀同放；雄花序长1.5-2.5厘米，径3-4毫米，花序梗短，生1-2小叶；雄蕊2，花丝合生，无毛；苞片椭圆状披针形，有长柔毛，长为花丝1/2，腺体1，圆柱形，长达1毫米；雌花序径7-8毫米，果序长达4厘米；子房无柄，有密柔毛，花柱近无，柱头2裂；苞片同雄花；仅1腹腺。蒴果窄卵形，长达4毫米。花期秋季。

图 584 秋华柳 （张桂芝绘）

产陕西西南部、甘肃、青海东部、西藏东部、云南、四川、湖北西部、湖南南部、广西西北部、广东南部及福建西南部，生于海拔110-3600米山谷河边。

111. 乌柳 *沙柳* 图 585

Salix cheilophila Schneid. in Sarg. Pl. Wilson. 3: 69. 1916.

灌木或小乔木。幼枝被毛，后无毛。芽具长柔毛。叶线形或线状倒披针形，长2.5-3.5（5）厘米，上面疏被柔毛，下面灰白色，密被绢状柔毛，边缘外卷，上部具腺齿，下部全缘；叶柄长2-3毫米，具柔毛。花叶同放，近无梗，基部具 2-3 小叶；雄花序长1.5-2.3厘米，径3-4毫米，密花；雄蕊2，合生，花丝无毛，花药4室；苞片倒卵状长圆形；腺体1，腹生，

窄长圆形；雌花序长 1.3-2 厘米，径 1-2 毫米（果序长达 3.5 厘米），密花，花序轴具柔毛；子房密被短毛，无柄，花柱短或无，柱头小；苞片近圆形，长为子房的 2/3，基部有柔毛；腺体同雄花。蒴果长3毫米。花期4-5月，果期5月。

产吉林东北部、辽宁、内蒙古、河北、山西、陕西、宁夏、甘肃、青海、新疆、河南、湖北东部、湖南、广东南部、香港、广西、四川、云南及西藏，生于海拔100-4500米山地沟边。

图 585 乌柳 （冯金环 张桂芝绘）

112. 线叶柳 图 586

Salix wilhelmsiana Bieb. Fl. Taur.-Cauc. 3: 627. 1819.

灌木或小乔木。芽先端有绒毛。叶线形或线状披针形，长 2-6 厘米，幼叶两面密被绒毛，后仅下面有疏毛，有细锯齿，稀近全缘；叶柄短。花序与叶近同时开放，密生于去年生小枝上；雄花序近无梗；雄蕊2，连合成单体，花丝无毛；苞片卵形或长卵形，淡黄或淡黄绿色，外面和边缘无毛，稀有疏柔毛或基部较密；仅1腹腺；雌花序细圆柱形，长2-3厘米，基部具小叶；子房密被灰绒毛，无柄，花柱较短，红褐色，柱头几直立，全缘或2裂；苞片卵圆形，基部有柔毛；腺体1，腹生。花期5月，果期6月。

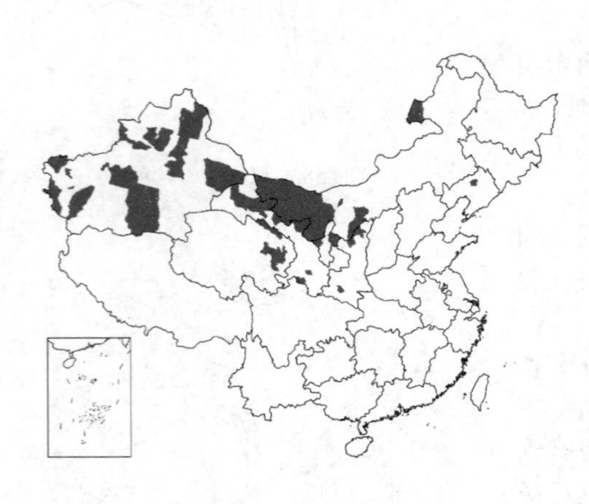

产辽宁北部、内蒙古、陕西、宁夏、甘肃、青海及新疆，生于海拔 490-3657米荒漠和半荒漠地区河谷。欧洲、俄罗斯、中亚、土耳其、伊朗、巴基斯坦及印度有分布。

图 586 线叶柳 （冯金环绘）

113. 川红柳 图 587

Salix haoana Fang in Journ. West China Border Res. Soc. ser. B, 15: 178. 1945.

灌木。小枝细，有绒毛或无毛。芽被长柔毛。叶对生、近对生或互生，披针形，长4-7(-14)厘米，先端短渐尖，基部楔形，全缘或有钝腺齿，上面无毛，下面淡灰蓝色，侧脉突出，几成钝角开展；叶柄长3-5毫米，初有毛，后无毛，托叶肾形，有锯齿。花几与叶同放，花序圆柱形，长2-3.5厘米，无花序梗，基部有2-3披针形鳞片，鳞片下面沿中脉有疏毛；苞片卵形或长圆状倒卵形，长约2毫米，初灰绿色，后黑色，两面有白柔毛；腺体1，腹生，长圆形；雄蕊2，花丝合生，较粗，无毛，花药4室；子房被白绒毛，无柄，花柱短，柱头2深裂，裂片几与花柱等长。蒴果长2-3毫米。花期3月，果期4-5月。

产陕西西南部、安徽南部、湖北、四

川及贵州中北部，生于海拔500-1900米沟边。

114. 黄龙柳 图 588

Salix liouana C. Wang et Ch. Y. Yang in Bull. Bot. Lab. North.-East. For. Inst. 9: 97. 1980.

灌木。1-2年生枝密被灰绒毛。芽扁，密被绒毛。叶倒披针形或披针形，长6-10厘米，短枝叶较小，先端短渐尖，基部楔形或宽楔形，边缘微外卷，有腺齿，下面苍白色，幼叶有绒毛，老叶仅叶脉有毛，叶脉两面突出；叶柄长0.5-1厘米，密被绒毛，托叶披针形，具腺齿，长于叶柄。花几与叶同放；雌花序卵圆形或短圆柱形，长1-2.5厘米，径6-7毫米，无梗，具椭圆形鳞片；苞片倒卵圆形或几圆形，两面有灰白色长柔毛；腺体1，腹生，细小；子房密被灰绒毛，无柄，花柱短或缺，柱头全缘或2裂。花期4月，果期5月。

产内蒙古（达拉特旗）、山西南部、陕西、宁夏南部、甘肃、河南西部、山东、湖北西部及四川东南部，生于海拔2100米以下河边。

115. 红皮柳 图 589

Salix sinopurpurea C. Wang et Ch. Y. Yang in Bull. Bot. Lab. North.-East. For. Inst. 9: 98.1980.

Salix purpurea auct. non Linn.; 中国高等植物图鉴 1: 373. 1972.

灌木。幼枝有绒毛，后无毛。叶对生或近对生，披针形，长5-10厘米，萌条叶长达11厘米，有腺齿，下面苍白色，幼时有绒毛，老叶两面无毛；叶柄长0.3-1厘米，上面有绒毛，托叶卵状披针形或斜卵形，有凹缺腺齿，下面苍白色。花先叶开放，花序圆柱形，长2-3厘米，径5-6毫米，对生或互生，无花序梗，基部具2-3枚下面密被长毛的椭圆形鳞片；苞片卵形，有长柔毛；腺体1，腹生；雄蕊2，花丝合生，纤细，无毛；子房密被灰绒毛，柄短，花柱长 0.1-0.2毫米，柱头头状。花期4月，果期5月。

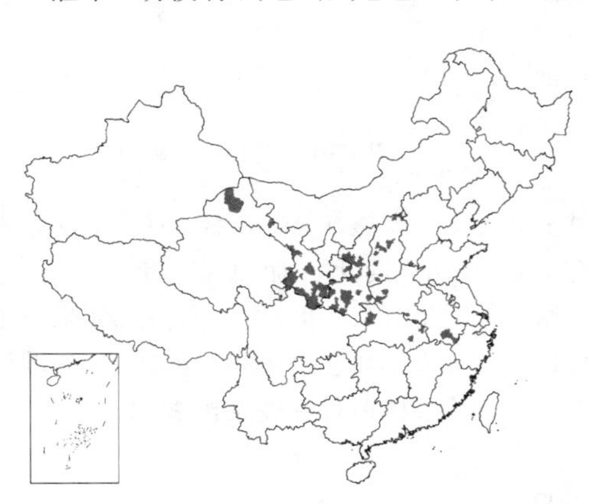

产河北南部、山西、陕西、宁夏南部、甘肃、青海东部、河南、安徽东南部及湖北，生于海拔1000-1600米山地灌丛中或河边。

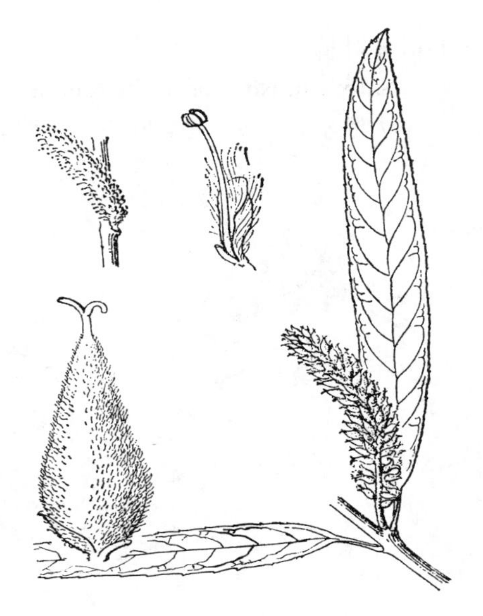

图 587 川红柳 （冯金环绘）

图 588 黄龙柳 （冯金环绘）

图 589 红皮柳 （冯金环绘）

116. 蓝叶柳 图 590

Salix capusii Franch. in Ann. Sci. Nat.（Paris）ser. 6, 18：251. 1884.

大灌木。小枝无毛。叶线状披针形或窄披针形，长4-5厘米，全缘或有细齿，两面均灰蓝色，幼叶有绒毛，老叶无毛；叶柄长2-4毫米，初有毛，后无毛。花与叶近同放；花序长1.5-2.5厘米，基部有短梗和小叶片，轴有绒毛；苞片长圆形或长圆状倒卵形，外面无毛，内面基部有白柔毛；腺体1，腹生，淡褐色；雄蕊2，花丝合生，基部有毛；子房无毛，柄长约1毫米，花柱短，柱头长约0.4毫米。蒴果长4-5毫米，无毛。花期4-5月，果期5-6月。

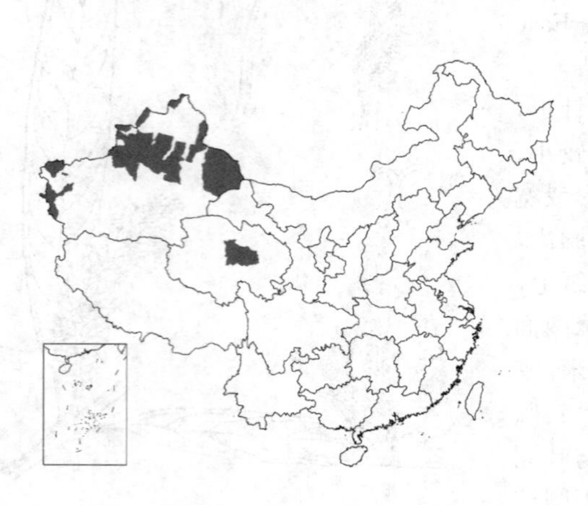

图 590 蓝叶柳 （冯金环绘）

产青海及新疆，生于海拔60-3500米山区、河谷，在天山垂直分布可达1900米，在塔什库尔干达2800米。中亚地区、巴基斯坦及阿富汗有分布。

117. 细枝柳 图 591

Salix gracilior（Siuz.）Nakai, Rep. First. Sci. Exped. Manch. Sect. 4（4）：7. 1936.

Salix monqolica Siuz. f. *gracilior* Siuz. in Trav. Mus. Bot. Acad. Pétersb. 9：90. f. 2. 1912.

灌木。小枝无毛。叶线形或线状披针形，长3-6厘米，常上部较宽，有腺齿，下面淡绿色，无毛；叶柄长3-5毫米，无毛，托叶线形或披针形，常早落。花序几与叶同时开放，细圆柱形，长2-4厘米，径3-5毫米；花序梗长0.5-1厘米，或较短，基部有小叶；苞片长倒卵形，无毛或有疏毛；腺体1，腹生，淡褐色，细小；雄蕊2，花丝合生，基部有柔毛；子房卵形或椭圆形，密被绒毛，柄很短，花柱短，柱头头状。蒴果有绒毛。花期5月，果期5-6月。

图 591 细枝柳 （冯金环绘）

产黑龙江、吉林、辽宁、内蒙古东部、河北、山西北部、陕西北部、宁夏及山东东部，生于海拔3600米以下河边、沟边、沙区低湿地。用作固岸及造林树种；枝条供编织。

118. 筐柳 图 592

Salix linearistipularis（Franch.）Hao in Fedde, Repert. Sp. Nov. Beih. 93：102. 1936.

Salix purpurea Linn. var. *stipularis* Franch. in Nouv. Arch. Mus. Hist. Nat. Paris（Pl. David. 1：284.）1884.

灌木或小乔木。芽无毛。叶披针形或线状披针形，长8-15厘米，无毛，幼叶有绒毛，下面苍白色，有腺齿，外卷；叶柄长0.8-1.2厘米，无毛，托叶

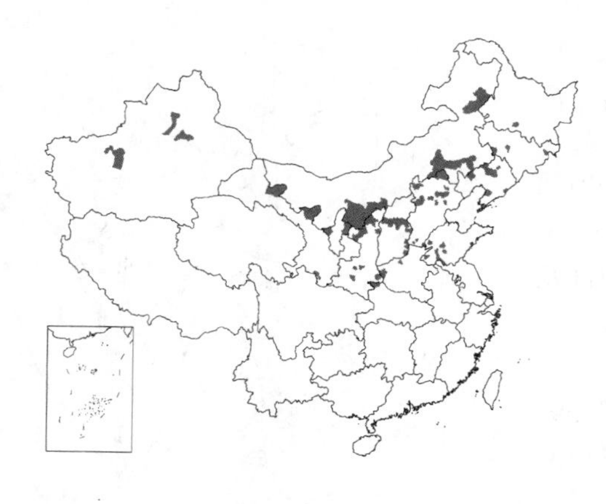

线形或线状披针形，长达1.2厘米，有腺齿，萌枝托叶长达3厘米。花先叶开放或与叶近同时开放，无花序梗，基部具2长圆形鳞片；雄花序长圆柱形，长3-3.5厘米，径2-3毫米；雄蕊2，花丝合生，最下部有柔毛；苞片倒卵形，有长毛；腺体1，腹生；雌花序长圆柱形，长3.5-4厘米，径约5毫米；子房有柔毛，无柄，花柱短，柱头2裂；苞片卵圆形，有长毛。花期5月上旬，果期5月中旬-下旬。

产黑龙江、吉林、辽宁、内蒙古、河南、河北、山东、山西、陕西、宁夏、甘肃、新疆及湖北西北部，生于海拔100-1800米低湿地、河、湖岸边，常见栽培。枝条细柔，为优良编织材料。可作固砂和护堤固岸树种。用插条繁殖。

图 592 筐柳 （冯金环绘）

119. 簸箕柳 图 593

Salix suchowensis Cheng in Sci. Silv. Sin. 8 (1): 4. 1963.

灌木。小枝无毛。叶披针形，长7-11厘米，具细腺齿，下面苍白色，两面无毛，幼叶有绒毛；叶柄长约5毫米，上面常有绒毛；托叶线形或披针形，有疏腺齿。花先叶开放，花序长3-4厘米，无梗或近无梗，基部具鳞片状小叶，轴密被灰绒毛；苞片长倒卵形，有长柔毛；腺体1，腹生；雄蕊2，花丝合生；子房密被灰绒毛，子房柄很短或无柄，花柱明显，柱头2裂。蒴果有毛。花期3月，果期4-5月。

产辽宁、河北、河南、陕西、甘肃、山东南部、江苏、安徽、浙江及湖南西南部，多栽培。枝条强韧，供编柳条箱，筐篮，农具等用，又可作固砂树种。插条繁殖。

图 593 簸箕柳 （冯金环绘）

120. 北沙柳 图 594

Salix psammophila C. Wang et Ch. Y. Yang in Bull. Bot. Lab. North.-East. For. Inst. 9: 104. 1980.

灌木。幼枝被毛，后几无毛。叶线形，长4-8厘米（萌条叶长达12厘米），疏生锯齿，下面带灰白色，幼叶微有绒毛，老叶无毛；叶柄长约1毫

米，托叶线形，常早落。花先叶或几与叶同时开放，花序长1-2厘米，短花序梗和鳞片状小叶的下面密被长柔毛，轴有绒毛；苞片卵状长圆形，褐色，无毛，基部有长柔毛；腺体1，腹生，细小；雄蕊2，花丝合生，基部有毛，花药4室，黄色；子房卵圆形，无柄，被绒毛，花柱明显，长约0.5毫米，柱头2裂，裂片开展。花期3-4月，果期5月。

产内蒙古西部、河北北部、山西西部、陕西北部、宁夏、甘肃中部及新疆北部，生于海拔920-1650米地区。抗风沙，为固砂造林树种。

图 594 北沙柳 （冯金环绘）

121. 黄柳 图 595

Salix gordejevii Y. L. Chang et Skv. in Fl. Herb. Pl. North.-East. China 553. 183. 图版 62: 87, 图版 63: 1-10. 1955.

灌木。树皮灰白，不裂。小枝无毛。芽无毛。叶线形或线状披针形，长2-8厘米，有腺齿，幼叶有绒毛，后无毛；叶柄长2-3毫米，无毛，托叶披针形，长3-6毫米，有腺齿。花先叶开放，花序椭圆形或短圆柱形，长1.5-2.5厘米，径7-8毫米，无梗；苞片长圆形，有灰色长毛；腺体1，腹生，长约0.5毫米；雄蕊2，花丝离生，无毛；子房被极疏柔毛，花柱短，柱头几与花柱等长，较粗，4深裂。蒴果无毛，淡褐黄色，长约4毫米，宽约2毫米。花期4月，果期5月。

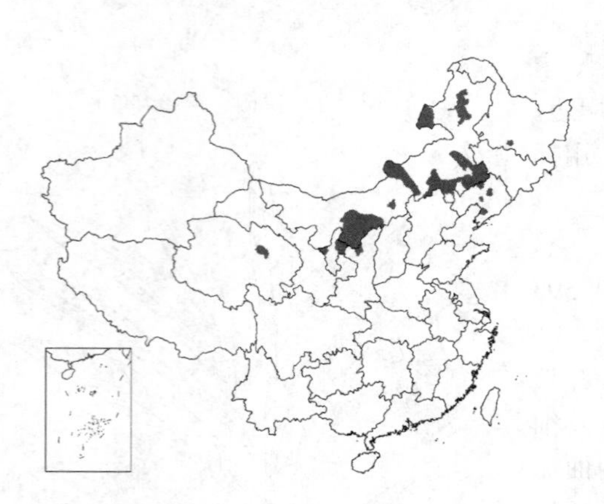

产黑龙江南部、吉林西部、辽宁、内蒙古、陕西北部、宁夏及青海东北部，生于海拔170-2850米流动沙丘。俄罗斯、蒙古有分布。为优良固沙树种。插条繁殖。

图 595 黄柳 （冯金环绘）

86. 山柑科（白花菜科）CAPPARACEAE

（林 祁）

草本或木本，多木质藤本，常被毛。叶互生，稀对生，单叶或掌状复叶；托叶刺状，细小或无。花序为总状、伞房状或圆锥花序，或2-10花排成一短纵列，腋上生，稀单花腋生。花通常两性，辐射对称或两侧对称；常有苞片，早落；萼片4-8，1-2轮；花瓣4-8，与萼片互生，有时无花瓣；花托扁平或锥形，常延长为雌雄蕊柄，常有花盘或腺体；雄蕊4至多数，花丝分离，着生于花托或雌雄蕊柄顶端，2室，内向纵裂；雌蕊由2-8心皮组成，花柱不明显，子房卵圆形或圆柱形，1室，侧膜胎座，稀中轴胎座，胚珠常多数，弯生。果为有坚韧外果皮的浆果或瓣裂蒴果，球形或伸长，有时念珠状。种子1至多枚，肾形或多角形，种皮平滑或有花纹；胚弯曲，胚乳少量或无。

40余属，700-900种，主产热带至亚热带地区。我国5属，约44种。

1. 浆果，常不裂；单叶，或为互生具3小叶的掌状复叶。
  2. 有花瓣；子房具侧膜胎座；果具种子2至多枚。
    3. 掌状复叶具3小叶，无刺 ······ 1. **鱼木属 Crateva**
    3. 单叶，常有托叶刺 ······ 2. **山柑属 Capparis**
  2. 无花瓣；子房具中轴胎座；果具种子1枚 ······ 3. **斑果藤属 Stixis**
1. 蒴果，瓣裂；掌状复叶，互生或对生，具3-9小叶。
  4. 木本；叶对生 ······ 4. **节蒴木属 Borthwickia**
  4. 草本；叶互生 ······ 5. **白花菜属 Cleome**

1. 鱼木属 Crateva Linn.

乔木，有时灌木。小枝具髓或中空，皮孔明显。叶互生，掌状复叶，有小叶3片，小叶有短柄或近无柄，侧生小叶偏斜，基部不对称；叶柄长，顶端向轴面上常有腺体，托叶细小，早落。总状花序或伞房状花序，顶生或腋生。花大，白色，两性或单性；花梗长；苞片早落；花托内凹，盘状，有蜜腺；萼片4，下部与隆起而分裂的花盘粘合；花瓣4，有爪；雄蕊8-50，花丝着生雌雄蕊柄，花药内向开裂，近基底着生；雌蕊柄长2-8厘米，柱头明显，花柱短或无，子房1室，侧膜胎座2，胚珠多数。浆果，球形或椭圆形，果皮革质坚硬，干后灰或红紫褐色；花梗、花托和雌蕊柄在果时均木质化增粗。种子多数，肾形，压扁，种皮平滑或背部有鸡冠状突起。

约20种，主产热带至亚热带地区。我国4种。

1. 成熟果淡黄色或干后灰色；花期时树上有叶。
  2. 果球形，种皮光滑 ······ 1. **树头菜 C. unilocularis**
  2. 果椭圆形，种子背面有瘤状突起 ······ 2. **沙梨木 C. nurvala**
1. 成熟果红色或干后紫褐色；花期时树上无叶或叶很幼嫩。
  3. 叶先端圆钝或钝尖 ······ 3. **钝叶鱼木 C. trifoliata**
  3. 叶先端渐尖或长渐尖 ······ 4. **鱼木 C. formosensis**

1. 树头菜

图 596

Crateva unilocularis Buch.-Ham. in Trans. Linn. Soc. 15: 121. 1827.

乔木，高5-15米。小叶薄革质，下面苍灰色，侧生小叶基部不对称，长5-18厘米，宽2.5-8厘米，先端渐尖或尖，中脉带红色，侧脉5-10对，网脉明显；叶柄长3.5-12厘米，顶端向轴面有腺体，小叶柄长0.5-1厘米，托叶细小，早落。花序总状或伞房状，生于小枝顶部；花序轴长3-7厘米，着花10-40。花梗长3-7 厘米；萼片卵状披针形，长3-7毫米；花瓣白或淡黄色，爪长0.4-1厘米，瓣片长1-3厘米，宽0.5-2.5厘米，有4-6对脉；雄蕊13-30；雌蕊柄长3.5-7厘米；柱头头状，近无柄，子房长3-4毫米。果淡黄或近灰白色，球形，径2.5-4厘米；果时花梗、花托和雌蕊柄均木质化增粗，径3-7毫米。种子多数，暗褐色，长0.8-1.2厘米，种皮光滑。

花期3-7月，果期7-8月。

产浙江、福建、广东、香港、海南、广西及云南，生于海拔1500米以下山地、丘陵沟谷、溪边湿润地。尼泊尔、锡金、印度、缅甸、老挝、柬埔寨及越南有分布。嫩叶经盐渍可食用；木材轻而略坚，供绞盘、乐器、模型或细木工用。

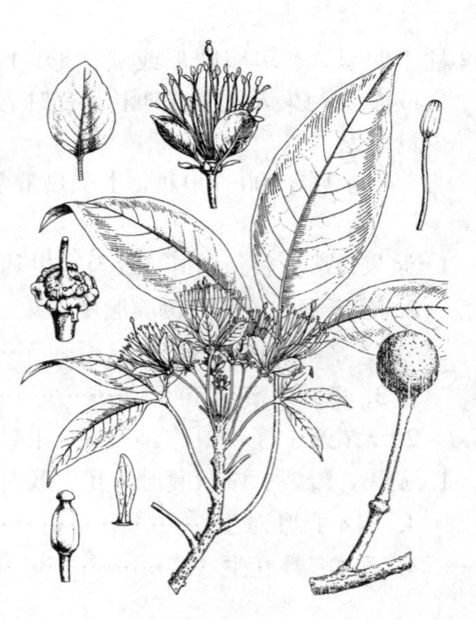

图 596 树头菜 （张瀚文绘）

2. 沙梨木 刺籽鱼木 图 597

Crateva nurvala Buch.-Ham. in Trand. Linn. Soc. 15: 121. 1872.

乔木，高2-20米。小叶草质或薄革质，卵状披针形或长圆状披针形，长7-18厘米，宽3-8厘米，先端渐尖或长渐尖，侧生小叶基部不对称，叶下面灰白色，中脉淡红色，侧脉7-22对，网脉明显；叶柄长2-12厘米，顶端向轴面有数枚苍白色腺体，小叶柄长2-8毫米。总状花序或伞形花序，顶生，花序轴长4-12厘米。花梗长3-8厘米；萼片小，披针形；花瓣白色，爪长0.5-1厘米，瓣片长1-2厘米；雄蕊15-25；雌蕊柄长3-6厘米；柱头扁平，近无花柱，子房椭圆柱形或圆柱形，长约5毫米。果淡黄色，椭圆形，稀卵球形，长3.5-5厘米，径约3厘米。种子多数，稍扁，暗褐色，长0.6-1.5厘米，背面有瘤状突起。花期3-5月，果期6-10月。

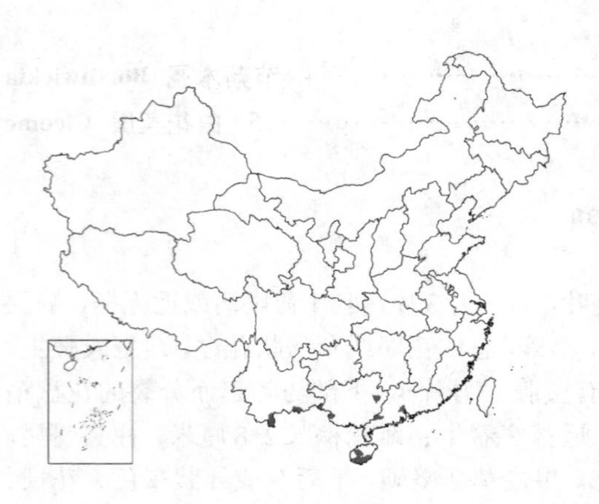

产广东、海南、广西及云南，生于海拔 1000 米以下溪边、湖畔或开旷地林中。印度尼西亚、印度至中南半岛有分布。

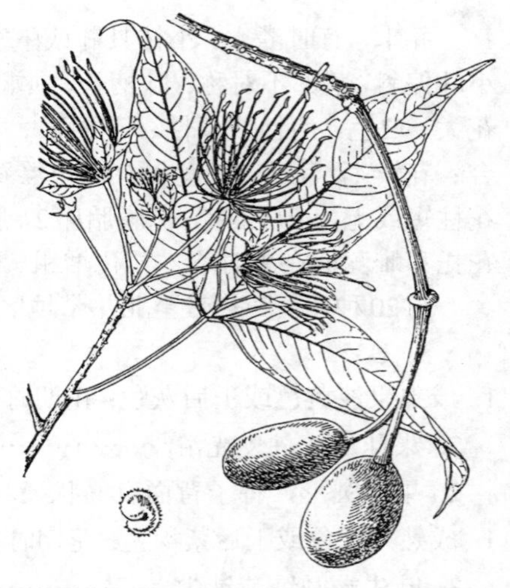

图 597 沙梨木 （引自《广东植物志》）

3. 钝叶鱼木 图 598

Crateva trifoliata (Roxb. ex Carey) B. S. Sun in Fl. Reipubl. Popul. Sin. 32: 489. 1999.

Capparis trifoliata Roxb. ex Carey, Fl. Ind. ed. 2, 571. 1832.

乔木或灌木，高1.5-30米。小叶近革质，椭圆形或倒卵形，长2-12厘米，宽2.5-6厘米，先端钝圆或钝尖，侧生小叶基部两侧略不对称，中脉和侧脉淡红色，侧脉5-6对，网脉不明显；叶柄长4-12厘米，小叶柄长0.3-1厘米。花数朵在小枝近顶部腋生，或成伞房花序，侧生或顶生，着花数朵至12朵，花序轴长达5厘米。花梗长4-6厘米；萼片长3-5毫米，宽2-3毫米；花瓣白或淡黄色，爪长4-8毫米，瓣片长1-2厘米；雄蕊紫红色，15-26，不等长；雌蕊柄长1.5-4.5厘米；柱头不明显，花柱短，子房近球形，径约3毫米，无花柱。果红色，近球形，径3-4厘米。种子多数，肾形，约长6毫米，宽5毫米，高2.5毫米，种皮平滑，暗黑褐色。花期3-5月，果期6-11月。

产广东、香港、海南、广西及云南，生于沙地、石灰岩山地疏林中或海滨。印度至中南半岛有分布。

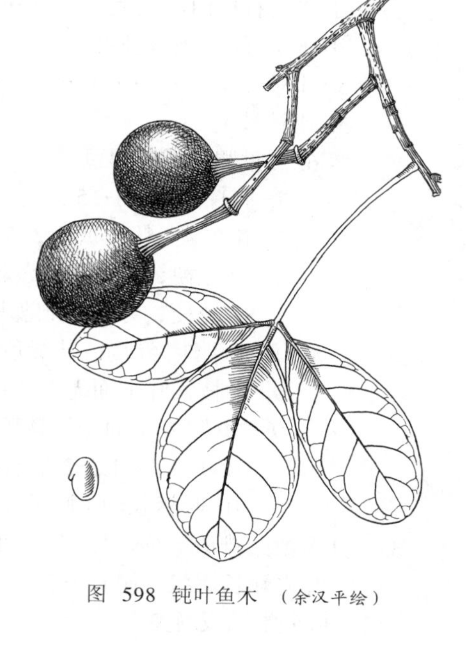
图 598 钝叶鱼木 （余汉平绘）

4. 鱼木 图 599

Crateva formosensis（Jacobs）B. S. Sun, Fl. Reipubl. Popul. Sin. 32: 489. 1999.

Crateva adansonii DC. subsp. *formosensis* Jacobs in Blume 12(2): 200. 1964.

灌木或乔木，高2-20米。小叶坚纸质，卵形或卵状披针形，长7-15厘米，宽3-6厘米，先端渐尖或长渐尖，基部楔形，侧生小叶基部两侧不对称，侧脉8-11对；小叶柄长5-7厘米，叶柄长8-13厘米。伞房花序，顶生，长约3厘米，着花10-15朵。花梗长2.5-4厘米；萼片卵形，长4-7毫米；花瓣绿黄转淡紫色，叶状，长约3厘米，有爪；雄蕊13-20；雌蕊柄长3-5厘米；子房圆柱形。果红色，球形或椭圆形，长3-5厘米，径3-4厘米。种子多数，肾形，压扁状，长约1.5厘米。花期6-7月，果期10-11月。

产台湾、广东雷州半岛及广西，生于海拔400米以下沟谷、平地、水边或石山林中。日本有分布。

2. 山柑属 Capparis Linn.

常绿灌木或乔木，直立或攀援，有时茎铺地面。幼枝常被毛，小枝基部有时具钻形苞片状小鳞片。叶为单叶，螺旋状着生，有时假2列；托叶刺状，有时无刺，通常具叶柄。花排列成总状、伞房状、伞形或圆锥花序，或2-10朵沿花枝向上排列成一短纵列，腋上生，稀单花腋生；常有苞片，通常早落。花梗常扭转；萼片4，2轮排列；花瓣4，覆瓦状排列，基部具花盘；雄蕊6-200，花药内向开裂，近背部着生；雌蕊柄与花丝近等长；子房1室，侧膜胎座2-8，胚珠少数至多数。浆果，球形或伸长，通常不裂。种子1至多数，肾形或多角形；胚弯曲。

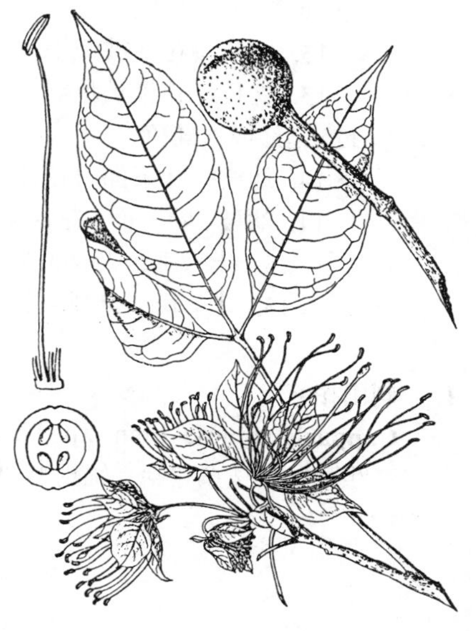
图 599 鱼木 （引自《图鉴》）

250-400种，主产热带至亚热带地区。我国约32种。

1. 茎平卧地面，辐射状展开。
  2. 花瓣同形，无爪 …………………………………………………… 1. **刺山柑 C. spinosa**
  2. 花瓣异形，下面2枚具爪 ……………………………………… 1(附). **爪瓣山柑 C. himalayensis**
1. 茎直立或攀援性。
  3. 花单生叶腋，或簇生腋生短枝，或组成顶生或腋生花序。

4. 小枝左右弯曲，被毛 ………………………………………………………………… 2. **青皮刺 C. sepiaria**
4. 小枝劲直，无毛或被毛。
5. 小枝无毛 ………………………………………………………………………… 3. **台湾山柑 C. formosana**
5. 小枝被毛。
6. 成熟果黑或紫黑色。
7. 花序着花10–15朵 ………………………………………………………………… 4. **野槟榔 C. chingiana**
7. 花单生、簇生或由2–5朵组成花序。
8. 花梗、萼片和雌蕊柄均无毛 …………………………………………………… 5. **屈头鸡 C. versicolor**
8. 花梗、萼片和雌蕊柄均被毛 …………………………………………………… 6. **毛蕊山柑 C. pubiflora**
6. 成熟果红、红褐或黄绿色。
9. 幼枝、叶下面无毛或被微柔毛 ……………………………………………… 7. **广州山柑 C. cantoniensis**
9. 幼枝、叶下面密被锈黄色绒毛。
10. 叶柄长1.2–2厘米；果长4–6厘米，径4–5厘米 ………………………… 8. **马槟榔 C. masaikai**
10. 叶柄长约1厘米；果长3–3.5厘米，径2–2.6厘米 ……………… 8(附). **毛叶山柑 C. pubifolia**
3. 花1至数朵排成一列，生于叶腋上方。
11. 叶先端长尾状，尾长1–2.5厘米 ……………………………………………… 9. **尾叶槌果藤 C. urophylla**
11. 叶先端圆或渐尖。
12. 果黑或紫黑色。
13. 幼枝、花梗被绒毛 ……………………………………………………………… 10. **雷公桔 C. membranifolia**
13. 幼枝、花梗被星状毛 …………………………………………………………… 11. **野香橼花 C. bodinieri**
12. 果红或桔红色。
14. 幼枝、叶下面、花梗被星状毛 ……………………………………………… 12. **槌果藤 C. zeylanica**
14. 幼枝、叶下面、花梗无毛或被微柔毛。
15. 叶革质；果长3–7厘米，径2.5–4.5厘米 ……………………………… 13. **小刺山柑 C. micracantha**
15. 叶草质或纸质；果长1–2.5厘米，径1–1.5厘米 ……………………… 14. **独行千里 C. acutifolia**

1. 刺山柑 图 600 彩片 152

Capparis spinosa Linn. Sp. Pl. 503. 1753.

蔓生灌木，枝条平卧，辐射状展开，长1–3米。幼枝初时被柔毛，后渐脱落无毛。叶肉质，圆形、倒卵圆形或椭圆形，长1–5厘米，宽1–4.5厘米，先端圆，有短刺状尖头，基部圆，两面无毛；叶柄长3–8毫米，托叶2，刺状，长2–6毫米。花单生叶腋，径2–4厘米。花梗长3–9厘米，果期增粗；萼片4，长圆状卵圆形，长1–2厘米；花瓣白、粉红或紫红色，倒卵形，长1.5–3厘米；雄蕊多数，长于花瓣；子房柄长2–5厘米。蒴果浆果状，淡红色，椭球形或倒卵球形，长2–4厘米，径1.5–3厘米，果肉红色。种子多数，肾形，径约3毫米，褐

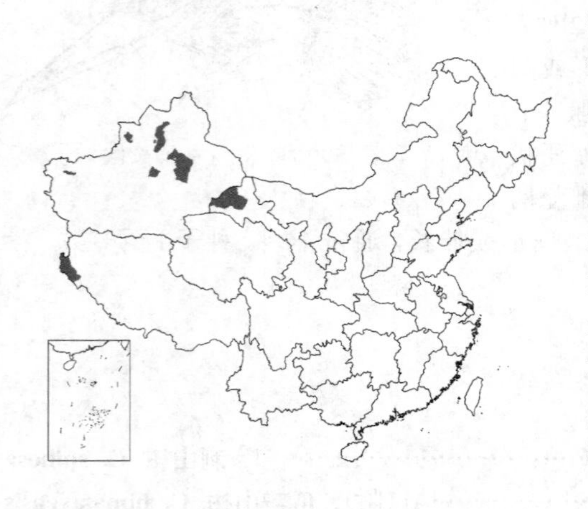

图 600 刺山柑 （张荣生绘）

色。花期5-6月。

产甘肃西部、新疆及西藏西部，生于戈壁、沙地、石质山坡及山麓。巴基斯坦、孟加拉国、阿富汗、伊朗、土耳其及欧洲南部有分布。

［附］**爪瓣山柑 Capparis himalayensis** Jafri in Pakistan Journ. For. 6: 197. t. 1. f. 1B. 1956. 本种与刺山柑的区别：花瓣异形，下面2枚具爪。产新疆及西藏西部，生于海拔1100米以下平原、田野或山坡阳处。巴基斯坦、印度及尼泊尔有分布。

2. 青皮刺 曲枝槌果藤 图 601

Capparis sepiaria Linn. Syst. Nat. 10th ed. 2: 1071. 1759.

矮小灌木，有时攀援状，高0.6-3米。小枝左右弯曲，被柔毛，老枝无毛。叶坚草质或薄革质，长圆状卵形、长椭圆形或长圆状披针形，长2-7厘米，宽1-3厘米，先端钝圆而微凹缺，基部圆或微心形，侧脉4-9对；叶柄长3-6毫米，密被绒毛，托叶2，刺状，下弯。花白色，芳香，径0.8-1.2厘米，6-25朵排列成顶生或腋生伞形花序或短总状花序；花序轴密被毛。花梗长1-2厘米，无毛；萼片4，卵圆形，长3-5毫米，无毛；花瓣长圆形或倒卵圆形，长4-6毫米，被毛；雄蕊25-45；雌蕊柄长0.7-1.2厘米；子房卵球形，无毛。果近球形，径0.6-1厘米。种子1-4，长6-8毫米。花期4-7月，果期7月至翌年5月。

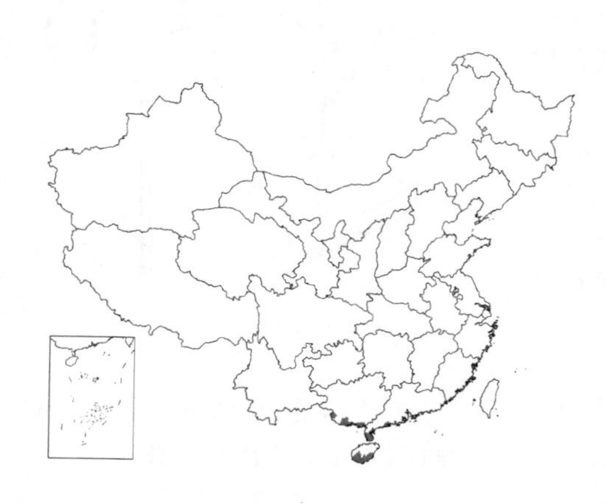

图 601 青皮刺 （引自《广东植物志》）

产广东西南部及雷州半岛、海南、广西南部及西南部，生于中海拔至低海拔坡地、旷野、海岸附近灌丛或疏林中。印度、斯里兰卡至澳大利亚有分布。

3. 台湾山柑 台湾槌果藤 图 602 彩片 153

Capparis formosana Hemsl. in Ann. Bot. 9: 145. 1895.

木质攀援藤本。小枝粗壮，劲直，暗红或暗黑褐色，无毛。叶革质，长圆形、卵状长圆形或倒卵状长圆形，稀披针形，长11-18厘米，宽5-8.5厘米，先端钝圆，有时稍渐尖，基部近圆或楔形，侧脉6-8对，网脉明显；叶柄长1.5-2.5厘米，托叶2，刺状，长5-6毫米，下弯。近伞形花序，腋生。花梗长3-4厘米，被微柔毛；萼片4，长约1.5厘米；花瓣红色，长于萼片；雄蕊多数；雌蕊柄长约3.5厘米；子房椭球形，长约5毫米，侧膜胎座3-4，胚珠多数。果球形，径4-7.5厘米，光滑，有时稍具瘤状突起，果皮厚5-7毫米；果柄长3-5厘米，径0.6-1厘米。种子长约2厘米。花期4-5月，果期6月至翌年2月。

图 602 台湾山柑
（引自《Woody Fl. Taiwan》）

产台湾南部及海南，生于海拔600-2400米山地林中。日本有分布。

4. 野槟榔 图 603

Capparis chingiana B. S. Sun in Acta Phytotax. Sin. 9: 115. 1964.

灌木或攀援藤本，高2-5米。幼枝劲直，初时被短柔毛，后渐脱落无毛。叶薄革质，倒卵状长圆形或椭圆形，长4-8厘米，宽2-4厘米，先端尖或钝圆，有时具短尖头，基部楔形或圆，侧脉4-5对，网脉不明显；叶柄长0.5-1厘米，初被毛，托叶2，刺状，长2-5毫米，外弯。伞房状或短总状花序，腋生或在枝端再组成圆锥花序，有花10-15朵；花序梗长 2-4 厘米，基部有刺；花序轴密被锈色绒毛。花梗长0.7-1.7厘米，被绒毛；萼片舟形或倒卵形，长6-7毫米；花瓣长圆形，长8-9毫米；雄蕊35-40；雌蕊柄长1.5-2厘米；子房卵球形，长约2毫米，侧膜胎座4，胚珠多数。果紫黑色，球形，径1.5-4厘米。种子7至多枚，长约1厘米，种皮赤褐色。花期3-5月，果期11-12月。

图 603 野槟榔 （张瀚文绘）

产广西及云南东南部，生于海拔1000米以下石山灌丛或林中。

5. 屈头鸡 图 604

Capparis versicolor Griff. Notul. Pl. Asiat. 4: 577. 1845.

灌木，直立或攀援，高2-10米。幼枝劲直，初被微柔毛，后渐脱落。叶近革质，椭圆形或长圆状椭圆形，长3-8厘米，宽1.5-3.5厘米，先端钝圆或尖，基部楔形，侧脉5-9对，网脉不明显；叶柄长0.5-1厘米，幼时被微柔毛，托叶2，刺状，下弯。近伞形花序，腋生或顶生，有花2-5朵，稀单生；花序梗极短。花梗长1.5-3厘米，无毛；萼片4，近圆形或椭圆形，长0.9-1.1厘米；花瓣白或淡红色，近圆形或倒卵形，长1.2-1.7厘米；雄蕊50-70，花丝长约2.5厘米；雌蕊柄长3-5厘米；子房长约2毫米，侧膜胎座4，胚珠多数。果黑色，球形，径3-5厘米，表面粗糙。种子多枚，近肾形，长1.5-2.5厘米，径1-1.5厘米。花期4-7月，果期8月至翌年2月。

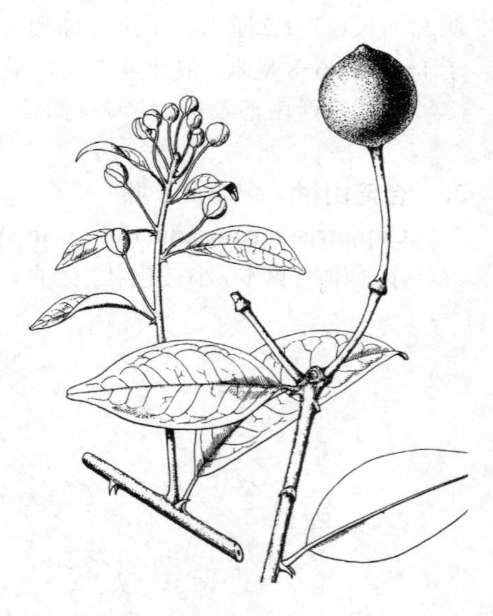

图 604 屈头鸡 （张瀚文绘）

产广东、海南及广西，生于海拔200-2000米疏林或灌丛中。中南半岛有分布。根入药，治跌打损伤；果入药，味甘凉，有疗肺止咳、生津利喉、解毒清肝之效；种子能清热止渴，治喉炎、喉痛。

6. **毛蕊山柑** 图 605

Capparis pubiflora DC. Prodr. 1: 246. 1824.

灌木或小乔木，高2-6米。幼枝劲直，初密被毛，后渐脱落无毛，基部有钻形苞片状小鳞片。叶革质或近革质，长圆状披针形，长6-15厘米，宽1.5-6厘米，先端渐尖或钝，尖头长达2厘米，基部楔形或钝圆，侧脉6-12对，网脉明显；叶柄长0.6-1.2厘米，托叶2，刺状，有时无刺。花数朵排列成腋生短总状花序，或簇生叶腋，有时单生，花序轴基部与顶部均有钻形苞片状小鳞片。花梗长1-2厘米，初被毛，基部有托叶状小苞片；萼片长4-6毫米，背面有毛；花瓣白色，长圆状倒卵形，长0.8-1厘米，有缘毛；雄蕊 20-30；雌蕊柄长1.5-2.3厘米，花期被毛；子房长约1.5毫米，密被毛，侧膜胎座2-3，胚珠多数。果黑色，近球形，径0.8-2厘米，顶端有脐状突起。种子1至数枚，长约6毫米。花期3-5月，果期7-12月。

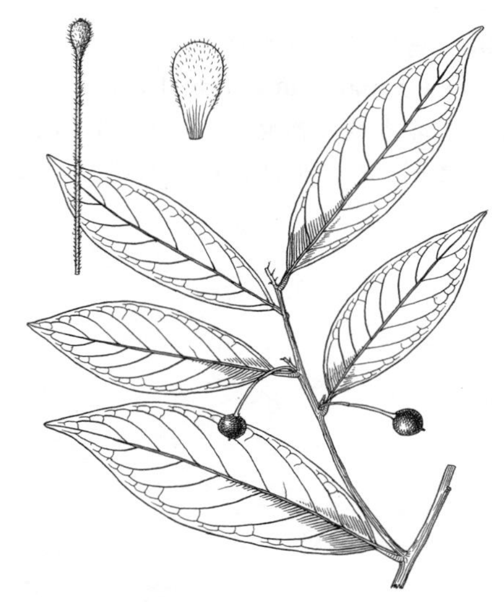

图 605 毛蕊山柑 （余汉平绘）

产台湾东南部、广东、海南及广西东部，生于海拔1100米以下的灌丛或林中。越南、泰国、马来西亚、印度尼西亚、新几内亚及菲律宾有分布。

7. **广州山柑** 图 606

Capparis cantoniensis Lour. Fl. Cochinch. 331. 1790.

攀援灌木，长2-5米。幼枝劲直，初被淡黄色微柔毛，后渐脱落无毛。叶纸质或近革质，长圆状卵形或长圆状披针形，长5-12厘米，宽1.5-4厘米，先端渐尖，有小凸尖头，基部楔形或圆钝，无毛或初下面脉上有疏毛，侧脉7-12对；叶柄长0.4-1厘米，被柔毛，托叶2，刺状，长2-5毫米，下弯。圆锥花序顶生，由数个伞形花序组成，每个伞形花序有花数朵；花序梗长1-3厘米；苞片钻形，长1-2毫米，早落。花梗长0.4-1.2厘米，被微柔毛；萼片长4-5毫米，有缘毛；花瓣白色，长圆形或卵形，长4-6毫米；雄蕊20-45，花丝长0.8-1.5厘米；雌蕊柄长0.6-1.2厘米；子房卵球形或圆锥状，无毛。果黄绿色，球形或长球形，径0.6-1.5厘米。种子1至数枚，近球形，径6-7毫米。花期3-11月，果期6月至翌年3月。

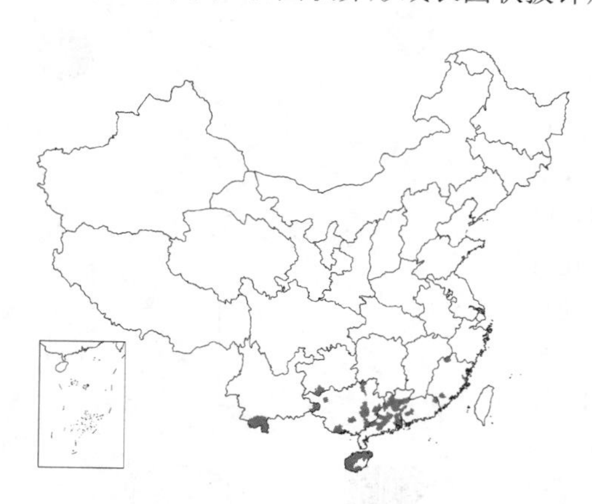

图 606 广州山柑 （引自《图鉴》）

产福建、广东、海南、香港、广西、贵州及云南，生于海拔1000米以下山沟水边或平地疏林中。锡金、印度、印度尼西亚及菲律宾有分布。根、藤入药，味苦寒，有清热解毒、镇痛、疗肺止咳之效；茎叶可治疥癞。

8. **马槟榔** 水槟榔 图 607 彩片 154

Capparis masaikai Lévl. Fl. Kouy-Tcheou 59. 1914.

灌木或攀援藤本，高3-7米。幼枝劲直，密被锈色短绒毛。叶近革质，长圆形、椭圆形或倒卵状椭圆形，长7-20厘米，宽3.5-9厘米，先端钝圆或渐尖，基部圆或宽楔形，下面有锈色短绒毛，侧脉6-10对，网脉不明显；叶柄长1.2-2厘米，被毛，托叶2，刺状，长3-5毫米，外弯。近伞形花序，腋生，有花3-8朵，或在枝端再组成圆锥花序，花序被毛；花序梗长1-5厘米。萼片长0.8-1.2厘米，背面有毛；花瓣长圆状倒卵形或长圆形，长1.2-1.5厘米，两面均被毛；雄蕊45-50；雌蕊柄长2-3厘米；子房卵球形，长2-3毫米，侧膜胎座3-4，每胎座着生胚珠7-9枚。果红褐色，球形或近椭球形，长4-6厘米，径4-5厘米，表面有纵棱，顶端喙长达1.5厘米；果柄及雌蕊柄全长5-7厘米。种子数枚至10余枚，长约2厘米，种皮紫红褐色。花期5-6月，果期11-12月。

产广西、贵州西南部及云南东南部，生于海拔1600米以下沟谷、山坡或石灰岩山地林中。种子去皮入药，为“上清丸”重要成份，可清热解毒、生津润肺，治喉炎。

图 607 马槟榔 （引自《图鉴》）

［附］**毛叶山柑 Capparis pubifolia** B. S. Sun in Fl. Yunnan. 2: 64. 1979. 本种与马槟榔的区别：叶柄长约1厘米；果长3-3.5 厘米，径2-2.6厘米，果期10月以后。产广西及云南南部，生于海拔850-1280米丘陵或山坡灌丛中。

9. **尾叶槌果藤** 小绿刺 图 608

Capparis urophylla F. Chun in Journ. Arn. Arb. 29: 419. 1948.

灌木或小乔木，高2-7米。幼枝无毛或有极细星状毛，后渐脱落无毛。叶草质，卵形或椭圆形，长3-7厘米，宽1-2厘米，先端长尾状，尾长1-2.5厘米，基部圆或楔形，侧脉4-6对，网脉不明显；叶柄纤细，长3-5毫米，托叶2，刺状，长1-5毫米。花单生叶腋，或2-3朵排成一列而腋上生。花梗长0.6-1.5厘米；萼片卵形或椭圆形，长3-5毫米，具缘毛；花瓣白色，上面一对卵形，下面一对椭圆形，长6-7毫米，内面有绒毛；雄蕊12-20，花丝长1.5-2厘米；雌蕊柄长1.4-2.5厘米，丝状；子房长约1毫米，1室，侧膜胎座2。果桔红色，球形，径0.6-1厘米；果柄纤细。种子1-2。花期3-6月，果期8-12月。

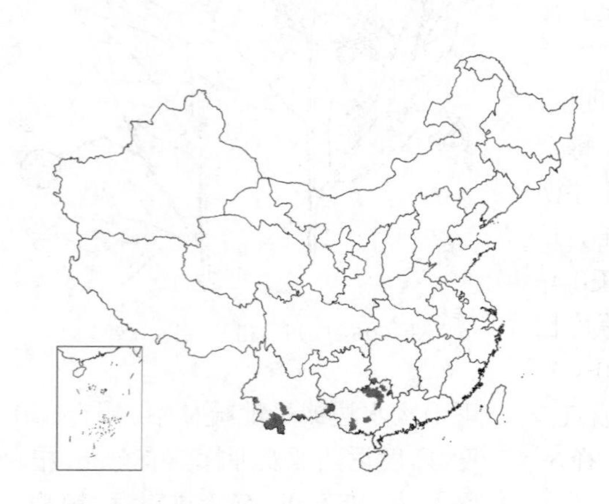

图 608 尾叶槌果藤 （张瀚文绘）

产湖南西南部、广西及云南，生于海拔1500以下山坡、山谷、溪边疏林或灌丛中。老挝有分布。

10. 雷公桔 细枝槌果藤 图 609

Capparis membranifolia Kurz in Journ. Asiat. Soc. Bengal. 42(2): 70. 1874.

攀援木质藤本或灌木，稀小乔木，高3-10米。幼枝、幼叶、幼叶柄、叶脉均密被黄褐色易脱落绒毛。幼叶膜质，老叶近革质，长圆状椭圆形或卵形，长4-13厘米，宽2-6厘米，先端渐尖或骤窄，基部宽楔形，侧脉5-7对，网脉明显；叶柄长0.5-1厘米；托叶2，小刺状。花2-5朵排列成一纵列，腋上生。花梗长1-2 厘米，无毛或幼时被黄褐色绒毛；萼片宽卵形，长5-6毫米，具缘毛；花瓣白色，倒卵形，长0.7-1厘米；雄蕊17-25；子房卵球形，1室，侧膜胎座2，每胎座有胚珠5-6。果紫或黑色，球形，径0.8-1.5厘米。种子1-5，种皮光滑，褐色，长5-7毫米。花期1-4月，果期4-8月。

图 609 雷公桔 （引自《广东植物志》）

产广东近中部、海南、广西、贵州西南部、云南东南部及南部，生于海拔1800米以下山坡、山谷、路边疏林、灌丛中或林缘。锡金、不丹、印度、缅甸、泰国、老挝及越南有分布。

11. 野香橼花 图 610 彩片 155

Capparis bodinieri Lévl. in Fedde, Repert. Sp. Nov. 9: 450. 1911.

灌木或小乔木，高5-10米。幼枝密被星状毛，后渐脱落无毛。叶革质，卵形或披针形，长4-18厘米，宽2-6.5厘米，先端短渐尖或渐尖，基部圆或楔形，幼时被毛，后渐脱落无毛，侧脉5-10对；叶柄长5-7毫米，托叶2，刺状，长达5毫米，外弯。花2-7朵排成一列，腋上生。花梗长0.5-1.5厘米，被星状毛；萼片4，长5-7毫米，背面有龙骨状突起，向内凹入成浅囊状；花瓣白色，长1-1.2厘米，被绒毛；花盘小，顶端微凹或2浅裂；雄蕊18-37；雌蕊柄长1.5-2.5厘米；子房卵球形，1室，侧膜胎座2，胚珠数枚。果黑色，球形，径0.7-1.2厘米。种子1至数枚，径5-6毫米。花期3-4月，果期8-10月。

图 610 野香橼花 （引自《云南植物志》）

产四川西南部、贵州东部、广西及云南，生于海拔2500米以下石灰岩山坡、平地灌丛或次生林中。锡金、不丹、印度及缅甸有分布。全株入药，有止血、消炎、收敛之效，治痔疮、慢性风湿痛和跌打损伤。

12. 槌果藤 牛眼睛 图 611

Capparis zeylanica Linn. Sp. Pl. ed. 2, 720. 1762.

攀援或蔓性灌木，高2-5米。幼枝密被星状毛，后渐脱落无毛。叶近革质，椭圆状披针形、倒卵状披针形或倒卵形，长 3-8厘米，宽1.5-4厘

米，先端尖或钝圆，常有2-3毫米长的小尖头，基部楔形或圆，全缘或近中部3浅裂，幼时在两面均被星状毛，侧脉3-7对，网脉明显；叶柄长0.5-1.2厘米，托叶2，刺状，长2-5毫米，下弯。花1-4朵排成一短纵列，腋上生。花梗长0.5-1.8厘米，与花萼同被红褐色星状毛；萼片近圆形或椭圆形，长0.8-1.1厘米，宽6-8毫米；花瓣白或淡黄色，长圆形，长0.9-1.5厘米；雄蕊30-45；雌蕊柄长3-4.5厘米，近基部密被毛；子房卵球形，胚珠多数。果红或紫红色，球形，径2.5-4厘米。种子多数，暗红色，长5-8毫米。花期2-4月，果期7-9月。

产广东雷州半岛、海南及广西南部，生于海拔700米以下林缘或灌丛中。斯里兰卡、印度、印度尼西亚及菲律宾有分布。

图 611 槌果藤 （引自《广东植物志》）

13. 小刺山柑 小刺槌果藤 图 612

Capparis micracantha DC. Prodr. 1: 247. 1872.

灌木或小乔木，有时为攀援灌木，全株无毛。小枝基部有钻形苞片状小鳞片。叶革质，长圆形、椭圆形或长圆状披针形，稀卵形，长10-30厘米，宽4-10厘米，先端钝圆或短渐尖，基部楔形或近圆，稀微心形，侧脉7-10对，网脉明显；叶柄长0.5-2厘米，托叶2，短刺状或无托叶刺。花单生或2-7朵排列成一纵列，腋上生。花梗长1-3厘米，与叶柄之间有1-4束钻形小刺；萼片卵形至长圆形，长0.6-1厘米；花瓣白色，长圆形或倒披针形，长1-2厘米；雄蕊20-40，花丝长2.5-3 厘米；雌蕊柄长2-3.5厘米；子房卵球形或椭球形，胚珠多数。果桔红色，卵球形或椭球形，长3-7厘米，径2.5-4.5厘米。种子多枚，长6-8毫米，种皮暗红色。花期7-12月，果期12月至翌年3月。

产台湾、广东西南部、海南、广西南部及云南南部，生于海拔1500米以下灌丛或林中。缅甸、泰国、老挝、越南、柬埔寨、马来西亚、印度尼西亚及菲律宾有分布。

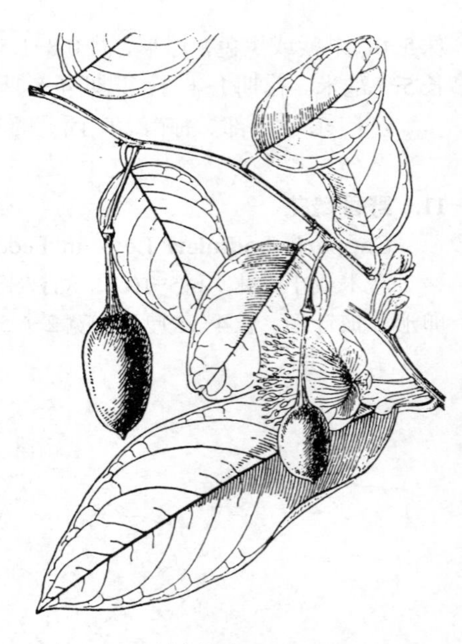

图 612 小刺山柑 （引自《广东植物志》）

14. 独行千里 尖叶槌果藤 图 613

Capparis acutifolia Sweet, Hort. Brit. ed. 2, 585. 1830.

攀援灌木。幼枝初被黄色微柔毛，后渐脱落。叶草质或纸质，披针形或长卵状披针形，长4-19厘米，宽1-6厘米，先端渐尖，基部楔形或渐窄，侧脉7-10对；叶柄长5-7毫米，通常无毛，托叶2，刺状，或无托叶刺。花2-4 朵排列成一短纵列，腋上生，稀单花腋生。花梗长0.5-2厘米；萼片无毛或初被柔毛，长5-7毫米；花瓣白色，窄长圆形，长约1厘米；雄蕊

20-30；雌蕊柄长1.5-2.5厘米，无毛；子房卵球形或长卵球形，侧膜胎座2。果红色，椭球形或近球形，长1-2.5厘米，径1-1.5厘米，顶端常有短喙，果皮稍粗糙。种子1至数枚，长0.7-1厘米，种皮平滑，黑褐色。花期3-7月，果期8月至翌年2月。

产浙江东部、台湾、福建、江西南部、湖南南部、广东及香港，生于低海拔旷野、山坡路边、石山灌丛或林中。越南有分布。根入药，味苦寒，有毒，有消炎解毒、镇痛之效，可治蛇伤。

图 613 独行千里 （引自《广东植物志》）

3. 斑果藤属 Stixis Lour.

木质藤本，稀灌木，无刺。单叶，互生，全缘，沿中脉常布满小凸点；叶柄顶端膨大。花小，黄色；多数，排列成总状花序或圆锥花序；苞片小，早落。萼片6，2轮，覆瓦状或镊合状排列，两面均密被绒毛；无花瓣；雄蕊15-100，着生于短的雌雄蕊柄上；花柱单枚或多少3-4裂，稀深裂至基部成3-4枚，子房近球形，3-4室，中轴胎座，每胎座有胚珠4-10枚。果柄短；浆果状核果，内果皮木质。种子1枚，种皮薄；子叶肉质，大小不等。

约7种，主要分布于亚洲热带地区。我国1种。

斑果藤

图 614

Stixis suaveolens (Roxb.) Pierre in Bull. Soc. Linn. Paris 1: 654. 1887.

Roydsia suaveolens Roxb. Pl. Corom. 3. 87. t. 289. 1819.

木质大藤本。小枝粗壮。叶革质，长圆形或长圆状披针形，长10-25厘米，宽4-10厘米，先端近圆或骤尖，尖头长0.5-1.2厘米，基部近圆或楔形，边缘稍卷曲，侧脉7-9对。叶柄粗，长1.5-5厘米，有水泡状小突起，近顶部膨大。总状花序腋生，有时分枝成圆锥花序，长15-25厘米，被短柔毛；苞片长约3毫米，早落。花梗长2-4毫米；萼片6，淡黄色，椭圆状长圆形，长5-9毫米，下部合生，两面密被短绒毛；无花瓣；雄蕊27-80，花丝淡黄色，不等长；雌蕊柄长0.7-1厘米，密被毛；花柱3-4，子房卵球形，无毛。果柄长0.7-1.3厘米；核果椭球形，长3-5厘米，径2.5-4厘米，黄色，有淡黄色鳞秕。种子1枚，椭球形。花期2-5月，果期5-10月。

产海南、广西西部及云南东南部，生于海拔1500米以下灌丛或疏林中。印度、尼泊尔、不丹、锡金、孟加拉、缅甸、泰国、柬埔寨、老挝及越南有分布。花芳香，栽培供观赏；嫩叶可作茶代用品；果可食。

图 614 斑果藤 （引自《图鉴》）

4. 节蒴木属 **Borthwickia** W. W. Smith

常绿灌木或小乔木，高达6米，有芳香气味。幼嫩部分密被短柔毛，后渐脱落。3出掌状复叶对生，叶柄长3-20厘米，无托叶；小叶膜质，全缘，下面稍被柔毛，中央小叶长圆形、椭圆状披针形或倒卵状披针形，长5-30厘米，宽2-16厘米，侧生小叶较小，基部不对称，侧脉7-9对，网脉明显，小叶柄长不及1厘米。总状花序顶生，长8-20厘米，花序轴粗，被柔毛，无花序梗，花序基部有1-2对叶状苞片，余线形，长1-1.5厘米，早落。花梗长1.2-1.5厘米，被毛；萼筒被柔毛，萼片膜质，2-3片，外卷，早落；花瓣5-8，白色，长圆形或匙形；雄蕊60-70；着生雌雄蕊柄上，花药2室，纵裂；蜜腺圆锥形，白花瓣基部至雄蕊基部，包被雌雄蕊柄；雌雄柄长约5毫米；雌蕊具4-6心皮，子房有长柄，4-6室，中轴胎座，每室有弯生胚珠2列。蒴果线状圆柱形，黑褐色，长6-9厘米，径4-6毫米，有4-6条棱角，顶端喙长3-5毫米，沿腹缝自下而上开裂，有4-6棱的宿存中轴。种子多数，肾形，长2-3毫米，有细纹饰；胚弯曲，胚乳少量。

单种属。

节蒴木 图 615

Borthwickia trifoliata W. W. Smith in Proced. Bot. Soc. Edinb. 24: 175. 1911.

形态特征同属。花期4-5月，果期8-9月。

产云南南部，生于海拔1400米以下山地沟谷、溪边湿润林下。缅甸有分布。

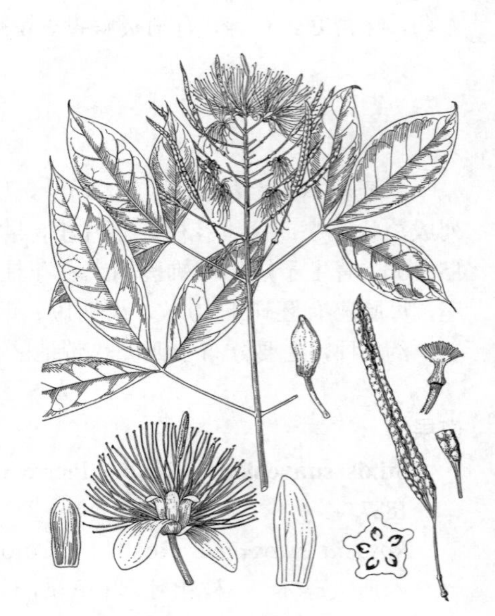

图 615 节蒴木 （引自《云南植物志》）

5. 白花菜属 **Cleome** Linn.

一年生至多年生直立草本，稀亚灌木或攀援植物，常有异味，常被粘质柔毛或腺毛。叶互生，掌状复叶，小叶3-9，稀单叶；有托叶或无。总状花序或圆锥花序，顶生；常有苞片。花两性，有时雄花与两性花同株；萼片4，分离或基部连合；花瓣4，基部常有爪；具花盘，环形或单侧，蜜腺各式；雄蕊4-30，有时基部与雌蕊柄合生成雌雄蕊柄；花柱短或缺，子房通常着生雌蕊柄上，1室，侧膜胎座2，胚珠多数。蒴果，伸长，顶端常有喙，2瓣裂。种子少数至多数，细小，肾形，背部有细疣状突起或细皱纹。

约150种，主要分布于热带至亚热带地区。我国4种，引入栽培2种。

1. 托叶刺状；叶状苞片不裂。
    2. 植株被粘质腺毛；雌雄花柄长1-3毫米 ………… 1. **醉蝶花 C. spinosa**
    2. 植株光滑无毛；雌雄花柄长5-8毫米 ………… 2. **美丽白花菜 C. speciosa**
1. 无托叶；叶状苞片3裂。
    3. 花瓣黄色，无爪；果被粘质腺毛 ………… 3. **黄花草 C. viscosa**
    3. 花瓣白色，稀淡黄或淡紫色，爪长约5毫米；果无毛 ………… 4. **白花菜 C. gynandra**

1. 醉蝶花　　图 616 彩片 156

Cleome spinosa Jacq. Enum. Pl. Carib. 26. 1760.

一年生粗壮草本，高1-1.5米；全株被粘质腺毛，有异味。掌状复叶，小叶5-7，近花序的常较少，草质，椭圆状披针形或倒披针形，先端渐窄，基部楔形，下延，中间小叶长4-10厘米，宽1-2.5厘米，侧生小叶渐小，侧脉10-15对；托叶刺状，叶柄长2-10厘米，常有淡黄色皮刺。总状花序顶生，长达40厘米；苞片叶状，单生，无柄。花梗长2-3.5厘米；萼片长约5毫米；花瓣红、淡红或白色，爪长0.5-2厘米，无毛，瓣片倒卵状匙形，长1-1.5厘米；雄蕊6，花丝长3.5-4厘米；雌雄蕊柄长1-3毫米；雌蕊柄长4-5厘米；子房无毛。果长5-6.5厘米，中部径约4毫米，密布网状纹。种子褐色，径约2毫米，近平滑。花果期3-8月。

原产热带美洲。我国各大城市常有引种栽培。观赏花卉，亦为优良蜜源植物。

图 616 醉蝶花 （引自《广州植物志》）

2. 美丽白花菜　　图 617

Cleome speciosa Raf. Fl. Ludovic. 86. 1817.

一年生直立强壮草本，高1米或更高，无刺，无毛或有时被小疏柔毛。常状复叶，小叶（3）5-7（9），草质，披针形或倒披针形，长3-12（-18）厘米，宽0.5-4厘米，小叶柄有翼，侧脉13-16（-20）对；叶柄长1.5-12厘米。总状花序长达45厘米；苞片叶状，单一，基中心形，自下向上逐渐变小，有时花序下部的苞片为有短柄的叶；花梗长3-4厘米；萼片开展，卵形或近钻形，长约5毫米，具缘毛；花瓣覆瓦状排列，倒披针形或匙形，粉红或白色，长2.5-3.5厘米，宽5-8毫米，先端圆形，基部渐窄延成爪，爪长5-7毫米，线形；雌雄蕊柄长5-8毫米；雌蕊柄果期时长5-6.5厘米；子房圆柱形，长约1厘米，无毛，有细小乳头状突起，花柱极短，柱头顶端微浅裂。果线状圆柱形，长3-8厘米，平坦或微呈念珠状，有微凸而不太清晰的纵行细脉。种子黑褐色，有不规则小疣块状突起。花果期5-8月。

原产南美，从墨西哥至圭亚那与秘鲁。云南与广东有栽培供观赏，在云南南部有时逸生，是美丽的庭院观赏植物，海拔1500米以下的热带亚热带均可栽培。

图 617 美丽白花菜 （张瀚文绘）

3. 黄花草　　图 618 彩片 157

Cleome viscosa Linn. Sp. Pl. 672. 1753.

一年生直立草本，高0.3-1米。茎被粘质腺毛，有异味。掌状复叶，小叶3-7，薄草质，倒卵形或倒卵状长圆形，中间1片最大，长1-5厘米，宽0.5-1.5厘米，侧生小叶渐小，侧脉3-7对；叶柄长1-5厘米，无托叶。总状花序顶生，具3裂的叶状苞片。花梗长1-2厘米，被毛；萼片披针形，长4-7毫米，背面具粘质腺毛；花瓣黄色，窄倒卵形或匙形，无爪，长0.7-1.2厘米，宽3-5毫米；雄蕊10-30，着生花盘上；花柱长2-6毫米，子房圆柱形，密被腺毛，着生花盘上，无雌蕊柄。果圆柱形，长4-10厘米，有纵网纹，被粘质腺毛，顶端喙长6-9毫米。种子黑褐色，有皱纹。花果期几全年，通常3月出苗，7月果熟。

产安徽南部、浙江、台湾、福建东南部、江西、湖北、湖南、广东、海

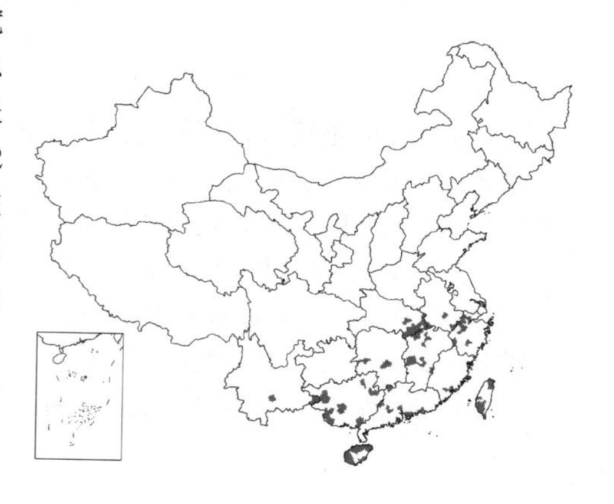

南、广西及云南，生于荒地、田野、路旁草丛中。全球热带及亚热带地区均有分布。

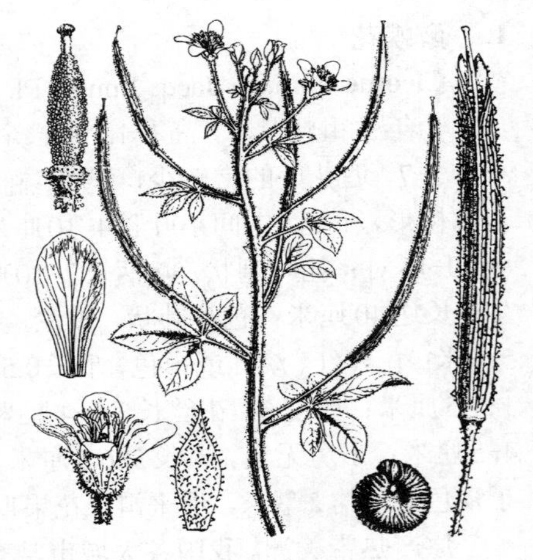

图 618 黄花草 （张瀚文绘）

4. 白花菜 图 619

Cleome gynandra Linn. Sp. Pl. 2: 671. 1753.

一年生直立草本，高约1米。幼枝稍被腺毛，老枝无毛。掌状复叶，小叶3-7，倒卵形或倒卵状披针形，先端尖或钝圆，基部楔形，全缘或有小锯齿，中央小叶最大，长1-5厘米，宽0.8-1.6厘米，侧生小叶渐小，叶脉4-6对；叶柄长2-7厘米；小叶柄长2-4毫米，无托叶。总状花序顶生，长15-30厘米，被腺毛，具3裂的叶状苞片。花两性，有时雄花与两性花同株；花梗长1-2厘米；萼片分离，披针形或卵形，长3-6毫米，被腺毛；花瓣白色，稀淡黄或淡紫色，爪长约5毫米；花盘稍肉质，圆锥状；雄蕊6，伸出花冠外；雌雄蕊柄长0.5-2.2厘米；子房圆柱状，被腺毛。果长3-8厘米，中部径3-4毫米，无毛，有网纹。种子近扁球形，黑褐色，有皱纹。花果期主要在7-10月。

产河北、河南、山东、江苏、安徽、浙江、福建、台湾、江西、湖北、湖南、广东、海南、广西、贵州、四川及云南，为低海拔荒地、田野、路旁、村边常见杂草。种子药用，治疮毒、杀寄生虫；全草入药，味苦辛，主治下气，煎水洗痔。

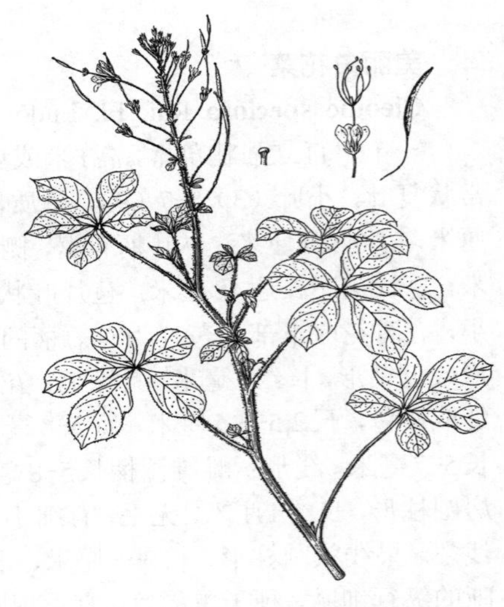

图 619 白花菜 （引自《云南植物志》）

87. 十字花科 BRASSICACEAE（CRUCIFERAE）

（陆莲立 王希蕖 兰永珍 郭荣麟）

草本，稀亚灌木。全株无毛或有单毛、叉状毛、星状毛、分枝毛或腺毛。基生叶常呈莲座状；茎生叶互生，无托叶，全缘或分裂或成复叶。花两性，稀单性，两侧对称；总状、伞房状、聚伞状或圆锥状花序，稀单生。萼片4，2轮，直立或开展，基部有时囊状；花瓣4，稀无花瓣，离生，与萼片互生，成十字形，基部常有爪；雄蕊6，稀1-2或多数，外轮2枚较短，内轮4枚较长，称四强雄蕊，花丝有时有翅、齿或附片，分离或长雄蕊花丝成对连合，蜜腺位于短雄蕊基部周围的称侧蜜腺，位于长雄蕊基部周围或中间的称中蜜腺；雌蕊由2心皮合成，子房上位，侧膜胎座，中央常有假隔膜，隔成2室，稀1室，每室有胚珠1-2或多数。果为长角果或短角果，成熟时开裂或不裂；果瓣扁平或隆起，有脉纹，有的有翅或刺。种子小，无胚乳，有不同纹饰，有的具翅，或湿时常有胶粘质；子叶与胚根排列的位置常有：1.子叶对折（胚根位于2对褶子叶的中间）；2.子叶缘倚（胚根位于2片子叶的边缘）；3.子叶背倚（胚根位于2片子叶中的1片的背面）。

约350属、3200余种，主产北温带，地中海地区分布较多。我国104属400余种。本科有经济价值的种类较多，作蔬菜或油料作物，有些供药用、观赏或工业等用。

1. 花单生花葶上。
  2. 柱头圆锥形，裂片靠合，下延；内轮萼片基部囊状。
    3. 植株被腺毛；叶羽状深裂或具浅齿 ……………… 70. **离子芥属 Chorispora**
    3. 植株无腺毛；叶全缘或具齿 ……………… 74. **光子芥属 Leiospora**
  2. 柱头不裂，若2裂则裂片不下延，不靠合；内轮萼片不呈囊状。
    4. 柱头2裂；叶上端具3-9齿 ……………… 59. **扇叶芥属 Desideria**
    4. 柱头不裂；叶全缘或两侧具齿，若上端具齿则萼片连合或花瓣黄色。
      5. 植株常被分枝毛。
        6. 一年生、稀多年生草本，常被树枝状或叉状毛；花瓣黄色；中花丝具宽翅 ……………… 64. **鳞蕊芥属 Lepidostemon**
        6. 多年生草本，不被树枝状和叉状毛；花瓣白、粉红或紫色；中花丝纤细。
          7. 叶有齿；花瓣长0.8-1.3厘米；萼片合生；被树枝状或叉状毛 …… 86. **假簇芥属 Pycnoplinthopsis**
          7. 叶全缘；花瓣长3-4毫米；萼片分离；无树枝状毛 ……………… 88. **白马芥属 Baimashania**
      5. 植株无毛或被单毛。
        8. 萼片连合。
          9. 叶柄具睫毛；花萼裂片被柔毛；花梗长不及1厘米 ……………… 66. **丛菔属 Solms-Laubachia**
          9. 叶无柄；花萼裂片无毛；花梗长1.5-4厘米 ……………… 87. **簇芥属 Pycnoplinthus**
        8. 萼片分离。
          10. 叶缘在叶脉的末端具胼胝体 ……………… 49. **堇叶芥属 Neomartinella**
          10. 叶缘无胼胝体。
            11. 叶具掌状脉；子房成双（2室），每室1胚珠；蜜腺4 ……………… 18. **双果荠属 Megadenia**
            11. 叶具羽状脉；子房不成双，含2以上胚珠；侧蜜腺2，或蜜腺相连包围所有雄蕊的基部。
              12. 花瓣长不及1厘米，稀达1.2厘米；叶有齿，若全缘则萼片长3毫米以下；中密腺与侧蜜腺相连，包围所有花丝的基部 ……………… 46. **单花荠属 Pegaeophyton**
              12. 花瓣长1-2.5厘米；叶全缘；侧密腺2 ……………… 66. **丛菔属 Solms-Laubachia**
1. 花排成总状、伞房状、聚伞状或圆锥状花序。
  13. 植株无毛或仅被单毛。
    14. 雄蕊6-16 ……………… 17. **高河菜属 Megacarpae**
    14. 雄蕊2、4或6。
      15. 雄蕊2。
        16. 短角果不并生；无侧生总状花序 ……………… 10. **独行菜属 Lepidium**
        16. 短角果并生；有与叶相对的侧生总状花序 ……………… 11. **臭芥属 Coronopus**
      15. 雄蕊6，稀4。
        17. 花发育不全，花瓣退化或无。
          18. 子房含1或2胚珠；角果长与宽几相等 ……………… 10. **独行菜属 Lepidium**
          18. 子房含16以上胚珠；角果长度大于宽度。
            19. 植株不呈灰白色；花序轴直 ……………… 62. **蔊菜属 Rorippa**

19\. 植株灰白或蓝绿色；花序轴曲折 ………………………………………………………… 99. **盐芥属 Thellungiella**

17\. 花发育正常，有花瓣。

20\. 花瓣大小不等，外向两片常比内向两片大 ……………………………………………………… 16. **屈曲花属 Iberis**

20\. 花瓣相等大。

21\. 长雄蕊的花丝成对连合至3/4或几达花药 ………………………………………… 65. **花旗杆属 Dontostemon**

21\. 长雄蕊的花丝分离。

22\. 植株具腺毛。

23\. 柱头不裂；内轮萼片基部不呈囊状。

24\. 叶全缘或有疏齿；子房球形；果柄基部有关节 ………………………… 34. **脱喙荠属 Litwinowia**

24\. 叶有齿、锯齿、羽状半裂或全缘；子房线形；果柄基部无关节 …… 65. **花旗杆属 Dontostemon**

23\. 柱头2裂，头状、圆锥形或线形；内轮萼片基部囊状。

25\. 柱头头状，裂片不靠合。

26\. 花瓣线形或长圆形，长0.7-1.1厘米；花柱长常超过2毫米；长角果二型（扁线形和圆柱状四棱形） …………………………………………………………… 71. **异果芥属 Diptychocarpus**

26\. 花瓣倒卵形，长1.1-2.5厘米；花柱长不及2毫米；长角果线形 ………… 78. **香芥属 Clausia**

25\. 柱头圆锥形或线形，裂片靠合。

27\. 花瓣黄色，若紫或紫红色则长达2厘米；花药长圆形，长0.5-1.5毫米 ……………………………………………………………………………………… 70. **离子芥属 Chorispora**

27\. 花瓣紫或粉红色；花药线形或长圆状线形，长3-5毫米。

28\. 多年生草本；花葶无叶 ………………………………………………… 72. **条果芥属 Parrya**

28\. 二年生或多年生草本；花葶有叶。

29\. 花瓣白、粉红、淡黄或紫色，倒卵形，宽0.5-1厘米；腺毛的细胞1行，少数；种子无翅，子叶背倚胚根 ……………………………………………………… 77. **香花芥属 Hesperis**

29\. 花瓣紫或淡紫色，线形或线状倒披针形，宽1.5-3毫米；腺毛的细胞多行；种子具窄翅，子叶缘倚胚根 ………………………………………………… 79. **假香芥属 Pseudoclausia**

22\. 植株不具腺毛。

30\. 柱头圆锥形，裂片下延、靠合。

31\. 一年或二年生，稀多年生草本，具根状茎；花茎具叶；基生叶不呈莲座状。

32\. 基生叶和最下面茎生叶的顶生裂片与侧生裂片大小相等；中花丝扁，有时有1齿 ……………………………………………………………………………… 65. **花旗杆属 Dontostemon**

32\. 基生叶和最下面茎生叶的顶生裂片大于侧生裂片，有时无侧生裂片；中花丝纤细，无齿。

33\. 花瓣黄色，具深褐或紫色脉纹；花药顶端钝；最上部茎生叶无柄 …… 5. **芝麻菜属 Eruca**

33\. 花瓣紫、淡紫或白色，不具深色脉纹；花药顶端尖；最上部茎生叶有柄，有时耳状 ……………………………………………………………………… 8. **诸葛菜属 Orychophragmus**

31\. 多年生草本，具根状茎或根颈；花茎无叶，稀具1-2叶；基生叶莲座状。

34\. 花柱明显。

35\. 长角果念珠状；花瓣爪长达8毫米；种子无翅 ………………… 70. **离子荠属 Chorispora**

35\. 长角果不呈念珠状；花瓣爪长达1.7厘米；种子具翅 ……………… 72. **条果荠属 Parrya**

34\. 无花柱 …………………………………………………………………… 74. **光子荠属 Leiospora**

30\. 柱头头状不裂；若分裂则裂片不靠合，不下延，稀稍下延。

36\. 内轮萼片基部稍囊状或囊状。

37\. 萼片合生；长角果具翅和刺 ……………………………………………… 15. **沙芥属 Pugionium**

37\. 萼片分离；长角果无翅也无刺。

38. 花瓣黄色，稀白色。
39. 茎生叶常无柄，耳状或抱茎；花瓣无深色脉纹。
40. 茎生叶全缘或具齿；花瓣0.9-3厘米 ························ 2. **芸苔属 Brassica**
40. 茎生叶具粗齿、羽状半裂或羽状全裂；花瓣3-6.5毫米 ························ 48. **山芥属 Barbarea**
39. 茎生叶有柄；花瓣具深色脉纹。
41. 柱头2裂，裂片靠合，下延；子房无柄 ························ 5. **芝麻菜属 Eruca**
41. 柱头不裂；子房有短柄 ························ 6. **萝卜属 Raphanus**
38. 花瓣紫、淡紫、粉红或白色。
42. 花梗基部有关节；幼果卵圆形或长圆形。
43. 茎生叶有齿、深波状或羽状分裂，基部不为耳形；花柱明显；角果顶端具长1.5-3厘米镰状或螺旋状弯曲的扁喙 ························ 31. **螺喙芥属 Spirorhynchus**
43. 茎生叶全缘，稀有齿，基部耳形；花柱不明显；角果顶端具长1-2厘米的扁喙 ························ 84. **四棱芥属 Goldbachia**
42. 花梗基部无关节；幼果线形。
44. 根颈无小鳞茎；长雄蕊花丝纤细，不呈膝屈状弯曲。
45. 柱头不裂；雌蕊有短柄 ························ 6. **萝卜属 Rophanus**
45. 柱头2裂，裂片稍下延；雌蕊无柄 ························ 8. **诸葛菜属 Orychophragmus**
44. 根颈（或茎的基部）具丛生或疏生小鳞茎；长雄蕊花丝宽扁，顶端呈膝屈状弯曲 ························ 45. **弯蕊芥属 Loxostemon**
36. 内轮萼片基部不呈囊状。
46. 花瓣黄色。
47. 茎生叶无柄，耳状、箭形或抱茎。
48. 叶2型，基生叶和最下部茎生叶2-3回羽状半裂或羽状全裂，最上部茎生叶全缘 ························ 10. **独行菜属 Lepidium**
48. 叶通常1型，不分裂；若分裂则基生叶和最下部茎生叶与上述不同。
49. 茎生叶全缘；子房有1（2）胚珠。
50. 总状花序多数，集成圆锥状；短角果扁平，不呈舟状。
51. 果实边缘不增厚；花瓣长超过2毫米，若较短则子房和幼果的长度大于宽度 ························ 14. **厚壁荠属 Pachypterygium**
51. 果实边缘增厚；花瓣长2毫米以下 ························ 13. **菘兰属 Isatis**
50. 总状花序少数，不组成圆锥花序；短角果舟状，边缘内弯 ························ 32. **舟果芥属 Tauscheria**
49. 至少部分茎生叶具粗齿或羽状分裂；子房有多数胚珠 ························ 62. **蔊菜属 Rorippa**
47. 茎生叶具柄，若无柄也不呈耳状、箭形或抱茎。
52. 一年或二年生草本，稀为簇生多年生草本，常较高；角果线形。
53. 柱头不裂。
54. 茎常无叶，稀有少数叶；密腺4或2，分离 ························ 4. **二引芥属 Diplotaxis**
54. 茎有叶；蜜腺相连，包围所有花丝的基部 ························ 62. **蔊菜属 Rorippa**
53. 柱头2裂。
55. 蜜腺4，分离；种子球形，子叶对褶。
56. 果瓣脉不明显或中脉凸出 ························ 2. **芸苔属 Brassica**
56. 果瓣有3-7平行脉 ························ 3. **白芥属 Sinapis**
55. 蜜腺相连，包围所有花丝的基部；种子长圆形或椭圆形，子叶背倚胚根 ························ 92. **大蒜芥属 Sisymbrium**

52. 多年生矮小簇生草本；角果长圆形或宽椭圆形 ………………………………………………… 98. **肉叶芥属 Braya**
46. 花瓣紫、淡紫、粉红或白色。
57. 总状花序通常具苞片或下半部具苞片。
58. 叶具掌状脉。
59. 最上部茎生叶具3-5小叶 ………………………………………………………………… 27. **阴山荠属 Yinshania**
59. 最上部茎生叶为单叶。
60. 花瓣蓝或紫色；花梗有腺点，向轴面有微柔毛 ………………………………… 29. **弯梗荠属 Lignariella**
60. 花瓣白色；花梗无毛。
61. 短雄蕊花丝翅状，常具1齿；柱头2浅裂 ………………………………… 26. **宽框芥属 Platycraspedum**
61. 花丝纤细或扁平，无齿；柱头不裂。
62. 叶缘不具胼胝体；子房有14以上胚珠 ………………………………………… 44. **碎米荠属 Cardamine**
62. 叶缘在脉的末端常具短尖的胼胝体；子房有6-10胚珠 ………………………… 91. **山俞菜属 Eutrema**
58. 叶具羽状脉。
63. 长雄蕊花丝具翅、齿或附属物。
64. 花瓣先端凹缺；子房有2胚珠 ……………………………………………………………… 23. **半脊荠属 Hemilophia**
64. 花瓣先端圆或微缺；子房约有8胚珠 …………………………………………………… 64. **鳞蕊芥属 Lepidostemon**
63. 长雄蕊花丝纤细，无齿或无附属物。
65. 植株具根颈；柱头2裂。
66. 叶全缘，稀上部具1-3微齿；子房每室3-6胚珠；侧蜜腺相连，包围所有花丝的基部 ……………
……………………………………………………………………………………………………… 47. **藏荠属 Phaeonychium**
66. 叶上端有3-9齿，稀近全缘；子房有10-70胚珠；侧生蜜腺2或相连并包围所有花丝的基部 ……
……………………………………………………………………………………………………… 59. **扇叶芥属 Desideria**
65. 植株具肉质直根；柱头不裂或稍2裂。
67. 茎生叶无柄；总状花序果时不伸长；花药顶端尖锐 ……………………………… 25. **双脊荠属 Diplophia**
67. 茎生叶具柄；总状花序果时伸长；花药顶端圆钝 ……………………………… 90. **沟子荠属 Taphrospermum**
57. 总状花序无苞片。
68. 部分或全部叶为3小叶、羽状复叶或羽状全裂。
69. 花瓣浅紫红、紫、淡黄或白色；子房和角果双生，有2胚珠；直根肥厚 … 17. **高河菜属 Megacarpaea**
69. 花瓣白、淡紫或紫色；子房和角果不为双生，有2以上胚珠（除阴山荠属部分种）；直根几乎全部不肥厚。
70. 萼片、花瓣、雄蕊伸展；花瓣1.5-3.5毫米；子房有10或10以下胚珠 …… 27. **阴山荠属 Yinshania**
70. 萼片、花瓣、雄蕊直立至上升；花瓣长常超过4毫米；子房有14以上胚珠。
71. 长角果具宽隔膜，开裂时果瓣自下而上弹裂卷起；种子每室1行 …… 44. **碎米荠属 Cardamine**
71. 长角果圆柱形，开裂时果瓣不卷起；种子每室1-2行 ………………………… 63. **豆瓣菜属 Nasturtium**
68. 叶为单叶，全缘、有齿或大头羽裂，稀羽状半裂。
72. 子房有2胚珠。
73. 内轮雄蕊花丝上部1/4有齿；子房2节 ……………………………………………………… 7. **两节荠属 Crambe**
73. 内轮雄蕊花丝无齿；子房不分节。
74. 蜜腺相连，包围全部花丝的基部。
75. 总状花序组成伞房状圆锥花序；植株被密毛 …………………………………… 12. **群心菜属 Cardaria**
75. 总状花序少，不组成圆锥花序；植株无毛或被疏毛 ……………………………… 36. **匙荠属 Bunias**
74. 蜜腺4或6，离生。
76. 短角果扁平；根颈细，有或无宿存的枯叶柄；总状花序单一，稀集成聚伞状圆锥花序 ………

………………………………………………………………………………………… 10. 独行菜属 **Lepidium**

76. 短角果具4棱；根颈粗壮，具宿存枯叶柄；总状花序集成圆锥花序 ………… 28. 革叶荠属 **Stroganowia**

72. 子房有4或4以上胚珠。

77. 叶具掌状脉。

78. 叶脉的末端在叶缘形成细尖胼胝体，若无胼胝体，则胚珠为10枚或10枚以下。

79. 子房长椭圆形，有30-40胚珠 ……………………………………… 49. 堇叶荠属 **Neomartinella**

79. 子房长圆形，有4-10胚珠 ……………………………………………… 91. 山俞菜属 **Eutrema**

78. 叶脉的末端在叶缘不形成细尖胼胝体。

80. 长角果扁平；种子具网纹 ……………………………………………… 44. 碎米荠属 **Cardamine**

80. 长角果圆柱形或细棱形；种子具纵沟纹 …………………………………… 89. 葱芥属 **Alliaria**

77. 叶具羽状脉。

81. 茎生叶基部耳形、箭形或抱茎；若不如上述，则花瓣长不及1.5毫米，且总状花序之字形曲折。

82. 花瓣紫、粉红或白色，长1-1.7厘米；具粗壮根状茎 ……………………… 44. 碎米荠属 **Cardamine**

82. 花瓣白、淡紫或粉红色，稀紫色，长1.5-7毫米；具纤细的根颈。

83. 植株不呈灰白色；短角果倒卵状长圆形或近圆形，具窄隔膜 ……………… 19. 菥蓂属 **Thlaspi**

83. 植株灰白或蓝绿色；长角果圆线形，具宽隔膜。

84. 花瓣常有紫色脉纹，长5-7毫米 ……………………………………… 9. 线果芥属 **Conringia**

84. 花瓣无紫色脉纹，长1.5-3毫米 ………………………………………… 99. 盐芥属 **Thellungiella**

81. 茎生叶不为耳状或箭形，或无茎生叶。

85. 无茎生叶，或茎生叶1-2，全缘。

86. 常无茎生叶；基生叶有细刺状睫毛；柱头稍2裂；蜜腺相连，包围所有花丝的基部 ………………………………………………………………………………… 47. 藏芥属 **Phaeonychium**

86. 茎生叶1或2，稀无茎生叶；基生叶有细长毛和卷曲短柔毛；柱头不裂；侧蜜腺2或4。

87. 花瓣长1-1.7厘米；长角果窄卵状披针形，长1-3厘米 ………… 66. 丛菔属 **Solms-Laubachia**

87. 花瓣长4-6毫米；长角果线形、长圆形或宽椭圆形，长4-7毫米 ……… 98. 肉叶荠属 **Braya**

85. 有茎生叶，叶具齿、圆齿或羽状半裂。

88.总状花序组成伞房状圆锥花序；短角果具窄隔膜；叶多型 ………………… 43. 辣根属 **Armoracia**

88.总状花序单一；长角果具宽隔膜；叶不为多型。

89.柱头不裂；花瓣白色，长2.5-8毫米。

90. 花药顶端钝或尖；果瓣有凸出的中脉和2条边脉；子叶缘倚胚根 ………………………………………………………………………………… 51. 假蒜芥属 **Sisymbriopsis**

90. 花药顶端具细尖头；果瓣不明显或中脉明显；子叶背倚胚根 … 58. 高原芥属 **Christolea**

89. 柱头2裂；花瓣紫或紫绿色，稀白色，长1-1.5厘米 ……………… 59. 扇叶芥属 **Desideria**

13. 植株具分叉毛或具单毛。

91. 花瓣爪基部具毛；长雄蕊每两个花丝基部连合 ……………………………… 97. 连蕊芥属 **Synstemon**

91. 花瓣爪无毛，或无花瓣；长雄蕊花丝分离，若连合则柱头2裂。

92. 茎生叶1-3回羽状全裂、窄3裂或为3-5小叶。

93. 多年生簇生草本；根状茎有宿存枯叶柄 ……………………………… 103. 芹叶荠属 **Smelowskia**

93. 一年、二年或非垫状多年生草本；根状茎无宿存枯叶柄。

94. 花黄色。

95. 长角果圆柱形；子房有20-40胚珠；总状花序无苞片 ……………… 101. 播娘蒿属 **Descurainia**

95. 短角果椭圆形或倒披针形；子房有4-16胚珠；总状花序具苞片 …… 102. 羽裂荠属 **Sophiopsis**

94. 花白、粉红或淡紫色。

96. 总状花序通体或下半部有苞片。
97. 短角果长圆形，具窄隔膜 …… 21. **藏芥属 Hedinia**
97. 长角果线状圆柱形，具宽隔膜 …… 104. **华羽芥属 Sinosophiopsis**
96. 总状花序无苞片。
98. 柱头锥状，2裂；长雄蕊离生或每2个基部相连 …… 75. **丝叶芥属 Leptaleum**
98. 柱头头状，不裂；长雄蕊花丝分离。
99. 总状花序组成圆锥花序；果为短角果 …… 27. **阴山芥属 Yinshania**
99. 总状花序单一；果为长角果。
100. 花序轴呈"之"字形曲折；子房有6-20胚珠；植株仅被树枝状毛；最上部茎生叶窄3裂 …… 93. **葶芥属 Janhedgea**
100. 花序轴直；子房有20-40胚珠；植株被单毛和2叉毛；最上部茎生叶羽状深裂 …… 104. **华羽芥属 Sinosophiopsis**
92. 茎生叶不分裂、大头羽裂或羽状半裂。
101. 植株全体或至少最上部被丁字毛。
102. 花黄色。
103. 短角果卵圆形、长圆形或披针形；种子每室2列，子叶缘倚胚根 …… 42. **葶苈属 Draba**
103. 果常为长角果，线形；种子每室1行，稀2行，子叶背倚（稀缘倚）胚根 …… 85. **糖芥属 Erysimum**
102. 花白、淡紫、粉红或紫色。
104. 总状花序有苞片；多年生草本；长雄蕊花丝基部膨大 …… 23. **半脊荠属 Hemilophia**
104. 总状花序无苞片；一年生草本；长雄蕊花丝基部不膨大。
105. 植株被易折断、不等长2叉毛或单毛；果不开裂，成熟时成节断裂，每节含1种子；种子2.5-3.5毫米；柱头2瓣裂 …… 81. **隐子芥属 Cryptospora**
105. 全部被丁字毛；果开裂；柱头不裂；种子0.7-1.4毫米。
106. 角果长圆形；长雄蕊花药2室；子房有2胚珠；总状花序有多花 …… 39. **香雪珠属 Lobularia**
106. 角果扁圆柱形；长雄蕊花药1室；子房有14-24胚珠；总状花序有2-5花 …… 80. **异药芥属 Atelanthera**
101. 植株不被丁字毛。
107. 萼片连合 …… 59. **扇叶芥属 Desideria**
107. 萼片分离。
108. 茎生叶耳状、箭形或抱茎。
109. 果为短角果，长圆形或卵圆形；种子每室2列 …… 42. **葶苈属 Draba**
109. 果为长角果或短角果；种子每室1列。
110. 花淡黄或亮黄色。
111. 果为短角果，圆球形、双透镜形或倒梨形；侧生蜜腺2或4，无中蜜腺。
112. 短角果近球形，长1.7-2.3毫米；子房有2-4胚珠；雄蕊花药略具4室 …… 35. **球果芥属 Nestria**
112. 短角果倒梨形、倒卵圆形或椭圆形，长4-9厘米；子房有多数胚珠；雄蕊不等长 …… 100. **亚麻芥属 Camelina**
111. 果为长角果，线形；蜜腺合生，包围所有花丝基部。
113. 植株被具短柄或近无柄的星状短柔毛；长角果被毛；果柄上升、开展或反折 …… 54. **无苞芥属 Olimarbidopsis**
113. 植株上部无毛，被粉霜，基部被单毛和分叉毛；长角果无毛；果柄贴向果轴 …… 61. **旗杆芥属 Torritis**

110. 花白色、粉红色或紫色。
114. 果为短角果，倒心状三角形或倒三角形 …………………………………… 20. 荠属 Capsella
114. 果为长角果，线形或圆柱形。
115. 植株具2种以上的毛。
116. 长角果线形，具宽隔膜；子叶缘倚胚根 …………………………………… 50. 南芥属 Arabis
116. 长角果线状圆柱形，稀具宽隔膜；子叶背倚胚根 ……………………… 53. 须弥芥属 Crucihimalaya
115. 植株仅被无柄星状毛 …………………………………………………… 55. 假拟南芥属 Pseudoarabidopsis
108. 茎生叶具柄，叶基部渐窄成柄状，或无柄但不呈耳状或箭形，有时无茎生叶（即花茎无叶）。
117. 灌木或亚灌木 ………………………………………………………………………… 50. 南芥属 Arabis
117. 草本。
118. 长雄蕊花丝连合至顶部，稀仅达中部。
119. 植株无腺毛；内轮萼片基部不呈囊状；长角果不开裂或迟裂，成熟时成节断裂 ……………………………………………………………………………………………… 82. 棒果芥属 Strigmostemum
119. 植株疏被或密被腺毛；内轮萼片基部囊状；长角果延迟开裂，不横裂成节段 ……………………………………………………………………………………………… 83. 爪花芥属 Oreoloma
118. 长雄蕊花丝分离。
120. 花瓣深2裂。
121. 多年生草本，具根颈；植株仅被贴伏星状毛；内轮萼片基部囊状 ……… 38. 翅子荠属 Galitzkya
121. 一年或二年生草本；植株被分枝毛或星状毛；内轮萼片基部不呈囊状 … 40. 团扇荠属 Berteroa
120. 花瓣全缘或微缺，或无花瓣。
122. 角果的长与宽大致相等或稍长于宽，稀为宽的3倍。
123. 总状花序具苞片，稀下半部具苞片。
124. 植株具匍匐茎；子房有2-4胚珠。
125. 叶全缘；长雄蕊花丝具附属物；侧蜜腺半环形，中蜜腺鳞片状 ……………………………………………………………………………………………… 23. 半脊荠属 Hemilophia
125. 叶有齿；长雄蕊花丝无附属物；侧蜜腺半圆形，无中蜜腺 ……… 24. 蛇头荠属 Dipoma
124. 植株多年生丛生或一年生；子房有10以上胚珠。
126. 花瓣黄色；植株被粗刚毛；子叶缘倚胚根 …………………………… 42. 葶苈属 Draba
126. 花瓣白或淡紫色；植株被微柔毛；子叶背倚胚根 ……………… 94. 寒原芥属 Aphragmus
123. 总状花序无苞片。
127. 内轮萼片基部囊状；柱头2裂；花瓣线形，长0.7-1.5厘米，有爪。
128. 花瓣红色；植株被单毛或分枝毛；果柄直立或上升；角果密被白色长棉毛 ……………………………………………………………………………………………… 30. 绵果荠属 Lachnoloma
128. 花瓣白或淡黄色；植株常疏生腺毛；果柄反折；角果不被丝质毛 ……………………………………………………………………………………………… 69. 小柱芥属 Microstigma
127. 内轮萼片基部不呈囊状；柱头不裂，若2裂则花瓣长不及1.5毫米；花瓣形状多样，常较小，若为线形则无爪，有时无花瓣。
129. 花丝有齿或翅，有附片或乳突状毛 ……………………………………… 37. 庭荠属 Alyssum
129. 花丝纤细，无翅，无附片，也无毛。
130. 一年生草本。
131. 柱头2裂；花瓣长不及1.5毫米；角果不裂 ……………………… 33. 乌头荠属 Eclidium
131. 柱头不裂；花瓣长超过1.5毫米，若不足1.5毫米，则子房有6以上胚珠；角果开裂。
132. 子房有4胚珠 ……………………………………………………… 37. 庭荠属 Alyssum

132. 子房有8胚珠。
133. 花瓣长0.6-1.2毫米；短角果具窄隔膜；子房背倚胚根 ………………………… 22. 薄果荠属 **Hornungia**
133. 花瓣长2.5-8毫米；短角果具宽隔膜；子叶缘倚胚根 ………………………………… 42. 庭房属 **Draba**
130. 多年生草本。
134. 植株具匍匐茎；长雄蕊花丝基部增宽 ……………………………………………… 41. 穴丝荠属 **Coelonema**
134. 植株丛生或簇生，常具明显的根颈；长雄蕊花丝基部不增大。
135. 短角果宽0.6-1厘米；花柱圆锥形或近圆锥形 ………………………………… 60. 宽果荠属 **Eurycarpus**
135. 短角果宽稀达4毫米；若宽于4毫米则茎有叶；花柱不明显或圆柱状。
136. 短角果不呈念珠状；子叶缘倚胚根 ……………………………………………… 42. 葶苈属 **Draba**
136. 短角果念珠状；子叶背倚胚根 …………………………………………………… 98. 肉叶荠属 **Braya**
122. 角果长度至少是宽度的5倍。
137. 柱头圆锥形，裂片下延、靠合；萼片直立。
138. 一年生草本；花药长0.3-1.2毫米。
139. 内轮萼片基部囊状；种子有翅；茎基部常有2条从腋间发出的对生分枝 … 73. 对枝芥属 **Cithareloma**
139. 内轮萼片基部不呈囊状；种子无翅 ……………………………………………… 76. 涩芥属 **Malcolmia**
138. 多年生或二年生草本；花药长2.5-4毫米。
140. 花瓣线形，向内拳卷；种子有翅；子叶缘倚胚根 ………………………… 68. 紫罗兰属 **Matthiola**
140. 花瓣倒卵形，平展；种子无翅；子叶背倚胚根 …………………………… 77. 香花芥属 **Hesperis**
137. 柱头头状，不裂；若裂则裂片既不下延也不靠合；萼片上升或稍外倾。
141. 花瓣长不及1.5毫米；角果顶端有4枚角状附属物 ……………………………… 67. 四齿芥属 **Tetracme**
141. 花瓣长超过1.8毫米；角果顶端无角状附属物。
142. 茎无叶。
143. 花瓣黄色；侧蜜腺2或4。
144. 二年生、多年生、稀一年生草本；种子每室2行，果瓣脉不明显 ………… 42. 葶苈属 **Draba**
144. 一年生草本；种子每室1行，果瓣中脉凸出 …………………………… 57. 假葶苈属 **Drabopsis**
143. 花瓣白、淡紫或粉红色；蜜腺合生，包围所有花丝基部。
145. 果瓣具中脉和边脉；子叶背倚胚根 …………………………………… 47. 藏芥属 **Phaeonychium**
145. 果瓣脉不明显或仅中脉凸出；子叶缘倚胚根 ……………………………… 50. 南芥属 **Arabis**
142. 茎有叶。
146. 子房柄长达5毫米；花瓣匙形 ……………………………………………… 1. 长柄芥属 **Macropodium**
146. 子房无柄；花瓣近圆形、匙形或倒披针形，稀长圆形。
147. 花瓣黄色 ………………………………………………………………………… 42. 葶苈属 **Draba**
147. 花瓣白、淡紫或紫色。
148. 茎生叶全缘。
149. 一年生草本；子叶背倚胚根。
150. 植株被单毛和叉状毛；花柱不明显或长达1毫米；子房有1580胚珠；长角果线形或圆柱形 ……………………………………………… 52. 拟南芥属 **Arabidopsis**
150. 植株被3-4叉状及星状毛；花柱长1.5-2.5毫米；子房有6-14胚珠；长角果四棱状线形 ……………………………………………… 95. 锥果芥属 **Berteroella**
149. 多年生草本；子叶缘倚胚根。
151. 植株被混生的单毛、叉状毛或星状毛 ……………………………… 42. 葶苈属 **Draba**
151. 植株被星状毛及分枝毛 ……………………………………………… 56. 曙南芥属 **Stevenia**
148. 至少部分茎生叶有齿或分裂。

152. 长雄蕊花丝基部有宽翅；果瓣具增厚的边缘，基部与胎座框结合紧密 ………… 64. **鳞蕊芥属 Lepidostemon**
152. 长雄蕊花丝无翅；果瓣边缘不增厚，开裂时基部与胎座框易分离。
153. 角果无毛。
154. 植株至少部分为星状毛或树枝状毛。
155. 角果具宽隔膜；子叶缘倚胚根。
156. 果为短角果，果瓣不呈念珠状；种子每室2列，无翅 ……………………………… 42. **葶苈属 Draba**
156. 果为长角果，果瓣平滑或念珠状；种子每室1列，边缘有环状翅 ……………… 50. **南芥属 Arabis**
155. 长角果线状圆柱形；子叶背倚胚根 ……………………………………………… 53. **须弥芥属 Crucihimalaya**
154. 植株被单毛和2叉毛 …………………………………………………………………………… 52. **拟南芥属 Arabidopsis**
153. 角果有毛。
157. 侧蜜腺2或4，无中蜜腺；柱头不裂。
158. 果为短角果，具宽隔膜，不呈念珠状；种子每室2行，子叶缘倚胚根 …………… 42. **葶苈属 Draba**
158. 果为长角果，圆柱形，呈念珠状；种子每室1行，子叶背倚胚根 ……… 96. **念珠芥属 Neotorularia**
157. 蜜腺相连，包围花丝基部；柱头2裂。
159. 花瓣0.6-1厘米；子叶背倚胚根 ………………………………………………… 47. **藏芥属 Phaeonychium**
159. 花瓣2-4毫米；子叶缘倚胚根。
160. 果瓣顶端易与胎座框分开，念珠状；果柄贴向果轴 …………………… 51. **假蒜芥属 Sisymbriopsis**
160. 果瓣顶端与胎座框结合紧密，不呈念珠状；果柄不贴向果轴 …………… 59. **扇叶芥属 Desideria**

1. 长柄芥属 Macropodium R. Br.

（陆莲立）

多年生草本；植株无毛，或被单毛或叉状毛。茎直立。叶缘及花序轴被卷曲叉状毛。花序总状或近穗状。萼片直立，基部不成囊状；花瓣白色，匙形，基部成爪；雄蕊长于花瓣；侧蜜腺近环状，内面开口，成托状附属物，中蜜腺无；子房柄长达5毫米，基部被单毛及叉状毛，花柱近无。长角果垂生，线形；果瓣薄，扁平。种子每室1行，近圆形，扁，边缘有翅；子叶缘倚胚根。

2种，1种产阿尔泰山，另1种产库页岛至日本。我国1种。

长柄芥 古芥 图 620

Macropodium nivale (Pall.) R. Br. in Aiton Hort. Kew. ed. 2. 4:108. 1812.

Cardamine nivalis Pall. Reise. ed. 2, 2: Sappl. 45. 1777.

植株高达50厘米。茎顶端及花序轴有贴生单毛。叶椭圆形、长圆卵形或披针形，长2-10厘米；基生叶及下部茎生叶有柄，长2-9厘米，边缘有钝齿，上部茎生叶近无柄，全缘。总状花序花密生。萼片长圆形，长5.5-6毫米，边缘白色膜质；花瓣白色，匙形，长0.6-1厘米；子房柄长3-6毫米。长角果条形，长2-4.5厘米，宽3-5毫米，垂生。种子圆形或椭圆形，长2-3

图 620 长柄芥 （冯晋庸绘）

毫米，红褐色，有窄翅。花期7-8月，果期8-9月。染色体2n=30。

产新疆北部（阿尔泰山区），生于山地河边。俄罗斯、哈萨克斯坦及蒙古有分布。

2. 芸苔属 **Brassica** Linn.

（陆莲立）

一年生、二年生或多年生草本；无毛或被单毛；根细或块状。基生叶常成莲座状，茎生叶无柄抱茎或有柄。总状花序伞房状。花黄色，稀白色，长达3厘米；萼片近相等，内轮基部囊状；蜜腺4，分离，侧蜜腺柱状，中蜜腺近球形、长圆形或丝状。子房有4-50胚珠；柱头2裂。长角果线形、长圆形或圆柱形，稀近扁，常稍扭曲，喙锥形，无种子或有1-3粒；果瓣无毛，脉不明显或中脉凸出；柱头头状，近2裂，隔膜完全，透明。种子每室1行，球形，稀卵圆形，棕色，种皮有网纹；子叶对折。

约40种，多分布于地中海地区，特别是西南欧和西北非。我国主要为栽培种，约6种13变种。本属植物经济价值高，为重要蔬菜、油料及蜜源植物，有些可药用。

1. 二年生或多年生草本；叶肉质，粉蓝或蓝绿色；花较大，白或浅黄色，花瓣具长爪。
  2. 花序轴长，花瓣黄或白色，长1.5-2.5厘米；叶无毛。
    3. 花乳黄色；叶厚；茎生叶有细柄或无柄，抱茎。
      4. 叶大，肉质；茎生叶无柄，抱茎；茎基部不成块茎。
        5. 叶包成球状体；花序轴长 …………………………………… 1. 甘蓝 **B. oleracea** var. **capitata**
        5. 叶不包成球状体；花序轴较短，未发育的花芽密集成乳白色肉质头状体 ……………………………………………… 1(附). 花椰菜 **B. oleracea** var. **botrytis**
      4. 叶小，较薄，茎生叶有细柄；茎基部膨大成球茎 …………………… 2. 擘蓝 **B. oleracea** var. **albiflora**
    3. 花白或浅黄色；叶基部有1对叶耳，具长柄 …………………… 3. 芥蓝 **B. oleracea** var. **gongylodes**
  2. 总状花序伞房状；花浅黄色；幼叶散生刚毛 …………………………………… 4. 欧洲油菜 **B. napus**
1. 多为一年生草本；叶绿色或有粉霜；花较小，鲜黄或浅黄色，花瓣具短爪。
  6. 种子窠穴不明显；植株无辛辣味。
    7. 有块根；基生叶大头羽裂或成复叶，叶柄长，有小裂片 …………………………… 5. 芜菁 **B. rapa**
    7. 无块根。
      8. 植株被粉霜；基生叶大头羽裂，具不整齐缺齿，叶柄宽，抱茎。
        9. 茎、叶及花序轴非紫色 ………………………………………… 6. 芸苔 **B. rapa** var. **oleifera**
        9. 茎、叶、花序轴及果瓣均紫色 ……………………… 6(附). 紫菜苔 **B. rapa** var. **purpuraria**
      8. 植株无粉霜。
        10. 基生叶倒卵状长圆形，边缘皱缩，波状，叶柄扁平，两侧下延成宽翅 ……………………………………………… 7. 白菜 **B. rapa** var. **glabra**
        10. 基生叶常成莲座状，全缘或稍有波状齿，基部渐窄成柄，无翅 …… 8. 青菜 **B. rapa** var. **chinensis**
  6. 种子具明显窠穴；植株有辛辣味。
    11. 茎或根非肉质；基生叶宽卵形、倒卵形、倒披针形或长圆状披针形，边缘有缺刻、不整齐锯齿或成重锯齿 ……………………………………………… 9. 芥菜 **B. juncea**
    11. 茎生叶的叶柄或块根肉质。
      12. 下部茎生叶的叶柄肉质，成拳状；基生叶倒卵形或长圆形，长40-80厘米 ……………………………………………… 9(附). 榨菜 **B. juncea** var. **tumida**
      12. 块根肉质，块根圆锥形或长圆球形，外皮白、黄或黄棕色；基生叶长圆状卵形，长10-30厘米 ……………………………………………… 9(附). 芥菜疙瘩 **B. juncea** var. **napiformis**

1. 甘蓝 包菜 洋白菜 圆白菜 图 621 彩片 158

Brassica oleracea Linn. var. **capitata** Linn. Sp. Pl. 667. 1753.

二年生草本，被粉霜。一年生茎肉质，矮而粗壮，不分枝。基生叶多，质厚，层层包成球状体，径10-30厘米，乳白或淡绿色；二年生茎分枝。基生叶及下部茎生叶长圆状倒卵形或圆形，长达30厘米，叶柄有宽翅；上部茎生叶卵形或长圆形，基部抱茎。总状花序顶生或腋生。萼片直立，窄长圆形，长5-7毫米；花瓣淡黄色，宽长倒卵形或近圆形，长1.3-1.5厘米，先端微凹，基部爪长5-7毫米。长角果圆柱形，长6-9厘米，两侧稍扁，喙圆锥形，长0.6-1厘米；果柄直立开展。种子球形，棕色。花期4月，果期5月。染色体2n=18。

原产地中海地区。我国各地栽培，作蔬菜及饲料。叶可治疗胃及十二指肠溃疡。

［附］**花椰菜** 花菜 彩片 159 **Brassica oleracea** var. **botrytis** Linn. Sp. Pl. 667. 1753. 本变种与模式变种的区别：茎顶端有1个由花序梗、花梗及未发育的花芽密集成头状体，头状体肉质，乳白色；花序轴较短；花淡黄色，后白色；长角果圆柱形，长3-4厘米，有中脉，喙锥形，长1-1.2厘米；种子宽椭圆形，棕色。花期4月，果期5月。各地栽培。头状体作蔬菜，为防癌食品。

图 621 甘蓝 （引自《东北草本植物志》）

2. 擘蓝 苤蓝 图 622 彩片 160

Brassica oleracea Linn. var. **gongylodes** Linn. Sp. Pl. 2: 667. 1753.

Brassica caulorapa Pasq.; 中国高等植物图鉴 2: 30. 1972; 中国植物志 33: 18. 1987.

二年生草本，高达60厘米；植株无毛，被粉霜。茎基部近地面2-4厘米处膨大成球形或扁球形的肉质球茎，绿色，具叶。叶集生于球茎上部，宽卵形或长圆形，长约2厘米，基部两侧常有1-2裂片，边缘齿不规则；叶柄长6.5-20厘米，常有少数小裂片。总状花序顶生。花黄色，径1.5-2.5厘米。长角果具短喙，常在基部膨大。种子小，径1-2毫米，有棱角。花期4月，果期5-6月。染色体2n=18。

原产欧洲。我国各地栽培。球茎、叶作蔬菜；种子油食用；茎、叶、种子药用，能助消化，治十二指肠溃疡。

图 622 擘蓝 （引自《图鉴》）

3. 芥蓝 图 623 彩片 161

Brassica oleracea var. **albiflora** Kuntze, Revis. Gen. Pl. 1: 19. 1891.

Brassica alboglabra L. H. Bailey; 中国植物志 33: 18. 1987.

一年生草本，高达40厘米以上；无毛，被粉霜。茎直立，有分枝。基生叶卵形，长10厘米，不裂或基部有小裂片，边缘有微小不整齐裂齿，叶柄长3-7厘米；茎生叶卵形或圆卵形，长6-9厘米，边缘呈波状或有不整齐尖齿，基部下沿至叶柄有少数裂片；茎上部叶长圆形，长8-15厘米，先端圆，不裂，边缘有粗齿，有柄。总状花序长。萼片披针形，长4-5毫米；花瓣白或淡黄色，长圆形，长2-2.5厘米，基部成窄爪。长角果线形，长3-9厘米，喙长0.5-1厘米。种子凸球形，红棕色，有小穴点。花期3-4月，果期5-6月。染色体2n=18。

广东、广西及云南有栽培。作蔬菜。

4. 欧洲油菜 图 624

Brassica napus Linn. Sp. Pl. 666. 1753.

一年生或二年生草本，高达50厘米；植株常无毛。茎直立，有分枝。幼叶散生刚毛，被粉霜；下部茎生叶大头羽裂，长5-25厘米，宽2-6厘米，顶裂片卵形，长7-9厘米，边缘有钝齿，侧裂片约2对，卵形，长1.5-2.5厘米，叶柄长2.5-6厘米，基部有裂片；中部及上部茎生叶基部心形，抱茎。总状花序伞房状。萼片卵形，长5-8毫米；花瓣浅黄色，倒卵形，长1-1.5厘米，基部爪长4-6毫米。长角果线形，长4-8厘米，喙长1-2厘米，细；果瓣有中脉；果柄长约2厘米。种子球形，径约1.5毫米，黄棕色，有网状小穴。花期3-4月，果期4-5月。染色体2n=38。

各地栽培。为油料作物。

图 623 芥蓝 （引自《广州植物志》）

5. 芜菁 图 625

Brassica rapa Linn. Sp. Pl. 666. 1753.

二年生草本，高达1米。块根肉质，球形、扁圆形或长圆形，外皮白、黄或红色，根肉白或黄色。茎直立，有分枝，下部稍有毛，上部无毛。基生叶大头羽裂或成复叶，长20-34厘米，顶裂片或小叶大，边缘波状或浅裂，侧裂片或小叶约5对，向下渐小，散生刺毛，叶柄长10-16厘米，有小裂片；中部及上部茎生叶长圆状披针形，长3-12厘米，无毛，被粉霜，基部宽心形，半抱茎至抱茎。总状花序顶生。萼片长圆形，长4-6毫米；花瓣亮黄色，倒披针形，长4-8毫米，基部爪短。长角果线形，长3.5-8厘米；果瓣中脉显著，喙长1-2厘米；果柄长约3厘米。种子球形，径约1.8毫米，浅黄棕色，有网状小穴，种脐黑色。花期3-4月，果期5-6月。染色体2n=20。

原产欧洲。我国各地栽培。块根熟食或腌制，或作饲料。

图 624 欧洲油菜 （王金凤绘）

6. 芸苔 油菜 图 626 彩片 162

Brassica rapa Linn. var. **oleifera** DC. Syst. Nat. 2: 591. 1821.

Brassica campestris Linn.; 中国高等植物图鉴 2: 31. 1972; 中国植物志 33: 21. 1987.

二年生草本，高达90厘米。茎直立，微被粉霜。基生叶大头羽裂，顶裂片圆形或卵形，有不整齐缺齿，侧裂片1至数对，卵形，叶柄宽，长2-6厘米，基部抱茎；下部茎生叶羽状半裂，长6-10厘米，基部抱茎，有硬毛及缘毛；上部茎生叶长圆状倒卵形、长圆形或长圆状披针形，长2.5-8（-15）厘米，基部心形，两侧有垂耳，全缘或有波状细齿。总状花序伞房状。萼片长圆形，长3-5毫米，直立开展；花瓣鲜黄色，倒卵形，长7-9毫米。长角果线形，长3-8厘米；果瓣凸起，有中脉及网纹，喙直立，长0.9-2.4厘米。种子球形，紫褐色。花期3-4月，果期5月。染色体2n=20。

原产欧洲。陕西、江苏、安徽、浙江、江西、湖北、湖南、四川、甘肃等有栽培。为重要油料作物，含油量约40%，供食用；嫩茎、叶和花序梗作蔬菜；种子药用，能消肿，叶外敷可治痈肿。

［附］**紫菜苔 Brassica rapa** var. **purpuraria**（L. H. Bailey）Kitamura in Mem. Coll. Sci. Kyoto. Imp. Univ. ser. B, Biol. 19: 78. 1956. —— *Brassica campestris* var. *purpuraria* L. H. Bailey in Gent. Herb. 2: 248. f. 131. 1930; 中国植物志 33: 23. 1987. 与模式变种的区别：茎、叶、叶柄、花序轴及果瓣均紫色。栽培。菜苔作蔬菜食用。

7. 白菜 大白菜 菘 黄芽菜 图 627

Brassica rapa Linn. var. **glabra** Regel, Gartenflora 9: 9. 1860.

Brassica pekinensis (Lour.) Rupr. 中国高等植物图鉴 2: 33. 1972; 中国植物志 33: 23. 1987.

二年生草本，高达60厘米；常无毛。茎短，着生多数叶。基生叶倒卵状长圆形或宽倒卵形，长30-60厘米，边缘皱缩，波状，中脉宽；叶柄白色，扁平，两侧下延成宽翅，秋末叶渐紧卷成头状或圆筒状，白或淡黄色，翌年抽出花茎；茎生叶长圆状卵形或长圆状披针形，长2.5-7厘米，有短柄或抱茎。萼片长圆形或卵状披针形，长4-5毫米，直立；花瓣鲜黄色，倒卵形，长7-8毫米。长角果长3-6厘米，喙长0.4-1厘米。种子球形，径1-1.5毫米，棕色。花期5月，果期6月。染色体2n=20。

原产华北，各地栽培。为冬、春重要蔬菜。

图 625 芜菁 （孙玉荣仿绘）

8. 青菜 小白菜 小青菜 菜苔 图 628

Brassica rapa var. **chinensis** (Linn.) Kitamura in Mem. Coll. Sci. Univ. Kyoto ser. B. Biol. 19: 70. 1950.

Brassica chinensis Linn. Gent. Pl. 1: 19. 1755; 中国高等植物图鉴 2: 34. 1972; 中国植物志 33: 25. 1987.

Brassica parachinensis L. H. Bailey; 中国植物志 33: 27. 1987.

一年生或二年生草本，高达70厘米；无毛。茎直立，有分枝。基生叶倒卵形、宽倒卵形、长椭圆形或宽卵形，长8-30厘米，全缘或有圆齿或波状齿，叶柄长3-5厘米，宽而肥厚；下部茎生叶与基生叶相似；上部茎生叶倒卵形、卵形、椭圆形或窄长圆形，长3-7厘米，基部耳状抱茎。总状花序圆锥状。萼片长圆形，长3-4毫米，直立开展；花瓣黄色，长圆形，长1-1.5厘米。长角果线形，长2-6厘米，喙细，长0.8-1.2厘米。种子球形，径1-1.5毫米，紫褐色，有蜂房纹。花期4月，果期5-6月。染色体2n=20。

原产亚洲。我国各地栽培，主产长江流域。为重要蔬菜。

图 626 芸苔 （引自《东北草本植物志》）

9. 芥菜 雪里红 油芥菜 多裂叶芥 皱叶芥菜 大叶芥菜 图 629 彩片 163

Brassica juncea (Linn.) Czern. et Coss. in Czern. Conspect. Fl. Chark. 8. 1889.

Sinapis juncea Linn. Sp. Pl. 668. 1753.

Brassica integrifolia (West) O. E. Schulz apud Urb.; 中国植物志 33: 30. 1987.

Brassica juncea var. *crispifolia* L. H. Bailey; 中国植物志 33: 30. 1987.

Brassica juncea var. *foliosa* L. H. Bailey; 中国植物志 33: 30. 1987.

Brassica juncea var. *gracilis* Tsen et Lee; 中国植物志 33: 30. 1987.

Brassica juncea var. *multiceps* Tsen et Lee; 中国植物志 33: 29. 1987.

Brassica juncea var. *multisecta* L. H. Bailey; 中国植物志 33: 30. 1987.

一年生或二年生草本，高达1.5米；无毛或幼茎、叶有刺毛，微被粉霜。茎直立，多分枝。基生叶宽卵形或倒卵形，长15-35厘米，不裂或大头羽裂，有重锯齿或缺刻，叶柄长3-9厘米，有小裂片；茎生叶较小，不抱茎；茎上部叶窄披针形，长2.5-5厘米，疏生不明显锯齿或全缘。总状花序。萼片长圆状椭圆形，长4-5毫米，直立开展；花瓣亮黄色，倒卵形，长0.8-1厘米，基部爪长4-5毫米。长角果线形，长3-5.5厘米；果瓣中脉凸出，喙长0.6-1.2厘米。种子球形，径1毫米，紫褐色。花期3-5月，果期5-6月。染色体2n=36。

原产亚洲。各地栽培。叶盐腌作蔬菜；种子含油量高，可榨油；种子磨粉为芥末，作调味品；全草和种子入药，能化痰平喘，消肿止痛；为优良蜜源植物。

［附］**榨菜 Brassica juncea** var. **tumida** Tsen et Lee in Hortus Sinicus 2: 23. 1942. 与模式变种的区别：下部茎生叶的叶柄肉质，成拳状；基生叶倒卵形或长圆形，长40-80厘米。染色体2n=36。四川及江浙等栽培，为重要腌食蔬菜。

［附］**芥菜疙瘩** 大头菜 图 630 **Brassica juncea** var. **napiformis** (Paill. et Bois) Kitamura in Mem. Coll. Sci. Univ. Kyoto ser. B, Biol. 19: 76. 1950. —— *Sinopis Juncea* Linn. var. *napiformis* Paill. et Bois, Potager dun Carieux 2: 372. 1892. —— *Brassica juncea* var. *megarrhiza* Tsen et Lee；中国植物志 33: 30. 1987. —— *Brassica napiformis* (Paill. et Bois.) L. H. Bailey；中国植物志33: 27. 1987. 本种与芥菜的区别：块根圆锥形或长圆球形，一半在地上，外皮白色，根肉白或黄色；基生叶及下部茎生叶长圆状卵形，大头羽状浅裂，长10-30厘米，顶裂片宽卵形，长9厘米，基部有侧裂片，叶柄长3-4.5厘米；茎生叶较小，上部叶长圆状披针形，近全缘，无柄至抱茎。原产欧洲。各地栽培。块根盐腌或酱渍供食用，或作饲料。染色体2n=36。

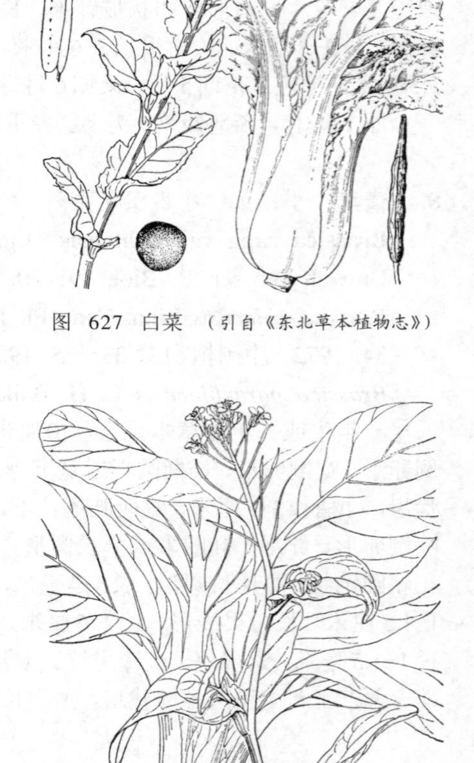

图 627 白菜 （引自《东北草本植物志》）

图 628 青菜 （引自《东北草本植物志》）

3. 白芥属 Sinapis Linn.

（陆莲立）

一年生草本；被单毛。茎直立，有分枝。叶羽状半裂或深裂，下部叶有短柄，上部叶柄渐短至无柄。总状花序花多数。萼片长圆形，几相等，基部不呈囊状；花瓣黄色，倒卵形，基部具爪；子房圆柱形，柱头近2裂。长角果短，近圆柱形或线状圆柱形；果瓣有3-7平行脉，喙稍扁，剑状。种子球形，棕色，子叶对折。

约7种，主产地中海地区。我国2种（其中引入栽培1种）。

1. 长角果披针形，顶端部分明显压扁，剑形；果柄开展；果瓣被刺状刚毛并兼有短细毛 ………………………………………………… **白芥 S. alba**
1. 长角果线形，顶端部分圆柱形、圆锥形或钻形；果柄上升或近直立；果瓣无毛，稀疏生毛，毛仅1种 …………… （附）. **新疆白芥 S. arvensis**

白芥 图 631 彩片 164

Sinapis alba Linn. Sp. Pl. 668. 1753.

一年生草本，高达0.75（-1）米。茎被稍外折的硬单毛。下部叶大头羽裂，裂片2-3对，顶裂片宽卵形，长3.5-6厘米，常3裂，侧裂片长1.5-2.5厘米，叶柄长1-1.5厘米；上部叶卵形或长圆状卵形，长2-4.5厘米，边缘有缺刻状裂齿，叶柄长0.3-1厘米。总状花序。花淡黄色，萼片长圆形或长圆状卵形，长4-5毫米；花瓣倒卵形，长0.8-1厘米，爪短。果序长达30厘米。长角果近圆柱形，长2-4厘米，直立或弯曲，被硬毛；果瓣有3-7平行脉，喙剑状，长0.6-1.5厘米，弯曲。种子球形，黄棕色，有网纹。花果期6-8月。染色体2n=24。

原产欧洲、俄罗斯、中亚、西南亚、印度克什米尔、越南及北非。辽宁、山西、山东、安徽、四川、甘肃、青海及新疆等地引种栽培。种子药用，有祛痰、散寒、消肿止痛作用。

［附］**新疆白芥 Simapis arvensis** Linn. Sp. Pl. 2: 668. 1753. 与白芥的区别：长角果线形，顶端部分圆柱形、圆锥形或钻形；果柄上升或近直立；果瓣无毛，稀疏生毛。花果期5-9月。染色体2n=18。产新疆，生于海拔400-1800米路边荒地、田野或牧场。阿富汗、巴基斯坦、中亚、俄罗斯、蒙古、西南亚、北非及欧洲有分布。

图 629 芥菜 （引自《图鉴》）

4. 二行芥属 Diplotaxis DC.

（陆莲立）

一年生、二年或多年生草本。茎直立，分枝，常被单毛，常无叶。基生叶羽状深裂或浅裂，有齿或全缘。总状花序伞房状。萼片伸展；花瓣黄、乳黄或紫色，具脉纹，基部有爪。长角果长圆形或线形，细长，扁，直立或下垂，开裂，具短喙。种子多数，每室2行，小，卵圆形或椭圆形，浅棕色；子叶对折。

约30种，多分布于欧洲及地中海地区；约旦南部也有。我国引入栽培1种，已野化。

图 630 芥菜疙瘩 （引自《东北草本植物志》）

二行芥 图 632

Diplotaxis muralis（Linn.）DC. Syst. Nat. 2: 634. 1821.

Sisymbrium murale Linn. Sp. Pl. 658. 1753.

一年生或二年生草本，高达50厘米。茎多数，直立，被硬毛。基生叶莲座状，大头羽状浅裂、深裂或具弯缺状齿，顶裂片长圆状倒卵形，有齿，侧裂片约3对，长圆状三角形，全缘或稍有齿，叶柄长3厘米；上部叶长圆形，柄短。总状花序多数。萼片长圆形；花瓣黄色，后紫褐色，倒卵形，长6-8毫米，爪短；蜜腺4或2，分离；柱头不裂。长角果长圆形，长2-4厘米，直立开展；果瓣有中脉，无毛，喙圆柱形，长约1毫米，黄褐色。花果期6-7月。染色体2n=42。

原产欧洲、地中海地区及约旦南部。辽宁大连市栽培，已野化。

5. 芝麻菜属 Eruca Mill.

（陆莲立）

一年或多年生草本，高达80厘米；无毛或有倒向毛或刚毛。茎直立，常上部分枝。基生叶不呈莲座状，结果时枯落，柄长2-5厘米，叶有齿或大头状羽状深裂或半裂，或2回羽状深裂，长4-15厘米，顶生裂片近圆形或宽卵形，有齿或全缘，侧生裂片3-9对，长圆形或长圆状卵形，羽状半裂、羽状深裂或全缘；上部茎生叶近无柄，分裂或不分裂；最上部茎生叶无柄。萼片常紫色，长圆形，长0.7-1厘米，无毛或有毛，早落；花瓣黄色转白色，具深被或紫色脉纹，宽倒卵形或匙形，长1.5-2厘米，先端圆，爪与萼片等长或稍长；雄蕊6、4强；短雄蕊花丝0.7-1.1厘米，长雄蕊花丝1-1.3厘米，花药线形或长圆形，顶端钝，无毛或有倒刚毛；蜜腺4或2，侧蜜腺棱柱形，中蜜腺卵圆形或长圆形，或无中蜜腺；子房无柄，有胚珠10-50。长角果或短角果线形或长圆形，长1.5-3.5厘米，宽3-5毫米，四棱柱状，无毛或有倒向刚毛，有瓣膜的部分开裂，具多数种子；果瓣平滑，革质，中脉明显，顶端部分不开裂，无种子，压扁呈剑形，长0.5-1厘米，具5脉；胎座框圆形；隔膜完整，膜质；宿存花柱不明显，柱头圆锥形，2裂，裂片靠合，下延；果柄2-7毫米，稍增粗，直立或上升，贴向或近于贴向花序轴。种子每室2行，无翅，球形或卵圆形，径1.5-2.5毫米；子叶对折。

单种属。

芝麻菜 腺果芝麻菜 图 633 彩片 165

Eruca vesicaria (Linn.) Cavan. subsp. **sativa** (Mill.) Thell. in Hegi, Ill. Fl. Mitt.-Eur. 4(1): 201. 1918.

Eruca sativa Mill. Gard. Dict. ed. 8, Eruca no. 1. 1768.; 中国高等植物图鉴 2: 34. 1972; 中国植物志 33: 35. 1987.

Eruca sativa var. *eriocarpa* Boiss.; 中国植物志 33: 35. 1987.

形态特征同属。

花期5-7月，果期6-8月。染色体2n=22。

产辽宁、内蒙古、宁夏、新疆、甘肃、青海、四川、陕西、山西及河北，生于海拔3800米以下荒地、田野、路边或山坡。阿富汗、巴基斯坦、印度、中亚、俄罗斯、蒙古、西北非、西南亚及欧洲有分布。

图 631 白芥 (冯晋庸绘)

6. 萝卜属 Raphanus Linn.

(陆莲立)

一年生或多年生草本。根肉质或非肉质。茎直立，分枝，被单毛。叶大头羽裂。总状花序伞房状。花较大，白或紫色；萼片直立，内轮基部稍囊状；花瓣倒卵形，常有紫色脉纹，基部成爪；子房钻状，有短柄，成2节，柱头头状，不裂。长角果不裂，圆筒形，下节极短，无种子，上节长，海绵质，2室，含2至多粒种子；果瓣在种子间稍缢缩，成熟时节间断裂，喙细长。种子球形或卵圆形，棕色；子叶对折。

约8种，分布于欧洲及东亚。我国2种。

1. 花瓣粉红或紫色，有时白色；根肉质；长角果平滑，果瓣横隔肥厚海绵质，在种子间稍缢缩 …………………………………… **萝卜 R. sativus**
1. 花瓣黄或乳白色，稀粉红色；根不为肉质；长角果具棱，果瓣坚实，在种子间缢缩，呈念珠状 ………………… (附). **野萝卜 R. raphanistrum**

萝卜 蓝花子 图 634 彩片 166

Raphanus sativus Linn. Sp. Pl. 2: 669. 1753.

Raphanus sativus var. *raphanistroides* (Makino) Makino; 中国植物志 33: 37. 1987.

二年生或一年生草本。根肉质，长圆形、球形或圆锥形，外皮白、红或绿色。茎高1米，分枝，被粉霜。基生叶和下部叶大头羽状分裂，长8-30厘米，顶裂片卵形，侧裂片2-6对，向基部渐小，长圆形，有锯齿，疏

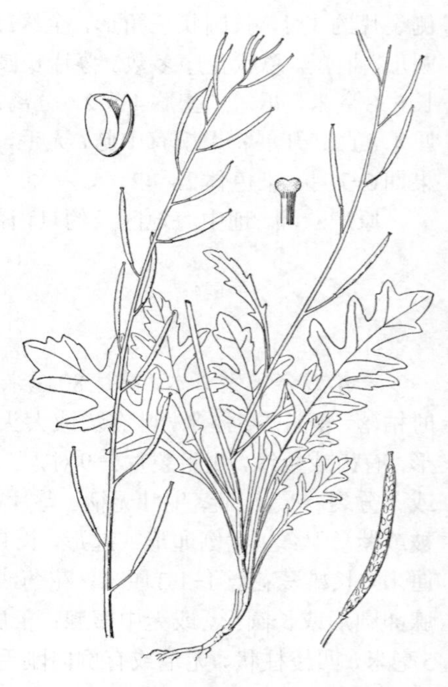

图 632 二行芥 (引自《东北草本植物志》)

被单毛或无毛；上部叶长圆形或披针形，有锯齿或近全缘。总状花序顶生或腋生。萼片长圆形，长5-7毫米；花瓣白、粉红或淡红紫色，有紫色纹，倒卵形，长1-2厘米，基部爪长0.5-1厘米。长角果圆柱形，长（1）3-6厘米，在种子间稍缢缩，横隔海绵质，喙长1-1.5厘米。种子1-6，卵圆形，红棕色。花期4-5月，果期5-6月。染色体2n=18。

全国各地栽培，其变种及品种甚多。根作蔬菜；种子含油量高，可榨油供工业及食用，也可药用。

[附] **野萝卜 Raphanus raphanistrum** Linn. Sp. Pl. 669. 1753. 与萝卜的区别：花瓣黄或乳白色，稀粉红色；根不为肉质；长角果具棱；果瓣坚实，在种子间缢缩，呈念珠状。花期5-9月，果期6-10月。原产西南亚、欧洲及地中海地区；现各处都有野化种。在青海、四川及台湾生于路边、田野或荒地。

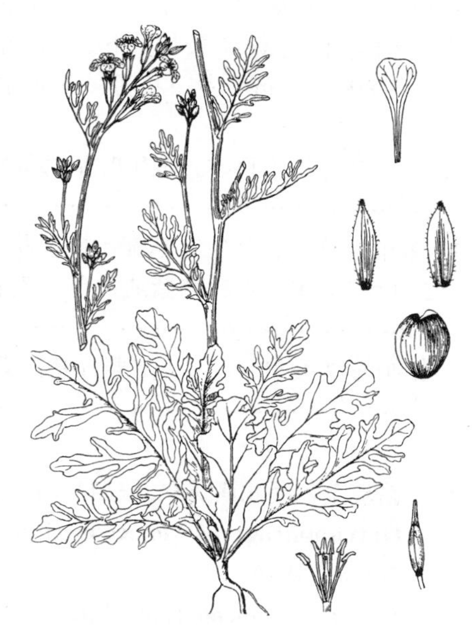
图 633 芝麻菜 （王蕙敏绘）

7. 两节荠属 Crambe Linn.

（陆莲立）

一年生或多年生草本，或小灌木状。根纺缍形。茎高，多分枝。叶大，大头羽裂或单叶。圆锥花序。花小，白或浅黄色，有香味；萼片直立开展，长圆形；花瓣小或无，倒卵形，基部具短爪；内轮雄蕊花丝在上部1/4有齿；子房2室，成2节，上节瓶状或球状，有1胚珠，能育，下节极短，胚珠1，不育；子房柄发达。短角果不裂。种子球形；子叶对折。

约35种，分布于欧洲中部、地中海地区、热带非洲及亚洲中部。我国1种。

图 634 萝卜 （引自《东北草本植物志》）

两节荠 图 635

Crambe kotschyana Boiss. in Diag. Pl. Nov. ser. 1, 6: 19. 1845.

多年生草本，高达2.5米。茎粗，径达2厘米，中空，多分枝，被柔毛。基生叶心状肾形或卵圆形，长约35厘米，宽达50厘米，基部宽心形，有大圆裂片，疏生三角形锯齿，被毛，叶柄粗，长约4厘米；茎生叶卵形或菱状长圆形，有钝裂片。萼片长圆形，长4-5毫米，被硬毛；花瓣白色，倒卵形，长0.7-1厘米。短角果成2节，上节球形，径5.5-6毫米，有4棱，1室，有1种子，下节被柔毛；果柄细，长2-4厘米。种子球形，径4.5-5毫米。花果期5-7月。染色体2n=30。

产新疆新源，生于山坡或河滩乱石堆。中亚及西南亚各国均有分布。

8. 诸葛菜属 Orychophragmus Bunge

（陆莲立）

一年、二年或多年生草本；无毛或稍被柔毛。茎单一或基部分枝。基生叶心形或卵状心形；下部茎生叶大头羽状深裂，上部茎生叶椭圆形或卵形，基部耳状抱茎，最上部茎生叶有柄，有时耳状。花大，紫、淡紫或白色，具长梗；萼片直立，靠合，外轮萼片基部囊状；花瓣宽倒卵形，基部具窄爪；雄蕊紧靠，长雄蕊成对合生，花药顶端尖；子房无柄，柱头2裂，裂片稍下延。长角果线形，有4棱，开裂；果瓣具棱脊，喙长。种子有时有窄翅；子叶对折。

约3种，分布于中国及朝鲜。我国均产。

1. 一年至二年生草本；茎生叶基部耳状；萼片直立，相互紧靠，基部囊状；花瓣深紫、淡紫或白色 …………………………………………………………………………… 1. **诸葛菜 O. violaceus**

1. 多年生草本；茎生叶基部不成耳状；萼片斜升，基部稍呈囊状；花白或淡紫色。
   2. 叶多为单叶；花淡紫或白色，带紫色条纹；萼片基部稍呈囊状；花瓣长倒卵形，长7–9毫米 …………………………………………………………………………… 2. **大叶诸葛菜 O. grandifolinus**
   2. 叶多为复叶；花白色，萼片基部囊状不显著；花瓣长圆形或倒卵状楔形，长4–4.5毫米 …………………………………………………………………………… 2(附). **心叶诸葛菜 O. limprichtianus**

1. 诸葛菜 湖北诸葛菜 缺刻叶诸葛菜 毛果诸葛菜 图 636 彩片 167

Orychophragmus violaceus (Linn.) O. E. Schulz in Engl. Bot. Jahrb. 54: 56. 1916.

Brassica violacea Linn. Sp. Pl. 2: 667. 1753.

Arabis chanetii Lévl.; 中国植物志 33: 268. 1987.

Orychophramus violaceus var. *hupehensis* (Pamp.) O. E. Schulz; 中国植物志 33: 43. 1987.

Orychophramus violaceus var. *intermedius* (Pamp.) O. E. Schulz; 中国植物志 33: 43. 1987.

Orychophramus violaceus var. *lasiocarpus* Migo; 中国植物志 33: 43. 1987.

一年生或二年生草本，高达50厘米。茎直立，单一或上部分枝。基生叶心形，锯齿不整齐，柄长7–9厘米；下部茎生叶大头羽状深裂或全裂，顶裂片卵形或三角状卵形，长3–7厘米，全缘、有牙齿、钝齿或缺刻，基部心形，有不规则钝齿，侧裂片2–6对，斜卵形、卵状心形或三角形，全缘或有齿；上部叶长圆形或窄卵形，长4–9厘米，基部耳状抱茎，锯齿不整齐。花紫或白色；萼片长达1.6厘米，紫色；花瓣宽倒卵形，长1–1.5厘米，基部爪长达1.5厘米。长角果线形，长7–10厘米，具4棱。种子卵圆形或长圆形，黑棕色，有纵条纹。花期3–5月，果期5–6月。染色体2n=24。

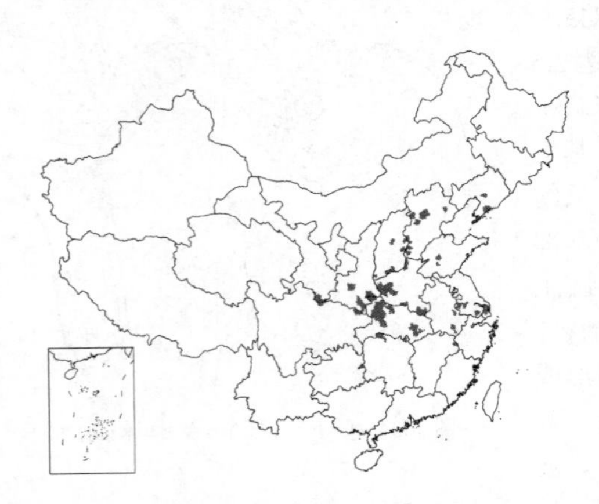

产辽宁、河北、山西、山东、河南、安徽、江苏、浙江、江西、湖北、湖南、四川、陕西及甘肃（文献记载内蒙古亦产），生于山坡林下或平原，有些地区栽培。朝鲜及日本有分布。嫩茎叶供食用；种子榨油；花供观赏。

图 635 两节荠 （王金凤绘）

图 636 诸葛菜 （引自《东北草本植物志》）

2. 大叶诸葛菜 大叶葱芥 图 637

Orychophragmus grandifolinus (Z. X. An) L. L. Lu et M. B. Deng, comb. nov.

Alliaria grandifolia Z. X. An in Acta Phytotax. Sin. 23(5): 396. f. 1. 1985; 中国植物志 33: 398. 1987.

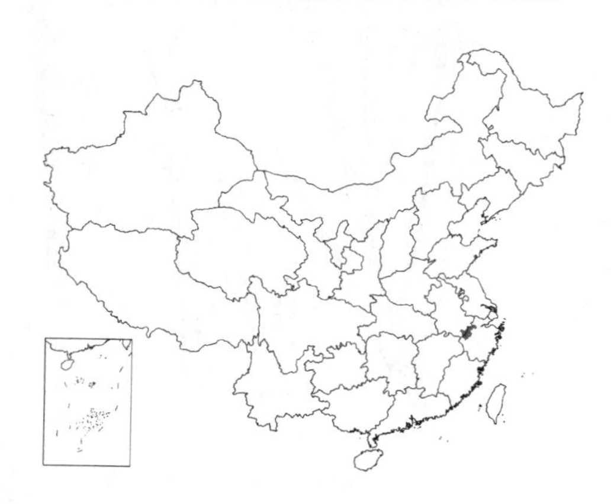

多年生草本，高达4.5厘米；无毛或有少量单毛。根状茎斜生，留有枯叶柄。基生叶单一，有柄，早枯；茎生叶宽卵形或宽心形，长9-15（18）厘米，先端尾尖，基部心形，有粗锯齿，下面有紫色条纹；叶柄长7-8厘米，基部扁。萼片卵形或长椭圆状卵形，基部囊状，紫或绿色；花瓣白色或带紫色，有紫色脉纹，长倒卵形，长7-9毫米，先端微凹，基部具短爪；花丝长2.5-3.5毫米，花药椭圆形；花柱长1-3毫米。长角果圆柱形，长5-7厘米，中脉显著，成熟时稍呈念珠状，顶端钝圆或钝尖，基部钝圆；果柄粗壮，长2-3.5（-4）厘米。种子长圆形，长2-3毫米。花期3-4月，果期4-6月。

产安徽南部歙县及浙江西北部昌化，生于海拔约1000米溪边草丛中。

［附］**心叶诸葛菜 Orychophragmus limprichtianus** (Pax) Al-Shehbaz et G. Yang. in Novon 10: 351. 2000. —— *Cardamine limprichtianus* Pax, Jahrb. Schles. Ges. Vaterl. Kult. 2: 27. 1911. 本种与大叶诸葛菜的区别：植株有毛；叶为复叶或少量单叶；萼片长卵形，基部囊状不显著；花瓣白色，长圆形或倒卵状楔形，长4-4.5毫米；长角果细长，长3-6厘米，径约1毫米；果柄纤细，长约2厘米，径约1毫米；种子长卵圆形，长2-2.5毫米。产四川峨眉山，生于海拔约1400米潮湿草地上。

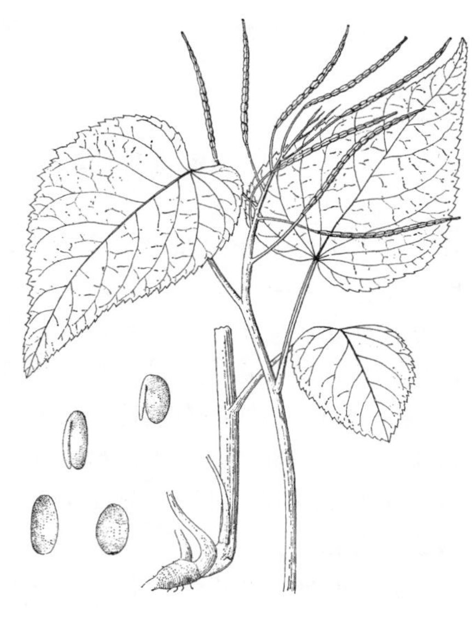

图 637 大叶诸葛菜 （史渭清绘）

9. 线果芥属 Conringia Adans.

（陆莲立）

一年生或二年生草本。叶卵形或卵状椭圆形，不裂，全缘。总状花序疏散。萼片直立，内轮基部囊状；花瓣白或淡黄色，常有紫色脉纹，倒卵状长圆形，基部具爪；侧蜜腺半环形，常2裂，中蜜腺有或无；柱头头状凹下，常2裂；子房有12-50胚珠。长角果线形，有4棱或扁，2室，开裂，喙扁平或无；果瓣有1或3脉，或近无脉。种子每室1行，子叶背倚胚根，稀缘倚胚根。

约6种，分布于中欧、地中海地区、中亚及西南亚。我国1种。

线果芥 图 638

Conringia planisiliqua Fisch. et Mey. in Sem. Hort. Pé trop. 3: 32. 564. 1837.

一年生草本，高达40厘米；无毛。茎单一，直立，稀分枝，苍白色。基生叶或茎下部叶倒卵形，长3-10厘米，先端渐尖，有小尖突，全缘或齿不明显；上部叶长圆状卵形，长2-4厘米，基部心形，耳状抱茎。总状花序伞房状。萼片线形；花瓣白或淡黄色，有紫色脉纹，长圆形，长约5毫米，先端圆钝，基部具长爪。长角果线形，长5-8厘米；果瓣扁，下部有明显中脉；宿存花柱长约1毫米。种子长圆状椭圆形，长约1.5毫米。花果期5-8月。染色体2n=14。

产新疆及西藏西北部，生于山坡。俄罗斯、中亚、西南亚及蒙古有分布。

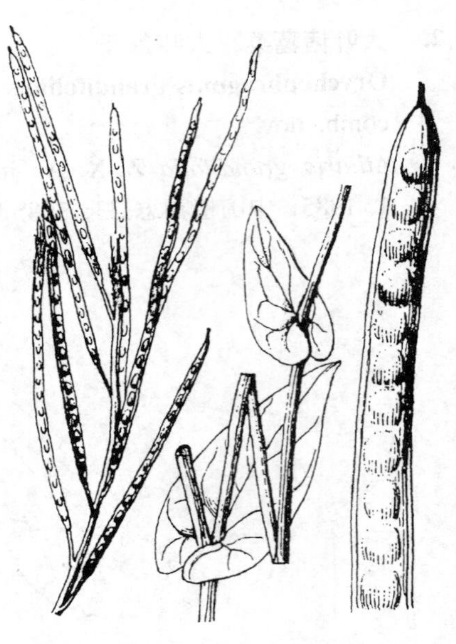

图 638 线果芥 （谭丽霞绘）

10. 独行菜属 Lepidium Linn.

（陆莲立）

一年生至多年生草本或亚灌木；常被单毛、腺毛或柱状毛。茎有分枝。基生叶和最下部茎生叶2-3回羽状半裂或羽状全裂；最上部茎生叶全缘或有齿。总状花序顶生，稀集成聚伞状圆锥花序。萼片长方形或线状披针形；花瓣白色，稀带粉红或淡黄色，线形或匙形，有时无；雄蕊6，常2或4，基部间有蜜腺；花柱短或无，柱头头状，有时稍2裂。短角果卵形、倒卵形、圆形或椭圆形，扁平，开裂，有窄隔膜；果瓣呈龙骨状突起或上部稍有翅。种子卵圆形或椭圆形，无翅或有翅；子叶背倚或缘倚胚根。

约180种，全世界广布。我国约16种。

1. 短角果顶端有翅，翅宽0.2-0.5毫米；花发育正常。
  2. 翅和宿存花柱基部连合；果柄平展，约与角果等长；基生叶莲座状；茎生叶不裂，基部箭形或耳状；子叶不裂 …… 1. **绿独行菜 L. campestre**
  2. 翅与宿存花柱不连合；果柄近直立，短于角果，基生叶不呈莲座状；茎生叶1-2回羽状全裂或浅裂；子叶3裂 …… 2. **家独行菜 L. sativum**
1. 短角果顶端无翅，或有宽不及0.2毫米的窄翅，翅与花柱离生；花发育不全，花瓣退化或无；雄蕊2或4；子叶不裂。
  3. 多年生草本。
    4. 茎生叶和基生叶异形，前者长圆形或披针形，全缘或有小锯齿，基部心形，后者倒卵形，羽状分裂 …… 3. **心叶独行菜 L. cordatum**
    4. 茎生叶和基生叶同形，均不羽状分裂，茎生叶基部不为心形。
      5. 茎有乳头状毛和卷曲毛；成熟角果具网纹和蜂窠状凹眼 …… 4. **碱独行菜 L. cartilagineum**
      5. 茎无毛或有柔毛；成熟角果平滑或稍呈网状。
        6. 花梗无毛；萼片脱落；总状花序在果期不成头状；短角果基部圆钝 … 5. **宽叶独行菜 L. latifolium**
        6. 花梗有毛；萼片宿存；总状花序在果期密集成头状；短果角基部心形 …… 5(附). **钝叶独行菜 L. obtusum**
  3. 一年或二年生草本。
    7. 中部及上部茎生叶卵形或近圆形，全缘，基部深心形，抱茎；花黄色 …… 6. **抱茎独行菜 L. perfoliatum**
    7. 中部及上部茎生叶长圆形、倒披针形或线形，基部不成心形，全缘或边缘有锯齿，或羽状半裂；花白色或带紫色。
      8. 总状花序在果期稍成头状，长不及3厘米 …… 7. **头花独行菜 L. capitatum**
      8. 总状花序在果期不成头状，长5-8厘米。
        9. 茎生叶匙形或楔形，有钝齿或锐齿 …… 8. **楔叶独行菜 L. cuneforme**
        9. 茎生叶倒披针形、线形、长圆状披针形或披针形，全缘或有锯齿。
          10. 有花瓣，与萼片等长或长于萼片；子叶缘倚胚根 …… 9. **北美独行菜 L. virginicum**
          10. 无花瓣或花瓣退化，短于萼片；子叶背倚胚根。
            11. 植株有柱状腺毛；萼片外面无毛；无花瓣；雄蕊2；角果顶端窄翅不明显。
              12. 茎下部叶二回羽状浅裂；短角果宽卵形或椭圆形，顶端具齿 ……

··· 10. 柱毛独行菜 L. ruderale

12. 茎下部叶一回羽状浅裂或具牙齿；短角果倒心形或近圆形，顶端钝或微凹 ···
··· 11. 密花独行菜 L. densiflorum

11. 植株被头状腺毛，毛成棒状；萼片外面有柔毛 ······································· 12. 独行菜 L. apetalum

1. 绿独行菜

图 639

Lepidium campestre（Linn.）R. Brown in W. T. Aiton, Hortus Kew. 4: 88. 1812.

Thlaspi campestre Linn. Sp. Pl. 2: 646. 1753.

Lepidium campestre f. *glabratum*（Lej. et Court.）Thell.；中国植物志 33: 47. 1987.

一或二年生草本，高达50厘米，密生长硬毛并散生柔毛。茎直立，单一或上部分枝。基生叶莲座状，叶柄长1.5-6厘米；叶倒披针形或长椭圆形，长2-6厘米，宽0.5-1厘米，基部渐窄，全缘、羽状半裂或大头羽裂，先端钝或稍尖；茎生叶无柄，长椭圆形、披针形或三角状披针形，长1-4厘米，基部箭形或耳状，边缘有齿或近全缘，先端尖或稍钝。萼片长椭圆形，长1.3-1.8毫米，有或无毛；花瓣白色，匙状，长1.8-2.5毫米，先端圆，基部爪状；雄蕊6，花丝长1.5-1.8毫米，花药长椭圆形。短角果卵形或长椭圆形，长5-6毫米，上部具翅，顶端微缺；果瓣囊状；宿存花柱基部与翅连合；果柄平展，长4-8毫米，具毛；种子深褐色，长椭圆形，长约2毫米，具乳突，无翅；子叶背倚胚根，不裂。花期5-7月，果期7-8月。染色体2n=16。

图 639 绿独行菜 （引自《东北草本植物志》）

产黑龙江、辽宁及山东。俄罗斯、西南亚及欧洲有分布。

2. 家独行菜

图 640

Lepidium sativum Linn. Sp. Pl. 644. 1753.

一年生草本，高达80厘米。茎单一，直立，有分枝，无毛或上部有稀疏卷毛，常有蓝灰色粉霜。基生叶不呈莲座状，倒卵状椭圆形，长2-8厘米，一回至二回羽状全裂或浅裂，稀不裂，仅有锯齿，叶柄长1-4厘米；茎生叶有柄，线形，羽状多裂，长2-3厘米，先端急尖，茎上部叶近无柄，线形，全缘。总状花序。萼片椭圆形，长1-1.5毫米，背面有短柔毛；花瓣白或淡紫色，长圆状匙形，长1.5-2毫米；雄蕊6。短角果卵圆形或椭圆形，长4-6毫米，顶端微缺，基部圆，边缘有翅，宿存花柱基部与翅不连合；果柄近直立，长2-4毫米。种子卵圆形，红棕色，近光滑，无边；子叶3裂。花期6-7月，果期8-9月。染色体2n=24，32。

黑龙江、吉林、山东、江苏、新疆及西藏等地栽培或野化。欧洲、俄罗斯、中亚、西南亚、阿富汗、巴基斯坦、克什米尔、尼泊尔、印度、锡金、越南、北非及美洲有分布。为新疆民族药，和蚯蚓配合治肠胃病。

图 640 家独行菜 （路桂兰绘）

3. 心叶独行菜 图 641

Lepidium cordatum Willd. ex Stev. in DC. Syst. Veg. 2: 554. 1821.

多年生草本，高达40厘米。除萼片和花梗外余皆无毛。茎直立，基部分枝。基生叶倒卵形，羽状分裂，果期枯萎；茎生叶多数密生，无柄，长圆形或披针形，长0.5-3厘米，基部心形或箭形，抱茎，有不显著小锯齿或全缘，微有粉霜。总状花序圆锥形或伞房状。萼片早落，宽卵形或近圆形；花瓣白色，倒卵形，长约2毫米，基部爪状；雄蕊6。短角果圆形或宽卵形，径2-2.5毫米，顶端钝，基部心形，无翅，宿存花柱短，柱头盘状。种子长圆形，长约1毫米，棕色，具乳突；子叶背倚胚根。花期5-6月，果期6-7月。

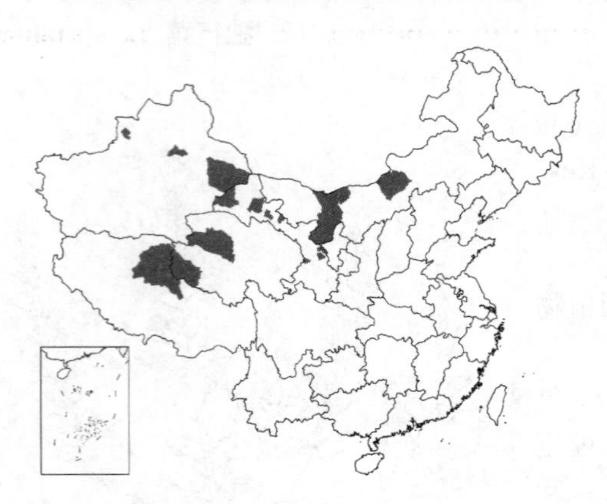

产内蒙古、宁夏、甘肃河西走廊、青海、新疆及西藏西部，生于盐化草甸、盐化低地、盐化沙地、湖边或渠旁。中亚、俄罗斯西伯利亚及蒙古有分布。

图 641 心叶独行菜 （路桂兰绘）

4. 碱独行菜 图 642

Lepidium cartilagineum (J. Mayer) Thell. in Vierteljahrs-Schr. Naturf. Gesell. Zü rich 51: 173. 1906.

Thlaspi cartilagineum J. Mayer in Abhandl. Bohm. Ges. Wiss. 235. t. 7. 1786.

一年生草本，高达35厘米。茎直立，分枝，被乳头状和卷曲毛，基部残存纤维状枯叶柄。基生叶莲座状，肉质，卵形或椭圆形，长1.7-4厘米，先端尖或钝，基部楔形或渐窄，全缘，通常无毛，叶柄长1.5-5厘米；茎生叶无柄，椭圆形或披针形，长0.2-4.7厚，全缘，无毛或具贴伏毛，先端尖锐，基部通常抱茎。花梗开展、直或稍弯，长3-6毫米，向轴面被毛；花萼椭圆形，长1-1.2毫米，被卷曲毛，边缘和先端白色；花瓣白色，倒卵形或倒披针形，长1-1.6毫米，先端圆，基部爪不明显；雄蕊6，花丝长0.8-1.1毫米，花药椭圆形。短角果卵形，长2.3-3.3毫米，有网脉和蜂窠状凸眼；宿存花柱长0.2-0.4毫米，伸出凹缺。种子褐或红褐色，卵圆形，具乳突；子叶背倚胚根。花期8月。染色体2n=16。

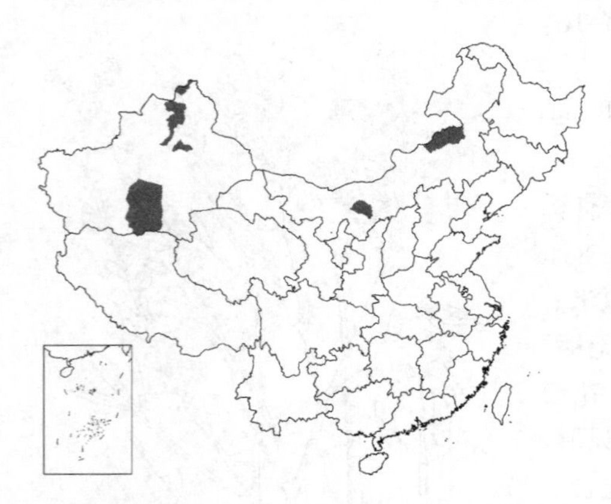

产内蒙古及新疆，生于海拔400-1000米含盐低洼地或干草原。阿富汗、哈萨克斯坦、吉尔吉斯斯坦、蒙古、巴基斯坦、俄罗斯、塔吉克斯斯坦、土库曼斯坦、乌兹别克斯坦、西南亚、中欧及南欧有分布。

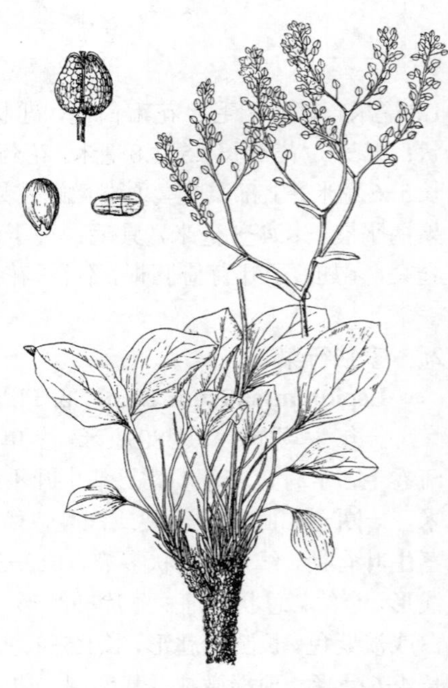

图 642 碱独行菜 （仝 青 孙玉荣绘）

5. **宽叶独行菜** 光果宽叶独行菜 图 643

Lepidium latifolium Linn. Sp. Pl. 2: 644. 1753.

Lepidium latifolium var. *affine* C. A. Mey.; 中国高等植物图鉴 2: 38. 1972; 中国植物志 33: 51. 1987.

多年生草本，高达1.5米。茎直立，上部多分枝，基部稍木质化，无毛或疏生单毛。基生叶及茎下部叶长圆状披针形或卵形，长3-13厘米，先端钝，基部渐窄，全缘或有齿，疏被柔毛或几无毛，叶柄长2-6厘米；茎上部叶披针形或长椭圆形，无柄。总状花序圆锥状。花梗无毛；萼片早落，长圆状卵形或近圆形，有柔毛；花柱短。短角果宽卵形或近圆形，长1.5-3毫米，平滑或稍呈网状，顶端全缘，基部圆钝，无翅。种子宽椭圆形，长约1毫米，浅棕色，无翅。花期5-9月，果期6-10月。染色体2n=24。

图 643 宽叶独行菜 （引自《内蒙古植物志》）

产黑龙江、辽宁、内蒙古、河北、山东、河南、山西、陕西、宁夏、甘肃、青海、新疆、西藏及四川，生于海拔1800-4250米村旁、田边、山坡或盐化草甸。欧洲南部、非洲北部、亚洲中部及西部至远东地区均有分布。全草入药，清热；嫩叶作蔬菜。

［附］**钝叶独行菜 Lepidium obtusum** Basin in Bull. Phys.-Math. Acad. St. Pétersb. 2: 203. 1844. 本种与宽叶独行菜的区别：叶长圆形，先端钝；总状花序在果期密集成头状；花梗有毛；萼片宿存；短角果基部心形。花果期7-8月。染色体2n=16。产内蒙古、宁夏、甘肃、青海、新疆及西藏，生于海拔1800米以下山坡、草地、田边、戈壁滩、荒地或平原。印度、哈萨克斯坦、蒙古、俄罗斯、塔吉克斯坦及乌兹别克斯坦有分布。

6. **抱茎独行菜** 图 644

Lepidium perfoliatum Linn. Sp. Pl. 643. 1753.

一年生或二年生草本，高达40厘米；各部无毛或茎下部有疏毛。茎单一，上部分枝。基生叶和茎下部叶具柄，2-3回羽状半裂或羽状全裂，长4-10厘米，末回裂片线形或椭圆形；茎上部叶无柄，宽卵形或近圆形，长1-3厘米，基部深心形，抱茎，全缘，无毛。花梗开展，长3-5毫米；萼片宽椭圆形，黄绿色，长约1毫米；花瓣浅黄色，窄匙形，稍长于萼片。短角果近圆形或宽卵形，长3-4.5毫米，顶端微凹；宿存花柱短。种子卵圆形，长1.5-2毫米，深棕色，顶端有窄翅；子叶背倚胚根。花果期5-7月。染色体2n=16。

图 644 抱茎独行菜
（引自《东北草本植物志》）

产辽宁、山西中部、甘肃、新疆及江苏，生于海拔1000米荒地或沙滩。欧洲、阿富汗、印度、巴基斯坦、中亚、俄罗斯、西南亚、北非及日本有分布。

7. 头花独行菜 图 645

Lepidium capitatum Hook. f. et Thoms. in Journ. Linn. Soc. Bot. 5: 175. 1861.

一年生或二年生草本。茎长约20厘米，匍匐或近直立，分枝铺散，被腺毛。基生叶及下部茎生叶羽状半裂，长2-6厘米，裂片长圆形，长3-5毫米，先端尖，全缘，无毛；上部茎生叶较小，羽状半裂或仅有锯齿，无柄。总状花序腋生，近头状。萼片长圆形，长约1毫米；花瓣白色，倒卵状楔形，和萼片等长或稍短，先端微凹；雄蕊4。果序轴长不及3厘米。短角果卵形，长2.5-3毫米，顶端微凹，有不明显翅，无毛。种子长圆状卵圆形，长约1毫米，浅棕色。花果期5-9月。

产青海、甘肃、新疆、四川、云南及西藏，生于海拔2700-4300米山坡、多水草地或沟边。印度、巴基斯坦、尼泊尔、不丹、锡金及克什米尔地区有分布。

图 645 头花独行菜 （王金凤绘）

8. 楔叶独行菜 图 646

Lepidium cuneiforme C. Y. Wu, Icon. Corm. Sinic. 2: 36. f. 1802. 1972.

二年生草本，高达45厘米。茎直立，单一或有数条分枝，被腺毛。基生叶和下部茎生叶具柄，倒卵形、匙形或倒披针形，长1-5厘米，边缘羽裂或不规则细圆齿；茎上部叶常无柄，倒卵形或倒披针形，长1-3厘米，基部近耳形或楔形，中上部有锯齿。总状花序。萼片卵形，长约1毫米；花瓣白色，长圆形，约和萼片等长；雄蕊4。短角果卵形或近圆形，长2-3毫米，顶端全缘或微凹，无毛，上部有窄翅；宿存花柱短；果柄弧形开展，长3-5毫米。种子长圆形，长约1毫米，棕色。花果期3-8月。

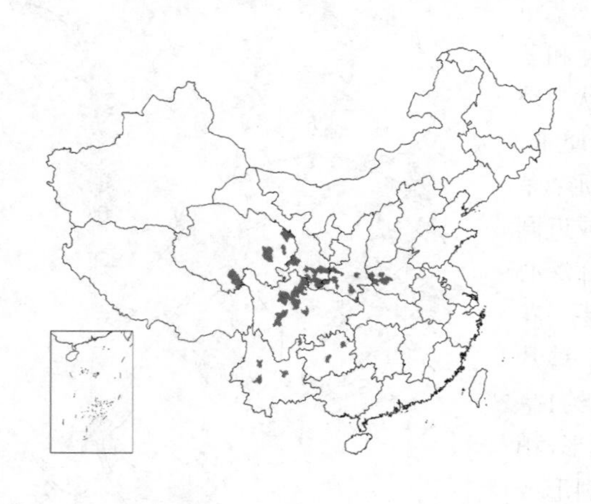

产河南、陕西、甘肃、青海、四川、贵州及云南（文献记载江西亦产），生于海拔800-3700米山坡、山谷、河滩、路边或村旁。

图 646 楔叶独行菜 （引自《图鉴》）

9. 北美独行菜 图 647

Lepidium virginicum Linn. Sp. Pl. 2: 645. 1753.

一年生或二年生草本，高达50厘米。茎单一，分枝，被柱状腺毛。基生叶倒披针形，长1-5厘米，羽状分裂或大头羽裂，裂片长圆形或卵形，有锯齿，被短伏毛，叶柄长1-1.5厘米；茎生叶倒披针形或线形，长1.5-5厘米，先端尖，基部渐窄。总状花序顶生。萼片椭圆形，长约1毫米；花瓣白色，倒卵形，和萼片等长或稍长；雄蕊2或4。短角果近圆形，长2-3毫米，顶端微缺，有窄翅；宿存花柱极短。种子卵圆形，长约1毫米，红棕色，有窄翅；子叶缘倚胚根。花期4-6月，果期5-9月。染色体2n=32。

原产北美洲。辽宁、山东、河南、安徽、江苏、浙江、福建、台湾、江西、湖北、湖南、广东、广西、贵州、云南及四川等地已野化，生于田边或荒地。种子入药，有利尿、平喘作用，也作葶苈子用；全草可作饲料。

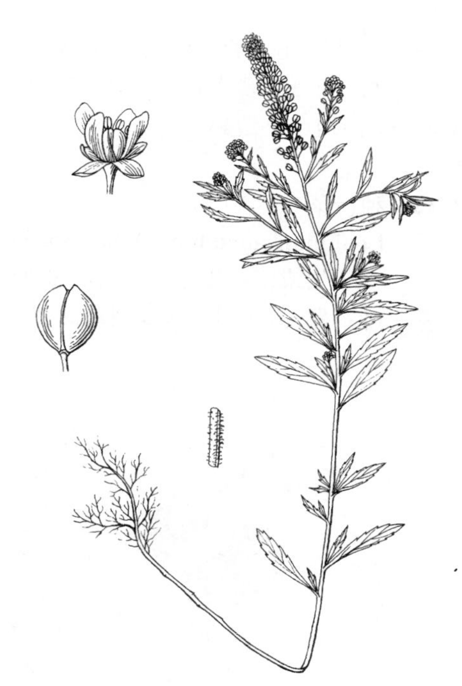

图 647 北美独行菜 （张泰利绘）

10. 柱毛独行菜 图 648

Lepidium ruderale Linn. Sp. Pl. 2: 645. 1753.

一年生或二年生草本，高达35厘米，气味臭。茎近直立，上部多分枝，被短柱状腺毛。基生叶2-3回羽状全裂，长4.5-5厘米，裂片宽线形，边缘有柱状腺毛，叶柄长1-2厘米；茎下部叶2回浅裂；茎上部叶无柄，线形，长1-2厘米，疏被毛，边缘疏生锯齿或全缘，具睫毛。总状花序顶生。萼片宽披针形，长0.5-0.9毫米，外面无毛；花瓣无；雄蕊2。短角果宽卵形或稍圆形，长2-2.5毫米，上部有窄翅，顶端具齿；宿存花柱短；果柄弧形，长2-3毫米。种子卵圆形，长约1.5毫米，黄棕色，无翅，具细乳突；子叶背倚胚根。花果期5-7月。染色体2n=16，32。

产新疆及甘肃，生于沙地或牧场。印度、哈萨克斯坦、吉尔吉斯斯坦、塔吉克斯坦、土库曼斯坦、乌兹别克斯坦、俄罗斯、蒙古、欧洲及西南亚有分布。

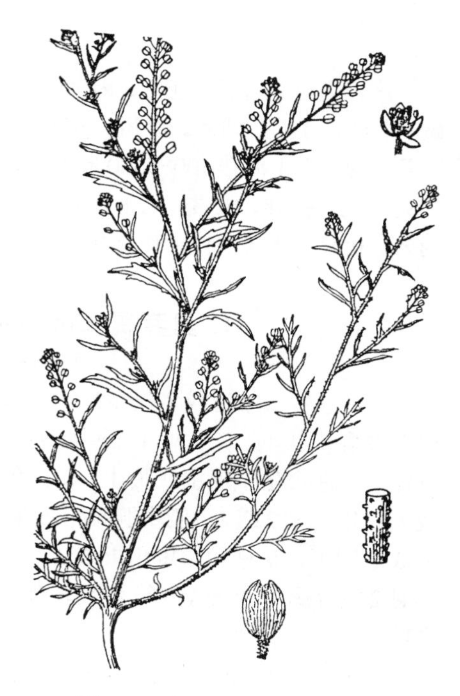

图 648 柱毛独行菜 （张泰利绘）

11. 密花独行菜 图 649

Lepidium densiflorum Schradr, Ind. Sem. Hort. Gotting. 4. 1832.

一年生或二年生草本，高达50厘米；具乳突状毛，稀无毛。茎直立，上部分枝。基生叶莲座状，早枯，叶柄0.5-1.5厘米，叶常倒披针形，稀匙形或椭圆形，长2.5-8厘米，基部渐窄，具粗锯齿或羽状半裂，先端尖锐；茎下部叶具短柄，窄倒披针形或线形，具不规则锯齿或1回浅裂，稀近全缘；茎上部叶逐渐变小。总状花序，具密生花，花序轴有近棒槌状的乳突。花柄开展或稍弯曲，长2-3.5毫米，具毛或乳突；萼片椭圆形，长0.5-0.8毫米，无毛或近先端被疏毛，边缘白色；花瓣常缺；雄蕊2，花丝长0.6-1毫米，花药卵圆形。短角果倒心形或近圆形，长2.5-3毫米，顶端钝或微凹；宿存花柱短，陷于凹缺中。种子褐色，卵圆形，无翅或具不明显翅，长1.1-1.3毫米；子叶背倚胚根。花期

5-6月，果期6-7月。染色体2n=32。

原产北美。黑龙江、吉林、辽宁、河北、山东及云南等地野化，生于海岸、沙地或路边。

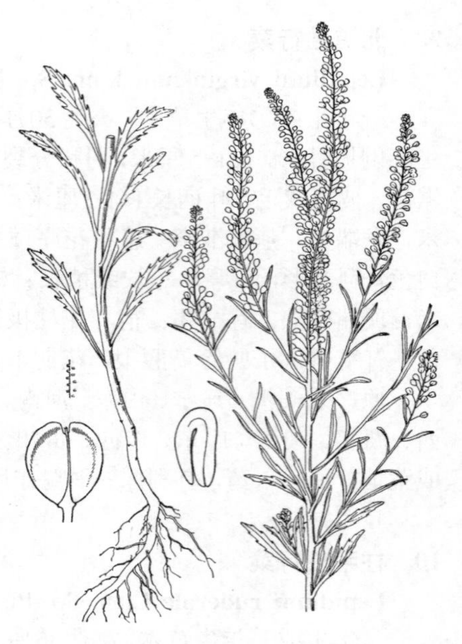

图 649 密花独行菜
（引自《东北草本植物志》）

12. 独行菜 图 650

Lepidium apetalum Willd. Sp. Pl. 3: 439. 1800.

一年生或二年生草本，高达30厘米。茎直立，有分枝，被头状腺毛。基生叶窄匙形，1回羽状浅裂或深裂，长3-5厘米，叶柄长1-2厘米；茎生叶向上渐由窄披针形至线形，有疏齿或全缘，疏被头状腺毛；无柄。总状花序。萼片卵形，长约0.8毫米，早落；花瓣无或退化成丝状，短于萼片；雄蕊2或4。短角果近圆形或宽椭圆形，长2-3毫米，顶端微凹，有窄翅；果柄弧形，长约3毫米，被头状腺毛。种子椭圆形，长约1毫米，红棕色。花期4-8月，果期5-9月。

产黑龙江、吉林、辽宁、内蒙古、河北、山西、河南、山东、江苏、安徽、浙江、江西、湖北、贵州、云南、四川、陕西、甘肃、宁夏、新疆、青海及西藏，生于海拔400-5000米田边、草地、渠边或山坡。印度、日本、哈萨克斯坦、朝鲜、蒙古、尼泊尔及巴基斯坦有分布。全草及种子药用，能利尿、止咳、化痰；种子作葶苈子用，亦可榨油。

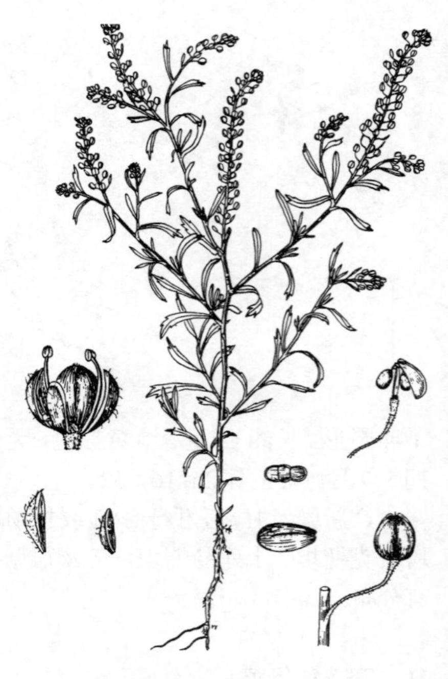

图 650 独行菜 （仝 青绘）

11. 臭荠属 Coronopus J. G. Zinn.

（陆莲立）

一年生、二年生或多年生草本；茎匍匐或近直立，分枝多，无毛或有单毛及乳头状毛。基生叶1-2回羽裂，柄长；茎生叶羽裂或不裂，全缘或有锯齿。总状花序顶生或腋生。花白色，小；萼片开展，等大；花瓣早落或无；雄蕊常2或4；侧蜜腺钻形或半月形，中蜜腺点状或锥形；子房卵形或近圆形，花柱短。短角果成2半球形室，并生，侧扁，顶端下凹，成熟时2室分离；果瓣坚韧，不裂，有皱缩网纹。种子每室1粒，卵圆形或半球形；子叶背倚胚根。

约10种，广布于温带、亚热带地区。我国2种。

1. 茎生叶羽状全裂或半裂；茎有毛，毛长达1毫米 ………………………… **臭荠 C. didymus**
1. 茎生叶全缘；茎有毛，毛长仅0.1毫米 ………………………… (附). **单叶臭荠 C. integrifolius**

臭荠 图 651

Coronopus didymus (Linn.) J. E. Smith in Fl. Brit. 2: 691. 1804.

Lepidium didymum Linn. Mantiss. 1: 92. 1767.

一年生或二年生匍匐草本，高达30厘米；有臭味。主茎短，基部多分枝，被柔毛，毛长达1毫米。叶1-2回羽状分裂，裂片3-7对，线形或窄长圆形，长1-2厘米，先端尖，基部楔形，全缘，无毛。总状花序腋生，长达4厘米。萼片边缘白色膜质；花瓣白色，长圆形，有时无；雄蕊2或4。短角果肾形，宽2-2.5毫米，侧扁，顶端下凹；果瓣有粗糙皱纹，成熟时沿中央分离成2个各有1种子的果瓣。种子肾形，长约1毫米，红棕色。花期3月，果期4-5月。染色体2n=32。

原产南美洲，现世界各地均有。在山东、江苏、安徽、浙江、台湾、福建、江西、广东、香港、湖南、湖北、河南及云南等地区生于路旁或荒地。

［附］**单叶臭荠 Coronopus integrifolius**（DC.）Spreng. Syst. Veg. 2：853. 1825. —— *Senebiera integrifolia* DC. in Mem. Soc. Hist. Hat. Paris 1：44. t. 8. 1799. 与臭荠的区别：茎生叶全缘；茎有毛，毛长仅0.1毫米。原产非洲。广东南海岛屿、台湾火烧岛及兰屿野化，生长在路边荒地。

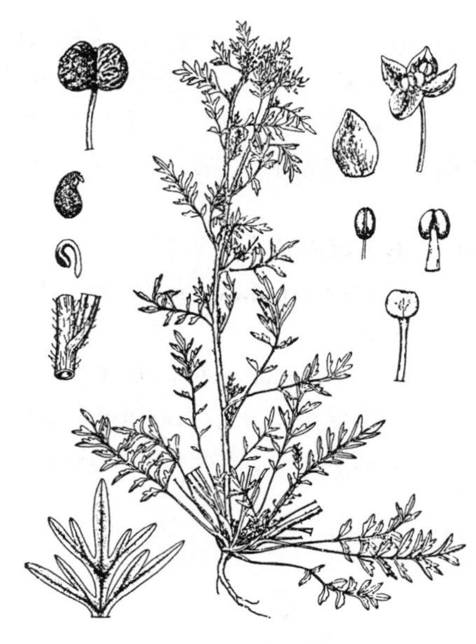

图 651 臭荠 （引自《图鉴》）

12. 群心菜属 Cardaria Desv.

（陆莲立）

多年生草本。茎直立或斜升，常近基部分枝。基生叶长圆形或披针形，有柄；茎生叶无柄，基部箭形，抱茎。总状花序组成伞房状圆锥花序。花小；萼片稍开展，基部不呈囊状；花瓣白色，基部有爪；侧蜜腺常成对合生，中蜜腺窄小，常与侧蜜腺连合；子房2室，每室1-2胚珠，柱头头状。短角果卵形、球形或心形，膨胀，不裂；果瓣薄，有脊或脊不明显。种子椭圆形，红棕色；子叶背倚胚根。

约2种，分布欧洲、亚洲。我国均产。

1. 短角果卵形或近球形，果瓣有脊，无毛 ………………………………………… 1. **群心菜 C. draba**
1. 短角果卵状球形，果瓣脊不明显，有毛 ………………………………… 2. **毛果群心菜 C. pubescens**

1. 群心菜

图 652

Cardaria draba（Linn.）Desv. in Journ. Bot. Appl. 3：163. 1814. —— *Lepidium draba* Linn. Sp. Pl. 645. 1753.

多年生草本，高达50厘米。茎直立，多分枝，有短单毛。基生叶倒卵状匙形，长3-10厘米，边缘有波状齿，无柄，开花时枯萎；茎生叶倒卵形、长圆形或披针形，长4-10厘米，先端钝，有小锐尖头，基部心形，抱茎，边缘疏生波状齿或全缘，两面被柔毛。总状花序圆锥状。萼片长圆形，长约2毫米；花瓣白色，倒卵状匙形，长约4毫米，先端微凹，基部渐窄成爪。短角果卵形或近球形，长3-4.5毫米；果瓣有脊及网纹，无

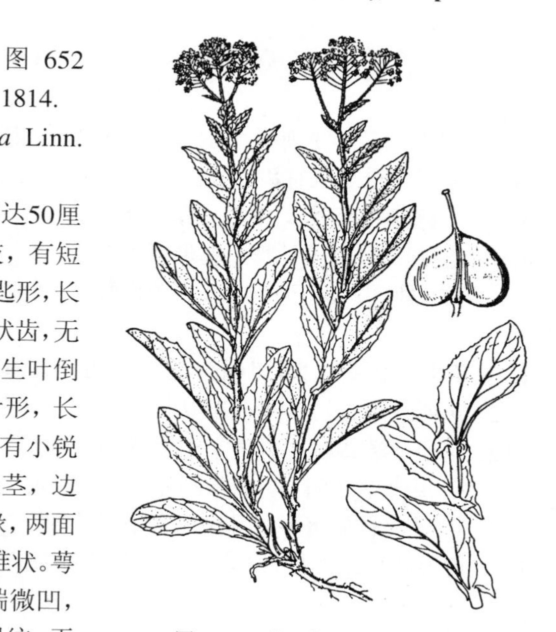

图 652 群心菜 （引自《图鉴》）

毛；宿存花柱长约1.5毫米；果柄长0.5-1厘米。种子宽卵圆形或椭圆形，长约2毫米，棕色，无翅。花期5-6月，果期7-8月。染色体2n=32，64。

产新疆、辽宁、山东、甘肃及西藏，生于海拔4200米以下山坡、路边、田间、河滩或沟边。阿富汗、克什米尔、哈萨克斯坦、吉尔吉斯斯坦、巴基斯坦、俄罗斯、塔吉克斯坦、土库曼斯坦、乌兹别克斯坦、西南亚、欧洲、南非、澳洲及美洲有分布。

2. 毛果群心菜 泡果荠 图 653

Cardaria pubescens（C. A. Mey.）Jarm. in Coph. Pact. CCCP. 3: 29. 1934.

Hymenophysa pubescens C. A. Mey. in Lédeb. Fl. Alt. 3: 181. 1831.

多年生草本，高达30厘米。茎直立，密被柔毛，常近基部分枝。基生叶和下部茎生叶具柄，长圆形或披针形，长3-6厘米，先端圆钝或锐尖，基部渐窄，边缘疏生细齿，两面被柔毛；上部茎生叶披针形，长圆形，长1-7厘米，基部箭形，半抱茎，边缘有疏齿。总状花序组成伞房状圆锥花序。萼片长圆形，长约2毫米，背面被柔毛；花瓣白色，长约3.5毫米；雄蕊长于花瓣。短角果卵状球形，长4-5毫米，膨胀，不裂；果瓣脊不明显，被柔毛；宿存花柱长1-2毫米。种子卵圆形或椭圆形，长约1.5毫米，棕褐色。花期4-5月，果期5-7月。染色体2n=16。

产内蒙古、陕西、甘肃、宁夏、新疆及青海，生于水边、田边、草原或半荒漠地区盐碱地。俄罗斯、蒙古、哈萨克斯坦、吉尔吉斯斯坦、巴基斯坦、塔吉克斯坦、土库曼斯坦、乌兹别克斯坦及美洲有分布。

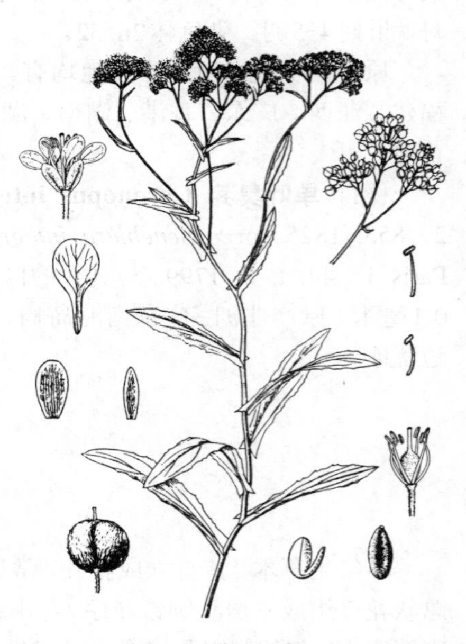

图 653 毛果群心菜 （张克威 孙玉荣绘）

13. 菘蓝属 Isatis Linn.

（陆莲立）

一年生、二年生或多年生草本；被单毛或无毛。茎直立，上部分枝。基生叶有柄，茎生叶无柄，叶基部箭形或耳状，抱茎，全缘或有齿。总状花序组成圆锥状。萼片近直立，内轮萼片基部呈囊状；花瓣黄、白或带紫色，基部无爪；侧蜜腺近环状，中蜜腺窄，连接侧蜜腺；子房1室，胚珠1-2，柱头近2裂。短角果长圆形、卵形、倒卵形、心形、椭圆形、倒披针形、匙形或近圆形，扁，不裂，有翅；果瓣有中脉。种子每室1；子叶背倚或斜倚胚根。

约50种，分布于中欧、地中海地区、西亚及中亚。我国4种。

1. 短角果形状变化大，但不呈匙形，边缘具翅，翅不内弯，中部有时稍缢缩，被直毛；花瓣长2.5-4毫米。
  2. 花梗纤细；短角果椭圆状提琴形，顶端微缺，稀平截，密被短单毛 …………… 1. **宽翅菘蓝 I. violascens**
  2. 花梗顶端棒状；短角果椭圆状倒披针形、长圆状倒卵形或椭圆形，顶端钝圆或微凹，无毛或被毛。
    3. 果瓣中脉明显，侧脉不显，中上部较宽，黑或黑褐色 …………… 2. **菘蓝 I. tinctoria**
    3. 果瓣有显著中脉和两条侧脉，中部较宽，浅褐色 …………… 3. **三肋菘蓝 I. costata**
1. 短角果匙形或倒披针形，仅中部以上有翅，缢缩，常中部内弯，被卷曲毛；花瓣长1-2毫米 …………… 4. **小果菘蓝 I. minima**

1. 宽翅菘蓝 图 654

Isatis violascens Bunge in Arb. Naturf. Ver. Riga 1(2): 166. 1848.

一年生草本，高达60厘米；除短角果外均无毛。茎直立，上部分枝，被白粉。基生叶倒披针形或长圆状匙形，长3.5-6厘米，先端圆钝，全缘或锯齿不明显，无毛，开花时枯萎；茎生叶长倒卵形、卵形或窄披针形，长1.5-6厘米，全缘，基部成叶耳，抱茎，叶柄长3-5毫米。花梗纤细；萼片长圆形，长1.3-1.8毫米；花瓣白色，长倒卵形，长2.2-2.8毫米；花丝长1-2毫米；花药卵圆形。短角果圆状提琴形，长1-1.3厘米，宽4-6毫米，扁平，顶端微凹，有时平截，基部圆，密被短单毛；果瓣边缘厚，有膜质宽翅，中脉细；果柄长0.5-1.2厘米。种子椭圆形，长约4毫米，黄棕色。花果期4-6月。

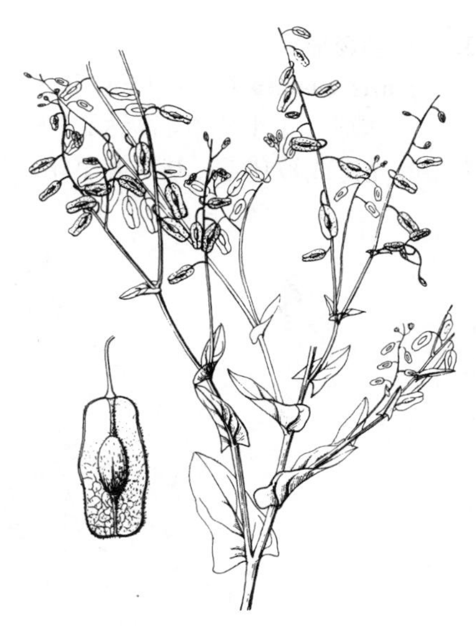

图 654 宽翅菘蓝 （谭丽霞绘）

产新疆，生于砂质荒漠。中亚及西南亚各国均有分布。

2. 菘蓝 欧洲菘蓝 板蓝根 图 655 彩片 168

Isatis tinctoria Linn. Sp. Pl. 2: 670. 1753.

Isatis indigotica Fortune；中国高等植物图鉴 2: 40. 1972；中国植物志 33: 65. 1987.

二年生草本，高达1米。茎上部分枝，多少被白粉和毛。基生叶莲座状，椭圆形或倒披针形，长5-15厘米，全缘、啮蚀状或有齿，先端钝，基部渐窄，叶柄长0.5-5.5厘米；茎中部叶无柄，椭圆形或披针形，稀线状椭圆形，长3-7厘米，全缘，先端尖，基部箭形或耳状。花梗顶端棒状，长0.5-1厘米；萼片椭圆形，长1.5-2.8毫米，无毛；花瓣黄色，倒披针形，长2.5-4毫米，先端钝，基部渐窄；花丝长1-2.5毫米；花药椭圆形。短角果椭圆状倒披针形、长圆状倒卵形或有时椭圆形，长1-2厘米，中上部常较宽，无毛或有毛，边缘有翅，有时稍缢缩，基部楔形，顶端钝圆或微凹；果瓣长3-6毫米，中上部最宽，中脉明显，侧脉不显，顶端的翅宽3.5-5(-7)毫米，黑或深褐色。种子窄椭圆形，长2.5-3.5毫米，浅褐色。花期4-6月，果期5-7月。染色体2n=14，28。

图 655 菘蓝 （引自《图鉴》）

产辽宁、内蒙古、新疆及甘肃，生于海拔600-2800米田野、牧场、路边、荒地；有些省区栽培。日本、朝鲜、蒙古、哈萨克斯坦、巴基斯坦、俄罗斯、塔吉克斯坦、乌兹别克斯坦、西南亚、欧洲有分布。根（板蓝根）、叶（大青叶）供药用；叶可提取蓝色染料；种子榨油供工业用。

3.　三肋菘蓝　　图 656：1-2

Isatis costata C. A. Mey. in Ledeb. Fl. Alt. 3: 204. 1831.

一年或二年生草本，高达1.2米。茎直立，上部分枝多，无毛，稍被白粉。叶光滑或被疏毛；基生叶早枯，倒卵状椭圆形、倒披针形或匙形，长8-9厘米，全缘或有齿，叶柄长1-5厘米；茎中部叶无柄，窄椭圆形、披针形或披针状卵形，长3-8厘米，全缘，先端圆钝，基部耳状，抱茎。花梗顶部棒状，长4-8毫米，光滑；花萼椭圆形，长1.5-1.8毫米，无毛。花瓣黄色，椭圆状倒披针形，长2.5-3毫米，先端钝；花丝长1-1.8毫米，花药卵形。短角果椭圆形或长圆形，稀椭圆状倒卵形，长0.9-1.2厘米，中部较宽，无毛或具或疏或密的柔毛，基部和顶部均圆钝，边缘有翅；果瓣长4-6毫米，具突出的中脉和两条侧脉，顶端的翅宽1.5-3.5毫米，浅褐色。种子黄褐色，窄椭圆形，长2.5-3.5厘米。花果期6-8月。染色体2n=28。

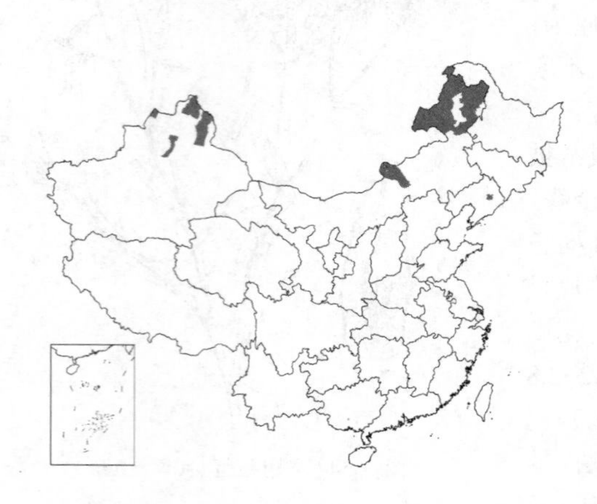

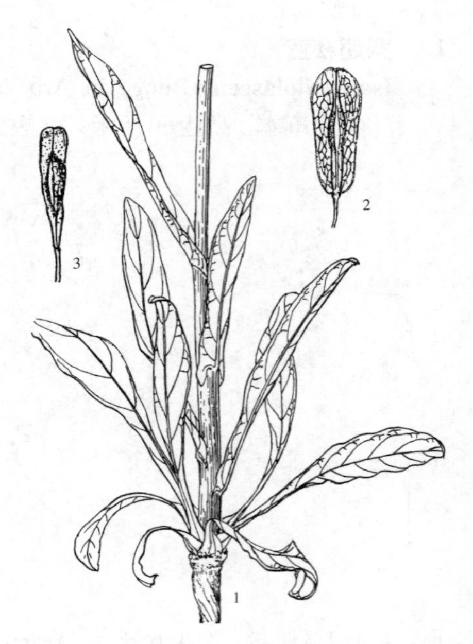

图 656: 1-2.三肋菘蓝 3.小果菘蓝
（马 平绘）

产辽宁、内蒙古及新疆（文献记载甘肃亦产），生于海拔700-2500米山坡、干旱草原、丘陵坡地或路边。克什米尔、哈萨克斯坦、蒙古、巴基斯坦、俄罗斯、塔吉克斯坦有分布。

4.　小果菘蓝　　图 656：3

Isatis minima Bunge in Del. Sem. Hort. Bot. Dorpat. 1843: 7. 1843.

一年生草本，高达40厘米。茎直立，分枝，无毛。基生叶椭圆形或匙形，长3-6厘米，先端钝，基部渐窄，有波状圆齿或近全缘，近无柄或基部渐窄成柄，茎中部叶无柄，椭圆形或线状披针形，长1-4厘米，无毛或疏被卷曲的毛，先端尖锐，基部耳状抱茎，全缘，花梗下弯，长2-5毫米，顶部棒状，被卷曲毛；花萼椭圆形，长0.8-1.5毫米，具卷曲毛；花瓣黄色，椭圆状倒披针形，长1.5-2毫米，先端圆钝，基部渐窄；花丝长1-1.5，花药卵圆形。短角果匙形或倒披针形，缢缩，常中部内弯，长0.8-1.4厘米，被卷曲柔毛，仅中部以上有翅，顶部翅宽3-5毫米，微凹；果瓣长4-6毫米。种子窄椭圆形，长2.5-3毫米，淡褐色。花果期5-6月。染色体2n=42，34。

产甘肃及新疆，生于海拔300-700米荒漠、干草原或路边。阿富汗、哈萨克斯坦、吉尔吉斯斯坦、巴基斯坦、塔吉克斯坦、土库曼斯坦、乌兹别克斯坦及西南亚有分布。

14. 厚壁荠属 **Pachypterygium** Bunge

（陆莲立）

一年生或多年生草本。茎直立，近无毛。基生叶及茎下部叶长圆形，全缘；茎上部叶基部箭形，抱茎。总状花序多数，集成圆锥状；花小。萼片椭圆状卵形；花瓣黄色，倒卵形，有爪；花药小；子房具1胚珠，柱头小。短角果圆形或椭圆形，扁平；果瓣边缘增厚。种子1粒，长圆形，棕色。子叶背倚胚根。

约3种，分布中亚及西南亚。我国2种。

1. 短角果椭圆形、椭圆状长圆形或卵形，长2-4.5毫米，顶端钝，中上部不缢缩 …………… **厚壁荠 P. multicaule**
1. 短角果梨形，长4-5毫米，顶端平截或微凹，中上部缢缩 ………………………… （附）. **短梗厚壁荠 P. brevipes**

厚壁荠 图 657

Pachypterygium multicaule（Kar. et Kir.）Bunge in Del. Sem. Hort. Dorpat. 1843：8. 1843.

Pachypteris multicaulis Kar. et Kir. in Bull. Soc. Nat. Mosc. 15：159. 1842.

多年生草本，高达25厘米。茎直立，分枝多，无毛。基生叶长圆形或倒披针形，长0.7-4厘米，先端圆，基部渐窄成柄，全缘；茎生叶椭圆形、线形或线状披针形，长0.6-4厘米，基部箭形，抱茎。萼片椭圆形，长约1毫米；花瓣黄色，倒卵形，长1-2毫米。短角果椭圆形、椭圆状长圆形或卵形，长2-4.5毫米，有缘毛或乳头状突起；果柄长2-6毫米。种子长圆形，长约1.5毫米，浅棕色。花期4-5月，果期5-6月。

产新疆，生于荒地、田边、盐碱地或石质碎石山坡或沙地。中亚及西南亚有分布。

［附］**短梗厚壁荠 Pachypterygium brevipes** Bunge, Del. Sem. Hort. Bot. Dorpat. 1843：8. 1843. 本种与厚壁荠的区别：短角果梨形，长4-5毫米，顶端平截或微凹，中上部缢缩。产新疆。阿富汗、哈萨克斯坦、吉尔吉斯斯坦、巴基斯坦、塔吉克斯坦、土库曼斯坦、乌兹别克斯坦及西南亚有分布。

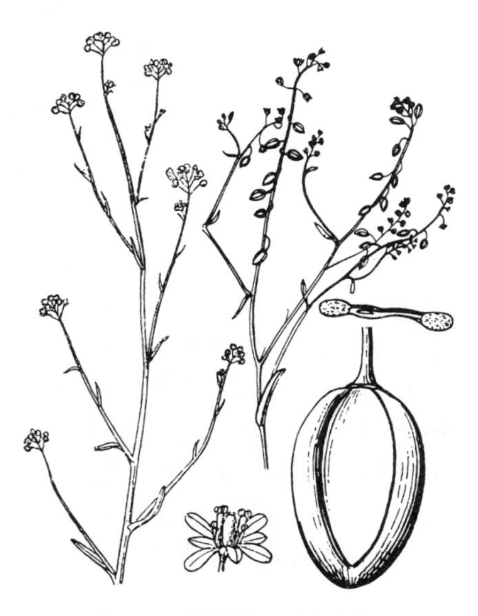

图 657 厚壁荠 （张春方绘）

15. 沙芥属 Pugionium Gaertn.

（陆莲立）

一年生或二年生草本；无毛。茎直立，多分枝，或多数缠绕成球形。叶肉质，基生叶及下部叶羽状分裂，中部及上部叶分裂或不裂，条形，全缘。总状花序圆锥状。萼片直立，长圆形，连合，开花时基部裂开，不相等，内轮萼片基部囊状；花瓣淡紫、淡黄或近白色，窄匙形，长约为萼片2倍；雄蕊6，离生，其中有1长雄蕊与1短雄蕊等长，长雄蕊的花丝成对连合至3/4或几达花药；侧蜜腺发达，无中蜜腺；子房2室，每室1胚珠，果期仅1胚珠成熟，柱头有乳头状突起。短角果横长圆形或横卵形，侧扁，革质，不裂，两侧有翅，翅长而宽，果瓣有刺或突起。种子1，卵形或椭圆形；子叶背倚或斜倚胚根。

约3种，分布于中国及蒙古沙漠地区，我国2种。

1. 短角果翅剑形，渐尖，斜升，有纵脉3；基生叶和茎下部叶裂片披针形或椭圆形，稀披针状线形；茎多分枝 ……………………………………………………………………………………… 1. **沙芥 P. cornutum**
1. 短角果翅披针形、卵圆形或椭圆形，平展，先端尖、钝或斜平截，有纵脉5-10；基生叶和茎下部叶裂片丝状或线形；茎多数缠结成球形 ……………………………………………………… 2. **斧翅沙芥 P. dolabratum**

1. 沙芥 图 658

Pugionium cornutum（Linn.）Gaertn. in Fruct. 2：291. 1791. *Bunias cornuta* Linn. Sp. Pl.

669. 1753.

一年生或二年生草本，高达2米。根肉质，圆柱状。茎直立，分枝多。基生叶有柄，羽状全裂，长10-30厘米，裂片3-6对，裂片披针形或椭圆形，稀披针状线形，长7-8厘米，全缘或有1-3齿，或先端2-3裂；茎生叶无柄，羽状全裂，裂片线状披针形或线形，全缘。总状花序圆锥状。萼片长圆形，长6-7毫米；花瓣黄色，宽匙形，长约1.5厘米。短角果革质，横卵形，长约1.5厘米，侧扁，两侧各有1剑形翅，翅斜升，长2-5厘米，宽3-5毫米，有纵脉3；果瓣有4个以上角状刺。种子长圆形，长约1厘米，黄棕色。花期6-7月，果期8-9月。

产宁夏、内蒙古及陕西北部，生于沙漠地区沙地。嫩叶作蔬菜、饲料；全草药用，有止痛、消食、解毒等功效。为沙地先锋植物，有固沙作用。

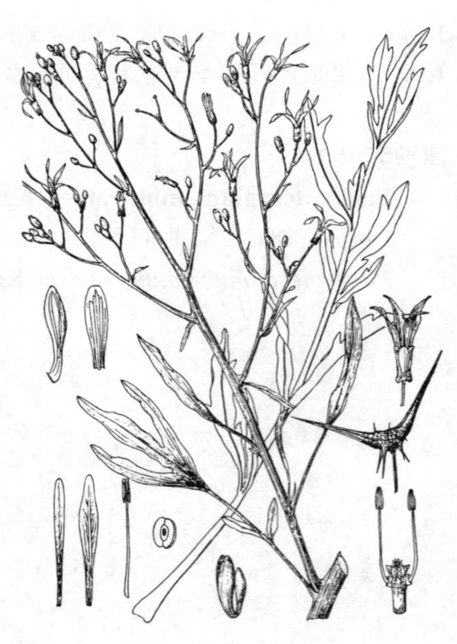

图 658 沙芥 （全 青绘）

2. 斧翅沙芥 距果沙芥 鸡冠沙芥 图 659

Pugionium dolabratum Maxim. in Bull. Acad. Sci. St. Pétersb. 26 (3): 426. 1880.

Pugionium calcaratum Kom.; 中国植物志 33: 70. 1987.

Pugionium cristatum Kom.; 中国植物志 33: 70. 1987.

一年生草本。茎直立，多数缠结成球形，径达1米。基生叶稍肉质，2回羽状全裂，长达25厘米，末回裂片丝状或线形，长达5.5厘米，先端尖；茎中部和上部叶与基生叶相似。花梗直伸，长0.8-2厘米；萼片长5-8毫米，外轮萼片基部的囊袋长0.6-1.2毫米；花瓣粉红色，线形或线状披针形，长1.2-2厘米，基部爪长5-8毫米；长雄蕊花丝长5-8毫米，短雄蕊花丝长3-5毫米，花药椭圆形。短角果横椭圆形，连翅宽1-2厘米，果翅平展，披针形、卵形、椭圆形或倒卵形，长0.7-2.5厘米，两侧全缘，先端斜截平，尖锐或钝，无齿或有齿，有纵脉5-10，棘刺无或有时多达16，宿存花柱不明显。种子褐色，椭圆形，长5-8毫米。花期8-9月。

产内蒙古、陕西、宁夏及甘肃，生于海拔1000-1400米荒漠沙地。蒙古有分布。用途与沙芥同。

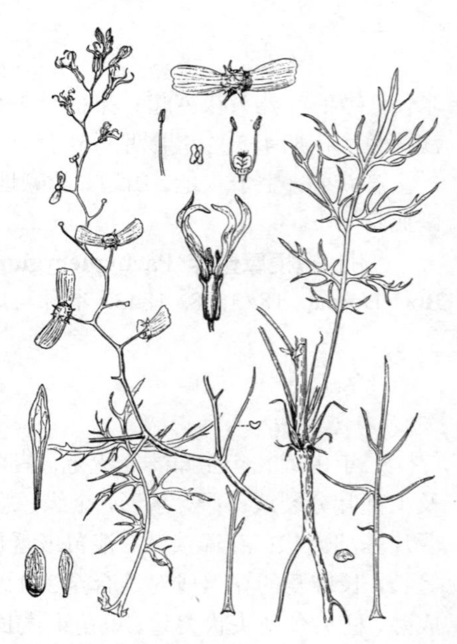

图 659 斧翅沙芥 （马 平绘）

16. 屈曲花属 Iberis Linn.

（陆莲立）

一年生或多年生草本，或亚灌木。茎有锐棱，无毛或被乳突状单毛。叶线形或匙形，全缘、有齿或羽状半裂。

总状花序组成伞房状。萼片近直立，宽卵形，边缘膜质，基部不呈囊状；花瓣白、玫瑰紫或紫色，外向的2片常大于内向的2片；侧蜜腺半球形或三角形，无中蜜腺；子房卵圆形，花柱约与子房等长，柱头半球形，2裂。短角果宽卵形、球形或横卵形，开裂，顶端深凹，基部圆。种子大，卵圆形或近圆形，扁平；子叶缘倚胚根。

约30种，主产地中海地区。我国引入栽培2种。

屈曲花 图 660

Iberis amara Linn. Sp. Pl. 649. 1753.

一年生草本，高达40厘米。茎直立，稍分枝，有棱，棱被柔毛。基生叶及下部茎生叶匙形，上部茎生叶披针形或长圆状楔形，长1.5-2.5厘米，先端圆钝，基部渐窄，边缘有2-4稀齿或全缘，有缘毛。总状花序顶生。花梗丝状，长约1厘米；萼片倒卵形，长1.5-2毫米；花瓣白或浅紫色，倒卵形，外轮2片长约6毫米，内轮2片长约3毫米。短角果圆形，径4-5毫米，顶端凹下，无毛，有翅，翅向上稍宽展；宿存花柱与顶端凹缺等长或稍长。种子宽卵圆形，长约3毫米，红棕色，下端有翅。花期5月，果期6月。

原产西欧。我国各地栽培。供观赏。

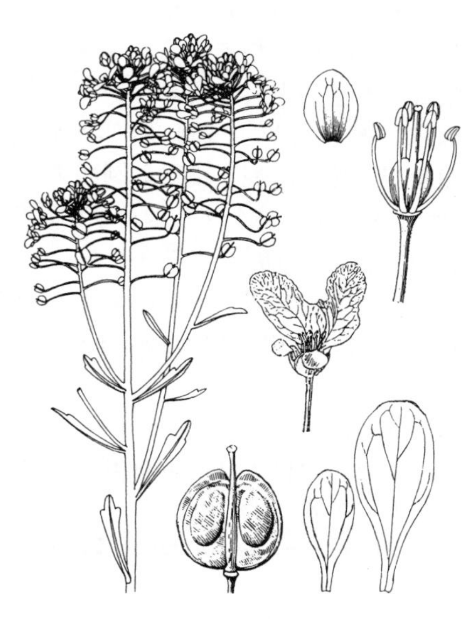

图 660 屈曲花 （曾孝濂绘）

17. 高河菜属 Megacarpaea DC.

（陆莲立）

多年生草本，粗壮；根直肥厚。茎直立，分枝。基生叶大，羽状全裂，裂片长圆状披针形或条形，全缘或有齿；上部茎生叶较小。总状花序成圆锥状，无苞片。花两性或单性，或无花被；萼片宽椭圆形，直立，基部不呈囊状；花瓣浅紫红、紫、淡黄或白色，倒卵形；雄蕊6-16；侧蜜腺半环形，中蜜腺与侧蜜腺相连；子房倒卵状圆形，2室，每室1胚珠，顶端稍下凹，柱头盘状。短角果大，扁，2果瓣横向连接成∞形，成熟时分离，顶端宽深凹，基部圆或倒卵形，不裂，有翅，无毛。种子大，每室1，近圆形，棕色或带黑色；子叶缘倚胚根。

约9种，主产中亚及喜马拉雅地区。我国3种。

1. 植株被柔毛；花紫、玫瑰紫或粉红色；雄蕊6。
  2. 短角果裂瓣歪倒卵形，长1-1.4厘米，翅宽1-2毫米；果柄长0.7-1厘米 …………… 1. **高河菜 M. delavayi**
  2. 短角果裂瓣近圆形，长1.5-2厘米，翅宽4-5毫米；果柄长1-1.5厘米 …… 2. **大果高河菜 M. megalocarpa**
1. 植株无毛或近无毛；花白或近乳黄色；雄蕊8-16；短角果近圆形，径1.5-1.7厘米；果柄长达2厘米 ………………………………………………………… 2(附). **多蕊高河菜 M. polyandra**

1. 高河菜 长瓣高河菜 矮高河菜 小叶高河菜 浅紫花高河菜 短羽裂高河菜 图 661

Megacarpaea delevayi Franch. in Bull. Soc. France 33: 406. 1886.

Megacarpaea delevayi var. *grandiflora* O. E. Schulz; 中国植物志 33: 75. 1987.

Megacarpaea delevayi var. *minor* f. *microphylla* O. E. Schulz; 中国植物志 33: 75. 1987.

Megacarpaea delevayi var. *minor* W. W. Smith; 中国植物志 33: 75. 1987.

Megacarpaea delevayi var. *minor* f. *pallidiflora* O. E. Schulz; 中国植物志 33: 75. 1987.

Megacarpaea delevayi var. *pimetifida* P. Danguy；中国植物志 33：75. 1987.

多年生草本，高达70厘米。根肉质，肥厚。茎被柔毛。羽状复叶，基生叶和茎下部叶具柄，长2-5厘米，中部叶及上部叶抱茎，长6-10厘米；小叶5-7对，卵形或卵状披针形，长（0.5-）1.5-2厘米，无柄，先端尖，基部圆，边缘有不整齐锯齿或羽状深裂，叶轴被长柔毛。花两性，紫、玫瑰紫或粉红色；萼片卵形，长3-4毫米，深紫色；花瓣倒卵形，长6-8（-10）毫米，先端圆，常有3齿，基部渐窄成爪；雄蕊6，近等长，花丝基部稍宽。短角果顶端2深裂，裂瓣歪倒卵形，长1-1.4厘米，宽0.7-1厘米，黄绿带紫色，扁平，翅宽1-2毫米；果柄长0.7-1厘米。种子卵圆形，长约5毫米，棕色。花期6-7月，果期8-9月。

产宁夏、甘肃、青海、四川及云南，生于海拔3000-5000米高山草地、山坡沟边、湖边灌丛中或流石滩。全草药用，清热；作腌菜，为云南名产。

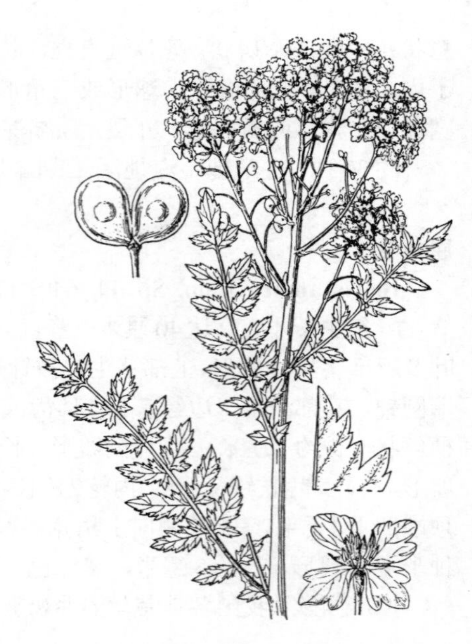

图 661 高河菜 （张泰利绘）

2. 大果高河菜 图 662

Megacarpaea megalocarpa（Fisch. ex DC.）Fedtsch. in Kom. Fl. URSS 8：543. 1939.

Biscutella megalocarpa Fisch. ex DC. in Ann. Mus. Hist. Nat. 18：296. 1811.

多年生草本，高达40厘米。根肉质，纺缍状，有瘤状突起，径约2厘米；根茎短，上部密被纤维状残存叶柄。茎直立，粗状，被柔毛，上部分枝。基生叶叶柄长，宽椭圆形，长15-16厘米，羽状全裂，裂片不规则分裂，密被柔毛；茎生叶无柄。花单性，雄花生于每枝顶端；萼片窄长圆形，长约2毫米；花瓣浅紫红色，窄长圆形，长约2-2.5毫米；雌花生于每枝基部，无花瓣；中间类型花有小白花瓣。短角果2裂，裂瓣近圆形，长1.5-2厘米，翅宽4-5毫米；果柄长1-1.5厘米。种子椭圆形，长约7毫米。花期4月，果期5月。

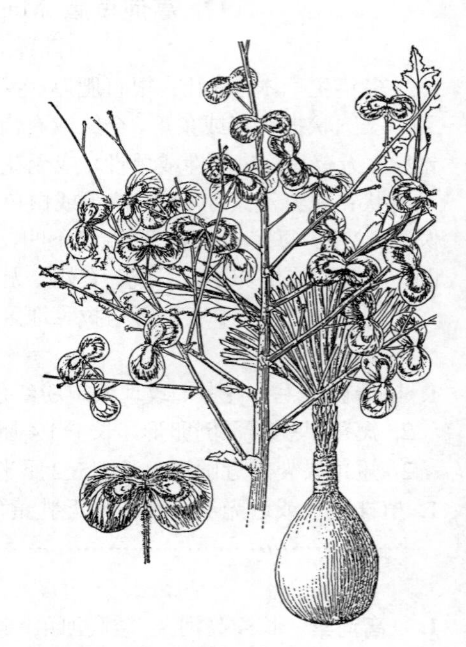

图 662 大果高河菜 （张春方绘）

产青海及新疆，生于海拔2800-3600米荒漠草原、沙地，石质碎石山地或盐碱地。俄罗斯西部、哈萨克斯坦及中亚有分布。

［附］**多蕊高河菜 Megacarpaea polyandra** Benth. in Journ. Bot. Kew Gard. Misc. 7：356. 1855. 本种与高河菜和大果高河菜的区别：植株无毛或近无毛；花白或近乳黄色；雄蕊8-16；果柄长达2厘米。花期5-8月，果期8-10月。产西藏，生于海拔3000-4600米石山坡溪边。印度、克什米尔、尼泊尔及巴基斯坦有分布。

18. 双果荠属 Megadenia Maxim.

（陆莲立）

一年生矮小草本；无茎或茎极短，全株无毛。叶基生，莲座状，心状圆形，长0.5-2厘米，基部心形，边缘波状，具掌状脉；叶柄长1.5-10厘米。花单生叶腋，或成腋生总状花序；花柄细，长0.4-2厘米，直立，果期外折；萼片宽卵形，长约1毫米；花瓣白色，匙状倒卵形，长约1.5毫米，基部有爪；雄蕊6，花丝白色，长约0.5毫米，花药圆形；侧蜜腺4，四角形，无中蜜腺；子房横长，扁，2室，每室1胚珠，花柱短，柱头近2裂。短角果横卵形，宽约5毫米，顶端深凹，不裂，室壁坚硬，有网纹；宿存花柱长约1毫米，生于凹缺中。种子球形，褐色，径约1毫米；子叶缘倚胚根。

单种属。

双果荠 图 663 彩片 169

Megadenia pygmaea Maxim. Fl. Tangut. 76. t. 21 f. 22-32. 1889.

形态特征同属。花果期6-8月。染色体2n=20。

产甘肃中南部、青海东部及南部、四川西北部及西藏西南部，生于2700-4850米林下、阴湿岩壁、陡坡碎石坡、高山草甸或稀疏灌丛中。俄罗斯远东及西伯利亚有分布。

图 663 双果荠 （引自《中国植物志》）

19. 菥蓂属 Thlaspi Linn.

（陆莲立）

一年生、二年生或多年生草本；无毛或被单毛。茎直立，单一或多数。叶全缘或有齿，基生叶莲座状，叶倒卵形或长圆形，有柄；茎生叶互生，卵形或披针形，基部心形或箭形，抱茎。总状花序伞房状。萼片直立，边缘膜质；花瓣白、粉红或淡黄色，宽倒卵形，基部有爪；侧蜜腺成对，半月形，外侧有短附属物，无中蜜腺；子房2室，每室2-12胚珠，花柱明显，柱头头状，近2裂。短角果倒卵状长圆形或近圆形，侧扁，顶端微凹或全缘，有翅，开裂。种子椭圆形；子叶缘倚胚根。

约75种，主产北温带欧洲、亚洲，少数至北美和南美。我国6种。

1. 一年生草本；茎单一；短角果近圆形或倒卵形，有宽翅 ………… 1. **菥蓂 Th. arvense**
1. 多年生草本；茎多数。
  2. 短角果宽长圆形，无翅或翅不明显 ………… 2. **西藏菥蓂 Th. andersonii**
  2. 短角果倒卵状楔形或长圆形，有窄翅。
    3. 短角果倒卵状楔形，上部边缘有翅；种子卵圆形 ………… 3. **山菥蓂 Th. cochleariforme**
    3. 短角果长圆形，两侧有翅；种子椭圆形 ………… 3(附). **云南菥蓂 Th. yunnanense**

1. 菥蓂 遏蓝菜 图 664 彩片 170

Thlaspi arvense Linn. Sp. Pl. 646. 1753.

一年生草本，高达60厘米；无毛。茎单一，直立，上部常分枝。基生叶有柄，柄长1-3厘米；茎生叶长圆状披针形，长3-5厘米，先端圆钝或尖，基部箭形，抱茎，边缘有疏齿。总状花序顶生。萼片直立，卵形，长约2毫米，先端钝圆；花瓣白色，长圆状倒卵形，长2-4毫米，先端圆或微缺。短角果近圆形或倒卵形，长1.2-

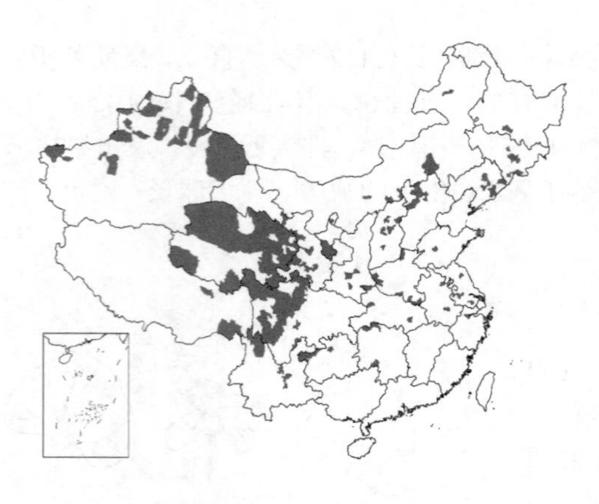

1.8厘米，边缘有宽翅，顶端下凹。种子倒卵形，长约1.5毫米，稍扁平，褐色，有同心环纹。花期3-4月，果期5-6月。染色体2n=14。

产黑龙江、吉林、辽宁、内蒙古、河北、山东、江苏、安徽、浙江、湖南、湖北、河南、山西、陕西、宁夏、甘肃、青海、新疆、贵州、云南、四川及西藏，生于海拔4500米以下路旁、沟边、山坡草地或田边。亚洲、欧洲及非洲北部有分布。全草及种子入药，清热解毒，利肝明目；嫩苗可食用，种子可榨油。

图 664 菥蓂 （引自《东北草本植物志》）

2. 西藏菥蓂 图 665

Thlaspi andersonii (Hook. f. et Thoms.) O. E. Schulz in Anz. Akad. Wiss. Wien, Math.-Nat. 43: 98. 1926.

Iberidella andersonii Hook. f. et Thoms. in Journ. Linn. Soc. Bot. 5: 177. 1861.

多年生矮小草本，高达10厘米；无毛。茎多数，直立，稍肉质。基生叶近莲座状，匙形，长1-3厘米，先端圆，基部楔形，边缘稍有齿，叶柄长0.5-1厘米；茎生叶长卵圆形，长0.5-1厘米，基部耳状，抱茎。总状花序伞房状。萼片卵形，长2-2.5毫米；花瓣白或淡红色，长倒卵圆形，长5-6毫米。短角果宽长圆形，长6-8毫米，无翅或翅不明显，顶端骤尖，宿存花柱长约1.5毫米。种子椭圆形，长约1毫米。花期6月，果期8月。

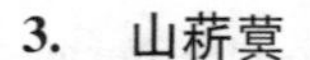

产云南西北部及西藏东部，生于海拔3200-5200米山坡石缝中湿草地或山坡草甸。巴基斯坦、尼泊尔、锡金、不丹及克什米尔地区有分布。

图 665 西藏菥蓂 （曾孝濂绘）

3. 山菥蓂 图 666

Thlaspi cochleariforme DC. Syst. Nat. 2: 281. 1821.

Thlaspi thlaspioides (Pall.) Kitagawa; 中国植物志 33: 83. 1987.

多年生草本，高达30厘米；无毛。根状茎有残存枯叶基。茎多数，直立。基生叶莲座状，匙形，长1.5-2厘米，叶柄长1-1.5厘米；茎生叶卵形或披针形，长1-1.6厘米，先端钝，基部箭形或心形抱茎，全缘或齿不明显。总状花序。萼片卵形，长2-3毫米；花瓣白色，长圆卵形，长4-6毫米。果序长达16厘米；短角果倒卵状楔形，长0.7-1厘米，顶端下凹，上部边缘

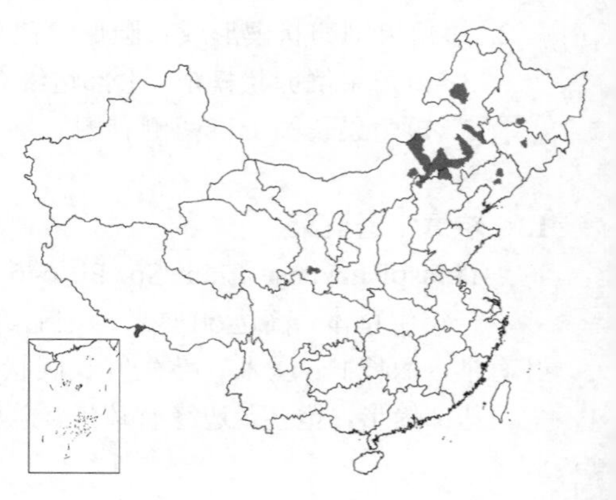

有窄翅。种子卵圆形，长1-1.5毫米，棕色。花果期6-7月。染色体2n=56，84。

产黑龙江南部、吉林、辽宁、内蒙古中东部、河北北部、甘肃南部及西藏(文献记载新疆亦产)，生于海拔600-3700米山坡草地或乱石坡中。哈萨克斯坦、塔吉克斯坦、蒙古、俄罗斯西伯利亚、巴基斯坦、克什米尔至喜马拉雅西北部有分布。

[附] **云南菥蓂 Thlaspi yunnanense** Franch. in Bull. Soc. Bot. France 33: 407. 1886. 本种与山菥蓂的区别：基生叶倒卵形或圆形；短角果长圆形，两侧有窄翅；种子椭圆形。花期3-8月，果期7-9月。产四川、云南及西藏，生于海拔3200-5100米山坡草地、石坡、牧场、草甸或冷杉林中。

图 666 山菥蓂 （引自《东北草本植物志》）

20. 荠属 Capsella Medic.

（陆莲立）

一年生或二年生草本，高达50厘米；无毛或被单毛、星状毛或分叉毛。茎直立，单一或分枝。基生叶莲座状，椭圆形或倒披针形，长0.5-10厘米，羽状全裂、羽状半裂、倒向羽裂或大头羽裂，有牙齿或全缘，先端尖锐或渐尖，基部楔形或渐窄；茎生叶无柄，窄椭圆形或披针形，长1-5.5厘米，全缘或有齿，基部箭形，抱茎。总状花序顶生或腋生，无苞片，果时长达20厘米。萼片卵形或椭圆形，直立或斜升，绿色带红色，长1.5-2毫米，边缘膜质，内轮萼片基部呈囊状；花瓣白色，有时带粉红色，倒卵形，长2-4毫米，先端钝，基部有爪；雄蕊直立、白色，6枚，4强；中蜜腺无，侧蜜腺半月形，常有1条附属物；子房2室，胚珠12-40，花柱短。短角果倒三角形或倒心状三角形，压扁，长4-9毫米，顶端微凹或平截，基部楔形；果瓣龙骨状；宿存花柱长0.2-0.7毫米；果柄长0.5-1.5厘米，开展，无毛。种子每室1行，椭圆形，长约1毫米，淡褐色，无翅；子叶背倚胚根。

单种属。

荠

图 667

Capsella bursa-pastoria (Linn.) Medic. Pflanzengatt. 1: 85. 1792.

Thlaspi bursa-pastoris Linn. Sp. Pl. 647. 1753.

形态特征同属。花果期3-8月。染色体2n=16，32。

原产西南亚和欧洲，现已成为世界最常见的杂草。几遍全国，生于海拔4200米以下的山坡、荒地、路旁或田园间。本种可作蔬菜食用；入药可清热明目、降压、利尿、止血。

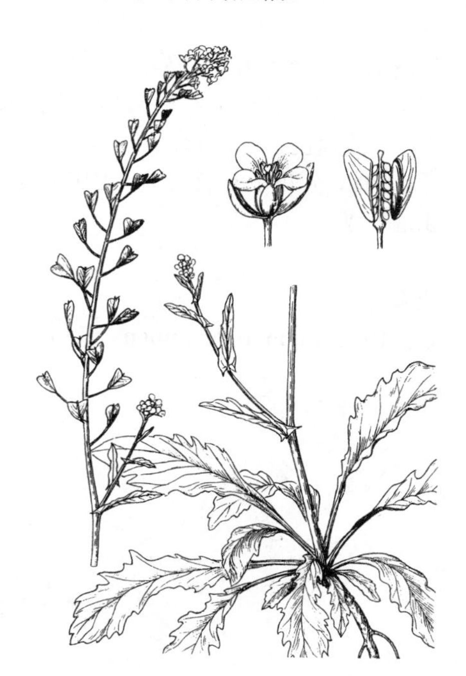
图 667 荠 （马 平绘）

21. 藏荠属 Hedinia Ostenf.

（陆莲立）

多年生草本。茎铺散或匍匐，常基部分枝，被单毛及分叉毛。叶羽状全裂。总状花序伞房状，有叶状苞片。花小，白色，近无梗；萼片宽椭圆形，开展，基部不呈囊状；花瓣匙形，长为萼片2倍，基部有爪；侧蜜腺成对，无中蜜腺；子房长圆形或近圆形，胚珠多数，花柱短，柱头头状。短角果长圆形，两侧扁，2室，稍开裂，具窄隔膜；果瓣膜质，呈尤骨状，有毛或无毛。种子每室10-16粒，棕色；子叶背倚胚根。

约4种，主产中国、蒙古、中亚及喜马拉雅地区。我国1种。

藏荠 图 668

Hedinia tibetica (Thoms.) Ostenf. in Sven Hedin, Southern Tibet 77. t. 1. f. 2. 1922.

Hutchinsia tibetica Thoms. in Hook. Icon. Pl. 9: t. 900. 1852.

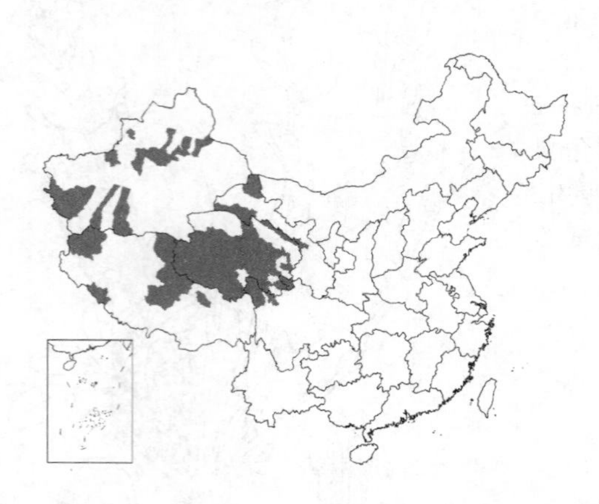

茎铺散，基部多分枝，长达15厘米，被单毛及分叉毛。叶羽状全裂，裂片4-6对，长圆形，长0.5-1厘米，先端骤尖，全缘或有缺刻；基生叶有柄，茎生叶近无柄至无柄。总状花序下部的花有1羽状分裂的叶状苞片，向上叶状苞片渐小至无，花着生苞片腋部。萼片宽椭圆形，长约2毫米；花瓣白色，倒卵形，长3-4毫米，基部有爪。短角果长圆形，长约1厘米，稍被毛至无毛；果瓣有中脉。种子卵圆形，长约1毫米，棕色。花果期6-8月。

图 668 藏荠 （冯晋庸绘）

产甘肃、青海、新疆、四川及西藏，生于海拔4000-5300米山坡、草地、湖边或河滩。不丹、印度、尼泊尔、克什米尔地区及巴基斯坦有分布。

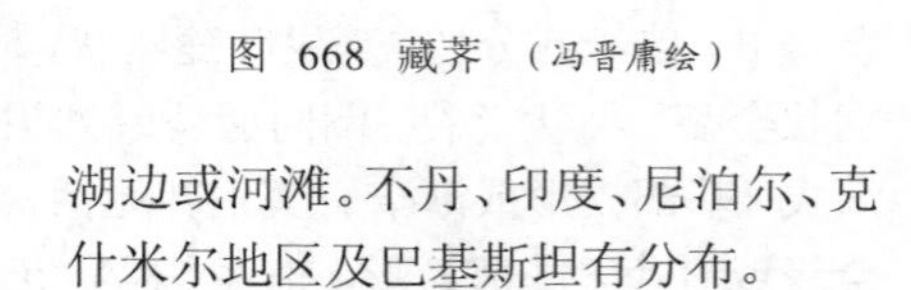

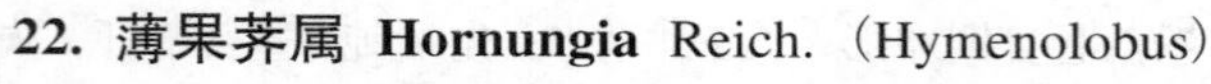

22. 薄果荠属 Hornungia Reich. (Hymenolobus)

（陆莲立）

一年生小草本。茎斜升，稀直立，无毛或疏生2叉毛。叶匙形、椭圆形或披针形，羽状半裂或全缘，有短柄或无柄。花极小，白色；花梗丝状；萼片长圆形，边缘白色，基部不呈囊状；花瓣倒卵形，与萼片近等长，基部楔形；侧蜜腺成对，点状，无中蜜腺；子房2室，胚珠多数，柱头头状。短角果椭圆形或倒卵状椭圆形，两侧扁，无毛，开裂；果瓣有中脉。种子微小，浅棕色；子叶背倚胚根。

3种，分布于欧亚大陆、地中海地区、中亚、澳大利亚、北美及智利。我国1种。

薄果荠 图 669

Hornungia procumbens (Linn.) Hager in Fedde, Repert. Sp. Nov. 30: 480. 1925.

Lepidium procumbens Linn. Sp. Pl. 643. 1753.

Hymenolobus procumbens (Linn.) Nutt.; 中国植物志 33: 88. 1987.

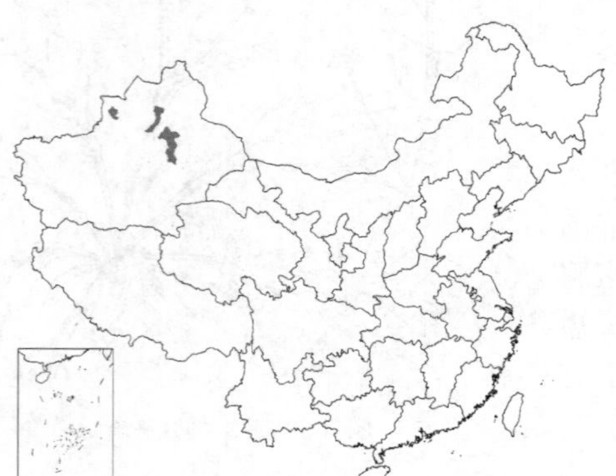

植株高达10厘米。茎斜升至直立，纤细。基生叶近莲座状，宽椭圆形，长1-8毫米，羽状半裂至全缘，先端

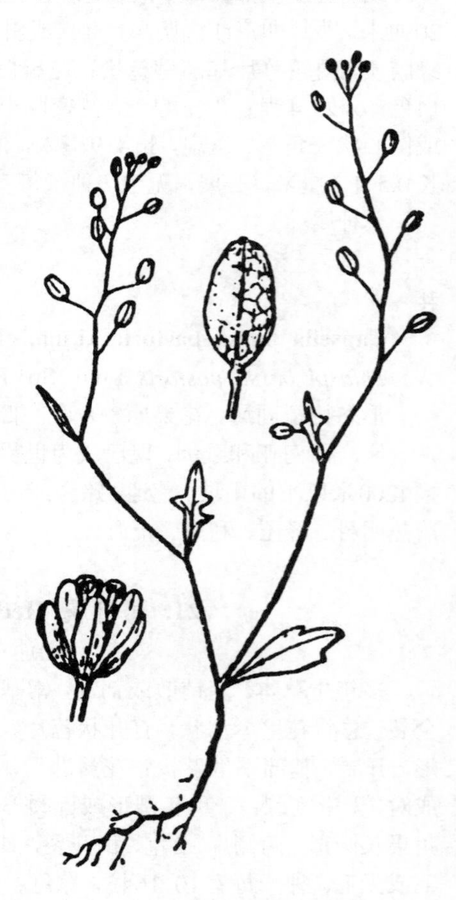

图 669 薄果荠 （张春方绘）

圆，基部楔形，无毛或疏被柔毛，叶柄长1-7毫米；茎生叶较小，疏生，无柄。总状花序花疏生。萼片长约1毫米；花瓣白色，与萼片约等长。果序长达5厘米。短角果椭圆形，长2-3毫米，顶端圆或微凹，无毛；果柄长2-3毫米。种子椭圆形，长约0.5毫米，浅棕色。花果期4-5月。染色体2n=12，24。

产新疆，生于低海拔荒漠。欧洲、亚洲、北美及大洋洲有分布。

23. 半脊荠属 Hemilophia Franch.

（陆莲立）

多年生草本。茎多数，铺散。叶卵形或长椭圆形，全缘；有短柄。总状花序花稀疏，有苞片。花蓝紫、淡黄或白色；萼片开展，宽卵形，顶端圆钝，边缘膜质，基部不呈囊状；花瓣倒卵形，先端凹缺，基部有短爪；短雄蕊花丝窄，长雄蕊花丝外侧厚，有1钝齿；侧蜜腺半环形，中蜜腺鳞片状，常有2瘤状突起；子房1-2胚珠，花柱圆锥状，柱头下凹。短角果卵形，两侧扁，开裂；果瓣舟形，有脊，边缘及脊有小瘤。种子卵圆形，扁平；子叶缘倚胚根。

4种，我国特有属。

1. 花瓣粉红或紫红色，倒卵形，长2.5-3.5毫米；长雄蕊花丝基部稍扩大，宽0.2-0.3毫米；叶无毛，稀被疏毛 ……………………………………………………………… **半脊荠 H. pulchella**
1. 花瓣白或浅黄色，基部有浅紫纹，倒心形，长5-7毫米；长雄蕊花丝基部明显增大成附属物，宽0.6-1.1毫米；叶被毛，稀无毛 ……………………………………… （附）. **小叶半脊荠 H. rockii**

半脊荠

图 670

Hemilophia pulchella Franch. Pl. Delav. 65. 1889.

植株高达10厘米。根茎细长。茎常无毛或有毛。叶倒卵状匙形，长4-7毫米，先端圆钝，基部楔形，全缘，无毛，稀被疏毛。萼片紫色，卵形，长约2毫米；花瓣粉红或紫色，倒卵形，长2.5-3毫米，先端2裂，基部渐窄成爪；长雄蕊花丝基部稍扩大，花药紫色；子房微扁，花柱粗厚。短角果宽尖塔形，长2-4毫米；果瓣中下部边缘及脊有小瘤。种子倒卵状长圆形，长约1毫米。花果期7-8月。

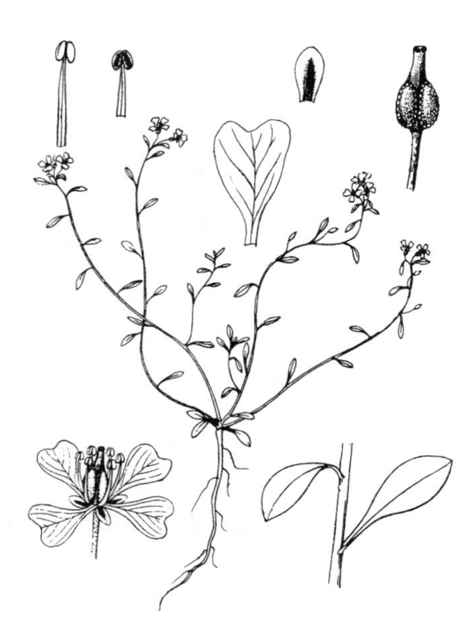

图 670 半脊荠 （蔡淑琴绘）

产四川西南部及云南西北部，生于海拔3300-4000米高山草坡。

［附］**小叶半脊荠** 淡黄花半脊荠 **Hemilophia rockii** O. E. Schulz, Notizbl. Bot. Gart. Berlin-Dahlem 9: 476. 1926. —— *Hemilophia pulchella* Franch. var. *flavida* Hand.-Mazz.; 中国植物志 33: 89. 1987. 本种与半脊荠的区别：茎被卷曲短柔毛；花瓣白或浅黄色，倒心形，长5-7毫米，基部有浅紫纹；中雄蕊的花丝基部明显增大成附属物，宽0.6-1.1厘米；叶窄倒卵形或近长圆形，被毛，稀无毛。花期6-7月，果期7-8月。产四川西南部及云南东部，生于海拔3900-4900米石灰质石砾或石滩上。

24. 蛇头荠属 Dipoma Franch.

（陆莲立）

多年生矮小草本，高达15厘米，有根状茎。茎细弱，外倾，单一或上部分枝，被单毛和叉状毛。基生叶莲座状，倒卵形或倒披针形，长3-8毫米，全缘或近上端有3-5裂齿，两面无毛，有缘毛，叶柄长2-7毫米；茎生叶无柄或基部渐窄成柄，椭圆形、倒卵形、匙形或倒披针形，长0.5-1.5厘米，全缘或上端具3-5裂齿，有时具缘毛。总状花序具苞片。萼片粉红或绿色，开展，长1.5-2.5毫米，边缘膜质，基部不呈囊状；花瓣白色，有粉红色脉纹，宽倒卵形或圆形，长5-6毫米，先端凹缺，基部有短爪；雄蕊6，近等长，花丝白色，长2-3.5毫米，花药紫色；中蜜腺无，侧蜜腺半圆形；子房具4胚珠，柱头头状，凹下，稍2裂，花柱短。短角果被毛或无毛，开裂，椭圆形或卵圆形；果瓣膜质凸起，具细脉，胎座框扁，宽达1毫米；隔膜完整；宿存花柱圆锥状，长2-3.5毫米，柱头头状；果柄长4-8毫米，强烈弯曲，常形成一个圆圈，被单毛和分叉毛。种子椭圆形，无翅，扁压，长2.5-3毫米，红褐色；子叶缘倚胚根。

我国特有单种属。

蛇头荠 叉毛蛇头荠 刚毛蛇头荠 图 671

Dipoma iberideum Franch. in Bull. Soc. Bot. France 33: 404. 1886.

Dipoma iberideum var. *dasycarpum* O. E. Schulz; 中国植物志 33: 91. 1987.

Dipoma iberideum f. *pilosius* O. E. Schulz; 中国植物志 33: 91. 1987.

形态特征同属。花期4-7月，果期7-9月。

产四川西南部及云南西北部，生于海拔3000-4300米高山砾石滩、山坡、石灰岩流石坡、石质草甸、碎石堆、牧场或高山草甸。

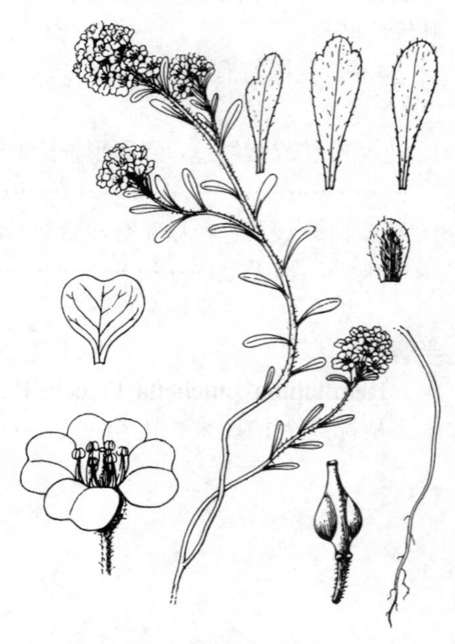

图 671 蛇头荠 （蔡淑琴绘）

25. 双脊荠属 Dilophia Thoms.

（陆莲立）

一年生或多年生草本，具肉质直根。茎多数，常基部分枝，无毛或被单毛。叶肉质，匙形或线形，全缘或有数齿，基部楔形，有柄；基生叶莲座状；上部茎生叶常苞片状。总状花序有多数花，密集近头状或伞房状，果时不伸长。萼片卵形，开展，边缘膜质，基部不呈囊状；花瓣白色，先端平截或微凹，有脉纹；花药顶端锐尖；侧蜜腺成对，半月形，有等长弯曲的附属物，无中蜜腺；子房有4-10胚珠，柱头平截或稍2裂，无花柱。短角果两侧扁，2室，开裂；果瓣背部浅囊状，常有2脊。种子小，每室2行，长圆形；子叶背倚胚根。

约2种，分布中亚及喜马拉雅地区。我国均产。

1. 花序下有叶状苞片；花瓣匙形或匙状线形，长1.8-2.5毫米；花药长0.3-0.5毫米，顶端三角状尖锐；短角果有种子4-8，果瓣有2翅状突出物；种子长0.7-1.1毫米，宽0.5-0.6毫米 ………………………… **盐泽双脊荠 D. salsa**
1. 花无苞片；花瓣宽倒卵形，长4.5-6毫米；花药长0.6-1毫米，顶端圆；短角果有种子2-4，果瓣有数个鸡冠状突出物；种子长1.8-2.2毫米，宽0.9-1.2毫米 ……………………………… （附）. **无苞双脊荠 D. ebracteata**

盐泽双脊荠 图 672：1-2

Dilophia salsa Thoms. in Kew Journ. Bot. 5: 20. t. 12. 1853.

Dilophia dutreuilii Franch.; 中国植物志 33: 94. 1987.

植株高达6厘米，无毛。茎有分枝，丛生。基生叶莲座状，线状或线状长圆形，长1-2厘米，全缘或疏生锯齿；茎生叶线形。总状花序成密伞房状，有叶状苞片。萼片卵形，长约2毫米，宿存；花瓣白色，匙形或匙状线形，长1.8-2.5毫米，先端微凹；花药长0.3-0.5毫米，顶端三角状尖锐；短角果倒心形，有种子4-8，径约2毫米；果瓣有2翅状突出物，隔膜有孔或不完全；果柄较粗，长约4.5毫米。种子长圆形，长0.7-1.1毫米，宽0.5-0.6毫米。花果期6-9月。

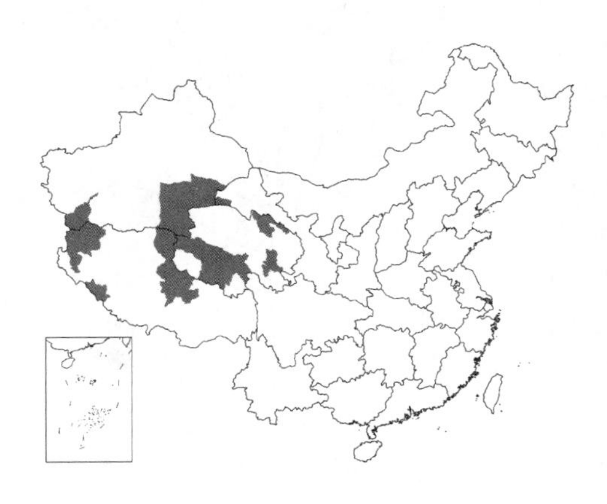

图 672: 1-2.盐泽双脊荠 3-5.无苞双脊荠（吴彰桦绘）

产甘肃、青海、新疆南部及西藏，生于海拔2000-4700米高山草甸或含盐沼泽地。中亚、尼泊尔，克什米尔地区及巴基斯坦有分布。

［附］**无苞双脊荠** 图 672：3-5 **Dilophia ebracteata** Maxim. in Fl. Tangut. 72. t. 28. f. 34-45. 1889. 本种与盐泽双脊荠的区别：花无苞片，花瓣宽倒卵形，长4.5-6毫米，宽2-3毫米；花药卵圆形，长0.6-1毫米，顶端圆；短角果有种子2-4；果瓣有数个鸡冠状突出物；种子长1.8-2.2厘米，宽0.9-1.2毫米。花期6-9月，果期8-10月。产青海及西藏，生于海拔4500-5300米高山草甸中混有泥炭的碎石坡上和岩石坡上或莎草丛中。

26. 宽框荠属 Platycraspedum O. E. Schulz

（陆莲立）

二年生草本；无毛。茎直立，基部分枝，高达30厘米。下部茎生叶近圆形，宽1-1.3厘米，边缘波状具棱角或近掌状5裂，基部心形，柄长1-1.5厘米；上部茎生叶卵形，向上渐小，最上部成苞片，叶柄长1-1.5毫米。总状花序疏散，有苞片。花梗无毛；萼片不等，外轮椭圆形，内轮宽卵形，基部囊状；花瓣白色，椭圆形，基部成短爪；长雄蕊花丝丝状；短雄蕊花丝翅状，常有1齿；侧蜜腺环状，向内开口，每侧有1线形附属物，无中蜜腺；子房有8-9胚珠，无花柱，柱头2浅裂。短角果长圆形，长0.6-1.1厘米，基部渐窄，稍弧形，开裂；果瓣膜质，中脉隆起成龙骨状；胎座框宽，边缘壁厚，无隔膜。种子卵形，扁平，长约1毫米，棕色；子叶缘倚胚根。

2种，我国特产。

1. 短角果四棱形，有4条窄翅，不呈念珠状，径2.5-3毫米；花瓣长4-6毫米，宽2-3毫米；种子长3-3.5毫米 ……… **宽框荠 P. tibeticum**
1. 短角果圆柱形，无翅，近念珠状，径约1.5毫米；花瓣长3-4毫米，宽1-1.5毫米；种子长2-2.5毫米 ………………………………………………………………………………………………… （附）. **柱果宽框荠 P. wuchengyii**

宽框荠 图 673

Platycraspedum tibeticum O. E. Schulz in Fedde, Repert. Sp. Nov. Regni Veg. Beih. 12: 386. 1922.

二年生草本，高达20厘米；无毛或疏被毛。根纺锤形。茎基部以上有几条分枝。茎下部叶近圆形、心形或宽卵形，长0.7-1.5厘米，叶柄长0.5-2厘米；茎上部叶渐变小，基部心形，边缘波状或近掌状5裂，裂片无小尖头，先端钝圆。萼片长1.5-2毫米，无毛，具膜质边缘，外轮萼片椭圆形，内

轮裂片宽卵形，基部囊状；花瓣白色，窄倒卵形或椭圆形，长4-6毫米，先端圆，基部楔形；花丝白色，长1.1-2毫米；长雄蕊花丝细，短雄蕊花丝基部压扁成翅状，有1椭圆形的侧齿，花药椭圆形；子房有6-9胚珠。短角果窄椭圆形，4棱，具4纵翅，弧形弯曲，不呈含珠状，长0.8-1.5厘米，基部楔形；果瓣无毛，有1中脉发育成翅；胎座框具1纵翅；宿存花柱长0.5-1.5毫米；果柄长0.5-1.2厘米，子房柄长约0.5厘米。种子卵形或宽椭圆形，扁平，长3-3.5毫米。花期6-8月，果期7-8月。

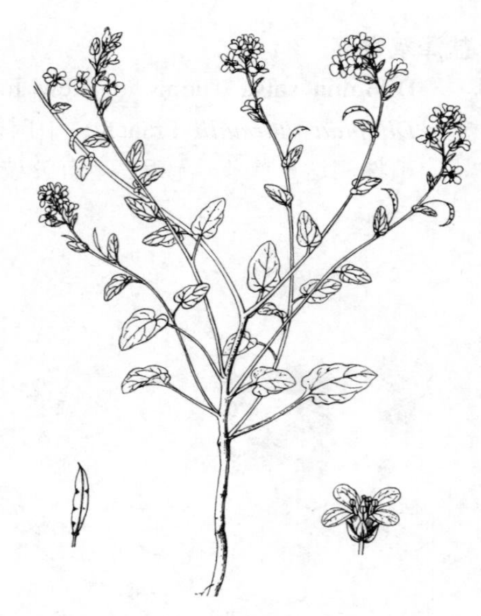

图 673 宽框荠 （蔡淑琴绘）

产四川西部及西藏东部，生于海拔4100-4800米高山草坡、河边湿地、灌丛中或云杉林下。

［附］**柱果宽框荠 Platycraspedum wuchengyii** Al-Shehbaz et al. in Novon 10: 3. 2000. 本种与宽框荠的区别：短角果圆柱形，无翅，近念珠状，径约1.5毫米；花瓣长3-4毫米，宽1-1.5毫米；种子长2-2.5毫米。花期6-8月，果期7-8月。产四川及西藏东部，生于河边湿地或深谷坡地的刺柏林和杂木林下。

27. 阴山荠属 Yinshania Y. C. Ma et Y. Z. Zhao

（陆莲立）

一年生或多年生草本。茎直立或铺散，被单毛或叉状毛。叶具柄，羽裂、3小叶或羽状复叶，稀单叶。总状花序伞房状，无苞片或下部有苞片，花序轴直，稀弯曲。萼片椭圆形，开展，基部不呈囊状；花瓣白或淡紫色，基部具短爪；侧蜜腺成对，无中蜜腺；花丝白色，开展，花药卵圆形或椭圆形；花柱明显，柱头头状。短角果开裂，球形、卵圆形、椭圆形或宽披针形；果瓣隆起，无脉或有中脉，无毛或有乳头状小突起。种子每室1或2行，多数至少数或1粒，有网纹或乳头状突起；子叶背倚或缘倚胚根。

我国特有属，13种4亚种。

1. 叶为单叶，叶缘常波状弯缺，有时深裂成3小叶 ………… 1. **弯缺阴山荠 Y. sinuata**
1. 叶为羽状复叶或羽状分裂。
  2. 植株被单毛。
    3. 茎具棱或棱不明显；基生叶和茎下部叶有小叶5-11，小叶长圆形或卵状披针形；花序轴直。
      4. 短角果椭圆形或长卵圆形，稀窄卵形，有14-20种子 ………… 2. **锐棱阴山荠 Y. acutangula**
      4. 短角果圆球形，稀球状卵形，有2-6种子。
        5. 短角果被毛；茎上棱不明显 ………… 2(附). **小果阴山荠 Y. acutangula** subsp. **microcarpa**
        5. 短角果具微小乳突或光滑；茎上棱明显 ………… 2(附). **威毛阴山荠 Y. acutangula** subsp. **wilsonii**
    3. 茎无棱；基生叶和茎下部叶有3-5小叶，顶生小叶菱状卵形；花序轴常呈"之"字形曲折 ………… 3. **柔毛阴山荠 Y. henryi**
  2. 植株无毛或近无毛。
    6. 多年生草本；具块状茎；茎具深沟槽；基生叶和茎下部叶的复叶具5-9小叶，小叶边缘具粗锯齿。
      7. 花瓣白色；短角果窄长圆形，长5-6毫米 ………… 4. **石生阴山荠 Y. rupicola**
      7. 花瓣白或淡紫色；短角果近圆形或倒卵形，长2.5-3毫米 …………

…………………………………………………………… 4(附). **双牌阴山荠 Y. rupicola** subsp. **shuangpalensis**

6. 一年生草本；不具块状茎；茎无深沟槽；基生叶和茎下部叶的复叶具3（5）小叶，小叶边缘圆浅裂或波状。
   8. 小叶边缘圆浅裂或深裂；短角果卵圆形或近圆形 ………………………… 6. **紫堇叶阴山荠 Y. fumarioides**
   8. 小叶边缘波状、有齿或弯缺，稀缺刻状。
      9. 小叶较薄，边缘波状，稀缺刻状；短角果长圆形，有7-10种子 ……………… 5. **河岸阴山荠 Y. rivulorum**
      9. 小叶较厚，边缘有齿或弯缺；短角果卵形或倒卵形，有2-3种子 ……………… 7. **卵叶阴山荠 Y. paradoxa**

1. 弯缺阴山荠 弯缺岩荠 图 674

Yinshania sinuata (K. C. Kuan) Al-Shehbaz, G. Yang, L. L. Lu et T. Y. Cheo in Harvard Pap. in Botany. 3(1): 79-94. 1998.

Cochlearia sinuata K. C. Kuan in Bull. Bot. Lab. North-East. For. Inst. 8(8): 39. 1980; 中国植物志33: 98. 1987.

一年生草本，高达30厘米；无毛。茎直立至铺散，分枝。基生叶和茎生叶为单叶，卵形，长3-6厘米，先端圆钝，基部心形或宽楔形，叶缘常波状弯缺，有时深裂成3小叶，叶脉先端有小凸尖。花白色带淡紫色；萼片长圆卵形，长约1.7毫米；花瓣倒卵形，长约2.5毫米，有短爪。

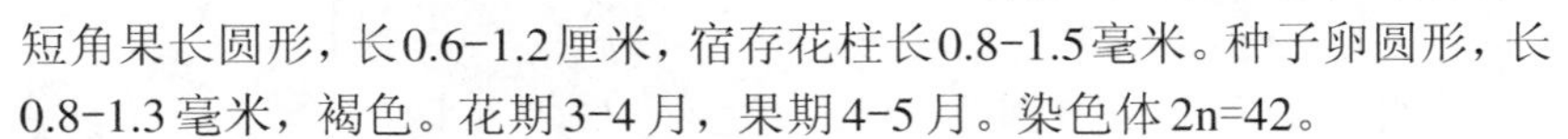

短角果长圆形，长0.6-1.2厘米，宿存花柱长0.8-1.5毫米。种子卵圆形，长0.8-1.3毫米，褐色。花期3-4月，果期4-5月。染色体2n=42。

图 674 弯缺阴山荠 （张春方绘）

产安徽南部、浙江西南部、江西北部、湖南及广东北部。

2. 锐棱阴山荠 锐棱岩荠 阴山荠 图 675

Yinshania acutangula (O. E. Schulz) Y. H. Zhang in Acta Phytotax Sin. 25: 217. 1987.

Cochlearia acutangula O. E. Schulz in Notizbl. Bot. Gart. Berlin 10: 554. 1929; 中国植物志 33: 100. 1987.

Yinshania albiflora Y. C. Ma et Y. Z. Zhao; 中国植物志 33: 451. 1987.

一年生草本，高达0.6(-1)米。茎有锐棱，被长单毛。基生叶和茎下部叶羽状全裂，裂片5-11，被贴生单毛，叶柄长0.3-2厘米；小叶薄，长圆形或卵状披针形，长0.5-2厘米，基部楔形，边缘有齿或全缘，先端钝，有小尖突；茎上部叶与茎下部叶相似，向上叶柄渐短。总状花序

图 675 锐棱阴山荠 （张海燕绘）

顶生或腋生，花序轴直，具多花。萼片卵形，长1-1.5毫米；花瓣白色，倒卵形，长2-2.5毫米。果序长达15厘米。短角果椭圆形或长卵圆形，稀窄卵形，长1.5-4毫米，有14-20种子；果瓣薄，有乳头状小疣或毛；宿存花柱长0.5-0.8毫米。种子长卵圆形，长0.6-0.8毫米，种皮有网纹，棕色。花期7-8月，果期8-10月。染色体2n=14。

产内蒙古中部、陕西西部、甘肃、青海东部及四川中部（文献记载河北亦产），生于海拔900-3000米山坡路旁或灌丛中。

［附］**小果阴山荠** 小果岩荠 **Yinshania acutangula** subsp. **microcarpa**（K. C. Kuan）Al-Shehbaz et al. in Harvard Pap. Bot. 3(1)：83. 1998. —— *Cochlearia microcarpa* K. C. Kuan in Bull. Bot. Lab. North-East. For. Inst. 8(8)：40. 1980. 中国植物志 33：100. 1987；与原亚种锐棱阴山荠的区别：短角果圆球形，稀球状卵形，有毛，有2-6种子；茎上棱不明显。果期8月。产甘肃及四川，生于海拔约1100米多石干旱地区。

［附］**威氏阴山荠 Yinshania acutangula** subsp. **wilsonii**（O. E. Schulz）Al-Shehbaz et al. in Harvard Pap. Bot. 3(1)：83. 1998. —— *Cochlearia henryi*（Oliv.）O. E. Schulz var. *wilsonii* O. E. Schulz in Fedde, Repert. Sp. Nov. 38：108. 1935；本亚种的鉴别特征：茎具棱；果圆球形，稀球状卵形，具微小乳突或无毛，有2-4种子。花期7-8月，果期8-10月。染色体2n=12。产甘肃及四川，生于海拔1400-3000米的山谷、路边。

3. 柔毛阴山荠 柔毛岩荠 图 676

Yinshania henryi（Oliv.）Y. H. Zhang in Acta Phytotax. Sin. 25:213. 1987.

Nasturtium henryi Oliv. in Hook. Icon. Pl. 18:1. 1719. 1887.

Cochlearia henryi（Oliv.）C. E. Schulz；中国植物志 33：104. 1987.

一年生草本，高达35(-50)厘米。茎无棱，分枝，被长柔毛。羽状复叶，具3-5小叶；顶生小叶菱状卵形，长1.5-2.5厘米，基部稍心形或宽楔形，边缘3深裂，有钝齿；侧生小叶长0.6-1厘米，基部渐窄，有柄或无柄；复叶叶柄长1.5-6厘米。总状花序无苞片，花序轴纤细，常呈"之"字形曲折。萼片长圆形，长1.5-2毫米，外面有毛；花瓣白色，倒卵形，长2-3.5毫米，基部有短爪。短角果长圆形或长圆状披针形，稀近线形，长（2.5）3-5毫米；果瓣舟形，初被毛；宿存花柱长约1毫米。种子卵圆形，每室（2-）5-10，长约0.7毫米，有网纹，棕色。花果期6-7月。染色体2n=12。

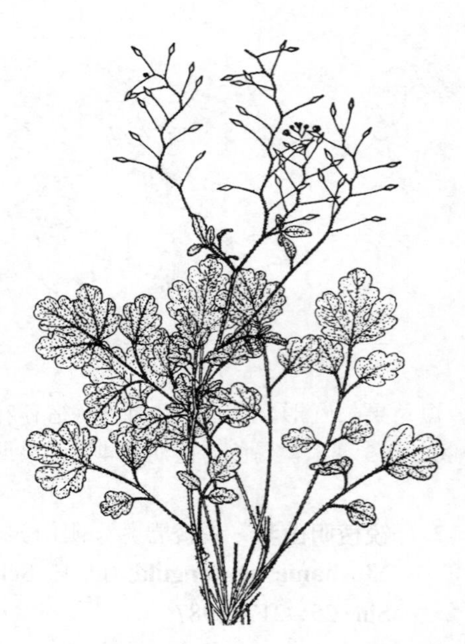

图 676 柔毛阴山荠 （冯晋庸绘）

产湖北西部、湖南西北部、四川北部及西北部、贵州北部、云南，生于海拔1100-1750米岩石堆或岩洞内阴湿处。

4. 石生阴山荠 图 677

Yinshania rupicola（D. C. Zhang et J. Z. Shao）Al-Shebaz et al. in Harvard Pap. Bot. 3(1)：91. 1998.

Cochlearia rupicola D. C. Zhang et J. Z. Shao in Acta Phytotax. Sin. 24：404. 1986.

多年生草本，高达1米，具块状茎，植株无毛。茎直立，上部分枝，具深沟槽。基生叶和茎下部叶为复叶，柄长8-15厘米，具5-9小叶；小叶宽椭圆形、卵形或披针形，长4-7厘米，先端钝，具突尖，基部偏斜，楔形或近截形，边缘具粗锯齿，齿有尖突，叶柄长1-5毫米；茎上部叶有小叶3-5，向上渐变小变窄。总状花序顶生或侧生，具多花，最下部的花有时有苞片。

萼片椭圆形，长1.5-2厘米，边缘白色。花瓣白色，椭圆形或倒卵形，长2-4毫米，先端圆，基部有短爪；短角果窄长圆形，长5-6毫米，压扁；果瓣脉不明显；隔膜有时无；宿存花柱长1-2毫米；果柄长0.4-1厘米，反曲。种子扁，卵状椭圆形，长1.2-1.8毫米，褐色。花期5-9月，果期6-10月。

产安徽南部，生于海拔1000-1200米林下阴湿处石缝中。

［附］**双牌阴山荠 Yinshania rupicola** subsp. **shuangpaiensis**（Z. Y. Li）Al-Shehbaz et al. in Harvard Pap. Bot. 3(1)：92. 1998. —— *Hilliella shuangpaiensis* Z. Y. Li in Acta Bot. Yunnan 10：117. 1988. 与模式亚种的区别：花瓣白或淡紫色；短角果近圆形或倒卵形，长2.5-3毫米。花期5-9月，果期6-10月。染色体2n=44。产福建、江西、湖南、广西及四川，生于海拔700-1000米山谷溪边林下阴湿处。

图 677 石生阴山荠 （邹贤桂绘）

5. 河岸阴山荠 河岸岩荠 图 678

Yinshania rivulorum（Dunn）Al. Shehbaz, G. Yang, L. L. Lu, et T. Y. Cheo in Harvard Papers in Botany, 3(1)：79-94. 1998.

Nasturtium rivulorum Dunn in Journ. Linn. Soc. Bot. 38：354. 1908.

Cochlearia formosana Hayata；中国植物志 33：106. 1987.

Cochlearia rivulorum（Dunn）O. E. Schulz；中国植物志 33：107. 1987.

一年生草本，高达50厘米；无毛。基生叶常为3小叶复叶，稀单叶；茎生叶为3小叶复叶，叶柄长4-10厘米，向上渐短，无翅；小叶较薄，卵形或椭圆形，稀披针形，长1-5厘米，基部心形、圆或楔形，边缘波状，稀缺刻状，叶脉先端有小尖突，小叶柄长0.2-1.2厘米；上部茎生叶渐成单叶。花序疏散，无苞片。花梗长1-1.6厘米，纤细；萼片长1-2毫米；花瓣白色，倒卵形，长1.5-2.5毫米，爪细小；花丝白色，长1-2毫米，花药长约0.2毫米。短角果长圆形，长3-6毫米，有7-10种子，成熟时有乳头状小突起，无隔膜；宿存花柱长0.5-0.8毫米。种子长圆形，长0.8-1毫米。花果期4-9月。

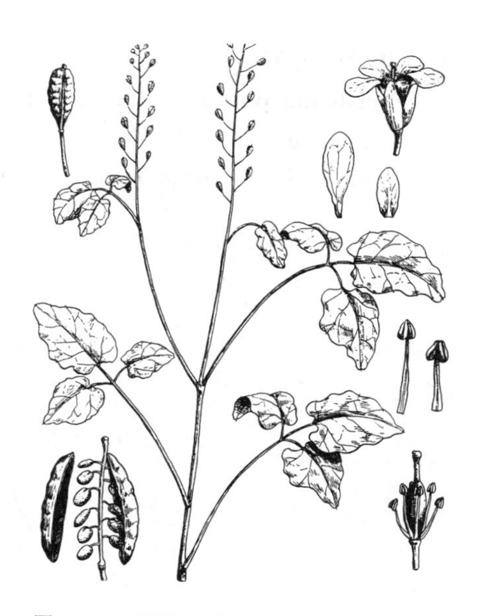

图 678 河岸阴山荠 （引自《Fl. Taiwan》）

产台湾北部、香港、福建及湖南，生于海拔300-800米河岸阴处或山坡。

6. 紫堇叶阴山荠 紫堇叶岩荠 浙江岩荠 图 679

Yinshania fumarioides（Dunn）Y. Z. Zhao in Acta Sci. Nat. Univ. Intramongol. 23：568. 1992.

Cochlearia fumarioides Dunn in Journ. Linn. Soc. Bot. 38：355.

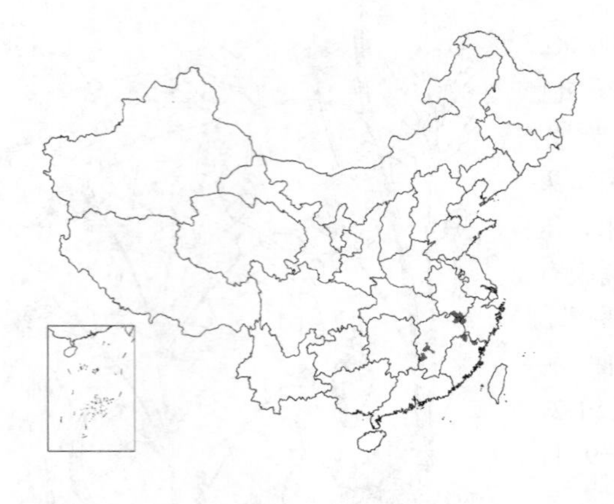

1908；中国植物志 33：106. 1987.

Cochlearia warburgii O. E. Schulz；中国植物志 33：106. 1987.

一年生草本，高达30（-35）厘米；无毛。茎纤细，分枝。基生叶与茎生叶为3小叶复叶，叶柄长0.2-3厘米；小叶卵形或近圆形，长0.7-1.5厘米，边缘圆浅裂或深裂，基部宽楔形或心形；茎上部叶为单叶，卵形，长0.4-1厘米，3浅裂。萼片卵形，长约1毫米；花瓣白色，倒卵形，长约1.5毫米。短角果近圆形或卵圆形，径2-4毫米，扁平，有乳头状突起；宿存花柱长约1毫米。种子卵圆形，长约1毫米，棕色。花果期5-8月。

产安徽南部、浙江西部、福建北部及江西，生于海拔510-1600米阴湿岩洞岩壁或石峰下阴湿处。

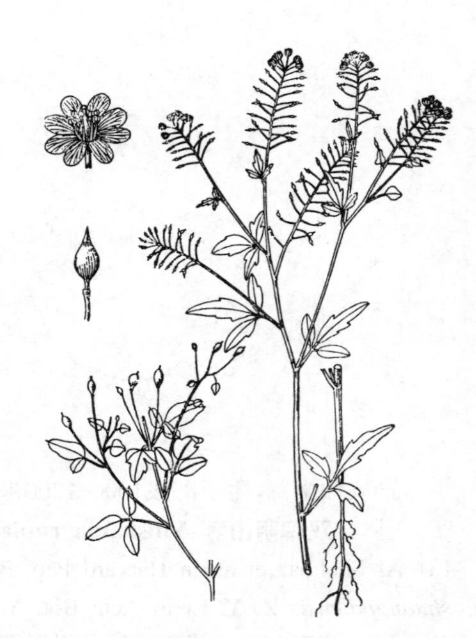

图 679 紫堇叶阴山荠 （王金凤绘）

7. 卵叶阴山荠 图 680

Yinshania paradoxa (Hance) Y. Z. Zhao in Acta. Sci. Nat. Univ. Intramongol. 23：567. 1992.

Cardamine paradoxa Hance in Journ. Bot. 6：111. 1868.

Cochlearia paradoxa (Hance) O. E. Schulz；中国植物志 33：107. 1987.

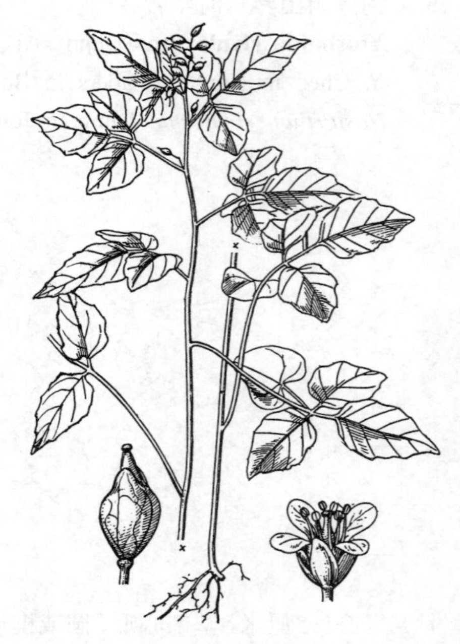

图 680 卵叶阴山荠 （冀朝祯绘）

一年生草本，高达70厘米；无毛或有小单毛。茎直立，有棱，单一或上部分枝。基生叶和下部茎生叶为3小叶复叶，稀5小叶，叶柄长4-8厘米；小叶较厚，卵形、长圆形或卵状披针形，长1.5-5（6）厘米，先端圆钝或尖，有小尖头，基部近平截或楔形，边缘有齿或弯缺。总状花序顶生或腋生，无苞片。萼片长圆形，长1.5-2毫米；花瓣白色，倒卵形，基部爪短。短角果卵形或倒卵形，长3-4毫米，有2-3种子；果瓣无毛；宿存花柱长1-2毫米。种子长圆形，长1.5-1.8毫米。花期4-11月，果期5-12月。染色体2n=42。

产湖北西部、四川东南部、广东及广西，生于海拔300-1000米山坡、沟谷、路边或林下阴湿处。越南北部有分布。

28. 革叶荠属 Stroganowia Kar. et Kir.

（陆莲立）

多年生草本。主根粗壮。茎粗，有棱，分枝；根颈粗壮，有残存枯叶柄，呈纤维状。叶革质，宽大，全缘。总状花序集成圆锥状，顶生。萼片近直立，边缘膜质，基部不呈囊状；花瓣白或紫色，宽卵形或圆形，先端圆或稍凹缺，基部渐窄成细窄爪；侧蜜腺半环形，内面开口，中蜜腺三角形；子房有短柄或无柄，花柱短或长圆锥形，柱头凹下，稍2裂。短角果倒卵形，具4棱；果瓣膨大，半球形，有中脉。种子大，卵圆形或椭圆形；子叶背倚胚根。

约20种，主产中亚及伊朗。我国1种。

革叶荠

图 681

Stroganowia brachyota Kar. et Kir. in Bull. Soc. Nat. Mosc. 14: 386. 1844.

植株高达50厘米；无毛。茎直立，圆柱状，中上部分枝，基部有残存纤维状叶柄。基生叶倒卵形，长3-6厘米，先端圆，基部渐窄，全缘，边缘软骨质，叶柄长约1.2厘米，有宽翅；下部茎生叶有宽翅状叶柄或无柄，半抱茎；中部和上部茎生叶卵形或近圆形，长约1毫米，早落；花瓣白色，宽卵形或近圆形，长约2毫米，先端圆，基部爪细。短角果倒卵形，长6-8毫米，具4棱；果瓣隆起，中脉显著；宿存花柱长约1毫米；果柄长约5毫米，较粗。种子卵圆形，长约1.5毫米，黑色。花果期6月。

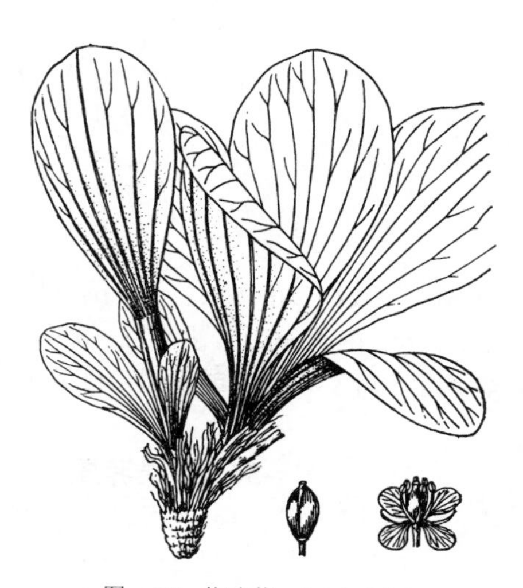

图 681 革叶荠 （王金凤绘）

产新疆北部，生于海拔1300-1700米荒山石坡或干草原。哈萨克斯坦有分布。

29. 弯梗荠属 Lignariella Baehni

（陆莲立）

一年生或二年生草本。茎分枝，无毛。叶3浅裂或3深裂，有时不裂。花单生叶腋；花梗有腺点，向轴面有微柔毛；萼片基部囊状；花瓣蓝或紫色，倒卵形或圆形，基部具爪；花药蓝紫色，花丝有微翅；侧蜜腺半月形，中蜜腺节状，与侧蜜腺相连；子房卵圆形，1室。角果近镰刀状；宿存花柱反折；果柄弧形。种子1-4；子叶缘倚胚根。

约4种。分布于喜马拉雅山区。我国3种。

1. 花瓣蓝或深紫色，圆形或卵圆形，长6-8毫米，基部骤缩成爪；花丝紫色，基部带白色，长4-5.5毫米 ………………………………………… **弯梗荠 L. hobsonii**
1. 花瓣紫色，宽倒卵形，长3-4毫米，基部渐窄成爪；花丝紫色，长1.5-2.5毫米 ………………………………………… （附）. **蛇形弯梗荠 L. serpens**

弯梗荠

图 682

Lignariella hobsonii (Pers.) Baehni in Candollea 15: 57. t 151. 1955.

Cochlearia hobsonii Pers. in Hook. Icon. Pl. t. 2643. 1900.

植株纤细，高达12厘米。茎铺散或直立，分枝。基生叶早枯；茎生叶倒卵形，长0.3-1厘米，3浅裂或3深裂，有时不裂，全缘，叶柄长3-8毫米。萼片卵形或长圆形，长1-2毫米，先端圆；花瓣蓝紫色，卵圆形或圆形，长6-8毫米，先端圆，基部骤缩成爪；花丝紫色，基部带白色，长4-5.5毫米。角果近镰刀状，长0.8-1.5厘米；花柱长约2毫米；果柄反折，长1-2厘米。种子椭圆形，长约1.5毫米。花期6-7月，果期7-8月。

产西藏南部，生于海拔2800-3800米山坡、水边或岩石边。不丹、锡

金、尼泊尔及克什米尔地区有分布。

［附］**蛇形弯梗芥 Lignariella serpens**（W. W. Smith.）Al-Shehbaz et al. in Harvard Pap. Bot. 5(1): 119. 2000. —— *Cochlearia serpens* W. W. Smith in W. W. Smith et G. H. Cave, Rec. Bot. Surv. Ind. 4: 175. 1911. 本种与弯梗芥的主要区别：花较小，花瓣紫色，宽倒卵形，基部渐窄成爪；花丝紫色，长1.5-2.5毫米。花期6-8月，果期7-10月。产西藏，生于海拔2600-4300米高山泥炭灌丛下、岩石滩或溪边砂砾滩上。不丹、尼泊尔及锡金有分布。

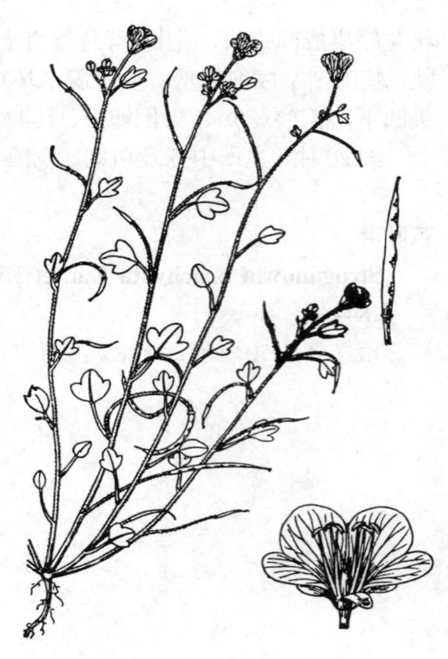

图 682 弯梗芥 （王金凤绘）

30. 绵果荠属 Lachnoloma Bunge

（陆莲立）

一年生草本，高达25（-30）厘米；密被单毛或分枝毛。茎直立、单一或上部分枝。叶披针形或线状披针形，长2.5-6厘米，先端尖，基部渐窄成柄，全缘或有波状齿。总状花序顶生，花稀疏。萼片线状长圆形，长5-7毫米，上部粘合，果期开裂；花瓣红色，匙形，长0.9-1厘米，基部爪长；子房2室，花柱长于子房，均密被长绵毛。短角果坚果状，扁四棱卵形，长5-7毫米，密被白色长绵毛，毛长5毫米以上，有光泽，花柱宿存；每室1种子，隔膜海绵质；果柄直立至上升，长约3毫米。种子卵圆形；子叶扁平，斜背倚胚根。

单种属。分布中亚和西南亚。

绵果荠 图 683

Lachnoloma lehmannii Bunge in Delect. Semin. Hort. Dorpat. 6: 8. 1839.

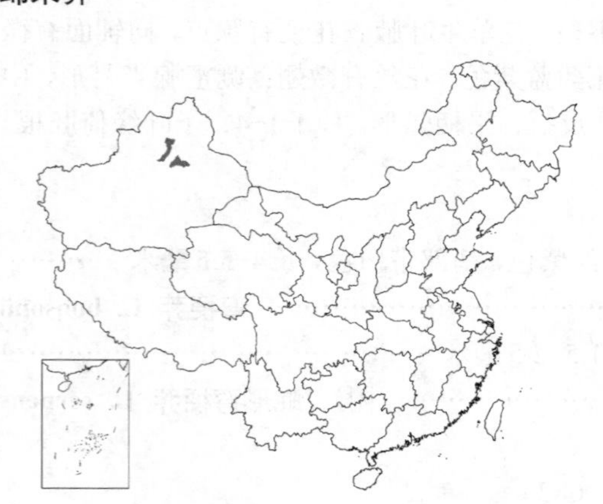

形态特征同属。花期5月，果期6月。

产新疆北部，生于戈壁沙地或荒漠。中亚及西南亚有分布。

图 683 绵果荠 （王金凤绘）

31. 螺喙荠属 Spirorhynchus Kar. et Kir.

（陆莲立）

一年生草本，高达40厘米；无毛或被短柱状或乳头状腺毛。茎直立，中下部分枝。叶长圆状条形，长2-5厘米，先端尖，基部渐窄，无柄；基生叶与下部茎生叶较宽，有波状齿或羽状浅裂，上部茎生叶全缘或有微齿。

总状花序花稀疏。萼片直立，稍开展，宽倒卵形，长2-2.5毫米，先端尖，基部囊状，边缘白色；花瓣白或淡紫色，长圆状线形，长于萼片1倍；雄蕊6，4强，长雄蕊花丝2/3以下联合，短雄蕊败育；侧蜜腺球形，位于短雄蕊内侧，中蜜腺位于长雄蕊外侧。短角果四棱状卵形，不裂，长（3）4-5毫米，有脉纹，喙长1.5-3厘米，扁平，镰状或螺旋状弯曲，有窄翅；果柄长1-2厘米，果柄及喙均被白色腺毛。种子每室1粒，长圆卵形，长约3毫米；子叶线状，背倚胚根。

单种属。

螺喙荠

图 684

Spirorhynchus sabulosus Kar. et Kir. in Bull. Soc. Nat. Mosc. 15(1): 159. 1842.

形态特征同属。花期4月，果期6月。

产新疆北部，生于荒漠和半荒漠地区的平坦沙地。中亚及西南亚有分布。

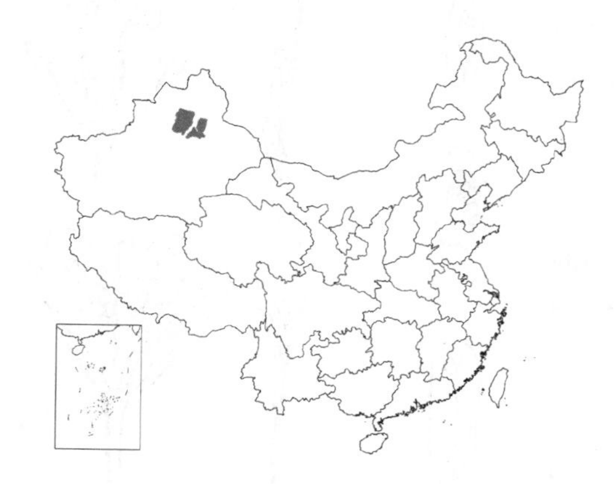

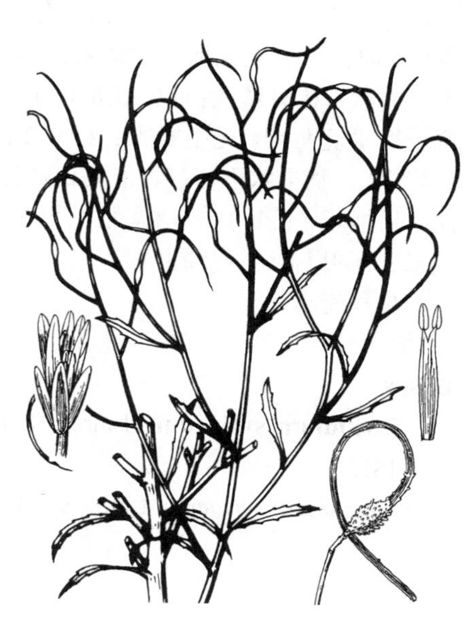

图 684 螺喙荠 （王金凤绘）

32. 舟果荠属 Tauscheria Fisch. ex DC.

（陆莲立）

一年生草本。除果柄和角果外，余处无毛而被白粉。茎直立，高达45厘米，上部分枝。基生叶线状倒卵形，有短柄，不呈莲座状，早落；茎生叶无柄，卵状长圆形、窄长圆形或披针形，稍肉质，长1-7厘米，全缘，先端尖锐或钝，基部耳形或箭形，抱茎。总状花序花少数。萼片长圆形，长0.9-1.5毫米，基部近囊状，有白色边缘；花瓣黄色，后变白，长圆形或匙形，长于花萼，基部无爪；雄蕊6，稍4强，花丝长0.8-1.5毫米；中蜜腺三角形，生于长雄蕊外侧，与侧蜜腺汇合；子房2室，胚珠1或2。短角果不裂，长4-7毫米，舟形，边缘弯曲；果瓣有窄翅，翅内卷，有缢痕，具勾毛或无毛；喙三角形，长1-3毫米，稍上弯；无隔膜；果柄细，下垂稍弧形，被单毛或无毛，长3-5.5毫米。种子长圆形，长2-2.5毫米，无翅，黄褐色；子叶扁平，背倚胚根。

单种属。

舟果荠 光果舟果荠

图 685

Tauscheria lasiocarpa Fisch. ex DC. Syst. Nat. 2: 563. 1821.

Tauscheria lasiocarpa var. *gymnocarpa* (Fisch. ex DC.) Boiss.; 中国植物志 33: 113. 1987.

形态特征同属。花期4-6月，果期5-7月。

产新疆及西藏西部（文献记载内蒙古亦产），生于海拔400-3800米荒漠干草原、砾石戈壁、路边或河岸。阿富汗、克什米尔、哈萨克斯坦、吉尔吉斯斯坦、蒙古、巴基斯坦、俄罗斯、塔吉克斯斯坦、土库曼斯坦、乌兹别克斯坦及西南亚有分布。

33. 鸟头荠属 Euclidium R. Br.

（陆莲立）

一年生草本，高达20（-25）厘米；被2或3分叉毛，或基部被单毛。茎铺散，基部分枝。叶长椭圆形或长圆状披针形，长1.5-5（6）厘米，先端钝，有小尖头，基部楔形，全缘、有微齿或波状齿；基生叶和下部茎生叶有柄，向上渐短至无柄。总状花序。萼片开展，长圆形，长约1毫米，基部不呈囊状；花瓣黄或白色，线形，与萼片等长或稍长；侧蜜腺三角形，小，位于短雄蕊两侧，无中蜜腺；柱头2裂。短角果鸟头状或椭圆状卵形，长3-4毫米，坚果状不开裂，密被2叉毛，喙圆锥状，长1-1.5毫米，向下弯曲；果柄粗，长1-1.5毫米，紧贴果序轴。种子每室1粒，卵圆形，长约1.5毫米；子叶扁平，缘倚胚根。

单种属。

鸟头荠 图 686

Euclidium syriacum（Linn.）R. Br. in Acta Hort. Kew. ed. 2, 4: 74. 1812.

Anastatica syriacum Linn. Sp. Pl. 895. 1753.

形态特征同属。花期4月，果期5-6月。染色体2n=14。

产新疆北部，生于海拔300-3500米荒漠地带田边、渠旁、河滩、粘土、盐渍化土壤或砾石荒地。欧洲东部、中亚及西南亚有分布。为优良饲料植物，多种家畜喜食。

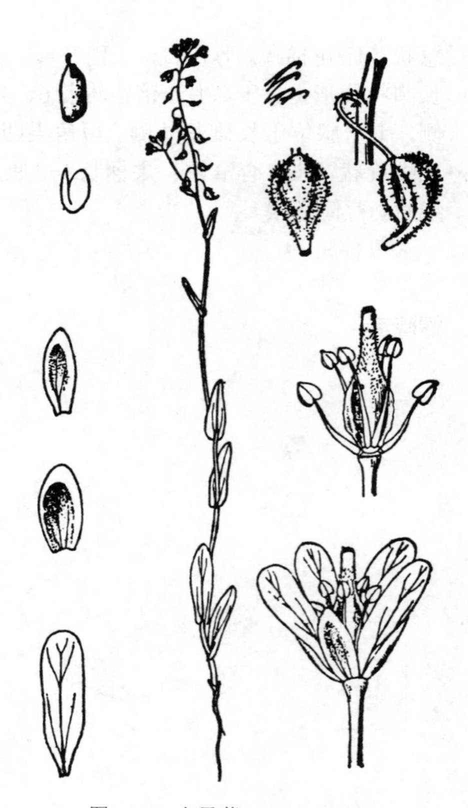

图 685 舟果荠 （引自《图鉴》）

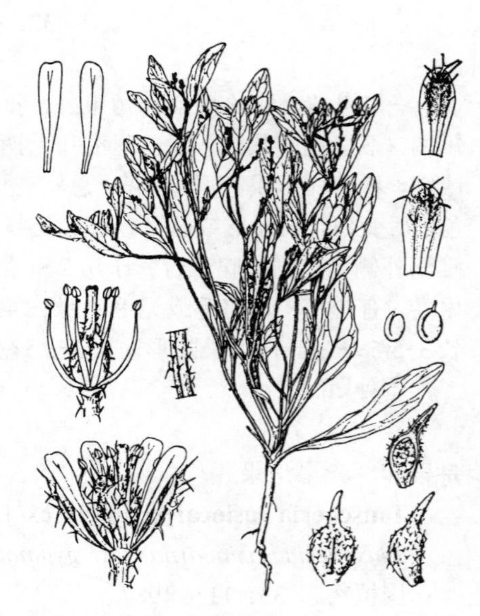

图 686 鸟头荠 （引自《图鉴》）

34. 脱喙荠属 Litwinowia Woron.

（陆立莲）

一年生草本，高达40厘米。茎直立，单一或中部以上分枝，下部被长单毛。基生叶椭圆形，长0.5-1.5厘米，先端尖，基部渐窄，全缘，叶柄长3-5毫米，均有长单毛；茎生叶线形或长圆状披针形，长1-3厘米，先端锐尖，基部渐窄，全缘，被毛。总状花序。花梗长约1毫米；萼片长椭圆形，长1.5-2.5毫米，基部近囊状；花瓣白或淡紫色，长椭圆形，长3-4毫米；花丝分离；侧蜜腺柱形，位于短雄蕊两外侧，无中蜜腺；花柱圆柱形，长约2毫米，基部缢缩。短角果球形，坚果状不开裂，径2-3毫米，有细网纹，被毛；喙长，圆柱形，约为果的2倍，脱落。种子每室1粒，近圆形，扁；子叶缘倚胚根。

单种属。

脱喙荠

图 687

Litwinowia tenuissima（Pall.）Woronow ex Pavlov in Center. Kazak. 2：302. 1935.

Vella tenuissima Pall. in Rese 3：780. 1776.

形态特征同属。花果期4–6月。染色体2n=14。

产新疆西北部，生于荒漠地带山前平原、沙地、土质山坡或荒地。俄罗斯西伯利亚、中亚及西南亚有分布。

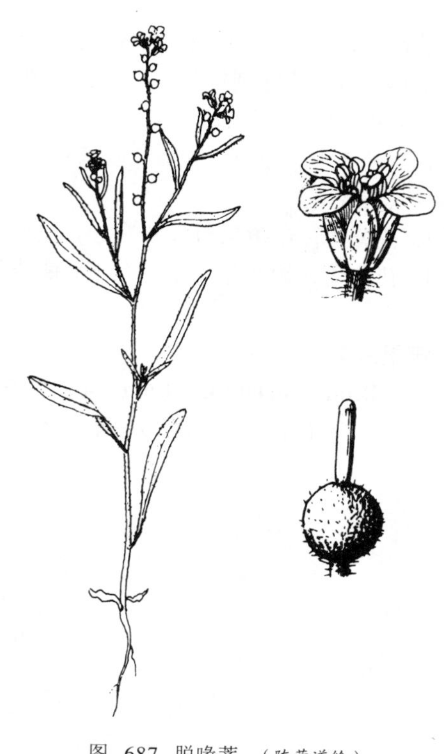

图 687 脱喙荠 （陈荣道绘）

35. 球果荠属 Neslia Desv.

（陆莲立）

一年生草本，高达85厘米；被2–3分叉毛。茎直立，上部分枝。基生叶长圆形，长5–7（–12）厘米，基部渐窄成柄，全缘或有疏齿，柄长1–2厘米；茎生叶长圆状披针形，长2–8（–12）厘米，先端渐尖，基部箭形，抱茎。总状花序。萼片长卵形，直立，长约1.8毫米，基部不呈囊状；花瓣黄色，倒卵形，长2–2.5毫米，基部具爪；花丝分离，花药稍具4室；侧蜜腺新月形，不汇合，位于短雄蕊基部两侧，中蜜腺三角形，位于长雄蕊基部外侧；子房球形，1–2室，花柱长，胚珠2–4。短角果近球形，长1.7–2.3毫米，坚果状不开裂，有蜂窝状脉纹，喙细柱形，长约1毫米，宿存；果柄基部有关节。种子1粒，稀2粒，卵圆形，红褐色；子叶扁平，背倚胚根。

单种属。

球果荠

图 688

Neslia paniculata（Linn.）Desv. in Journ. de Bot. 3：162. 1814.

Myagrum paniculatum Linn. Sp. Pl. 641. 1753.

形态特征同属。花期5–6月。染色体2n=14。

产内蒙古北部、新疆北部及西北部，生于山坡草丛或平原田野。中亚、西南亚、北非、欧洲及北美洲有分布。

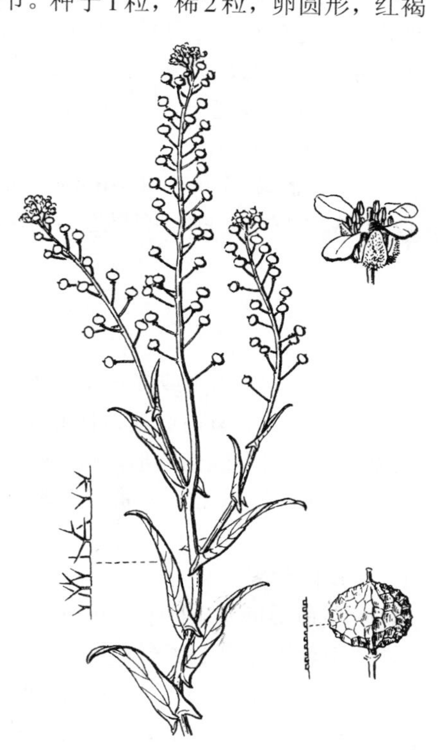

图 688 球果荠 （马 平绘）

36. 匙荠属 Bunias Linn.

（陆莲立）

一年生或二年生草本；无毛或被单毛、分枝毛。叶大头羽裂、羽状浅裂或具波状齿。总状花序。萼片直立，基部稍呈囊状；花瓣白或黄色；雄蕊6，离生；侧蜜腺环状，外侧3浅裂，围绕短雄蕊，中蜜腺三角形，位于长雄蕊外侧，常与侧蜜腺汇合成环；子房2室，花柱圆锥形，柱头2浅裂。短角果卵形，革质，坚果状，无翅，不裂。种子每室1粒；子叶卷折，背倚胚根。

约3种，分布于中亚、西南亚、北非及欧洲。我国2种。

1. 花黄色；短角果有瘤状突起，顶端钝；茎上部被瘤状突起，下部被倒 ······················ **疣果匙荠 B. orientalis**
1. 花白色；短角果平滑，有4个钝棱角，顶端钝尖；茎无小瘤，无单毛 ··············（附）. **匙荠 B. cochlearioides**

疣果匙荠 图 689：1-3 彩片 171

Bunias orientalis Linn. Sp. Pl. 670. 1753.

二年生草本，高达80厘米。茎直立，上部分枝，被褐色瘤状突起，下部被倒生单毛。基生叶及下部茎生叶有柄，柄长1-5厘米，叶大头羽状深裂，长4-7厘米，顶裂片长圆形或三角状长圆形，边缘有小波状齿，侧裂片水平开展或向下开展，披针形，密生单毛、叉状毛及瘤状突起；中部及上部叶披针形，长3.5-13厘米，不裂，全缘或有波状齿。花序总状。花黄色；萼片长圆形，长约3毫米；花瓣宽倒卵形，长约5毫米。短角果卵圆形，长6-8毫米，有瘤状突起，顶端钝。种子球形。花果期6-7月。染色体2n=14。

产黑龙江及辽宁，生于草地或田野。俄罗斯西伯利亚、蒙古、中亚、土耳其及欧洲有分布。

［附］**匙荠** 689: 4-8 **Bunias cochlearioides** Murr. in Com. Goett 8: 42. t. 3. 1777. 本种与瘤果匙荠的区别：茎无瘤状突起，无毛；花白色；短角果平滑，有4个钝棱角，顶角锐尖。花果期5-6月。产黑龙江、辽宁及河北，生于沙地荒漠、干草原或草甸。俄罗斯西伯利亚、蒙古及中亚有分布。

图 689: 1-3.疣果匙荠 4-8.匙荠
（田 虹绘）

37. 庭荠属 Alyssum Linn.

（陆莲立）

一年生、二年生或多年生草本，或亚灌木状；密被星状毛。萼片直立或开展，基部不呈囊状；花瓣黄或淡黄色；花丝分离，有齿或翅，有附片或乳突状毛；侧蜜腺三角形，圆锥形或柱形，中蜜腺无；子房有4胚珠。短角果宽卵形、圆形或椭圆形，稍膨胀。种子每室1-4粒；子叶扁平，缘倚胚根或稍倾斜。

约170种，广布于欧洲及亚洲，主产地中海及中东。我国约10种。

1. 一年生草本。
  2. 短角果每室4种子 ·· 1. **条叶庭荠 A. linifolium**
  2. 短角果每室2种子。
    3. 花丝无翅与齿；萼片背面被星状毛和单毛；短角果被星状毛、单毛 ············ 2. **欧洲庭荠 A. alyssoides**
    3. 花丝有齿与翅；萼片背面被星状毛和分枝毛；短角果被星状毛或无毛。
      4. 短角果无毛 ·· 3. **庭荠 A. desertorum**

4. 短角果被星状毛 …………………………………………………………………… 4. **新疆庭荠 A. simplex**
5. 花瓣瓣片白色，爪粉红色；花丝粉红色，基部具乳突 ……………………………… 7. **灰毛庭荠 A. canenscens**
5. 花瓣和花丝黄色；花丝基部无毛。
1. 多年生草本。
6. 花丝有短翅，翅长达花丝1/2-1/3；短角果长圆状倒卵形或近椭圆形 ………………… 5. **北方庭荠 A. lenense**
6. 花丝有长翅，翅长达花丝2/3以上；短角果倒宽卵形 ………………………………… 6. **倒卵叶庭荠 A. obovatum**

1. 条叶庭荠 齿丝庭荠

图 690

Alyssum linifolium Steph. ex Willd. Sp. Pl. 3(1): 467. 1800.

一年生草本，高达30厘米；被贴生星状毛。茎直立，不分枝或基部分枝。叶线形，长1-3（4）厘米，先端钝或锐尖，基部渐窄，全缘。总状花序顶生。萼片长圆形，长1.5-2毫米，背面被星状毛；花瓣黄色，长圆状楔形，长2.5-3毫米，先端微凹，基部渐窄；长雄蕊花丝有齿，短雄蕊花丝有附片。短角果宽椭圆形或倒卵形，扁平，长4-7毫米；果瓣无毛；宿存花柱长约0.5毫米；隔膜透明无脉，每室种子2行，4粒以上。种子卵圆形，长约1.5毫米，周围有窄边，黄褐色。花果期3-5月。染色体2n=16。

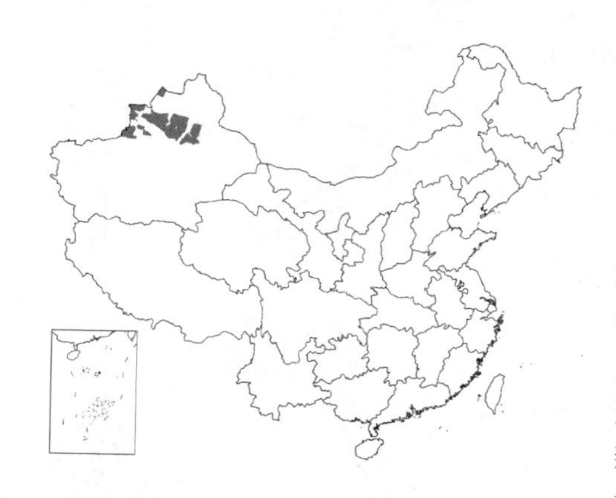

产新疆，生于半荒漠地区盐碱地、沙丘、石质山坡、田边或路旁。俄罗斯西伯利亚、中亚、西南亚、蒙古、土耳其、伊朗、印度、欧洲西部、北非及地中海地区均有分布。

图 690 条叶庭荠 （冯晋庸绘）

2. 欧洲庭荠

图 691

Alyssum alyssoides (Linn.) Linn. Syst. Nat. ed. 10, 2: 1130. 1758-1759.

Clypeola alyssoides Linn. Sp. Pl. 652. 1753.

一年生草本，高达20厘米。茎分枝，铺散，被星状毛。下部茎生叶倒卵状长圆形或匙形，中上部叶长圆状披针形，长1-2.5厘米，先端尖或稍钝，基部渐窄。花序伞房状。萼片窄椭圆形，长约3毫米，背面被星状毛及单毛，宿存；花瓣长圆形，长约4毫米，先端近平截或微凹，中部稍缢缩，基部渐窄，被星状毛及单毛，果期宿存；花丝无齿与翅，短雄蕊花丝基部有2附片；子房密被星状毛，花柱长0.5-0.8毫米，柱头头状。短角果近圆形，径3-4毫米，密被星状毛，顶端微凹，边缘平，每室2种子。种子宽倒卵圆形，长1-1.5毫米，棕色，有窄边。花期5月。染色体2n=32。

原产欧洲、北非、中亚及西南亚。辽宁有栽培，已野化。

图 691 欧洲庭荠
（引自《东北草本植物志》）

3. 庭荠 图 692

Alyssum desertorum Stapf. in Denkschr. Acad. Wien. 51: 302. 1866.

一年生草本，高达20厘米。茎直立，不分枝或基部分枝，密被星状毛。

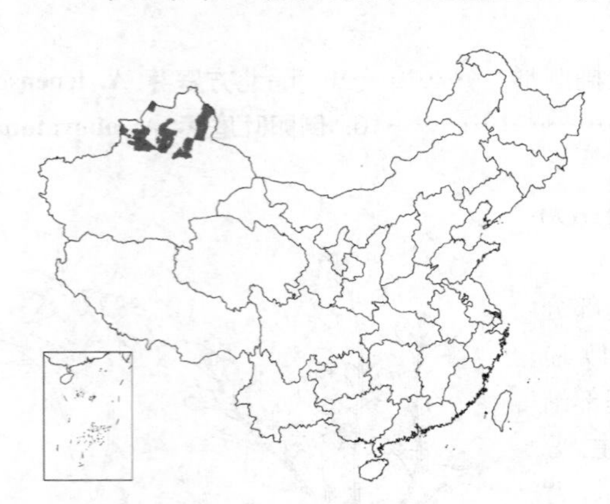

叶线状长圆形或线形，长0.5-3厘米，先端钝，基部渐窄成楔形，全缘，密被星状毛。总状花序顶生。萼片长圆形，长约1.5毫米，背面被星状毛及分枝毛；花瓣淡黄色，长圆状楔形，长2.5-3毫米；长雄蕊花丝基部稍宽，短雄蕊花丝基部有先端2裂的附片。短角果近圆形，无毛，径约3毫米；果瓣凸起，先端微凹；花柱宿存，每室2种子。种子椭圆形，有窄边，褐色，长约1毫米。花果期4-6月。染色体2n=32。

产新疆北部，生于海拔达2600米荒漠地区沙漠、碎石山坡、盐化草甸或田边。俄罗斯西伯利亚、中亚、蒙古、亚洲西部及欧洲东部有分布。

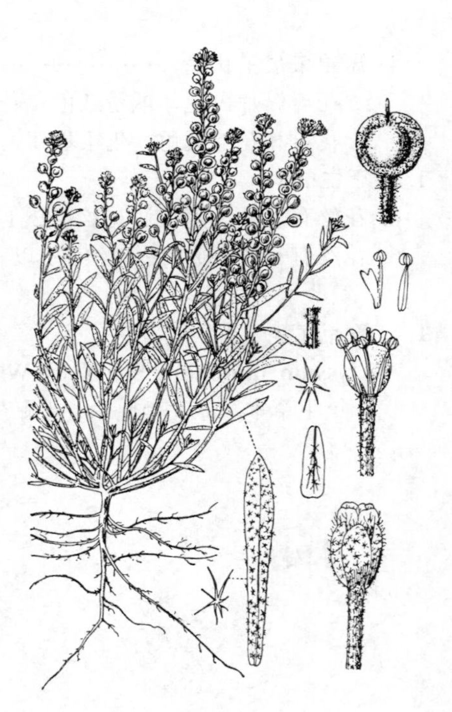

图 692 庭荠 （陈荣道绘）

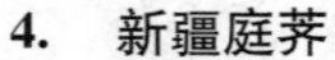

4. 新疆庭荠 图 693

Alyssum simplex Rud. in Journ. Bot. 1799(2): 290. 1799.

Alyssum minus (Linn.) Rothm.; 中国植物志 33: 121. 1987.

一年生草本，高达20（40）厘米。茎直立或稍斜升，单一或分枝，被贴生星状毛。基生叶早落；

茎生叶长圆状披针形或长圆状线形，长1.5-3.5厘米，先端尖或钝，基部渐窄成柄或无柄。总状花序顶生。萼片长圆状卵形，长2-2.5毫米，背面被星状毛及分枝毛；花瓣黄色，上端1/3处缢缩，长2.5-3毫米，先端凹缺，基部渐窄成爪；长雄蕊花丝基部稍宽，短雄蕊花丝基部有顶端分裂的附片。短角果圆形，径4-6毫米；果瓣凸起，周围有窄边，被星状毛；花柱宿存；每室种子2粒。种子宽卵圆形，长约2.5毫米，棕色，有窄边。花果期5-6月。染色体2n=16。

产新疆西北部，生于海拔100-2600米山坡、草原或草地。俄罗斯西伯利亚、中亚、西南亚、伊朗、欧洲东部及北非有分布。

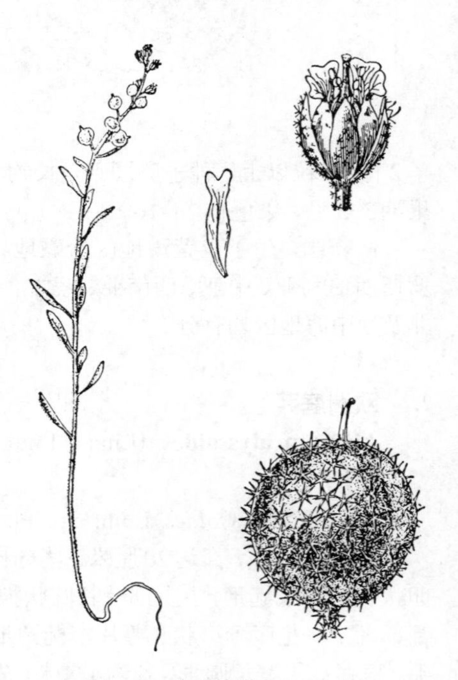

图 693 新疆庭荠 （陈荣道绘）

5. 北方庭荠 星毛庭荠 图 694

Alyssum lenense Adams in Mém. Soc. Nat. Mosc. 5: 110. 1817.

Alyssum lenense var. *dasycarpum* C. A. Mey.; 中国植物志 33: 123. 1987.

多年生草本，高达15（-20）厘

米。茎基部木质化，分枝多，密被星状毛。叶线形或线状披针形，长1-1.5(-2)厘米，先端锐尖，基部渐窄，无柄，全缘，被星状毛。花序伞房状。花梗长2-4毫米；萼片宽椭圆形，长2.4-3.5毫米，背面被星状毛；花瓣黄色，宽倒卵状楔形，长5-6毫米，先端圆钝，基部成爪；花丝黄色，基部有1翅，翅长达花丝长1/2或1/3；花柱宿存，柱头头状。短角果近椭圆形或长圆状倒卵形，长5-6毫米，顶端微凹，中间凸起，被星状毛或无毛，每室有种子2粒。种子卵圆形，长约2毫米，褐色。花果期5-6月。染色体2n=16。

产黑龙江西南部、内蒙古、河北西北部、甘肃中部及新疆北部，生于沙地、草坡或石质山坡。俄罗斯西伯利亚、远东地区、蒙古及哈萨克斯坦有分布。

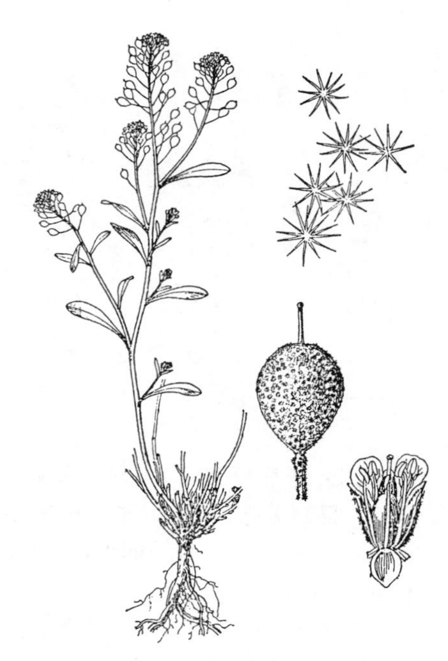

图 694 北方庭荠 （引自《图鉴》）

6. 倒卵叶庭荠 图 695

Alyssum obovatum (C. A. Mey.) Turcz. in Bull. Soc. Imp. Natur. Mosc. 10: 57. 1837.

Odontarrhena obovata C. A. Mey in Ledeb. Fl. Alt. 3: 61. 1831.

多年生草本，高达15厘米；全株密被星状毛。茎基部木质化，多分枝，铺散。叶匙形或倒卵形，长0.4-1.6厘米，全缘，叶柄不明显。花序伞房状，花密生。萼片直立，长圆形，长约2.5毫米；花瓣黄色，圆形或长圆状倒卵形，长约5毫米，先端圆钝，基部成爪；花丝黄色，有长翅，翅长达花丝2/3以上。短角果倒宽卵形，长3-4毫米，被星状毛。种子宽卵圆形，黄棕色，长约2毫米，稍扁平，具窄翅。花果期5-9月。染色体2n=16，30，32。

产黑龙江西南部、内蒙古北部及新疆北部，生于海拔500-1500米草原、山坡、沙丘或砾石地。蒙古、俄罗斯西伯利亚及远东地区、哈萨克斯坦、加拿大及阿拉斯加有分布。

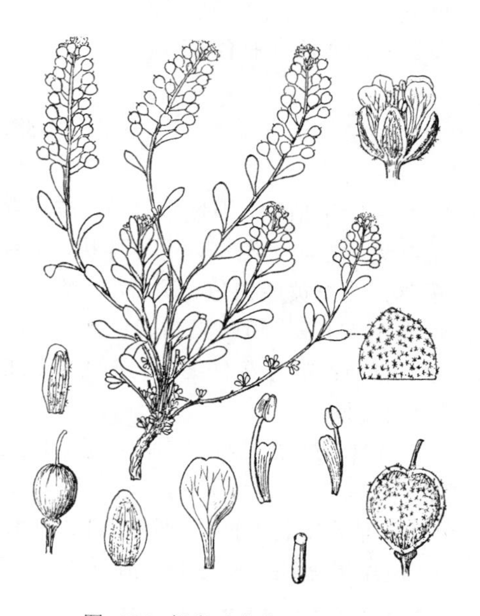

图 695 倒卵叶庭荠 （仝 青绘）

7. 灰毛庭荠 燥原荠 图 696 彩片 172

Alyssum canescens DC. Syst. Nat. 2: 322. 1821.

Ptilotrichum canescens (DC.) C. A. Mey. in Ledeb. Fl. Alt. 3: 64. 1831; 中国植物志 33: 126. 1987.

Ptilotrichum cretaceum (Adams) Ledeb. Fl. Ross. 1: 143. 1931; 中国高等植物图鉴 2: 48. 1972.

多年生矮小草本，常呈垫状，高达9厘米；全株被银灰色具短柄的星状毛。茎直立，从下部分枝，基部木

质化。茎生叶无柄，肉质，长圆形或线形，长4-12毫米，上面常具沟，先端钝，基部渐窄。萼片长圆形，长1.5-2.2毫米，早落；花瓣白色，倒卵形，长2-3毫米，爪常粉红色，基部具微小乳突，外面无毛，早落；花丝粉红色，1.5-2毫米，基部扩大并具乳突，侧花丝在基部以上常具微齿，花药卵圆形，0.4-0.5毫米；子房每室有1胚珠。果宽卵形或长圆状卵形，长4-5毫米，顶端尖锐；果瓣无脉，稍扁，密生星状毛；宿存花柱0.5-2毫米，无毛；果柄上升，长4-7毫米。种子卵形，长1.4-1.8毫米，扁压，无翅。花期6-9月，果期7-10月。

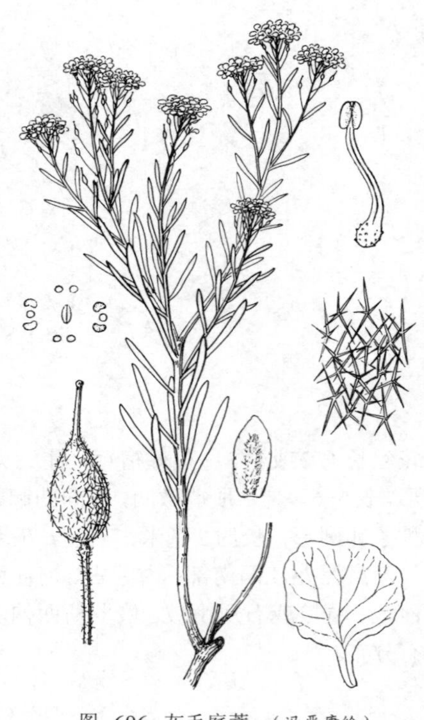
图 696 灰毛庭荠 （冯晋庸绘）

产黑龙江西部、吉林西北部、内蒙古、河北、山西、陕西、甘肃、宁夏、青海东南部、新疆北部及西藏，生于海拔1000-5000米干燥石质山坡、草地、河岸、石缝、砾石堆或高山干草原。克什米尔、哈萨克斯坦、蒙古及俄罗斯西伯利亚有分布。

38. 翅籽荠属 Galitzkya V. V. Botsch.

（王希蕖）

多年生植物。根颈常分枝，被宿存枯叶柄。茎直立常不分枝，被贴伏星状毛，基生叶莲座状，具柄，全缘；茎生叶无柄，向下渐窄，不呈耳状，全缘。总状花序无苞片。萼片卵形或长圆形，上升，被微毛，侧萼片基部囊状，早落；花瓣黄或白色，深2裂；雄蕊6，4强，花药长圆形，顶端钝；侧蜜腺4，花丝基部两侧各1，无中蜜腺；子房有6-4胚珠。短角果圆形、宽倒卵形或宽椭圆形，具宽隔膜，无柄，稀柄长1毫米；胎座框扁平，无翅；隔膜完整、膜质；宿存花柱细，长5毫米，柱头头状不裂。种子每室2行，具宽翅，圆形、卵形或椭圆形，种皮平滑；子叶缘倚胚根。

3种，产中国西部、哈萨克斯坦及蒙古。我国2种。

1. 短角果被毛，平扁，长0.8-1.3厘米；果瓣两端尖锐；花瓣黄色 ………………………… 大果翅籽荠 G. potaninii
1. 短角果无毛，稀有毛，稍膨胀，长3-5毫米；果瓣两端圆或至少一端圆；花瓣白色 ……………………………………………………………………………………………………（附）. 匙叶翅籽荠 G. spathulata

大果翅籽荠 大果团扇荠 哈密庭荠 图 697

Galitzkya potaninii (Maxim.) V. V. Botsch. in Bot. Zhurn. 64: 442. 1979.

Berteroa potaninii Maxim. in Bull. Acad. Imp. Sci. St. Petersb. ser. 3, 26: 422. 1880; 中国植物志 33: 130. 1987.

Alyssum magicum Z. X. An; 中国植物志 33: 125. 1987.

多年生草本，高达25厘米。基生叶灰白色，疏被星状毛，宽倒披针形或长圆状披针形，长1-5厘米，先端钝，基部楔形，全缘，叶柄长0.7-2厘米，基部稍扩大；茎生叶线状披针形，长1-3.5厘米，先端钝，无柄。萼片被疏柔毛，长3-4毫米；花瓣黄色，倒卵形，长5-7毫米，先端2深裂，裂片卵形或长圆形，长1-2毫米，先端钝；花丝长3-4毫米，花药0.8-1.1毫米；子房胚珠达14。短角果近圆形或宽倒卵形，长0.8-1.3厘米，平扁；果瓣疏被星毛，两端尖，具网脉；宿存花柱长3-5毫米，疏被星状毛；果柄开展，细直，长0.5-1.4厘米。种子近圆形或宽倒卵形，径约4毫米，稍平扁，翅膜质，宽达1毫米。花期4-5月，果期6-7月。

产内蒙古西部、甘肃西部及新疆，生于海拔800-1700米多石山坡。蒙古有分布。

［附］**匙叶翅籽荠 Galitzkya spathulata**（Steph. ex Willd.）V. V. Botsch. in Bot. Zhurn 64：1442. 1979. —— *Alyssum spathulatum* Steph. ex Willd. Sp. Pl. 3：465. 1800. 本种与大果翅籽荠的区别：短角果无毛，稀有毛，稍膨胀，长3-5毫米；果瓣两端圆或至少一端圆；花瓣白色。花期4-5月，果期6-7月。产新疆，生于海拔500-1000米石质山坡。哈萨克斯坦有分布。

图 697 大果翅籽荠 （陈荣道绘）

39. 香雪球属 Lobularia Desv.

（陆莲立）

多年生草本或亚灌木；被"丁"字毛。茎分枝。叶全缘。萼片基部不呈囊状；花瓣淡紫或白色，基部有爪；雄蕊花丝分离，无齿，花药2室；侧蜜腺丝状，不汇合，位于短雄蕊两侧，中蜜腺裂为2个，位于长雄蕊两内侧，与侧蜜腺汇合。短角果椭圆形，每室1种子。子叶缘倚胚根。

约4种，主要分布于地中海地区。我国引入栽培1种。

香雪球

图 698 彩片 173

Lobularia maritima（Linn.）Desv. in Journ. de Bot. 3：162. 1814. *Cypeola maritima* Linn. Sp. Pl. 65. 1753.

多年生草本，高10-40厘米；被银灰色"丁"字毛。茎直立，基部分枝，丛生状。叶线形或披针形，长1.5-5厘米，先端渐窄，全缘。花序伞房状。花梗长2-6毫米，丝状；萼片长约1.5毫米，外轮萼片长圆卵形，内轮萼片窄椭圆形或窄长圆卵形；花瓣淡紫或白色，长圆状卵形，长约3毫米，先端圆钝，基部楔形成爪。短角果椭圆形，长3-3.5毫米，无毛，稀有"丁"字毛，每室1种子。种子长圆形，长约1.5毫米，棕色。花期6-7月，温室栽培为3-4月。染色体2n=24。

原产地中海沿岸及欧洲。河北、山西、山东、江苏、浙江、台湾、陕西、甘肃及新疆等地公园或花圃有栽培，供观赏。

图 698 香雪球 （刘筱蓉绘）

40. 团扇荠属 Berteroa DC.

（陆莲立）

一年生或二年生草本；被分枝毛或星状毛。茎分枝。叶全缘或有齿。内轮萼片基部不呈囊状；花瓣白色，先端2深裂；雄蕊花丝有齿；侧蜜腺半月形，位于短雄蕊两侧，无中蜜腺；子房无柄，花柱长，柱头2浅裂。短角果椭圆形或圆形，每室种子多数；果瓣扁平或稍凸起；隔膜宽。种子扁平，有边；子叶缘倚胚根。

约5种，分布于亚洲及欧洲。我国1种。

团扇荠 图 699

Berteroa incana (Linn.) DC. in Syst. Nat. 2: 291. 1821.

Alyssum incanum Linn. Sp. Pl. 618. 1753.

二年生草本，高达60（-80）厘米；被分枝毛。茎直立。基生叶倒披针形，有柄；下部基生叶长圆形，长4-6厘米，先端钝圆或微尖，基部渐窄成柄，边缘有齿；上部叶渐小，几无柄，被毛。总状花序。花梗长5-8毫米，被单毛；萼片直立，长圆形，长2.7-3毫米；花瓣白色，宽楔形，长5-8毫米，先端2深裂，长达花瓣1/3，裂片先端圆；长雄蕊花丝扁，基部渐宽，短雄蕊花丝一侧有齿。短角果椭圆形，长5-8毫米，被星状毛或无毛。种子多数，圆形，深褐色。花期5-8月，果期6-9月。染色体2n=16。

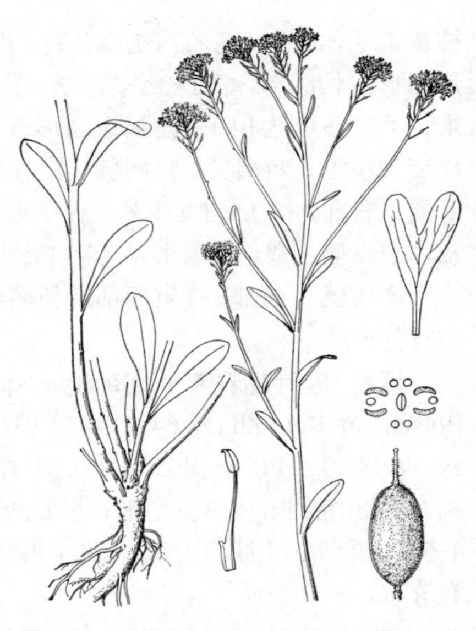

图 699 团扇荠 （引自《东北草本植物志》）

产辽宁及新疆北部（文献记载内蒙古及甘肃亦产），生于海拔700-1900米山坡、山麓、草地、牧场、河边或田边。俄罗斯西伯利亚、中亚及欧洲北部有分布。

41. 穴丝荠属 Coelonema Maxim.

（陆莲立）

多年生草本。根细长。茎多数，平铺成草丛状，被叉状毛及单毛；老茎匍匐状，被有残存枯叶；当年生茎高达6厘米，有2-4叶，被毛。基生叶莲座状，叶倒卵形，长1-1.5厘米；茎生叶小，有缘毛。总状花序顶生，下部的花有2-6苞片，其余的花裸露。萼片近圆形或椭圆形，开展，长约2毫米，背面被毛，基部囊状；花瓣鲜黄色，倒心形，长4-5毫米，基部渐窄成爪；花药卵形，长雄蕊花丝基部增宽，中空；子房卵圆形，2室，每室5-6胚珠，多数不育，花柱短，柱头平截。短角果卵形，不裂；果瓣舟形，光滑。子叶缘倚胚根。

我国特有单种属。

穴丝荠 图 700 彩片 174

Coelonema draboides Maxim. in Bull. Acad. Sci. St. Pétersb. 26: 423. 1880.

形态特征同属。花期6-7月，果期7-8月。

产甘肃中部及青海东北部，生于海拔3600-4100米高山草甸或山坡石缝中。

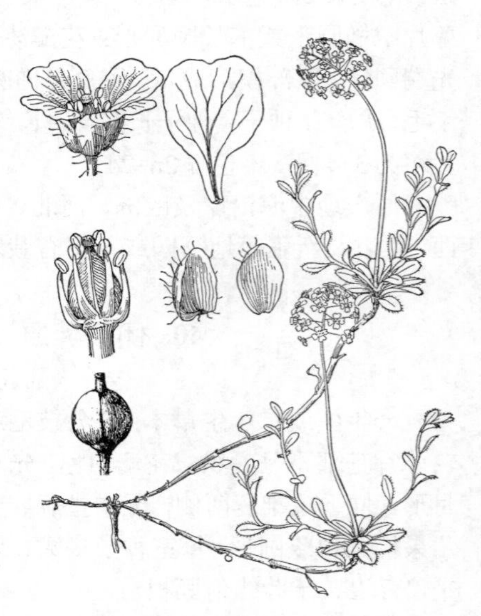

图 700 穴丝荠 （陈荣道绘）

42. 葶苈属 Draba Linn.

（陆莲立）

一年生、二年或多年生草本；丛生，被单毛、叉状毛、星状毛或分枝毛。单叶，形小，基生叶常呈莲座状，有柄或无柄；茎生叶常无柄。总状花序。花小；萼片长圆形或椭圆形，先端圆或稍钝，基部不呈或稍呈囊状；花瓣黄或白色，稀淡紫色，倒卵状楔形，先端常微凹，基部成爪；雄蕊6，稀4，花药卵圆形或长圆形，花丝细或基部宽，短雄蕊基部常有侧蜜腺1对；子房无柄，花柱圆锥形或丝状，有的近不发育，有的伸长，柱头头状或2浅裂。短角果卵圆形、披针形、长圆形或线形，扁平或稍隆起，开裂，2室；果瓣脉不明显。种子小，每室2行，卵圆形或椭圆形，无翅；子叶缘倚胚根。

约350余种，主要分布于北半球北部高山地区。我国约50种。

1. 花茎无叶，稀有1-3叶；花黄色，稀白色；花药卵圆形或长圆形；短角果卵形或长椭圆形。
  2. 根茎短，不延伸；短角果长椭圆形或短宽卵形。
    3. 基生叶线形，全缘，中脉显著，上面无毛或先端有单毛，下面有2叉毛或近星状分枝毛，边缘有单毛或叉状毛；短角果长椭圆形 ………… 1. **刚毛葶苈 D. setosa**
    3. 基生叶长圆形或倒披针形，全缘或有锯齿，下面和叶缘有单毛、叉状毛、星状毛或少量分枝毛，上面近无毛；短角果宽卵形 ………… 2. **喜山葶苈 D. oreades**
  2. 根茎长，延伸并分枝；短角果卵形或椭圆形。
    4. 根茎分枝茎匍匐；花金黄色；短角果卵形 ………… 3. **衰老葶苈 D. senilis**
    4. 根茎分枝茎不匍匐；花黄色；短角果椭圆形 ………… 4. **总苞葶苈 D. involucrata**
1. 花茎有叶；花黄或白色；花药椭圆形或卵圆形。
  5. 茎生叶多，常在6枚以上，密生。
    6. 花瓣黄或金黄色；短角果卵形或卵圆形，常扭转。
      7. 植株高达30-60厘米。
        8. 茎生叶披针形，基部耳状，抱茎；被单毛、叉状毛和星状毛 ………… 5. **抱茎葶苈 D. amplixicaulis**
        8. 茎生叶长卵圆形，无柄或近抱茎；被单毛和叉状毛 ………… 5(附). **高茎葶苈 D. elata**
      7. 植株高30厘米以下。
        9. 根茎长，匍匐生根；茎生叶宽椭圆形，被单毛、叉状毛和少量星状毛 ………… 6. **山菜葶苈 D. surculosa**
        9. 根茎稍长，不匍匐生根；茎生叶窄披针形，被叠生单毛、叉状毛和星状毛 ………… 7. **云南葶苈 D. yunnanensis**
    6. 花瓣白色；短角果长椭圆形。花茎1-2叶或无；基生叶长倒卵形或匙形，被星状毛或分枝毛 ………… 8. **乌苏里葶苈 D. ussuriensis**
  5. 茎生叶少，稀疏。
    10. 茎多少具叶，稀无叶；二年生或多年生；花白色，稀疏黄色；短角果椭圆形、卵形或线形，扁平或扭转；宿存花柱短。
      11. 植株矮小，高1.5-10厘米；基生叶长0.3-1.5厘米；茎生叶少，多至3枚。
        12. 根茎基部或下部残存线状披针形或鳞片枯叶，不密集成柱状。
          13. 短角果聚成伞房状。
            14. 基生叶倒披针形，被星状毛、单毛和叉状毛；短角果卵形；花茎常具1至数叶；花序有苞片 ………… 9. **丽江葶苈 D. lichiangensis**
            14. 基生叶披针形或长圆形，多被长单毛或叉状毛，或混生星状毛；短角果椭圆形、长圆形或卵形；花茎常具1-2叶；花序无苞片 ………… 10. **阿尔泰葶苈 D. altaica**
          13. 短角果头状聚生；花序常有1-4叶状苞片及总苞；短果角长椭圆形 ………… 11. **球序葶苈 D. glomerata**

12. 根茎下部残存枯叶呈覆瓦状，密集成柱状。

15. 花茎高3-4厘米，果茎高5.5-6厘米，密被白色分枝毛或混生星状毛 …… 12. **柱形葶苈 D. dasyastra**

15. 茎高0.3-1厘米，果茎高1.5-3厘米，被分枝毛 ………………………………… 13. **矮葶苈 D. handelii**

11. 植株中等或稍高，高达20-40厘米，稀达1米；基生叶长1-2厘米；茎生叶较多。

16. 植株高6-25厘米；短角果长椭圆形或长卵形 ……………………… 14. **半抱茎葶苈 D. subamplexicaulis**

16. 植株高30厘米以上；短角果长圆状披针形、长椭圆形或线形。

17. 花序无苞片；短角果较宽。

18. 短角果在果轴上成辫状排列，紧密，密被毛 ……………………………… 15. **锥形葶苈 D. lanceolata**

18. 短角果在果轴上不成辫状排列，疏散，无毛 ………………………… 15(附). **蒙古葶苈 D. mongolica**

17. 花序有苞片；短角果线形，无毛 ……………………………………………………… 16. **苞序葶苈 D. ladyginii**

10. 茎常具6-8叶；多为一年生草本，稀二年生草本；花黄色，稀白色；短角果线形或长圆形，扁平，不扭转；宿存花柱几不发育。

19. 茎直立，单一或分枝。

20. 茎下部毛较密，上部与果柄毛渐稀疏或无毛。

21. 短角果长圆形或椭圆形，长0.5-1厘米；花药短心形；子房密生单毛 ………… 17. **葶苈 D. nemorosa**

21. 短角果线形，长0.7-1.9厘米；花药近四方形；子房有毛 …………… 17(附). **狭果葶苈 D. stenocarpa**

20. 茎被毛较密，常上达花序轴；短角果卵形或长卵形，长0.5-1厘米，果柄或与果序轴成近直角开展 ……………………………………………………………………………………………… 18. **毛葶苈 D. eriopoda**

19. 茎基部分枝，丝状，直立或悬垂。

22. 茎高达21厘米，丝状，直立或悬垂；短角果宽线形或稍弯；花株短而细 … 19. **纤细葶苈 D. gracillima**

22. 茎高2-12厘米，直立上升；短角果椭圆形或近圆形；花柱几不发育 …… 20. **椭圆果葶苈 D. ellipsoidea**

1. 刚毛葶苈 变光刚毛葶苈 图 701

Draba setosa Royle, Illustr. Bot. Himal. 1: 71. 1839.

Draba setosa var. *glabrata* O. E. Schulz; 中国植物志 33: 136. 1987.

多年生矮小草本，丛生成垫状。茎多分枝，基部和下部宿存丝状披针形枯叶，上部叶莲座状丛生。花茎高4-10厘米，丝状，无叶，被小叉状毛和近星状分枝毛。基生叶莲座状，线形，长0.5-1.5厘米，先端渐尖，基部渐窄，全缘，中脉显著，上面无毛或先端有单毛，下面被粗2叉毛及近星状分枝毛或无毛，边缘有粗单毛或叉状毛。总状花序有3-10花，聚成伞房状。花梗长1.5-5毫米，被毛；萼片被单毛；花瓣黄色，长约4毫米，窄倒卵状楔形，先端微凹；雄蕊长2-2.5毫米，花丝基部宽。短角果长椭圆形，扁平，稍扭转，长7-9毫米；宿存花柱长0.5-0.75毫米。花期6-7月。

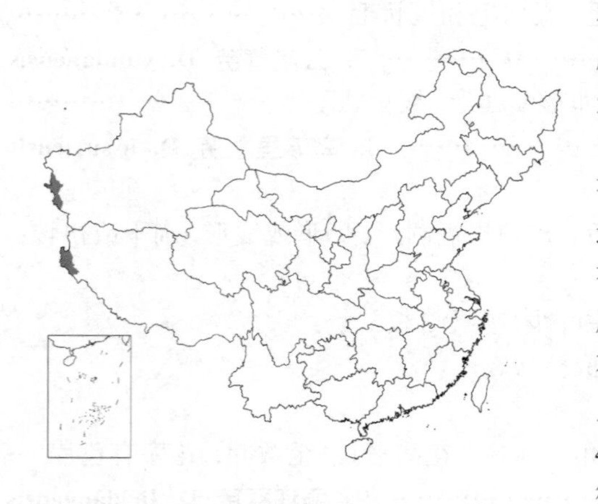

图 701 刚毛葶苈 （陈荣道绘）

产西藏西部及新疆西部，生于海拔3200-4600米地带。印度及克什米尔地区有分布。

2. 喜山葶苈 喜高山葶苈 中国喜山葶苈 毛果喜山葶苈 矮喜山葶苈 长纤毛喜山葶苈 图 702

Draba oreades Schrenk in Fischer et Meyer, Enum. Pl. Nov. 2: 56. 1842.

Draba oreades var. *alpicola* (Klotzch) O. E. Schulz; 中国植物志 33: 139. 1987.

Draba oreades var. *chinensis* O. E. Schulz; 中国植物志 33: 139. 1987.

Draba oreades var. *ciliolata* O. E. Schulz; 中国植物志 33: 138. 1987.

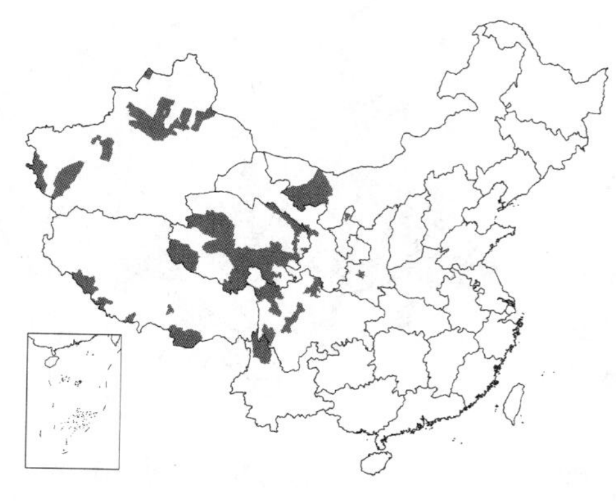

Draba oreades var. *commutata* (Regel) O. E. Schulz; 中国植物志 33: 139. 1987.

Draba oreades var. *tafelii* O. E. Schulz; 中国植物志 33: 138. 1987.

多年生矮小草本，高达15厘米。茎下部宿存鳞片状枯叶，上部叶丛生成莲座状，有时互生；叶长圆形、倒卵状楔形或披针形，长0.4-3厘米，先端钝，基部楔形，全缘，有时有锯齿，下面和叶缘有单毛、叉状毛和星状毛，或有少量不规则分枝毛，上面有时近无毛。花茎高5-8厘米，无叶，稀有1叶，密被长单毛及叉状毛。总状花序近头状，有2-18花。萼片长卵形，被单毛；花瓣黄色，倒卵形，长3-5毫米。果序轴不伸长或稍伸长。短角果短宽卵形或尖卵形，长3-9毫米，顶端渐尖，基部圆钝，无毛，稀有毛；宿存花柱长约0.5毫米。种子卵圆形，褐色。花期6-8月。染色体2n=40。

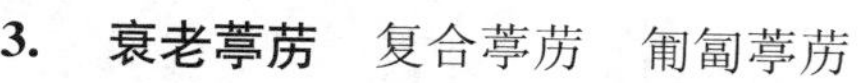

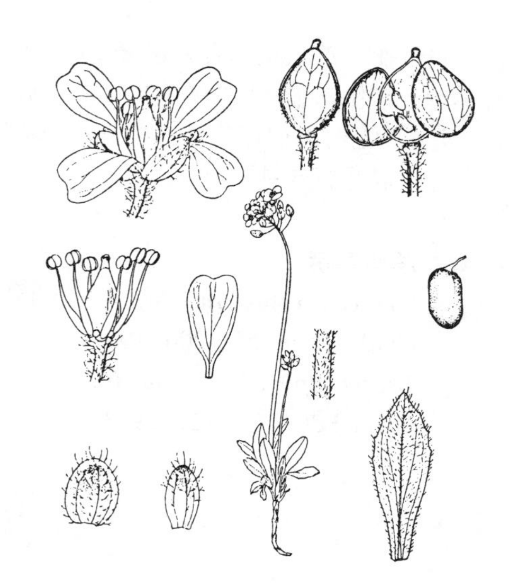

图 702 喜山葶苈 （引自《图鉴》）

产内蒙古、陕西、宁夏、甘肃、青海、新疆、四川、云南及西藏，生于海拔3000-5300米高山石砾沟边。中亚、克什米尔地区、锡金及印度有分布。全草药用，解肉食中毒。

3. 衰老葶苈 复合葶苈 匍匐葶苈 图 703

Draba senilis O. E. Schulz, Notizbl. Bot. Gart. Berlin-Dahlem 9: 475. 1926.

Draba composita O. E. Schulz; 中国植物志 33: 157. 1987.

Draba piepunensis O. E. Schulz; 中国植物志 33: 140. 1987.

多年生矮小草本。根状茎分枝，分枝茎长，匍匐，长达5.5厘米。茎下部宿存三角形鳞片状枯叶，膜质，稀疏；上部叶莲座状丛生。花茎高1-4厘米，无叶或有叶，被单毛、叉状毛和星状毛。莲座状叶倒卵形或卵形，长0.4-1厘米，先端稍锐或钝，全缘稀有细齿，基部缩窄成柄，下面被叉状毛及星状毛，上面疏生单毛及叉状毛，边缘及基部有灰白色长单毛；茎生叶与基

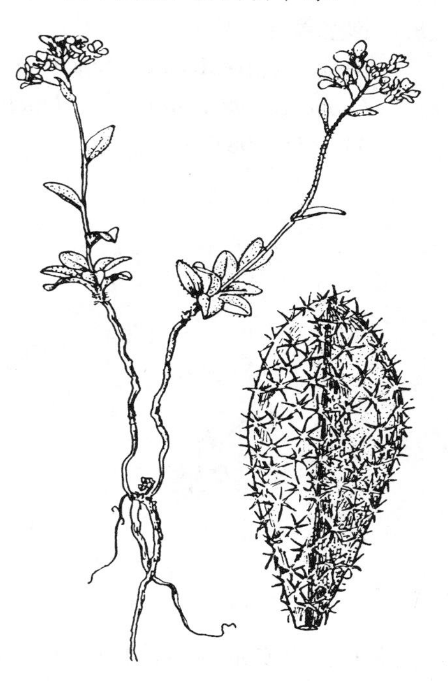

图 703 衰老葶苈 （陈荣道绘）

生叶相似。总状花序有3-6花，集成伞房状。萼片卵形，被单毛；花瓣金黄色，窄倒卵形，长3-6毫米；花丝基部宽。短角果卵形或近卵形，长4-7毫米，无毛；宿存花柱长0.5-0.75毫米；果柄长约4毫米。种子卵圆形，褐色。花果期5月末-8月。

产云南西北部、青海及西藏东部，生于海拔4000-4900米高山草地或流石滩。

4. 总苞葶苈 图 704

Draba involucrata（W. W. Smith）W. W. Smith in Notes. Roy. Bot. Gard. Edinb. 55：206. 1919.

Draba alpina Linn. var. *involucrata* W. W. Smith in Notes Roy. Bot. Gard. Edinb. 8：121. 1913.

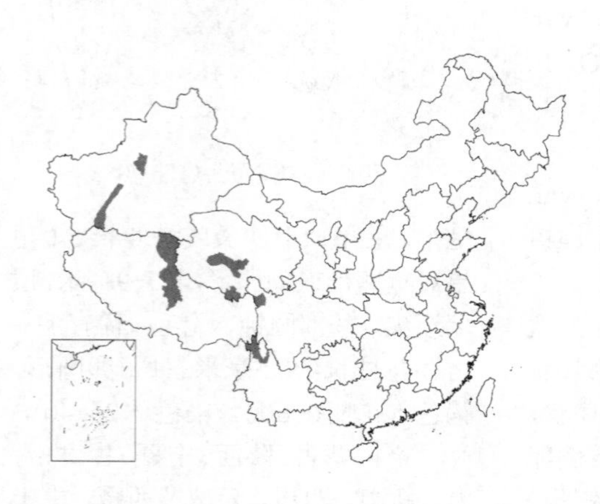

多年生矮小丛生草本。根茎分枝密，不匍匐。茎下部宿存线状披针形枯叶，禾草色，细长，上部密生莲座状叶。花茎无叶，高0.5-2厘米，被灰白色单毛及叉状毛。莲座状叶倒卵形，长0.3-1.2厘米，疏被单毛、叉状毛或近星状分枝毛，有时无毛，全缘或有细齿，基部楔形，渐窄成柄。总状花序有3-10花，成伞房状。花瓣黄色；子房卵圆形，花柱长约0.5毫米。短角果椭圆形或卵形，长4-5毫米，无毛或有毛。种子卵圆形。花期6月。

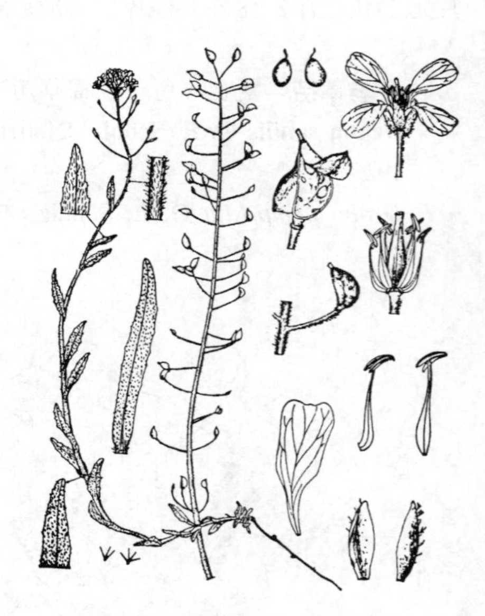

图 704 总苞葶苈 （陈荣道绘）

产四川西北部、云南西北部、西藏、青海及新疆，生于海拔3300-5500米悬岩、沟谷或潮湿砾石堆上。

5. 抱茎葶苈 长果抱茎葶苈 图 705

Draba amplexicaulis Franch. in Bull. Soc. Bot. France 33：403. 1886.

Draba amplexicaulis var. *dolichocarpa* O. E. Schulz；中国植物志 33：151. 1987.

多年生草本，高达60厘米。茎直立，被长单毛、叉状毛和星状毛。基生叶窄匙形，先端渐尖，基部渐窄成柄，全缘或有齿；茎生叶披针形，长2-6厘米，先端尖，基部宽，两侧成钝耳状，多少抱茎，近全缘或疏生细齿，上面被单毛及叉状毛，下面被星状毛及分枝毛。总状花序有30-80花，下部数花有苞片，密集成伞房状。萼片椭圆形或卵形，背面被单毛；花瓣金黄色，倒卵形，长4-8毫米，先端微凹，基部窄楔形，具短爪。短角果椭圆状卵形、长椭圆形或窄披针形，长0.5-1.1厘米，顶端扭曲，具稍内弯的短喙。种子长卵圆形，褐色。花果

图 705 抱茎葶苈 （引自《图鉴》）

期5-8月。

产四川、甘肃、云南及西藏东部，生于海拔2900-4600米高山与亚高山疏林中、林缘或草地。

［附］**高茎葶苈 Draba elata** Hook. f. et Thoms. in Journ. Linn. Soc. Lond. Bot. 5: 150. 1861. 本种的鉴别特征：茎高达60厘米，被单毛和叉状毛；茎生叶长圆卵形，两侧有4锯齿，无柄，上部叶抱茎，叶均被单毛及叉状毛；花黄色；角果卵形或近披针形，长0.7-1.1厘米，先端稍尖，常略弯或扭转，被毛。花期7月。产四川、云南及西藏，生于海拔3800米以上山地或湿润草地。锡金有分布。

6. 山菜葶苈 具苞抱茎葶苈 宝兴葶苈 图 706

Draba surculosa Franch in Bull. Soc. Bot. France 33: 401. 1886.

Draba amplenicaulis var. *bracteata* O. E. Schulz; 中国植物志 33: 148. 1987.

Draba moupinensis Franch.; 中国植物志 33: 152. 1987.

多年生草本，高达30厘米。根茎长，分枝，匍匐生根。茎直立，有不育枝，被单毛、叉状毛和少量星状毛。莲座状基生叶倒卵状楔形，先端钝，无柄；茎生叶宽椭圆形，先端稍钝，疏生细齿或近全缘，基部宽，稍抱茎，被单毛、叉状毛及星状毛，无柄。总状花序有10-40花，下部数花有苞片。花瓣黄色，宽倒卵状楔形。短角果长椭圆形，长0.7-1.2厘米，有时稍扭曲；果瓣无毛，中脉显著；宿存花柱长0.75-1毫米。花期6-8月，果期9月。

图 706 山菜葶苈 （陈荣道绘）

产四川、云南及西藏东部，生于海拔2600-4600米高山草坡。

7. 云南葶苈 细梗云南葶苈 宽叶云南葶苈 图 707

Draba yunnanensis Franch. in Bull. Soc. Bot. France 33: 402. 1886.

Draba yunnanensis var. *gracilipes* Franch.; 中国植物志 33: 152. 1987.

Drabe yunnanensis var. *latifolia* O. E. Schulz; 中国植物志 33: 152. 1987.

多年生草本，高达35厘米。根茎稍长，分枝。茎直立，不分枝，不匍匐生根，有时弯曲，被灰白色单毛及分枝毛。莲座状基生叶椭圆形，先端钝，基部楔形，全缘；茎生叶窄披针形，全缘或有齿，基部稍抱茎；叶叠生单毛、叉状毛和星状毛。总状花序有10-65花，下部数花

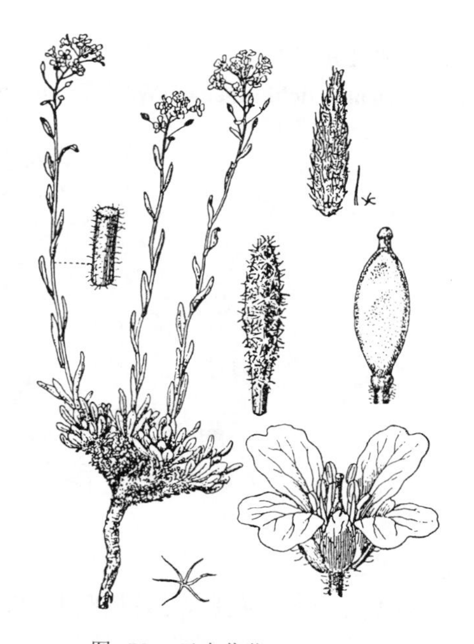

图 707 云南葶苈 （陈荣道绘）

有苞片。萼片椭圆形或卵形，长2.5-3毫米，被单毛及叉状毛；花瓣金黄色，倒卵形，长4-6毫米，先端微凹；花丝稍宽，花药椭圆形；子房窄瓶形，无毛。短角果卵形，长3-7毫米，扁平，有时稍扭转；果柄长0.6-1.6厘米，与果序柄成直角向上开展；宿存花柱长0.5-1.5毫米。种子卵圆形，深褐色。花期5-7月，果期8月。

产四川、云南及西藏东部，生于海拔2300-4000米岩石间隙、山坡或水边。

8. 乌苏里葶苈 图 708

Draba ussuriensis Pohle in Bull. Jard. Bot. de Pierre le Grand 14: 470. 1914.

多年生矮小丛生草本。根茎分枝，直立。茎下部宿存纤维状枯叶。花茎细，稍弯，高2.5-14厘米，无叶或有1-2叶，被分枝毛及星状毛。莲座状基生叶长倒卵形或匙形，长0.7-2.2厘米，先端稍尖或钝，基部渐窄成柄，全缘或两侧各有1-3细齿，被分枝毛及星状毛；茎生叶长卵形，无柄或稍抱茎，边缘有细齿，上面几无毛，下面疏生星状毛和分枝毛。总状花序有7-18花，集成头状。萼片椭圆形或卵形，背面被单毛和叉状毛；花瓣白色，干后黄色，倒卵形，长4-6毫米，先端钝或微凹；花丝较宽；子房椭圆形。短角果长椭圆形，顶端渐尖，长0.7-1厘米；果柄和角果等长或稍短，与果序轴成近直角开展。种子小，椭圆形，褐色。花期5-6月，果期6-7月。染色体2n=16，32。

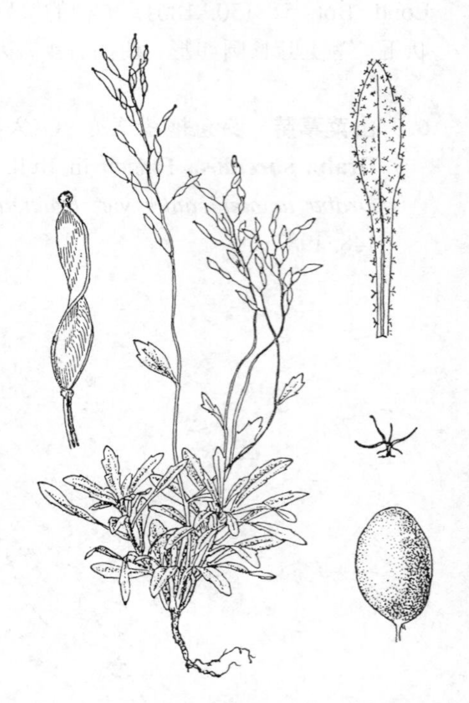

图 708 乌苏里葶苈 （陈荣道绘）

产吉林长白山天池，生于海拔2150-2600米路旁阳处、温泉热水附近或高山苔原。俄罗斯远东地区及日本有分布。

9. 丽江葶苈 图 709

Draba lichiangensis W.W. Smith in Notes Roy. Bot. Gard. Edinb. 55: 208. 1919.

多年生矮小丛生草本，高达5厘米。根茎分枝多。茎下部宿存线状披针形枯叶，呈覆瓦状。莲座状基生叶近等长，倒披针形，长0.8-1厘米，先端渐尖，基部缩窄成柄，全缘或稍有齿，被灰白色星状毛、单毛或叉状毛。花茎短，被单毛及叉状毛，有1至数叶，有时无叶。总状花序有5-10花，成伞房状，下部数花有叶状苞片。萼片椭圆形，长1.2-1.5毫米，背面被毛；花瓣白色，倒卵圆形，长2-2.5毫米，先端微凹；花药椭圆形；子房卵圆形，无毛，花

图 709 丽江葶苈 （王 颖绘）

柱短。短角果卵形，长3.5-4毫米；果柄纤细，长1-4毫米。种子卵圆形，深褐色，长约1毫米。花期6-8月。

产青海东部及南部、四川西北部及西南部、云南西北部、西藏东部及西南部，生于海拔3000-5600米山坡、流石滩或山涧边。

10. 阿尔泰葶苈 小果阿尔泰葶苈 苞叶阿尔泰葶苈 总序阿尔泰葶苈 图 710

Draba altaica（C. A Mey.）Bunge in Delect. Semin. Hort. Dorpat. 1841：8. 1841.

Draba rupestris R. Br. var. *altaica* C. A. Mey. in Lédeb. Fl. Alt. 3：71. 1831.

Draba altaica var. *microcarpa* O. E. Schulz；中国植物志 33：159. 1987.

Draba altaica var. *modesta*（W. W. Smith）O. E. Schulz；中国植物志 33：159. 1987.

Draba altaica var. *racemosa* O. E. Schulz；中国植物志 33：159. 1987.

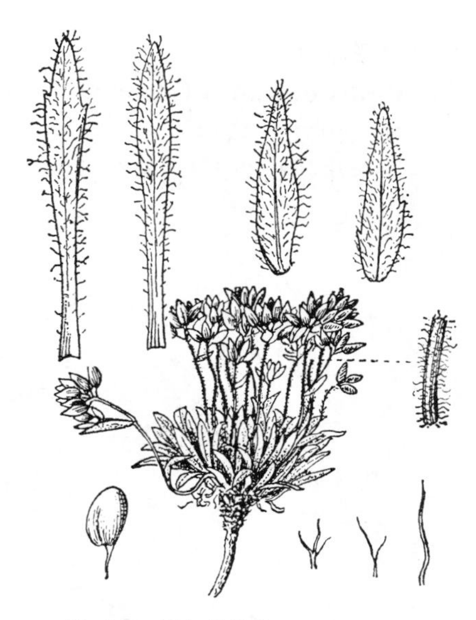

图 710 阿尔泰葶苈 （陈荣道绘）

多年生矮小丛生草本，高2-10厘米。根茎分枝多，密集。茎基部密集膜质纤维状枯叶，有光泽，上部簇生莲座状叶。花茎单一或有一侧枝，直立，多具1-2叶，稀无叶，被单毛、有柄叉状毛及星状分枝毛。基生叶披针形或长圆形，长0.6-2厘米，全缘或有1-2齿，多被长硬单毛和叉状毛，或混生星状毛。茎生叶无柄，披针形，全缘或有1-2齿，或苞叶状。总状花序有5-15花，聚成近伞房状或头状，无苞片，下部1-2花有时有叶状苞片。萼片长椭圆形，长1-2毫米；花瓣白色，长倒卵状楔形，先端微凹，长2-2.5毫米。短角果椭圆形、长椭圆形或卵形，长1-6毫米，无毛，稀有短单毛或2叉毛。种子褐色。花期6-7月。

产青海、新疆、西藏、四川及云南（文献记载甘肃亦产），生于海拔2000-5300米山坡岩石边、山顶碎石上、阴坡草甸或山坡砂砾地。俄罗斯西伯利亚、土耳其及克什米尔地区有分布。

11. 球序葶苈 球果葶苈 粗球果葶苈 图 711

Draba glomerata Royle, Illustr. Bot. Himal. 1：71. 1839.

Draba glomerata var. *dasycarpa* O. E. Schulz；中国植物志 33：160. 1987.

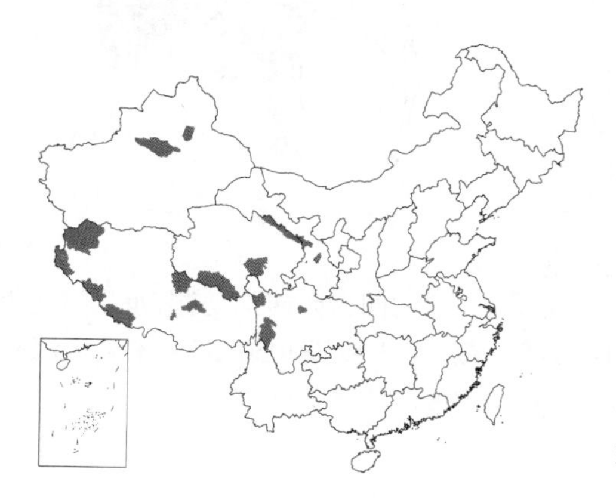

多年生矮小草本，高达9厘米。茎被灰白色单毛、叉状毛和近星状分枝毛。基生叶椭圆形或长卵形，长0.6-1.8厘米，全缘或有1-2小齿；茎生叶长卵形，全缘或有齿，两侧不等，无柄；叶均密被毛、叉状毛、星状毛或分枝毛。总状花序有7-15花，密集成头状，常有1-4叶状苞

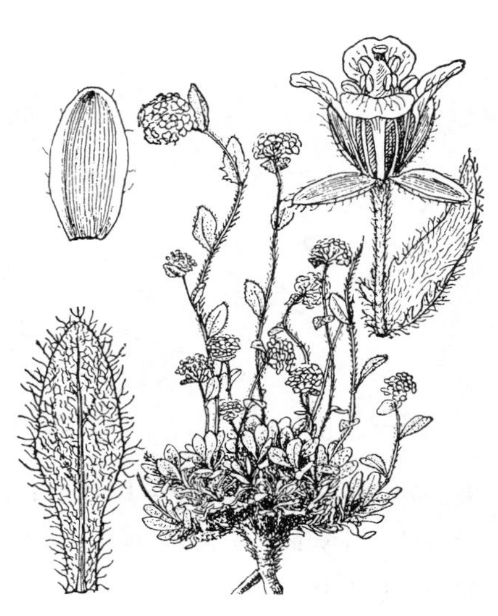

图 711 球序葶苈 （陈荣道绘）

片及总苞片。萼片椭圆形，背面密被单毛及叉状毛；花瓣白色。短角果长椭圆形，长3-6毫米，无毛，或有单毛和叉状毛。头状聚生。花期6-7月。

产甘肃、青海、新疆、四川及西藏，生于海拔2900-5500米河滩、砂砾草地、高山沼泽地、砾石草甸或山坡草地。克什米尔地区、尼泊尔西部及帕米尔东部有分布。

12. 柱形葶苈 图 712

Draba dasyastra Gilg et O. E. Schulz in Engl. Pflanzenr. 89(4. 105): 265. 1927.

多年生垫状草本。根茎分枝，茎直立，下部宿存覆瓦状线状鳞片枯叶，禾草色，光滑，密集成柱状；上部叶簇生。花茎无叶，高3-4厘米，果茎高5.5-6厘米，密被白色分枝毛或混生星状毛。基生叶长椭圆形，长2-6毫米，全缘，密被分枝毛、星状毛或单毛及叉状毛，先端钝，基部渐窄成柄；柄无毛。总状花序有2-8花或稍多，花期较长。花梗有时扭转；萼片长椭圆形，长约2毫米，背面被分枝毛；花瓣白色，倒卵状楔形，长3.5-4毫米；花丝基部宽；子房长圆形。短角果长圆形，长6-8毫米；宿存花柱长约0.5毫米，无毛，稀有毛。果期7月。

图 712 柱形葶苈 （陈荣道绘）

产青海南部及西藏，生于海拔4500-5300米高山流石坡、山坡草地或冰碛阶地。

13. 矮葶苈 图 713 彩片 175

Draba handelii O. E. Schulz in Anz. Akad. Wiss. Wien Math.-Nat. 43: 97. 1926.

多年生矮小丛生草本，成稠密草丛，高1.5-3厘米。根茎短，多分枝，密集。茎下部具鳞片状枯叶，中部叶成稠密柱形，上部叶莲座状。花茎高0.3-1厘米，果茎高1.5-3厘米，被分枝毛。莲座状叶倒披针形，长3-7毫米，被白色毡毛状星状分枝毛，基部两侧为长单毛及叉状毛。总状花序有3-8花，密集。萼片长圆形，长约1.2毫米，外面被毛，内面疏被柔毛；花瓣白色，被星状毛，窄倒卵形，长2-3毫米，先端微凹，基部爪窄；雄蕊长1.2-1.5毫米；子房长圆形。短角果长卵形或卵圆形，长3-5毫米，顶端渐尖；宿存花柱长约0.25毫米，有短毛，易脱落。花期6月中旬。

图 713 矮葶苈 （陈荣道绘）

产四川西南部、云南西北部及西藏，生于海拔4050-5300米高山流石坡或山坡垫状草甸。

14. 半抱茎葶苈 图 714

Draba subamplexicaulis C. A. Mey. in Lédeb. Fl. Alt. 3: 77. 1834.

多年生或二年生丛生草本，高达25厘米。根茎分枝多，长0.7-1厘米。茎直立，下部宿存纤维状枯叶，中上部疏生3-8叶，被单毛、叉状毛和分枝毛。莲座状基生叶披针形或长圆状披针形，长约1.7厘米，先端渐尖，基部缩窄成柄，全缘，被单毛、叉状毛、分枝毛和少量星状毛；茎生叶长圆形或长卵圆形，长1-1.5厘米，基部宽或楔形，无柄，半抱茎，边缘有1-2小齿或近全缘，毛被与基生叶同。总状花序有8-20花，成伞房状或近头状。萼片长约2毫米；花瓣白色，倒卵状长圆形或长圆形，长3.5-4.5毫米。短角果长椭圆形或长卵形，长0.6-1.2厘米，常无毛，有时被毛。种子小。花果期6-7月。

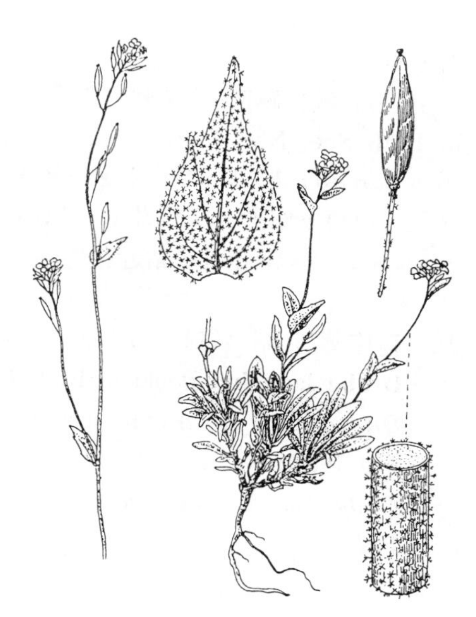

图 714 矮葶苈 （陈荣道绘）

产四川、青海南部及新疆，生于海拔2300-4600米草地阴处、砂砾地或阴坡岩缝中。土耳其，俄罗斯阿尔泰地区及贝加尔湖地区、中亚及蒙古有分布。

15. 锥果葶苈 短锥果葶苈 毛锥果葶苈 光果伊宁葶苈 图 715: 1

Draba lanceolata Royle, Illustr. Bot. Himal. 1: 72. 1839.

Draba lanceolata var. *brachycarpa* O. E. Schulz; 中国植物志 33: 170. 1987.

Draba lanceolata var. *leiocarpa* O. E. Schulz; 中国植物志 33: 170. 1987.

Draba stylaris J. Gay ex Thomas var. *leiocarpa* L. L. Lou et T. Y. Chao; 中国植物志 33: 171. 1987.

多年生或二年生丛生草本，高达35厘米。茎单一或分枝，直立，基部常绿色，有时紫色，密被分枝毛。基生叶莲座状丛生，披针形或倒披针形，长1-2厘米，先端渐尖，基部缩窄，全缘或有齿；茎生叶疏生，长卵形或宽披针形，先端渐尖，边缘有1-4齿或近全缘，无柄；叶均密生星状毛及分枝毛，边缘有时有单毛及分枝毛。总状花序有10-40花，密集，无苞片。萼片长椭圆形，背面密被单毛及分枝毛；花瓣白色，倒卵状楔形，长3-4毫米。短角果长圆状披针形，长0.6-1.2厘米，向上开展，贴近果序轴，排成辫状，紧密；果瓣密被分枝毛和星状毛。种子棕色。花期6-7月。染色体2n=32。

图 715: 1.锥果葶苈 2-5.蒙古葶苈
（引自《图鉴》《东北草本植物志》）

产甘肃南部、青海、新疆、西藏及四川北部，生于海拔1100-4850米山坡岩石及路边。俄罗斯、中亚、西南亚、克什米尔地区及印度西北部有分布。

［附］**蒙古葶苈** 毛果蒙古葶苈 图715：2-5 **Draba mongolica** Turz. in Bull. Soc. Nat. Mosc. 15：256. 1842. —— *Draba mongolica* var. *trichocarpa* O. E. Schulz；中国植物志 33：167. 1987. 本种与锥果葶苈的区别：短角果卵形或窄披针形，长0.5-1厘米，无毛，扁平或扭转，果柄长2-5毫米，近直角开展或贴近花序轴，非辫状排列，较疏散，无毛。产黑龙江、吉林、内蒙古、河北、山西、陕西、甘肃、新疆、青海及四川，生于海拔2300-5000米山坡石隙间、山顶草地、阳坡或河滩地。俄罗斯阿尔泰及贝加尔湖地区、蒙古有分布。

16. 苞序葶苈 紫茎锥果葶苈 毛果苞序葶苈 图 716

Draba ladyginii Pohle in Bull. Jard. Bot. Pétersb. 14：472. 1914.

Draba lanceolata Royle var. *chingii* O. E. Schulz；中国植物志 33：170. 1987.

Draba ladyginii var. *trichocarpa* O. E. Schulz；中国植物志 33：172. 1987.

多年生丛生草本，高达30厘米。根茎分枝多。茎直立，基部宿存纤维状枯叶，单一或上部分枝，密被叉状毛、星状毛或单毛。莲座状基生叶椭圆状披针形，长1-1.5厘米，全缘或边缘各有1齿，密被单毛及星状毛；茎生叶卵形或长卵形，长4-6毫米，先端尖，基部宽，无柄，边缘各有1-3齿，被单毛、星状毛或分枝毛。总状花序下部数花有叶状苞片。花瓣白或淡黄色，倒卵形，长约3毫米，先端微凹，基部楔形；子房无毛。短角果线形，长0.7-1.2厘米，无毛或有毛；果柄与果序轴成直角向上开展；宿存花柱长0.5-1毫米。种子褐色，椭圆形。花期5-6月，果期7-8月。

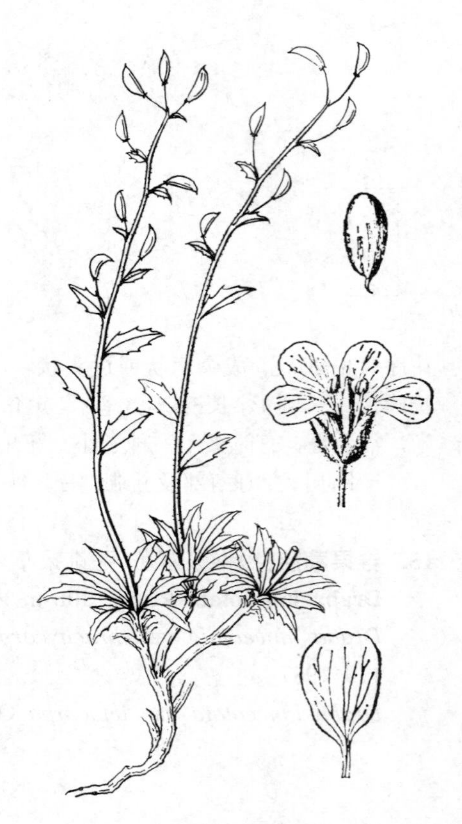

图 716 苞序葶苈 （王金凤绘）

产内蒙古、河北、山西、河南、湖北西部、陕西、甘肃、宁夏、青海、新疆、四川、云南及西藏，生于海拔2100-4400米路边向阳处、潮湿地、山坡草地或沟边。俄罗斯西伯利亚有分布。

17. 葶苈 光果葶苈 图 717

Draba nemorosa Linn. Sp. Pl. 642. 1753.

Draba nemorosa var. *leiocarpa* Lindbl.；中国植物志 33：175. 1987.

一年生或二年生草本，高达45厘米。茎直立，单一或分枝，被单毛、叉状毛和分枝毛，上部毛渐稀疏或无毛。莲座状基生叶长倒卵形，边缘疏生细齿或近全缘；茎生叶长卵形或卵形，先端尖，基部楔形或圆，边缘有细齿，被单毛、叉状毛和星状毛。总状花序有25-90花，成伞房状。萼片椭圆形；花瓣黄色，花后白色，倒楔形，长约2毫米，先端凹；花药短心形；子房密生单毛，花柱几不发育，柱头小。短角果长圆形或长椭圆形，长0.5-1厘米，被短单毛或无毛。种子椭圆形，褐色，有小疣。花期3-4月上旬，果期5-6月。染色体2n=16。

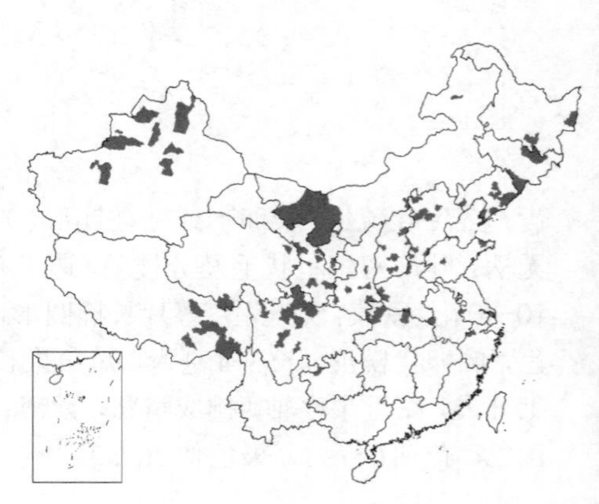

产黑龙江、吉林、辽宁、内蒙古、河北、山西、陕西、甘肃、宁夏、青海、新疆、西藏、四川、湖北、河南、安徽、江苏及浙江，生于田边、路旁、山坡草地及河谷湿地。北温带有分布。种子含油，可供制皂。

［附］**狭果葶苈** 无毛狭果葶苈 **Draba stenocarpa** Hook. f. et. Thoms. in Journ. Linn. Soc. Bot. 5: 153. 1861. —— *Draba stenocarpa* var. *leiocarpa*（Lipsky）L. L. Lou；中国植物志 33：176. 1987. 本种与葶苈的区别：茎生叶披针形或长卵形；花药近四方形；子房有毛；短角果线形，长0.7-1.9厘米。花期6月。产甘肃、青海、新疆、西藏及四川，生于海拔3600-5479米河滩坡地、岩边阴地或林缘。克什米尔地区、阿富汗、锡金及中亚有分布。

图 717 葶苈 （引自《图鉴》）

18. 毛葶苈 图 718

Draba eriopoda Turcz. in Bull. Soc. Nat. Mosc. 15: 260. 1842.

二年生草本，高达40（-69）厘米。茎直立，单一或分枝，密被长单毛、叉状毛或星状毛。基生叶莲座状丛生，披针形，全缘；茎生叶长卵形或卵形，先端渐尖，基部宽，边缘各有1-4齿，被单毛、叉状毛和星状毛，无柄或近抱茎。总状花序有20-50花，成伞房状，花序轴被毛。萼片椭圆形或卵形，长约2毫米，背面被毛；花瓣金黄色，倒卵形，长3-4毫米，先端微凹，基部具短爪；花药卵圆形；子房无毛，花柱不发育。短角果卵形或长卵形，长0.5-1厘米；果瓣薄；果柄长3-8毫米，与果序轴成近直角开展。种子卵圆形，褐色。花果期7-8月。染色体2n=16。

产山西、陕西、甘肃、青海、新疆、四川、云南及西藏，生于海拔1990-4300米山坡、河边砂地、阴湿山坡或河谷草滩。不丹、印度、尼泊尔、锡金、俄罗斯及蒙古有分布。

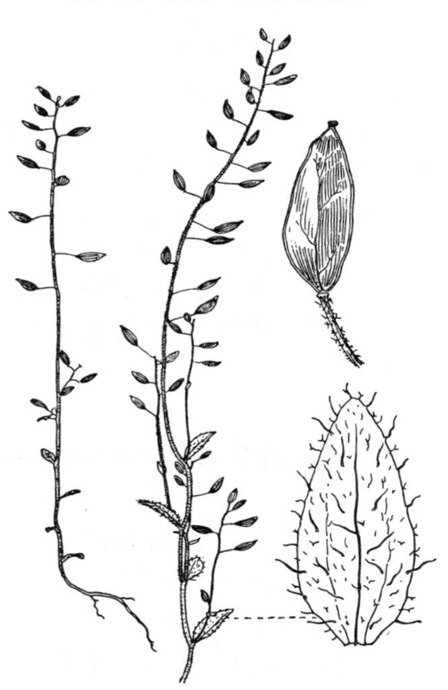

图 718 毛葶苈 （陈荣道绘）

19. 纤细葶苈 岩葶苈 图 719

Draba gracillima Hook. f. et Thoms. in Journ. Linn. Soc. Bot. 5: 153. 1861.

Draba granitica Hand.-Mazz.；中国植物志 33：177. 1987.

一年生丛生草本，高约21厘米。茎基部分枝，丝状，直立或悬垂，被星状毛或分枝毛。叶膜质，基生叶莲座状丛生，倒卵状匙形，长1-1.5厘米，先端渐尖，基部缩窄成柄，边缘疏生锯齿，被星状毛及单毛；基生叶倒卵形或卵形，边缘各有1齿，有纤毛，疏生单毛或星状毛。总状花序有4-12花，稀疏，下部数花生于叶腋。萼片长圆形，长约2毫米；花瓣黄色，倒卵状楔形，长2.5-3毫米，先端微凹；子房无毛。短角果宽线形，稍弯，长

0.6-1.2厘米；宿存花柱短细；果柄纤细，长0.5-2.5厘米。种子卵圆形，褐色。花果期5-8月。

产西藏及云南，生于海拔3250-5000米山坡、草地、水边、灌丛草地或棕色森林土。锡金、不丹、尼泊尔及印度北部有分布。

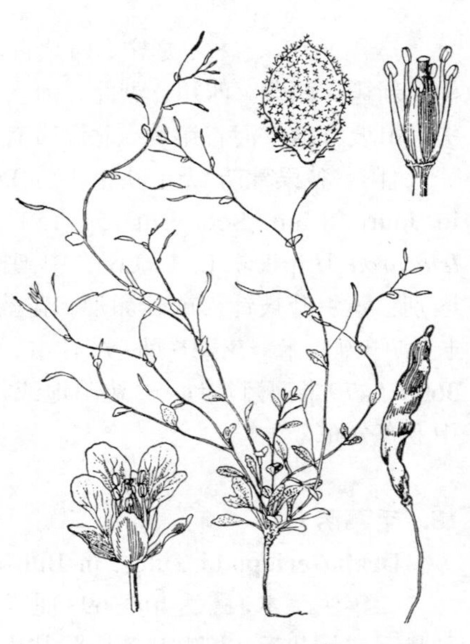

图 719 纤细葶苈 （陈荣道绘）

20. 椭圆果葶苈 图 720

Draba ellipsoidea Hook. f. et Thoms. in Journ. Linn. Soc. Bot. 5: 153. 1861.

一年生矮小草本，高达12厘米。茎直立上升，基部分枝，被叉状毛和星状毛。叶膜质，基生叶窄匙形或窄倒卵形，长0.5-2厘米，被毛，先端钝或渐尖，基部缩窄成柄，全缘或边缘各有1-3齿；茎生叶少，被叉状毛及星状毛。总状花序有3-12花。花小，白色。短角果椭圆形或近圆形，长3-9毫米；宿存花柱几不明显；果瓣薄，被单毛、叉状毛或少量星状毛。种子短椭圆形，深褐色。花果期6-10月。

产甘肃西南部、青海、四川、云南西北部及西藏，生于海拔3900-5000米山坡、草地阴处、河岸坡地草丛中或岩缝中。尼泊尔、锡金及克什米尔有分布。

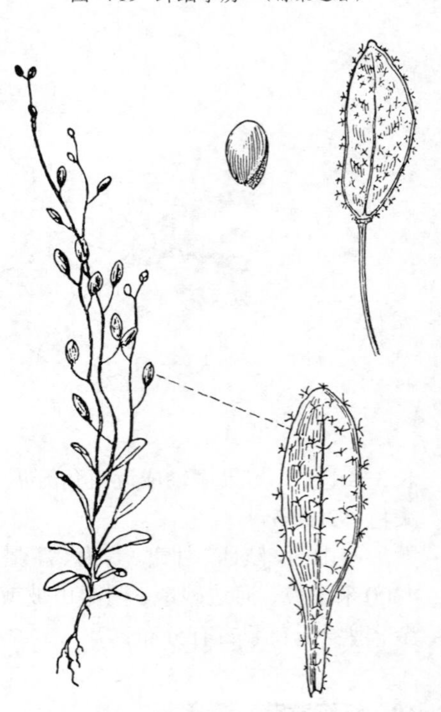

图 720 椭圆果葶苈 （陈荣道绘）

43. 辣根属 Armoracia Gaertn., B. Mey. et Scherb.

（陆莲立）

多年生草本；无毛。根肉质，分枝。茎粗壮，直立，多分枝。叶大，有长柄，全缘、有圆齿或羽状浅裂。总状花序组成伞房状圆锥花序。花梗细；萼片直立，基部不呈囊状；花瓣白色，基部爪短；雄蕊6，分离，无附属物，短雄蕊基部有1半环状蜜腺；子房无柄，花柱短，柱头扁头状。短角果卵形、近球形或椭圆形，具窄隔膜；果瓣隆起。种子小，每室2行，近圆形；子叶缘倚胚根。

约3种，产欧洲及亚洲。我国引入栽培1种。

辣根 图 721

Armoracia rusticana（Lam.）Gaertn. B. Mey. et Scherb. in Fl. Wetterau 2: 426. 1800.

Cochlearia rusticana Lam. in Fl. Fr. 2: 471. 1778.

植株高约1米；无毛。根纺缍形，白色，下部分枝。茎有纵沟，粗壮，多分枝。基生叶长圆形或长圆状卵形，长15-35厘米，边缘有圆齿，先端短尖或渐尖，基部心形或楔形，稍下延，叶柄长达30厘米；茎生叶无柄或有短柄，下部叶长圆形或长圆状披针形，常羽状浅裂；中部叶宽披针形；上部渐小，披针形或线形，有不整齐齿或全缘。花多数，圆锥花序。萼片直立，稍开展，线形，长约3毫米；花瓣白色，倒卵形，长5-6毫米；花丝细扁，基部稍宽。短角果卵圆形或椭圆形，长3-5毫米。种子扁圆形，淡褐色。花期4-5月，果期5-6月。染色体2n=32。

原产欧洲。黑龙江、吉林、辽宁、河北及江苏等地栽培。根有辛辣味，为调叶佳品或食用；药用内服作兴奋剂；植株可作饲料。

图 721 辣根 （韦力生绘）

44. 碎米荠属 Cardamine Linn.

（王希蕖）

一年生、二年生或多年生草本；无毛或有单毛。根状茎直立或匍匐，带肉质，有时具鳞片，稀有小球状块茎，或根状茎不明显，仅密生纤维状须根。单叶或羽状复叶。总状花序常无苞片，呈伞房状。萼片直立，或稍开展，边缘膜质，内轮2枚基部常呈囊状；花瓣白、粉红或紫色，倒卵形，基部具爪；雄蕊花丝纤细或扁平，侧蜜腺环状或半球状，有时2鳞片状；子房柱状，花柱细，柱头小、短，2裂，胚珠14以上。长角果线形，扁平，具宽隔膜；果瓣平，成熟时常自下而上弹裂卷起。种子每室1行，扁，无翅或有窄翅，具网纹；子叶扁平，缘倚或背倚胚根。

约200种，广布全球，主产温带地区。我国约48种。

1. 花茎无叶。
  2. 基生叶叶柄长2-9厘米，叶圆形或圆肾形，长0.6-2.6厘米，基部深心形，全缘或波状 …… 3. **裸茎碎米荠 C. scaposa**
  2. 基生叶叶柄长0.3-3.6厘米，叶圆卵形，长4-8厘米，基部浅心形，两侧各有1耳状圆裂片，稀全缘或羽状 …… 19. **天池碎米荠 C. resedifolia** var. **morii**
1. 花茎有叶。
  3. 基生叶和茎生叶均为单叶，或单叶与羽状复叶或羽状三出复叶并存。
    4. 基生叶和茎生叶均为单叶。
      5. 茎生叶叶柄长1-4厘米，具翅，翅于叶柄基部呈耳状、抱茎 …… 7. **翼柄碎米荠 C. komarovii**
      5. 茎生叶无柄，叶基部狭窄成耳状、抱茎 …… 7(附). **堇色碎米荠 C. violacea**
    4. 基生叶和茎生叶为单叶与羽状三出复叶或羽状复叶并存；若为复叶，则顶生小叶大，侧生小叶小或微小。
      6. 植株无匍匐茎。
        7. 植株高6-30厘米；叶长1.5-5厘米，单叶或顶生小叶两侧无耳状圆裂片 …… 8. **露珠碎米荠 C. circaeoides**
        7. 植株高8厘米以下；叶长4-8毫米；单叶或顶生小叶基部两侧各有1耳状圆裂片 …… 19. **天池碎米荠 C. resedifolia** var. **morii**
      6. 植株有匍匐茎。
        8. 匍匐茎短，常无叶。茎生叶为单叶或羽状复叶，若为复叶则顶生小叶大，侧生小叶小或微小。
          9. 茎生叶为单叶或2-3小叶，柄长1-5厘米 …… 8. **露珠碎米荠 C. circaeoides**
          9. 茎生叶为三出复叶，无柄 …… 6. **光头山碎米荠 C. engleriana**
        8. 匍匐茎长而柔软，生有单叶，柄上常有1-2对鳞片状微小叶片；茎生叶羽状，无柄，小叶2-9对 …… 15. **水田碎米荠 C. lyrata**
  3. 茎生叶和茎生叶均为羽状复叶。
    10. 基生叶有柄，茎生叶无柄，羽状复叶有小叶2-4（-6）对；花紫或淡红色 …… 16. **山芥碎米荠 C. griffithii**
    10. 基生叶和茎生叶均有柄。
      11. 具匍匐茎，顶端有球状小块茎；叶生于茎中上部，小叶线形，全缘或有1-2深裂；花紫红或粉红色，稀白色 …… 2. **细叶碎米荠 C. schulziana**

11. 无匍匐茎，稀具匍匐茎，其顶端无球状小块茎。
12. 茎生羽状复叶的小叶长1.5-10厘米，有粗大锯齿。
13. 花紫、紫红或淡紫色。稀白色。
14. 花序顶生；茎生叶1-3，生于茎中上部 ………………………………… 1. **紫花碎米荠 C. tangutorum**
14. 花序顶生和腋生；茎生叶3-12，生于整个茎上 …………………………… 4. **大叶碎米荠 C. macrophylla**
13. 花白色；花序顶生和腋生；全株被毛；叶干后膜质 ……………………… 5. **白花碎米荠 C. leucantha**
12. 茎生羽状复叶的小叶长0.8-4厘米，全缘、波状、浅圆裂或较少的齿裂。
15. 茎生叶的侧生小叶线形，全缘，宽1-2.5毫米。
16. 花瓣白色，长1.3-3毫米；茎高7-20厘米 ………………………………… 13. **小花碎米荠 C. parviflora**
16. 花瓣淡紫色，稀白色，长0.8-1厘米；茎高达55厘米 …………………… 14. **草甸碎米荠 C. pratensis**
15. 茎生叶的侧生小叶不为线形，边缘波状、浅圆裂或较少的齿裂，宽2.5毫米以上。
17. 羽状复叶有侧生小叶1-8对，椭圆形、卵状椭圆形、卵形或卵状披针形，边缘有钝圆齿或浅圆裂；花白色。
18. 茎生叶叶柄基部耳状抱茎。
19. 茎生叶具1-3对小叶；顶生小叶卵形或卵状披针形，长1.5-5厘米，宽1-2.5厘米 …………………………………………………………………………… 9. **云南碎米荠 C. yunnanensis**
19. 茎生叶具2-8对小叶；顶生小叶椭圆形或卵状椭圆形。
20. 茎生叶顶生小叶长0.6-2.5厘米，宽0.5-1厘米，边缘有圆齿或圆裂；全株近无毛 …………………………………………………………………………… 10. **弹裂碎米荠 C. impatiens**
20. 茎生叶的顶生小叶长2-5厘米，宽1-1.5厘米，边缘有类齿状浅裂或半裂；植株的茎、叶、果均被毛 …………………………… 10(附). **毛果弹裂碎米荠 C. impatiens** var. **dasycarpa**
18. 茎生叶叶柄基部不呈耳状抱茎。
17. 羽状复叶有侧生小叶6-11对，近卵形，上侧边全缘，下侧边1-5浅齿裂；花白、粉红或淡紫色 …………………………………………………………………………… 18. **小叶碎米荠 C. microzyga**
21. 根状茎不显著；茎较细弱，下部节上无须根和匍匐茎。
22. 雄蕊4-5；茎生叶的顶生小叶菱状倒卵形，先端3圆裂，或肾圆形，先端有深浅不等的圆齿裂；果序轴不曲折或曲折不明显。
23. 茎生叶的顶生小叶与侧生小叶相似，大小近相等，菱状倒卵形，先端3圆裂 …………………………………………………………………………… 11. **碎米荠 C. hirsuta**
23. 茎生叶的顶生小叶明显大于侧生小叶，肾圆形，先端有深浅不等波状圆齿裂 …………………………………………………………………………… 11(附). **圆齿碎米荠 C. scutata**
22. 雄蕊6，稀5；茎生叶的顶生小叶倒卵形或菱状倒卵形，先端不裂，稀1-3裂；果序轴呈“之”字形曲折 …………………………………………………………… 12. **弯曲碎米荠 C. flexuosa**
21. 根状茎明显、匍匐延伸；茎粗壮，下部匍匐，节上生出多数须根和匍匐茎 …………………………………………………………………………… 17. **伏水碎米荠 C. prorepens**

1. 紫花碎米荠 图 722 彩片 176

Cardamine tangutorum O. E. Schulz in Engl. Bot. Jahrb. 32: 360. 1903.

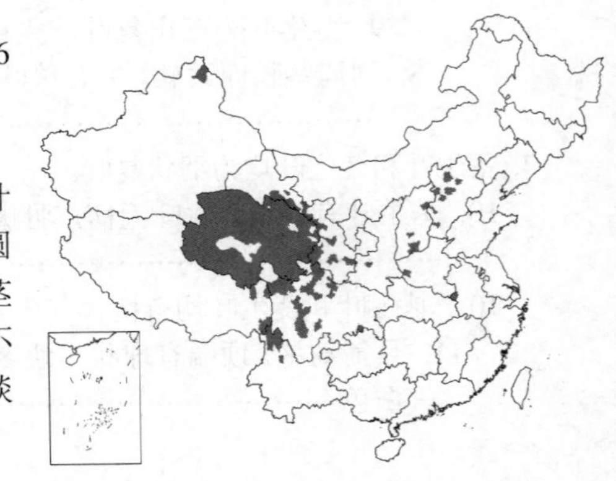

多年生草本，高达50厘米。根状茎细长，无匍匐茎。茎单一。基生叶柄长达12厘米，叶羽状，小叶3-5对，顶生小叶与侧生小叶相似，长椭圆形，长1.5-5厘米，先端尖，基部楔形，有锯齿，无小叶柄，疏生短毛；茎生叶1-3枚，生于茎中上部，叶柄长1-4厘米，基部无耳，侧生小叶基部不下延。花序顶生。萼片长5-7毫米，外面带紫色，被疏柔毛；花瓣紫或淡紫色，长0.8–1.5厘米，先端平截，基部渐窄成爪；花丝扁。长角果长3–3.5厘米；果柄直立，长1.5–2厘米。种子长2.5–3毫米，褐色。花果期5–8月。染色体2n=42。

产河北、山西、陕西、甘肃、青海、西藏、新疆、云南、四川、安徽及河南西南部，生于海拔2100–2400米山沟、草地或林下阴湿处。

图 722 紫花碎米荠 （引自《图鉴》）

2. 细叶碎米荠

图 723

Cardamine schulziana Baehni in Candollea 7: 281. 1937.

Cardamine trifida（Lam. ex Poir.）B. M. G. Jones; Fl. China 8: 93. 2001.

多年生草本，高达30厘米。根状茎短；匍匐茎顶端常具球状小块茎，小块茎径达毫米。茎单一，无毛，有沟棱。基生叶三出、二回三出或掌状5小叶，叶柄长约1厘米。茎生叶生于茎中上部，有短柄或近无柄，小叶1–5对，线形，长1–5厘米，先端尖，基部渐窄，全缘或有1–2深裂。花序顶生。萼片长3.5–4.5毫米，外面带紫色；花瓣紫红或粉红色，稀白色，长0.7–1厘米，先端圆，基部渐窄成爪；长雄蕊花丝稍扁；花柱细，柱头圆。长角果线形，长2–3.5厘米；果柄细，长1–2厘米。花果期5–7月。染色体2n=32，48。

产黑龙江西部、吉林东部及内蒙古东北部，生于湿润草原、山坡林下或灌丛中。日本、朝鲜、蒙古、俄罗斯中部至远东及哈萨克斯坦有分布。

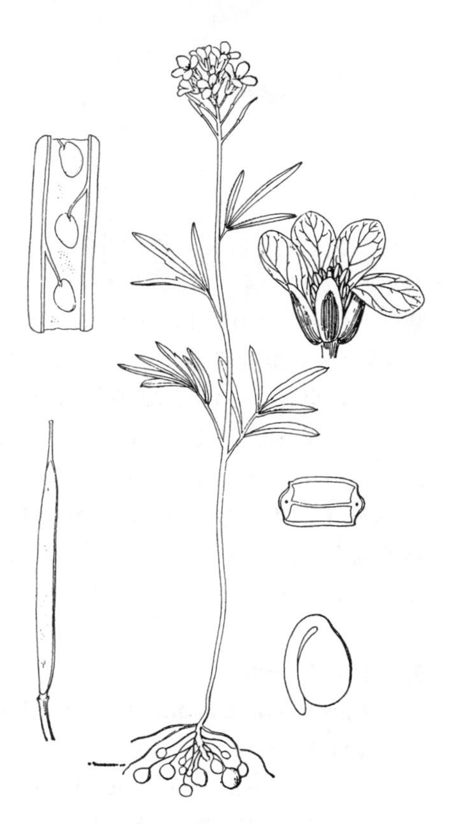

图 723 细叶碎米荠
（引自《东北草本植物志》）

3. 裸茎碎米荠

图 724

Cardamine scaposa Franch. Pl. David. 1: 33. 1884.

多年生草本，高达15厘米；全株无毛。根状茎匍匐生长。茎单一，直立，无叶。基生叶为单叶，近圆形或肾圆形，长0.6–2.5厘米，基部深心形，边缘波状或全缘；叶柄细而弯曲，长2–9厘米。花茎无叶；花序顶生，有3–8花。萼片卵形，长3–4毫米，基部囊状；花瓣白色，长0.7–1.2厘米，先端圆，基部渐窄成短爪；花丝基部扁，长花丝4.5–8毫米，短花丝2–4.5毫米；柱头扁球形。长角果长2–3.5厘米；果柄长1–4厘米。种子长2–3毫米，淡褐色，无翅；子叶背倚胚根。花果期5–7月。

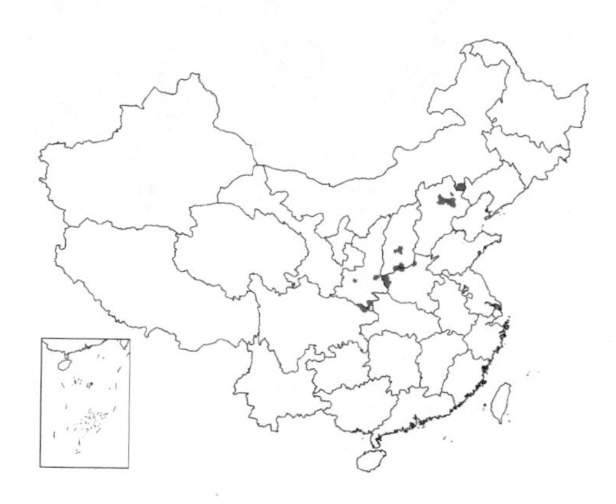

产内蒙古东南部、河北、河南、山西、陕西及四川，生于山坡灌丛中或林下阴湿处。全草药用，可清热解毒、治疗疮。

4. 大叶碎米荠 钝圆齿碎米荠 重齿碎米荠 多叶碎米荠 中华碎米荠

图 725 彩片 177

Cardamine macrophylla Willd. Sp. Pl. 3: 484. 1800.

Cardamine macrephylla var. *crenata* Trautv. et Mery; 中国植物志 33: 195. 1987.

Cardamine macrephylla var. *diplodonta* T. Y. Cheo; 中国植物志 33: 195. 1987.

Cardamine macrephylla var. *polyphylla* (D. Don) T. Y. Cheo et R. C. Fang; 中国植物志 33: 195. 1987.

Cardamine urbaniana O. E. Schulz; 中国植物志 33: 193. 1987.

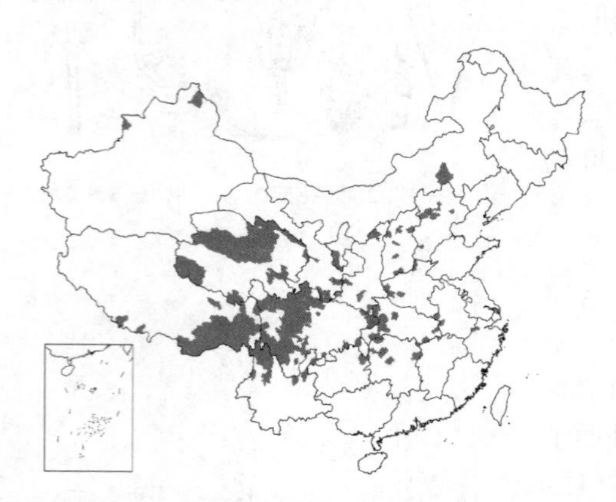

多年生草本,高达1米。根状茎匍匐延伸,无鳞片,有结节,无匍匐茎。较粗壮,单一或上部分枝。茎生叶3-12,生于整个茎上,羽状,小叶3-7对,叶柄长2.5-5厘米,柄基部不呈耳状;顶生小叶椭圆形、长圆形或卵状披针形,长4-9厘米,先端钝或短渐尖,基部宽楔形,边缘有钝锯齿、锐锯齿或不等长的重锯齿,无小叶柄;侧生小叶与顶生小叶相似,基部稍偏斜,最下部几对小叶常有短柄。花序顶生和腋生。萼片长5-6.5毫米,外轮淡红色;花瓣紫红或淡紫,长0.9-1.4厘米,先端圆,基部渐窄成爪;花丝扁。长角果长3.5-5厘米;果瓣带紫色;果柄长1-2.5厘米,直立开展。种子长约3毫米,褐色。花果期3-10月。染色体2n=64,80,96。

产内蒙古、河北、山西、陕西、宁夏、甘肃、新疆、青海、西藏、云南、四川、贵州、河南、湖北、湖南、江西、安徽西部及浙江(文献记载吉林与辽宁亦产),生于海拔1500-4200米山坡林下、沟边、石隙或高山草坡水湿处。俄罗斯远东地区、蒙古、中亚、西南亚、日本及印度有分布。全草药用,利尿、止痛及治败血症;嫩苗可食用,也是良好的饲料。

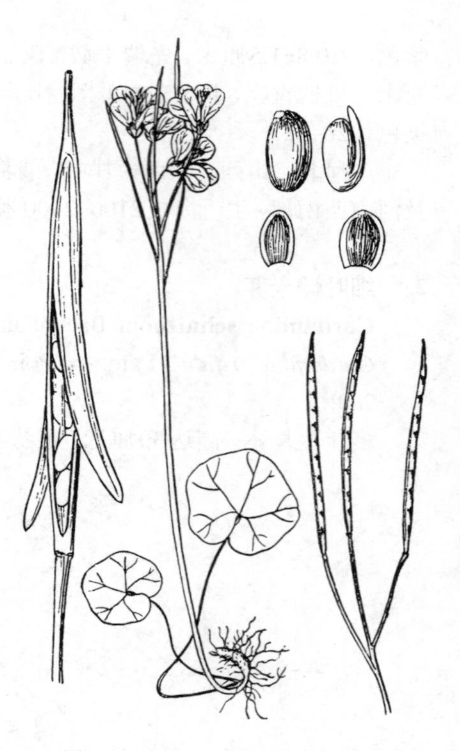

图 724 裸茎碎米荠 (史渭清绘)

图 725 大叶碎米荠 (史渭清绘)

5. 白花碎米荠

图 726

Cardamine leucantha (Tausch) O. E. Schulz in Engl. Bot. Jahrb. 32: 403. 1903.

Dentaria leucantha Tausch in Flora 19(2): 404. 1836.

多年生草本,高达75厘米;全株被毛。根状茎细,延伸,无鳞片和匍匐茎。茎单一,成"之"字曲折。茎生叶4-7,羽状,叶柄长2-8厘米,柄基部不呈耳状;顶生小叶披针形或卵状披针形,长4-9厘米,先端渐尖,基部楔形,有不整齐锯齿,小叶柄长0.5-1.3厘米;侧生小叶2-3对,与顶生小叶相似,基部偏斜,小叶柄短,稀无;最上部叶为3小叶,较小,无柄,基部楔形,叶干后膜质。花序顶生和腋生。萼片长2.5-3.5毫米;花瓣白色,匙形或长圆状楔形,长5-8毫米;长花丝5-6毫米,短花丝4-5毫米;柱头扁球形。长角果长1-2厘米;花柱长约5毫米;果柄长1-2厘米,直立开展。种子长约2毫米,栗褐色。花

果期4-8月。染色体2n=16。

产黑龙江、吉林、辽宁、内蒙古、河北、山西、陕西、宁夏、甘肃、贵州、湖南西北部、湖北西部、河南、江苏、安徽、浙江及江西，生于海拔200-2000米山坡湿草地、林下或山谷阴湿处。日本、朝鲜、西伯利亚南部至东部、蒙古有分布。全草晒干可代茶；根状茎治气管炎，全草及根状茎能清热解毒、化痰止咳；嫩苗可食用。

图 726 白花碎米荠
（引自《东北草本植物志》）

6. 光头山碎米荠 大叶山芥碎米荠 图 727

Cardamine engleriana O. E. Schulz in Engl. Bot. Jahrb. 32: 407. 1903.

Cardamine griffithii Hook. f. et Thoms var. *grandifolia* T. Y. Chao et R. C. Fang; 中国植物志 33: 223. 1987.

多年生草本，高达26厘米。根状茎细，具数条匍匐茎，匍匐茎生微小单叶。茎单一，直立，下部有毛，上部光滑。基生叶和茎下部叶为单叶，肾形，长3.5-6毫米，边缘波状，叶柄长0.2-1厘米；茎生叶为三出复叶，顶生小叶卵形或圆卵形，长1-5.4（-9）厘米，先端钝，基部浅心形或宽楔形下延，边缘3-5浅圆裂，叶柄长0.5-2厘米，侧生小叶菱状卵形，长0.3-1.6厘米，无柄，抱茎。花序有3-10花。萼片长约2.5毫米；花瓣白色，倒卵状楔形，长约7毫米。长角果长1.5-2厘米；果柄纤细，长1.1-1.8厘米。种子褐色，长圆形，长1.5-1.8毫米，花果期4-7月。

产河南西部、陕西南部、甘肃东南部、四川东部、湖南西北部、湖北西部、安徽西部及福建西部，生于海拔800-2900米山坡林下阴湿处、山谷沟边或路旁潮湿处。

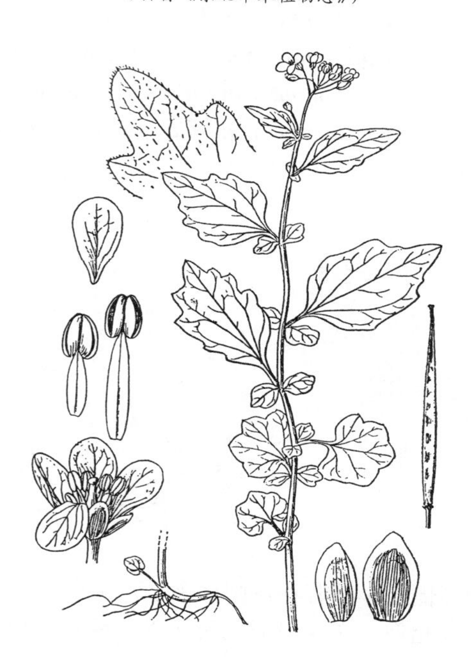

图 727 光头山碎米荠 （史渭清绘）

7. 翼柄碎米荠 图 728：1-4

Cardamine komarovii Nakai in Fedde, Repert. Sp. Nov. 13(8): 271. 1914.

多年生草本，高达75厘米。根状茎粗短。茎单一，上部分枝，有细沟棱。基生叶和茎生叶为单叶；茎生叶3-5，心形或卵形，长3.8-7厘米，先端渐尖或尾尖，基部浅心形，边缘有粗大齿裂，叶柄长1-4厘米，有翅，翅于叶柄基部成圆形或披针形耳，抱茎。花序有叶；总状花序无苞片。花萼

长约2.5毫米；花瓣白色，倒卵状楔形，长约4毫米。长角果长2-4厘米，两端渐尖；果柄长1.5-2厘米，直立开展。种子长约2毫米。果期6月。

产黑龙江南部、吉林东部及辽宁东部，生于海拔750-1000米林区河边或林下溪边阴湿地。朝鲜有分布。

［附］**堇色碎米荠** 图 728: 5 **Cardamine violacea** (D. Don.) Wahl. ex Hook. f. et Thoms. in Journ. Linn. Soc. Bot. 5: 145. 1861. —— *Erysimum violaceum* D. Don. Prodr. Fl. Nepal. 202. 1825. 与翼柄碎叶荠的区别：茎生叶披针形或卵状披针形，无柄，全缘或有点状细齿，基部狭窄成耳状、抱茎；花瓣紫色，长1-1.4厘米。花期5-8月，果期7-9月。产云南，生于海拔1800-4000米灌丛中、林中、溪边或草坡。尼泊尔、不丹及锡金有分布。

图 728: 1-4.翼柄碎米荠 5.堇色碎米荠
（引自《东北草本植物志》）

8. 露珠碎米荠 阿玉碎米荠 肾叶碎米荠 堇叶碎米荠 异堇叶碎米荠 图 729

Cardamine circaeoides Hook. f. et Thoms., Journ. Linn. Soc. Bot. 5: 144. 1861.

Cardamine agyokumontana Hayata; 中国植物志 33: 202. 1987.

Cardamine reniformis Hayata; 中国植物志 33: 204. 1987.

Cardamine violifolia O. E. Schulz; 中国植物志 32: 201. 1987.

Cardamine violifolia var. *diversifolia* O. E. Schulz; 中国植物志 33: 201. 1987.

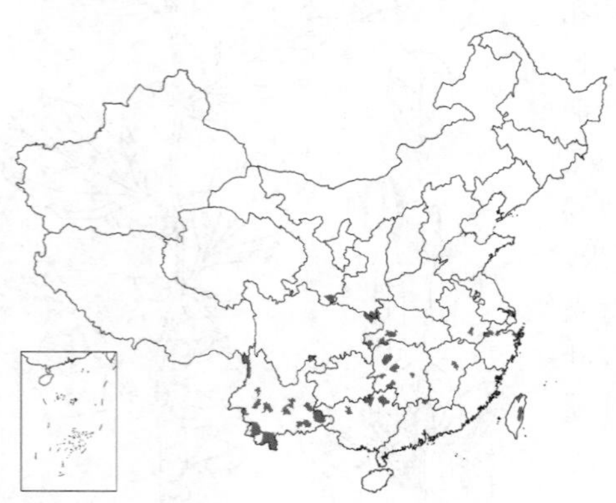

多年生草本，高6-30厘米，无毛。根状茎细长，无或有少数匍匐茎，无叶。茎细弱，不分枝或中上部分枝。基生叶为单叶，稀具2-4小叶，柄长1-9厘米，顶生小叶心形或卵形，稀近圆形，长1.5-5.5厘米，基部心形，有时平截或近楔形，边缘波状或近全缘，顶端钝，侧生小叶若存在则远小于顶生小叶；茎生叶为单叶或2-3小叶，与基生叶相似，较小，柄长1-5厘米。萼片卵形或长圆形，长2-3毫米，内轮2枚基部不呈囊状，边缘膜质；花瓣白色，匙形，长5-7毫米；长花丝3.5-5毫米，短花丝2.5-3.5毫米；子房有20-42胚珠。长角果线形，长1.3-3厘米；果柄上升、开展或反折，有时偏向于轴的一侧。种子卵圆形或宽长圆形，长约1毫米，无翅。花果期2-7月。

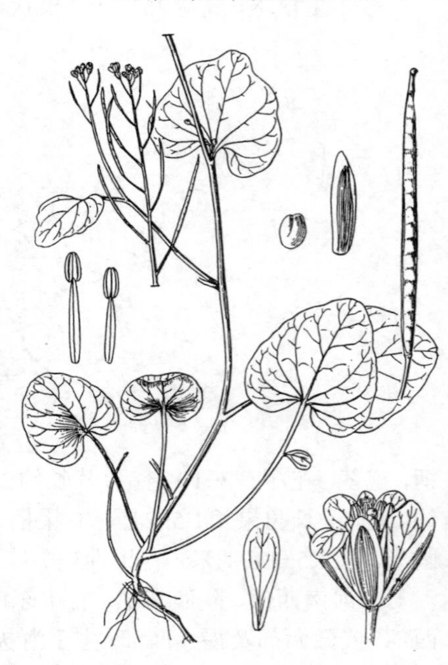
图 729 露珠碎米荠 （史渭清绘）

产安徽、浙江、台湾、江西、湖北、湖南、广东、香港、广西=云南、四川及甘肃，生于海拔400-3300米山谷沿溪沟的岩石上、混交林中、潮湿的牧场及路边。印度、老挝、锡金、泰国及越南有分布。

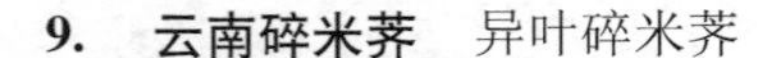

9. 云南碎米荠 异叶碎米荠 图 730

Cardamine yunnanensis Franch. in Bull. Soc. Bot. France 33: 398. 1886.

Cardamine heterophylla T. Y. Cheo et R. C. Feng; 中国植物志 33: 206. 1987.

短命多年生，稀一年生草本，高达45厘米。根状茎细。茎分枝，具棱。

茎生叶柄长2-5厘米，基部箭形，半抱茎，羽状复叶；顶生小叶卵形或卵状披针形，长1.5-5厘米，宽1-2.5厘米，先端钝或尾状渐尖，基部圆或楔形，下延成小叶柄，柄长1-1.5厘米，边缘具圆钝齿或浅圆裂；侧生小叶1-3对，与顶生小叶相似而稍小，基部稍偏斜，最下的侧生小叶常不成对。花序少花。萼片长2-2.5毫米；花瓣白色，长4-5毫米，先端圆，基部宽楔形；花丝扁。长角果长0.5-1厘米，斜开或平展。种子长约2毫米，褐色。花果期5-8月。

产四川、云南及西藏，生于海拔900-4000米山坡溪边、林下阴湿处、草地、草甸、灌丛或草丛中。不丹、尼泊尔、锡金及印度有分布。

图 730 云南碎米荠 （陈荣道绘）

10. 弹裂碎米荠 四川碎米荠 钝齿四川碎米荠 窄叶碎米荠 钝叶碎米荠 图 731

Cardamine impatiens Linn. Sp. Pl. 655. 1753.

Cardamine glaphyropoda O. E. Schulz; 中国植物志 33: 212. 1987.

Cardamine glaphyropoda var. *crenata* T. Y. Cheo et R. C. Feng; 中国植物志 33: 212. 1987.

Cardamine impatiens var. *angustifolia* O. E. Schulz; 中国植物志 33: 210. 1987.

Cardamine impatiens var. *obtusifolia* (Knaf) O. E. Schulz; 中国植物志 33: 212. 1987.

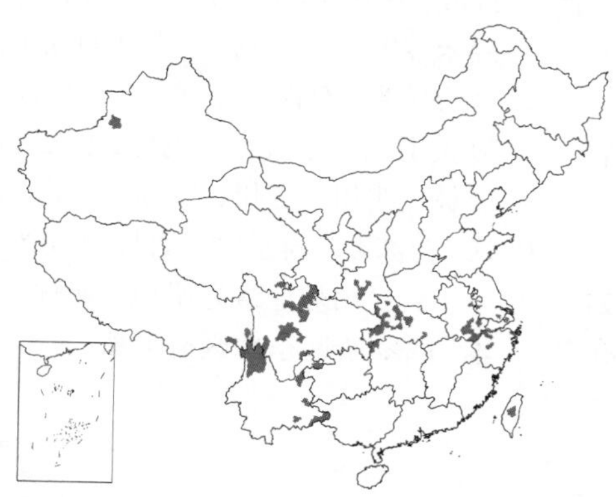

二年生或一年生草本，高达60厘米；全株无毛或近无毛。茎单一或上部分枝，有棱，有时曲折。基生叶莲座状，与茎生叶形态相似，开花时枯落；茎生叶柄长1-3厘米，基部耳状半抱茎，小叶2-8对；顶生小叶椭圆形或卵状椭圆形，长0.6-2.5厘米，宽0.5-1厘米，先端尖或钝，基部楔形，下延成柄，边缘有不规则圆齿或圆裂，侧生小叶与顶生小叶相似，自上而下渐小，均有小叶柄。花序顶生和腋生。萼片长约2毫米，先端圆，基部稍窄；花瓣白色，倒披针形，长1.5-4毫米，稀不存在。长角果长2-2.8厘米；果柄长0.3-1厘米，斜升或平展。种子长约1.3毫米，边缘翅极窄。花果期4-7月。染色体2n=16，32。

产陕西、甘肃、新疆、青海、西藏、云南、四川、贵州、广西、湖南、湖北、江苏、安徽、浙江及台湾，生于海拔50-4000米山坡、路旁、沟谷、水边或阴湿地。朝鲜、日本、南亚、中亚、西南亚、俄罗斯及欧洲有分布。

图 731 弹裂碎米荠 （引自《图鉴》）

［附］**毛果弹裂碎米荠 Cardamine impatiens** var. **dasycarpa** (M. Bieb.) T. Y. Cheo et R. C. Fang in Bull. Bot. Lab. N. E. For. Inst. 6: 21. 1980. —— *Cardamine dasycarpa* M. Bieb. in Fl. Taur.-Cauc. Suppl. 3: 437. 1819, pro part. 与弹裂碎米荠

的主要区别：小叶长2-5厘米，宽1-1.5厘米，边缘有尖齿状浅裂或半裂；植株的茎、叶、萼片、果均被毛。产甘肃、四川、西藏、云南、贵州、湖南、江西、河南、安徽、山东、江苏及浙江，生于山坡、路旁、沟谷、水边或阴湿地。日本及高加索有分布。

11. 碎米荠 宝岛碎米荠 图 732

Cardamine hirsuta Linn. Sp. Pl. 655. 1753.

Cardamine hirsuta var. *for-mosana* Hayata；中国植物志 33：214. 1987.

一年生草本，高达35厘米；被毛。茎分枝或单一。羽状复叶；基生叶有柄，柄具睫毛，顶生小叶肾形或肾圆形，长0.4-1厘米，有3-5圆齿，基部下延成柄，侧生小叶2-5对，自上向下渐小，卵圆形，有2-3圆齿，基部楔形下延，有或无柄；茎生叶的顶生小叶菱状倒卵形，先端3圆裂，或肾圆形，先端有深浅不等的圆齿；茎上部叶的小叶倒披针形，全缘。花序顶生。萼片绿或淡紫色，长约2毫米；花瓣白色，长3-5毫米，先端钝，基部窄；雄蕊4-5，花丝稍扁；柱头扁球形。长角果长2-3厘米，种子间凹入；果柄长0.4-1.2厘米，斜展。种子长约1毫米，有的顶端有翅。花期2-4月，果期4-8月。染色体2n=16。

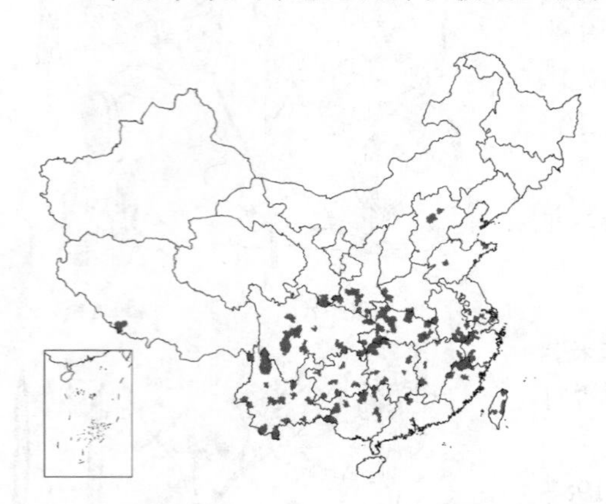

产辽宁、河北、陕西、甘肃、四川、西藏、云南、贵州、湖南、湖北、河南、山东、江苏、安徽、浙江、江西、福建、台湾、广东及广西，生于海拔2700米以下山坡、路旁、荒地、耕地及草丛中潮湿处。广布温带地区。全草作野菜食用；药用能清热去湿。

［附］**圆齿碎米荠** 长白碎米荠 圆裂碎米荠 大顶叶碎米荠 浙江碎米荠 **Cardamine scutata** Thunb. in Trans. Linn. Soc. Bot. 2: 339. 1794. —— *Cardamine baishanensis* P. Y. Fu；中国植物志 33：205. 1987. —— *Cardamine hirsuta* Linn. var. *rotundiloba* Hayata；中国植物志 33：214. 1987. —— *Cardamine scutata* Thunb. var. *longiloba* P. Y. Fu；中国植物志 33：216. 1987. —— *Cardamine zhejiangensis* T. Y. Cheo et R. C. Feng；中国植物志 33：221. 1987. 与碎米荠的主要区别：茎生叶的顶生小叶肾圆形，有深浅不等波状圆齿，明显大于侧生小叶。染色体2n=32。产吉林、四川、贵州、江苏、安徽、浙江、台湾及广东，生于海拔2100米以下山沟、山坡、路旁湿地。朝鲜、日本、俄罗斯远东地区有分布。

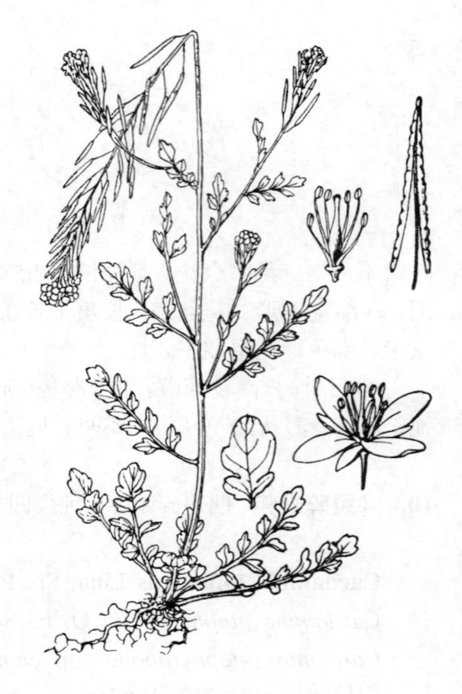

图 732 碎米荠 （何冬泉绘）

12. 弯曲碎米荠 高山碎米荠 柔弯曲碎米荠 卵叶弯曲碎米荠 峨眉碎米荠 图 733 彩片 178

Cardamine flexuosa With. in Bot. Arrang. Brit. Fl. ed. 3, . 3: 578. 1976.

Cardamine arisanensis Hayata；中国植物志 33：206. 1987.

Cardamine flexuosa var. *debilis* (D. Don) T. Y. Cheo et R. C. Fang；中国植物志 33：218. 1987.

Cardamine flexuosa var. *ovatifolia* T. Y. Cheo et R. C. Fang；中国植物志 33：218. 1987.

Cardamine hirsuta Linn. var. *omeiensis* T. Y. Cheo et R. C. Fang；中国植物志 33：214. 1987.

一年生或二年生草本，高达30厘米。茎较曲折，基部分枝。羽状复叶；基生叶有柄，叶柄常无缘毛，顶生小叶菱状卵形或倒卵形，先端不裂或1-3裂，基部宽楔形，有柄，侧生小叶2-7对，较小，1-3裂，有柄；茎生叶的小叶2-5对，倒卵形或窄倒卵形，1-3裂或全缘，有或无柄，叶两面近无毛。花序顶生。萼片长约2.5毫米；花瓣白色，倒卵状楔形，长约3.5毫米；雄蕊6，稀5，花丝细；柱头扁球形。果序轴成"之"字形曲折。长角果长1.2-2.5厘米，与果序轴近平行，种子间凹入；果柄长3-6毫米，斜展。种子长约1毫米，顶端有极窄的翅。花期3-5月，果期4-6月。染色体2n=32。

产辽宁南部、河南、安徽、江苏、浙江、福建、台湾、江西、广东、香港、广西、湖南、湖北、贵州、云南、西藏、四川、甘肃及陕西，生于海拔3600米以下田边、路旁、溪边、潮湿林下及草地。南亚、东南亚、克什米尔、朝鲜、日本、俄罗斯、欧洲、澳洲及美洲均有分布。全草药用，能清热、利湿、健胃、止泻。

图 733 弯曲碎米荠
（引自《东北草本植物志》）

13. 小花碎米荠 假弯曲碎米荠 东北小花碎米荠 图 734

Cardamine parviflora Linn. Syst. Nat. ed. 10, 1131. 1758-59.

Cardamine flexuosa var. *fallax* (O. E. Schulz) T. Y. Cheo et R. C. Fang；中国植物志 33：218. 1987.

Cardamine parviflora var. *manshurica* (Nakai) Kom.；中国植物志 33：219. 1987.

一年生草本，高达20厘米。根短，纤维状。茎单一，纤细，稍曲折。基生叶长1.5-5厘米，羽状全裂，有柄，顶生小叶倒卵形，长2.5-3毫米，先端圆，基部楔形，侧生小叶3-5对，长圆形或倒卵形，较顶生小叶小；茎生叶长2-6厘米，侧生小叶4-7对，线形，长0.3-1厘米，全缘，两面无毛，茎下部叶的小叶常有1-2小裂片。花序顶生。萼片长约1.5毫米；花瓣白色，椭圆状楔形，长1.8-3毫米。长角果长1.2-1.7厘米，种子间凹入，直立，与折曲果序轴平行；果柄长0.3-1厘米，斜展。种子长约1毫米，褐色，边缘翅极窄。花果期5-7月。染色体2n=16。

产黑龙江、辽宁南部、内蒙古、新疆北部、河北北部、山西北部、陕西、宁夏、山东、江苏及浙江，生于河（文献记载安徽及台湾亦产）滩、河流两岸粘质湿草地及路边。欧洲、北非、西南亚、北美、高加索、西伯利亚、蒙古、朝鲜及日本均有分布。

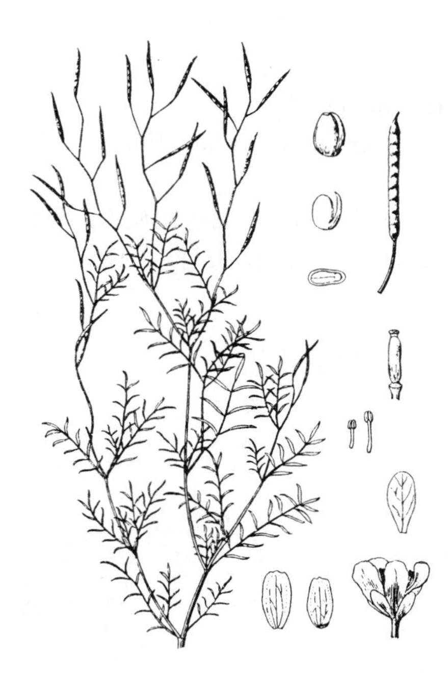

图 734 小花碎米荠 （田 虹绘）

14. 草甸碎米荠 图 735

Cardamine pratensis Linn. Sp. Pl. 654. 1753.

多年生草本，高达55厘米；全株无毛。根状茎短，块茎状，密生短纤维状须根。茎直立，不分枝，有沟棱，有2-12叶。基生叶叶柄长2-7厘米，小叶2-8对，顶生小叶三角状卵形，长约7毫米，小叶柄长达1.5厘米，侧生小叶卵形，较顶生小叶稍小；茎生叶

有短柄或近无柄，叶柄基部不呈耳状，中下部茎生叶有小叶4-5对，上部茎生叶有小叶2-3对，顶生小叶线形或倒卵状楔形，长0.5-2厘米，侧生小叶线形，长0.4-1.5厘米，均无小叶柄。总状花序有花10余朵。花梗长4-9毫米；萼片卵形，长3-4毫米，内轮2枚基部稍呈囊状，边缘膜质；花瓣淡紫色，稀白色，倒卵状楔形，长0.8-1厘米；雄蕊花丝不扩大，长雄蕊花丝长约7.5毫米，短雄蕊花丝长约5.5毫米。长角果线形，长2.5-4厘米；果瓣无毛；果柄斜升开展，长约1.5厘米。种子浅褐色，长圆形，长1.2-1.8毫米。花期5-7月，果期7-8月。染色体2n=16，24，28-34，38-44，48，56，96。

产黑龙江及内蒙古，生于潮湿草地或河沟边。朝鲜、日本、蒙古、俄罗斯、哈萨克斯坦、欧洲及北美洲有分布。

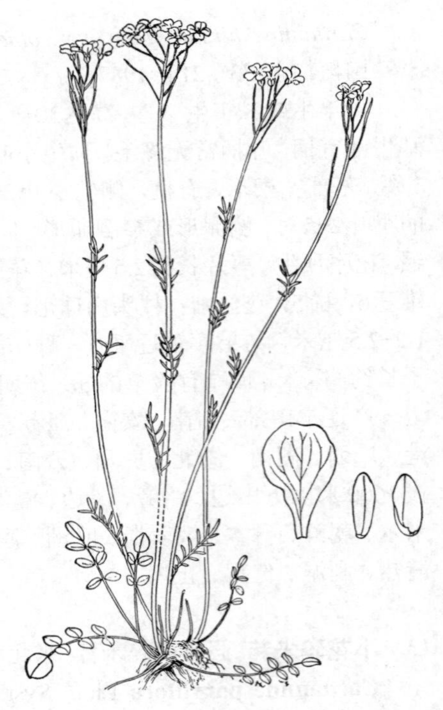

图 735 草甸碎米荠
（引自《东北草本植物志》）

15. 水田碎米荠 图 736

Cardamine lyrata Bunge in Mém. Acad. Sci. St. Pétersb. 2: 79. 1833.

多年生草本，高达70厘米；无毛。根状茎较短；匍匐茎从根状茎或从茎基部节上发出，长可达80厘米，柔软，生有单叶，叶近圆形，长1-3厘米，先端圆或微凹，基部心形，叶柄长0.3-1.2厘米，柄上常有1-2对鳞片状微小叶片。茎有棱。茎生叶羽状，长3-5厘米，无柄；顶生小叶近圆形，基部心形或宽楔形；侧生小叶2-9对，圆卵形，长0.5-1.3厘米，基部斜楔形，生于叶柄基部的1对小叶耳状抱茎。花序顶生。萼片长4-5毫米；花瓣白色，倒卵状楔形，长约8毫米。长角果长2.5-4厘米，极压扁；宿存花柱长约4毫米；果柄长1.2-2.2厘米，平展或下弯。种子长圆形，长2-3毫米，边缘有宽翅。花果期4-7月。

产黑龙江、吉林、辽宁、内蒙古、河北、山东、江苏、安徽、浙江、福建、江西、河南、湖北、湖南、广西东北部、贵州及四川，生于海拔1600米以下水田边、溪边或浅水处。俄罗斯西伯利亚东部及南部、朝鲜、日本有分布。嫩叶可食；药用可清湿、去热。

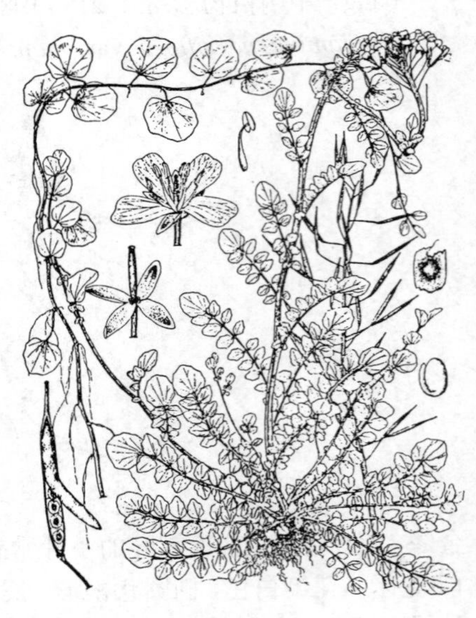

图 736 水田碎米荠 （引自《图鉴》）

16. 山芥碎米荠 图 737

Cardamine griffithii Hook. f. et Thoms. in Journ. Linn. Soc. Bot. 5: 146. 1861.

多年生草本，高达1米；除叶缘外，各部无毛。根状茎匍匐，无匍匐

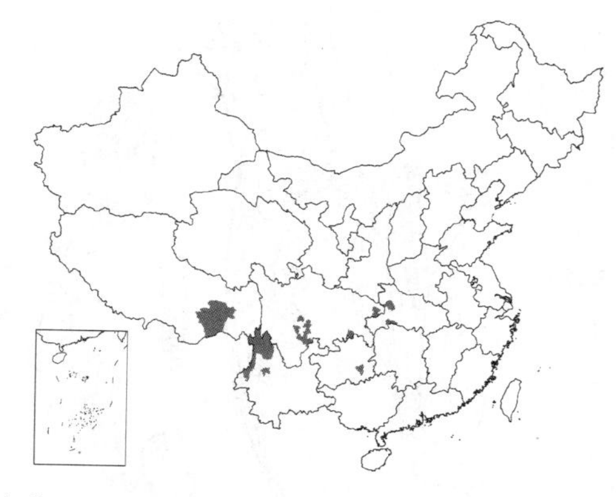

茎。茎直立，单一或上部分枝，有纵棱。基生叶柄长约2厘米，小叶2-4对，向下渐小；茎生叶无柄，羽状，顶生小叶圆卵形，长0.7-3厘米，基部圆或宽楔形，全缘或波状浅裂，柄长0.2-1.6厘米，侧生小叶2-6对，与顶生小叶相似，但较小，有或无柄，近轴的1对侧生小叶抱茎。花序顶生。萼片长约3毫米；花瓣紫或淡红色，倒卵状楔形，长5-7毫米，先端微凹；柱头扁球形。长角果长2.5-3厘米；果柄长1-2厘米，斜升或开展。种子长约1.5毫米。花果期5-9月。

产湖北、贵州、四川、云南及西藏，生于海拔2400-4450米山坡潮湿林下、山沟、溪边多岩石阴处。不丹、印度、尼泊尔及锡金有分布。全草药用，有清火解热之功效。

图 737 山芥碎米荠 （史渭清绘）

17. 伏水碎米荠

图 738

Cardamine prorepens Fisch. ex DC. Syst. Nat. 2: 256. 1821.

草本，高达55厘米。根状茎平卧，具匍匐茎。茎粗壮，单一或分枝，直立或下部匍匐，节上生须根和匍匐茎。基生叶柄长2-9.5厘米，顶生小叶椭圆形或菱形，长0.5-2厘米，先端钝，基部楔形，边缘3-7浅波状圆裂，柄长0.2-1厘米，侧生小叶2-5对，斜卵形，稍小，边缘3-7浅波状，无柄；茎生叶柄长达7厘米，柄基部不呈耳状，顶生小叶长圆形，长1-3.5厘米，边缘波状，先端钝，叶柄长2.5厘米，侧生小叶有或无柄，形状同顶生小叶。总状或复总状花序，顶生和腋生。萼片卵形，长3-4毫米；花瓣白色，倒卵状楔形，长0.9-1.5厘米。长角果长2.5-4厘米；果柄长1.5-3厘米，斜升。种子长2-2.5毫米，宽约1毫米，暗褐色，无翅。花果期5-8月。

产黑龙江、吉林东部及内蒙古东部，生于海拔1000-1710米林内、溪边、山沟或山坡草原湿地。朝鲜北部、蒙古及俄罗斯西伯利亚东部有分布。

图 738 伏水碎米荠
（引自《东北草本植物志》）

18. 小叶碎米荠

图 739

Cardamine microzyga O. E. Schulz in Engl. Bot. Jahrb. 32: 545. 1903.

多年生草本，高达30厘米；被疏毛。根状茎匍匐，长达15厘米或更长，无匍匐茎。茎单一，直立，具棱脊。基生叶莲座状，长2-11厘米，柄长0.5-

5厘米，具缘毛，顶生小叶圆卵形，长约5毫米，3-5浅裂，基部平截，柄长约2毫米，侧生小叶6-11对，近卵形，长约5毫米，不对称，上侧边全缘，下侧边1-5浅齿裂，有或无柄；茎生叶2-3，形与基生叶同，小叶稍大，两面被疏毛，叶柄基部不呈耳状。花序顶生，有10-20花。萼片长约3毫米，卵状长圆形，背面有毛，内轮2枚基部囊状；花瓣白、粉红或淡紫色，宽倒卵状楔形，长约1厘米，先端微凹；花丝扁。长角果长2.5-4厘米；果柄长1-2厘米，斜升或开展。种子长圆形，长约2毫米，无翅。花果期4-10月。

产云南西北部、四川及西藏东部，生于海拔2700-4300米高山湿润草地及山坡溪边。

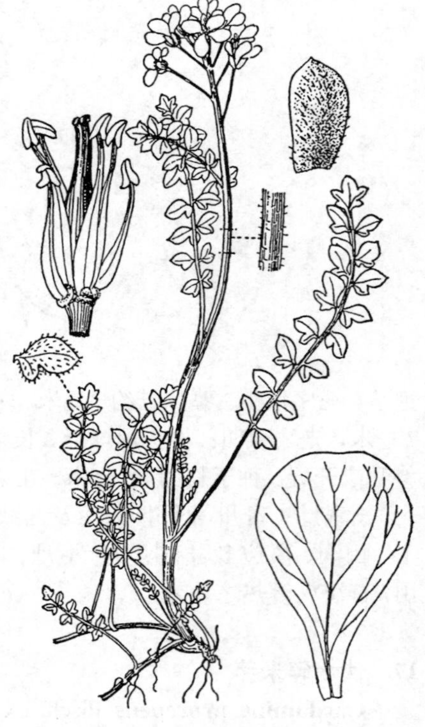
图 739 小叶碎米荠 （陈荣道绘）

19. 天池碎米荠 图 740

Cardamine resedifolia Linn. var. **morii** Nakai in Bot. Mag. Tokyo 28: 303. 1914.

Cardamine changbaiana Al-Shehbaz; Fl. China 8: 103. 2001.

多年生矮小草本，高达8厘米；全体无毛。根状茎细长。茎直立，无叶，稀具1-2叶。基生叶莲座状，肉质，单叶，圆卵形，长4-8毫米，先端圆，基部浅心形，两侧各有1耳状圆裂片，稀全缘或羽状，3小叶，柄长0.3-3厘米；茎生叶无，稀1-2，稍窄，基部不为心形，叶柄基部不为耳状。花茎无叶；花序顶生，有2-5（-9）花。萼片长圆形，长约2毫米；花瓣白色，倒卵形，长约3.5毫米，先端圆，基部渐窄成爪。长角果长1.5-2厘米；果柄长2-7毫米，直立。种子长1-1.5毫米，褐色，无翅。花果期7-8月。

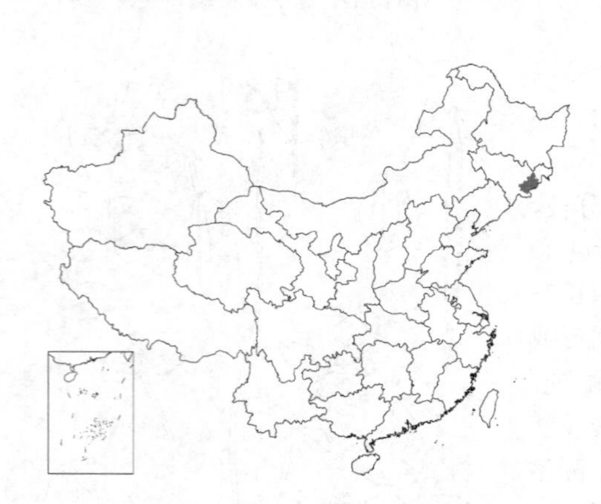

产吉林长白山区，生于海拔2400-2500米高山石缝间或山坡干旱沙地。朝鲜有分布。

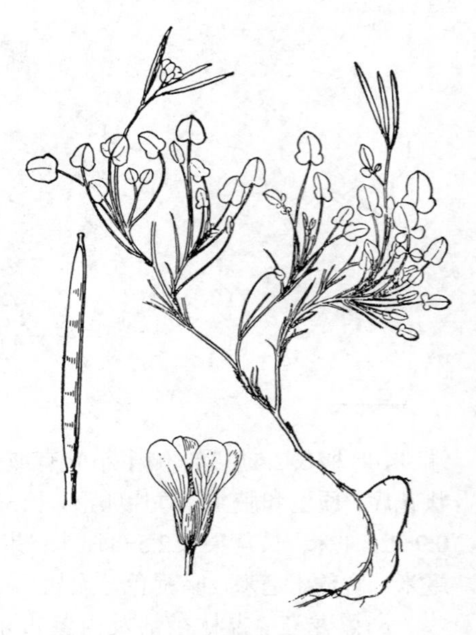
图 740 天池碎米荠
（引自《东北草本植物志》）

45. 弯蕊芥属 Loxostemon Hook. f. et Thoms.

（兰永珍）

一年生或多年生草本。根茎或茎的基部具丛生或疏生小鳞茎，基部生须根。茎直立或倾斜。基生叶丛生或1-2，奇数羽状复叶，稀3小叶，有叶柄；茎生叶少数，奇数羽状复叶，全缘或具疏锯齿，有叶柄。总状花序顶生或腋生。萼片卵形或长椭圆形，内轮2枚基部囊状，边缘白色膜质；花瓣白、粉红或紫色，基部具短爪；长雄蕊花丝宽扁，顶端呈膝屈状弯曲；柱头头状或2微裂。长角果线形；果瓣扁平，无中脉，边缘有棱。种子每室1行，6-10粒，近圆形；子叶斜背倚或背倚胚根，内侧子叶柄膝状弯曲。

10种、1变种，喜马拉雅山区、印度、尼泊尔、克什米尔地区、锡金、不丹有分布。主产我国。

1. 根茎匍匐延伸，疏生白色小鳞茎；花瓣长约1厘米 ………………………… 1. **大花弯蕊芥 L. loxostemonoides**

1. 根茎不匍匐，丛生白色或褐色小鳞茎。
    2. 侧生小叶1-4对。
        3. 侧生小叶3-4对；花瓣先端微凹 …………………………………………………… 2. 宽翅弯蕊芥 L. delavayi
        3. 侧生小叶1-2对；花瓣先端钝圆 ……………………………………………………… 3. 弯蕊芥 L. pulchellus
    2. 侧生小叶4-5对 ……………………………………………………………………………… 4. 狭叶弯蕊芥 L. stenolobus

1. 大花弯蕊芥

图 741

Loxostemon loxostemonoides（O. E. Schulz）Y. C. Lan et T. Y. Cheo in Bull. Bot. Res.（Harbin）1(3)：53. 1981.

Cardamine loxostemonoides O. E. Schulz in Notizbl. Bot. Gart. Berlin 9：1069. 1926；Fl. China 8：95. 2001.

多年生草本，高达40厘米；全株无毛或被毛。根茎细，匍匐延伸，疏生白色小鳞茎和匍匐茎。茎直立或稍弯，下部白色，上部绿色。茎生叶1-3，叶柄长达4.5厘米，小叶4-9对，顶生小叶与侧生小叶卵形或长椭圆形，长0.5-1厘米，先端具小尖头，具1-4钝齿，有时基部具小叶，小叶柄长达5毫米。总状花序顶生，有5-8花。花梗长达7毫米；萼片长椭圆形，长达3毫米；花瓣紫蓝色，具深色脉纹，倒卵形，长约1厘米，基部无爪；花丝翅状，顶端细；子房圆柱状，柱头扁平。花期5-7月，果期8-9月。

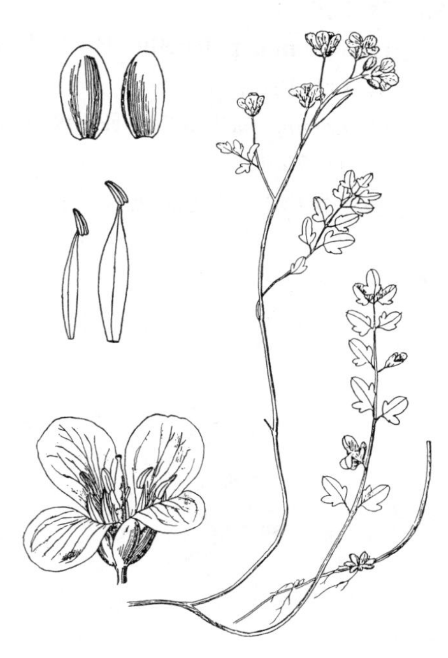

图 741 大花弯蕊芥 （韦力生绘）

产西藏（文献记载云南亦产），生于海拔2900-5500米山地沟边湿地、开阔草地或沙石滩。喜马拉雅山区西北部、印度西北部、尼泊尔、克什米尔地区、锡金及不丹有分布。

2. 宽翅弯蕊芥

图 742

Loxostemon delavayi Franch. in Bull. Soc. Bot France 33：400. 1886.

Cardamine franchetiana Diels；Fl. China 8：94. 2001.

多年生草本，高达20厘米；全株有毛或近无毛。根茎长约1厘米，具匍匐茎和多数丛生白色小鳞茎。茎下部斜升，上部直立，疏被短单毛。基生叶1-2，叶柄长约5厘米，侧生小叶3-4对，长椭圆形，长约6毫米，先端具小尖头，全缘，基部楔形；茎中部有叶2-4，叶柄长达6

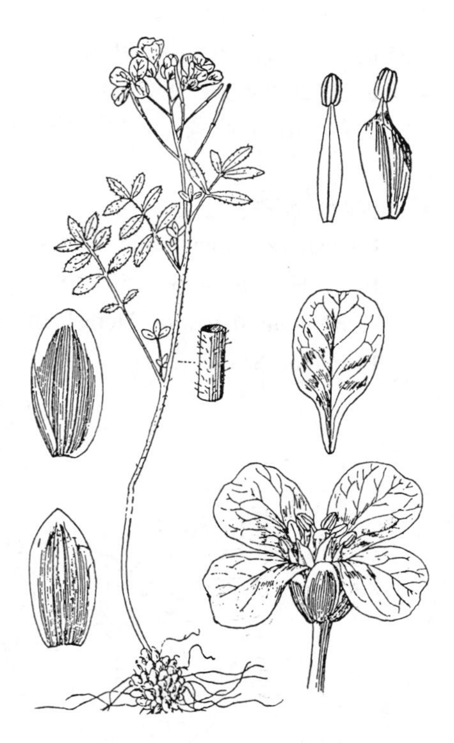

图 742 宽翅弯蕊芥 （韦力生绘）

厘米，小叶2-5对，长椭圆形，有时较大，两面被短毛或无毛。总状花序顶生，有3-8花。萼片长2.5-4毫米，上部边缘膜质；花瓣紫红或白色，倒卵状楔形，长5.5-6毫米，先端微凹；长雄蕊花丝上部膝状弯曲。柱头2浅裂。花果期6-9月。

产青海南部、西藏、四川及云南西北部，生于海拔2300-4800米山坡沟边、河谷石滩、石缝中、草地及潮湿牧场。

3. 弯蕊芥 图 743

Loxostemon pulchellus Hook. f. et Thoms. in Journ. Linn. Soc. Bot. 5: 147. 1861.

Cardamine pullchellus（Hook. f. et Thoms.）Al-Shehbaz; Fl. China 8: 94. 2001.

多年生草本，高达20厘米。根茎基部丛生白色小鳞茎。茎直立或倾斜，下部白色，上部被短毛。基生叶常1枚，叶柄长达8厘米，侧生小叶1-2对，长椭圆形，长0.5-1.7厘米，全缘，先端具小尖头；茎生叶1-3，具小叶3-5，顶生小叶与侧生小叶均线状长椭圆形，长达1.7厘米，宽达3毫米，下面被短毛或近无毛。总状花序顶生，有2-8花。萼片长椭圆形，长2.3-3毫米，背面被短毛或近无毛；花瓣白、粉红或紫色，倒卵形，长5-7毫米，先端钝圆；长雄蕊花丝疏被柔毛、上部膝状；柱头2浅裂。长角果线状长椭圆形，长达2厘米，两侧边缘具棱；果柄长达1.3厘米。种子2-10，近圆形，淡褐色。花果期7-8月。

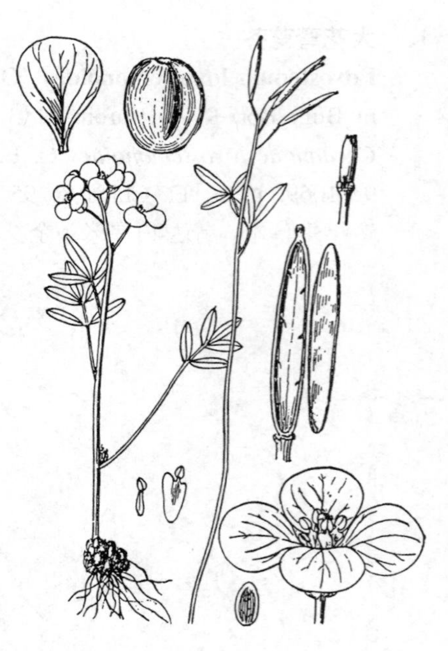

图 743 弯蕊芥 （史渭清绘）

产青海南部、西藏、四川及云南，生于海拔3600-4600米山区沼泽草地、山坡溪流石岸边或河边碎石滩。喜马拉雅山区东部、印度、尼泊尔、不丹及锡金有分布。

4. 狭叶弯蕊芥 图 744

Loxostemon stenolobus（Hemsl.）Y. C. Lan et T. Y. Cheo in Bull. Bot. Res.（Harbin）1(3): 56. 1981.

Cardamine stenoloba Hemsl. in Jour. Linn. Soc. Bot. 21. 303. 1893; Fl. China 8: 95. 2001.

一年生或多年生草本，高达10厘米。根茎具少数淡褐色小鳞茎。茎丛生或单一。基生叶1至数枚，叶柄长达5厘米，疏被短毛，侧生小叶4-5对，顶生小叶与侧生小叶均近圆形、窄披针形或线形，长约8毫米，全缘或2浅裂；茎生叶3-7，叶柄长达1.4厘米，小叶3-5对，

图 744 狭叶弯蕊芥 （陈荣道绘）

下部的小叶二型，圆形或钻形，两面均被疏柔毛。总状花序有5-9花。萼片卵形，长约2.5毫米，背面被毛；花瓣蓝紫色，倒卵形，长约5毫米；长雄蕊花丝顶端膝状弯曲；柱头头柱。长角果线形，长达2.5厘米；果瓣边缘有棱；果柄长1.7毫米。种子每室1行，6-10粒，近圆形，长约1.5毫米，褐色，一端有窄翅。花果期7月。

产陕西、甘肃南部、湖北西部及四川西部，生于海拔2400-3200米山坡或河边潮湿处。

46. 单花荠属（无茎芥属）Pegaeophyton Hayek et Hand.-Mazz.

（郭荣麟）

多年生草本。主根发达，粗壮。茎极短。叶多数，基生，呈旋叠状排列，线状披针形或长匙形，全缘或具疏齿，常无毛，稀具白色扁刺毛。花大，多数，单生于花葶。花梗宽线形；萼片宽卵形，内轮2枚基部囊状，无毛或具白色扁刺毛；花瓣白或淡蓝色，宽倒卵形，长不及1厘米，稀达1.2厘米，基部具短爪；雄蕊6，花丝分离，向下渐宽；侧蜜腺半环形，向内开口，中蜜腺与侧蜜腺相连，包围所有花丝的基部。短角果肉质，宽卵形或椭圆形，扁，1室，不裂，边缘窄翅状。种子每室2行；子叶缘倚胚根。

约6种，分布于印度、克什米尔、巴基斯坦、尼泊尔、不丹、锡金、缅甸及我国。我国4种、1亚种。均为高山植物，花大而美丽，可供观赏。

1. 植株高2-15厘米；根颈细，有少数至多数分枝，稀不分枝而粗壮；花瓣倒卵形或宽楔形，长5-7毫米；种子长1.5-2毫米 …………………………………………………………………………………………… 单花荠 **P. scapiflorum**
1. 植株高12-25厘米；根颈粗壮，常不分枝；花瓣长圆形，长0.8-1.2厘米；种子长2.5-3.5毫米，………………………………………………………………………………………… （附）. **粗壮单花荠 P. scapiflorum** var. **robustum**

单花荠 无茎芥 毛萼单花芥 图 745：1-7 彩片 179

Pegaeophyton scapiflorum（Hook. f. et Thoms.）Marq. et Shaw in Journ. Linn. Soc. Bot. 48: 229. 1929.

Cochlearia scapiflorum Hook. f. et Thoms. in Journ. Linn. Soc. Bot. 5: 154. 1861.

Pegaeophyton scapiflorum var. *pilosicalyx* R. L. Guo et T. Y. Cheo；中国植物志 33: 243. 1987.

多年生矮小草本，高2-15厘米；植株无毛。根颈细，有少数至多数分枝，稀不分枝而粗壮。茎极短。叶多数，旋叠状着生基部，线状披针形或长匙形，长2-10厘米，全缘或具疏齿；叶柄与叶近等长，扁平，基部鞘状。花大，单生，白或淡紫色；花梗扁平带状，长2-10厘米；萼片无毛，长卵形，长3-5毫米，边缘白色膜质；花瓣倒卵形或宽楔形，长5-7毫米，全缘或微凹，基部稍具爪。短角果宽卵形，肉质而扁平，边缘具窄翅。种子每室2行，扁圆形，褐色，长1.5-2毫米；子叶缘倚胚根。花果期6-9月。

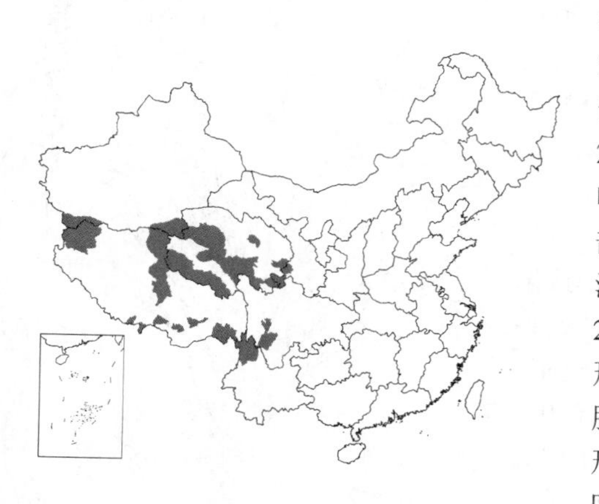

图 745: 1-7.单花荠 8-9.粗壮单花荠（陈荣道绘）

产甘肃、青海、新疆、西藏、云南西北部及四川西南部，生于海拔3500-5500米山坡潮湿地、高山冻原、冰川溪床、高山草地、林内沟边或流水滩。不丹、印度、锡金、尼泊尔及克什米尔有分布。全草内服退热，治肺咯血及解食物中毒，外用治刀伤。

［附］**粗壮单花荠** 粗壮无茎芥 图 745：8-9 **Pegaeophyton scapiflorum** var. **robustum**（O. E. Schulz）R. L. Guo et T. Y. Cheo in Bull. Bot. Lab. N.-E. For. Inst. 6(6)：29. 1980. —— *Pegaeophyton sinense*（Hemsl.）Hayak et Hand.-Mazz. var. *robustum* O. E. Schulz in Notizbl. Bot. Gard. Berlin 9：477. 1926. 本变种与模式变种的区别：植株高12-25厘米；根颈粗壮，常不分枝；叶披针形或椭圆形，有3-4对大疏齿，稀全缘；花白色，花瓣长圆形，长0.6-1.2厘米，种子长2.5-3.5毫米。花期6-11月。产云南、四川及西藏，生于海拔3400-4800米河边、林内沟边、山谷潮湿地或山坡池边。不丹有分布。

47. 藏芥属 Phaeonychium O. E. Schulz

（王希蕖）

多年生草本；被星状毛、分枝毛、2叉毛和单毛，或仅被单毛。根颈肥厚，有时木质化，密被枯萎叶基。茎直立，有时上升，分枝或不分枝。基生叶具柄，莲座状，长圆状线形或匙状长圆形，全缘、有齿或大头羽裂，稀上部具1-3微齿；常无茎生叶。总状花序，花少至多数，无苞片，稀下面的花有苞片。萼片近直立，长圆状椭圆形，常宿存，背面有分枝毛；花瓣淡紫、紫或白色，倒卵形，长约为萼片2倍，基部具爪；花丝线形，基部稍宽；侧蜜腺马蹄形，中蜜腺常无；子房密被星状毛，每室3-6胚珠，花柱短，柱头头状，稍2裂。长角果或短角果，线形、长圆形、卵圆、披针形或圆柱状，被星状毛及分枝毛，2室，开裂；果瓣有中脉，平滑或念珠状，具宽隔膜，无脉。种子每室1行，常少数，近卵圆形；子叶背倚胚根。

6种，分布于阿富汗、不丹、克什米尔、尼泊尔、塔吉克斯坦及中国。我国均产。

1. 花茎无叶，最下部的花无苞片；叶全缘；植株被星状毛、2叉毛和单毛；花瓣淡紫、紫或白色；果为长角果，线形，长1.5-2.5厘米。
    2. 叶宽卵形或长圆形，稀披针形或倒披针形，长1-5.5厘米，宽1-2.5厘米，绿色；植株具单毛和具柄2叉毛，毛扁平卷曲；长角果直，种子间不缢缩 ………… 1. 西藏藏芥 P. jafrii
    2. 叶窄倒披针形、倒披针形、匙状长圆形或线形，长1-2.5厘米，宽1-4毫米；植株被灰白色星状分枝毛；长角果稍扭转，种子间缢缩 ………… 1(附). 藏芥 P. parryoides
1. 花茎具叶，最下部的花有苞片；叶全缘，稀先端钝；植株被单毛；花瓣淡紫或紫色；果为短角果卵圆形或长圆形，长0.7-1.2厘米 ………… 2. 柔毛藏芥 P. villosum

1. 西藏藏芥 杰氏藏芥 图 746

Phaeonychium jafri Al-Shehbaz in Nordic Journ. Bot. 20：160. 2000.

多年生草本，高达30厘米；植株被单毛并有具柄2叉毛，毛扁平卷曲。根颈粗壮、木质化，分枝少数至多数，径约3厘米，基部具宿存叶柄。茎直立，不分枝。基生叶莲座状，宽卵形或长圆形，稀披针形或倒披针形，长1-5.5厘米，宽1-2.5厘米，绿色，基部楔形，全缘；无茎生叶。花茎有叶；花序有12-35花，最下部的花无苞片。萼片长圆形，长3-4毫米，宿存；花瓣淡紫或白色，初开时基部带紫色，倒卵形，长6.5-10毫米，基部爪3-4毫米；花丝紫色，长雄蕊花丝3-4毫米，短雄蕊花丝2-2.5毫米，花药长圆形；子房有

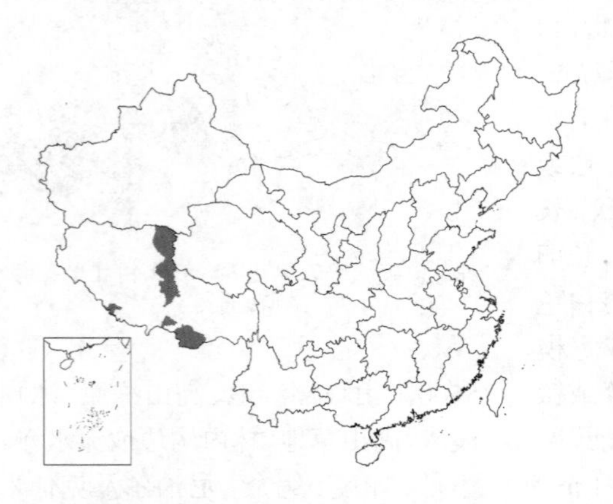

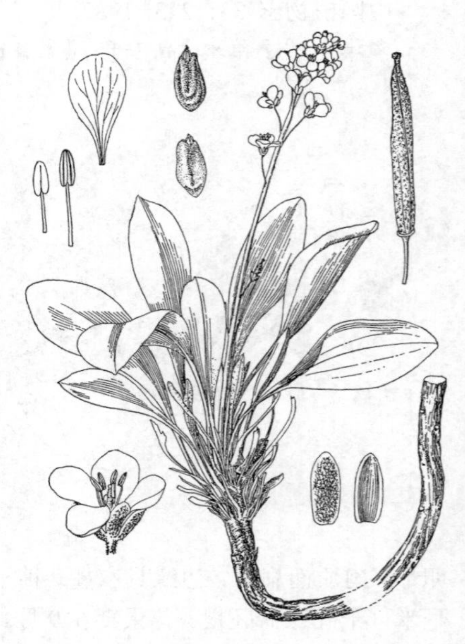

图 746 西藏藏芥 （韦力生绘）

5-8胚珠。长角果长1.5-2.5厘米，直，稍扁；果瓣中脉和侧脉明显；果柄长0.6-1.5厘米。种子长圆形，长2-2.5毫米，稍扁，上部有边；珠柄长达3毫米。花期7-9月。

产西藏，生于海拔4000-4900米矮小灌丛、崖壁突出处或陡坡石质山坡。不丹及尼泊尔有分布。

［附］**藏芥 Phaeonychium parryoides**（Kurz ex Hook. f. et T. Anders.）O. E. Schulz in Notizbl. Bot. Gart. Berlin. 9: 90. 1902. —— *Cheiranthus parryoides* Kurz ex Hook. f. et Anders. in Hook. f. Fl. Brit. Ind. 1: 132. 1872. 本种与新疆藏芥的区别：叶窄倒披针形、倒披针形、匙状长圆形或线形，长1-2.5厘米，宽1-4毫米，植株被灰白色星状分枝毛；长角果稍扭转，种子间缢缩。花期7-8月。产西藏，生于海拔3300-4200米干燥山坡。克什米尔有分布。

2. 柔毛藏芥 青海肉叶荠 柔毛高原芥 宽丝高原芥 图 747

Phaeonychium villosum（Maxim.）Al-Shehbaz in Nordic Journ. Bot. 20: 161. 2000.

Parrya villosa Maxim. Fl. Tangut. 55. 1889.

Braya kokonorica O. E. Schulz；中国植物志 33: 440. 1987.

Christolea villosa（Maxim.）Jafri；中国植物志 33: 292. 1987.

Christolea villosa var. *platyfilamenta* K. C. Kuan et Z. X. An；中国植物志 33: 292. 1987.

多年生矮小草本，高6-14厘米；全株被单毛，毛长达1.5厘米，常卷曲。根颈细，具分枝少枝，被宿存叶柄。茎直立，不分枝。基生叶莲座状，窄倒披针形或长圆状线形，长1.5-2.8厘米，先端钝，基部渐窄，全缘，柄长1-3厘米，具睫毛，基部增宽达7毫米；茎生叶具短柄，长圆形或长圆状披针形，与基生叶等大。花茎有叶，总状花序有10-25花，最下部的花有苞片。萼片长圆形或卵形，长3-5毫米，宿存；花瓣淡紫或紫色，宽匙形，长0.8-1厘米，先端微凹，基部爪长2.5-3.5毫米；花丝淡紫色，长雄蕊花丝3-4毫米，短雄蕊花丝1.5-2毫米，花药长圆形；子房有4-8胚珠。短角果柱状长圆形或卵圆形，长0.7-1.2厘米；果瓣脉不明显；果柄0.7-1.5厘米。种子卵圆形，长2-2.5毫米。花期6-7月，果期8-9月。

图 747 柔毛藏芥 （路桂兰绘）

产甘肃南部、青海、四川西南部及西藏东北部，生于海拔3500-4500米高山山坡或高山石灰质土上。

48. 山芥属 Barbarea R. Br.

（郭荣麟）

二年生或多年生直立草本；植株无毛或有疏毛。茎分枝，具纵棱。单叶，基生叶及茎下部叶大头羽状分裂，具柄，基部耳状抱茎；茎上部叶具齿或羽状分裂，无柄，基部耳状抱茎。总状花序顶生。萼片4，内轮2枚常在顶端隆起成兜状；花瓣黄色，基部具爪；雄蕊6，分离，花丝线形；侧蜜腺半环形，中蜜腺圆锥形；子房圆柱形，花柱短，柱头2裂或头状。长角果近圆柱状四棱形；果瓣具中脉及网状侧脉。种子每室1行，长椭圆形或椭圆形，无膜质边缘；子叶缘倚胚根。

约22种，分布于亚洲西南部、澳洲、欧洲及北美。我国5种。

1. 茎上部叶羽状深裂，裂片3-5对，长椭圆形或线形；长角果线状椭圆形 ………… 1. **羽裂叶山芥 B. intermedia**
1. 茎上部叶宽披针形或长卵形，边缘齿裂或不规则深裂；长角果圆柱状四棱形。
   2. 花瓣长倒卵形，长3-4.5毫米；长角果紧贴果轴而密集着生，成熟时稍开展；宿存花柱0.5-1毫米 …………………………………………………………………………………………………… 2. **山芥 B. orthoceras**
   2. 花瓣倒卵形或宽楔形，长4.5-6.5毫米；长角果幼时常弧曲，成熟后在果轴上开展或直立；宿存花柱1.5-3毫米 ……………………………………………………………………………………… 3. **欧洲山芥 B. vulgaris**

1. 羽裂叶山芥 图 748：1

Barbarea intermedia Boreau, Fl. Centr. France 2: 48. 1840.

二年生草本，高约40厘米；无毛或具疏毛。基生叶及茎下部叶有柄；叶大头羽状分裂，顶裂片卵状长椭圆形，长1.5-2.5厘米，边缘具粗齿，侧裂片3-5对，长椭圆形，基部耳状抱茎，有时有缘毛；茎上部叶羽状深裂，裂片长椭圆形或线形。总状花序顶生。萼片宽椭圆形，长2.5-3毫米；内轮2枚顶端隆起成兜状；花瓣黄色，倒卵形，长4-4.5毫米，基部具爪。长角果线状长椭圆形，光滑，长1-3厘米。种子棕色，卵圆形，长约1.5毫米。花期5-7月，果期7-8月。染色体2n=16。

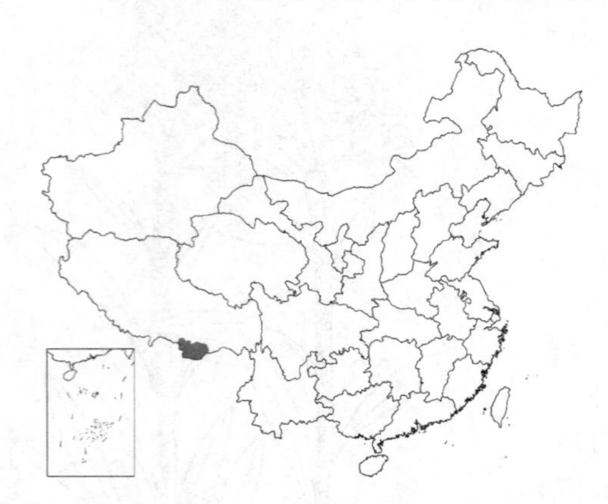

图 748: 1.羽裂叶山芥 2-7.欧洲山芥
（韦力生绘）

产西藏，生于海拔约4100米沟边林下。中欧、北非、中亚、西南亚、喜马拉雅山区及印度有分布。

2. 山芥 台湾山芥 图 749

Barbarea orthoceras Lédeb. in Ind. Sem. Hort. Dorp. 1824.

Barbarea taiwaniana Ohwi；中国植物志 33: 248. 1987.

二年生草本，高达60厘米；全株无毛。茎生叶及茎下部叶大头羽状分裂，顶裂片大，宽椭圆形或近圆形，长2-5.5厘米，先端钝圆，基部圆、楔形或心形，边缘微波状或具圆齿，侧裂片小，1-5对，具柄，基部耳状抱茎；茎上部叶较小，宽披针形或长卵形，边缘具疏齿，无柄，基部耳状抱茎。总状花顶生。萼片椭圆状披针形，内轮2枚顶端隆起成兜状，长2.5-3毫米；花瓣黄色，长倒卵形，长3-4.5毫米，基部具爪。长角果线状四棱形，中脉显著，长2-2.5厘米，紧贴

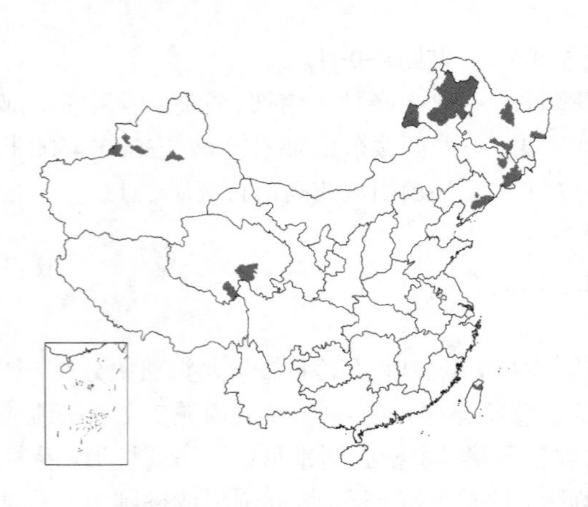

图 749 山芥 （韦力生绘）

果轴密集着生，果熟时稍开展；宿存花柱0.5-1毫米。种子深褐色，椭圆形，长约1.5毫米，具细网纹；子叶缘倚胚根。花果期5-8月。染色体2n=16。

产黑龙江、吉林、辽宁、内蒙古、新疆北部、青海及台湾，生于海拔450-2100米草甸、河岸、河滩草地、溪谷或山地潮湿处。蒙古、俄罗斯、朝鲜、日本及北美洲有分布。

3. 欧洲山芥 图 748：2-7

Barbarea vulgaris R. Br. in Ait. Hort. Kew ed. 2, 4: 109. 1812.

二年生稀多年生草本，高达70厘米；无毛或具疏毛。茎单一或上部分枝，具纵棱。基生叶和茎下部叶大头羽状分裂，顶裂片大，椭圆形、近圆形或近心形，长2-4.5厘米，全缘或微波状，基部心形，圆或宽楔形，侧裂片2-4对，由上向下渐小，长椭圆形或线形，基部耳状抱茎，叶柄长2-8厘米；茎上部叶宽披针形或长卵形，边缘齿裂或不规则深裂，无柄，基部耳状抱茎。总状花序顶生，在茎上部组成圆锥状。萼片宽椭圆形，长3.5-4.5毫米，边缘干膜质，外轮基部近囊状；花瓣黄色，倒卵形或宽楔形，长4.5-6.5毫米，下部渐窄成爪。长角果圆柱状四棱形，稍压扁，长2-3.5厘米，幼时常弧曲，成熟后斜展或直立；宿存花柱1.5-3毫米。种子暗褐色，椭圆形，具网纹，无膜质边缘；子叶缘倚胚根。花果期4-8月。染色体2n=16。

产黑龙江、吉林、辽宁、内蒙古东部、宁夏及新疆（文献记载江苏亦产），生于海拔680-4100米沟边、河滩或草地、路边、田野潮湿处。日本、朝鲜、蒙古、俄罗斯、南亚、西南亚及欧洲有分布。

49. 堇叶芥属 Neomartinella Pilger

（兰永珍）

一年生矮小草本，高达9厘米；直立或倾斜，全株无毛。根茎短，主根粗壮。无茎。叶全部基生，叶缘在叶脉的末端具胼胝体，有长柄；单叶，心形或肾形，边缘具圆齿，先端微凹，有凸尖，具掌状脉。总状花序，花排列疏散。萼片分离，卵形；花瓣白色，倒卵形，先端深凹，向基部渐尖；雄蕊6，长雄蕊花丝基部翅状，花药短，卵圆形；侧生蜜腺半环状，中央蜜腺近圆形突起；子房长椭圆形，胚珠30-40。长角果长圆状线形、长圆形或线形；果瓣稍膨大，具中脉；果柄细，长1.5-2厘米。种子每室1行，卵圆形或圆形，无边缘。

3种，我国特有。

1. 花（至少有部分）单生花葶；萼片1.5-2毫米；花瓣4.5-5.5毫米；子房有10-20胚珠；长角果长圆状线形或长圆形，长0.5-1.2厘米；宿存花柱无或不明显 ………………………… **堇叶芥 N. violifolia**
1. 花着生总状花序上；萼片约3.5毫米；花瓣约8毫米；子房有30-40胚珠；长角果线形，长约2厘米；宿存花柱长1-1.2毫米 ………………………… （附）. **大花堇叶芥 N. grandiflora**

堇叶芥 图 750

Neomartinella violifolia (Lévl.) Pilger in Engl. u. Prantl, Nat. Pflanzenfam. 1. Aufl. 3. Nacht. 134. 1908.

Martinella violifolia Lévl. in Bull. Soc. Bot. France 60: 290. 1906.

一年生矮小草本，高达9厘米。主根细长。叶全为基生，心形或肾形，长1.8-4厘米，叶柄长3-10厘米。花葶数个，花单生花葶或花序上排成疏松总状。萼片卵形，长约1.8毫米，基部不呈囊状；花瓣白色，倒卵形或长圆形，长约3.5毫米，先端深凹；雄蕊花丝基部呈翅状；子房长椭圆形，无花柱或花柱极短，柱头头状。长角果线形，弯弓；果瓣宽，具中脉；果柄

细长，长1.5-2厘米，直立向上。种子椭圆形或近圆形，径0.6-0.9毫米。花期2-4月，果期3-5月。

产贵州东部及广西北部，湖北西部、湖南西北部及西南部、四川东部、云南东南部、贵州东部，生于海拔800-1600米岩石缝中。

［附］**大花堇叶芥 Neomartinella grandiflora** Al-Shehbaz in Novon 10: 339. 2000. 本种与堇叶芥的区别：花排成总状花序，无单生花；萼长约3.5毫米；花瓣长约8毫米；子房有30-40胚珠；长角果线形，长约2厘米；宿存花柱长1-1.2毫米。产湖南及四川，生于海拔约600米的溪边潮湿处。

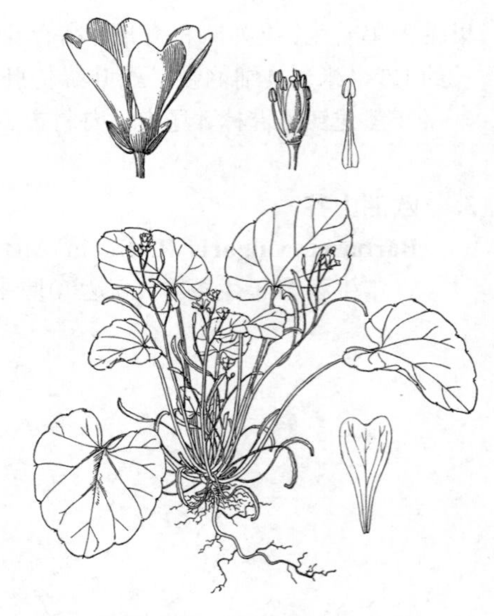

图 750 堇叶芥 （引自《中国植物志》）

50. 南芥属 Arabis Linn.

（兰永珍）

一年生、二年或多年生草本，稀亚灌木或灌木；具星状毛、树枝状毛或具柄2-3叉毛，有时混生少量单毛，稀主为单毛。茎单一或上部分枝。基生叶有柄，莲座状，单叶，全缘或有齿，稀大头状羽裂；茎生叶无柄，耳形、箭形或抱茎，很少有柄，全缘或有齿。总状花序的花无苞片，稀有苞片或基部花有苞片，有时呈圆锥状，果时延长。萼片卵形或长圆形，内轮2枚基部囊状或不呈囊状，边缘膜质；花瓣白、粉红或紫色，匙形、长圆形或倒披针形，稀卵形，先端钝或微缺，基部爪短于萼片；雄蕊6，4强，花丝基部常不扩大，花药卵圆形、长圆形或线形；密腺合生，几包围所有雄蕊的基部，中蜜腺有时齿状并离生，稀无中蜜腺，侧生蜜腺半圆形或圆形；子房有12-110胚珠。长角果线形，开裂，具宽隔膜；果瓣中脉不明显或凸出，平滑或念珠状；隔膜完整、膜质、透明、无脉；宿存花柱不明显或明显，柱头头状，不分裂或稍2裂；果柄直立、上升、开展或反折。种子每室1-2行，有翅或有边，长圆形或近圆形，平扁，平滑或微皱；子叶缘倚胚根。

约70种，分布亚洲温带、欧洲及北美洲。我国14种。

1. 总状花序的花无苞片，稀基部1-3花有苞片。
  2. 灌木或亚灌木；无花柱或花柱不明显；长角果密被毛 ………………………… 2. **小灌木南芥 A. fruticulosa**
  2. 草本；花柱明显；长角果无毛，若有毛则叶有齿。
    3. 有花葶，无叶或具1-3叶状苞片；多年生草本，基部被宿存叶柄；毛被几乎全为单毛并局限于叶缘和花萼外侧 ………………………………………………………… 3. **贺兰山南芥 A. alaschanica**
    3. 无花葶；二年生或多年生草本，常无宿存叶柄；植株具各种不同混生毛，稀局限于叶缘。
      4. 茎生叶有柄，基部楔形或渐窄至叶柄；果瓣中脉不明显或明显。
        5. 多年生匍匐草本；花瓣长0.7-1厘米；长角果顶端尖；果瓣中脉明显 … 1. **匍匐南芥 A. flagellosa**
        5. 二年生直立或上升草本；花瓣长3-5毫米；长角果顶端渐尖；果瓣中脉不明显 ………………………………………………………… 8. **西藏南芥 A. tibetica**
      4. 茎生叶无柄，基部心形、耳状、箭形或肾形，抱茎或半抱茎；果瓣常具凸出中脉。
        6. 花瓣白色，带淡紫或粉红色，长6-7毫米；果宽1.5-2毫米 ………… 6. **窄翅南芥 A. pterosperma**
        6. 花瓣白或淡紫色，长4-5毫米；果宽0.8-1.2毫米 ……………………… 7. **硬毛南芥 A. hirsuta**
          7. 长角果和果柄斜展或弧曲。
            8. 基生叶至开花、结果时脱落；叶被刚毛状单毛，兼有小量无柄星状毛；长角果弧曲，下垂 ………………………………………………………… 4. **垂果南芥 A. pendula**
            8. 基生叶结果时宿存；叶被具柄2-3叉毛或星状毛；长角果斜向外展 ………………………………………………………… 5. **圆锥南芥 A. paniculata**
          7. 长角果和果柄通常直立，贴向果序轴。

1. 总状花序的花全有苞片 ………………………………………………………………… 8(附). **腋花南芥 A. axillflora**

1. 匍匐南芥

图 751

Arabis flagellosa Miq. Ann. Mus. Lugd. -Bat. 2: 72. 1865.

多年生匍匐草本；全株被单毛、具柄2-3叉毛及星状毛，有时近无毛。

茎基部分枝，匍匐茎鞭状，长达35厘米。基生叶簇生，长椭圆形或匙形，长3-7厘米，先端钝圆，具疏齿，基部下延成翅状窄叶柄，无裂片；茎生叶疏散，有时顶端3-6片轮生，倒卵形或长椭圆形，长达9厘米，先端钝。总状花序顶生。萼片长椭圆形，长约5毫米，上部边缘白色；花瓣长椭圆形，长约0.7-1厘米，基部具长爪。长角果线形，长2-4厘米，顶端尖；果瓣扁平或缢缩呈念珠状，中脉明显；果柄长约1.2厘米。种子每室1行，长圆形，长约1.5毫米，无翅，具凹点。花期3月，果期4月。

图 751 匍匐南芥 （史渭清绘）

产江苏西南部、安徽东南部、浙江、江西北部及湖北东南部，生于海拔1300米以下的林下沟边或阴湿山谷石缝中。日本有分布。

2. 小灌木南芥

图 752

Arabis fruticulosa C. A. Mey. in Lé deb. Fl. Alt. 3: 19. 1831.

亚灌木，高达25厘米；根茎木质化，多分枝，扭曲；全株密被单毛、

具柄2-3叉毛、星状毛及少数分枝毛。基生叶簇生呈莲座状，窄长椭圆形或倒披针形，长1-5厘米，先端钝圆或渐尖，全缘，基部下延或成叶柄；茎上部叶1-3，窄倒卵形或披针形，长约1.4厘米，基部半抱茎。总状花序数个，顶生。萼片长椭圆形，长约2.5毫米；花瓣淡紫或白色，倒卵形，长0.8-1.2厘米；子房密被星状毛，花柱无或不明显，柱头2浅裂。长角果念珠状，长达4厘米，被密毛；果瓣边缘稍弯曲，中脉显著，两侧具网状脉；果柄斜升。种子每室1行，约10粒，椭圆形，无翅。花期4-5月，果期6-7月。

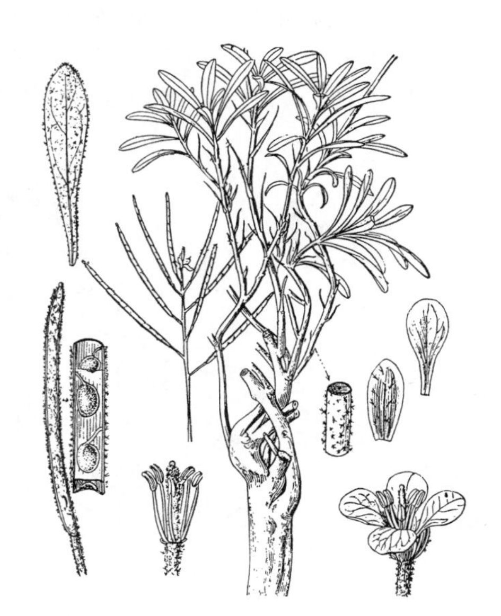

图 752 小灌木南芥 （史渭清绘）

产新疆北部，生于海拔约1200米山坡岩缝中。蒙古、俄罗斯、巴基斯坦、伊朗及中亚有分布。

3. 贺兰山南荠

图 753

Arabis alaschanica Maxim. in Bull. Acad. Sci. St. Pétersb. 26: 420. 1880.

多年生草本，高达15厘米。主根圆锥状，淡褐色。基生叶密集，倒披

针形或倒卵形，长1-3厘米，先端锐尖，全缘或上部具疏齿，疏被睫毛；叶柄具窄翅，枯萎后宿存。花葶数枚，自莲座状茎生叶间抽出，有4-8花，无叶或具1-3叶状苞片。花萼长椭圆形，长达3毫米，背面有毛；花瓣白或淡紫色，倒卵形，长约5毫米；柱头头状。长角果线形，斜展，无毛，长2-4厘米，宿存花柱长约2毫米；果瓣扁平，稍弯曲；果柄长约5毫米。种子每室1行，约10粒，椭圆形，具窄翅。花果期5-8月。

产内蒙古、山西北部、宁夏、甘肃、青海东部及四川西北部，生于海拔2700-4200米石灰岩山地。

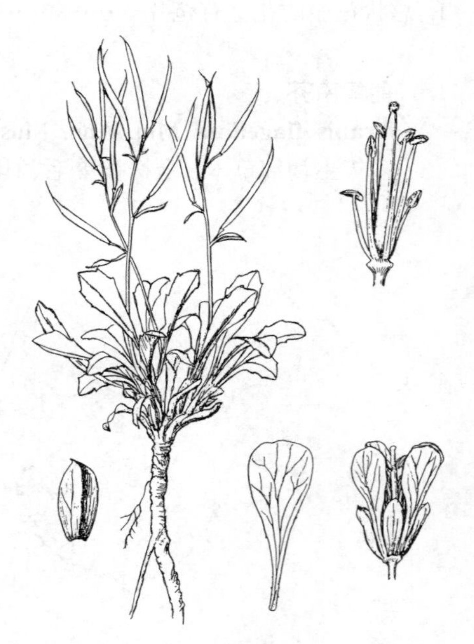

图 753 贺兰山南芥 （马 平绘）

4. 垂果南芥 疏毛垂果南芥 毛果南芥 粉绿垂果南芥 图 754

Arabis pendula Linn. Sp. Pl. 665. 1753.

Arabis pendula var. *glabrescens* Franch.; 中国植物志 33: 267. 1987.

Arabis pendula var. *hebecarpa* Y. C. Lan et T. Y. Cheo; 中国植物志 33: 267. 1987.

Arabis pendula var. *hypoglauca* Franch.; 中国植物志 33: 267. 1987.

二年生草本，高达1.5米；全株被刚毛状单毛、兼有少量无柄星状毛。主根圆锥状，黄白色。茎直立，上部分枝。基生叶至开花、结果时脱落；茎下部叶长椭圆形或倒卵形，长3-10厘米，先端渐尖，边缘有浅锯齿，基部渐窄，叶柄长达1厘米；茎上部叶窄长椭圆形或披针形，基部心形或箭形，抱茎，上面黄绿或绿色。总状花序顶生或腋生，有花10几朵。萼片椭圆形，长2-3毫米，被单毛、2-3叉毛及星状毛；花瓣白色、匙形，长3.5-4.5毫米。长角果线形，长4-10厘米，弧曲，下垂。种子每室1行；果瓣常具凸起中脉，边缘有环状翅。花期6-9月，果期7-10月。染色体2n=16。

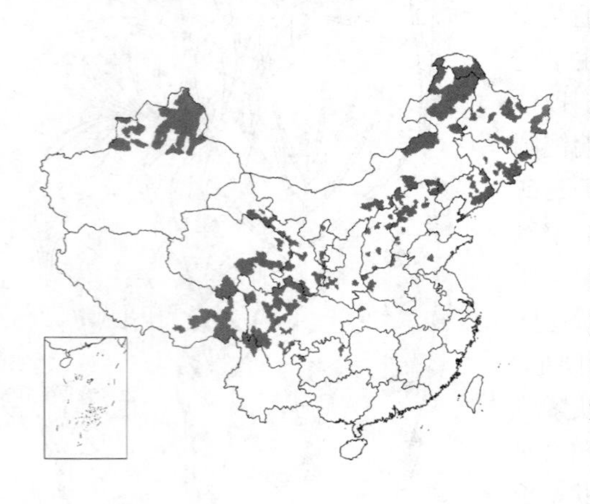

产黑龙江、吉林、辽宁、内蒙古、河北、山东、河南、湖北西部、山西、陕西、宁夏、甘肃、青海、新疆、四川、贵州、云南及西藏，生于海拔4300米以下山坡、河边草丛中、灌木林下或荒漠地区。日本、朝鲜、俄罗斯、哈萨克斯坦及欧洲有分布。

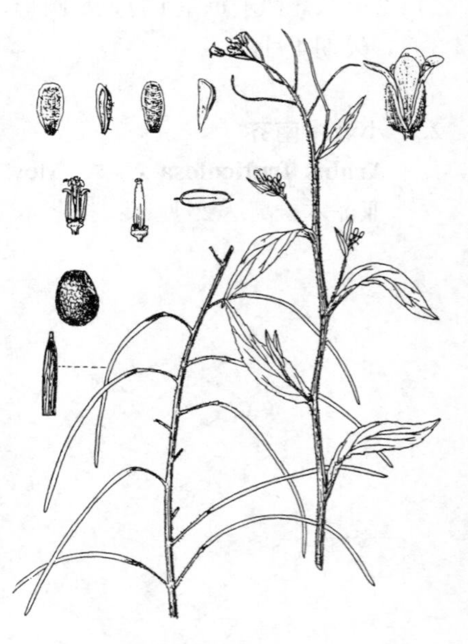

图 754 垂果南芥 （仝 青绘）

5. 圆锥南芥 小花南芥 图 755

Arabis paniculata Franch. Pl. Délav. 57. 1889.

Arabis alpina Linn. var. *parv-*

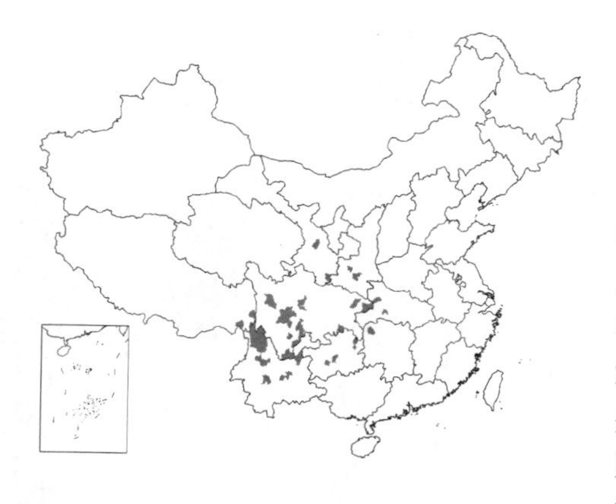

iflora Franch.; 中国植物志 33: 270. 1987.

二年生草本，高达60厘米。茎直立，中上部常呈圆锥状分枝，被具柄2-3叉毛及星状毛。基生叶簇生，长椭圆形，长3-8厘米，宽约2厘米，与茎生叶均先端渐尖，边缘具疏锯齿，基部下延为叶柄，宿存；茎生叶多数，叶长椭圆形或倒披针形，长1.5-7.5厘米，基部心形或肾形，半抱茎或抱茎，两面密生具柄2-3叉毛及星状毛。总状花序顶生或腋生呈圆锥状。萼片长卵形或披针形，长约3.5毫米；花瓣白色，长匙形，长约6毫米；柱头头状。长角果线形，排列疏散，斜向外展；果柄长0.6-1.4厘米。种子椭圆形或不规则，具窄翅。花期5-8月，果期7-9月。

产甘肃、陕西、湖北西部、湖南西北部、四川、贵州、云南及西藏，生于海拔2500-2900米山坡林下荒地。克什米尔及尼泊尔有分布。

图 755 圆锥南芥 （史渭清绘）

6. 窄翅南芥 亚东鼠南芥 宽翅南芥 图 756

Arabis pterosperma Edgew. in Trans Linn. Soc. Bot. 20: 33. 1851. *Arabidopsis yadongensis* K. C. Kuan et Z. X. An; 中国植物志 33: 287. 1987.

Arabis latialata Y. C. Lan et T. Y. Cheo; 中国植物志 33: 273. 1987.

二年生或多年生草本，高达45厘米；全株密被单毛及具柄2叉毛。茎丛生，直立，分枝或不分枝。基生叶长椭圆形或匙形，长3-5厘米，疏生浅齿，下部翅状，有短柄；茎生叶多数，长椭圆形、卵形或披针形，长2-5厘米，先端钝圆，上部全缘，下部具浅疏齿，基部近心形，半抱茎。总状花序顶生或腋生，花约20。萼片卵形或椭圆形，长约4毫米，背面近无毛；花瓣白、带淡紫或粉红色，长椭圆形，长6-7毫米，基部爪短；子房与花柱长约5毫米，柱头头状。长角果线形，长约5厘米，直立；果瓣具中脉。种子每室1行，约35粒，长椭圆形，顶端具翅。花果期6-7月。

图 756 窄翅南芥 （韦力生绘）

产西藏、青海东南部、四川西北部及云南西北部，生于海拔2900-4300米路边或山坡草地。印度、克什米尔、巴基斯坦、不丹、尼泊尔及锡金有分布。

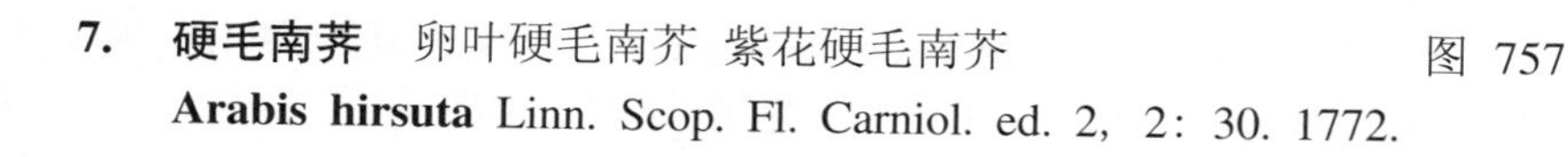

7. 硬毛南芥 卵叶硬毛南芥 紫花硬毛南芥 图 757

Arabis hirsuta Linn. Scop. Fl. Carniol. ed. 2, 2: 30. 1772.

Turritis hirsuta Linn. Sp. Pl.

666. 1753.

Arabis hirsuta var. *nipponica* (Franch. et Savat.) C. C. Yuan et T. Y. Cheo；中国植物志 33：277. 1987.

Arabis hirsuta var. *purpurea* Y. C. Lan et T. Y. Cheo；中国植物志 33：277. 1987.

一年生或二年生草本，高达90厘米；全株被单毛、具柄2-3叉毛、星状毛及分枝毛。茎直立，中部分枝。基生叶长椭圆形或匙形，长2-6厘米，先端钝圆，全缘或疏生浅齿，基部楔形，叶柄长约2厘米；茎生叶多数，常贴茎，长椭圆形、卵状披针形或卵形，长2-5厘米，先端钝圆，具浅疏齿，基部心形或具钝状叶耳，抱茎或半抱茎。总状花序顶生或腋生，花多数。萼片长椭圆形，长约4毫米；花瓣白或紫红色，长椭圆形，长4-5毫米，基部爪状。长角果线形，直立；果柄紧贴果序轴。种子每室1行，约25粒，边缘具窄翅。花期5-7月，果期6-8月。染色体2n=32。

产黑龙江、吉林、辽宁、内蒙古、河北、河南、山西、陕西、甘肃、宁夏、青海、新疆、山东、安徽南部、浙江、湖北、四川、贵州北部、云南及西藏，生于海拔1300-4000米草原、干旱山坡或草丛中。亚洲北部及东部、西南亚、北非、欧洲及北美有分布。

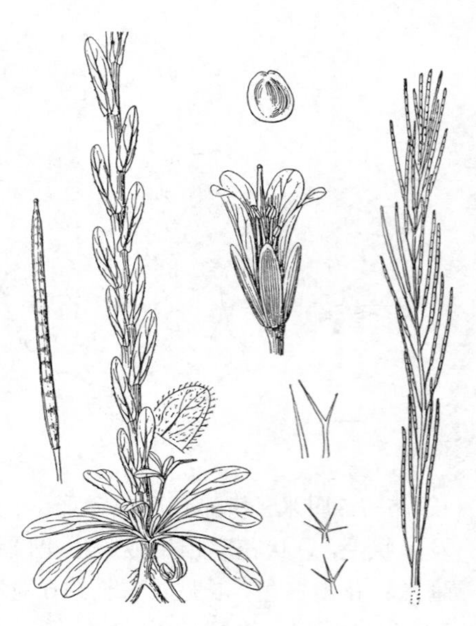

图 757 硬毛南芥 （史渭清绘）

8. 西藏南芥 西藏鼠耳芥 图 758

Arabis tibetica Hook. f. et Thoms. in Journ. Linn. Soc. Bot. 5：143. 1861.

Arabidopsis tibetica (Hook. f. et Thoms.) Y. C. Lan；中国植物志 33：285. 1987.

二年生草本，高达35厘米。茎直立或上升，从基部发出少数至数条，基部疏被或密被混生单毛、具柄2叉毛、星状毛或树枝状毛，有时一种毛占优势，稀大部分为单毛，顶部常无毛或近无毛。基生叶莲座状，匙形、倒卵形或倒披针形，长0.5-2.5厘米，先端钝或圆，基部楔形或渐窄，边缘有齿或大头状齿裂，叶柄长0.5-2厘米；中部茎生叶具短柄，线状倒披针形或长圆状倒卵形，长0.5-1.5毫米，基部渐窄，全缘或有齿。总状花序无苞片。萼片长圆形，长1.5-3毫米；花瓣白色，稀带粉红色，窄倒披针形，长3-5毫米；花丝2-3.5毫米，花药长圆形；子房有30-60胚珠。长角果长3.5-6厘米，顶端渐尖；果瓣无毛，念珠状，中脉不明显，宿存花柱长1.5-3毫米；果柄开展或上升，长4-9毫米。种子每室1行，褐色，长圆形，长0.9-1.2毫米，平扁，无翅，稀顶端有窄翅。花期5-6月，果期6-7月。

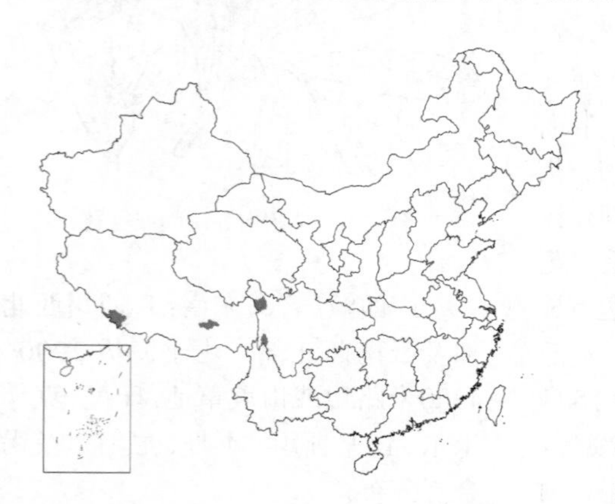

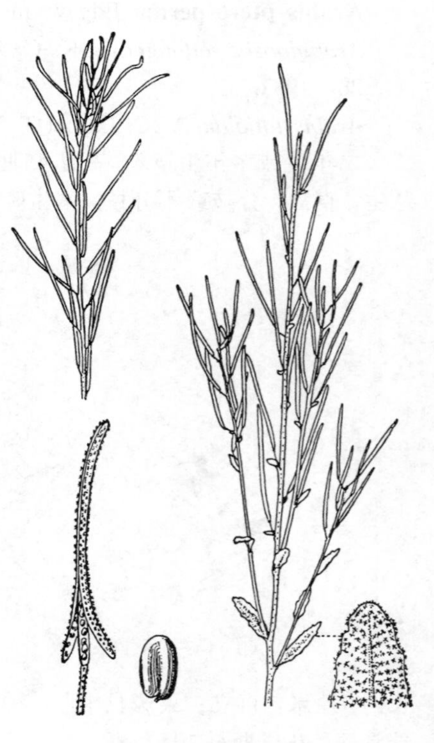

图 758 西藏南芥 （陈荣道绘）

产西藏及四川西部，生于海拔3000-4700米草坡。阿富汗、克什米尔、吉尔吉斯斯坦、巴基斯坦及塔吉克斯坦有分布。

［附］**腋花南芥** 腋花芥 **Arabis axilliflora**（Jafri）Hara in Journ. Jap. Bot. 47: 107. 1972. —— *Parryodes axilliflora* Jafri in Notes Roy. Bot. Gard. Edinb. 22: 207. 1957；中国植物志 33: 278. 1987. 本种与上列种的主要区别：总状花序的花全有苞片。花果期6-8月。产西藏南部，生于海拔3600-5000米山坡或山崖凸出部位。不丹有分布。

51. 假蒜芥属 Sisymbriopsis Botsch. et Tzvel.

（王希蕖）

一年、二年或多年生草本；被单毛、具柄2叉毛、星状毛或分枝毛。茎直立或上升，有时匍匐生长。基生叶有柄，不呈莲座状，单叶羽状分裂或有粗齿，稀近全缘；茎生叶有柄或近无柄，全缘、有齿或羽裂，基部不呈耳状。总状花序有苞片或无苞片。萼片长圆形，直立，无毛或具柔毛，内轮2枚基部不呈囊状；花瓣白或粉红色，长于萼片，倒卵形、匙形或倒披针形，先端钝，基部渐窄成爪或爪不明显；雄蕊6，稍4强，花丝基部扩大或不扩大，花药卵圆形或长圆形，顶端钝或尖；蜜腺合生，包围所有雄蕊的基部；子房有15-50胚珠。长角果线形，具宽隔膜，近四棱形，开裂时果瓣顶端易与胎座框分开；果瓣具凸出的中脉和2条边脉，具柔毛或变无毛，念珠状；胎座框圆形；隔膜完整；宿存柱头不明显或达1毫米，柱头头状，不裂或2裂；果柄贴向果轴。种子每室1行，无翅或远端具翅，稍扁平；子叶斜倚胚根。

5种，产中国、吉尔吉斯斯坦及塔吉克斯坦。我国4种。

叶城假蒜芥 叶城小蒜芥　　图 759 彩片 180

Sisymbriopsis yechengica（Z. X. An）Al-Shehbaz et al. in Novon 9: 312. 1999.

Microsisymbrium yechengicum Z. X. An in Bull. Bot. Res.（Harbin）1(1-2): 99. 1981；中国植物志 33: 419. 1987.

植株高达40厘米。茎直立，基部分枝，疏被长单毛。基生叶早落，窄长圆形，长约3.5厘米，具长三角形篦齿；下部茎生叶线形，长约4厘米，具疏齿；上部茎生叶渐小，渐无齿。萼片长椭圆形，边缘膜质；花瓣白色，长卵形，长6-8毫米，基部渐窄成爪；花丝基部宽。长角果线形，稍扁，长3-4厘米；果瓣扁，种子间稍凹，两端钝；果柄细直，长1.5-1.6厘米。种子每室1行，长圆形，长约2毫米，淡黄褐色，有小瘤排列成沟纹，相对种脐的一端有白色附器。花期6-7月，果期7-8月。

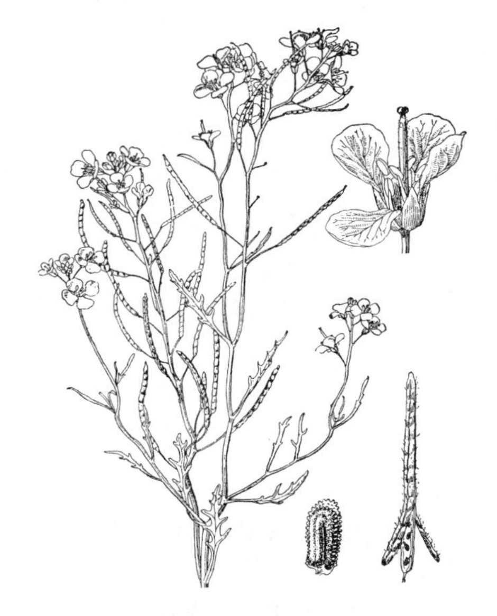

图 759 叶城假蒜芥 （陈荣道绘）

产新疆西南部，生于海拔2500-3000米草地、山坡或河岸边石质陡坡上。

52. 拟南芥属（鼠耳芥属）Arabidopsis（DC.）Heynh.

（陆莲立）

一年生、二年或多年生草本；被单毛，兼有具柄2-3叉毛。具匍匐茎或木质化根颈；茎直立或近倾斜，常自基部发出数条，通常上部无毛。基生叶莲座状，全缘、有齿或羽裂。茎生叶有柄或无柄，全缘或有齿，稀大头羽裂。总状花序有少数至数朵花，无苞片。萼片长圆形，直立或上升，无毛或有毛，内轮2枚基部囊状或不呈囊状；花瓣白、粉红或紫色，倒卵形、匙形或倒披针形，先端钝或微缺，基部具爪或爪不明显；雄蕊6，稍4强，花丝基部不扩大，花药长圆形；蜜腺合生，几包围花丝的基部；子房有15-80胚珠。长角果开裂，线形或圆柱形，圆或平扁，具宽隔膜；果瓣无脉或中脉明显，无毛，平滑或稍念珠状；胎座框圆；隔膜完整；宿存花柱不明或达1毫米，柱头头状，不裂；果柄上升，开展或稍反折。种子每室1行，无翅或具边，长圆形，饱满或平扁；子叶缘倚胚根，稀背倚胚根。

9种，产亚洲东部和北部、欧洲及北美。我国3种。

1. 长角果圆柱状；一年生植物；花瓣长3-3.5毫米；种子饱满；子叶背倚胚根 …………… 1. **拟南芥 A. thaliana**
1. 长角果平扁；二年或多年生植物；花瓣长4-6.5毫米；种子平扁；子叶缘倚胚根。
   2. 植株具匍匐茎；多年生植物；果瓣无中脉；基生叶圆形、宽卵形或匙形，边缘羽裂，顶裂片近圆形 ………… 2. **叶芽拟南芥 A. halleri** subsp. **gemmifera**
   2. 植株不具匍匐茎；二年或多年生植物；果瓣有明显的中脉；基生叶匙形或倒披针形，稀倒卵形，无裂片 … 3. **琴叶拟南芥 A. lyrata** subsp. **kamchatica**

1. 拟南芥 鼠耳芥 图 760

Arabidopsis thaliana (Linn.) Heynh. in H. Sachs. 1: 538. 1842.

Arabis thaliana Linn. Sp. Pl. 665. 1753.

一年生草本，高达40厘米；被单毛或分枝毛。茎单一或分枝，上部近无毛。基生叶莲座状，倒卵形或匙形，长1-5厘米，基部渐窄成柄，边缘有微齿，被2-3叉毛；茎生叶披针形、线形、长圆形或椭圆形，长0.5-1.5（-5）厘米，边缘有1-2齿或全缘，无柄。总状花序长达20厘米。萼片长圆形，长1.5-2毫米；花瓣白色，倒卵形，长2-3.5毫米。长角果线状圆柱形，长1-2厘米；果瓣有中脉，带紫或枯黄色；果柄伸展，长3-6毫米。种子小，饱满，红褐色；子叶背倚胚根。花期4-6月。染色体2n=10。

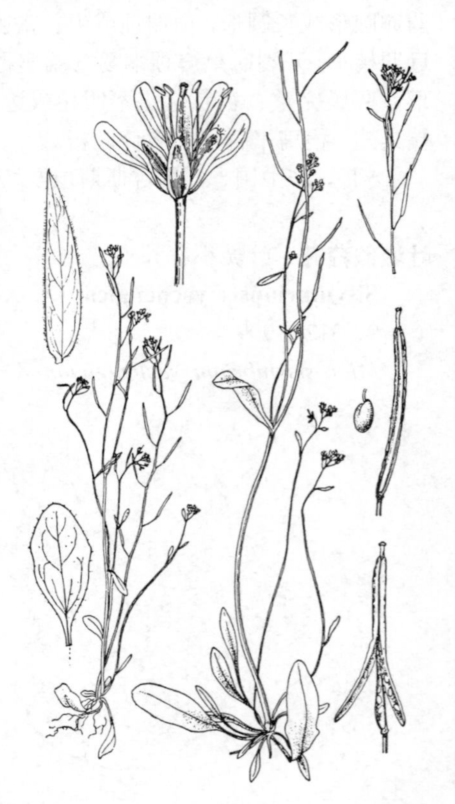

图 760 拟南芥 （陈荣道绘）

产山东、河南、安徽、江苏、浙江、福建、江西、湖北、湖南、四川、陕西、贵州、云南、西藏及新疆，生于海拔4700米以下草丛、沙滩湿地或荒地草坡。欧洲、俄罗斯、南亚、蒙古、中亚、印度、朝鲜、日本、北美及及非洲有分布。

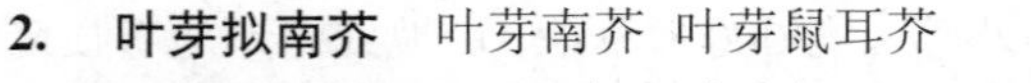

2. 叶芽拟南芥 叶芽南芥 叶芽鼠耳芥 图 761：1-5

Arabidopsis halleri (Linn.) O' kane et Al-Shehbaz subsp. **gemmifera** (Matsum.) O' kane et Al-Shehbaz in Novon 7: 325. 1997.

Arabis gemmifera (Matsum.) Makino, Fl. Jap. 224. 1910; 中国植物志 33: 256. 1987.

多年生草本，具匍匐茎，高达45厘米。茎倾斜，从基部发出数条，不分枝或上部分枝，基部被单毛和2叉毛，上部无毛。基生叶圆形、宽卵形或匙形，大头羽裂，长2-4.5厘米，上面被单毛、具柄2叉毛和4叉毛混生，

侧生裂片2-4对，顶生裂片近圆形，长1-2.5厘米；有时具粗齿，稀全缘或不规则波状，叶柄长1-2.5厘米；茎生叶具短柄，卵形、倒披针形或长圆形，长1-2.5厘米，具粗齿，稀具裂片，向上叶逐渐变小。萼片1.5-2毫米，无毛或上部具少数单毛，内轮2枚基部囊状；花瓣白或淡紫色，倒卵形，长4-5毫米，基部爪长1-2毫米；花丝白色。长角果线形，平扁，念珠状，长1-1.5厘米；果瓣无中脉；宿存花柱达0.7毫米；果柄开展或稍反折，长0.8-1.3厘米。种子长圆形，平扁，浅褐色，长0.5-0.7毫米；子叶缘倚胚根。花期6-7月，果期8月。

产黑龙江、吉林、辽宁及台湾，生于海拔1500-2600米林下沙石坡或草坡上。日本、朝鲜及俄罗斯远东地区有分布。

图 761：1-5.叶芽拟南芥
6-12.琴叶拟南芥 （史渭清绘）

3. 琴叶拟南芥 琴叶南芥 玉山南芥 琴叶鼠耳芥 图 761：6-12

Arabidopsis lyrata (Linnaeus) O' kane et Al-Shehbaz subsp. **kamtschatica** (Fisch. et DC.) O' kane et Al-Shehbaz in Novon 7: 326. 1997.

Arabis lyrata Linn. var. *kamtschatica* Fisch ex DC. Syst. Nat. 2: 231. 1821; 中国植物志 33: 259. 1987.

Arabis morrisonensis Hayat; 中国植物志 33: 256. 1987.

二年或多年生草本，具根颈，高达30厘米。茎直立或倾斜，从基部发出1或多条，通常上部分枝，基部有单毛和2叉毛，上部无毛。基生叶匙形或倒披针形，稀倒卵形，长1-3厘米，上面被单毛，兼有具柄2叉毛，稀无毛，边缘有齿或大头羽裂，侧生裂片1-3对，先端钝，叶柄长0.5-2厘米；茎生叶具短柄，倒披针形，长1-3厘米，全缘，不规则波状或具不明显的齿，稀分裂，向上逐渐变小。萼片2-3毫米，无毛或密被毛，内轮2枚基部囊状；花瓣白色，匙形或倒卵形，长4-5毫米，基部爪长1毫米；花丝白色。长角果线形、平扁、念珠状，长2-3.5厘米；果瓣具明显中脉；宿存花柱0.5毫米；果柄细、开展、直，长0.8-1.2厘米。种子长圆形，平扁，浅褐色，长0.9-1.2毫米；子叶缘倚胚根。花期3-7月，果期6-10月。染色体2n=16，32。

产吉林及台湾，生于山地林下、沙石坡上或路边。日本、朝鲜、俄罗斯远东及东西伯利亚、美洲西北部有分布。

53. 须弥芥属 Crucihimalaya Al-Shehbaz et al.

（陆莲立）

一年或二年生草本，稀多年生，具根颈；植体具单毛和具柄1-2叉毛，有时有星状毛。茎直立或上升。基生叶全缘或有齿，稀羽裂；茎生叶无柄或近无柄，全缘或有齿，稀羽裂，基部常耳状或箭形，总状花序无或有苞片。萼片长圆形，直立，被柔毛，内轮2枚基部不呈囊状；花瓣白、粉红或紫色，匙形或圆形，基部爪不明显；雄蕊6，稍4强，花丝基部不扩大，花药卵圆形或长圆形，顶端钝；蜜腺合生，几包围花丝基部；子房有40-120胚珠。长角果开裂，线状圆柱形，稍4棱，稀具宽隔膜；果瓣具明显中脉，无毛或几无毛，平滑或念珠状；胚座框圆形；隔膜完整；宿存花柱长达1毫米，柱头不裂；果柄直立、斜升或开展。种子每室1行，无翅，长圆形，饱满；子叶背倚胚根。

9种，产中亚和西南亚、喜马拉雅、蒙古及俄罗斯；我国6种。

1. 总状花序全部或下部花有苞片；一或二年生草本；茎生叶基部常耳状；茎上部叶被粗糙星状毛 ……… 1. 须弥芥 C. himalaica
1. 总状花序的花全无苞片；多年生草本；茎生叶基部箭形或抱茎；茎上部叶被柔软星状毛 ……… 2. 柔毛须弥芥 C. mollissima

1. 须弥芥 喜马拉雅鼠耳芥 图 762：1-4

Crucihimalaya himalaica（Edgew.）Al-Shehbaz et al. in Novon 9: 30. 1999.

Arabis himalaica Edgew. in Trans. Linn. Soc. London. 20: 31. 1846.

Arabidopsis himalaica（Edgew.）O. E. Schulz；中国植物志 33：283. 1987.

一或二年生草本，稀多年生，高达50厘米。植体密被具柄星状毛和2叉毛，稀上部无毛。茎直立，单一或基部分枝。基生叶莲座状，匙形、倒披针形、卵形或长圆形，长1-3厘米，边缘具粗齿，稀近全缘，先端钝，叶柄长0.7-1.5厘米，具睫毛，果期枯萎；中部茎生叶无柄，长圆形，稀卵形或披针形，长0.5-2.5厘米，先端钝，基部耳形，稀箭形，边缘具粗齿，稀全缘。总状花序全部或下部数花有苞片。萼片粉红色，长圆形，长1.5-2.5毫米，基部爪长约1毫米；花丝1.5-3毫米，花药长圆形。长角果线状圆柱形，直或微弯，直立或稍开展，长1.5-3.5厘米；果瓣无毛，具不明显或稀凸出的中脉；宿存花柱0.4-0.6毫米；果柄开展，长2-7毫米，远轴面被星状柔毛。种子褐色，长圆形，长0.5-0.8毫米。花期4-9月，果期6-10月。染色体2n=16。

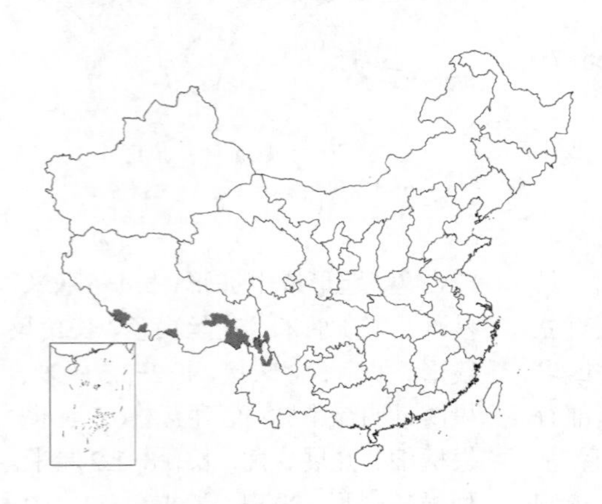

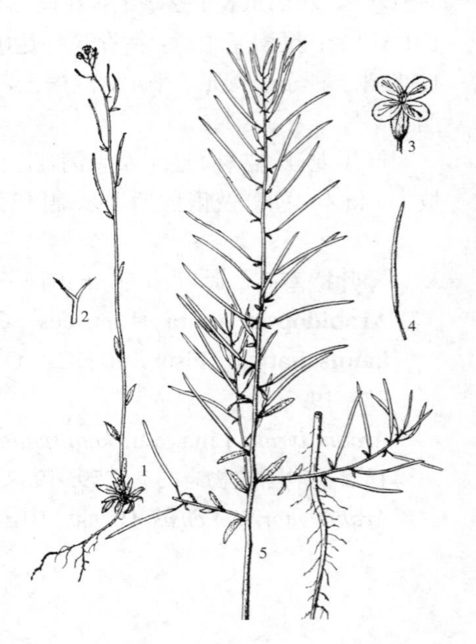

图 762：1-4.须弥芥 5.无苞芥
（吴彰桦绘）

产四川西南部、西藏及云南西北部，生于海拔2600-4400米多石丘陵、草甸、沙质山坡、山脚石砾堆、泛滥平原或牧场。阿富汗、克什米尔、巴基斯坦、印度、锡金、不丹及尼泊尔有分布。

2. 柔毛须弥芥 柔毛鼠耳芥 图 763

Crucihimalaya mollissima（C. A. Mey.）Al-Shehbaz et al. in Novon 9: 299. 1999.

Sisymbrium mollissimum C. A. Mey. in Ledeb. Fl. Alt. 3: 140. 1831.

Arabidopsis mollissima（C. A. Mey.）N. Busch；中国植物志 33：285. 1987.

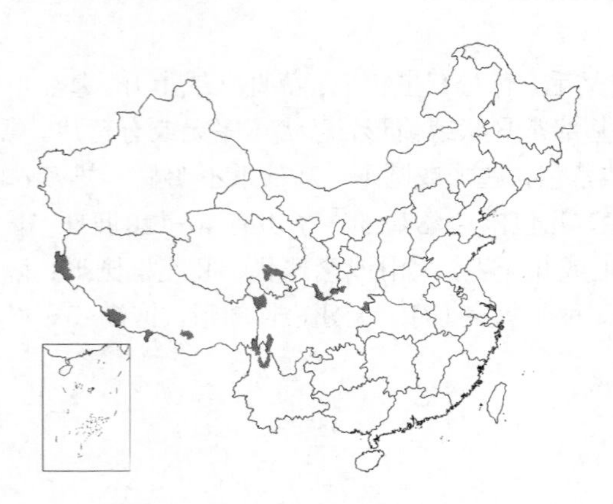

多年生草本，高达40厘米。茎直立，单一或基部有分枝，密被具短柄星状毛，稀无毛或近无毛。基生叶莲座状，倒卵状匙形或长圆形，长1-2.5厘米，被柔软星状毛，边缘具粗齿，稀近全缘，先端钝，叶柄长0.5-1.7厘米，常具睫毛，果期不枯；中部茎生叶无柄，卵形或披针形，长0.7-2.5毫米，被柔软星状毛，稀近无毛，先端钝，基部箭形或抱茎，全缘，稀波状或有齿。总状花序的花全无苞片。萼片常粉红色，长圆形，长2-3毫米，被密柔毛；花瓣白或粉红色，匙形，长3-4.5毫米，基部渐窄成爪；花丝2.5-3毫米；花药长圆形。长角果线状圆柱形，稍弯，直立或斜升，稀开展，长2.5-3.5厘米；果瓣无毛，中脉凸出；宿存花柱0.4-0.7毫米；果柄细，远轴面被星状毛，长0.4-1厘米，开展。种子褐色，长圆形，长0.8-1.1毫米。花期6-8月，果期7-8月。染色体2n=16。

产陕西南部、甘肃南部、青海东南部、四川西部及西北部、西藏南部及西部、云南西北部（文献记载新疆亦产），生于海拔2600-4400米开阔的山坡或草甸。阿富汗、克什米尔、巴基斯坦、印度、哈萨克斯坦、吉尔吉斯斯坦、塔吉克斯坦、蒙古及俄罗斯西伯利亚有分布。

图 763 柔毛须弥芥 （吴锡麟绘）

54. 无苞芥属 Olimarabidopsis Al-Shehbaz et al.

（陆莲立）

一年生草本；植体被具柄或无柄星状毛。茎直立或上升。基生叶具柄，不呈莲座状，叶全缘，稀羽状全裂。茎生叶无柄，全缘或有齿，基部耳状。总状花序具少花，无苞片。萼片长圆形，直立，无毛或被毛，内轮2枚基部不呈囊状；花瓣黄或黄白色，稍长于萼片，倒披针形，先端钝；基部无爪；雄蕊6，稍4强，稀4，花丝基部不扩大，花药长圆形；蜜腺合生，几包围所有花丝基部；子房有18-60胚珠。长角果开裂，线状圆柱形；无子房柄；果瓣中脉明显，具有短柄星状毛，平滑；胎座框圆形；隔膜完整，有孔，或向边缘减少；宿存花柱不明显，柱头头状，不裂；果柄上升、开展或反折。种子每室1行，无翅，长圆形，饱满；子叶背倚胚根。

3种，产中亚、西南亚和东欧。我国2种。

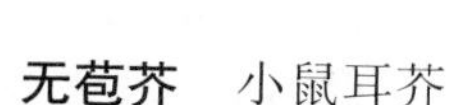

无苞芥 小鼠耳芥 图 762：5

Olimarabidopsis pumila (Steph.) Al-Shehbaz et al. in Novon 9: 303. 1999.

Sisymbrium pumilum Steph. in Litl. ap. Willd. Sp. Pl. 3(1): 507. 1800.

Arabidopsis pumila (Steph.) N. Busch；中国植物志 33: 286. 1987.

一年生草本，高达40厘米。茎直立，单一或基部有少数分枝，被具短柄或近无柄星状毛，稀上部近无毛。基生叶不呈莲座状，毛被与茎同，匙状倒披针形或披针形，长1-8厘米，边缘有粗齿，稀羽状半裂、羽状全裂或全缘，先端尖锐，叶柄长0.8-2厘米，果时枯萎；中部茎生叶无柄，长圆形或卵状披针形，长1-5厘米，先端尖，基部耳状，稀箭形，边缘具粗齿，稀全缘。萼片长圆形，长1.4-2毫米，被毛；花瓣黄色，干时变白色，匙状倒披针形，长2-2.5毫米，向基部变窄，无爪；花丝长1.3-1.8毫米，花药长圆形；子房有22-40胚珠。长角果线状圆柱形，长1.5-3.2厘米，稍呈念珠状；果瓣具微毛或无柄星状毛，中脉明显；隔膜完整；宿存花柱0.1-0.4毫米；果柄开展、上升或强烈反折，长2-7毫米，具星状毛，稀近无毛。种子每室1行，长圆形，长0.5-0.9毫米。花期3-5月，果期4-6月。染色体2n=32。

产甘肃、新疆及西藏，生于海拔100-3800米田野、沙质干草原或多石山坡灌丛中。阿富汗、巴基斯坦、克什米尔、印度、哈萨克斯坦、吉尔吉斯斯坦、塔吉克斯坦、土库曼斯坦、乌兹别克斯坦、俄罗斯及西南亚有分布。

55. 假拟南芥属（假鼠耳芥属） Pseudoarabidopsis Al-Shehbaz et al.

（王希蕖）

二年或多年生矮小草本，高达4.5厘米。茎直立或上升，单一或基部有少数分枝，基部常有宿存枯叶柄，被无柄星状毛，稀上部近无毛基生叶莲座状，匙状倒披针形、长圆形或卵形，长1-4厘米，全缘或有齿，柄长0.8-3.5厘米；茎生叶无柄，窄长圆形或线形，长1.5-5.5厘米，先端尖，基部深箭耳抱茎，稀耳形，耳长1厘米，全缘或有齿。总状花序具少花，无苞片。萼片长圆形，长2.5-3毫米，直立，无毛，稀被毛，内轮2枚基部囊状；花瓣白或粉红色，直立，匙形，长6.5-8毫米，先端钝；蜜腺合生，几包围所有花丝基部；子房有50-100胚珠。长角果开裂，线状圆柱形，长1-2.8厘米；子房柄明显，长0.2-0.6毫米；果瓣中脉不明显，无毛，平滑；胎座框圆形；隔膜完整，无中脉；宿存花柱长0.1-0.4毫米，柱头头状，不裂或稍2裂；果柄上升或开展，长0.4-1厘米。种子每室2行，无翅，长卵圆形或卵圆形，饱满，长0.4-0.6毫米；子叶背倚胚根。

单种属。

假拟南芥 弓叶鼠南芥 假鼠南芥

Pseudoarabidopsis toxophylla（Marsch. von Bieb.）Al-Schehbaz et al. in Novon 9: 304. 1999.

Arabis toxophylla Marsch. von Bieb. Fl. Taur.-Caucas. 3: 448. 1819-1820.

Arabidopsis toxophylla（M. Bieb.）N. Busch.；中国植物志 33: 287. 1987.

形态特征同属。花期5-6月，果期6-7月。染色体2n=12。

产新疆及西藏，生于草原。阿富汗、哈萨克斯坦及俄罗斯有分布。

56. 曙南芥属 **Stevenia** Adams et Fisch.

（兰永珍）

二年生或多年生草本；全株被星状毛及分枝毛。茎直立，分枝。基生叶莲座状；茎生叶长椭圆形或线形，全缘，无柄。总状花序顶生。花萼直立至伸展，内轮2枚基部囊状；花瓣白、淡红或淡紫色，倒卵形或长圆形，先端钝，基部爪状；花丝分离，花药长圆形；侧生蜜腺半环形，中部向内凸出，中蜜腺无；子房窄线形，具2-24胚珠；柱头2浅裂。长角果长椭圆形，近念珠状，弯曲或内卷；果瓣扁平，无中脉。种子每室1行，种子长椭圆形，无翅；子叶缘倚胚根。

约4种，分布于俄罗斯西伯利亚、蒙古及中国。我国1种。

曙南芥 图 764

Stevenia cheiranthoides DC. Syst. Nat. 2: 210. 1821.

多年生草本，高达30厘米；全株密被紧贴2叉毛、星状毛及稀少分枝毛。茎上部分枝。基生叶密生，线形，长0.6-1厘米，全缘，向基部渐窄，下面灰色；茎生叶线形或倒披针状线形，长达2.5厘米，先端渐尖，基部渐窄，无叶柄。总状花序顶生，有花20余朵。花梗粗，长约5毫米；萼片线形或椭圆形，长达3毫米，被星状毛；花瓣紫或淡红色，椭圆形，长约6毫米，基部爪状。长角果窄长椭圆形，长1-2厘米；果瓣无中脉，密被分枝毛，宿存花柱长约1毫米。种子椭圆形，长约1.2毫米，褐色。花果期5-8月。

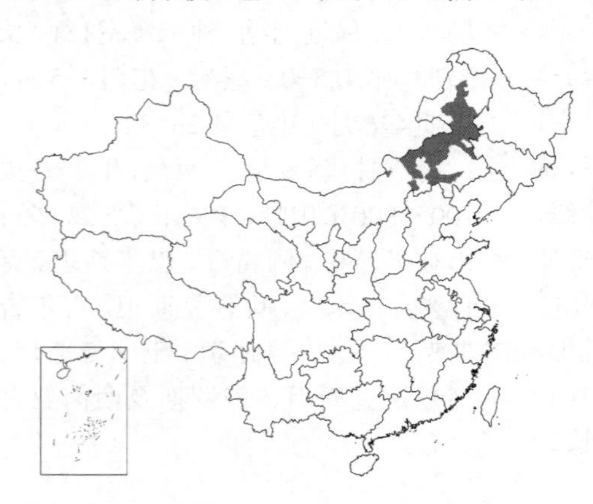

产内蒙古，生于海拔2000-2700米石质山坡、石缝中或碱化草原。俄罗斯西伯利亚及蒙古有分布。

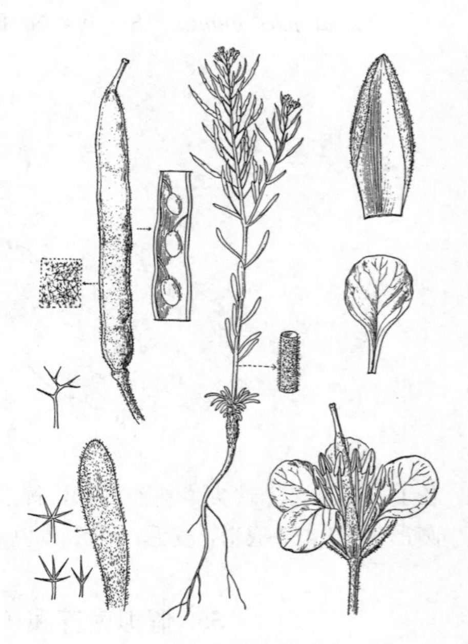

图 764 曙南芥 （史渭清绘）

57. 假葶苈属 Drabopsis K. Koch.

（王希蕖）

一年生矮小草本，高3-12厘米；株体被具柄星状毛，有时叶缘和萼片有2叉毛或单毛。茎直立，1至数条自莲座状基部生出，无叶，上部无毛。基生叶莲座状，无柄或近无柄，倒卵形、长圆形或匙状倒披针形，长0.5-3厘米，先端尖或钝，基部楔形，全缘，稀具少数齿。总状花序具少花，无苞片，花序轴果期明显延长，直或稍曲折。萼片长圆形，直立，长1-2.5毫米，无毛或有毛，内轮萼片基部不呈囊状；花瓣黄或黄白色，倒披针形，长2-3毫米，上升，先端钝圆或微凹，基部爪不明显；雄蕊6，直立，4强，花丝黄色，长1-2毫米，基部不扩大，花药卵圆形；无中蜜腺，侧蜜腺位于侧花丝基部两侧；子房有12-40胚珠。长角果纵裂，线形，长1.7-3.3厘米，具宽隔膜；果瓣中脉凸出，无毛，稀具有柄2叉和3叉毛，平滑；胎座框圆形；隔膜完整；宿存花柱不明显，柱头头状，不分裂；果柄常与果等粗，长0.5-3毫米，直立或开展上升。种子每室1行，无翅，长圆形，长0.8-1.1毫米，褐色，平扁；子叶缘倚胚根。

单种属。

假葶苈

Drabopsis nuda（Bélang.）Stapf, Denkschr. Kaiserl. Akad. Wiss. Math.-Naturwiss. Kl. 51: 298. 1886.

Arabis nuda Bélang. Voy. Indes Or. Bot. t. 15a. 1834.

形态特征同属。花期3-5月，果期4-6月。染色体2n=16。

产新疆南部，生于海拔1300-3200米牧场、丘陵坡地、多石山坡或砾石堆。阿富汗、巴基斯坦、印度、克什米尔、哈萨克斯坦、吉尔吉斯斯坦、塔吉克斯坦、土库曼斯坦、乌兹别克斯坦、西南亚及东南欧有分布。

58. 高原芥属 Christolea Camb.

（陆莲立）

多年生草本，具木质化根颈或草质的基部；植体被单毛。茎从根颈分枝，上部也分枝，基部有时木质化。无基生叶；茎生叶有柄，具齿，最上部茎生叶有时全缘。总状花序无苞片。萼片长圆形，内轮2枚基部不呈囊状，早落；花瓣白色，长于萼片，匙形或长圆状倒卵形，先端圆，基爪紫色，与萼片近相等；雄蕊6，4强，花丝基部不扩大，花药长圆形，顶端具细尖头；蜜腺合生，几包围所有雄蕊的基部，无中蜜腺；子房有10-20胚珠。长角果开裂，线形、长圆形或披针形，具宽隔膜，脉不明显或中脉明显；果瓣中脉明显，无毛或具微柔毛，稍念珠状；胎座框圆形，被合生的果瓣边缘覆盖；隔膜完整、膜质、透明，无脉；宿存花柱不明显，柱头头状，不裂或稍2裂；果柄细，上升、近直立或反折。种子每室1行。常横卧室中，无翅，有时顶端有附属物，长圆形，稍扁；子叶背倚胚根。

2种，分布阿富汗、中国、克什米尔、巴基斯坦、尼泊尔、塔吉克斯坦。我国均产。

高原芥

图 765

Christolea crassifolia Camb. in Jacquem. Voy. Inde 4(Bot): 17. 1844.

多年生草本，高达40厘米；根颈木质化，分枝密集。茎分枝，有时基部木质化，被毛，稀无毛。叶全茎生，倒卵形、匙形、菱形、长圆形或椭圆形，长1.5-3.5厘米，被毛，稀无毛，先端尖锐或钝，基部楔形或渐窄，边缘有齿或上半部有缺刻，有时全缘；叶柄长0.5-1.2厘米。总状花序有数花至多花。萼片长圆形，长3-4毫米，无毛或疏生柔毛；花瓣白色，长5-6.5厘米，宽2-3毫米，基爪紫色，爪长2.5-3.5毫米；花丝白色，长雄蕊花丝长2.5-3毫米，短雄蕊花丝长长1.5-2毫米，花药长圆形。长角果线形、长圆形或披针形，长1.5-3厘米，贴向果序轴，扁平；果瓣在种子间缢缩，无毛或具微毛，顶端尖或近渐尖，基部钝；宿存花柱不明显；果柄5-9毫米，无毛或被疏毛，种子褐色，长圆形，长1.8-2.3毫米。花期6-9月，果期7-

10月。染色体2n=14。

产青海西南部、新疆西部及西藏西部，生于海拔3500-4700米高山草原或裸露岩石坡。阿富汗、巴基斯坦、克什米尔、尼泊尔及塔吉克斯坦有分布。

图 765 高原芥 （张泰利绘）

59. 扇叶芥属 Desideria Pamp.

（王希蕖）

多年生草本；根状茎状具细的根颈；植体被单毛或兼有具柄2叉毛。茎不分枝，有叶或无叶，有时无茎。基生叶具柄，莲座状，上部3-9齿，稀近全缘，常具羽状脉；茎生叶无，或与基生叶相似，全缘或上端有齿，有柄或近无柄。总状花序有3-30花，有苞片或无苞片，有时花单生于从莲座状叶间发出的花葶上。萼片卵形或长圆形，分离或连合，早落或宿存，直立，内轮2枚基部不呈囊状；花瓣紫或紫绿色，稀白色，有时基部带黄色，倒卵形或匙形，先端圆钝或近微凹，基部爪几与花萼等长；雄蕊6，4强，花丝无翅，稀具翅并有齿，基部扩大，花药卵圆形或长圆形，顶端圆钝；侧蜜腺2，或相连并包围所有花丝的基部，中蜜腺有或无；子房有10-70胚珠，柱头2裂。角果开裂，具宽隔膜，横截面有直角，无柄；果瓣具凸出中脉和明显边脉，不呈念球状，顶端与胎座框结合紧密；胎座框圆形；隔膜完整、穿孔或退化成窄边，透明，或不具隔膜；宿存花柱不明显，柱头头状，2裂，稀近不裂。种子每室1-2行，无翅，长圆形或卵形，常压扁；子叶缘倚胚根。

12种，产喜马拉雅地区并毗邻中亚。我国8种。

1. 花6-26，生于总状花序上；角果披针形或线状披针形，宽4-6毫米 ··············· 1. **须弥扇叶芥 D. himalayensis**
1. 花单生于从莲座状叶间发出的花葶上；角果卵形或宽披针形，宽6-9毫米 ··· 2. **藏北扇叶芥 D. baiogoinensis**

1. 须弥扇叶芥 喜马拉雅高原芥 图 766

Desideria himalayensis（Camb.）Al-Shchbaz in Ann. Missori Bot. Gard. 87: 555. 2001.

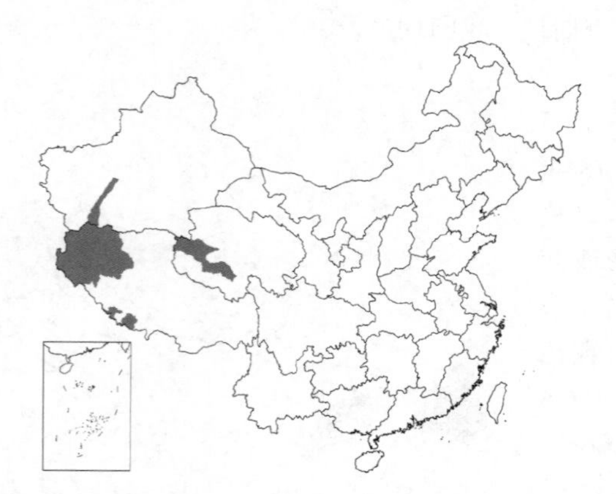

Cheiranthus himalayensis Camb. in Jacquem. Voy. Inde 4(Bot): 14. 1844.

Christolea himalayensis（Camb.）Jafri；中国植物志 33: 296. 1987.

多年生草本，高达20厘米；植体近无毛或密被长柔毛。茎不分枝。基生叶宿存，宽倒卵形或匙形，长0.4-1.4厘米，先端尖锐，基部楔形或渐窄，边缘具3-5齿，叶柄长0.4-1.6厘米，无睫毛；茎生叶与基生叶相似，或线形至披针形，长0.5-1.7厘米，常全缘，具短柄或近无柄。总状花序有6-25花，全有苞片，苞片与茎生叶相似，但较小，有时与花梗贴生。

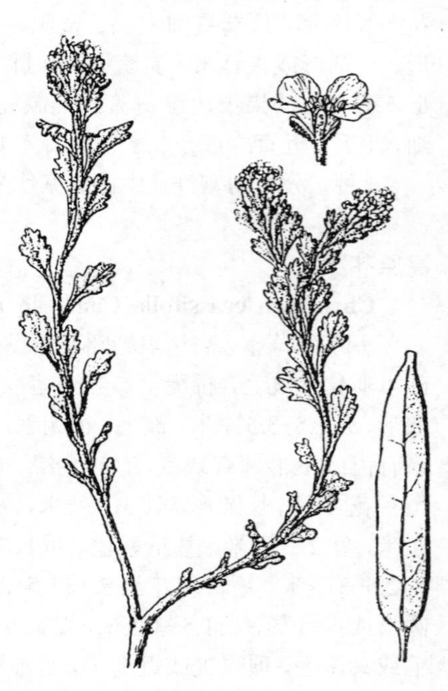
图 766 须弥扇叶芥 （张泰利绘）

萼片分离，长圆形，长3-4毫米，被长柔毛或具顶生簇毛，边缘膜质，早落；花瓣紫色，或淡紫色具黄心，宽匙形，长6.5-8毫米，先端微缺，基部爪长3-4毫米；花丝白色，基部稍扩大，长雄蕊花丝长3-4毫米，短雄蕊花丝2-4毫米，花药卵圆形，约6毫米；子房有12-24胚珠。角果披针形或披针状线形，长2-3.5厘米，扁平；果瓣有毛或无毛，脉明显；隔膜完整，膜质；宿存花柱不明显，柱头2裂；果柄上升，直或弯，长0.3-1厘米。种子每室2行，卵圆形，长1.8-2毫米，褐色。花期6-8月，果期7-10月。

产青海西南部、西藏南部及西部、新疆西南部，生于海拔4300-5700米高山冻原、开阔山丘或沙石砾石堆。印度、克什米尔及尼泊尔有分布。

2. 藏北扇叶芥 藏北高原芥 图 767

Desideria baiogoinensis (K. C. Kuan et Z. X. An) Al-Shchbaz in Ann. Missori Bot. Gard. 87: 561. 2001.

Christolea baiogoinensis K. C. Kuan et Z. X. An in Fl. Xizhang. 2: 388. 1985; 中国植物志 33: 294. 1987.

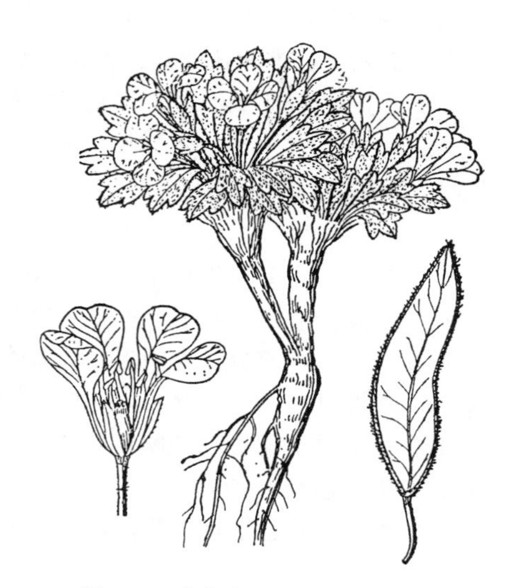

图 767 藏北扇叶芥 （路桂兰绘）

多年生草本，具花葶；植体被长柔毛和具柄2叉毛。无茎。基生叶莲座状，近肉质，宽卵形、近圆形或倒卵形，长4-8毫米，先端尖锐或钝圆，基部钝圆或楔形，边缘有3-7齿；叶柄长0.4-1.6厘米。花单生于莲座状叶间发出的花葶上。萼片分离，长圆形，长4-6毫米，具长柔毛，边缘膜质，常宿存；花瓣带紫色，宽倒卵形，长0.7-1.2厘米，先端微凹，基部爪长4-6毫米；花丝白色，基部扩大，无齿，长雄蕊花丝长3.5-5毫米，短雄蕊花丝长2-2.5毫米，花药1-1.2毫米；子房有30-40胚珠。角果卵形或披针形，长1-2.5厘米，扁平，直；果瓣具凸出的网脉；胎座框和果瓣具长柔毛；隔膜完整；宿存花柱长0.5-1毫米，柱头头状，2裂；果柄直，上升或开展，长0.5-2厘米。种子长圆形，长1.5-2毫米。花期6-7月，果期7-8月。

产青海西南部、西藏北部及西部，生于海拔4700-5600米开阔沙砾地。

60. 宽果芥属 Eurycarpus Botschentzev

（王希蕖）

多年生草本；根颈细，有少数分枝；植体被绵毛，兼有具柄2-6叉毛。茎直立，发自莲座状的基部，不分枝，无叶。基生叶有柄，莲座状。总状花序少至多花，无苞片，伞房状。萼片长圆形，内轮2枚基部不呈囊状，边缘膜质，早落；花瓣紫色，匙形，先端钝，基部爪约与萼片相等；雄蕊6，4强，花丝基部扩大，花药长圆形，顶端圆钝；蜜腺合生，几包围所有雄蕊的基部，无中蜜腺；子房有8-20胚珠。短角果开裂，长圆形、倒卵状长圆形或卵状披针形，具明显宽隔膜；果瓣脉不明显，无毛，平滑；胎座框圆形；隔膜完整或退化成窄边，膜质，透明；宿存花柱长达0.5毫米，圆锥形或近圆锥形，柱头头状，不分裂，微小；果柄细，开展。种子每室2行，无翅，长圆形，饱满或稍扁；子叶背倚或缘倚胚根。

2种，产中国和克什米尔。我国均产。

绒毛宽果芥 绒毛高原芥

Eurycarpus lanuginosus (Hook. f. et Thoms.) Botsch. in Bot. Mat. Gerb. Bot. Inst. Komar. Acad. Nauk. SSSR 17: 172. 1955. *Parrya lanuginosa* Hook. f. et Thoms. in Journ. Linn. Soc. Bot. 5:

136. 1861.

Christolea lanuginosa（Hook. f. et Thoms.）Ovcz. 33：297. 1987.

多年生矮小草本，高3-5厘米；根颈细，具少数分枝；植体被柔毛和具柄2-6叉毛。茎被密毛，不分枝，无叶。基生叶莲座状，肉质，宿存变纸质，近圆形、匙形或长圆状倒卵形，长0.5-1厘米，被具柄2叉毛，先端钝或圆，基部楔形，全缘；柄长2-7毫米。总状花序有8-15花，无苞片。萼片长圆形，长2-2.5毫米，被毛；花瓣匙形，长约5毫米，先端钝，基部爪约2毫米；长雄蕊花丝约3毫米，短雄蕊花丝约2毫米，花药长圆形，约6毫米；子房有8胚珠。短角果长圆状卵形或卵状披针形，长1.5-2.7厘米，明显压扁；果瓣无毛，平滑，中脉和边脉不明显，顶端尖，基部钝；隔膜穿孔，退化成窄边；宿存花柱0.2-0.4毫米，柱头微小，不分裂；果柄直，开展，4-7毫米，密被毛。种子每室2行，窄长圆形，扁平，长2-2.5毫米；子叶缘倚胚根。

产西藏，生于海拔5100-5300米山坡。

61. 旗杆芥属 **Turritis** Linn.

（郭荣麟）

二年生，稀多年生草本，高达80厘米。茎直立，基部被较密单毛及分叉毛，上部无毛，被粉霜。基生叶簇生，具柄，倒披针形或长圆形，密被叉状毛；茎生叶互生，卵状披针形或长圆形，无毛，基部箭形或戟形，抱茎。总状花序顶生。萼片直立，内轮2枚基部稍呈囊状；花瓣4，淡黄、草黄、乳白、粉红或紫色，长匙形或长椭圆形，先端钝，基部具爪；花丝线形，分离；侧蜜腺环状，向内略凹入，与宽的中蜜腺连合；子房圆柱形，柱头扁球形，2浅裂。长角果窄圆柱形或略四棱形，无毛，果瓣扁平，中脉显著；果柄贴向果轴。种子褐色，每室2行，卵圆形而扁，无膜质边缘；子叶缘倚胚根。

2种，分布于非洲北部、亚洲、澳大利亚、欧洲及北美。我国1种。

旗杆芥 图 768

Turritis glabra Linn. Sp. Pl. 666. 1753.

二年生、稀多年生草本，高达1.2米。茎直立，常上部分枝，被单毛或具柄2叉毛，上部无毛且为灰白色。基生叶莲座状，有柄，匙形、倒披针形或长圆形，长5-12厘米，被毛，稀无毛，边缘半裂、波状圆齿、尖齿或波状，稀全缘，先端钝圆；茎生叶无柄，披针形、长圆状矩圆形或卵形，长2-9厘米，先端尖锐，基部箭形或耳形，边缘有齿或全缘。总状花序有20-24花。萼片长圆形或长圆状线形，长3-5毫米，无毛；花瓣淡黄或乳白色，稀粉红色，线状倒披针形或窄匙形，稀线形，长5-8.5毫米；长雄蕊花丝长3.5-6.5厘米，短雄蕊花丝长2.5-4.5毫米，花药窄长圆形，0.7-1.5毫米。果线状方圆柱形，长4-9厘米，直立，贴向果序轴；宿存花柱长0.5-0.8毫米；果柄直立，长0.7-1.6厘米，纤细，贴向花序轴，无毛。种子褐色，长圆形或近圆形，长0.6-1.2毫米。花期4-7月，果期5-8月。染色体2n=12，16，32。

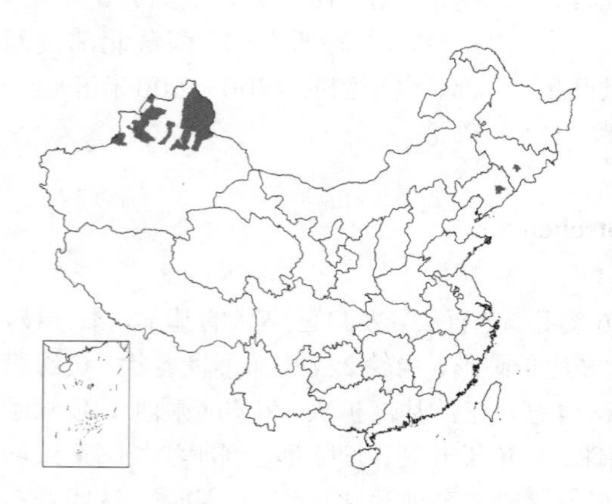

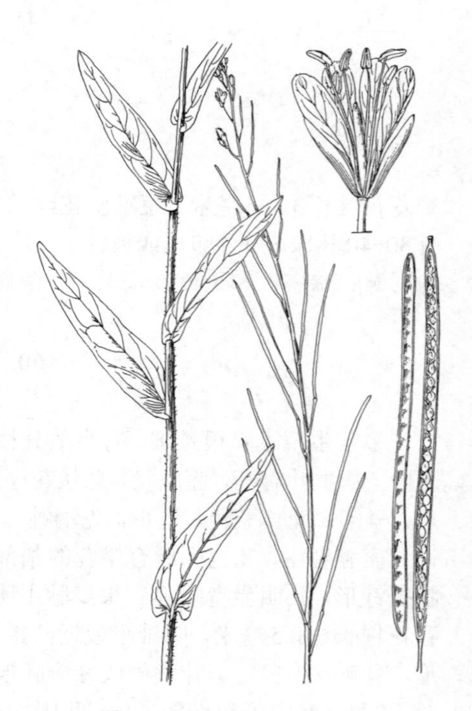

图 768 旗杆芥 （史渭清绘）

产吉林、辽宁、山东及新疆（文献记载江苏及浙江亦产），生于海拔100-3500米山坡、林缘、沟谷、田野、草甸、河岸或路旁。阿富汗、印度、巴基斯坦、克什米尔、尼泊尔、中亚、西南亚、俄罗斯、蒙古、朝鲜、日本、澳大利亚、北非、欧洲及北美洲有分布。

62. 蔊菜属 Rorippa Scop.

（郭荣麟）

一、二年生或多年生草本；植株无毛或具单毛。茎直立或铺散状，多有分枝，具叶。叶全缘，浅裂或羽状分裂。花小，多数，黄色；总状花序顶生，花序轴直，有时每花生于叶状苞片腋部。萼片4，开展，长圆形或宽披针形；花瓣4或有时较少，蜜脉相连，包围所有花丝的基部；子房具多数胚珠，柱头不裂。长角果细圆柱形，或短角果短圆柱形、椭圆形或球形，直立或微弯，果瓣凸出，无脉或基部具中脉，有时4瓣裂；柱头全缘或2裂。种子细小，多数，每室1行或2行；子叶缘倚胚根。

约75种，广布北半球温暖地区，我国9种。

1. 长角果细圆柱形或线形。
  2. 花瓣黄色；角果细圆柱形。
    3. 叶羽状全裂或羽状分裂，下部叶有柄，具小叶耳，上部叶近无柄 ……………… 1. **欧亚蔊菜 R. sylvestris**
    3. 叶大头羽裂，具长柄，上部叶具短柄，基部耳状抱茎 ………………………………………… 2. **蔊菜 R. indica**
  2. 无花瓣；长角果线形 …………………………………………………………………………… 3. **无瓣蔊菜 R. dubia**
1. 短角果球形、短圆柱形或椭圆形。
  4. 总状花序顶生，花均具叶状苞片；叶羽状深裂或浅裂 ………………………………… 4. **细子蔊菜 R. cantoniensis**
  4. 总状花序顶生或腋生，无叶状苞片；叶羽状深裂至全裂，或大头羽裂。
    5. 短角果近球形，径约2毫米 ………………………………………………………………………… 5. **风花菜 R. globosa**
    5. 短角果短圆柱形或椭圆形。
      6. 短角果短圆柱形，长1-2厘米，宽2-4毫米，果柄短于果，紧靠果轴着生 ………… 6. **高蔊菜 R. elata**
      6. 短角果椭圆形，有时稍弯曲，长3-8毫米，宽1-3毫米，果柄长于果，斜展 ……………………………………………………………………………………………… 7. **沼生蔊菜 R. palustris**

1. 欧亚蔊菜 辽东蔊菜 图 769

Rorippa sylvestris (Linn.) Bess. in Enum. Pl. Volh. 27. 1822.

Sisymbrium sylvestre Linn. Sp. Pl. 657. 1753.

Roripa liaotungensis H. T. Tsui et Y. Z. Chang；中国植物志 33：309. 1987.

一、二年生或多年生草本，高达80厘米；植株近无毛或被疏毛。茎单一或基部分枝，直立或铺散状。基生叶莲座状，与茎生叶相似，早枯；茎生叶羽状全裂或羽状分裂；下部叶长3.5-15厘米，有柄，基部无耳，稀有微小耳，裂片3-6对，披针形或近长圆形，具不整齐锯齿；茎上部叶近无柄，裂片渐窄小，边缘齿渐少。总状花序顶生或腋生，初密集呈头状，后延长。萼片长椭圆形，长2-2.5毫米，宽约1毫米；花瓣黄色，宽匙形，长4-4.5毫米，基部具爪，瓣片具脉纹；雄蕊近等长，花丝扁平。长角果细圆柱形，微上弯；果柄纤细，近平展。花果期5-9月。染色体2n=32，40，48。

图 769 欧亚蔊菜 （韦力生绘）

产新疆西北部，生于田边、沟边或潮湿地。亚洲及欧洲有分布。

2. 蔊菜 图 770

Rorippa indica (Linn.) Hiern in Cat. Afr. Pl. Welw. 1: 26. 1896.

Sisymbrium indicum Linn. Sp. Pl. ed. 2, 2: 917. 1763.

一至二年生草本，高达40厘米；植株无毛或被疏毛。茎单一或分枝，具纵沟。单叶互生，基生叶及茎下部叶具长柄，常大头羽状分裂，长4-10厘米，顶裂片大，卵状披针形，具不整齐牙齿，侧裂片1-5对；茎上部叶宽披针形或近匙形，疏生齿，具短柄或基部耳状抱茎。总状花序顶生或侧生，花小，多数。花梗细；萼片卵状长圆形，长3-4毫米；花瓣黄色，匙形，基部渐窄成短爪；雄蕊6，2枚稍短。长角果线状圆柱形，长1-2厘米，直立或稍弯曲；果柄斜升或水平开展。种子褐色，每室2行，多数，细小，卵圆形而扁，具网纹。花期4-6月，果期6-8月。染色体2n=24，32，48。

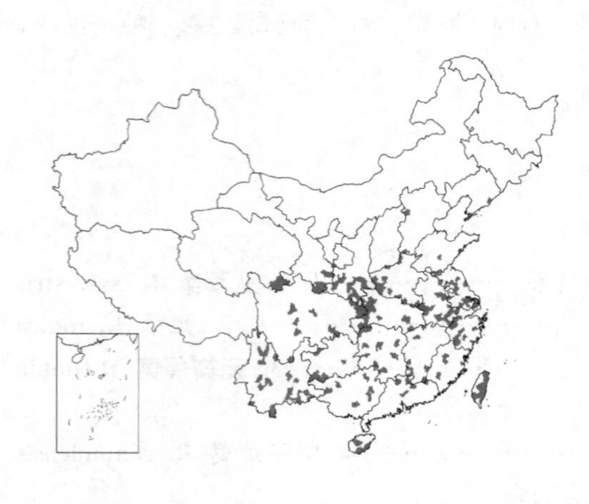

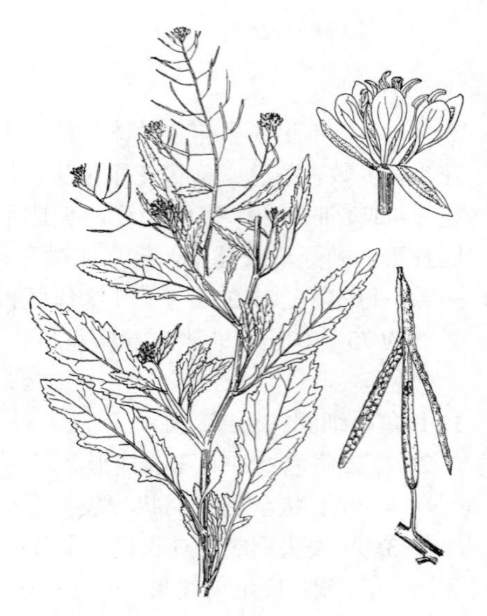

图 770 蔊菜 （陈荣道绘）

产辽宁、河北、河南、陕西、甘肃、青海、山东、江苏、安徽、浙江、福建、台湾、江西、湖北、湖南、广东、海南、广西、贵州、四川及云南，生于海拔230-1450米、田边、园圃、河旁、宅边或山坡路边等较潮湿处。日本、朝鲜、菲律宾、印度尼西亚及印度有分布。药用，可止咳化痰，清热解毒，消炎止痛及通经活血。

3. 无瓣蔊菜 蔊菜 野油菜 图 771

Rorippa dubia (Pers.) Hara in Journ. Jap. Bot. 30(7): 196. 1955.

Sisymbrium dubium Pers. Synop. Pl. 2: 199. 1807.

Rorippa montana (Wall.) Small; 中国高等植物图鉴 2: 58. 1972.

一年生草本，高达30厘米；无毛。茎直立或铺散状分枝。单叶互生，基生叶与茎下部叶倒卵形或倒卵状披针形，长3-8厘米，多大头羽状分裂，顶裂片大，具不规则锯齿，下部具1-2对小裂片，稀不裂；茎上部叶卵状披针形或长圆形，具波状齿，具柄或无柄。总状花序顶生或侧生，花小，多数。萼片直立，披针形或线形，长约3毫米；无花瓣，稀有不完全花瓣；雄蕊6，2枚较短。长角果线形，长2-3.5厘米；果柄斜升或近水平开展。种子褐色，每室1行，多数而细小，近卵形而扁，具细网纹。花期4-6月，果期6-8月。染色体2n=32，48。

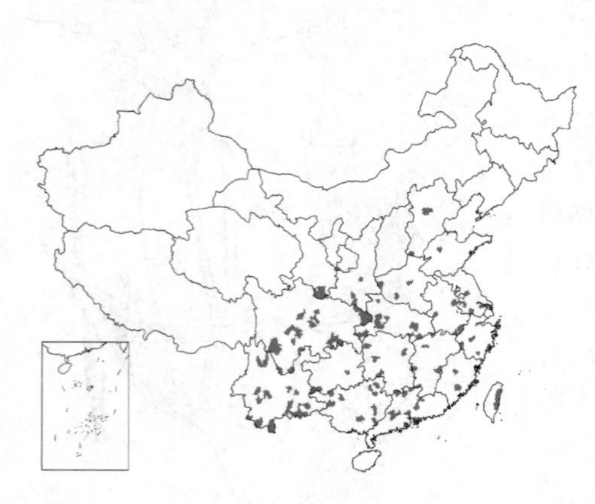

图 771 无瓣蔊菜 （陈荣道仿绘）

产河北、陕西、甘肃、山东、江苏、安徽、浙江、福建、台湾、江西、河南、湖北、湖南、广东、香港、广西、贵州、四川及云南，生于海拔500-3700米山坡路旁、山谷、河边湿地、园圃或田野潮湿处。日本、菲律宾、印度尼西亚、印度及美国南部有分布。

民间中草药，主治支气管炎及疮痈肿毒，南方用于配制凉茶。

4. 细子焊菜 广州焊菜 图 772

Rorippa cantonienses (Lour.) Ohwi in Acta Phytotax. et Geobot. 6: 55. 1937.

Ricotia cantoniensis Lour. Fl. Cochinch. 482. 1793.

一至二年生草本，高达30厘米；无毛。茎直立或铺散状，有分枝。基生叶具柄，莲座状，长4-7厘米，大头羽状深裂或浅裂，裂片4-6对，具2-3缺刻状齿；茎生叶倒卵状长圆形或匙形，长1-5厘米，大头羽状全裂，裂片2-6对，基部呈耳状抱茎。总状花序顶生，每花生于1叶状苞片腋部。萼片宽披针形，长1.5-2毫米；花瓣黄色，倒卵形，基部渐窄成爪；雄蕊6，近等长。短角果短圆柱形，长6-8毫米。种子红褐色，多数，细小，具网纹。花期3-4月，果期4-5月。

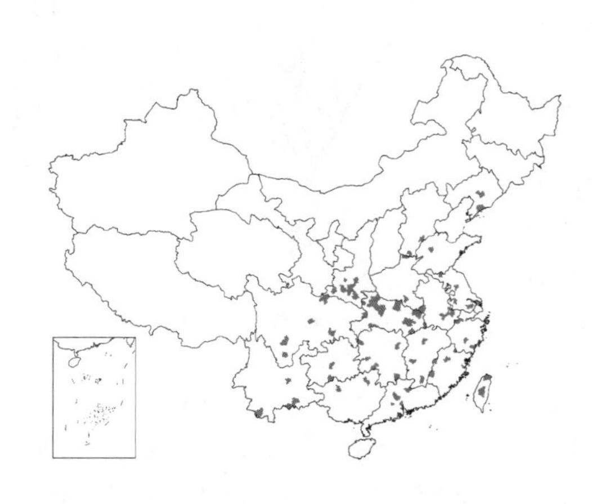

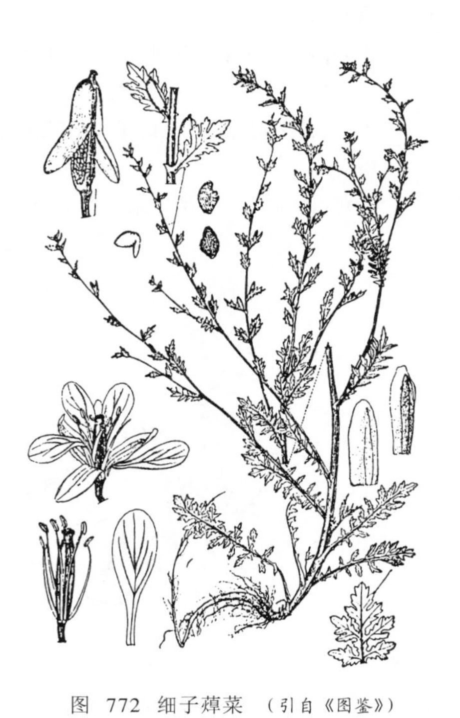

图 772 细子焊菜 （引自《图鉴》）

产辽宁、河北、陕西、山东、安徽、江苏、浙江、福建、台湾、江西、河南、湖北、湖南、广东、香港、广西、贵州、云南及四川，生于海拔50-1800山沟、河边或潮湿地。朝鲜、俄罗斯、日本及越南有分布。

5. 风花菜 银条菜 球果焊菜 云南亚麻荠 图 773

Rorippa globosa (Turcz.) Hayek in Beih. Bot. Centralbl. 27. 195. 1911.

Nasturtium globosum Turcz. in Fisch. et Mey. Ind. Sem. Hort. Petrop. 1: 35. 1835.

Camelinayunnanensis W. W. Smith; 33: 446. 1987.

一年生或二年生草本，高达80厘米；被白色硬毛或近无毛。茎单一，下部被白色长毛。茎下部叶具柄，上部叶无柄，长圆形或倒卵状披针形，长5-15厘米，两面被疏毛，基部短耳状半抱茎，具不整齐粗齿。总状花序多数，顶生或腋生，圆锥状排列，无叶状苞片。花具长梗；萼片长卵形，开展，边缘膜质；花瓣黄色，倒卵形，基部具短爪；雄蕊6，4强或近等长。短角果近球形，径约2毫米；果瓣隆起，有不明显网纹；果柄纤细，平展或稍下弯。种子淡褐色，多数，扁卵形。花期4-6月，果期7-9月。

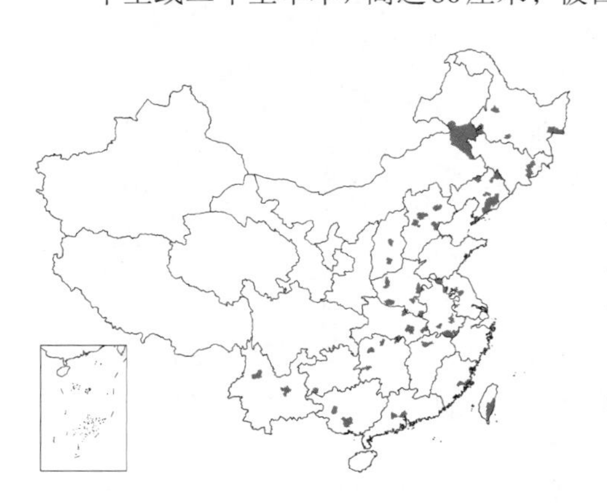

图 773 风花菜 （引自《图鉴》）

产黑龙江、吉林、辽宁、内蒙古、河北、山西、山东、安徽、江苏、浙江、福建、台湾、江西、河南、湖北、湖南、广东、广西、贵州西南部及云南，生于海拔30-2500米河边、湿草地、路边、沟旁、草丛中或旱地。

6. 高蔊菜 图 774

Rorippa elata（Hook. f. et Thoms.）Hand.-Mazz. Symb. Sin. 7: 357. 1931.

Barbarea elata Hook. f. et Thoms. in Journ. Linn. Soc. Bot. 5: 140. 1861.

二年生草本，高达1米；具单毛。基生叶丛生，大头羽裂，顶裂片长椭圆形，长4-7厘米，具小圆齿，裂片3-5对，向下渐小，基部圆耳状抱茎；茎下部叶及中部叶大头羽裂或浅裂，基部耳状抱茎；上部叶无柄，裂片具浅齿或浅裂。总状花序顶生或腋生，有多花，果时长达40厘米。萼片宽椭圆形，长2-3毫米；花瓣长倒卵形，长3-4毫米，边缘微波状，基部渐窄；雄蕊6，2枚稍短。短角果短圆柱形，长1-2厘米；果瓣隆起，中肋明显；果柄稍短于果，直立而紧靠果序轴着生。种子每室2行，灰褐色，多数而细小，卵形，扁，具细密网纹。花期5-7月，果期7-10月。染色体2n=32。

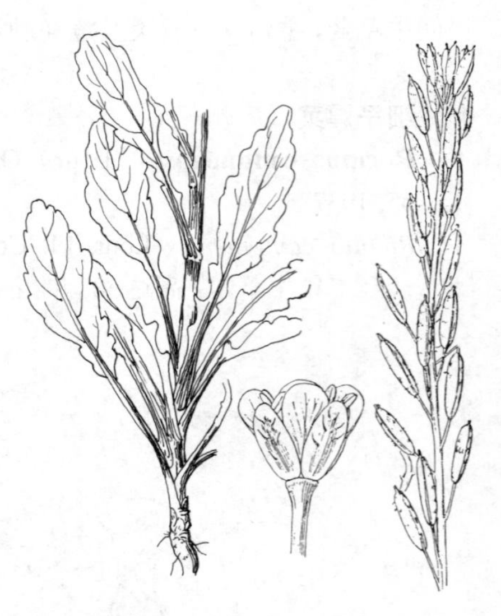

图 774 高蔊菜 （史渭清绘）

产青海东南部、四川、云南西北部及西藏东北部，生于海拔2600-5000米阳坡草地、林下沟边或高山灌丛草地。锡金及喜马拉雅东部地区有分布。

7. 沼生蔊菜 图 775

Rorippa palustris（Linn.）Besser, Enum. Pl. 27. 1822.

Sisymbrium amphibium Linn. var. *palustris* Linn. Sp. Pl. 2: 657. 1753.

Rorippa islandica（Oed.）Borb.；中国植物志 33: 309. 1987.

一年生或二年生草本，高达50厘米；无毛或有单毛。茎直立，具棱，下部常带紫色。基生叶多数，有柄，长圆形或窄长圆形，羽状深裂或大头羽裂，长5-10厘米，侧裂片3-7对，不规则浅裂或深波状，基部耳状抱茎；茎生叶向上渐小，近无柄，羽状深裂或具齿，基部耳状抱茎。总状花序顶生或腋生，具多数小花。花梗纤细；萼片长椭圆形，长1.6-2.6毫米；花瓣黄或淡黄色，长倒卵形或楔形，与萼近等长。短角果椭圆形，有时稍弯曲，长3-8毫米；果瓣肿胀；果柄长于角果。种子褐色，近卵圆形，扁，具网纹。花期4-7月，果期6-8月。染色体2n=32。

图 775 沼生蔊菜 （史渭清绘）

产黑龙江、吉林、辽宁、内蒙古、河北、山西、陕西、宁夏、甘肃、青海、新疆、山东、江苏、安徽、河南、湖北、湖南、广西、贵州、四川、云南及西藏，生于溪岸、潮湿地、田边、山坡草地或草场。北半球温暖地区有分布。民间药用，可清热解毒，利水消肿，活血通经。

63. 豆瓣菜属 Nasturtium R. Br.

（郭荣麟）

一年生或多年生草本，水生或陆生；无毛或具糙毛，分枝多数。羽状复叶或单叶，篦齿状深裂或全缘。总状花序顶生。花白色或带紫色。长角果近圆柱形或稍与假隔膜呈平行方向侧扁。种子多数，每室1-2行；子叶缘倚胚根。

5种，1种产非洲西北部，2种产亚洲及欧洲，2种产北美。我国1种。

豆瓣菜 西洋菜

图 776

Nasturtium officinale R. Br. in Ait. Hort. Kew ed. 2, 4: 110. 1812.

多年生水生或湿生草本，高达40厘米；无毛。茎匍匐或浮水生，多分枝，节上生不定根。奇数羽状复叶，小叶3-7（-9），宽卵形、长圆形或近圆形，近全缘或微波状，侧生小叶与顶生小叶相似，基部不对称；叶柄基部耳状，稍抱茎。总状花序顶生，花多数。萼片长卵形，长2-3毫米，边缘膜质，内轮2枚基部稍呈囊状；花瓣白色，倒卵形或宽匙形，具脉纹，长3-4毫米，基部具细爪。长角果圆柱形而扁，长1.5-2厘米；果柄纤细，开展或微弯。种子每室2行，红褐色，卵圆形，具网纹。花期4-5月，果期6-7月。

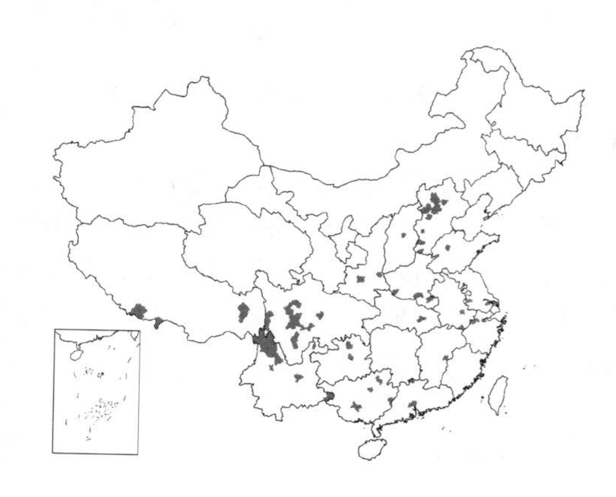

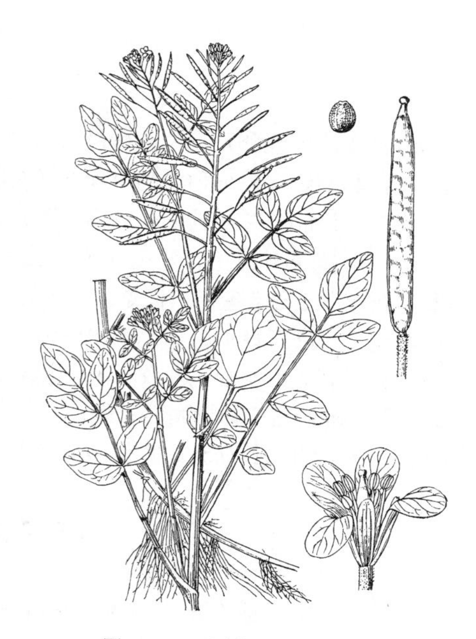

图 776 豆瓣菜 （史渭清绘）

产河北、山西中部、陕西、河南、山东、安徽、湖北、江苏、浙江、江西东部、广东、广西、贵州、云南、四川及西藏，生于海拔150-3700米水中、沟边、山涧、河边、沼泽地或水田中，欧洲、亚洲及北美有分布。广东及广西常栽培作蔬菜；全草药用，可解热、利尿。

64. 鳞蕊芥属 Lepidostemon Hook. f. et Thoms.

（王希蕖）

一年生或稀多年生簇生草本；植体被树枝状、2叉状或具柄星状毛，或被柔毛，毛被常在1种以上。茎从莲座状基部发出多条，直立，不分枝，有叶或无叶。基生叶具柄，莲座状，全缘或有齿，具羽状脉；茎生叶与基生叶相似，有时羽状半裂，稀无茎生叶。总状花序有花少至多数，无苞片，稀花序最下部的花有苞片，有时从莲座状叶发出的花葶上有单花。萼片长圆形，内轮2枚基部不呈囊状，边缘膜质，常宿存；花瓣黄、白、淡紫或紫色，宽倒卵形，稀匙形，先端圆或微凹，基部爪与萼近等长；雄蕊6，4强，长雄蕊花丝基部有宽翅，常有齿，花药肾形，稀长圆形；侧蜜腺4，无中蜜腺；子房有8-28胚珠。长角果纵裂，线状椭圆形或线状圆柱形，具宽隔膜；果瓣脉不明显，具增厚的边缘，被柔毛；基部与胎座框结合紧密，胎座框圆形；隔膜完整，稀穿孔。宿存花柱长达2毫米，柱头头状，不裂，稀稍2裂。种子每室1行，无翅，长圆形或卵圆形，饱满；子叶缘倚胚根，稀背倚胚根。

5种，分布不丹、中国、尼泊尔、锡金。我国3种。

莲座鳞蕊芥 莲座高原芥

图 777

Lepidostemon rosularis（K. C. Kuan et Z. X. An）Al-Shehbaz in Novon 10: 332. 2000.

Christokea rosularis K. C. Kuan et Z. X. An, Fl. Sizhang. 2: 386. f. 135. 1985; 中国植物志 33: 298. 1987.

一年生矮小草本，高达4厘米；植体被具柄星状毛和树枝状或2叉毛，或兼具柔毛。基生叶莲座状，小于茎生叶，全缘，开花时枯萎；茎生叶常密集于花序之下，匙状倒披针形或卵形，长0.3-1厘米，被疏柔毛，先端圆钝，基部楔形，边缘有1-4对齿，叶柄长0.5-1.4厘米，有睫毛。总状花序有10至多朵，无苞片，稀最下面的花梗具贴生苞片。萼片长圆形，长2-3.5毫米，开展，具柔毛，宿存；花瓣白色，宽倒卵形，长3-5毫米，先端圆，基部爪长1-2毫米；花丝长2-2.5毫米，长雄蕊花丝窄披针形，翅宽0.4-0.5毫米，短雄蕊花丝无翅，花药肾形；子房有12-16胚珠。果长圆状线形，长1-2厘米，平扁；果瓣中脉不明显，边缘凸出，边缘和基部愈合处稍硬化，不呈念球状，具2叉毛和柔毛；隔膜完整；宿存花柱长0.5-1.5毫米，柱头近不裂或2裂；果柄开展，直，长0.5-2厘米。种子卵圆形，长1.2-1.6毫米；子叶缘倚胚根。花期6-7月，果期7-8月。

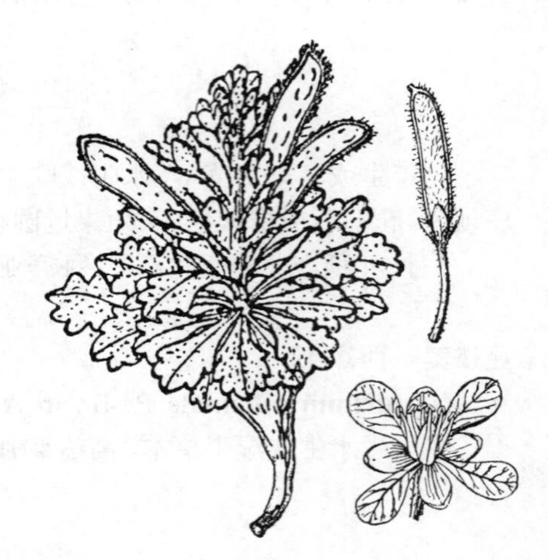

图 777 莲座鳞蕊芥 （路桂兰绘）

产西藏南部，生于海拔4200-5100米多石平地、山坡、干燥沟谷或石砾堆。

65. 花旗杆属 **Dontostemon** Andrz. ex Ledeb.

（郭荣麟）

一、二年生或多年生草本；植株被单毛或腺毛，稀无毛，有腺体或无。茎分枝或单一。单叶，草质或肉质，全缘、具齿或羽状半裂；顶裂片与侧裂片大小相等。总状花序顶生或侧生，具叶。萼片直立，扁平或内轮2枚基部稍呈囊状；花瓣淡紫、紫或白色，瓣片先端钝圆或微凹，基部具爪；雄蕊6，长雄蕊花丝成对连合至3/4或几达花药，中花丝扁，有时有1齿；侧蜜腺半圆形或塔形；子房线形。长角果圆柱形或线形，或果瓣与假隔膜呈平行侧扁成带状。种子褐色，每室1行，卵圆形或长椭圆形，具膜质边缘或无边缘；子叶背倚、缘倚或斜缘倚胚根。

约11种，主产亚洲。我国均产。

1. 叶全缘、具牙齿或锯齿，若羽状半裂则具多细胞腺体；柱头稍2裂，裂片不下延。
  2. 植体具腺体。
    3. 叶均全缘；长雄蕊花丝合生；茎被弯曲柔毛 ………………………………… 2. **线叶花旗杆 D. integrifolius**
    3. 至少基部的叶有齿、锯齿或羽状半裂；长雄蕊花丝分离；茎无毛或具直毛。
      4. 花瓣倒卵形，长6-8毫米；长雄蕊花丝在花药之下突然扩大并有齿；种子顶部有边；花药长0.6-0.8毫米。
        5. 中部茎生叶长圆形或披针形，具牙齿，稀羽状半裂，宽0.5-1厘米；种子长圆形或卵圆形；子叶斜缘倚或斜背倚胚根；植体被长柔毛，有中度或密生腺体 ………………… 5. **羽裂花旗杆 D. pinnatifidus**
        5. 中部茎生叶线形或丝状，全缘，宽0.5-1毫米；种子窄长圆形；子叶背倚胚根；植体无毛，腺体很稀 ………………………………………………… 5(附). **线叶羽裂花旗杆 D. pinnatifidus** subsp. **linearifolius**
      4. 花瓣匙形，长2-4毫米；长雄蕊花丝逐渐向基部扩大无齿；种子无边；花药长0.2-0.4毫米 ………………………………………………………………………… 6. **腺花旗杆 D. glandulosus**
  2. 植体无腺体。
    6. 至少部分茎生叶具柄，叶边缘有疏齿 ……………………………………… 1. **花旗杆 D. dentatus**

6. 茎生叶无柄，叶全缘。
   7. 一年或二年生植物；植株被弯曲柔毛和开展长硬毛；茎基部决不木质化 ……… 3. **小花花旗杆 D. micranthus**
   7. 多年生植物；植体被长约3毫米的单毛；茎基部木质化 ………………………… 4. **白毛花旗杆 D. senilis**
1. 叶篦齿状分裂，裂片（4-）7-11对；柱头2裂，裂片下延 ……………………………… 7. **西藏花旗杆 D. tibeticus**

1. 花旗杆 齿叶花旗杆 腺花旗杆 图 778

Dontostemon dentatus（Bunge）Ledeb. Fl. Ross. 1: 175. 1842.

Andreoskia dentatus Bunge in Enum. Pl. Chin. 6. 1831.

Dontostemon dentatus var. *glandulosa* Maxim. ex Franch. et Sav.; 中国植物志 33: 315. 1987.

二年生草本，高达50厘米；植株被白或黄色弯曲柔毛或乳头状腺毛，稀无毛。茎基部常带紫色，直立，上部分枝。叶互生，椭圆状披针形，长3-6厘米，边缘具疏齿，两面微被毛，具柄或部分叶具柄。总状花序顶生。萼片椭圆形，背面稍被毛，长3-4.5毫米，具白色膜质边缘；花瓣淡紫色，倒卵形，长0.6-1厘米，先端钝，基部具爪；长雄蕊花丝成对连合几达花药，花丝扁平。长角果长圆柱形，无毛，长2.5-6厘米。种子褐色，长椭圆形，长1-1.3毫米，上部具膜质边缘；子叶缘倚胚根。花期5-7月，果期7-8月。

产黑龙江、吉林、辽宁、内蒙古、河北、河南、山西、陕西、山东、安徽及江苏，生于海拔870-1900米石砾山地、山坡、岩石隙间、林缘或路旁。朝鲜、日本及俄罗斯有分布。

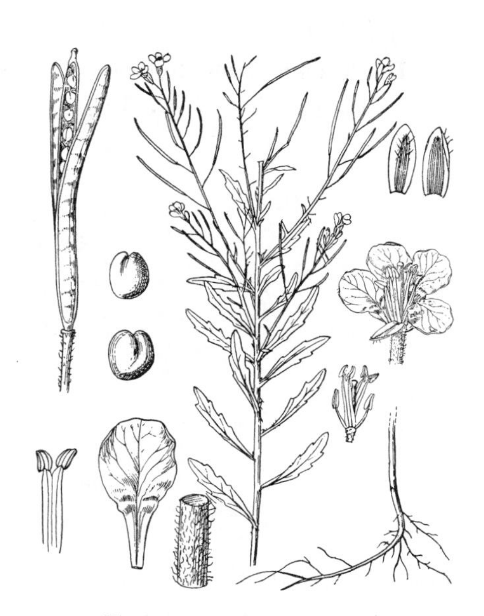

图 778 花旗杆（史渭清绘）

2. 线叶花旗杆 图 779

Dontostemon integrifolius（Linn.）Ledeb. Fl. Alt. 3: 118. 1831.

Sisymbrium integrifolium Linn. Sp. Pl. 660. 1753.

Dontostemon perennis auct. non C. A. Mey.; 中国植物志 33: 318. 1987.

Synstemon linearifoliu Z. X. An; 中国植物志 33: 436. 1987.

一、二年或多年生草本，高达30厘米；全株被弯曲柔毛和黄或黑色腺毛。叶互生，有时在茎基部丛生，线形，全缘，长1.5-4.5厘米，被腺毛和贴生柔毛，近无柄。总状花序顶生。花梗纤细，被

图 779 线叶花旗杆（史渭清绘）

柔毛和腺毛，常斜着生于花序轴上。萼片长椭圆形，长2.5-3毫米，具白色膜质边缘，背面被腺毛和柔毛；花瓣淡紫色，倒卵形，长4-6毫米，先端微凹，基部具爪；长雄蕊花丝成对连合至花药，花丝扁平。长角果细圆柱形，长1.5-2.5毫米，具腺毛。种子褐色，细小，椭圆形，无膜质边缘；子叶斜缘倚胚根。花果期7-10月。染色体2n=14。

产黑龙江西南部、辽宁西北部、内蒙古、河北西北部、山西北部及青海东部，生于海拔250-1300米草原、湖地、山坡砂地或砂丘。蒙古及俄罗斯有分布。

3. 小花花旗杆 图 780

Dontostemon micranthus C. A. Mey. in Ledeb. Fl. Alt. 3: 120. 1831.

一年生或二年生草本，高达45厘米；植体被弯曲柔毛和开展硬毛。茎生叶线形，较密集着生，长1.5-4厘米，全缘，两面被疏毛，边缘具糙毛。总状花序顶生。花小；萼片线状披针形，背面被糙毛，长约2.5毫米，具白色膜质边缘；花瓣淡紫或白色，线状长椭圆形，长3.5-5毫米，先端钝，基部具爪。长角果直或弯曲，长2-3.5厘米，无毛；果柄斜展。种子褐色，细小，椭圆形，无膜质边缘。花果期6-8月。

产黑龙江西南部、吉林西北部、辽宁北部、内蒙古东部、河北、山西及青海东部，生于海拔900-3300米山坡草地、河滩、固定砂丘或山沟。蒙古及俄罗斯有分布。

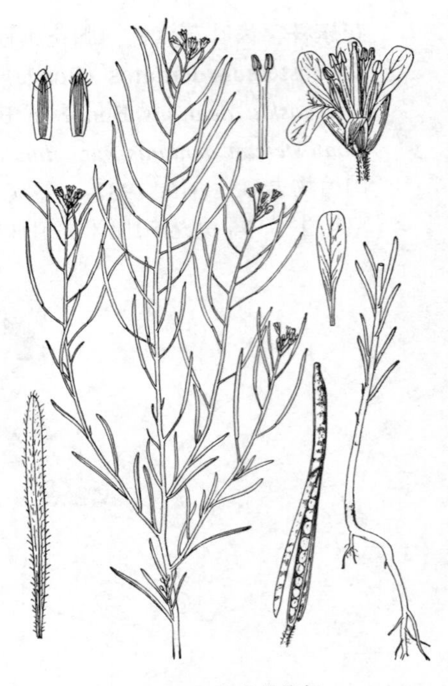

图 780 小花花旗杆
（引自《东北草本植物志》）

4. 白毛花旗杆 图 781

Dontostemon senilis Maxim. in Bull. Acad. Imp. Sci. St. St-Pétersb. ser. 3. 26: 421. 1880.

多年生草本，高达25厘米；植体被单毛，无腺毛。茎直立或上升，基部和上部均分枝，稀不分枝，基部木质化。中部茎生叶无柄，线形，长1.5-3厘米，先端钝或尖，基部渐窄，全缘。萼片长圆形，长3-3.5毫米，常被毛；花瓣淡紫色，倒卵形，长6-8.5毫米，先端圆，基部爪长3-3.5毫米；长雄蕊花丝长4-5毫米，合生，短雄蕊花丝长2-2.5毫米，花药长圆形，具细尖头；子房有20-40胚珠。长角果念珠状，长3-5厘米，无毛，直，上升或开展；果瓣平扁，中脉凸出；宿存花柱长1-3毫米，柱头稍2裂；果柄开展，直，长3-5毫米，无毛或有疏毛。种子长圆形，长1.5-2.5毫米，具边或有窄翅；子

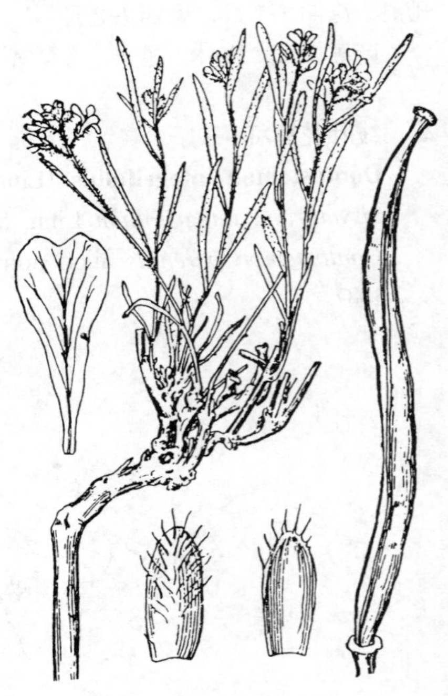

图 781 白毛花旗杆 （韦力生绘）

叶缘倚胚根。花期6-7月，果期7-9月。染色体2n=28。

产内蒙古、宁夏、甘肃中部及新疆西北部，生于海拔300-1500米石质山坡、阳坡草丛、高原荒地或干旱山坡。蒙古有分布。

5. 羽裂花旗杆 异蕊芥 山西异蕊芥 图 782

Dontostemon pinnatifidus（Willdnow）Al-Shehbaz et H. Ohba in Novon 10: 96. 2000.

Dontostemon pinnatus（Pers.）Kitagawa, Neo-Lineam. Fl. Manshur. 332. 1979；中国植物志 33：323. 1987.

Dimorphostemon shanxienensi R. L. Guo et T. Y. Cheo；中国植物志 33：325. 1987.

一年或二年生草本，高达40厘米；植体被长柔毛，有中度或密生腺体。茎直立，上部分枝。基生叶和最下部茎生叶披针形或长圆形，长1.5-4.5厘米，被柔毛，有腺体，先端尖，基部渐窄或楔形，边缘有齿牙或锯齿，或羽状中裂，具缘毛，叶柄长0.2-1厘米；中部和上部茎生叶长圆形或披针形，宽0.5-1厘米，有牙齿，稀羽状半裂。萼片长圆形，长2-3毫米，无毛或先端有疏毛；花瓣白色，宽倒卵形，长6-8毫米，先端微缺，基部爪长1-3毫米；长雄蕊花丝长2-3毫米，离生，在花药之下突然扩大并有齿，短雄蕊花丝长1.5-2.5毫米，花药长圆状卵形，具细尖头；子房有16-60胚珠。长角果柱形，长1.5-4厘米，直，念珠状；果瓣具腺体，中脉和边脉凸出；宿存花柱长0.5-1.5毫米，柱头微裂；果柄上升或开展，长0.3-1.5厘米，具腺体。种子褐色，长圆形或卵圆形，长1.1-1.8毫米；子叶斜缘倚或斜背倚胚根。花果期6-8月。

产黑龙江、内蒙古、河北、山西、甘肃、青海、西藏、四川及云南，生于海拔1100-4600米草原、丘陵、路边或石质山坡。印度、尼泊尔、蒙古及俄罗斯有分布。

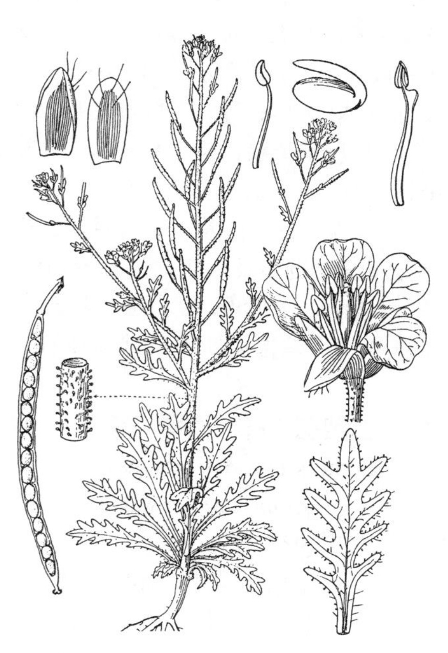

图 782 羽裂花旗杆 （史渭清绘）

［附］**线叶羽裂花旗杆 Dontostemon pinnatifidus** subsp. **linearifolius** (Maxim.) Al-Schehbaz et H. Ohba in Novon 10: 97. 2000. —— *Sisymbrium glandulosum* (Kar. et Kir.) Maxim. var. *linearifolium* Maxim, Fl. Tangut. 61. 1889. 本亚种与模式亚种的区别：植体无毛，腺体稀疏；中部茎生叶线形或丝状，宽0.5-1毫米，全缘；种子窄长圆形，长2-2.3毫米；子叶背倚胚根。产甘肃、青海及新疆，生于海拔3100-4500米砂丘、泛滥平原或草地。

6. 腺花旗杆 腺异蕊芥 图 783

Dontostemon glandulosus（Kar. et Kir.）O. E. Schulz in Notizbl. Bot. Gart. Berlin-Dahlem. 10: 554. 1930.

Arbis glandulosa Kar. et Kir. in Bull. Soc. Nat. Mosc. 15(1): 146. 1842.

Dimophostemon glandulosus（Kar. et Kir.）Golubk.；中国植物志 33：323. 1987.

一年或二年生草本，高达20厘米。茎直立或上升，不分枝或基部分枝，具腺体。基生叶和最下面茎生叶具单毛，有腺体，披针形或长圆形，长0.5-

2.5厘米，先端尖，基部渐窄或楔形，边缘有齿或羽状半裂，具缘毛，柄长0.2-1厘米。萼片长圆形，长1-2毫米，先端具疏毛或腺体；花瓣淡紫或白色，匙形，长2-4毫米，先端钝或微缺，基部爪长1.5毫米；长雄蕊花丝1.5-2.5毫米，离生，向基部逐渐扩大，无齿，短雄蕊花丝1-2毫米，花药宽卵圆形，有尖头；子房有14-70胚珠。长角果圆柱形，长1.3-3厘米，直，念珠状；果瓣具腺体，中脉和边脉凸出；宿存花柱0.5-1毫米，柱头微裂；果柄上升或开展，长2-8毫米，有腺体。种子褐色，卵圆形或长圆形，长0.8-1.7毫米，无边；子叶斜缘或斜背倚胚根。花果期7-8月。

产黑龙江、内蒙古、山西、宁夏、甘肃、青海、新疆、西藏、四川、云南西北部、贵州及山东，生于海拔1900-5300米高山草甸和草原、沙质河岸、岩石缝隙、砾石滩、流石坡、干灌丛或路边。克什米尔、锡金、尼泊尔、哈萨克斯坦、塔吉克斯坦及俄罗斯有分布。

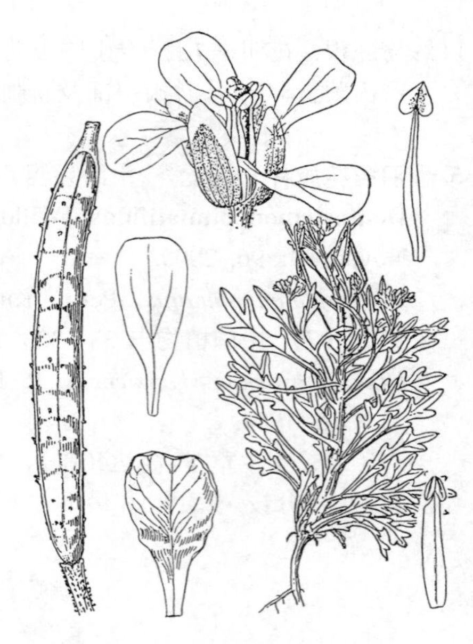

图 783 腺花旗杆 （史渭清绘）

7. 西藏花旗杆 西藏豆瓣菜 图 784 彩片 181

Dontostemon tibeticus (Maxim.) Al-Shehbaz, Novon 10: 334. 2000. *Nasturtium tibeticus* Maxim. Fl. Tangut. 54. 1889; 中国植物志 33: 312. 1987.

二年生矮小草本，高4-14厘米；根稍肉质。茎通常从基部生出少数几枝，上部不分枝，具长柔毛。基生叶和最下部茎生叶无腺体，披针形、长圆形或倒披针形，稍肉质，长1.2-2.7厘米，先端尖，基部渐窄或楔形，边缘篦齿状羽裂，裂片（4-）7-11对，长5毫米，有时覆瓦状，先端尖，具齿或全缘，叶柄长1-2厘米；最上面茎生叶无柄。萼片卵形，无毛或具疏柔毛，长3-4毫米，内轮2枚基部稍呈囊状；花瓣白色，倒心形，长5-8毫米，先端微凹，基部爪粉红或紫色，长3-4毫米；长雄蕊花丝3-4毫米，扁平，有时一侧有齿，短雄蕊花丝2-2.5毫米，花药长圆形；子房有12-20胚珠。长角果圆柱形，长1-1.5厘米，直，念珠状；果瓣中脉凸出，具腺状瘤；宿存花柱1-3毫米，柱头2裂，裂片下延；果柄开展，长3-7毫米，无腺体。种子褐色，长圆状卵圆形，长1.4-1.6毫米，无翅；子叶缘倚胚根。花期6-7月，果期7-8月。

产甘肃中部、青海、西藏、云南西北部及四川西北部，生于海拔3200-5200米疏松碎石滩、高山草甸、潮湿砾石坡地、陡峭石质山坡、永冻砾石地和砂石地。

图 784 西藏花旗杆 （王 颖绘）

66. 丛菔属 Solms-Laubachia Muschl.

（兰永珍）

一年生或多年生草本；直立或垫状。根粗壮。茎多分枝，具残留叶痕。叶莲座状丛生，全缘，两面均被单毛或近无毛，叶柄具睫毛。花葶2至多条，花单生顶端，各具1花，花梗长不及1厘米，稀总状花序。花萼连合，裂片背面被柔毛；花瓣蓝紫、白、紫红或淡黄色，长达2.5厘米，基部具爪；雄蕊6，稀2或4，花丝基部翅状，侧蜜腺

2；子房有2-10胚珠，柱头头状或2浅裂。长角果常窄卵状披针形；果瓣扁平，具脉；花柱宿存；具果柄。种子每室1-2行，排列于胎座框两侧，近圆形，具附属物或平滑；子叶缘倚胚根。

9种，主产我国。本属有些种民间用全草治肺病、止咳、补气血。

1. 花着生总状花序上；茎常具1或2叶；种子具乳头状突起 ………………………… 1. **总状丛菔 S.-L. platycarpa**
1. 花单生于从莲座状基部发出的花葶上；花葶无叶；种子有皱折和网纹。
  2. 叶灰白色，密被绵毛；种子有皱折 ………………………………………………… 2. **绵毛丛菔 S.-L. lanata**
  2. 叶绿色，无毛或疏被长柔毛；种子具网纹。
    3. 叶宽约0.2-1.6厘米，不为丝状，上面无沟。
      4. 叶宽 1-1.6 厘米；叶柄明显增厚，常为紫色 ………………………………… 3. **宽果丛菔 S.-L. eurycarpa**
      4. 叶宽 2-5 毫米；叶柄基部翅状，常不为紫色 ……………………………… 4. **丛菔 S.-L. pulcherrima**
    3. 叶宽 0.3-1 毫米，丝状或窄线形，上面常有沟 ……………………………………… 5. **细叶丛服 S.-L. minor**

1. 总状丛菔 圆叶丛菔 图 785：1-4

Solms-Laubachia platycarpa (Hook. f. et Thoms.) Botsch. in Not. Syst. Herb. Inst. Bot. Acad. Sci. URSS 17: 171. 1955.

Parrya platycarpa Hook. f. et Thoms. in Journ. Linn. Soc. Bot. 5: 136. 1861.

Solms-Laubachia orbiculata Y. C. Lan et T. Y. Cheo；中国植物志 33: 328. 1987.

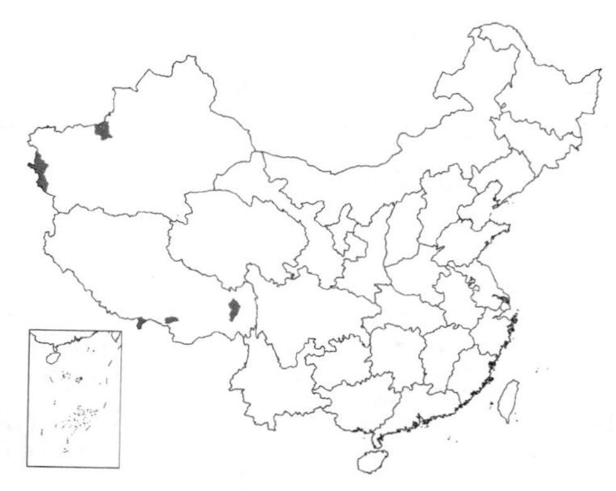

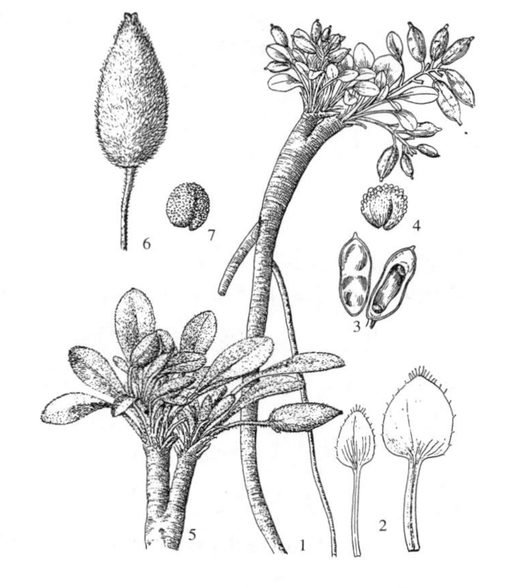

图 785: 1-4.总状丛菔 5-7.绵毛丛菔（史渭清绘）

多年生垫状草本，高达8厘米。根茎粗壮，径约7毫米。茎具5-6分枝，常有1-2叶，基部有宿存老叶柄。叶肉质，卵形、近圆形或披针形，长1-1.5厘米，先端钝圆或渐尖，基部近圆，全缘；叶柄长约2厘米。总状花序具1-3叶。花大，内轮萼片基部囊状。长角果长椭圆形或卵形，长1.5-2厘米；果瓣绿色，具中脉及侧脉，边缘加厚；果柄长约4毫米。种子每室2行，4-6粒，近圆形，长约2毫米，淡黄色，具乳头状突起。果期7月。

产新疆及西藏，生于海拔4300-5700米山坡或山顶岩缝中。喜马拉雅东部有分布。

2. 绵毛丛菔 图 785：5-7

Solms-Laubachia lanata Botsch. in Not. Syst. Herb. Inst. Bot. Acad. Sci. URSS 17: 170. 1955.

多年生草本，高约8厘米。根粗壮，径0.5-1厘米。茎直立，具1-2分枝，有宿存叶柄。叶多数，倒卵形或倒披针形，长2-4厘米，先端钝圆，基部楔形，连同叶柄密被直立灰白色绵毛；叶柄长达1.5厘米。花单生花葶顶端，紫红色。长角果卵状披针形，长达2.5厘米；果瓣中脉不明显，密被白色绵毛；宿存花柱长约2毫米，柱头浅裂；果柄长约2.5厘米。种子每室2行，有皱折；子叶缘倚胚根。果期8月。

产西藏，生于海拔约5000米山坡草地。

3. 宽果丛菔 短柄丛菔 宽叶丛菔 图 786

Solms-Laubachia eurycarpa (Maxim.) Botsch. in Not. Herb. Inst. Bot. Acad. Sci. URSS 17: 169. 1955.

Parrya eurycarpa Maxim. Fl. Tangut. 1: 56. t. 27. f. 16-24. 1889.

Solms-Laubachia dolichocarpa Y. C. Lan et T. Y. Cheo; 中国植物志 33: 335. 1987.

Solms-Laubachia eurycarpa var. *brevistipes* Y. C. Lan et T. Y. Cheo; 中国植物志 33: 332. 1987.

Solms-Laubachia latifolia (O. E. Schulz) Y. C. Lan et T. Y. Cheo; 中国植物志 33: 332. 1987.

多年生草本，高达10厘米。根粗壮，径约1.5厘米，灰白色。茎多分枝，密被宿存老叶柄。叶多数，叶椭圆形或倒披针形，长达2.5厘米，宽1-1.6厘米，先端锐尖，基部楔形，边缘具柔毛；叶柄明显增厚，长1-6厘米，常为紫色。花单生花葶顶端；萼片长椭圆形，长约4毫米，背面被长毛；花瓣倒卵形，长约8毫米，边缘被短柔毛。长角果镰状长椭圆形，长3-7厘米；果瓣具中脉，顶端宿存花柱长0.5-3毫米，柱头2裂或不裂，基部具宿存萼片及花瓣；果柄长约5厘米。种子每室2行，5-8粒，近圆形，长约2.5毫米，淡褐色，有网纹。

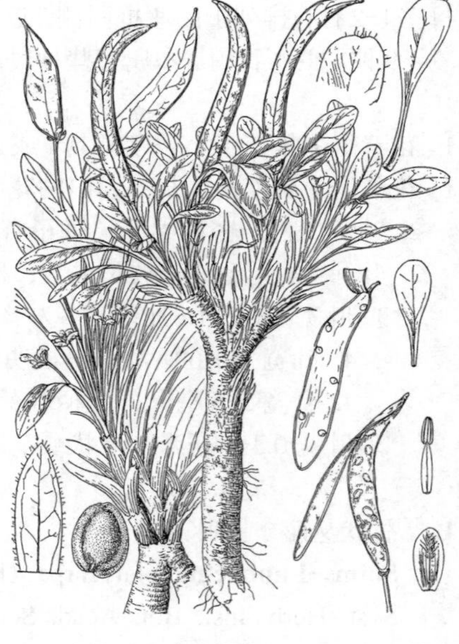

图 786 宽果丛菔 （史渭清绘）

产甘肃西南部、青海、西藏东北部、四川西部及云南，生于海拔3800-4900米高山悬崖。

4. 丛菔 狭叶丛菔 睫毛丛菔 图 787

Solms-Laubachia pulcherrima Muschl. in Notes Roy. Bot. Gard. Edinb. 5: 206. 1912.

Solms-Laubachia pulcherrima f. *angustifolia* O. E. Schulz; 中国植物志 33: 333. 1987.

Solms-Laubachia ciliaris (Bur. et Franch.) Botsch; 中国植物志 33: 339. 1987.

多年生草本，高达14厘米。根粗壮，径0.8-1.5厘米。茎多分枝，被紧密宿存叶柄，基部宽达1厘米，灰白色。叶窄长椭圆形、线形或窄披针形，长2-3.5厘米，宽2-5毫米，先端锐尖，基部楔形，下面及边缘被弯曲短柔毛和缘毛；叶柄基部翅状，宽达1厘米。花单生花葶顶端。萼片线状披针形，长约8毫米，背面被短毛；花瓣蓝紫或白

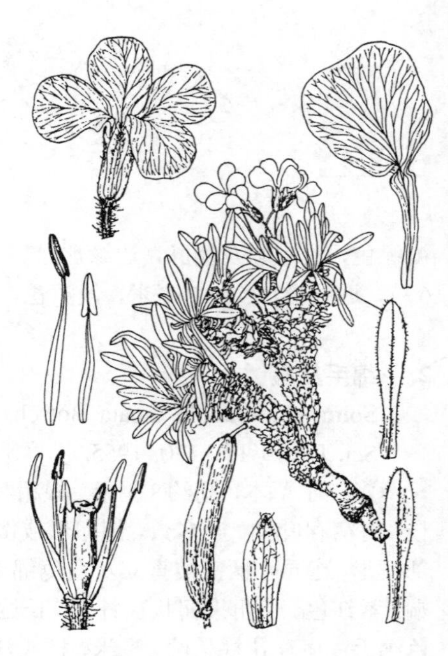

图 787 丛菔 （引自《图鉴》）

色，倒卵形，长1.8-2厘米，先端钝圆或微凹；柱头头状。长角果镰状披针形，长3-5厘米；果柄长1.5-2厘米。种子每室2行，5-8粒，有网纹。花期5-7月，果期6-3月。

产青海南部、西藏东南部、云南西北部及四川，生于海拔2800-3000米草坡、河边或石灰岩缝中。

5. 细叶丛菔 图 788

Solms-Laubachia minor Hand.-Mazz. in Anz. Akad. Wiss. Wien, Math.-Nat. 59(26): 246. 1922.

多年生草本，高达15厘米。根圆锥状，粗壮，长达60厘米。茎多分枝，上部密被宿存叶柄及少数叶痕。叶丝状或窄线形，长达2.5厘米，宽0.3-1毫米，先端锐尖，上面有沟，下面疏被白色柔毛，有时具黑色腺点；叶柄长约8毫米，被白色长柔毛。花单生花葶顶端。萼片线状长椭圆形，长约5毫米，绿色，边缘膜质；花瓣紫红色，倒卵形，长1-1.2厘米，先端有时微凹，基部具爪；花药长椭圆形，长约1.7毫米；花柱短，柱头扁平，近2浅裂。长角果卵状长椭圆形，长达3.5厘米，绿紫色；果瓣具中脉及2平行侧脉，密被褐色柔毛；宿存花柱长约2毫米；果柄长约1厘米。种子有网纹。果期7月。

图 788 细叶丛菔 （陈荣道绘）

产云南西北部及四川西南部，生于海拔2500-4100堤边或山顶流石滩。

67. 四齿芥属 Tetracme Buuge

（郭荣麟）

一年生草本；植株被星状毛、分枝毛和单毛。茎分枝。叶长披针形或宽线形，全缘或羽状浅裂，有柄或无柄。花序总状。花细小，萼片直立，内轮2枚基部不呈囊状；花瓣白或淡黄色，倒卵形或楔形，基部具短爪；雄蕊6，分离，花丝基部有时加宽；侧蜜腺成对，微小，近圆锥形，无中蜜腺。长角果近四棱形，直立或稍弯曲，顶端具4枚角状或细芒状附属物；果瓣具3脉；果柄短粗，紧贴果轴。种子每室1行，卵圆形，无膜质边缘；子叶背倚胚根。

约8种，分布于地中海地区东部至中亚、巴基斯坦及中国。我国2种。

1. 叶全缘或具波状疏浅齿；长角果圆柱状或四棱形，念珠状，被星状毛和刺状单毛，微开展或外弯，顶端4枚角状附属物直伸 …… 四齿芥 T. quadricornis
1. 叶具凹波状浅齿或羽状浅裂；长角果扁四棱形，不呈念珠状，仅被星状毛，外弯或微扭曲，顶端4条细芒状附属物平展或下弯 …… (附). 弯角四齿芥 T. recurvata

四齿芥 图 789：1-4

Tetracme quadricornis (Steph.) Bunge in Delect. Semin. Hort. Dorpat. 7. 1836.

Erysimum quadricorne Steph. in Willd. Sp. Pl. 3: 541. 1800.

一年生草本，高达15厘米；全株被星状毛、分枝毛及单毛。单叶互生，宽线形或长披针形，长2-4.5厘米，全缘，有时基部具疏浅齿。总状花序，具多数小花。萼片宽卵形，长约1毫米，背面被毛，边缘白色膜质；花瓣白色，宽楔形，小于萼片；雄蕊分离，花丝基部宽。长角果圆柱状或四棱

形，念珠状，被星状毛和刺状单毛，长6-8毫米，顶端具4枚角状附属物，长1-2毫米，直伸，果上部微开展或外弯，或直立紧贴果轴；果柄粗短。种子淡褐色而细小，椭圆形，无膜质边缘。花果期5-7月。

产新疆，生于海拔350-3800米干旱荒漠、沙丘、砾质戈壁滩、山坡砾石滩或田边。中亚、巴基斯坦及蒙古有分布。

［附］**弯角四齿芥** 图 789：5-8 **Tetracme recurvata** Bunge in Arb. Naturf. ver. Riga 1: 158. 1848. 本种与四齿芥的主要区别：叶具凹波状浅齿或羽状浅裂；长角果扁四棱形，不呈念珠状，仅被星状毛，外弯或微扭曲，顶端4条细芒状附属物平展或下弯。产新疆，生于海拔200-600米沙丘、沙地或冲积平原。中亚及西南亚有分布。

图 789：1-4.四齿芥 5-8.弯角四齿芥
（史渭清绘）

68. 紫罗兰属 Matthiola R. Br. corr. Spreng.

（王希蕖）

一年生或多年生草本，有时亚灌木状；密被灰白色具柄分枝毛。叶全缘或羽状分裂。总状花序顶生和腋生。萼片直立，内轮2枚基部囊状；花瓣线形，向内拳卷或不卷，紫、淡红、白或带黄色，基部具长爪；柱头2裂，裂片开展或两侧厚而下延，背面通常有一膨胀处或角状突出物，常无花柱。长角果扁，线形或圆柱形，顶端有膜质边缘；果瓣有中脉，隔膜厚，具网脉。种子每室1行，扁球形，具膜质翅；子叶缘倚胚根。

约50种，分布于大西洋岛屿、欧洲西部、地中海地区至亚洲中部及南非。我国1种，引入栽培1种。

1. 花瓣紫红、粉红或白色，倒卵形，不拳卷，先端2裂或微凹 ………………………………………… **紫罗兰 M. incana**
1. 花瓣绿褐或紫色，线形，向内拳卷，先端钝 …………………………………………（附）. **伊朗紫罗兰 M. stoddarti**

紫罗兰 图 790

Matthiola incana (Linn.) R. Br. in W. et W. T. Aiton, Hort. Kew. ed. 2, 4: 119. 1812.

Cheiranthus incanus Linn. Sp. Pl. 662. 1753.

二年生或多年生草本，高达60厘米。茎直立，多分枝，基部稍木质化。叶长圆形、倒披针形或匙形，连柄长6-14厘米，全缘或微波状，先端钝圆，基部渐窄成柄。萼片直立，长椭圆形，边缘膜质；花瓣紫红、淡红或白色，倒卵形，长约1.2厘米，不拳卷，先端2裂或微凹；花丝向基部渐宽；子房圆柱形。长角果长7-11.5厘米；果柄粗，长1-1.5厘米。种子近扁圆形，径约2毫米，深褐色。花果期4-7月。

原产欧洲南部。各大城市常引种栽培于庭园花坛，供观赏。

［附］**伊朗紫罗兰 Matthiola chorassanica** Bunge ex Boissier, Fl. Orient. 1: 151. 1867. 本种与紫罗兰的区别：花瓣绿褐或紫色，线形，长0.9-1.4厘米，向内拳卷，先端钝。花期6-7月，果期7-8月。染色体2n=12。产新疆及西藏，生于海拔900-3900米石质山坡。阿富汗、巴基斯坦、塔吉克斯坦、乌兹别克斯坦及西南亚有分布。

图 790 紫罗兰 （陈荣道绘）

69. 小柱芥属 **Microstigma** Trautv.

（王希蕖）

多年生或一年生草本；全株密生有柄分枝毛，疏生有柄腺毛。茎直立，单一或上部分枝。叶披针形或倒披针形，全缘。总状花序顶生，具多花。萼片直立，长圆形，内轮2枚基部囊状；花瓣白色，线形；花柱短，柱头背部不增厚。角果短、弯、下垂，上部有分隔，下面开裂；果瓣扁平；果柄反折。种子大，圆形，扁平，有窄翅；子叶缘倚胚根。

约2种，产中国、内蒙及俄罗斯。我国1种。

短果小柱芥

图 791

Microstigma brachycarpum Botsch. in Бот. Жур. 44: 1485. f. 1. 1959.

一年生草本，高达25厘米。叶稍厚，倒披针形，长2-3厘米，先端钝，有短柄；茎下部叶具疏钝齿，上部叶全缘。花序顶生，具多花。花梗短；萼片长5-6.5毫米；花瓣白或淡黄色，线形或倒披针形，长1-1.2厘米；短雄蕊长约4毫米，长雄蕊长约6毫米，花药长圆形，基着。角果倒悬，卵形而弯，长1-1.2厘米；果瓣膨胀，具2棱，不裂；宿存花柱长约3毫米，柱头小；果柄粗，下弯，被腺毛。种子径约2毫米，褐色。花果期5-7月。

产内蒙古西部及甘肃，生于海拔1500-1900米干旱山坡。俄罗斯有分布。

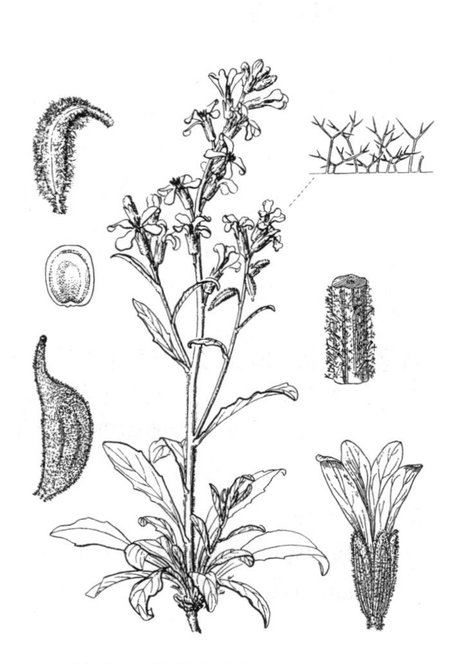

图 791 短果小柱芥 （马 平绘）

70. 离子芥属 **Chorispora** R. Br.ex DC.

（郭荣麟）

一年生至多年生草本；植株被腺毛、单毛或近无毛。茎直立或开展，多基部分枝或茎短。叶具柄，多基部簇生，羽状深裂或具浅齿；茎上部叶近无柄。总状花序疏散或为具单花的花葶。萼片直立，内轮2枚基部囊状；花瓣紫、紫红或黄色，有时带白色，先端微凹或钝圆，基部爪长达8毫米；雄蕊6，花丝无附属物，花药长圆形，长不及1.5毫米；侧蜜腺圆锥形或半环状，无中蜜腺；柱头2裂，裂片靠合。长角果近圆柱形，种子间缢缩呈念珠状或具横节，常断裂，稀不整齐开裂，顶端具喙。种子每室1行，椭圆形，无翅；子叶缘倚胚根。

约9种，主产亚洲，欧洲东南部有分布。我国8种。

1. 一年生草本，稀有多年生草本，具茎；花序总状。
  2. 花鲜黄色，花瓣宽倒卵形，先端微凹；果念珠状 ………………………… 1. **西伯利亚离子芥 C. sibirica**
  2. 花紫或紫红色。
    3. 花瓣长匙形，先端钝圆；长角果具横节，果柄长2-5毫米，与果近等粗 …………… 2. **离子芥 C. tenella**
    3. 花瓣宽倒卵形，先端凹缺；长角果念珠状，果柄细长 ………………… 3(附). **具葶离子芥 C. greigii**
1. 多年生草本，茎短；花单生花葶上 ……………………………………………… 3. **高山离子芥 C. bungeana**

1. 西伯利亚离子芥 图 792

Chorispora sibirica（Linn.）DC. Syst. Nat. 2: 437. 1821.

Raphanus sibiricus Linn. Sp. Pl. 669. 1753.

一年生稀多年生草本，高达30厘米。茎基部多分枝，疏被单毛及腺毛。基生叶丛生，披针形或椭圆形，长2.5-10厘米，羽状深裂或全裂，叶柄长0.5-4厘米；茎生叶互生，与基生叶同形而向上渐小。总状花序顶生。萼片长椭圆形，背面具疏毛，长4-6毫米，具白色膜质边缘；花瓣鲜黄色，宽倒卵形，长0.8-1.2厘米，具脉纹，先端微凹，基部具爪。长角果圆柱形，长1.5-2.5厘米，微上弯，种子间缢缩呈念珠状，顶端喙长0.5-1厘米；果柄长0.8-1.2厘米，被腺毛。种子小，褐色，宽椭圆形，扁，无膜质边缘；子叶缘倚胚根。花果期4-8月。

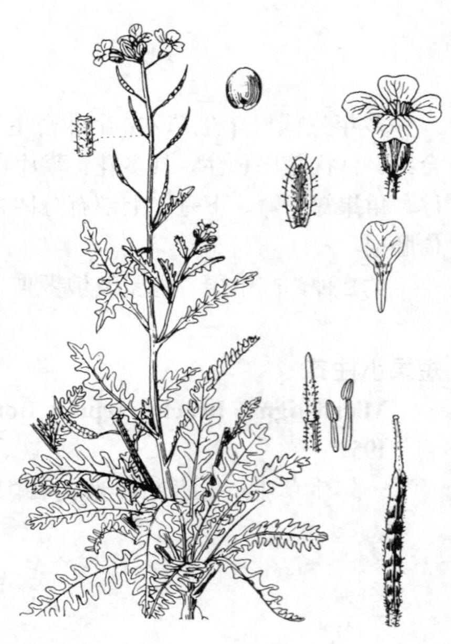

图 792 西伯利亚离子芥 （陈荣道绘）

产新疆（文献记载西藏亦产），生于海拔750-1900米荒地、河滩、田边或山坡草地。俄罗斯、印度、巴基斯坦及克什米尔有分布。

2. 离子芥 图 793

Chorispora tenella（Pall.）DC. Syst. Nat. 2: 435. 1821.

Raphanus tenellus Pall. Reise 3: 741. 1776.

一年生草本，高达30厘米；植株疏生单毛及腺毛。根纤细，少侧根。基生叶丛生，宽披针形，长3-8厘米，具疏齿或羽状分裂；茎生叶披针形，长2-4厘米，边缘具数对凹波状浅齿或近全缘。总状花序疏展。萼片披针形，宽不及1毫米，边缘白色膜质；花瓣淡紫或淡蓝色，长匙形，长0.7-1厘米，先端钝圆，基部具细爪。长角果圆柱形，长1.5-3厘米，稍上弯，具横节，顶端喙长1-1.5厘米，向上渐尖；果炳长2-5毫米，与果近等粗。种子褐色，长椭圆形；子叶（斜）缘倚胚根。花果期4-8月。

产辽宁、河北、河南、山东、山西、陕西、宁夏、甘肃、青海东部及新疆（文献记载安徽亦产），生于海拔700-2200米干旱荒地、荒滩、牧场、山坡草地、沟边或农田。阿富汗、印度、巴基斯坦、克什米尔、蒙古、朝鲜、俄罗斯、中亚、西南亚及欧洲东南部有分布。

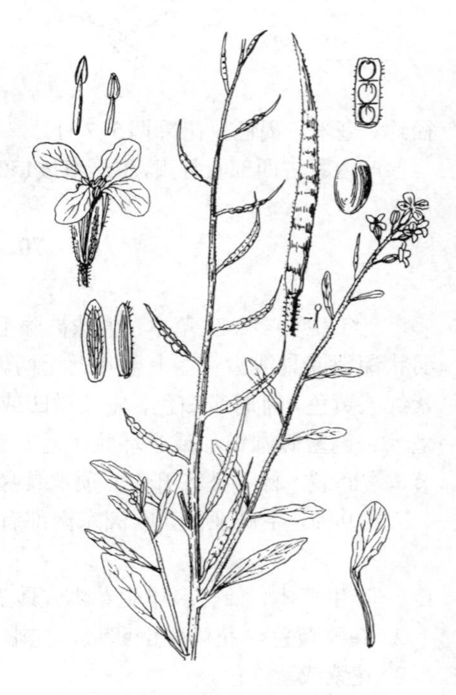

图 793 离子芥 （陈荣道绘）

3. 高山离子芥 图 794：1-4

Chorispora bungeana Fisch. et Mey. in Schrenk. Enum. Pl. Nov. 1: 96. 1841.

多年生矮小草本，高达10厘米。茎短，被疏毛。叶多数，基生，长椭圆形，下面具白色柔毛，羽状深裂或全裂，裂片近卵形，全缘，顶裂片最大；叶柄扁平，被毛。花单生花葶顶端；花梗细，长2-3厘米；萼片宽椭圆形，长7-8毫米，背面被白色疏毛，内轮2枚稍大，基部囊状；花瓣紫色，宽倒卵形，长1.6-2厘米，先端凹缺，基部具长爪。长角果念珠状，长1-2.5厘米，顶端具细短喙；果柄与果近等长。种子淡褐色，椭圆形而扁，径约1毫米；子叶缘倚胚根。花果期7-8月。

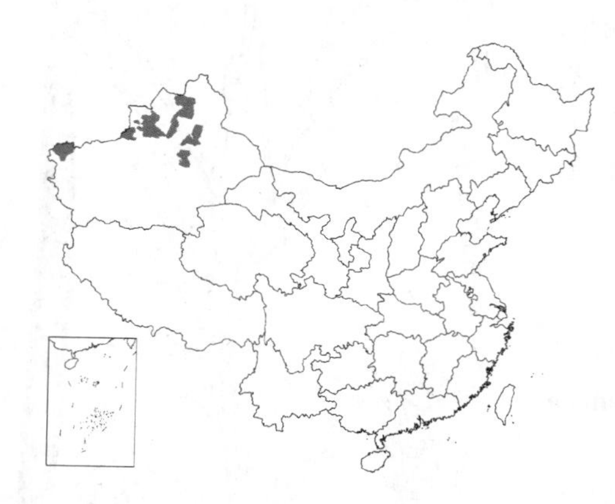

图 794：1-4.高山离子芥 5-9.具葶离子芥（韦力生绘）

产新疆，生于海拔2900-3700米山坡草地或沼泽地。俄罗斯、中亚、蒙古、印度、克什米尔、巴基斯坦及阿富汗有分布。

［附］**具葶离子芥** 图 794：5-9 **Chorispora greigii** Regel in Acta Hort. Pé trop. 296. 1879. 本种与高山离子芥的主要区别：一年生草本，高达30厘米；基生叶常羽状浅裂，茎生叶长椭圆形或长椭圆状线形，边缘波状锯齿，上部叶渐小，叶窄线形或丝状，全缘；疏散总状花序。与离子芥的区别：花瓣宽倒卵形，先端凹缺；长角果念珠状，果柄细长。产新疆北部，生于海拔约700米荒地。吉尔吉斯斯坦有分布。

71. 异果芥属 Diptychocarpus Trauv.

（王希蕖）

一年生草本，高达30厘米；植株被曲折长单毛。茎直立，上部分枝。基生叶倒披针形或近匙形，羽状浅裂或具波状牙齿，具柄；茎生叶线形，长5-6厘米，具波状牙齿或全缘；茎上部叶线形，全缘。总状花序具疏花。花梗短；萼片淡紫色，长圆形，直立，长4-6毫米，内轮2枚基部囊状；花瓣淡紫红色，线形或长圆形，长0.8-1.2厘米，基部具长爪；花丝扁，膜质，稍宽，花药长圆形，基着；子房线形，花柱常超过2毫米，柱头圆锥形，2裂，下延。长角果二型：茎上部的扁线形，长4-5厘米，宽2.5-3.5毫米，2室，隔膜膜质，开裂；茎下部的数个圆柱状四棱形，连喙长4厘米，宽约2毫米，种子间缢缩，熟时横裂；二型果的顶端均具喙，喙长约8毫米；果瓣有中脉。种子扁圆形，淡红棕色，有窄翅；子叶缘倚胚根。

单种属。

异果芥 图 795

Diptychocarpus strictus（Fisch. ex M. Bieb.）Trautv. in Bull. Soc. Mosc. 23(1): 108. 1860.

Raphanus strictus Fisch. ex M. Bieb. in Fl. Taur.-Cauc. 3: 452. 1819.

形态特征与属同。花期5-7月。

产新疆，生于海拔700米荒地、粘土地、碎石山坡。中亚、伊朗、阿富汗、巴基斯坦、俄罗斯及欧洲东部有分布。

72. 条果芥属 Parrya R. Br.

（王希蕖）

多年生草本；植株无毛或有硬单毛、分叉毛和腺毛。根颈木质化，分枝，具宿存叶柄。基生叶莲座状，全缘或羽状分裂，有柄；茎生叶与基生叶相似，有时无茎生叶。花少至多数成总状花序，稀单生花葶顶端。花梗粗；萼片直立，内轮2枚基部囊状；花瓣粉红、紫或白色，匙形或倒卵形，先端圆钝或微凹，基部具长爪；花丝分离，花药线形；侧生蜜腺环状，有时开裂，中蜜腺有或无；子房线形，花柱短，柱头锥形，2裂，不下延。长角果线形或长圆形，扁，2室，开裂，常无毛；果瓣平，有中脉；隔膜膜质，具纤维状线条。种子每室1行，扁，常具宽翅；子叶缘倚胚根。

25种，主产中亚。我国4种。有些种类花美丽，可供观赏。

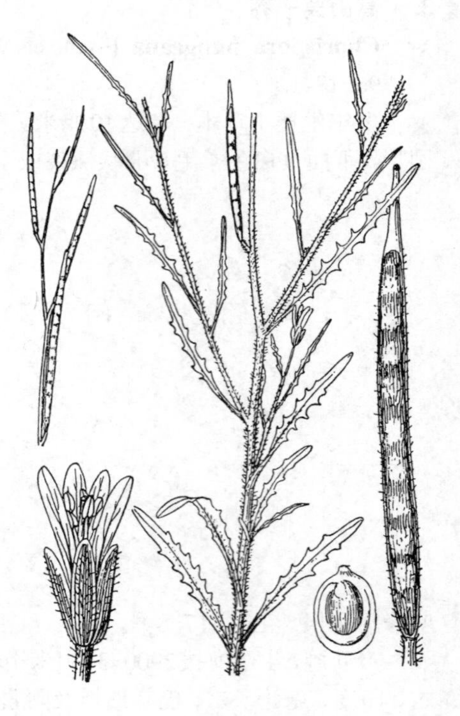

图 795 异果芥 （史渭清绘）

1. 叶全缘；花瓣紫色，宽倒卵形或宽卵形，长2.5-3厘米，先端具深缺；最下面的果柄1-2.5厘米 ························ 1. **柳叶条果芥 P. lancifolia**
1. 叶有齿或圆裂，稀羽状半裂或全裂；花瓣先端微缺。
   2. 叶缘有齿或齿圆裂，稀羽状半裂；花瓣粉红色具黄心，稀白或紫色；花丝白色；花柱长0.5-1.5毫米，长角果宽4-7毫米；种子近圆形 ··· 2. **裸茎条果芥 P. nudicaulis**
   2. 叶羽状半裂至全裂，裂片3-9对；花瓣紫或淡紫色，稀白色；花丝通常紫色，稀白色；花柱长2.5-6毫米；长角果宽2-2.5毫米；种子长圆形 ···································· 2(附). **羽裂条果芥 P. pinnatifida**

1. 柳叶条果芥 垫状条果芥 图 796

Parrya lancifolia Popov. Bull. Soc. Imp. Naturalistes Moscou 47: 86. 1938.

Parrya pulvinata auct. non M. Popov; 中国植物志 33: 358. 1987.

多年生草本，高达30厘米，成丛。植体有腺体或无腺体，具卷曲毛或无毛。根颈分枝，具宿存叶柄。基生叶莲座状，披针形或线状披针形，长2-9厘米，有毛或无毛，先端尖或近渐尖，基部楔形或渐窄，全缘，叶柄基部增宽，常有缘毛，长1-6厘米；无茎生叶。总状花序有2-10花。萼片紫色，线形或线状长圆形，长0.9-1.2厘米；花瓣紫色，宽倒卵形或卵形，长2.5-3厘米，先端有深缺，基部爪长1-1.7厘米；花丝紫色，长雄蕊花丝0.6-1厘米，短雄蕊花丝4-7毫米；花药线形，3-5毫米；子房有30-40胚珠。果线形或线状披针形，长4-9毫米；果瓣边缘扁平；胎座框扁平；宿存花柱长0.5-1毫米；果柄上升或开展，有或无腺体，最下面的长1-2.5厘米。种子圆形或近圆形，径4-6毫米，平扁，具翅，翅宽约1.5毫米。花期6-7月，果期7-8月。

图 796 柳叶条果芥 （陈荣道绘）

产新疆，生于海拔2300-3000米草坡。哈萨克斯坦及吉尔吉斯斯坦有分布。

2. 裸茎条果芥 图 797：1-3

Parrya nudicaulis（Linn.）Regel. in Bull. Soc. Imp. Nat. Mosc. 34：176. 1861.

Cardamine nudicaulis Linn. Sp. Pl. 2：654. 1753.

图 797：1-3.裸茎条果芥 4-5.羽裂条果芥（陈荣道绘）

多年生草本，高达35厘米，成丛；植体有腺体或无腺体，无毛；根颈分枝，具宿存叶柄。基生叶莲座状，披针形、线形、匙形或长圆形，长3-11厘米，先端锐尖，基部楔形或渐窄，边缘有齿或齿状圆裂，稀羽状半裂，叶柄常增厚，长2-10厘米，无毛或疏生缘毛；无茎生叶。总状花序有2-20花。萼片线形或线状长圆形，长0.6-1.1厘米，无毛或有腺体，边缘白色；花瓣粉红色具黄心，稀白或紫色，宽倒卵形，长1.6-2厘米，先端圆或微凹，基部爪长0.8-1.2厘米；花丝白色，长雄蕊花丝6-8毫米，短雄蕊花丝3-5毫米；花药线形；子房有16-40胚珠。长角果线形或线状披针形，长4-7厘米，宽4-7毫米；果瓣边缘平扁；胎座框平扁；宿存花柱长0.5-1.5毫米；果柄直立、上升或开展，最下面的果柄长2.2-7厘米。种子近圆形，径3-8毫米，平扁，具宽翅，翅宽达3毫米。花期5-8月，果期7-9月。

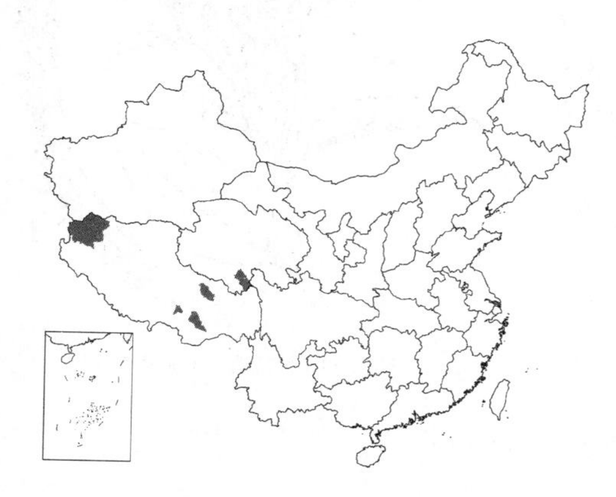

产青海及西藏，生于海拔2200-5500米干旱石质山丘坡地、岩石缝隙、砾石碎石堆中。阿富汗、克什米尔、印度、不丹、锡金、俄罗斯及北美有分布。

［附］**羽裂条果芥** 图 797：4-5 **Parrya pinnatifida** Kar. et Kir. in Bull. Soc. Imp. Nat. Mosc. 15：147. 1842. 与裸茎条果芥的区别：叶羽状半裂或全裂；裂片3-9对，全缘；花瓣紫色或淡紫色，稀白色；花丝紫色，稀白色；宿存花柱长2.5-6毫米；长角果宽2-2.5毫米；种子宽长圆形。花期5-7月，果期7-8月。产新疆，生于海拔1600-4400米岩石堆或碎石坡的砾石中。阿富汗、巴基斯坦及中亚有分布。

73. 对枝芥属 Cithareloma Bunge

（王希蕖）

一年生草本；植体被近无柄的星状毛，有时兼具有长柄的树枝状毛，稀茎上有少数单毛。茎直立，基部常有2条从腋间发出的对生分枝，其他分枝互生。基生叶凋萎；茎生叶具柄，有齿或全缘。总状花序花少，无苞片。萼片窄长圆形，直立，靠合，内轮2枚基部囊状；花瓣紫、粉红或白色，长于萼片，窄倒披针形或长圆状卵形，先端钝，基部的爪明显；雄蕊6，4强，花丝基部不扩大，花药线形；侧蜜腺2，半圆形，位于雄蕊内侧，无中蜜腺；子房有4-24胚珠。长角果或短角果纵裂，线形、长圆形或倒卵形，隔膜宽；果瓣中脉明显，被柔毛，念珠状；胎座框圆形，波状；隔膜完整，厚，不透明，无脉；宿存花柱长1-5毫米，柱头圆锥形，2裂，裂片凸出，靠合，下延；果柄开展。种子每室1行，具宽翅，圆形或卵圆形，扁平，微皱；子叶缘倚胚根。

2种；产中亚和西南亚。我国1种。

对枝芥 新疆紫罗兰 图 798

Cithareloma vernum Bunge, Linnaea 18：150. 1844.

Matthiola stoddarti auct. non Bunge；中国植物志 33：344. 1987.

一年生草本，高达20厘米。茎被近无柄的星状毛，在基部兼有具长柄的树枝状粗长毛。茎中部叶卵形或长圆状卵形，长2-5厘米，被无柄星状毛，先端钝圆，基部楔形，边缘有波状齿或齿牙，叶柄长0.5-1.5毫米。萼片窄长圆形，长4-5毫米；花瓣白或紫色，长0.7-1厘米，基部爪长4-5毫

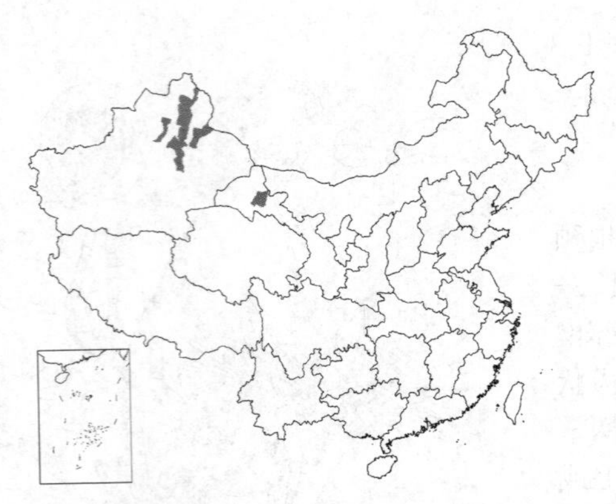

米；花丝2-4毫米，花药0.9-1.2毫米；子房有18-24胚珠。长角果线形，长3.5-4.5厘米；果瓣被无柄星状毛和兼有具长柄的树枝状粗毛，念珠状；宿存花柱2-5毫米；果柄长1.5-2.5毫米。种子圆形或卵圆形，扁平，径3.5-5毫米，翅宽0.5-0.7毫米。花期3-5月，果期5-7月。

产甘肃及新疆，生于多沙荒漠地区。哈萨克斯坦、土库曼斯坦及乌兹别克斯坦有分布。

图 798 对枝芥 （陈荣道绘）

74. 光籽芥属 Leiospora (C. A. Mey.) Dvorak

（王希蕖）

多年生草本，具花葶；植体被单毛或有柄2叉毛，有时无毛。根状茎或根颈有宿存枯叶柄。常无茎。基生叶有柄，莲座状，全缘或有齿；无茎生叶。总状花序无苞片，或花单生于从莲座叶心发出的花葶上。萼片长圆状线形，直立，不相等，内轮2枚基部囊状，边缘膜质；花瓣粉红或紫色，倒卵形，先端圆，长于萼片，基部爪不明显；雄蕊6，4强，花丝基部不扩大，花药线形；侧蜜腺2，无中蜜腺；子房有18-50胚珠，柱头圆柱形，裂片靠合，下延。长角果纵裂，线形或线状披针形，宽隔膜明显，无柄，易脱落；果瓣无毛，念珠状，边缘具棱，有凸出的中脉和边脉，侧脉不明显，顶端与胎座框紧密连合；胎座框圆形；隔膜完整，膜质透明；无宿存花柱，柱头圆锥状，2裂，裂片凸出，分离，下延；果柄直立至上升。种子每室1或2行，具翅或无翅，长圆形或圆形，平扁；子叶缘倚胚根。

6种，产中国、印度、克什米尔、哈萨克斯坦、吉尔吉斯斯坦、塔吉克斯坦、蒙古及俄罗斯。我国4种。

帕米尔光籽芥 无茎条果芥 图 799

Leiospora pamirica (Botsch. et Vved.) Batsch. et Pachom. in Bot. Zharn. 57: 669. 1972.

Parrya pamirica Botsch. et Vved. in Nov. Sist. Vyssh. Rast. 1965: 279. 1965.

Parrya exscapa auct. non C. A. Mey.: 中国植物志 33: 354. 1987.

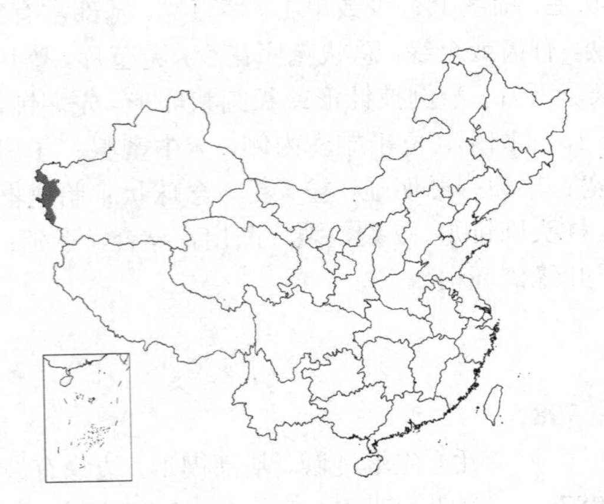

一年生矮小草本，高5-10（-15）厘米。根颈分枝，密被宿存枯叶柄。基生叶匙状倒披针形，稀倒卵形、椭圆形或长圆形，长1-4厘米，疏被或密被单毛和具柄2叉毛，先端尖或圆，基部楔形或渐窄，全缘或具少数齿牙；叶柄长1-3厘米，基部增宽，有睫毛。花序有2-7花。萼片长圆

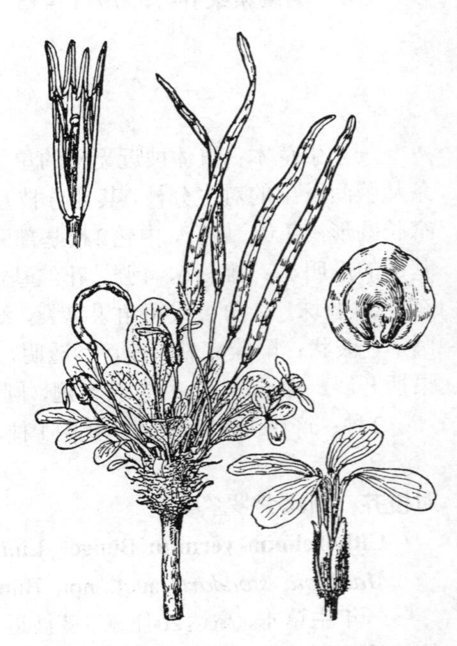

图 799 帕米尔光籽芥 （陈荣道绘）

形，长0.6-1厘米，无毛或被疏毛，边缘白色；花瓣倒卵形，长1.5-2.2厘米，先端圆，基部爪长0.8-1.1厘米；花丝白色，长雄蕊花丝6-8毫米，短雄蕊花丝4-6毫米，花药线形；子房有24-40胚珠。长角果线形或线状披针形，长3.5-7厘米，边缘直或波状；果柄直立至上升，无毛，长2-6厘米。种子每室1-2行，圆形，径3-4毫米，平扁，具波状翅，宽 0.5-1毫米。花果期7-9月。

产新疆西部（文献记载西藏亦产），生于海拔3900-5500米干燥多石的平原和石崖上。克什米尔及塔吉克斯坦有分布。

75. 丝叶芥属 Leptaleum DC.

（王希蕖）

一年生矮小草本，高达10厘米；无毛或具单毛、分叉毛及腺毛。茎基部分枝，开展。叶丝状，多裂或全缘，近无柄，裂片长0.3-1厘米，宽1-2毫米。花单生叶腋或3-5花生于疏散短总状花序上。花梗长1-2毫米；萼片长圆形，长3-4毫米，直立，内轮2枚基部不呈囊状，有白边；花瓣白或粉红色，倒披针形或线形，长约5毫米；4枚长雄蕊离生或每2个基部合生，花药短窄，锐尖，有时具1室；侧蜜腺立方形，中蜜腺窄；子房线形，柱头锥状，2裂，近无花柱。长角果四棱柱形或圆柱形，长（1-）2-3厘米，2室，迟裂或不裂；隔膜近海绵质；果瓣有中脉和网脉。种子每室2行，长圆形，长约1毫米，褐色，无翅。子叶背倚胚根。

单种属。

丝叶芥

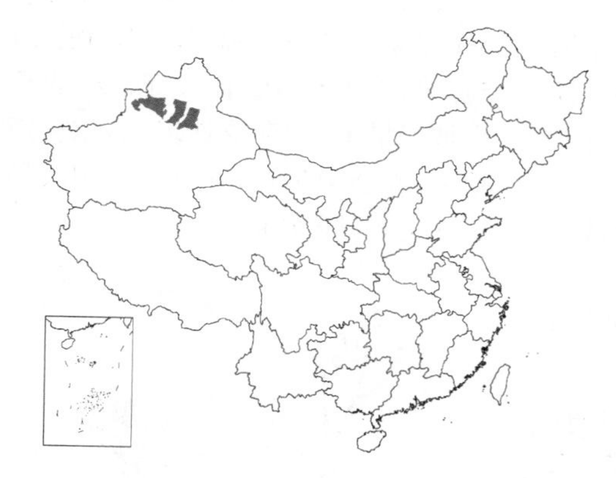

图 800

Leptaleum filifolium (Willd.) DC. Syst. Nat. 2: 511. 1821.

Sisymbrium filifolium Willd. Sp. Pl. 3: 495. 1800.

形态特征同属。花果期4-5月。染色体2n=14。

产新疆北部，生于海拔700-900米荒漠草地、沙地、沟边、山前平原、粘土地或石质地。中亚及西南亚有分布。

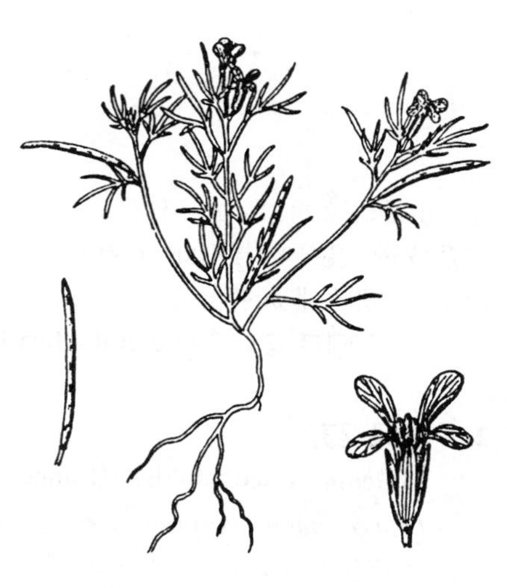

图 800 丝叶芥 （王金凤绘）

76. 涩芥属 Malcolmia R. Br. corr. Spreng.

（王希蕖）

一年生稀二年生草本；植体被单毛或2-4分叉毛，稀无毛。茎近直立或开展。叶倒披针形或椭圆形，羽裂或近全缘。总状花序花疏散。花梗短；萼片直立，内轮2枚基部囊状；花瓣白、粉红或紫色，线形或倒披针形；雄蕊全离生或内轮的成对合生；侧蜜腺成对，圆锥形，无中蜜腺；子房有多数胚珠，近无花柱。长角果线形、四棱柱形或圆柱形，2室，不易开裂；果柄粗短，果瓣坚硬，具中脉。种子每室1-2行，长圆形，无翅；子叶背倚胚根。

约35种，产地中海地区至中亚及阿富汗。我国4种。

1. 植体基部被2-4分叉毛；长角果四棱柱形，若平扁则明显卷曲。
  2. 长角果四棱柱形，不呈念珠状，直 ………… 1. **涩芥 M. africana**
  2. 长角果线形平扁或近圆柱形，念珠状。
    3. 长角果线形，平扁，强烈卷曲，最多可卷5圈；花瓣长6-8毫米 ………… 2. **卷果涩芥 M. scorpioides**
    3. 长角果近圆柱形，直或靠近顶端弯曲，稀卷曲一圈；花瓣长2-3.5毫米 … 2(附). **短梗涩芥 M. karelinii**
1. 植体至少在基部密被刚毛；长角果扁平，直 ………… 1(附). **刚毛涩芥 M. hispida**

1. 涩芥 图 801

Malcolmia africana (Linn.) R. Br. in Aiton, Hort. Kew ed. 2, 4: 121. 1812.

Hesperis africana Linn. Sp. Pl. 663. 1753.

Malcolmia africana var. *trichocarpa* (Boiss. et Buhse) Boiss.; 中国植物志 33: 362. 1987.

二年生草本，高达35厘米；密生单毛或叉状硬毛。茎直立，多分枝，有棱。叶长1.5-8厘米，宽0.5-1.8厘米，先端钝，有小短尖，基部楔形，具波状齿或全缘；叶柄长0.5-1厘米或近无柄。总状花序。萼片长圆形，长4-5毫米；花瓣紫或粉红色，长0.8-1厘米。果序长达20厘米；长角果近四棱柱形，长3.5-7厘米。种子长圆形，长约1毫米，浅棕色。花果期4-8月。

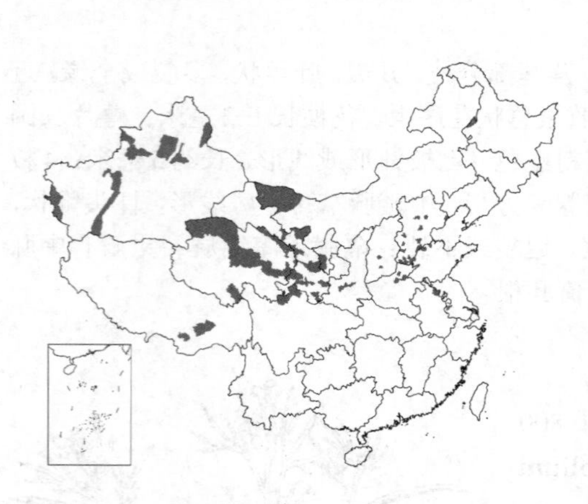

产黑龙江、内蒙古、河北、山西、陕西、宁夏、甘肃、青海、新疆、西藏、四川、河南、山东、江苏及安徽，生于海拔100-3600米荒地、田间及山前平原盐土。亚洲北部及西部、欧洲及非洲有分布。

［附］**刚毛涩芥 Malcolmia hispida** Litw. in Тр. Бот. Муз. АН 1. 37. 1902. 与涩芥的主要区别：植体密被刚毛；萼片长3-4毫米；花瓣长5-6毫米；长角果扁平，直，长3.5-5厘米，宽0.5-1毫米。产西藏，生于山坡或旱田。哈萨克斯坦、吉尔吉斯斯坦、塔吉克斯坦、土库曼斯坦及乌兹别克斯坦有分布。

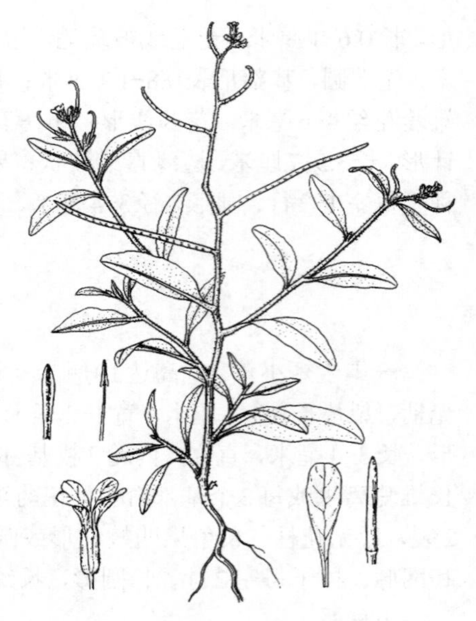

图 801 涩芥 （王金凤绘）

2. 卷果涩芥 图 802：1

Malcolmia scorpioides (Bunge) Boiss. Fl. Orient. 1: 225. 1867.

Dontostemon scorpioides Bunge in Arb. Nat. Ver. Riga 1: 150. 1847.

一年生草本，高达20(-30)厘米。茎直立，多分枝，疏被分叉毛，有时近无毛。基生叶长圆形或披针形，长3-4厘米，先端圆钝，基部楔形，疏生锯齿或近全缘，两面被分枝毛，叶柄长0.5-1厘米；茎生叶和基生叶相似，较小。萼片长圆形，长2.5-4毫米，外面被分叉毛；花瓣线状匙形，粉红或带白色，长6-8毫米。长角果线形，长4-5厘米，强烈拳卷，最多可卷5圈，扁平，种子间缢缩；花柱极短；果柄粗，长1-2毫米。种子长圆形，长约1毫米，黄棕色。花果期5-6月。

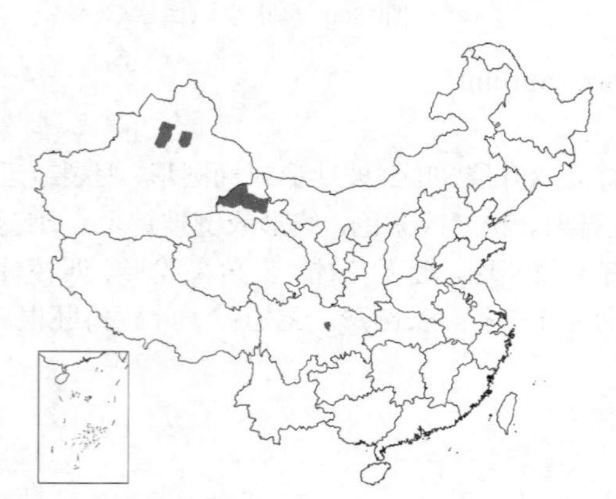

产甘肃及新疆，生于海拔500米山坡沙地、山前平原、半固定沙地、沙丘间低地。阿富汗、伊朗、巴基斯坦、中亚及西南亚有分布。

图 802: 1.卷果涩芥 2-4.短梗涩芥 （张泰利绘）

［附］**短梗涩芥** 图 802：2-4 **Malcolmia karelinii** Lipsky. in Trudy

Imp. S.-Peterb. Bot. Sada 23: 31. 1904. —— *Malcolmia brevipes*（Kar. et Kir.）Boiss.；中国植物志 33: 363. 1987. 与卷果涩芥的主要区别：长角果近圆柱形，顶端弯曲，稀卷曲1圈；花瓣长2-3.5毫米。产内蒙古及新疆，生于荒地。中亚、西南亚、伊朗及巴基斯坦有分布。

77. 香花芥属 Hesperis Linn.

（王希蕖）

二年生或多年生草本；被长单毛及分叉毛，有时具短腺毛。茎直立，分枝。叶全缘，或具深锯齿或羽状分裂，茎下部叶具柄，上部叶近无柄。总状花序具多花，有叶。花大而美丽；萼片直立，具白色膜质边缘，内轮2枚基部囊状；花瓣倒卵形，平展，长约为萼片2倍，白、粉红、紫或带黄色，有深色脉纹，基部具长爪；花丝离生，内轮雄蕊花丝比外轮的宽，具不等的宽翅；侧蜜腺环状，外侧3裂，无中蜜腺；子房有多数胚珠，柱头2裂，常直立靠合，近无花柱。长角果圆柱状，常稍扭曲，2室，不易开裂；果瓣具中脉。种子大，长圆形，无翅；子叶背倚胚根。

约25种，主产欧洲、地中海地区至伊朗、中亚及西南亚。我国2种。

1. 植体无腺体或有稀疏腺体；茎上部叶具短柄；被单毛和2叉毛 ························ 1. **欧亚香花芥 H. matronalis**
1. 植体密生腺体；茎上部叶无柄；仅被单毛 ························ 2. **北香花芥 H. sibirica**

1. 欧亚香花芥

图 803：1-2

Hesperis matronalis Linn. Sp. Pl. 2: 663. 1753.

二年生、稀多年生草本，高达80厘米；植体被单毛和2叉毛。茎直立，常上部分枝，无腺体，上端常无毛。基生叶花时枯落；中部和上部的茎生叶窄长圆形、披针形或宽卵形，长4-15厘米，被单毛和2叉毛，先端尖锐或渐尖，基部楔形，边缘具细齿或全缘，具短柄。萼片窄长圆形，长5-8毫米；花瓣深紫、淡紫或白色，倒卵形，长1.5-2厘米，先端圆，基部爪长0.6-1.2厘米；花丝长2.5-6毫米；花药线形，长2.5-4毫米。长角果圆柱形，长0.6-1厘米；果瓣无毛，种子间缢缩；果柄开展或上升，0.7-1.7厘米，无腺体。种子长圆形，长3-4毫米。花果期5-9月。染色体2n=24。

原产欧洲和西南亚，新疆栽培并已野化。

图 803：1-2.欧亚香花芥 3-10.毛萼香芥（冀朝祯绘）

2. 北香花芥 雾灵香花芥

图 804

Hesperis sibirica Linn. Sp. Pl. 2: 663. 1753.

Hesperis oreophila Kitagawa；中国植物志 33: 366. 1987.

多年生或二年生草本，高达1米；植体常密生腺体，上部仅被单毛。茎直立，上部分枝。基生叶花时枯落；中部和上部茎生叶窄至宽披针形，长5-10厘米，无柄或近无柄，有腺体和单毛，先端尖锐或渐尖，基部楔形，边缘具细齿或全缘。萼片窄长圆形，长5.5-7.5毫米；花瓣深紫、淡紫或白色，窄至宽倒卵形，长1.5-2厘米，先端圆，基部爪长0.7-1厘米；花丝长3-5.5毫米；花药线形，长2.5-4毫米。长角果圆柱形，长4-10厘米；果瓣疏生或密生腺体，种子间缢缩；果柄开展或上升，0.7-2.5厘米，具腺体。种子长圆形，长2-2.7毫米。花果期5-9月。染色体2n=14。

产辽宁、河北、内蒙古及新疆，生于海拔900-2900米山坡灌丛或平原河边。蒙古、俄罗斯及中亚有分布。

78. 香芥属 Clausia Kornuch-Trotzky

（王希蕖）

一年、二年或多年生草本；植体被腺体或单毛。茎直立，上部分枝。基生叶具柄，通常不呈莲座状，全缘或有齿；茎生叶具柄或无柄，全缘、有齿牙或锯齿，基部不呈耳状。总状花序无苞片。萼片长圆状线形，直立，无毛或有柔毛，内轮2枚基部袋状；花瓣紫、淡紫或稀白色，远长于萼片，无皱折，倒卵形，长1.1-2.5厘米，先端圆，基部爪明显；雄蕊6，4强，花丝基部不扩大，花药窄长圆形；侧蜜腺2，半月形，位于雄蕊内侧，无中蜜腺。子房有25-45胚珠。长角果开裂，线形，宽隔膜，无柄；果瓣中脉凸起，侧脉明显，无毛，念珠状；胚胎框扁平，隔膜完整；宿存花柱粗短，圆柱形，长不及2毫米，柱头头状，2裂，裂片稍下延，分离；果柄粗，开展或上升。种子每室1行，长圆形，平扁，具窄翅；子叶缘倚胚根。

5种，产中亚和东亚及东南欧。我国2种。

图 804 北香花芥 （冀朝祯绘）

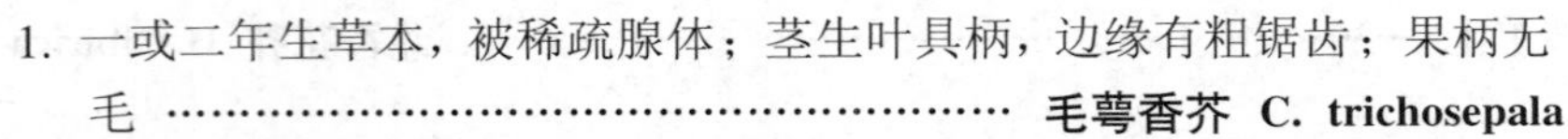

1. 一或二年生草本，被稀疏腺体；茎生叶具柄，边缘有粗锯齿；果柄无毛 ………………………………………………… 毛萼香芥 C. trichosepala

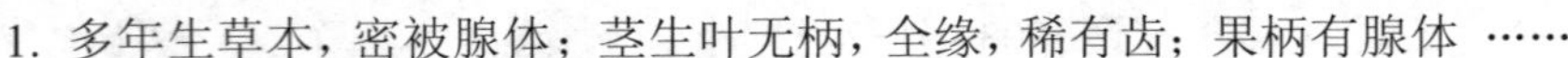

1. 多年生草本，密被腺体；茎生叶无柄，全缘，稀有齿；果柄有腺体 ………………………… （附）. 香芥 C. aprica

毛萼香芥 香花芥 图 803：3-10

Clausia trichosepala (Turcz.) Dovorak in Phyton. 11: 200. 1966. *Hesperis trichosepala* Turcz. in Bull. Soc. Nat. Mosc. 5: 180. 1832.; 中国高等植物图鉴 2: 64. 1972; 中国植物志 33: 366. 1987.

一年生或二年生草本，高达60厘米；植体被稀疏腺体。茎直立，上部分枝，无毛或具稀疏单毛。基生叶花时枯落；中部茎生叶椭圆形，长1.7-4.5厘米，边缘具粗齿，先端尖锐，叶柄长5-15厘米。萼片长4-6毫米，上端密生长硬毛；花瓣紫色，倒卵形，长1-1.7厘米，基部爪长6-8毫米；花丝4-8毫米，花药窄长圆形，长1.4-1.8毫米。长角果线形，直立，长4.5-7厘米，无毛；宿存花柱长1-2毫米；果柄开展或上升，长0.4-1厘米，无毛。种子长1.2-1.5毫米，上端具翅，翅宽约0.3毫米。花果期5-8月。

产吉林、内蒙古、河北、山东及陕西，生于海拔1100-1700米山坡。朝鲜及蒙古有分布。

［附］ **香芥 Clausia aprica** (Steph.) Kornuch-Trotzky, Idea Sem. Kasan 1834. —— *Cheiranthus apricus* Steph. in Willd. Sp. Pl. 3: 518. 1800. 与毛萼香芥的主要区别：多年生草本，植体密被腺体；茎生叶无柄，全缘，稀有齿；果柄有腺体。产新疆，生于山坡和干草原。内蒙、哈萨克斯坦、俄罗斯及东南欧有分布。

79. 假香芥属 Pseudoclausia Popov

（王希蕖）

二年生、稀多年生草本；植株被单毛和有柄毛。茎直立，上部分枝。基生叶莲座状，羽状全裂或羽状半裂，稀近全缘，有柄；茎生叶有短柄或无柄，羽状全裂、半裂、有齿或稀全缘，基部不呈耳状。总状花序无苞片，有叶，果时明显延长。萼片长圆状线形，直立，内轮萼片基部袋状；花瓣紫或淡紫色，稀带褐色，远长于萼片，有皱折，线形或线状倒披针形，稀倒卵形，宽1.5-3毫米，先端圆，基部爪明显；雄蕊6，4强，花丝基部不扩大，花药线形或线状长圆形，侧蜜腺2，无中蜜腺；子房有10-45胚珠。长角果开裂，窄线形，具宽隔膜，无柄；果瓣具凸出中脉和侧脉，念珠状，胎座框扁；隔膜完整；宿存花柱圆锥形；柱头线形，2裂，裂片下延，靠合；果柄粗，开展或上升。种子每室1行，具窄翅，长圆形，平扁；子叶缘倚胚根。

10种，产中亚和西南亚。中国1种。

突蕨假香芥 腺果香芥

Pseudolausia turkestanica（Lipsky）AN. Vassil. Fl. Kazakhst. 4: 244. 1961.

Clausia turkestanica Lipsky in Trudy Imp. S-Peterb. Bot. Sada 23: 41. 1904.

Clausia turkestanica var. *glandulosissima* Lipsky；中国植物志 33: 370. 1987.

二年生草本，高达70厘米。茎下部不分枝，被单毛和腺毛。基生叶密集，倒披针形或长圆形，长1.5-5厘米，被疏或密毛，羽状半裂或波状，稀近全缘，叶柄长0.5-1.5厘米；茎生叶无柄，长圆状披针形或卵状长圆形，长2.5-5厘米，全缘或有齿。萼片长6-8毫米；花瓣紫色，线形或线状倒披针形，长1-1.6厘米，基部爪长0.7-1厘米；花丝4-6毫米，花药线状长圆形。长角果长6-9厘米，具疏腺体，无毛，宿存花柱近圆锥形，长1.5-4毫米，柱头线形；果柄开展，长0.5-1厘米，具腺体。种子长1.2-2毫米，翅宽0.1-0.4毫米。花期6-7月。

产新疆西部，生于海拔800-3000米山坡。阿富汗、哈萨克斯坦、吉尔吉斯斯坦、塔吉克斯坦、土库曼斯坦、乌兹别克斯坦及西南亚有分布。

80. 异药芥属 Atelanthera Hook. f. et Thoms.

（王希蕖）

一年生矮小草本，高达5（-10）厘米。茎直立，单一，丝状，坚硬，被贴生2节粗毛。无基生叶；茎生叶数片，近对生或互生，无柄，长圆形或线形，长1-1.5厘米，先端圆，全缘。总状花序疏散，有2-5花。花径约3毫米；花梗长约1毫米；萼片直立，长约2毫米，内轮2枚基部不呈囊状；花瓣白色，后紫色，长约3.5毫米；雄蕊花药2型：2枚短雄蕊具2室花药，4枚长雄蕊具1室花药；侧蜜腺成对，长圆柱状，无中蜜腺；子房有14-24胚珠。长角果扁圆柱形，长约2厘米，宽约1毫米，2室，开裂，裂时常扭转；果瓣具中脉，被贴生毛；无花柱，柱头稍2裂。种子每室1行，（4-）6-12粒，长圆形，无翅，长约0.7毫米；子叶背倚胚根。

单种属。

异药芥

Atelanthera perpusilla Hook. f. et Thoms. in Journ. Linn. Soc. Bot. 5: 138. 1861.

形态特征同属。

产西藏西部，生于海拔2700-3000米干旱石砾河床。喜马拉雅山西部帕米尔、巴基斯坦、克什米尔、塔吉克斯坦及阿富汗有分布。

81. 隐子芥属 Cryptospora Kar. et Kir.

（王希蕖）

一年生草本；全株被易折断、不等长2叉毛及单毛。茎直立，常基部分枝。叶无柄，披针形，有锯齿。总状花序短。花小，花梗极短；萼片近直立，内轮2枚基部不呈囊状；花瓣倒卵形，先端微凹，有脉纹；侧蜜腺半环形，两端厚，外面开口，无中蜜腺；子房有3-7胚珠，花柱短，柱头2瓣裂，裂片直立。长角果圆柱形，较短，渐尖，外弯，不裂，具3-7种子，种子间缢缩，在缢缩处断裂；果柄粗短。种子大，长圆形；子叶背倚胚根。

3种，分布中亚及西南亚。我国1种。

隐子芥

图 805

Cryptospora falcata Kar. et Kir. in Bull. Soc. Nat. Mosc. 15: 161. 1842.

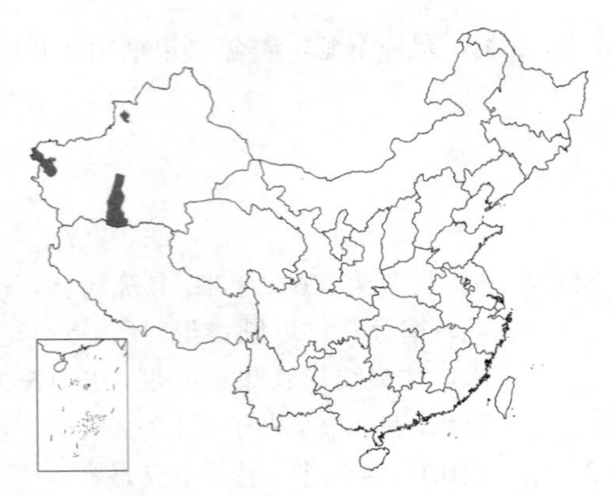

一年生草本，高达40厘米；全株密生小分叉毛及单毛。茎直立，分枝。叶无柄，披针形，全缘或有疏锯齿。萼片披针形，长2-3毫米；花瓣白色，倒卵形，长3-5毫米，先端微缺，基部爪窄。长角果镰状弧曲，长1.5-3.5厘米；宿存柱头微2裂；果柄长3-5毫米，紧贴果序轴。种子长圆形，长约3毫米，棕红色。花果期4-8月。

产新疆，生于山坡、荒漠或干草原。中亚及西南亚有分布。

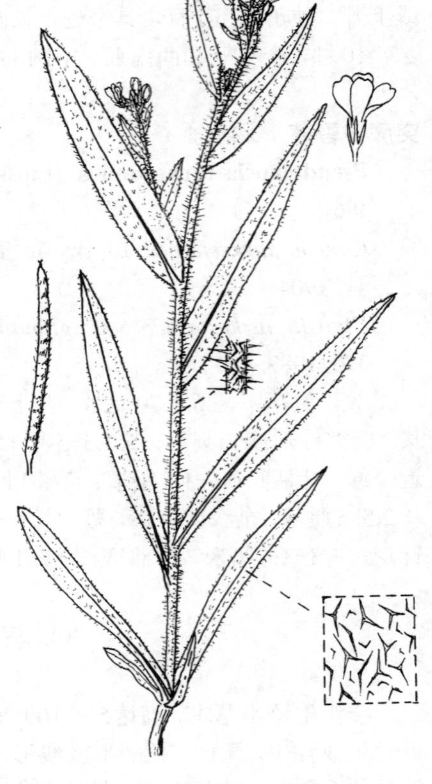

图 805 隐子芥 （孙英宝绘）

82. 棒果芥属 Sterigmostemum M. Bieb.

（王希蕖）

一年、二年或多年生草本或亚灌木；植体被树枝状毛，有时兼有少量单毛、具柄2叉毛和腺毛。茎直立，不分枝或分枝。基生叶具柄，莲座状，羽状半裂、羽状全裂或倒向羽裂，稀波状或近全缘；茎生叶具柄，与基生叶相似，向上叶的分裂变少。总状花序，无苞片。萼片长圆形，等长，内轮2枚基部不呈囊状；花瓣黄或橙色，稀白或紫色，宽卵形，先端圆，基部爪不明显；雄蕊6，4强，长雄蕊花丝成对合生，稀分离，基部增大，花药长圆形；侧蜜腺2，环形，无中蜜腺；子房有10-40胚珠。长角果不裂或迟裂，常为节荚状以1或2粒种子为单位横向断裂，圆柱状线形或长圆形，无柄；果瓣厚，脉不明显，无毛，有腺体和树枝状毛，多瘤，稀念珠状；胎座框圆；隔膜完整，厚，不透明，无脉；宿存花柱凸出，短或不明显，柱头头状，2裂，裂片分离，不下延；果柄开展或直立上升。种子每室1行，无翅，长圆形，稍扁；子叶背倚胚根。

7种，产中亚和西南亚。我国1种。

棒果芥

Sterigmostemum caspicum (Lam.) Rupr. in Mem. Acad. Imp. Sci. St. Petersb. ser. 7, 15: 95. 1869.

Cheiranthus caspicus Lam. in Pallas, Voy. 8: 348. 1794.

Sterigmostemum tomentosum (Willd.) M. Bieb.; 中国植物志 33: 374. 1987.

多年生草本，高达25厘米，根颈木质化；植体被树枝状棉毛，无腺毛。茎从基部发出数条。基生叶绿色或灰白色，线形、披针形或倒卵形，长4-8厘米，先端尖锐，基部渐窄，全缘、具钝波状齿、羽状半裂或羽状全裂，侧生裂片全缘、有齿或分裂，叶柄长0.5-2厘米；最上部茎生叶近无柄，较小，不分裂。萼片长圆形，长3-4毫米，内轮2枚较宽；花瓣黄色，长6-8毫米，基部渐窄成爪；长雄蕊花丝长5-6毫米，合生至中部稍上，短雄蕊花丝长3.5-4毫米，花药长2-2.5毫米；子房有20-40胚珠。长角果线形，长3.5-5.5厘米，开展或上升，直或弯；果瓣厚，被树枝状棉毛；宿存花柱1-3毫米，柱头裂片直立至近靠合；果柄开展，长0.5-1.2厘米。种子褐色，长圆形，长2-2.5毫米。花期4-6月，果期5-7月。

产新疆东北部及北部，生于海拔500-1200米干草原、荒漠等干旱区域。哈萨克斯坦及俄罗斯有分布。

83. 爪花芥属 Oreoloma Botsch.

（王希蕖）

多年生草本，根颈明显；植体被树枝状毛和兼有具柄腺毛。茎直立，不分枝，或基部或顶部分枝。基生叶具柄，莲座状，羽状半裂、羽状全裂、波状或全缘；茎生叶少至多数。总状花序无苞片。萼片长圆状线形，直立，不相等，内轮2枚基部囊状，边缘膜质；花瓣紫、粉红或黄色，稀白色，宽倒卵形或匙形，先端圆，基部爪长于萼片；雄蕊6，4强，长雄蕊花丝合生成2对，基部扩大，花药窄长圆形；侧蜜腺2，环状或半月形，无中蜜腺；子房有8-50胚珠。长角果圆柱状线形或长圆形，迟裂，不横裂成节段；果瓣无脉，被腺毛和树枝状毛，不呈瘤状和念珠状；胎座框扁；隔膜完整；宿存花柱凸出，短或不明显，柱头头状或线形，多少2裂，裂片分离、上升、不下延；果柄几与果一样粗，开展。种子每室1行，无翅，长圆形，稍扁；子叶背倚胚根。

3种，分布于中国和蒙古。我国均产。

1. 柱头头状，近不分裂，或具长度与宽度近相等的裂片；花瓣褐紫色；长雄蕊花丝长5-6毫米；茎生叶10以上 ………………………………………………………………………………………………… 1. **紫爪花芥 O. matthioloides**
1. 柱头线形，2裂，裂片的长度远大于宽度；花瓣粉红、乳白或黄色；长雄蕊花丝0.9-1.5厘米；无茎生叶或有1-3叶 ……………………………………………………………………………………… 2. **少腺爪花芥 O. eglandulosum**

1. 紫爪花芥 紫花棒果芥 图 806：1-8

Oreoloma matthioloides（Franch.）Botsch. in Bot. Zhurn. 65：426. 1980.

Dontostemon matthioloides Franch. Pl. David. 1：35. t. 9. 1884.

Sterigmostemum matthioloides（Franch.）Botsch.；中国植物志 33：372. 1987.

多年生草本，高达45厘米；根颈细，常分枝；全株密被棉毛和腺毛。茎不分枝或上部分枝。基生叶披针形，长2-7厘米，羽状半裂或羽状全裂，稀波状不裂，先端尖，裂片5对，长圆形或卵形，长0.2-1厘米，柄长1-3厘米；茎生叶10以上，具短柄，羽状半裂或具波状齿。萼片窄长圆形，长7-8毫米；花瓣褐紫色，倒卵形，长1.4-1.8厘米，基部成爪；长雄蕊花丝合生至一半以上，长5-6毫米，短雄蕊花丝3-4毫米；花药窄长圆形；子房有8-14胚珠。长角果圆柱状或长圆形，长1.5-3厘米，直，基部最宽，顶部较窄；宿存花柱不明显到长约1.5毫米，柱头头状，近不分裂，或有长度与宽度相等的裂片；果柄粗，较果实基部细，长2-3毫米，开展。种子长圆形，褐色，长2-2.7毫米。花果期6-8月。

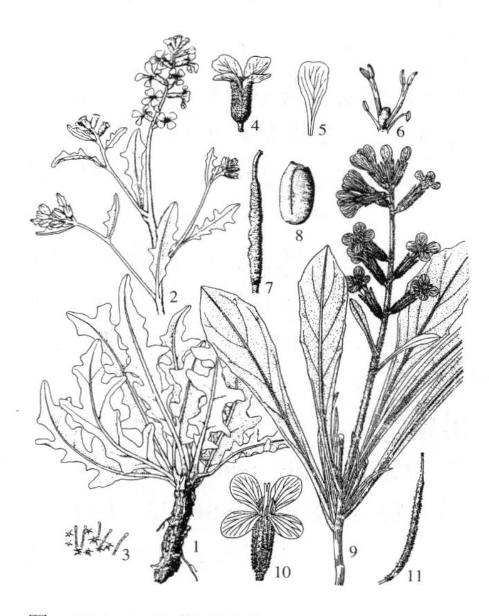

图 806：1-8.紫爪花芥 9-11.少腺爪花芥
（王金凤 邱 晴 孙玉荣绘）

产内蒙古、宁夏、青海及新疆，生于海拔1400-2000米沟谷、戈壁或沙石坡。

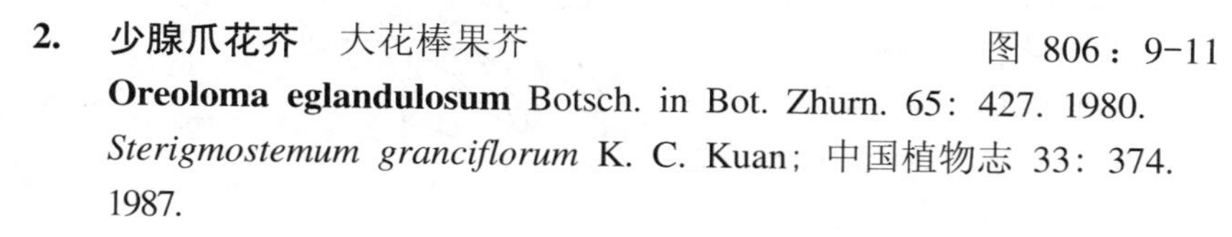

2. 少腺爪花芥 大花棒果芥 图 806：9-11

Oreoloma eglandulosum Botsch. in Bot. Zhurn. 65：427. 1980.

Sterigmostemum granciflorum K. C. Kuan；中国植物志 33：374. 1987.

多年生草本，高达22厘米；植体密被毛，萼片或有时花梗和叶疏生腺体，稀密生腺体。根颈木质化，分

枝，被宿存叶柄。茎单一，有时上部分枝。基生叶宽长圆形或宽倒披针形，长2-8厘米，全缘或波状，先端圆钝，叶柄长2-5厘米；无茎生叶或茎生叶很少，具短柄，全缘。萼片窄长圆形，长1-1.5厘米；花瓣粉红、乳白或黄色，倒卵形，长1.7-2.2厘米，基部爪长1-1.5厘米；长雄蕊花丝长1.1-1.5厘米，合生部分达1/2以上，短雄蕊花丝0.8-1.2厘米；花药窄长圆形；子房有40-50胚珠。长角果圆柱形，长4-7厘米，直或弯，向顶端渐窄；宿存花柱2.5-6毫米，柱头裂片线形，裂片长度远大于宽度；果柄粗，稍比果细，0.6-1.2厘米，开展。种子长圆形，褐色，长2-3毫米。花期6-8月，果期7-8月。

产甘肃、青海及新疆，生于海拔3000-4300米山坡、干砾石沟或沙质道路旁。

84. 四棱芥属 Goldbachia DC.

（王希蕖）

一年生或二年生草本；常无毛。叶倒披针形或长椭圆形，有疏齿牙或近全缘；基生叶下部渐窄成柄；茎生叶无柄，基部楔形，常耳状抱茎。总状花序。花梗丝状；萼片近直立，内轮2枚基部囊状；花瓣白或粉红色，匙形，长约萼片2倍；雄蕊离生；侧蜜腺环状，外侧开口，中蜜腺连接侧蜜腺；子房有2-4（-6）胚珠，花柱粗短，柱头头状。角果长圆形，具4棱，中部常细，稍弯，种子间缢缩，反折或翘起，横壁隔成2-3室，每室具1种子，顶部具扁喙，不裂或种子间横裂。子叶背倚胚根。

约6种，产亚洲温带及欧洲。我国3种。

1. 茎生叶中部最宽，基部无柄，耳状；萼片无毛或近顶端疏被直柔毛；角果指向下方反折 ………………………………………………………………………………………… **垂果四棱芥 G. pendula**
1. 茎生叶基部最宽、抱茎；萼片密被卷曲毛；角果指向上方翘起 ……………………（附）. **四棱芥 G. laevigata**

垂果四棱芥

Goldbachia pendula Botsch. in Bot. Mater. Gerb. Bot. Inst. Komar. Acad. Nauk. SSSR 22: 140. 1963.

一年生草本，高达40厘米。茎分枝。基生叶不呈莲座状，倒卵形或倒披针形，长2-5厘米，边缘具波状圆齿或尖齿，常有睫毛，先端钝或尖，叶柄长1-2.5厘米；中部茎生叶无柄，耳状，长圆形、窄披针形或倒披针形，长1.3-4.5厘米，中部最宽，边缘具细齿和睫毛。萼片长圆形，长1.5-2毫米，无毛或近上端疏被直柔毛，内轮2枚基部囊状；花瓣淡紫色，窄披针形，长3-4毫米；花粉卵圆形，0.3-0.4毫米。角果圆柱状长圆形，稍具4棱，长5-9毫米，指向下方反折，若种子超过1粒，则在中部缢缩，顶喙长0.5-1.5毫米；果柄长0.4-1.2厘米，指向下方反折，与果成一直线，两端有关节。种

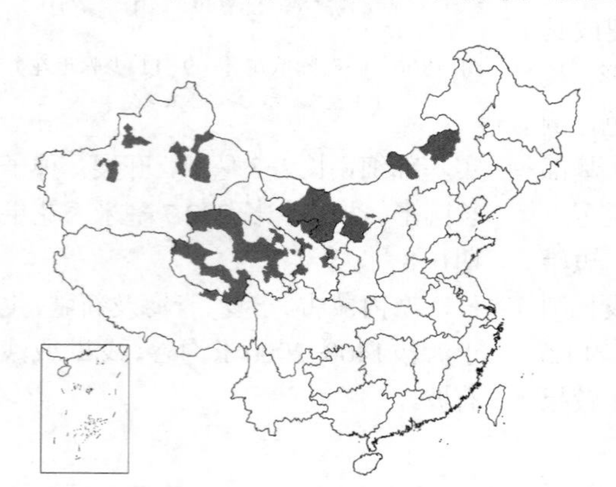

图 807 四棱芥 （马 平绘）

子黄色，长圆形，长1.6-2.4毫米。花期5-6月，果期6-8月。

产内蒙古、甘肃、宁夏、新疆、青海及西藏，生于海拔400-4200米荒漠、高原或多石山丘。哈萨克斯坦、吉尔吉斯斯坦、俄罗斯、塔吉克斯坦及土库曼斯坦有分布。

［附］**四棱芥** 图 807 **Goldbachia laevigata**（M. Bieb.）DC. Syst. Nat. 2: 577. 1821. —— *Raphanus laevigata* M. Bieb. Fl. Taur.-Cauc. 2: 129. 1808. 本种与垂果四棱芥的区别：茎生叶基部最宽，抱茎；萼片密被卷曲毛；角果指向上方翘起。产新疆及内蒙古，生于海拔400-1300米山丘、田野、路边、沟边河滩及草地。俄罗斯、塔吉克斯坦、吉尔吉斯斯坦、哈萨克斯坦、土库曼斯坦、阿富汗、蒙古、克什米尔、巴基斯坦及印度有分布。

85. 糖芥属 Erysimum Linn.

（王希蕖）

一年、二年或多年生草本，稀亚灌木或灌木；植体被贴伏丁字毛和3-5叉星状毛。茎不分枝，或上部或上下部分枝。基生叶莲座状，有柄，全缘或有齿，稀羽裂；茎生叶有柄或无柄，基部楔形或渐窄，全缘或有齿。聚伞状总状花序，花有苞片或基部花有苞片，或全无苞片。萼片长圆形或线形，直立，被毛，内轮2枚基部囊状或不呈囊状；花瓣黄或桔黄色，稀白、粉红、紫或蓝紫色，近圆形、倒卵形、匙形或长圆形，先端圆或微凹，基部爪不明显，与花萼等长或稍长；雄蕊6，4强，花药长圆形或线形；蜜腺1、2或4，分生或合生，并包围所有雄蕊基部，中蜜腺有或无；子房有15-100胚珠。长角果开裂，稀为短角果，线形，稀长圆形或圆柱状，有4棱，具隔膜；果瓣中脉不明显至凸出，外面被毛，稀内面被毛，龙骨有或无，平滑或念珠状；胎座框圆形；隔膜完整，膜质，透明或不透明，无脉；宿存花柱不明显或短，稀长为果的1/2或与果近等长，常有毛，柱头头状，不裂或2裂。种子每室1行，稀2行，有翅或无翅，有边，饱满或平扁；子叶背倚稀缘倚胚根。

约150种，主产亚洲和欧洲。我国17种。

1. 萼片离生，花后脱落；角果线形，稀线状长圆形或圆柱形，具4棱，隔膜宽；被纵向丁字毛和3-5叉星状毛；花柱0.5-3毫米。
  2. 一或二年生植物。
    3. 果瓣内密被星状毛。
      4. 花瓣匙形，基部具爪；果柄0.5-1.3厘米；种子长1-1.3毫米 …………… 4. **小花糖芥 E. cheiranthoides**
      4. 花瓣线形或线状倒披针形，基部无爪或爪不明显；果柄3-7毫米；种子0.7-0.9毫米 …………………………………… 4(附). **波齿糖芥 E. macilentum**
    3. 果瓣内无毛，若疏被柔毛（山柳叶菊糖芥）则花瓣长0.8-1.2厘米。
      5. 果长1.5-3.5厘米；花无苞片；果瓣内有时疏被柔毛 ………………… 2. **山柳菊叶糖芥 E. hieracifolium**
      5. 角果长7-11厘米；花序基部花有苞片；果瓣内无毛 ………………… 2(附). **四川糖芥 E. benthamii**
  2. 多年生植物。
    6. 花瓣粉红、紫或淡紫色。
      7. 花瓣窄匙形，长7-9毫米；植株高2-6厘米 ……………………………… 6. **紫花糖芥 E. chamaephyton**
      7. 花瓣宽倒卵形或宽匙形，长1.6-2.2厘米；植株高10-28厘米 ……………………… 7. **红紫糖芥 E. roseum**
    6. 花瓣黄、桔黄或黄褐色。
      8. 茎生叶丝状或窄线形，折叠。
        9. 植株高20-60厘米；萼片长0.9-1.2厘米，花瓣长1.7-2.4厘米 ………………… 5. **蒙古糖芥 E. flavum**
        9. 植株高10-3厘米；萼片长5-7毫米；花瓣长1-1.4厘米 …………………………………… 5(附). **阿尔泰糖芥 E. flavum** subsp. **altaicum**
      8. 茎生叶较宽，叶不为丝状或窄线形，不折叠。
        10. 植株高2-10厘米；花瓣黄色，长0.6-1毫米；萼片长4-6毫米；果序外折 …………………………………… 8. **外折糖芥 E. deflexum**

10. 植株高0.2-1米；花瓣枯黄或黄褐色，长1.5-2厘米；萼片长0.6-1厘米；果序直立。
  11. 茎生叶和最下面的叶有粗齿；花有苞片；柱头几不裂；角果长8-11厘米 ……… 1. **具苞糖芥 E. wardii**
  11. 基生叶和最下面的叶全缘或有不明显细齿；花无苞片；柱头2裂。
    12. 果柄5-9毫米；角果长2.5-5厘米；种子每室1行，无翅 ……………………… 3. **糖芥 E. amurense**
    12. 果柄长1-1.5厘米；角果长4-7.5厘米；种子每室2行，顶端有翅 ……… 10. **桂竹香糖芥 E. cheiri**
1. 萼片合生，宿存；角果长圆形或长圆状线形，隔膜稍窄，外侧被横向丁字毛；花柱0.5-1厘米 …………………………………………………………………………………………… 9. **棱果糖芥 E. siliculosum**

1. 具苞糖芥　图 808

Erysimum wardii Polatock. in Phyton. 34. 201. 1994.

Erysimum bracteatum W. W. Smith；中国植物志 33：379. 1987.

多年生草本，高达90厘米。茎直立，分枝，被贴生丁字毛。基生叶披针形，长4.5-8厘米，先端渐尖，基部渐窄成柄，有粗齿；茎生叶披针状线形，无柄，长1-1.5厘米。总状花序，每花有1苞片，下部苞片叶状。萼片长圆形，长5-6毫米，外面被丁字毛；花瓣枯黄色，匙形，长1-1.2厘米，先端圆，基部有长爪。果序长达25厘米；长角果长8-11厘米，扁，被贴生丁字毛；宿存花柱长1-1.5毫米，柱头头状，几不裂；果柄粗，长5-9毫米。种子椭圆形，长1-1.5毫米，紫褐色。花果期11月。

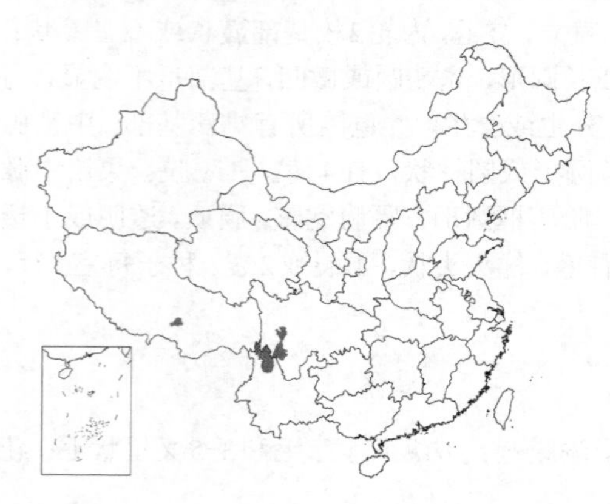

产四川西南部、云南西北部及西藏，生于河滩地。

图 808 具苞糖芥 （路桂兰绘）

2. 山柳菊叶糖芥　图 809

Erysimum hieracifolium Linn. Cent. Fl. 1: 18. 1755.

二年生草本，高达60(-90)厘米。茎直立，单一或少分枝，被丁字毛。基生叶莲座状，叶椭圆状长圆形或倒披针形，长4-6(-8)厘米，先端钝，有小尖头，基部渐窄，具疏波状齿，叶柄长1-1.5厘米；茎生叶与基生叶相似，无柄，近全缘。总状花序的花无苞片。萼片长圆形，长4-6毫米；花瓣鲜黄色，倒卵形，长0.8-1.2厘米，内面疏生柔毛，顶端圆，基部具长爪。果序长达40厘米；长角果圆柱形，长1.5-3.5厘米，具4棱，直立，有时果瓣内疏生柔毛；宿存花柱长0.5-

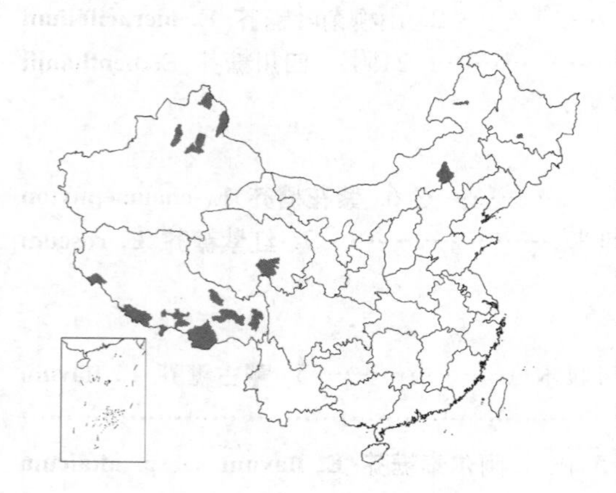

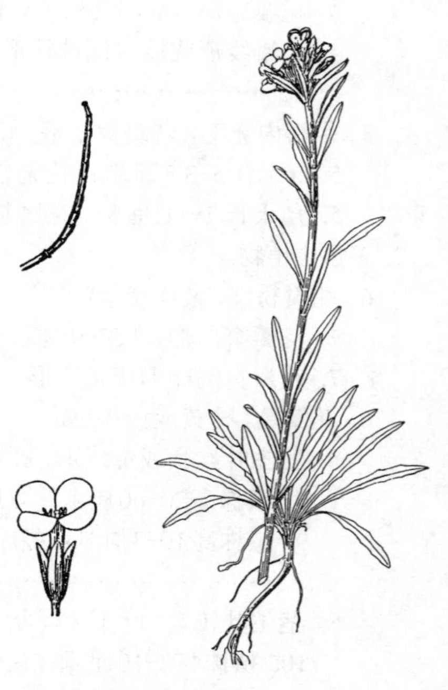

图 809 山柳菊叶糖芥 （路桂兰绘）

1.5毫米，柱头头状，不裂；果柄长约1厘米。种子长圆形，长1-1.5毫米，褐色。花果期6-8月。染色体2n=16。

产黑龙江西南部、辽宁、内蒙古、新疆、青海及西藏，生于海拔2740-4600米高山草地。欧洲、中亚、克什米尔及俄罗斯西伯利亚有分布。

［附］**四川糖芥** 长果糖芥 **Erysimum benthamii** P. Monnet in Not. Syst. 2: 242. 1911. —— *Erysimum longisiliquum* Hook. f. et Thoms.; 中国植物志 33: 389. 1987. 与山柳菊叶糖芥的区别：长角果长7-11厘米，果瓣内无毛；总状花序基部的花有苞片。花期5-7月，果期6-9月。产四川、西藏及云南，生于海拔2300-4100米干燥多岩石地区、草坡、草甸、山坡、牧场或栎木林下。印度、不丹、尼泊尔及锡金有分布。

3. 糖芥

图 810 彩片 182

Erysimum amurense Kitagawa in Bot. Mag. Tokyo 51: 155. 1937.

Erysimum aurantiacum（Bunge）Maxim.; 中国高等植物图鉴 2: 65. 1972.

Erysimum bungei（Kitagawa）Kitagawa; 中国植物志 33: 383. 1987.

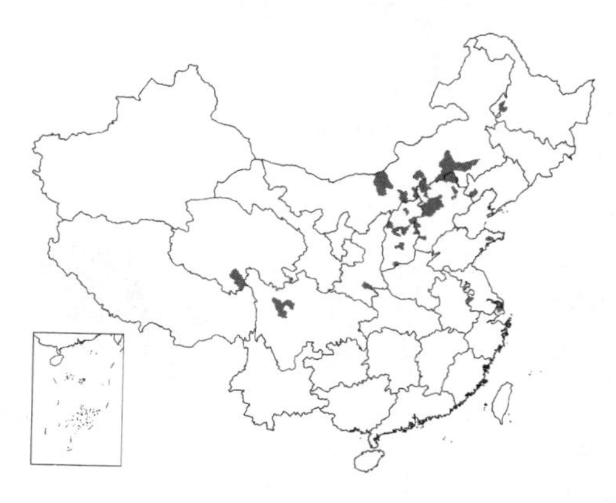

一年生或二年生草本，高达60厘米；密被丁字毛。基生叶披针形或线形，长5-15厘米，全缘，两面被丁字毛，柄长1.5-2厘米；茎生叶无柄，基部近抱茎，具波状浅齿或近全缘。萼片长圆形，长5-7毫米，密被丁字毛，边缘膜质；花瓣桔黄色，倒披针形，长1-1.4厘米，有细脉纹，基部具长爪；雄蕊近等长。长角果线形，长2.5-5厘米，具4棱；宿存花柱长约1毫米，柱头2裂；果瓣具隆起中脉；果柄长5-9毫米，斜展。种子每室1行，长圆形，扁，长1-1.5毫米，褐色，无翅。花果期6-9月。

产黑龙江、辽宁、内蒙古、河北、山西、陕西、青海南部、四川、山东及江苏，生于海拔100-4300米田边荒地或山坡。蒙古、朝鲜及俄罗斯有分布。

图 810 糖芥 （路桂兰绘）

4. 小花糖芥

图 811

Erysimum cheiranthoides Linn. Sp. Pl. 611. 1753.

一年生草本，高达50厘米。茎被丁字毛。基生叶莲座状，叶长2-4厘米，被丁字毛和3叉毛，柄长0.7-2厘米；茎生叶披针形或线形，长2-6厘米，具波状疏齿或近全缘，两面具3叉毛。总状花序。萼片长圆形或线形，长2-3毫米，外面有3叉毛；花瓣淡黄色，匙形，长4-5毫米，先端圆或平截，基部具爪。长角果圆柱形，具4棱，长2-4厘米，具3叉毛；花柱长约1毫米，柱头头状；果柄粗，长0.5-1.3厘米。种子卵圆形，长1-1.3毫米，淡褐色。花果期5-6月。染色体n=16。

产黑龙江、吉林、辽宁、内蒙古、河北、山西、山东、河南、安徽、江苏、湖北、湖南、江西、广西、云南、四川、陕西、甘肃、宁夏及新疆，生于海拔800-3000米山坡、山谷或河床潮湿地区，沙地或田边。朝鲜、俄罗斯、欧洲、非洲及北美有分布。种子代葶苈子供药用。

［附］**波状糖芥** 云南糖芥 **Erysimum macilentum** Bunge, Enum.

Pl. China Bor. 6. 1833. —— *Erysimum sinuatum* (Franch.) Hand.-Mazz.; 中国植物志 33: 387. 1987. —— *Erysimum yunnanense* Franch.; 中国植物志 33: 385. 1987. 与小花糖芥的区别：花瓣线形或线状倒披针形，基部无爪或爪不明显；果柄3-7毫米；种子长0.7-0.9毫米。花果期3-7月。产安徽、甘肃、河北、河南、湖北、湖南、江苏、吉林、辽宁、内蒙古、宁夏、陕西、山东、山西、四川及四川，生于海拔100-2500米荒地、路边、山坡、田野。

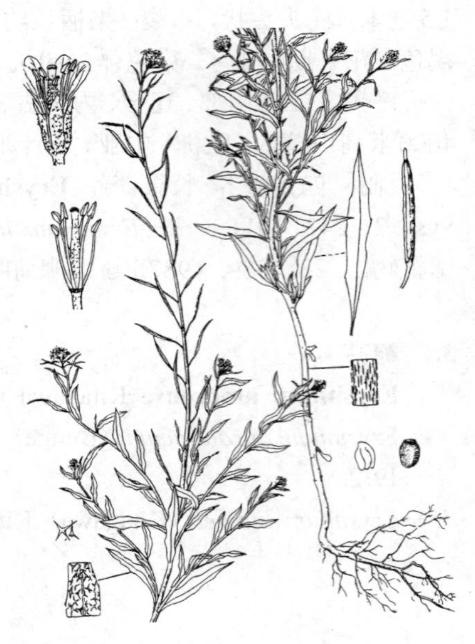

图 811 小花糖芥 （王惠敏仿绘）

5. 蒙古糖芥 兴安糖芥 图 812

Erysimum flavum (Georgi) Bobrov in Not. Syst. Herb. Inst. Bot. Nom. Acad. Sci. URSS 20: 15. 1960.

Hesperis flavum Georgi, Bemerk. Reiss. Russ. Reich. 1: 225. 1775.

Erysimum flavum var. *shinganicum* (Y. L. Chang) K. C. Kuan; 中国植物志 33: 388. 1987.

多年生草本，高达60厘米；全株密被丁字毛。茎基部分枝。基生叶倒披针形或宽线形，长3-5厘米，全缘，柄长0.5-2厘米；茎生叶丝状或窄线形，折叠，宽1-1.5毫米，无柄。总状花序。萼片长圆形，长0.9-1.2厘米，边缘膜质；花瓣黄色，宽倒卵形或近圆形，长1.7-2.4厘米，基部爪长6-7毫米。果序长达20厘米；长角果扁圆柱形，长4-6厘米，直立或稍开展；宿存花柱长1-5毫米，柱头2裂；果柄较粗，长4-6毫米。种子长圆形，长1.5-2毫米，褐色，顶端翅不明显。花果期5-8月。

产黑龙江北部、内蒙古东部、河北、新疆、西藏东部及青海东部，生于海拔900-3000米山坡、干草甸或伐木场。蒙古、朝鲜及俄罗斯西伯利亚有分布。全草羊喜食，可作牧草。

［附］**阿尔泰糖芥 Erysimum flavum** subsp. **altaicum** (C. A. Mey.) Polozh. in Sist. Zametki Mater. Gerb. Krylova Tomsk. Gosud. Univ. Kuybysheva 86: 3. 1979. —— *Erysimum altaicum* C. A. Mey. in Ledeb. Fl. Alt. 3: 153. 1831. 与模式五种的区别：植株高10-30厘米；萼片长5-7毫米；花瓣长1-1.4厘米；长角果线形，长3.5-4.5厘米。花期6月，果期7月。产新疆及西藏，生于海拔900-4600米高山及亚高山地区的干草原或冻原。中亚、克什米尔、巴基斯坦及俄罗斯西伯利亚有分布。

图 812 蒙古糖芥
（引自《东北草本植物志》）

6. 紫花糖芥 图 813：1-3

Erysimum funiculosum Hook. f. et Thoms. in Journ. Linn. Soc. Bot. 5: 165. 1861.

Erysimum chamaephyton Maxim.; 中国植物志 33: 390. 1987.

多年生矮小草本，高2-6厘米；全株被丁字毛。茎短缩，根颈多头或再分枝。基生叶莲座状，叶长圆状线

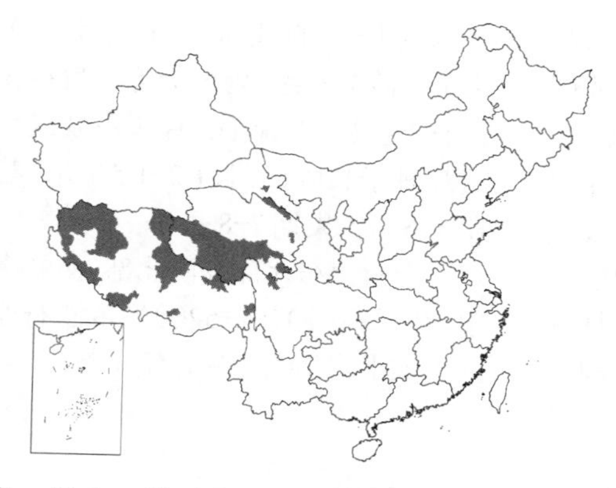

形，长1-2厘米，先端尖，基部渐窄，全缘，柄长1-2厘米；无茎生叶。花葶多数，直立，长约1厘米，果期不外折。萼片长圆形，长2-3毫米，背面凸出；花瓣淡紫色，窄匙形，长7-9毫米，先端圆或平截，有脉纹，基部具爪。长角果长1-2厘米，具4棱，坚硬，顶端稍弯；果柄长6-8毫米，斜上。种子卵圆形或长圆形，长约1毫米。花果期6-8月。

产甘肃、青海、西藏及四川西北部，生于海拔4300-5500米高山草甸和流石滩。锡金有分布。

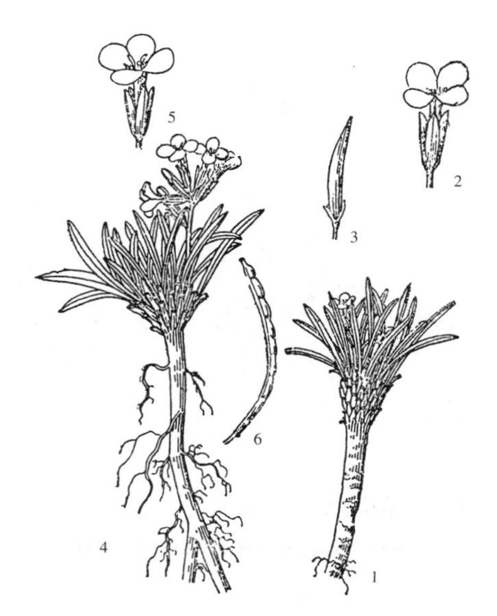

图 813：1-3.紫花糖芥 4-6.外折糖芥
（王金凤绘）

7. 红紫糖芥 红紫桂竹香 图 814 彩片 183

Erysimum roseum (Maxim.) Polatsch. in Phyton. 34: 201. 1994. *Cheiranthus roseus* Maxim. Fl. Tang. 57. t. 21. f. 1-13. 1889; 中国高等植物图鉴 2: 66. 1972; 中国植物志 33: 393. 1987.

多年生草本，高达2-15（-28）厘米；植体被贴生丁字毛，叶上面有少数贴生3叉毛。根颈少分枝，被宿存叶柄。茎不分枝，具叶。基生叶莲座状，长圆形、长圆状倒卵形、倒披针状线形或线形，长1.5-7厘米，先端尖或钝，基部渐窄，全缘或有细齿，柄长1-4.5厘米；最上部的茎生叶近无柄，全缘，较小。总状花序伞房状，基部花有苞片。萼片长圆状线形，长6-9毫米，内轮2枚基部囊状；花瓣粉红或紫色，宽倒卵形或宽匙形，长1.6-2.2厘米，基部爪长于萼片；花丝6-8毫米，花药长圆形；子房有18-26胚珠。长角果线形，稀线状长圆形，具4棱，长1.5-3厘米，稍弯；果瓣无龙骨状突起，中脉明显，外面被丁字毛，内侧无毛；宿存花柱1-2毫米，柱头头状，2裂；果柄开展，长0.4-1厘米，稍较果细。种子长圆形，长1.5-2.5毫米。花期5-7月，果期7-9月。

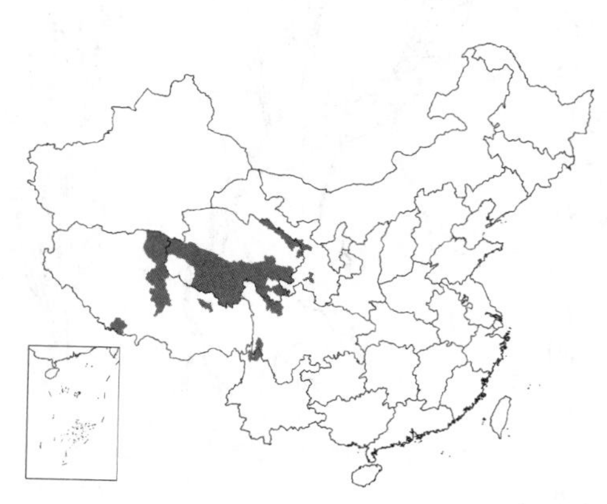

产甘肃、青海、西藏、四川及云南西北部，生于海拔3200-4900米崖壁、高山草甸或石灰岩砾石堆上。

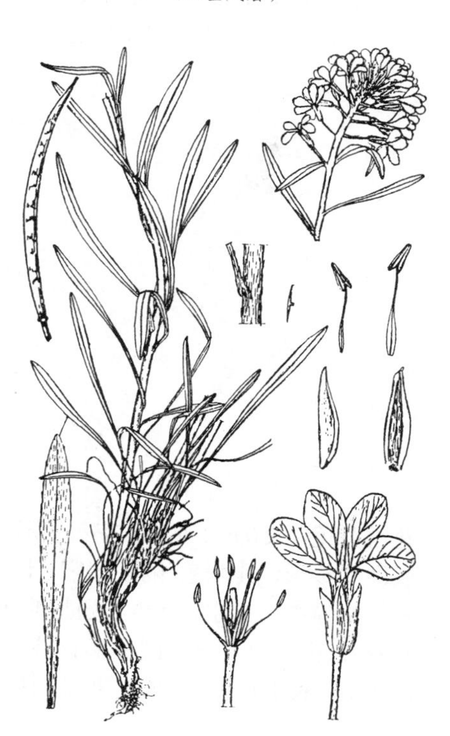

图 814 红紫糖芥 （引自《图鉴》）

8. 外折糖芥 图 813：4-6

Erysimum deflenum Hook. f. et Thoms. in Journ. Linn. Soc. Bot. 5: 165. 1861.

多年生矮小草本，高2-10厘米；植体密被丁字毛，稀叶上有3叉毛。1至数茎从根颈抽出，直立或外倾。基生叶莲座状，线状披针形或长圆形，长1.5-4厘米，先端尖锐，基部渐窄，全缘或有细齿，柄长0.4-1厘米，常宿存；茎生叶少或无，近无柄。总状花序聚伞状，无苞片。萼片线状长圆形，

长4-6毫米，内轮2枚基部囊状；花瓣黄色，匙形或倒卵形，长0.6-1厘米，先端圆，基部爪与萼片近等长；花丝黄色，4-6.5毫米，花药线状长圆形；子房有40-50胚珠。果序反折；长角果近圆柱状线形，长3-5厘米，念珠状，开展或上升，直或弯；果瓣外面被丁字毛，稀3叉毛，内面无毛；宿存花柱1-3毫米，有疏毛；柱头不裂或稍2裂。种子长圆形，长1.2-1.5毫米。花期5-6月，果期7-8月。

产新疆东北部及西北部、西藏南部，生于海拔3700-5200米多沙石地区山坡上。印度及锡金有分布。

9. 棱果糖芥　棱果芥　图 815

Erysimum siliculosum (Marsch. von Beiberst.) DC. Syst. Nat. 2: 419. 1821.

Cheiranthus siliculosum M. Bieb. Fl. Taur.-Carc. 2: 121. 1808.

Syrenia siliculosa (M. Bieb.) Andrz.; 中国植物志 33: 391. 1987.

二年生或多年生草本，高达90厘米；植体被丁字毛，萼片兼有3叉毛。茎直立，分枝。基生叶莲座状，丝状或线形，稀线状披针形，长1.5-8厘米，纵向褶叠，先端尖锐，基部渐窄，全缘，叶柄宿存；茎生叶与基生叶相似。总状花序伞房状，无苞片或最下面的花有苞片。萼片长圆状线形，长7-9毫米，连合，宿存，内轮2枚基部囊状；花瓣黄色，倒卵状匙形，长1.4-1.8厘米，先端圆，基部爪与萼等长；花丝黄色，长0.6-1厘米，花药线形；子房有50-100胚珠。角果长圆形或长圆状线形，具4棱，隔膜稍窄，长0.7-1厘米，平滑，直立，常贴向果序轴；果瓣中脉凸出，具稍呈翅状的龙骨，外侧被横向丁字毛，内侧无毛；宿存花序0.5-1厘米，圆柱形；柱头深2裂，裂片开展；果柄上升或开展状上升，长4-6毫米，稍较果细。种子长圆形，长1-1.4毫米。花期5-6月，果期6-7月。染色体2n=14。

图 815　棱果糖芥　（张春方绘）

产新疆北部，生于海拔400-1400米沙丘上。克什米尔、土库曼斯坦及俄罗斯有分布。

10. 桂竹香糖芥　桂竹香　图 816

Erysimum cheiri (Linn.) Crantz, Class. Crucif. 116. 1769.

Cheiranthus cheiri Linn. Sp. Pl. 2: 661. 1753; 中国高等植物图鉴 2: 66. 1972; 中国植物志 33: 393. 1987.

二年或多年生草本，高达70厘米。茎直立，分枝，被伏生2叉丁字毛，基部半木质化。基生叶莲座状，倒披针形、披针形或线形，长1.5-7厘米，先端急尖，基部渐窄，全缘，叶柄长0.7-1厘米；茎生叶较小，近无柄。总状花序。花无苞片；萼片长圆形，长0.6-1.1厘米，内轮2枚基部囊状；花瓣桔黄或黄褐色，倒卵形，长约1.5厘米，先端圆钝，基部有长爪；雄蕊6，近等长。长角果线形，长4-7.5厘米，扁四棱状，直立；果瓣中脉明显；宿存花柱长1-1.5毫米，柱头2裂，裂片稍开展；果柄长1-1.5厘米，上升。种子每室2行，卵圆形，长2-2.5毫米，浅棕色，顶端有翅。花期4-5月，果期5-6月。

原产南欧。各地栽培供观赏。花药用，有泻下通经功效。

图 816 桂竹香糖芥 （引自《图鉴》）

86. 假簇芥属 Pycnoplinthopsis Jafri

（王希蕖）

多年生簇生草本；植体被树枝状或2叉毛，稀有少量单毛。根颈单一或顶端多分枝。基生叶莲座状，匙形或倒披针形，稀倒卵形，长1-4厘米，无毛或上面密被2叉毛和树枝状毛，先端尖，基部渐窄或楔形，边缘有齿4-8对；柄长0.5-3厘米，细扁，早落。花单生于从莲座状中心抽出的花葶上。萼片合生成钟状，长3.5-5毫米，宿存，裂片三角状卵形，长1.5-3.5毫米；花瓣白色，宽倒卵形，长0.8-1.3厘米，先端微凹，基部爪不明显；雄蕊6，4强，花丝基部不扩大，长雄蕊花丝长2-3.5毫米，短雄蕊花丝长1.5-2毫米，花药带黑色，卵圆形，顶端有细尖头；侧蜜腺2，半月形，位于雄蕊内侧，无中蜜腺；子房有8-20胚珠。角果开裂，圆柱状线形或长圆形，长0.5-1.1厘米；果瓣不呈舟形，凸起，无脉；胎座框圆形；隔膜完整，具中脉；宿存花柱长0.5-1毫米，柱头头状，不裂；果柄长1-2.5厘米，反折下弯。种子每室1行，长圆形，饱满，无翅，浅褐色，长1-1.4毫米；子叶背倚胚根。

单种属。

假簇芥

Pycnoplinthopsis bhutanica Jafri in Pakistan Journ. Bot. 4: 74. 1972.

形态特征同属。花期5-7月，果期8-9月。

产西藏，生于海拔3000-4500米多石区域的溪边、潮湿石缝、开阔石砾堆、瀑布下的苔藓中或潮湿的石崖上。不丹、锡金、尼泊尔及印度有分布。

87. 簇芥属 Pycnoplinthus O. E. Schulz

（王希蕖）

多年生簇生草本，垫状；全株无毛。根状茎纺锤形，径5-7毫米，具残存叶基。无地上茎。基生叶莲座状，窄线形，近肉质，长1-2厘米，先端尖，常全缘，无柄。花葶多数，丝状，与叶等长，具单花。花梗长1.5-4厘米；萼片长圆形，长3-3.5毫米，近直立，内轮2枚基部囊状；花瓣白色，后淡紫色，倒卵形，长5-6毫米，基部楔形或具短爪；花药长圆形，稍钝；侧蜜腺半环状，中蜜腺节状，连接侧蜜腺；子房长圆形，花柱短，柱头扁，近2裂。长角果近窄圆柱形，长1-1.5厘米，上部稍弯，近念珠状，开裂；果瓣稍凸出；隔膜有1不明显脉。种子每室1行，5-6粒，卵圆形，长约1.5毫米，带棕色，具细网纹；子叶背倚胚根。

单种属。

簇芥

图 817

Pycnoplinthus uniflorus（Hook. f. et Thoms.）O. E. Schulz in Engl. Pflanzener. 86(4, 105): 199. 1924.

Braya uniflora Hook. f. et Thoms. in Journ. Linn. Soc. Bot. 5: 168. 1861.

形态特征同属。花果期6-8月。

产甘肃、青海、新疆西南部及西藏西北部，生于海拔3600-5200米河边或沙砾地。克什米尔有分布。

88. 白马芥属 Baimashania Al-Shehbaz

（王希蕖）

多年生垫状草本；根颈少至多数分枝，具叶或叶柄残存。无茎。基生叶具柄，莲座状，全缘，被单毛和2叉毛，宿存叶柄麦杆黄色，扁平；无茎生叶。总状花序具2-3花，无苞片，或花单生于从莲座中的腋部生出的花葶上。萼片长圆形，内轮2枚基部不呈囊状，边缘膜质；花瓣粉红色，匙形，长3-4毫米，先端钝圆，基部爪稍分化，与萼片近相等；雄蕊6，稍4强，花丝基部不扩大，花药长圆形；蜜腺合生，几包围所有雄蕊的基部，有中蜜腺；子房有6-12胚珠。长角果线形，隔膜宽；果瓣中脉，不明显，平滑，具纵纹；胎座框圆形；隔膜完整，膜质，具明显中脉；宿存花柱长达1毫米，柱头不裂，头状；果柄细，直立或上升，常藏于基生叶中。种子每室1行，无翅，长圆形，稍扁；子叶缘倚胚根。

2种，我国特产。

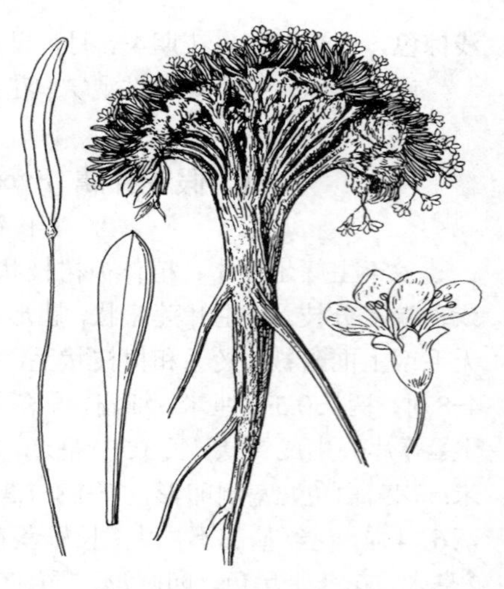

图 817 簇芥 （王 颖绘）

1. 叶卵形或长圆形，被单毛并兼被具柄2叉毛；花单生；子房有6-8胚珠 ………………………… 白马芥 **B. pulvinata**
1. 叶窄线形，除叶柄有睫毛和叶端有簇毛外，余皆无毛；总状花序常有2-3花；子房有10-12胚珠 ………………………………………………………………………………………………（附）. 青海白马芥 **B. wangii**

白马芥

Baimashania pulvinata Al-Shehbaz in Novon 10: 321. 2000.

多年生矮小草本，高约2厘米；根颈多分枝。基生叶莲座状，宿存，卵形或长圆形，长2-4毫米，被单毛并混有少量具柄2叉毛，先端钝，基部渐窄，全缘，柄长2-5毫米，具睫毛；无茎生叶。花单生花葶上；萼片长圆形，长1.5-2毫米；花瓣粉红色，匙形，长3-4毫米，基部爪长1.5-2毫米；花丝2-2.5毫米；子房有6-8胚珠。长角果线形，长4-8毫米；果瓣具纵纹，无明显中脉；宿存花柱长0.4-1毫米；果柄长3-5毫米，上升，无毛。种子长圆形，长1-1.5毫米。花期6-7月，果期7-8月。

产云南西北部德钦县白马山，生于海拔4200-4600米潮湿的砾石草甸或石灰岩缝隙中。

［附］**青海白马芥 Baimashania wangii** Al-Shehbaz in Novon 10: 322. 2000. 本种与白马芥的区别：叶窄线形，除叶柄有睫毛和叶上端有簇毛外，余皆无毛；总状花序常有2-3花；子房有10-12胚珠。产青海，生于海拔约4100米石崖下。

89. 葱芥属 Alliaria Scop.

（王希蕖）

一年生或多年生草本；常有蒜味。具细圆锥根。茎下部疏被单毛。基生叶卵状心形，有齿，具掌状脉，有长柄；茎生叶卵状三角形。总状花序。花梗开展；萼片直立开展，内轮2枚基部不呈囊状；花瓣白色或带紫色，倒卵形，基部具爪；雄蕊花丝分离；侧蜜腺合成环状，中蜜腺宽圆锥形，二者汇合；花柱短，柱头扁头状，微2裂。长角果圆柱形或四棱形，2室，开裂；果瓣具3脉，隔膜白色，膜质，蜂窝状。种子每室1行，长圆形，黑色，有纵沟纹；子叶背倚或斜倚胚根。

约3种，分布于欧洲、亚洲和非洲北部。我国1种。

葱芥

Alliaria petiolata（M. Bieb）Cavara et Grande in Bull. Orto. Bot. Regia Univ. Napoli 3: 418. 1913.

Arabis petiolata M. Bieb. Fl. Taur.-Caucas. 2: 126. 1808.

多年生草本，高达90厘米；碎后有蒜味。茎直立，不分枝或上部分枝，无毛或基部被长柔毛。基生叶莲座状，肾形或心形，宽1.5-5厘米，长度较宽度小，基部心形，边缘具圆齿或尖齿，无毛或被长柔毛，叶柄长3-

16厘米，果时凋萎；茎生叶叶柄甚短，卵形、心形或三角形，长与宽约15厘米，先端尖锐，基部心形或截平，边缘有尖或钝的齿。总状花序，花无苞片，稀最下面少数花有苞片。萼片长圆形，长2.3-3.5毫米；花瓣白色，倒披针形，长4-8毫米，向下渐窄成爪；花丝长2-3.5毫米，花药长圆形。长角果四棱状或近圆柱状线形，长3-7厘米，开展上升；果瓣无毛；宿存花柱1-2毫米；果柄长0.3-1厘米，几与角果等粗。种子褐或黑色，窄长圆形，长2.5-4.5毫米，有纵纹。花期4-6月，果期5-7月。染色体2n=36，42。

产新疆及西藏，生于荒地、路边、田野、林地或河岸。欧洲、俄罗斯、中亚、西南亚、阿富汗、印度、尼泊尔、巴基斯坦及克什米尔有分布。现已成为世界各地的野化杂草。

90. 沟子荠属 Taphrospermum C. A. Mey.

（王希蕖）

二年或多年生草本。根常肉质，窄纺锤形。被柔毛，稀无毛，基部有一轮早落或宿存的鳞片状叶。茎平卧、上升或直立。基生叶具柄，不呈莲座状，全缘；茎生叶具柄，全缘，最下面的茎生叶有时轮生。总状花序具多花，稀单花，全部花具叶状苞片或仅基部花具苞片。萼片直立，无毛或上端有毛，内轮2枚基部不呈囊状；花瓣白色，长于萼片，基部爪不明显；雄蕊6，稍4强，长雄蕊花丝基部扩大；蜜腺合生，几包围所有花丝的基部；子房有12胚珠。角果开裂，窄圆锥形、倒心形、圆柱形、长圆形或四棱柱形，隔膜宽；果瓣明显具脉，无毛或具乳突，近念珠状或平滑；胎座框宽扁，存在果内或仅基部存在；隔膜完整或退化成窄边；宿存花柱达3毫米，柱头头状，不裂。种子每室1或2行，无翅，长圆形，饱满或扁平，蜂窝状或有小乳突；子叶背倚、斜倚或缘倚胚根。

7种，产不丹、中国、印度、尼泊尔、哈萨克斯坦、吉尔吉斯斯坦、塔吉克斯坦、俄罗斯及蒙古。我国6种。

1. 茎生叶全部互生。
  2. 角果窄圆锥形，宽2-2.5毫米；隔膜完整，稀退化成窄边；子叶背倚胚根 ………… 1. **沟子荠 T. altaicum**
  2. 角果倒心形，宽5-7毫米，无隔膜；子叶缘倚胚根。
    3. 花瓣长4.5-6毫米；果瓣无毛或疏被柔毛，平滑 ………… 2. **泉沟子荠 T. fontanum**
    3. 花瓣长2-3毫米；果瓣密被稀疏被柔毛，常有疣状凸起 ………… 2(附). **小籽泉沟子荠 T. fontanum** subsp. **microspermum**
1. 最下面的茎生叶轮生，其他的茎生叶对生或互生 ………… 3. **轮叶沟子荠 T. verticillatum**

1. 沟子荠 大果沟子荠 图 818

Taphrospermum altaicum C. A. Mey. in Ledeb. Fl. Alt. 3: 173. 1831.

Taphrospermum altaicum var. *magnicarpum* Z. X. An; 中国植物志 33: 400. 1987.

多年生草本，高达25厘米。茎基部多分枝，直立、外倾或铺散。叶柄长0.2-6厘米，基部叶叶柄最长，向上渐短，叶宽卵形或椭圆形，长0.6-1.5厘米，先端钝，全缘或顶端有1-2个小齿。花腋生。花梗长4-7毫米，外弯；萼片膜质，黄色，长圆状宽卵形，长1-1.5毫米，先端近平截，背面隆起；花瓣白色，倒卵形，长1.8-2.25毫米。短角果窄圆锥形，直或稍弯，长4-9毫米，宽2-2.5毫米；果瓣基部近囊状，顶端渐尖，脉

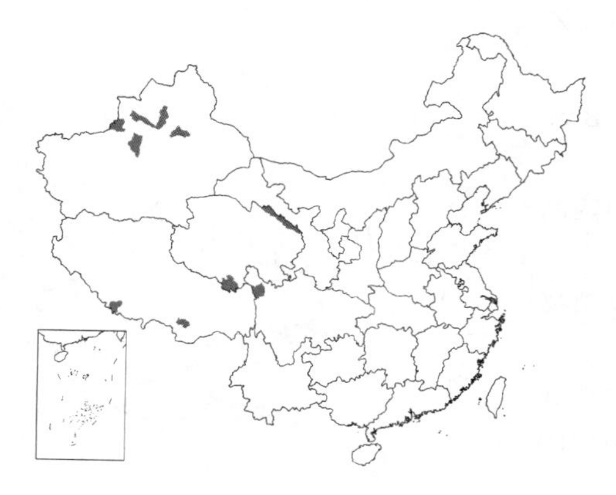

图 818 沟子荠 （陈荣道绘）

纹明显；隔膜完整，稀退化成窄边。种子每室2-4粒；子叶背倚胚根。花果期6-9月。

产甘肃中部、新疆、青海南部、西藏南部及四川西北部，生于海拔2000-4800米山坡、草甸、路旁、石崖下阴处或河滩草丛中。蒙古、俄罗斯西伯利亚及中亚有分布。

2. 泉沟子荠 双脊荠　　图 819

Taphrospermum fontanum (Maxim.) Al-Shehbaz et G. Yang in Al-Shehbaz, Harvard Pap. Bot. 5(1): 104. 2000.

Dilophia fortana Maxim. in Bull. Acad. Imp. Sci. St. Petersb. ser. 3, 26: 423. 1880; 中国植物志 33: 92. 1987.

多年生矮小草本，高5-14厘米。根窄纺锤状线形，肉质，基部有鳞状小叶。茎单一，有数条平卧稀上升或直立的分枝，被倒毛或上升柔毛，稀无毛。叶不呈莲座状，基生叶和茎下部叶卵形或长圆形，长0.4-1厘米，向上渐变小，先端钝圆，基部钝或楔形，全缘或波状，叶柄长0.6-2厘米，向上逐渐变短。总状花序花密。花全有叶状苞片；萼片长圆形，长2.5-3毫米，边缘膜质，靠近上端疏被短缘毛和柔毛；花瓣白或淡紫色，倒卵形或匙形，长4.5-6毫米，先端微缺，基部渐窄；花丝白或淡紫色，1.5-3毫米，基部扩大，花药卵圆形；子房有4-8胚珠。短角果倒心形，长3-5毫米，宽5-7毫米，基部圆钝，隔膜明显或稍窄；果瓣无毛或疏被柔毛，平滑；胎座框宽，平展；无隔膜；宿存花柱长2-3毫米。果柄无毛或近轴面有毛，稍弯，长0.3-1毫米。种子3-8，褐色，长圆形，压扁，长1.8-2.2毫米，蜂窝状；子叶缘倚胚根。花期6-9月，果期7-10月。

产甘肃、青海、西藏及四川，生于海拔3600-5300米潮湿泥炭土、高山永冻层沼泽地、河边潮湿石砾地、开阔沙砾地或碎石堆上。

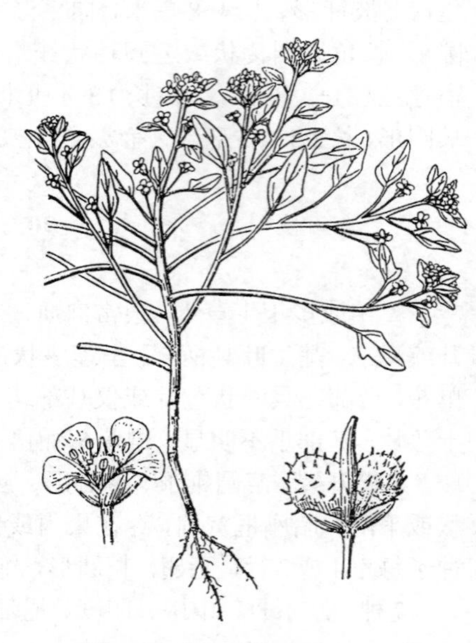

图 819 泉沟子荠 （吴彰桦绘）

[附] **小籽泉沟子荠 Taphrospermum fontanum** subsp. **microspermum** Al-Shehbaz et G. Yang in Al-Shehbaz, Harvard Pap. Bot. 5 (1): 105. 2000. 本亚种与模式亚种的区别：花瓣长2-3毫米；果瓣密被或被稀疏柔毛，常具小瘤状突起。花期7-8月，果期7-9月。产青海、新疆及西藏，生于海拔3900-5000米具矮小灌丛的山坡、高山草甸或退化的高山牧场。

3. 轮叶沟子荠 轮叶无隔荠　　图 820

Taphrospermum verticillatum (Jeffrey et W. W. Smith) Al-Shehbaz, Harvard Pap. Bot. 5(1): 106. 2000.

Cardamine verticillata Jeffrey et W. W. Smith in Notes Roy. Bot. Gard. Edinb. 8: 120. 1913.

Braya verticillata (Jeffrey et W. W. Smith) W. W. Smith; 中国高等植物图鉴 2: 69. 1985.

Staintoniella verticillata (Jeffrey et W. W. Smith) Hara; 中国植物志 33: 441. 1987.

多年生矮小草本，高6-15厘米；疏被或中度被毛，稀无毛。根窄纺锤状线形，肉质，基部有长圆形或卵形鳞状叶。茎常单一，直立，最下面的

无叶部分长4-10厘米，最下面的茎生叶轮生，其余的叶对生或互生，长圆形，稀倒披针形，长0.5-1.5厘米，向上渐小，先端圆，基部钝圆，稀渐窄，全缘，无毛；叶柄长0.6-2厘米，向上渐短。总状花序花密，花序轴疏被倒毛。花全有叶状苞片；萼片长圆形，长2.5-3.5毫米，边缘膜质，上部疏生小睫毛，无毛或背面疏被毛，早落；花瓣白色，稀淡紫色，宽倒卵形，长8-9毫米，基部楔形爪状；子房有4-8胚珠。短角果卵形或长圆形，宽隔膜明显，平滑，长0.7-1.3厘米，基部楔形或钝；果瓣膜质，无毛，脉明显，平滑；胎座框宽，平展；无隔膜；宿存花柱长2-3毫米；果柄无毛，直或弯，长0.6-1.2厘米。种子3-8，褐色，长圆形，压扁，蜂窝状，长1.8-2.2毫米；子叶缘倚胚根。花期6-7月，果期7-8月。

产青海、西藏、云南西北部及四川西南部，生于海拔3800-5200米石砾堆、崖脊上、冰川沼泽地或碎石坡上。

图 820 轮叶沟子荠 （韦力生 史渭清绘）

91. 山萮菜属 Eutrema R. Br.

（王希蕖）

多年生草本；无毛或有单毛。单叶，不裂；基生叶卵形或心形，柄鞘状；茎生叶有或无柄。总状花序单一或排成圆锥花序。萼片直立，外轮萼片宽长圆形或卵形，内轮的宽卵形，边缘膜质；花瓣白色，稀玫瑰红色，倒卵形，基部具短爪；雄蕊花丝基部宽，花药长圆形；侧蜜腺半环状，开口向内，外侧常波状，中蜜腺位于长雄蕊内侧，近圆锥形，二者汇合；子房长圆形，有4-10胚珠，花柱短，柱头凹下，稍2裂。长角果线形、披针形、棒状或近圆筒形，有时近念珠状，2室，开裂；果瓣中脉龙骨状隆起，两侧有网状脉；隔膜常穿孔。种子椭圆形；子叶背倚或斜缘倚胚根。

约19种，产中亚、东亚及北极地区，1种产美国西南部。我国17种、3变种。

1. 中部和上部茎生叶无柄或近无柄，羽状脉。
   2. 花序长10-20厘米，具疏花；花瓣长2.5-3毫米；萼片早落；上部茎生叶无柄，基部耳状抱茎；植株高0.3-1.1米 …………………………………………………… 2. **川滇山萮菜 E. lancifolium**
   2. 花序长0.2-2厘米，具密花，常近伞形；花瓣长3.5-4毫米；萼片宿存至果熟；植株高12-15厘米 …………………………………………………… 3. **密序山萮菜 E. heterophylla**
1. 叶全部有柄，掌状脉。
   3. 果柄开展或反折；末回叶脉顶端伸入叶缘齿尖；长角果线状圆柱形，不贴向花序轴；花序下部的花具苞片 …………………………………………………… 1. **山萮菜 E. yunnanense**
   3. 果柄直立或上升；末回叶脉顶端不伸入叶缘齿尖；长角果披针形、卵形或长圆形，稍具4棱，常贴向果序轴 …………………………………………………… 4. **三角叶山萮菜 E. deltoideum**

1. 山萮菜 细弱山萮菜 图 821 彩片 184

Eutrema yunnanense Franch. Pl. Delav. 161. 1889.

Eutrema yunnanense var. *tenerum* O. E. Schulz；中国植物志 33：408. 1987.

多年生草本，高20-80厘米。根状茎横卧，径约1厘米。近地面处生数茎，直立或斜升。基生叶具柄，长2-25厘米，叶近圆形，长7-16厘米，基部深心形，具掌状脉，具波状牙齿；茎生叶具柄，长0.5-3厘米，向上渐短，叶长卵形或卵状三角形，向上渐小，先端渐尖，基部浅心形，具掌状脉，有

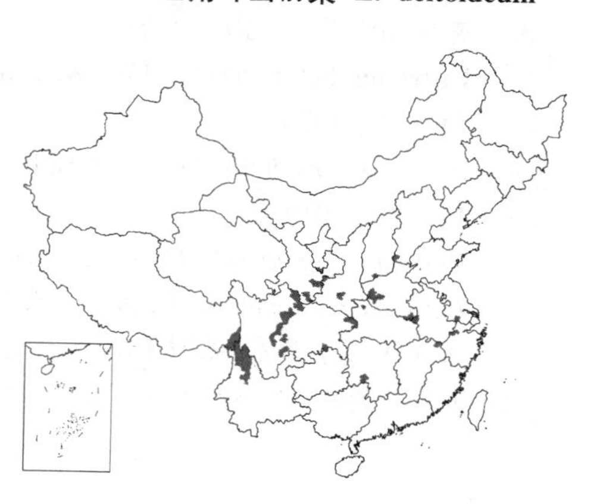

波状齿或锯齿，末回叶脉在叶缘伸入齿尖。总状花序单一，下部的花有苞叶，或花序圆锥状排列。萼片卵形，长约1.5毫米；花瓣白色，长圆形，长3.5-6毫米，基部有短爪。长角果线状圆柱形，长0.7-1.5厘米，两端渐窄，常翘起；果瓣中脉明显；果柄长0.8-1.6厘米，向下反折。种子长圆形，长2.2-2.5毫米。花果期3-7月。

产河北西部、山西南部、陕西南部、宁夏、甘肃、西藏东南部、四川、云南西北部、湖南西南部、湖北、河南、安徽西部、江苏西南部、浙江西部及江西东北部，生于海拔200-3500米林下、草丛或沟边。

图 821 山萮菜 （史渭清绘）

2. 川滇山萮菜 图 822

Eutrema himalaicum Hook. f. et Thoms. in Journ. Linn. Soc. Bot. 5: 164. 1861.

Eutrema lancifolium (Franch.) O. E. Schulz；中国高等植物图鉴 2: 67. 1972；中国植物志 33: 405. 1987.

Goldbachia lancifolia Franch. in Bull. Soc. Bot. France 33: 408. 1886.

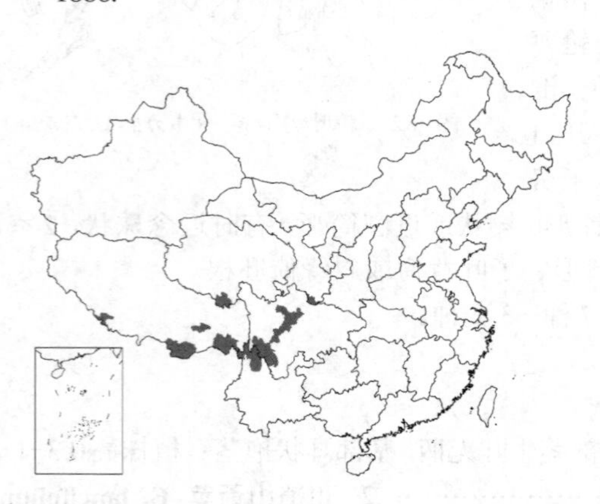

多年生草本，高达1.1厘米。根茎直立，具枯残叶柄。茎单一或上部分枝。基生叶与茎下部的叶具柄，柄基部宽，两侧有睫毛，叶披针形或窄卵形，长5-6.5厘米，先端圆，基部宽楔形；茎中部和上部叶无柄，披针形或长圆状披针形，具羽状脉，基部耳状抱茎，全缘或有微齿。总状花序单一或数个花序圆锥状排列，花序长10-20厘米，具疏花。萼片长1.5-2.5毫米，早落；花瓣白色，长2.5-3毫米，基部渐窄。角果四棱柱形或纺锤形，长1.2-2.4厘米，隔膜无脉；果柄长1-2厘米，斜上或平展。种子每室2粒，长4-4.5毫米，褐色。花果期6-8月。

产甘肃南部、青海南部、西藏、云南西北部及四川，生于海拔3000-4600米山地草丛或林下沟边。不丹及锡金有分布。

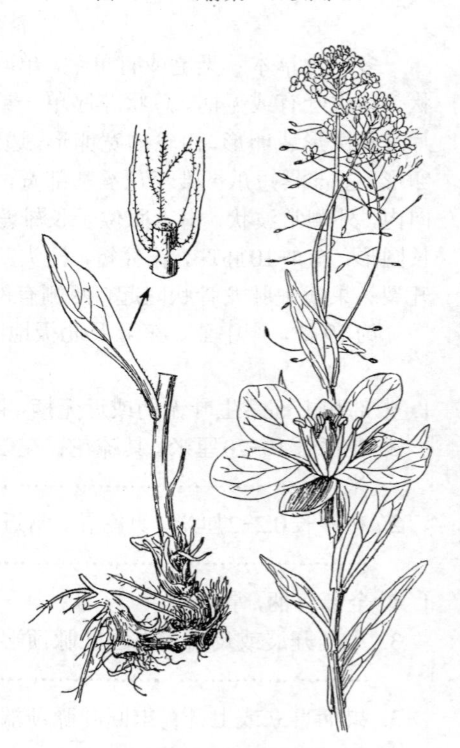

图 822 川滇山萮菜 （史渭清绘）

3. 密序山萮菜 歪叶山萮菜 图 823

Eutrema heterophylla (W. W. Smith.) Hara in Journ. Jap. Bot. 48 (4): 97. 1973.

Braya heterophylla W. W. Smith. in Notes. Roy. Bot. Gard. Edinb. 11: 201. 1919.

Eutrema compactum O. E. Schulz.；中国高等植物图鉴 2: 67. 1972.

Eutrema obliquum K. C. Ku et Z. X. An；中国植物志 33: 407. 1989.

多年生矮小草本，高达15厘米；全株无毛。基生叶卵形，长1-2厘米，具羽状脉，全缘，叶柄长1-3厘米；茎下部叶卵形，具羽状脉，有短柄；茎

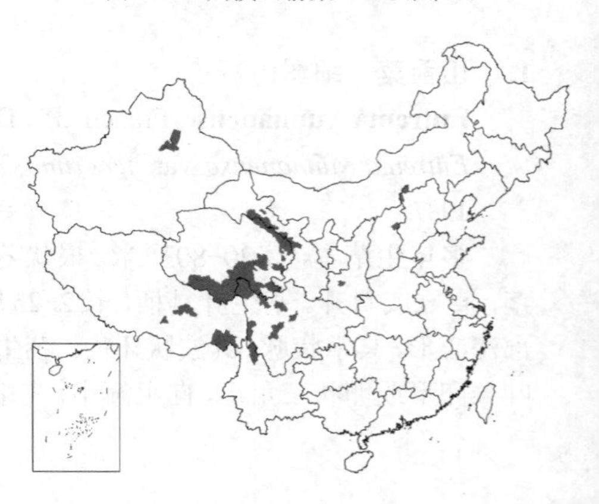

上部叶披针形，具羽状脉，近无柄。总状花序长0.2-2厘米，近伞形或花密生，近头状。萼片宿存，长约3毫米，基部渐窄成爪；花瓣白色，长3.5-4毫米。角果直或微弯，长0.6-1.2厘米，先端渐尖；果瓣具中脉；隔膜具长形穿孔；果柄长2-4毫米。种子椭圆形，长约1.5毫米，黑褐色，种柄丝状。花果期6-8月。

产河北西北部、山西东北部、陕西、甘肃、新疆、青海、西藏、四川及云南西北部，生于海拔2300-5400米山坡灌丛中、高山草地、山崖石缝或流水沙石地。不丹、尼泊尔、哈萨克斯坦、吉尔吉斯斯坦及塔吉克斯坦有分布。

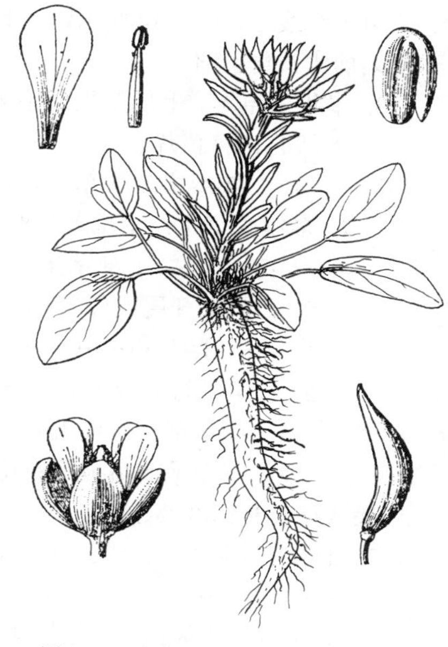

图 823 密序山萮菜 （引自《图鉴》）

4. 三角叶山萮菜 大花山萮菜 图 824

Eutrema deltoideum (Hook. f. et. Thoms.) O. E. Schulz in Engl. Pflanzenr. 86(4. 105): 35. 1924.

Sisymbrium deltoideum Hook. f. et Thoms. in Journ. Linn. Soc. Bot. 5: 163. 1861.

Eutrema deltoideum var. *grandiflorum* O. E. Schulz；中国植物志 33: 407. 1989.

多年生草本，高达60厘米。根茎横卧。茎直立，单一。基生叶柄长3-4厘米，叶心状卵形，长约2.3厘米，基部深心形，具掌状脉，具波状齿；茎生叶具短柄，叶长圆状三角形，先端渐尖，基部平截或近心形，具掌状脉，具锯齿或波状齿。总状花序圆锥状排列。萼片淡黄色，长约1.5毫米；花瓣白色，干后带淡红色，长约4毫米，先端钝圆，基部具短爪。角果披针形、卵形或长圆形，长1.2-2.1厘米，稍具4棱，常贴向果序轴，顶端渐细；隔膜常上部穿孔；果柄长0.8-1.5厘米，直立或上升。种子长椭圆形，长约3毫米，有纵纹，种柄丝状。花期6-7月。

产四川西北部、云南西北部及西藏南部，生于海拔2800-5000米高山草地、沼泽地或冰川。锡金有分布。

图 824 三角叶山萮菜 （路桂兰绘）

92. 大蒜芥属 Sisymbrium Linn.

（王希蕖）

一年生、二年生或多年生草本；无毛或有单毛。叶大头羽裂、篦齿状羽裂、羽状深裂或不裂。总状花序。萼片内轮2枚基部不呈囊状；花瓣黄色，有时白或玫瑰红色，长圆状倒卵形，基部具爪；雄蕊花丝分离，基部宽；侧蜜腺环状，中蜜腺柱状，二者相连成环，包围所有花丝的基部；花柱短，柱头钝，不裂或稍2裂。长角果圆柱状或稍扁，开裂；果瓣具3脉，中脉明显；隔膜膜质透明。种子每室1行，多数，长圆形或椭圆形，无附属物；种柄丝状；子叶背倚胚根。

约40余种，分布欧亚大陆温带、地中海地区及南美。我国10种。

1. 长角果窄线形，长3-14厘米，上下等粗；果轴不紧贴花序轴。
  2. 果柄比长角果细。
    3. 多年生草本，上部茎生叶不裂，卵形或卵状披针形，边缘有波状齿；萼片长7-9毫米，先端勺状；花序最下部的花有苞片 ………………………………………… 1. **全叶大蒜芥 S. luteum**
    3. 一年、二年或多年生草本，上部茎生叶分裂；萼片先端不呈勺状；花序的花全无苞片。
      4. 多年生草本；上部茎生叶窄线形，宽3-5毫米 ……………………… 3. **多型大蒜芥 S. polymorphum**
      4. 一年生草本；上部茎生叶较宽，叶形多变，有时分裂。
        5. 长角果开展或外弯，稀上升，长4-8厘米；叶卵状披针形或线形；萼片长2-3毫米；花瓣长3-4毫米；果柄纤细 ………………………………………… 2. **垂果大蒜芥 S. heteromallum**
        5. 长角果直立或上升，长2-4厘米；叶宽倒披针形。
          6. 茎下部密被糙毛；花瓣长6-8毫米；幼果不超出花冠 ……………… 6. **新疆大蒜芥 S. loeselii**
          6. 茎无毛或疏被毛；花瓣长2.5-3.5毫米；幼果超出花冠 ……………… 6(附). **水蒜芥 S. irio**
  2. 果柄与成熟长角果等粗。
    7. 上部茎生叶羽状全裂，顶生裂片和侧生裂片全为线形；萼片先端勺状；果柄长0.8-1厘米 ………………………………………… 4. **大蒜芥 S. altissimum**
    7. 上部茎生叶具1-2对侧生裂片，侧生裂片窄披针形或线形，顶生裂片戟形，较侧生裂片宽大；萼片先端不呈勺状；果柄长3-6毫米 ………………………………………… 4(附). **东方大蒜芥 S. orientale**
1. 长角果钻形，长1-1.5厘米，下部较粗，向上渐细成钻状；果柄紧贴果序轴 …… 5. **钻果大蒜芥 S. officinale**

1. 全叶大蒜芥 图 825

Sisymbrium leuteum (Maxim.) O. E. Schulz in Beih. Bot. Centrlbl. 37: 126(Abt. 2, Heft. 1). 1918.

Hesperis leutea Maxim. in Melang. Biol. 9(1-2): 12. 1873.

多年生草本，高达1米；全株被伸展硬毛。茎单一或上部分枝。叶柄长1-2.5厘米；茎上部叶卵形或卵状披针形，长8-14厘米，先端渐尖，基部楔形，下延，具疏齿；茎下部的叶基部常有1-3对裂片，大头羽裂状。花序最下部的花有苞片。萼片长7-9毫米，先端勺状，有膜质边缘；花瓣黄色，长约7毫米。长角果圆柱形，长8-12厘米；宿存花柱长2-3毫米；果瓣两端圆；果柄长0.8-1厘米，斜升或近平展。种子长圆形，长1.5-2.5毫米，红褐色。花果期6-9月。染色体2n=28。

产辽宁、河北、山东、河南西部、山西、陕西、甘肃、青海东部、四川及云南西北部（文献记载黑龙江及吉林亦产），生于海拔700-3800米山坡草地、松林下或河边。朝鲜、日本及俄罗斯西伯利亚远东地区有分布。

图 825 全叶大蒜芥 （王金凤绘）

2. 垂果大蒜芥 短瓣大蒜芥 图 826

Sisymbrium heteromallum C. A. Mey. in Ledeb. Fl. Alt. 3: 122. 1831.

Sisymbrium heteromallum var. *sinense* O. E. Schulz; 中国植物志 33: 411. 1987.

一年生或二年生草本，高达90厘米。茎直立，单一或分枝，被疏毛。茎

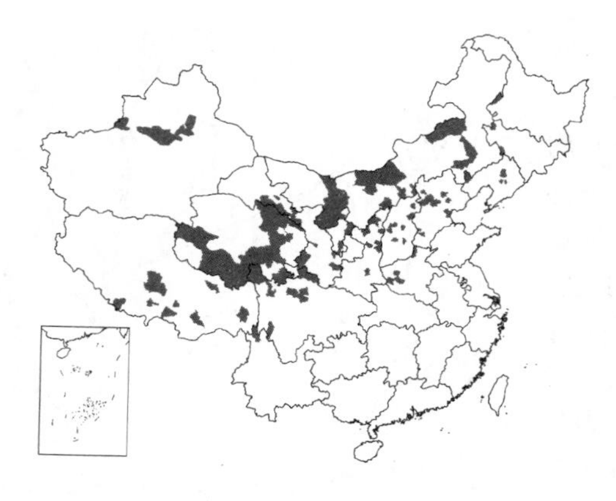

下部叶长椭圆形或披针形，篦齿状羽状深裂，顶端裂片披针形，全缘或有齿，侧裂片2-6对，卵状披针形或线形，常有齿；茎上部叶无柄，羽裂，裂片线形，常有齿，柄长2-5厘米；茎上部叶无柄，羽裂，裂片线形。花有苞片；萼片淡黄色，长2-3毫米；花瓣黄色，长3-4毫米，先端钝，基部有爪。长角果线形，长4-8厘米，开展或外弯；果瓣稍隆起；果柄长1-1.5厘米，纤细，常外弯。种子长圆形，长约1毫米，黄棕色。花果期4-9月。

产黑龙江、吉林、辽宁、内蒙古、河北、河南、山西、陕西、甘肃、宁夏、新疆、青海、西藏、四川、云南西北部及江苏，生于海拔900-4400米山坡草地、山坡林下、溪边或田野。蒙古、朝鲜、俄罗斯西伯利亚、印度西北部、巴基斯坦、哈萨克斯坦及欧洲北部有分布。

图 826 垂果大蒜芥 （引自《中国植物志》）

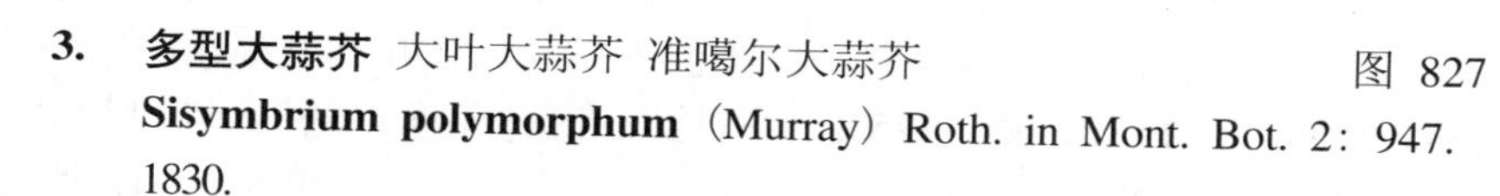

3. 多型大蒜芥 大叶大蒜芥 准噶尔大蒜芥 图 827

Sisymbrium polymorphum（Murray）Roth. in Mont. Bot. 2：947. 1830.

Brassica polymorpha Murray in Nov. Comm. Gott. 7：35. 1776.

Sisymbrium polymorphum var. *latifolium*（Korsk.）O. E. Schulz；中国植物志 33：415. 1987.

Sisymbrium polymorphum var. *soongarium*（Regel et Herder）O. E. Shulz；中国植物志 33：415. 1987.

多年生草本，高达70厘米。茎直立，分枝，无毛或仅基部有下倾毛，基部常木质化。茎下部叶有柄，叶披针形或窄披针形，长1.5-8厘米，深羽裂，顶生裂片大而窄长，侧生裂片4-6对，线形或卵状长圆形；茎上部叶线形，长1-5厘米，宽1-6毫米，全缘。花有苞片；萼片黄色，披针形，长5-6毫米，直立；花瓣亮黄色，长6-7.5毫米，先端圆，基部楔形。长角果线形，长2.5-3厘米；果瓣微凸；宿存花柱长不及1毫米，柱头头状；果柄长0.7-1厘米，斜展。种子每室1行，椭圆形，长约1毫米，红棕色。花果期5-8月。

图 827 多型大蒜芥
（引自《东北草本植物志》）

产黑龙江、内蒙古、甘肃、青海及新疆，生于海拔680-3830米干旱山坡。蒙古、俄罗斯西伯利亚、中亚、西亚及欧洲有分布。

4. 大蒜芥 图 828

Sisymbrium altissimum Linn. Sp. Pl. 659. 1753.

一年生或二年生草本，高达80厘米。茎直立，上部分枝，下部及叶均被长单毛。基生叶和茎下部叶有柄，窄椭圆形或倒披针形，长8-16厘米，深羽裂，裂片长卵形或三角形，全缘或波状；茎中上部叶长2-12厘米，羽状全裂，侧生裂片和顶生裂片均线形，长1.5-4.5厘米，全缘或有齿。萼片长4-5毫米，先端勺状；花瓣黄色，后白色，长4-6毫米，宽1-1.5毫米。角果四棱柱状，长8-10厘米；果柄长0.8-1厘米，与果近等粗，斜展。种子长圆形，长1-1.2毫米，淡黄褐色。花果期4-6月。染色体2n=14。

图 828 大蒜芥 （引自《东北草本植物志》）

产辽宁南部及新疆，生于海拔2500米以下荒漠草原、荒地或石质山坡。俄罗斯西伯利亚、伊朗、阿富汗、印度、西亚、中亚、欧洲及北美有分布。

［附］**东方大蒜芥 Sisymbrium orientale** Linn. Sp. Pl. 2: 666. 1753. 本种与大蒜芥的区别：中上部茎生叶具1-2对侧生裂片，侧生裂片窄披针形或线形，顶生裂片戟形，较侧生裂片宽大；萼片先端不呈勺状；果柄长3-6毫米。花期4-7月，果期5-8月。染色体2n=14。产山西及福建，生于荒地或路边。印度、克什米尔、巴基斯坦、西南亚、日本、俄罗斯及欧洲有分布。

5. 钻果大蒜芥 图 829：1-3

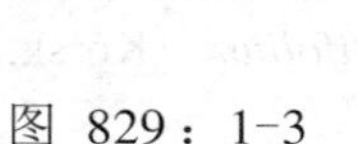

Sisymbrium officinale (Linn.) Scop. in Carniol. ed. 2, 2: 26. 1772.

Erysimum officinale Linn. Sp. Pl. 660. 1753.

一年生或二年生草本，高达90厘米。茎直立，上部分枝，枝开展。茎下部叶大头深羽裂，长3-9厘米，顶生裂片宽长圆形，侧生裂片1-2对，均具不规则大齿，柄长1.5-3.5厘米；茎的上部的叶柄渐短，叶渐小；下面均被长硬单毛，脉上毛多。萼片直立，长约2毫米，先端钝；花瓣黄色，倒卵状楔形，长2-4毫米。长角果钻形，长1-1.5厘米，下部较宽，向上渐细成钻状；宿存花柱长2-4毫米；果柄长1.5-2毫米，紧贴果序轴；角果与果柄均被短柔毛。花果期5-6月。染色体2n=14。

图 829：1-3.钻果大蒜芥 4-7.新疆大蒜芥 （史渭清绘）

产黑龙江、吉林、辽宁及内蒙古（文献记载西藏亦产）。日本、俄罗斯西伯利亚及远东地区、欧洲、中亚、西南亚、北非及北美有分布。

6. 新疆大蒜芥 短果大蒜芥 图 829：4-7

Sisymbrium loeselii Linn. Cent. Pl. 1: 18. 1755.

Sisymbrium loeselii var. *brevicarpum* Z. X. An; 中国植物志 33: 416. 1987.

一年生草本，高1.2米。茎直立，上部分枝，下部密被糙毛，上部常无毛。基生叶莲座状，宽倒披针形，倒向至大头状羽裂，长2.5-8厘米，侧生裂片2-4对，远小于顶生裂片，全缘或有齿，顶生裂片常三角状戟形，柄长1-4厘米；上部茎生叶全缘或有齿，远小于基生叶。花有苞片；萼片长圆形，上升，长3-4毫米；花瓣黄色，匙形，长6-8毫米，基部爪与萼片近相等；花丝带黄色，3-4.5毫米，花药长圆形；子房有40-60胚珠。幼果不超出花冠；长角果线状圆柱形，长2-4厘米，直立或上升；果瓣无毛，稍膨胀隆起；隔膜稍膜质；宿存花柱长0.3-0.7毫米；柱头凸出，2裂；果柄开展或上升，较果细，长0.5-1.2厘米。种子长圆形，长0.7-1毫米，着生隔膜凹窝中。花期5-9月，果期6-10月。染色体2n=14。

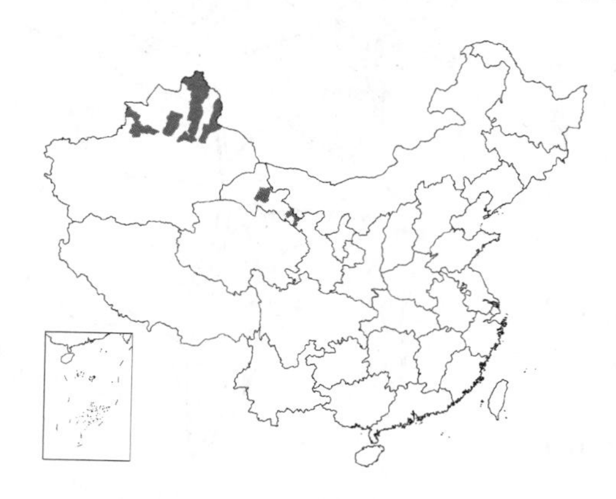

产甘肃及新疆，生于海拔300-2800米山谷、河岸、田野、路边、牧场、铁路沿线及荒地、受到干扰的大草原。阿富汗、巴基斯坦、克什米尔、印度、西南亚、中亚、蒙古、俄罗斯及东欧有分布。

［附］**水蒜芥 Sisymbrium irio** Linn. Sp. Pl. 2: 659. 1753. 与新疆大蒜芥的主要区别：茎下部无毛或疏被毛；花瓣长2.5-3.5毫米；幼果超出花冠。花期5-8月，果期6-9月。染色体2n=14。产内蒙古、新疆及台湾，生于海拔1700米以下石质山坡、果园、路边、田野、牧场、荒地或受人为干扰的草原。阿富汗、巴基斯坦、克什米尔、印度、尼泊尔、西南亚、中亚及欧洲有分布。

93. 葶芥属 Janhedgea Al-Shehbaz et Okane

（王希蕖）

一年生草本，高达20厘米。茎直立，上部分枝，稀不分枝，分枝线形，被稀疏或中度分枝毛和树枝状毛。基生叶不呈莲座状，叶柄与下部茎生叶叶柄长0.5-1.2厘米，叶细羽状全裂，具1-2对侧生裂片，裂片线形、窄长圆形或倒披针状线形，长3-9毫米，全缘，稀具1齿，疏被或密被树枝状毛；中部和上部茎生叶与下部的叶相似，窄3裂。总状花序有少数至多花，无苞片，花序轴呈“之”字曲折，稀稍曲折。萼片长圆形，长0.8-1毫米，直立，内轮2枚基部不呈囊状；花瓣白或粉红色，长1.1-1.5毫米，倒披针形，先端钝，基部爪不明显；雄蕊6，4强，花丝白色，花药宽卵圆形；蜜腺合生，几包围所在雄蕊的基部；子房有10-20胚珠。长角果开裂，线状圆柱形，念珠状，开展或贴向果序轴，长0.7-1.8厘米；果瓣中脉不显，无毛或疏被树枝状毛；胎座框圆形；隔膜完整；无宿存花柱或花柱不明显，柱头不裂；果柄长3-8毫米，细于角果或增粗几与角果等粗，直立或开展。种子每室1行，褐色，长圆形，无翅，饱满，长0.9-1.1毫米；子叶背倚胚根。

单种属。

葶芥 小花小蒜芥 图 830

Janhedgea minutiflora (Hook. f. et Thoms.) Al-Shehbaz et Okane in Edinb. Journ. Bot. 56: 322. 1999.

Sisymbrium minutiflorum Hook. f. et Thoms. in Journ. Linn. Soc. Bot. 5: 158. 1861.

Microsisymbrium minutiflorum (Hook. f. et Thoms.) O. E. Schulz; 中国植物志 33: 419. 1987.

形态特征同属。花期5-8月，果期6-8月。染色体2n=28。

产西藏，生于海拔2600-4200米石灰石或大理石碎石坡上。阿富汗、巴基斯坦、印度、塔吉克斯坦、土库曼斯坦、乌兹别克斯坦及西南亚有分布。

94. 寒原荠属 Aphragmus Andrz. ex DC.

（王希蕖）

多年生矮小草本；无毛或被单毛和分叉毛。茎在地面分枝。基生叶肉质，窄卵形或匙形，全缘；茎上部叶苞片状。总状花序短。萼片直立或斜展，早落，内轮2枚基部不呈囊状，外轮的长圆形，内轮的卵圆形，先端钝，有膜质边；花瓣白或淡紫色，卵形，先端平截，有毛状小齿；花丝细，花药短心形；侧蜜腺半环形，向内开口，与中蜜腺汇合；子房近无柄，卵状长圆形，花柱短，柱头扁头状。短角果椭圆形或长圆形，两端渐尖；果瓣稍扁，中脉与两侧网脉明显，隔膜透明或无，无脉。种子每室2行，卵圆形或近球形；子叶椭圆形，厚，背倚胚根。

5种，分布于喜马拉雅地区至俄罗斯西伯利亚东北部。我国1种。

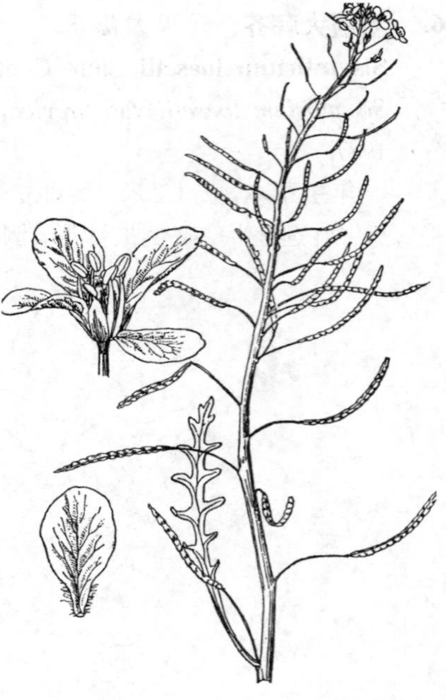

图 830 葶苈 （陈荣道绘）

尖果寒原荠 寒原荠 无毛寒原荠 小果寒原荠 图 831

Aphragmus oxycarpus (Hook. f. et Thoms.) Jafri in Notes. Roy. Bot. Gard. Edinb. 22(2): 96. 1956.

Braya oxycarpa Hook. f. et Thoms. in Journ. Linn. Soc. Bot. 5: 169. 1861.

Aphragmus oxycarpus var. *glaber* (Vass.) Z. X. An; 中国植物志 33: 422. 1987.

Aphragmus oxycarpus var. *microcarps* Z. X. An; 中国植物志 33: 422. 1987.

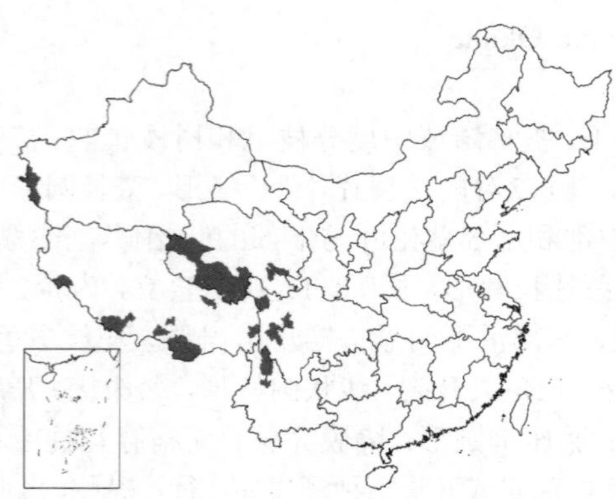

Aphragmus tibeticus O. E. Schulz; 中国植物志 33: 422. 1987.

多年生草本，高达15厘米；全株被单毛和分叉毛，或无毛。基生叶密集，柄长3-4厘米，基部抱茎，两侧膜质，叶窄卵圆形或匙形，长1-5厘米，先端钝，基部渐窄成柄；茎生叶与基生叶相似，柄短不抱茎；茎上部叶苞片状。萼片长宽均约2毫米，无毛，常紫色；花瓣白或淡紫色，倒卵形，长4.5-5毫米，先端钝或微缺。短角果椭圆形，长2-8毫米；果瓣厚，开裂；果柄稍短于角果。种子卵圆形，长约1毫米，淡棕色。花期7月。

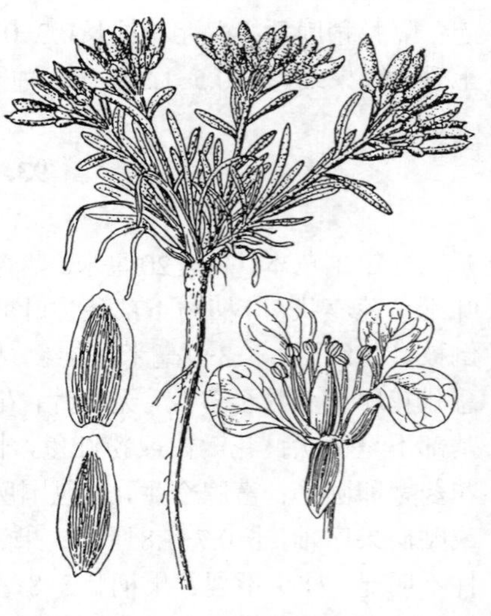

图 831 尖果寒原荠 （韦力生绘）

产新疆西部、青海、西藏、四川西部及云南西北部，生于海拔3200-5450米山坡草甸、灌木林下或石崖。中亚、克什米尔、不丹、巴基斯坦及阿富汗东北部有分布。

95. 锥果芥属 Berteroella O. E. Schulz

（王希蕖）

一年生或二年生草本，高达60厘米；全株密被灰白色3-4叉具柄星状毛。茎直立，分枝细。基生叶早枯；茎下部叶有柄，茎上部叶无柄或近无柄，长圆状倒卵形或匙形，长0.5-3厘米，先端钝或尖，基部渐窄，全缘。总状花序。萼片直立，开展，外轮的长圆形，内轮的窄卵形，基部稍呈囊状，长约2毫米；花瓣淡紫色，长圆状倒卵形，长约3毫米，无毛；长雄蕊花丝基部宽，有翅，花药长圆形，基部钝；侧蜜腺半球形，位于短雄蕊两侧，不连合，无中蜜腺；子房长圆卵形，胚珠6-14，花柱针状，长1.5-2.5毫米，柱头扁头状。长角果四棱状线形，长0.5-1厘米；果瓣顶端尖，基部钝，具3条纵脉，隔膜厚，具纵脉。种子每室1行，长卵形；子叶背倚胚根。

单种属。

锥果芥 图 832

Berteroella maximowiczii（J. Palib.）O. E. Schulz ex Loes. Prodr. Fl. Tsingl. in Beih. Bot. Centrabl. 37. Abt. 2. Heft. 1：127. 1919.

Sisymbrium maximowiczii J. Palib. in Acta. Hort. Petrop. 17(1)：28. 1899.

形态特征同属。花果期6-9月。

产辽宁、河北、河南、山东、江苏、浙江、安徽西部及湖北，生于海拔300-900米山坡或沟边。朝鲜及日本有分布。

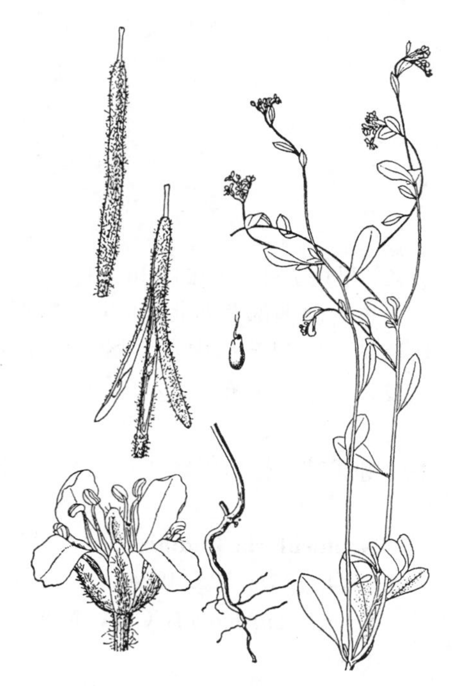

图 832 锥果芥（陈荣道绘）

96. 念珠芥属 Neotorularia Hodge et J. Léonard

（王希蕖）

一年生、二年或多年生草本；被分枝毛或单毛。茎多分枝，披散或斜升。叶长圆形，全缘、具齿或逆向羽裂；基生叶莲座状；茎生叶无柄，抱茎或楔状。总状花序。花有或无苞叶；花梗短或近无；萼片近直立，开展，内轮2枚基部不呈囊状；花瓣白、粉红或紫色；雄蕊花丝细，分离；侧蜜腺半球形或半卵形，位于短雄蕊两侧，不汇合，无中蜜腺；子房2室，无柄。长角果圆柱状，种子间缢缩呈念珠状，直伸、弯曲或拳卷，开裂；果瓣中脉明显。种子每室1行；子叶背倚或斜向背倚胚根。

14种，主要分布于中亚及地中海地区。我国6种。

1. 一年生或二年生草本，若为多年生则花柱超过1毫米；总状花序的花无苞片。
   2. 果柄与长角果等粗，长0.3-1毫米；花瓣长2.5-3.5毫米 …………………………………… 1. 念珠芥 **N. torulosa**
   2. 果柄比长角果细，长4-6毫米；花瓣长5-7毫米 …………………………………… 3. 甘新念珠芥 **N. korolkovi**
1. 多年生草本。
   3. 长角果长1.2-2.5厘米，上下等粗；花瓣长3-5毫米；种子每室1行；花序最下部的花有苞片，稀所有的花均有苞片 …………………………………… 2. 蚓果芥 **N. humilis**
   3. 长角果长0.3-1厘米，近基部最粗；花瓣长1-2.5毫米；角果基部种子每室常近2行；花序的花全有苞片，稀仅下半部的花有苞片 …………………………………… 4. 短果念珠芥 **N. brachycarpa**

1. 念珠芥 图 833

Neotorularia torulosa（Desf.）O. E. Schulz in Engl. Pflanzenr.86(4.105)：214. 1924.

Sisymbrium torulosa Desf. Fl. Atlant. 2：84. 1889-1890.

Torularia torulosa（Desf.）O. E. Schulz；中国植物志 33：426. 1987.

一年生或二年生草本，高达25厘米。基生叶匙形，长约2.5厘米，基部渐窄成柄，有3-4浅齿裂；茎生叶线形，长1-1.5厘米，近无柄。总状花

序的花无苞片。萼片窄长圆形，长2-2.5毫米；花瓣淡黄色，长圆状倒卵形，长2.5-3.5毫米，先端钝，基部具爪；花丝扁平，基部宽；花柱短，柱头微2裂。长角果稍不规则弯曲，稍扁，长1.5-2厘米；果瓣两端钝；果柄长不及1毫米，与角果等粗。种子淡黄棕色，长圆形，长0.75-1毫米。果期7月。染色体2n=14。

产新疆西部及西北部，生于山前平原、荒地或盐化土壤。中亚、巴基斯坦、伊朗至地中海地区、巴尔干、阿富汗、俄罗斯、北非、西南亚及东南欧有分布。

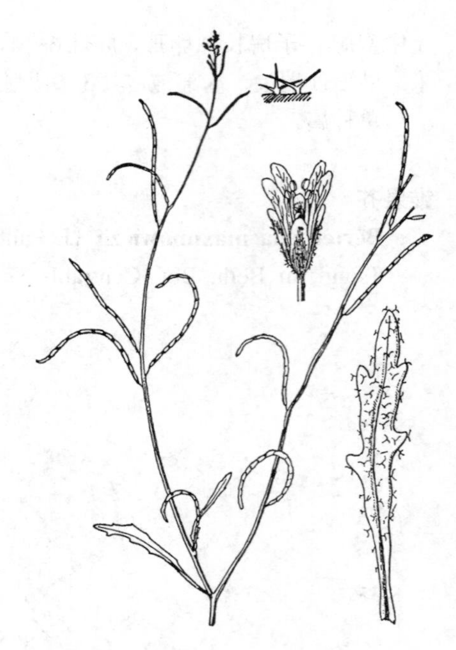

图 833 念珠芥 （陈荣道绘）

2. 蚓果芥 托穆尔鼠耳芥 大花蚓果芥 无毛蚓果芥 喜湿刺果芥 图 834

Neotorularia humilis (C. A. Mey.) O. E. Schulz in Engl. Pflanzenr. 86(4. 105): 223. 1924.

Sisymbrium humilis C. A. Mey. in Ledeb. Ic. Pl. Ross. 2: 16. t. 147. 1830.

Arabidopsis tuemurinca K. C. Kuan et Z. X. An; 中国植物志 33: 281. 1987.

Torularia humilis (C. A. Mey.) O. E. Schulz; 中国高等植物图鉴 2: 69. 1972; 中国植物志 33: 427. 1987.

Torularia humilis f. *grandiflora* O. E. Schulz; 中国植物志 33: 430. 1987.

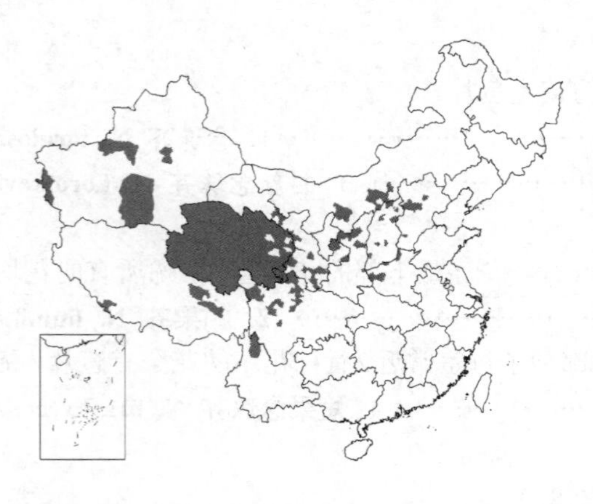

Torularia humilis f. *glabreta* Z. X. An; 中国植物志 33: 430. 1987.

Torularia humilis f. *hytrophila* (Forun.) O. E. Schulz; 中国植物志 33: 430. 1987.

多年生草本，高达30厘米；全株被2叉毛和3叉毛，稀叶疏被单毛，或角果无毛或近无毛。茎基部分枝。基生叶倒卵形，长约1厘米，柄长约2厘米；茎下部叶宽匙形或窄长卵形，长0.5-3厘米，先端钝圆，基部渐窄成柄，全缘或具2-3对钝齿；中上部茎生叶线形。花序最下部的花有苞片，稀所有的花均有苞片。萼片长圆形，长1.5-2.5毫米，外轮较内轮窄，边缘膜质；花瓣长椭圆形、长卵形或倒卵形，白色，长3-6毫米，先端平截、圆或微缺，基部渐窄成爪。长角果筒状，长(0.5-)1.2-2.5厘米，上下等粗，两端渐细，直或弯曲；宿存花柱短，柱头2浅裂；果瓣被2叉毛；果柄长3-6毫米。种子每室1行，长圆形，长约1毫米，桔红色。花果期5-9月。染色体2n=28，40，50，56，64，70。

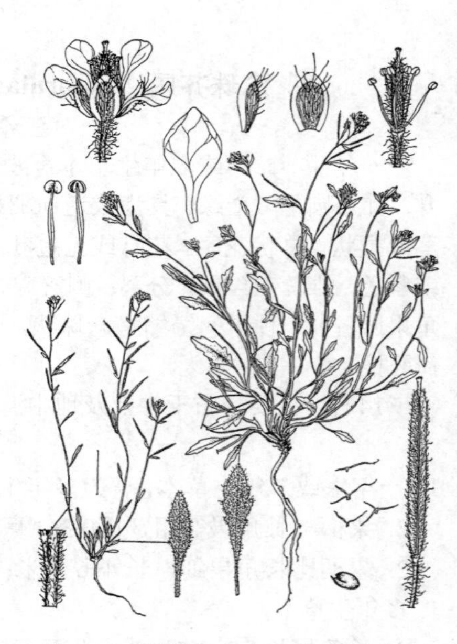

图 834 蚓果芥 （引自《中国植物志》）

产内蒙古、河北、河南、山西、陕西、宁夏、甘肃、新疆、青海、西藏、云南西北部、四川及山东西南部，生于海拔1000-2000米山坡林下、河滩草地、固定沙丘、河谷阶地、黄土丘陵或石质山坡。印度、阿富汗、克什米尔、巴基斯坦、不丹、尼泊尔、朝鲜、蒙古、俄罗斯西伯利亚、中亚及北美有分布。

3. 甘新念珠芥 长果念珠芥 莲座念珠芥 图 835

Neotorularia korolkovi（Regel. et Schmalh.）O. E. Schulz in Engl. Pfanzenr. 86(4. 105)：220. 1924.

Sisymbrium korolkovi Regel. et Schmalh. in Acta Hort. Petrop. 5：240. 1877.

Torularia korolkovi（Regel. et Schmalh.）O. E. Schula；中国植物志 33：431. 1987.

Torularia korolkovi var. *longicarpa* Z. X. An；中国植物志 33：431. 1987.

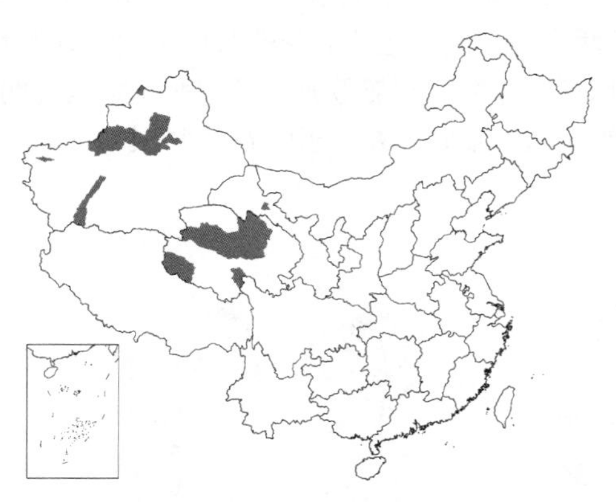

Torularia rosulifolia K. C. Kuan et Z. X. An；中国植物志 33：432. 1987.

一年生或二年生草本，高达25（-30）厘米；全株密被分枝毛并兼有单毛。茎基部分枝。基生叶莲座状，长圆状披针形，长2-5（-9）厘米，先端尖，基部渐窄成柄，具波状齿或长圆形裂片，柄长1-2厘米；茎生叶向上叶柄渐短或无，叶同基生叶。花无苞叶；萼片长圆形，长2-3毫米；花瓣白色，干后土黄色，倒卵形，长5-7毫米，先端平截，基部窄。长角果圆柱形，长1.5-1.8（-3）厘米，弯曲或拳卷，种子间稍缢缩；果柄长4-6毫米，较果细。种子每室1行，长圆形，长约1毫米，黄褐色。花果期4-6月。

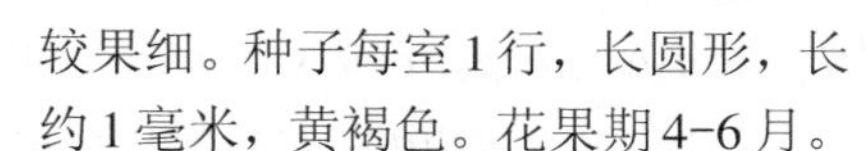

图 835 甘新念珠芥 （引自《中国植物志》）

产甘肃、新疆及青海，生于海拔700-1500米的河边、沙滩、荒地、农田、路边、山坡、石质和沙质河床或谷地。蒙古、中亚及土耳其有分布。

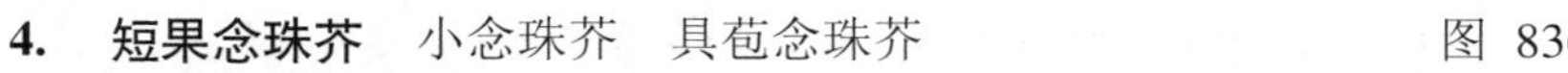

4. 短果念珠芥 小念珠芥 具苞念珠芥 图 836

Neotorularia brachycarpa（Vass.）Hedge et J. Léon. in Bull. Jard. Bot. Gelg. 56：393. 1986..

Torularia brachycarpa Vass. Fl. URSS 8：635. 1939.

Torularia brecteata S. L. Yang；中国植物志 33：434. 1987.

Torularia parvia Z. X. An；中国植物志 33：432. 1987.

Torularia tibetica Z. X. An；中国植物志 33：434. 1987.

多年生矮小草本，高3-10厘米；疏被或密被有柄或近无柄鞭状毛，稀被2叉毛。茎数条或多条从基部生出，

图 836 短果念珠芥 （陈荣道绘）

半卧或倾斜。基生叶莲座状，倒披针形或长圆形，长0.3-1.5厘米，被柔毛，先端尖锐或钝，基部渐窄或楔形，边缘有齿或羽状半裂，柄长1-6毫米；茎生叶与基生叶相似，向上逐渐变小，最上部茎生叶无柄或近无柄。总状花序的花全有苞片，稀仅下半部的花有苞片。苞片附着在花序轴上或花柄上。萼片长圆形，长0.7-1.5毫米，内轮2枚基部不呈囊状；花瓣白色，匙形，长1-2.5毫米；花丝长1-1.5毫米，花药卵圆形，顶端具细尖头；子房有20-40胚珠。长角果长圆形、线状披针形或线形，近基部最粗，长0.3-1厘米，通常基部贴向果序轴，而上部离轴外弯，圆柱形，念珠状，被丁字毛；宿存花柱0.1-0.5毫米，柱头不裂；果柄近于贴向果序轴，远比果细，长0.5-2.5毫米。种子至少在果的下半部2行，长圆形，长0.5-0.8毫米。花期6-8月，果期7-9月。

产甘肃、青海、新疆及西藏，生于砾石坡或砂地上。塔吉克斯坦有分布。

97. 连蕊芥属 Synstemon Botsch.

（王希蕖）

一年生草本；被单毛或分叉毛。茎基部分枝。叶线形，茎下部叶与基生叶羽状深裂或具疏齿，茎上部叶全缘。总状花序果期伸长。萼片直立，近相等，卵圆形，先端钝，有白边，内轮2枚基部不呈囊状；花瓣长于萼片，白或淡紫色，倒卵形，先端钝圆，基部爪短，有长单毛；雄蕊6，长雄蕊每两个花丝基部连合，花药长圆形；侧蜜腺环状，与中蜜腺汇合。长角果线形，2室，背部扁，种子间稍缢缩呈念珠状，开裂；果瓣膜质，有中脉，隔膜透明，无脉；宿存花柱细，柱头头状；果柄细。种子每室1行，椭圆形，顶端有边，湿时发粘；子叶背倚胚根。

2种，为我国特有属。

连蕊芥 柔毛连蕊芥 兴隆连蕊芥 图 837

Synstemon petrovii Botsch. in Бот. Жур. 44(10): 1487. f. 2. 1959.

Synstemon petrovii var. *pilosus* Botsch.; 中国植物志 33: 436. 1987.

Synstemon petrovii var. *xinglonicus* Z. X. An; 中国植物志 33: 436. 1987.

一年生草本，高达40厘米；被单毛与分叉毛。茎基部分枝。基生叶线形，深羽裂，长3-9厘米，裂片长圆状线形，斜上或平展，基部渐窄成柄；茎生叶与基生叶相似，向上渐小；茎最上部叶线形，有1-2对裂片。萼片卵形，长2.5-3毫米，边缘膜质、白色；花瓣白色，长圆形，长4-5毫米，基部爪楔形；长雄蕊花丝成对连合至1/2以上。长角果线形，长1.3-2.7厘米，稍扁，两端钝尖，中下部疏被扁平扭曲单毛；花柱粗短；果柄细，长1-1.5厘米，平展。花果期4-6月。

图 837 连蕊芥 （蔡淑琴绘）

产内蒙古西部、宁夏及甘肃，生于石质碎石低山、山坡或固定沙丘。

98. 肉叶荠属 Braya Sternb. et Hoppe

（王希蕖）

多年生矮小簇生草本；被分枝毛和单毛。单叶，全缘或具疏齿，稍肉质。总状花序头状。萼片斜展，内轮2枚基部不呈囊状，边缘膜质透明；花瓣白或浅黄色，干后紫红色；雄蕊花丝分离；侧蜜腺半环状，向内开口，稀伸长而汇合，无中蜜腺；子房常被毛，花柱明显，柱头扁头状，稍2裂。短角果线形、长圆形或宽椭圆形，念珠状；果瓣两端钝，有中脉和较细网脉，隔膜完整或基部穿孔。种子每室2行，光滑，种子柄丝状；子叶长圆形，背倚胚根，胚根粗短。

约16种，分布于欧亚大陆高山地带及北极寒带。我国4种、2变种、3变型。

1. 根颈具少数分枝或不分枝，有少数宿存叶柄或无；密被或疏被2叉毛，有时兼有少数单毛；短角果常长于萼片 ………………………………………………………………………… **红花肉叶荠 B. rosea**
1. 根颈具大量分枝，密被宿存叶柄；被单毛；短角果短于萼片 …………………… (附). **密柄肉叶荠 B. forrestii**

红花肉叶荠 古铜色肉叶荠 无毛肉叶荠 西藏肉叶荠 短葶肉叶荠 条叶肉叶荠 羽叶肉叶荠 图 838

Braya rosea (Turcz.) Bunge, Del. Sem. Hort. Bot. Dorpot. 1839: 7. 1839.

Platypetalum roseum Trucz. in Bull. Soc. Imp. Nat. Mosc. 11: 87. 1838.

Braya rosea var. *aenea* (Bunge) Malysch；中国植物志 33: 440. 1987.

Braya rosea var. *galbrata* Regel et Schmalh；中国植物志 33: 440. 1987.

Braya tibetica Hook. f. et Thoms.；中国植物志 33: 438. 1987.

Braya tibetica f. *breviscarpa* Pamp.；中国植物志 33: 438. 1987.

Braya tibetica f. *linearifolia* Z. X. An；中国植物志 33: 439. 1987.

Braya tibetica f. *sinuata* (Maxim.) O. E. Schulz；中国植物志 33: 439. 1987.

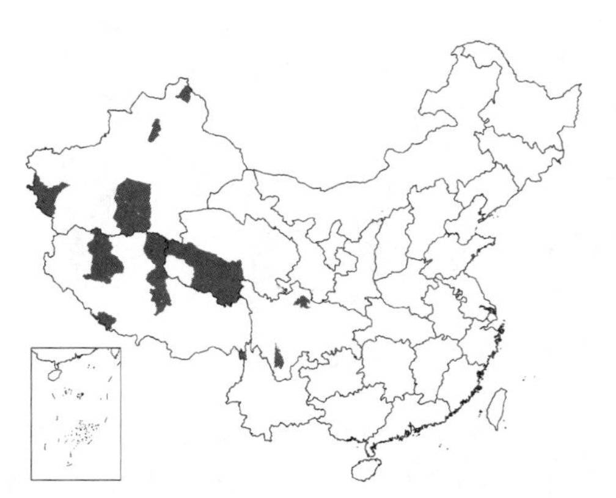

多年生矮小草本，高3-10厘米；疏被或密被具柄2叉毛，有时混有单毛，稀除叶柄外无毛；根颈细，有少数宿存叶柄或无，不分枝或有少数分枝。基生叶莲座状，线形、长圆形、倒披针形或倒卵形，长1-3厘米，被毛或无毛，先端钝或尖，基部渐窄，全缘、有齿、波状或大头羽裂；叶柄长0.4-1.6厘米，细或基部稍扩大，具缘毛。花葶密被毛或无毛，无叶，稀具1叶；总状花序头状。花无苞片；萼片近先端紫色或带绿色，长圆形，长1.5-2.5毫米，无毛或密被柔毛，具宽白边，宿存或脱落；花瓣紫、粉红或白色，匙形或倒卵形，长3-4毫米；花丝1.3-1.8毫米，花药卵圆形；子房有8-12胚珠。短角果卵形或长圆形，长3-6.5毫米，无毛或密生柔毛；宿存花柱长0.2-0.7毫米；果柄开展或上升，长1.5-5毫米。种子长0.7-1毫米。花期6-7月，果期7-9月。

图 838 红花肉叶荠 （王金凤绘）

产甘肃、青海、新疆、西藏、四川及云南西北部，生于海拔2500-5300米山坡、河岸、风化岩碎石坡、干旱草原或高山垫状植物中。巴基斯坦、克什米尔、印度、不丹、尼泊尔、吉尔吉斯斯坦、塔吉克斯坦、俄罗斯及蒙古有分布。

［附］**密柄肉叶荠 Braya fonestii** W. W. Smith in Notes Roy. Bot. Gard. Edinb. 8: 119. 1913. 本种与红花肉叶荠的区别：根颈具大量分枝，密被宿存叶柄，仅被单毛；短角果短于萼片。花期5-6月，果期7-8月。产四川、西藏及云南，生于海拔3700-5000米高山泥炭土和砾石堆或多石牧场上。不丹有分布。

99. 盐芥属 Thellungiella O. E. Schulz

（王希蕖）

一年生或二年生草本；植株灰白或蓝绿色，无毛。茎单一或基部分枝。茎生叶不裂，无柄，基部两侧耳状，半抱茎。总状花序顶生，花序轴曲折。萼片斜上，近相等，先端圆，内轮2枚基部不呈囊状；花瓣白色，卵形，基部具短爪；雄蕊花丝分离，无齿；侧蜜腺位于短雄蕊外侧，不汇合，无中蜜腺；子房无柄，花柱短，柱头凹下，稍2裂。长角果线形，较短，稍扁，2瓣裂；果瓣两端钝，有中脉，隔膜白色、透明。种子每室1行或2行，卵圆形，黄棕色，具点状纹；子叶线形，背倚胚根。

3种，分布于亚洲东部及北部、北美洲西部。我国均产。

1. 基生叶全缘，早枯落；子房有55-90胚珠；角果长1.5-2厘米；种子每室2行 …………… **盐芥 Th. salsuginea**
1. 基生叶常有齿或羽裂，不早枯；子房有15-26胚珠；角果长0.4-1厘米；种子每室1行 ……………………………………………………………………………………………………（附）. **小盐芥 Th. halophila**

盐芥 图 839

Thellungiella salsuginea (Pall.) O. E. Schulz in Engl. Pflangzenr. 86 (4. 105): 252. 1924.

Sisymbrium salsugineum Pall. Reise 2: 466. App. 740. 1773.

一年生草本，高达35（-45）厘米；全株无毛。茎基部或中部分枝，下部常有盐粒。基生叶具柄，早枯，叶卵形或长圆形，全缘或具不整齐小齿；茎生叶无柄，长圆状卵形，下部叶长约2.5厘米，向上渐小，基部箭形，抱茎，全缘或具不明显小齿。萼片卵圆形，长1.5-2毫米，边缘膜质、白色；花瓣白色，长圆状倒卵形，长2.5-3.5毫米，先端钝圆；子房有55-90胚珠。长角果长1.5-2厘米，微内弯，斜升或直立；果柄丝状，长4-6毫米，近平展。种子每室2行，椭圆形，黄色，长约0.5毫米。花果期4-5月。

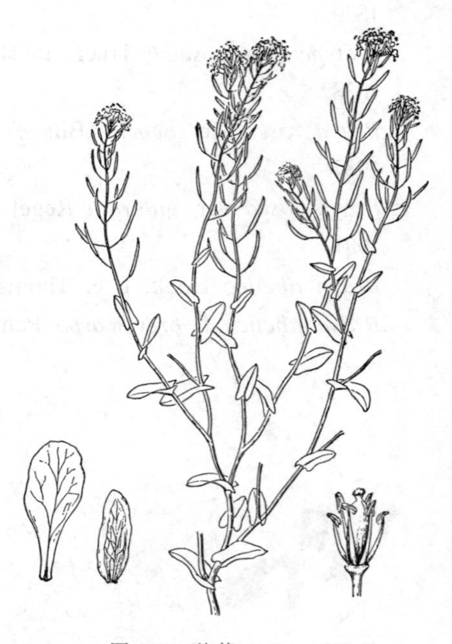

图 839 盐芥 （马 平绘）

产吉林、内蒙古、河北、河南、山东、江苏及新疆，生于田边、轻度盐渍化土壤、沙区盐碱地或盐化草甸。蒙古、俄罗斯西伯利亚、中亚及北美有分布。

［附］**小盐芥 Thellungiella halophila** (C. A. Mey.) O. E. Schulz in Engl. Pflangzenr. 86(4, 105): 253. 1924. —— *Sisymbrium halophila* C. A. Mey. in Ledeb. Fl. Alt. 3: 141. 1831. 与盐芥的主要区别：基生叶不早枯，常有齿或羽裂；子房有15-26胚珠；角果长0.4-1厘米；种子每室1行。花果期5-8月。产新疆，生于盐土堆。哈萨克斯坦及俄罗斯西伯利亚有分布。

100. 亚麻荠属 Camelina Crantz.

（王希蕖）

一年生或二年生草本。茎直立，单一或分枝，常被单毛或分枝毛。基生叶常枯落，常有柄；茎生叶无柄，基部两侧具披针形叶耳，抱茎。总状花序。萼片直立，内轮2枚基部不呈囊状，近相等，边缘白色、膜质；花瓣黄或白色，基部窄；雄蕊分离，不等长，花丝扁，无齿；侧生蜜腺长肾形，位于短雄蕊两侧，有时二者前端连合，无中蜜腺；子房有多数胚珠，花柱长，柱头钝圆。短角果椭圆形、倒卵形或梨形，2室，开裂，稍有翅，果瓣膨胀，中脉显著，隔膜膜质。种子每室2行，多数、卵圆形；子叶背倚胚根。

约6种，分布地中海地区和欧洲。我国2种。

1. 茎和叶无毛、近无毛或被微小分枝毛；短角果长7-9毫米；种子长1.7-3毫米 ………… 1. **亚麻荠 C. sativa**
1. 茎（至少在基部）和叶被长柔毛和兼有分枝毛；短角果长3.5-5毫米；种子长0.8-1.4毫米 ………………………… 2. **小果亚麻荠 C. microcarpa**

1. 亚麻荠 图 840

Camelina sativa（Linn.）Crantz, Stirp. Austr. 1: 17. 1762.

Myagrum sativum Linn. Sp. Pl. 641. 1753.

一年生草本，高达80厘米；无毛或被微小分枝毛，稀被长单毛。基生叶倒披针形，长约3厘米，基部下延成柄，具疏齿，柄长约1厘米；茎生叶披针形，长1-6厘米，基部箭形抱茎、无柄，全缘，稀有小齿。总状花序。萼片长约3毫米，内轮的卵状长圆形，外轮的长圆状椭圆形；花瓣淡黄色，长圆状倒卵形，长约3.5毫米，基部爪不明显。果序长达30厘米；短角果长7-9毫米，无毛，有边，顶端平截，基部宽楔形；果瓣中脉自基部伸至顶端；宿存花柱长约1.5毫米。种子棕褐色，宽长圆状卵形，长约1.7-3毫米。花果期4-7月。染色体2n=40。

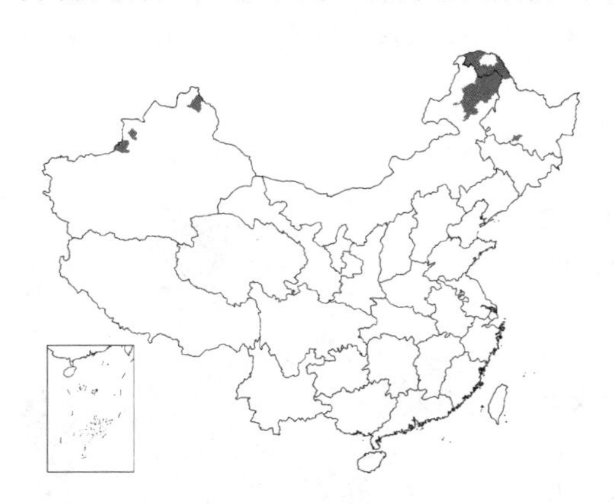

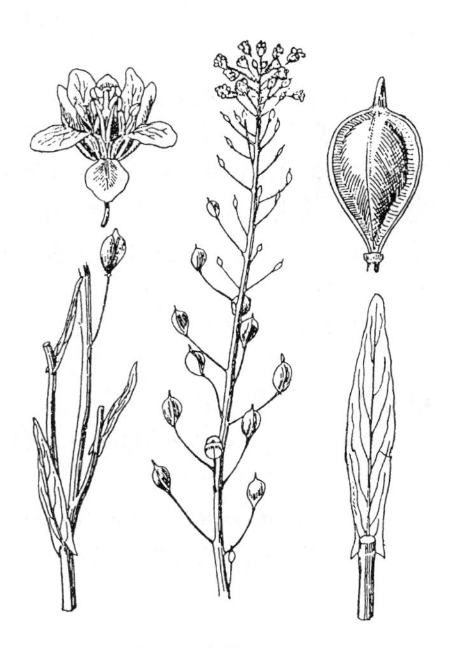

图 840 亚麻荠 （陈荣道绘）

产黑龙江北部、辽宁南部、内蒙古东部、新疆北部及西北部，生于草地、田边、荒地、草原、沙地或山坡。印度、巴基斯坦、朝鲜、日本、俄罗斯西伯利亚、中亚、西南亚、欧洲、北非及北美有分布。

2. 小果亚麻荠 小叶亚麻荠 野亚麻荠 图 841

Camelina microcarpa Andrz. in DC. Syst. Nat. 2: 517. 1821.

Camelina microcarpa Z. X. An；中国植物志 33：446. 1987.

Camelina sylvestris Wallr.；中国植物志 33：444. 1987.

一年生草本，高达60厘米；被长单毛和短分枝毛，植株下部毛多，向上毛渐少至无毛。基生叶与茎下部叶长圆状倒披针形或长椭圆形，长2-7厘米，基部下延成具翅宽柄，全缘或有疏微齿；茎上部叶无柄，披针形或长圆状线形，长1-3厘米，先端渐尖，基部具披针状叶耳，边

图 841 小果亚麻荠 （引自《图鉴》）

缘外卷。萼片长圆形，长2.5-3毫米；花瓣黄色，线状长圆形，长3.5-4毫米，基部爪不明显。果序长达30厘米；短角果长3.5-5毫米；宿存花柱长1-2毫米；果柄长1-1.5厘米，开展；果瓣中脉延伸达果1/3以上，顶端中脉不明显，两侧具网脉。种子长圆状卵形，长0.8-1.4毫米，棕褐色。花果期4-7月。染色体2n=40。

产黑龙江、吉林、辽宁南部、内蒙古、河北、河南、山东、山西、陕西、甘肃、青海、新疆、西藏、云南及四川，生于平原农田或山地林缘。俄罗斯西伯利亚、中亚、西南亚及欧洲有分布。

101. 播娘蒿属 Descurainia Webb et Berth.

（王希蕖）

一年生、二年生或多年生草本；被单毛及分枝毛，有时被腺毛或无毛。茎直立，上部分枝。基生叶2-3回羽状全裂，裂片窄线形或长圆形，下部叶有柄，上部叶近无柄。总状花序，有多数花小。花无苞片；萼片近直立，外轮窄长圆形，内轮较宽，早落；花瓣黄或乳黄色，卵形，基部具爪；雄蕊花丝基部宽，无齿，有时长于花萼和花冠；侧蜜腺环状或半环状，中蜜腺“山”字形，二者连接成环；子房圆柱形，有20-40胚珠，花柱短，柱头扁头状。长角果圆筒形，常上弯，开裂；果瓣具1-3脉；隔膜透明。种子每室1-2行，细小，长圆形或椭圆形，无翅，遇水有胶粘物质；子叶背倚胚根。

40余种，主产北美洲，少数产亚洲、欧洲、非洲南部。我国1种。

播娘蒿　　图 842

Descurainia sophia (Linn.) Webb ex Prantl in Engl. Nat. Pflanzenfam. 3(2): 192. 1891.

Sisymbrium sophia Linn. Sp. Pl. 659. 1753.

一年生草本，高达80厘米；被分枝毛，茎下部毛多，向上毛渐少或无毛。叶柄长约2厘米，叶长6-19厘米，宽4-8厘米，3回羽状深裂，小裂片线形或长圆形，长（0.2-）0.3-1厘米。萼片窄长圆形，背面具分叉柔毛；花瓣黄色，长圆状倒卵形，长2-2.5毫米，基部具爪；雄蕊比花瓣长1/3。长角果圆筒状，长2.5-3厘米，无毛，种子间缢缩，开裂；果瓣中脉明显；果柄长1-2厘米。种子每室1行，小而多，长圆形，长约1毫米，稍扁，淡红褐色，有细网纹。花果期4-6月。染色体2n=28。

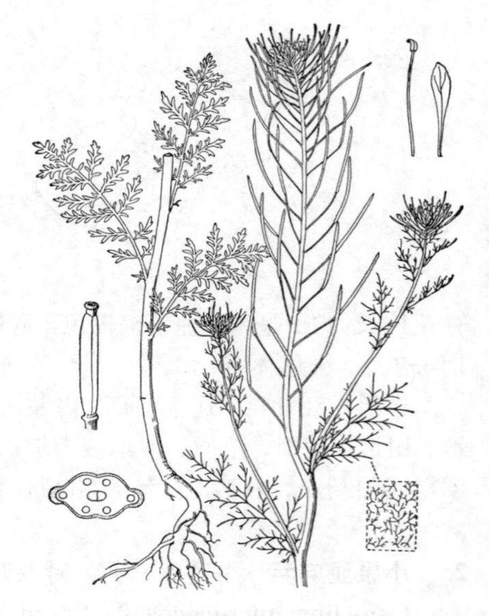

图 842 播娘蒿 （引自《东北草本植物志》）

产黑龙江、吉林、辽宁、内蒙古、河北、山西、陕西、宁夏南部、甘肃、新疆、青海、西藏、云南、四川、湖南、湖北、河南、山东、江苏、安徽、浙江、福建东部及江西西北部，生于山坡、田野、农田或固定沙丘。北非、西南亚、中亚、欧洲、克什米尔、尼泊尔、不丹、锡金、蒙古、俄罗斯、朝鲜及日本有分布。种子药用，利尿消肿、祛痰定喘；种子含油量达40%，可食用。

102. 羽裂叶荠属 Sophiopsis O. E. Schulz

（王希蕖）

一年生或二年生草本；被分枝毛及单毛。茎单一或分枝。叶具柄，1-2回羽状全裂，裂片长圆形或线形，茎上部叶无柄。总状花序。花具苞片或无苞片；花梗丝状，开展；萼片斜上，长圆形，内轮2枚基部不呈囊状；花瓣白或黄色，倒卵状楔形，先端圆或微缺；雄蕊花丝分离，无齿；侧蜜腺半环状，向内开口，中蜜腺“山”字形，二者汇合；子房有4-16胚珠。短角果椭圆形或倒披针形；宿存花柱短，柱头头状凹下，2室，开裂，无毛；果瓣凸起或近舟形，脉不显，隔膜薄，白色，基部穿孔。种子每室1行，卵圆形，暗棕色；子叶背倚或斜背倚胚根。

4种，分布于中亚山地。我国2种。

1. 果柄开展，不贴向果序轴，无毛；总状花序的花无苞片；茎直立，稀上升；最上面的叶2回羽状全裂；子房有4-8胚珠；短角果稍具4棱 ……………………………………………………………… **羽裂叶荠 S. sisymbrioides**
1. 果柄直立或上升，常贴向果序轴，密被柔毛；总状花序至少基部的花有苞片；茎平卧，稀上升；最上面的叶1回羽状全裂或羽状半裂；子房有10-16胚珠；短角果圆柱形 …………………… (附). **中亚羽裂叶荠 S. annua**

羽裂叶荠 图 843

Sophiopsis sisymbrioides (Regel et Herd.) O. E. Schulz in Engl. Pflanzenr. 86(4. 105): 346. f. 70 A-F. 1924.

Hutchinsia sisymbrioides Regel et Herd. in Bull. Soc. Nat. Mosc. 39 (2): 143. 1866.

二年生草本，高50厘米；被短分枝毛和丛卷毛。茎直立，分枝。基生叶3回羽状分裂，长约7厘米，柄长约2厘米；茎中下部叶具柄，2回羽状深裂或全裂，1回羽片3-5对，2回羽片2-3对，均对生，小羽片窄长圆形；茎上部叶1回羽状分裂，裂片长圆状线形。总状花序的花无苞片。萼片淡黄色，长约2毫米，背面基部稀被长单毛；花瓣黄色，圆而稍长，长约4毫米，基部具爪；子房有4-8胚珠。短角果倒披针形或窄椭圆形，稍具4棱，长3-3.5毫米；果瓣膨胀，两端钝；果柄长约1厘米，平展，无毛。种子红褐色，长圆形，长约2毫米。花果期5-6月。

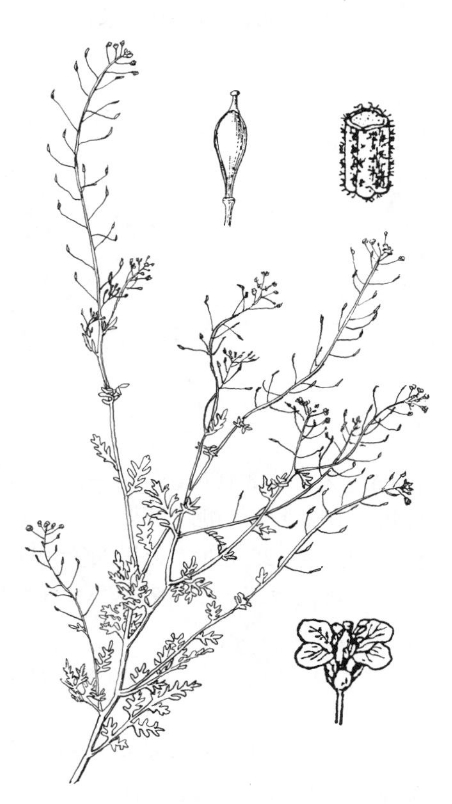

图 843 羽裂叶荠 （韦力生等绘）

产新疆西部及西北部，生于海拔1100-4500米阳坡荒草地或沙砾地。中亚地区有分布。

［附］**中亚羽裂叶荠 Sophiopsis annua** (Rupr.) O. E. Schulz in Engl. Pflanzenr. 86(IV. 105): 347. 1924. —— *Smelowskia annua* Rupr. in Mem. Acad. Imp. Sci. St. Petersb. ser. 7, 14: 4. 1869. 本种与羽裂叶荠的主要区别：茎平卧，稀上升；最上面的叶1回羽状全裂或半裂；短角果圆柱形；总状花序至少基部的花有苞片；子房有10-16胚珠；果柄直立或上升，常贴向果序轴，密被柔毛。花期6-8月，果期7-9月。产新疆及西藏，生于海拔2500-5100米高山砾石坡或高山草甸。哈萨克斯坦、吉尔吉斯斯坦、塔吉克斯坦及乌兹别克斯坦有分布。

103. 芹叶荠属 Smelowskia C.A. Mey.

（王希蕖）

多年生簇生草本；密被丛卷毛、单毛或分枝毛。根状茎粗，有残留叶基。茎基部分枝，上升或直立。叶羽状全裂，稀近全缘或全缘；茎下部叶莲座状，有柄，密集；茎上部叶少，有短柄或无柄，裂片窄长圆形或线形。总状花序上部伞房状，下部花稀疏具苞片。花梗丝状，开展或上升；萼片直立，内轮2枚基部囊状，有膜质宽边；花瓣白或粉红色，近圆形，下部窄；侧蜜腺环状，内侧开口或略具缺刻，中蜜腺位于长雄蕊外侧，二者汇合；子房有6-

10胚珠，花柱短，柱头头状，凹下。短角果椭圆形或近圆柱形，2室，开裂；果瓣凸起或近舟状，无毛，隔膜极透明或厚，有时穿孔。种子每室1行，长圆形或椭圆形，湿时不发粘，种柄丝状；子叶背倚胚根。

7种，分布中亚、阿富汗及北美。我国2种。

芹叶荠

图 844

Smelowskia calycina (Steph.) C. A. Mey. in Ledeb. Fl. Alt. 3: 170. 1831.

Lepidium calycinum Steph. in Willd. Sp. Pl. 3(1): 433. 1800.

多年生草本，高达30厘米；被丛卷毛和长单毛。根状茎粗长。茎自地面分枝，基部被残存叶柄；茎下部的叶柄长3-5厘米，叶长圆形，长5-6厘米，大头羽裂，叶下部裂片长椭圆形，近全缘，先端的裂片椭圆形，2-3裂；茎上部叶柄渐短，叶渐小，羽裂，裂片长椭圆形，全缘。萼片宿存，淡黄色，长圆状椭圆形，长约3毫米，被白色单毛；花瓣白色，长圆状倒卵形，长4.5-6毫米，基部具爪。短角果四棱状椭圆形，长4-8毫米，两端尖；果瓣舟状，中脉明显，侧脉可见，两端钝，隔膜白色透明。种子淡红色，长圆卵形，长约1.25毫米。花果期7-9月。

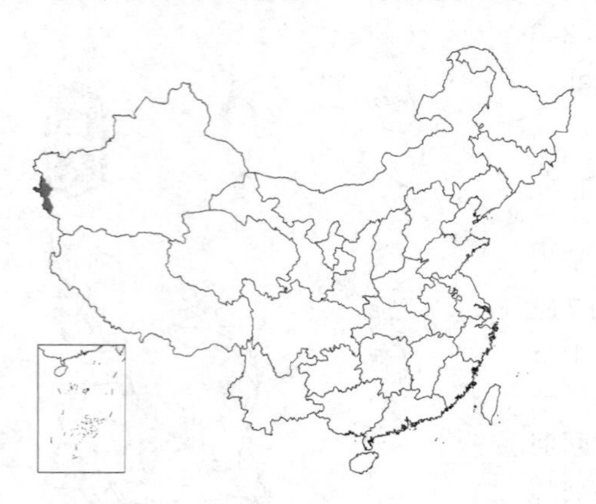

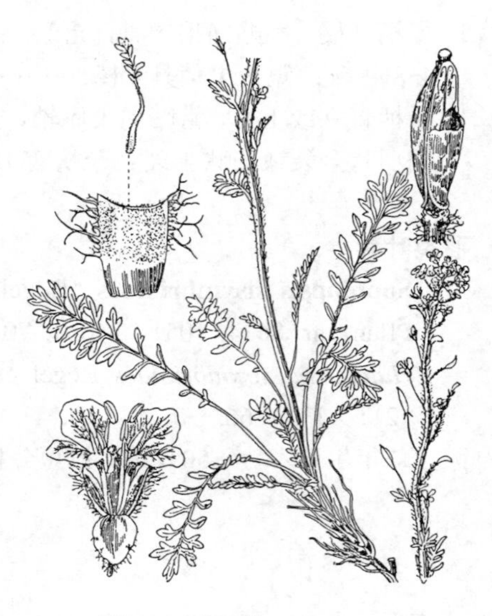

图 844 芹叶荠 （陈荣道绘）

产新疆西部，生于海拔2500-4900米高山沼泽、草甸、阴坡石缝中或石砾地。阿富汗、印度、克什米尔、巴基斯坦、塔吉克斯坦、吉尔吉斯斯坦、哈萨克斯坦、俄罗斯远东、蒙古及北美有分布。

104. 华羽芥属 Sinosophiopsis Al-Shehbaz

（王希蕖）

一年生草本；植体被单毛和具柄2叉毛。茎直立，不分枝或基部和中上部分枝，具棱和纵条纹。基生叶在花时枯落。茎生叶羽状深裂，有柄，基部不呈耳状。总状花序具多花，花无苞片或下半部的花有苞片。萼片长圆形，上升，内轮2枚基部不呈囊状，边缘和先端膜质，早落；花瓣白色，长于萼片，匙形，基部爪短于萼片；雄蕊6，4强，花丝无翅，基部不扩大，花药卵圆形；蜜腺合生，包围全部雄蕊的基部，有中蜜腺；子房线形，有20-40胚珠。长角果开裂，线状圆柱形，不膨胀；果瓣中脉不明显，无毛或疏被微柔毛，种子间缢缩明显；胎座框圆形；隔膜完整，膜质透明，无脉；宿存花柱圆柱形，无毛，柱头头状，不裂，无附属物；果柄上升、开展或反折。种子每室1行，长圆形，饱满，无翅或顶端有翅，有皱纹；子叶背倚胚根。

2种，特产我国。

华羽芥

Sinosophiopsis bartholomewii Al-Shebaz in Novon 10: 341. 2000.

一年生草本，高达55厘米；疏被单毛和具柄2叉毛。茎直立，不分枝或下部分枝，具纵条纹，上部被毛或无毛。基生叶开花时枯落；中部茎生叶羽状全裂，长1.5-5.5厘米，叶柄长0.4-1.3厘米，基部不呈耳状，顶生裂片披针形或长圆形，长0.7-2厘米，先端尖锐或近披针形，基部下延至侧生裂片，边缘有齿，侧生裂片3-5对，与顶生裂片相似，较少；最上部的茎生叶腋间有花，不分裂，远小于中部茎生叶，全缘或有小齿。总状花序至少下半部的花有苞片。萼片长圆形，长1-1.3毫米，无毛或疏被柔毛；花瓣白色，匙形，长2-2.5毫米，基部爪短于萼片；长雄蕊花丝长1.5-1.8毫米，短雄蕊花丝1.1-1.3毫米；子房有26-36胚珠。长角果线形，长1.5-2.5厘米；果瓣无毛或疏被柔毛；宿存花柱0.1-0.3毫米；果柄上升或开展，长1-3毫米，无毛或疏被细毛。种子褐色，长圆形，长0.8-1.1毫米，饱满，有明显皱纹，无翅。花果期8-9月。

产青海及西藏，生于海拔3400-4100米山坡林下灌丛中和树下、高山草甸或河岸坡地。

88. 辣木科 MORINGACEAE

（班 勤）

落叶乔木。叶互生，一至二回奇数羽状复叶；小叶对生，全缘；托叶缺或为腺体着生在叶柄和小叶基部。圆锥花序腋生。花两性，两侧对称；花萼管状，不等5裂，裂片覆瓦状排列，开花时外弯；花瓣5，覆瓦状排列，分离，不相等，远轴的1片较大，直立，其它外弯；雄蕊2轮，着生在花盘边缘，5枚发育的与5枚退化的互生，花丝分离，花药背着，纵裂；雌蕊1，子房上位，有柄，常弯曲，被长柔毛，花柱1，柱头小。果为长而具喙的蒴果，有棱3-12条，1室，3瓣裂。种子多数，有翅或无翅。

1属约12种，分布于非洲和亚洲热带地区。我国引入栽培1种。

辣木属 **Moringa** Adans.

形态特征同科。

辣木 图 845

Moringa oleifera Lam. Encycl. 1: 398. 1785.

乔木，高达12米；根有辛辣味。枝有明显的皮孔及叶痕，小枝被短柔毛。叶常为三回羽状复叶，长25-60厘米，在羽片的基部具线形或棍棒状稍弯的腺体，腺体多数脱落；叶柄基部鞘状；羽片4-6对；小叶3-9，薄纸质，卵形、椭圆形或长圆形，长1-2厘米，通常顶端的1片较大，下面苍白色，无毛，叶脉不明显。花序广展，长10-30厘米；苞片小，线形。花具梗，白色，芳香，径约2厘米；萼片线状披针形，被短柔毛；花瓣匙形；雄蕊和退化雄蕊基部有毛；子房被毛。蒴果长20-50厘米，径1-3厘米，下垂，3瓣裂，每瓣有肋纹3条。种子近球形，径约8毫米，有3棱，每棱有膜质的翅。花期全年，果期6-12月。

原产印度，现广植于各热带地区。福建、台湾、广东、海南等省有栽培，常种植在村旁、园地。崖县牛尾山大抱杠有野化，生于林中。供观赏；根、叶和嫩果有时食用；种子可榨油，含油30%左右，为清澈透明的高级钟表润滑油，且其对于气味有强度的吸收性和稳定性，故可用作定香剂。

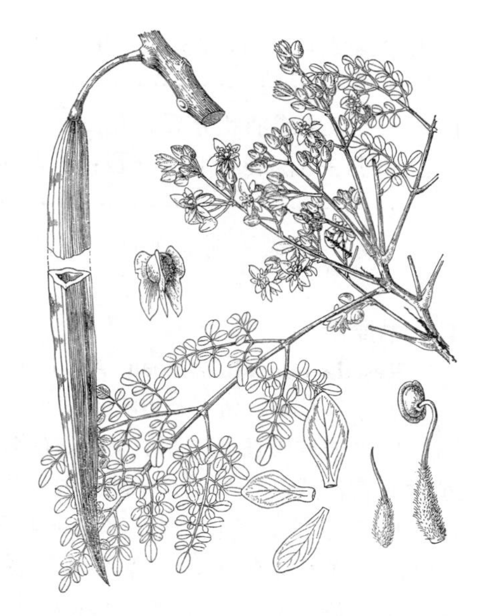

图 845 辣木 （余汉平绘）

89. 木犀草科 RESEDACEAE

（班 勤）

一年生或多年生草本，含有水液，稀木本。单叶，互生或簇生，全缘、分裂或羽状分裂；托叶小，腺状。花通常两侧对称，下位或周位，两性，稀单性；排列成顶生总状或穗状花序。花萼宿存，4-7裂，覆瓦状排列；花瓣通常4-7，或不存在，镊合状排列，分离或稍连合，边缘常条裂，有时基部具一鳞片；花盘有或无，存在时常在近轴面膨大；雄蕊3-40，周位或生于花盘上，花丝分离或基部连合，花药2室，内向；雌蕊1，子房上位，1室，由2-6个分离或合生心皮所组成，顶端开裂或闭合，每心皮具一柱头，胚珠多数，倒生，生于侧膜胎座上或子房基部。果为顶端开裂的蒴果或浆果。种子多数，肾形或马蹄形。

6属约80种，主产地中海区域、欧洲其它地区至亚洲中部、中国、印度、非洲、美洲北部有分布。我国2属4种，其中2种为引种栽培，1种野化，1种野生。

1. 叶形多种，常分裂或具缺齿，稀不裂；花瓣4-7，雄蕊7-40；有花盘 ………………………… 1. **木犀草属 Reseda**
1. 叶线形，不裂；花瓣2，雄蕊3-8，无花盘 ………………………………………………………… 2. **川犀草属 Oligomeris**

1. 木犀草属 Reseda Linn.

一年生或多年生，直立或俯卧草本，稀为灌木。叶全缘、分裂或羽状分裂；托叶小，腺状。总状花序。花下位，两性；花萼4-7裂；花瓣4-7，常具瓣爪，不相等，2至多裂；雄蕊7-40，着生在花盘边缘或一侧的内面；子房无柄或具柄，顶部常开裂，心皮3-6，基部合生，胎座3-6，具胚珠多数。蒴果1室，有3-4棱角，果顶端有3-4钝尖，成熟时顶端开裂。种子多数。

约60种，分布于地中海区域、欧洲其他地区至亚洲西部、印度、非洲北部及东部。我国引入栽培3种。

1. 叶全缘或有锯齿，少分裂；花白或淡黄白色（栽培植株有橙红或红色），芳香，萼片果时不扩大；蒴果下垂 ……………………………………………………………………………………………… 1. **木犀草 R. odorata**
1. 叶3-5深裂或羽状分裂；花白、黄或黄绿色，蒴果直立。
    2. 叶常3-5深裂或羽状分裂；蒴果顶部具3裂片；花黄色或黄绿色，花瓣和萼片通常6 ……………………………………………………………………………………………… 2. **黄木犀草 R. lutea**
    2. 叶羽状分裂；蒴果顶端具4裂片；花白色，花瓣和萼片通常5 ………………………… 2(附). **白木犀草 R. alba**

1. 木犀草

Reseda odorata Amoen. Acad. 3: 51. 1756.

一年生草本，高不及40厘米，无毛。茎分枝。叶纸质，近无柄。匙形、倒披针形或椭圆状长圆形，全缘、有锯齿或分裂。花白或淡黄白色（栽培植株有橙红或红色），芳香，排列成顶生的总状花序。花梗比花萼长；萼片6，果时不扩大，线状匙形，长2.5-4毫米；花瓣6，有明显的瓣爪，上边的2片与萼等长或稍长，分裂成多数裂片，侧边的2片掌状分裂，下边的2片不裂；雄蕊17-20，花丝钻形；心皮3。蒴果下垂，近球形或坛形，通常具3棱，长约1厘米。种子黑色，有光泽，长2-2.5毫米，种皮有皱纹。染色体2n=12。

原产非洲北部。上海、浙江、台湾等地引种栽培。为芳香园艺植物。

2. 黄木犀草 图 846

Reseda latea Linn. Sp. Pl. 449. 1753.

一年生或多年生草本，高30-75厘米，无毛。数茎丛生，分枝，枝常具棱。单叶互生，纸质，无柄或具短柄，3-5深裂或羽状分裂，裂片带形或线形，边缘常波状。花黄或黄绿色，排列成顶生总状花序。花梗长3-5毫米，比萼片长；萼片通常6，线形，不相等；花瓣通常6，有圆形瓣爪，上边2片最大，3裂，侧边2片2-3裂，下边2片不裂；雄蕊15-20；子房1室，有3个合生的心皮，顶端开裂。蒴果直立，长约1厘米，圆筒形，有时卵圆形或近球形，具3钝棱，顶部具3裂片。种子肾形，黑色，平滑，有光泽，长约2毫米。花果期6-8月。染色体2n=12，24，48。

原产欧洲、亚洲西部及非洲北部。辽宁金县、旅顺已野化，生于沿铁路山坡或岛屿。

［附］**白木犀草 Reseda alba** Linn. Sp. Pl. 449. 1753. 本种与黄木犀草的区别：叶羽状分裂；花白色，花瓣和萼片通常5。蒴果顶端具4裂片。染色体2n=20，40。原产地中海地区、欧洲南部和中部、亚洲西部。台湾等地引种栽培。

图 846 黄木犀草 （邓盈丰绘）

2. 川犀草属 **Oligomeris** Cambess.

草本。叶线形，不裂，散生或簇生。花小，疏花，组成顶生穗状花序。花萼常4深裂；花瓣2，分离或基部合生；花盘缺；雄蕊3-8，分离或基部合生；子房无柄，具4棱，具4胎座，有多数胚珠。蒴果有角棱，顶部开裂，具多数种子。

约10种，分布于非洲、亚洲及美洲。我国1种。

川犀草

图 847

Oligomeris linifolia (Vahl) Macbride in Contr. Gray Herb. n. s. 53: 13. 1918.

Reseda linifolia Vahl in Hornemann, Hort. Hafn. 2: 501. 1815.

直立草本，多分枝，高10-40厘米，全株无毛。茎淡绿色。叶散生或簇生，无柄或近无柄，绿色，线形，全缘，先端钝或尖，长1-5厘米。花小，淡绿白色，无梗或近无梗，组成顶生穗状花序；小苞片披针形，长约1.8毫米。花萼4深裂，裂片线状披针形；花瓣稍短于花萼裂片；雄蕊3，花丝基部合生，生于花的腹面；子房具棱。蒴果近球形，淡黄色，无柄或近无柄，有角棱，顶部4裂，径约2毫米。种子多数，黑或淡绿色，有光泽。花果期6-7月。染色体2n=30，32。

产四川西部（得荣县瓦卡）及云南西北部，生于海拔2070米金沙江河谷沙滩，常见。印度、巴基斯坦、伊拉克、加那利群岛及美洲有分布。

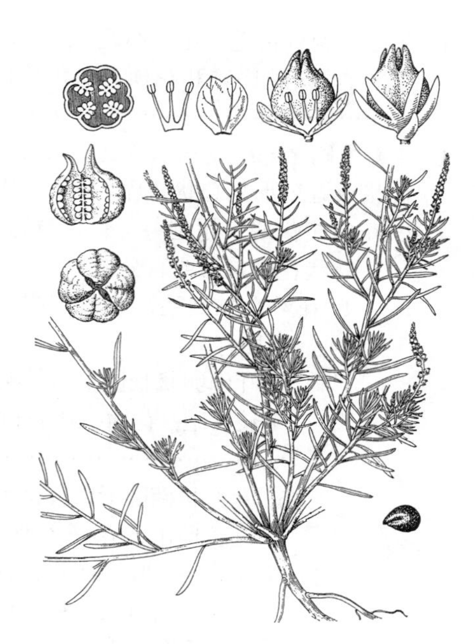

图 847 川犀草 （邓盈丰绘）

90. 桤叶树科（山柳科）CLETHRACEAE

（覃海宁）

落叶，稀常绿，灌木或乔木。嫩枝和嫩叶常有星状毛或单毛。单叶互生，常集生枝端；有叶柄，无托叶。花两性，稀单性，整齐，顶生稀腋生总状花序、圆锥状或近伞形复总状花序，花序轴和花梗有星状毛、簇状毛，稀有单伏毛。花梗基部有1苞片；花萼碟状，5（6）深裂，萼片覆瓦状排列，宿存；花瓣5（6），分离，极稀基部粘合或连合，覆瓦状排列与萼片互生，通常倒卵状长圆形，顶端有微缺或流苏状，稀近全缘，有时边缘有睫毛，花后脱落；雄蕊10（-12），下位，分离，有时基部与花瓣粘合，无花盘，2轮，外轮与花瓣对生，内轮与萼片对生，花丝钻状或侧扁，在芽内反折，开花时直伸，花药2室，中部背着，花蕾时外向，开花时内向，倒箭头形，裂缝状顶孔开裂，花粉粒单一，平滑，有3孔或有3沟孔；子房上位，被毛，3室，每室有多数倒生胚珠，中轴胎座，花柱圆柱形，细长，顶端3裂，稀不裂具3或1个点状柱头。蒴果，近球形，有宿存的花萼及花柱，室背3瓣裂。种子多而小，种皮疏松，胚圆柱形，胚乳肉质，富油分。

1属。

桤叶树属（山柳属）Clethra（Gronov.）Linn.

形态特征同科。

约70余种，分布于亚洲、非洲西北部及美洲。我国17种及18变种。

1. 花瓣内侧有髯毛；花柱不裂，柱头1或3，点状；叶革质或近革质，常绿，披针形或椭圆形；下面淡绿色；总状花序单一，花序轴和花梗有灰色单伏毛，花白或粉红色，花瓣长4-6毫米，花柱无毛，柱头1 ……………………………………………… 1. **单毛桤叶树 *C. bodinieri***
1. 花瓣内侧无毛或仅基部或近中部有长柔毛，花柱顶端3裂，稀不裂，柱头3；落叶稀常绿；总状花序单一，或圆锥状或近伞形复总状花序，花序轴及花梗有锈色或带灰色星状毛及簇状毛。
  2. 花梗在花期长超过萼片；花瓣先端微缺，稀流苏状或浅啮蚀状；总状花序多样；落叶。
    3. 总状花序单一或有分枝。
      4. 花丝有长硬毛，花药长圆状倒卵圆形，花柱顶端3深裂，花瓣内侧无毛。
        5. 花柱有毛。
          6. 叶倒卵状长圆形或长椭圆形，老时上面疏被短硬毛或近无毛，下面被星状柔毛或仅沿中脉及侧脉被长伏毛；花瓣长0.8-1厘米，外侧光滑，雄蕊内藏；花柱中下部疏被柔毛 ……………………………………………… 2. **云南桤叶树 *C. delavayi***
          6. 叶卵状椭圆形或椭圆形，老叶上面无毛，下面仅于侧脉腋内有髯毛；花瓣长5-6毫米，外侧有乳突，雄蕊伸出；花柱密被长硬毛 ……………………… 3. **单穗桤叶树 *C. monostachya***
        5. 花柱无毛；叶倒卵状长圆形或长椭圆形，基部楔形，侧脉20-21对；叶柄及中脉不为紫红色；总状花序单一，花瓣长0.8-1厘米 ……………………………… 2. **云南桤叶树 *C. delavayi***
      4. 花丝有长柔毛或无毛，花药倒箭头形或倒卵圆形；花柱顶端3深裂或3浅裂；花瓣内侧有稀疏柔毛。
        7. 花丝有稀疏长柔毛。
          8. 花柱无毛。
            9. 嫩枝被密或稀疏的细星状绒毛；叶卵状椭圆形或长圆椭圆形，侧脉9-13对；总状花序常单一，花白或粉红色，稀黄白色，花瓣倒卵状长圆形，长6-7毫米，外侧无毛 ……………………………………………… 4. **贵定桤叶树 *C. cavaleriei***
            9. 嫩枝疏被星状绒毛，很快变为无毛；叶卵状长圆形，侧脉7-11对；总状花序常分枝，花淡黄色，花瓣倒卵状匙形，长8-9毫米，外侧近基部疏被伏贴短柔毛及稀疏乳突 ……………………………………………… 4(附). **湖南桤叶树 *C. sleumeriana***

8. 花柱有毛，花暗紫色，花瓣长圆形或倒卵状长圆形；嫩枝疏被成簇近于星状绒毛；叶卵状披针形，侧脉 11-13 对 ………………………………………………………………… 5. **紫花桤叶树 C. purpurea**
7. 花丝无毛，花白或粉红色；叶卵状椭圆形或长圆椭圆形，侧脉9-13对，叶柄鲜时红色 ……………………………………………………………………………………………… 4. **贵定桤叶树 C. cavaleriei**
3. 总状花序分枝成圆锥状或伞形状复总状花序。
10. 花丝无毛。
11. 叶柄及中脉不为红色；萼片宽卵形，钝尖头。
12. 花药倒箭头形，花瓣长4-6毫米，先端流苏状，花柱顶端3深裂；叶倒卵状椭圆形或倒卵形，先端尖，侧脉 10-16 对 ………………………………………………………… 6. **髭脉桤叶树 C. barbinervis**
12. 花药长圆倒卵圆形，花瓣长3.5-4毫米，先端不明显啮蚀状，花柱顶端3浅裂；叶卵状长圆形或长圆状椭圆形，先端渐尖，侧脉 12-13 对 ……………………………………… 8. **武夷桤叶树 C. wuyishanica**
11. 叶柄及中脉红色；萼片长卵形或卵形，短尖头，花药倒卵圆形，花瓣长约4毫米，先端稍成啮蚀状，花柱不分裂，顶端稍膨大，柱头3；叶长圆形，先端长渐尖，侧脉 18-25 对 ……………………………………………………………………………………………… 9. **壮丽桤叶树 C. magnifica**
10. 花丝有毛。
13. 萼片卵状披针形，渐尖头；花瓣内侧疏被柔毛，叶披针状椭圆形，基部钝或近圆，侧脉 14-17 对 ……………………………………………………………………………………………… 7. **城口桤叶树 C. fargesii**
13. 萼片长卵形或卵形，短尖头，花瓣内侧无毛；叶长圆形，基部楔形，侧脉 18-25 对 ……………………………………………………………………………………………… 9. **壮丽桤叶树 C. magnifica**
2. 花梗在花期短于萼片或与萼近等长，花瓣先端啮蚀状或流苏状，花序分枝成圆锥花序或伞形花序；落叶或常绿。
14. 花药倒卵圆形，萼片卵状长圆形，花梗长2-4毫米，子房密被锈色分节长硬毛，花序分枝成圆锥花序或近于伞形花序，极稀单一；叶革质或近革质，半常绿，椭圆形或长圆形，老时两面无毛或仅下面沿中脉疏被长柔毛，侧脉 8-12（-17）对，细网脉仅于下面明显 ………………………………… 10. **华南桤叶树 C. faberi**
14. 花药倒心脏形，萼片长圆状卵形或卵形。
15. 花序成伞形花序，花序轴粗壮，花梗长2-3毫米，雄蕊伸出。叶纸质，脱落。
16. 嫩时密被微硬毛，叶下面被稀疏毛或中侧脉上被毛，叶长圆状椭圆形或卵状椭圆形，具锐尖锯齿，侧脉 16-18 对；花柱无毛；果径约4毫米，果梗长约4毫米 ……………… 11. **贵州桤叶树 C. kaipoensis**
16. 嫩枝及叶下面近无毛，叶披针形或椭圆状披针形，具向内弯的细锯齿，近基部全缘，侧脉18-25对；花柱基部有短毛；果径约5毫米，果梗长5-6毫米 … 11(附). **多肋桤叶树 C. kaipoensis** var. **polyneura**

1. 单毛桤叶树 单毛山柳 图 848

Clethra bodinieri Lévl. in Fedde, Repert. Sp. Nov. 10: 475. 1912.

常绿灌木或小乔木，高达5米。小枝细，圆柱形，嫩时无毛或有稀疏平展灰色单伏毛，老时无毛。叶革质或近革质，披针形或椭圆形，稀倒卵状长圆形，长5-9(-11.5)厘米，先端尾尖，尖头长0.5-2厘米，基部楔形，下面淡绿色，无毛或沿中脉有稀疏柔毛，有时侧脉脉腋有白色髯毛，边缘除下半部或1/3部分和尾状先端外，具短尖头细齿，中脉在上面微凸起或平，侧脉8-10对，在上面微下凹；叶柄长0.5-1.2厘米，

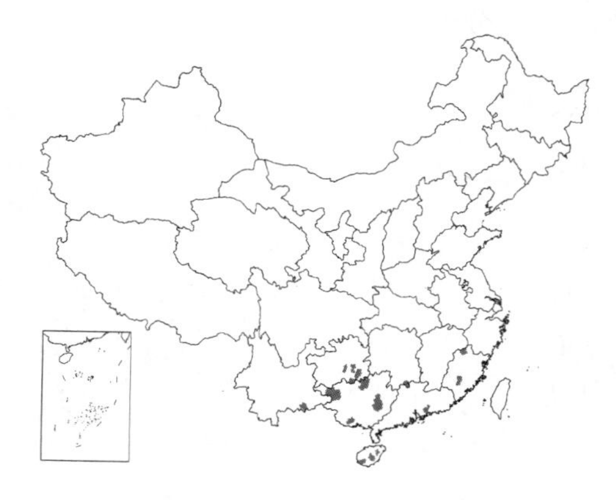

图 848 单毛桤叶树 （引自《图鉴》）

初微有疏柔毛，后无毛。总状花序单生枝端，长5-13厘米，花序轴、花梗和苞片均密被灰色单伏毛；苞片线形，长3-4毫米，早落。花梗细，花期长5-8毫米；果时斜伸，长1-1.2厘米；花萼5（6）深裂，裂片卵形，长2.5-3毫米，密被灰色伏毛并杂有星状绒毛，缘具纤毛；花瓣5（6）白或淡红色，芳香，宽长圆形或长圆形，长4-6毫米，先端近圆，有小尖头，内侧密被绢状长髯毛，外侧无毛，两侧边缘近基部有纤毛；雄蕊10（-12）与花瓣相等或稍长，花丝密被锈色微硬毛，花药倒箭头形，长2-2.5毫米，子房密被锈色绢状长硬毛，花柱不裂，顶端柱头稍膨大，无毛，极稀基部有毛。蒴果近球形，具宿萼，径约4毫米，密被绢状硬毛，向顶部的毛较长，宿存花柱长0.8-1厘米。种子黄褐色，卵圆形，有棱，长约1毫米，有网状浅凹槽。花期6-7月，果期8-9月。

产福建、广东南部、海南、广西、湖南南部、贵州东南部及云南东南部，生于海拔230-1670米山坡或山谷密林、疏林或灌丛中。

2. 云南桤叶树 滇西桤叶树 图 849

Clethra delavayi Franch. in Journ. de. Bot. 9: 370. 1895.

落叶灌木或小乔木。幼枝密被成簇锈色糙硬毛和伏贴星状绒毛。腋芽密被星状微硬毛。叶硬纸质，倒卵状长圆形或长椭圆形，稀倒卵形，长7-23厘米，先端渐尖或短尖，基部楔形，稀宽楔形，上面初密被硬毛，后毛稀疏或近无毛，下面淡绿色，初密被星状柔毛，后渐稀疏或仅沿中脉和侧脉被长伏毛，极稀无毛，具锐尖锯齿，中脉及侧脉在上面微下凹或平，侧脉20-21对；叶柄长1-2（-2.5）厘米，上面稍成浅沟状，密被星状硬毛及长伏毛。总状花序单生枝端，长17-27厘米，花序轴和花梗均密被锈色星状毛及成簇微硬毛，有时杂有单硬毛；苞片线状披针形，早落。花梗细，花期长0.6-1.2厘米；萼5深裂，裂片卵状披针形，长5-6毫米，短尖头，尖头有腺体，密被锈色星状绒毛，缘具纤毛；花瓣5，长圆状倒卵形，长0.8-1厘米，先端微凹，无毛，边缘两侧近中部有纤毛；雄蕊10，短于花瓣，花丝长5毫米，疏被长硬毛；花药长圆状倒卵形，长1.5-2毫米；子房密被锈色绢状长硬毛，花柱无毛或于中下部疏被柔毛，顶端3深裂。蒴果近球形，下弯，径4-6毫米，疏被长硬毛，宿存花柱长6-8毫米，果柄长1.4-2厘米。种子黄褐色，卵圆形或椭圆形，具3棱，有时略扁平，长0.5-1毫米，种皮有蜂窝状深凹槽。花期7-8月，果期9-10月。

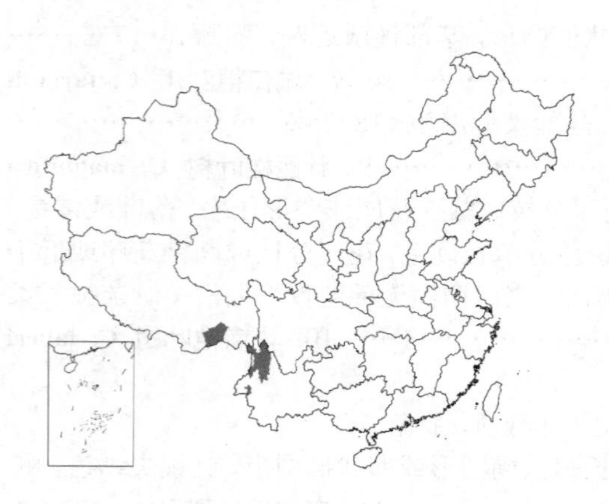

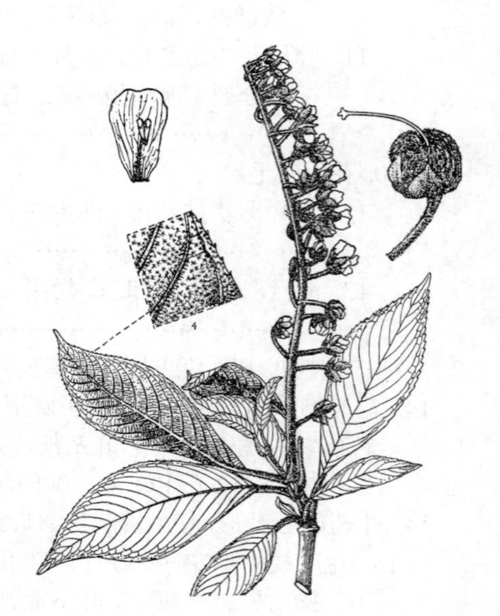

图 849 云南桤叶树 （冯先洁绘）

产云南西北部及西部、西藏东南部，生于海拔2400-3500米山地林缘或林中。印度、缅甸、不丹、越南有分布。

3. 单穗桤叶树 图 850 彩片 185

Clethra monostachya Rehd. et Wilson. in Sarg. Pl. Wilson. 1: 501. 1913.

落叶灌木或小乔木。幼枝疏被锈色成簇细星状绒毛，老时无毛。芽有柄，密被黄褐色绢状长毛。叶膜质，卵状椭圆形或椭圆形，有时卵状披针形，长6-16厘米，宽2.5-5厘米，先端渐尖，基部楔形，上面无毛，下面嫩时沿中脉及侧脉有星状柔毛及单柔毛，后仅侧脉腋内有白色髯毛，具硬尖锯齿，中脉及侧脉在上面下凹，侧脉10-17对，细网脉在下面显著；叶

柄长1-2.5厘米，边缘稍翅状，无毛。总状花序单一，间有分枝，长10-25厘米；花序轴和花梗均密被锈色星状毛及混杂成簇微硬毛；苞片披针形，早落。花梗长0.5-1厘米；萼5深裂，裂片卵形，长约4毫米，具肋，密被锈色星状绒毛，缘具纤毛；花瓣5，白色，倒卵状长圆形，长5-6毫米，先端微缺，外侧有乳状突起，两面无毛；雄蕊稍长于花瓣，花丝密被锈色长硬毛，花药长圆状倒卵形；子房密被锈色星状绒毛及绢状长硬毛，花柱几与雄蕊等长，密被长硬毛，顶端3深裂。蒴果近球形，下垂，密被星状绒毛，上部有长硬毛，径4-5毫米，宿存花柱长0.7-1厘米；果柄长1.2-1.8厘米。种子有不规则角棱，长约1毫米，种皮有略成行的蜂窝状凹槽。花期7-8月，果期9-10月。

产湖南东北部及西北部、江西东北部、广西南部、四川，生于海拔680-2900米林中。

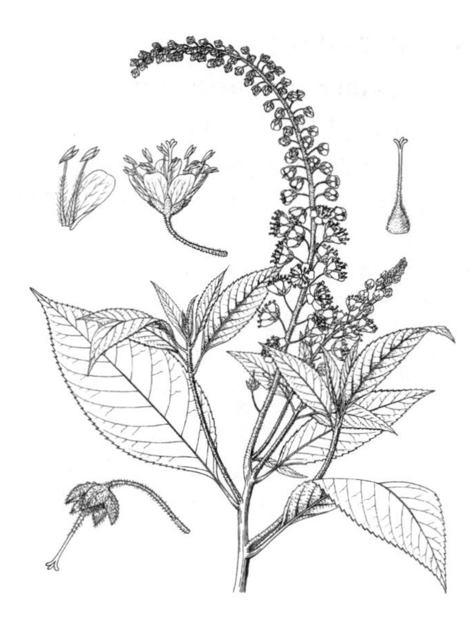

图 850 单穗桤叶树 （引自《图鉴》）

4. 贵定桤叶树 江南山柳 图 851：1-4

Clethra cavaleriei Lévl. in Fedde, Repert. Sp. Nov. 10: 476. 1912.

Clethra esquirolii Lévl.; 中国高等植物图鉴 3: 7. 1974.

落叶灌木或乔木，高达5（10）米。幼枝被密或稀疏星状绒毛，后无毛。叶纸质，卵状椭圆形或长圆状椭圆形，稀近卵形或卵状披针形，长5-11.5厘米，宽1.5-3.5厘米，基部宽楔形或近圆，稀楔形，上面幼时被星状绒毛，后无毛，下面嫩时被星状绒毛，沿中脉及侧脉有平展长柔毛，后近无毛，侧脉腋内有白色髯毛，具锐尖腺头锯齿，中肋鲜时红色，在上面微下凹或平，侧脉9-13对，细网脉在两面常凸起。叶柄鲜时红色，长1-1.5厘米，初被紧贴星状绒毛及长柔毛，后仅背面疏被长柔毛或无毛。总状花序单一，稀分枝，长9-20厘米；花序轴和花梗均密被淡锈色星状绒毛及成簇微硬毛；苞片线状披针形，紫红色，长1-2.5厘米。花梗细，长0.6-1厘米；萼5深裂，裂片卵状披针形，带红色，长4-5毫米，密被星状绒毛；花瓣5，白或粉红色，稀黄白色，倒卵状长圆形，长6-7毫米，先端微凹，外侧无毛，内侧近基部疏被长柔毛；雄蕊稍长于花瓣，花丝无毛或疏被长柔毛，花药倒箭头形，长2-2.5毫米；子房密被锈色紧贴星状绒毛及成行绢状长硬毛，花柱长6-7毫米，无毛，顶端3浅裂，花后长达1厘米。蒴果近球形，下弯，径3-4毫米；果柄长1.5-2厘米。花期7-8月，果期9-10月。

产浙江南部、福建、江西、湖北西部及西南部、湖南、广东、广西、贵州、四川，生于海拔300-2100米山坡林中。

图 851: 1-4.贵定桤叶树 5-6.湖南桤叶树 （冯先洁绘）

［附］**湖南桤叶树** 图 851: 5-6 **Clethra sleumeriana** Hao in Fedde, Repert. Sp. Nov. 42: 84. 1937. 本种与贵定桤叶树的区别：嫩枝疏被星状绒毛，很快变为无毛；叶卵状长圆形，侧脉7-11对；总状花序常分枝，花淡黄色，花瓣倒卵状匙形，长8-9毫米，外侧近基部疏被伏贴短柔毛及稀疏乳突。产湖南及贵州，生于海拔1000-1700米山坡疏林、密林或灌丛中。

5. 紫花桤叶树 图 852

Clethra purpurea Fang et L. C. Hu in Journ. Sichuan Univ.(Nat. Sci.) 1979(3): 115. 1979.

灌木。嫩枝紫褐色，疏被成簇近星状绒毛，老时无毛。芽密被长柔毛。叶常聚生枝端，卵状披针形或长圆状椭圆形，长5-8厘米，基部楔形，嫩时上面疏被成簇近星状柔毛，后无毛，下面沿中脉及侧脉被平展疏柔毛，有时有星状毛，侧脉腋内有髯毛，后近无毛，具硬尖锯齿，中脉在上面微下凹，侧脉11-13对；叶柄长0.8-1.2厘米，初被疏柔毛，后近无毛。总状花序单一，极稀基部有分枝，长13-15厘米；花序轴和花梗均密被淡锈色成簇微硬毛及星状绒毛；苞片线状披针形，长约1厘米，有时宿存。花梗长5-7毫米，果时长达1.2厘米；萼5深裂，裂片卵状披针形，长5-6毫米，密被星状绒毛；花瓣5，深紫色，倒卵状长圆形或长圆形，长7-8毫米，先端近平截，微凹，内侧下半部疏被锈色长柔毛；雄蕊10，花丝疏被稍卷曲锈色长柔毛，花药倒箭头形；子房密被锈色绢状微硬毛，花柱基部疏被长柔毛，顶端3短裂，伸出花外。蒴果近球形，径3-4毫米，宿存花柱长0.8-1厘米。种子腹平背略突，种皮有近长方形，有时近方形的凹槽，边缘稍延伸成不整齐膜质状。花期8-9月，果期9月。

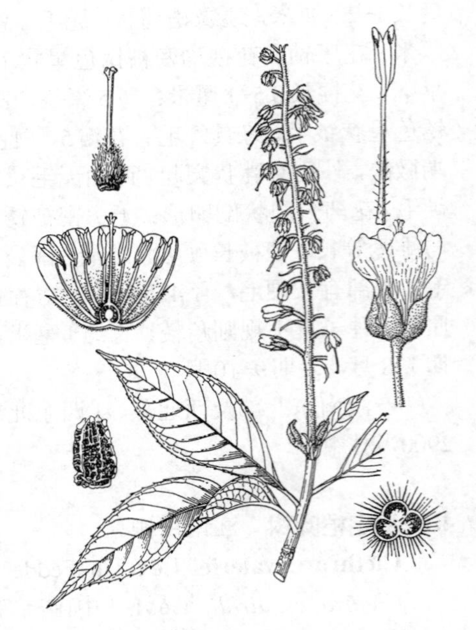

图 852 紫花桤叶树 （冯先洁绘）

产湖南、广东北部及广西东北部，生于海拔447-930米山地疏林中。

6. 髭脉桤叶树 华东山柳 图 853

Clethra barbinervis Sieb. et Zucc. in Abh. Akad. Wiss. Wien, Phys.-Math. 4: 128. 1846.

落叶灌木或乔木，高达10米。嫩枝初被星状绒毛，有时杂有单毛，老枝无毛。芽顶端尖，密被星状柔毛。叶薄纸质，倒卵状椭圆形或倒卵形，稀长圆形，长6-15厘米，先端骤短尖或渐尖，基部窄楔形，嫩叶上面被星状柔毛，后无毛，下面密被星状柔毛及平展或稍卷曲疏柔毛，后仅沿脉有疏柔毛或近无毛，侧脉腋内有白色髯毛，边缘近基部全缘，余具锐尖锯齿，中脉在上面下凹，侧脉10-16对，在上面平，网脉在上面不显；叶柄长1-3厘米，疏被平展疏柔毛。总状花序3-6枝成圆锥花序，长6-17厘米；花序轴和花梗均密被锈色星状绒毛及混杂成簇微硬毛；苞片早落。花梗长3-6毫米；萼5深裂，裂片卵形，长2.5毫米，具肋，密被带灰色星状绒毛，边缘具纤毛；花瓣5，白色，芳香，倒卵状长圆形，长4-6毫米，先端近圆，微凹并呈流苏状，两面无毛，雄蕊10，

图 853 髭脉桤叶树 （引自《图鉴》）

花丝无毛，极稀有少数柔毛，花药倒箭头形，长1-1.5毫米；子房密被紧贴星状绒毛及锈色绢状长硬毛，花柱紫黑色，无毛，顶端3深裂。蒴果近球形，径约4毫米，疏被长硬毛及星状绒毛，宿存花柱长5-6毫米；果柄长6-8毫米。种子淡黄色，卵圆状长圆形，近扁平，长约1.5毫米，种皮有蜂窝状凹槽。花期7-8月，果期9月。

产安徽南部、浙江、福建北部、江西北部、湖北西部及湖南，生于海拔800-1800米山谷疏林中。日本及朝鲜有分布。

7. 城口桤叶树 华中山柳 图 854

Clethra fargesii Franch. in Journ. de Bot. 9: 369. 1895.

落叶灌木或小乔木。嫩枝密被星状绒毛或混杂成簇微硬毛，有时杂有单毛，老时无毛。叶硬纸质，披针状椭圆形、卵状披针形或披针形，长6-14厘米，宽2.5-5厘米，先端尾尖或渐尖，基部钝或近圆，稀宽楔形，两侧稍不对称，嫩叶两面疏被星状柔毛，后上面无毛，下面沿脉疏被长柔毛及星状毛或变为无毛，侧脉腋有白色髯毛，具锐尖齿，齿尖稍内弯，中脉及侧脉在上面微下凹，侧脉14-17对；叶柄长1-2厘米，初密被星状柔毛及长柔毛，后仅下面疏被长柔毛或近无毛。总状花序3-7枝，成近伞形圆锥花序；花序轴和花梗均密被灰白色，有时灰黄色星状绒毛及成簇伸展长柔毛；苞片锥形，长于花梗。花梗细，长0.5-1厘米；萼5深裂，裂片卵状披针形，长3-4.5毫米，渐尖头，密被灰黄色星状绒毛，边缘具纤毛；花瓣5，白色，倒卵形，长5-6毫米，齿端近平截，稍具流苏状缺刻，外侧无毛，内侧近基部疏被疏柔毛，雄蕊10，长于花瓣，花丝近基部疏被长柔毛，花药倒卵形；子房密被灰白色，有时淡黄色星状绒毛及绢状长柔毛，花柱无毛，顶端3深裂。蒴果近球形，径2.5-3毫米，下弯，疏被柔毛，向顶部有长毛，宿存花柱长5-6毫米；果柄长1-1.3厘米。花期7-8月，果期9-10月。

图 854 城口桤叶树 （引自《图鉴》）

产江西西部及南部、湖北西南部及西部、湖南、贵州东部及西南部、四川东部及东南部，生于海拔700-2100米山地疏林或灌丛中。

8. 武夷桤叶树 图 855

Clethra wuyishanica Ching ex L. C. Hu in Journ. Sichuan Univ. Nat. Sci. 1979(3): 118. 1979.

灌木。嫩枝密被红褐色成簇星状绒毛，老枝无毛。芽密被绢状小伏毛。叶纸质，卵状长圆形或长圆状椭圆形，长5-11厘米，先端长渐尖，基部楔形，两侧稍不对称，嫩时上面疏被星状绒毛，后无毛，下面沿中脉及侧脉被伏毛及星状绒毛，后仅沿中脉疏被伏毛，侧脉腋内有白色髯毛，具锐尖锯齿，齿尖刺状，基部1/3-1/4部分全缘，中脉在上面下凹，侧脉12-13对，在上面平，网脉于下面显著；叶柄长1-2.7厘米，初密被后疏被星状绒毛。总状花序2-4枝，成近伞形圆锥花序，长14-20厘米；花序轴和花梗均密被灰黄色星状及成簇微硬毛；苞片早落。花梗长3-6毫米；萼5深裂，裂片卵形，长2-2.5毫米，钝尖头，密被黄褐色星状绒毛及成簇微硬毛，边缘具纤毛；花瓣5，白色，长圆形或倒卵状长圆形，长3.5-4毫米，先端微缺，成不明显浅啮蚀状，两面无毛；雄蕊10，花丝长3-3.5毫米，无毛，稀被稀少长柔毛，花药长圆状倒卵圆形；子房密被灰黄色绢状长伏毛，花柱紫褐色，长3毫米，基部有微硬毛，顶端3浅裂。花期7月。

产江西西北部及福建西北部，生于海拔760-1100米林缘或山沟溪旁。

图 855 武夷桤叶树 （冯先洁绘）

9. 壮丽桤叶树 图 856

Clethra magnifica Fang et L. C. Hu in Journ. Sichuan Univ. Nat. Sci. 1979(3): 118. 1979.

落叶乔木，高15米；树皮平滑。嫩枝被星状柔毛，旋无毛。芽密被黄褐色微硬毛。叶厚纸质，长圆形或披针形，长9-16厘米，宽2.5-4厘米，先端长渐尖，基部楔形，上面无毛，下面沿中脉略被平展疏柔毛或无毛，侧脉腋内有稀少白色髯毛，边缘除近基部外，具腺头浅细锯齿，鲜时中脉红色，在上面下凹，侧脉18-25对，近平行，网脉在两面略显；叶柄鲜时红色，长1-2.5厘米，初被稀疏柔毛，后无毛。总状花序4-5枝成圆锥花序，长11-16厘米；花序轴和花梗均密被黄褐色星状绒毛及散生成簇微硬毛。花梗细，长4-6毫米，近平展，果时长达8毫米；萼5深裂，裂片长卵形或卵形，长2-3毫米，短尖头，密被星状绒毛；花瓣5，白色，倒卵状长圆形，长约4毫米，先端近平截，有时凹入，稍啮蚀状，两面无毛；雄蕊10，稍长于花瓣，花药倒卵圆形，花丝近中部有极稀少疏柔毛或近无毛；子房密被柔毛，花柱不分枝，顶端稍膨大，柱头3。蒴果近球形，径3-4毫米，宿存花柱长7-8毫米。花期8月。

产四川及贵州北部，生于海拔850-1250米山地阔叶林或灌丛中。

图 856 壮丽桤叶树 （冯先洁绘）

10. 华南桤叶树 山柳 图 857

Clethra faberi Hance in Journ. Bot. Brit. & For. 21: 130. 1883.

Clethra tonkinensis Dop.; 中国高等植物图鉴 3: 11. 1974.

半常绿灌木或乔木，高达12米。嫩枝初被稀疏星状绒毛，旋无毛。叶革质或近革质，椭圆形或长圆形，稀披针形，长6-14(-17)厘米，宽2-5(-7)厘米，先端渐尖或近短尖，基部楔形，上面初被稀疏星状毛，后无毛，下面初被稀疏星状柔毛，沿脉有长柔毛，后无毛，有时沿中脉有稀疏长柔毛，侧脉腋内有少数白色髯毛，边缘具腺头小齿，下半部或1/3全缘，中脉和侧脉在上面下凹，侧脉8-12（-17）对，网脉于下面明显；叶柄长0.6-1.2厘米，初被稀疏平展疏柔毛，后近无毛。总状花序2-7枝成圆锥花序，或近伞形花序，稀

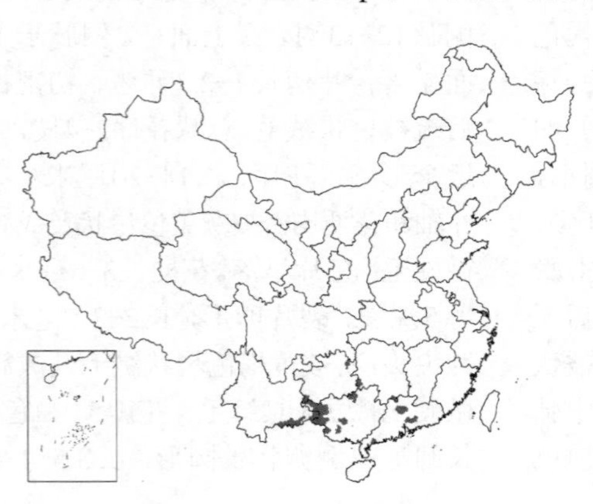

在瘦弱枝上单生，长8-17厘米；花序轴和花梗均密被锈色成簇长硬毛；苞片线状披针形，通常与花近等长，稀长于花，密被成簇长硬毛。花梗长2-4毫米，果时斜上，长4-6毫米；萼5深裂，裂片卵状长圆形，长2.5-3厘米，密被锈色星状绒毛；花瓣5，白色，芳香，倒卵状长圆形，长4毫米，先端钝圆具流苏状浅裂，外侧无毛，内侧近中部有稀少疏柔毛，稀无毛；雄蕊10，稍长于花瓣，花药倒卵圆形，花丝无毛；子房密被锈色绢状分节长硬毛；花柱无毛，稀基部有少数长硬毛，花后长4-6毫米，顶端3浅裂。蒴果近球形，被稀疏分节长硬毛，径2.5-3毫米。花期7-8月，果期9-10月。

产湖南西南部、广东、广西、贵州及云南东南部，生于海拔300-2000米山地林中。越南有分布。

图 857 华南桤叶树 （引自《图鉴》）

11. 贵州桤叶树 大叶山柳 图 858：1-5

Clethra kaipoensis Lévl. in Fedde, Repert. Sp. Nov. 10: 475. 1912. *Clethra pinfaensis* Lévl.; 中国高等植物图鉴 3: 9. 1974.

落叶灌木或乔木，高达6（-20）米，胸径达30厘米。小枝粗，嫩时和叶柄均密被锈色成簇星状微硬毛，老枝无毛。芽密被锈色绢状长伏毛。叶纸质，长圆状椭圆形或卵状椭圆形，稀倒卵状长圆形，长8-19厘米，先端渐尖，基部宽楔形或近圆，下面淡绿或灰绿色，嫩时两面密被星状柔毛，沿脉密被长伏毛，后上面无毛，下面被毛稀疏或仅沿中脉及侧脉被星状柔毛及稀疏长伏毛，侧脉腋内有髯毛，具锐尖锯齿，中脉在上面微下凹，侧脉16-18对，在上面平，网脉在下面显著；叶柄长1-2.5厘米。总状花序4-8枝成伞形花序，极稀单一，长14-26厘米；花序轴粗，与花梗和苞片均密被金锈色至锈色星状及成簇长硬毛；苞片线状披针形。花梗花期长2-3毫米；萼5深裂，裂片长圆状卵形，长3-4毫米，密被锈色星状绒毛及成簇微硬毛；花瓣5，白色，倒卵状长圆形，长4毫米，先端浅啮蚀状，两面无毛；雄蕊花丝几与花瓣等长，花药倒心形；子房密被锈色绢状长硬毛，花柱长2-4毫米，无毛，极稀基部有毛，果时长5-6毫米，顶端3浅裂。蒴果近球形，疏被长硬毛，径4毫米；果柄长4毫米。花期7-8月，果期9-10月。

产福建西部、江西、湖北西南部、湖南、广东、广西北部及贵州，生于海拔250-2100米山地路旁、溪边或山谷密林、疏林及灌丛中。

［附］**多肋桤叶树** 图 858：6-8 **Clethra kaipoensis** Lévl. var. **polyneura** (Li) Fang et L. C. Hu in Journ. Sichuan Univ., Nat. Sci. ed. 3: 123. 1979. —— *Clethra polyneura* Li in Journ. Arn. Arb. 24: 449. 1945. 本变种与模式变种的区别：嫩枝及老叶下面近无毛，叶披针形或椭圆状披针形，具内弯细锯齿，近基部全缘，侧脉18-25对；花小，密集，近果时排列稀疏，雄蕊与花瓣近等长，花柱基部有短毛；果径约5毫米，果柄长5-6毫米。产湖南、广西及贵州，生于海拔950-1600米山坡密林或疏林中。

图 858: 1-5.贵州桤叶树 6-8.多肋桤叶树 9.白背桤叶树 （引自《图鉴》）

［附］**白背桤叶树** 图 858：9 **Clethra petelotii** P. Dop et Y. Trochain in Bull. Mus. Nat. Hist. Paris ser. 2, 4: 718. 1932. 本种与贵州桤叶树的区别：圆锥花序，花序轴

细瘦；花梗长1-2毫米，雄蕊短于花瓣，内藏。叶革质，常绿，椭圆状长卵形或椭圆形，上面无毛，下面密被白色伏贴星状绒毛。产云南东南部，生于海拔480-1160米疏林中。越南有分布。

91. 岩高兰科 EMPETRACEAE

（杜玉芬）

常绿匍匐小灌木。单叶，密集排列，无柄，基部有叶座，无托叶。花小，两性或单性；单生叶腋或簇生小枝顶端；具苞片或无。萼片2-6，常有色，花瓣状；无花瓣；雄蕊2-6，花药2室，纵裂；无花盘；子房上位，球形，2-9室，胚珠每室1颗，花柱1，短，柱头星状或辐射状分裂，与子房室同数。核果近球形，肉质多浆，每一分果核有1种子。种子富含肉质胚乳。

3属约10种，分布于北温带和北极、南美安第斯山、马尔维纳斯群岛和特里斯坦—达库尼亚群岛。我国1属1变种。

岩高兰属 **Empetrum** Linn.

常绿匍匐小灌木。叶密集，轮生、近轮生或交互对生，椭圆形或线形，边缘常反卷；无柄，无托叶。花单性同株或异株；1-3朵生于上部叶腋；苞片（2）4-5（6），鳞片状，边缘具细睫毛。萼片3-6，覆瓦状排列，花瓣状；无花瓣；雄蕊3（4-6），伸出；子房上位，6-9室，每室1胚珠，花柱短，有时极不明显，柱头辐射状，6-9（-12）裂。果球形，肉质，每室具1种子。

约2种，分布于北温带和北极、南美安第斯山、马尔维纳斯群岛和特里斯坦—边库尼亚群岛。我国1变种。

东北岩高兰　岩高兰　　图 859 彩片 186

Empetrum nigrum Linn. var. **japonicum** K. Koch, Hort. Dendr. 89. 1853.

常绿匍匐小灌木，高20-50厘米，稀达1米，多分枝。小枝红褐色，幼枝多少被微柔毛。叶轮生或交互对生，密集，线形，长3-5毫米，边缘稍反卷，幼叶边缘具稀疏腺状缘毛，上面具皱纹，有光泽，中脉凹陷；无柄。花雌雄异株；1-3朵生于上部叶腋，无花梗；苞片3-4，鳞片状，边缘具细睫毛；萼片6，外层卵圆形，内层披针形，暗红色，花瓣状，先端内卷；无花瓣；雄蕊3，花丝线形，长约4毫米；子房近陀螺形，花柱极短，柱头辐射状6-9裂。浆果状核果球状，径约5毫米，成熟时紫红或黑色，有6-9核，每核1种子。花期6-7月，果期7-8月。

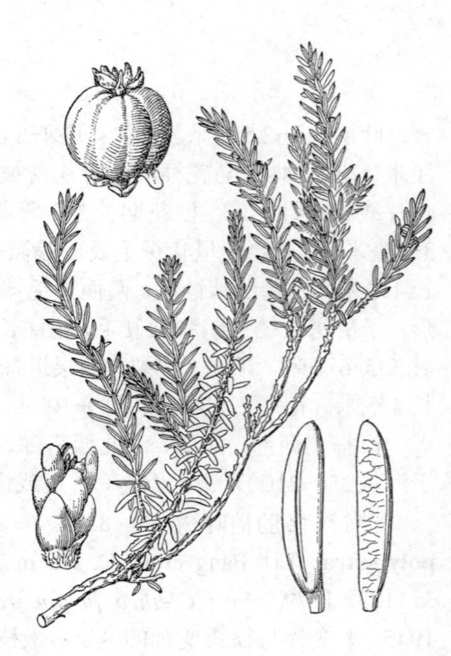

图 859 东北岩高兰 （李锡畴绘）

产黑龙江北部、内蒙古东北部及吉林长白山，生于海拔775-1460（-2000）米石山或林中。蒙古、俄罗斯西伯利亚、朝鲜及日本有分布。果甜，可食或入药。

92. 杜鹃花科 ERICACEAE

（杨汉碧 方明渊 方瑞征）

常绿，稀半常绿或落叶，乔木或灌木。冬芽具芽鳞。叶革质，稀纸质，互生，极少假轮生，稀交互对生，全缘或有锯齿，不裂；无托叶。花单生或成总状、圆锥状或伞形花序，顶生或腋生，两性，辐射对称或略两侧对称；具苞片。花萼4-5裂，宿存，有时花后肉质；花瓣合生成钟状、坛状、漏斗状或高脚碟状，稀离生，花冠常5裂，稀4、6、8裂，裂片覆瓦状排列；雄蕊为花冠裂片2倍，少同数，稀更多，花丝分离，稀略连合，除杜鹃花亚科外，花药背部或顶部常有芒状或距状附属物，或顶部具长管，顶孔开裂，稀纵裂；除吊钟花属Enkianthus为单分体外，花粉粒为四分体；花盘盘状，具厚圆齿；子房上位或下位，（2-）5（-12）室，稀更多，每室有胚珠多数，稀1枚，花柱和柱头单一。蒴果或浆果，稀浆果状蒴果。种子小，粒状或锯屑状，无翅或有窄翅，或两端具长尾状附属物；胚圆柱形，胚乳丰富。染色体基数x=（8-）12或13（-23）。

约103属3350种，除沙漠地区外，广布于南、北半球温带及北半球亚寒带，少数属、种环北极或北极分布，也分布于热带高山，大洋洲种类极少。我国15属，约757种。本科的许多属、种是著名园林观赏植物。

1. 蒴果，室间或室背开裂。
  2. 宿萼干枯。
    3. 蒴果室间开裂；花药无附属物。
      4. 花冠5深裂；花小，多花成顶生伞形总状花序；叶常绿，线形或窄长圆形，下面密被锈褐色绒毛 …… 1. **杜香属 Ledum**
      4. 花瓣合生。
        5. 花小；花冠整齐，筒状或坛状，雄蕊内藏；叶常绿，线状长圆形，边缘外卷，有细锯齿。
          6. 顶生总状花序或近头状，具多花；花梗短，花冠筒状，花药纵裂 ……… 2. **杉叶杜鹃属 Diplarche**
          6. 顶生伞形花序，具少花；花梗长，花冠球状钟形或坛状，花药顶孔开裂 … 3. **松毛翠属 Phyllodoce**
        5. 花大，稀小；花冠整齐或稍不整齐，漏斗状或钟状、稀辐状或筒状；雄蕊常露出，稀内藏，花药顶孔开裂；叶非线形，边缘常不明显反卷，全缘 ……… 4. **杜鹃属 Rhododendron**
    3. 蒴果，室背开裂。
      7. 花单生；叶长不及5（-8）毫米，鳞片状，无柄，互生或交互对生，覆瓦状排成4行 …… 5. **岩须属 Cassiope**
      7. 总状、圆锥状或伞形花序，稀单花（吊钟花属）；叶长3厘米以上，非鳞片状，具叶柄，散生。
        8. 花药背部或顶部有芒状附属物，花丝直伸；叶边缘有锯齿。
          9. 花药顶部的芒直伸；总状、伞形或伞房花序。
            10. 伞形或伞房花序，序轴短或近无；花冠宽钟状或坛状；种子有翅或角 …… 6. **吊钟花属 Enkianthus**
            10. 总状花序，序轴长；花冠坛状、球形筒状；种子有网纹或乳突 ……… 7. **木藜芦属 Leucothoë**
          9. 花药背部的芒反折下弯；圆锥状花序 ……… 8. **马醉木属 Pieris**

8. 花药无芒状附属物，花丝上部膝曲状，稀直伸；叶全缘。
 11. 幼枝、叶两面无鳞片；花丝上部膝曲状；蒴果壁开裂成1层。
  12. 花冠筒状或坛状；蒴果近球形，径常不及5毫米，缝线常增厚；种子无翅 …… 9. **珍珠花属 Lyonia**
  12. 花冠短钟状；蒴果扁球形，径常1厘米以上，缝线常不增厚；种子单侧有翅 …………………………………………………………………………………… 10. **金叶子属 Craibiodendron**
 11. 幼枝、叶两面密被鳞片；花丝直伸；蒴果壁裂成2层，内层分为10瓣；种子无翅 …………………………………………………………………………………… 11. **地桂属 Chamaedaphne**
2. 宿萼肉质；蒴果室背开裂，包于肉质宿萼内成浆果状；花药有2-4芒状附属物，稀无附属物 …………………………………………………………………………………… 12. **白珠树属 Gaultheria**

1. 浆果。
 13. 子房上位；花萼与子房分离；种子4-5 …………………………………… 13. **北极果属 Arctous**
 13. 子房下位；花萼筒部与子房全部或大部分合生；种子多数。
  14. 花冠常坛状或钟状，稀筒状，雄蕊分离不抱柱，花梗顶端常不增粗；常地生，稀附生 …………………………………………………………………………………… 14. **越桔属 Vaccinium**
  14. 花冠圆筒状、窄漏斗状或钟状，雄蕊微连合抱花柱或分离，花梗顶端常增粗，或成杯状；常附生，稀地生 …………………………………………………………………………………… 15. **树萝卜属 Agapetes**

1. 杜香属 Ledum Linn.

（杨汉碧）

常绿灌木；常有浓香。单叶互生，具短柄，叶线形或窄长圆形，全缘，下面常密被锈褐色绒毛。花聚生枝顶，成多花的伞形花序。花小，白色；花萼5浅裂，宿存干枯；花冠5深裂；雄蕊5-10，药室无附属物，顶孔开裂；子房上位，5室，胚珠多颗。蒴果室间开裂。

约8种，分布于北半球。我国2变种。

1. 叶线形，长0.9-1.1（-1.5）厘米，宽1-1.5毫米 ………………………… **细叶杜香 L. palustre** var. **decumbens**
1. 叶线状披针形或窄长圆形，长2-8厘米，宽0.4-1.5厘米 ……………（附）. **宽叶杜香 L. palustre** var. **dilatatum**

细叶杜香 小叶杜香 图 860：1-3

Ledum palustre Linn.var. **decumbens** Ait. Hort. Kew. 2: 65. 1789.

常绿小灌木，高达1米；常平卧。多分枝，幼枝密生黄褐色绒毛及粒状腺体，有浓香。叶互生，密集，近革质，线形，长0.9-1.1（-1.5）厘米，宽1-1.5毫米，上面深绿色，有光泽，下面密被锈褐色绒毛；叶柄长1-3毫米；幼叶及花序有黄色粒状腺体。花序顶生去年枝端。花梗细，长1-2厘米，密被棕褐色绒毛；花萼裂片圆形，宿存；花冠白色，长4-8毫米，裂片长卵形；雄蕊10；花柱细长，宿存。蒴果卵圆形，长3.4-4毫米，被棕褐色细毛。种子细小，纺锤形，长约1.5毫米，顶端具膜质翅状附属物。花期6-7月，果期7-8月。

图 860：1-3.细叶杜香 4-5.宽叶杜香
（仿《东北药用植物》和《长白山药用植物》）

产黑龙江（大兴安岭及小兴安岭）、吉林东部及内蒙古东北部，生于林下、林缘或泥炭藓类沼泽地。朝鲜、日本、俄罗斯（西伯利亚、远东地区）、北美及欧洲有分布。叶、枝药用，治气管炎、鼻炎、流感、胃溃疡、风湿等病；细叶杜香油用于香料工业；叶的粉末为驱虫药及农业杀虫剂。

［附］**宽叶杜香** 图 860：4-5 **Ledum palustre** var. **dilatatum** Wahl. Pl. Lapp. 103. 1812. 与细叶杜香的区别：叶线状披针形或窄长圆形，长2-8厘米，宽0.4-1.5厘米。产黑龙江（大、小兴安岭）、吉林东南部及内蒙古东北部，生于针叶林下、水藓沼泽或林边湿地。欧洲北部及亚洲东北部有分布。

2. 杉叶杜鹃属 Diplarche Hook. f. et Thoms.

（杨汉碧）

常绿矮小灌木。叶小，聚生，无柄，革质，线状长圆形，边缘外卷，具芒刺状细锯齿，两面无毛，上面具光泽，下面具细小乳突。总状花序顶生；花小，密集，或成近头状花序；苞片和小苞片叶状，边缘具流苏状腺毛。花梗短；萼片5，革质，具腺状缘毛；花冠筒状或坛状，裂片5，卵圆形，开展；雄蕊10，内藏，2轮，5枚生于冠筒中部与花冠裂片互生，5枚生于冠筒基部与花冠裂片对生，花药小，纵裂；子房球形，5室，花柱短，柱头头状，花盘细小。蒴果球形，包于宿存花萼内，室间开裂，果壁裂成2层。种子极多数，倒卵状楔形，种皮具网纹。

约2种，分布于喜马拉雅山区及我国横断山区。我国均产。

1. 植株高8-16厘米；小枝疏被细腺毛；5枚雄蕊生于冠筒中上部；叶长6-6.5毫米；花序有8-12花 ………………………………………………………… 1. **杉叶杜鹃 D. multiflora**
1. 植株高4-7厘米；小枝无毛；5枚雄蕊生于冠筒中下部；叶长3-4毫米；花序有2-6花 ………………………………………………………… 2. **少花杉叶杜鹃 D. pauciflora**

1. 杉叶杜鹃 杉叶杜 多花杉叶杜鹃 图 861

Diplarche multiflora Hook. f. et Thoms. in Journ. Bot. Kew. Gard. Misc. 6: 383. 1854.

常绿矮小灌木，高8-16厘米。多分枝，疏被细腺毛，叶枕粗密。叶密集排列，革质，无柄，线形，长6-6.5毫米，中部以上具芒刺状锯齿，齿端为膨大腺体，上面有光泽，下面具灰白色小乳突。总状花序短或近头状，有8-12花；苞片叶状，边缘具流苏状腺毛。花萼长约4毫米，裂至基部；花冠长约7毫米，粉红色，冠筒较裂片稍长；雄蕊10，内藏，5枚生于冠筒中上部，5枚生于冠筒基部。果序轴长5-7厘米，被细柔毛。蒴果球形。花果期7-9月。

产云南西北部及西藏东南部，生于海拔（3500-）3700-4100米高山草甸、灌丛、岩坡或石缝中。缅甸东北部及锡金有分布。

图 861 杉叶杜鹃 （冀朝祯绘）

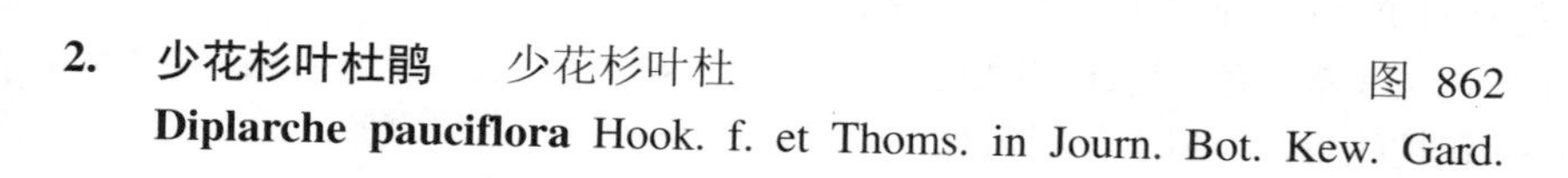

2. 少花杉叶杜鹃 少花杉叶杜 图 862

Diplarche pauciflora Hook. f. et Thoms. in Journ. Bot. Kew. Gard. Misc. 6: 383. 1854.

常绿矮小灌木，高4-7厘米。小

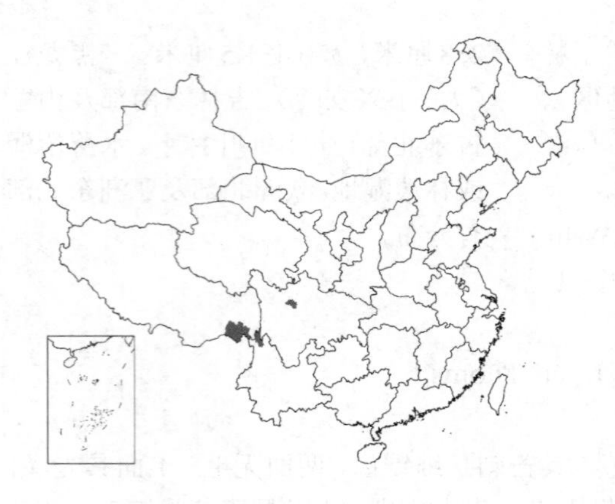

枝多而密集，纤细，无毛，叶枕粗密。叶排列紧密，革质，线状长圆形，长3-4毫米，无柄，边缘有芒刺状细锯齿，上面有光泽，下面具小乳突。总状花序短或近头状，有2-6花；苞片长圆状卵形，长约4毫米，边缘有流苏状腺毛。花萼长约3毫米，裂至基部，边缘有腺状缘毛；花冠长约4毫米，红色，冠筒与裂片近等长，长约2毫米；雄蕊10，内藏，5枚生于花管中下部，5枚生于冠筒基部，并在花冠脱落后围绕蒴果宿存。果序轴长达4厘米，密被棕色刚毛。蒴果长约3毫米。花期6-7月，果期8-11月。

图 862 少花杉叶杜鹃 （冀朝祯绘）

产四川西北部、云南西北部及西藏东南部，生于海拔（3500-）3800-4760米高山岩坡、草地或灌丛中。锡金有分布。

3. 松毛翠属 Phyllodoce Salisb.

（杨汉碧）

常绿灌木。叶互生或交互对生，密集，线形，边缘常外卷，有细锯齿。顶生伞形花序；具苞片。花梗长；花萼小，4-5裂，宿存；花冠整齐，球状钟形、坛状或壶状，檐部5裂；雄蕊（8-）10（-12），内藏，花药顶孔开裂；花盘纤细；子房上位，近球形，5室，柱头不明显5裂或头状。蒴果室间开裂，果壁裂成1层。种子小，多数，无翅。

约7种，分布于北温带。我国2种。

1. 萼片花时不反折；花柱短于花冠口部；叶长约7毫米；花梗稍下弯 ………………………… **松毛翠 P. caerulea**
1. 萼片花时反折；花柱与花冠近等长；叶长约1厘米；花梗中上部弓曲 ………… （附）. **反折松毛翠 P. deflexa**

松毛翠 图 863：1-3 彩片 187

Phyllodoce caerulea (Linn.) Babington, Man. Brit. Bot. 194. 1843.

Andromeda caerulea Linn. Sp. Pl. 393. 1753.

常绿小灌木，高达30（-40）厘米；平卧或斜升。多分枝，无毛。叶互生，密集，近无柄，叶线形，革质，长（5-）7（-14）毫米，具尖细锯齿，无毛。伞形花序顶生，（1）2-5（6）花；苞片2，宿存。花梗细长，线状，花时长约2厘米；花萼卵状长圆形，5深裂近基部，紫红色，萼片披针形，长3-4（-5.5）毫米，被腺毛，花时不反折；花冠卵状壶形，长7-8（-11）毫米，口部稍缩小，檐部5裂，裂片齿状三角形，红或紫堇色，边缘有腺毛；雄蕊10，内藏，花丝线状，中下部有腺毛；花柱线形，不超出花冠口部，柱

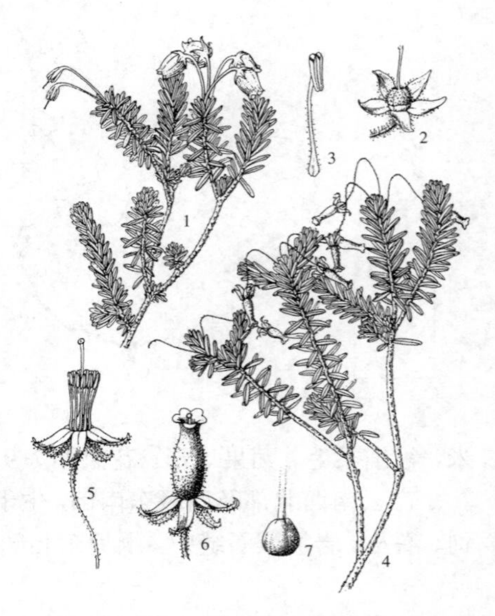

图 863：1-3.松毛翠 4-7.反折松毛翠 （冀朝祯绘）

头头状。蒴果近球形，长3-4毫米；果柄长达4厘米，稍下弯，带红色，密被长腺毛。花期6-7月，果期8月。

产黑龙江北部、吉林东部及东南部、内蒙古东北部及新疆北部，生于亚高山草原、苔原、山地灌丛或草甸。朝鲜、日本、俄罗斯、北欧及北美有分布。

［附］**反折松毛翠** 图 863：4-7 **Phyllodoce deflexa** Ching ex H. P. Yang in Acta Phytotax. Sin. 28(5): 403. 1990. 本种与松毛翠的区别：萼片花时反折，花柱与花冠近等长，花梗中上部膝曲；叶长约1厘米。产吉林，生于海拔1700米林中。

4. 杜鹃花属 Rhododendron Linn.

（杨汉碧　方明渊　方瑞征）

常绿或落叶，灌木或乔木，有时矮小成垫状；无毛或有各式毛被或被鳞片。叶互生，常全缘。花大而显著；伞形或短总状花序，顶生，稀单花或腋生。花萼5（6-8）裂或环状，宿存；花冠漏斗状、钟状，稀筒状或高脚碟状，5（6-8）裂；雄蕊（5-）10（-15-27），多少不等长，花药无附属物，顶孔开裂；花盘厚，圆齿状；子房5（6-20）室；花柱细长劲直或粗短而弯弓状，宿存；每室胚珠多数，密集于中轴胎座。蒴果自顶部向下室间开裂，果瓣木质。种子多而细小，纺锤形，常有窄翅，有时两端有尾状附属物。

约960种，广布于欧、亚、北美，主产东亚和东南亚，2种分布至北极地区，1种产澳大利亚。我国约542种。

1. 花序顶生，偶有紧接顶生花芽下有侧生花芽（如管花杜鹃），花序生于上部叶腋。
  2. 植株被鳞片，有时兼有少量毛。
    3. 叶常绿，稀半落叶或落叶；后叶开花；枝、叶常无毛；花柱常细长，稀短而弯弓状。
      4. 蒴果果瓣木质；胎座不与中轴分离；种子周边具鳍状窄翅。
        5. 花冠较大，漏斗状、钟状或筒状；雄蕊（5-）10（-27），雄蕊和花柱伸出花冠筒，稀短于筒部；鳞片多全缘。
          6. 花柱细，长于雄蕊，劲直。
            7. 小枝及叶下面密被黄棕色绵毛，毛被覆盖鳞片 ………………… 1. **泡泡叶杜鹃 Rh. edgeworthii**
            7. 小枝及叶下面常无毛，如被毛，毛被不覆盖鳞片。
              8. 花柱基部或下部1/3被鳞片，稀无鳞片；花萼常发育，深裂，如花萼不发育，则常有长缘毛。
                9. 花冠长（3-）5-7（-13.5）厘米，常白色，有时带淡红晕，稀黄色，外面多被短柔毛。
                  10. 雄蕊（15-）18-20（-27），花萼发育，萼片长0.3-1（-1.6）厘米，子房（8-）10（-12）室。
                    11. 叶常倒卵形，长5-11（-15）厘米，宽2-4（-5.5）厘米；蒴果卵圆形，长1.5-2.5厘米；花丝无毛 ……………………………………………… 2. **隐脉杜鹃 Rh. maddenii**
                    11. 叶常椭圆形或倒卵形，长9-15（-18）厘米，宽（4-）5-8厘米；蒴果椭圆形，长2-3.5厘米；花丝常有毛 ………… 2(附). **滇隐脉杜鹃 Rh. maddenii** subsp. **crassum**
                  10. 雄蕊（8-）10（-14），花萼不明显至大型，子房5-7室。
                    12. 花萼长0.8-3厘米，萼片无缘毛。
                      13. 花梗、花萼无鳞片，花萼长2-3厘米，裂达中部；蒴果长不及宿存花萼 ……………………………………………………………… 3. **大萼杜鹃 Rh. megacalyx**
                      13. 花梗、花萼被鳞片，花萼裂达基部；蒴果长于宿存花萼。
                        14. 叶长11-26厘米，宽（3.5-）6-12厘米；花冠长9-13.5厘米。
                          15. 叶上面脉纹凹陷呈泡泡状；蒴果长3-5（-7）厘米 …………………………………………………… 4. **木兰杜鹃 Rh. nuttallii**
                          15. 叶上面平非泡泡状；蒴果长4.5-5.5厘米 … 5. **大喇叭杜鹃 Rh. excellens**
                        14. 叶长不及16厘米，宽不及6厘米；花冠长3.5-10厘米。

16. 叶下面鳞片大小一致 ………………………………………………………… 6. **白喇叭杜鹃 Rh. taggianum**
16. 叶下面鳞片大小不等。
17. 花萼 密生短缘毛，花冠外面基部被鳞片，花柱基部被鳞片 ……………… 7. **大花杜鹃 Rh. lindleyi**
17. 花萼边缘无缘毛，花冠外面密被鳞片，花柱下半部密被鳞片 ……… 8. **百合花杜鹃 Rh. liliiflorum**
12. 花萼小，裂片明显或波状，有缘毛。
18. 花萼非环状，有5裂片，裂片长0.6-1.2厘米；幼枝被长硬长或绵毛，稀无毛，叶两面、叶缘、叶柄均被毛。
19. 花冠白色或带淡红色；花冠外面无鳞片或疏被鳞片。
20. 叶先端钝或钝圆，有时微凹，下面鳞片相距稍大于直径 ………………… 9. **南岭杜鹃 Rh. levinei**
20. 叶先端锐尖、钝或渐尖，下面鳞片相距为其直径2-3倍 ……………… 10. **睫毛杜鹃 Rh. ciliatum**
19. 花冠鲜黄色，外面密被鳞片和短柔毛 ………………………………… 11. **毛柄杜鹃 Rh. valentinianum**
18. 花萼环状，有波状裂片；叶两面无毛；幼枝、叶缘及叶柄被刚毛或无毛。
21. 单花，稀2花；叶下面褐色，鳞片相距小于或等于其直径 ………… 12. **褐叶杜鹃 Rh. pseudociliipes**
21. 花序有2-5花；叶下面苍绿色，鳞片相距小于直径或为其直径1-4倍。
22. 花萼环状，花冠长约7厘米 …………………………………………… 13. **附生杜鹃 Rh. dendricola**
22. 花萼波状5裂或裂片三角状，花冠长3-5厘米。
23. 幼枝、幼叶边缘和叶柄两侧、萼片边缘均被刚毛；花冠外面无鳞片；蒴果长1-2厘米 ……… ……………………………………………………………………… 14. **睫毛萼杜鹃 Rh. ciliicalyx**
23. 幼枝、幼叶边缘和叶柄两侧、萼片边缘均无毛或疏被刚毛；花冠外面被鳞片；蒴果长8-9毫米 ……………………………………………………………………… 15. **武鸣杜鹃 Rh. wumingense**
9. 花冠长1.5-3.2厘米，黄、白、淡红或深紫红色，外面无毛。
24. 花冠鲜黄色，外面密被鳞片 ……………………………………… 56. **鲜黄杜鹃 Rh. xanthostephanum**
24. 花冠淡红或深红紫色，外面无鳞片 ……………………………………… 57. **灰被杜鹃 Rh. tephropeplum**
8. 花柱无鳞片；花萼小，裂片不明显；稀长达9毫米，常红紫色。
25. 花序伞形总状，花序轴不明显；花冠漏斗状或宽钟状，稀管状钟形。
26. 花冠漏斗状、宽漏斗状或辐状，裂片伸展，质较薄，非肉质。
27. 小至中等灌木，稀小乔木；叶较大；花稀深紫色。
28. 花序常3朵或1-2花；花冠外常无鳞片。
29. 常为附生灌木；萼裂片发育，淡红紫或红色，稀绿色；幼枝常密被刚毛；花冠宽漏斗状、辐状或碟状。
30. 叶长1.8-4（-6.3）厘米；花冠白色，长3-4厘米 ……………… 16. **宝兴杜鹃 Rh. moupinense**
30. 叶长1-1.5（-1.8）厘米；花冠蔷薇色，长（1.5-）2-2.2厘米 ……………………………… ……………………………………………………………………… 17. **树生杜鹃 Rh. dendrocharis**
29. 地生灌木，稀小乔木；萼裂片不发育或有绿色小裂片；幼枝无毛；花冠宽漏斗状。
31. 叶两面多少有毛。上面沿脉被长刚毛，下面沿中脉下半部密被柔毛 ……………………… ……………………………………………………………………… 20. **毛肋杜鹃 Rh. augustinii**
31. 叶两面无毛，或叶上面中脉有微柔毛。
32. 花冠黄或淡黄色。
33. 叶下面鳞片疏生，相距为其直径1/2-6倍，叶先端长渐尖；花冠外面密被白色短柔毛 … ……………………………………………………………………… 21. **黄花杜鹃 Rh. lutescens**
33. 叶下面鳞片密生，鳞片近邻接，叶先端常锐尖；花冠外面被短毛或无毛 ……………… ……………………………………………………………………… 22. **三花杜鹃 Rh. triflorum**
32. 花冠白、淡红或紫色。

34. 叶下面鳞片疏生，相距为其直径1/2-6倍。
35. 叶下面粉白色，鳞片相距为其直径1/2-4倍；花冠白或淡玫瑰色，外面疏被鳞片 ………………………………………………………………………… 23. **白面杜鹃 Rh. zaleucum**
35. 叶下面灰绿色，鳞片相距为其直径2-6倍；花冠白色带粉红或浅紫色，内面常有红、褐或黄色斑点，外面常无鳞片 ………………………………………… 24. **云南杜鹃 Rh. yunnanense**
34. 叶下面鳞片密生，相距为其直径或不及或相邻接，稀为其直径2倍。
36. 花萼长0.5-1.5（-5）毫米，裂片近圆形 ………………… 25. **秀雅杜鹃 Rh. concinnum**
36. 花萼环状或波状，长不及1毫米至（-1.5）毫米，裂片不明显。
37. 叶基部钝圆或宽楔形。
38. 叶长1.8-6（-9）厘米，宽1.1-3.5（-4）厘米，下面鳞片非下陷状；花冠淡红、淡紫或深紫红色，外面无鳞片 ………………………………………… 26. **山育杜鹃 Rh. oreotrephes**
38. 叶长2-4.5（-6）厘米，宽1.2（-2.7）厘米，下面鳞片下陷状；花冠淡红色，外面疏被鳞片 ………………………………………………………………… 27. **硬叶杜鹃 Rh. tatsienense**
37. 叶基部楔形渐窄或钝圆 ………………………………… 28. **锈叶杜鹃 Rh. siderophyllum**
28. 花序常5-7（-10）花；花冠外被鳞片。
39. 叶长5-10（-12.5）厘米，下面鳞片等大，相距为其直径1/2-1（2）倍 …… 29. **亮鳞杜鹃 Rh. heliolepis**
39. 叶长3.5-8（-11.5）厘米，下面鳞片不等大，小鳞片覆瓦状排列，大鳞片常散生于中脉两侧 ………………………………………………………………… 30. **红棕杜鹃 Rh. rubiginosum**
27. 矮小灌木，植株常平卧；茎铺散、匍匐或直立，或分枝密集成垫状；叶较小；花紫或紫红色，稀黄或粉红色。
40. 花梗短或无梗，长0.5-5（-15）毫米；花冠外常无毛。
41. 叶全缘，叶下面鳞片扁平，有较宽的边，密集或稍有间距。
42. 叶下面鳞片深色或有间距，无不均等的二色鳞片；若鳞片淡色，则花序为多花，常2朵以上；若鳞片为均等的二色时，则花萼发达，花柱长。
43. 叶下面鳞片均为相同颜色。
44. 叶下面鳞片密集，密接叠置而无间隙。
45. 叶下面鳞片银灰、灰白、灰黄或浅褐色；花序常2-10花。
46. 花萼长（2-）5-8（-12）毫米，花冠长（1.2-）2-3.4厘米 … 31. **楔叶杜鹃 Rh. cuneatum**
46. 花萼长1-2毫米，花冠长1.7厘米以下。
47. 叶长（0.8-）1.2-2.5（-4）厘米；幼枝细长呈扫帚状 … 32. **灰背杜鹃 Rh. hippophaeoides**
47. 叶长0.5-1.2（-2）厘米；幼枝非扫帚状 ………………… 33. **隐蕊杜鹃 Rh. intricatum**
45. 叶下面鳞片褐、红褐、黑褐或黑锈色。
48. 花萼长2-3毫米 ………………………………………… 34. **永宁杜鹃 Rh. yungningense**
48. 花萼长约1毫米。
49. 花柱同雄蕊常内藏于花冠筒内；花冠管状漏斗形 ………… 35. **锈红杜鹃 Rh. complexum**
49. 花柱同雄蕊常伸出于花冠筒外；花冠宽漏斗形 …………… 36. **单色杜鹃 Rh. tapetiform**
44. 叶下面鳞片排列不密集、不叠置、不邻接，相互有间距。
50. 叶下面鳞片有光泽，黄褐或琥珀色 ………………………… 37. **粉紫杜鹃 Rh. impeditum**
50. 叶下面鳞片无光泽（不透明），灰白或带黄棕色 ………………… 38. **密枝杜鹃 Rh. fastigiatum**
43. 叶下面鳞片二色、约等量而混杂。
51. 幼枝、叶下面、叶缘和花梗均被刚毛 ………………………………… 39. **刚毛杜鹃 Rh. setosum**
51. 幼枝、叶下面、叶缘和花梗均无刚毛。
52. 花萼长2.5-6毫米。
53. 花冠外面被鳞片。

54. 花冠常深紫色，稀深红或白色 ………………………………………… 41. **多色杜鹃 Rh. rupicola**
54. 花冠黄或淡金黄色。
55. 花冠黄色，花萼裂片无鳞片 ……………… 41(附). **金黄杜鹃 Rh. rupicola** var. **chryseum**
55. 花冠淡金黄色，花萼裂片被鳞片 …… 40(附). **木里多色杜鹃 Rh. rupicola** var. **muliense**
53. 花冠外面无鳞片。
56. 叶长1.6-4（-6.5）厘米，先端有突尖；花冠筒长4-9毫米 …… 40. **紫蓝杜鹃 Rh. russatum**
56. 叶长0.7-1.8（-2.4）厘米，先端圆钝，无短尖头；花冠筒长3-5毫米 ………………………… …………………………………………………………………………… 42. **头花杜鹃 Rh. capitatum**
52. 花萼小，长0.5-2毫米 ………………………………………………… 43. **高山杜鹃 Rh. lapponicum**
42. 叶下面鳞片无深色或有间隙，常具不均等二色鳞片，若鳞片为淡色，则花序常具1-2花，若鳞片为均等二色，则花萼退化；花柱短。
57. 叶下面鳞片一色。
58. 花冠长1.2-1.9厘米；花萼长2-3毫米。
59. 叶窄卵圆形或线状披针形，上面灰绿色，无光泽，密被重叠鳞片 ………………………… ………………………………………………………………………… 44. **毛蕊杜鹃 Rh. websterianum**
59. 叶卵形或椭圆形，上面深绿色，有光泽，被邻接或相互间稍有间距的鳞片，下面被同大、均一而光亮的淡褐色鳞片 ………………………………………………… 45. **光亮杜鹃 Rh. nitidulum**
58. 花冠长0.6-1.2厘米；花萼长0.5-1.2毫米 ……………………… 47. **千里香杜鹃 Rh. thymifolim**
57. 叶下面鳞片二色。
60. 叶下面二色鳞片量不均等，常多为黄或褐色而杂有少数深褐色鳞片。
61. 直立灌木，分枝非蜿蜒状；花萼长0.5-1.5毫米 …………… 48. **直枝杜鹃 Rh. orthocladum**
61. 平卧状灌木，分枝常密集成垫状；花萼长0.5-3毫米 ……… 49. **草原杜鹃 Rh. telmateium**
60. 叶下面二色鳞片量约均等而相混杂。
62. 花萼长2-4.5毫米；叶先端常无小突尖。
63. 植株常平卧成垫状；叶先端钝或圆；花萼裂片无缘毛 ……… 46. **雪层杜鹃 Rh. nivale**
63. 植株常较直立；叶先端锐尖；花萼裂片被缘毛 ………………………………………… ……………………………………………… 45(附). **南方雪层杜鹃 Rh. nivale** subsp. **australe**
62. 花萼退化或短于2毫米；叶先端具小突尖 ……………………………………………………… ………………………………………………… 45(附). **北方雪层杜鹃 Rh. nivale** subsp. **boreale**
41. 叶有细圆齿，下面鳞片泡状，相距为其直径1/2-6倍 ……………… 52. **草莓花杜鹃 Rh. fragariflorum**
40. 花梗长（0.7-）1.5-3厘米；花冠外被短柔毛。
64. 叶下面密被鳞片，鳞片覆瓦状排列，有细圆齿。
65. 幼枝、叶柄和花梗密被褐色鳞片和长刚毛 ……………………………… 50. **怒江杜鹃 Rh. saluenense**
65. 幼枝、叶柄和花梗仅被鳞片，无刚毛 ……………………………………… 51. **美被杜鹃 Rh. calostrotum**
64. 叶下面鳞片相距为其直径2-3倍或等于其直径，全缘 ……………………… 53. **矮小杜鹃 Rh. pumilum**
26. 花冠管状钟形，裂片几不开展，直立或近直立，质较厚，常肉质。
66. 花序有1-3花，不下垂；花冠质较薄，常黄色，外面被鳞片。
67. 单花；叶下面密被褐色鳞片，相距常与其直径相等 ……………… 18. **一朵花杜鹃 Rh. monanthum**
67. 花序有2-3花；叶下面鳞片淡褐色，相距为其直径1.5-3倍 ……………… 19. **黄管杜鹃 Rh. kasoense**
66. 花序具2-6（-8）花，常下垂；花冠肉质，鲜红、朱砂及橘黄色，外面无鳞片。
68. 花序顶生，伞形；花冠裂片长为花冠1/3，裂片开展 ………………… 54. **朱砂杜鹃 Rh. cinnabarinum**
68. 花序近顶生或腋生，短总状；花冠裂片长为花冠1/4或更短，裂片直立 …… 55. **管花杜鹃 Rh. keysii**
25. 花序短总状，有10-28花；花序轴明显；花冠钟状 ………………………………… 58. **照山白 Rh. micranthum**

6. 花柱粗短，短于雄蕊，常弯曲。

69. 雄蕊12-16，花冠筒部内面喉部密被一圈柔毛；叶下面非苍白色，密被锈色鳞片 ………………………………………………………………… 64. **茶花杜鹃 Rh. camlliiflorum**

69. 雄蕊（8-）10，花冠筒部内面无毛；叶下面常苍白色。

70. 叶下面鳞片2型，较大者深褐色，较小者金黄色 ……………………… 65. **雅容杜鹃 Rh. charitopes**

70. 叶下面鳞片1式。

71. 花梗短于花冠，花冠常黄色，稀白色。

72. 花序有1-2花，稀3花；叶下面鳞片泡状凹下，边缘窄 ……… 59. **招展杜鹃 Rh. megeratum**

72. 花序有3-11花；叶下面鳞片常垫盘状，有宽边缘。

73. 花梗长2-4.5厘米，细弱；花冠长0.9-1.4厘米，花萼裂片常反折 ………………………………………………………………… 60. **异鳞杜鹃 Rh. micromeres**

73. 花梗长达2厘米，粗，花冠长1.5-3（-4）厘米，花萼裂片常不反折。

74. 花萼长约2毫米，碟形，萼片浅波状 ……………………… 61. **纯黄杜鹃 Rh. chrysodoron**

74. 花萼长0.3-1.5厘米，5深裂，萼片圆形、卵形或长圆形。

75. 花梗被刚毛；花萼长（0.7-）1-1.5厘米；叶先端渐尖，中脉和侧脉被毛 ……………………………………………………………… 62. **黄花花杜鹃 Rh. boothii**

75. 花梗无刚毛；花萼长3-6毫米；叶先端圆或钝，具小短尖头，中脉和侧脉无毛 ……………………………………………………………… 63. **硫磺杜鹃 Rh. sulfureum**

71. 花梗长于花冠，花冠常红紫色，稀淡红、白或黄色。

76. 花序有1-3（-5）花，伞状；叶长0.4-2.6（-4）厘米。

77. 花冠紫红或暗紫红色，肉质，外面被白霜，无鳞片；叶下面疏生鳞片 ……………………………………………………………… 66. **弯柱杜鹃 Rh. campylogyum**

77. 花白、淡红、深红紫、淡绿或黄色，质较薄，外面密被鳞片；叶下面密被鳞片 ……………………………………………………………… 68. **鳞腺杜鹃 Rh. lepidotum**

76. 花序有4-10（-18）花，总状或短总状；叶长（2-）4-5厘米。

78. 叶下面鳞片小而疏生，鳞片全缘；花冠钟状 …………… 67. **灰白杜鹃 Rh. genestierianum**

78. 叶下面鳞片密被成覆瓦状，鳞片有细钝齿；花冠辐状 …………… 69. **辐花杜鹃 Rh. baileyi**

5. 花冠短小，高脚碟状，雄蕊5（6、8），稀10；雄蕊和花柱内藏，鳞片边缘锐裂。

79. 花萼长2-7毫米。

80. 叶长0.7-2厘米。

81. 叶芽芽鳞宿存；花冠筒外面被柔毛 ……………………………… 70. **毛冠杜鹃 Rh. laudandum**

81. 叶芽芽鳞早落；花冠筒外面无毛 ………………………………… 71. **红背杜鹃 Rh. rufescens**

80. 叶长2-5厘米。

82. 花冠筒外面无鳞片。

83. 叶芽芽鳞宿存。

84. 花冠白、粉红或玫瑰色，花萼长4-7毫米 ……………………… 72. **毛喉杜鹃 Rh. cephalanthum**

84. 花冠黄或柠檬色，花萼长3-4（4.5）毫米 ……………………… 73. **毛花杜鹃 Rh. hypenanthum**

83. 叶芽芽鳞早落。

85. 雄蕊（5）6-8（-10）；花序有5-9花；花萼外面被鳞片 ……… 74. **髯花杜鹃 Rh. anthopogon**

85. 雄蕊5；花序有10-20花；花萼外面无鳞片 ………………… 75. **烈香杜鹃 Rh. anthopogonoides**

82. 花冠筒外面疏被鳞片 ……………………………………………… 76. **樱草杜鹃 Rh. primuliflorum**

79. 花萼长0.5-2（3）毫米 ……………………………………………… 77. **毛嘴杜鹃 Rh. trichostomum**

4. 蒴果果瓣柔软，开裂后常扭曲；胎座成熟时从中轴线状分离，仅顶部合生；种子两端具长于种子的尾状附属物。

86. 花萼小，不发育裂片，檐部波状；叶长2-3.8厘米，宽1-1.8厘米；花冠黄色 …………………………………………………………………………………………… 78. **缺顶杜鹃 Rh. emarginatum**

86. 花萼大，萼裂片长约3毫米；叶长1.3-2厘米，宽5-8毫米；花冠粉紫或白色带粉红 …………………………………………………………………………………………… 79. **越桔杜鹃 Rh. vaccinioides**

3. 落叶或半落叶，稀常绿；先叶开花；枝、叶常被毛；花柱常短而弯弓状。

87. 叶下面鳞片近等大，相距为其直径1-7倍；边缘被长刚毛 ……………… 80. **糙毛杜鹃 Rh. trichocladum**

87. 叶下面鳞片不等大，相距为其直径1-4倍；边缘疏被长纤毛 ……………… 81. **弯月杜鹃 Rh. mekongense**

2. 植株无鳞片，被各式毛被或无毛。

88. 花梗无苞片，花冠筒部常长于裂片，非一侧开裂，花柱细长，伸直。

89. 花生于顶芽；新叶枝生于侧芽；无扁平糙伏毛。

90. 常绿灌木或乔木；雄蕊10(-12-20)。

91. 幼枝、叶柄常有刚毛或腺头状刚毛。

92. 花冠7裂，雄蕊14-16。

93. 幼枝密被长腺毛；花冠白色，长6-10厘米 …………………… 103. **耳叶杜鹃 Rh. auriculatum**

93. 幼枝疏被丛卷毛或刚毛；花冠粉红色，长约4厘米 ………… 104. **红滩杜鹃 Rh. chihsinianum**

92. 花冠5-6裂；雄蕊10-14。

94. 花冠外面散生分枝柔毛 …………………………………………… 183. **朱红大杜鹃 Rh. griersonianum**

94. 花冠外面无毛。

95. 花冠钟状或漏斗状钟形，白、黄或粉红色，基部无密腺囊。

96. 叶先端渐尖，下面密被白色或黄褐色绵毛和少数腺体 …………………………………………………………………………………………… 134. **长粗毛杜鹃 Rh. crinigerum**

96. 叶先端圆、短尖或有尖头，叶下面常无毛。

97. 花冠宽钟状，花柱被腺体 …………………………… 117. **圆叶杜鹃 Rh. williamsianum**

97. 花冠漏斗状，狭窄，花柱光滑。

98. 叶倒卵形或椭圆形，两端近圆，两面及中脉无毛；花梗及叶柄被短柄腺体，子房被短柄腺体。

99. 叶长2.5-3厘米，宽1.5-2厘米，叶柄长3-5毫米；花序有2-3花 …………………………………………………………………………………………… 132. **少花杜鹃 Rh. martinianum**

99. 叶长4-8厘米，宽2.5-4厘米，叶柄长1-2厘米；花序有4-7花。

100. 叶下面淡绿色；花萼长不及2毫米 ……………… 131. **多变杜鹃 Rh. selense**

100. 叶下面有白粉；花萼长2-5毫米 ………………………………………………………………………… 131(附). **粉背多变杜鹃 Rh. selense** subsp. **jucundum**

98. 叶长椭圆形，较窄，先端尖，下面有薄毛被或仅下面中脉被毛，余光滑。

101. 幼枝、叶柄及花梗被柔毛或兼被腺体，叶下面有棕色薄毛被 …………………………………………………………………………………………… 128. **变光杜鹃 Rh. calvescens**

101. 幼枝、叶柄及花梗被腺头刚毛或腺毛。

102. 叶下面疏被腺毛，后无毛，中脉密被腺头刚毛；花萼裂片长圆状椭圆形或卵状椭圆形，先端圆 ……………………………… 129. **漏斗杜鹃 Rh. dasycladoides**

102. 叶下面有绒毛状毛被，中脉被毛或无毛；花萼裂片披针形、卵形或长圆形，先端尖。

103. 叶基部心形，下面有棕色薄毛被；花冠黄或白色，有红色斑点 …………………………………………………………………………………………… 130. **毛萼杜鹃 Rh. bainbridgeanum**

103. 叶基部圆，下面有淡棕色薄毛被；花冠白或粉红色，有深红色线纹 ……… 133. **刚刺杜鹃 Rh. setiferum**

95. 花冠管状钟形，常深红色，基部有蜜腺囊。

104. 花序轴通常较长；花柱被星状毛或兼被腺体。

105. 花萼长4-5毫米，边缘波状，5浅裂 …… 184. **绵毛房杜鹃 Rh. facetum**

105. 花萼长1-2厘米，不规则5裂，裂片披针状卵形 …… 185. **大萼杜鹃 Rh. schistocalyx**

104. 花序轴通常较短；花柱光滑或基部被腺体。

106. 花序常有2-8（-12）花；叶先端常圆有尖头。

107. 叶下面有一层或两层棕、褐或肉桂色（稀白色）厚毛被（火红杜鹃叶下面无毛）。

108. 子房卵圆形、柱状卵圆形、圆柱形或柱头圆锥形，顶端圆或平截。

109. 叶上面多少有皱纹。

110. 幼枝密被柔毛；叶长7-14厘米，宽4-7.5厘米，下面密被红褐色柔毛；花序有7-20花；花柱无毛 …… 188. **羊毛杜鹃 Rh. mallotum**

110. 幼枝密被刚毛状分枝腺毛；叶长6.3-10.5厘米，宽2-4厘米，下面密被红棕色分枝毡毛；花序有6-10花；花柱基部被柔毛 …… 189. **刺枝杜鹃 Rh. beanianum**

109. 叶上面平，无深皱纹。

111. 幼枝无毛，有腺体；子房被腺体和柔毛。

112. 叶倒卵形，长6-8厘米，叶柄有散生短柄腺体；花萼长3.5-4厘米 …… 190. **滇缅杜鹃 Rh. coelicum**

112. 叶长圆形或卵形，长6.5-14厘米，叶柄密被绒毛及腺头状细刚毛；花萼长0.6-1厘米 …… 190(附). **杯萼杜鹃 Rh. pocophorum**

111. 幼枝密被浅锈色绒毛，无腺体；子房密被锈色柔毛，无腺体 …… 191. **似血杜鹃 Rh. haematodes**

108. 子房圆锥形，顶端常尖削形连于花柱下。

113. 叶下面无毛；花序轴长约1厘米，有5-12花；花萼长0.4-1厘米，无毛 …… 192. **火红杜鹃 Rh. neriiflorum**

113. 叶下面被星状柔毛；花序轴长2-3毫米，有4-7花；花萼长1-4毫米，被疏毛，边缘具睫毛 …… 193. **绵毛杜鹃 Rh. floccigerum**

107. 叶下面无毛，或被白色毡毛或淡褐色紧贴毛被。

114. 灌木，高达2米；叶下面多少被白色或淡褐色紧贴毛被；叶长3.8-8厘米。

115. 幼枝有白色薄毛被；叶倒卵形、宽椭圆形或窄长圆形，先端圆或钝，有小尖头，下面有灰白色薄毛被，侧脉19-20对 …… 194. **血红杜鹃 Rh. sanguineum**

115. 幼枝被白色丛卷毛；叶披针形或倒披针形，先端渐尖，有短尖尾，下面有淡黄或肉桂色毛被，侧脉12-15对 …… 194(附). **短蕊杜鹃 Rh. microgynum**

114. 矮小灌木，高0.2-1.2米；叶下面有散生毛被；叶长1.3-3厘米。

116. 匍匐小灌木；花1-2生枝顶；叶倒卵形或椭圆形，长1.3-2.5厘米，下面中脉和侧脉被腺体和微柔毛 …… 195. **紫背杜鹃 Rh. forrestii**

116. 直立灌木；花序有3-5花；叶长椭圆形或倒卵状椭圆形，长2.3-3厘米，下面有薄毛被，脉上有丛卷毛 …… 196. **华丽杜鹃 Rh. eudoxum**

106. 花序有7-20花；叶先端短尖或圆。

117. 叶披针形或椭圆形；蒴果弯曲。

118. 叶下面有宿存薄毛被，或仅中脉有毛。

119. 叶下面有宿存薄毛被；子房密被腺体和硬毛 …… 138. **迷人杜鹃 Rh. agastum**

119. 叶下面仅中脉有毛。

120. 叶薄革质，先端渐尖；花梗、子房无毛，花冠淡玫瑰色或白色，有红色斑点；蒴果无毛 ………………………………………………………………………………………… 139. **窄叶杜鹃 Rh. araiophyllum**

120. 叶革质，先端锐尖；花梗、子房被毛，花冠淡紫红色，有深紫色斑点；蒴果被密毛 ………………………………………………………………………………………… 142. **川西杜鹃 Rh. sikangense**

118. 叶两面无毛。

121. 子房被腺体、腺头刚毛及绒毛。

122. 子房、花柱被腺体。

123. 花冠管状或钟状，长3-4厘米，淡黄、白或粉红色 ………………… 137. **露珠杜鹃 Rh. irroratum**

123. 花冠宽钟状或杯状，长2-3.5厘米，玫瑰色、白或淡紫色。

124. 叶长2.5-5厘米，侧脉8-9对；花冠白或粉红色，有红色斑点；蒴果长约1.8厘米 ………………………………………………………………………………………… 140. **碟花杜鹃 Rh. aberconwayi**

124. 叶长7-10厘米，侧脉12-16对；花冠淡紫红色；蒴果长达2.5厘米 ………………………………………………………………………………………… 140(附). **桃叶杜鹃 Rh. annae**

122. 子房被腺头硬毛，花柱下部1/2至1/3密被腺头硬毛或无毛。

125. 叶革质，基部楔形；子房及花柱下部1/2至1/3被腺头硬毛，花梗密被长腺毛 ………………………………………………………………………………………… 141. **短柄杜鹃 Rh. brevinerve**

125. 叶薄革质或近纸质，基部圆；花柱无毛 ………………… 141(附). **贵州杜鹃 Rh. guizhouense**

121. 子房无腺体，无毛或被毛，花柱常无毛。

126. 花序轴粗，长0.5-2厘米。

127. 叶薄革质，先端钝尖；花冠长3-3.5厘米，玫瑰色，基部有紫色斑块 ………………………………………………………………………………………… 135. **团花杜鹃 Rh. anthosphaerum**

127. 叶革质，先端锐尖；花冠长4-4.5厘米，粉红或深红色 ……… 135(附). **光柱杜鹃 Rh. tanastylum**

126. 花序轴细，长1.5-3.5厘米。

128. 幼枝无毛；叶上面有蜡质层；子房无毛 ………………… 136. **蜡叶杜鹃 Rh. lukiangense**

128. 幼枝被丛卷毛；叶上面无蜡质；子房被糙伏毛 ………………… 136(附). **多枝杜鹃 Rh. kendrickii**

117. 叶卵形或椭圆形；蒴果圆柱状，直伸。

129. 叶先端有短尖头或尖尾状；花序有5-20花。

130. 花冠筒状钟形、筒状漏斗形或宽钟形。

131. 幼枝及叶柄被褐色腺头刚毛。

132. 花冠筒状钟形，深红色，内面基部有黑红色斑块；花序轴长约1.5厘米；叶长椭圆形或椭圆状披针形，下面散生粗伏毛 ………………………………………… 121. **芒刺杜鹃 Rh. strigillosum**

132. 花冠筒状漏斗形，蔷薇色；花序轴长4-5厘米；叶窄椭圆形，下面无毛 ………………………………………………………………………………………… 122. **多毛杜鹃 Rh. polytrichum**

131. 幼枝被短柔毛和腺头刚毛；花冠宽钟状，深紫红色；叶倒披针形，下面有淡褐色海绵状毛被，叶柄幼时被柔毛和腺头刚毛 ………………………………………… 123. **峨马杜鹃 Rh. ochraceum**

130. 花冠钟形或宽钟形。

133. 花冠钟形，花萼长1-2毫米。

134. 幼枝密被有分枝的粗毛或丛卷毛。

135. 幼枝密被有分枝的粗毛；花萼长约2毫米，萼齿锐尖三角形，子房密被黄色柔毛 ………………………………………………………………………………………… 124. **绒毛杜鹃 Rh. pachytrichum**

135. 幼枝被散生的丛卷毛；花萼长约1毫米，萼齿微小，子房有细小腺体 ………………………………………………………………………………………… 125. **厚叶杜鹃 Rh. pachyphyllum**

134. 幼枝疏被白色微柔毛；子房被白色长毛 …………………………… 126. **稀果杜鹃 Rh. oligocarpum**
133. 花冠宽钟形，花萼长2-3毫米 …………………………………………… 127. **麻花杜鹃 Rh. maculiferum**
129. 叶先端锐尖或圆，下面被腺毛；花序有10-20花；花梗长1-1.5厘米。
136. 花梗无毛，花萼长0.7-1.5厘米，花冠深红色；叶有17-21对侧脉 ………… 186. **硬刺杜鹃 Rh. barbatum**
136. 花梗微被腺体，花萼长4-5毫米，花冠暗深红色；叶有12-15对侧脉 ……………………………………………………………………………………… 187. **粗糙叶杜鹃 Rh. exasperatum**
91. 幼枝无毛，稀被有柄腺体或柔毛，无刚毛。
137. 花冠（5）6-10裂；雄蕊（10）12-18。
138. 花冠（5-）7-8（-10）裂；叶大型。
139. 叶成长后常无毛，或仅有粘结的一层薄毛被。
140. 叶长（9-）20-70厘米；子房被密绒毛，稀有腺体或无毛。
141. 叶柄多少圆柱形，长2-5厘米。
142. 叶下面被薄层银白、银灰或淡黄色粘结紧贴毛被。
143. 花梗被腺体，子房被腺体和短柔毛；叶长圆状披针形或倒披针形，长14-30厘米 ……………………………………………………………………………… 105. **巨魁杜鹃 Ph. grande**
143. 花梗和子房被柔毛，无腺体；叶长圆状椭圆形或长圆状倒披针形，长20-70厘米 ……………………………………………………………………………… 106. **凸尖杜鹃 Rh. sinogrande**
142. 叶下面被淡黄色丛卷毛，不粘结 ……………… 107. **大树杜鹃 Rh. protistum** var. **giganteum**
141. 叶柄扁平，两侧有翅，长0.5-2.5厘米。
144. 叶柄长1.5-2.5厘米；花冠斜钟状，洋红色，子房圆柱形，被柔毛 ……………………………………………………………………………… 108. **优秀杜鹃 Rh. praestans**
144. 叶柄长0.5-1厘米；花冠钟状，白色带粉红色，子房圆锥形，无毛 ……………………………………………………………………………… 109. **无柄杜鹃 Rh. watsonii**
140. 叶长不及20厘米；子房无毛，有腺体。
145. 柱头大，盘状，宽5-6.5毫米。
146. 花冠宽钟形，雄蕊15-22；叶长圆状倒披针形或长圆状披针形，长11-30厘米 ……………………………………………………………………………… 89. **美容杜鹃 Rh. calophytum**
146. 花冠宽漏斗状钟形，雄蕊13-16（-17）；叶长5-24厘米。
147. 花冠长8-9厘米，雄蕊14；叶椭圆状长圆形或长圆形，长11-24厘米 ……………………………………………………………………………… 90. **大云锦杜鹃 Rh. faithae**
147. 花冠长3-5厘米，雄蕊12-16；叶长圆形或长圆状倒卵形，长5-14.5厘米 ……………………………………………………………………………… 91. **大白杜鹃 Rh. decorum**
145. 柱头小，头状或盘状，宽1.5-4（5）毫米。
148. 子房及花柱无毛。
149. 叶长10-22厘米；花冠裂片5，雄蕊15-16。
150. 叶倒披针状长圆形，长10-22厘米，下面中脉被柔毛；花梗被柔毛，柱头宽约3毫米 ……………………………………………………………………………… 92. **四川杜鹃 Rh. sutchuenense**
150. 叶椭圆状倒披针形，长10-19厘米，下面无毛；花梗无毛，柱头宽3-3.2毫米 ……………………………………………………………………………… 93. **早春杜鹃 Rh. praevernum**
149. 叶长5-10厘米；花冠裂片7-8，雄蕊12-14 ……………………… 94. **山光杜鹃 Rh. oreodoxa**
148. 子房密被腺体。
151. 子房密被红色腺体，花冠宽漏斗状钟形，长4-4.2厘米 …… 95. **亮叶杜鹃 Rh. vernicosum**
151. 子房密被短柄腺体或腺体。

152. 叶柄长1.8-7.5厘米；花丝无毛。

153. 子房密被腺体，花柱被腺体。

154. 叶长9-21厘米，基部耳状心形，边缘波状；花冠钟状，白色 ……… 96. **波叶杜鹃 Rh. hemsleyanum**

154. 叶长8-14.5厘米，基部圆、平截或近心形，边缘非波状；花冠漏斗状钟形，粉红色 ……………………………………………………………………………………………… 97. **云锦杜鹃 Rh. fortunei**

153. 子房被短柄腺体，花柱无腺体，花冠钟形，蔷薇色 ………………………… 98. **团叶杜鹃 Rh. orbiculare**

152. 叶柄较短，长1-2.5厘米；花丝有毛或无毛。

155. 顶生总状伞形花序；子房密被白色腺体；叶基部钝或圆，下延于叶柄两侧呈翅状 ……………………………………………………………………………………………… 99. **阔柄杜鹃 Rh. platypodum**

155. 顶生总状花序。

156. 叶长圆状椭圆形或长圆状倒披针形，长10-18厘米；花冠漏斗状钟形，淡红或白色 ……………………………………………………………………………………………… 100. **喇叭杜鹃 Rh. discolor**

156. 叶长圆状披针形或倒披针形，长7-17厘米；花冠钟状或宽钟状，玫瑰红、暗红、淡紫或紫红色。

157. 叶长10-17厘米；花萼长1-1.5毫米，花冠宽钟形，玫瑰红或紫红色 ……………………………………………………………………………………………… 101. **腺果杜鹃 Rh. davidii**

157. 叶长7-14厘米；花萼长3.5-5毫米，花冠钟形，淡紫或暗红色 …… 102. **凉山杜鹃 Rh. huianum**

139. 叶成长后下面有毛被。

158. 叶下面有二层毛被，上层毛被杯状。

159. 叶柄扁平，叶基部下延成窄翅。

160. 花序轴长2-3厘米；花冠白色带粉红色 …………………………… 110. **圆头杜鹃 Rh. semnoides**

160. 花序轴粗，长3.5-5.5厘米；花冠黄色 …………………………… 111. **粗枝杜鹃 Rh. basillicum**

159. 叶柄圆柱状，叶基部不下延。

161. 子房无毛 ……………………………………………………………… 114. **乳黄叶杜鹃 Rh. galactinum**

161. 子房密被柔毛。

162. 叶下面有银灰白或淡棕色毛被，下层毛被紧贴；花冠红或紫红色 … 116. **多裂杜鹃 Rh. hodgsonii**

162. 叶下面有淡灰、淡黄、灰棕或红色毛被，较厚。

163. 叶宽6-13厘米；花冠粉红或蔷薇色。

164. 叶下面毛被淡灰或淡黄色，叶较宽 ………………………………………… 112. **大王杜鹃 Rh. rex**

164. 叶下面毛被深棕色，叶较窄 ……………… 112(附). **假乳黄杜鹃 Rh. rex** subsp. **fictolacteum**

163. 叶宽4-8厘米；花冠白、淡黄或带蔷薇色。

165. 花萼有8个三角形小齿，花冠钟状，长3.5-4.5厘米，白、淡黄或蔷薇色，基部有深红色斑点 ……………………………………………………………………………………… 113. **夺目杜鹃 Rh. arizelum**

165. 花萼有7个三角形小齿裂，花冠漏斗状钟形，白色带蔷薇色，长3-3.5厘米，基部有红色斑点 ……………………………………………………………………………………… 115. **革叶杜鹃 Rh. coriaceum**

158. 叶下面有一或二层毛被，无杯状毛被。

166. 花萼长0.5-1.5厘米。

167. 叶下面有一层毛被。

168. 叶下面毛被薄；花序有5-7花 ………………………………… 158. **粉钟杜鹃 Rh. balfourianum**

168. 叶下面毛被厚；花序有8-20花。

169. 叶下面毛被海绵质，肉桂色或黄褐色；花序有8-12花 ……… 159. **腺房杜鹃 Rh. adenogynum**

169. 毛被绵毛状，锈红或黄棕色；花序有10-20花 ……………………… 160. **锈红杜鹃 Rh. bureavii**

167. 叶下面有2层毛被，上层毛被较厚，红棕色，由分枝毛组成，成长后脱落，下层毛被薄，灰白色，紧贴；花序有6-10花 ……………………………………………………………… 161. **金顶杜鹃 Rh. faberi**

166. 花萼长0.5-3毫米。

170. 叶上面叶脉凹下，呈泡状粗皱纹。

171. 叶倒卵状椭圆形或倒披针形，下面毛被1层，厚而稠密，暗棕色；花冠长3-4厘米，粉红色，有红色斑点 ………………………………………… 162. **皱皮杜鹃 Rh. wiltonii**

171. 叶倒披针形，下面毛被2层，上层毛被厚，红棕色；花冠长4-4.5厘米，粉红或淡紫色，筒部有紫色斑点 ………………………………………… 163. **粗脉杜鹃 Rh. coeloneurum**

170. 叶上面平，无泡状粗皱纹。

172. 叶下面毛被具表膜，毛被厚，海绵状，白或淡黄色 ………………… 164. **雪山杜鹃 Rh. aganniphum**

172. 叶下面毛被无表膜。

173. 叶下面毛被薄。

174. 叶下面毛被由分枝毛或长芒状分枝毛组成，多少粘结。

175. 子房无毛。

176. 叶下面毛被由长芒状分枝毛组成，老后脱落；花冠钟形，长2.5-3.5厘米，子房圆柱形 ………………………………………… 165. **陇蜀杜鹃 Rh. przewalskii**

176. 叶下面毛被由短分枝毛组成，宿存；花冠漏斗状钟形，长4-4.5厘米，子房圆锥形 ………………………………………… 166. **栎叶杜鹃 Rh. phaeochrysum**

175. 子房疏被短柔毛和短柄腺体；叶长圆状椭圆形，下面毛被白色，由短分枝毛组成，紧贴 ………………………………………… 167. **鲁浪杜鹃 Rh. lulangense**

174. 叶下面毛被由放射状毛组成，不粘结。

177. 叶倒披针形或长圆状披针形，长10-25厘米，下面毛被淡黄或肉桂色，非粉末状；花冠宽钟形，子房圆柱形 ………………………………………… 168. **宽钟杜鹃 Rh. beesianum**

177. 叶长圆状披针形或椭圆形，长6.5-10厘米，下面毛被淡棕色，粉末状；花冠漏斗状钟形，子房圆锥形 ………………………………………… 169. **川滇杜鹃 Rh. traillianum**

173. 叶下面毛被厚。

178. 叶下面毛被1层。

179. 幼枝、叶柄和子房均无毛；花序有10-14花；花萼长约2毫米，花冠钟状，淡紫色 ………………………………………… 171. **都支杜鹃 Rh. shanii**

179. 幼枝、叶柄和子房均被毛；花序有6-8花；花萼长2.5-3毫米，花冠白、黄或粉红色。

180. 叶卵状披针形或卵状椭圆形，长5.5-8厘米，基部圆，下面毛被红棕或锈棕色；花冠宽钟形，白、黄或粉红色 ………………………………………… 170. **褐毛杜鹃 Rh. wasonii**

180. 叶长圆状椭圆形或椭圆形，长9-12.5厘米，基部心形或近圆，下面毛被厚而密，黄棕或棕色；花冠漏斗状钟形，白色 ………………………………………… 172. **丹巴杜鹃 Rh. denbaense**

178. 叶下面毛被2层，上层毛被较厚密，由分枝毛组成，下层毛被色较淡而紧贴。

181. 子房无毛。

182. 幼枝和叶柄无毛。

183. 叶倒卵形或椭圆状倒卵形，长6-10厘米，下面上层毛被白、淡黄或淡黄棕色，疏松，多少脱落；芽鳞宿存 ………………………………………… 173. **巴郎杜鹃 Rh. balangense**

183. 叶长圆状卵形或卵状椭圆形，长7.5-15厘米，下面上层毛被锈红或肉桂色，绵毛状，宿存；芽鳞脱落 ………………………………………… 174. **宽叶杜鹃 Rh. sphaeroblastum**

182. 幼枝和叶柄被柔毛；叶长圆状椭圆形或卵状披针形，长4-10厘米 ………………………………………… 175. **大理杜鹃 Rh. taliense**

181. 子房被毛或被腺体。

184. 子房密被柔毛，有时顶部混生少数短柄腺体，花冠长2-3.5厘米。

185. 叶椭圆形或卵状椭圆形，长6.5-11厘米，宽3-5厘米；花冠长2-3厘米，子房被棕色柔毛 ………………………………………………………………………………………… 176. **黄毛杜鹃 Rh. rufum**

185. 叶窄披针形或倒披针形，长6-10厘米，宽1.3-2厘米；花柱长3-3.5厘米，子房被锈色柔毛和短柄腺体 ………………………………………………………………………………………… 178. **卷叶杜鹃 Rh. roxieanum**

184. 子房被锈色柔毛和短柄腺体，花冠长3.5-4厘米；叶长圆状或宽披针形，长7-14厘米，宽2-3.5厘米 ……………………………………………………………………………………………… 177. **棕背杜鹃 Rh. alutaceum**

138. 花冠5裂；叶较小。

186. 叶下面常无毛；花序轴长0.2-1厘米。

187. 叶倒披针形或倒卵状长圆形；花序总轴长1厘米；花冠黄色，上面有红色斑点 ……………………………………………………………………………………………… 143. **牛皮杜鹃 Rh. aureum**

187. 叶宽卵形或卵状椭圆形；花序轴短，通常长2-5毫米。

188. 花萼长5-8毫米，花冠杯状、钟状或碟状，花柱被腺体。

189. 花冠杯状，鲜黄色 ……………………………………………… 119. **黄杯杜鹃 Rh. wardii**

189. 花冠钟状、碗状或碟状，乳白或粉红色 ……………………… 120. **白碗杜鹃 Rh. souliei**

188. 花萼长1-5毫米，花冠钟状或钟状漏斗形，花柱无腺体或仅基部被腺体。

190. 叶柄、花梗及花柱基部被有柄腺体；花冠鲜黄色，长3-4厘米，钟状 ……………………………………………………………………… 118. **弯果杜鹃 Rh. campylocarpum**

190. 叶柄、花梗、花柱无腺体；花冠白色，长2.5-3厘米，钟状漏斗形 ……………………………………………………………………… 118(附). **河南杜鹃 Rh. henanense**

186. 叶下面被密毛；花序轴长0.3-2.5厘米。

191. 叶披针形或椭圆形，较窄；花冠漏斗状或钟状，有深红色斑点。

192. 叶下面有银白、淡黄或黄棕色毛被；蒴果圆柱状，较直。

193. 叶上面具泡状隆起及皱纹，下面有灰白色绒毛，上层为星毛状，下层毛被紧贴；花梗长1.5-2厘米，密被柔毛 ………………………………………… 147. **繁花杜鹃 Rh. floribundum**

193. 叶上面平，无泡状隆起及皱纹，下面有非绵毛状，常紧贴的毛被；花梗长（1）2-4厘米。

194. 叶下面常有银白或灰白色薄毛被。

195. 叶长5-13厘米，宽1.5-4厘米；花梗疏被柔毛和腺体。

196. 叶下面有1层薄毛被，叶倒卵状椭圆状披针形或倒披针形，长5-12厘米，宽2-4厘米；花梗密被淡棕色长柄腺体及疏柔毛 ……………………… 144. **弯尖杜鹃 Rh. adenopodum**

196. 叶下面有2层毛被，叶窄披针形或倒披针形，长7-13厘米，宽1.5-2.8厘米；花梗疏被柔毛和腺体 ………………………………………… 155. **岷江杜鹃 Rh. hunnewellianum**

195. 叶长7-15厘米，宽2-4厘米；花梗被短柔毛或丛卷毛。

197. 花冠长4-6厘米，紫红色，基部宽，有紫红色密腺囊，花梗长1-1.5厘米，有毛；叶长圆状椭圆形或倒卵状椭圆形，长7.5-13厘米，宽2.5-4厘米 ………… 148. **大钟杜鹃 Rh. ririei**

197. 花冠长2-3.5厘米，基部窄，无密腺囊，花梗长1.5-4厘米，被丛卷毛或短柔毛。

198. 叶下面有2层毛被，上层毛被糠秕状；花冠粉红或淡紫红色，花丝无毛 …………………………………………………………… 152. **海绵杜鹃 Rh. pingianum**

198. 叶下面有1层薄毛被；花冠乳白或粉红色，花丝下部或基部被柔毛。

199. 子房有白色柔毛；叶长圆状椭圆形或倒披针状椭圆形，长6-13厘米，宽2-4厘米；花梗有丛卷毛 ………………………………………… 153. **银叶杜鹃 Rh. argyrophyllum**

199. 子房无毛；叶椭圆状披针形或倒卵状披针形，长6-10厘米，宽2-3.5厘米；花梗被短柔毛 ………………………………………… 154. **粉白杜鹃 Rh. hypoglaucum**

194. 叶下面有淡棕、淡灰、黄或银白色毛被。

200. 叶先端钝尖、锐尖或圆钝；花序轴被柔毛；花梗被柔毛或无毛。
201. 叶革质，先端钝尖或锐尖。
202. 幼枝和叶柄无毛；叶披针形或倒卵状披针形，宽3-4厘米，下面密被黄色毡状柔毛；雄蕊18-20，子房密被白色绵毛 ………………………………………… 145. **光枝杜鹃 Rh. haofui**
202. 幼枝和叶柄被柔毛；叶窄披针形或倒披针形，宽2-3厘米，下面有淡棕色薄毛被；雄蕊10-12，子房被棕色短柔毛 ………………………………………… 150. **台湾杜鹃 Rh. formosanum**
201. 叶厚革质，先端钝圆或钝尖；幼枝无毛，叶柄幼时被毛；子房被棕色分枝柔毛和腺体 ………………………………………… 149. **猴头杜鹃 Rh. simiarum**
200. 叶先端渐尖；花序轴有毛或无毛或有腺体；花梗被毛或有腺体。
203. 花序总轴无毛；花梗疏被柔毛，上部较密；叶下面有银白色薄毛被，干后呈黄棕或古铜色；雄蕊13-15；花丝基部被柔毛，子房被白色绵毛 ………………………………………… 146. **不凡杜鹃 Rh. insigne**
203. 花序轴疏被柔毛；花梗无毛，疏被腺体；叶下面毛被淡棕色，干后非黄棕或古铜色；雄蕊10-12，花丝无毛，子房被棕色柔毛 ………………………………………… 151. **长柄杜鹃 Rh. longipes**
192. 叶下面有灰白或淡棕色毛被；蒴果细瘦，镰状弯曲或弯弓形。
204. 叶下面有2层毛被，上层毛被淡棕或黄褐色，毡毛状，由簇状毛组成，表面呈颗粒状 ………………………………………… 179. **镰果杜鹃 Rh. fulvum**
204. 叶下面有1层或2层毛被，灰白色，蛛丝状，由树状分枝毛组成，表面平滑 ………………………………………… 180. **紫玉盘杜鹃 Rh. uvarifolium**
191. 叶卵形或倒卵形，较宽；花冠钟状或宽钟状，有深色斑点或无。
205. 幼枝密被白或黄棕色绵毛状柔毛；花序轴长0.3-1厘米；子房被黄色柔毛，花冠宽钟形，硫黄色 ………………………………………… 181. **黄钟杜鹃 Rh. lanatum**
205. 幼枝无毛；花序轴长1-2.5厘米；子房无毛。
206. 叶下面有淡黄、黄褐或锈色薄毛被，侧脉14-16对 ………………… 182. **钟花杜鹃 Rh. campanulatum**
206. 叶下面有颗粒状棕或锈色簇毛，不成连续的毛被，侧脉10-13对 … 182(附). **簇毛杜鹃 Rh. wallichii**
137. 花冠钟状或筒状钟形，5裂，基部有密腺囊，雄蕊10。
207. 花冠肉质，子房被柔毛或兼有腺体；花序有10-20花。
208. 花冠筒状钟形，深红色，中部有紫色斑点；叶下面被柔毛，有时增厚呈海绵状；子房被淡褐色柔毛和腺体 ………………………………………… 156. **树形杜鹃 Rh. arboreum**
208. 花冠钟形，深红色；叶下面有薄海绵状毛被；子房密被红棕色毛 ………… 157. **马缨杜鹃 Rh. delavayi**
207. 花冠有或无色点；子房常无毛；花序具2-15花。
209. 叶下面有黄棕色绵毛状毛被；花萼长0.5-1毫米 ………………………… 197. **猩红杜鹃 Rh. fulgens**
209. 叶下面无毛或中、侧脉有毛；花萼长0.2-1.5厘米。
210. 叶长圆状椭圆形或倒卵状椭圆形，下面沿侧脉有由分枝毛组成的簇毛；花冠鲜红色 ………………………………………… 198. **串珠杜鹃 Rh. hookeri**
210. 叶倒宽卵形或近圆形。
211. 叶近圆形或倒宽卵形，基部圆，下面粉绿色，无毛。
212. 叶柄扁平，长2-3厘米，宽3-4毫米，叶长8-13厘米；花冠白或淡红色，花丝无毛 ………………………………………… 200. **蓝果杜鹃 Rh. cyanocarpum**
212. 叶柄圆柱形，长1-2厘米，径约2毫米，叶长4-7厘米；花冠深红色，花丝被毛 ………………………………………… 200(附). **半圆叶杜鹃 Rh. thomsonii**
211. 叶宽倒卵状椭圆形、窄倒卵形或近圆形，基部楔形、圆或近心形，下面无毛或沿中脉两侧有柔毛。
213. 叶下面无毛；花萼长5-8毫米，花冠深红色，子房无毛，花丝无毛 ………………………………………… 199. **红萼杜鹃 Rh. meddianum**

213. 叶下面有淡黄色薄毛被，或沿中脉两侧有柔毛；花萼长1-2厘米，花冠白或深蔷薇色，稀淡黄或玫瑰色，子房有腺体，花丝基部被柔毛。

214. 叶下面沿中脉两侧有柔毛，余无毛；花序轴长约1厘米；蒴果长约1.5厘米 ………………………………………………………………………………………… 201. **杂色杜鹃 Rh. eclecteum**

214. 叶下面有淡黄色粉状薄毛被；花序轴长1-2毫米；蒴果长1.5-2.5厘米 ……………………………………………………………………………… 201(附). **多趣杜鹃 Rh. stewartianum**

90. 落叶矮灌木；雄蕊5，花冠宽漏斗形，金黄色，内有深红色斑点 ……………………… 212. **羊踯躅 Rh. molle**

89. 花和新叶枝生于同一顶芽，花生于上部芽鳞腋间，新叶枝生于同一芽的下部腋间；茎、叶、花序及蒴果常有扁平糙伏毛。

215. 幼枝被柔毛或腺毛，枝无毛或被灰色柔毛；叶3-5轮状簇生枝顶，幼叶有绢状贴伏柔毛，老叶近无毛。

216. 叶倒卵形或宽倒卵形，长5-9厘米；花冠白或粉红色，花柱中下部被腺毛 …………………………………………………………………………………… 213. **大字杜鹃 Rh. schlippenbachii**

216. 叶卵形、卵状披针形或椭圆形；花柱无毛。

217. 叶卵形，长2-3厘米，叶柄长约2毫米，密被锈色柔毛；果柄微弯；花冠紫丁香色 …………………………………………………………………………………… 214. **丁香杜鹃 Rh. farrerae**

217. 叶卵状披针形或椭圆形，长4-7.5厘米，叶柄长5-8毫米，近无毛；果柄直；花冠淡紫红色，有深色斑点 …………………………………………………………… 215. **满山红 Rh. mariesii**

215. 幼枝和叶被红棕色扁平糙伏毛、刚毛或腺头刚毛；叶在幼枝上散生。

218. 雄蕊7-10。

219. 花柱基部被糙伏毛；叶线状披针形、线状倒披针形或倒卵形；雄蕊10，花冠洋红色或深红色，长3.5-4厘米，裂片卵形或长卵形 ………………………………………… 216. **台北杜鹃 Rh. kanehirai**

219. 花柱无毛。

220. 雄蕊比花冠短或部分与花冠等长。

221. 幼枝和叶下面密被开展红棕色扁平腺毛和柔毛；花萼裂片三角状卵形或卵状披针形，长3-8毫米，花冠长4-4.8厘米 …………………………………………………… 217. **砖红杜鹃 Rh. oldhamii**

221. 幼枝和叶下面被扁平糙伏毛；花萼裂片披针形，长0.8-1.2厘米，花冠长4.8-5.2厘米 ………………………………………………………………………… 218. **锦绣杜鹃 Rh. pulchrum**

220. 雄蕊与花冠等长或长于花冠。

222. 雄蕊与花冠等长，花冠鲜红或深红色，裂片上部具深色斑点 ……………… 219. **杜鹃 Rh. simsii**

222. 雄蕊长于花冠。

223. 花冠纯白或粉红色，花萼长约1.2厘米，被腺状柔毛；幼枝密被开展长柔毛，混生少数腺毛 …………………………………………………………………… 220. **白花杜鹃 Rh. mucronatum**

223. 花冠深红或紫色；幼枝被开展短刚毛、疏长毛或皱曲长柔毛。

224. 花冠深红色，雄蕊部分伸出花冠；幼枝密被红棕色短刚毛和开展疏长毛 ………………………………………………………………………… 221. **滇红毛杜鹃 Rh. rufohirtum**

224. 花冠紫色，雄蕊显著伸出花冠；幼枝密被淡黄棕色皱曲长柔毛 ………………………………………………………………………… 222. **美艳杜鹃 Rh. pulchroides**

218. 雄蕊5。

225. 花柱无毛。

226. 幼枝密被腺头状柔毛和刚毛或扁平糙伏毛。

227. 幼树密被腺头状柔毛和长刚毛；花萼极小，不明显分裂，裂片三角形，边缘具锈色刚毛，花丝无毛 ………………………………………………………… 223. **广东杜鹃 Rh. kwangtungense**

227. 幼枝密被腺头状柔毛和扁平糙伏毛；花萼长2–5毫米，裂片窄三角形，被短腺头毛和糙伏毛，花丝基部被微柔毛 ………………………………………………………… 224. **溪畔杜鹃 Rh. rivulare**

226. 幼枝密被扁平糙伏毛。

228. 花冠长2.5–4厘米，花柱长4–5厘米。

229. 叶有不整齐波状浅齿，上面近无毛，下面疏被糙伏毛；花冠紫红色，长2.5–2.8厘米，雄蕊长于花冠 ………………………………………………………… 225. **南昆杜鹃 Rh. naamkwanense**

229. 叶具细圆齿，两面散生红褐色糙伏毛；花冠鲜红色，长3–4厘米，具深红色斑点，雄蕊短于花冠 ………………………………………………………… 225(附). **皋月杜鹃 Rh. indicum**

228. 花冠长1.2–2.5厘米，花柱长2–3厘米。

230. 花冠丁香紫或紫红色。

231. 叶长达8.2厘米，椭圆状披针形、椭圆形或倒卵形；花冠丁香紫色，裂片长圆状披针形，先端钝尖 ………………………………………………………… 226. **岭南杜鹃 Rh. mariae**

231. 叶长2–3.5厘米，披针形或椭圆状披针形；花冠紫红或淡紫色，裂片长披针形，先端有尖头 ………………………………………………………… 227. **广西杜鹃 Rh. kwangsiense**

230. 花冠蔷薇色、白、红或粉红色。

232. 直立灌木；叶革质，边缘有细圆齿；花冠蔷薇色或白色，上方3裂片有深红色斑点，雄蕊伸出花冠 ………………………………………………………… 228. **亮叶杜鹃 Rh. microphyton**

232. 植株有时近匍匐状；叶膜质，边缘具纤毛；花冠红或粉红色，仅1裂片具深色斑点，雄蕊与花冠等长 ………………………………………………………… 228(附). **钝叶杜鹃 Rh. obtusum**

225. 花柱被毛。

233. 花柱短于雄蕊或比部分雄蕊短。

234. 叶椭圆形或倒卵状宽椭圆形，长0.5–1.4厘米；花序有3–5花；花萼先端近平截，花冠筒外面无毛 ………………………………………………………… 229. **增城杜鹃 Rh. tsoi**

234. 叶椭圆状披针形、长披针形或宽卵形，长2.5–6.5厘米；花序有8–12花；花萼5浅裂，裂片卵形或三角状卵形，花冠筒外面被毛 ………………………………………………………… 230. **乳源杜鹃 Rh. rhuyuenense**

233. 花柱长于雄蕊或比部分雄蕊长。

235. 叶倒卵形或长圆形，长0.8–1.5厘米，下面仅沿中脉被毛；花序常有1–3花；花冠辐状漏斗形，长约6毫米 ………………………………………………………… 231. **小花杜鹃 Rh. minutiflorum**

235. 叶卵形或长圆状披针形，长1.5–6厘米，下面密被红棕色糙伏毛；花序有4–10花；花冠窄漏斗状，长约2.2厘米 ………………………………………………………… 232. **毛果杜鹃 Rh. seniavinii**

88. 花梗具叶状苞片，花冠辐状，联合部分短于裂片，一侧裂片几达基部，花柱短，从裂片间向外弯伸 ………………………………………………………… 233. **叶状苞杜鹃 Rh. redowskianum**

1. 花序腋生，常生于枝顶叶腋，有时因叶早落或退化而成假顶生，或生于去年生枝下部叶腋。

236. 新叶枝生于假顶生花芽内，或生于较低部位叶芽的腋间；叶常绿。

237. 植株有鳞片；蒴果长圆形。

238. 叶除被鳞片外还兼被柔毛或刚毛。

239. 花萼浅杯状，裂片不明显，长约1毫米。

240. 花冠筒状，裂片短于冠筒，直立；叶长3–8（–11）厘米，宽1.3–3（–3.8）厘米 ………………………………………………………… 82. **爆杖花 Rh. spinuliferum**

240. 花冠宽漏斗状，裂片长于冠筒，开展；叶长1.8–2.4（–3）厘米，宽3–6毫米 ………………………………………………………… 83. **柔毛杜鹃 Rh. pubescens**

239. 花萼大，裂片明显，长4–6毫米 ………………………………………………………… 84. **糙叶杜鹃 Rh. scabrifolium**

238. 叶被鳞片，无毛，叶下面灰白色；雄蕊10。

241. 花序腋生，1（2）花；冠筒外密被短柔毛和鳞片；种子两端有尾状附属物 …………………………………………………… 85. **柳条杜鹃 Rh. virgatum**

241. 花序腋生枝顶或上部叶腋，2-3花；花冠外疏被鳞片，有时内面被柔毛；种子无附属物 …………………………………………………… 86. **腋花杜鹃 Rh. racemosum**

237. 植株无鳞片；蒴果卵圆形、球形或细长圆柱形。

242. 雄蕊5，花萼裂片宽大；蒴果卵圆形或球形，成熟时裂瓣上部同花柱常不连结；种子两端无附属物。

243. 花冠辐状，淡紫、白或紫红色，冠筒短于花冠裂片；叶宽卵形或卵状椭圆形。

244. 花萼裂片边缘无毛，子房、蒴果被刚毛 …………………………………… 202. **马银花 Rh. ovatum**

244. 花萼裂片边缘有短柄腺体，子房、蒴果被短柄腺体。

245. 芽鳞外面被毛；花萼裂片卵形或倒卵形 …………………………………… 203. **腺萼马银花 Rh. bachii**

245. 芽鳞外面无毛；花萼裂片长卵形 …………………………………… 204. **白马银花 Rh. hongkongense**

243. 花冠漏斗形，深红色，冠筒长于花冠裂片，花萼裂片长圆形，边缘具无柄腺体；叶披针形或倒卵状披针形 …………………………………………………… 205. **红马银花 Rh. vialii**

242. 雄蕊10，花萼裂片不明显，稀窄披针形；蒴果圆柱形，成熟时裂瓣上部同花柱连结而不裂；种子两端有短尾状附属物。

246. 花梗和子房无毛或被柔毛。

247. 花梗和子房密被柔毛；叶披针形或倒披针形，两面无毛；花序有10-15（-17）花 …………………………………………………… 209. **多花杜鹃 Rh. cavaleriei**

247. 花梗和子房无毛。

248. 花序有3-5花。

249. 雄蕊伸出花冠，花冠白或淡蔷薇色，长3-3.5厘米 ……………… 206. **长蕊杜鹃 Rh. stamineum**

249. 雄蕊与花冠等长或稍短，花淡紫、粉红或淡红白色，长4.5-5.5厘米 …………………………………………………… 207. **毛棉杜鹃 Rh. moulmainense**

248. 单花腋生，枝顶常1-4花。

250. 叶卵状椭圆形或长圆状披针形，长5-8厘米；芽鳞边缘具微柔毛和细腺点；花梗长1-2.7厘米 …………………………………………………… 208. **鹿角杜鹃 Rh. latoucheae**

250. 叶窄椭圆状披针形或倒披针形，长7-12厘米；芽鳞边缘有细睫毛；花梗长约3.5厘米 …………………………………………………… 208(附). **西施花 Rh. ellipticum**

246. 花梗和子房密被腺头刚毛。

251. 幼枝、叶柄及叶两面均被刚毛或柔毛；花冠白或淡红色，长5-6厘米 …………………………………………………… 210. **刺毛杜鹃 Rh. championae**

251. 幼枝、叶柄及叶下面中脉均被刚毛或腺头刚毛；花冠粉红色，长3.7-5厘米 …………………………………………………… 211. **弯蒴杜鹃 Rh. henryi**

236. 新叶枝生于花芽下面叶腋；叶半常绿或落叶。

252. 叶半常绿，近革质，下面密被相互邻接或成覆瓦状的鳞片；花冠长1.4-2.3厘米 …………………………………………………… 87. **兴安杜鹃 Rh. dauricum**

252. 叶落叶，纸质，下面疏被鳞片，其相距为直径的2-4倍；花冠长2.4-3厘米 …………………………………………………… 88. **迎红杜鹃 Rh. mucronulatum**

1. 泡泡叶杜鹃 图 864 彩片 188

Rhododendron edgeworthii Hook. f. Rhodod. Sikkim Himal. t. 21. 1851.

Rhododendron bullatum Franch.；中国高等植物图鉴 3：32. 1974.

常绿灌木，常附生，高达3.6米。小枝密被黄棕色绵毛，毛下散生小鳞

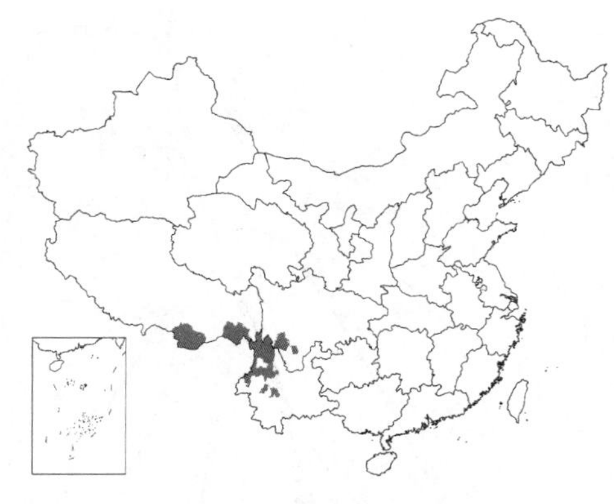

片。叶革质，卵状椭圆形、长圆形或长圆状披针形，长4-16厘米，上面侧脉和网脉凹下呈泡泡状隆起，下面密被黄棕色厚绵毛，毛下疏生淡黄褐色鳞片；叶柄长0.5-2.5厘米，密被黄棕色鳞片。花序顶生，具1-3花，芳香。花萼带红色，裂片卵形或近圆形，不等大，长1.1-1.7厘米，外面被黄棕色绵毛及小鳞片，边缘密被绵毛状睫毛；花冠钟状，长3.4-7.5厘米，乳白或带粉红色；雄蕊10，不超出花冠；花柱与花冠近等长，不弯曲。蒴果长圆状卵形或近球形，长1-2.2厘米，密被绵毛和鳞片，包于宿存花萼内。花期4-6月，果期11月。

产四川西南部、云南西北部及西部、西藏东南部，生于海拔2000-4000米沟边、山谷、林缘，常附生于大树或攀援于岩壁。锡金、不丹、印度东北部及缅甸东北部有分布。

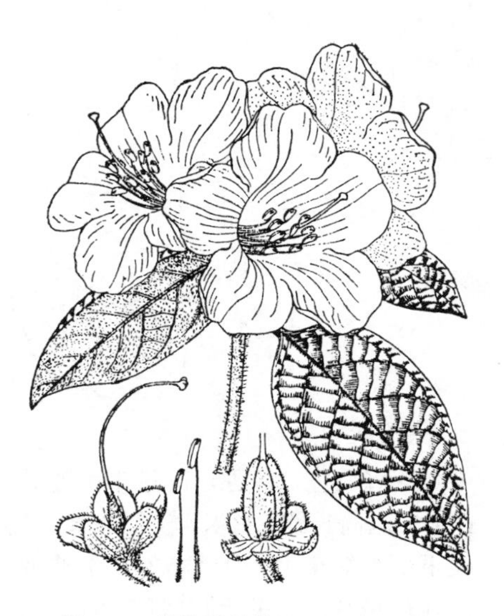

图 864 泡泡叶杜鹃 （引自《图鉴》）

2. 隐脉杜鹃 图 865

Rhododendron maddenii Hook. f. Rhodod. Sikkim Himal. t. 18. 1851.

常绿灌木，高达4（-6）米，有时附生。幼枝被锈色鳞片。叶革质，常倒卵形，长5-11（-15）厘米，宽2-4（-5.5）厘米，上面初被鳞片，后光滑，下面密被红褐色鳞片；叶柄长0.5-2厘米。花序有2-5（-7）花。花梗长1-1.5厘米；花萼裂片不等大，长圆形，长0.3-1（-1.6）厘米，被鳞片；花冠筒状漏斗形，芳香，长5-8（-10）厘米，外面被鳞片，白色，或裂片外稍带粉红或紫色，冠筒长4-6（7）厘米；雄蕊（15-）18-20（-27）枚，花丝无毛；子房（8-）10（-12）室，密被鳞片，花柱伸出，除顶部外均被鳞片，柱头盘状。蒴果卵球形，长1.5-2.5厘米。果期8月。

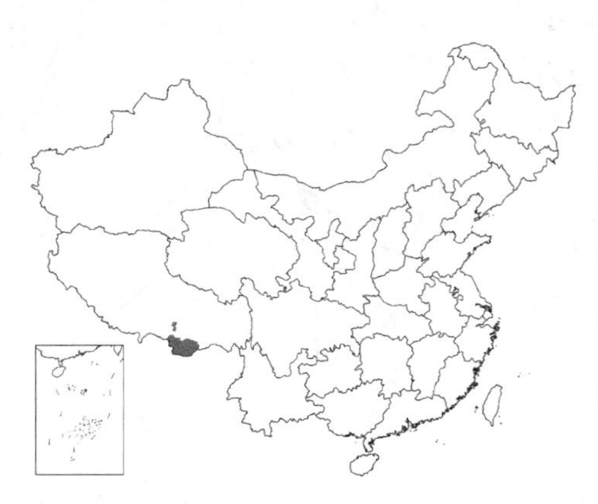

产西藏东南部，生于海拔1900-2600米林中或河谷杂木林内。不丹、印度及锡金有分布。

［附］**滇隐脉杜鹃 Rhododendron maddenii** subsp. **crassum**（Franch.）Cullen in Notes Roy. Bot. Gard. Edinb. 36：107. 1978. —— *Rhododendron crasum* Franch. in Bull. Soc. Bot. France 34：282. 1887.本亚种与模式亚种的区别：叶常椭圆形，长9-15（-18）厘米，宽（4-）5-8厘米；花丝常有毛；蒴果椭圆形，长2-3.5厘米。产云南及西藏东南部，生于海拔（1500-）2500-3600米灌丛、岩坡、杜鹃林或杂木林中。越南北部、缅甸东北部及印度东北部有分布。

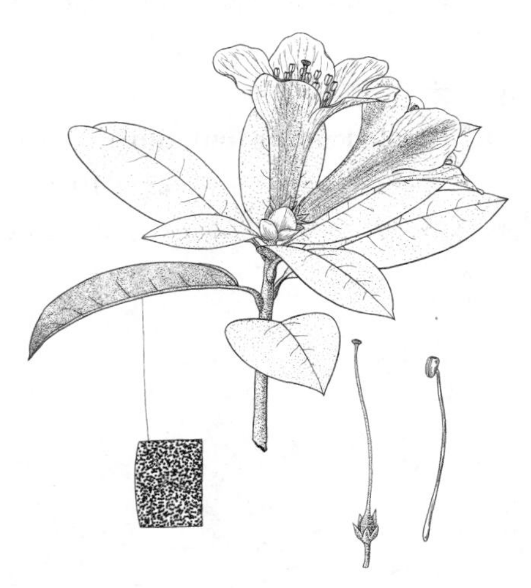

图 865 隐脉杜鹃 （引自《图鉴》）

3. 大萼杜鹃 图 866

Rhododendron megacalyx Balf. f. et K. Ward in Notes Roy. Bot. Gard. Edinb. 9：246. 1916.

常绿灌木或小乔木，高达4（5）米。幼枝密被鳞片。叶革质，椭圆形

或倒卵形，长（7.5-）10-14（-17.5）厘米，上面暗绿色，初密被褐色鳞片，下面苍白色，密被黄褐色鳞片，鳞片凹下，相距约为其直径；叶柄长1-3厘米，被鳞片。花序顶生，有3-5（6）花。花梗长2.5-3厘米，无鳞片；花萼宽钟状，长2-3厘米，裂达中部，外面无鳞片，无缘毛；花冠白色，芳香，宽漏斗状钟形，长（7）8-10（11）厘米，外面疏被鳞片，冠筒长约6厘米，较裂片长，裂片半圆形；雄蕊10，稍短于冠筒，花丝下部被短柔毛；子房5室，密被鳞片，花柱上部弯曲，稍长于冠筒，基部疏被鳞片。蒴果长圆状球形，长约2厘米，被宿萼所包。

产云南西北部及西藏东南部，生于海拔2000-3000（-3400）米沟边林中或岩壁上。缅甸东北部及印度东北部有分布。

图 866 大萼杜鹃 （引自《图鉴》）

4. 木兰杜鹃 图 867 彩片 189

Rhododendron nuttallii Booth in Kew Journ. 5: 355. 1853.

常绿灌木或小乔木，高达10米；有时附生。幼枝被暗色脱落性鳞片。叶厚革质，长圆状椭圆形，长12-20（-26）厘米，先端具短尖头，上面脉纹网结并凹下呈泡泡状，初密被鳞片，后光滑，下面密被大小不等的鳞片，相距为其直径1.5-2倍，中脉在两面均凸起；叶柄长约2厘米，被鳞片。花序有3-5（-11）花。花梗长约3厘米，被鳞片；花萼长1.5-2.5厘米，5深裂几达基部，萼片窄长圆形；花冠漏斗状钟形，长10（-12.5）厘米，白色，冠筒长（4.5-）7-8厘米，近基部被鳞片；雄蕊10，花丝被柔毛；子房5室，密被鳞片，花柱基部被鳞片，柱头扁平。蒴果圆筒形，长3-5（-7）厘米，被鳞片；果柄长达5厘米，下弯。

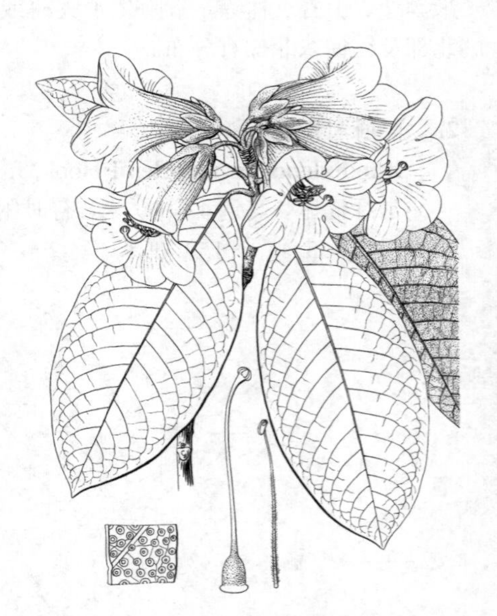

图 867 木兰杜鹃 （引自《图鉴》）

产西藏东南部，生于海拔1200-2400（-3650）米岩坡、杜鹃林中。不丹及印度东北部有分布。

5. 大喇叭杜鹃 图 868 彩片 190

Rhododendron excellens Hemsl. et Wil. in Kew Bull. 1910: 113. 1910.

常绿灌木，高达3（-5）米。幼枝密被暗褐色鳞片。叶革质，长圆状椭圆形，长（11-）15-19厘米，宽（3.5-）4-6（-8）厘米，先端钝尖，基部圆，上面初疏被鳞片，后光滑，下面苍白色，密被褐色大小不等的鳞片，相距约等于其直径；叶柄长1.5-3厘米，密被鳞片。花序有3-4花。花梗长约2厘米，密被鳞片；花萼长0.8-1.6厘米，萼片卵圆形，外面近基部被鳞片；

花冠白色，宽漏斗状，长9-11厘米，外面被鳞片，裂片圆形，较冠筒短，长2-2.5厘米；雄蕊10（-15）枚，短于冠筒，花丝下部2/3被柔毛；子房5室，密被鳞片，花柱稍伸出花冠，下部1/2被鳞片，柱头扁球形。蒴果圆柱形，长4.5-5.5厘米，下部包于宿存花萼内。花期5月。

产贵州西南部及中南部、云南南部及东南部，生于海拔1100-2400米常绿、落叶混交林或灌丛中。

图 868 大喇叭杜鹃 （引自《图鉴》）

6. 白喇叭杜鹃 图 869

Rhododendron taggianum Hutch. in Notes Roy. Bot. Gard. Edinb. 16: 176. 1931.

常绿灌木，高达4米。幼枝密被褐色鳞片。叶革质，椭圆形或长圆状披针形，长（6-）10-16厘米，上面沿中脉有鳞片，下面苍白色，被大小一致的鳞片，鳞片相距为其直径或为直径2-3倍，中脉在两面突起；叶柄长1-3厘米，被鳞片。花序常有3花。花芳香；花梗长约2厘米，密被鳞片；花萼5裂近基部，裂片宽椭圆状卵形，长1.5-2厘米，基部及边缘被鳞片；花冠漏斗状钟形，长6-9厘米，白色，内面基部有黄色斑点，外面基部密被鳞片；雄蕊10，与冠筒近等长，花丝下部被短柔毛；子房5室，密被鳞片，花柱稍长于雄蕊，较花冠短，近基部被鳞片。蒴果圆筒状，长4-5厘米，密被鳞片。

产云南西北部及西部、西藏东南部，生于海拔1800-2300米山坡灌丛或阔叶林中。印度东北部及缅甸东北部有分布。

图 869 白喇叭杜鹃 （引自《图鉴》）

7. 大花杜鹃 图 870

Rhododendron lindleyi T. Moore in Gard. Chron. 1864: 364. 1864.

常绿灌木，高达3（4）米；常附生。幼枝被鳞片。叶薄革质，窄椭圆形或长圆状椭圆形，长（6-）8-14（-16）厘米，上面深绿色，疏被鳞片，相距为其直径2-3倍；叶柄长（1.5-）2-3.5厘米，被鳞片。花萼长（1.5-）2-2.5厘米，萼片窄卵状长圆形，基部被鳞片，边缘密被短缘毛；花芳香；冠筒漏斗状钟形，长7-8（-10）厘米，白色，冠筒内面基部有黄色斑点，外面基部有鳞片；雄蕊10，花丝下部被短柔毛；子

图 870 大花杜鹃 （引自《图鉴》）

房5室，密被红棕色鳞片，花柱基部被鳞片。蒴果圆筒状纺缍形，长4-5厘米，被鳞片，下部被宿萼包被。

产西藏东南部，生于海拔（1600-）2000-2600（-2900）米林中。尼泊尔、不丹、锡金、印度东北部及缅甸有分布。

8. 百合花杜鹃 图 871 彩片 191

Rhododendron liliiflorum Lévl. in Fedde, Repert. Sp. Nov. 12: 102. 1913.

常绿灌木，高达5（-8）米。幼枝被红棕色鳞片。叶革质，长圆状椭圆形或长圆状披针形，长(6-)10-12（-16）厘米，先端钝圆，上面深绿色，无鳞片，下面灰绿色，被大小不等的红褐色鳞片，相距约为其直径；叶柄长1.5-2.5厘米，被鳞片。花序顶生，伞状，有2-3（-5）花。花梗粗，长约1.5厘米，密被鳞片；花萼长1-1.2厘米，5深裂，裂片长圆形，外面基部被鳞片；花冠白色，芳香，冠筒漏斗状钟形，长6-8（9）厘米，外面密被鳞片；冠筒长4-6厘米，裂片近圆形；雄蕊10，与冠筒近等长，花丝下部1/3密被毛；子房5室，密被鳞片，花柱稍短于花冠，下半部密被鳞片。蒴果圆筒状纺缍形，长3-5厘米，被鳞片，基部被宿存花萼包被。

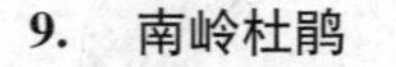

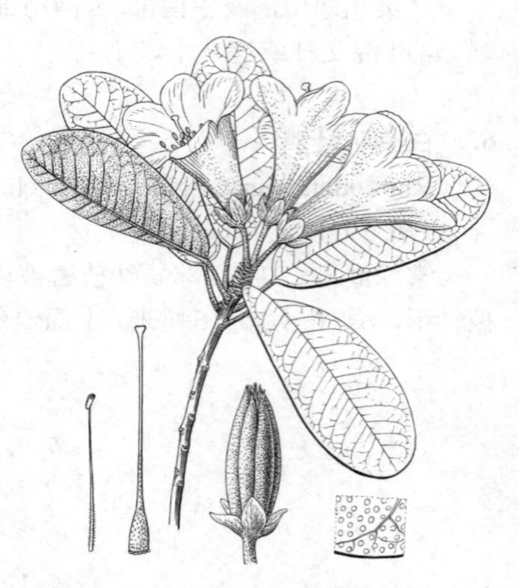

图 871 百合花杜鹃 （引自《图鉴》）

产湖南西南部、广西东北部及西部、贵州及云南东南部，生于海拔600-2400米岩坡、灌丛及疏林中。

9. 南岭杜鹃 图 872

Rhododendron levinei Merr. in Philipp. Journ. Sci. Bot. 13: 153. 1916.

常绿灌木，高达4米。小枝密被鳞片和疏长粗毛。叶厚革质，椭圆形或长圆状倒卵形，长（4.5-）6-7（8）厘米，先端钝或钝圆，有时微凹，上面初被深褐色长粗毛，下面带褐色，密被近邻接、稍不等大的金黄色鳞片，鳞片相距稍大于其直径，边缘被脱落性的长粗毛；叶柄粗，长约1厘米，被鳞片和长粗毛。花序顶生，伞形，有1-3（4）花。花梗长约1厘米，被鳞片；花萼5深裂，裂片卵形或长圆形，长约1厘米，外面被鳞片；花冠白色，冠筒漏斗状钟形，长7-8（9）厘米，冠筒较裂片长，内面被深黄色斑点，外面疏被鳞片；雄蕊10，花丝下部被柔毛；子房5室，密被鳞片，花柱较雄蕊长但稍短于花冠，基部被鳞片。蒴果长圆形，长2-2.5厘米，被鳞片，基部有宿存花萼。花期3-4月，果期9-10月。

图 872 南岭杜鹃 （引自《图鉴》）

产福建、湖南南部、广东、广西东北部及贵州中部，生于海拔950-1700米岩坡及林中。

10. 睫毛杜鹃 图 873 彩片 192

Rhododendron ciliatum Hook. f. Rhodod. Sikkim Himal. t. 24. 1851.

常绿灌木，高达2米；常附生于岩石。幼枝被刚毛。叶革质，椭圆形或窄椭圆形，长（3-）5-7（-9）厘米，先端锐尖、钝或渐尖，上面被刚毛，下面疏被鳞片，鳞片大小稍不等，相距为其直径2-3倍；叶柄长约6毫米，被长刚毛。花序短总状，顶生，有2-4（5）花。花梗长约8毫米，密被刚毛和鳞片；花萼长6-9毫米，5深裂，裂片长圆状卵形或宽卵形，基部疏被鳞片，边缘密生长硬毛；花冠白色带淡红色，冠筒漏斗状钟形，长3.7-5厘米，外面光滑，冠筒较裂片稍长；雄蕊10，花丝基部密被柔毛；子房5室，被鳞片，花柱光滑，无鳞片。蒴果长圆状球形，长1-1.6厘米，被鳞片，被宿存花萼所包。

图 873 睫毛杜鹃 （引自《图鉴》）

产西藏东南部，生于海拔2400-3500（-4000）米陡峭岩壁或岩坡杜鹃灌丛中。尼泊尔东部、印度、锡金及不丹有分布。

11. 毛柄杜鹃 图 874

Rhododendron valentinianum Forrest ex Hutch. in Notes Roy. Bot. Gard. Edinb. 12: 45. 1919.

常绿灌木，高达2（3）米。幼枝密被褐色刚毛和鳞片。叶厚革质，椭圆形或长圆状椭圆形，长3-4（-10）厘米，上面初疏被褐色鳞片或沿中脉有粗毛，后脱落，下面密被大小不等的褐色鳞片，鳞片邻接或重叠，沿中脉多少被褐色鳞片；叶柄粗，长3-5（-15）毫米，被粗毛和鳞片。花序伞形，顶生，有2-4（-6）花。花梗长0.5-1.5厘米，密被粗毛和鳞片；花萼长约8毫米，5深裂，裂片长圆状卵形，外面密被鳞片，边缘密生长睫毛；花冠鲜黄色，芳香，冠筒漏斗状钟形，长2-3.5厘米，外面密被短柔毛和鳞片，裂片圆形，较冠筒稍短；雄蕊10，花丝下部被毛；子房5室。蒴果卵圆形，长0.7-1.5厘米，被鳞片，被宿存花萼所包。花期4-5月。

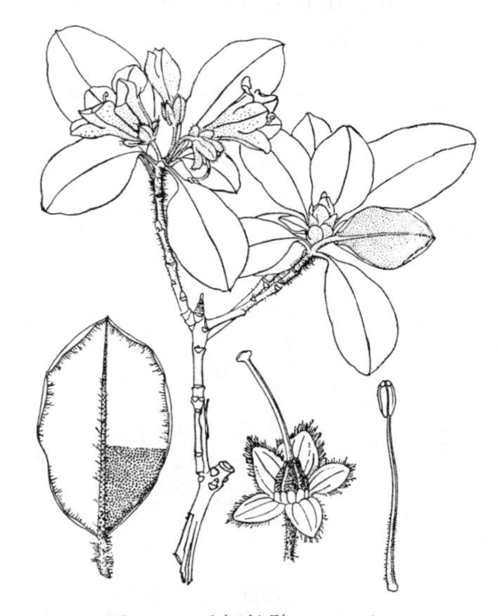

图 874 毛柄杜鹃 （肖 溶绘）

产贵州及云南，生于海拔2400-3000（-3600）米杜鹃苔藓灌丛，岩壁或石坡。缅甸东北部及越南北部有分布。

12. 褐叶杜鹃 图 875

Rhododendron pseudociliipes Cullen in Notes Roy. Bot. Gard. Edinb. 36: 122. 1978.

常绿灌木，高达2米。幼枝被刚毛和鳞片。叶窄椭圆形、窄倒卵形或

长圆形，长3.5-6(-8)厘米，先端有短尖头，上面幼时密被褐色鳞片，下面密被大小不等的褐色鳞片，相距小于或等于其直径，幼叶边缘常疏生刚毛；叶柄长0.5-1厘米，被刚毛。花序顶生，具1(2)花。花梗长0.6-1厘米，密被鳞片；花萼不发育，环状或有波状裂片，边缘有刚毛；花冠白色，外面带淡红紫色晕，芳香，冠筒宽漏斗状，长（5-）5.5-6.5（-7）厘米，冠筒长2.5-3.5厘米，外面疏被短柔毛；子房6室，密被鳞片，花柱与花冠近等长，基部被鳞片。蒴果长圆状圆柱形，长约2厘米，具宿存花萼。花期4月，果期8-9月。

产云南西北部，生于海拔2400-3050米岩壁、灌丛或大树上。缅甸东北部有分布。

图 875 褐叶杜鹃 （吴锡麟绘）

13. 附生杜鹃 图 876

Rhododendron dendricola Hutch. in Notes Roy. Bot. Gard. Edinb. 12: 60. 1919.

常绿灌木，高达3.3米；有时附生。幼枝被褐色鳞片。叶聚生分枝上部，窄椭圆形、长圆状椭圆形或窄倒卵形，长7-12厘米，上面疏生褐色鳞片，下面苍绿色，密被红褐色鳞片，鳞片大小稍不等，相距小于其直径或为直径1-4倍；叶柄长0.5-1.5厘米，疏被鳞片。花序伞形，顶生，有2-3花。花梗长约1厘米，密被鳞片；花萼不发达，环状，密被鳞片，无缘毛；花冠白色带淡红色晕，内面基部具黄色斑块，芳香，宽漏斗状，长约7厘米，外面疏生鳞片，花管较裂片长，被微柔毛，裂片圆形，开展；雄蕊10，长于花管，花丝下部被柔毛；子房6室，密被鳞片，花柱下半部疏被鳞片。蒴果卵状长圆形，长约2厘米，被褐色鳞片。花期4-5月，果期5-11月。

图 876 附生杜鹃 （张宝福绘）

产云南西北部，生于海拔1300-1900米岩壁、灌丛或杂木林中。缅甸北部有分布。

14. 睫毛萼杜鹃 图 877

Rhododendron ciliicalyx Franch. in Bull. Soc. Bot. France. 33: 233. 1886.

常绿灌木，高达2（3）米。幼枝被褐色刚毛和鳞片。叶革质，长圆状椭圆形或长圆状披针形，长4.5-7（-9）厘米，先端锐尖，幼时边缘被刚毛，上面幼时疏生鳞片，下面苍绿色，密被褐色鳞片，鳞片大小不等，相距为其直径1/2至1.5倍；叶柄长0.5-1厘米，疏被刚毛和鳞片。花序有2-3花，顶生伞状。花梗长0.6-1厘米，密被鳞片；花萼长1-2（-6）毫米，密被鳞片，裂片波状或三角状，边缘被长

刚毛；花冠淡紫、淡红或白色，冠筒宽漏斗状，长3-5厘米，冠筒无鳞片，基部被柔毛，裂片卵形与冠筒近等长，外面偶有疏鳞片；雄蕊10，花丝下部被柔毛；子房5（6）室，密被鳞片，花柱短于花冠。蒴果长圆状卵圆形，长1-2厘米。花期4月，果期10-12月。

产四川西南部、贵州东北部及西南部、云南，生于海拔1000-2400（-3100）米石山灌丛、混交林中。越南北部有分布。

图 877 睫毛萼杜鹃 （引自《图鉴》）

15. 武鸣杜鹃

图 878

Rhododendron wumingense Fang in Acta Phytotax. Sin. 21(4): 464. f. 9. 1983.

灌木，高2-4米。幼枝紫绿色，被鳞片，无毛或疏生刚毛。叶厚革质，长圆状倒卵形或长圆状椭圆形，长3.5-4.5厘米，有短尖头，边缘疏生刚毛，上面无鳞片，下面鳞片金黄色，相距为其直径的2倍；叶柄长4-6毫米，被淡黄色鳞片。花序通常有2花。花梗长6-8毫米，散生淡黄色鳞片；花萼小，裂片三角状，外面被鳞片；花冠白色，宽漏斗状，长4-5厘米，外面疏生鳞片，无毛，筒部长2.5-2.8厘米；雄蕊9-10，不等长，长2.5-4厘米，花丝中部以下被长柔毛或白色短柔毛；子房5室，密被鳞片，花柱长约5厘米，全部被鳞片。蒴果长圆状圆锥形，长8-9毫米，密被褐色鳞片。

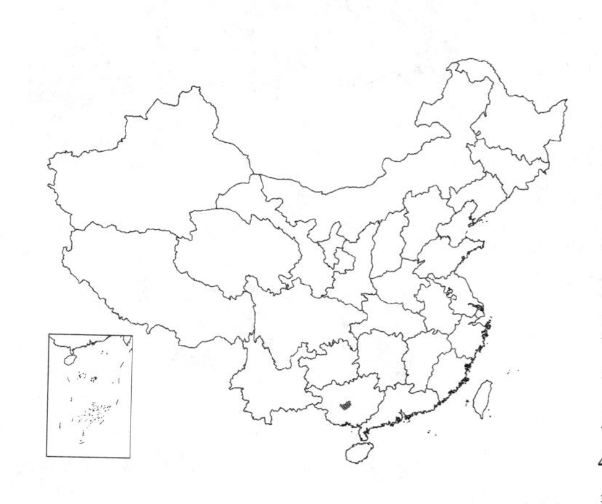

产广西武鸣公益山，生于海拔约980米林中。

图 878 武鸣杜鹃 （引自《植物分类学报》）

16. 宝兴杜鹃

图 879

Rhododendron moupinense Franch. in Bull. Soc. Bot. France. 33: 237. 1886.

常绿小灌木，高达1.3米；常附生。幼枝被褐色刚毛。叶革质，窄卵形或长圆状椭圆形，长1.8-4（-6.3）厘米，先端有小短尖，边缘被缘毛，上面仅中脉基部被褐色短硬毛，下面灰绿色，密被褐红色鳞片，鳞片大小稍不等，相距为其直径或邻接；叶柄长3-7毫米，密被褐色刚毛。花序顶生，具1-2花。花梗长5-7毫米，被毛和鳞片；花萼长2-4毫米，裂片卵圆形，外面被鳞片，边缘有睫毛；花冠白色，内有红色斑点，芳香，冠筒宽漏斗

状钟形，长3-4厘米，外面无毛和鳞片，冠筒内面常被柔毛；雄蕊10，花丝下部被毛；子房5室，密被鳞片，花柱长于雄蕊，稍长于花冠，光滑。蒴果圆筒状卵圆形，长1.5-2.3厘米，密被鳞片，被宿存花萼。花期4-5月，果期7-8月。

产湖北西南部、四川、贵州东北部及云南东北部，生于海拔1900-4000米石灰山岩坡杂木林中，常附生于栎属植物树干。

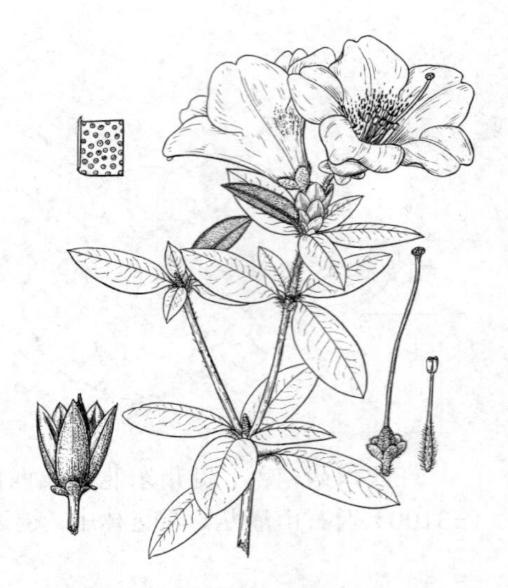

图 879 宝兴杜鹃 （引自《图鉴》）

17. 树生杜鹃 图 880 彩片 193

Rhododendron dendrocharis Franch. in Bull. Soc. Bot. France. 33: 233. 1886.

常绿小灌木，高50（70）厘米；附生。幼枝细而短，被红棕色刚毛。叶厚革质，椭圆形，长1-1.5（-1.8）厘米，先端钝，具短尖头，幼时边缘被缘毛，上面深绿色，无毛，下面粉绿色，密被黄褐色细鳞片，鳞片大小稍不等，相距为其直径或邻接；叶柄长3-6毫米，被淡红色刚毛。花序顶生，具1-2（3）花。花梗长4-6毫米；花萼长约3毫米，裂片宽椭圆形，外面疏被鳞片，边缘有长睫毛；花冠蔷薇色，冠筒宽钟形，长（1.5-）2-2.2厘米，外面无毛；雄蕊10，花丝下部被柔毛；子房5室，密被鳞片，花柱稍长于雄蕊或近等长，下部被短柔毛。蒴果椭圆形，长约1厘米，密被鳞片，被宿存花萼。花期4-6月，果期9-10月。

产四川，生于海拔2600-3000米疏林或灌丛中，附生于林中树干。

图 880 树生杜鹃 （引自《图鉴》）

18. 一朵花杜鹃 图 881

Rhododendron monanthum Balf. f. et W. W. Smith in Notes Roy. Bot. Gard. Edinb. 9: 250. 1916.

常绿小灌木，高达1（-1.2）米；常附生。幼枝密生褐色鳞片。叶革质，椭圆形，长2-5厘米，先端凸尖，上面暗绿色，被鳞片，下面稍灰白色，密被大小不等褐色鳞片，相距常等于其直径；叶柄长4-8毫米，密被鳞片。顶生单花。花梗长2-5毫米，密被鳞片；花萼长1-2毫米，波状浅裂，密被鳞片；花冠柠檬黄色，冠筒筒状钟形，长1.5-2.4厘米，被鳞片，无毛；雄蕊10，长短不一，长雄蕊略长于花冠，花丝基部被长柔毛；子

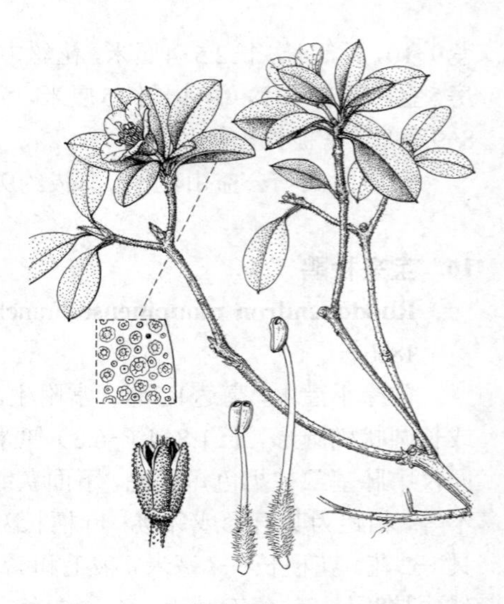

图 881 一朵花杜鹃 （引自《图鉴》）

房5室，密被鳞片，花柱稍伸出花冠，光滑。蒴果长圆形，长0.8-1.4厘米，密被鳞片；果柄粗短，弯曲。花期7-9月，果期8-10月。

产云南西北部及西藏东南部，生于海拔2000-3000（-3600）米高山灌丛、混交林中，常附生树干。缅甸东北部有分布。

19. 黄管杜鹃 图 882

Rhododendron kasoense Hutch. et K. Ward in Notes Roy. Bot. Gard. Edinb. 16: 181. 1931.

常绿灌木，高达2米；有时附生。幼枝密被鳞片。叶长圆状披针形或披针形，长3-6厘米，先端具小凸尖，上面暗绿色，被鳞片，下面苍绿色，被大小稍不等的灰褐或灰白色鳞片，相距为其直径1.5-3倍；叶柄长0.5-1.5厘米，被鳞片。花序短总状，顶生，有（2）3花。花梗长4-6毫米，被鳞片；花萼长约1.5毫米，浅波状5裂，裂片不等大，外面和边缘密被鳞片；花冠黄色，管状钟形，长约1.8厘米，外面被鳞片，冠筒较裂片约长2倍；雄蕊10，不伸出花冠，花丝下部密被柔毛；子房5室，密被鳞片，花柱稍长于雄蕊，细长，无鳞片。蒴果长圆形，长0.9-1.8厘米，密被鳞片。

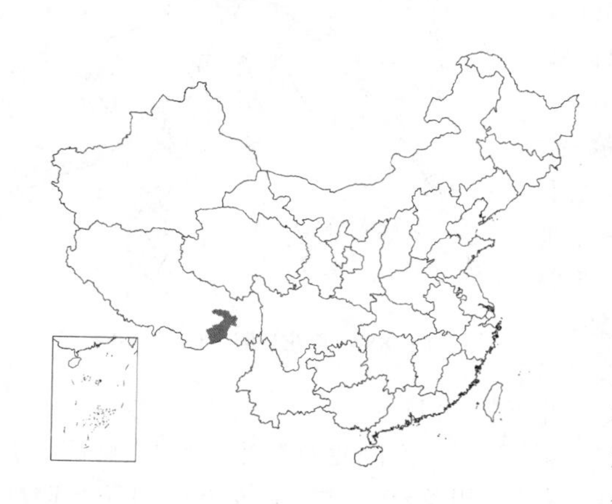

图 882 黄管杜鹃 （引自《西藏植物志》）

产西藏东南部，生于海拔2400-3100米冷杉林下或灌丛中。印度东北部有分布。

20. 毛肋杜鹃 图 883 彩片 194

Rhododendron augustinii Hemsl. in Journ. Linn. Soc. Bot. 26: 19. 1889.

常绿灌木，高达1.5（-3）米。幼枝被鳞片和长刚毛。叶近革质，窄椭圆形或宽披针形，长4-7（-11）厘米，先端具短突尖，上面常无鳞片，沿脉被长刚毛，下面密被黄褐色鳞片，相距常小于其直径，沿中脉下半部被柔毛；叶柄长3-7毫米，被长刚毛。花序顶生，伞状，有（2）3（-5）花。花梗长1-1.8厘米，被鳞片；花萼不发育，长约2毫米，环状或浅波状5裂，外面密被鳞片，有缘毛；花冠堇紫或丁香紫色，上方具黄绿色斑点，宽漏斗状，长2.8-4厘米，冠筒较裂片稍短，外面被鳞片；雄蕊10，短于花冠，花丝下部被柔毛；子房5室，密被鳞片和毛，花柱长于雄蕊，无毛。蒴果长圆形，长1.2-1.6厘米，密被鳞片。花期4-5月，果期7-8月。

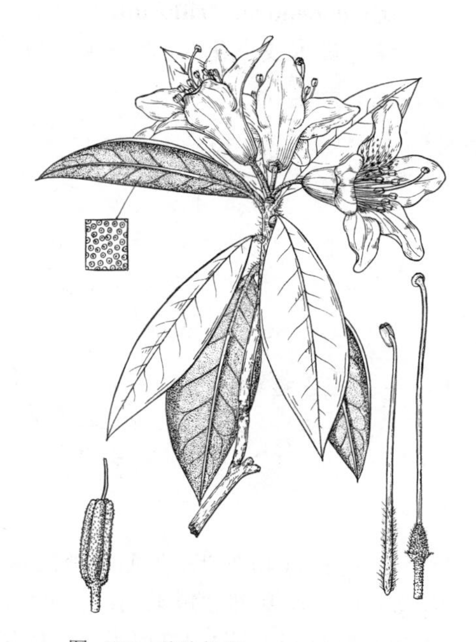

图 883 毛肋杜鹃 （引自《图鉴》）

产陕西西南部、甘肃南部、湖北西

部、四川及云南西北部，生于海拔1300-2500(-3000)米竹林、灌丛或林缘。

21. 黄花杜鹃 图 884

Rhododendron lutescens Franch. in Bull. Soc. Bot. France. 33: 235. 1886.

常绿或半落叶灌木，高达3（-5）米。幼枝细长，被鳞片。叶纸质，披针形或长圆状披针形，长4-9厘米，先端长渐尖，上面深绿色，疏被鳞片，下面淡绿或苍绿色，疏被黄褐色鳞片，相距为其直径1/2-6倍；叶柄长0.5-1厘米，被鳞片。常单花顶生或兼有单花生于枝顶叶腋；花梗长0.6-1.5厘米，被鳞片和短柔毛；花萼不发育，环状或波状5裂，长0.5-1毫米，外面密被黄色鳞片，边缘无或有长缘毛；花冠黄色，宽漏斗状，长1.8-2.5厘米，外面疏生鳞片，密被白色短柔毛，裂片开展，稍短于冠筒；雄蕊10，长于花冠，花丝基部被柔毛；子房5室，密被鳞片，花柱细长，长于雄蕊。蒴果圆柱形，长约1厘米，密被鳞片。花期3-4月。

图 884 黄花杜鹃 （引自《图鉴》）

产湖北西南部、贵州中南部、四川及云南，生于海拔(600-)1700-3000米山坡灌丛、杂木林中或林缘。

22. 三花杜鹃 图 885 彩片 195

Rhododendron triflorum Hook. f. Rhodod. Sikkim Himal. t. 19. 1851.

常绿灌木或小乔木，高达4（-7）米。幼枝被鳞片。叶革质，卵形、长圆形或卵状披针形，长2.5-6.5厘米，先端常锐尖，具短尖头，上面暗绿色，无鳞片，下面灰白色，密被小鳞片，鳞片近邻接；叶柄长4-9毫米，被鳞片。花序顶生，伞形，有（2）3（4）花。花梗长0.8-1.3厘米，被鳞片；花萼小，环状或波状5裂，长约1毫米，被鳞片，有或无缘毛；花冠淡黄色，芳香，上方常具红褐色斑点，常宽漏斗状，长2-3（4）厘米，外面常密被鳞片，被短毛或无毛，冠筒较裂片短；雄蕊10，花丝基部被短柔毛；子房5室，密被鳞片，花柱细长，长于雄蕊。蒴果长圆柱形，长1-1.3厘米，密被鳞片。花期5-6月，果期7-8月。

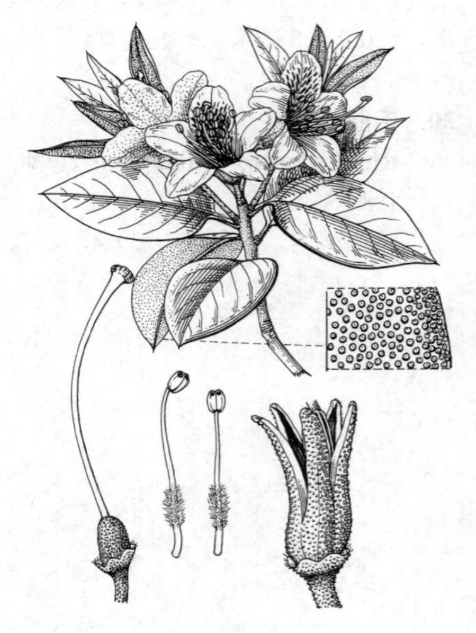

图 885 三花杜鹃 （引自《图鉴》）

产西藏南部及东南部，生于海拔2500-3700米灌丛、栎林、高山松、冷杉、云杉林中。尼泊尔东部、印度大吉岭、锡金、不丹及缅甸北部有分布。

23. 白面杜鹃

图 886

Rhododendron zaleucum Balf. f. et W. W. Smith in Notes Roy. Bot. Gard. Edinb. 10: 163. 1917.

常绿灌木或小乔木，高达1-3（-11）米。幼枝疏生鳞片。叶聚生枝顶，长圆状披针形或披针形，长4-7（-9）厘米，先端具短尖头，上面光滑，仅幼时中脉和边缘被短柔毛，下面粉白色，被黄褐色稍不等大的鳞片，相距为其直径1/2-4倍；叶柄长约1.2厘米，被鳞片。花序顶生，短总状，有3-5花。花梗长约1.5厘米，有鳞片；花萼长约1毫米，5浅裂，外面密被鳞片，边缘有或无毛；花冠白或淡玫瑰色，有芳香，宽漏斗状，长3-4（-4.5）厘米，外面疏被鳞片或有微柔毛，冠筒约与裂片等长，内面被短柔毛；雄蕊10，花丝下部被短柔毛；子房5室，密被鳞片。蒴果长圆形，长约1厘米；果柄长达2.5厘米。

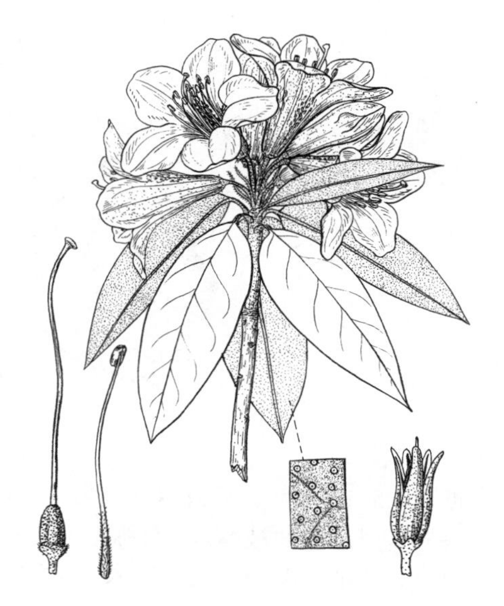

图 886 白面杜鹃 （引自《图鉴》）

产贵州西北部、云南西北部及西部，生于海拔2000-3000（-3500）米灌丛、岩坡、林缘。缅甸东北部有分布。

24. 云南杜鹃

图 887 彩片 196

Rhododendron yunnanense Franch. in Bull. Soc. Bot. France. 33: 232. 1886.

落叶、半落叶或常绿灌木，稀小乔木，高达2（-6）米。幼枝疏生鳞片和柔毛。叶椭圆形、长圆形或长圆状披针形，长（3-）3.5-7厘米，先端具短尖头，幼时上面和边缘有刚毛，下面灰绿色，疏被鳞片，相距常为其直径2-6倍；叶柄长3-8毫米，被鳞片或有刚毛。花序短总状，顶生，有3-6花。花梗长0.5-2（-3）厘米，被鳞片；花萼不发育，环状或5浅裂，长0.5-1毫米，外面被疏鳞片，边缘有缘毛或无；花冠白色带粉红或浅紫色，内面常有红、褐或黄色斑点，宽漏斗状，长1.8-3.5厘米，外面常无鳞片；雄蕊10，伸出花冠外，花丝基部被短柔毛；子房5室，被鳞片，花柱长于雄蕊。蒴果长圆形，长0.6-2厘米。花期4-6月。

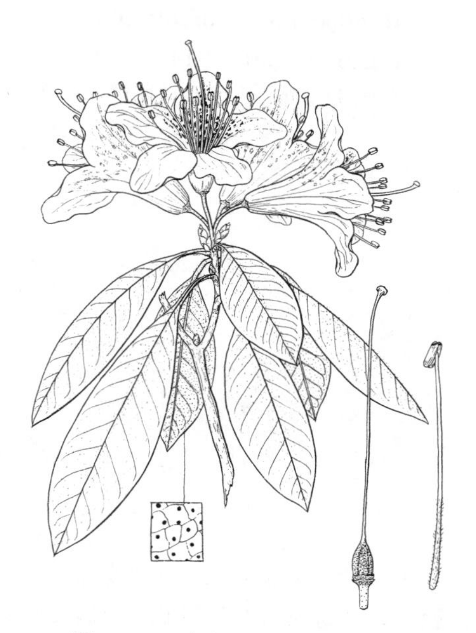

图 887 云南杜鹃 （引自《图鉴》）

产四川西南部及西北部、贵州、云南、西藏东南部，生于海拔2200-4000米灌丛、松栎混交林、云杉、冷杉林下。缅甸东部有分布。

25. 秀雅杜鹃

图 888

Rhododendron concinnum Hemsl. in Journ. Linn. Soc. Bot. 26: 21. 1889.

常绿灌木，高达2(-3.5)米。幼枝密被鳞片。叶革质，卵形、椭圆形或卵状披针形，长2.5-7（-8）厘米，先端具短尖头，幼时上面被鳞片，沿中脉被微柔毛，下面灰黄褐色，密被黄色鳞片和少数近黑褐色鳞片，鳞片大小稍不等，常近邻接；叶柄长0.5-1.3厘米，被鳞片。花序顶生，伞状，有2-5花。花梗长0.5-1.8厘米，密被鳞片；花萼小，波状5裂，裂片近圆形，长0.5-1.5（-5）毫米，外面被鳞片，有缘毛或无；花冠紫红或淡紫色，内面常有褐色斑点，宽漏斗状，长2-3.2厘米，内面常被鳞片或疏被短柔毛；雄蕊10，花丝下部被柔毛；子房5室，密被鳞片，花柱细长，稍伸出花冠。蒴果长圆柱形，长1-1.5厘米，被鳞片。花期4-6月，果期9-10月。

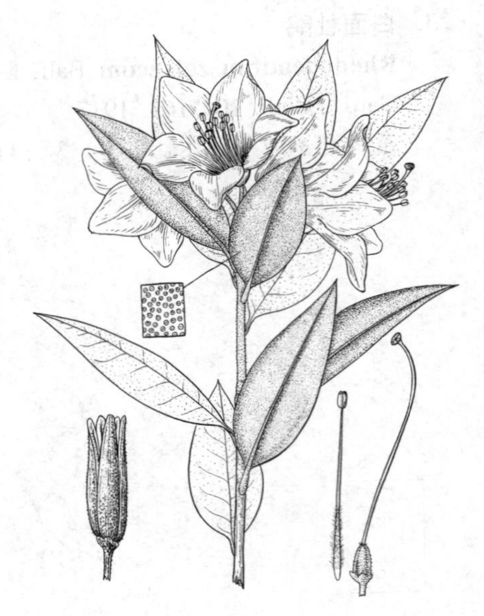

图 888 秀雅杜鹃 （引自《图鉴》）

产陕西西南部、甘肃南部、青海东北部、河南西部、湖北西部、湖南西北部、贵州西部、云南东北部及四川，生于海拔2300-3500（-4500）米灌丛、针叶林或杜鹃林中。

26. 山育杜鹃

图 889 彩片 197

Rhododendron oreotrephes W. W. Smith in Notes Roy. Bot. Gard. Edinb. 8: 201. 1914.

常绿灌木或小乔木，高达4（-8）米。幼枝疏生鳞片。叶硬革质，椭圆形、长圆形或卵形，长1.8-6（-9）厘米，宽1.1-3.5（-4）厘米，上面无鳞片，下面常粉绿色，密被黄褐或红褐色鳞片，鳞片近等大，常相距小于其直径或邻接；叶柄长0.7-1.3厘米，疏被鳞片。花序短总状，顶生，有3-5（-9）花。花梗长0.5-2厘米，疏被鳞片；花萼长约1.5毫米，环状或波状5裂，外面和边缘疏被鳞片；花冠淡红、淡紫或深紫红色，宽漏斗状，长1.5-3厘米，外面无鳞片，冠筒约与裂片等长；雄蕊10，约与花冠等长，花丝基部被短柔毛；子房5室，密被鳞片，花柱长于雄蕊。蒴果长圆状卵圆形，长0.8-1.6厘米，疏被鳞片。花期5-7月。

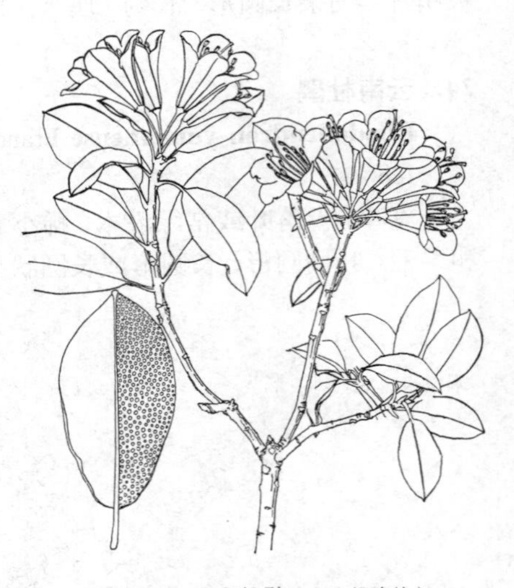

图 889 山育杜鹃 （吴锡麟绘）

产四川、云南及西藏东南部，生于海拔1800-3900米针阔混交林、杜鹃灌丛、高山栎林中。缅甸东北部有分布。

27. 硬叶杜鹃

图 890

Rhododendron tatsienense Franch. in Journ. de Bot. 9: 394. 1895.
Rhododendron stereophyllum Balf. f. et W. W. Smith；中国高等植物图鉴 3：69. 1974.

常绿灌木，高达1.5（-2.5）米。幼枝暗紫红色，被鳞片。叶硬革质，椭圆形或椭圆状披针形，长2-4.5（-6）

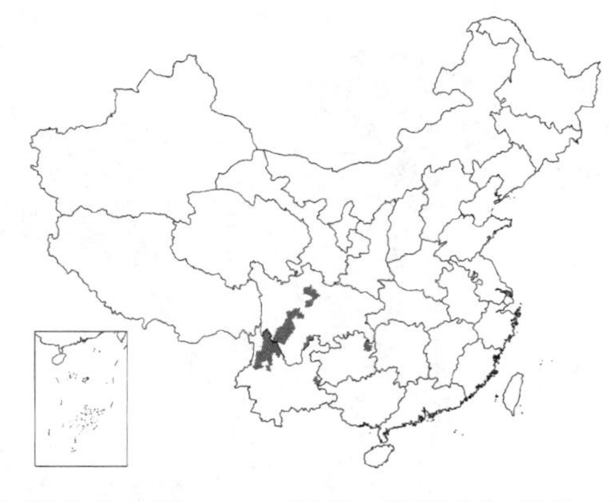

厘米，基部钝圆或宽楔形，上面幼时被鳞片，下面淡绿色，密被大小稍不等的褐色小鳞片，鳞片凹下状，相距为其直径1-1.5倍；叶柄长4-8毫米，被鳞片。花序顶生，短总状，有2-4花。花梗长2-6毫米，密被鳞片；花萼长不及1毫米，环状或波状，外面密被鳞片；花冠淡红色，宽漏斗状，长1.2-2.5厘米，外面疏被鳞片；雄蕊10，伸出花冠，花丝基部被柔毛；子房5室，密被鳞片，花柱伸出花冠。蒴果长圆形，长0.7-1.4厘米，密被鳞片。花期4-6月。

产四川、贵州东北部及云南，生于海拔2100-3600（-4200）米松林、混交林和沟谷灌丛中。

图 890 硬叶杜鹃 （引自《图鉴》）

28. 锈叶杜鹃 图 891 彩片 198

Rhododendron siderophyllum Franch. in Journ. de Bot. 12: 262. 1898.

常绿灌木，高达2（-5）米。幼枝密被褐色鳞片。叶硬纸质，椭圆形，长3-8（-11）厘米，上面幼时密被鳞片，仅中脉偶有柔毛，下面密被褐色鳞片，鳞片稍不等大，下凹，相距为其直径1/2-1（2）倍；叶柄长0.5-1.5厘米，密被鳞片。花序顶生，短总状，有3-5花。花梗长0.3-1.3厘米，被鳞片；花萼不发育，环状或略波状5裂，外面密被鳞片，有缘毛或无；花冠白、淡红、淡紫或玫瑰红色，内面上方常有黄绿或黄红色斑点，宽漏斗状，长1.6-3厘米，外面常无鳞片；雄蕊10，长雄蕊伸出花冠，花丝基部常被短柔毛；子房5室，密被鳞片，花柱细长，伸出花冠。蒴果长圆形，长1-1.6厘米，密被鳞片。花期3-6月。

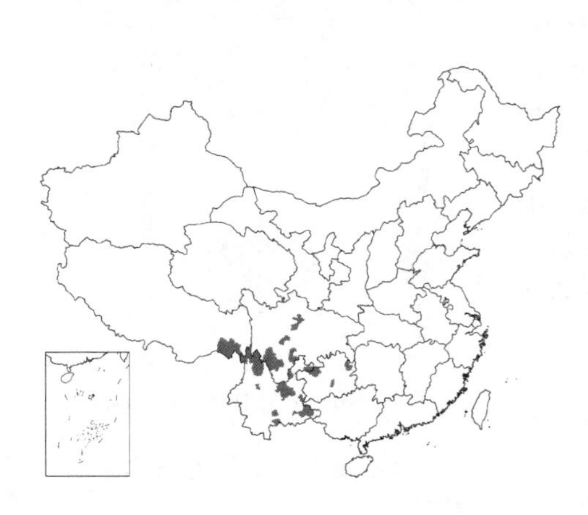

图 891 锈叶杜鹃 （曾孝濂绘）

产四川、贵州、云南及西藏东南部，生于海拔1000-2000（-3000）米山坡灌丛、杂木林或松林内。

29. 亮鳞杜鹃 图 892

Rhododendron heliolepis Franch. in Bull. Soc. Bot. France. 34: 283. 1887.

常绿灌木或小乔木，高达3（-6）米。幼枝短粗，密被鳞片。叶有浓香，长圆状椭圆形或椭圆状披针形，长5-10（-12.5）厘米，先端具短尖头，上面幼叶密被鳞片，沿中脉有微柔毛，下面淡褐色，鳞片等大，薄片状，大

而贴生，相距为其直径1/2-1（2）倍；叶柄长0.5-1.5厘米，密被鳞片。花序顶生，伞形，有5-7花。花梗长1-3厘米，密被鳞片；花萼长0.5-1（2）毫米，浅波状或波状5浅裂，密被鳞片；花冠粉红、淡紫、稀白色，内面有紫红色斑，钟状，长（1.8-）2.5-3.5厘米，外面被鳞片；冠筒较裂片长约2倍，内面被柔毛；雄蕊10，短于花冠，花丝下部被粗毛；子房5（6）室，花柱常短于雄蕊，下部被柔毛。蒴果长圆形，长1-1.3厘米，被鳞片。花期7-8月，果期8-11月。

产云南及西藏东南部，生于海拔2500-4000米混交林、高山灌丛、林缘或冷杉林下。缅甸东北部有分布。

图 892 亮鳞杜鹃 （吴锡麟绘）

30. 红棕杜鹃 图 893 彩片 199

Rhododendron rubiginosum Franch. in Bull. Soc. Bot. France. 34: 282. 1887.

常绿灌木或小乔木，高达3（-10）米。幼枝褐色，有鳞片。叶常向下倾斜，窄椭圆形或椭圆状披针形，长3.5-8（-11.5）厘米，上面幼时密被鳞片，下面密被鳞片，大鳞片黑褐红色，常散生于中脉两侧，小鳞片褐红色，覆瓦状排列；叶柄长0.5-1.3厘米，密被鳞片。花序顶生，伞形，有5-7花。花梗长1-2.5厘米，密被鳞片；花萼很小，环状或波状5浅裂，被鳞片；花冠淡红、淡紫至紫红色，稀白色带淡紫色晕，内有紫红色斑点，宽漏斗状，长2.5-3.5厘米，外面被疏鳞片，冠筒较裂片约长2倍，内面被柔毛；雄蕊10，花丝下部被柔毛；子房5室，花柱较雄蕊长，无毛。蒴果长圆形，长1.5-1.8厘米，密被鳞片。花期（3）4-6月，果期7-8月。

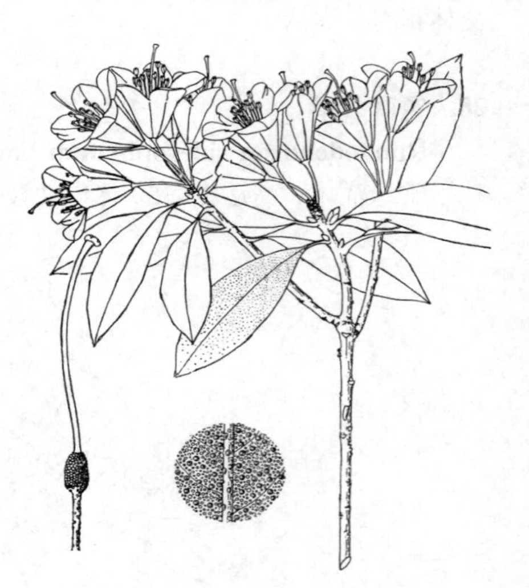

图 893 红棕杜鹃 （吴锡麟绘）

产四川、云南及西藏东南部，生于海拔2500-3500（-4200）米针阔混交

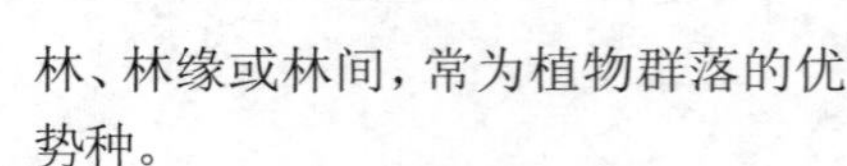

林、林缘或林间，常为植物群落的优势种。

31. 楔叶杜鹃 图 894

Rhododendron cuneatum W. W. Smith, in Notes Roy. Bot. Gard. Edinb. 8: 200. 1914.

常绿灌木，高达2（-4）米。幼枝密被鳞片，无毛。叶膜质，窄至宽椭圆形或长圆状披针形，长1-7厘米，先端有突尖，上面被近邻接至偶尔重叠淡色鳞片，下面淡黄褐至锈褐色，被邻接或重叠同色、等大淡黄褐色鳞片；叶柄长0.5-1.5厘米，被鳞片。花序伞形总状，顶生，有1-6花。花梗长0.2-1.5厘米，被淡色鳞片；花萼长（2-）5-8（-12）毫米，常带红色，裂片具淡色鳞片形成的中央带，有长缘毛，有时被鳞片；花冠漏斗形，长（1.2-）2-3.4厘米，深紫或玫瑰紫色，稀白色，常具深色斑点，常被柔毛和疏鳞片，内面喉部密被短柔毛；雄蕊10；子房5室。蒴果长圆状卵圆形，长0.6-1.4

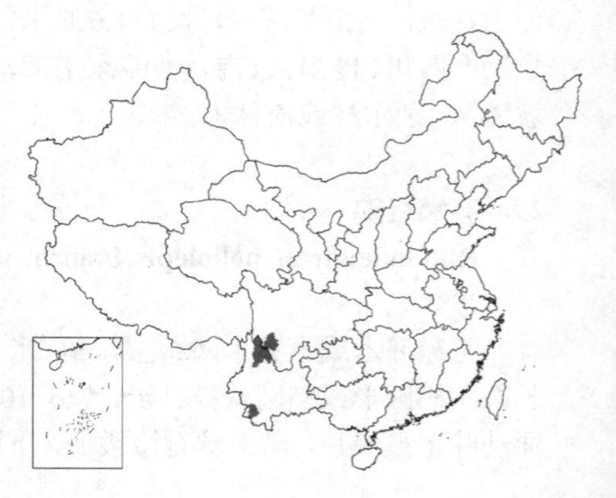

厘米，密被鳞片，具宿萼。花期4-6月，果期10月。

产四川西南部、云南西北部及西南部，生于海拔2700-3300(-4200)米松栎林下、岩坡或高山灌丛中。

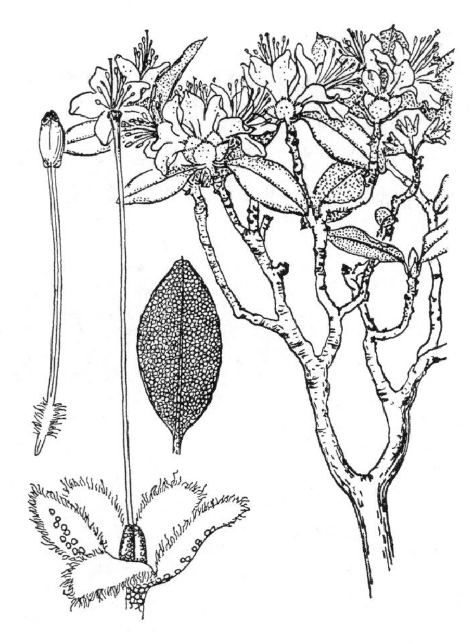

图 894 楔叶杜鹃 （张迦得绘）

32. 灰背杜鹃

图 895 彩片 200

Rhododendron hippophaeoides Balf. f. et W. W. Smith in Notes Roy. Bot. Gard. Edinb. 9: 236. 1916.

常绿小灌木，高达1.5米。幼枝细长，呈扫帚状，密被棕黄褐色鳞片。叶近革质，长圆形、椭圆形或长圆状披针形，长（0.8-）1.2-2.5（-4）厘米，先端常圆钝，上面灰绿色，密被淡黄色邻接鳞片，下面淡黄灰色，被同色的金黄至麦秆色、常重叠的鳞片；叶柄长2-5毫米，被鳞片。伞形总状花序顶生，有4-8花。花梗长2.5-7毫米；花萼长1-2厘米，带红色，裂片被鳞片，顶端边缘有疏长毛；花冠宽漏斗状，长1-1.5厘米，鲜玫瑰、淡紫或蓝紫色，稀白色，外面无鳞片，内面喉部密被短柔毛；雄蕊（8-）10，花丝基部有柔毛；花柱长0.4-1厘米，约与雄蕊等长。蒴果窄卵圆形，长5-6毫米，密被鳞片，有宿萼。花期5-6月，果期10月。

产四川西南部及云南西北部，生于海拔2400-4800米松林、云杉林下、林内湿草地或高山杜鹃灌丛和灌丛草甸。

图 895 灰背杜鹃 （引自《图鉴》）

33. 隐蕊杜鹃

图 896 彩片 201

Rhododendron intricatum Franch. in Journ. de Bot. 9: 395. 1895.

常绿灌木，高达1(-1.5)米。分枝密集而缠结，密被黄褐色鳞片。叶革质，长圆状椭圆形或卵形，长0.5-1.2(-2)厘米，先端常具短突尖，上面灰绿色，被金黄色鳞片，鳞片近邻接至重叠，下面淡黄褐色，被重叠淡金黄色鳞片；叶柄长1-3毫米，被鳞片。伞形总状花序，有2-5（-10）花。花梗长1-2（-5）毫米，被鳞片；花萼长0.5-1（2）毫米，带红色，裂片外面和边缘常被淡色鳞片，有时具缘毛；花冠管状漏斗形，长0.7-1.2（-2.3）厘米，蓝或淡紫色，稀黄色，外面无鳞片和毛，内面喉部被短柔毛；雄蕊（7-）10(11)，常短于冠筒，花丝近基部被柔毛；花柱短于雄蕊。蒴果卵圆形，长约5毫米，密被鳞片，有宿萼。花期5-6月，果期7-8月。

产青海南部、四川及云南西北部，生于海拔2800-4000（-5000）米高山草甸、杜鹃灌丛、潮湿沟谷或冷杉林下。

34. 永宁杜鹃 图 897：1-4

Rhododendron yungningense Balf. f. ex Hutch. in Stevenson Spec. Rhodod. 436. 1930.

常绿灌木，高1（-1.3）米。幼枝被褐色鳞片。叶散生枝上，近革质，宽椭圆形或长圆状披针形，长（0.6-）0.8-2厘米，先端具短尖头，上面被相邻接淡白色鳞片，下面淡灰绿色，被褐或铁锈色鳞片，鳞片常邻接或有时稍重叠；叶柄长1-3毫米，被鳞片。花序伞形总状，顶生，有3-4（-6）花。花梗长2-3毫米，被鳞片；花萼长（0.5-）2-3毫米，裂片外面中央部分和近基部常被淡色鳞片，边缘有长缘毛或疏被鳞片；花冠宽漏斗形，长1.1-1.5（-1.7）厘米，深紫蓝或玫瑰淡紫色，稀白色，外面无鳞片，稀被毛，内面喉部被短柔毛；雄蕊（8-）10（-12），较短于花冠，花丝下部被柔毛；花柱短（3.5-6毫米）或长（1-1.5厘米）。蒴果卵圆形，长约5毫米，被鳞片，花萼宿存。花期5-6月，果期7-9月。

产四川西南部及云南西北部，生于海拔3200-4300米草坡、岩坡或杜鹃灌丛中。

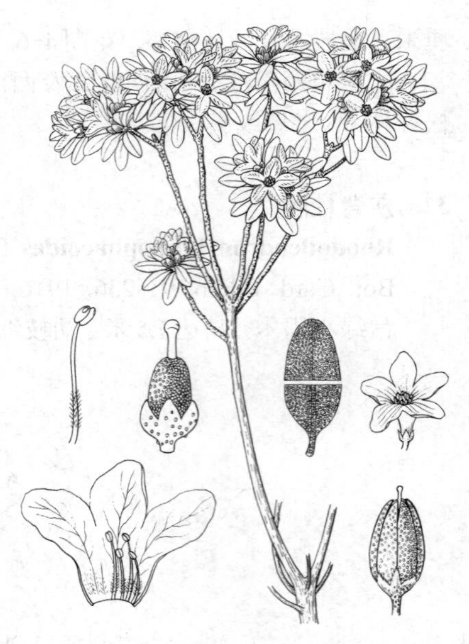

图 896 隐蕊杜鹃 （引自《图鉴》）

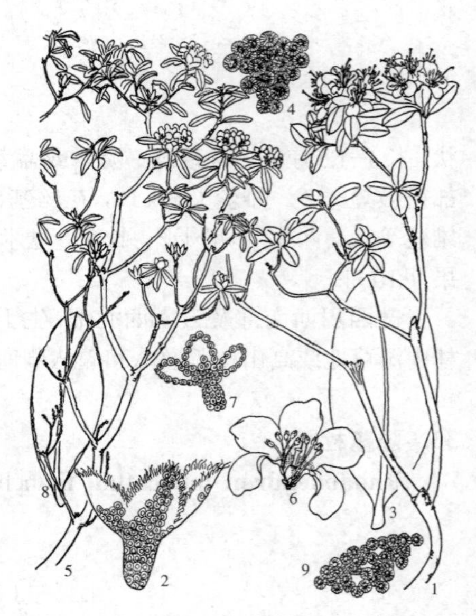

图 897：1-4.永宁杜鹃 5-9.直枝杜鹃 （张迦得绘）

35. 锈红杜鹃 图 898

Rhododendron complexum Balf. f. et W. W. Smith in Notes Roy. Bot. Gard. Edinb. 9：222. 1916.

常绿小灌木，高达60厘米，常成垫状。幼枝被锈色鳞片。叶革质，椭圆形，披针形或卵形，长0.4-1.2厘米，上面灰绿至暗绿色，密被邻接至重叠透明鳞片，下面鳞片铁锈色，相互邻接；叶柄长0.5-2毫米，密被锈色鳞片。伞形总状花序顶生，有3-4（-6）花。花梗长0.5-7.5毫米，被鳞片；花萼长约1毫米，裂片三角形或圆形，下部及边缘具鳞片，有时具缘毛；花冠管状漏斗形，长（0.9-）1.1-1.3厘米，淡紫白或玫瑰紫色，冠筒稍短于裂片，外面无鳞片，稀被柔毛，内面喉部被短柔毛；雄蕊5-6（-8），常短于冠筒。蒴果卵圆形或近圆形，长约5毫米，被鳞片，具宿萼。花期5-7月，果期7-9月。

产四川西南部及云南西北部，生于海拔3000-4600米高山草坡、岩崖或杜鹃灌丛中。

36. 单色杜鹃

图 899

Rhododendron tapetiforme Balf. f. et K. Ward in Notes Roy. Bot. Gard. Edinb. 9: 279. 1916.

常绿灌木，高达80（-90）厘米。分枝多而缠结，常成平卧状。幼枝被鳞片。叶近革质，宽椭圆形或圆形，长0.4-1.2（-1.7）厘米，上面暗绿色，被鳞片，下面被赤褐色鳞片，鳞片相互邻接；叶柄长0.5-2（3）毫米，密被赤褐色鳞片。伞形总状花序顶生，具1-3（4）花。花梗长1.5-3毫米，被鳞片，稀被毛；花萼小或长达1毫米，裂片浅波状或三角形，被鳞片或无，有微柔毛，边缘有鳞片或缘毛；花冠宽漏斗形，长1-1.6厘米，紫堇或玫瑰色，冠筒较裂片短，长约为其1/2，外面稀被柔毛，内面喉部被柔毛；雄蕊（5-6）10，伸出冠筒外，花丝下部被柔毛；花柱常较雄蕊长。蒴果卵圆形，长5-7毫米，被鳞片，花萼宿存。花期6-7月，果期7-9月。

产云南西北部及西藏东南部，生于海拔3300-4800米高山草地、岩坡、杜鹃灌丛中。缅甸东北部有分布。

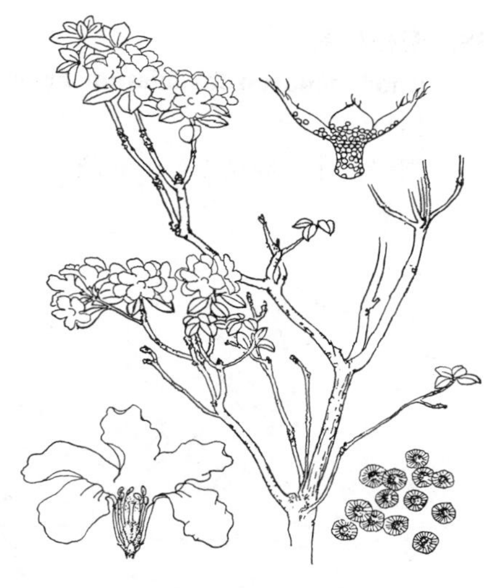

图 898 锈红杜鹃 （张迦得绘）

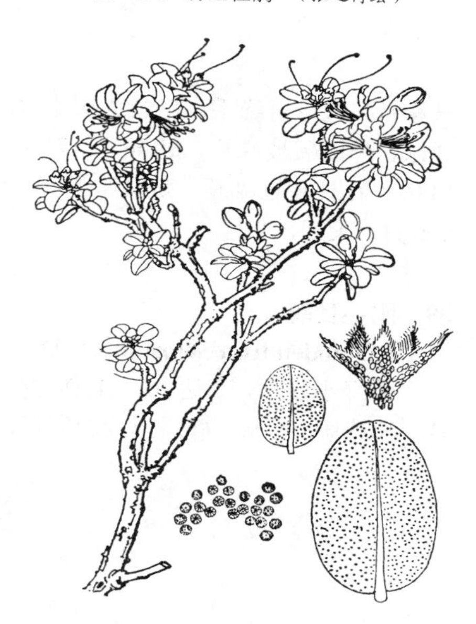

图 899 单色杜鹃 （曾孝濂绘）

37. 粉紫杜鹃

图 900

Rhododendron impeditum Balf. f. et W. W. Smith in Notes Roy. Bot. Gard. Edinb. 9: 239. 1916.

常绿灌木，高0.8（-1.2）米，常成垫状。幼枝被褐色鳞片和柔毛。叶革质，卵形、椭圆形或长圆形，长（0.4-）0.5-1.4（-1.6）厘米，上面暗绿色，被不邻接的灰白色鳞片，下面灰绿色，被黄褐或琥珀色鳞片，有光泽，鳞片相互有间距；叶柄长1-3毫米，被鳞片。伞形总状花序顶生，有（2）3-4花。花梗长1-3毫米，被鳞片；花萼长2.5-4毫米，裂片长圆形，具中央鳞片带，边缘有长缘毛，常具少数鳞片；花冠宽漏斗状，长0.7-1.5厘米，紫或淡玫瑰紫色，外面疏被鳞片，冠筒内面喉部被毛；雄蕊（5-）10（11）；花丝长于或短于雄蕊。蒴果卵圆形，长4-6毫米，被鳞片，具宿萼。花期5-6月，果期9-10月。

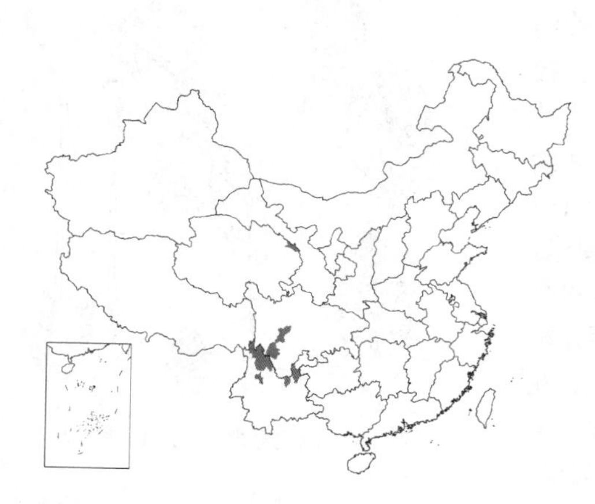

产青海东北部、四川及云南，生于海拔2500-4600米岩坡、高山草地、杜鹃黄栎灌丛及云杉林下或林缘。

图 900 粉紫杜鹃 （张迦得绘）

38. 密枝杜鹃 图 901

Rhododendron fastigiatum Franch. in Bull. Soc. Bot. France 33: 234. 1886.

常绿灌木，高达1（-1.5）米，常成垫状或平卧。幼枝被暗褐色鳞片。叶集生枝顶，革质，长圆形、椭圆形或卵形，长(0.5-)0.7-1.4（-1.6）厘米，上面暗绿色，被琥珀色、光亮鳞片，下面灰绿色，被灰白或黄棕色、常不邻接的鳞片，无光泽；叶柄长1-3毫米，被鳞片。伞形总状花序顶生，有(1-)3-4(5)花。花梗长0.2-2毫米，被鳞片；花萼长(2.5-)3-4.5(-5.5)毫米，裂片长圆形或宽椭圆形，外面被鳞片，边缘有缘毛；花冠宽漏斗状，紫蓝或鲜淡紫红色，长1-1.5（-2）厘米，外面疏被鳞片，冠筒短于裂片，内面喉部密被柔毛；雄蕊（6-）10（11）；花柱超过雄蕊。蒴果卵圆形，长4-6毫米，被鳞片，具宿萼。花期5-6月，果期8-9月。

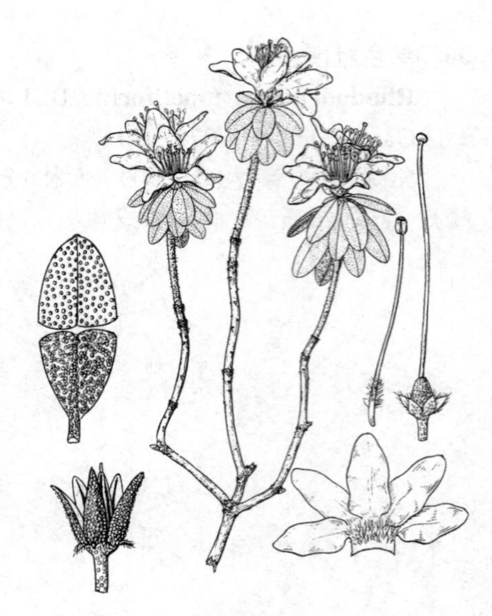

图 901 密枝杜鹃 （引自《图鉴》）

产青海东南部、四川西南部及西北部、云南北部，生于海拔3000-4500米岩坡、峭壁、石山灌丛、石质草地或杜鹃灌丛中。

39. 刚毛杜鹃 图 902 彩片 202

Rhododendron setosum D. Don. in Mem. Wern. Soc. 3: 409. 1821.

常绿小灌木，高达30（-120）厘米，直立。幼枝被刚毛、微柔毛和鳞片。叶革质，卵形、椭圆形或倒卵形，长0.7-1.2（-1.5）厘米，有短尖头，上面密被不邻接鳞片，下面苍绿色，密被刚毛和二色鳞片，金黄和深黄褐色鳞片约相等而混生，间距为其直径1-4倍，叶缘密被刚毛；叶柄长1-3毫米，被刚毛和鳞片。花序顶生伞状，有1-3（-8）花。花梗长0.3-1厘米，有时被刚毛；花萼长4-8毫米，紫红色，裂片外面疏被鳞片，边缘偶有长睫毛；花冠宽漏斗状，紫红色，长1-1.8厘米，外面无毛、无鳞片，内面喉部被短柔毛；雄蕊8-10，花丝基部密被柔毛；花柱较雄蕊长。蒴果长圆状卵圆形，长5-6毫米，密被鳞片。花期4-5月，果期7-9月。

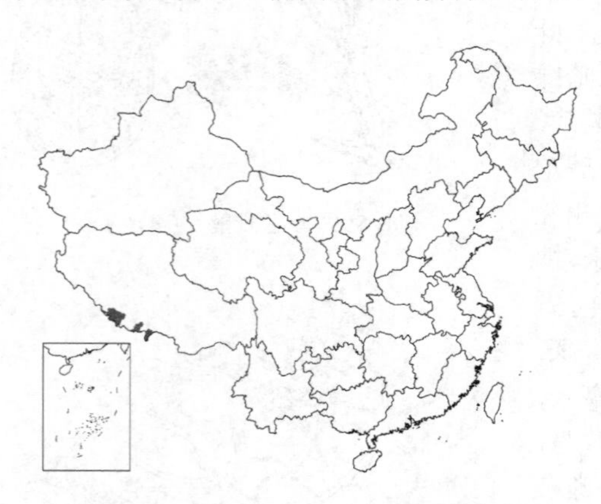

图 902 刚毛杜鹃 （引自《图鉴》）

产西藏南部，生于海拔3500-4800米高山草坡、草甸或灌丛中。尼泊尔、锡金、不丹及印度（大吉岭）有分布。

40. 紫蓝杜鹃 图 903

Rhododendron russatum Balf. f. et Forrest in Notes Roy. Bot. Gard. Edinb. 9: 126. 1919.

常绿小灌木，有时成垫状或半匍匐状。幼枝被鳞片，无毛。叶革质，长圆状椭圆形或卵形，长1.6-4(-6.5)厘米，先端有短突尖，上面被淡色和暗褐色相邻接或重叠鳞片，下面被黄和深褐色、近相邻接或重叠二色鳞片；叶柄长1-9毫米，被鳞片。花序顶生，伞状或球形，有(4-)6-10（-15）花。花梗长1-5毫米，被鳞片；花萼长3-6毫米，绿或带紫红色，裂片基部被鳞片或成中央鳞片带，边缘有长睫毛或偶被鳞片；花冠宽漏斗状，紫蓝或玫瑰色，长1-2厘米，被短柔毛，无鳞片，冠筒长4-9毫米，内面喉部被毛；雄蕊（5-8）10，花丝基部被柔毛，花柱红色，较雄蕊长，被毛。蒴果卵圆形，长4-6毫米，被鳞片。花期5-7月，果期7-9月。

产四川西南部及云南西北部，生于海拔2500-4300米岩坡、峭壁、林缘、高山灌丛或高山草地。缅甸有分布。

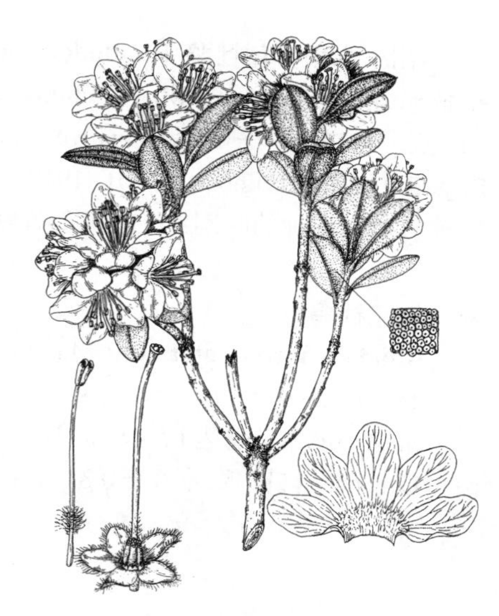

图 903 紫蓝杜鹃 （引自《图鉴》）

41. 多色杜鹃 图 904 彩片 203

Rhododendron rupicola W. W. Smith in Notes Roy. Bot. Gard. Edinb. 8: 23. 1914.

常绿小灌木，高0.6-1.2米。幼枝被暗褐黑鳞片。叶宽椭圆形、长圆形或卵形，长0.7-1厘米，先端具短尖头，上面被邻接或稍分开的淡琥珀色鳞片，并常间有暗色鳞片，下面被暗褐色或琥珀色和金黄色混生鳞片，鳞片约等量、相重叠或稍分开。花序顶生，伞状，有2-6(-10)花。花梗长2-4毫米；花萼暗红紫色，长(2.4-)4-6毫米，裂片被一宽条中央鳞片带，边缘有睫毛；花冠宽漏斗状，常深紫色，稀深红或白色，长0.8-1.8厘米，冠筒较裂片稍短，内面喉部被柔毛，外面偶有毛；雄蕊5-10，花丝近基部有柔毛，子房被柔毛和鳞片，花柱较雄蕊长，长1-1.9厘米。蒴果宽卵圆形，长4-6毫米，被毛及鳞片，具宿萼。花期5-7月，果期7-9月。

产四川西南部、云南西北部及西藏东南部，生于海拔2800-4900米高山灌丛草地、岩坡或林缘，常为优势种。缅甸东北部有分布。

［附］**金黄杜鹃** 彩片 204 **Rhododendron rupicola** var. **chryseum** (Balf. f. et K. Ward) Philipson et M. N. Philipson in Notes Roy. Bot. Gard. Edinb. 34: 62. 1975. —— *Rhododendron chryseum* Balf. f. et K. Ward in Notes Roy. Bot. Gard. Edinb. 9: 219. 1916；中国高等植物图鉴 3: 48. 1974. 本变种与模式变种的区别：花冠黄色；花萼裂片无鳞片，边缘具睫毛。产云南西北部、四川西部及西藏东南部，生于海拔3300-4800米高山灌丛、岩坡、林缘，常与模式变种混生。缅甸东北部有分布。

图 904 多色杜鹃 （曾孝濂绘）

［附］**木里多色杜鹃 Rhododendron rupicola** var. **muliense**（Balf. f. et Forrest）Philipson et M. N. Philipson in Notes Roy. Bot. Gard. Edinb. 34: 63. 1975. —— *Rhododendron muliense* Balf. f. et Forrest in Notes Roy. Bot. Gard. Edinb. 11: 101. 1919; 中国高等植物图鉴 3: 47. 1974. 本变种与模式变种的区别：花冠淡金黄色；萼裂处片边缘有睫毛和鳞片。产云南西北部及四川西南部，生于海拔3000-4500（-4900）米高山草甸、石质草地或松林中。

42. 头花杜鹃 图 905 彩片 205

Rhododendron capitatum Maxim. in Bull. Acad. Imp. Sci. St. Pétersb. 23: 351. 1877.

常绿小灌木，高达1.5米。幼枝黑褐色，被鳞片。叶近革质，芳香，椭圆形或长圆状椭圆形，长0.7-0.8（-2.4）厘米，上面被淡色相邻接或重叠鳞片，下面淡褐色，被黄褐或淡色和禾杆色或暗琥珀色混生鳞片，鳞片数量约相等、相邻接或稍有间距；叶柄长2-3毫米，被鳞片。花序顶生，伞状，有2-5（-8）花。花梗长1-3毫米，被鳞片；花萼长3-6毫米，带黄色，裂片不等大，基部被疏毛或鳞片，边缘被睫毛；花冠宽漏斗形，紫或紫蓝色，长1-1.7厘米，外面无鳞片，冠筒长3-5毫米，内面喉部被柔毛；雄蕊10，伸出，花丝近基部被柔毛；花柱常较雄蕊长，近基部偶有毛。蒴果卵圆形，长3.5-6毫米，密被鳞片，花萼宿存。花期4-6月，果期7-9月。

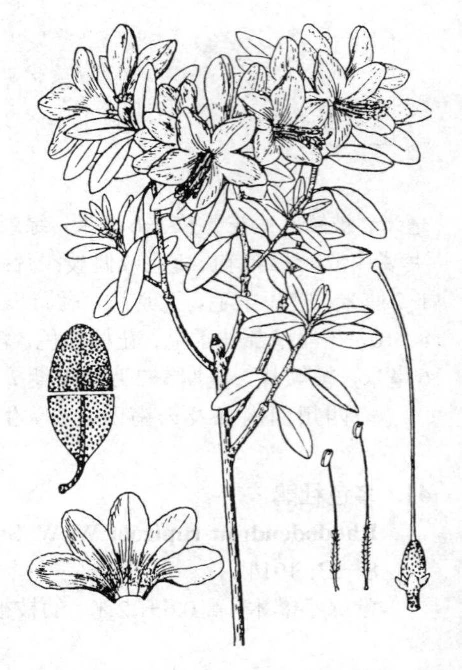

图 905 头花杜鹃 （引自《图鉴》）

产陕西西南部、甘肃、青海东部及四川北部，生于海拔2500-4300米高山草原、草甸或岩坡，常自成灌丛，成优势种群落。

43. 高山杜鹃 小叶杜鹃 图 906

Rhododendron lapponicum（Linn.）Wahlenberg, Fl. Lapp. 104. 1812.

Azalea lapponica Linn. Sp. Pl. 151. 1753.

Rhododendron parvifolium Adams; 中国高等植物图鉴 3: 51. 1974.

常绿小灌木，高达0.45（-1）米。幼枝密被鳞片和柔毛。叶革质，长圆状椭圆形或卵状椭圆形，长0.4-1.5（-2.5）厘米，先端有短突尖头，上面无光泽，密被几邻接或重叠灰白色鳞片，下面淡黄褐或红褐色，密被淡黄褐和褐锈色相混生的二色鳞片，鳞片几相等、相邻接或重叠；叶柄长1.5-4毫米，被鳞片。花序顶生，伞状，有（2）3-5（6）花。花

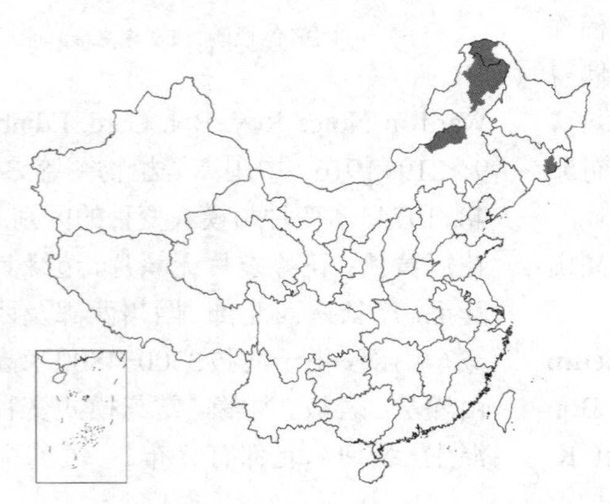

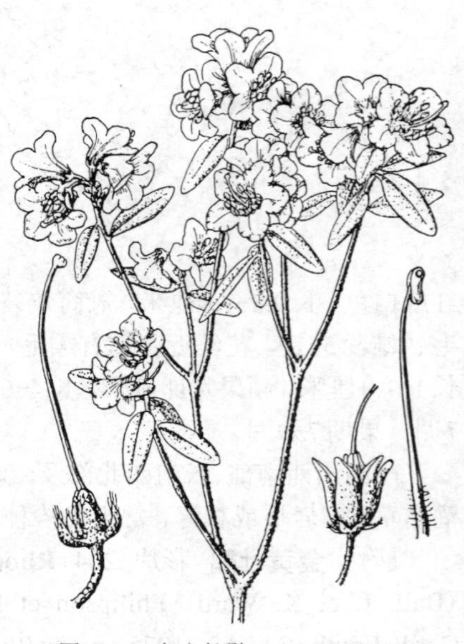

图 906 高山杜鹃 （引自《图鉴》）

梗长3-6毫米；花萼长 0.5-2毫米，带红紫色，被鳞片，边缘有长缘毛；花冠宽漏斗状，淡紫蔷薇色或紫色，稀白色，长0.7-1.3（-1.6）厘米，外面平滑，冠筒短于裂片，内面喉部被柔毛；雄蕊5-10；子房5室，花柱较雄蕊长。蒴果长圆状卵形，长3-6毫米，密被鳞片。花期5-7月，果期9-10月。

产黑龙江大兴安岭、吉林长白山及内蒙古东北部，生于高山、苔原、岩坡或沼泽。环北极间断分布于格陵兰、斯堪底那维亚半岛、朝鲜北部、俄罗斯西伯利亚东部、库页岛、加拿大、美国（阿拉斯加）。

44. 毛蕊杜鹃 图 907 彩片 206

Rhododendron websterianum Rehd. et Wils. in Sarg. Pl. Wilson. 1: 511. 1913.

常绿小灌木，高达1（-1.5）米，直立。幼枝密被红棕色鳞片。叶卵形、长圆形、窄椭圆形或线状披针形，长0.5-1.5（-2）厘米，上面灰绿色，无光泽，密被重叠鳞片，下面被淡黄灰或金黄褐色、邻接或相重叠呈覆瓦状鳞片；叶柄长1-5毫米，被鳞片。花序常1（2）花。花梗长1-3毫米，被鳞片；花萼长2.8-5毫米，淡紫或淡黄红色，外面被鳞片，边缘有短睫毛；花冠宽漏斗状，长1-1.9厘米，淡紫至紫蓝色，冠筒较裂片短，无鳞片或偶有毛，内面被短柔毛；雄蕊10，与花冠近等长，花丝近基部密被柔毛；花柱较雄蕊长。蒴果长卵圆形或长圆形，长4-7毫米，密被鳞片，基部包于宿萼内。花期5月，果期9-10月。

图 907 毛蕊杜鹃 （引自《图鉴》）

产青海东南部及四川，生于海拔3200-4900米松林下、潮湿草原或山坡灌丛草地。

45. 光亮杜鹃 图 908

Rhododendron nitidulum Rehd. et Wils. in Sarg. Pl. Wilson. 1: 509. 1913.

常绿小灌木，高达1.5米，平卧或直立。分枝多，短而粗壮，被鳞片。叶椭圆形或卵形，长0.5-1.2厘米，上面深绿色，有光泽，密被相邻接、薄而光亮的鳞片，下面被均一而光亮淡褐色、相邻接或稍呈覆瓦状排列的鳞片；叶柄长1-2毫米，密被鳞片。花序顶生，有1-2花。花梗长0.5-1.5毫米，被鳞片；花萼长1.5-3毫米，带红色，裂片常不等大，被鳞片，边缘常有缘毛或鳞片；花冠宽漏斗状，蔷薇淡紫或蓝紫色，长1.2-1.5厘米，冠筒较裂片约短1倍，无鳞片，内面被柔毛；雄蕊（8-）10，约与花冠等长，花丝近基部有一簇白色柔毛；花柱较雄蕊长。蒴果卵圆形，长3-5毫米，密被鳞片，

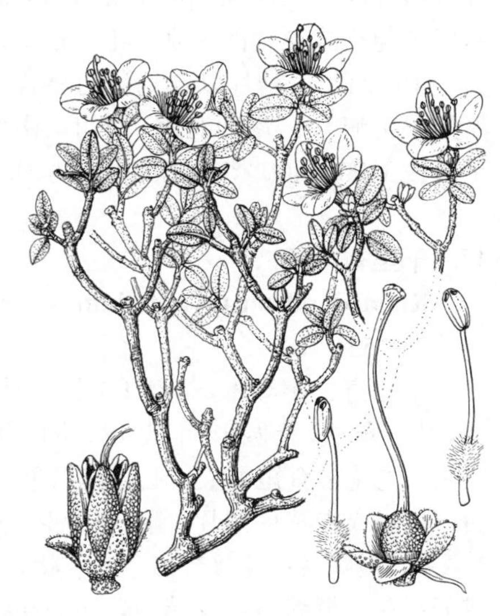

图 908 光亮杜鹃 （引自《图鉴》）

包于宿萼内。花期5-6月，果期10-11月。

产青海及四川，生于海拔3200-4500（-5000）米高山草甸、河沿或泽地。

46. 雪层杜鹃 图 909

Rhododendron nivale Hook. f. Rhodod. Sikkim Himal. t. 29. 1849.

常绿小灌木，高达0.9（-1.2）米，常平卧成垫状。幼枝密被黑锈色鳞片。叶革质，椭圆形、卵形或近圆形，长0.4-1.2厘米，先端无角质突尖，上面被灰白或金黄色鳞片，下面被淡金黄色和深褐色两色鳞片，淡色鳞片常较多，邻接或稍不邻接；叶柄长0.5-3毫米，被鳞片。花序顶生，有1-2（3）花。花梗长0.5-1.5毫米；花萼长2-4.5毫米，裂片常有1条中央鳞片带，边缘被鳞片；花冠宽漏斗形，粉红、丁香紫或鲜紫色，长0.7-1.6厘米，冠筒较裂片约短2倍，内外均被柔毛；雄蕊（8-）10，约与花冠等长，花丝近基部被柔毛；花柱常长于雄蕊，上部稍斜弯。蒴果圆形或卵圆形，长3-5毫米，被鳞片，具宿萼。花期5-8月，果期8-9月。

产西藏及青海南部，生于海拔3200-5500米高山灌丛、冰川谷地或草甸，常为杜鹃灌丛的优势种。尼泊尔、印度、不丹及锡金有分布。

［附］**北方雪层杜鹃** 彩片 207 **Rhododendron nivale** subsp. **boreale** Philipson et M. N. Philipson in Notes Roy. Bot. Gard. Edinb. 34: 52. 1975. 本亚种与模式亚种的区别：花萼较小，退化或短于2毫米；叶先端具小突尖，叶下面两色鳞片以红褐色的显著；花柱稍短于雄蕊。产青海南部（果洛州玛可河）、云南西北部、四川西南部及西北部、西藏东部及东南部，生于海拔3200-4400米高山灌丛草地、草原、崖坡或林下。

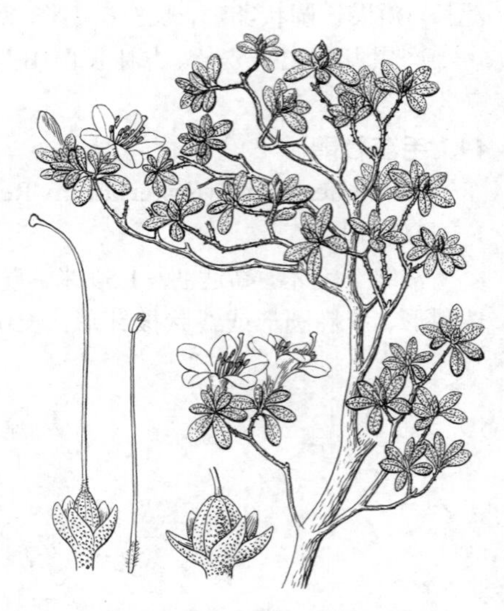

图 909 雪层杜鹃 （引自《图鉴》）

［附］ **南方雪层杜鹃 Rhododendron nivale** subsp. **australe** Philipson et M. N. Philipson in Notes Roy. Bot. Gard. Edinb. 34: 54. 1975. 本亚种与模式亚种的区别：植株常较直立；叶先端锐尖，下面两色鳞片较不均称；花萼裂片较窄，被缘毛和少数鳞片。产云南西北部及四川西南部，生于海拔3100-4500米高山草甸、沼泽、湖泊岸边、林缘或灌丛草地。

47. 千里香杜鹃 图 910 彩片 208

Rhododendron thymifolium Maxim. in Bull. Acad. Imp. Sc. St. Pétersb. 23: 531. 1877.

常绿直立小灌木，高达1.3米。分枝多而细瘦，疏展或成帚状，密被鳞片。叶近革质，椭圆形、长圆形、窄倒卵形或卵状披针形，长0.3-1.2（-1.8）厘米，先端常有短突尖，上面灰绿色，密被银白或淡黄色鳞片，下面被银白、灰褐或麦黄色鳞片，鳞片相邻接至重叠。花1（2）顶生。花梗长0.5-2毫米，被鳞片；花萼带红色，环状，长0.5-1.2毫米，外面鳞片及缘毛有或无；花冠鲜紫蓝或深紫色，宽漏斗状，长0.6-1.2厘米，冠筒较裂片短，内面被柔毛，外面疏被鳞片或无；雄蕊10，伸出花冠；子房被鳞片，花柱长0.3-1.6厘米，纤细，紫色。蒴果卵圆形，长2-3（-4.5）毫米，被鳞片，花柱宿存。花期5-7月，果期9-10月。

产甘肃西南部、青海东部及南部、四川北部及西南部，生于海拔2400-4800米湿润阴坡或半阴坡、林缘或高山灌丛中。叶含挥发油，可药用或作香料和化工原料。

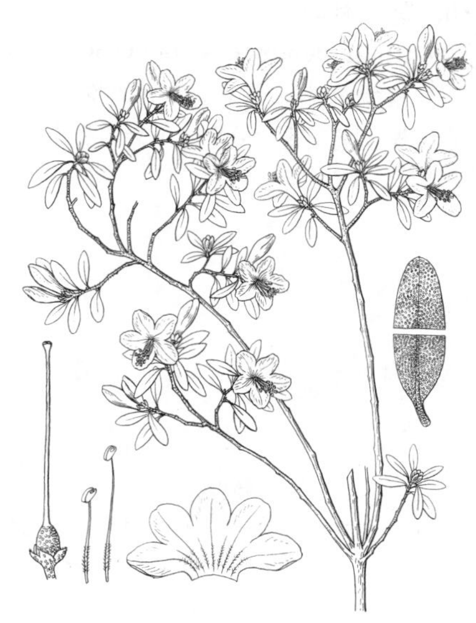

图 910 千里香杜鹃 （引自《图鉴》）

48. 直枝杜鹃

图 897：5-9

Rhododendron orthocladum Balf. f. et Forrest. in Notes Roy. Bot. Gard. Edinb. 11: 104. 1919.

直立灌木，高达1.3米。幼枝被褐色鳞片。叶窄椭圆形、披针形或线状披针形，长0.1-2厘米，先端具小短尖头，上面被灰白透明鳞片，下面被金黄或黄褐色、相邻接或稍有间距的鳞片，并混杂有深黄褐色鳞片。花序顶生，伞状，具（1）2-4(5)花。花梗长1.5-3毫米；花萼带红色，长0.5-1.5毫米，基部被鳞片，裂片不等大，被鳞片，边缘偶被鳞片和缘毛；花冠常紫或深紫蓝色，漏斗状，长0.7-1.4厘米，冠筒较裂片短，内面喉部被短柔毛；雄蕊（8-）10（11），花丝近基部被柔毛，子房被鳞片，基部被柔毛，花柱红或紫色，与雄蕊近等长，稀被鳞片。蒴果卵圆形，长2-5毫米，密被鳞片，具宿萼。花期5-6月，果期7-8月。

产青海东南部、四川及云南西北部，生于海拔2500-4500米岩坡、松林林缘或灌丛中。

49. 草原杜鹃

图 911 彩片 209

Rhododendron telmateium Balf. f. et W. W. Smith in Notes Roy. Bot. Gard. Edinb. 9: 279. 1916.

小灌木，高达1米；分枝多而细瘦，常密集成垫状。幼枝被褐色鳞片。叶披针形、窄椭圆形、宽椭圆形或圆形，长0.3-1.4厘米，先端具硬的短尖头，上面密被重叠淡金黄色鳞片，下面密被重叠两色鳞片，在淡黄至赤褐色鳞片中混有少数暗褐或近黑褐色鳞片。花序顶生，伞状，具1-2（3）花。花梗长0.5-2毫米；花萼带红紫或淡绿色，长0.5-3毫米，裂片常不等大，被鳞片，边缘被鳞片或有长缘毛；花冠淡紫、玫瑰红或深蓝紫色，宽漏斗形，长0.6-1.4厘米，冠筒较裂片短，喉部被短柔毛，外面被毛和鳞片；雄蕊（8-）10（11），长短不一；子房被鳞片，基部被毛带。蒴果卵圆形或长圆形，长3-4毫米，被鳞片，有宿萼。花期5-6（7）月，果期8-10月。

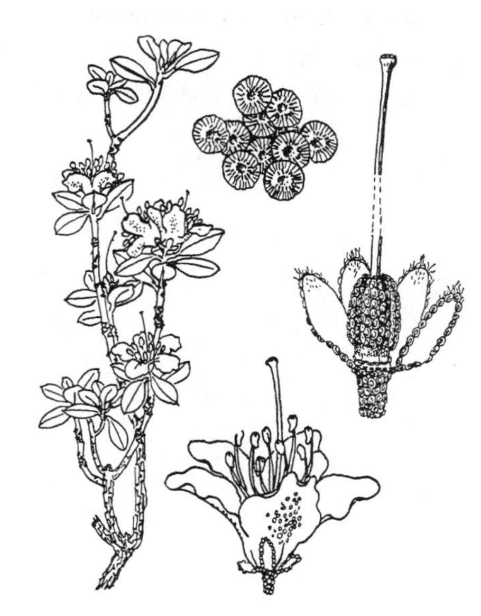

图 911 草原杜鹃 （张迦得绘）

产四川西部及西南部、云南西北部、西藏东南部，生于海拔3200-3800（-5000）高山草地、岩坡、杜鹃灌丛或林缘。

50. 怒江杜鹃 图 912

Rhododendron saluenense Franch. in Journ. de Bot. 12: 263. 1898.

常绿灌木，直立。幼枝密被鳞片和褐色长刚毛。叶革质，椭圆形或长圆状椭圆形，长（0.8-）1.5-3厘米，先端具短尖头，上面常有光泽并疏被鳞片，下面密被黄褐色覆瓦状排列的鳞片，鳞片边缘有细圆齿，幼叶沿脉和边缘被长刚毛；叶柄长2-4毫米，被鳞片和刚毛。花序顶生，有1-3花。花梗长约1厘米，红色，被鳞片和刚毛；花萼长5-9毫米，红紫色，外面被鳞片和微毛或刚毛，边缘有缘毛；花冠宽漏斗状，紫红或深红色，内有紫色斑点，长1.7-3厘米，外面密被短柔毛，有鳞片或无；雄蕊10，短于花冠，花丝基部密被柔毛；子房密被鳞片，常无毛，花柱红色，伸出花冠。蒴果卵圆形，长5-9毫米，密被鳞片，具宿萼。花期6-8月，果期8-10月。

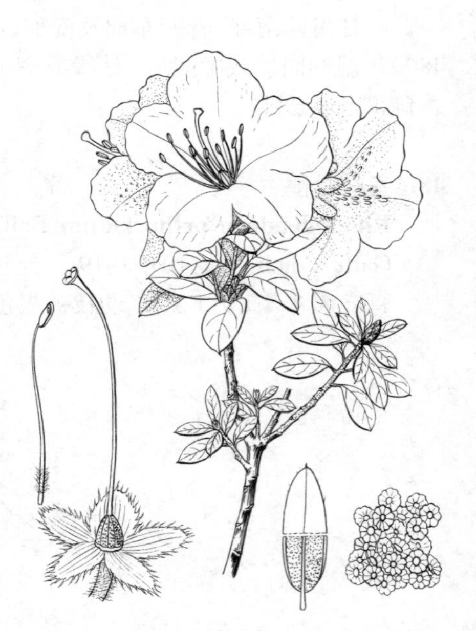

图 912 怒江杜鹃 （引自《图鉴》）

产四川西南部、云南西北部及西藏东南部，生于海拔3000-4100米岩坡、山坡灌丛或山谷，常自成群落。缅甸东北部有分布。

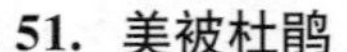

51. 美被杜鹃 图 913

Rhododendron calostrotum Balf. f. et K. Ward in Notes Roy. Bot. Gard. Edinb. 13: 85. 1920.

常绿小灌木，直立或匍匐。幼枝密被鳞片。叶薄革质，倒卵状椭圆形或长圆状椭圆形，长1-2.5（-3.3）厘米，上面密被相距为其直径或较疏鳞片，下面褐色，密被覆瓦状鳞片，鳞片边缘有细圆齿，幼叶边缘偶疏被长刚毛；叶柄长2-6毫米，密被鳞片。花序顶生，有1-2（-5）花。花梗长0.8-1.5厘米，密被鳞片；花萼长4-9毫米，淡红或红紫色，5裂达基部，裂片宽卵形或近圆形，疏被鳞片和柔毛，边缘有缘毛；花冠宽漏斗状，淡紫或紫红色，长1.5-2.5（-2.8）厘米，密被白色短柔毛，裂片中部常密被鳞片；雄蕊10，花丝基部密被柔毛；子房密被鳞片，或偶被柔毛，花柱红色，长于雄蕊。蒴果卵圆形，长6-8毫米，被鳞片。花期5-7月，果期8-9月。

图 913 美被杜鹃 （引自《图鉴》）

产云南西北部及东北部、西藏东南部，生于海拔3400-4600米高山灌丛、岩坡或松林下。缅甸东北部有分布。

52. 草莓花杜鹃 图 914

Rhododendron fragariflorum K. Ward in Gard. Chron. 86: 504. 1929.

矮小灌木，高达30（-40）厘米，常匍匐成垫状。幼枝被柔毛和鳞片。

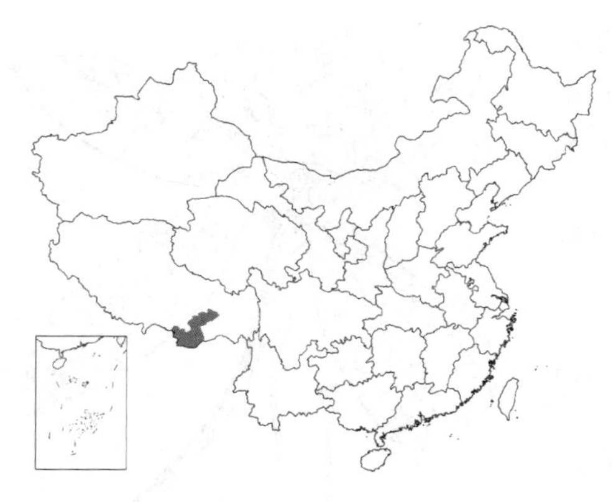

叶长圆状椭圆形或卵状椭圆形，长0.7-1.6厘米，边缘有细圆齿，幼时常疏被刚毛，上面暗绿色，下面苍绿色，两面被黄或褐色泡状鳞片，鳞片较疏、相距为其直径1/2至6倍；叶柄长1-2毫米。花序顶生，伞形，有2-4（-6）花。花梗红紫色，5裂至基部，被鳞片；花冠宽钟状，紫或紫红色，长1-1.7厘米，冠筒短于裂片，内面被毛；雄蕊10，花丝基部被毛；子房5室，密被鳞片；花柱歪斜，较雄蕊长。蒴果卵圆形，长4-6毫米，被鳞片。种子无翅，无鳍纹。花期6-7月，果期8-9月。

产西藏东南部及南部，生于海拔3800-4600（-5000）米高山草甸、山顶灌丛中。不丹有分布。

图 914 草莓花杜鹃 （曾孝濂绘）

53. 矮小杜鹃　　图 915

Rhododendron pumilum Hook. f. Rhodod. Sikkim Himal. t. 14. 1849.

常绿矮小灌木，高达10（-25）厘米；分枝长，匍匐状，被鳞片及微柔毛。叶薄革质，卵形、近卵形或倒卵状椭圆形，长0.8-1.9厘米，先端短突尖，上面暗绿色，常有鳞片，下面苍白色，鳞片小，褐色，相距为其直径2-3倍或等于其直径；叶柄长1-2毫米，被鳞片。花序顶生，伞形，有1-3花。花梗劲直，长1-2.6厘米，密被鳞片；花萼长1-3毫米，粉红或紫红色，5深裂，外面被鳞片，常有缘毛；花冠钟状，长0.8-2.1厘米，淡红紫或紫红色，外面被柔毛及鳞片；雄蕊10；花柱直而短粗，长为花冠之半。蒴果长圆状卵圆形，长0.6-1.3厘米，密被鳞片；果柄长达5.8厘米。花期4-5月，果期7-9月。

产云南西北部及西藏东南部，生于海拔3000-4300米高山灌丛或石坡。锡金、印度大吉岭及缅甸东北部有分布。

图 915 矮小杜鹃 （引自《图鉴》）

54. 朱砂杜鹃　　图 916

Rhododendron cinnabarinum Hook. f. Rhodod. Sikkim Himal. t. 8. 1849.

常绿灌木，高达3（-5）米。幼枝带紫色，疏生鳞片。叶革质，椭圆形、长圆状椭圆形或长圆状披针形，先端有短尖头，长3-6（-9）厘米，上面灰绿色，无鳞片，下面灰白色，密被鳞片，鳞片不等大、相距小于其直径或近邻接；叶柄长0.5-2厘米。花序顶生、伞形，有2-4花。花梗长0.5-1厘

米，常下弯；花萼长1-2毫米，波状5裂，外面和边缘有鳞片或无；花冠窄钟状，肉质，朱砂红色，长2.5-3.8厘米，5裂至上部1/3，裂片开展；雄蕊10，花丝下部被疏柔毛。蒴果长圆形或长圆状卵圆形，长约1厘米，密被鳞片。花期5月，果期9月。

产西藏东南部及南部，生于海拔1900-4000米山坡灌丛、竹林、冷杉林、杜鹃林或松林中及河谷针阔混交林下。尼泊尔、锡金及不丹有分布。

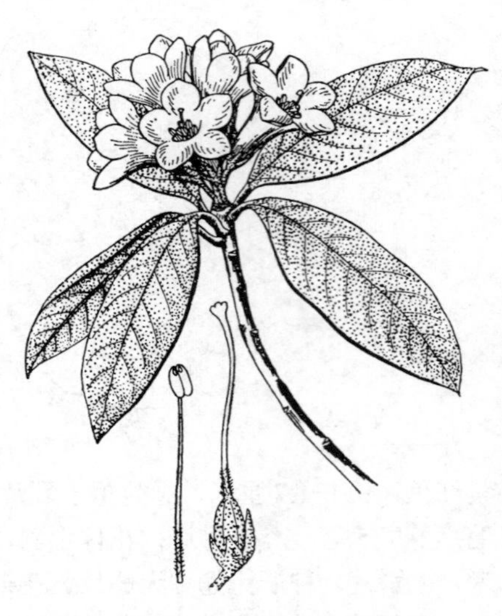

图 916 朱砂杜鹃 （引自《图鉴》）

55. 管花杜鹃 图 917

Rhododendron keysii Nutt. in Kew Journ. 5: 353. 1853.

常绿灌木，高达4（-6）米，直立。幼枝带紫红色，疏生鳞片。叶披针状椭圆形或披针状长圆形，长（3）4-8（-15）厘米，先端锐尖，两面均被鳞片，下面鳞片较密、褐色、不等大、相距常为其直径；叶柄长0.5-1.2厘米，被鳞片。花序顶生或腋生，短总状，有4-6花。花梗长4-8毫米，带红色，有鳞片；花萼长约1毫米，5浅裂或波状，无鳞片；花冠筒状，一面稍膨胀，肉质，桔红、朱红或肉红色，长1.8-2.5厘米，口部5浅裂，裂片长为花冠1/4或更短，直立，外面光滑；雄蕊10，花丝下部被密柔毛；子房5室，密被鳞片，花柱下部1/3常被柔毛。蒴果长圆形，长0.8-1厘米，密被鳞片。花期7月，果期10月。

产西藏东南部，生于海拔2700-4300米山坡灌丛、杜鹃灌丛、河谷杂木林或高山灌丛草地。不丹及锡金有分布。

图 917 管花杜鹃 （引自《图鉴》）

56. 鲜黄杜鹃 图 918

Rhododendron xanthostephanum Merr. in Brittonia 4: 148. 1941.

常绿灌木，高达3（-5）米。幼枝被褐色鳞片。叶革质，散生，长圆形或披针形，长（3-）5-8（-10）厘米，先端有短尖头，上面密被脱落性鳞片，下面灰白色，密被鳞片，鳞片凹下、褐色、小型、大小不等、相距为其直径或小于直径；叶柄长0.5-1厘米，被鳞片。总状伞形花序顶生，有3-5花。花梗长0.3-1厘米，被鳞片；花萼长（2）3-7毫米，5深裂，裂片有时反折，疏被鳞片；花冠管状钟形，鲜黄色，长（1.8-）2-2.5（-2.8）厘米，裂片短于花管，外面密被鳞片；雄蕊10，与花冠近等长，花丝下部被

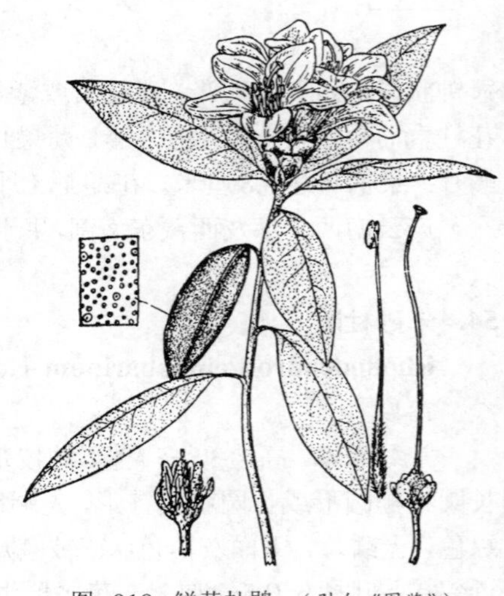

图 918 鲜黄杜鹃 （引自《图鉴》）

柔毛；子房5室，密被鳞片，花柱细长，伸出花冠，基部被鳞片。蒴果长圆形，长0.5-1厘米，被鳞片，被宿萼所包。花期5月，果期7-8月。

产云南东南部及西北部、西藏东南部，生于海拔1500-350（-4000）米山坡冷杉林下、混交林内或林缘。印度东北部及缅甸北部有分布。

57. 灰被杜鹃 图 919

Rhododendron tephropeplum Balf. f. et Farrer in Notes Roy. Bot. Gard. Edinb. 13: 302. 1922.

常绿小灌木，高达1.5米。幼枝密被黑褐色鳞片。叶革质，长圆状倒披针形、长圆状倒卵形或窄倒披针形，长（2-）5-10厘米，先端有短突尖，上面暗绿色，被脱落性鳞片，下面灰白色，密被凹下、棕褐色鳞片，鳞片大小不等，相距为其直径或小于直径；叶柄长0.3-1厘米，被鳞片。花序顶生，伞形总状，有3-9花。花梗长1-3厘米，被鳞片；花萼长5-8毫米，5深裂，裂片开展，外面被鳞片，边缘有缘毛或无；花冠管状钟形，长1.5-3.2厘米，淡红或深红紫色，花管长为裂片2倍，裂片常外弯，边缘有缺刻，无毛、无鳞片；雄蕊10；子房5室，密被鳞片，花柱长于雄蕊。蒴果长圆状卵圆形，长0.5-1厘米，被宿萼。花期5-6月，果期7-8月。

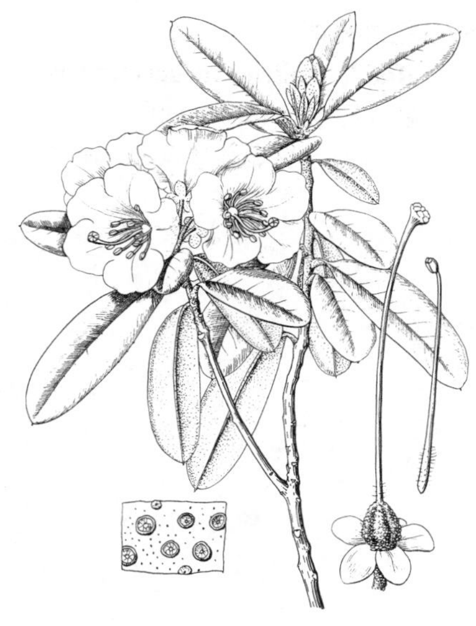

图 919 灰背杜鹃 （引自《图鉴》）

产云南西北部及西藏东南部，生于海拔2400-4600米高山岩坡、石灰岩峭崖和高山草地。印度东北部及缅甸东北部有分布。

58. 照山白 图 920 彩片 210

Rhododendron micranthum Turcz. in Bull. Soc. Nat. Mosc. 7: 155. 1837.

常绿灌木，高达2米。枝条较细瘦；幼枝被鳞片及细柔毛。叶近革质，倒披针形、长圆状椭圆形或披针形，长1.5-4（-6）厘米，上面深绿色，被疏鳞片，下面黄绿色，密被棕色、多少重叠的鳞片；叶柄长3-8毫米，被鳞片。花序顶生，短总状，有10-28花，花序轴长1-2.6厘米。花梗长0.8-2厘米，被鳞片；花萼长1-3毫米，5深裂，外面被鳞片，边缘有缘毛；花冠钟状，乳白色，长0.4-1厘米，外面被鳞片，内面无毛，冠筒较裂片稍短；雄蕊10，花丝无毛；子房5-6室，密被鳞片，花柱约与雄蕊等长，无鳞片，宿存。蒴果长圆形，长4-8毫米，被

图 920 照山白 （引自《图鉴》）

疏鳞片，具宿存花萼。花期5-6月，果期8-11月。

产吉林、辽宁、内蒙古、河北、山东、河南、湖北西部、湖南北部、四川、陕西南部、山西及甘肃，生于海拔1000-3000米山坡灌丛、干谷、峭壁或岩缝中。朝鲜及蒙古东部有分布。叶、枝有剧毒，牲畜误食，易中毒死亡。药用主治风湿痹痛，外用治骨折。

59. 招展杜鹃 图 921

Rhododendron megeratum Balf. f. et Forrest in Notes Roy. Bot. Gard. Edinb. 12: 140. 1920.

常绿小灌木，高达60（-80）厘米。幼枝被淡红色刚毛。叶革质，椭圆形、椭圆状倒卵形或宽椭圆形，长1.5-4厘米，上面常光亮，边缘具刚毛，下面灰白色，密被大小不等、泡状凹下鳞片；叶柄长3-6毫米，被刚毛和鳞片。花序顶生，伞状，有1-2（3）花。花梗长1厘米，被刚毛和鳞片；花萼长0.6-1厘米，5裂至中部，外面有鳞片，边缘有缘毛或无；花冠钟状，（4）5裂，长2-2.5厘米，黄色，内面上方有橙红色斑点，冠筒较裂片短，外面疏被鳞片，常无毛；雄蕊10，花丝基部或2/3被柔毛；子房5室，花柱粗短呈弯弓状，基部疏被鳞片。蒴果卵状长圆形，长0.8-1.1厘米，被鳞片，包被于宿萼内。花期5-6月。

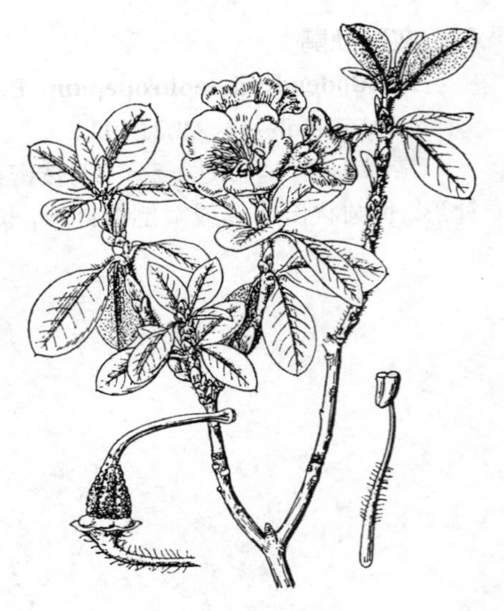

图 921 招展杜鹃 （引自《图鉴》）

产云南西北部及西藏东南部，生于海拔2500-4200米杜鹃灌丛中或附生于杂木林内树上及岩壁上。缅甸东北部及印度东北部有分布。

60. 异鳞杜鹃 图 922

Rhododendron micromeres Tagg, in Notes Roy. Bot. Gard. Edinb. 16: 211. 1931.

常绿灌木；常附生。幼枝被鳞片。叶革质，窄椭圆形或长圆状倒卵形，长3-8厘米，上面常亮绿色，有脱落性鳞片，下面苍白、绿或褐色，密被褐色鳞片，鳞片不等大、凹下；叶柄长0.5-1厘米，密被鳞片。花序顶生，总状或伞状，有3-11花。花梗细，长2-4.5厘米，有鳞片和疏被柔毛；花萼长2-5毫米，5裂，裂片常反折，外面被鳞片，无缘毛；花冠宽钟状或辐状钟形，黄色，稀白色，长0.9-1.4厘米，被鳞片，筒内被柔毛；雄蕊10，花丝被柔毛；子房5室，花柱粗短而弯弓。蒴果窄长圆形或镰刀状，长1.2-1.6厘米，密被鳞片，具宿萼。花期7月。

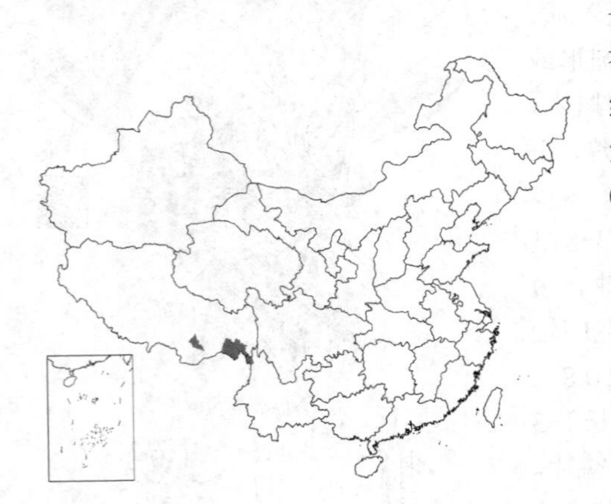

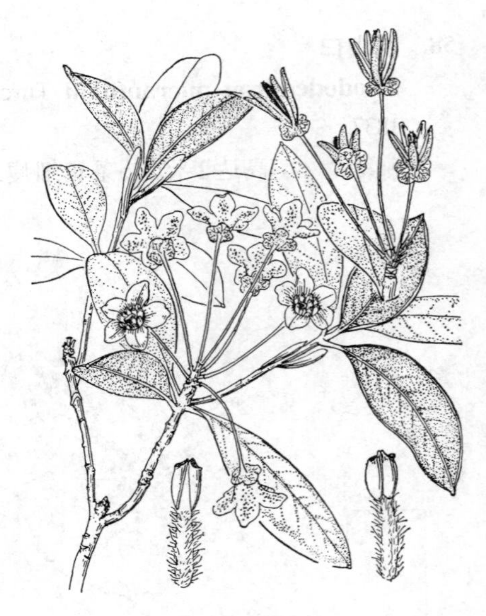

图 922 异鳞杜鹃 （张迦得绘）

产云南西北部及西藏东南部，生于海拔2400-3400米砾石山坡或沟边杂木林中，常附生树上。不丹、印度东北部及缅甸东北部有分布。

61. 纯黄杜鹃 图 923

Rhododendron chrysodoron Tagg ex Hutch. in Gard. Chron. 95: 276. 1934.

常绿小灌木，高达1.7米。幼枝被鳞片并杂有长硬毛。叶革质，宽椭圆形、倒卵形或长圆状椭圆形，长4-9厘米，先端具小突尖，边缘常具刚毛，上面亮绿色，疏被鳞片，下面苍白色，密被金黄或淡褐色鳞片，鳞片大小不等；叶柄长0.6-1.6厘米，具长刚毛及鳞片。总状花序顶生，有3-6花。花梗粗，长0.7-1（-2）厘米，被鳞片；花萼长约2毫米，碟状，裂片浅波状，被鳞片，边缘有长缘毛；花冠宽钟状，鲜黄色，长1.5-3（4）厘米，冠筒外面被鳞片，内外均被柔毛；雄蕊10，花丝下部被柔毛；子房6室，被鳞片，花柱长约2厘米，粗壮，弓弯。蒴果长圆状卵圆形，长约1厘米，被鳞片，具宿萼。花期5月。

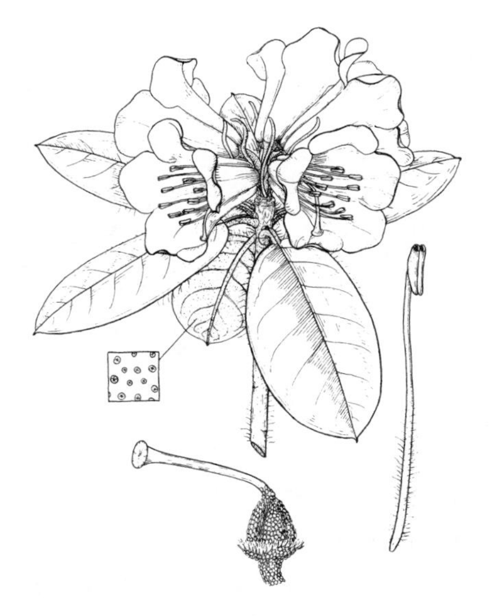

图 923 纯黄杜鹃 （引自《图鉴》）

产云南西北部及西部、西藏东南部，生于海拔2000-2800米杂木林或竹丛中。缅甸东北部有分布。

62. 黄花花杜鹃 图 924

Rhododendron boothii Nuttall in Kew Journ. 5: 346. 1853.

常绿附生灌木，高达2.5（-3）米。幼枝密被刚毛或绵毛，有鳞片。叶厚革质，卵形或卵状椭圆形，长7-13厘米，先端渐尖，边缘及中脉和侧脉被柔毛，上面无鳞片，下面苍白色，密被深褐色鳞片，鳞片不等大；叶柄长0.6-1厘米，密被毛和鳞片。花序顶生，短总状或伞形，有（3-）7-10花。花梗长1.3-2厘米，被刚毛和鳞片；花萼长（0.7-）1-1.5厘米，5深裂，外面被鳞片，边缘常有睫毛；花冠宽钟状，亮柠檬黄色，长约3厘米，裂片5，圆形，开展，外面密被鳞片，冠筒长约1.5厘米，内面被柔毛；雄蕊10，花丝下部被柔毛；子房5-6室，密被鳞片，花柱粗短，弓弯，基部有鳞片。蒴果卵状长圆形，长1-1.7厘米，被鳞片，有宿萼。花期4-5月。

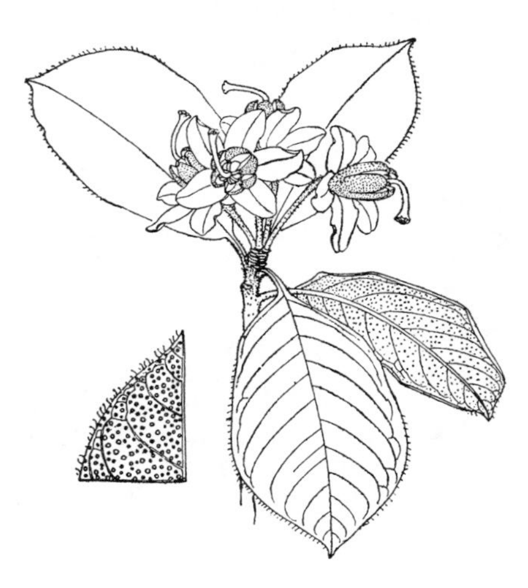

图 924 黄花花杜鹃 （曾孝濂绘）

产西藏东南部，生于海拔2000-2500米阔叶林中或岩壁。不丹及印度东北部有分布。

63. 硫磺杜鹃 图 925

Rhododendron sulfureum Franch. in Bull. Soc. Bot. France. 34: 283. 1887.

常绿灌木；常附生。幼枝被鳞片和刚毛。叶革质，倒卵形、长圆状倒卵形或倒披针形，长2.6-8.6厘米，先端圆或钝，具小短尖头，边缘及中脉和侧脉无毛；上面常被疏鳞片，下面

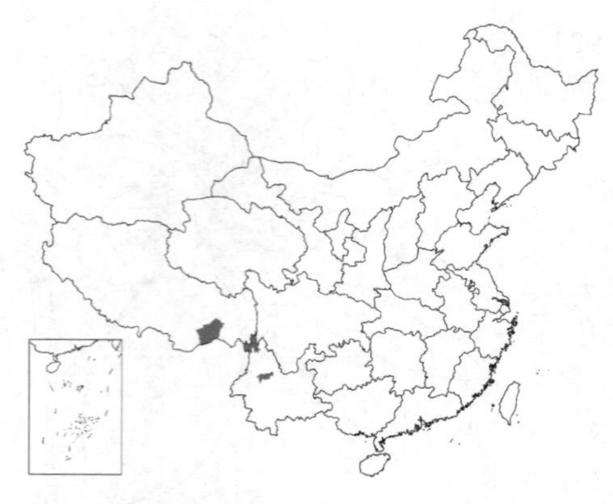

灰白色，密被褐色小鳞片；叶柄长0.4-1.2厘米，被鳞片，常有刚毛。伞形花序顶生，有4-8花。花梗长0.8-2厘米，被鳞片；花萼长3-6毫米，5深裂，膜质，外面被鳞片，边缘或具疏睫毛；花冠宽钟状，长1.3-2厘米，鲜黄或深硫磺色，裂片近圆形，上方有橙黄色斑点，冠筒长0.8-1.1厘米，被鳞片或疏柔毛；雄蕊10，稍短于花冠，花丝下部密被毛；子房5室，密被鳞片，花柱粗短，基部弓弯，被鳞片。蒴果长圆状卵圆形，长0.8-1.1厘米，被鳞片，有宿萼。花期3月下旬至6月。

产云南西北部及西藏东南部，生于海拔2500-4000米灌丛或林中，常附生树上，也生于峭壁、岩石或漂砾上。缅甸东北部有分布。

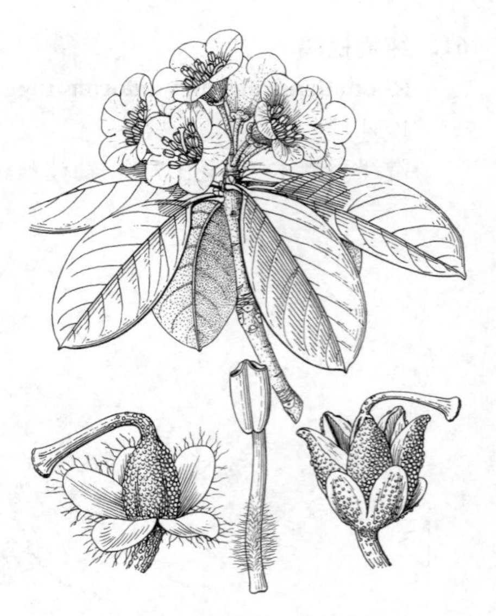

图 925 硫磺杜鹃 （引自《图鉴》）

64. 茶花杜鹃 图 926

Rhododendron camelliiflorum Hook. f. Rhodod. Sikkim Himal. t. 28. 1851.

常绿灌木；常附生，高达2米。叶革质，长圆形或长圆状披针形，长8-10厘米，先端钝或锐尖，有小短尖头，基部楔形，上面光滑或有少数鳞片，下面密被锈色鳞片，鳞片密接或稍呈覆瓦状，或相距为其直径之半。花序顶生，伞状，常具2花。花梗粗短，密被鳞片；花萼5深裂，裂片宽卵形，长约6毫米，外面近基部有少数鳞片，无缘毛；花冠钟状，白色，带淡红晕，质厚，长1.5-2.5厘米，冠筒短宽，裂片开展，外面散生鳞片，内面喉部密被一圈柔毛；雄蕊12-16，花丝下部被柔毛；子房5-10室，密被鳞片，花柱粗短，短于雄蕊，稍弯，无鳞片。蒴果长圆形，长约1.3厘米，密被鳞片，有宿萼。

图 926 茶花杜鹃 （曾孝濂绘）

产西藏南部，附生于阔叶林中树干或岩石上。印度大吉岭、尼泊尔、锡金及不丹有分布。

65. 雅容杜鹃 图 927

Rhododendron charitopes Balf. f. et Farrer in Notes Roy. Bot. Gard. Edinb. 13: 243. 1922.

常绿小灌木，高达0.9（-1.5）米。幼枝具鳞片。叶芳香，少而疏，革质，倒卵形或倒卵状椭圆形，长2.6-7厘米，先端具短尖头，上面暗绿色，常被鳞片，下面苍白色，密被2型鳞片，淡黄色鳞片较小较密，褐色的较大较疏；叶柄长4-6毫米，被鳞片。伞形花序顶生，有（2）3-4（-6）花。花梗长1.8-3厘米，被鳞片；花萼长0.6-1厘米，5裂至基部，被鳞片，常有睫毛；花冠钟状或宽钟状，长1.5-2.6厘米，白、粉红、淡紫或深红紫色，有时具深色斑点，外面被鳞片并常被疏毛；雄蕊10，花丝被柔毛；子房5

室，花柱粗短，弓弯，常光滑。蒴果长圆状卵形，长0.8-1厘米，被鳞片，包于宿萼内。花期5-6月。果期7-8月。

产云南西北部，生于海拔3000-4200米山坡灌丛、岩坡或峭壁上。缅甸东北部有分布。

图 927 雅容杜鹃 （引自《图鉴》）

66. 弯柱杜鹃 图 928

Rhododendron campylogynum Franch. in Bull. Soc. Bot. France 32: 10. 1885.

常绿矮小灌木；分枝密集而匍匐常成垫状，被鳞片和疏柔毛。叶厚革质，倒卵形或倒卵状披针形，长0.7-2.5（-3）厘米，先端具钝突尖，边缘具小圆齿，上面暗绿色，有光泽，常有疏鳞片，下面苍白色，被脱落性小鳞片，鳞片相距为其直径1-6倍；叶柄长2-4毫米，被疏鳞片。花序顶生，伞形，具1-4（5）花。花梗长达5厘米，直立；花萼长1-6毫米，5裂至基部，粉红至深紫色，常无鳞片；花冠宽钟状，肉质，下垂，长1-2（-2.3）厘米，紫红或暗紫色，外面被白霜，无鳞片；雄蕊（8）10，花丝下部被柔毛；子房5室 ，花柱粗，稍弯或下倾。蒴果卵圆形，长5-9毫米，疏被鳞片，有宿萼。花期6-7月，果期9月。

产云南及西藏东南部，生于海拔2700-4500(-5100)米高山杜鹃灌丛、草甸或岩坡上。缅甸东北部有分布。

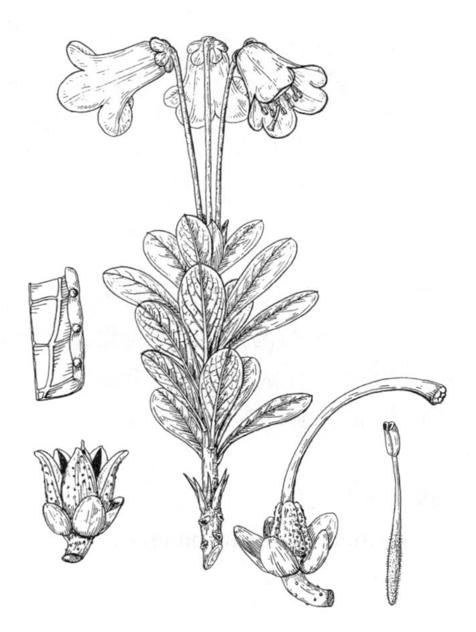

图 928 弯柱杜鹃 （引自《图鉴》）

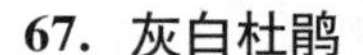

67. 灰白杜鹃 图 929

Rhododendron genestierianum Forrest in Notes Roy. Bot. Gard. Edinb. 12: 122. 1920.

常绿灌木，高达3（-5）米。幼枝被鳞片。叶薄革质，5-10片集生枝顶，披针形、长圆状披针形或倒披针形，长（3-）5-15厘米，上面亮绿色，疏被鳞片或无，下面苍白色，疏被金黄或褐色鳞片，鳞片边缘全缘；叶柄长0.5-2.5厘米，被鳞片。花序顶生，总状，有（4-）10-15花；花序轴粗壮，长0.3-5厘米。花梗细，长1.6-3厘米，淡红紫色，被白粉；花萼长1-2毫米，带红色，被白粉，5浅裂；花冠钟状，肉质，长1.3-1.8厘米，深红紫色，被白粉，光滑；雄蕊8-10，花丝无毛，基部红色；子房5室，被鳞

片，花柱粗，弓弯，光滑。蒴果卵状长圆形，长6-9毫米，被鳞片，有宿萼。花期4月下旬至5月，果期6-8月。

产云南西北部及西藏东南部，生于海拔2000-3700(-4500)米常绿阔叶林林缘、沟边杂木林或高山灌丛中。缅甸东北部有分布。

图 929 灰白杜鹃 （引自《图鉴》）

68. 鳞腺杜鹃 图 930

Rhododendron lepidotum Wall. ex G. Don in Gen. Hist. Dichlam. Pl. 3: 845. 1834.

常绿小灌木，高达1.5（-2）米。小枝细长，有疣状突起，密被鳞片或有刚毛。叶薄革质，倒卵形、长圆状披针形或披针形，长（0.4-）1.2-2.4(-3.8)厘米，两面密被鳞片，下面苍白色，鳞片黄绿色，常重叠成覆瓦状。花序伞状，具1-3（4）花。花梗细，长1-3.8厘米，被鳞片；花萼长2-4毫米，5深裂，被鳞片和有缘毛；花冠宽钟状，长0.9-1.7厘米，花淡红、深红、紫、白、淡绿至黄绿色，密被鳞片；雄蕊（8-）10，花丝被柔毛；子房5室，密被鳞片，花柱粗短，弓弯，光滑。蒴果长4-8毫米，被密鳞片，具宿萼。花期5-7月，果期7-9月。

产四川西南部、云南西北部、西藏南部及东南部，生于海拔1700-3600（-4200）米针阔混交林、杂木林、杜鹃灌丛或高山灌丛草地。尼泊尔、不丹、锡金及缅甸东北部有分布。

图 930 鳞腺杜鹃 （冀朝祯绘）

69. 辐花杜鹃 图 931

Rhododendron baileyi Balf. f. in Notes Roy. Bot. Gard. Edinb. 11: 23. 1919.

常绿小灌木。幼枝被鳞片。叶革质，窄长圆形、倒卵形、椭圆形或长圆状卵形，长2-4（-7）厘米，先端短突尖，上面亮绿色，幼时密被鳞片，下面肉桂色或褐锈色，密被鳞片，鳞片片状，边缘有细钝齿，相重叠常成覆瓦状排列；叶柄长0.3-1.5厘米，被鳞片。短总状花序顶生，有5-10（-12）花，花序轴长0.5-2.5厘米。花梗细，长1.2-3.5厘米，被鳞片；花萼长1.5-4毫米，5深裂，带红色，外面密被鳞片，常有缘毛；花冠辐状，长0.8-1.6厘米，红紫色，上方3裂片有深紫堇色斑点，被鳞片，

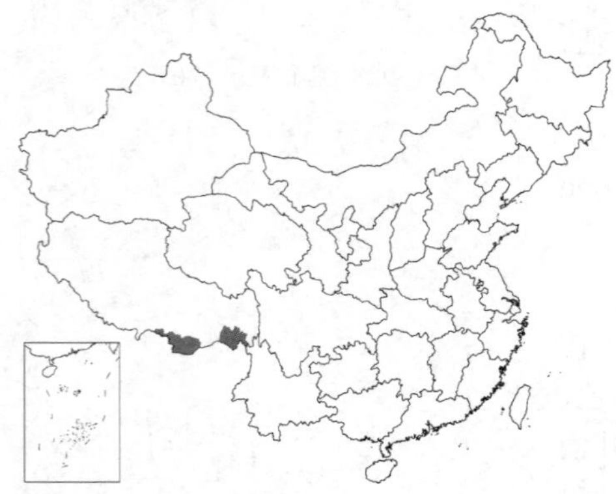

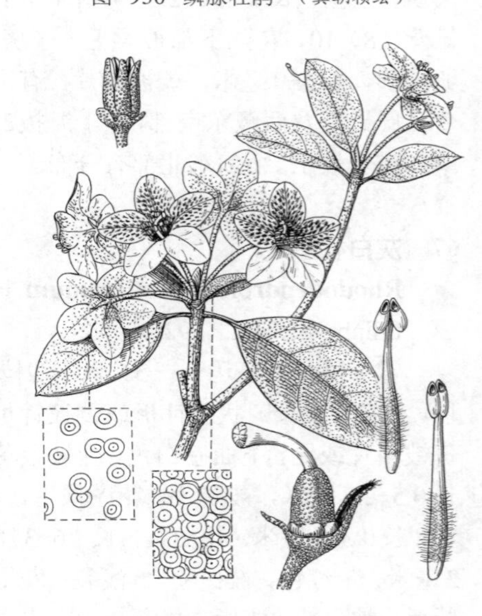

图 931 辐花杜鹃 （冀朝祯绘）

雄蕊10，花丝被柔毛；子房5室，密被鳞片；花柱粗短，弓弯。蒴果长圆状卵形，长5-8毫米，密被鳞片，有宿萼。花期5-6月，果期7-8月。

产西藏南部及东南部，生于海拔3000-4300米高山灌丛草甸、云杉桦木林、高山栎林、冷杉林下或岩石上。锡金及不丹有分布。

70. 毛冠杜鹃

图 932

Rhododendron laudandum Cowan in Notes Roy. Bot. Gard. Edinb. 19: 222. 1937.

常绿小灌木，高达0.6（-1.2）米。幼枝被鳞片及小刚毛。叶芽芽鳞宿存。叶革质，芳香，长圆状卵形、椭圆形或近圆形，长0.9-1.8厘米，先端有小短突尖头，上面幼时被疏鳞片，下面密被暗红褐色、撕裂状具柄鳞片，鳞片柄长短不一形成重叠的2-3层；叶柄长2-4毫米。花序顶生，头状，有5-10花。花梗长3-6毫米，被鳞片和柔毛；花萼带红色，长4-6毫米，5深裂，外面密被鳞片，边缘密被长缘毛；花冠窄筒状，长0.8-1.8厘米，粉色，无鳞片，冠筒较裂片长，内外被柔毛；雄蕊5（6），内藏于花管；子房5室，被鳞片和柔毛，花柱粗，常短于子房，长不及2毫米。蒴果卵圆形，长2-4毫米，被鳞片，包于宿萼内。花果期5-7月。

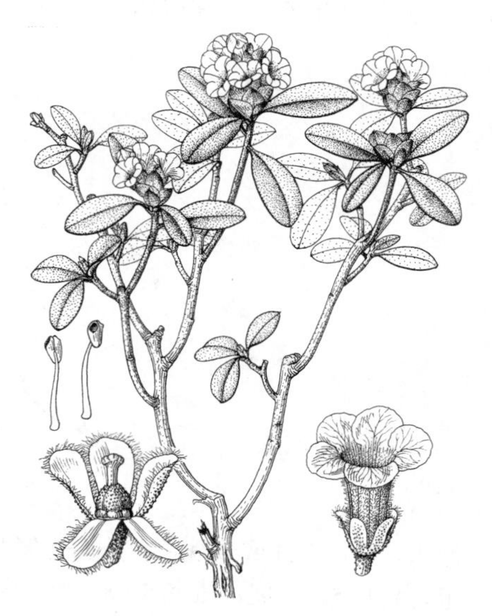

图 932 毛冠杜鹃 （冀朝祯绘）

产西藏东部，生于海拔4000-5100米岩坡、高山灌丛或草甸。不丹有分布。

71. 红背杜鹃

图 933 彩片 211

Rhododendron rufescens Franch. in Journ. de Bot. 9: 396. 1895.

常绿小灌木，高达0.5（-1）米。幼枝被鳞片和细刚毛。叶芽芽鳞早落。叶革质，有芳香，椭圆形或卵状长圆形，长1-2.5厘米，先端有小突尖头，上面无鳞片，下面密被棕肉桂色或暗棕褐色鳞片，鳞片2-3层重叠成海绵状；叶柄长2-5毫米，被鳞片。花序顶生，头状，有5-8（-12）花。花梗长约2毫米；花萼淡紫色，长3-4毫米，5深裂，外面常无鳞片，边缘密被长缘毛和鳞片；花冠窄筒状，长1.2-1.7厘米，白或淡红色，外面常被疏鳞片，冠筒较裂片长，内面喉部密被髯毛；雄蕊5，内藏，花丝无毛；子房长约1毫米，花柱粗，长约1毫米，无毛。蒴果卵圆形，长约3毫米，包于宿萼内。花期5-7月，果期9月。

图 933 红背杜鹃 （冀朝祯绘）

产青海东南部及四川，生于海拔3600-4600米岩坡、高山灌丛草地。

72. 毛喉杜鹃 图 934

Rhododendron cephalanthum Franch. in Bull. Soc. Bot. France 32: 9. 1885.

常绿小灌木，半匍匐状，高达0.6（-1.5）米。叶芽芽鳞宿存；幼枝被毛和鳞片。叶厚革质，长圆状椭圆形或长圆状卵形，芳香，长1-3.5厘米，先端有短突尖，上面无鳞片，下面密被淡黄褐或带红褐色鳞片，鳞片重叠成2-3层；叶柄长约3毫米，被鳞片。花序顶生，5-10花密集成头状。花梗长2-5毫米；花萼淡黄绿色，长4-7毫米，5深裂，外面无鳞片，边缘有长缘毛；花冠窄筒状，长0.8-1.5(-2)厘米，白、粉红或玫瑰色，外面无鳞片，冠筒长于裂片，内面喉部密被髯毛，裂片5，开展；雄蕊5（8）枚，内藏；子房长1-2毫米，花柱陀螺状，约与子房等长。蒴果卵圆形，长3-4毫米，被鳞片，包于宿萼内，花柱宿存。花期5-7月，果期9-11月。

图 934 毛喉杜鹃 （引自《图鉴》）

产甘肃南部、青海南部、四川、云南西北部及西藏东南部，生于海拔3000-4600米高山灌丛草甸，常为优势种。缅甸东北部有分布。

73. 毛花杜鹃 图 935

Rhododendron hypenanthum Balf. f. in Notes Roy. Bot. Gard. Edinb. 9: 291. 1916.

常绿小灌木，高达95厘米。幼枝被小刚毛和鳞片。叶芽芽鳞宿存。叶革质，芳香，椭圆形，长圆状椭圆形或倒卵状椭圆形，长1.2-4.2厘米，先端具小短尖头，上面无鳞片，下面密被2-3层暗红褐色鳞片；叶柄长3-7毫米，被鳞片。花序顶生，近伞形，有5-7(-10)花。花梗长2-4毫米，被鳞片；花萼长2-4毫米，5深裂，外面被鳞片，边缘密被睫毛；花冠窄筒状漏斗形，黄或柠檬色，长1.2-1.9厘米，外面无鳞片，冠筒与裂片近等长，内面喉部有密髯毛；雄蕊5-6(-8)，内藏于花管，花丝无毛；子房长约1毫米，花柱粗短，棍棒状，约与子房等长。蒴果卵圆形，长3-5毫米，被鳞片，包于宿萼内。花期5-7月，果期8-9月。

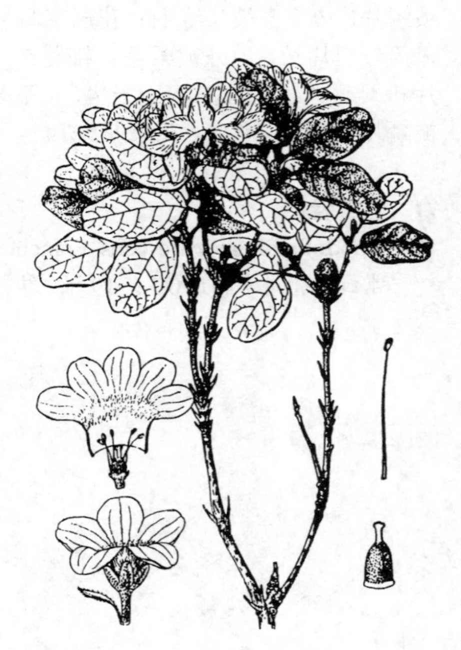

图 935 毛花杜鹃 （引自《图鉴》）

产西藏南部，生于海拔3500-4500(-5200)米山坡灌丛中，常为高山杜鹃灌丛中优势种。尼泊尔、锡金、不丹及印度有分布。

74. 髯花杜鹃 图 936 彩片 212

Rhododendron anthopogon D. Don in Mem. Wern. Soc. 3: 409. 1821.

常绿小灌木，高达1（-1.5）米。分枝细密而交错，常成匍匐状，被小

刚毛和鳞片。叶革质，芳香，倒卵状椭圆形或卵形，长1.5-3.5（-4）厘米，先端有短尖头，上面常有疏鳞片，下面密被红褐和深黄棕色鳞片，常重叠成2-3层；叶柄长3-8毫米，被鳞片。花序顶生，近伞形，有4-6（-9）花。花梗长2-4毫米，被鳞片；花萼长3-5（6）毫米，5深裂，被鳞片，边缘被密睫毛；花冠窄筒状漏斗形，长1.2-2厘米，粉红或稍黄色，无鳞片，冠筒长于裂片，内面密被髯毛；雄蕊（5）6-8（-11），内藏于花管；子房4-5室，长约1毫米，花柱粗短，棍棒状，约与子房等长。蒴果卵球形，长3-5毫米，被鳞片，包于宿萼内。花期4-6月，果期7-8月。

图 936 髯花杜鹃 （引自《图鉴》）

产西藏南部，生于海拔3000-4500（-5000）米岩壁、石坡或高山桧灌丛中。不丹、锡金、尼泊尔、印度东北部及克什米尔地区有分布。叶芳香，在西藏寺院中常用作薰香；花药用，治气喘。

75. 烈香杜鹃 图 937 彩片 213

Rhododendron anthopogonoides Maxim. in Bull. Acad. St Pétersb. 23: 350. 1877.

常绿灌木。幼时密被鳞片和柔毛。叶芽芽鳞早落。叶芳香，革质，卵状椭圆形、宽椭圆形或卵形，长1.5-3.5（-4.7）厘米，先端具小突尖头，上面常疏被鳞片，下面褐色，密被重叠成层、暗褐和带红棕色的鳞片；叶柄长2-5毫米，被鳞片和柔毛。头状花序顶生，有10-20花。花梗长1-2毫米；花萼长3-4（-4.5）毫米，常淡黄红色，裂片外面无鳞片，边缘蚀痕状，有鳞片或睫毛；花冠窄筒状漏斗形，长1-1.4厘米，淡黄绿色，有浓香，无鳞片或稍被柔毛，冠筒较裂片约长3倍，内面喉部密被髯毛；雄蕊5，内藏于花管；子房长1-2毫米，花柱陀螺形，约与子房等长。蒴果卵圆形，长3-4.5毫米，被鳞片，包于宿萼内。花期6-7月，果期8-9月。

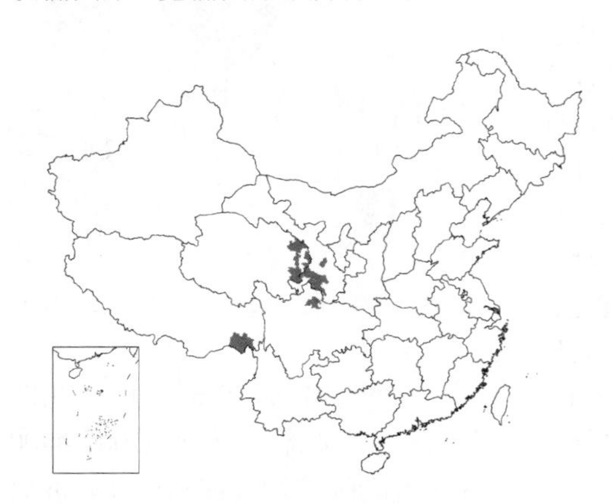

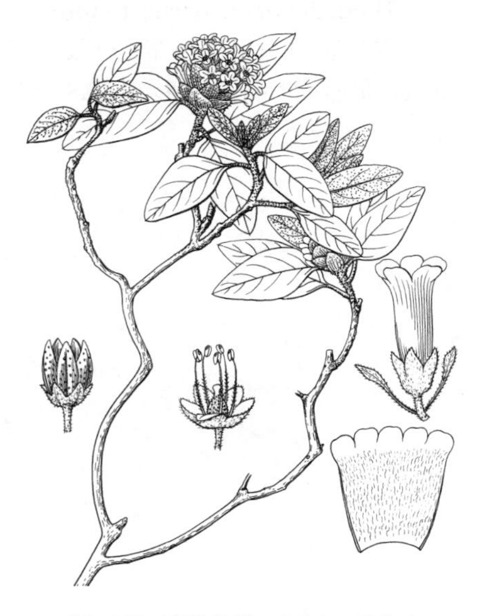

图 937 烈香杜鹃 （引自《图鉴》）

产甘肃、青海东部、四川北部及西藏东南部，生于海拔2900-3700米山坡林下或灌丛中，常为优势种。蜜源植物；叶含挥发油，作香料和化工原料；药用，治气管炎；叶为羚、麝、山羊等饲料。

76. 樱草杜鹃 图 938

Rhododendron primuliflorum Bureau et Franch. in Journ. de Bot. 5: 95. 1891.

常绿小灌木，高达1（-2.5）米。幼枝被鳞片和短刚毛。叶革质，芳香，长圆形，长圆状椭圆形或卵状长圆形，长0.8-2.5（-3.5）厘米，先端有小突尖头，上面光滑，下面密被2-3

层、淡黄褐、黄褐或灰褐色鳞片；叶柄长2-5毫米，密被鳞片。花序顶生，头状，有5-8花。花梗长2-4毫米，被鳞片；花萼长3-6毫米，外面疏被鳞片，有缘毛或无；花冠窄筒状漏斗形，白色具黄色的筒部，稀全为粉红或蔷薇色，长1.2-1.9厘米，冠筒较裂片长约1倍，外面无毛或疏被鳞片，内面喉部被长柔毛；雄蕊5（6），藏于冠筒；花柱粗短，约与子房等长，陀螺状，光滑。蒴果卵状椭圆形，长4-5毫米，密被鳞片。花期5-6月，果期7-9月。

产甘肃南部、青海南部、西藏、四川及云南西北部，生于海拔2900-4100（-5100）米高山灌丛草甸、岩坡或沼泽草甸。

图 938 樱草杜鹃 （引自《图鉴》）

77. 毛嘴杜鹃 图 939

Rhododendron trichostomum Franch. in Journ de Bot. 9: 396. 1895.

常绿灌木，高达1.5米。分枝细瘦，多而缠结，密被鳞片和小刚毛。叶革质，卵形或卵状长圆形，长0.8-3.2厘米，先端具短尖头，幼叶上面被鳞片，沿中脉有微柔毛，下面淡黄褐或灰褐色，被重叠成2-3层长短不齐的有柄鳞片，最下层鳞片金黄色，较其它层色浅；叶柄长2-4毫米，被鳞片。花序顶生，头状，有6-10（-20）花。花梗长1-5毫米，被鳞片；花萼长0.5-2（3）毫米，外面常被鳞片，边缘常有鳞片并稍有缘毛；花冠窄筒状，白、粉红或蔷薇色，长0.8-1.6（-2）厘米，冠筒较裂片长，外面无鳞片，内面喉部被长柔毛；雄蕊5，内藏于冠筒；子房长约1毫米，花柱粗短，陀螺状，光滑。蒴果卵圆形或长圆形，长3-5毫米，密被鳞片。花期5-7月。

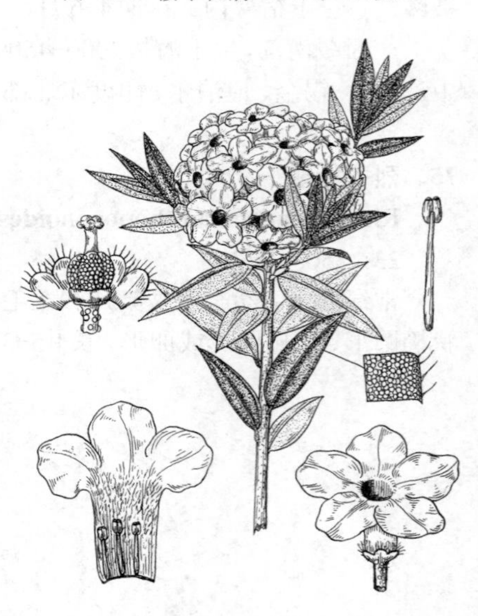

图 939 毛嘴杜鹃 （仿《Curtis's Bot. Mag.》）

产青海南部、西藏东部、四川西部及云南西北部，生于海拔3000-4400米高山草甸、岩坡、灌丛或针阔混交林下。

78. 缺顶杜鹃 图 940

Rhododendron emarginatum Hemsl. et Wils. in Kew Bull. 1910: 118. 1910.

常绿灌木，高达1米。枝上部开展，下部匍伏扭曲。小枝粗糙，密被疣状小鳞片。叶厚革质，2-4片聚生枝端，倒卵形或倒披针形，长2-3.8厘米，宽1-1.8厘米，先端钝圆，微缺，基部渐窄或多少下延，上面中脉和侧脉凹下，幼时疏被小鳞片，下面淡黄色，疏生凹点状小鳞片，鳞片相距约为其直径3倍。单花顶生，基部有数枚苞片。花梗长约2厘米，被鳞片；花萼小，波状，外被鳞片；花冠钟状，黄色，长1.3-2厘米，外面被疏鳞片，裂片圆形，开展；雄蕊10，花丝宽扁，被柔毛；子房5室，密被鳞片，花柱无毛。蒴果圆柱状，长1.2-2厘米，被突起小鳞片，成熟时红褐色。种子两端有尾状附属物。花期10月-翌年1月。

产广西南部、贵州西南部及中南部、云南东南部，生于海拔1200-2000米，附生于阔叶林中树上或岩石上。越南有分布。

图 940 缺顶杜鹃 （引自《图鉴》）

79. 越桔杜鹃 图 941

Rhododendron vaccinioides Hook. f. Rhodod. Sikkim Himal. part 2: 3. 1851.

常绿附生小灌木，高达1米。枝条常下垂，有密瘤状腺体。粗糙，幼枝密被有柄腺体。叶厚革质，匙状倒披针形，长1.3-2厘米，宽5-8毫米，先端圆，有缺刻和短尖头，向基部渐窄成有翅叶柄，上面光滑，下面疏生凹点状小鳞片，侧脉不显。花序顶生，有1-2花。花梗长1-1.5厘米，有腺状鳞片；花萼5裂，裂片长3毫米，外面被少数鳞片；花冠钟状，长约8毫米，粉紫或白色带粉红色，冠筒较裂片长，长约5毫米，外面疏生腺状鳞片；雄蕊10；花冠管长；子房5室，密被鳞片，花柱短于雄蕊，粗壮。蒴果线状长圆形，长约2厘米，被鳞片，裂瓣从顶端开裂外弯。种子两端有线状长尾附属物，长约7毫米。花期5-6月，果期7-9月。

产云南西北部及东南部、西藏东南部，生于海拔1800-3100米常绿阔叶林与混交林中，附生于树干或岩面。尼泊尔、印度（大吉岭）、锡金、不丹及缅甸北部有分布。

图 941 越桔杜鹃 （引自《图鉴》）

80. 糙毛杜鹃 图 942 彩片 214

Rhododendron trichocladum Franch. in Bull. Soc. Bot. France 33: 234. 1886.

落叶灌木，高达2米。幼枝密被长刚毛和疏鳞片。叶坚纸质，倒卵形、倒卵状椭圆形或长圆状披针形，长1.5-4（-6）厘米，边缘被长刚毛，上面疏被鳞片，鳞片褐色，近等大，相距为其直径1-7倍，并疏被长刚毛，老叶仅中脉被毛；叶柄长1-5毫米，被鳞片和长刚毛。花序顶生，伞状，有2-5花。花梗长0.6-1.2（-3.5）厘米，疏被鳞片，无毛或疏生长刚毛；花萼5裂，裂片不等大，长2-5（-7）毫米，被鳞片及长缘毛；花冠漏斗状钟形，长1.4-2.4厘米，淡黄或桔黄色，有时具绿色斑点，外面被鳞片，稀被长刚毛；雄蕊10，花丝被柔毛；子房5室，花柱粗壮，弯弓状。蒴果长圆状卵

圆形，长0.5-1厘米，被鳞片，花萼宿存。花期5-7月。

产云南西部及西北部、西藏东南部，生于海拔2000-3600高山灌丛草地、杂木林或栎林中。缅甸东北部有分布。

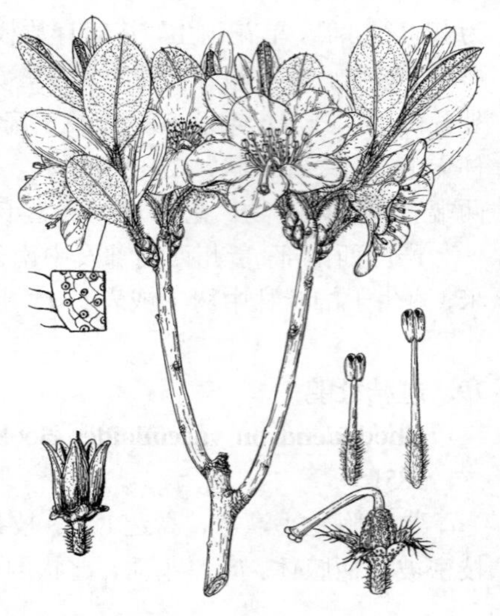

图 942 糙毛杜鹃 （引自《图鉴》）

81. 弯月杜鹃 图 943

Rhododendron mekongense Franch. in Journ. de Bot. 12: 263. 1898.

落叶灌木，高达1.5（-2）米。分枝细而挺直，幼时被刚毛，无鳞片。叶革质，倒卵形、倒披针形或倒卵状椭圆形，长2-5（-6.5）厘米，先端具短尖头，边缘疏被长纤毛，上面暗绿色，光滑，下面粉绿色，被不等大小鳞片，淡褐或暗褐色，相距为其直径1-4倍，幼叶中脉被长纤毛；叶柄长1-2（-5）毫米，被鳞片和长刚毛。花序顶生，伞状，具2-5花。花梗长1-2.5厘米，被鳞片或疏被长刚毛；花萼长2-5（-7）毫米，被鳞片并常有长缘毛；花冠黄色，钟状或宽钟状，长1.5-2.3厘米，常被鳞片；雄蕊10，花丝被毛；子房5室，密被鳞片，花柱粗短，弯弓状，光滑。蒴果长圆形，长0.7-1.1厘米，密被鳞片，果柄长达3.2厘米，有宿萼。花期5-6月。

产云南西北部及西部、西藏东南部，生于海拔3000-3800米山坡阳处，灌丛、林缘、竹丛或冷杉杜鹃林内。尼泊尔及缅甸东北部有分布。

图 943 弯月杜鹃 （孙英宝绘）

82. 爆杖花 图 944 彩片 215

Rhododendron spinuliferum Franch. in Journ. de Bot. 9: 399. 1895.

常绿灌木，高达1.5（-3.5）米。幼枝有灰色柔毛和刚毛。叶散生，坚纸质，椭圆状倒披针形或倒披针形，长3-8（-11）厘米，宽1.3-3（-3.8）厘米，先端具短尖头，上面有柔毛或无毛，近边缘有短刚毛，中脉、侧脉及网脉凹下叶面呈皱纹状，下面淡绿色，密被灰白色柔毛和鳞片；叶柄长3-6毫米，被柔毛、刚毛和鳞片。伞形花序生枝顶叶腋，有2-4花，被柔毛和鳞片。花萼浅杯状，长约1毫米，被柔毛和鳞片；花冠朱红或橙红色，长1.5-2.5厘米，筒状，两端稍窄缩，外面常无毛、无鳞片，裂片约为冠筒长1/2，卵形，直立；雄蕊10，稍长于花冠，花药紫黑色，花丝无毛；子房5室，密被绵毛

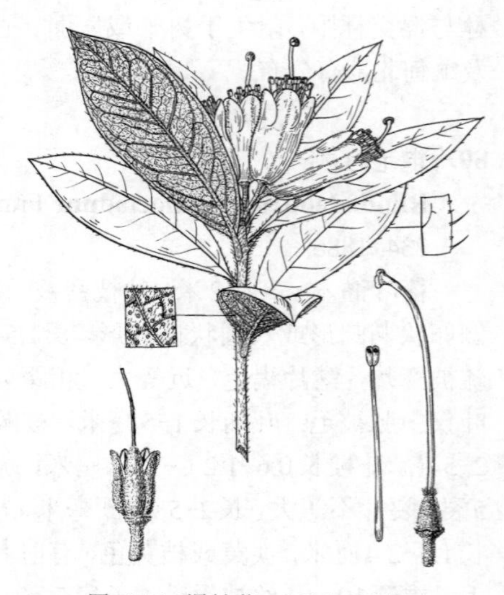

图 944 爆杖花 （引自《图鉴》）

和鳞片。蒴果长圆形，长1-1.4厘米，被毛和鳞片。花期2-6月。

产广西西北部、云南、四川及贵州西北部，生于海拔1900-2500米沟谷、疏林或灌丛中。

83. 柔毛杜鹃 图 945

Rhododendron pubescens Balf. f. et Forrest in Notes Roy. Bot. Gard. Edinb. 12: 153. 1920.

常绿小灌木，高约1米。幼枝密被短柔毛和较长细刚毛，杂生橙红色鳞片。叶厚革质，窄椭圆形或窄披针形，长1.8-2.4(-3)厘米，宽3-6毫米，先端具短尖头，边缘反卷，上面深绿色，幼时密被短柔毛和较长刚毛，杂生疏鳞片，下面灰绿色，毛被和鳞片较上面更密并宿存；叶柄长约3毫米，被毛。花序近伞形，有3-4花，生于近顶端叶腋。花梗长6-8毫米，被柔毛、刚毛和鳞片；花萼小，环状或波状5裂，密被柔毛和鳞片，边缘有细刚毛；花冠淡红色，长（6-）8（-11）毫米，宽漏斗状，裂片长于冠筒，开展，外面被鳞片；雄蕊8-10，花丝近基部被柔毛；子房5室。蒴果长圆形，长约6毫米，被鳞片和疏柔毛。花期5-6月。

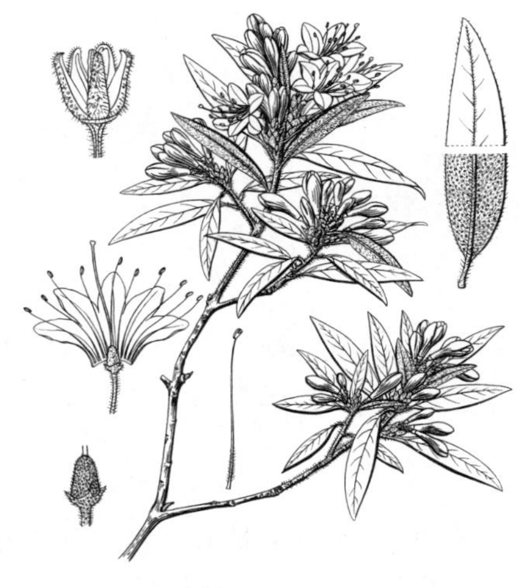

图 945 柔毛杜鹃 （引自《图鉴》）

产四川西南部及云南西北部，生于海拔2700-3500米灌丛、岩坡或疏林中。

84. 糙叶杜鹃 图 946

Rhododendron scabrifolium Franch. in Bull. Soc. Bot. France 33: 236. 1886.

常绿灌木，高达2（3）米。枝条挺直，被长刚毛和柔毛。叶坚纸质，窄椭圆形或倒披针形，长3-5(-7)厘米，先端具短尖头，上面被短毛和杂有长硬毛，下面沿脉密被灰白色细硬毛和黄色小鳞片，边缘密生硬毛；叶柄长3-6毫米，被长刚毛。侧生花序生于枝顶叶腋，伞形，有2-3花。花梗长1-1.4厘米，密被柔毛、鳞片并杂生长硬毛；花萼长4-6毫米，外面密被柔毛和鳞片，边缘有密粗睫毛；花冠白或粉红色，长1.5-1.8厘米，宽漏斗状，裂片长于冠筒，外面被疏鳞片；雄蕊10，约与花冠等长，花丝基部被柔毛；子房5室，密被细硬毛和鳞片，花柱伸出花冠。蒴果长圆形，长5-8毫米，被硬毛和鳞片。花期2-4月。

图 946 糙叶杜鹃 （仿《Curtis's Bot. Mag.》）

产广西东北部、四川西南部及云南，生于海拔2000-2600米杂木林、松林或山坡灌丛中。

85. 柳条杜鹃 图 947

Rhododendron virgatum Hook. f. Rhodod. Sikkim Himal. t. 26. 1851.

灌木，高达1.5（-2）米。枝条细长，密被鳞片。叶窄长圆形或长圆形，长2.5-5.5厘米，上面疏被鳞片，下面带灰白色，密被褐色鳞片，鳞片大小不等；叶柄长3-4毫米，密被褐色鳞片。花1（2）朵腋生，花芽芽鳞在花期宿存，外面密被白色微柔毛。花梗长3-4毫米，被鳞片；花萼长1-2毫米，被鳞片；花冠漏斗状，淡紫红或深紫红色，长2.5（-3.7）厘米，冠筒长1.1（-2）厘米，外面密被鳞片和灰白色短柔毛；雄蕊10，花丝近基部被短柔毛；子房密被鳞片，花柱长，伸出，下部疏被鳞片，密生灰白色短柔毛，果时常宿存，下弯。蒴果长圆形，长0.8-1厘米，被鳞片，有宿存花萼。种子两端有尾尖附属物。花期3-5月。

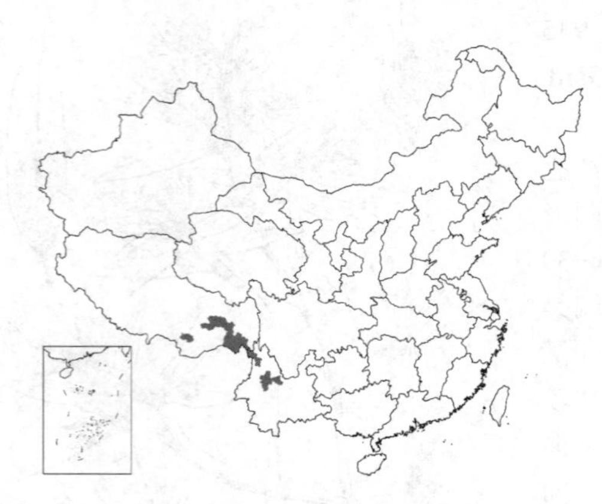

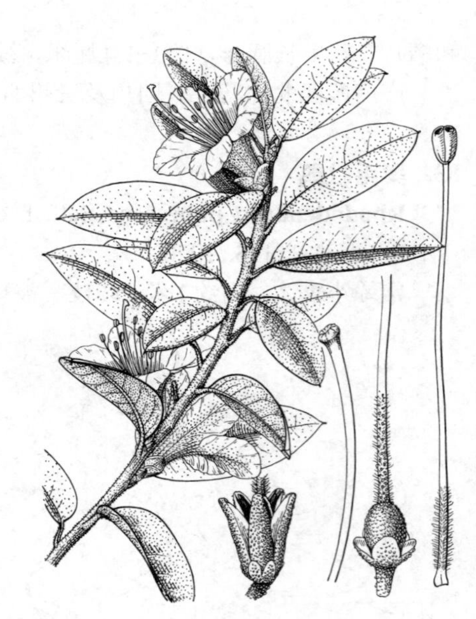

图 947 柳条杜鹃 （冀朝祯绘）

产云南西北部及西藏东南部，生于海拔2400-2700（-3800）米路边灌丛、山坡、林缘或针、阔叶林下。尼泊尔、印度大吉岭、锡金及不丹有分布。

86. 腋花杜鹃 图 948

Rhododendron racemosum Franch. in Bull. Soc. Bot. France 33: 235. 1886.

常绿灌木，高达1.5（-3）米。幼枝被黑褐色腺鳞。叶革质，有香气，宽倒卵形或长圆状椭圆形，长1.5-4（5）厘米，先端具短尖头，上面密被黑褐色小鳞片，下面灰白色，密被褐色近等大鳞片，鳞片相距稍小于其直径；叶柄长2-4毫米，被鳞片。花序腋生枝顶或上部叶腋，有2-3花。花梗长达1.5厘米，被鳞片；花萼小，环状或波状浅裂，密被鳞片，无缘毛；花冠粉红或淡紫红色，宽漏斗状，长0.7-1.2（-1.7）厘米，外面疏被鳞片，冠筒与裂片近等长或稍短，有时内面被柔毛；雄蕊10，伸出花冠外，花丝基部密被柔毛；子房5室，密被鳞片，花柱较雄蕊长。蒴果长圆形，长0.5-1厘米，被鳞片。花期3-5月。

图 948 腋花杜鹃 （引自《图鉴》）

产四川、贵州西北部及云南，生于海拔1500-4300米灌丛草地、松-栎林下或冷杉林林缘。

87. 兴安杜鹃 图 949 彩片 216

Rhododendron dauricum Linn. Sp. Pl. 392. 1753.

半常绿灌木，高达1.5（-2）米。新枝叶生于花芽下面叶腋；幼枝被鳞片和柔毛。叶近革质，长圆形或椭圆形，长1-3.5（-4）厘米，先端具短尖头，上面深绿色，疏被灰白色鳞片，下面淡绿色，密被相互邻接或成覆瓦状的鳞片；叶柄长约2毫米，被微柔毛。

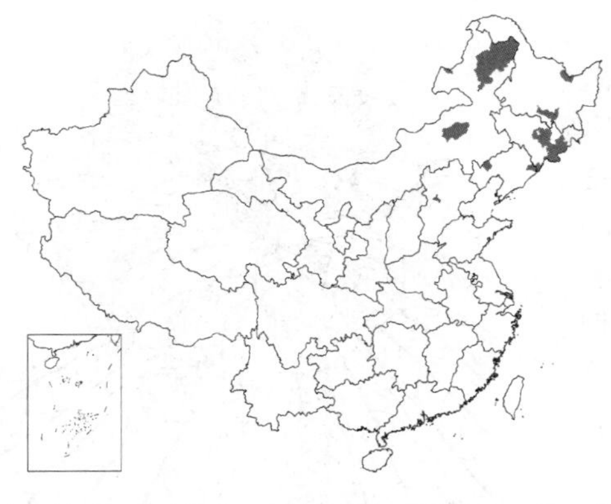

花序顶生或侧生于枝端，有1-2（-4）花。花梗长约8毫米，被柔毛；花萼很小，环状，密被鳞片；花冠淡紫红或粉红色，宽漏斗状，长1.4-2.3厘米，外面近基部被柔毛，冠筒约与裂片等长；雄蕊10，伸出，花丝基部被柔毛；子房密被鳞片，花柱较雄蕊稍长，无毛。蒴果长圆形，长1-1.5厘米，被鳞片。花期5-6月，果期7月。

产黑龙江、吉林、辽宁、内蒙古东部及河北中部，生于干燥石质山坡、山脊灌丛中或柞木林下。俄罗斯西伯利亚北部、蒙古、日本北部及朝鲜有分布。叶含多种挥发油及多种黄酮类成分，药用，主治急、慢性气管炎，根可止痢，主治肠炎，急性菌痢。

图 949 兴安杜鹃 （引自《图鉴》）

88. 迎红杜鹃　　图 950 彩片 217

Rhododendron mucronulatum Turcz. in Bull. Soc. Nat. Mosc. 7: 155. 1837.

落叶灌木。新枝叶生于花芽下面叶腋；小枝细长，疏生鳞片。叶散生，纸质，长圆形或卵状披针形，长3-6（-8）厘米，边缘稍波状，上面幼时沿脉被微毛，疏被白色鳞片，下面淡绿色，疏被鳞片，其相距为其直径2-4倍；叶柄长3-5毫米。先叶开花，单生或2-5花簇生枝顶。花梗长0.5-1厘米，被鳞片；花萼小，环状或5齿裂，被鳞片；花冠淡红紫色，宽漏斗状，长2.4-3厘米，外面被微毛，裂片边缘呈波状；雄蕊10，不超过花冠，花丝下部被毛；子房密被鳞片，花柱较花冠长。蒴果圆柱形，长1-1.5厘米，暗褐色，密被鳞片。花期4-6月，果期5-7月。

产黑龙江、吉林南部、辽宁、内蒙古东部、甘肃东南部、陕西南部、河北、山西东北部、河南西部及山东，生于山地灌丛中或山顶石砾下。朝鲜、日本南部、蒙古及俄罗斯东西伯利亚东部有分布。叶含皂甙、鞣质、黄酮等成分，治感冒、咳嗽、哮喘、急、慢性支气管炎。

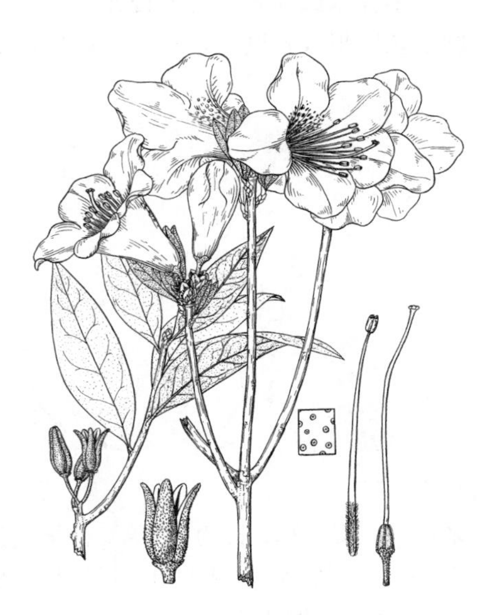

图 950 迎红杜鹃 （引自《图鉴》）

89. 美容杜鹃　　图 951 彩片 218

Rhododendron calophytum Franch. in Bull. Soc. Bot. France 33: 230. 1886.

常绿小乔木或灌木，高达12米。小枝粗壮，绿色或带紫色，初被白色柔毛，旋脱落。叶厚革质，长圆状倒披针形或长圆状披针形，长11-30厘米，先端骤尖，基部楔形，边缘微反卷，上面无毛，下面淡绿色，幼时被白色柔毛，后无毛，中脉在上面凹下，侧脉18-22对；叶柄粗，长2-2.5厘米。总状伞形花序有15-30花，总轴长1.5-2厘米，被黄褐色簇毛。花梗长3-7厘米；花萼长1.5毫米，无毛；

花冠宽钟状，长4-5厘米，白或粉红色，内面下方有紫红色斑块，5-7裂，裂片不等大；雄蕊15-22，长1.5-2.6厘米；子房绿色，无毛，长约6毫米；花柱粗，无毛；柱头盘状，径8毫米。蒴果柱状椭圆形，长2-4.5厘米，无毛。花期4-5月，果期9-10月。

产甘肃东南部、陕西西南部、湖北西部、四川、贵州及云南东北部，生于海拔1300-4000米林中或冷杉林下。

图 951 美容杜鹃（引自《图鉴》）

90. 大云锦杜鹃 图 952

Rhododendron faithae Chun in Sunyatsenia 2(1): 78. t. 19. 1934.

小乔木或灌木，高达12米。小枝粗，无毛。叶集生枝顶，厚革质，椭圆状长圆形或长圆形，长11-24厘米，先端骤尖，有小尖头，基部钝或圆，边缘软骨质，两面无毛，侧脉15-22对；叶柄粗，长1.5-3.4厘米，无毛。总状伞形花序顶生，有10-12花；花序轴长5厘米，稍有腺体。花梗长2.5-3厘米，密被腺体；花萼短，不裂，外面稍有腺体；花冠宽漏斗状钟形，长8-9厘米，白色，无斑点，裂片7，长3厘米，先端有缺刻；雄蕊14，不等长，长3.7-5厘米；子房圆锥形，长约1厘米，密被黄红色有柄腺体，花柱粗，长约5.2厘米，有短柄腺体，柱头盘状，径约5毫米。蒴果圆柱状，长2.5-3.5厘米，褐色，9室。花期7-8月，果期11月。

产浙江、湖南南部、广东、广西东北部及贵州东南部，生于海拔1000-1350米林中。

图 952 大云锦杜鹃（引自《Sunyatsenia》）

91. 大白杜鹃 图 953 彩片 219

Rhododendron decorum Franch. in Bull. Soc. Bot. France 33: 230. 1886.

常绿灌木，高达5米。幼枝绿色，无毛。叶厚革质，长圆形或长圆状倒卵形，长5-14.5厘米，先端钝或圆，基部楔形，两面无毛，侧脉18对，在两面微突起；叶柄圆，长1.5-2.3厘米，无毛。总状伞形花序顶生，有8-10花，有香味；花序轴长2-3厘米，疏生白色腺体。花梗粗，长2.5-3.5厘米，具白色有柄腺体；花萼浅碟状，长1.5-2毫米，裂齿5，不整齐；花冠宽漏斗状钟形，长3-5厘米，白或淡红色，内面基部被白色微柔毛，裂片

7-8，先端有缺刻；雄蕊12-16，不等长，长2-3厘米；子房密被白色腺体，花柱长3.4-4厘米，有白色腺体，柱头宽约5毫米。蒴果长圆柱形，微弯曲，长2.5-4厘米，径1-1.5厘米。花期4-6月，果期9-10月。

产四川、贵州、云南及西藏东南部，生于海拔1000-3300米灌丛中或林下。缅甸东北部有分布。

图 953 大白杜鹃 （引自《图鉴》）

92. 四川杜鹃 图 954

Rhododendron sutchuenense Franch. in Journ. Bot. 9: 392. 1895.

常绿灌木或小乔木，高达8米。小枝粗，初被灰白色薄柔毛。叶革质，倒披针状长圆形，长10-22厘米，先端钝或圆，基部楔形，边缘反卷，上面深绿色，中脉凹下，被灰白色柔毛，侧脉17-22对；叶柄粗，长2-3厘米，上面平，幼时被柔毛。总状花序顶生，下面苍白色，有8-10花；花序轴长1.5-2.5厘米，无毛。花梗长1.5-2厘米，被白色微柔毛；花萼长2.2毫米，无毛，波状5裂；花冠宽钟状，长约5厘米，蔷薇红色，内面上方有深红色斑点，基部有微柔毛及红色大斑块，5-6裂，裂片近圆形；雄蕊13-15，不等长；子房圆锥状，长7毫米，无毛，花柱长约3.5厘米，无毛，柱头宽约3毫米。蒴果椭圆形，长3.5厘米。花期4-5月，果期8-10月。

产甘肃东南部、陕西南部、四川、贵州东南部、湖北西部及湖南西北部，生于海拔1600-2500米林中。

图 954 四川杜鹃 （引自《图鉴》）

93. 早春杜鹃 图 955 彩片 220

Rhododendron praevernum Hutch. in Gard. Chron. ser. 3, 67: 127. 1920.

常绿灌木至小乔木，高达7米。小枝粗，被微柔毛，旋脱净。叶革质，椭圆状倒披针形，长10-19厘米，先端短骤尖，基部楔形，两面无毛，侧脉14-20对；叶柄长1.5-2.5厘米，上面稍扁，无毛。总状伞形花序顶生，有7-10花；花序轴长1.3厘米，被微柔毛。花梗粗，长2厘米，无毛；花萼小，5齿裂，无毛；花冠钟状，长5-6厘米，白或蔷薇色，基部有红色大斑块和微柔毛，上部有紫色斑点，5裂；雄蕊15-16，花丝下部1/3被微毛；子房和花柱无毛，柱头膨大，宽3-3.2毫米。蒴果长圆形，长2.6-3厘米，10-20室。花期3-4月，果期9-10月。

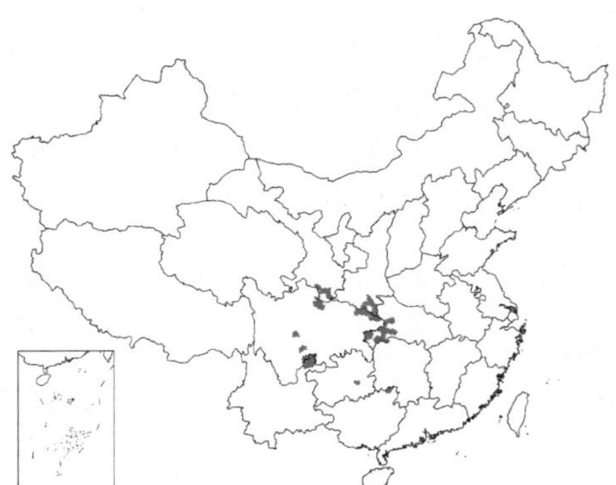

产甘肃南部、陕西南部、湖北西部及西南部、四川、云南东北部、贵州东南部及广西东北部，生于海拔1500-2500米林中。

图 955 早春杜鹃 （冯先洁绘）

94. 山光杜鹃 图 956 彩片 221

Rhododendron oreodoxa Franch. in Bull. Soc. Bot. France 33: 230. 1886.

常绿灌木或小乔木，高达8米。小枝粗，初有灰白色薄柔毛，旋脱净。叶革质，集生枝顶，窄椭圆形或倒披针椭圆形，长5-10厘米，先端钝圆，基部圆，上面深绿色，下面淡绿或苍白色，两面无毛，侧脉13-15对；叶柄长0.8-1.8厘米，幼时紫红色，有时具有柄腺体。总状伞形花序有6-10花；花序轴长5毫米，有腺体和绒毛。花梗长1-1.5厘米，密被或疏被短柄腺体；花萼小，具6-7浅齿；花冠钟状，长3-4厘米，淡红色，有紫色斑点或无，7-8裂；雄蕊12-14，近无毛；子房圆锥形与花柱均无毛。蒴果圆柱形，长2-3厘米，6-7室。花期4-6月，果期8-10月。

产陕西南部、甘肃南部、四川及湖北西部，生于海拔2100-3600米林中。

图 956 山光杜鹃 （引自《图鉴》）

95. 亮叶杜鹃 图 957 彩片 222

Rhododendron vernicosum Franch. in Journ. Bot. 12: 258. 1898.

常绿灌木或小乔木，高达5米。小枝淡绿色，有时被腺体。叶薄革质，长卵圆形或椭圆形，长5-12厘米，先端圆，有短尖头，基部近圆，不对称，上面深绿色，下面灰绿色，两面无毛，侧脉14-16对；叶柄圆柱形，长2-3.5厘米，无毛。总状伞形花序有6-10花，花序轴长约1厘米，疏被腺体及绒毛。花梗紫红色，长2-3厘米，被红色短柄腺体；花萼小，7浅裂，外面被密腺体；花冠宽漏斗钟状，长4-4.2厘米，白或淡红色，内面有或无色点，7裂；雄蕊14，无毛；子房圆锥状，长约5毫米，密被红色腺体，花柱长2.6厘米，有紫红色短柄腺体，柱头径约2.5毫米。蒴果长3-4厘米，微弯曲，光滑。花期4-6月，果期8-10月。

产四川、云南及西藏东南部，生于海拔2600-4300米林中。

96. 波叶杜鹃 图 958

Rhododendron hemsleyanum Wils. in Kew Bull. Misc. Inform. 1910: 109. 1910.

常绿灌木或小乔木，高达9米。小枝粗，稍有疏柔毛。叶厚革质，长圆形或长圆状卵形，长9-21厘米，先端钝尖，基部耳状心形，边缘波状，上面深绿色，下面淡绿色，稍有乳头突起，两面无毛，侧脉17对；叶柄圆柱状，长5-7.5厘米，被有柄腺体。总状伞形花序有7-16花，花序轴长5-7厘米，被稀疏腺体。花梗长3-4厘米，被腺体；花萼小，紫红色，边缘波状，有腺体；花冠钟状，长6厘米，白色，外面基部被腺体，7裂；雄蕊14-16，不等长，长3-4.5厘米，花丝无毛；子房锥形，长约7毫米，密被腺体，花柱长约4.6厘米，被腺体。蒴果圆柱形，长2-3.8厘米，有肋纹及腺体残迹。花期5-6月，果期8-10月。

产四川南部及云南东南部，生于海拔1100-1500米林中。

图 957 亮叶杜鹃 （引自《图鉴》）

97. 云锦杜鹃 图 959 彩片 223

Rhododendron fortunei Lindl. in Gard. Chron. 1859: 868. 1859.

常绿灌木或小乔木，高达12米。小枝粗，黄绿色，初具腺体。叶厚革质，长圆形或长圆状椭圆形，长8-17厘米，先端钝尖，基部圆、平截或近心形，两面无毛，上面深绿色，有光泽，侧脉14-16对；叶柄圆柱形，长2-4厘米，有稀疏腺体。总状伞形花序有6-12花；花序轴长3-5厘米，被腺体。花萼小，7浅裂，被腺体；花冠漏斗状钟形，长4-5厘米，粉红色，外面被稀疏腺体，7裂；雄蕊14，长2-3厘米，无毛；子房圆锥形，长约5毫米，密被腺体，花柱长约3厘米，被腺体。蒴果长圆形，长2.5-3.5厘米，粗糙。花期4-5月，果期8-10月。

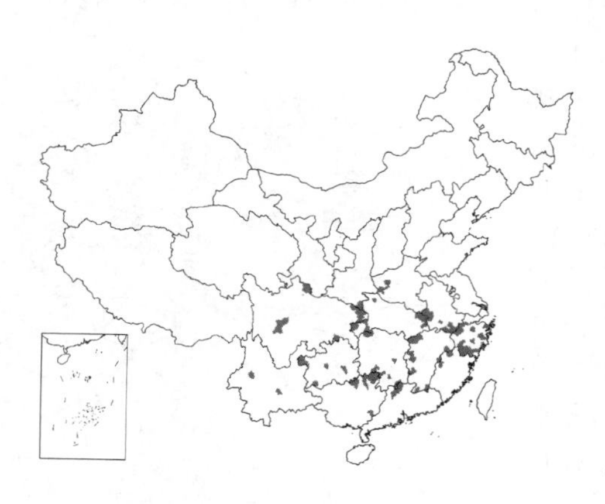

产安徽、浙江、福建北部及西部、江西、湖北、湖南、广东北部、广西、贵州、云南、四川、陕西南部及河南西部，生于海拔620-2000米山脊向阳处或林下。

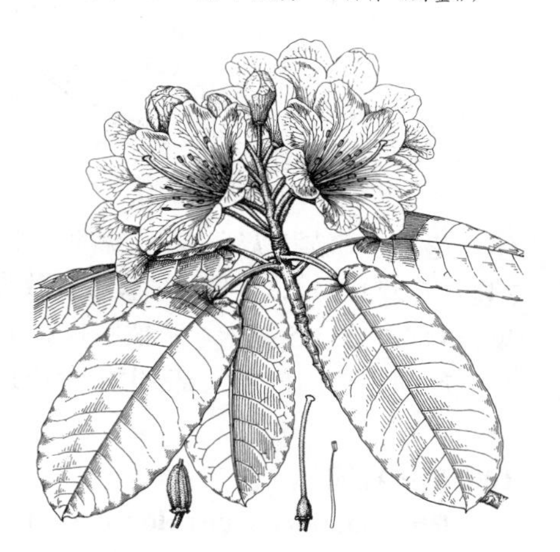

图 958 波叶杜鹃 （冀朝祯绘）

98. 团叶杜鹃 图 960 彩片 224

Rhododendron orbiculare Decne in Fl. Des Serres 22: 169. 1877.

常绿灌木，高达5米。小枝粗，无毛；叶厚革质，宽卵形或近圆形，长5-11厘米，先端钝圆有突尖头，基部耳状深心形，耳片稍覆盖，上面深绿色，下面淡绿或灰白色，两面无毛，中脉上面平或微凹，下面隆起，侧脉10-14对；叶柄圆柱形，长3-7厘米，无毛或有疏生腺体。伞形花序顶生，有7-10花，花序轴长1.5-2.5厘米，疏生腺体。花梗长2.5-3.5厘米；花萼小，波状浅裂，边缘有腺体；花冠钟状，长3.5-4厘

图 959 云锦杜鹃 （引自《图鉴》）

米，蔷薇色，7裂，无毛；雄蕊14，不等长，花丝无毛；子房柱状圆锥形，长8毫米，密被白色短腺体，花柱长1.8厘米，淡红色，无毛。蒴果圆柱状，长2-3厘米，弯曲，被腺体残迹。花期5-6月，果期8-10月。

产湖南南部、广西东北部及四川，生于海拔1400-3500岩石坡或针叶林下。

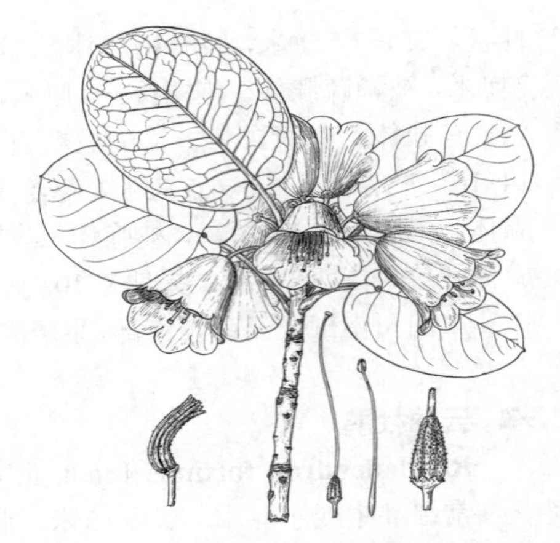

图 960 团叶杜鹃 （引自《图鉴》）

99. 阔柄杜鹃 图 961 彩片 225

Rhododendron platypodum Diels in Engl. Bot. Jahrb. 29: 511. 1900.

常绿灌木或小乔木，高达8米。小枝粗，微被蜡粉。叶厚革质，常4-5集生枝顶，宽椭圆形或近圆形，长8-13厘米，先端圆，有突尖头，基部钝或圆，下延于叶柄两侧成翅状，上面深绿色，下面淡绿色，有稀疏毛被残点，中脉在两面微突，侧脉12-18对；叶柄长1-2厘米，扁平，宽0.8-1.1厘米，稍被蜡粉。总状伞形花序顶生，有12-15花，花序轴长4-6厘米，被腺体。花梗长3-3.5厘米，无毛，被腺体；花萼小，波状7裂；花冠漏斗钟状，长4-5厘米，粉红色，无斑点，6-8裂；雄蕊12-14，不等长，基部被微柔毛；子房及花柱密被白色腺体。蒴果长圆形，长1.5厘米，密被腺体。花期4-5月，果期8-9月。

产四川东南部及北部，生于海拔1820-2130米岩石坡或密林中。

图 961 阔柄杜鹃 （冯先洁绘）

100. 喇叭杜鹃 图 962

Rhododendron discolor Franch. in Journ. Bot. 9: 391. 1895.

常绿灌木或小乔木，高达8米。小枝粗，无毛。叶革质，长圆状椭圆形或长圆状倒披针形，长10-18厘米，先端尖，基部楔形，上面深绿色，下面苍白色，两面无毛，中脉在上面凹下，下面隆起，侧脉21对；叶柄长2-3厘米，无毛。总状花序有6-8花，花序轴长1.5-3厘米，被毛和腺体。花梗长2-3.5厘米，被毛和腺体；花萼小，7裂；花冠漏斗状钟形，长6-8厘米，淡红或白色，内面无毛，外面被疏腺体，7裂；雄蕊14-16，不等长，花丝无毛；子房卵状圆锥形，与花柱均被短柄腺体。蒴果圆柱状，长4-5厘米，微弯曲。花期6-7月，果期9-10月。

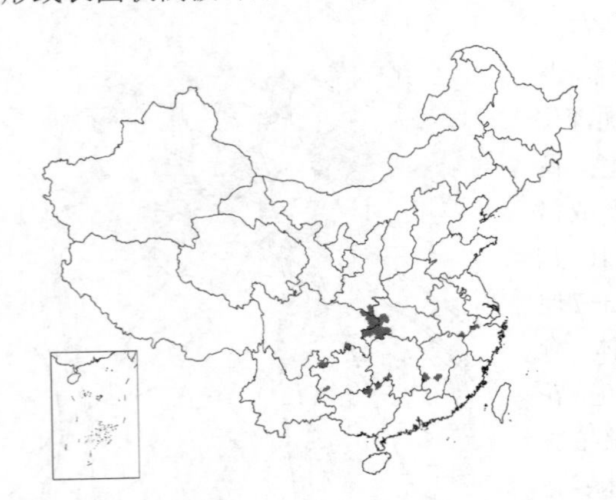

图 962 喇叭杜鹃 （引自《图鉴》）

产安徽南部、浙江西部、江西南部、湖北西部、湖南西南部、广西北部、贵州西南部、云南东北部、四川及陕西南部，生于海拔900-1900米林中。

101. 腺果杜鹃 图 963：1-4 彩片 226

Rhododendron davidii Franch. in Bull. Soc. Bot. France 33：230. 1886.

常绿灌木或小乔木，高达8米。小枝无毛。叶革质，长圆状倒披针形或倒披针形，长10-17厘米，先端骤尖，有尖头，基部楔形，边缘反卷，上面深绿色，下面淡白色，两面无毛，侧脉12-16对，不隆起；叶柄长1.5-2厘米，无毛。总状花序顶生，有6-12花；花序轴长3-10厘米，被短柄腺体和柔毛。花梗红色，长1-2厘米，有短柄腺体；花萼长1-1.5毫米，6裂，外面被短柄腺体；花冠宽钟状，长3.5-4.5厘米，玫瑰红或紫红色，7-8裂，上面1片最大，有紫色斑点；雄蕊13-16，长3-4.5厘米，花丝无毛；子房圆锥形，密被短柄腺体；花柱长4-4.5厘米，无毛或在基部有腺体。蒴果短圆柱形，长约2厘米，被腺体痕迹。花期4-5月，果期7-8月。

图 963：1-4.腺果杜鹃 5-9.凉山杜鹃（冯先洁绘）

产四川、贵州东北部及云南东北部，生于海拔1750-2360米林中。

102. 凉山杜鹃 图 963：5-9

Rhododendron huianum Fang in Contr. Biol. Lab. Sci. China, Bot. 12：38. 1939.

常绿灌木或小乔木，高达8米；树皮红褐色。小枝粗，无毛。叶革质，长圆状披针形，长7-14厘米，先端渐尖，基部楔形，上面绿色，下面灰绿色，两面无毛，侧脉16-20对；叶柄圆柱形，长1.3-2.3厘米，近无毛。总状花序有10-13花；花序轴长3-3.5厘米，无毛。花梗长3-4.2厘米，淡绿色，无毛；花萼紫红色，三角状卵形，长3.5-5毫米；花冠钟形，淡紫或暗红色，无毛，6-7裂，先端无缺；雄蕊12-16，不等长，花丝无毛；花柱长2厘米。蒴果圆柱形，长1.5-3厘米，宿存花萼反折；果柄长达3.5毫米。花期5-6月，果期9-10月。

产四川南部、贵州东北部及云南东北部，生于海拔1300-2700米林中。

103. 耳叶杜鹃 图 964

Rhododendron auriculatum Hemsl. in Journ. Soc. Sci. Bot. 26：20. 1889.

常绿灌木或小乔木，高达10米。幼枝密被长腺毛，老枝无毛。叶薄革质，长圆形或长圆状倒披针形，长9-25厘米，先端钝，有短尖头，基部圆或心形，稍不对称，两面幼时被毛，后近无毛，侧脉20-22对；叶柄长2-4厘米，密被腺体。短总状花序有7-15花，花序轴长2-3厘米，密被腺体。花梗长2-3厘米，被腺体；花萼小，6裂，膜质，外面被有柄腺体；花冠漏斗状，长6-10厘米，白色，7裂，冠

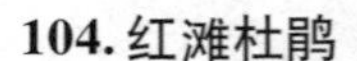

筒外面有长柄腺体；雄蕊14-16，花丝无毛；雌蕊被密腺体，子房椭圆形，长6毫米，花柱长3厘米，柱头盘状，径4.2毫米。蒴果圆柱形，长3-4厘米，微弯曲，被腺体残迹。花期7-8月，果期9-10月。

产陕西南部、四川、贵州东北部、湖北西部、湖南西北部、广西西北部及江西西南部，生于海拔600-2000米山坡或沟谷林中。

图 964 耳叶杜鹃 （引自《图鉴》）

104. 红滩杜鹃 图 965

Rhododendron chihsinianum Chun et Fang in Acta Phytotax. Sin. 6: 168. t. 40. f. 1. 1957.

常绿小乔木，高3-4米。幼枝被稀疏丛卷毛和刚毛，老枝无毛。叶革质，长圆形或长圆状披针形，长10-20（-30）厘米，先端宽圆，有小突尖头，基部钝或近浅心形，上面中脉近基部被刚毛，下面幼时被微柔毛；叶柄长1.5-4厘米，密被褐色刚毛状腺体。伞形总状花序约有8花，花序轴长2厘米，密被锈色长柔毛。花梗长约1厘米，被淡褐色柔毛；花萼小，碟形，边缘波状，有流苏状毛；花冠漏斗状钟形，粉红色，长约4厘米，裂片7，长1.5厘米，边缘波状；雄蕊15，花丝无毛；子房长6毫米，密被黄色长腺毛，花柱长4厘米，疏被有柄腺体。蒴果长圆柱形，长1.3-3厘米，有明显的肋纹和腺毛残迹。花期7-8月，果期9-11月。

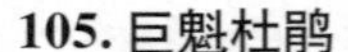

产湖南西南部、广西北部及东北部，生于海拔850-1800米疏林中或岩石上。

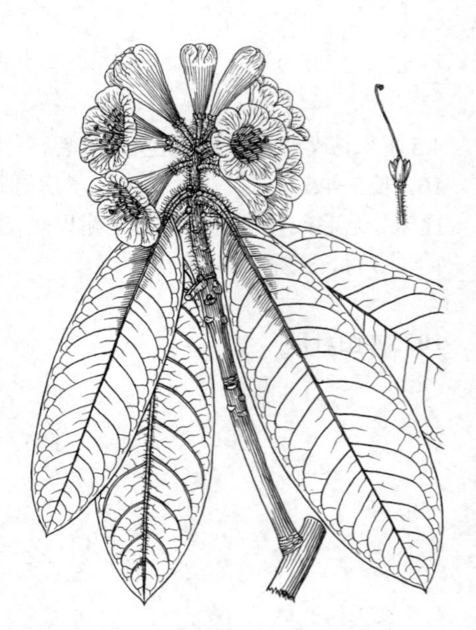

图 965 红滩杜鹃 （余汉平绘）

105. 巨魁杜鹃 图 966

Rhododendron grande Wight in Calcut. Journ. Nat. Hist. 8: 176. 1847.

常绿乔木，高达10米。小枝粗。叶革质，长圆状披针形或倒披针形，长14-30厘米，先端渐尖具尖头，基部楔形，上面绿色，有光泽，下面被薄层银白色粘结状毛被，侧脉20-24对；叶柄长3.5-5厘米，圆柱形，被白色柔毛。伞房花序有20-25花，花序轴长4-5厘米。花梗长2-3厘米，被密腺体；花萼长1-2毫米，有8个波状齿裂；花冠为一面臌的钟状，长5-7厘米，花蕾蔷薇色，后乳白色，基部有紫色蜜腺囊，裂片8，先端有深缺；雄

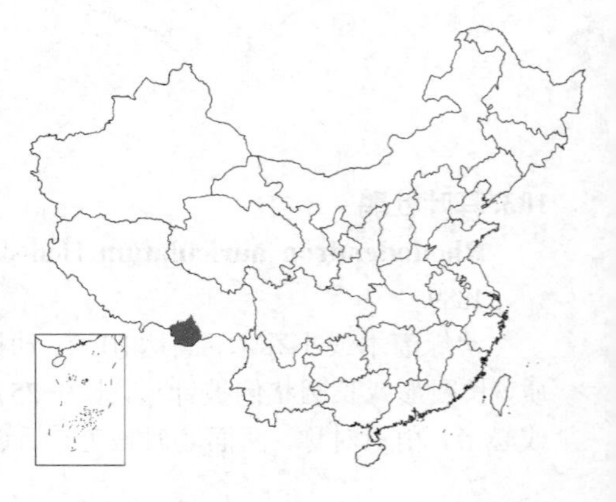

蕊16，不等长，花丝基部被短柔毛；子房密被腺体和短柔毛，花柱无毛，基部有腺体。蒴果圆柱状，长约4.5厘米，径1.4厘米，粗糙。花期5月，果期8-9月。

产西藏南部，生于海拔1600-2900米混交林中。尼泊尔、锡金、不丹及印度北部有分布。

图 966 巨魁杜鹃 （引自《图鉴》）

106. 凸尖杜鹃

图 967 彩片 227

Rhododendron sinogrande Balf. f. et W. W. Smith in Notes Roy. Bot. Gard. Edinb. 9: 274. 1916.

常绿乔木，高达12米。叶厚革质，长圆状椭圆形或长圆状倒披针形，长20-70厘米，先端圆或钝，具硬尖头，基部宽楔形或圆，上面光滑，下面有银灰或淡黄色紧贴毛被，有光泽，侧脉15-18对；叶柄粗，长3-5厘米，被毛。总状伞形花序有15-20花，花序轴长3-6厘米，微被柔毛。花梗粗，长3-5厘米，被淡黄色柔毛；花萼偏斜，8-10裂；花冠钟状，肉质，乳白或淡黄色，基部有深红色蜜腺囊，8-10裂；雄蕊18-20，花丝基部微被柔毛；子房圆锥形，长约1厘米，被棕色柔毛，无腺体；花柱无毛。蒴果长4-7厘米，被锈色毛。花期4-5月，果期8-10月。

产云南西部及西北部、西藏东南部，生于海拔2100-3600米杜鹃林中。缅甸东北部有分布。

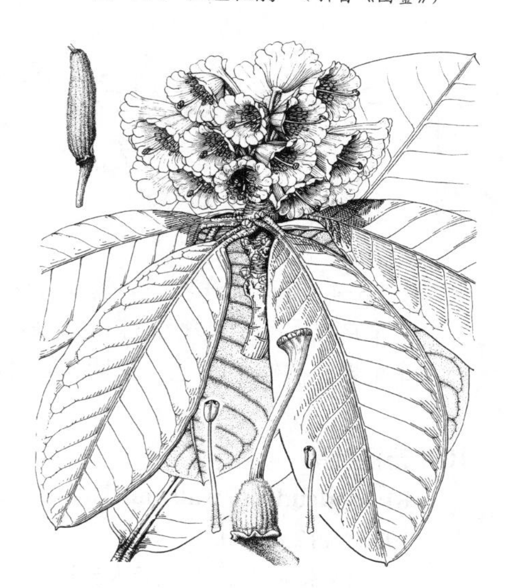

图 967 凸尖杜鹃 （冀朝祯绘）

107. 大树杜鹃

图 968 彩片 228

Rhododendron protistum Balf. f. et Forrest var. **giganteum** (Forrest ex Tagg) Chamb. in Notes Roy. Bot. Gard. Edinb. 37: 331. 1979.

Rhododendron giganteum Forrest ex Tagg in Notes Roy. Bot. Gard. Edinb. 15: 106. 1926.

常绿大乔木，高达25米。小枝被灰白色毡毛。叶革质，椭圆形或倒卵圆形，长12-39厘米，先端钝尖，基部渐窄呈微耳形，上面光滑，下面被淡黄色丛卷毛；叶柄长2-5.4厘米，上面呈沟状。总状伞形花序有20-25花，花序轴长4-5厘米。花梗长2-3厘米，被毛；花萼盘状，8

图 968 大树杜鹃 （引自《图鉴》）

齿裂；花冠钟状，长6-7厘米，蔷薇色或紫红色，无色点，基部被深红色蜜腺囊，8裂；雄蕊16，不等长，长2.6-4.2厘米，花丝无毛；子房圆柱状，长0.9-1.2厘米，密被柔毛，花柱无毛。蒴果圆柱状，长约4厘米，微弯，被锈色柔毛。花期3-5月。

产云南西部，生于海拔2800-3300米混交林中。缅甸东北部有分布。

108. 优秀杜鹃 图 969 彩片 229

Rhododendron praestans Balf. f. et W. W. Smith in Notes Roy. Bot. Gard. Edinb. 9: 263. 1916.

常绿灌木或小乔木，高达10米。小枝粗，微被卷丛毛。叶厚革质，长圆状倒披针形或长圆状倒卵形，长15-38厘米，先端圆或有缺刻，基部楔形，并以宽翅下延至叶柄，上面深绿色，无毛，下面有银灰或淡棕色粘结状毛被，侧脉14-17对；叶柄扁平，长1.5-2.5厘米，两侧有翅，仅初被绒毛。总状伞形花序12-20花，花序轴长2.5-3.5厘米，被丛卷毛。花梗长约3厘米，被毛；花萼小，7-8裂；花冠斜钟状，长3.5-4.5厘米，洋红色，基部有深红色斑点，8裂；雄蕊14-16，花丝无毛；子房圆柱状，被密淡棕色柔毛，花柱无毛。蒴果圆柱状，基部偏斜，长3-4厘米，被锈色柔毛。花期5-6月，果期8-10月。

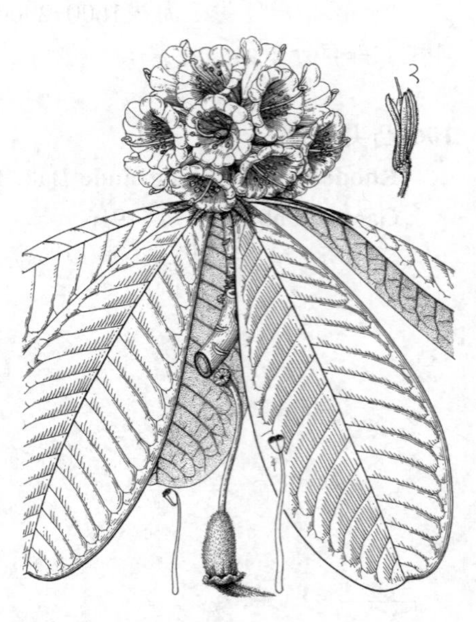

图 969 优秀杜鹃 （冀朝祯绘）

产云南西北部及西藏东南部，生于海拔3100-4200米高山混交林或针叶林中。

109. 无柄杜鹃 图 970

Rhododendron watsonii Hemsl. et Wils. in Kew Bull. Misc. Inform. 1910: 112. 1910.

常绿灌木或小乔木，高达5米。小枝粗，微被灰棕色绒毛。叶革质，倒卵状椭圆形或倒卵状披针形，长10-25厘米，先端骤尖，向下渐窄并以宽翅下延短叶柄，上面无毛，下面有银白色或带淡棕色粘结薄毛被，侧脉15-19对；叶柄扁平，长0.5-1厘米，两侧有翅。短总状伞形花序有12-15花，花序轴长1-3厘米，有灰白色绢状毛。花梗长2-3厘米，被薄绒毛；花萼小，偏斜，有7齿裂；花冠钟状，长3.5-4厘米，白色带粉红色，基部具深红色斑块，7裂；雄蕊14，花丝下部被白色微柔毛；子房圆锥形，长约8毫米，无毛，花柱无毛。蒴果圆柱形，长3-4厘米，无毛，稍弯。花期5-6月，果期7-9月。

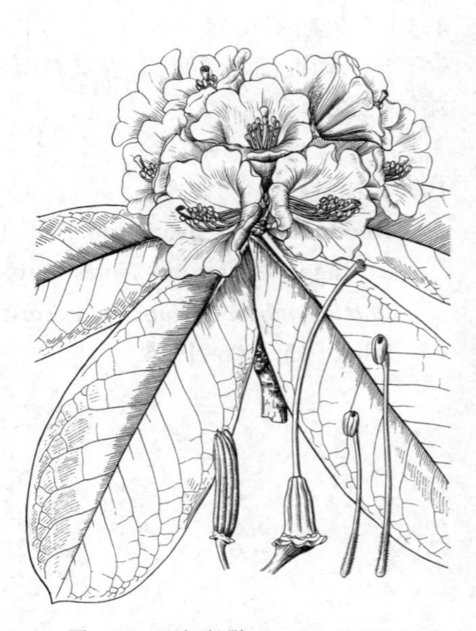

图 970 无柄杜鹃 （引自《图鉴》）

产甘肃南部及四川北部至中部，生于海拔2500-3800米林中。

110. 圆头杜鹃

图 971

Rhododendron semnoides Tagg et Forrest in Notes Roy. Bot. Gard. Edinb. 15: 116. 1926.

常绿小乔木及灌木，高达6米。小枝被灰色柔毛。叶厚革质，长倒卵形或倒卵状椭圆形，长10-25厘米，先端圆，基部窄并以窄翅下延于叶柄上部，上面无毛，下面有两层毛被，上层为杯状复毛，淡黄色，下层毛被薄而紧贴，侧脉13-15对；叶柄长1-1.5厘米，扁平，下面被绒毛。总状伞形花序有15-20花，花序轴粗，长2-3厘米，被锈色柔毛。花梗长3-4厘米，被淡棕色柔毛；花萼小，有8齿裂，外面被毛；花冠钟状，长4.5-5厘米，白色带粉红色，基部有深红色斑，8裂；雄蕊16，长2-3厘米，花丝基部被微柔毛；子房圆锥形，密被棕色柔毛，花柱长约2.5厘米，无毛。蒴果长2.5-3.5厘米，径1厘米，密被锈色柔毛。花期5-6月，果期9-10月。

图 971 圆头杜鹃 （引自《图鉴》）

产云南西北部及西藏东南部，生于海拔3500-3900米杜鹃林或针叶林中。

111. 粗枝杜鹃

图 972

Rhododendron basilicum Balf. f. et W. W. Smith in Notes Roy. Bot. Gard. Edinb. 9: 214. 1916.

常绿灌木或小乔木，高达10米。小枝粗，幼时被灰白或淡褐色柔毛，后脱落无毛。叶厚革质，宽倒卵形或宽倒披针形，长10-32厘米，先端圆，稍凹缺，基部渐窄，上面绿色，无毛，下面有灰黄或棕色两层毛被，上层毛杯状，边缘细裂，下层毛被紧贴，侧脉12-15对；叶柄长2-3.5厘米，扁平，两侧有窄翅。总状伞形花序有15-25花，花序轴长3.5-5.5厘米，被稀疏绒毛。花梗长2.5-5厘米，被绒毛；花萼小，7-8裂；花冠钟状，长3.5-4.5厘米，黄色，基部有深红色斑，8裂；雄蕊16，不等长，长1.5-2.5厘米，花丝无毛；子房密被棕色柔毛，花柱无毛。蒴果圆柱形，长2.5-4厘米，被锈色毛。花期5-6月，果期10-11月。

图 972 粗枝杜鹃 （冯先洁绘）

产云南，生于2400-3700米针阔叶混交林中。缅甸东北部有分布。

112. 大王杜鹃

图 973 彩片 230

Rhododendron rex Lévl. in Fedde, Repert. Sp. Nov. 13: 340. 1914.

常绿小乔木。小枝被灰白色绒毛。叶革质，倒卵圆形、椭圆形或倒披针状椭圆形，长17-27厘米，先端钝圆，上面深绿色，无毛，下面有淡灰

或淡黄色毛被，上层毛被杯状，下层毛被紧贴，叶脉在上面凹下，下面隆起，侧脉20-24对；叶柄圆，长2-2.5厘米，被淡灰色柔毛。总状伞形花序有15-20花，花序轴长2-2.5厘米，被淡黄色毛被。花萼小，8齿裂，被锈色柔毛；花冠筒状钟形，长5厘米，蔷薇色，基部有深红斑点，8裂；雄蕊16，花丝基部有短柔毛；子房锥形，长约1.2厘米，被淡棕色柔毛，花柱无毛。蒴果圆柱状，长4-4.5厘米，被锈色毛。

产四川西南部及云南，生于海拔2300-3300米林中。

［附］**假乳黄杜鹃** 彩片 231 **Rhododendron rex** subsp. **fictolacteum** (Balf. f.) Chamb. in Notes Roy. Bot. Gard. Edinb. 39: 255. 1982. —— *Rhododendron fictolacteum* Balf. f. in Trans. Bot. Soc. Edinb. 27: 97. 1916; 中国高等植物图鉴 3: 128. 1974. 本亚种与模式亚种的主要区别：叶较窄，下面毛被深棕色。产云南西北及四川西南部，生于海拔2900-4000米针阔混交林或杜鹃林中。

图 973 大王杜鹃 （引自《图鉴》）

113. 夺目杜鹃 图 974

Rhododendron arizelum Balf. f. et Forrest in Notes Roy. Bot. Gard. Edinb. 12: 90. 1920.

常绿灌木或小乔木。叶厚革质，倒卵圆形或倒卵状椭圆形，长9-19厘米，先端圆或微凹缺，基部渐窄，上面深绿色，无毛，下面有肉桂色或红棕色厚毛被，上层由窄杯状复毛组成；叶柄圆柱状，长2-3厘米，幼时被柔毛，后无毛。总状伞形花序有15-20花，花序轴长1.5-2.5厘米，密被棕色短柔毛。花梗长1-2厘米，被短柔毛；花萼盘状，有8小齿，被毛；花冠斜钟状，长3.5-4.5厘米，白、淡黄或蔷薇色，基部有红色斑点，8裂；雄蕊16，花丝基部有微柔毛；子房密被棕色柔毛，花柱无毛。蒴果圆柱状，长3-4厘米，被锈色柔毛。花期5-6月，果期8-9月。

图 974 夺目杜鹃 （引自《图鉴》）

产云南西部及西北部、西藏东南部，生于海拔2500-4000米冷杉、铁杉林下和杜鹃林中。缅甸东北部有分布。

114. 乳黄叶杜鹃 图 975

Rhododendron galactinum Balf. f. ex Tagg in Notes Roy. Bot. Gard. Edinb. 15: 103. 1926.

常绿灌木或小乔木，高达8米。小枝被淡灰色绒毛，后无毛。叶厚革质，长椭圆形或倒卵状椭圆形，长11-22厘米，先端钝圆，基部宽楔形或圆，上面绿色，无毛，下面被密淡棕色二层毛被，上层毛被杯状，边缘流苏状，下层毛被莲花状，侧脉18-19对；叶柄圆柱状，长2.5-3厘米，被

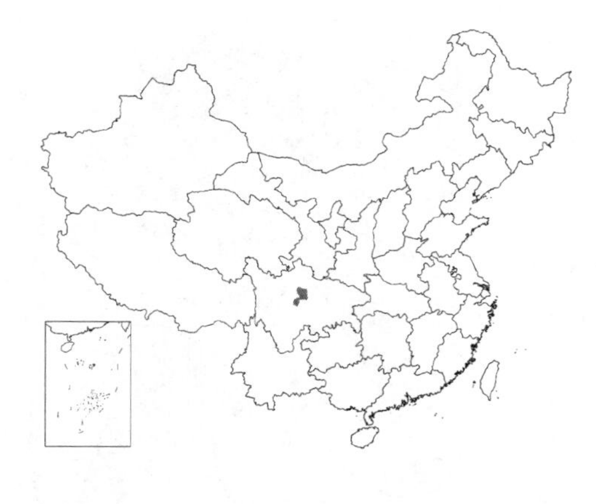

柔毛。总状伞形花序约有15花，花序轴长1.5厘米，被柔毛。花梗长3-3.5厘米，被柔毛；花萼淡绿色，7齿裂；花冠钟状，长3厘米，淡蔷薇色，基部有深红色斑点，7裂；雄蕊14，花丝基部微被柔毛；子房圆锥形，长5-6毫米，无毛，花柱无毛。蒴果圆柱状，长2.5-3.5厘米，无毛，微弯。花期5-6月。

产四川中北部，生于海拔2900-3500米溪边林中。

图 975 乳黄叶杜鹃 （引自《图鉴》）

115. 革叶杜鹃

图 976 彩片 232

Rhododendron coriaceum Franch. in Journ. de Bot. 12: 258. 1898.

常绿灌木或小乔木，高达10米。小枝被银灰色柔毛，老枝无毛。叶革质，倒披针状椭圆形，长10-23厘米，先端圆，基部楔形微下延，上面光滑，下面有灰白或灰棕色二层毛被，上层毛被杯状，下层毛被为灰白色紧贴绒毛，侧脉14-15对；叶柄2-3厘米，圆柱形，有淡黄色柔毛。总状伞形花序有8-16花，花序轴长1-1.5厘米，被锈色柔毛。花梗长2-3厘米，有锈色柔毛；花萼小，7齿裂，外面被柔毛；花冠漏斗状钟形，长3-3.5厘米，白色带蔷薇色，基部有红色斑点，7裂，；雄蕊14，基部宽，被短柔毛；子房卵圆形，被锈色柔毛，花柱无毛。蒴果圆柱状，长2.5-3.5厘米，微弯曲，被锈色柔毛。花期5月，果期7-9月。

产云南西北部及西藏东南部，生于海拔2900-3400米灌丛中。

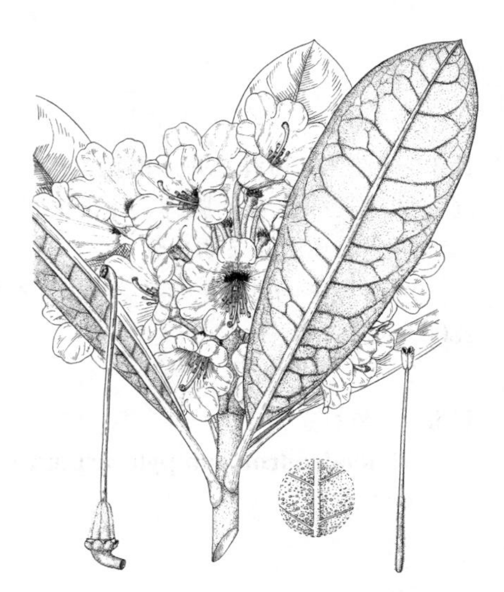

图 976 革叶杜鹃 （引自《图鉴》）

116. 多裂杜鹃

图 977

Rhododendron hodgsonii Hook. f. Rhodod. Sikkim Himal. 16. t. 15. 1851.

常绿灌木或小乔木，高达7米。幼枝被灰白色柔毛，老后无毛。叶革质，长椭圆形或倒卵状椭圆形，长16-30厘米，先端钝圆，有时凹缺，基部宽楔形或圆，上面无毛，下面有灰白或淡棕色毛被，上层毛被杯状，下层毛被紧贴，侧脉14-16对；叶柄圆柱状，长1.5-4厘米，幼时被柔毛。总状伞形花序有15-20花，花序轴长2-5厘米，被疏柔毛。花梗细瘦，长2-4厘米，被柔毛；花萼小，有7齿裂，被柔毛；花冠筒状钟形，长3.5-4厘米，红或紫红色，基部有深色斑点，7-8（-10）裂；雄蕊15-18，花丝无毛；子

房圆锥形，长1厘米，被黄色柔毛，花柱无毛。蒴果圆柱状，长3-4厘米，弯曲，被黄色柔毛。花期5-6月，果期8-9月。

产西藏南部，生于海拔3500-4000米冷杉林下。印度、不丹、锡金及尼泊尔有分布。

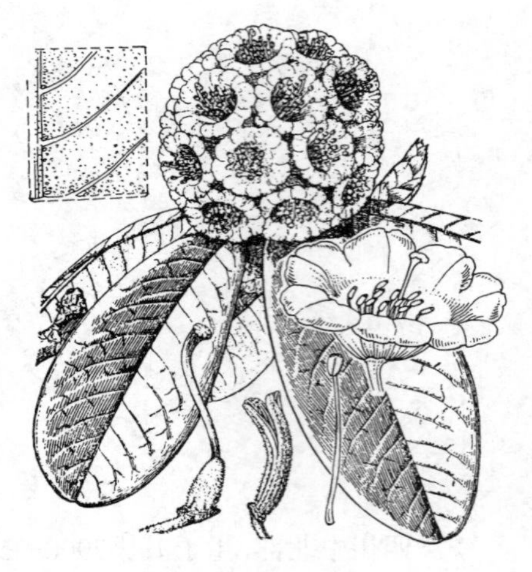

图 977 多裂杜鹃 （引自《图鉴》）

117. 圆叶杜鹃 图 978

Rhododendron williamsianum Rehd. et Wils. in Sarg. Pl. Wilson. 1: 538. 1913.

灌木，高达2米。小枝纤细，无毛，有少数长柄腺体。叶革质，宽椭圆形或近圆形，长2.5-5厘米，先端圆，有尖头，基部圆或心形，上面深绿色，下面灰白色，两面无毛，中脉及侧脉在两面隆起，侧脉11-12对；叶柄长1-1.5厘米，疏被有柄腺体。总状伞形花序有2-6花，花序轴长5-8毫米。花梗长2-3厘米，幼时具有柄腺体；花萼小，盘状，外面被腺体；花冠宽钟状，长3.5-4厘米，粉红色，无色点，5-6裂；雄蕊11-14，无毛；子房6室，连同花柱均具绿色有柄腺体，柱头头状。蒴果圆柱状，长1.5-2.5厘米，被腺体。花期4-5月，果期8-9月。

产四川中南部、贵州西部、云南东北部及西藏东南部，生于海拔1800-2800米疏林中。

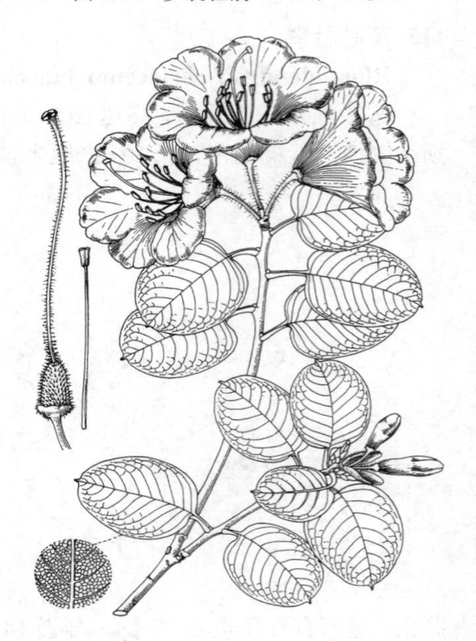

图 978 圆叶杜鹃 （冯先洁绘）

118. 弯果杜鹃 图 979

Rhododendron campylocarpum Hook. f. Rhodod. Sikkim Himal. t. 33. 1851.

灌木，高达3米。小枝无毛，疏生有柄腺体。叶革质，宽卵形或卵状椭圆形，长5-8厘米，先端圆，有突尖头，基部圆或微心形，上面深绿色，微有光泽，下面粉绿色，侧脉9-14对；叶柄长1.5-2厘米，疏生有柄腺体。总状伞形花序有6-8花，花序轴短，无毛。花梗长2-3厘米，被稀疏长柄腺体；花萼长1-5毫米，5裂，外面有短柄腺体；花冠钟状，长3-4厘米，鲜黄色，5裂；雄蕊10，长1.2-2.5厘米，花丝基部被短柔毛；子房圆柱状锥形，长5-7毫米，被短柄腺体，花

图 979 弯果杜鹃 （冯先洁绘）

柱基部被腺体。蒴果细瘦，长2.5-3厘米，弯弓形，有宿存腺体。花期5-6月，果期8-9月。

产云南西北部、西藏东南部及南部，生于海拔3000-4000米冷杉林下及杜鹃灌丛中。印度、不丹、锡金及尼泊尔有分布。

［附］**河南杜鹃 Rhododendron henanense** Fang in Acta Phytotax. Sin. 21: 457. 1983. 本种与弯果杜鹃的区别：叶柄、花梗、花柱无腺体；花冠白色，钟状漏斗形，长2.5-3厘米。产河南中部，生于海拔1830米针阔叶混交林下。

119. 黄杯杜鹃 图 980 彩片 233

Rhododendron wardii W. W. Smith in Notes Roy. Bot. Gard. Edinb. 8: 205. 1914.

灌木。小枝无毛。叶革质，宽卵形或卵状椭圆形，长5-8厘米，先端钝圆，有细尖头，基部微心形，下面灰绿色，两面无毛，侧脉9-13对；叶柄长2-3厘米，无毛。总状伞形花序有5-8花，花序轴有短柄腺体。花梗长2-4厘米，被疏腺体；花萼5裂，裂片卵圆形或椭圆形，长5-8毫米，边缘有整齐的腺体；花冠杯状，长3.5-4厘米，鲜黄色，裂片5，近圆形；雄蕊10，花丝无毛；子房柱状圆锥形，长约5毫米，密被腺体，花柱长约2厘米，被腺体。蒴果圆柱状，微弯曲，长2-2.5厘米，被腺头状毛，花萼果时宿存，并长成叶状。花期6-7月，果期8-9月。

图 980 黄杯杜鹃 （冀朝祯绘）

产四川西南部、云南西北部及西藏东南部，生于3000-4000米山坡林中。

120. 白碗杜鹃 图 981

Rhododendron souliei Franch. in Journ. de Bot. 9: 393. 1895.

常绿灌木，高达5米。小枝无毛，有红色腺体。叶革质，宽卵形或卵状椭圆形，长4-7厘米，先端圆，有凸尖头，基部近圆或微心形，下面灰绿色，侧脉10-14对，有细网脉；叶柄圆柱状，长2-2.5厘米，幼时有具柄腺体。总状伞形花序有5-8花，花序轴长0.5-1厘米，有短柄腺体。花梗长1.5-3厘米，有短柄腺体；花萼大，5裂，裂片卵圆形，长5-8毫米，外面及边缘有短柄腺体；花冠钟状、碗状或碟状，长2.5-3.5厘米，乳白或粉红色，5裂；雄蕊10，长0.8-1.5厘米，花丝无毛；子房圆锥状，长4-5毫米，被紫红色腺体，花柱被腺体。蒴果圆柱状，长2-2.5厘米，微弯曲，有宿存腺体。花期6-7月，果期8-9月。

图 981 白碗杜鹃 （引自《图鉴》）

产四川西南部及西藏东部，生于海拔3000-3800米冷杉林下及杜鹃灌丛中。

121. 芒刺杜鹃 图 982 彩片 234

Rhododendron strigillosum Franch. in Bull. Soc. Bot. France 33: 232. 1886.

常绿灌木，高达5米。幼枝密被腺头刚毛。叶革质，长椭圆形或椭圆状披针形，长8-16厘米，先端短渐尖，有时尾状渐尖，基部圆，边缘幼时密生睫毛，上面深绿色，无毛，下面淡绿色，散生粗伏毛，侧脉15-18对；叶柄长1-1.5厘米，密被柔毛及腺头刚毛。顶生总状伞形花序有8-12花，花序轴长约1.5厘米，被疏毛。花梗长1-1.5厘米，有柔毛及腺头刚毛；花萼淡红色，长约2毫米，5裂；花冠筒状钟形，长4-4.5厘米，深红色，内面基部有黑红色斑块，5裂；雄蕊10，花丝白色，无毛；子房卵圆形，密生淡紫色腺头刚毛，花柱红色，无毛。蒴果圆柱形，长1-2.5厘米，被刚毛。花期4-6月，果期9-10月。

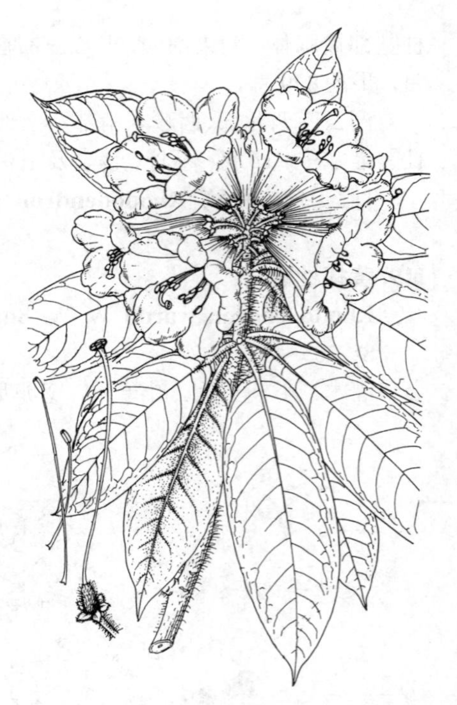

图 982 芒刺杜鹃 （冯先洁绘）

产四川及云南东北部，生于海拔1600-3580米冷杉林中。

122. 多毛杜鹃 图 983

Rhododendron polytrichum Fang in Acta Phytotax. Sin. 21(4): 459. f. 4. 1983.

灌木，高约2米。小枝幼时密被腺头刚毛，后脱落无毛。叶革质，窄长椭圆形，长12-15厘米，先端骤尖，基部宽楔形或近圆，上面暗绿色，下面淡白色，无毛，侧脉16-18对；叶柄长1.5-3厘米，疏被褐色腺头刚毛。总状伞形花序有7-9花，花序轴长4-5厘米，被褐色刚毛。花梗长2.5-4厘米，密被褐色腺头刚毛；花萼杯状，外面被刚毛；花冠筒状漏斗形，长3.5-4厘米，蔷薇色，5裂；雄蕊10，花丝长2.5-3.5厘米，无毛；子房卵圆形，被柔毛和腺体，花柱紫色，下部被刚毛。蒴果长卵圆形，长1.5厘米，被刚毛。花期4月，果期7月。

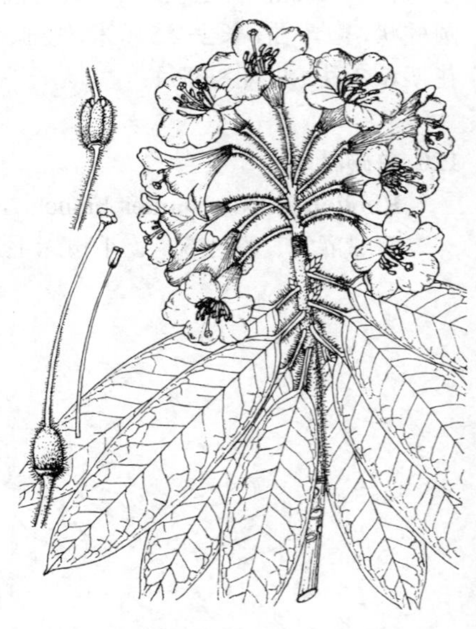

图 983 多毛杜鹃 （引自《植物分类学报》）

产湖南西南部及广西东北部，生于海拔1100米林下。

123. 峨马杜鹃 图 984

Rhododendron ochraceum Rehd. et Wils. in Sarg. Pl. Wilson. 1: 534. 1913.

常绿灌木，高达6米。小枝纤细，初被短柔毛和腺头刚毛，后脱落。叶革质，倒披针形，长5-8厘米，先端骤尖或尾状渐尖，基部圆或宽楔形，上面幼时有刚毛，后脱落无毛，下面有淡褐色海绵状毛被，中脉明显，侧脉11-13对；叶柄圆柱形，长1-1.5厘米，幼时被柔毛和腺头刚毛。顶生伞形花序有8-12花，花序轴长约6毫米，被黄褐色柔毛。花梗长0.6-1.2厘米，被淡黄色腺头刚毛；花萼小，杯状，红色；花冠钟状，长2.5-3厘米，深紫红色，无斑点，5裂；雄蕊10-12，花丝无毛；子房圆锥形，长3.5毫米，被密腺头刚毛，花柱无毛，柱头头状。蒴果圆柱形，长1.8-2.5厘米，有毛被残迹。花期5-7月，果期8-9月。

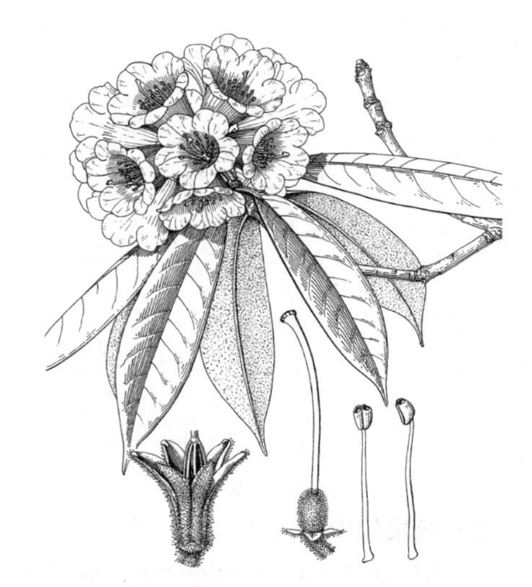

图 984 峨马杜鹃 （冀朝祯绘）

产四川及云南东北部，生于海拔1850-2800米密林下。

124. 绒毛杜鹃

图 985 彩片 235

Rhododendron pachytrichum Franch. in Bull. Soc. Bot. France 33: 231. 1886.

常绿灌木，高达8米。小枝纤细，密被淡棕色分枝粗毛，后脱落无毛。叶革质，长椭圆形或倒披针形，长6-14厘米，先端渐尖，有时尾状，基部圆，老叶两面无毛，仅下面中脉密生分枝毛，侧脉14-19对；叶柄长1.5-2厘米，被分枝毛。顶生总状伞形花序有7-10花，花序轴长1.5-2厘米，疏被柔毛。花梗长1-2厘米，有淡黄色柔毛；花萼长约2毫米，被柔毛，5裂，萼齿锐尖；花冠钟状，长3-4厘米，白或淡紫色，内面基部有紫红色斑块；雄蕊10，花丝长2-3厘米，基部被白色柔毛；子房圆锥形，长约7毫米，密被黄色柔毛，花柱无毛，柱头小。蒴果圆柱形，长1.5-2.5厘米，密被棕色短刚毛。花期4-5月，果期8-9月。

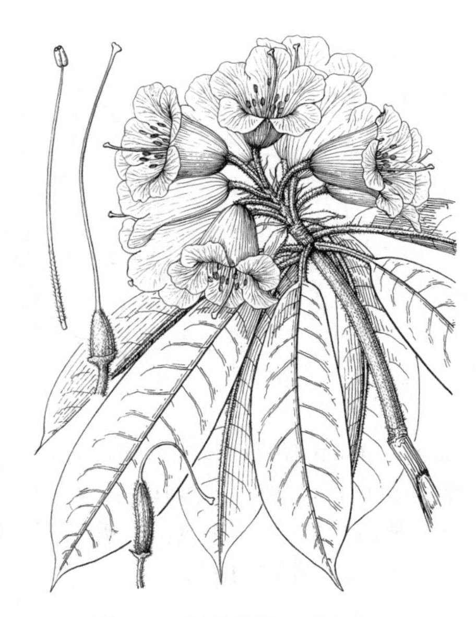

图 985 绒毛杜鹃 （冀朝祯绘）

产陕西南部、四川及云南东北部，生于海拔1700-3500米冷杉或云杉林下。

125. 厚叶杜鹃

图 986

Rhododendron pachyphyllum Fang in Acta Phytotax. Sin. 21: 460. f. 5. 1983.

乔木，高达8米。幼枝淡紫色，有散生丛卷毛，老枝无毛。叶厚革质，长椭圆形或倒卵状椭圆形，长5.5-6.5厘米，先端渐尖，有短尖头，基部宽楔形或近圆，上面暗绿色，下面淡绿色，中脉在下面隆起，近基部幼时被丛卷毛，后脱落无毛，侧脉不显著；叶柄长1-1.5厘米，近无毛。总状伞形花序有4-5花，花序轴长5毫米，无毛。花梗长1.5-2.5厘米，无毛；花萼长1毫米，5裂，萼齿微小；花冠钟

状，长3厘米，乳白色，内面上方有紫红色斑点，5裂；雄蕊10，花丝基部被微柔毛；子房长圆形，紫红色，被细小腺体；花柱长约2厘米，无毛。蒴果圆柱形，长约2厘米，开裂，有宿存花萼及花柱。花期5月。

产湖南西南部及广西东北部，生于海拔1800米林中。

图 986 厚叶杜鹃 （引自《植物分类学报》）

126. 稀果杜鹃 图 987 彩片 236

Rhododendron oligocarpum Fang et X. S. Zhang in Acta Phytotax. Sin. 21: 466. f. 1:2. 1983.

灌木或小乔木，高达6米。幼枝被灰白色微柔毛，老枝无毛。叶革质，长椭圆形，稀倒卵形，长4-6.5厘米，先端钝圆，有突尖头，基部圆，稀浅心形，边缘幼时被褐色纤毛，上面暗绿色，无毛，中脉在下面显著隆起，近基部被褐色柔毛，侧脉13-15对，细脉不发育；叶柄长0.8-1.5厘米，稀被粗伏毛。总状伞形花序有3-4花，花序轴长5-6毫米，被微柔毛。花梗长1-2厘米，被短柔毛；花萼小，外面被柔毛，5齿裂；花冠钟状，长3.5厘米，粉红或紫红色，内面基部有深紫红色斑块，5裂；雄蕊10，花丝基部被柔毛；子房卵状椭圆形，长4-5毫米，被白色长毛，花柱无毛。蒴果圆柱状，长2-2.5厘米，有毛被残迹。花期4-5月，果期9-10月。

图 987 稀果杜鹃 （冯先洁绘）

产广西东北部、贵州东北部及东南部，生于海拔1800-2500米灌丛中或林下。

127. 麻花杜鹃 图 988

Rhododendron maculiferum Franch. in Journ. Bot. 9: 393. 1895.

常绿灌木或小乔木，高达5米。幼枝被白色绒毛，老枝近毛。叶革质，长椭圆形或倒卵形，长4-11厘米，先端骤尖，基部圆或微心形，边有睫毛，上面亮绿色，无毛，下面仅隆起中脉上被交织褐色绒毛，侧脉12-17对，下面不明显；叶柄长1.5-2.5厘米，幼时被白色柔毛。总状伞形花序有7-10花，花序轴长1.2-2.5厘米，被密柔毛。花梗长1.5-2厘米，被簇生白色绒毛；花萼长2-3毫米，5齿裂，被白色绒毛；花冠宽钟状，长3.5-4厘米，白或红色，基部有深紫色斑块；雄蕊10，花丝基部被微柔毛；子房圆锥形，长约4毫米，被微柔毛，花柱无毛。蒴果圆柱形，长1.5-2厘米，被锈色毛。花期5-6月，果期9-10月。

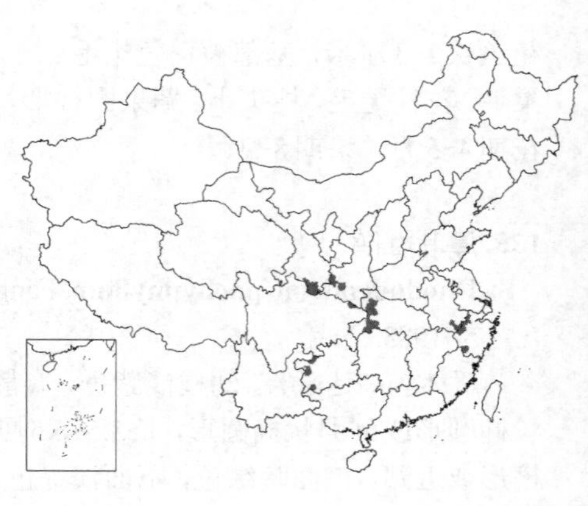

产甘肃南部、陕西西南部、四川北部及东部、贵州、湖北西部、安徽东南部及浙江，生于海拔1600-3400米林中。

图 988 麻花杜鹃 （冀朝祯绘）

128. 变光杜鹃

图 989

Rhododendron calvescens Balf. f. et Forrest in Notes Roy. Bot. Gard. Edinb. 11: 29. 1919.

常绿小灌木，高约2米。小枝粗，有薄毛被，老枝粗糙。叶薄革质，椭圆形或长椭圆形，长6-9厘米，先端有细尖头，基部圆、平截或微心形，两侧不对称，上面无毛，下面有棕色薄毛被，侧脉12-14对，在两面微现；叶柄长1-1.5厘米，被稀疏短柔毛。总状伞形花序有3-8花，花序轴长3-5毫米。花梗长1-1.3厘米，被柔毛和腺体；花萼杯状，萼片5，披针形，长2-3毫米，外面被腺体，边有睫毛；花冠钟状，长3-3.5厘米，玫瑰色，有紫色斑纹，5裂；雄蕊10，花丝基部被柔毛；子房卵球形，被腺体和柔毛，花柱无毛。蒴果圆柱形，长约2厘米，微弯曲。花期6-7月，果期10-11月。

产四川西南部、云南西北部及西藏东南部，生于海拔3300米云杉、冷杉林下。

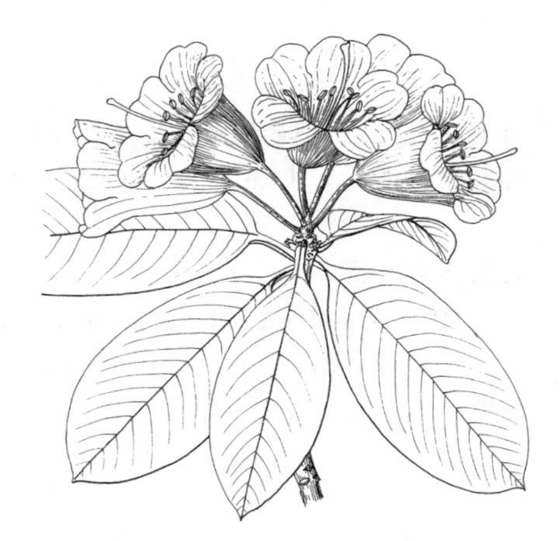
图 989 变光杜鹃 （孙英宝绘）

129. 漏斗杜鹃

图 990

Rhododendron dasycladoides Hand.-Mazz. Symb. Sin. 7: 791. 1936.

常绿灌木或小乔木，高达5米。小枝粗，幼时密被腺毛，后脱落无毛。叶薄革质，窄卵状椭圆形或长椭圆形，长4-10厘米，先端有细尖头，基部圆或微心形，上面无毛，下面幼时疏被腺毛，后无毛，中脉在下面隆起，密被腺头刚毛；叶柄长1-1.5厘米，有腺头刚毛。总状伞形花序有5-8花，花序轴长2-5毫米，密被短柔毛。花梗长1-1.2厘米，被长柄腺体；花萼5裂，裂片长圆状椭圆形或卵状椭圆形，长5-8毫米，先端圆，外面被硬毛；花冠漏斗状，长2.8-3.5厘米，玫瑰色，喉部有紫色斑点，5裂；雄蕊10，花丝基部有柔毛；子房卵圆形，长4-5毫米，密被硬毛，花柱无毛。蒴果圆柱状，长约3厘米，弯弓形。花期5月。

图 990 漏斗杜鹃 （冯先洁绘）

产四川西南部及云南西北部，生于3000-4000米林下。

130. 毛萼杜鹃 图 991

Rhododendron bainbridgeanum Tagg et Forrest in Stevenson, Spec. Rhodod. 133. 1930.

常绿小灌木，高达2米。幼枝有稀疏腺毛，老枝无毛。叶革质，长圆椭圆形或倒卵形，长6-10厘米，先端有细尖头，基部心形，上面无毛，下面有棕色薄毛被，侧脉12-14对；叶柄圆，长1-1.5厘米，被腺毛。总状伞形花序有4-8花，花序轴长5毫米，疏被柔毛。花梗纤细，长1.5-2.5厘米，被毛；花萼5裂，裂片长4-5毫米，被柔毛；花冠钟状，长2.5-3.5厘米，白或黄色，基部有深红色斑点，5裂；雄蕊10，花丝基部被柔毛；子房卵圆形，长约4毫米，被腺毛和丛卷毛，花柱基部被腺毛，上部无毛。蒴果圆柱状，长约2厘米，弯曲。花期5-6月，果期8-9月。

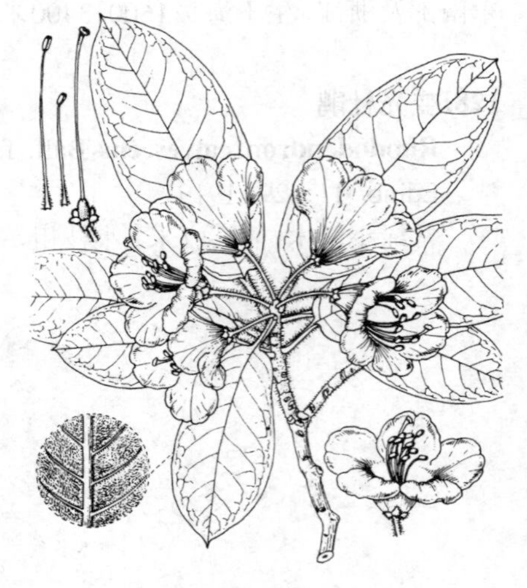

图 991 毛萼杜鹃 （冯先洁绘）

产云南西北部及西藏东南部，生于海拔3300-3700米灌丛中。缅甸东北部有分布。

131. 多变杜鹃 图 992

Rhododendron selense Franch. in Journ. de Bot. 12. 257. 1898.

小灌木，高达2米。幼枝有短柄腺体，老枝无毛。叶薄革质或纸质，长椭圆形或倒卵形，长4-8厘米，宽2.5-4厘米，先端有细尖头，基部圆，两侧不对称，下面淡绿色，两面无毛，侧脉9-13对，不明显；叶柄长1-2厘米，有稀疏短柄腺体。总状伞形花序有4-7花，花序轴长2-4厘米，无毛。花梗长1-2厘米，有短柄腺体；花萼小，长不及2毫米，5裂，边缘有密腺体；花冠漏斗钟状，长2.5-3.5厘米，粉红或蔷薇色，无斑点，5裂；雄蕊10，花丝基部微被柔毛；子房被短柄腺体，花柱无毛。蒴果圆柱形，长1.2-2.5厘米，弯弓形。花期5-6月，果期7-8月。

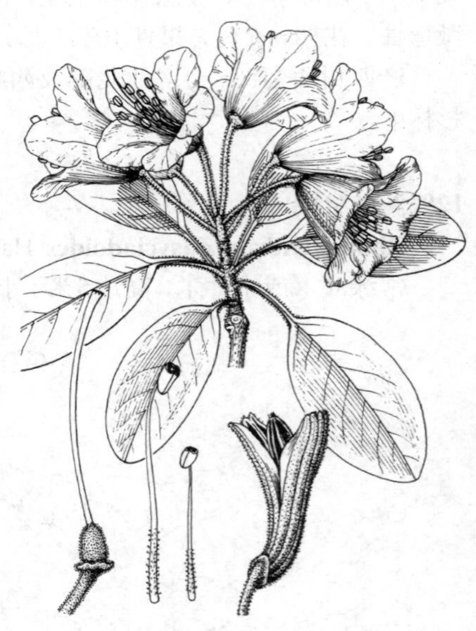

图 992 多变杜鹃 （冀朝祯绘）

产四川西南部、云南西北部及西藏东南部，生于海拔2800-4000米冷杉林下和杜鹃灌丛中。

［附］ **粉背多变杜鹃** 和蔼杜鹃 **Rhododendron selense** subsp. **jucundum** (Balf. f. et W. W. Smith) Chamb. ex Cullen et Chamb. in Notes Roy. Bot. Gard. Edinb. 36: 118. 1978. —— *Rhododendron jucundum* Balf. f. et W. W. Smith in Notes Roy. Bot. Gard. Edinb. 9: 242. 1916. 与原亚种的区别：叶宽椭圆形，下面有白粉；花梗被腺毛；萼片长2-5毫米。花期5月，果期10月。产云南西部，生于海拔3200-3600米冷杉林下及杜

鹃灌丛中。

132. 少花杜鹃 图 993

Rhododendron martinianum Balf. f. et Forrest in Notes Roy. Bot. Gard. Edinb. 11: 96. 1919.

常绿灌木，高达2米。小枝幼时被短柄腺体，老后无毛。叶革质，椭圆形或卵状椭圆形，长2-3.5厘米，宽1.5-2厘米，先端圆，有细尖头，基部圆，两面无毛，侧脉9-11对；叶柄粗，长3-5毫米。花序有2-3花，花序轴长2毫米，无毛，常有宿存芽鳞。花梗长1.5-3厘米，被短柄腺体；花萼小，盘状，5裂；花冠漏斗状，乳白、粉红或淡黄色，长3-3.5厘米，5裂；雄蕊10，长1.2-3厘米，花丝基部被短柔毛；子房圆锥状，密被短柄腺体，花柱基部被短柄腺体，上部光滑。蒴果圆柱状，长2-2.5厘米，弯曲，被短柄腺体。花期6月，果期8月。

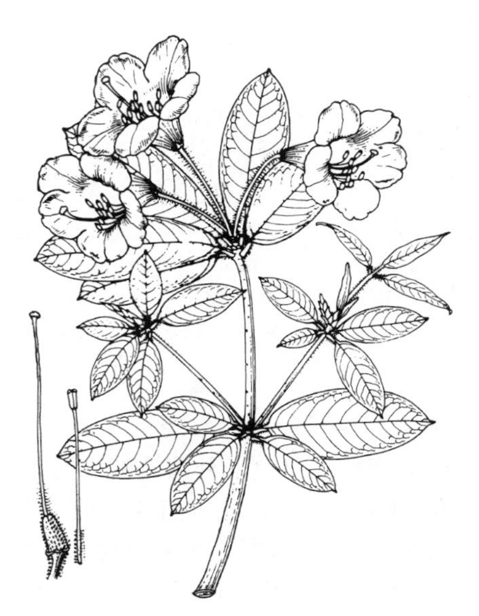

图 993 少花杜鹃 （冯先洁绘）

产云南西北部及西藏东南部，生于海拔3000-3500米灌丛中。缅甸东北部有分布。

133. 刚刺杜鹃 图 994

Rhododendron setiferum Balf. f. et Forrest in Notes Roy. Bot. Gard. Edinb. 11: 137. 1919.

常绿灌木，高达3米。幼枝密被腺体，老枝光滑。叶革质，长椭圆形或椭圆形，长5-10厘米，先端钝圆，有细尖头，基部圆，上面深绿色，无毛，下面有淡棕色薄毛被，侧脉12-15对；叶柄长1-2厘米，圆柱形，被腺毛。总状伞形花序有6-10花，花序轴长5毫米，有腺毛及绒毛。花梗细，长1.5-2厘米，有腺毛及绒毛；花萼裂片5，长5-7毫米，外面及边缘有腺毛；花冠漏斗状，长3.5-4厘米，白或粉红色，有深红色腺纹，5裂；雄蕊10，花丝基部被柔毛；子房卵圆形，被腺头刚毛，花柱基部有腺头刚毛，上部光滑。蒴果长1.5-2.5厘米，弯弓形，被腺毛。花期4-5月，果期7-8月。

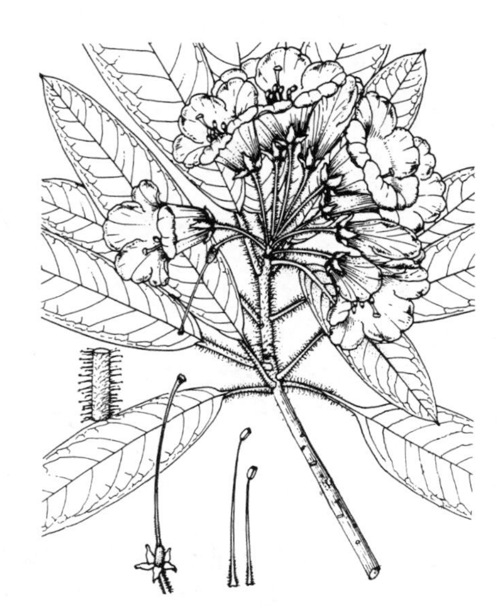

图 994 刚刺杜鹃 （冯先洁绘）

产云南西北部及西藏东南部，生于海拔3300-3700米冷杉林下及灌丛中。

134. 长粗毛杜鹃 图 995

Rhododendron crinigerum Franch. in Journ. Bot. 12: 260. 1898.

常绿灌木，高达6米。幼枝被腺头刚毛，有粘液。叶革质，长椭圆形

或倒披针形，长9-20厘米，先端渐尖，基部圆，上面幼时被丛卷毛和腺体，后无毛，下面密被白或黄褐色棉毛状毛被和少数腺体，中脉显著隆起，侧脉15-19对；叶柄长1-2厘米，被腺头刚毛和粘液。总状伞形花序有7-16花，花序轴长8毫米，密被柔毛。花梗长2-3厘米，被腺头刚毛；花萼5裂，裂片长6-8毫米，不等，外面被腺头刚毛，边有睫毛；花冠钟状，长2.5-3.5厘米，粉红或白色，内面有深红色斑点及斑块，5裂；雄蕊10，花丝下部被柔毛；子房及花柱下部密被腺头刚毛。蒴果圆柱状，长1.5-1.7厘米，有宿萼，被刚毛。花期5-6月，果期8-9月。

产四川西北部、云南西北部及西藏东南部，生于海拔2200-4200米林下。

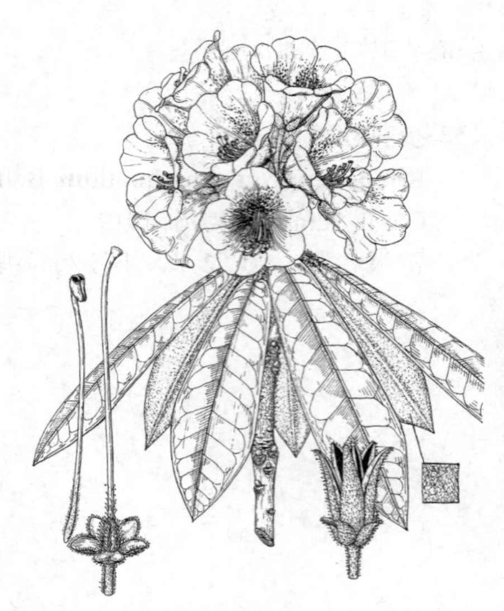

图 995 长粗毛杜鹃 （引自《图鉴》）

135. 团花杜鹃 图 996 彩片 237

Rhododendron anthosphaerum Diels in Notes Roy. Bot. Gard. Edinb. 5: 215. 1912.

灌木或小乔木，高达9米。幼枝无毛，粗糙，叶痕明显。叶薄革质，长椭圆形或倒披针状椭圆形，长8-14厘米，先端钝尖，基部楔形，两面无毛，侧脉17-24对；叶柄长1-2厘米，无毛。总状伞形序有8-10花，花序轴长0.5-1厘米，被棕色柔毛。花梗长约1厘米，被疏柔毛；花萼小，盘状，6-7裂，无毛；花冠钟状，长3-3.5厘米，玫瑰色，基部有紫色斑块，5-7裂；雄蕊13-14，花丝无毛；子房圆柱状，无毛，花柱长约2.5厘米，无毛。蒴果圆柱状，长1.5-2.5厘米，无毛，成熟后7-8裂。花期4-5月，果期7-10月。

产四川西南部、云南及西藏东南部，生于海拔2000-3500米针阔叶混交林下。

［附］ **光柱杜鹃 Rhododendron tanastylum** Balf. f. et K. Ward in Trans. Bot. Soc. Edinb. 27. 217. 1917. 本种与团花杜鹃的区别：叶革质，先端尖；花序轴长1-2厘米；花冠长4-4.5厘米，粉红或深红色，肉质，5裂。产云南西部，生于海拔1700-3300米林中。缅甸及印度东北部有分布。

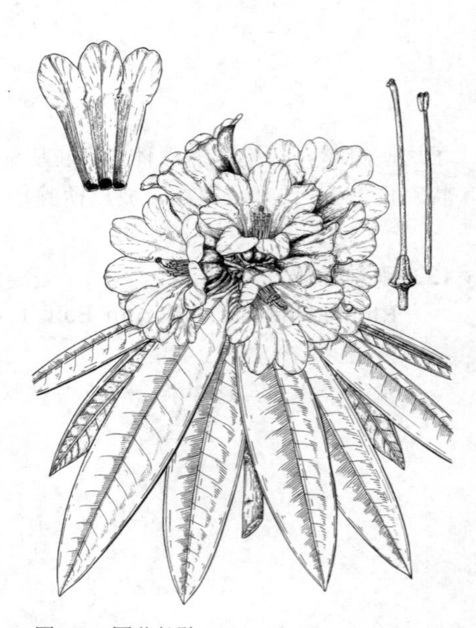

图 996 团花杜鹃 （仿《Curtis's Bot. Mag.》）

136. 蜡叶杜鹃 图 997

Rhododendron lukiangense Franch. in Journ. de Bot. 12: 257. 1898.

灌木或小乔木，高达4米。幼枝无毛。叶革质或薄革质，椭圆形或倒披针形，长8-14厘米，先端骤尖，基部楔形，上面有蜡质层，有光泽，两面无毛，中脉在下面显著隆起，侧脉22-24对；叶柄长1-2厘米，圆柱状。总状伞形花序有7-13花，花序轴长

1.5-3厘米，被淡黄色柔毛。花梗长1-1.5厘米，常无毛；花萼小，5裂；花冠筒状钟形，长3-4.5厘米，淡紫红或玫瑰色，具紫色斑点，5裂；雄蕊10，花丝线形，无毛；子房圆柱状，长约5毫米，无毛，花柱无毛。蒴果圆柱形，长约3厘米，光滑，花萼宿存，常增大。花期4-5月，果期10-11月。

产四川西南部及云南西北部，生于海拔2600-3500米林下或灌木丛中。

［附］**多斑杜鹃 Rhododendron kendrickii** Nutt. in Mag. Nat. Hist. 12: 10. 1853. 本种与蜡叶杜鹃的区别：叶上面无蜡质；幼枝被丛卷毛；花冠深红色，有深色斑点，子房被糙伏毛。产西藏东部，生于海拔2600-2700米林中。不丹及印度东北部有分布。

图 997 蜡叶杜鹃 （冯先洁绘）

137. 露珠杜鹃 图 998 彩片 238

Rhododendron irroratum Franch. in Bull. Soc. Bot. France 34: 280. 1887.

常绿灌木或小乔木，高达9米。幼枝被薄绒毛和腺体，老枝光滑。叶革质，披针形或长椭圆形，长5-14厘米，先端渐尖，基部圆，边缘有时波状，两面无毛，侧脉17-20对；叶柄长1-2厘米。总状伞形花序有7-15花，花序轴长2-4厘米，被柔毛和淡红色腺体。花梗长1-2厘米，密被具柄腺体；花萼小，盘状，外面和边缘具腺体；花冠筒状钟形，长3-4厘米，白、淡黄或粉红色，有深色斑点，5裂；雄蕊10，花丝基部被柔毛；子房圆锥形，与花柱均密被腺体。蒴果圆柱状，长1.5-2厘米，被腺体，成熟后开裂，8-10室。花期3-5月，果期9-10月。

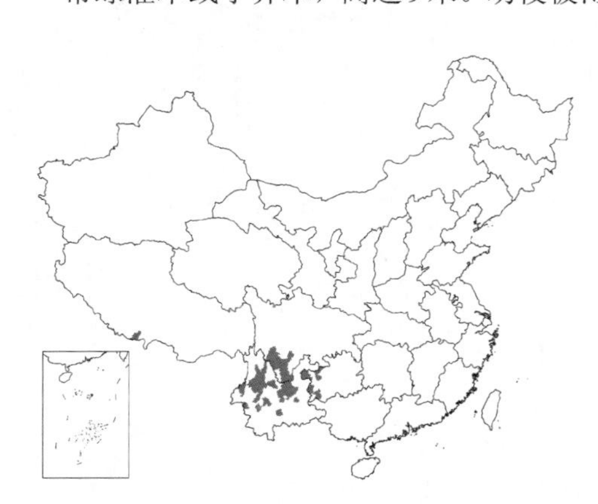

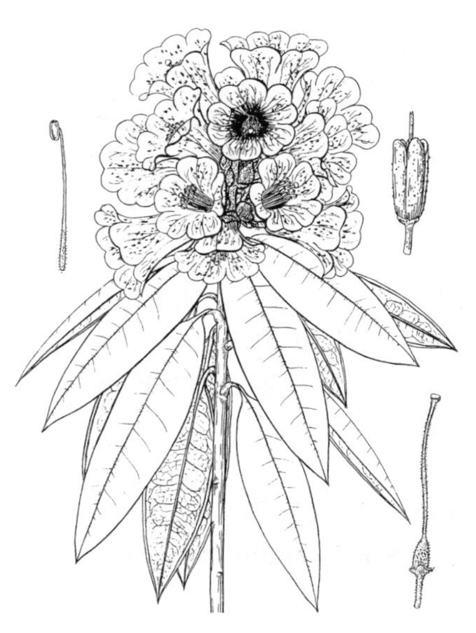

图 998 露珠杜鹃 （引自《图鉴》）

产四川西南部、贵州西部、云南及西藏南部，生于海拔1700-3200米山坡常绿阔叶林中。

138. 迷人杜鹃 图 999 彩片 239

Rhododendron agastum Balf. f. et W. W. Smith in Trans. Bot. Soc. Edinb. 27: 178. 1917.

常绿灌木或小乔木。幼枝有粘性腺体，老枝无毛。叶革质，椭圆形或椭圆状披针形，长7-12厘米，先端圆，有小尖头，基部宽楔形或近圆，上面无毛，下面黄绿色，有淡棕色薄毛被，侧脉12-13对；叶柄长1-2厘米，被柔毛和腺体。总状伞形花序有4-10花，花序轴长1.5-3厘米，被柔毛和腺体。花梗长1-1.5厘米，被腺体；花萼盘状，5-7裂；花冠钟状漏斗形，长3.5-5.5厘米，粉红色，具紫色斑点，5裂；雄蕊10-14，花丝下部被柔毛；子房密被腺体和硬毛，花柱长2.5-4厘米，有腺体。蒴果圆柱状，长约3厘米，微弯曲。花期4-5月，果期7-8月。

产云南及贵州西北部，生于海拔1900-2500米常绿阔叶林中。

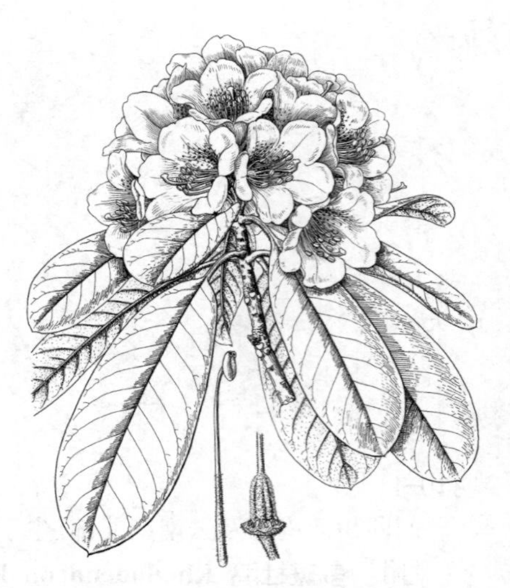
图 999 迷人杜鹃 （引自《图鉴》）

139. 窄叶杜鹃 图 1000

Rhododendron araiophyllum Balf. f. et W. W. Smith in Trans. Bot. Soc. Edinb. 27. 184. 1917.

灌木，高达7米。小枝纤细。幼叶微被柔毛，老叶无毛，薄革质，椭圆状披针形，长5-11厘米，先端渐尖，有短尾尖，基部楔形，下面中脉幼时被薄绵毛，侧脉15-16对；叶柄长约1厘米，常无毛。总状伞形花序有5-10花，花序轴长1-1.5厘米，有淡黄色柔毛。花梗长1-1.5厘米，无毛；花萼盘状，5裂；花冠钟状，长2.5-3.5厘米，淡玫瑰色或白色，有红色斑点，常5裂；雄蕊10-12，花丝基部有微柔毛；子房长5-6毫米，无毛或基部有时微被短柔毛，花柱无毛，柱头膨大。蒴果圆柱状，长1-1.5厘米，无毛，花柱宿存。花期4-5月，果期10-11月。

产云南西部，生于海拔2600-3400米冷杉林下及杜鹃灌丛中。缅甸东北部有分布。

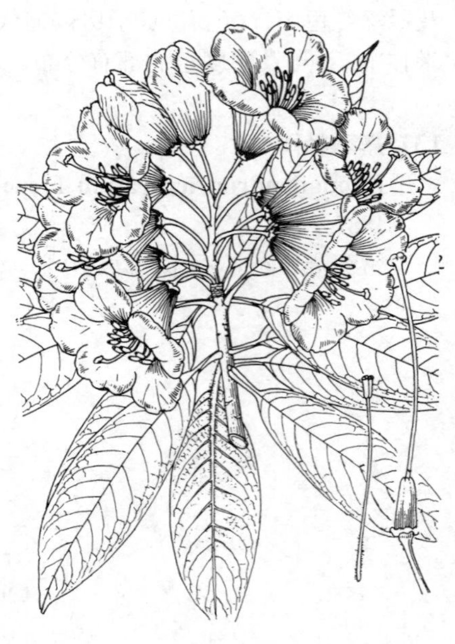
图 1000 窄叶杜鹃 （冯先洁绘）

140. 碟花杜鹃 图 1001：1-4

Rhododendron aberconwayi Cowan in Rhodod. Year-Book. 1948: 42. 1948.

常绿灌木，高达1.5米。小枝纤细，幼时被疏绒毛和腺体，老时无毛。叶密集，厚革质，卵状椭圆形或卵状披针形，长2.5-5厘米，先端骤尖，有小尖头，基部宽楔形或近圆，上面亮绿色，下面淡绿色，有红色小点，侧脉8-9对；叶柄0.5-1厘米，微被柔毛。总状伞形花序有7-11花，花序轴粗，长1-2.5厘米，被柔毛。花梗长1.5-3.5厘米，有短柄腺体；花萼小，盘状，5裂，外面被硬毛和腺体；花冠碗状或钟状，开展近碟形，长2-3厘米，白或粉红色，有红色斑点，5裂；雄蕊10，花丝无毛；子房圆锥形，密被短柄腺体，花柱长于花冠，有腺体。蒴果粗，长约1.8厘米，成熟后开裂。花期5月，果期10月。

产贵州西南部及云南中北部，生于海拔2200-2500米灌丛中。

［附］**桃叶杜鹃** 图 1001：5-7 **Rhododendron annae** Franch. in Journ. de Bot. 12: 258. 1898. 本种与蝶花杜鹃的区别：幼枝微被柔毛或无

毛；叶长7-10厘米，宽2-3厘米，侧脉12-16对，叶柄无毛；花冠较窄，淡紫红色；蒴果长达2.5厘米。产贵州西部及云南东北部，生于海拔1250-1710米常绿阔叶林或灌木丛中。

图 1001：1-4.碟花杜鹃 5-7.桃叶杜鹃（冯先洁绘）

141. 短脉杜鹃 图 1002 彩片 240

Rhododendron brevinerve Chun et Fang in Acta Phytotax. Sin. 6: 160. 167. f. 39. 2. 1957.

常绿小乔木。小枝无毛。叶革质，椭圆状披针形或宽披针形，长10-15厘米，先端渐尖，基部宽楔形，两面无毛，侧脉极细，9-15对；叶柄长1.5-2.5厘米，无毛。总状伞形花序有2-4花，花序轴长5毫米，被柔毛。花梗长2厘米，密被长腺毛；花萼小，不规则；花冠钟状，长2.5-4厘米，淡紫红或粉红色，无斑点，5裂；雄蕊10，花丝无毛；子房圆锥状卵形，长约7毫米，密被腺头硬毛，花柱长2.5-3厘米，下部1/2至1/3密被腺头硬毛。蒴果长圆形，长约1.5厘米，常被腺头硬毛，有宿存花柱及花萼，成熟后常10裂。花期3-5月，果期7-9月。

产湖南西南部、广东北部、广西及贵州东部，生于海拔800-1400米沟谷灌丛中。

［附］**贵州杜鹃 Rhododendron guizhouense** Fang f. in Acta Phytotax. Sin. 30: 555. 1992. 本种与短脉杜鹃的区别：叶薄革质和近纸质，椭圆状披针形或卵状披针形，长5-10厘米，先端常偏斜；花柱无毛。产广西北部、湖南西南部及贵州东部，生于海拔1700-2400米杂木林中。

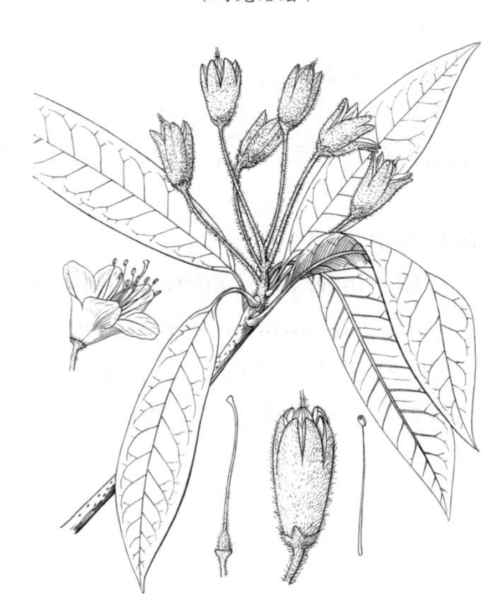

图 1002 短脉杜鹃 （引自《图鉴》）

142. 川西杜鹃 图 1003

Rhododendron sikangense Fang in Acta Phytotax. Sin. 2: 81. t. 7. 1952.

常绿灌木或小乔木，高达5米。幼枝有白色绒毛，老枝枝皮层状剥落。叶革质，长椭圆形或椭圆状披针形，长8-12厘米，先端锐尖，基部钝圆，上面深绿色，无毛，上面中脉凹下，下面中脉隆起，下部及叶柄被易脱落的星状毛，侧脉12-15对；叶柄长1-1.5厘米，圆柱形。总状伞形花序有8-12花，花序轴长1-2厘米，被白色柔毛。花梗长1.5-2厘米，被白色绒毛；花萼小，5裂，外面被毛；花冠钟状，长3-3.5厘米，淡紫红色，有深紫色斑点，基部有大斑块，5裂；雄蕊10，花丝基部有开展短柔毛；子房长卵圆形，长约5毫米，被分枝柔毛，花柱粗，无毛。蒴果圆柱形，长1.5-2厘米，被褐色密分枝毛。花期6-7月，果期9月。

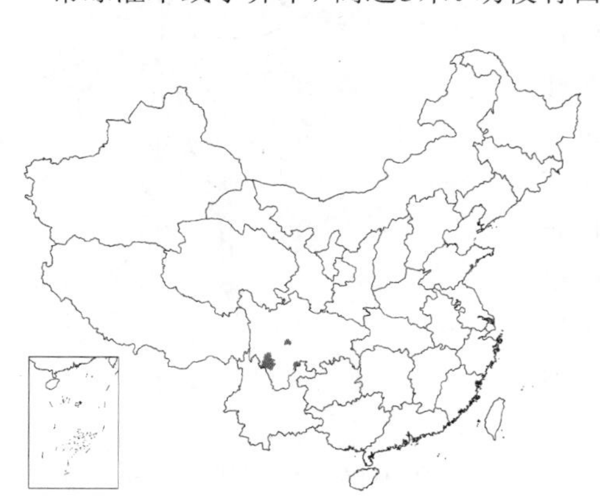

产四川西部及西南部，生于海拔

2800-3100米灌丛中。

图 1003 川西杜鹃 （冀朝祯绘）

143. 牛皮杜鹃 牛皮茶 图 1004 彩片 241

Rhododendron aureum Georgi, Reise Russ. Reich. 1: 51. 214. 1772.

Rhododendron chrysanthum Pallas; 中国高等植物图鉴 3: 99. 1972.

常绿小灌木，高达50厘米。茎横生，侧枝斜升，芽鳞宿存。叶革质，倒披针形或倒卵状长圆形，长2.5-8厘米，先端钝或圆，基部楔形，边缘微反卷，两面无毛，有时下面叶脉疏被毛，侧脉8-13对；叶柄长0.5-1厘米，无毛。伞房花序有5-8花；花序轴长1厘米。花梗直立，长3厘米，被红色柔毛，包于宿存芽鳞及萼片内；花萼小，有5齿裂；花冠钟状，长2.5-3厘米，黄色，5裂，上方有红色斑点；雄蕊10，花丝基部被白色微柔毛；子房卵圆形，长5毫米，被锈色柔毛，花柱无毛。蒴果圆柱形，长1-1.5厘米，5裂，微被柔毛。花期5-6月，果期7-9月。

产黑龙江南部、吉林东南部及辽宁东部，生于海拔1000-2506米高山草原或苔藓层。俄罗斯西伯利亚及远东地区、朝鲜、蒙古、日本有分布。

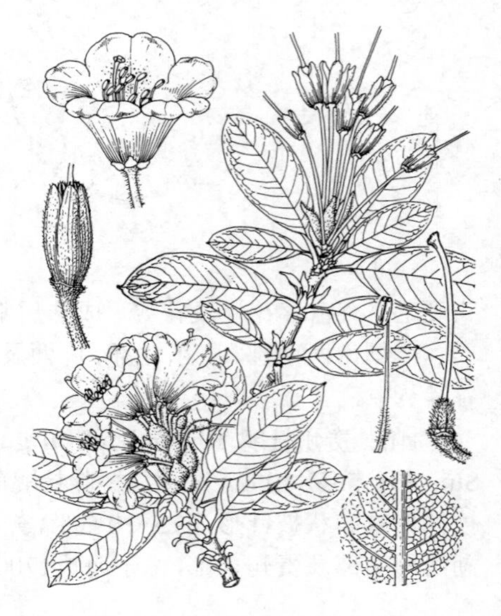
图 1004 牛皮杜鹃 （冯先洁绘）

144. 弯尖杜鹃 图 1005

Rhododendron adenopodum Franch. in Journ. de Bot. 9: 391. 1895.

Rhododendron youngae Fang; 中国高等植物图鉴 3: 122. 1974.

常绿灌木，高达4米。小枝微被灰白色绒毛，后无毛。叶革质，椭圆状披针形或倒披针形，长5-12厘米，宽2-4厘米，先端锐尖，常有弯的短尖尾，基部楔形，上面深绿色，无毛，下面有灰棕薄毛被，中脉隆起，侧脉10-12对；叶柄圆柱状，长1-1.5厘米，幼时被柔毛。总状伞形花序有4-8花，花序轴长1-1.5厘米，被黄色柔毛。花梗长1-2.5厘米，密被淡棕色长柄腺体和疏柔毛；花萼小，5裂；花冠钟状漏斗形，长4-4.5厘米，粉红色，有深红色斑点，5裂；雄蕊10，花丝基部被开展柔毛；子房卵圆形，长约5毫米，被棕色长柄腺体，花柱长约4.5厘米，无毛。蒴果圆柱状，长1.5-2厘米，被腺头刚毛。花期4-5月，果期7-8月。

产湖北西南部及四川东部，生于海拔1000-2000米灌木丛中。

图 1005 弯尖杜鹃 （引自《图鉴》）

145. 光枝杜鹃 图 1006

Rhododendron haofui Chun et Fang in Acta Phytotax. Sin. 6: 170. 1957.

常绿灌木，高达6米。幼枝绿色，无毛。叶革质，披针形或倒卵状披针形，长7-10厘米，先端锐尖，基部钝圆或宽楔形，上面无毛，下面密被黄色毡状柔毛，中脉在下面显著隆起，侧脉14-18对；叶柄长1.5-2.2厘米，无毛。总状伞形花序有5-9花，花序轴长0.5-1厘米，被柔毛。花梗长2.5-3.5厘米，被微毛；花萼小，5裂；花冠钟状，长4-4.5厘米，白或粉红色；雄蕊18-22，长1.5-3厘米，花丝下部被柔毛；子房长约6毫米，密被白色绵毛，花柱长2.5-3厘米，无毛。蒴果圆柱状，长1.5-2.5厘米，密被淡黄色绵毛，成熟后10-11裂。花期5月，果期10月。

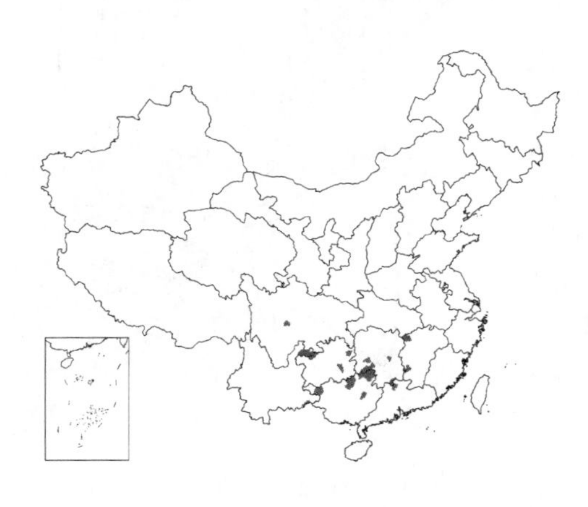

图 1006 光枝杜鹃 （引自《图鉴》）

产江西西部、湖南、广东北部、广西、贵州、云南东南部及东北部、四川中部，生于海拔850-1900米灌木林中。

146. 不凡杜鹃 图 1007

Rhododendron insigne Hemsl. et Wils. in Kew Bull. Misc. Inform. 1910: 113. 1910.

常绿丛生灌木，高达6米。小枝初被薄毛，后无毛。叶厚革质，倒卵状椭圆形或倒卵状披针形，长8-13厘米，先端渐尖或锐尖，基部楔形，上面绿色，无毛，下部被银白色薄毛被，干后呈黄棕或古铜色，有光泽，侧脉18-21对，排列整齐；叶柄长1.5-2.5厘米。总状伞形花序有8-11花，花序轴长1.5厘米，无毛。花梗长3-5厘米，被疏柔毛，上部毛较密；花萼小，有5齿；花冠钟状，长3-3.5厘米，淡红或红色，有深色斑点和条纹；雄蕊13-14，花丝基部被白色柔毛；子房圆柱状，长约7毫米，被白色绵毛，花柱无毛。蒴果圆柱形，长约2.5厘米，被淡黄色绵毛。花期5月，果期10月。

图 1007 不凡杜鹃 （引自《图鉴》）

产四川西南部、贵州西北部及云南东北部，生于海拔1500-2000米林中。

147. 繁花杜鹃 图 1008

Rhododendron floribundum Franch. in Bull. Soc. Bot. France 33: 232. 1886.

灌木或小乔木，高达10米。幼枝有灰白色星状毛，老枝无毛。叶厚革质，椭圆状披针形或宽披针形，长8-15厘米，先端有短尖头，基部楔形，上面无毛，有泡状隆起及皱纹，下面

被灰白色柔毛，上层毛被为星状毛，下层毛被紧贴，侧脉17-20对；叶柄长1-2厘米，幼时被柔毛。总状伞形花序有8-12花，花序轴长5-7毫米，被淡黄色柔毛。花梗长1.5-2厘米，被淡黄色柔毛；花萼小，外面被毛；花冠钟状，长3.5-4厘米，粉红色，有深紫红色斑点，5裂；雄蕊10，花丝无毛；子房卵圆形，密被白色绢状毛，花柱长3.5-4厘米，无毛。蒴果圆柱状，长2-3厘米，被灰色绒毛。花期4-5月，果期7-8月。

产四川、云南及贵州西部，生于海拔1400-2700米林中。

图 1008 繁花杜鹃 （引自《图鉴》）

148. 大钟杜鹃 图 1009 彩片 242

Rhododendron ririei Hemsl. et Wils. in Kew Bull. Misc. Inform. 1910: 111. 1910.

常绿灌木或小乔木，高达5米。幼枝无毛。叶革质，长圆状椭圆形或倒卵状椭圆形，长7.5-13厘米，宽2.5-4厘米，先端尖，基部宽楔形或近圆，上面无毛，下面有银白色紧贴薄层毛被，侧脉13-14对；叶柄长1-2厘米，无毛。总状伞形花序有5-10花；花序轴长5-8毫米，被柔毛。花梗长1-1.5厘米，被短柔毛；花萼小，裂片三角状卵形，长2-3毫米；花冠钟状，基部宽阔，紫红色，长4-6厘米，有5个紫红色密腺囊，5裂，裂片近圆形，先端有缺刻；雄蕊10，花丝无毛；子房圆柱状锥形，长6-8毫米，被灰白色短柔毛，花柱长3.5-4.5厘米，无毛。蒴果圆柱形，长2-3厘米，初被白色柔毛，后无毛。花期3-5月，果期6-10月。

产湖北西南部、贵州东北部及四川峨眉山以南，生于海拔1700-1800米山坡林缘。

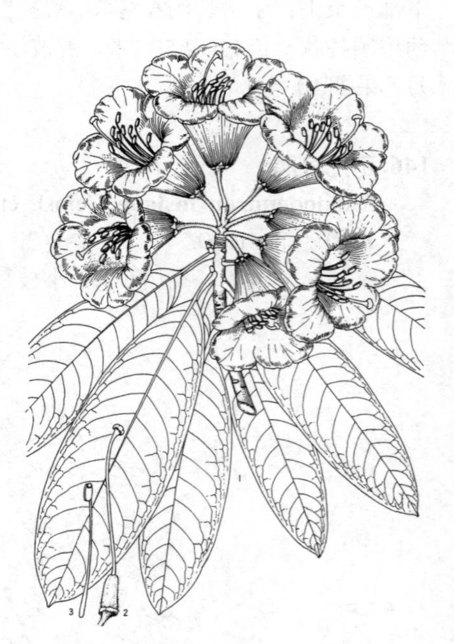

图 1009 大钟杜鹃 （冯先洁绘）

149. 猴头杜鹃 图 1010 彩片 243

Rhododendron simiarum Hance in Journ. Bot. 22: 22. 1884.

常绿灌木，高达5米。幼枝无毛。叶厚革质，倒卵状披针形或椭圆状披针形，长5-10厘米，先端钝圆或钝尖，基部楔形，下延至叶柄，上面绿色，无毛，下面有淡棕或淡灰色薄毛被，侧脉10-12对，微现；叶柄长1.5-2厘米，幼时被毛。总状伞形花序有5-9花，花序轴长1-2.5厘米，被疏柔

毛。花梗长3.5-5厘米，被疏柔毛或无毛；花萼盘状，有5齿；花冠钟状，长4-4.5厘米，乳白或粉红色，有红色斑点，5裂；雄蕊10-12，花丝基部被绒毛；子房圆柱状，被棕色分枝柔毛和腺体，花柱长3.5-4厘米，基部有腺体。蒴果圆柱状，长1-2厘米，被棕色绒毛，后无毛。花期4-5月，果期7-9月。

产浙江、福建南部、江西、湖南、广东、香港、海南、广西及贵州东部，生于海拔500-1800米林中。

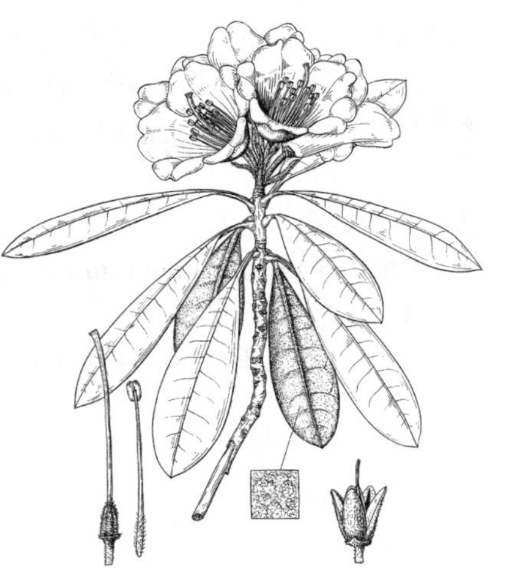

图 1010 猴头杜鹃 （引自《图鉴》）

150. 台湾杜鹃 图 1011

Rhododendron formosanum Hemsl. in Kew Bull. Misc. Inform. 1859: 183. 1859.

灌木或小乔木，高达6米。小枝被淡棕色柔毛，老枝无毛。叶革质，窄披针形或倒披针形，长7-13厘米，宽2-3厘米，先端钝尖，基部楔形，上面无毛，下面有淡棕色薄毛被，侧脉13-17对，在两面均微突起；叶柄长1-2厘米，被丛卷毛。总状伞形花序有10-20花，花序长1.5-2厘米，被淡黄色柔毛。花梗长2-3厘米，被淡黄色柔毛；花萼小，具5突起；花冠宽漏斗状，长4-4.5厘米，白或粉红色，下部有紫色斑点，5裂；雄蕊10-12，花丝基部被柔毛；子房圆柱状，被棕色柔毛，花柱无毛。蒴果圆柱状，长约1厘米，被淡棕色柔毛。花期4月，果期7-8月。

产台湾，生于海拔800-2300米阔叶林中。

图 1011 台湾杜鹃 （冯先洁绘）

151. 长柄杜鹃 图 1012

Rhododendron longipes Rehd. et Wils. in Sarg. Pl. Wilson. 1: 528. 1913.

灌木或小乔木。幼枝被灰色柔毛。叶革质，长椭圆形或椭圆状披针形，长7-13厘米，先端渐尖，基部楔形，上面无毛，下面有淡棕色薄毛被，侧脉12-14对；叶柄长1-1.5厘米，无毛。总状伞形花序有8-12花；花序轴细长，长1.2-1.5厘米，疏被柔毛。花梗细瘦，长2.5-3.5厘米，疏被腺体；花萼小，盘状，裂片三角形，长约1毫米，无毛；花冠漏

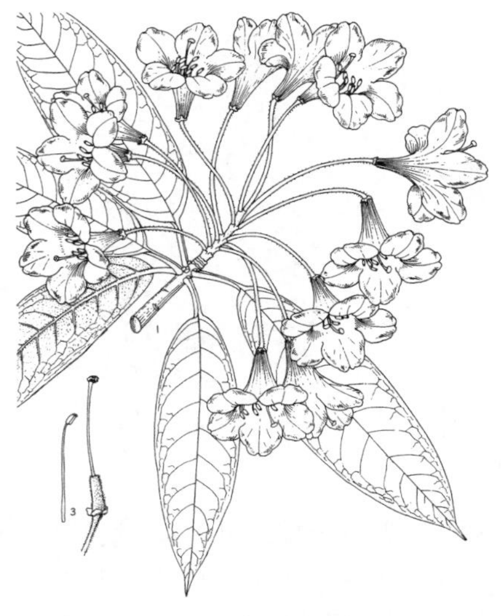

图 1012 长柄杜鹃 （冯先洁绘）

斗状钟形，长2.5-3厘米，粉红或淡紫色，筒部有深紫红色斑点，5裂，裂片近圆形，长约1厘米，先端有凹缺；雄蕊10-12，花丝无毛；子房卵圆形，长约5毫米，被棕色柔毛，花柱长约1.5厘米，无毛。花期5月。

产贵州西北部及四川中南部，生于海拔2000-2500米疏林或灌木丛中。

152. 海绵杜鹃 图 1013 彩片 244

Rhododendron pingianum Fang in Contr. Biol. Lab. Sci. Soc. China, Bot. 12: 20. 1939.

常绿灌木或小乔木，高达9米。幼枝被灰白色绒毛，老枝无毛。叶革质，倒披针形或椭圆状披针形，长9-15厘米，先端锐尖，基部楔形，上面绿色，无毛，下面有白色或灰白色毛被，上层毛被糠秕状，下层毛被紧贴，侧脉12-16对；叶柄长1-1.5厘米，幼时被毛。总状伞形花序有12-22花，花序轴长1-2厘米，被柔毛。花梗长2-4厘米，被白色丛卷毛；花萼小，5裂；花冠钟状漏斗形，长3-3.5厘米，粉红或淡紫红色，基部窄，5裂；雄蕊10，花丝长0.8-1.5厘米，无毛；子房圆柱状，长约5毫米，被柔毛，花柱无毛。蒴果圆柱状，长2-3厘米，无毛，微弯曲。花期5-6月，果期9-10月。

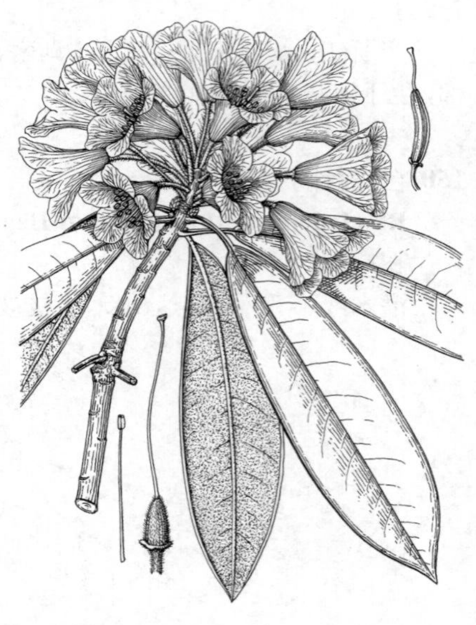

图 1013 海绵杜鹃 （冀朝祯绘）

产四川南部及云南东北部，生于海拔2300-2700米疏林中。

153. 银叶杜鹃 图 1014

Rhododendron argyrophyllum Franch. in Bull. Soc. Bot. France 33: 231. 1886.

常绿小乔木或灌木，高达7米。幼枝被灰白色绒毛，老枝无毛。叶革质，长圆状椭圆形或倒披针状椭圆形，长6-13厘米，宽2-4厘米，先端骤尖，基部楔形或近圆，上面幼时微被短绒毛，下面有银白色薄毛被，侧脉12-14对，微现；叶柄长1-1.5厘米，无毛。总状伞形花序有6-9花，花序轴长1-1.5厘米，有淡黄色柔毛。花梗长1.5-3.5厘米，被丛卷毛；花萼小，5裂；花冠钟状或漏斗状，长2.5-3.5厘米，乳白或粉红色，基部幼时窄，有紫色斑点，5裂；雄蕊12-15，花丝基部被柔毛；子房圆柱状，被白色柔毛，花柱无毛。蒴果圆柱状，长1.5-2.5厘米，初被白色绒毛。花期4-5月，果期7-8月。

图 1014 银叶杜鹃 （冀朝祯绘）

产陕西南部、湖北西部、四川、贵州及云南东北部，生于1600-2300米林中。

154. 粉白杜鹃

图 1015

Rhododendron hypoglaucum Hemsl. in Journ. Linn. Soc. Bot. 26: 25. 1889.

常绿灌木，高达10米。小枝无毛。叶革质，椭圆状披针形或倒披针形，长6–10厘米，宽2–3.5厘米，两端尖，上面绿色，无毛，下面有银白色薄毛被，紧贴而有光泽，侧脉10–14，在两面均明显；叶柄长1–2厘米，无毛。总状伞形花序有4–9花，花序轴长0.5–1.5厘米，初被柔毛，后无毛。花梗长2.5–4厘米，被短柔毛；花萼小，5裂；花冠漏斗状钟形，长2.5–3.5厘米，基部窄，有深红色斑点，5裂；雄蕊10，长1.5–3厘米，花丝下部被柔毛；子房圆柱状，近无毛，花柱无毛。蒴果圆柱状，长2–2.5厘米，无毛。花期4–5月，果期7–9月。

图 1015 粉白杜鹃 （引自《图鉴》）

产陕西西南部、四川东部及东南部、湖北西部及湖南西北部，生于海拔1500–2100米林中。

155. 岷江杜鹃

图 1016 彩片 245

Rhododendron hunnewellianum Rehd. et Wils. in Sarg. Pl. Wilson. 1: 353. 1913.

灌木，高达5米。幼枝被灰白色柔毛，老枝无毛。叶革质，窄披针形或倒披针形，长7–13厘米，宽1.5–2.8厘米，先端渐尖，基部楔形，上面绿色、无毛，下面有2层灰白色毛被，中脉在下面显著隆起，侧脉15–20对，微现；叶柄长1–1.5厘米，无毛。总状伞形花序有3–7花，花序轴长0.5–1厘米，近无毛。花梗长1–2厘米，疏被柔毛和腺体；花萼小，盘状；花冠钟状，长4–4.5厘米，乳白或淡红色，有紫色斑点，5裂；雄蕊10，花丝基部微被柔毛；子房圆柱状，长约7毫米，密被柔毛，花柱长4–4.2厘米，基部被柔毛，上部无毛。蒴果圆柱状，长2–2.5厘米，被棕色绒毛。花期4–5月，果期7–9月。

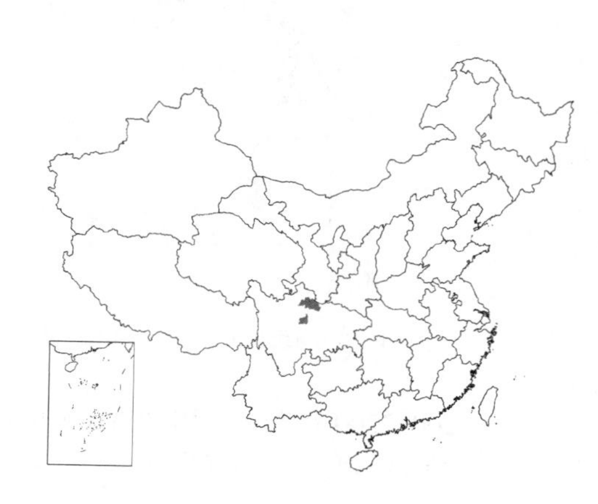

图 1016 岷江杜鹃 （冯先洁绘）

产四川北部，岷江流域生于海拔1200–1900米林中。

156. 树形杜鹃

图 1017

Rhododendron arboreum Smith in Exot. Bot. 1: 9. t. 6. 1805.

常绿乔木，高达14米。幼枝被灰色柔毛，老枝无毛。叶革质，椭圆状披针形或椭圆状倒披针形，长6–15厘米，先端骤尖，基部楔形，上面亮绿

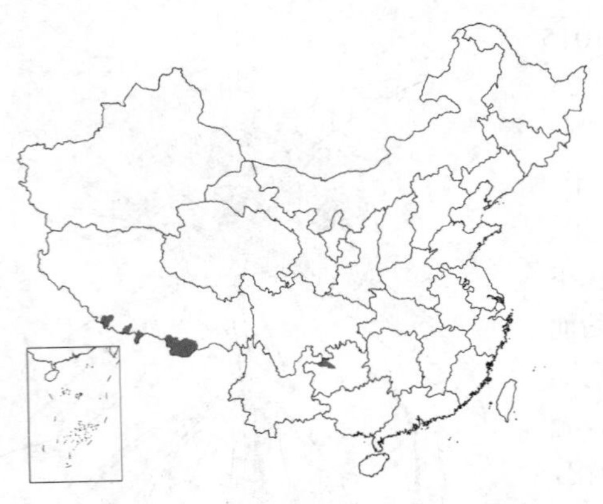

色，无毛，下面被灰白或黄褐色柔毛，有时增厚成海绵状，侧脉15-26对；叶柄长1-2.5厘米。总状伞形花序有花约20，花序轴长约2厘米，被柔毛。花梗长9毫米，被柔毛和腺体；花萼小，5裂；花冠筒状钟形，长4-5厘米，深红色，肉质，基部有紫红色蜜腺囊，中部有紫色斑点，5裂；雄蕊10，花丝无毛；子房圆锥形，被淡褐色柔毛和腺体，花柱无毛。蒴果圆柱形，长2-3厘米。花期5月，果期8月。

产贵州西北部及西藏南部，生于海拔1500-3500米林下。克什米尔地区、尼泊尔、锡金、不丹、印度东北部、缅甸及斯里兰卡有分布。

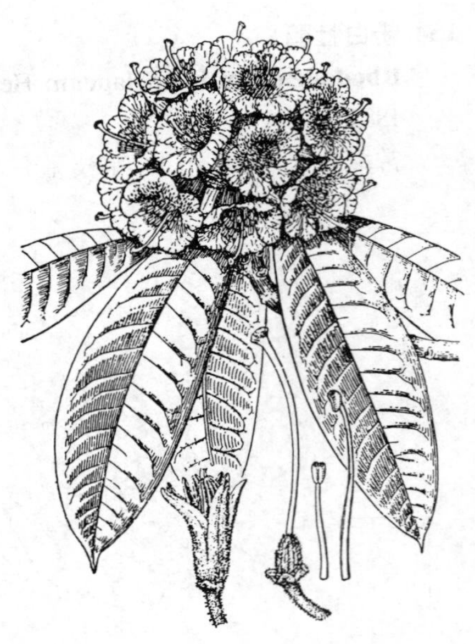

图 1017 树形杜鹃 （引自《图鉴》）

157. 马缨杜鹃 图 1018 彩片 246

Rhododendron delavayi Franch. in Bull. Soc. Bot. France 33: 231. 1886.

常绿灌木或小乔木，高达13米。小枝初被白色柔毛，后无毛。叶革质，椭圆状披针形，长7-15厘米，先端骤尖，基部楔形，边缘反卷，上面深绿色，成长后无毛，下面有灰白或淡棕色海绵状毛被；叶柄长1-2厘米，后无毛。顶生伞形花序有10-20花，花序轴长1厘米，被红棕色柔毛。花梗长约1厘米，被淡褐色柔毛；花萼长2毫米，5裂，被绒毛和腺体；花冠钟状，长3-5厘米，肉质，深红色，基部有5个黑红色蜜腺囊；雄蕊10，花丝无毛；子房密被红棕色柔毛，花柱长约2厘米，无毛。蒴果圆柱形，长1.8-2厘米，被毛。花期5月，果期12月。

产广西西北部、贵州西部、云南、西藏南部及四川西南部，生于海拔1200-3200米林中。越南北部、泰国、缅甸及印度东北部有分布。

图 1018 马缨杜鹃 （引自《图鉴》）

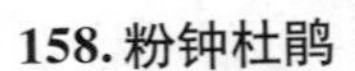

158. 粉钟杜鹃 图 1019

Rhododendron balfourianum Diels in Notes Roy. Bot. Gard. Edinb. 5: 214. 1917.

常绿灌木。小枝无毛，叶革质，卵状披针形或长椭圆形，长5-8厘米，先端渐尖，基部圆，上面无毛，下面有淡棕或肉桂色薄毛被，侧脉12-14对；叶柄长1.5-2厘米，后无毛。短总状伞形花序有5-7花，花序轴长5毫米。花梗长1.5-2.5厘米，被短柄腺体和疏柔毛；花萼长0.6-1厘米，5裂，外面被腺体和睫毛；花冠漏斗钟状，长3.5-4厘米，粉红色，具深红色斑点，裂

片5；雄蕊10，花丝基部被柔毛；子房圆锥形，长5-6毫米，密被短柄腺体，花柱无毛，下部被短柄腺体。蒴果圆柱形，长1.5-2厘米，具残存腺体，有宿存花柱及花萼。花期5-6月，果期8月。

产青海西南部、四川西南部及云南西北部，生于海拔3300-4600米冷杉林下及杜鹃灌丛中。

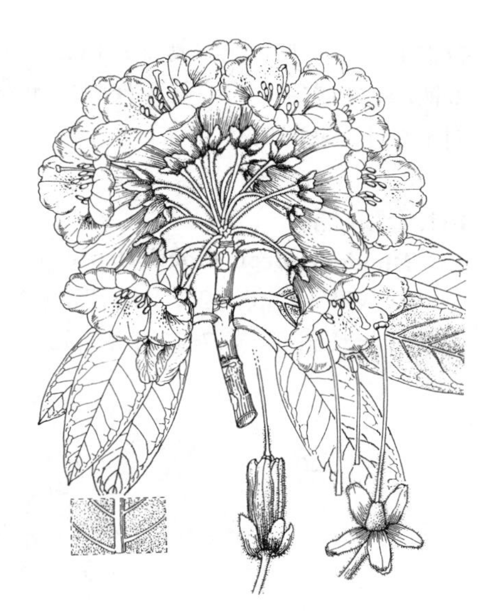

图 1019 粉钟杜鹃 （冯先洁绘）

159. 腺房杜鹃

图 1020 彩片 247

Rhododendron adenogynum Diels in Notes Roy. Bot. Gard. Edinb. 5: 216. 1912.

常绿灌木，高达2.5米。小枝初被灰色绵毛，后无毛。叶厚革质，披针形或椭圆状披针形，长6-12厘米，先端渐尖，基部圆或心形，上面无毛，下面有肉桂色或黄褐色海绵质毛被，有时混生腺体，侧脉13-14对；叶柄长1-1.5厘米，被绒毛和腺体，后无毛。总状伞形花序有8-12花，花序轴长1厘米，被绒毛。花梗长1.5-3厘米，被柔毛和腺体；花萼长1-1.5厘米，背面被短柄腺体，5裂；花冠钟状，长3.5-4.5厘米，白或粉红色，有深红色斑点；雄蕊10，花丝下部被柔毛和腺体；子房圆锥形，长约5毫米，被密短柄腺体，柱头盘状。蒴果直立，长圆柱形，长1.5-2厘米，有宿萼。花期5-7月，果期8-11月。

产四川西南部、云南西北部及西藏东南部，生于海拔3200-4200米冷杉林下。

图 1020 腺房杜鹃 （引自《图鉴》）

160. 锈红杜鹃

图 1021 彩片 248

Rhododendron bureavii Franch. in Bull. Soc. Bot. France 34: 281. 1887.

常绿灌木，高达4米。幼枝密被锈红色绵毛和腺体。叶厚革质，椭圆形或倒卵状椭圆形，长6-14厘米，先端骤尖，有小尖头，基部近圆，上面无毛，下面密被锈红或黄棕色绵毛，侧脉12-15对；叶柄长1-2厘米，被毛。总状伞形花序有10-20花，花序轴长2-3毫米，花梗长1.5-2厘米，均被锈红色绵毛和腺体。花萼长0.5-1厘米，5深裂，外面被毛；花冠筒状钟形，长3-4.5厘米，白或粉红色，内面具紫红色斑点和

图 1021 锈红杜鹃 （冯先洁绘）

微柔毛；雄蕊10，花丝基部被白色柔毛；子房卵圆形，长4-5毫米，被密短柄腺体和柔毛，花柱基部被腺体和柔毛。蒴果圆柱形，长1.5-2厘米。花期5-6月，果期8-10月。

产四川及云南北部，生于海拔2800-4500米针叶林下及灌丛中。

161. 金顶杜鹃 图 1022 彩片 249

Rhododendron faberi Hemsl. in Journ. Linn. Soc. Bot. 26: 22. 1889.

常绿灌木，高达2米。幼枝密被淡棕色短柔毛。叶革质，卵状长圆形或倒卵状长圆形，长7-12厘米，先端骤尖，有微弯的小尖头，基部宽楔形或圆，上面初被黄色短柔毛，下面有两层毛被，上层红棕色，成长后脱落，下层灰白色，侧脉10-12对；叶柄长1-1.5厘米，被淡灰色柔毛。总状伞形花序有6-10花，花序轴长5毫米，花梗长1.5-2厘米，均被柔毛和腺体。花萼长0.8-1.2厘米，外面被毛，边缘有睫毛；花冠钟状，长4厘米，白或粉红色，内面具紫色斑块和柔毛；雄蕊10，花丝基部被柔毛；子房密被腺头硬毛，花柱无毛。蒴果长1-1.5厘米，被腺毛，有宿萼。花期5-6月，果期9-10月。

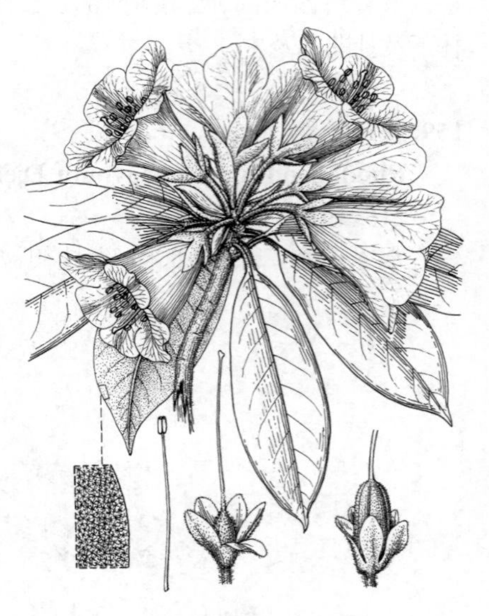

图 1022 金顶杜鹃 （冀朝祯绘）

产四川，生于海拔2800-3500米冷杉林下及灌丛中。

162. 皱皮杜鹃 图 1023 彩片 250

Rhododendron wiltonii Hemsl. et Wils. in Kew Bull. Misc. Inform. 1910: 107. 1910.

常绿灌木，高达3米。幼枝密被灰黄色柔毛，老枝无毛。叶厚革质，倒卵状椭圆形或倒披针形，长5-11厘米，先端骤尖，基部楔形，边缘微反卷，上面叶脉凹下呈泡状，幼时被淡黄色星状毛和腺体，下面叶脉隆起，密被暗棕色毛被，侧脉10-11对；叶柄长1.5-2厘米，幼时被毛。总状伞形花序有8-10花，花序轴长5-8毫米，花梗长1.5-2厘米，均被柔毛及腺体。花萼小，被柔毛，5裂；花冠漏斗钟状，长3-4厘米，粉红色，有红色斑点；雄蕊10，花丝基部被柔毛；子房圆柱状，被棕色柔毛，花柱无毛。蒴果圆柱状，长1.5-2厘米，微弯曲，密被锈色毛。花期5-6月，果期8-11月。

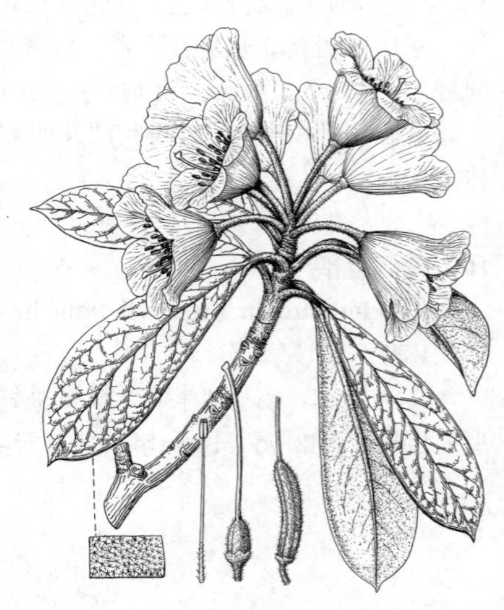

图 1023 皱皮杜鹃 （冀朝祯绘）

产四川及贵州西北部，生于海拔2200-3300米林下、岩边、峭壁。

163. 粗脉杜鹃 图 1024

Rhododendron coeloneurum Diels in Engl. Bot. Jahrb. 29: 513. 1900.

常绿乔木，高达8米。幼枝被红棕色柔毛，老枝灰黑色，无毛。叶革质，倒披针形或长椭圆形，长7-12厘米，先端钝尖，有小尖头，基部楔形，上面无毛，叶脉明显凹下，成泡状粗皱纹，下面有2层红棕色毛被，侧脉10-14对；叶柄长1-1.5厘米，密被棕色柔毛。伞形花序有6-9花，花序轴长3毫米，花梗长1-1.5厘米，均被棕色柔毛。花萼小，被毛；花冠漏斗钟状，长4-4.5厘米，粉红或淡紫色，筒部具紫色斑点，基部具白色柔毛；雄蕊10，花丝基被白色柔毛；子房卵圆形。长6毫米，被淡黄色柔毛，花柱无毛，稀基部被微柔毛。蒴果圆柱形，长2-2.5厘米，密被灰色柔毛。花期4-6月，果期7-10月。

图 1024 粗脉杜鹃 （引自《图鉴》）

产四川、贵州东北部及云南东北部，生于海拔1200-2300米林中。

164. 雪山杜鹃 图 1025

Rhododendron aganniphum Balf. f. et K. Ward in Notes Roy. Bot. Gard. Edinb. 10: 80. 1917.

常绿灌木，高达4米。幼枝无毛。叶厚革质，长圆形或椭圆状长圆形，长6-9厘米，先端骤尖，具硬尖头，基部圆或近心形，上面绿色，无毛，下面被白或淡黄色、具表膜的海绵状毛被，侧脉11-12对；叶柄长1-1.5厘米，无毛。总状伞形花序顶生有10-20花，花序轴长5毫米，花梗长0.8-1.5厘米，均无毛。花萼小，杯状，5裂；花冠漏斗钟状，长3-3.5厘米，白或淡粉红色，有紫色斑点，内面基部被微柔毛，裂片5；雄蕊10，花丝基被白色柔毛；子房圆锥形，无毛，花柱长2.3厘米，无毛。蒴果圆柱状，直立，长1.5-2.5厘米。花期6-7月，果期9-10月。

图 1025 雪山杜鹃 （冯先洁绘）

产青海南部、西藏东部及东南部、四川西北部及西部、云南西北部，生于海拔2700-4700米针叶林下及杜鹃灌丛中。

165. 陇蜀杜鹃 青海杜鹃 图 1026 彩片 251

Rhododendron przewalskii Maxim. in Bull. Acad. Sci. Soc. Pétersb. 23: 350. 1877.

常绿灌木，高达3米。幼枝淡褐色，无毛。叶革质，卵状椭圆形或椭圆形，长6-10厘米，先端钝，具小尖头，基部圆或微心形，上面绿色，无毛，下面初被黄棕色由长芒状分枝毛

组成的薄毛被，后渐脱落，侧脉11-12对；叶柄长1-1.5厘米，无毛。伞房花序有10-15花，花序轴长约1厘米，花梗长1-1.5厘米，均无毛。花萼有5个半圆形齿裂，无毛；花冠钟状，白或粉红色，长2.5-3.5厘米，有紫红色斑点，裂片5，圆形；雄蕊10，花丝无毛或下部被微柔毛；子房无毛，花柱无毛，绿色。蒴果圆柱状，长1.5-2厘米，光滑。花期6-7月，果期9月。

产陕西、甘肃、青海及四川，生于海拔2900-4300米高山坡地，常成片分布。

图 1026 陇蜀杜鹃 （引自《图鉴》）

166. 栎叶杜鹃 图 1027 彩片 252

Rhododendron phaeochrysum Balf. f. et W. W. Smith in Notes Roy. Bot. Gard. Edinb. 10: 131. 1917.

Rhododendron dryophyllum Balf. f. et Forrest; 中国高等植物图鉴 3: 126. 1974.

常绿灌木，高达4.5米。小枝初有薄层灰白色毛被。叶革质，长圆形或倒卵状椭圆形，长7-14厘米，先端钝圆，有尖头，基部近圆或心形，上面绿色，无毛，下面被黄棕色薄毛被，侧脉不明显；叶柄长1-1.5厘米，初被毛。总状伞形花序有8-15花，花序轴长1-1.5厘米，近无毛。花梗长1-1.5厘米，常无毛；花萼小，无毛，5裂；花冠漏斗钟状，长4-4.5厘米，白或粉红色，有紫色斑点，内面基部被柔毛，5裂；雄蕊10，花丝下部被柔毛；子房圆锥形，无毛，花柱无毛，柱头近盘状。蒴果圆柱形，长1.5-3厘米，微弯曲。花期5-6月，果期9-10月。

图 1027 栎叶杜鹃 （冀朝祯绘）

产四川、云南西北部及西藏东南部，生于海拔3300-4200米冷杉林下及杜鹃灌丛中。

167. 鲁浪杜鹃 图 1028 彩片 253

Rhododendron lulangense L. C. Hu et Y. Tateishi in Acta Phytotax. Sin. 30: 545. f. 4. 1992.

常绿小乔木或灌木，高达4米。幼枝密被紧贴灰白色柔毛。叶厚革质，长圆状椭圆形或窄长圆形，长8.5-15.5厘米，先端尖，具短小尖头，基部宽楔形或近圆，上面无毛，下面密被由短分枝毛组成的薄层白色毛被，侧脉13-16对；叶柄长2-2.5厘米，被丛卷毛。总状伞形花序有6-10花；花序轴长约1厘米，被微柔毛。花梗红色，长2.5-3厘米，被分枝毛并混生短柄

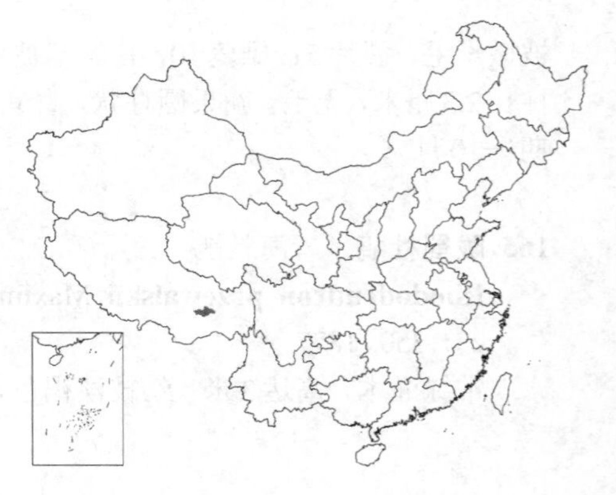

腺体；花萼长1-2毫米，无毛；花冠漏斗状钟形，长3-4厘米，淡粉红或白色，内面向基部红紫色，被微柔毛，无斑点，裂片先端微缺；雄蕊10，花丝基部被白色微柔毛；子房圆柱形，长7毫米，疏被短柔毛和短柄腺体，花柱长2.4厘米，无毛。花期5月。

产西藏林芝鲁浪，生于海拔3000-3900米高山林缘或冷杉林中。

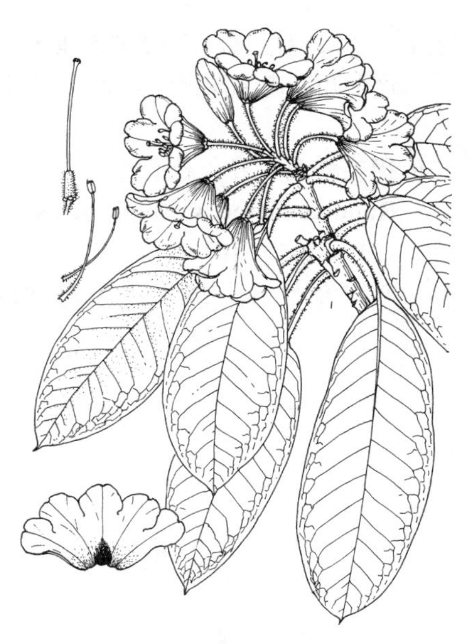
图 1028 鲁浪杜鹃 （冯先洁绘）

168. 宽钟杜鹃 图 1029 彩片 254

Rhododendron beesianum Diels in Notes Roy. Bot. Gard. Edinb. 5: 214. 1912.

常绿灌木或小乔木，高达9米。幼枝被丛卷毛，后无毛。叶革质，倒披针形或长圆状披针形，长10-25厘米，先端短渐尖，基部窄或近圆，上面绿色，无毛，下面有薄层淡黄或肉桂色毛被，侧脉16-20对；叶柄长1.5-3厘米，两侧有窄翅，无毛。总状伞形花序有10-25花，花序轴长3厘米，被柔毛。花梗长1.5-2.5厘米，多少被毛；花萼小，5裂，无毛；花冠宽钟状，长4-5厘米，白或粉红色，有少许深红色斑点；雄蕊10，花丝基部被微柔毛；子房圆柱形，长2-4厘米，稍弯曲，微被柔毛。花期5-6月，果期9-11月。

产四川、云南西北部及西藏，生于海拔2700-4500米林中。缅甸东北部有分布。

图 1029 宽钟杜鹃 （引自《图鉴》）

169. 川滇杜鹃 图 1030

Rhododendron traillianum Forrest W. W. Smith in Notes Roy. Bot. Gard. Edinb. 8: 204. 1914.

常绿灌木或小乔木，高达10米。小枝被棕色丛卷毛。叶革质，椭圆状披针形或椭圆形，长6.5-10厘米，先端钝尖，具小尖头，基部圆，上面绿色，无毛，下面密被淡棕色羔皮状薄毛被，侧脉14对；叶柄长1-2厘米，疏被丛卷毛。总状伞形花序有10-15花，花序轴长约1厘米，被柔毛。花梗长1.5-2厘米，被棕色柔毛；花萼小，5裂，边缘具睫毛；花冠漏斗状钟形，长2.5-3.5厘米，白或粉红色，有红色斑点，基部被白色柔毛，5裂；雄蕊10，花丝基部具白色柔毛；子房圆锥形，无毛或被柔毛，花柱

图 1030 川滇杜鹃 （引自《图鉴》）

无毛。蒴果圆柱状，长1.5-2.5厘米。花期5-6月，果期9-10月。

产四川西南部及云南西北部，生于海拔3000-4200米冷杉林下或杜鹃灌丛中。

170. 褐毛杜鹃 异色杜鹃 图 1031

Rhododendron wasonii Hemsl. et Wils. in Kew Bull. Misc. Inform. 1910: 105. 1910.

常绿灌木，高达3米。小枝初被柔毛。叶革质，卵状披针形或卵状椭圆形，长5-8厘米，先端骤尖，基部圆，上面绿色，光亮，无毛，下面有红棕或锈棕色厚毛被，侧脉12对；叶柄长0.5-1厘米，幼时被柔毛。短总状伞房花序有6-8花，花序轴长0.7-1厘米，被短柔毛。花梗近直立，长1.5-2.5厘米，疏被毛；花萼小，杯状，5裂；花冠宽钟状，长3.5-4厘米，白、黄或粉红色，有深红色斑点，内面基部被短柔毛，5裂；雄蕊10，花下部有短柔毛；子房被长柔毛，花柱无毛。蒴果圆柱形，长1.5厘米，被毛。花期5-6月，果期7-9月。

图 1031 褐毛杜鹃 （引自《图鉴》）

产四川，生于海拔3000-3900米针叶林及杜鹃灌丛中。

171. 都支杜鹃 图 1032：1-5

Rhododendron shanii Fang in Bull. Bot. Res. (Harbin) 3: 36. pl. 1. 1983.

常绿乔木，稀灌木，高达10米。幼枝无毛。枝厚革质，椭圆形、长圆状椭圆形或倒卵状椭圆形，长6-10厘米，先端圆，基部钝或近圆，上面无毛，下面被深褐色稠密星状短绒毛，侧脉10-11对；叶柄长1.5-2.5（-3）厘米，无毛。总状伞形花序有10-14花；花序轴长2厘米，无毛。花梗长1.5-2.5厘米，淡紫色，密被白色柔毛；花萼长约2毫米，外面被柔毛，裂片边缘疏被睫毛；花冠钟形，长宽均约4厘米，淡紫色，内面上方具红色斑点，基部微桔黄色，被白色微柔毛，裂片倒卵形，先端微有缺刻；雄蕊10，长1-2.2厘米，花丝基部被柔毛；子房长圆状卵圆形，长3毫米，无毛，花柱无毛。蒴果圆柱形，长2-2.5厘米。花期6月，果期9月。

图 1032：1-5.都支杜鹃 6-9.巴郎杜鹃 （冯先洁绘）

产安徽霍山马家河，生于海拔1500-1774米山顶或山谷松林中。

172. 丹巴杜鹃

图 1033

Rhododendron danbaense L. C. Hu in Bull. Bot. Res. (Harbin) 6: 155. 1986.

常绿灌木。幼枝密被淡黄棕色或带灰色分枝柔毛。叶厚革质，长圆状椭圆形或椭圆形，长9-12.5厘米，先端渐尖，基部心形或近圆，上面仅中脉基部槽内被毛，下面毛被厚，为棕或黄棕色分枝长柔毛，侧脉15-16对，藏于毛被内；叶柄长1-2厘米，密被灰色分枝长柔毛。伞形花序有6-8花；花序轴长约3毫米。花梗长1-2厘米，密被分枝长柔毛，并混生稀疏长柄腺体；花萼被长柔毛和长柄腺体，裂片边缘具腺头睫毛；花冠漏斗状钟形，长4-4.5厘米，白色，内面近中部具多数洋红色斑点；雄蕊10，长1.5-2.5厘米，花丝基部有或无毛；子房圆锥形，长5-6毫米，密被长柄腺毛，向顶部混生长柔毛，花柱中部以下密被长柔毛和长柄腺体。花期5月。

图 1033 丹巴杜鹃 （孙英宝仿绘）

产四川丹巴，生于海拔3400米林中。

173. 巴郎杜鹃

图 1032：6-9

Rhododendron balangense Fang in Acta Phytotax. Sin. 21: 486. Pl. 2: 1. 1983.

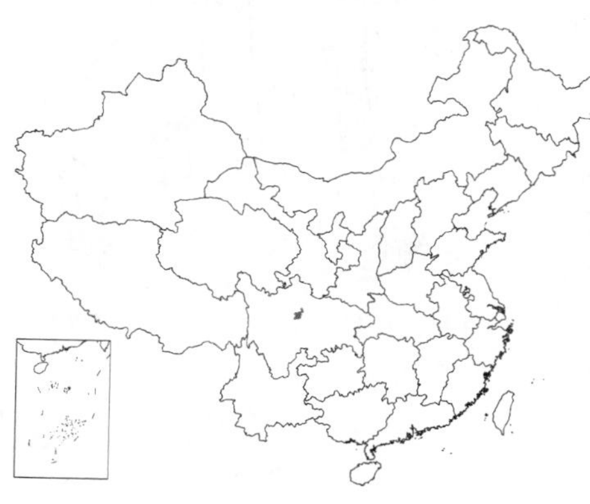

常绿灌木，高达3米。小枝无毛，有宿存紫色、匙形或倒卵形芽鳞。叶革质，倒卵形或倒卵状椭圆形，长6-10厘米，先端骤尖，基部近圆，上面绿色，无毛，下面有白、淡黄或淡黄棕色毛被，多少脱落，侧脉12-13对，不明显；叶柄长1-1.5厘米，无毛。总状伞形花序有13-15花，花序轴长1-1.5厘米，花梗长3-4厘米，均被灰白或淡黄色丛卷毛。花萼5裂，外面被毛；花冠钟状，长3.5-4厘米，白色，5裂；雄蕊10，花丝下部被白色柔毛；子房圆柱形，紫色，无毛，花柱无毛。蒴果长圆柱形，长2.2-2.8厘米，无毛，有宿萼。花期6月，果期9月。

产四川巴郎，生于海拔2400-3400米灌丛中。

174. 宽叶杜鹃

图 1034

Rhododendron sphaeroblastum Balf. f. et Forrest in Notes Roy. Bot. Gard. Edinb. 13: 60. 1920.

常绿灌木，高达3米。幼枝无毛。芽鳞脱落。叶厚革质，长圆状卵形或卵状椭圆形，长7-15厘米，先端近圆，具小尖头，基部圆，上面橄榄绿色，无毛，有光泽，下面有锈红或肉桂色毛被，宿存，侧脉12-14对；叶柄长1.5-2厘米，绿或紫色，无毛。总状伞形花序有10-12花，花序轴长1-1.5厘米，花梗长1-1.5厘米，均无毛。花萼5裂，无毛；花冠漏斗钟状，长3.5-4厘米，白或粉红色，有红色斑点，5裂；雄蕊10，花丝基部被白色柔毛。子房圆柱形，长5-6毫米，无毛，花柱无毛。蒴果长圆柱形，微弯曲，

长1.8-2厘米。花期5-6月，果期8-10月。

产四川西南部、云南西北部及北部，生于海拔3300-4400米冷杉林下及杜鹃灌丛中。

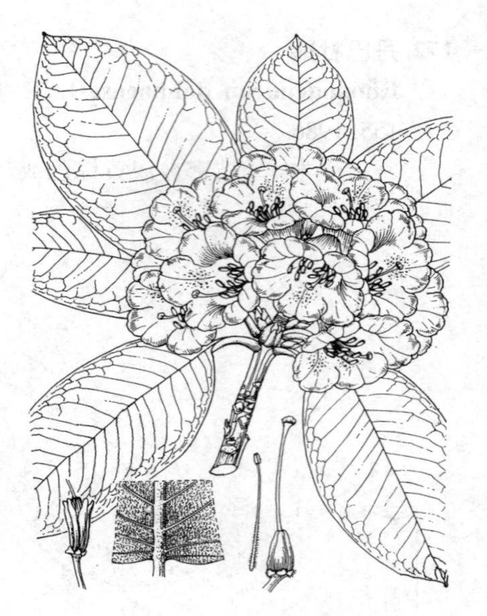

图 1034 宽叶杜鹃 （冯先洁绘）

175. 大理杜鹃 图 1035

Rhododendron taliense Franch. in Bull. Soc. Bot. France 33: 232. 1886.

常绿灌木，高达3米。幼枝密被淡黄色绵毛状柔毛，后近无毛。叶厚革质，长圆状椭圆形或卵状披针形，长4-10厘米，先端骤尖，具尖头，基部圆或微心形，边缘常反卷，上面深绿色，无毛，下面有淡黄或黄色毡状毛被，侧脉11-12对；叶柄长1-1.5厘米，被密棕色柔毛。伞形花序有10-15花，花序轴长1厘米，有柔毛。花梗长1.5-2厘米，被红棕色柔毛；花萼长2-3毫米，5裂；花冠漏斗钟状，长3-3.5厘米，乳白、黄或粉红色，有深红色斑点，5裂；雄蕊10，花丝基部被白色柔毛；子房圆锥形，无毛，花柱无毛。蒴果圆柱形，长1-1.5厘米。花期5-6月，果期9-11月。

产云南西北部及四川西部，生于海拔3200-4100米高山冷杉林下及杜鹃灌丛中。

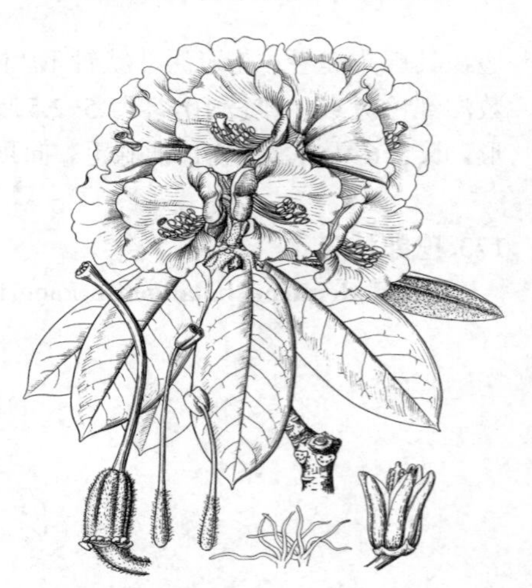

图 1035 大理杜鹃 （引自《图鉴》）

176. 黄毛杜鹃 图 1036

Rhododendron rufum Batalin in Acta Hort. Petrop. 11: 490. 1891.

常绿灌木或小乔木，高达8米。幼枝被白色柔毛。叶革质，椭圆形或卵状椭圆形，长6.5-11厘米，宽3-5厘米，先端钝或骤尖，基部近圆，成长后上面无毛，有光泽，下面被锈黄色厚柔毛或近无毛，侧脉12-15对；叶柄长1-1.5厘米，被灰黄色柔毛或近无毛。总状伞形花序有6-11花，花序轴长5毫米，密被锈色绒毛。花梗长1-1.5厘米，被灰色丛卷毛；花萼5裂；花冠漏斗钟状，长2-3厘米，白或粉红色，有红色斑点，基部被柔毛，5裂；雄蕊10，花丝基部被白色柔毛；子房卵圆形，密被棕色柔毛；花柱基部有时被微柔毛。蒴果圆柱形，长2-2.5厘米。花期5-6月，果期7-9月。

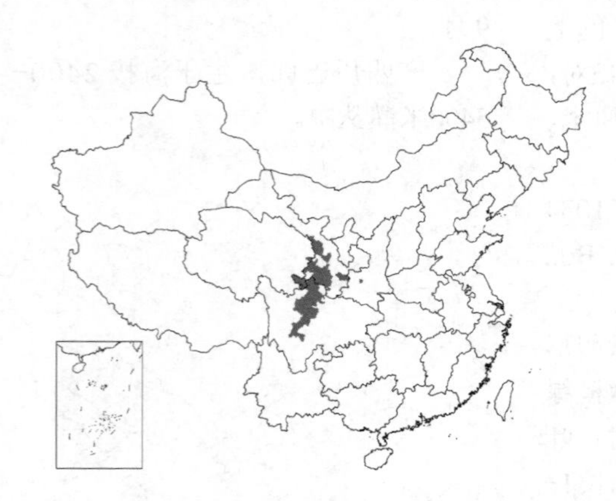

产陕西南部、甘肃、青海东南部及四川，生于海拔2300-3800米林中。

图 1036 黄毛杜鹃 （引自《图鉴》）

177. 棕背杜鹃 图 1037

Rhododendron alutaceum Balf. f. et W. W. Smith in Notes Roy. Bot. Gard. Edinb. 10: 81. 1917.

常绿灌木。幼枝密被淡棕红色绒毛，混生红色短柄腺体。叶厚革质，长圆形或宽披针形，长7-14厘米，宽2-3.5厘米，基部钝、圆或浅心形，上面仅中脉槽内有毛，下面有两层毛被，上层毛被绵毛状，为淡棕色分枝毛，下层毛被薄，灰白色，紧密，侧脉13-15对，藏于毛被内；叶柄密被毛。总状伞形花序有10-15花；花序轴被丛卷柔毛和短柄腺体。花梗长1.5-2厘米，被丛卷柔毛和短柄腺体；花萼长约1毫米，杯状，被丛卷毛，裂片边缘具腺头睫毛；花冠长3.5-4厘米，白或粉红色，具深红或紫红色斑点；雄蕊10，花丝密被毛；子房长6毫米，密被短柄腺体。蒴果圆柱形，长1-1.5厘米。花期6-7月，果期9-10月。

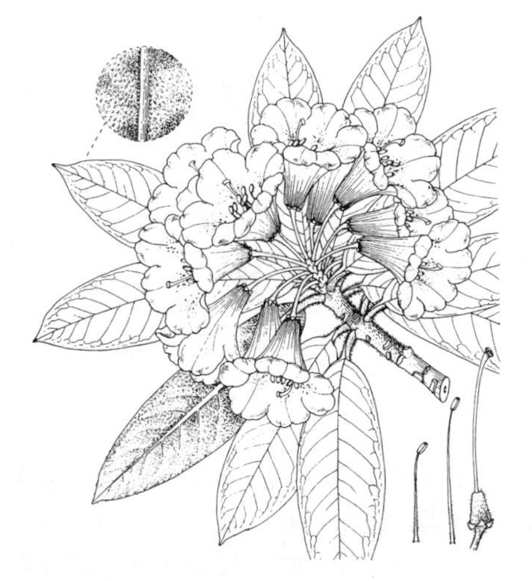

图 1037 棕背杜鹃 （冯先洁绘）

产四川西南部及云南西北部，生于海拔3250-4300米高山岩坡灌丛中或针叶林下。

178. 卷叶杜鹃 图 1038

Rhododendron roxieanum Forrest in Notes Roy. Bot. Gard. Edinb. 8: 344. 1915.

常绿灌木。幼枝被密锈色绒毛，芽鳞宿存。叶厚革质，窄披针形，长6-12厘米，宽1.3-2厘米，先端有硬尖头，基部楔形，上面仅中脉槽内有毛，下面有腺体，密被锈色柔毛，侧脉约16对；叶柄长约1厘米，有下延叶基，被锈色柔毛。总状伞形花序有10-15花，花序轴短。花梗长1-1.5厘米，密被锈色柔毛和短柄腺体；花萼5裂；花冠漏斗钟状，长3-3.5厘米，白色带粉红，有紫红色斑点，基部被柔毛，5裂；雄蕊10，花丝下部有白色柔毛；子房被锈色柔毛和短柄腺体，花柱无毛。蒴果长1.8厘米。花期6-7月，果期10月。

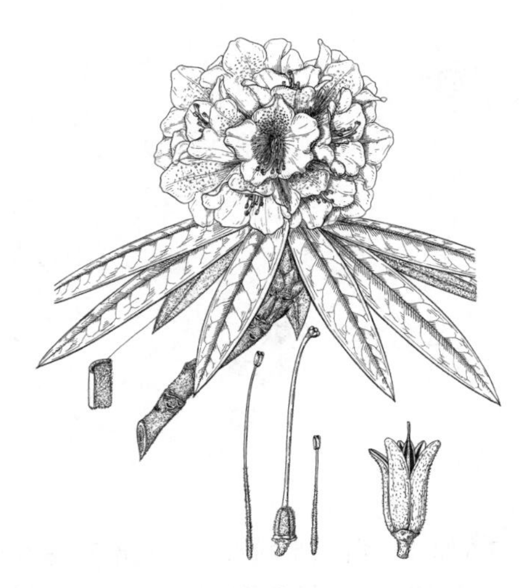

图 1038 卷叶杜鹃 （引自《图鉴》）

产陕西西南部、甘肃东南部、四川西南部、云南西北部及西藏东南部，生于海拔2600-4300米林中。

179. 镰果杜鹃 图 1039 彩片 255

Rhododendron fulvum Balf. f. et W. W. Smith in Notes Roy. Bot. Gard. Edinb. 10: 110. 1917.

常绿灌木或小乔木，高达8米。幼枝密被黄或灰色柔毛。叶革质，倒卵形或倒卵状披针形，长8-20厘米，先端钝尖，基部宽楔形或近圆，上面绿色，无毛，下面2层毛被，上层毛

被淡棕或黄褐色，毡毛状，由簇状毛组成，呈颗粒状，下层毛被由分枝星状毛组成；叶柄长1-2厘米，有颗粒状柔毛。总状伞形花序有10-20花，花序轴长1厘米，微被柔毛。花梗长1.5-2厘米，无毛；花萼长1-2毫米；花冠漏斗钟状，长3-4厘米，白或粉红色，有深红色斑点，5裂；雄蕊10，花丝基被微柔毛；子房窄圆柱形，长6-8毫米，无毛，花柱无毛。蒴果长圆柱形，长2.5-4厘米，镰状弯曲，无毛。花期4-5月，果期7-10月。

产四川西南部、云南西北部及西藏东南部，生于海拔2500-4300米林下。缅甸东北部有分布。

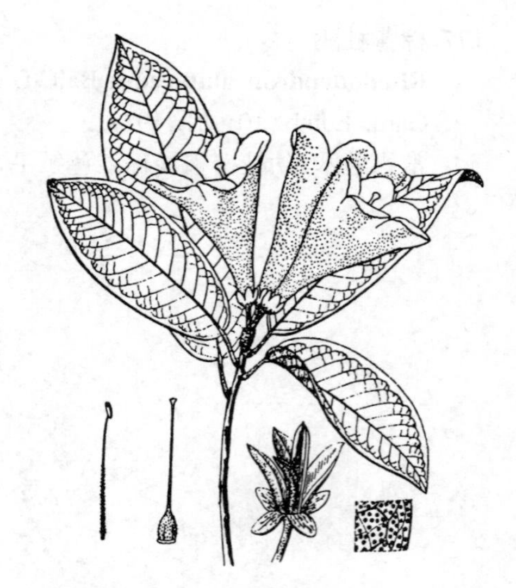

图 1039 镰果杜鹃 （引自《图鉴》）

180. 紫玉盘杜鹃 图 1040 彩片 256

Rhododendron uvarifolium Diels in Notes Roy. Bot. Gard. Edinb. 5: 213. 1912.

常绿灌木或小乔木，高达10米。幼枝被白或灰色薄柔毛，后脱落无毛。叶革质，倒卵状椭圆形或长椭圆形，长11-24厘米，两端钝圆，先端有短尖头，上面无毛，下面被灰白色易脱落、树状分枝的蛛丝状毡毛，表面平滑，侧脉14-18对；叶柄长1-2厘米，被白色柔毛。总状伞形花序近球形有8-18花，花序轴长约1厘米，多少被毛。花梗长1.5-2.5厘米，微被柔毛；花萼长约1毫米；花冠钟状，长3-3.5厘米，白色带粉红色，基部有深红色斑块，上部有红色斑点，裂片5；雄蕊10，花丝基部被柔毛；子房窄长柱状，无毛，花柱无毛。蒴果弯弓形，长3.5-5厘米，无毛。花期4-6月，果期8-10月。

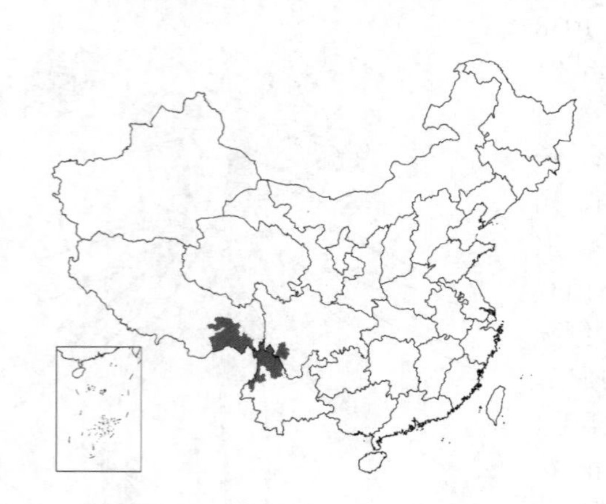

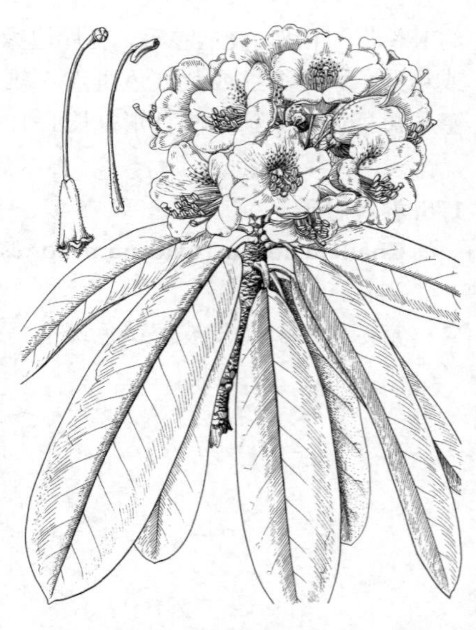

图 1040 紫玉盘杜鹃 （引自《图鉴》）

产四川西南部、云南西北部及西藏东南部，生于海拔2100-4000米林下。

181. 黄钟杜鹃 图 1041

Rhododendron lanatum Hook. f. Fl. Brit. Sikkim Himal. 17: t. 16. 1849.

常绿灌木或小乔木，高达3米。幼枝密被白或黄棕色绵毛状柔毛。叶革质，椭圆形或倒卵状椭圆形，长6-11厘米，先端钝或近圆，具小尖头，基部钝或宽楔形，上面中脉被柔毛，下面被白或红褐色绵毛，侧脉8-12对；叶柄长1-1.5厘米，被黄褐色柔毛。总状伞形花序有5-10花，花序轴长0.3-1厘米，被黄褐色绵毛状柔毛。花梗长1.5-2厘米，被毛；花萼小；花冠宽

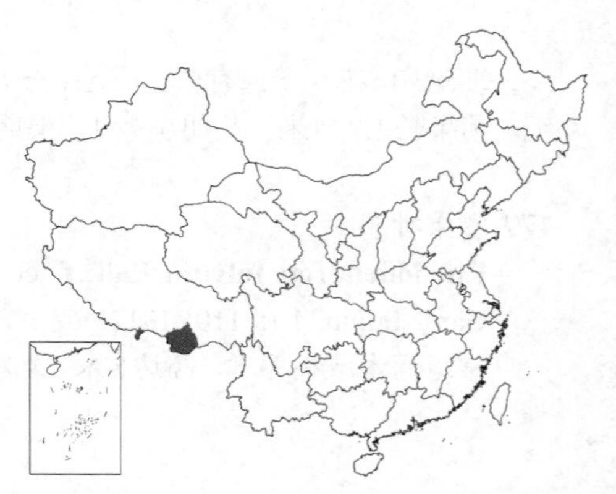

钟状，长3.5-4.5厘米，硫黄色，有红色斑点，5裂；雄蕊10，花丝基部微被毛；子房卵圆形，被黄色柔毛，花柱无毛。蒴果长圆柱形，长1.5-2.5厘米，被绒毛。花期5月，果期8月。

产西藏南部，生于海拔3100-4400米林中。锡金、不丹有分布。

图 1041 黄钟杜鹃 （冯先洁绘）

182. 钟花杜鹃 图 1042 彩片 257

Rhododendron campanulatum D. Don in Mem. Wern. Hist. Soc. 3: 410. 1821.

常绿灌木，高达5米。幼枝绿色，无毛。叶革质，宽椭圆形或宽卵状椭圆形，长7-15厘米，先端钝或圆，有凸尖头，基部圆或浅心形，上面绿色，无毛，下面有淡黄、锈色或黄褐色薄毛被，侧脉14-16对；叶柄长1.5-2厘米。总状伞形花序有6-12花，花序轴长2-2.5厘米。花梗长1.5-2.5厘米，无毛；花萼长1-2毫米，无毛；花冠宽钟状，长3.5-4厘米，白色或带蔷薇色，内面多少有紫色斑点，5裂；雄蕊10，花丝扁平，基部有微毛；子房长圆柱形，无毛，花柱无毛，柱头稍分裂。蒴果圆柱形，长2-3厘米，微弯弓形，无毛。花期5-6月，果期7-9月。

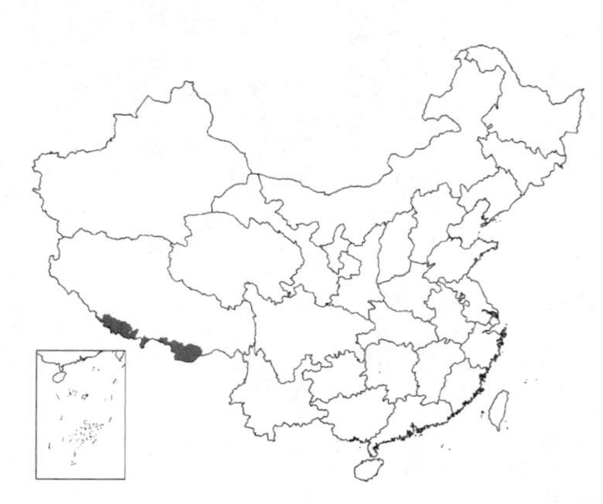

产西藏南部，生于海拔3100-4000米林中。尼泊尔、不丹及锡金有分布。

［附］**簇毛杜鹃 Rhododendron wallichii** Hook. f. Rhodod. Sikkim Himal. t. 5. 1849. 本种与钟花杜鹃的区别：叶椭圆形、长圆形或倒卵状椭圆形，下面有颗粒状棕色或锈色簇毛，不成连续的毛被，易脱落，侧脉10-13对，叶柄长1-1.5厘米，常带红色；花冠紫、淡紫或白色，多少有深蔷薇色斑点，子房无毛或疏被微柔毛。产西藏南部，生于海拔3000-4300米林中。尼泊尔、不丹、锡金及印度北部有分布。

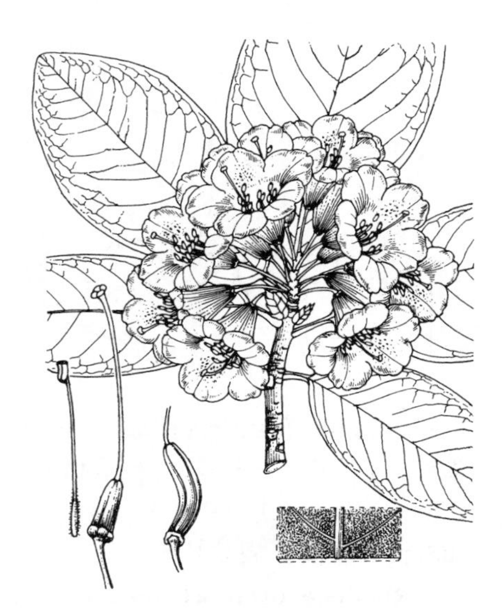

图 1042 钟花杜鹃 （冯先洁绘）

183. 朱红大杜鹃 图 1043

Rhododendron griersonianum Balf. f. et Forrest in Notes Roy. Bot. Gard. Edinb. 11: 69. 1924.

常绿灌木，高达3米。枝通直，幼时密被黄色柔毛和长柄腺毛。叶革质，披针形，长7-14厘米，先端渐尖，基部钝，边缘微反卷，上面幼时被毡毛，下面被宿存黄棕色毡毛，中脉在下面隆起，基部有刚毛状腺体，侧脉12-18对；叶柄长1-2.5厘米，

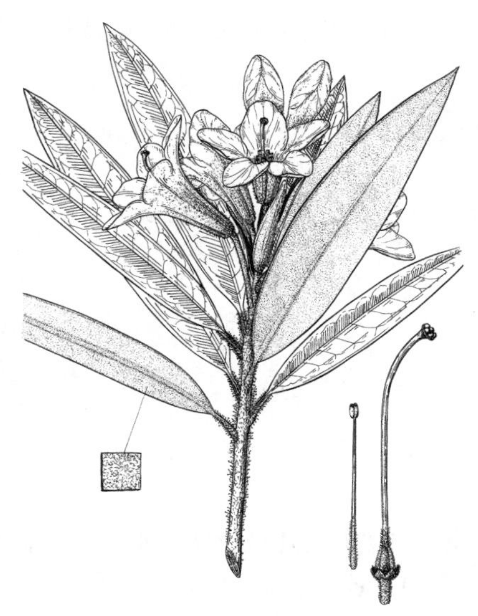

图 1043 朱红大杜鹃 （引自《图鉴》）

常紫色。总状伞形花序有5-12花，花序轴长1-3厘米，花梗长1.5-3厘米，均密被柔毛和刚毛状腺体。花萼小，被毛；花冠漏斗状，长5-7厘米，深红或朱红色，外面散生分枝柔毛和有柄腺体，5裂；雄蕊10，花丝下部2/3有微柔毛；子房圆锥形，被柔毛和腺体，花柱被柔毛和腺体。蒴果圆柱形，长2-3厘米，有肋纹和绒毛。花期5-6（7）月，果期翌年3月。

产云南西部，生于海拔1680-2700米林中。缅甸东北部有分布。

184. 绵毛房杜鹃 图 1044 彩片 258

Rhododendron facetum Balf. f. et K. Ward in Notes Roy. Bot. Gard. Edinb. 10: 104. 1917.

Rhododendron eriogynum Balf. f. et W. W. Smith; 中国高等植物图鉴 3: 117. 1974.

常绿灌木，高达7米。幼枝被星状毛，老枝无毛。叶薄革质，长椭圆形或倒卵状椭圆形，长8-20厘米，两端钝圆，先端有短尖头，下面幼时被星状毛，侧脉16-21对；叶柄圆柱状，长1-2厘米，初被毛。总状伞形花序有10-12花，花序轴长1-1.5厘米，幼时被星状毛。花萼杯状，长4-5毫米，边缘波状，5浅裂；花冠筒状钟形，长3.5-4.5厘米，红色，基部有暗红色蜜腺囊，5裂；雄蕊10，花丝下部被疏柔毛；子房圆柱状卵圆形，长约6毫米，被密柔毛，花柱长2.5-3厘米，被星状毛和腺体。蒴果圆柱状，长2厘米，密被毛。花期5-6月，果期10-11月。

图 1044 绵毛房杜鹃 （冯先洁绘）

产云南，生于海拔2100-3600米林中。缅甸东北部有分布。

185. 大萼杜鹃 裂萼杜鹃 图 1045

Rhododendron schistocalyx Balf. f. et Forrest in Notes Roy. Bot. Gard. Edinb. 13: 58. 1920.

常绿灌木，高达7米。幼枝被星状毛。叶常6-7密生枝顶，薄革质，长椭圆形或倒卵状椭圆形，长10-16厘米，两端钝圆，先端有细尖头，上面绿色，无毛，下面幼时被星状毛，毛易脱落，侧脉14-16对，仅微现，叶基被宿存星状毛；叶柄圆柱状，长1-2厘米。总状伞形花序有5-6花，花序轴圆锥状，长5-8毫米，被毛。花梗长1-1.5厘米，被星状毛；花萼杯状，长1-2厘米，不规则5裂，裂片披针状卵形；花冠筒状钟形，长4厘米，深红色，5裂；雄蕊10，花丝基部被短柔毛；雄蕊10，花丝基部被短柔毛；子房柱状锥形，长5毫米，被星状毛，花柱下部被星状毛。蒴果圆柱状，长1.5厘米，微弯曲。

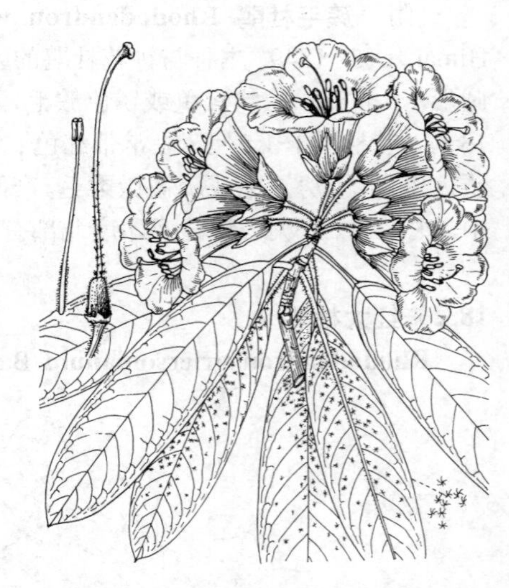

图 1045 大萼杜鹃 （冯先洁绘）

产云南西部，生于2700-3300米杜鹃灌丛中。本种花萼特大，在本属中十分显著。

186. 硬刺杜鹃 图 1046 彩片 259

Rhododendron barbatum Wall. ex G. Don, Gen. Hist. 3: 844. 1834.

常绿大灌木或乔木，高达20米。小枝有宿存刺状刚毛，老枝无毛。叶革质，椭圆形或倒卵状椭圆形，长10-20厘米，先端骤尖，有长尖头，基部楔形或圆，下面初被绵毛，后变光滑，中脉隆起，近基部有刺状刚毛，侧脉17-21对；叶柄长1.2-2.2厘米，被刺状刚毛。花序密集，有10-20花，花序轴长5毫米，花梗长1-1.5厘米，均无毛。花萼长0.7-1.5厘米，带红色，5裂；花冠筒状钟形，肉质，深红色，长3-3.5厘米，基部有5个深色蜜腺囊，5裂；雄蕊10，花丝白色，无毛；子房圆锥形，长2-2.5厘米，花柱光滑。蒴果圆柱形，长2-2.5厘米，被刚毛，有宿萼。花期5-6月，果期8-9月。

图 1046 硬刺杜鹃 （引自《图鉴》）

产西藏南部，生于海拔2400-3500米冷杉林或杜鹃林内。印度、尼泊尔、锡金及不丹有分布。

187. 粗糙叶杜鹃 图 1047

Rhododendron exasperatum Tagg in Stevenson, Spec. Rhodod. 836. 1930.

灌木或小乔木，高达5米。幼枝密被腺头状毛。叶革质，宽卵形或倒卵形，长10-18厘米，两端圆，先端有短尖头，边缘有易脱落的须状毛，上面绿色，无毛，下面淡绿色，密生淡褐色腺毛，中脉有须状毛，基部毛多，侧脉12-15对；叶柄长1-1.5厘米，密被腺头状毛。顶生伞形花序有10-15花，花序轴长5毫米。花梗长1-1.5 厘米，微被腺体；花萼长4-5毫米，5裂，无毛；花冠筒状，长4厘米，肉质，暗红色，基部有小形深红色蜜腺囊，5裂；雄蕊10，花丝无毛；子房圆锥形，长6毫米，密被有柄腺体，花柱无毛，蒴果密被硬腺毛，有宿萼。

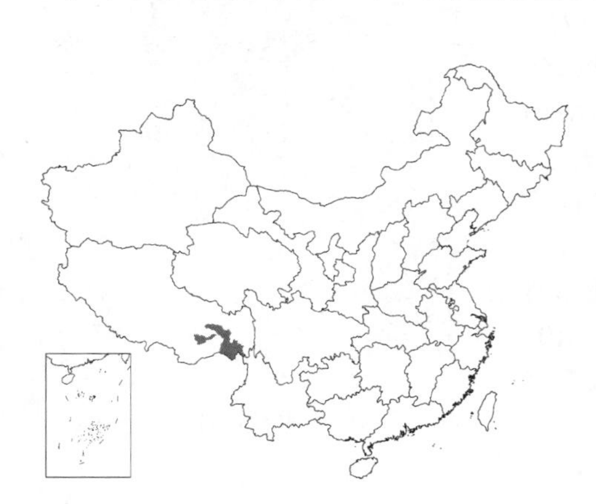

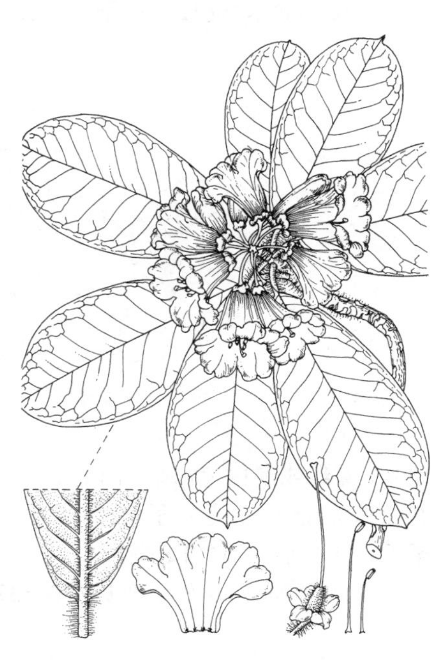

图 1047 粗糙叶杜鹃 （冯先洁绘）

产西藏东南部，生于海拔3000-3600米冷杉林下及杜鹃灌丛中。缅甸北部及印度东北部有分布。

188. 羊毛杜鹃 图 1048 彩片 260

Rhododendron mallotum Balf. f. et K. Ward. in Notes Roy. Bot. Gard. Edinb. 10: 118. 1917.

常绿灌木或小乔木，高3-6米。幼枝密被锈黄色柔毛，老枝无毛。叶厚革质，坚硬，倒卵状椭圆形或椭圆形，长7-14厘米，宽4-6.5厘米，先端圆，有凸尖头，基部楔形，上面有

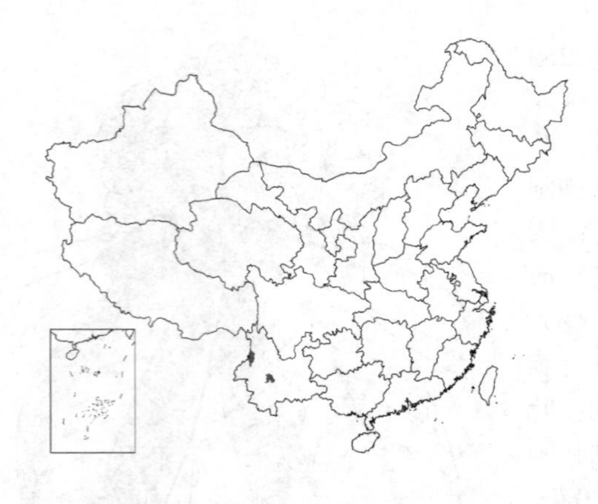

粗糙皱纹或呈泡泡状，仅中脉有毛，下面密被红褐色柔毛，侧脉10-12对，在上面深凹；叶柄长2-3厘米，被毛。伞形花序密集，有7-20花，花序轴长1-1.5厘米，密被柔毛。花梗长约1厘米，被锈色毛；花萼小；花冠筒状钟形，深红色，长4厘米，肉质，基部有黑红色蜜腺囊，5裂；雄蕊10，花丝无毛，基部深红色；子房卵圆形，被锈色柔毛，花柱无毛。蒴果圆柱状，长1-2厘米，密被褐色羊毛状柔毛。花期5-6月，果期8-11月。

产云南，生于海拔3000-3650米岩边或山脊。缅甸东北部有分布。

图 1048 羊毛杜鹃 （引自《图鉴》）

189. 刺枝杜鹃 图 1049

Rhododendron beanianum Cowan in New Fl. et Silva 10: 245. f. 80. 1938.

常绿小灌木。幼枝密被刚毛状分枝腺毛。叶革质，倒卵形或椭圆形，长6.3-10.5厘米，宽2-4厘米，先端圆，有小突尖头，基部宽楔形或圆，上面深绿色，有皱纹，无毛，下面密被红棕色分枝毡毛，侧脉13对；叶柄长1.5-2厘米，被淡棕色柔毛。总状伞形花序有6-10花，花序轴长6毫米，无毛。花梗长2厘米，密被淡棕色刚毛状柔毛；花萼杯状，5裂；花冠筒状钟形，长3-4厘米，深红或淡白色，肉质，内面基部有5个黑红色蜜腺囊，5裂；雄蕊10，花丝基部红色、无毛；子房柱状卵圆形，被棕色柔毛，花柱仅基部被棕色柔毛，柱头小，径约1.8毫米。

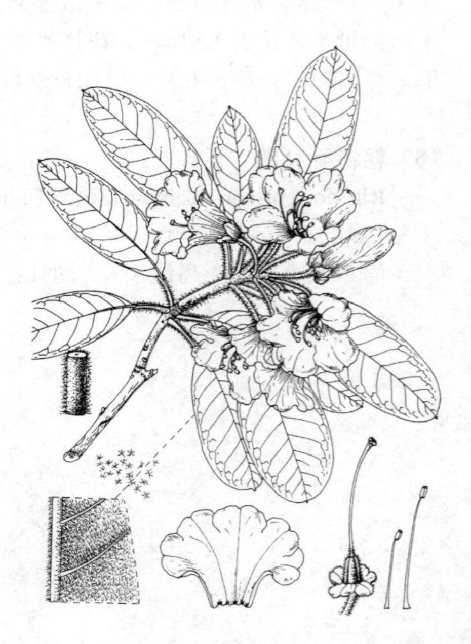

图 1049 刺枝杜鹃 （冯先洁绘）

产西藏东南部，生于海拔3200-3700米林中。缅甸东北部有分布。

190. 滇缅杜鹃 图 1050

Rhododendron coelicum Balf. f. et Farrer in Notes Roy. Bot. Gard. Edinb. 13: 250. 1922.

小灌木。幼枝粗，无毛，有腺体。叶革质，倒卵形，长6-8厘米，先端圆，有细突尖头，基部圆，上面绿色，无毛，下面有棕色厚毛被，侧脉13-15对；叶柄粗，长1-1.5厘米，有散生短柄腺体。伞形花序球状，有10-12花，花序轴短，被微绒毛。花梗粗，长1厘米，密被短柄腺体；花萼杯状，近基部红色，长3.5-4厘米，肉质、深红色，基部具5个深红色密腺囊，

无毛；雄蕊10，花丝无毛；子房柱状圆锥形，被红色腺体和柔毛，花柱无毛，柱头小，头状。

产云南西部，生于海拔2700-4400米峭壁及悬岩。缅甸有分布。

［附］**杯萼杜鹃 Rhododendron pocophorum** Balf. f. ex Tagg in Notes Roy. Bot. Gard. Edinb. 15：316. 1927. 本种与滇缅杜鹃的区别：叶长圆形或卵形，长6.5-14厘米，叶柄密被柔毛和腺头状细刚毛；花萼长0.6-1厘米。花期7月，果期9月。产云南西北部及西藏东南部，生于海拔3300-4500米林下或灌木丛中。

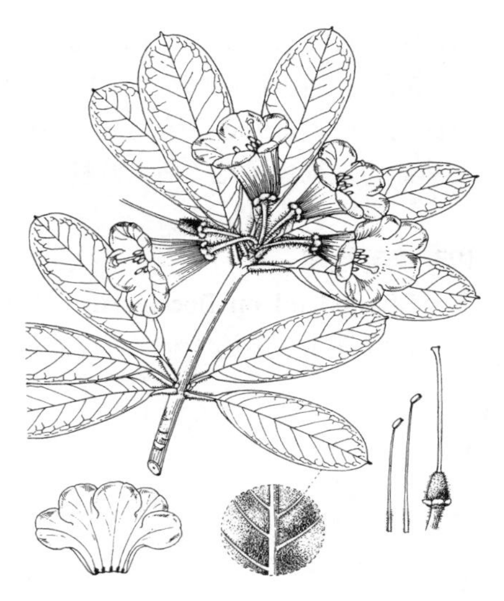

图 1050 滇缅杜鹃 （冯先洁绘）

191. 似血杜鹃 图 1051

Rhododendron haematodes Franch. in Bull. Soc. Bot. France 33：232. 1886.

常绿灌木，高达3米。幼枝密被锈色绒毛，芽鳞宿存。叶革质，椭圆形或倒卵形，长3-7厘米，先端钝尖，有突尖头，基部楔形，上面亮绿色，老后无毛，下面有黄褐或锈色厚毛被，叶脉在上面凹下，侧脉7-10对；叶柄长0.5-1.5厘米，老后无毛。顶生伞形花序有6-10花，花序轴短，被棕色柔毛。花梗长2-3厘米，淡红色，被锈色柔毛；花萼杯状，长0.5-1（2）厘米，近基部被毛，5裂；花冠筒状钟形，肉质，长3-4厘米，深红或紫色，内面基部有5个深色蜜腺囊，5裂；雄蕊10，花丝基部稀被毛；子房圆柱形，密被锈色柔毛。蒴果长1厘米，被锈色柔毛。花期5-6月，果期8-9月。

产云南，生于海拔3200-4000米灌丛中。

图 1051 似血杜鹃 （引自《图鉴》）

192. 火红杜鹃 图 1052 彩片 261

Rhododendron neriiflorum Franch. in Bull Soc. Bot. France 33：230. 1886.

常绿灌木，高达3米。幼枝被白色柔毛。叶坚革质，长圆形或倒卵形，长4-9厘米，两端钝或圆，先端有突尖头，两面无毛，中脉在下面隆起，侧脉15-17对，网脉明晰；叶柄紫色，长1.5-2厘米，老后无毛。顶生伞形花序有5-12花，花序轴长约1厘

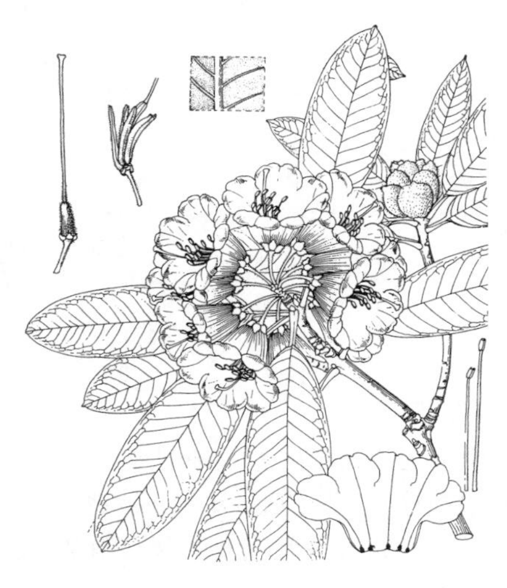

图 1052 火红杜鹃 （冯先洁绘）

米，花梗长1.3厘米，均被褐色绒毛。花萼长0.4-1厘米，肉质、紫红色，无毛，5裂；花冠筒状钟形，长3-4.5厘米，肉质，深红色，无毛，基部有5个深色蜜腺囊，5裂；雄蕊10，花丝紫红色，无毛；子房圆锥形，与花柱基部均被褐色柔毛。蒴果圆柱形，长2.2厘米，疏被柔毛。

产云南及西藏，生于海拔2500-3600米林中。缅甸东北部有分布。

193. 绵毛杜鹃 图 1053

Rhododendron floccigerum Franch. in Journ Bot. 12: 259. 1898.

常绿灌木，高达3米。幼枝被丛卷毛及腺头刚毛。叶革质，窄椭圆形或披针状椭圆形，长5-8厘米，先端渐尖，有突尖头，基部楔形，上面暗绿色，老后无毛，下面被锈黄色星状柔毛，脱落后露出灰白色叶面，中脉在下面隆起，侧脉10-14对；叶柄长0.8-1.2厘米，老后无毛。伞形花序有4-7花，花序轴长2-3毫米，被锈色柔毛。花梗长1-1.2厘米，被柔毛；花萼蝶形，长1-4毫米，5裂；花冠筒状钟形，长3.5厘米，肉质，深红色，内面有5个深紫红色蜜腺囊，5裂；雄蕊10，花丝紫红色，无毛；子房圆锥形，顶端渐尖延伸成花柱，被星状柔毛。蒴果圆柱状，长3厘米，有红色毛被。花期5-6月，果期9-11月。

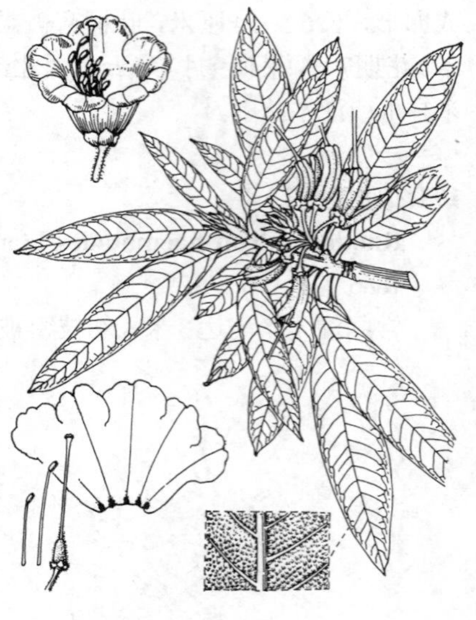

图 1053 绵毛杜鹃 （冯先洁绘）

产云南西北部及西藏东南部，生于海拔2300-3900米悬岩杜鹃灌丛中。

194. 血红杜鹃 图 1054

Rhododendron sanguineum Franch. in Journ Bot. 12: 259. 1989.

常绿灌木，高达2米。幼枝有白色薄毛被，无腺体。叶革质，倒卵形、宽椭圆形或窄长圆形，长4-8厘米，先端圆或钝，有小尖头，基部渐窄下延至叶柄，上面暗绿色，无毛，下面有灰白色薄毛被，侧脉19-20对；叶柄长0.5-1厘米，幼时被白色柔毛。顶生伞形花序有5-9花。花梗纤细，长1.5-3厘米，密被卷丛毛；花萼杯状，长2-4毫米，带红色；花冠筒状钟形，长3-4厘米，血红色，肉质、无毛，基部有5个深色蜜腺囊，5裂；雄蕊10，花丝基部红色，无毛；子房卵状椭圆形，密被褐色分枝柔毛，无腺体，花柱无毛。蒴果圆柱形，长约1.5厘米，被锈色毛。

产云南西北部及西藏东南部，生于海拔2800-4200米杜鹃灌丛及松林林缘。

图 1054 血红杜鹃 （引自《图鉴》）

［附］**短蕊杜鹃 Rhododendron microgynum** Balf. f. et Forrest in Notes Roy. Bot. Gard. Edinb. 11: 99.

1919. 本种与血红杜鹃的区别：幼枝被白色丛卷毛；叶披针形或倒披针形，先端渐尖，有短尾尖，下面有淡黄或肉桂色毛被，侧脉12-15对；花梗被锈色丛卷毛和短柄腺体，子房顶端平截，被丛卷毛和长柄腺体，花丝基部被微柔毛。花期7月。产云南西北部及西藏东南部，生于海拔3350-4250米高山灌丛中。

195. 紫背杜鹃 图 1055

Rhododendron forrestii Balf. f. et Diels in Notes Roy. Bot. Gard. Edinb. 5: 211. 1912.

常绿匍匐小灌木，高达90厘米。幼枝疏被柔毛和腺体。叶革质，倒卵形或椭圆形，长1.3-2.5厘米，先端圆或微凹，有突尖头，基部宽楔形，上面绿色，微呈泡泡状，下面灰绿色常带紫色，中脉或侧脉均被具短柄红色腺体和微柔毛，侧脉6-7对；叶柄长约1厘米，淡红色，有丛卷毛和腺体。花1-2朵顶生。花梗长1-2.5厘米，被毛和腺体；花萼小，碟形，边缘有腺体，5裂；花冠筒状钟形，长3-3.8厘米，深红色，内面基部有5个蜜腺囊，5裂；雄蕊10，花丝无毛；子房圆锥形，被柔毛和腺体，花柱无毛。蒴果长1-2.5厘米，被毛。花期5-7月，果期10-11月。

产云南西北部及西部、西藏东南部，生于海拔3050-4200米高山、有苔藓的岩石或草地。缅甸东北部有分布。

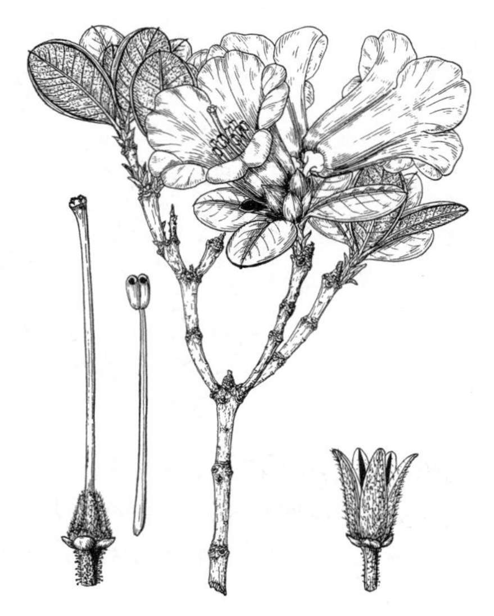

图 1055 紫背杜鹃 （引自《图鉴》）

196. 华丽杜鹃 图 1056

Rhododendron eudoxum Balf. f. et Forrest in Notes Roy. Bot. Gard. Edinb. 11: 62. 1919.

灌木，高达1.2米。幼枝被刚毛及柔毛。叶革质，长椭圆形或倒卵状椭圆形，长2.3-3厘米，先端圆或钝尖，基部楔形，下面淡黄绿色，有薄毛被，脉上有丛卷毛，侧脉7-9对；叶柄长2-3毫米，被毛。顶生伞形花序有3-5花。花梗长1-1.2厘米，被棕色丛卷毛和少数有柄腺体；花萼杯状，有腺体和睫毛；花冠筒状钟形，长2.5厘米，深红色，内面被白色柔毛，有黑红色蜜腺囊，5裂；雄蕊10，花丝无毛；子房卵圆形，被长腺毛和柔毛，花柱无毛。蒴果长1.2厘米，被毛。花期6-7月，果期10-11月。

产云南西北部及西藏东南部，生于海拔3300-4200米杜鹃灌丛中。

图 1056 华丽杜鹃 （冯先洁绘）

197. 猩红杜鹃 图 1057

Rhododendron fulgens Hook. f. Rhodod. Sikkim Himal. t. 25. 1851.

常绿灌木，高达4米。幼枝亮绿色，无毛。叶革质，长圆状卵形或倒卵形，长6-11厘米，先端圆，具细尖头，基部圆或微心形，上面深绿色，微皱，有光泽，无毛，下面有黄棕色绵毛状毛被；叶柄长1-2.5厘米，无毛。总状伞形花序有8-14花，花序轴长1-2厘米，花梗长1厘米，均无毛。花萼红色，无毛；花冠筒状钟形，血红或猩红色，肉质，长2-3.5厘米，无斑点，内面基部具5个黑红色蜜腺囊，5裂；雄蕊10，花丝白色或基部红色，无毛；子房圆锥形，顶端平截，无毛，花柱无毛。蒴果圆柱形，细长，稍弯，长1-3厘米，5裂。花期4-5月，果期8月。

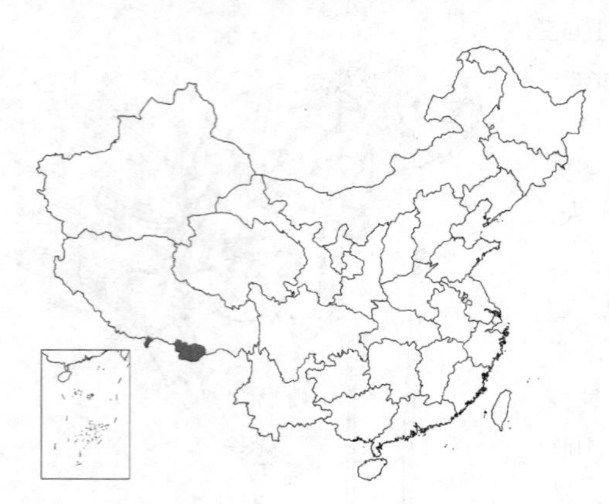

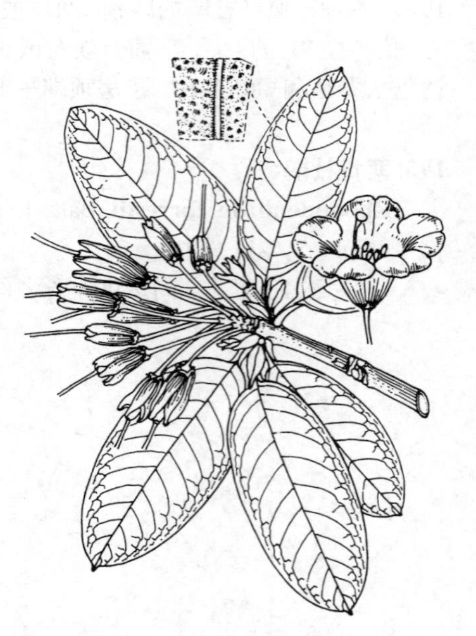

图 1057 猩红杜鹃 （冯先洁绘）

产西藏南部，生于海拔3700-4500米杜鹃灌丛中。尼泊尔、锡金及不丹有分布。

198. 串珠杜鹃 图 1058

Rhododendron hookeri Nuttall in Journ. Bot. Kew. Gard. Misc. 5: 359. 1853.

常绿灌木，高达4米。幼枝有薄层蜡质和稀疏腺体，无毛。叶革质，长圆状椭圆形或倒卵状椭圆形，长8-12厘米，先端骤尖，基部宽楔形或近圆，上面无毛，下面沿侧脉被分枝毛组成的簇毛，侧脉11-13对，在两面均平；叶柄圆柱形，长1.5-2厘米，无毛。总状伞形花序有10-15花，花序轴长1-2.5厘米，花梗长1-1.5厘米，均无毛。花萼长5-7毫米，粉红色，5裂，萼片近圆形，无毛；花冠钟状漏斗形，长3.5-4厘米，鲜红色，内面基部有深红色蜜腺囊，5裂；雄蕊10，花丝无毛；子房圆柱状卵圆形，与花柱均无毛。蒴果长2-2.5厘米，有宿存花萼。花期3月，果期6月。

图 1058 串珠杜鹃 （引自《图鉴》）

产西藏南部，生于海拔2200米江边丛林中。印度东北部有分布。

199. 红萼杜鹃 图 1059

Rhododendron meddianum Forrest in Notes Roy. Bot. Gard. Edinb. 12: 136. 1920.

常绿灌木，高达2米。幼枝光滑无毛，老枝灰白色。叶革质，宽倒卵状椭圆形，长6-10厘米，先端钝圆，有小尖头，基部宽楔形或近圆，上面微被白粉，两面无毛，侧脉13-15对；

叶柄扁平，长1-1.5厘米。总状伞形花序有5-10花，花序轴短，花梗长1-1.5厘米，均无毛。花萼杯状，长5-8毫米，深红色，5裂，花冠钟状或漏斗状，长4-5厘米，深红色，有深色条纹；雄蕊10，花丝无毛；子房柱状圆锥形，无毛，花柱与花冠等长，无毛。蒴果圆柱状，长1.5-2厘米，微弯曲，无毛。花期4-6月，果期9月。

产云南西北部及西部，生于海拔3000-3700米杜鹃灌丛中。缅甸东北部有分布。

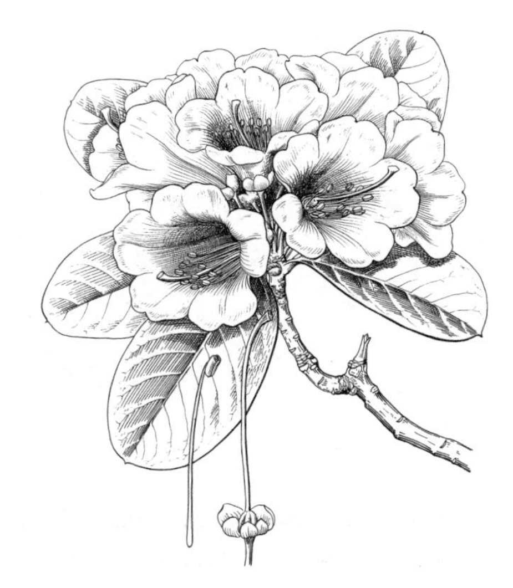

图 1059 红萼杜鹃 （引自《图鉴》）

200. 蓝果杜鹃 图 1060

Rhododendron cyanocarpum (Franch.) W. W. Smith in Trans. Bot. Soc. Edinb. 26: 274. 1914.

Rhododendron thomsonii Hook. f. var. *cyanocarpum* Franch. in Journ. de Bot. 9: 389. 1895.

常绿灌木或小乔木，高达5米。幼枝无毛。叶倒宽卵形或近圆形，长8-13厘米，下面粉绿色，两面无毛，侧脉11-14对；叶柄长2-3厘米，扁平。总状伞形花序有5-10花，花序轴长0.8-1.5厘米，常被柔毛。花梗长1-2厘米，无毛；花萼杯状，长0.7-1.2厘米，淡红色，5裂；花冠钟状，长4-6厘米，白或淡红色，5裂，肉质；雄蕊10，长2-4厘米，花丝无毛；子房有5-6纵棱状突起，无毛。蒴果圆柱状，长1.2-2厘米，宿萼包果1/3-1/2。花期4-5月，果期8-10月。

产云南，生于海拔3000-4000米云杉及冷杉林下。

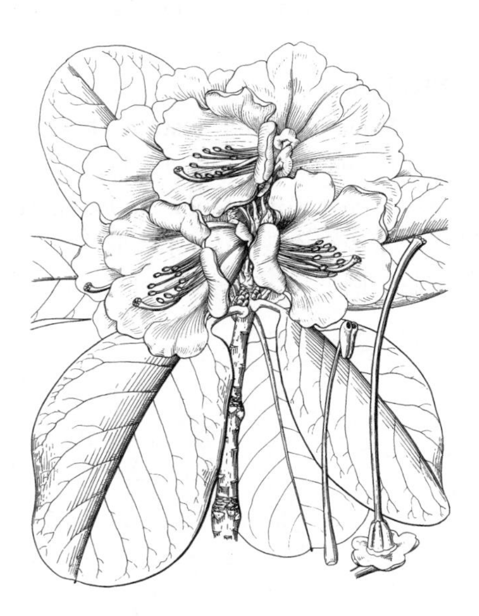

图 1060 蓝果杜鹃 （引自《图鉴》）

［附］**半圆叶杜鹃** 彩片 262 **Rhododendron thomsonii** Hook. f. in Rhodod. Sikkim Himal. t. 12. 1851. 本种与蓝果杜鹃的区别：花冠深红色，花丝被毛，长4-7厘米，叶柄细，长1-2厘米。花期6月。产西藏南部，生于海拔约3300米杂木林中。不丹、锡金、印度北部及尼泊尔有分布。

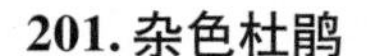

201. 杂色杜鹃 图 1061

Rhododendron eclecteum Balf. f. et Forrest in Notes Roy. Bot. Gard. Edinb. 12: 105. 1920.

常绿灌木，高达3米。幼枝无毛，有短柄腺体。叶革质，窄长倒卵形或近圆形，长5-14厘米，先端圆，有突尖头，基部微心形，两侧稍下延，上面无毛，下面仅沿中脉两侧有白色柔毛，侧脉9-12对，在两面均平；叶柄扁平，长0.5-1.5厘米，无毛。总状伞形花序有5-12花，花序轴长约1厘米，花梗长1-2厘米，均无毛。花萼长1-2厘米，5裂，无毛；花冠筒状钟形，长3.5-5厘米，肉质，白或深蔷薇色，

稀淡黄或玫瑰色，有时具色点，5裂；雄蕊10，基部被柔毛；子房圆柱形，密被腺体，花柱无毛。蒴果长约1.5厘米，被腺体，有宿萼。花期5-6月，果期8-10月。

产云南西北部及西藏东南部，生于海拔3000-4000米林中。缅甸东北部有分布。

［附］多趣杜鹃 **Rhododendron stewartianum** Diels in Notes Roy. Bot. Gard. Edinb. 5: 211. 1912. 本种与杂色杜鹃的区别：叶倒卵形或椭圆形，基部楔形或近圆，下面有淡黄色粉末状薄毛被；花序轴长1-2毫米；花冠裂片边缘色深；蒴果长1.5-2.5厘米。产云南西北部及西藏东部，生于海拔3000-4000米竹林、杜鹃灌丛中。缅甸东北部有分布。

图 1061 杂色杜鹃 （引自《图鉴》）

202. 马银花 图 1062 彩片 263

Rhododendron ovatum (Lindl.) Planch. ex Maxim. in Bull. Acad. Pétersb. 15: 230. 1871.

Azalea ovata Lindl. in Journ. Hort. Soc. Lond. 1: 149. 1846.

常绿灌木，高达4米。小枝被短柄腺体和短柔毛。叶革质，宽卵形或卵状椭圆形，长3.5-5厘米，先端骤尖或钝，具短尖头，基部圆，上面有光泽，仅沿中脉具短柔毛，下面中脉凸起，无毛，侧脉不明显；叶柄长8毫米，具窄翅，被柔毛。花单生枝顶叶腋，有多数鳞片。花梗长0.8-1.8厘米，被短柔毛和短柄腺体；花萼5深裂，长5毫米，裂片边缘无毛；花冠辐状，淡紫、紫或粉红色，具粉红色斑点，外面无毛，筒部被短柔毛；雄蕊5，花丝下部被柔毛；子房卵圆形，密被刚毛，花柱无毛。蒴果长约8毫米，被刚毛，宿萼增大包果。花期4-5月，果期7-10月。

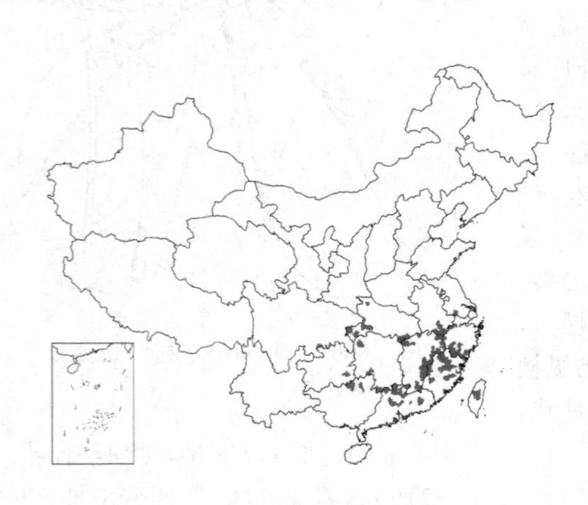

图 1062 马银花 （冀朝祯绘）

产江苏西南部、安徽南部、浙江、福建、台湾、江西、湖北、湖南、广东、广西东北部、贵州东南部及四川东南部，生于海拔1000米以下灌丛或林中。

203. 腺萼马银花 图 1063

Rhododendron bachii Lévl. in Fedde, Repert. Sp. Nov. 12: 102. 1913.

常绿灌木，高达6米。幼枝被柔毛和腺头刚毛。叶互生，薄革质，宽卵形或卵状椭圆形，长3-6厘米，先端锐尖，有突尖头，基部宽楔形，边缘浅波状，除上面中脉被短柔毛外，两面均无毛；叶柄长约5毫米，被短柔毛和腺体。花芽芽鳞外面被毛；花单生小枝上部叶腋。花梗长1-1.6厘米，被柔毛和腺头刚毛；花萼长3-5毫米，5裂，裂片卵形或倒卵形，边缘有短柄腺体；花冠辐状，淡紫、紫

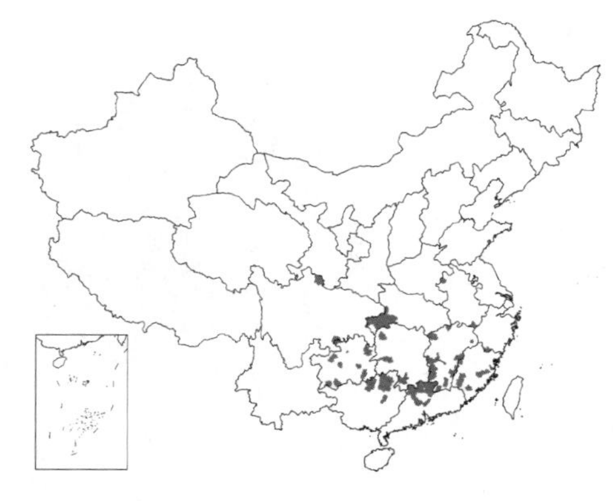

红或白色，长1.8-2.1厘米，5深裂，上方3裂片有斑纹，被短柔毛；雄蕊5，花丝中下部被柔毛；子房密被短柄腺体，花柱光滑。蒴果卵圆形，长约7毫米，被短柄腺体，有宿萼。花期4-5月，果期6-10月。

产安徽、浙江南部、福建、江西、湖北西南部、湖南、广东北部、广西东北部、贵州及四川，生于海拔600-1650米林内。

图 1063 腺萼马银花 （引自《图鉴》）

204. 白马银花 图 1064 彩片 264

Rhododendron hongkongense Hutch. in Stevenson, Spec. Rhodod. 562. 1930.

常绿灌木，高达2米。幼枝密集，常无毛，老枝具光泽。芽鳞外面无毛。叶革质，集生枝顶，椭圆形或倒卵状披针形，长1.5-5厘米，先端短尖，基部楔形，除上面中脉被微柔毛外，两面无毛；叶柄长4-7毫米，上面被微柔毛。花芽宿存，芽鳞外面无毛；花单生小枝上部叶腋，枝端具2-4花。花梗长1.5厘米，被腺毛和柔毛；花萼5，裂片长卵形，先端流苏状，边缘具短柄腺体；花冠辐状，白或淡紫色，具紫色斑点，长约2.4厘米，5裂；雄蕊5，花丝中下部被白色柔毛；子房卵圆形，被短柄腺体，花柱无毛。蒴果球形，长约5毫米，被短柄腺体或部分有疣状突起，有宿存花萼。花期3-4月，果期7-12月。

产湖南南部、广东、香港及广西东部，生于海拔300-800米常绿阔叶林中。

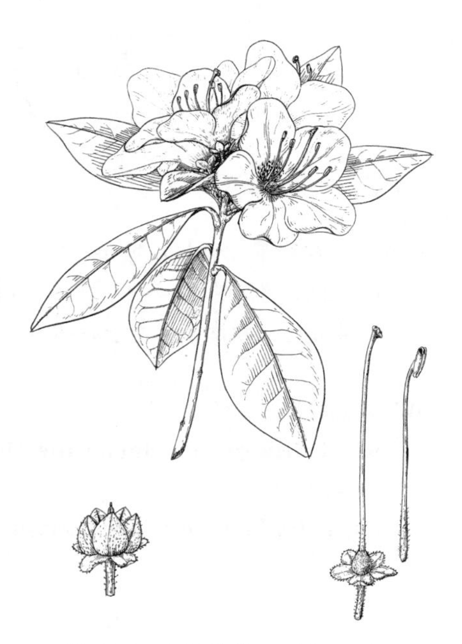

图 1064 白马银花 （引自《图鉴》）

205. 红马银花 图 1065

Rhododendron vialii Delavay et Franch. in Journ de Bot. 9: 398. 1895.

常绿灌木，高达5米。幼枝被密短柔毛，老枝无毛。叶革质，披针形或卵状披针形，长3-10厘米，先端渐尖，有锐尖头，基部楔形，上面沿中脉有柔毛，下面中脉基部有柔毛，叶脉在两面均凸起；叶柄长1.8-2.2厘米，微被柔毛。花芽芽鳞被柔毛；花单生枝顶叶腋。花梗长约8毫米，被粘性腺毛；花萼长5-6毫米，深红色，5裂，边缘密生无柄腺体，外面被腺头刚毛；花冠漏斗形，长2.5厘米，深红色，外面无毛，内面被微柔毛，5裂；

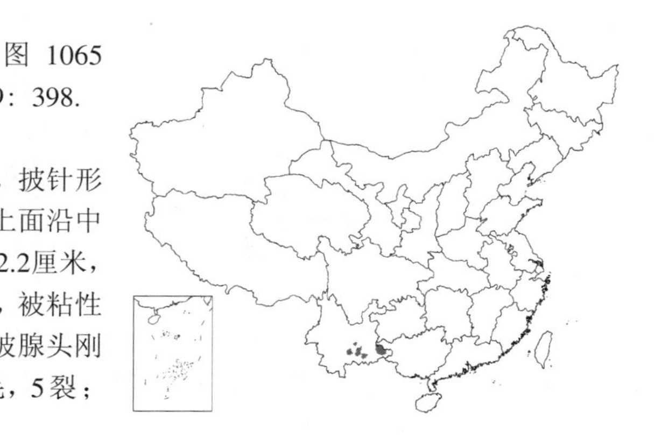

雄蕊5，花丝中下部被微柔毛；子房卵圆形，有腺体，花柱无毛。蒴果球形，长约6毫米，与果柄均被腺头刚毛。花期3-4月，果期8-11月。

产云南，生于海拔1200-1800米灌丛中。老挝及越南北部有分布。

图 1065 红马银花 （引自《图鉴》）

206. 长蕊杜鹃 图 1066 彩片 265

Rhododendron stamineum Franch. in Bull. Soc. Bot. France 33: 236. 1886.

常绿灌木或小乔木，高达5米。小枝细长，无毛。叶革质，近轮生，长圆状披针形或椭圆状披针形，长6-8厘米，先端渐尖，基部楔形，中脉在下面隆起，侧脉不显，两面无毛；叶柄长1.5-2.2厘米，无毛。花芽卵圆形，芽鳞两面无毛或外面近顶部有毛；花序生枝顶叶腋，有3-5花。花梗长1-2厘米，无毛；花萼小，5裂；花冠白或淡蔷薇色，有黄色斑点，长3-3.5厘米；雄蕊10，细长，伸出花冠；子房圆柱形，无毛，花柱长于雄蕊，无毛。蒴果长2-3厘米，稍弯弓形，无毛。种子两端有短附属物。花期4-5月，果期7-10月。

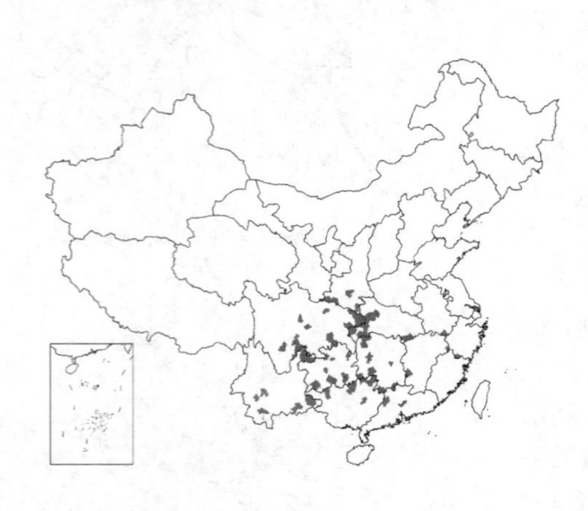

产安徽南部、浙江南部、江西、湖北西部、湖南、广东、广西、贵州、云南、四川及陕西南部，生于海拔500-1600米疏林内。

图 1066 长蕊杜鹃 （冀朝祯绘）

207. 毛棉杜鹃 丝线吊芙蓉 图 1067 彩片 266

Rhododendron moulmainense Hook. f. in Curtis's Bot. Mag. 82: t. 4904. 1856.

Rhododendron westlandii Hemsl.; 中国高等植物图鉴 3: 158. 1974.

常绿灌木或小乔木。幼枝无毛。叶宽倒披针形或椭圆状披针形，长6.4-12厘米，无毛，中脉在上面成窄沟，侧脉在上面不甚明显；叶柄长达1.8厘米，无毛。花序生于枝顶侧芽，有5花；花芽芽鳞大，圆卵形，边缘有白色密毛，早落。花梗长约1.5厘米，无毛；花萼5波状浅裂，无毛；花冠窄漏斗状，淡紫、粉红或淡红白色；无毛；雄蕊10，与花冠等长或稍短，花丝中下部被银白色柔毛；子房无毛，花柱无毛，稍长于雄蕊，短于花冠。蒴果圆柱形，长达7厘米，花柱宿存。种子

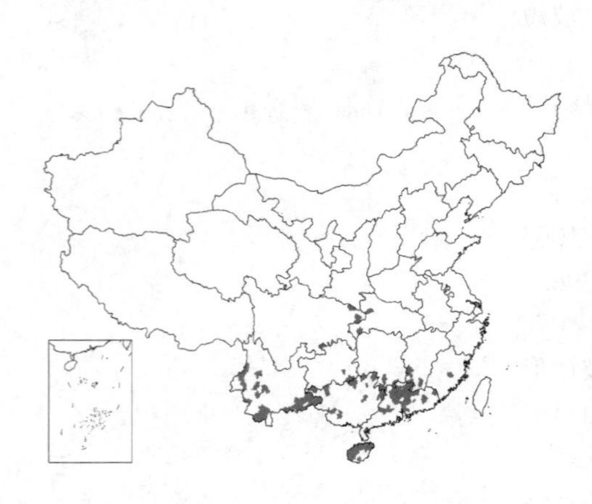

图 1067 毛棉杜鹃 （引自《图鉴》）

两端有短附属物。花期4-5月，果期7-12月。

产福建、江西、湖北西部、湖南、广东、海南、广西、贵州、云南及四川，生于海拔700-1500米疏林中。中南半岛及印度尼西亚有分布。

208. 鹿角杜鹃 图 1068 彩片 267

Rhododendron latoucheae Franch. in Bull. Soc. Bot. France, 46: 210. 1899.

常绿灌木或小乔木，高达7米。小枝细长，无毛，常3枝轮生。叶革质，卵状椭圆形或长圆状披针形，长5-8厘米，先端渐尖，基部楔形，两面无毛，叶脉不明显；叶柄长1.2厘米，无毛。花芽圆锥形，芽鳞宿存，倒卵形，外面无毛，边缘有微柔毛和细腺点；单花腋生，枝顶常1-4花。花梗长1-2.7厘米，无毛；花萼短；花冠窄漏斗状，长3.5-4厘米，白或粉红色，外面微被柔毛，5深裂；雄蕊10，伸出花冠，花丝中下部被毛；子房与花柱无毛。蒴果圆柱状，长3-4厘米，有宿存花柱。种子两端有短附属物。花期3-4（5-6）月，果期7-10月。

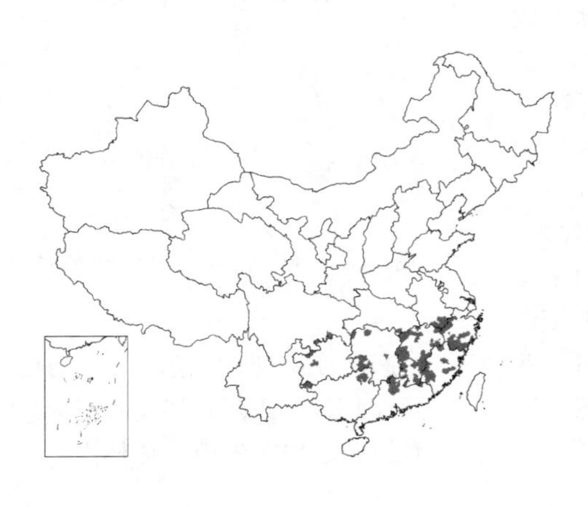

产安徽南部、浙江、福建、江西、湖北、湖南、广东北部、广西东北部及西北部、贵州、四川东南部，生于海拔1000-2000米杂木林内。

［附］**西施花** 光脚杜鹃 **Rhododendron ellipticum** Maxim. in Bull. Acad. Sci. St. Pétersb. 32: 479. 1888. —— *Rhododendron leiopodum* Hayata; 中国高等植物图鉴 3: 158. 1974. 本种与鹿角杜鹃的区别：叶窄椭圆状披针形或倒披针形，长7-12厘米，有光泽；花梗细，长约3.5厘米，雄蕊不伸出花冠外，花丝中下部被短柔毛；芽鳞边缘有细睫毛。花期4-5月。产台湾，生于海拔1600-2600米石质山坡。

图 1068 鹿角杜鹃 （冀朝祯绘）

209. 多花杜鹃 图 1069 彩片 268

Rhododendron cavaleriei Lévl. in Bull. Soc. Agric. Sci. Art. Sarth. ser. 2, 31: 48. 1903.

常绿灌木，高达3米。小枝纤细，无毛。芽鳞被淡黄色微柔毛。叶薄革质，披针形或倒披针形，长7-10厘米，上面有光泽，两面无毛，侧脉不明显；叶柄长0.8-1.5厘米，无毛。伞形花序 生枝顶叶腋，常有10-15（-17）花。花梗长2.5-4厘米，被灰色柔毛；花萼不明显，无毛；花冠窄漏斗形，长3-3.8厘米，白或蔷薇色，外面无毛，5深裂；雄蕊10，比花冠短或等长，花丝无毛；子房长卵圆形，密被白色短柔毛，花柱无毛。蒴果圆柱形，长3-4厘米，密被褐色短柔毛。种子两端有短附属物。花期4-5月，果期6-11月。

图 1069 多花杜鹃 （冯先洁绘）

产江西西南部、湖南、广东、海南、广西、贵州及云南，生于海拔1000-2000米林中。

210. 刺毛杜鹃

图 1070

Rhododendron championae Hook. in Curtis's Bot. Mag. 77: t. 4609. 1851.

常绿灌木，高达5米。幼枝被开展的腺头刚毛和短柔毛。叶厚纸质，椭圆状披针形，长7-15厘米，先端短渐尖或锐尖，基部楔形，上面被短刚毛，边缘的毛较多而长，下面苍白色，被刚毛和短柔毛，脉上较密；叶柄长1.2-1.7厘米，被刚毛和短柔毛。花芽圆锥形，芽鳞外面及边缘被短柔毛；伞形花序生枝顶叶腋，常有2-7花。花梗长2厘米，密被腺头刚毛和短硬毛；花萼长1.3厘米，5深裂，密被睫毛；花冠窄漏斗状，长5-6厘米，白或淡红色，5深裂，无毛；雄蕊10，短于花冠，花丝下部被柔毛；子房被刚毛，花柱无毛。蒴果长4-5.5厘米，与果柄均密被腺头刚毛和短柔毛，有宿存花柱。种子两端有短附属物。花期4-5月，果期5-11月。

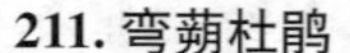

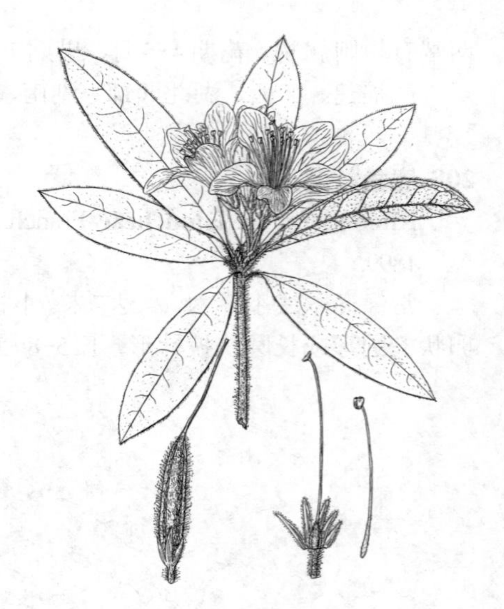

图 1070 刺毛杜鹃 （引自《图鉴》）

产浙江南部、福建、广东、香港、广西、湖南、江西西北部及西南部，生于海拔500-1300米山谷疏林内。

211. 弯蒴杜鹃

图 1071

Rhododendron henryi Hance in Journ. Bot. 19: 243. 1881.

常绿灌木，高达5米。枝条细长，无毛，幼枝被腺头刚毛。叶革质，卵状椭圆形、椭圆状倒卵形或椭圆状披针形，长5.5-11厘米，先端尾尖，基部楔形，无缘毛，上面仅中脉有刚毛，下面中脉及叶柄被刚毛或腺头刚毛；叶柄长约1.2厘米。伞形花序具3-5花。花梗密被开展腺头刚毛，长约2.5厘米，直立；花萼大，深裂成条状裂片，长达1.5厘米，边缘有腺毛；花冠窄漏斗状，长3.7-5厘米，粉红色，无毛；雄蕊10，伸出花冠，花丝下部1/3被柔毛；子房被刚毛，花柱无毛。蒴果圆柱形，长5-6厘米，直立，稍弯，光滑。种子两端有短附属物。花期3-4月，果期7-12月。

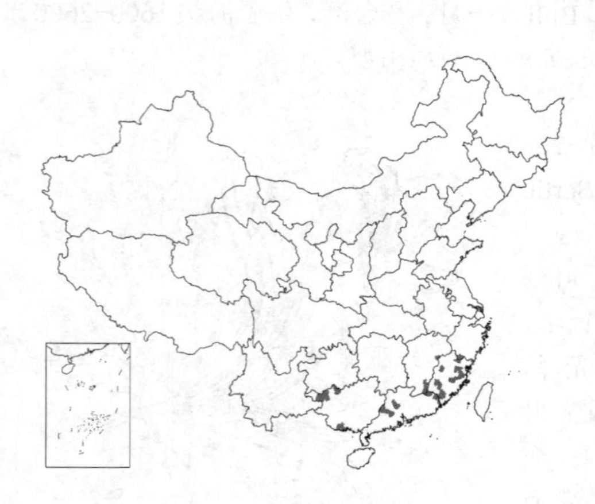

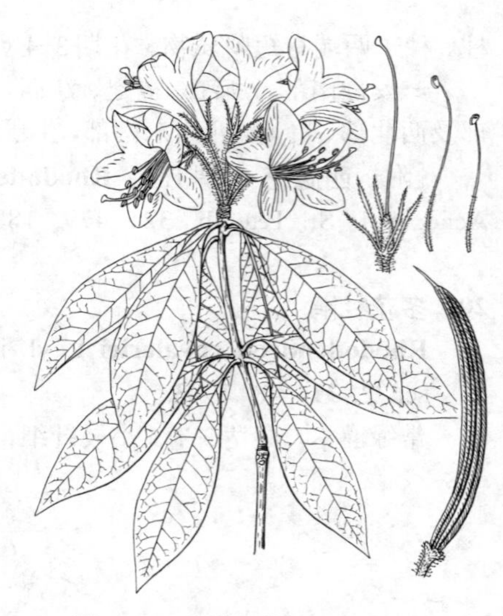

图 1071 弯蒴杜鹃 （引自《图鉴》）

产浙江南部、福建、江西东部及东南部、广东、广西西北部及西南部，生于海拔500-1000米林中。

212. 羊踯躅 闹羊花

图 1072 彩片 269

Rhododendron molle (Bl.) G. Don, Gen. Syst. 3: 846. 1834.

Azalea molle Bl. in Cat. Gewass. Buitenz 44. 1823.

落叶灌木。幼枝被柔毛和刚毛。叶纸质，长圆形或长圆状披针形，长5-12厘米，先端钝，有短尖头，基部楔形，边缘有睫毛，幼时上面被微柔毛，下面被灰白色柔毛，有时仅叶脉

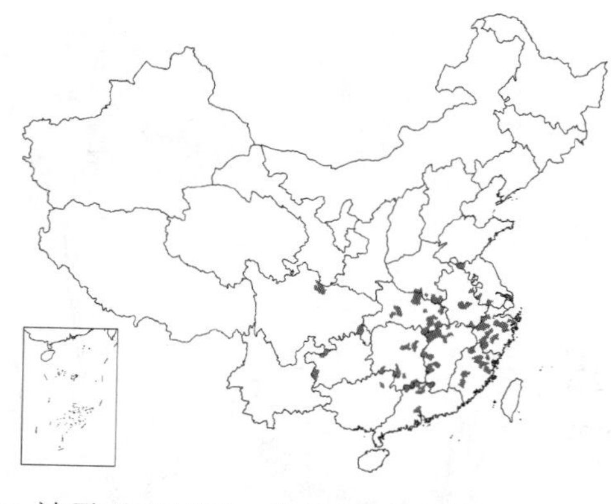

有毛；叶柄长2-6毫米，被柔毛和疏生刚毛。总状伞形花序顶生，有9-13花，先花后叶或同放。花梗长1-2.5厘米，被柔毛和刚毛；花萼被柔毛、睫毛和疏生刚毛；花冠漏斗状，长4.5厘米，金黄色，内面有深红色斑点，外面被绒毛，5裂；雄蕊5，花丝中下部被柔毛；子房圆锥状，被柔毛和刚毛，花柱无毛。蒴果圆柱状，长2.5-3.5厘米，被柔毛和刚毛。花期3-5月，果期7-8月。

产江苏、安徽、浙江、福建、江西、河南东南部、湖北、湖南、广东、广西东北部、贵州西部、四川东南部及北部，生于海拔1000米山地或灌丛中。有剧毒，羊食常踯躅而死，可为麻醉药和农药。

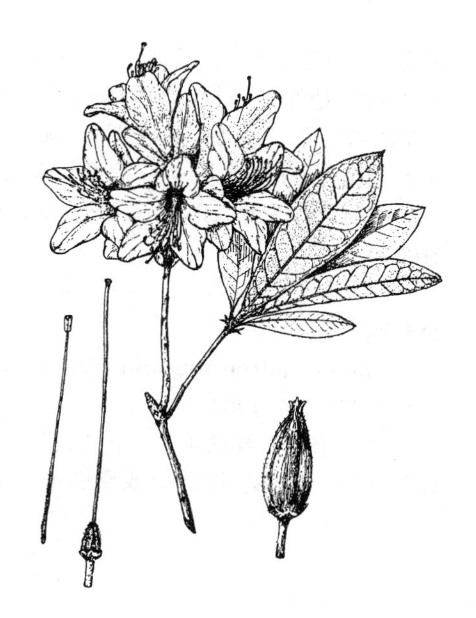

图 1072 羊踯躅 （引自《图鉴》）

213. 大字杜鹃

图 1073

Rhododendron schlippenbachii Maxim. in Bull. Acad. Sci. St. Pétersb. 15: 226. 1870.

落叶灌木，高达4.5米；枝近轮生。幼枝密被腺毛，老枝无毛。叶纸质，常5叶轮生枝顶，倒卵形或宽倒卵形，长5-9厘米，先端圆，有短尖头或缺刻，基部楔形，边缘波状，上面深绿色，秋后黄或红色，下面苍白色，两面幼时被柔毛，后仅下面中脉两侧被毛；叶柄长2-4毫米，被刚毛和腺毛。顶生伞形花序有3-6花，先花后叶或同放。花梗长1.2厘米，被腺毛；花萼长7毫米，外面被毛，5裂；花冠漏斗形，长2.7-3.2厘米，白或粉红色，上方有红棕色斑点，5裂，冠筒外面被微柔毛；雄蕊10，中下部被柔毛；子房及花柱中下部被腺毛。蒴果长约1.7厘米，被腺毛。花期5月，果期6-9月。

图 1073 大字杜鹃 （引自《图鉴》）

产辽宁及内蒙古东部，常生于低海拔山地阴坡林下。朝鲜及日本有分布。

214. 丁香杜鹃

图 1074

Rhododendron farrerae Tate ex Sweet, Brit. Fl. Gard. ser. 2, 1: t. 95. 1831.

落叶灌木，高达3米。小枝初被锈色长柔毛，后无毛，枝短而硬。叶近革质，常3叶集生枝顶，卵形，长2-3厘米，先端钝尖，基部圆，叶缘有睫毛，两面中脉近基部有时被柔毛，侧脉不显；叶柄长约2毫米，被锈色柔毛。花1-2朵顶生，先花后叶。花梗长约6毫米，被锈色柔毛；花萼不

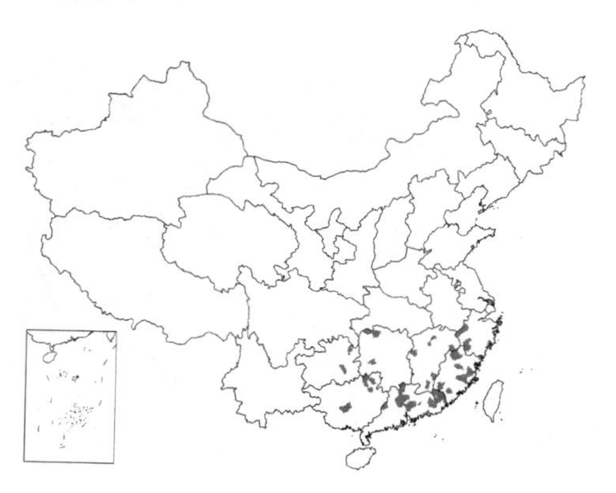

明显，被锈色柔毛；花冠漏斗状，紫丁香色，长3.8-5厘米，花冠筒短而窄，上部5裂，边缘多波状，有紫红色斑点；雄蕊8-10。花丝中下部被短腺毛；子房被红棕色长柔毛，花柱弯曲，无毛。蒴果长圆柱形，长约1.2厘米，被锈色柔毛，果柄微弯，被红棕色长柔毛。花期5-6月，果期7-8月。

产浙江、福建、江西、湖南、广东、香港、广西及贵州，生于海拔800-2100米密林中。

图 1074 丁香杜鹃 （引自《图鉴》）

215. 满山红 图 1075 彩片 270

Rhododendron mariesii Hemsl. et Wils. in Kew Bull. Misc. Inform. 1907: 244. 1907.

落叶灌木，高达4米。小枝轮生，初被黄棕色柔毛，后无毛。叶常3枚集生枝顶，卵状披针形或椭圆形，长4-7.5厘米，中上部有细钝齿，幼时两面被黄棕色长柔毛，后近无毛；叶柄长5-8毫米，近无毛。花芽卵圆形，芽鳞沿中脊被绢状柔毛，边缘有睫毛；花常2朵顶生，先花后叶。花梗直立，长0.5-1厘米，被柔毛；花萼环状，被柔毛；花冠漏斗状，长3-3.5厘米，淡紫红色，有深色斑点，无毛，5裂；雄蕊8-10，花丝无毛；子房密被淡黄棕色柔毛，花柱无毛。蒴果卵状椭圆形，长约1.2厘米，果柄直，均密被长柔毛。花期4-5月，果期6-11月。

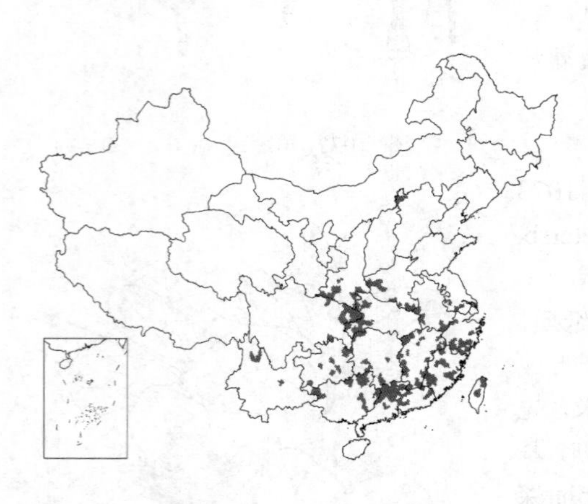

产河北、河南、安徽、江苏、浙江、福建、台湾、江西、湖北、湖南、广东、香港、广西、贵州、云南、四川及陕西，生于海拔600-1500米灌丛中。

图 1075 满山红 （引自《图鉴》）

216. 台北杜鹃 图 1076

Rhododendron kanehirai Wils. in Wils. et Rehd. Manog. Azal. 28. 1921.

落叶灌木，高达3米。幼枝密被栗褐色扁平糙伏毛。叶线状披针形、线状倒披针形或倒卵形，长1.5-4.8厘米，先端具短尖头，两面散生亮栗褐色糙伏毛；叶柄长1-3毫米，密被栗褐色糙伏毛。花1-3生于枝顶。花梗长3-6毫米，密被栗褐色扁平糙伏毛；花萼裂片长2-4毫米，具亮栗褐色糙伏毛，边缘具长睫毛；花冠窄漏斗形，长3.5-4厘米，洋红或深红色，裂片卵形或长卵形；雄蕊10，短于花冠，花丝中下部被微柔毛；子房卵圆形，长3毫米，密被栗褐色刚毛状糙伏毛，花柱长于雄蕊，稍伸出花冠外，近基部有疏生糙伏毛。蒴果长圆柱形，长6-8毫米，被刚毛状

糙伏毛。花期4月。

产台湾北部，生于山地丘陵。

图 1076 台北杜鹃 （引自《图鉴》）

217. 砖红杜鹃 图 1077 彩片 271

Rhododendron oldhamii Maxim. in Mém. Acad. Sci. St. Pétersb. ser. 7, 16(9): 34. 1870.

半常绿灌木，高达3米；分枝密。小枝密被开展红褐色扁平腺毛和柔毛。叶薄革质，椭圆形或椭圆状披针形，大小不一，长2-8厘米，先端钝，有短尖头，基部楔形或圆，边具睫毛，上面初被棕色短刚毛，后近无毛，下面密被腺头短刚毛和稀疏扁平腺毛；叶柄长4-8毫米，被毛。花芽卵球形，芽鳞长卵形，沿中脊被淡黄褐色糙伏毛。顶生伞形花序有1-4花。花梗长0.6-1厘米，被毛；花萼裂片三角状卵形或卵状披针形，长3-8毫米，被柔毛；花冠宽漏斗形，长4-4.8厘米，砖红色，无斑点；雄蕊10，花丝中下部被柔毛；子房被腺头刚毛。蒴果长0.9-1.5厘米，被腺头刚毛，有宿萼。花期5-7（-10）月。

产台湾，生于海拔约2800米山地灌丛中。

图 1077 砖红杜鹃 （冀朝祯绘）

218. 锦绣杜鹃 图 1078 彩片 272

Rhododendron pulchrum Sweet in Brit. Fl. Gard. ser. 2, 2: t. 117. 1832.

半常绿灌木，高达2-5米。幼枝密被淡棕色扁平糙伏毛。叶椭圆形或椭圆披针形，长2-6厘米，先端钝尖，基部楔形，上面初被伏毛，后近无毛，下面被微柔毛及糙伏毛；叶柄长4-6毫米，被糙伏毛。花芽芽鳞沿中部被淡黄褐色毛，内有粘质。顶生伞形花序有1-5花。花梗长0.8-1.5厘米，被红棕色扁平糙伏毛；花萼5裂，裂片披针形，长0.8-1.2厘米，被糙伏毛；花冠漏斗形，长4.8-5.2厘米，玫瑰色，有深紫红色斑点，5裂；雄蕊10，花丝下部被柔毛；子房被糙伏毛，花柱无毛。蒴果长圆状卵圆形，长约1厘米，被糙伏毛，有宿萼。花期4-5月，果期9-10月。

据传原产我国，但未见野生种群，为江苏、浙江、福建、江西、湖北、湖南、广东及广西等省区著名栽培杜鹃，品种繁多。

图 1078 锦绣杜鹃 （引自《图鉴》）

219. 杜鹃 映山红 图 1079 彩片 273

Rhododendron simsii Planch. in Fl. Des Serr. 9: 78. 1854.

落叶灌木，高达2米。枝被亮棕色扁平糙伏毛。叶卵形、椭圆形或卵状椭圆形，长3-5厘米，具细齿，两面被糙伏毛；叶柄长2-6毫米，被亮棕色糙伏毛。花2-6簇生枝顶。花梗长8毫米，被毛；花萼长5毫米，5深裂，

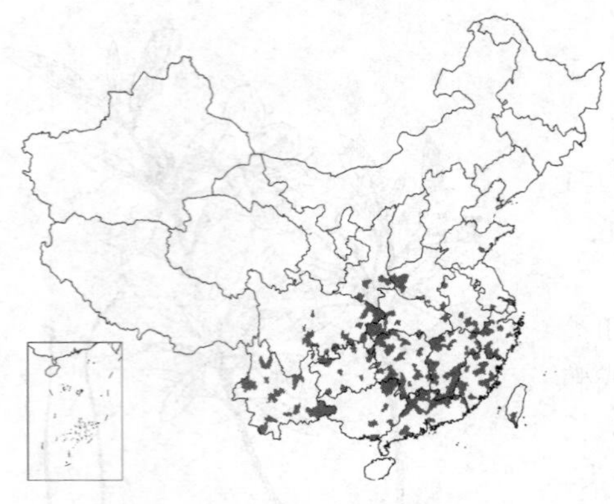

被糙伏毛和睫毛；花冠漏斗状，长3.5-4厘米，玫瑰、鲜红或深红色，5裂，裂片上部有深色斑点；雄蕊10，与花冠等长，花丝中下部被糙伏毛；子房密被糙伏毛，10室，花柱无毛。蒴果卵圆形，长约1厘米，密被糙伏毛，有宿萼。花期4-5月，果期6-8月。

产河南、山东、江苏、安徽、浙江、福建、台湾、江西、湖北、湖南、广东、广西、贵州、云南、四川及陕西，生于海拔500-1200米灌丛或松林下，为我国南方酸性土指示植物和广为栽培的观赏植物，供药用，有活血、补虚、治内伤咳嗽之效。

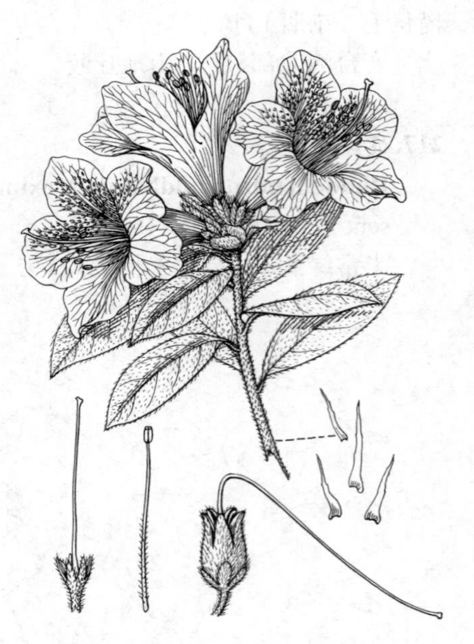

图 1079 杜鹃 （冀朝祯绘）

220. 白花杜鹃 图 1080

Rhododendron mucronatum (Bl.) G. Don, Gen. Syst. 3: 846. 1834.

Azalea mucronata Bl. in Cat. Gewass. Buitenz. 44. 1823.

半常绿灌木，高达2米，分枝密。幼枝密被开展长柔毛，叶二型：春叶较大而早落，长3.5-5.5厘米，宽1-2.5厘米，先端尖或钝尖，基部楔形：夏叶小而宿存，长1-3.7厘米，宽0.6-1.2厘米，两面密被糙伏毛和腺毛：叶柄长2-4毫米，密被扁平长糙伏毛和短腺毛。花序顶生，常有1-3花。花梗长达1.5厘米，密被长柔毛和腺毛；花萼绿色，5裂，长约1.2厘米，密被腺状柔毛；花冠漏斗状，长3-4.5厘米，白或粉红色，有红色条纹，无紫斑，无毛，5裂；雄蕊10，长于花冠，花丝中下部被毛；子房密被刚毛，花柱无毛。蒴果卵圆形，长约1厘米，短于宿萼。花期4-5月，果期6-7月。

江苏、安徽西部、浙江、福建、江西、广东、广西、云南及四川广泛栽培。

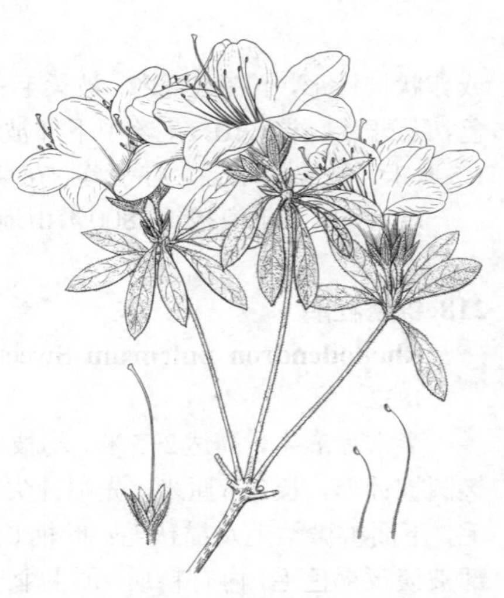

图 1080 白花杜鹃 （引自《图鉴》）

221. 滇红毛杜鹃 图 1081

Rhododendron rufohirtum Hand.-Mazz. in Anz. Akad. Wiss. Wien, Math.-Nat. 18. 1921.

灌木，高达2米；分枝多而纤细。幼枝密被红棕色短刚毛和开展长柔毛，老枝无毛。叶纸质，近对生或3叶轮生，披针形或卵状披针形，长2.5-6厘米，先端渐尖，基部楔形或近圆，上面深绿色，下面色淡，中脉和侧脉在下面隆起并被密毛；叶柄长约5毫米，密被棕色毛柔毛。花芽卵圆形，芽鳞外面多胶质，被糙伏毛。伞形花序顶生，有2-5花。花梗长约4毫米，被红棕色糙伏毛；花萼长约2.5毫米，外面被毛；花冠漏斗形，长2.5-3厘米，深红色，冠筒外面无毛，内面疏被柔毛；雄蕊10，部分雄蕊伸出花冠，花丝中下部被毛；子房被红棕色刚毛，花柱无毛。蒴果卵圆形，长约7毫米，密被红棕色刚毛。

花期3-4月，果期8-9月。

产四川南部、贵州西部及云南东北部，生于海拔950-2300米灌丛中。

图 1081 滇红毛杜鹃 （孙英宝绘）

222. 美艳杜鹃 图 1082

Rhododendron pulchroides Chun et Fang in Acta Phytotax. Sin. 6: 164. 171. pl. 42. f. 1. 1957.

落叶小灌木，高约1米。幼枝被淡黄棕色皱曲长柔毛。叶膜质，集生枝顶，长圆形或倒披针状椭圆形，长1.5-2.5厘米，先端具硬细尖头，基部宽楔形或近圆，两面及边缘密被淡黄棕色皱曲长柔毛；叶柄扭曲，长2毫米，被皱曲长柔毛。伞形花序有1-4花。花梗长约1厘米，密被皱曲柔毛；花萼裂片长3.5毫米，边缘具裂片状锯齿，外面被皱曲长柔毛；花冠漏斗状钟形，长2.5-3厘米，紫色，冠筒无毛；雄蕊10，伸出花冠，花丝中下部被微柔毛；子房椭圆状长椭圆形，密被皱曲长柔毛，花柱长4厘米，丝状，无毛。花期6月。

产广西北部（龙胜红滩笔架山），生于海拔1000米河边或岩石阴处。

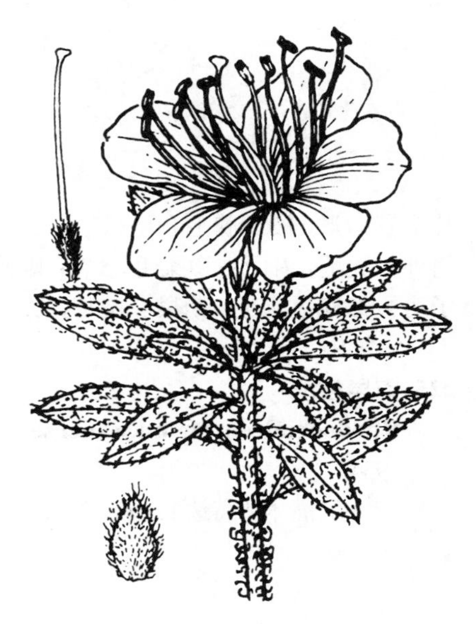

图 1082 美艳杜鹃 （吕发强绘）

223. 广东杜鹃 图 1083

Rhododendron kwangtungense Merr. et Chun in Sunyatsenia 1: 76. 1930.

落叶灌木，高达3米。幼枝密被腺头状柔毛和长4毫米的刚毛。叶革质，披针形或椭圆状披针形，先端渐尖，具短尖头，基部楔形或近圆，上面深绿色，无毛或沿中脉有刚毛，下面苍白色，散生刚毛，中脉尤多，侧脉5-7对；叶柄长0.4-1厘米，被刚毛和腺头状毛。顶生伞形花序有8-12花。花梗长0.7-1厘米，被锈色毛；花萼小，不明显分裂，裂片三角形，边缘有锈色刚毛；花冠漏斗状，紫红色，长约2厘米，5裂；雄蕊5，长约2.5厘米，伸出花冠，花丝无毛；子房被密长刚毛，花柱无毛。蒴果长圆形，长约1厘米，被刚毛。花期5月，果期6-12月。

产福建、湖南南部及西南部、广东北部、广西及贵州东南部，生于海

图 1083 广东杜鹃 （冀朝祯绘）

拔800-1600米灌丛中。

224. 溪畔杜鹃 图 1084 彩片 274

Rhododendron rivulare Hand.-Mazz. in Anz. Akad. Wiss. Wien, Math.-Nat. 18. 1921.

常绿灌木，高达3米。幼枝密被扁平糙伏毛和腺头状柔毛，老枝近无毛。叶纸质，卵状披针形或长圆状卵形，长5-9厘米，先端渐尖，具短尖头，基部圆，边有睫毛，上面初被疏柔毛，后仅中脉有毛，下面淡黄褐色，被短刚毛；叶柄长0.4-1.2厘米，被糙伏毛和腺头状毛。花芽圆锥状，芽鳞外面被毛。伞形花序顶生，有花10朵以上。花梗长1.5厘米，密被短腺头柔毛和长糙伏毛；花萼长2-5毫米，裂片窄三角形，被短腺毛和糙伏毛；花冠漏斗状，紫红色，长约2.3厘米，冠筒外面无毛，内面被微柔毛，5裂；雄蕊5，伸出花冠，花丝基部被微柔毛；子房被红棕色刚毛。蒴果卵圆形，长9毫米，密被长刚毛。花期4-6月，果期7-11月。

图 1084 溪畔杜鹃 （冀朝祯绘）

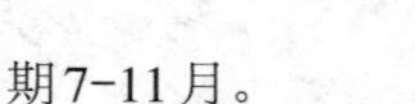

产福建、湖北、湖南、广东西北部、广西、贵州及四川东南部，生于海拔750-1200米疏林中。

225. 南昆杜鹃 图 1085

Rhododendron naamkwanense Merr. in Lingnan. Sci. Journ. 13: 42. 1934.

半常绿灌木，高达1.5米。幼枝密被灰棕色扁平糙伏毛，老枝近无毛。叶长圆状倒卵形或长圆状倒披针形，长1.5-3厘米，先端具凸尖头，基部楔形，有不整齐波状浅齿，上面近无毛，下面淡白色，疏被糙伏毛。伞形花序顶生，有2-4花。花梗长7毫米，被伏毛；花冠窄漏斗状，长2.5-2.8厘米，紫红色，冠筒无毛，内面有微柔毛，5裂；雄蕊5，长3.5厘米，长于花冠；花丝无毛；花柱无毛。蒴果卵圆形，长5-6毫米，密被糙伏毛。花期4-5月，果期10-11月。

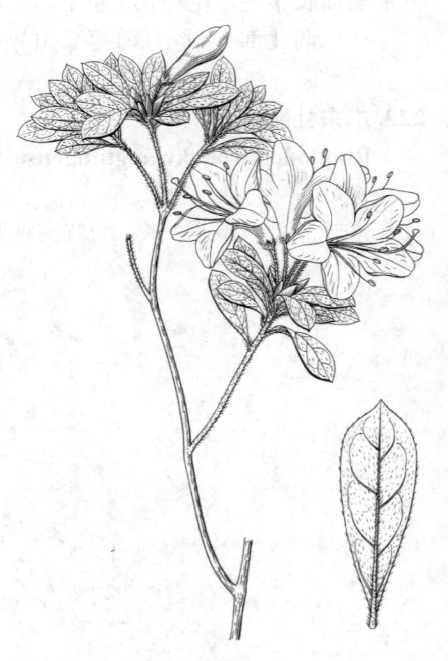

图 1085 南昆杜鹃 （引自《图鉴》）

产广东及江西南部，生于海拔300-500米阴湿岩坡。

［附］**皋月杜鹃 Rhododendron indicum** (Linn.) Sweet in Brit. Fl. Gaed. 2(2): t. 128. 1833. ——*Azalea indica* Linn. Sp. Pl. 150. 1753. 本种与南昆杜鹃的区别：叶缘具细圆齿，两面散生红褐糙伏毛；花冠鲜红色，长3-4厘米，具深红色斑点，雄蕊短于花冠，长1.6-2.2厘米。花期5-6月。原产日本。我国栽培。

226. 岭南杜鹃 图 1086

Rhododendron mariae Hance in Journ. Bot. 20: 230. 1882.

落叶灌木，高达3米；分枝密。小枝密被扁平糙伏毛。叶革质，二型：春叶较大，椭圆状披针形，长3.2-8.2厘米，先端渐尖，有短尖头，基部楔形，上面绿色，无毛，下面疏被糙伏毛；夏叶较小，椭圆形或倒卵形，长1.2-3.2厘米，先端钝，有尖头；叶柄长0.4-1厘米，被糙伏毛。顶生伞形花序有7-16花。花梗长0.5-1.2厘米，被红棕色糙伏毛；花萼极小，被毛；花冠漏斗状，长1.5-2.2厘米，丁香紫色，冠筒细长，长约1厘米，无毛，裂片5，长圆状披针形，先端钝尖；雄蕊5，长达2.5厘米，伸出花冠，花丝无毛；子房密被绢状糙伏毛，花柱长2-3厘米，无毛。蒴果卵圆形，长0.9-1.4厘米，被糙伏毛。花期3-6月，果期7-11月。

图 1086 岭南杜鹃 （引自《图鉴》）

产福建南部、江西南部、湖南南部、广东、广西及贵州南部，生于海拔500-1250米丘陵灌丛中。

227. 广西杜鹃 图 1087

Rhododendron kwangsiense Hu ex Tam, Survey Rhodod. South China 56. 105. f. 7. 1983.

近常绿灌木，高达3米；分枝多。幼枝被棕色扁平糙伏毛，老枝干后淡紫色，无毛。叶革质，集生枝顶，披针形或椭圆状披针形，长2-3.5厘米，先端渐尖，基部楔形，上面深绿色，无毛或中脉有糙伏毛，下面淡绿色，散生糙伏毛；叶柄长3-6毫米，被糙状毛。伞形花序顶生，有4-10花。花梗长5-7毫米，连同花萼密被红棕色扁平毛；花萼小，5裂；花冠窄漏斗状，长2-2.5厘米，紫红或淡紫色，冠筒窄，长1.2-1.5厘米，5裂，裂片长披针形，先端有尖头；雄蕊5，伸出花冠，花丝长2-3厘米，无毛；子房密被褐色糙伏毛，花柱无毛。蒴果卵圆形，长约6毫米，被糙伏毛。花期5-6月，果期7-11月。

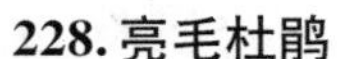

图 1087 广西杜鹃 （引自《图鉴》）

产湖南西南部、广东、广西、贵州东南部及西南部，生于海拔1000-1800米疏林及灌丛中。

228. 亮毛杜鹃 图 1088 彩片 275

Rhododendron microphyton Franch. in Bull. Soc. Bot. France 33: 235. 1886.

常绿灌木，高达2米；分枝繁密。幼枝密生红棕色扁平伏毛。叶互生，椭圆形或卵状披针形，长0.5-3厘米，先端尖，有细圆齿，两面散生红棕色扁平糙伏毛；叶柄长2-5毫米，被糙

伏毛。伞形花序顶生，有3-7花，常有较小的腋生花序生于其下。花梗长3-6毫米，被扁平糙伏毛；花萼5裂，被毛；花冠漏斗钟状，长1.2-2厘米，蔷薇色或白色，5裂，上方3裂片有深红色点，冠筒长0.8-1厘米；雄蕊5，伸出花冠，下部有毛；子房密被亮红棕色糙伏毛，花柱长于雄蕊，长达3厘米，无毛。蒴果长约8毫米，密被红棕色糙伏毛和疏生柔毛。花期3-6（-9）月，果期7-12月。

产广西、贵州西南部、云南及四川西南部，生于海拔1300-3200米灌丛中。

图 1088 亮毛杜鹃 （引自《图鉴》）

［附］**钝叶杜鹃 Rhododendron obtusum**（Lindl.）Planch. in Fl. Des Serr. 9: 80. 1854. —— *Azalea obtusa* Lindl. in Journ. Hort. Soc. Lond. 1: 152. 1846. 本种与亮毛杜鹃的区别：植株有时近匍匐；叶膜质，先端钝尖或圆，边缘具纤毛；花冠红或粉红色，仅1裂片有深色斑点，雄蕊与花冠等长，花丝无毛。原产地不详，华东及华南地区广为栽培。

229. 增城杜鹃　两广杜鹃　　　图 1089

Rhododendron tsoi Merr. in Journ. Lingnan. Sci. 13: 42. 1934.

半常绿灌木，高达1米。幼枝纤细，被栗褐色扁平糙伏毛，老枝无毛。叶革质，倒卵状宽椭圆形或椭圆形，长0.5-1.4厘米，先端钝或近圆，基部宽楔形，两面被糙伏毛，下面中脉毛密；叶柄长1-2.5厘米，被糙伏毛。伞形花序有3-5花。花梗长3-4毫米，被糙伏毛；花萼小，先端近平截，被糙伏毛；花冠窄漏斗状，长约1厘米，蔷薇色，冠筒内外面被疏柔毛，5裂；雄蕊5，长约9毫米，短于花冠，花丝中下部被柔毛；子房卵圆形，与花柱全被栗褐色糙伏毛。蒴果长圆卵形，长4-5毫米，被栗褐色糙伏毛。花期4-5月，果期6-8月。

产广东及广西，生于海拔750-1600米干旱山地或疏林中。

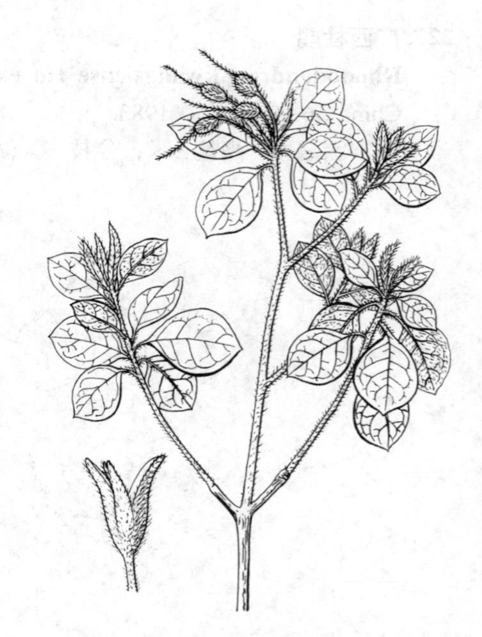

图 1089 增城杜鹃 （引自《图鉴》）

230. 乳源杜鹃　　　图 1090

Rhododendron rhuyuenense Chun ex Tam, Survey Rhododendron South China 32. 96. f. 2. 1983.

Rhododendron lingii Chun；中国高等植物图鉴 3: 151. 1974.

半常绿灌木，高达3米。小枝被长刚毛和短腺毛。叶椭圆状披针形、长披针形或宽卵形，长2.5-6.5厘米，边缘具长刚毛，上面中脉有刚毛，下面散生刚毛；叶柄长0.4-1厘米，被棕色长刚毛和腺头状毛。伞形花序顶

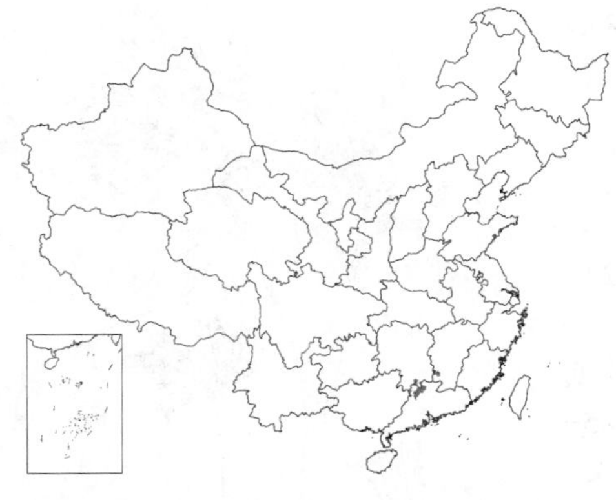

生，有8-12花。花梗长约1厘米，有刚毛和腺毛；花萼被长刚毛和腺毛，5浅裂，裂片卵形或三角状卵形；花冠钟状，长约1.5厘米，粉红色带紫色，冠筒内面被微柔毛，5裂；雄蕊5，长1.5-1.8厘米，伸出花冠较长，花丝中下部被微柔毛；子房与花柱中下部均被刚毛和腺毛。蒴果卵圆形，长5-6毫米，被长刚毛。花期5-6月，果期7-11月。

产江西西南部、湖南南部及广东北部，生于海拔约1500米阳坡疏林中。

图 1090 乳源杜鹃 （引自《图鉴》）

231. 小花杜鹃 图 1091

Rhododendron minutiflorum Hu in Journ. Arn. Arb. 12: 155. 1931.

常绿灌木，高达3米；分枝密集，近轮生。幼枝密被红棕色扁平糙伏毛，老枝近无毛。叶革质，倒卵形或长圆形，长0.8-1.5厘米，先端锐尖，基部楔形，边缘具细圆齿和糙伏毛，上面初被红棕色糙伏毛，后近无毛，下面沿中脉被毛；叶柄长2-3毫米，被毛。花芽小，芽鳞无毛。伞形花序常有1-3花，与叶同放。花梗长6-9毫米，被红棕色扁平糙伏毛；花萼小，5裂，被毛；花冠辐状漏斗形，长约6毫米，白、淡紫或紫色，冠筒外面被淡红色腺毛，内面被白色微柔毛，裂片5；雄蕊5，伸出花冠，花丝基被微柔毛；子房卵圆形，被糙伏毛，花柱中下部被腺毛。蒴果长3毫米，被糙伏毛。花期4-5月，果期8-11月。

产湖南南部、广东、广西及贵州西南部，生于海拔1120-1430米丘陵地区。

图 1091 小花杜鹃 （引自《图鉴》）

232. 毛果杜鹃 图 1092

Rhododendron seniavinii Maxim. in Mém. Acad. Sci. St. Pétersb. ser. 7, 16(9): 33. t. 3. f. 21-24. 1870.

半常绿灌木，高达2米；分枝密集。幼枝被灰棕色糙伏毛，老枝近无毛。叶二型：春叶卵形或长圆状披针形，长1.5-6厘米，先端渐尖，基部楔形，上面无毛或疏被长柔毛，下面被密红棕色糙伏毛；夏叶较小，叶柄长0.6-1.3厘米，被糙伏毛。花芽卵圆形，粘结，芽鳞被伏毛。伞形花序顶生，有4-10花。花梗长3-5毫米，被伏毛；花萼小，被毛；花冠窄漏斗状，长约2.2厘米，白色，冠筒外面被柔毛，上方有紫色斑点；雄蕊5，花丝无毛；

子房卵圆形，密被红棕色伏毛，花柱基部被柔毛。蒴果椭圆形，长约8毫米，密被糙伏毛。花期4-5月，果期8-11月。

产浙江南部、福建、江西东北部、湖南西南部、广西东北部及东部、贵州，生于海拔300-1400米丘陵地带。

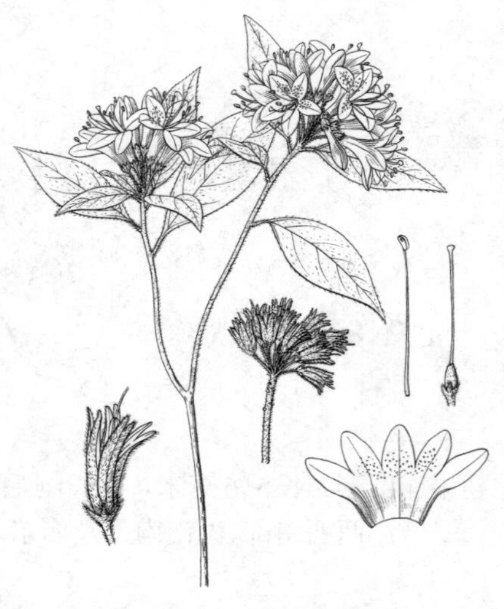

图 1092 毛果杜鹃 （引自《图鉴》）

233. 叶状苞杜鹃 图 1093 彩片 276

Rhododendron redowskianum Maxim. Prim. Fl. Amur. 189. 1859.

矮小落叶灌木，高约10厘米。幼枝疏被腺毛，老枝灰色，无毛。叶纸质，匙状倒披针形，长0.5-1.5厘米，先端钝，具腺尖头，基部渐窄，下延至叶柄，边缘有腺头睫毛，下面叶脉明显。总状花序顶生，花序轴长达3厘米。花下有被毛的叶状苞片；花梗长0.5-1厘米，被腺毛；花萼大，5裂，长5毫米，外面及边缘被毛；花冠辐状，长约1.5厘米，紫红色，5裂，一边分裂达基部，冠筒长7-8毫米，外面无毛；雄蕊10，短于花冠，花丝下部1/3被毛；子房被柔毛，5室，花柱短，下部被柔毛。蒴果卵圆形，长约6毫米。花期7-8月，果期9-10月。

产吉林东南部及辽宁东部，生于海拔2000-2600米高山草原。俄罗斯远东地区有分布。

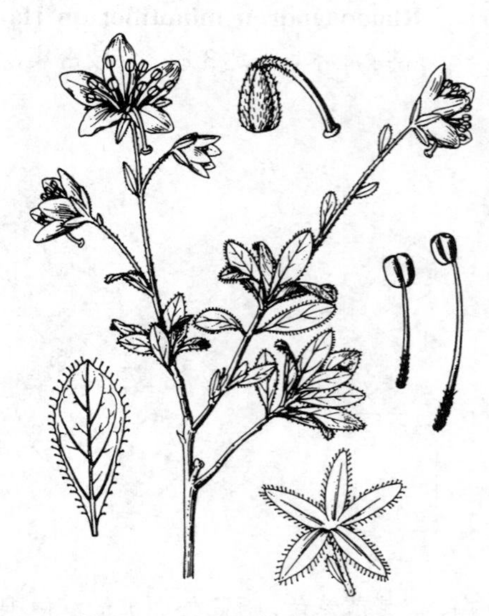

图 1093 叶状苞杜鹃 （李 健绘）

5. 岩须属 Cassiope D. Don

（方瑞征）

常绿矮小灌木。茎平卧或上升。叶互生或交互对生，无柄，贴生而密集，覆瓦状，在枝上排成4行，稀散生，鳞片状，全缘或有流苏状缘毛，无叶脉。花单生，腋生或顶生，下垂，基部具苞片，无小苞片。花萼4-5裂，萼片覆瓦状排列，近分离，宿存；花冠白或淡红色，钟状，4-5裂或半裂，裂片外弯；雄蕊8或10，内藏，花丝直立，花药顶孔开裂，具2个反折长芒；子房上位，4-5室，胚球多数。蒴果球形，4-5瓣裂，果瓣顶部2裂。种子小，多数，无翅。

约17种，分布北半球环极地区，南至俄罗斯、中国、日本、喜马拉雅至克什米尔。我国11种。

1. 叶远轴面无沟槽，叶先端具膜质渐尖头，与叶等长或长于叶片 …………………… 1. **膜叶岩须 C. membranifolia**
1. 叶远轴面有沟槽，几达叶先端，叶先端无膜质渐尖头。
    2. 叶具银色膜质边及短纤毛，叶远轴面无毛 ………………………………………… 2. **扫帚岩须 C. fastigiata**
    2. 叶无膜质边，具不同的毛被，叶远轴面无毛或沟柄内密生微毛。
        3. 叶交互对生，有时排列较疏，鳞片状，卵状三角形，长2-3毫米，边缘具绵毛，后脱落无毛 ……………………………………………………………… 3. **岩须 C. selaginoides**
        3. 叶密集覆瓦状，长圆形，长（2-）4-7毫米。
            4. 叶缘密生细刚毛，单毛或2-3条簇生，毛长达3毫米 ………………………… 4. **长毛岩须 C. wardii**

4. 叶缘具短羽状毛 …………………………………………………………………………… 5. 篦齿叶岩须 C. pectinata

1. 膜叶岩须 图 1094

Cassiope membranifolia R. C. Fang in Novon 9(2): 162. f. 1. 1999.

平卧、纤细小灌木；茎长约26厘米。叶直立、密覆瓦状排成4行，鳞片状，近圆形，稀椭圆形，革质，长1.2-1.8毫米，近轴面凹形，无毛，远轴面无沟槽，无毛或有时基部被疏柔毛，基部弓形，边缘膜质，先端具长三角形膜质渐尖头，与叶近等长或长于叶片。花单生；花梗长1-2.5厘米，密被柔毛，基部有3片边缘撕裂状苞片；花萼紫色，无毛，裂片长圆形，长2.5毫米，边缘膜质，具小流苏；花冠白色，钟状，长5-7毫米，外面无毛，裂片5，卵形；雄蕊10，长约1.5毫米，花丝线形，扁平，被柔毛或无毛，花药芒长约1毫米；子房无毛。花期8月。

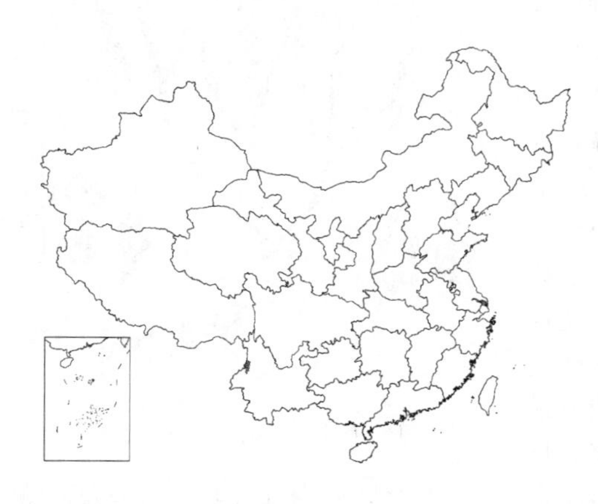

产云南西部，生于海拔3600米高山草甸苔藓丛中。

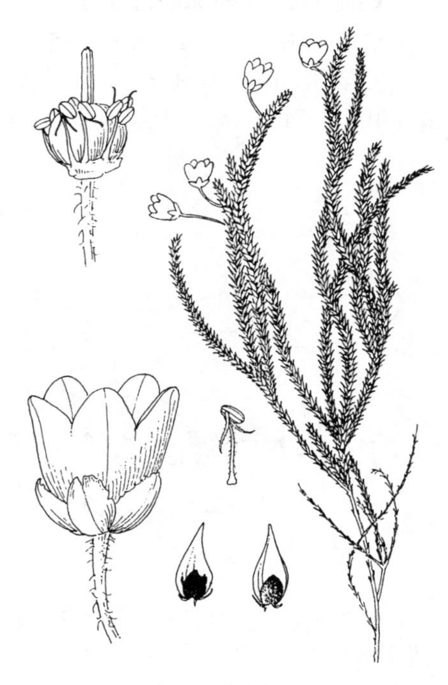

图 1094 膜叶岩须 （引自《Novon》）

2. 扫帚岩须 图 1095 彩片 277

Cassiope fastigiata (Wall.) D. Don in Edinb. New Philipp. Journ. 17: 156. 1834

Andromeda fastigiata Wall. in Trans. Asiat. Soc. 13: 304. 1820.

小灌木；分枝帚状。叶密生，覆瓦状排列成4行，革质，卵状三角形，长4-6毫米，先端具0.5-1毫米长的细尖头，基部叉开2裂，边缘银色膜质，有短纤毛，近轴面凹形，近无毛，远轴面具沟槽，沟槽近达叶顶部，槽边檐密被短柔毛。花腋生，下垂；花梗长3-7毫米，密被绉波状绒毛，基部有2-3片边缘遂状的苞片；花萼紫色，外面无毛，裂片长圆状卵形，长4-5毫米，边缘有膜质宽边，先端有细尖头；花冠白色，宽钟状，长6-9毫米，裂片长圆形，开展，长2-4毫米；雄蕊10，长约2.5毫米，花丝线形，扁平，无毛，花药顶部具2个下弯的长约1毫米的芒。蒴果近球形，径2-3毫米，为宿萼包被。花期5-7月，果期6-9月。

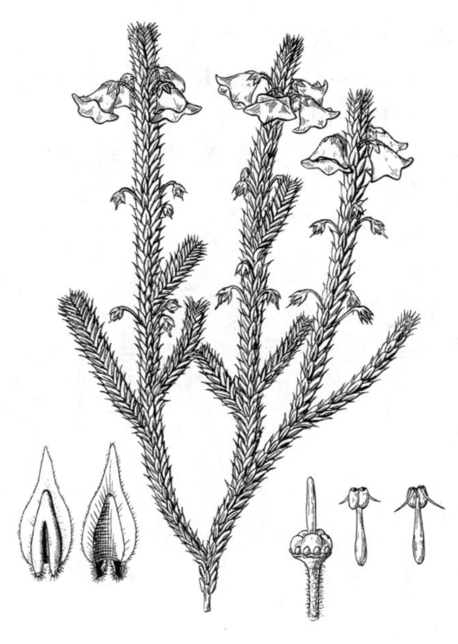

图 1095 扫帚岩须 （引自《图鉴》）

产云南西北部、西藏南部及东部，生于海拔3000-4500米高山灌丛或多石处。尼泊尔、锡金、不丹及巴基斯坦有分布。

3. 岩须 图 1096 彩片 278

Cassiope selaginoides J. D. Hook. et Thoms. in Journ. Bot. Kew Gard. Misc. 7: 126. t. 4. 1855.

小灌木，高达25厘米；初生茎多分枝，丛生。枝直立，极少分枝，纤细。叶交互对生，贴生于茎成4行，鳞片状，革质，卵状三角形，长2-3毫米，基部2裂，边缘非膜质，具绵毛，后脱落，近轴面极凹下，无毛，远轴面光亮，无毛，具沟槽，近达先端，内面密被微柔毛。花腋生，下垂；花梗长0.6-2.2厘米，被绵状绒毛，基部有4苞片；花萼红或紫红色，无毛，裂片长圆形或卵形，长2.5-3毫米，具膜质边，先端钝或锐尖；花冠白色，宽钟状，长0.5-1厘米，裂片长圆形，直立，长2-4毫米；雄蕊10，长2-2.5毫米，花丝线形，扁平，被疏柔毛，花药顶部具2个下弯的长约1毫米的芒。蒴果近圆形，径2毫米，包以宿萼。花期5-8月，果期6-9月。

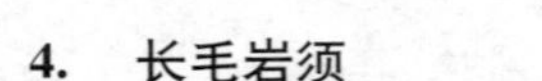

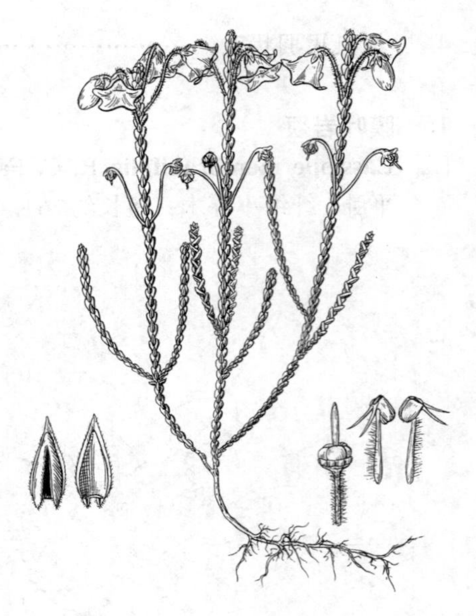

图 1096 岩须 （引自《图鉴》）

产陕西南部、四川、云南及西藏，生于海拔3000-4200（-4500）米高山草地、杜鹃灌丛中、多石处或陡壁。锡金有分布。

4. 长毛岩须 图 1097

Cassiope wardii Marq. et Airy Shaw in Journ. Linn. Soc. Bot. 48: 199. 1929.

小灌木。叶直立，覆瓦状，排成4行，革质，长圆形，舟状，长5-7毫米，革质，边缘密生细刚毛，单毛或2-3条簇生，毛长达3毫米，近轴面凹下，无毛，远轴面具沟槽，近达顶部，在叶基部叉开，槽边缘密被短柔毛。花腋生；花梗长0.5-1.6厘米，密被绉波状柔毛，顶端直立或下弯；花萼深红或褐红色，外面无毛或有微柔毛，裂片长圆形或椭圆形，长约3.8毫米，边缘膜质，有不明显纤毛；花冠白色，内面基部带红色，宽钟状，长6-8毫米，外面无毛，裂片长2.5-3毫米，顶端圆；雄蕊10，长2.5毫米，花丝线形，扁平，被疏柔毛，花药顶部具2个下弯的长约0.9毫米的芒。蒴果扁球形，无毛，径2-3毫米，包以宿萼。花期5-7月，果期6-9月。

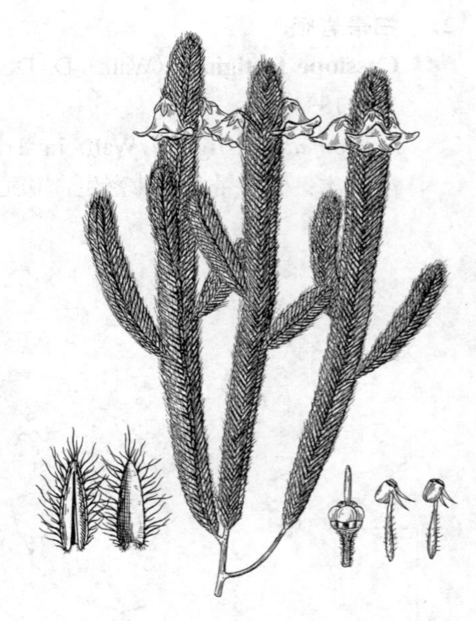

图 1097 长毛岩须 （引自《图鉴》）

产云南西北部及西藏东南部，生于海拔3900-4200米杜鹃灌丛草甸或多石处。

5. 篦齿叶岩须 篦叶岩须 图 1098

Cassiope pectinata Stapf in Curtis's Bot. Mag. 149: t. 9003b-Aub. 1924.

小灌木，高达18(-46)厘米；初生茎多分枝，成帚状。枝外倾或直立。叶直立，密覆瓦状，成4行，革质，长圆形，舟状，长5-7毫米，先端钝，具细尖，有不明显细齿，具硬质柔毛状短羽状毛，近轴面凹下，无毛，远轴面具沟槽，近达顶部，在叶基部叉开，内面密被微柔毛。花腋生，下垂；花梗长0.9-1.8(-2.5)厘米，密被绉波状柔毛，基部有4片边缘繸状的苞片；花萼紫红色，外面无毛，裂片长圆形或卵形，长2-3毫米，边缘膜质；花冠白色，钟状，长6-7毫米，无毛，裂片直立，长圆形；雄蕊10，长2-2.5毫米，花丝扁平，被疏柔毛，花药顶部具2个下弯的长约1.2毫米的芒。蒴果近球形，径2毫米，包以宿萼。花期6-8月，果期7-8月。

产四川西南部、云南西北部及西藏东部，生于海拔3600-4100米杜鹃灌丛、岩石上、石隙、高山沼泽地或草地。

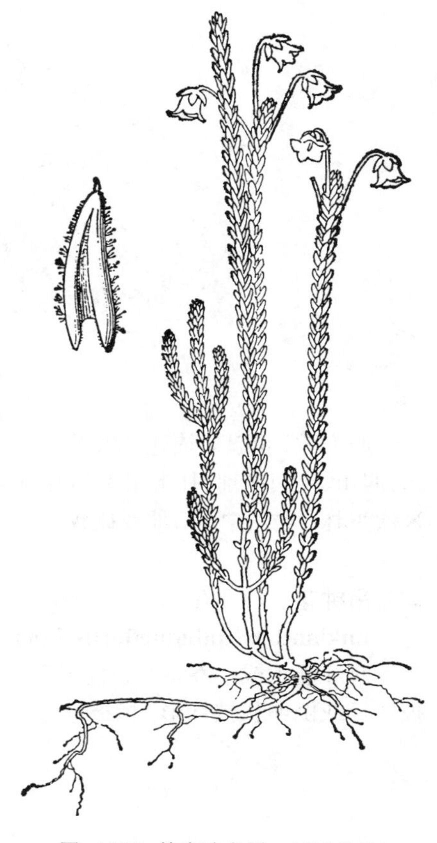

图 1098 篦齿叶岩须 （曾孝濂绘）

6. 吊钟花属 Enkianthus Lour.

（方瑞征）

落叶稀常绿，灌木或小乔木。叶互生，聚生枝端；具叶柄。先叶开花，伞形或伞房状总状花序，稀单花或成对。花5数；花萼分裂达基部，宿存，裂片短；花冠宽钟状或坛状，裂片短；雄蕊10，内藏，花丝扁平，基部宽，花药长圆形，背着，无距，上部药室分离，每室顶端具细短芒，顶孔开裂；子房上位，每室有少数胚球。蒴果室背开裂；果柄上部直立或下弯。种子少数或单一，种皮翅状。

12种，产东亚，自东喜马拉雅经中国至日本。我国7种。

1. 伞房状总状花序；果柄下垂或顶部下弯。
   2. 叶两面无毛；花梗无毛或有短柔毛 …… 1. **灯笼树 E. chinensis**
   2. 叶两面被毛，至少下面沿叶脉被短硬毛；花梗密被短柔毛，有时兼具腺柔毛 …… 4. **毛叶吊钟花 E. deflexus**
1. 伞形花序；果柄直立。
   3. 叶全缘或有时近先端疏生波状浅齿，两面无毛 …… 2. **吊钟花 E. quinqueflorus**
   3. 叶缘自基部至先端具细齿，下面沿中脉至基部密被丛卷毛 …… 3. **齿缘吊钟花 E. serrulatus**

1. 灯笼树 灯笼花 图 1099 彩片 279

Enkianthus chinensis Franch. in Journ. de Bot. 9: 371. 1895.

落叶灌木或小乔木，高达8米。小枝无毛。叶聚生枝端，坚纸质或薄纸质，椭圆形或长圆状椭圆形，长1.5-4厘米，先端锐尖，基部楔形或宽楔形，有锯齿，两面无毛，中脉在上面凹下，侧脉和网脉在两面微显或不显；叶柄长0.5-1.5厘米。伞房状总状花序，长3-7厘米；花序轴纤细，无毛或被短柔毛。花梗细，长1.5-3厘米，无毛或被短柔毛；花萼裂片三角形，

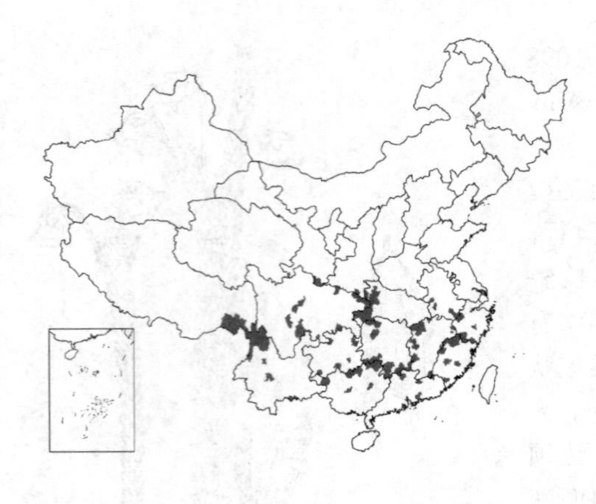

长2-3毫米，先端渐尖；花冠橙黄色，具红色条纹，宽钟状，长0.7-1厘米，裂片常暗红色，微反卷；雄蕊长不及花冠长度之半，花丝中部以下宽，被微柔毛，药室顶端有芒；子房无毛，花柱无毛或有短柔毛。蒴果卵圆形，下垂，高4-7毫米；果柄长1-3.5厘米。花期5-7月，果期7-9月。

图 1099 灯笼树 （冀朝祯绘）

产安徽、浙江、福建、江西、湖北西部、湖南、广东、广西、贵州、云南、四川、陕西南部、甘肃东南部及西藏东南部，生于海拔900-2100(-3100)米次生林、灌丛中、阳坡或砍伐迹地。

2. 吊钟花 铃儿花 图 1100 彩片 280

Enkianthus quinqueflorus Lour. Fl. Cochinch. 1: 277. 1790.

落叶灌木或小乔木。小枝无毛。叶聚生枝端，革质，椭圆形、椭圆状披针形或倒卵状披针形，稀披针形，长5-15厘米，全缘或向先端疏生波状浅齿，两面无毛，叶脉在两面突起；叶柄长0.5-1.5厘米。伞形花序具3-8花。花梗长1-2厘米，无毛，下弯；花萼裂片卵状披针形或三角状披针形，长2-3毫米；花冠淡红、红或白色，宽钟状，长0.8-1.2厘米，裂片三角状卵形，外弯；雄蕊长约4毫米，花丝被柔毛，药室顶端有1芒；子房无毛或密被短柔毛。蒴果卵圆形，具5棱，高0.7-1.2厘米；果柄直立，长2-3.5厘米。花期1-6月，果期3-9月。

图 1100 吊钟花 （引自《图鉴》）

产江苏西南部、福建、江西西部、湖北西南部、湖南南部、广东、香港、海南、广西、贵州东南部、云南东南部及四川东部，生于海拔600-1500(-2400)米阳坡或林中。越南有分布。花形优美，供观赏。

3. 齿缘吊钟花 毛脉吊钟花 图 1101

Enkianthus serrulatus (Wils.) Schneid. Ill. Handb. Laubh. 2: 519. f. 340h. 1911.

Enkianthus quinqueflorus Lour. var. *serrulatus* Wils. in Gard. Chron. ser. 3, 41: 344. 1907.

Enkianthus. serrulatus var. *hirtinervus* (Fang f.) T. Z. Hsu; 中国植物志 57(2): 15. 1991.

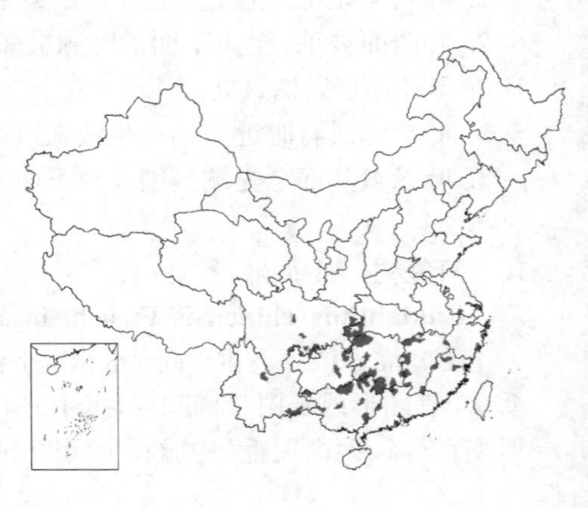

落叶灌木或小乔木。小枝无毛。叶椭圆形、长圆状椭圆形或倒卵状椭圆形，长5-8厘米，先端短渐尖，基部楔形，具细齿，上面无毛或两面被小糙毛，有时下面近基部沿中脉两侧密被丛卷毛，叶脉纤细，在两面微突起；叶柄长0.6-1厘米。伞形花序具2-6花。花梗长1-2厘米，下弯；花萼裂片三角形；花冠白色，钟状，长约1厘米，裂片外弯；雄蕊长约5毫米，花丝被柔毛，药室顶端有1芒。蒴果卵圆形，具5棱，高0.7-1厘米；果柄直立，长2-3厘米。花期4月，果期5-10月。

产江苏西南部、浙江东南部、福建北部、江西、湖北西南部、湖南、广东、广西、贵州、云南及四川，生于海拔800-1800米山坡或林缘。

图 1101 齿缘吊钟花 （冀朝祯绘）

4. 毛叶吊钟花 图 1102 彩片 281

Enkianthus deflexus (Griff.) Schneid. Ill. Handb. Laubh. 2: 521. f. 340 c-e and 431 i-n. 1911.

Rhodora deflexa Griff. Posth. Papers 2: 148. 969. 1848.

落叶灌木或小乔木。小枝近无毛。叶椭圆形、倒卵状椭圆形或长圆形，长3-7厘米，有锯齿，上面散生小刚毛和微柔毛，下面沿叶脉被短硬毛或脱落无毛；叶柄长0.5-1.5厘米。伞房状总状花序，有多花；花序轴长达7厘米，密被柔毛；花梗长1.5-3厘米，纤细，密被柔毛；花萼裂片卵状三角形，长2-3毫米，具短纤毛；花冠白、砖红或淡黄色，宽钟状，长0.8-1.2厘米，檐部深波状；雄蕊长及花冠之半，花丝无毛，药室顶端有1芒。蒴果卵圆形，下垂，高5-7毫米；果柄直立，顶部下弯，长2.5-3.5厘米。花期4-7月，果期6-10月。

产湖北西南部、四川、贵州、云南及西藏，生于海拔1000-3300米栎林、松林或灌丛中。印度、不丹、尼泊尔、锡金及缅甸有分布。

图 1102 毛叶吊钟花 （冀朝祯绘）

7. 木藜芦属 Leucothoë D. Don

（方瑞征）

常绿灌木。叶互生；具叶柄。花序总状，腋生，具苞片。花5数；花梗下部有2小苞片；花萼钟状或盘状，宿存，裂片短，基部覆瓦状；花冠近坛状或筒状，裂片短，外弯；雄蕊内藏，较花冠筒短，花丝扁平，花药长圆形，背着，无距，顶部有2短芒，药室上部分离，顶孔开裂；子房上位，5室，花柱与花冠筒近等长，柱头头状，5裂。蒴果室背开裂。种子扁平，具棱，光亮，有网纹。

40种，产东亚及美洲北部、南部。我国2种。

尖基木藜芦 图 1103

Leucothoë griffithiana C. B. Clarke in Hook. f. Fl. Brit. Ind. 3: 460. 1882.

Leucothoë sessilifolia C. Y. Wu

et T. Z. Hsu；中国植物志 57(3)：22. 1991.

灌木，高达3米。小枝圆柱形，常之字形曲折，无毛。叶革质，椭圆形或椭圆状披针形，长9-16厘米，先端渐尖或尾尖，基部宽楔形，近全缘，上部有不明显齿，两面无毛或下面散生短刚毛；叶柄长0.6-1.2厘米。窄总状花序，腋生，长4-6厘米；花序轴及花梗无毛；苞片宽卵形，长约2毫米，渐尖。花梗长3-6毫米；小苞片长约1毫米；花萼无毛，裂片三角状卵形，长约1.5毫米；花冠白色，长6-7毫米，坛状筒形，外面无毛，裂片三角状卵形；雄蕊长约3毫米，花丝基部宽，药室顶端有1芒；子房无毛。蒴果扁球形，径4-6毫米。种子椭圆形或近圆形，长约1毫米，种皮蜂窝状。花期4-5月，果期6-10月。

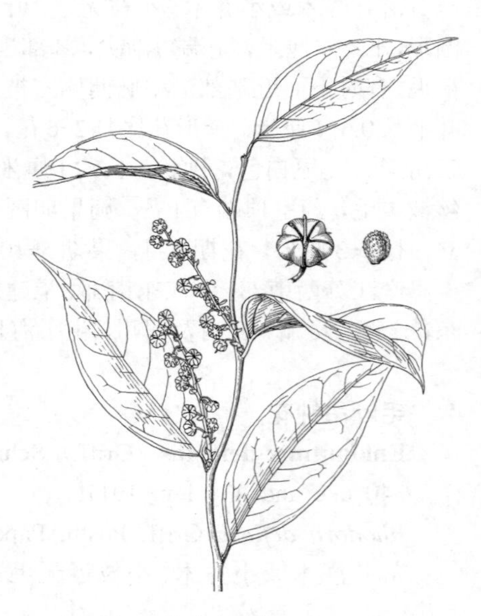

图 1103 尖基木藜芦 （引自《图鉴》）

产贵州中南部、云南西北部及西藏东南部，生于海拔1000-2500(-3400)米林内。

8. 马醉木属 Pieris D. Don

（方瑞征）

常绿灌木、小乔木或木质藤本（产美洲）。叶互生或假轮生；具叶柄。圆锥状或总状花序，顶生或腋生；具苞片1，小苞片2。花5数；花萼裂片镊合状，常宿存；花冠白色，坛状或筒形坛状，5短裂；雄蕊10，着生花冠基部，内藏，花丝扁平，直伸或膝曲，花药背部具2个距状附属物位于与花丝连接处，顶生、内向椭圆形孔裂；子房上位，5室，每室具多数倒生胚球，柱头平截。蒴果室背开裂，具5条缝线。种子小，纺锤状，稀略有翅。

7种，产东亚（尼泊尔、中国、日本、千岛群岛、堪察加半岛、科曼多群岛）、北美东部及西印度群岛。我国3种。

1. 蒴果无毛，胎座近达室顶；花柱微凹于子房顶部；花萼长3-4毫米。
    2. 叶缘常全有锯齿，侧脉、网脉清晰可见，在叶上面凹下 ………………………………… 1. **美丽马醉木 P. formosa**
    2. 叶全缘或中部以上或顶部有锯齿，侧脉、网脉不明显，在叶上面平 ……………………… 2. **马醉木 P. japonica**
1. 蒴果被短柔毛，胎座在中部或近基部；花柱深凹于子房顶部；花萼长5-7(-13)毫米 ……… 3. **长萼马醉木 P. swinhoei**

1. 美丽马醉木 图 1104 彩片 282

Pieris formosa (Wall.) D. Don in Edinb. New Philipp. Journ. 17: 159. 1834.

Andromeda formosa Wall. in Asiat. Res. 13: 395. 1820.

灌木或小乔木。幼叶常带红色；叶革质，披针形、椭圆形或长圆形，稀倒披针形，长3-14厘米，先端渐尖或锐尖，基部楔形，叶缘全有锯齿，侧脉和网脉在两面明显，上面有微毛或无毛，下面无毛；叶柄长1-1.5厘米。花序长4-10(-20)厘米。花梗长1-3毫米；苞片卵形或倒卵形，长2-5.5毫米；小苞片长0.8-2毫米；萼片披针形，长约4毫米，被柔毛，两面疏生腺毛；花冠筒形坛状或坛状，长5-8毫米，裂片近圆形；花丝直伸，长

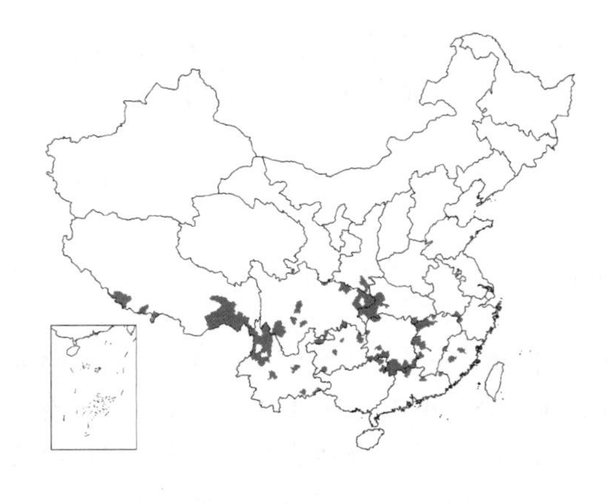

约4毫米，被毛。蒴果卵圆形，径约4毫米。种子被黄褐色柔毛，纺锤形，长2-3毫米。花期5-6月，果期7-9月。

产安徽南部、浙江西部、福建、江西、湖北、湖南、广东东北部及北部、广西东北部、贵州、云南、西藏东南部及南部、四川、陕西南部、甘肃南部，生于海拔900-2300米灌丛中或阳坡。尼泊尔、不丹、印度阿萨姆、缅甸及越南有分布。

图 1104 美丽马醉木 （引自《图鉴》）

2. 马醉木 日本马醉木 图 1105：1-8

Pieris japonica（Thunb.）D. Don ex G. Don, Gen. Syst. 3: 382. 1834.

Andromeda japonica Thunb. Fl. Jap. 181. t. 22. 1784.

灌木或小乔木。小枝无毛或有微毛。叶互生，聚生枝顶，革质，倒披针形、倒卵形或披针状长圆形，长3-10厘米，革质，先端渐尖，基部楔形，全缘或中部以上或顶部有齿，两面无毛，网状脉不明显；叶柄3-8毫米。花序圆锥状或总状，腋生或顶生，长6-15厘米；花序轴被微柔毛。花梗长0.4毫米；小苞片似苞片，钻形或窄三角形，长1.5-6毫米；萼片三角状卵形，长3-4毫米，无毛；花冠坛状，长约8毫米，裂片近圆形；花丝直伸，长2.5-4.5毫米，被疏柔毛；子房无毛。蒴果卵圆形或扁球形，径3-5毫米。种子纺锤形，长2-3毫米。

产安徽、浙江、福建、台湾、江西及湖北东南部，生于海拔800-1200（-1900）米山地灌丛中。日本有分布。

图 1105：1-8.马醉木 9-12.长萼马醉木 （李 纬绘）

3. 长萼马醉木 图 1105：9-12

Pieris swinhoei Hemsl. in Journ. Linn. Soc. Bot. 26: 17. 1889.

灌木，高达3米。小枝疏生短柔毛。叶近轮生，聚生枝顶，革质，窄披针形或椭圆形，长4-12厘米，先端锐尖，基部窄楔形，中部以上有明显或不明显齿，两面疏生腺毛；叶柄长2-7毫米。花序总状，直立，顶生或腋生；花序轴单一或基生侧枝，长15-20厘米。花梗长5毫米，被短柔毛或疏生腺毛；小苞片似苞片，窄三角形或卵形，长0.4-1厘米；萼片长三

角形，长5-7（-13）毫米，内面被短柔毛，近顶部尤密，外面疏生腺毛；花冠筒形坛状，长0.8-1厘米，无毛；花丝线形，长6毫米，被毛；子房密被黄褐色毛，花柱深凹于子房顶部。蒴果近球形，径约5毫米，被短柔毛。种子具棱角，卵球形，长1-1.5毫米。花期4-6月，果期7-9月。

产福建南部、广东东部及香港，生于灌丛中或溪边林内。

9. 珍珠花属 **Lyonia** Nutt.

（方瑞征）

落叶或常绿，灌木或小乔木。芽扁平，圆锥状或卵圆形，芽鳞2，覆瓦状，无毛。叶互生，全缘（美洲有些种具齿）；具柄。总状花序腋生。苞片小至大；小苞片2，生于花梗基部；花萼裂片4-8，花芽时常镊合状，常宿存；花冠白色，筒状或坛状，4-8浅裂；雄蕊常10，稀8、14或16，2轮，生于花冠基部，花丝扁平，膝曲，与花药连接处有1对距状附属物或无，花药顶生内向椭圆形孔裂，花粉为四分体，三孔沟；子房上位，4-8室，每室胚珠多数，花柱柱状或纺锤状，柱头平截。蒴果室背开裂，具多少加厚的淡色缝线。种子小，末端常平截。

35种，产东亚（巴基斯坦至日本，南至马来半岛）及美洲（大安的列斯群岛、墨西哥至美国东部）。我国5种。

1. 蒴果缝线粗厚；花丝顶部具2个距状附属物；花序长5-20厘米；叶长3-20厘米。
   2. 蒴果无毛。
      3. 叶卵形或椭圆形，基部钝圆或心形。
         4. 果径4-5毫米；花萼裂片长圆形或三角形 ……………………………… 1. **珍珠花 L. ovalifolia**
         4. 果径约3毫米；花萼裂片三角状卵形 ……………………… 1(附). **小果珍珠花 L. ovalifolia** var. **elliptica**
      3. 叶椭圆状披针形，基部楔形；花萼裂片披针形 …………… 1(附). **狭叶珍珠花 L. ovalifolia** var. **lanceolata**
   2. 蒴果密被柔毛 ……………………………………………………… 1(附). **毛果珍珠花 L. ovalifolia** var. **hebecarpa**
1. 蒴果缝线稍厚；花丝顶部无距；花序长1-4（-7）厘米；叶长1.5-7厘米 ………………… 2. **毛珍珠花 L. villosa**

1. 珍珠花 米饭花 南烛 图 1106 彩片 283

Lyonia ovalifolia（Wall.）Drude in Engl. u. Prantl, Nat. Pflanzenfam. 4(1): 44. 1889.

Andromeda ovalifolia Wall. in Asiat. Res. 13. 391. 1820.

灌木或小乔木。小枝无毛。芽长卵圆形，淡红色。叶卵形或椭圆形，长3-20厘米，先端渐尖，基部楔形或浅心形，两面近无毛或多少被毛；叶柄长4-9毫米，无毛。花序长5-20厘米，花序轴有柔毛，下部有1-3片叶状苞片。花5数；花梗长0.2-1厘米，密被柔毛；小苞片三角形或线形，早落；花萼疏被柔毛，裂片长圆形或三角形，长2-6毫米；花冠白色，筒状，长0.8-1.1厘米，被柔毛，裂片三角形，长约1毫米；花丝长5-8毫米，被疏柔毛，顶端具2钻形距。蒴果球形，径4-5毫米，无毛，缝线粗厚。种子短线形，无翅。花期5-6月，果期7-9月。

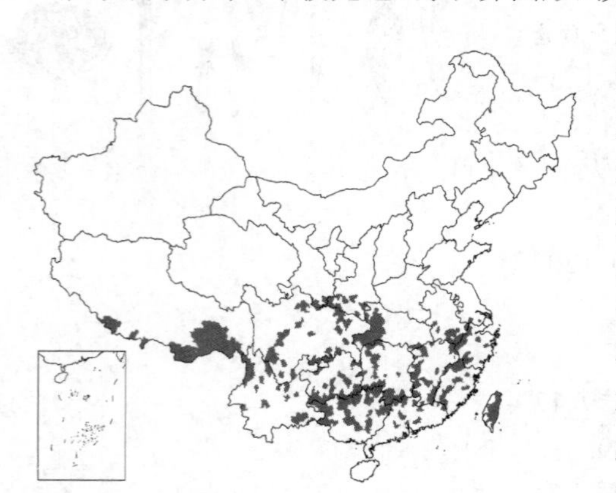

图 1106 珍珠花 （引自《图鉴》）

产江苏、安徽、浙江、福建、台湾、江西、湖北、湖南、广东、香港、广西、贵州东部、云南、西藏、四川、陕西南部及甘肃南部，生于海拔700-3500米林内或灌丛中。印度、巴基斯坦、孟加拉、尼泊尔、不丹、缅甸、老挝、泰国、越南、柬博寨、马来半岛及日本有分布。

［附］**小果珍珠花 Lyonia ovalifolia** var. **elliptica**（Sieb. et Zucc.）Hand.-Mazz. Symb. Sin. 7: 788. 1936. —— *Andromeda elliptica* Sieb. et Zucc. in Abh. Akad. Wiss. Wien, Math.-Phys. 4: 126. 1846. 与模式种的区别：叶下面有白色长柔毛，沿中脉两侧尤密，叶椭圆形或卵形，长3.5-10.5厘米，宽1.8-6厘米，先端锐尖或长渐尖，基部圆、楔形或心形；萼裂片三角状卵形；果径约3毫米。产台湾，生于海拔1000-2700米山坡林缘、林内或近温泉。日本有分布。

［附］**狭叶珍珠花** 彩片 284 **Lyonia ovalifolia** var. **lanceolata**（Wall.）Hand.-Mazz. Symb. Sin. 7: 788. 1936. —— *Andromeda lanceolata* Wall. in Asiat. Res. 13: 390. 1820. 与模式变种的区别：叶常披针形，有时椭圆状披针形；萼片披针形。产福建、湖北、湖南、广东、海南、广西、贵州、云南、四川及西藏，生于海拔700-2400米阳坡林缘或灌丛中。印度及缅甸有分布。

［附］**毛果珍珠花 Lyonia ovalifolia** var. **hebecarpa**（Franch. ex Forb. et Hemsl.）Chun in Sun-yat-senia 4: 253. 1940. —— *Pieris ovalifolia* var. *hebecarpa* Franch. ex Forb. et Hemsl. in Journ. Linn. Soc. Bot. 26: 17. 1889. 与模式变种的区别：蒴果密被柔毛。产陕西、江苏、安徽、浙江、福建、江西、湖北、四川、贵州、云南、广东及广西，生于海拔200-3400米阳坡、松-栎林缘或灌丛中。

2. 毛珍珠花 毛叶南烛 毛叶米饭花 图 1107

Lyonia villosa（Wall. ex C. B. Clarke）Hand.-Mazz. Symb. Sin. 7(4): 789. 1936.

Pieris villosa Wall. ex C. B. Clarke in Hook. f. Fl. Brit. ind. 3: 461. 1882.

落叶灌木或小乔木。幼枝被柔毛，后无毛。叶倒卵形、长圆状倒卵形或卵形，长1.5-7厘米，上面沿脉疏生柔毛，下面沿脉被柔毛或近无毛，中脉、侧脉突起；叶柄长3-6毫米。花序长1-7厘米；花序轴密被褐色柔毛，稀无毛；苞片叶状。花5数；花梗长3-5毫米，密被柔毛至无毛；小苞片三角形或线形，早落；花萼裂片长圆形、窄披针形或线形，长3-4毫米，被柔毛和腺毛；花冠白或乳白色，坛状或筒状，长5-8毫米，被柔毛；花丝长约4毫米，被疏柔毛，无距。蒴果卵圆形，缝线稍厚，径约4毫米。花期5-8月，果期9-10月。

产贵州、云南、四川及西藏，生于海拔2000-3600（-4000）米松林、桦木林、冷杉或杜鹃林中。印度东北部、尼泊尔、锡金、不丹、孟加拉及缅甸有分布。

图 1107 毛珍珠花 （引自《图鉴》）

10. 金叶子属 Craibiodendron W. W. Smith

（方瑞征）

常绿灌木或小乔木。芽常迭生，芽鳞2-4，覆瓦状排列。幼叶常带红色；叶互生，全缘，具柄。花序生于二年生枝上部叶腋，圆锥状或总状。花小，5数；花梗短；苞片和小苞片小；花萼裂片覆瓦状排列；花冠钟状、坛状或筒状，裂片覆瓦状；雄蕊10，生于花冠基部，花丝膝曲，近基部宽，无附属物，花药卵圆形，顶生内向椭圆形孔裂；花粉为四分体，三孔沟；子房上位，5室，每室有多数倒生胚球。蒴果果壁厚，室背开裂。种子卵圆形，一侧有翅。

5种，产亚洲（中国，中南半岛诸国）。我国4种。

1. 花序轴、花梗、花萼、花冠被柔毛；叶先端圆或微凹；蒴果径约1.5厘米 ……………… 1. **金叶子 C. stellatum**
1. 花序轴、花梗、花萼、花冠无毛或近无毛；叶先端渐钝尖；蒴果径约6毫米 … 2. **云南金叶子 C. yunnanense**

1. 金叶子 假木荷 狗脚草根 泡花树 图 1108

Craibiodendron stellatum（Pierre）W. W. Smith in Kew Bull. 1914: 129. 1914.

Schima stellatum Pierre, Fl. Forest. Cochinch. 1: t. 122. 1887.

小乔木或灌木，高达8米。枝无毛。叶厚革质，椭圆形，长6-13厘米，先端圆或微凹，基部钝或近圆，边缘外卷，两面无毛或沿中脉疏生柔毛，下面疏生黑色腺点，侧脉14-18对，平行；叶柄长约5毫米。圆锥花序长15-20厘米；花序轴多少被灰色微毛；苞片早落。花白色、芳香；花梗长2-6毫米，毛被同花序轴；小苞片窄三角形，外被柔毛；花冠钟状，长3-4毫米，外被柔毛，裂片与筒部近等长；雄蕊内藏，花丝疏被柔毛，近中部膝曲；子房密被柔毛。蒴果扁球形，径约1.5厘米，被柔毛。种子长0.5-1厘米。花期7-10月，果期10至翌年4月。

图 1108 金叶子 （引自《图鉴》）

产广东西北部、广西、贵州东南部及云南，生于海拔（250-）700-1600（-2700）米灌丛中或林下。缅甸、老挝、泰国、越南及柬埔寨有分布。

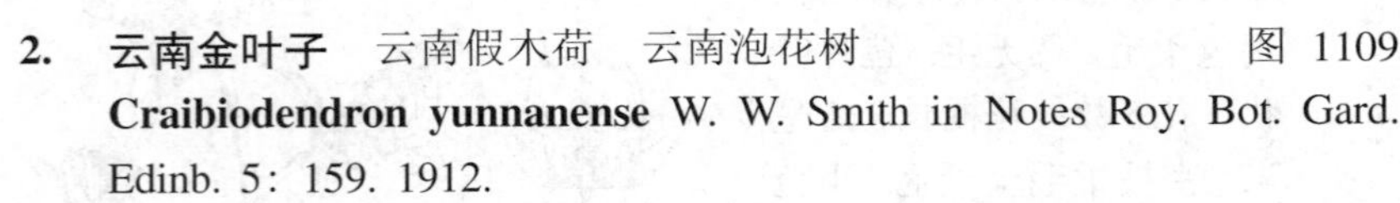

2. 云南金叶子 云南假木荷 云南泡花树 图 1109

Craibiodendron yunnanense W. W. Smith in Notes Roy. Bot. Gard. Edinb. 5: 159. 1912.

灌木或小乔木，高达6米。枝无毛。叶椭圆状披针形，长4-8厘米，宽1.6-3厘米，先端渐钝尖，基部楔形或宽楔形，两面无毛，下面疏生黑色腺点；叶柄长2-6毫米，无毛。圆锥花序长4-20厘米；花序轴无毛；苞片线形或窄三角形，早落。花乳白色；花梗粗，长约2毫米；小苞片窄三角形，长1-2毫米，早落；萼片宽卵形，长1-2毫米，外面无毛；花冠坛状，长4-6毫米，外面无毛，裂片三角形，短于筒部；雄蕊短于花冠，花丝被微毛，近中部膝曲。蒴果近球形，径约

图 1109 云南金叶子 （曾孝濂绘）

6毫米，无毛。种子长5-6毫米。花期4-7月，果期7-10月。

产广西、云南及西藏东南部，生于海拔1200-3200米干热山坡、灌丛中、林下或松林林缘。缅甸有分布。叶有毒，人、畜慎用。

11. 地桂属 **Chamaedaphne** Moench

（方瑞征）

常绿灌木，高达1.5米。小枝黄褐色，密被鳞片和柔毛，老枝红褐色。叶长圆形或椭圆状长圆形，长3-4厘米，先端短尾尖，基部楔形，全缘或具不明显齿，两面被褐色鳞片，下面尤密；叶柄短。总状花序顶生，长达12厘米，叶状苞片长圆形，长0.6-1.2厘米；花生于苞片腋内，稍下垂，偏向一侧；花梗短，密生柔毛；有2个小苞片紧贴花萼，萼片披针形，背面被淡褐色柔毛和鳞片；花冠坛状，白色，长5-6毫米，5浅裂，裂片微反卷；雄蕊10，内藏，无附属物，花丝基部膨大，生于花盘，花药顶孔开裂；花盘具10圆齿；子房上位，5室，胚珠多数，花柱柱状。蒴果扁球形，径约4毫米，室背5裂，果皮裂成2层，内壁分10瓣。种子小，多数，无翅。

单种属。

地桂 湿原踯躅 甸杜 图 1110

Chamaedaphne calyculata（Linn）Moench, Meth. 457. 1794.

Andromeda caylculata Linn. Sp. Pl. 394. 1753.

形态特征同属。花期6月，果期7月。

产黑龙江、吉林南部及内蒙古东北部，生于针叶林下或水藓沼泽中。欧洲、北美、俄罗斯及日本有分布。

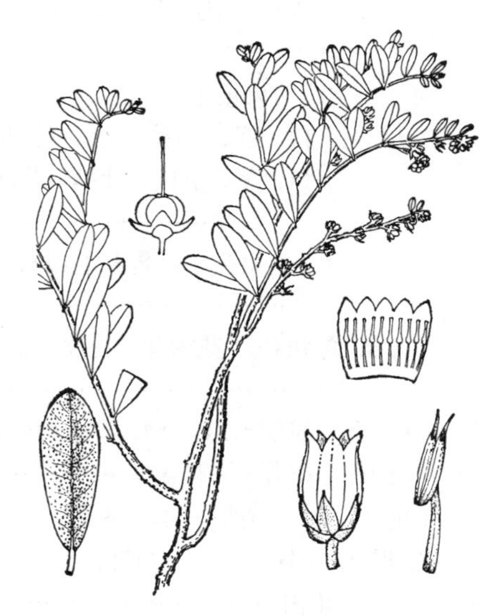

图 1110 地桂 （杨建昆绘）

12. 白珠属 **Gaultheria** Kalm ex Linn.

（方瑞征）

常绿灌木。茎直立或匍匐。叶互生，边缘具齿或细齿，稀全缘；具短柄。总状花序顶生或腋生，或单花腋生。小苞片2；花4-5数；花萼钟状或盘状，深裂；花冠常白色，坛状、钟状或筒状，浅裂；雄蕊内藏，花丝扁平，常向基部扩大，花药具2-4芒或小的突出物，顶孔开裂；子房上位，稀半下位，5室，胚珠多数，花柱柱状，柱头平截。蒴果常包于膨大、肉质宿萼内，或为果壁薄的浆果状蒴果，室背开裂或不规则裂。种子小，近球形。

约134种，产东亚、印度南部、斯里兰卡、马来西亚、澳大利亚南部、塔斯马尼亚、新西兰及美洲。我国32种。

1. 花序总状；灌木，稀小乔木；茎直立或平卧。
  2. 小灌木，茎直立或平卧；叶长0.8-3.5厘米。
    3. 叶椭圆状长圆形、倒披针形或长圆形，长0.8-1.5厘米，宽3-7毫米；总状花序假顶生，长约2.5厘米，具3-10花 ………………………………………………………… 2. **高山白珠 G. borneensis**
    3. 叶倒卵形或窄倒卵形，长1.2-3.5厘米，宽0.4-1.2厘米；总状花序顶生或兼有上部腋生，长1.5-4.5厘米，具多花 ………………………………………………………… 4. **四川白珠 G. cuneata**
  2. 灌木，茎直立，稀平卧；叶长4厘米以上。
    4. 小枝被褐色粗毛或长硬毛，稀无毛。

5. 叶卵形或长圆状披针形，长8-16厘米，宽4-9厘米；花宽钟形，长1-1.3厘米 ………………………………………………………………………… 3. **钟花白珠 G. codonantha**

5. 叶椭圆形或长圆形，长3-11厘米，宽1-4厘米；花坛状或筒状，长2-5毫米。

6. 短总状花序，花序轴极短；叶长圆形、卵形或椭圆形，基部钝圆，下面伏生细长刚毛和密被微柔毛 ………………………………………………………………………… 1. **西藏白珠 G. wardii**

6. 总状花序序轴长于花梗；叶椭圆形、长圆形或披针形，基部楔形或钝圆，下面疏生硬毛或无毛。

7. 苞片圆卵形或卵形，长5-7毫米；小苞片生于花梗中部或近顶部；雄蕊10 ………………………………………………………………………… 5. **红粉白珠 G. hookeri**

7. 苞片三角状卵形，长1-3毫米；小苞片生于花萼之下；雄蕊5 ………… 7. **五雄白珠 G. semi-infera**

4. 全株无毛或除花序外余无毛。

8. 叶基部钝圆、近心形或宽楔形，先端尾状渐尖或渐尖。

9. 总状花序花疏生，花序轴纤细，常曲折，无毛；小苞片宽卵形，贴生花萼；叶卵形、椭圆形或长圆状披针形。

10. 蒴果被毛。

11. 茎、小枝、叶、叶柄、花序及花梗无毛 ……………… 9. **滇白珠 G. leucocarpa** var. **yunnanensis**

11. 茎、小枝、叶柄、花序及花梗被具腺长硬毛，叶缘有刚毛状缘毛，叶下面被短糙毛 ………………………………………………………………………… 9(附). **毛滇白珠 G. leucocarpa** var. **crenuluta**

10. 蒴果无毛；茎无毛或被微毛杂以具腺疏柔毛，或仅疏生具腺细刚毛 ………………………………………………………………………… 9(附). **秃果白珠 G. leucocarpa** var. **psilocarpa**

9. 总状花序花密集，花序轴直，被柔毛；小苞片卵形，常生于花梗中部以下或近基部 ………………………………………………………………………… 8. **尾叶白珠 G. griffithiana**

8. 叶基部楔形或宽楔形，稀钝圆，先端尖或渐尖；总状花序花密集，花序轴通直，密被柔毛；小苞片宽卵形，贴近花萼，稀疏离 ………………………………………………………………………… 6. **芳香白珠 G. fragrantissima**

1. 花单生叶腋；矮小灌木，茎平卧。

12. 叶大小不一，较小的椭圆形，长3-4毫米，较大的倒卵形或长圆形，长0.8-1.4厘米；花5数；药室顶端有2芒；花白色 ………………………………………………………………………… 11. **绿背白珠 G. hypochlora**

12. 叶近圆形、椭圆形或宽卵形，长（0.3-）0.5-1（-1.8）厘米；花淡红、淡紫或白色。

13. 花5数，雄蕊10，药室顶端有2芒；叶宽卵形或近圆形，长0.5-1（-1.8）厘米，宽3-9（-16）毫米，先端锐尖，基部钝、平截、圆或近心形 ………………………………………… 10. **铜钱白珠 G. nummularioides**

13. 花4数，雄蕊4，5，7，8，药室顶端近无芒；叶近圆形或椭圆形，长3-7毫米，宽2-5毫米，两端钝或圆 ………………………………………………………………………… 10(附). **伏地白珠 G. suborbicularis**

1. 西藏白珠 图 1111

Garltheria wardii Marq. et Airy Shaw in Journ. Linn. Soc. Bot. 48: 198. 1929.

灌木。小枝密被锈褐色长硬毛。叶革质，长圆形、卵形或椭圆形，长3-7厘米，先端渐尖，基部钝圆，边缘外卷，有不明显齿，上面初密被绢毛，后无毛，密具小乳突，下面密被微柔毛和伏生细长刚毛；叶柄长2-3毫米。总状花序，单一或2-3枝聚生，长1.5-3厘米，多花密集，花序梗很短至无；苞片菱状卵形或长圆状披针形，被短绒毛和绢毛，有具腺缘毛。花梗长3-6毫米，密被柔毛或细刚毛；小苞片生于花梗中部；萼片长3-4毫米，密被绢毛；花冠白色，坛状或筒状，长3-5毫米，无毛；花丝长1-2毫米，无毛，药室具2芒。蒴果被绢毛状柔毛，包于蓝黑色肉质宿萼内，径6-8毫米。

花期6-8月，果期8-10月。

产云南西北部及西藏东南部，生于海拔1700-2700(-3100)米山坡灌丛中、桤木、松或铁杉林林缘。印度北部及缅甸有分布。

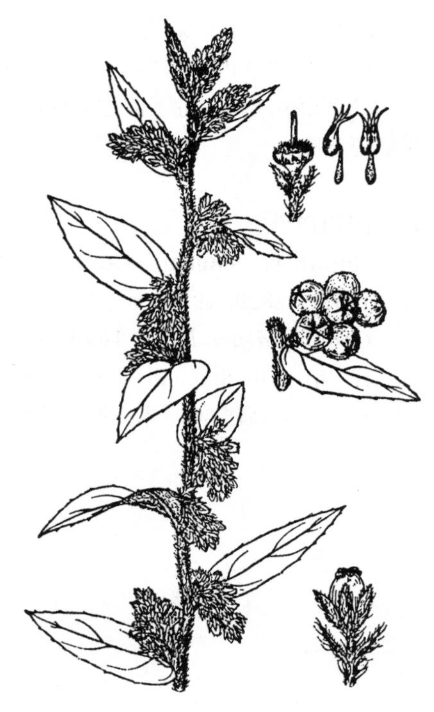

图 1111 西藏白珠 （引自《图鉴》）

2. 高山白珠树 台湾白珠 图 1112 彩片 285

Gaultheria borneensis Stapf in Trans. Linn. Soc. Bot. 4: 190. t. 15. f. c. 461. 1894.

Gaultheria itoana Hayata; 中国高等植物图鉴 3: 184. 1974.

小灌木，高达15（-30）厘米；多分枝，茎直立或平卧。小枝被微柔毛。叶椭圆状长圆形、倒披针形或长圆形，长0.8-1.1（-1.5）厘米，宽3-7毫米，边缘微外卷，疏生锯齿，上面无毛，下面具疣点，叶脉在两面不显著。总状花序假顶生，具3-10花；花序轴长约2.5厘米，密被微柔毛和疏生具腺柔毛；苞片宽卵形，无毛。花梗长2-3(-9)毫米；小苞片生于花梗上部，披针形，长约1.5毫米；花萼宽钟状；花冠白色，有时带淡红或红色，卵球状筒形，长4-5毫米，裂片小；药室背部有1-2芒；子房被绢毛。蒴果球形，包于乳白色肉质宿萼内。花期5-6月，果期7-8月。

产台湾，生于海拔1600-3000(-3600)米山顶阳处。加里曼丹岛及菲律宾有分布。

图 1112 高山白珠树 （引自《图鉴》）

3. 钟花白珠 粗糙丛生白珠 图 1113

Gaultheria codonantha Airy Shaw in Hook. Icon. Pl. 33: 1. 1933.

Gaultheria dumicola W. W. Smith var. *aspera* auct. non Airy Shaw: 中国植物志 57(3): 49. 1991.

灌木，高达2（3）米。茎密被锈色粗毛。叶卵形或长圆状披针形，长8-16厘米，宽4-9厘米，先端渐尖、尾尖或锐尖，基部浅心形或圆，具疏锯齿，叶缘稍反卷，多少被刺毛状缘毛，上面泡状隆起，密生细刚毛，旋无毛，下面被极密锈色细刚毛，叶脉在上面凹下，侧脉2对；叶柄长3-5毫米，毛被同茎。花序总状或伞房状，腋生；花序轴长，密被微绒毛；苞片基生，革质，菱状三角形；长5-8毫米，密被微绒毛。花梗长0.8-1.3厘米，无毛；小苞片2，基生；花萼杯状，长4-6毫米，裂片三角状卵形，长3-4毫米，先端密被微绒毛，边膜质；花冠白色，宽钟形，长1-1.3厘米，无毛，裂片宽0.8-1厘米；雄蕊长4-7毫米，花丝无毛，药室顶部具2芒；子房无毛。蒴果扁球形，包于深紫红色宿萼内，径7-9毫米。花期2-3月，果期3-7月。

产西藏东南部，生于海拔1000-1600(-2100)米常绿阔叶林下。印度东北部有分布。

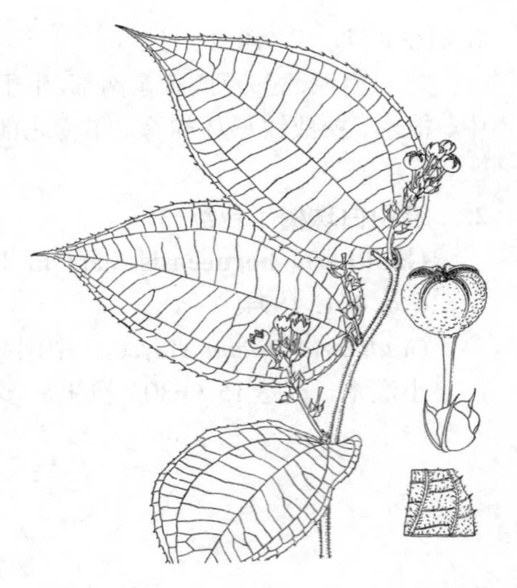
图 1113 钟花白珠 （曾孝濂绘）

4. 四川白珠 图 1114

Gaultheria cuneata (Rehd. et Wils.) Bean in Curtis's Bot. Mag. 145: t. 8829. 1919.

Gaultheria pyroloides Hook. f. et Thom. ex Miq. var. *cuneata* Rehd. et. Wils. in Sarg. Pl. Wilson. 1: 554. 1913.

小灌木，高达60厘米。茎平卧或直立。小枝密被柔毛。叶倒卵形或窄倒卵形，长1.2-3.5厘米，具细圆齿，齿尖具短尖头，两面无毛，下面疏生腺点；叶柄长1-2毫米，被柔毛。总状花序长1.5-4.5厘米，具多花；花序轴被微柔毛；苞片宽卵形，兜状，长2-3毫米，无毛。花梗长2-4毫米，被微毛；小苞片卵状三角形，长1.5-2毫米；花萼带白色，无毛，裂片具缘毛；花冠白色，坛状，长4-5毫米，无毛，裂片短小，外弯；花丝被微毛，药室顶端有2芒。蒴果被绢质长柔毛，包于肉质白色宿萼内，径4-6毫米。花期7月，果期8月。

产四川、贵州东北部、云南西北及东北部，生于海拔2000-3900米杜鹃林下或冷杉林缘。

图 1114 四川白珠 （引自《图鉴》）

5. 红粉白珠 毛枝白珠 图 1115

Gaultheria hookeri C. B. Clarke in Hook. f. Fl. Brit. Ind. 3: 458. 1882.

Gaultheria veitchiana Craib；中国高等植物图鉴 3: 186. 1974.

灌木。茎常平卧或直立，密被长硬毛。叶椭圆形或披针形，长3-11厘米，宽1-4厘米，有锯齿，齿尖有短尖头，上面无毛，下面有细点，多少被长硬毛，侧脉(3)4(-7)对；叶柄长4-6毫米，被长硬毛。总状花序长1.5-5厘米；序轴被柔毛；苞片圆卵形或卵形，长5-7毫米，被微毛，有短缘毛。花梗长3-4毫米，无毛；小苞片生于花梗中部或近顶部；花萼无毛，裂片长约1.5毫米，具缘毛；花冠淡红或白，坛状球

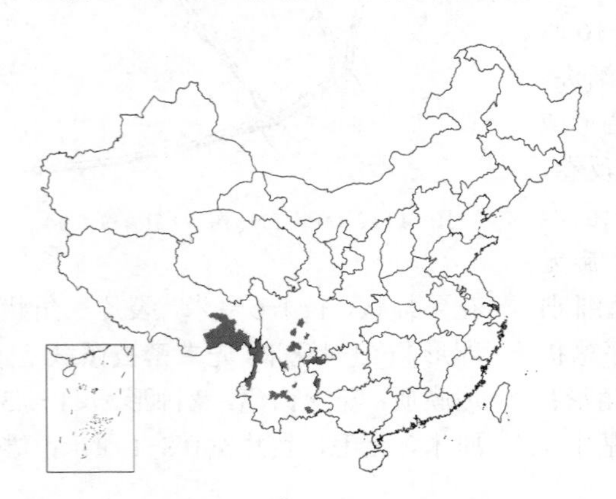

图 1115 红粉白珠 （引自《图鉴》）

形，长4-5毫米，无毛，裂片极短；花丝长约1毫米，被微毛，药室有2芒。蒴果被绢状微毛，包于蓝黑色肉质宿萼内。花期5-6月，果期7-8月。

产四川、贵州西部及西北部、云南、西藏东南部，生于海拔1000-3000(-3800)米杜鹃灌丛中、空旷山坡或山顶。印度、锡金及缅甸有分布。

6. 芳香白珠 地檀香 图 1116

Gaultheria fragrantissima Wall. in Trans. Asiat. Soc. 13: 397. 1820.

Gaultheria forrestii Diels；中国高等植物图鉴 3: 188. 1974；中国植物志 57(3): 56. 1991.

灌木，稀小乔木。叶椭圆形、长圆状椭圆形、卵形、倒卵形或窄倒卵状披针形，长5-17厘米，宽2-6.5厘米，有不明显细齿，下面疏生细点；叶柄长3-5(-10)毫米。总状花序腋生，长3-9厘米，多花密集；花序轴密被柔毛；苞片卵形，兜状，长1-3毫米，具短纤毛。花梗长1-7毫米，被柔毛；小苞片宽卵形，与萼贴近，稀疏离；花萼无毛，裂片三角状，长2毫米，有纤毛；花冠白色，筒状坛形，长4-5毫米，无毛，裂片极短；花丝被微毛，药室有2芒。蒴果球形，径4-6毫米，被柔毛，包于蓝紫色肉质宿萼内。花期1-5月，果期6-8月。

图 1116 芳香白珠 （引自《图鉴》）

产云南及西藏，生于海拔1000-3200米常绿林、松林、混交林或阳坡灌丛中。印度东北部至南部、斯里兰卡、尼泊尔、不丹、缅甸、越南北部及马来西亚有分布。枝、叶芳香，可提取芳香油，名地檀香油，供制牙膏、食品、医药等用；根及枝叶药用，祛风除湿。

7. 五雄白珠 刚毛地檀香 图 1117

Gaultheria semi-infera (C. B. Clarke) Airy Shaw in Kew Bull. 1940: 306. 1941, in adnot.

Diplycosia semi-infera C. B. Clarke in Hook. f. Fl. Brit. Ind. 3: 459. 1882.

Gaultheria forrestii Diels var. *setigera* C. Y. Wu ex T. Z. Hsu；中国植物志 57(3): 58. 1991.

灌木。小枝密被褐色糙硬毛。叶长圆形或长圆状椭圆形，长4-11厘米，有锯齿，上面无毛，下面疏生硬毛或无毛；叶柄长3-5毫米，无毛或有疏生糙硬毛。窄总状花序腋生，长1.5-3(-7)厘米，花序轴被短柔毛；苞片

图 1117 五雄白珠 （引自《图鉴》）

三角状卵形，长1-3毫米，边缘有小流苏。花梗长1.5-2.5毫米；小苞片长1.2毫米，常生于花萼之下，有缘毛；花萼长约2毫米，裂片三角形，直立，有缘毛；花冠白色，筒形或坛状，长2-3毫米，被毛，裂片极短；雄蕊5，花丝长约1毫米，有缘毛，药室有2芒；子房半下位，伏生绢毛。蒴果椭圆形或球形，径3-5毫米，包在紫蓝或白色肉质萼内。花期6月，果期7-8月。

产云南、西藏南部及东南部，生于海拔2000-2700(-3500)米山坡灌丛中、松林或常绿阔叶林林缘。印度东北部、尼泊尔、锡金、不丹及缅甸有分布。

8. 尾叶白珠 图 1118

Gaultheria griffithiana Wight in Clc. Journ. Not. Host. 8: 176. 1847.

粗壮灌木，稀小乔木。小枝多少曲折，无毛。叶长圆形、椭圆形或披针状长圆形，长6-17厘米，先端尾尖，基部宽楔形或钝圆，密生锯齿，上面无毛，下面密具细点；叶柄长0.5-1厘米，无毛。总状花序腋生，长2-6厘米，多花密集；花序轴连同花梗被柔毛；苞片卵形，长2-4毫米，两面近无毛。花梗长3-9毫米；小苞片卵形，长1.5-3毫米，常生于花梗中部以下或近基部，无毛，有缘毛；花萼无毛，萼片三角状卵形，长1.5-3毫米，有缘毛；花冠白色、淡红或淡绿色，长5-7毫米，钟状，裂片极短，外弯；雄蕊长约3毫米，花丝有小乳突，药室具2芒；子房被绢毛。蒴果球形，包于暗紫色肉质宿萼内，径4-6毫米。花期4-6月，果期5-10月。

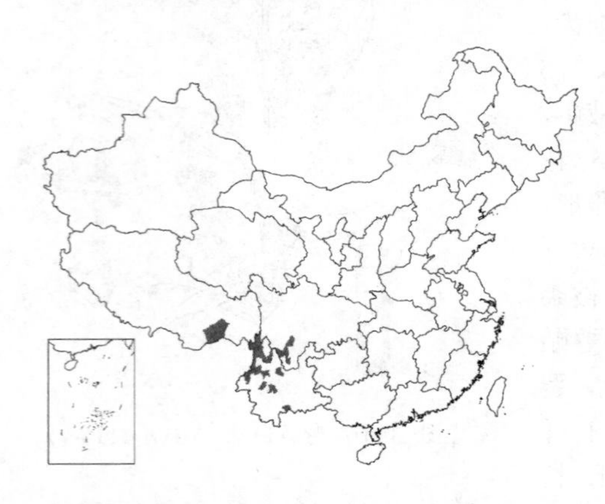

产四川西南部、云南及西藏东南部，生于海拔2000-2800(-3600)米常绿阔叶林、松林、铁杉或冷杉林、杜鹃-栎林或灌丛中。印度、尼泊尔、锡金、不丹、缅甸及越南有分布。

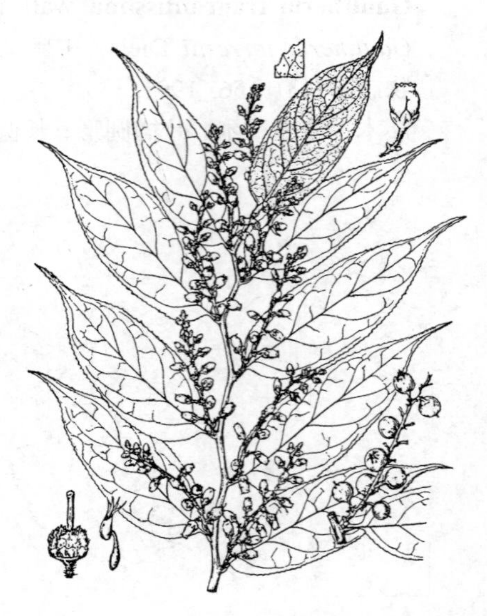

图 1118 尾叶白珠 （引自《图鉴》）

9. 滇白珠 透骨草 白珠树 屏边白珠 图 1119

Gaultheria leucocarpa Bl. var. **yunnanensis** (Franch.) T. Z. Hsu ex R. C. Fang in Novon 9(2): 166. 1999.

Vaccinium yunnanensis Franch. in Journ. de Bot. 9: 368. 1895.

Gaultheria yunnanensis (Franch.) Rehd；中国高等植物图鉴 3: 183. 1974.

Gaultheria leucocarpa var. *crenulata* (Kurz) T. Z. Hsu；中国植物志 57(3): 60. 1991.

Gaultheria leucocarpa var. *cumingiana* (Vidal) T. Z. Hsu；中国植物志 57(3): 61. 1991.

Gaultheria leucocarpa var. *pingbienensis* C. Y. Wu ex T. Z. Hsu；中国植物志 57(3): 61. 1991.

Gaultheria cumingiana auct. non Vidal：中国高等植物图鉴 3: 183. 1974.

灌木，高达2米，全株无毛。小枝无毛。叶卵形、椭圆形或长圆状披针形，长4-14.5厘米，先端渐尖或尾尖，基部钝圆或近心形，有锯齿，下面有不明显小乳突；叶柄长3-8毫米，无毛。总状花序腋生，长3-6(-10)

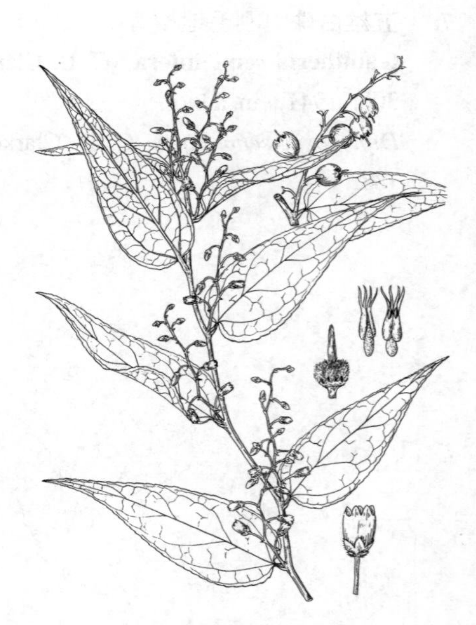

图 1119 滇白珠 （引自《图鉴》）

厘米，有（1-）4-12花，疏生；花序轴纤细，常曲折，无毛；苞片基生，三角状披针形，长约2.5毫米。花梗长3-9毫米，常外弯；小苞片宽卵形，贴生花萼，密被纤毛；花萼裂片宽三角形，长约1.5毫米，被纤毛；花冠白色，钟状，长6-7毫米，裂片三角形，短小；雄蕊长2-3毫米，花丝纺锤形，有小乳突，无毛，药室具2芒；子房密被绢毛。蒴果球形或扁球形，径4-7毫米，被柔毛，包于紫黑色宿萼内。花期5-9月，果期6-12月。

产台湾、福建、江西南部、湖北西南部、湖南、广东、广西、贵州、云南及四川，生于海拔500-3000（-3300）米次生林、松林或阳坡灌丛中。中南半岛诸国有分布。

［附］**毛滇白珠** 硬毛白珠 **Gaultheria leucocarpa** var. **crenulata** (Kurz)T. Z. Hsu ex R. C. Fang in Novon 9: 166. 1991. —— *Gaultheria crenulata* Kurz in Journ. Bot. 11: 195. 1875. —— *Gaultheria leucocarpa* var. *hirsuta* (Fang et Liang) T. Z. Hsu；中国植物志 57(3)：63. 1991. 本变种与滇白珠的区别：茎、枝、叶柄、序轴、花梗被具腺长硬毛；叶缘有刚毛状缘毛；叶下面被糙毛，有时叶上面有具腺长硬毛。产广西东部及云南中部，生于海拔2000-2800米阳坡或灌丛中。全草治疝气。

［附］**秃果白珠 Gaultheria leucocarpa** var. **psilocarpa** (Copeland) R. C. Fang in Novon 9: 166. 1999. —— *Gaultheria psilocarpa* Copeland in Philipp. Journ. Sci. Bot. 47: 62. 1932. 本变种与滇白珠的区别：蒴果无毛；茎无毛或被微毛杂以具腺疏柔毛或仅疏被具腺细刚毛。产台湾，生于海拔（800-）1000-2600米山坡。菲律宾有分布。

10. 铜钱叶白珠 图 1120

Gaultheria nummularioides D. Don, Prodr. Fl. Nepal. 150. 1825.

Gaultheria nummularioides var. *microphylla* C. Y. Wu et T. Z. Hsu；中国植物志 57(3)：65. 1986.

平卧小灌木。茎密被褐色长硬毛。叶宽卵形、近圆形或椭圆形，长0.5-1（-1.8）厘米，先端锐尖，具小短尖头，基部钝、平截、圆或近心形，稀楔形，边缘有细齿，齿尖具细刚毛，上面无毛，下面被细刚毛，有时具红色细点；叶柄长约1毫米。花单生叶腋，5数。花梗长约1毫米；苞片卵状三角形，长约1.5毫米；小苞片2-4枚，兜状，龙骨状突起，长约3毫米，无毛，宿存；花萼无毛，裂片卵形，长约3毫米；花冠白、淡红或淡紫色，钟状，长约5毫米，裂片长约1毫米，三角形，常直立；雄蕊10，长约2.5毫米，花丝纺锤形，有长柔毛和小乳突，药室有2芒；子房无毛。果球形，蓝紫或黑色，径6-7（-9）毫米，被宿萼包被。花期7-10月，果期3-12月。

产四川中西部，云南及西藏，生于海拔1000-2000（-3400）米常绿阔叶林下、松林、铁杉林、云杉或冷杉林下。印度东北部、尼泊尔、锡金、孟加拉东部、缅甸及印度尼西亚有分布。

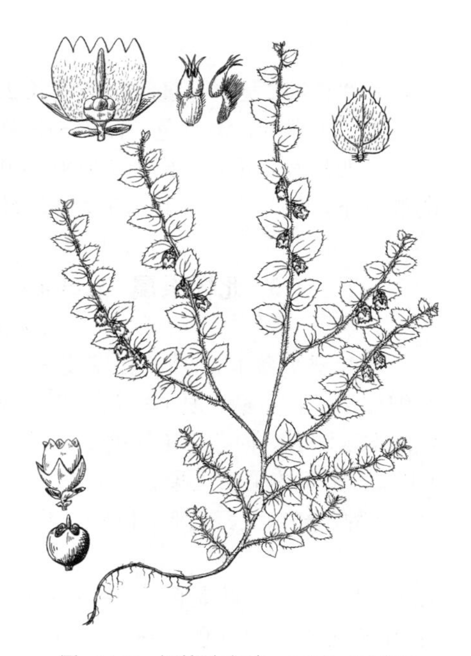

图 1120 铜钱叶白珠 （引自《图鉴》）

［附］**伏地白珠** 伏地杜 伏地杜鹃 白花伏地杜鹃 **Gaultheria suborbicularis** W. W. Smith in Notes

Roy. Bot. Gard. Edinb. 8: 186. 1914. —— *Chiogenes suborbicularis* (W. W. Smith) Ching ex T. Z. Hsu；中国植物志 57(3)：69. 1991. —— *Chiogenes suborbicularis* var. *albiflorus* T. Z. Hsu；中国植物志 57(3)：69. 1991. 本种与铜钱叶白珠的区别：叶近圆形或椭圆形，长3-7毫米，宽2-5毫米，先端钝或圆；花4数，雄蕊4-5或7-8，药室顶端近无芒。产云南西北部，生于海拔3000-3850米灌丛中、林下或草坡，常见于石上。

11. 绿背白珠 华白珠 图 1121

Gaultheria hypochlora Airy Shaw in Kew Bull. 1940: 324. 1941.

Gaultheria sinensis Anth.；中国植物志 57(3)：67. 1991.

小灌木，高达20厘米，下部多分枝。茎平卧，纤细。小枝被褐色短硬毛。叶二型，较小的椭圆形，长3-4毫米，较大的倒卵形或长圆形，长0.8-1.4厘米，边缘微反卷，有细齿，两面无毛或幼时下面疏生褐色硬毛；叶柄长约1毫米。花单生叶腋，无毛，5数。花梗长2-3毫米；苞片无；小苞片2，近圆形，兜状，长约2毫米，贴近花萼；花萼裂片卵状三角形，长约2毫米；花冠白色，宽钟状，长4-5毫米，裂片长约2毫米，直立；雄蕊长2毫米，花丝菱形，药室有2芒；子房无毛。果球形，深蓝色，径约6毫米。花期6-7月，果期7-10月。

产四川及云南，生于海拔3000-3600米草坡、高山草地、冷杉林缘或杜鹃灌丛下，有时见于石上。印度阿萨姆、不丹及缅甸有分布。

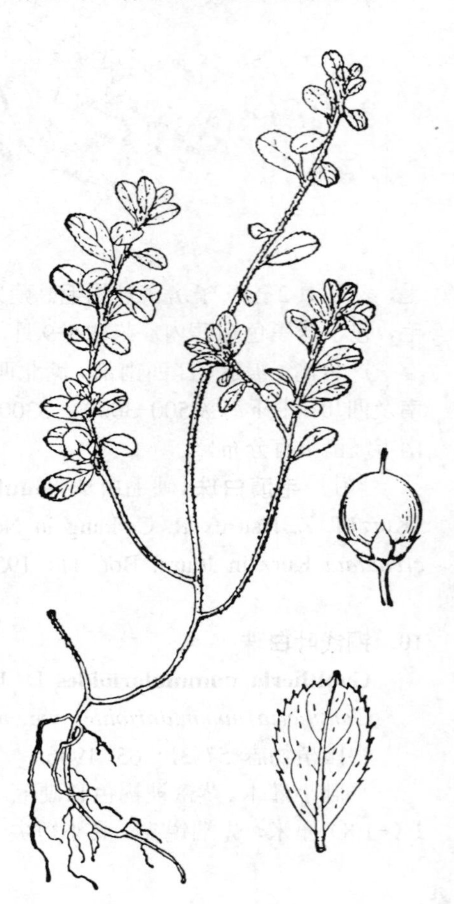

图 1121 绿背白珠 （李锡畴绘）

13. 北极果属 Arctous (A. Gray) Niedenzu

（方瑞征）

落叶矮小灌木。茎平滑，茎皮薄片剥落，有多数枯叶或叶基。叶互生，

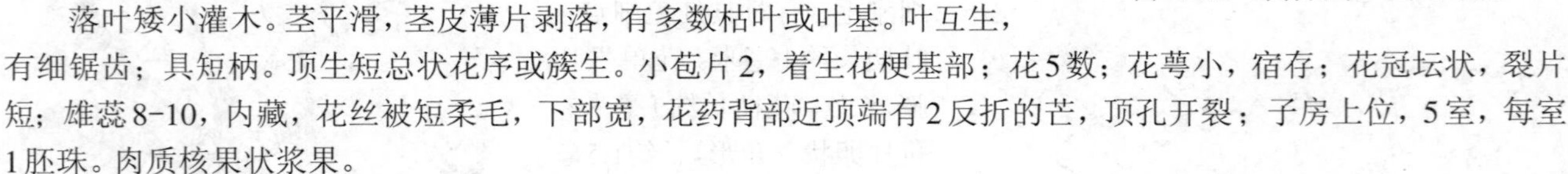

有细锯齿；具短柄。顶生短总状花序或簇生。小苞片2，着生花梗基部；花5数；花萼小，宿存；花冠坛状，裂片短；雄蕊8-10，内藏，花丝被短柔毛，下部宽，花药背部近顶端有2反折的芒，顶孔开裂；子房上位，5室，每室1胚珠。肉质核果状浆果。

4种，产东亚、北亚、欧洲、北美、北达北极地区。我国3种。

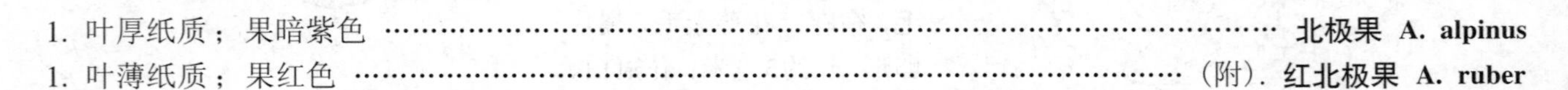

1. 叶厚纸质；果暗紫色 …………………………………………………………… **北极果 A. alpinus**
1. 叶薄纸质；果红色 ……………………………………………………… (附). **红北极果 A. ruber**

北极果 黑北极果 图 1122：1-2 彩片 286

Arctous alpinus (Linn.) Niedenzu in Nat. Pflanz. 4. 1. 48. 1889.

Arbutus alpina Linn. Sp. Pl. 395. 1753.

Arctous alpinus var. *japonicus* auct. non. (Nakai) Ohwi：中国植物志 57(3)：72. 1991.

矮小灌木，高达20（-40）厘米。茎簇生或平卧，无毛。叶倒卵形或匙状倒卵形，稀倒披针形，连同叶柄长2-5厘米，宽0.7-2厘米，厚纸质，基部楔形渐窄，下延成具翅的柄，有圆齿，下部至少沿叶柄有缘毛，两面无毛，上面网状叶脉凹下有绉纹，下面

近灰绿色，有网纹。花下垂，3-7朵成顶生总状花序；花序梗基部具数片鳞片。花梗长约5毫米，无毛；花萼裂片宽卵形；花冠白色，坛状，长4-6毫米，裂片短，带绿色，无毛，内面被柔毛；雄蕊长1-2毫米，花丝被毛；子房无毛。浆果球形，暗紫色，多汁，径6-9毫米。花期5-6月，果期7-8月。

产内蒙古、新疆、青海、甘肃、陕西及四川北部，生于海拔1900-3000米沙石地或高山灌丛。欧洲、亚洲、北美、东亚达日本及堪察加有分布。

［附］**红北极果** 图 1122：3-5 **Arctous ruber** (Rehd. et Wils.) Nakai in Nakai et Koidzumi, Trees and Shrubs Japan 1: 156. 1922. —— *Arctous alpinus* Linn. var. *ruber* Rehd. et Wils. in Sarg. Pl. Wilson. 1: 556. 1913. 本种与北极果的区别：叶薄纸质；成熟浆果红色。花期6月，果期8-9月。产吉林、内蒙古、宁夏、甘肃及四川北部，生于海拔2900-3300（-4000）米溪边、山顶，苔藓丛和石间，常见于富钙沉积地。日本、朝鲜及北美阿拉斯加有分布。

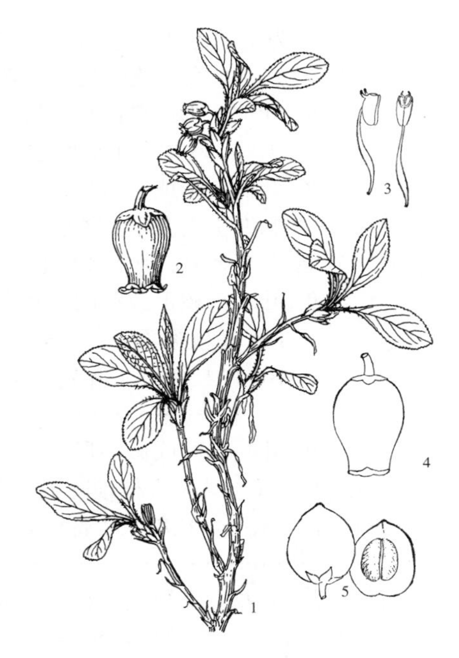

图 1122：1-2.北极果 3-5.红北极果
（冀朝祯 张宝福绘）

14. 越桔属 Vaccinium Linn.

（方瑞征）

常绿或落叶灌木，稀小乔木；常地生，稀附生。叶互生，稀假轮生；叶柄短，稀近无柄。总状花序，顶生、腋生或假顶生，稀腋外生，或花少数簇生叶腋，或单花腋生；常有苞片和小苞片。花小，5或4数；花梗顶端不增粗，或增粗与萼筒间有关节；花萼（4）5裂，稀檐状不裂；花冠坛状、钟状或筒状，5裂，裂片短小，稀4裂或4深裂近基部；雄蕊10，8，稀4，内藏，稀外露，花丝分离，花药顶部伸长成2直立的管，管口圆，孔裂或长缝裂，背部有2距或无；子房下位，与萼筒合生或大部合生，（4）5室或因假隔膜而成8-10室，每室胚珠多数，花柱柱状，柱头平截，稀头状。浆果球形，萼片宿存。种子多数，细小，卵圆形或肾状侧扁。

约450种，产北半球温带、亚热带，美洲和亚洲热带山区、南非、马达加斯加岛。我国91种。

1. 花冠坛状、钟状或筒状，口部浅裂，裂齿短小，三角状卵形，直立或反折；花5数；花药背部有明显的距，稀无距或距极短小。
  2. 叶全缘，偶有疏离的腺头小齿则具软骨质窄边。
    3. 总状花序；花药背部有2个长而伸展的距；常绿灌木。
      4. 花冠坛状。
        5. 叶全缘或疏生腺头小齿；花序轴长2-3.5厘米；叶长7-13厘米，宽4-6.5厘米，先端短渐尖 ………… 1. **软骨边越桔 V. gaultheriifolium**
        5. 叶全缘；花序轴长0.6-1.2厘米；叶长0.9-1.7厘米，宽0.8-1.1厘米，先端圆，微突尖 ………… 18. **广西越桔 V. sinicum**
      4. 花冠钟状、宽钟状，口部多少张开；叶中等大小至大，先端锐尖或尾状渐尖。
        6. 叶线状倒披针形或线状披针形，宽3.5-8毫米，先端锐尖，基部楔形 ………… 2. **罗汉松叶越桔 V. podocarpoideum**

6. 叶不为上述形状，宽（1）2-5.5厘米。
7. 叶先端短突尖或渐尖，基部楔形或宽楔形，叶长3-8（-10）厘米，宽1.2-4(5)厘米。
8. 叶倒卵形或椭圆形，长3-4（-7）厘米，先端短突尖，基部楔形，侧脉5-6对，上升至边缘网结，与中脉、网脉在上面突起，在下面平 ………………………………………… 3. **凸脉越桔 V. supracostatum**
8. 叶椭圆形或卵状长圆形，长5-8（-10）厘米，先端短尾尖或骤短尖，基部宽楔形，侧脉4-7对，与中脉在上面凹下，网脉在两面不显 ………………………………………… 5. **椭圆叶越桔 V. pseudorobustum**
7. 叶先端尾尖；叶长4.5-13厘米，宽2.5-5.5厘米。
9. 叶基部楔形或钝圆，侧脉3-4对，自中脉下部向上斜伸；花冠宽钟状。
10. 幼枝被柔毛；叶先端尾尖，两面沿中脉被柔毛 …… 4. **尾叶越桔 V. dunalianum** var. **urophyllum**
10. 幼枝无毛；叶先端尾状渐尖，上面无毛，下面散生贴伏具腺短毛 …………………………………………………………………………………… 4(附). **樟叶越桔 V. dunalianum**
9. 叶基部圆或微心形，侧脉4-5对，弧形上升；花冠坛状钟形 …………… 6. **红花越桔 V. urceolatum**
3. 花单生或1-3朵生于枝顶叶腋；花药背部无距或有上举的距；落叶灌木。
11. 全株无毛；花单生上部叶腋；花梗长2.5-4.5厘米，花冠球状钟形，花药有距 …………………………………………………………………………………… 27. **大苞越桔 V. modestum**
11. 茎、叶及叶柄被毛；花单生或1-3生于枝顶叶腋；花梗极短或长不及1厘米，花冠钟状或宽坛状。
12. 幼叶、叶两面、叶柄被柔毛，叶缘被纤毛，叶长1.5-7厘米，宽0.7-3厘米；花单生叶腋；药室背部无距。
13. 花梗长约1毫米或近无梗 ………………………………………… 24. **无梗越桔 V. henryi**
13. 花梗长约3毫米，无毛 ………………………………… 24(附). **有梗越桔 V. henryi var. chingii**
12. 幼枝、叶柄、叶下面被微毛或疏生柔毛，叶缘无毛，叶长1-2.8厘米，宽0.6-1.5厘米；花1-3朵生于枝顶叶腋；药室背部有距 ………………………………………… 26. **笃斯越桔 V. uliginosum**
2. 叶缘有齿，有时齿疏浅不显；花序总状，稀单花；花冠坛状或筒状，口部多少缢缩，稀钟状，花药背部无距或距极短小。
14. 花1（2）朵生于叶腋；落叶小灌木；全株无毛；叶卵形或椭圆形，长1-2.8厘米，宽0.6-1.3厘米；浆果5室 …………………………………………………………………………………… 28. **黑果越桔 V. myrtillus**
14. 总状花序；常绿灌木，稀落叶。
15. 总状花序腋生，有时兼有顶生；浆果假10室。
16. 叶互生。
17. 花序有苞片，常宿存；叶缘锯齿疏、浅圆钝或有细齿，上面常有光泽，叶脉微突起或平。
18. 叶披针形、披针状长圆形或披针状菱形，长3-11厘米，宽1-2厘米。
19. 萼筒、花冠无毛；叶缘仅上部疏生浅齿，下部全缘 ……………… 7. **峦大越桔 V. randaiense**
19. 萼筒、花冠密被柔毛；叶缘全有齿，齿端胼胝体状 ……………… 8. **镰叶越桔 V. subfalcatum**
18. 叶椭圆形、菱状椭圆形、披针状椭圆形或披针形，长4-9厘米，宽2-4厘米；萼筒、花冠密被柔毛 ………………………………………………………………………… 9. **南烛 V. bracteatum**
17. 花序无宿存苞片；叶边缘有锯齿疏浅齿或腺齿。
20. 花冠钟状，口部张开；叶缘疏生浅齿，叶卵状披针形或长卵状披针形 …………………………………………………………………………………… 10. **短尾越桔 V. carlesii**
20. 花冠坛状、筒状，口部缢缩或否，不明显张开；叶缘有锯齿。
21. 植株各部无毛 ………………………………………… 11. **江南越桔 V. mandarinorum**
21. 幼枝、叶柄、花序轴、花梗或萼筒多少有毛。
22. 植株各部或部分被具腺刚毛，兼有柔毛或糙毛。
23. 大灌木或小乔木，高3-8米；叶长4-9厘米，宽2-3厘米，边缘有弯刺尖锯齿；苞片小，长约2.5毫米 ………………………………………… 12. **刺毛越桔 V. trichocladum**
23. 矮小灌木，高20-50（-100）厘米；叶长1.2-3.5厘米，宽0.7-2.5厘米，边缘齿尖针芒状；

苞片叶状，长4-9毫米 …………………………………………………………………… 13. **乌鸦果 V. fragile**

22. 植株各部或部分被柔毛、微毛或绒毛，无刚毛。

24. 花序短于叶，除萼齿有缘毛外各部无毛 ……………………………… 14. **长尾乌饭 V. longicaudatum**

24. 花序长于叶或与叶近等长，序轴、花梗、萼筒多少被毛，稀无毛。

25. 幼枝、叶柄、花序轴、花梗或有柔毛或微毛，常近无毛 ……… 11. **江南越桔 V. mandarinorum**

25. 幼枝、叶柄、花序轴、花梗密被柔毛或绒毛。

26. 叶卵形、长卵状披针形或披针形，长4-9厘米，宽2-4厘米；花药背部距长约1毫米，药管长为药室4-6倍 ………………………………………………………………… 15. **黄背越桔 V. iteophyllum**

26. 叶形同上，长2-6厘米，宽0.7-2.5厘米；药室背部距短小，药管与药室等长或略长 ……………………………………………………………………………… 16. **毛萼越桔 V. pubicalyx**

16. 叶4-5（6）枚假轮生；总状花序1-5枚生于枝顶叶腋；花冠坛状，药室无距；浆果白色 ……………………………………………………………………………… 17. **白果越桔 V. leucobotrys**

15. 总状花序顶生，或顶生、腋生均有。

27. 常绿小灌木；浆果5室。

28. 叶长2.5-5厘米，宽1.2-2.7厘米；苞片卵圆形或叶状，长0.7-2厘米，小苞片长0.6-1.3厘米；植株高30-70厘米 ……………………………………………………………… 19. **荚蒾叶越桔 V. sikkimense**

28. 叶长2厘米以下，宽不及1.2厘米；苞片、小苞片短小，不显著；植株矮小。

29. 花4数；药室背部无距；叶下面伏生点状短毛 ……………………………… 20. **越桔 V. vitis-idaea**

29. 花5数；药室背部有距；叶下面无毛。

30. 幼枝密被柔毛和具腺长刚毛。

31. 叶倒卵形或长圆状倒卵形，先端圆，微凹，基部楔形；茎直立 …… 21. **苍山越桔 V. delavayi**

31. 叶卵形或卵状长圆形，两端圆；茎披散 ………………………… 22. **抱石越桔 V. nummularia**

30. 幼枝密被柔毛，无具腺刚毛；叶椭圆形或倒卵状椭圆形，长0.7-1.7厘米，宽4-8毫米 ……………………………………………………………………………… 23. **宝兴越桔 V. moupinense**

27. 落叶灌木，高1-3米；浆果假10室；花药背部无距；幼枝、花序被柔毛及腺毛 ……………………………………………………………………………… 25. **腺齿越桔 V. oldhami**

1. 花冠裂片深裂至基部，裂片长圆形或线状披针形，反折或反卷；花4数；花药无距。

32.常绿亚灌木；花2-4朵生于枝顶，近伞形；花梗细，长1-2厘米，顶端与萼筒间有关节；茎纤细，圆 ……………………………………………………………………………… 29. **红莓苔子 V. oxycoccos**

32. 落叶灌木；花1（2）朵生于叶腋；花梗长5-8毫米，顶端与萼筒间无关节；枝扁平 ……………………………………………………………………… 30. **扁枝越桔 V. japonicum var. sinicum**

1. 软骨边越桔 图 1123

Vaccinium gaultheriifolium（Griff.）Hook. f. ex C. B. Clarke in Hook. f. Fl. Brit. Ind. 3: 453. 1882.

Thibaudia gaultheriifolia Griff. Icon. Pl. Asiat. 4: t. 512. 1854.

常绿灌木，高达4米；有时附生，分枝少。枝无毛。叶椭圆形，长7-13厘米，革质，先端短渐尖，基部宽楔形或钝圆，下延至叶柄中部，边缘有软骨质窄边，全缘或疏生有腺头小齿，近基部每侧有3腺体，上面无毛，下面灰白或淡褐色，沿中脉疏生腺头刚毛；叶柄略扁，长4-6毫米，无毛。总状花序腋生，长2-3.5厘米，无毛；苞片椭圆形，长1.2厘米，早落；小苞片线形，长5-6毫米。花梗长0.6-1.2厘米；萼筒被白粉，萼齿长1毫米或更短；花冠淡红，坛状，长6-7毫米，裂齿长约1毫米；雄蕊与花冠近等长，花丝密被柔毛，花药背部有2上举的距，药管与药室近等长或稍短。浆果紫黑色，被白粉，径8-9毫米，果柄长1-1.7厘米。

产云南西北部及西藏东南部，生于海拔1200-1900米常绿阔叶林内或林缘，偶见附生树上。印度东北部、尼泊尔、锡金、不丹及缅甸有分布。

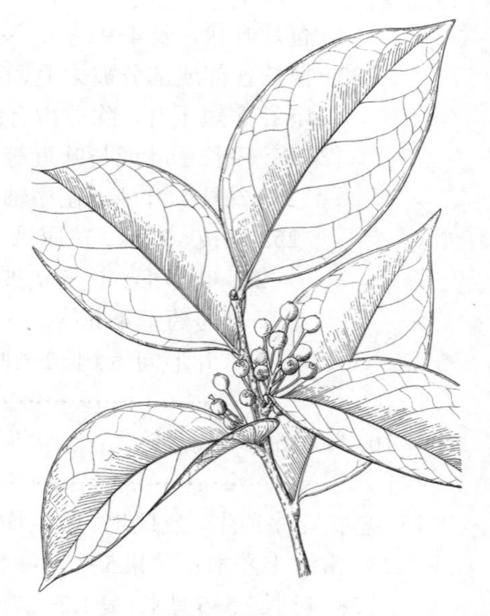

图 1123 软骨边越桔 （引自《图鉴》）

2. 罗汉松叶越桔 图 1124

Vaccinium podocarpoideum Fang et Z. H. Pan in Acta Phytotax. Sin. 19: 107. 1981.

常绿灌木，高达90厘米。小枝具棱，被微柔毛，老枝灰褐色，无毛。叶密生，线状倒披针形或线状披针形，长2.5-3.2厘米，宽3.5-5（-8）毫米，革质，先端锐尖，基部楔形，边全缘略反卷，近叶柄两侧各有1腺体，两面无毛，侧脉3对，与中脉在上面略显，在下面平而不显；叶柄略扁，长约1.5毫米，无毛。果序总状，生于枝顶叶腋，长4-5厘米，序轴具棱，无毛；果柄长6-8毫米，无毛，顶部与果间有关节；幼果绿色，近球形，径4-5毫米，被白粉，宿存萼齿三角形，长1.5-2毫米，渐尖，无毛。果期7月。

产湖南西南部及广西东北部，生于海拔约1100米山谷或山坡灌丛中。

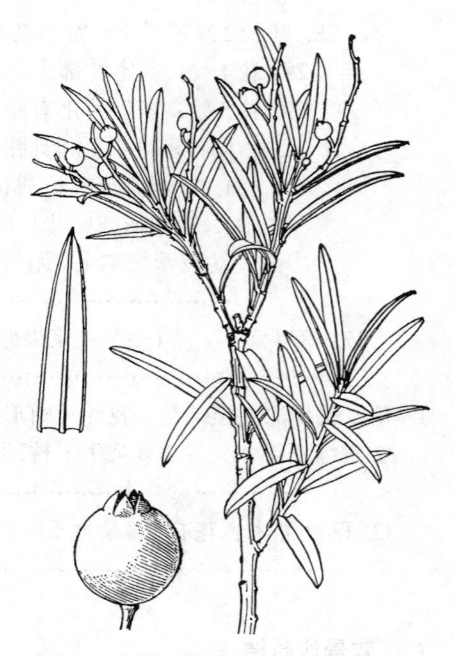

图 1124 罗汉松叶越桔 （曾孝濂绘）

3. 凸脉越桔 图 1125

Vaccinium supracostatum Hand.-Mazz. in Sinensia 5: 3. 1934.

常绿灌木，高达2米。小枝短，幼枝有棱，被柔毛，后无毛。叶密生，倒卵形或椭圆形，长3-4（-7）厘米，宽1.2-2(-4)厘米，革质，先端短突尖，基部楔形，全缘，基部两侧各有1腺体，上面沿中脉、侧脉被柔毛，下面无毛，侧脉5-6对，上升至边缘网结，与中脉、网脉在上面突起，在下面平；叶柄粗，略扁，长1.5-2毫米，被柔毛。总状花序腋生，长3-4厘米，疏生多花，序轴有棱，无毛；苞片、小苞片早落。花梗长3-4厘米，无毛，与萼筒间有关节；萼筒无毛；花冠淡绿带紫色，钟状，长约5毫米，无毛，内面密被柔毛，5裂达中部；雄蕊约与花冠等长，药室背部有开展的距，药管长为药室1.5倍。浆果球形，径4-5毫米。花期6月，果期7-8月。

产广西北部及贵州西南部，生于海拔(400-)1300-1700米山坡密林或山地灌丛中。

图 1125 凸脉越桔 （引自《图鉴》）

4. 尾叶越桔 图 1126

Vaccinium dunalianum Wight var. **urophyllum** Rehd. et Wils. in Sarg. Pl. Wilson. 1: 560. 1930.

常绿灌木。幼枝被柔毛。叶椭圆形、长圆形、长圆状披针形或卵形，长4.5-13厘米，宽2.5-5厘米，先端尾尖，全缘，两面沿中脉被柔毛，侧脉3-4对，连同中脉在两面突起；叶柄长5-7毫米，密被柔毛。花序腋生，总状，多花，长3-6厘米，无毛；苞片卵形，长0.7-1厘米，早落。花梗长5-8毫米；萼筒无毛，萼齿长约1毫米；花冠淡绿带紫或淡红色，宽钟状，长约6毫米，裂片三角形，开裂或上部反折；雄蕊黄色，与花冠近等长，花丝扁平，长约1毫米，药室背部有开展的距，药管长于药室2倍。浆果球形，径0.4-1.2厘米，紫黑色，被白粉。

产贵州、云南及西藏东南部，生于海拔1400-3100米山谷林下、石灰岩山坡常绿林中、山坡灌丛中，有时附生于常绿阔叶林中树上。缅甸及越南有分布。

［附］**樟叶越桔 Vaccinium dunalianum** Wight in Calcut. Journ. Nat. Hist. 8: 175. 1847. 模式变种和尾叶越桔的区别：幼枝无毛，叶柄常无毛，有时有柔毛，叶上面无毛，下面散生贴伏具腺短毛。花期4-5月，果期9-12月。产广西南部、贵州、云南、四川及西藏，生于海拔（700-）2000-3100米石灰岩山地灌丛、阔叶林下，稀附生林中树上。锡金、不丹、印度东北、缅甸及越南有分布。

图 1126 尾叶越桔 （引自《图鉴》）

5. 椭圆叶越桔 图 1127

Vaccinium pseudorobustum Sleumer in Engl. Bot. Jahrb. 71(4): 451. 1941.

常绿攀援灌木，分枝少。枝条粗，有棱，幼枝无毛或疏生短毛，后无毛。叶散生，叶椭圆形或卵状长圆形，长5-8（-10）厘米，先端短尾尖或骤短尖，基部宽楔形，下延至叶柄，全缘，两侧基部各有2腺体，两面无毛，或下面伏生具腺短毛，侧脉4-7对；叶柄长3-4毫米，无毛。总状花序腋生，长3-5厘米；序轴有棱，无毛；苞片早落。花梗粗，长4-5毫米；萼筒无毛，萼齿长约2毫米；花冠绿白色，钟状，长7毫米，

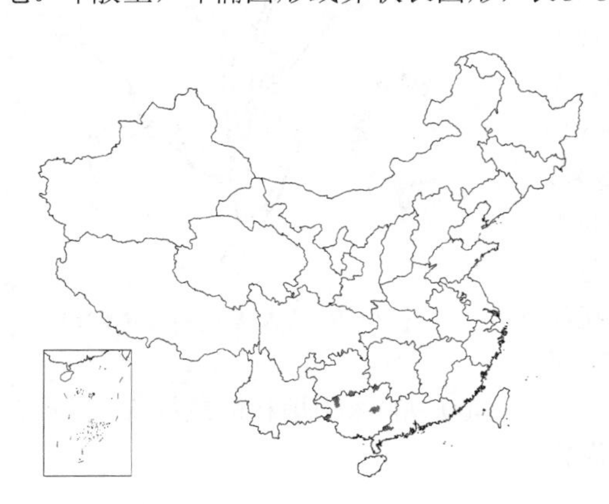

图 1127 椭圆叶越桔 （引自《图鉴》）

裂片长2.5毫米，上部反折；雄蕊长6毫米，花丝被柔毛，药室背部有长2毫米的距，药管长3毫米。浆果球形，径5-6毫米。果期7-12月。

产广东西部、广西及贵州南部，生于海拔1300-1700米林下或石山。

6. 红花越桔 图 1128

Vaccinium urceolatum Hemsl. in Journ. Linn. Soc. Bot. 26: 16. 1889.

常绿灌木或小乔木，高达5米；分枝少。枝条稍粗，幼枝被柔毛，老枝有棱。叶散生，卵形或长圆形，长6-13厘米，先端渐尖或尾状，基部圆或微心形，全缘，幼叶两面被柔毛，老叶仅下面被柔毛，中脉在两面隆起，侧脉4-5对，纤细，弧形上升；叶柄粗，长2-3毫米，被柔毛。总状花序腋生，长3-5厘米，多花；序轴有或无柔毛；苞片宽卵形，长6-8毫米；小苞片线形，长约4毫米，早落。花梗长2-5毫米，无毛；萼筒无毛；花冠淡红或淡黄绿微红，坛状钟形，长4-5毫米；雄蕊稍露出，花丝扁平，长约1毫米，药室背部有上举的距，药管长约为药室1.5-2倍。浆果熟时紫黑色，径4-6毫米。花期5-7月，果期6-9月。

图 1128 红花越桔 （张宝福绘）

产四川、贵州及云南，生于海拔750-2000米常绿阔叶林下或灌丛中。

7. 峦大越桔 图 1129 彩片 287

Vaccinium randaiense Hayata in Journ. Coll. Sci. Univ. Tokyo 30(1): 168. 1911.

常绿灌木，高达6米。茎多分枝，枝细长，无毛。叶披针状菱形、长圆状披针形或披针形，长3-7厘米，宽1.5-2厘米，革质，先端渐尖，基部宽楔形，上部疏生浅齿，下部全缘，两面无毛，上面有光泽，侧脉5-6对，纤细；叶柄长4-8毫米，无毛。花序总状，腋生和顶生，序轴长1-2厘米，无毛；苞片披针形，长4-5毫米，无毛。花梗长1-2毫米，无毛；小苞片早落；萼筒无毛，裂齿长0.8毫米；花冠白色，无毛，筒状，长5.5-7.5毫米，裂齿很短；雄蕊与花冠近等长，花丝长2毫米，被长柔毛，药室背部有细长上举的距，药管长约为药室2倍。浆果熟时紫黑色，径约5毫米。果期10-11月。

图 1129 峦大越桔 （曾孝濂绘）

产台湾、湖南南部及西南部、广东北部、广西、贵州中部，生于海拔400-900米山地林内或林缘。日本有分布。

8. 镰叶越桔 白花乌板紫 图 1130

Vaccinium subfalcatum Merr. ex Sleumer in Engl. Bot. Jahrb. 71(4): 475. 1941.

常绿灌木或小乔木，高达7米。枝无毛。叶披针形或长圆状披针形，长4-11厘米，宽1-2厘米，薄革质，先端长渐尖或略呈镰状，基部楔形渐窄，有锯齿，齿端胼胝体状，两面无毛，叶脉纤细；叶柄长2-3毫米，无毛。总状花序长4-6厘米；序轴细，左右曲折，无毛。花梗长4-6毫米，无毛，与萼筒间有关节，苞片生于花梗基部，长0.8-1.5厘米，有具腺缘毛；小苞片生于花梗中部，钻形，早落；萼筒密被柔毛，萼齿窄三角形，长2毫米，无毛；花冠白色，芳香，筒状，长约8毫米，被柔毛，裂齿短小，反折；雄蕊长约6毫米，药室背部有短距，药管长约为药室1.5-2倍。浆果紫黑色，被柔毛，径5-6毫米。花期5月，果期10月。

图 1130 镰叶越桔 （李锡畴绘）

产广东及广西，生于海拔(100-)340-860米林内、灌丛中或多石处。越南北部有分布。

9. 南烛 乌饭树 米饭花 图 1131 彩片 288

Vaccinium bracteatum Thunb. Fl. Jap. 156. 1784.

常绿灌木或小乔木。枝无毛。叶椭圆形、菱状椭圆形、披针状椭圆形或披针形，长4-9厘米，宽2-4厘米，薄革质，先端尖、渐尖、长渐尖，基部楔形、宽楔形，稀钝圆，有细齿，两面无毛，侧脉5-7对，斜伸至边缘以内网结；叶柄长2-8毫米，无毛或被微毛。总状花序长4-10厘米，多花，序轴密被柔毛；苞片披针形，长0.5-2厘米，边缘有齿；小苞片2，长1-3毫米。花梗长1-4毫米，连同萼筒密被柔毛，稀近无毛，萼齿短小；花冠白色。筒状，长5-7毫米，密被柔毛，裂片短小，外折；雄蕊内藏，药室背部无距，药管长为药室2-2.5倍。浆果紫黑色，径5-8毫米，被毛。花期6-7月，果期8-10月。

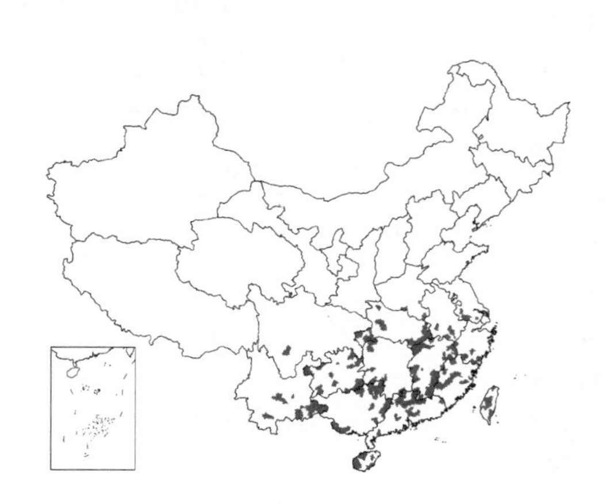

图 1131 南烛 （引自《图鉴》）

产河南、安徽、江苏、浙江、福建、台湾、江西、湖北、湖南、广东、香港、海南、广西、贵州、云南及四川，生于海拔400-1400米山地林内或灌丛中。朝鲜、日本南部、中南半岛、马来半岛及印度尼西亚有分布。叶渍汁浸米，煮成乌饭；果入药，称“南烛子”，强筋益气。

10. 短尾越桔 图 1132

Vaccinium carlesii Dunn in Journ. Linn. Soc. Bot. 38: 361. 1908.

常绿灌木或小乔木。幼枝常有柔毛，后无毛。叶卵状披针形或长卵形，

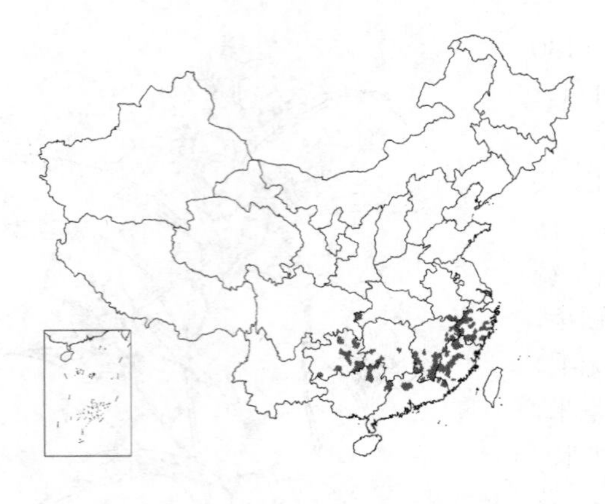

长2-7厘米，宽1-2.5厘米，先端渐尖或长尾尖，基部圆或宽楔形，稀楔形，有疏浅齿，上面沿中脉密被微柔毛，两面余无毛，中脉、侧脉及网脉均纤细；叶柄长1-5毫米。总状花序长2-3.5厘米；序轴纤细，被柔毛或无；苞片披针形，长2-5(-13)毫米；小苞片生于花梗基部，长1-3毫米。花梗长约2毫米；萼筒无毛，萼齿短小；花冠白色，宽钟状，长3-5毫米，口部张开，5裂几达中部，裂片顶端反折；雄蕊短于花冠，花丝极短，药室背部有极短的距，药管短于药室。浆果紫黑色，径5毫米，常被白粉。花期5-6月，果期8-10月。

产安徽南部、浙江、福建、江西、湖北西南部、湖南、广东、广西及贵州，生于海拔270-1230米灌丛或林中。

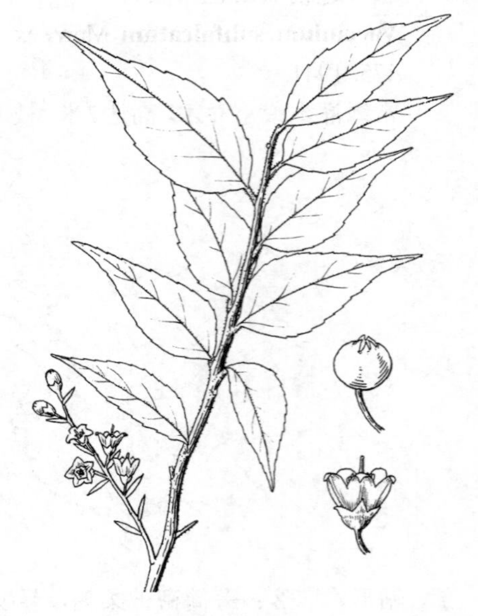

图 1132 短尾越桔 （引自《图鉴》）

11. 江南越桔 米饭花 乌饭 图 1133 彩片 289

Vaccinium mandarinorum Diels in Engl. Bot. Jahrb. 29: 516. 1901.

Vaccinium laetum Diels；中国植物志 57(3)：126. 1991.

Vaccinium sprengelii (G. Don) Sleumer；中国高等植物图鉴3：208. 1974.

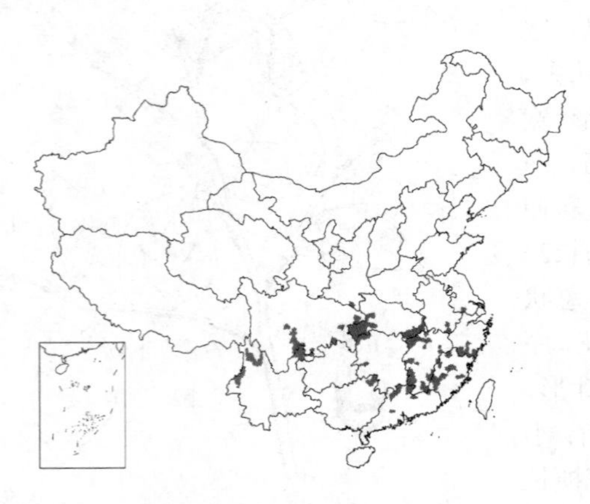

常绿灌木或小乔木。叶卵形或长圆状披针形，长3-9厘米，宽1.5-3厘米，基部楔形或钝圆，有细齿，叶脉纤细；叶柄长3-8毫米。总状花序长2.5-7(-10)厘米，多花。小苞片2，长2-4毫米；花梗长2-8毫米；萼筒无毛，萼齿长1-1.5毫米，无毛；花冠白色，有时淡红，微香，筒状或筒状坛形，长6-7毫米，无毛，内面有微毛；雄蕊内藏，花丝密被毛，药室背部有短距，药管长为药室1.5倍。浆果紫黑色，径4-6毫米。花期4-6月，果期6-10月。

产江苏西南部、安徽南部、浙江、福建、江西、湖北、湖南、广东、广西东北部、贵州、云南、四川及陕西东南部，生于海拔180-1600(-2900)米山坡灌丛、次生林中或林缘。

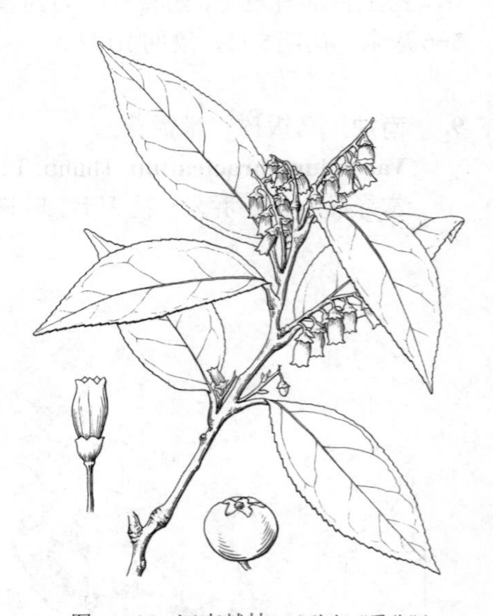

图 1133 江南越桔 （引自《图鉴》）

12. 刺毛越桔 图 1134

Vaccinium trichocladum Merr. et Metc. alf in Lingnan Sci. Journ. 16: 174. f. 11. 1937.

常绿灌木或小乔木。幼枝密被具腺长刚毛和糙毛，老枝近无毛。叶卵状披针形或长卵状披针形，长4-9厘米，宽2-3厘米，先端渐尖或长渐尖，基部圆或微心形，有弯刺尖锯齿，上面沿中脉密被糙毛，下面被糙毛，沿中脉杂生具腺刚毛，侧脉8-10对；叶柄长2-4毫米，毛被同茎。总状花序

长4-8厘米；序轴及花梗密被糙毛或柔毛；苞片有具腺流苏。小苞片生于花梗中部，花梗长3-4毫米；萼筒被毛，萼齿长约1毫米，无毛；花冠白色，筒状坛形，长5-6毫米，无毛，裂齿短小，反折；雄蕊短于花冠，花丝长约1毫米，密被毛，药室背部有距，药管长约为药室2倍。浆果红色，径5-6毫米，被糙毛。花期4月，果期5-9月。

产安徽南部、浙江、福建、江西南部、广东、广西西南部及贵州东南部至西南部，生于海拔400-700米山地林内。

图 1134 刺毛越桔 （引自《图鉴》）

13. 乌鸦果 老鸦泡 千年矮 图 1135 彩片 290

Vaccinium fragile Franch. in Journ. de Bot. 9: 366. 1895.

常绿矮小灌木。枝被具腺长刚毛和柔毛。叶密生，长圆形或椭圆形，长1.2-3.5厘米，宽0.7-2.5厘米，革质，先端锐尖、渐尖或钝圆，基部钝圆或楔形，有细齿，齿尖针芒状，两面被刚毛和柔毛或近无毛，侧脉不显；叶柄长1-1.5毫米。总状花序腋生，长1.5-6厘米，花偏侧着生；序轴连同花梗被具腺长刚毛和柔毛；苞片叶状，长4-9毫米，两面被糙伏毛，有时带红色，小苞片卵形或披针形，长2.5-4毫米，生于花梗中下部，毛被同苞片。花梗长1-2毫米；花萼绿色带红；花冠白色，有5条红色脉纹，长0.5-1厘米，口部缢缩；雄蕊内藏，药室背部有上举的距，药管与药室近等长。浆果熟时紫黑色，径4-5毫米。花期春夏至秋季，果期7-10月。

产贵州西北部、云南、四川西南部及西藏东南部，生于海拔1000-3400米松林或山坡灌丛中。

图 1135 乌鸦果 （引自《图鉴》）

14. 长尾乌饭 长尾越桔 图 1136

Vaccinium longicaudatum Chun ex Fang et Z. H. Pan in Acta Phyotax. Sin. 19: 110. pl. 5. f. 1. 1981.

常绿灌木，高达4米。幼枝被微柔毛，旋脱落无毛。叶椭圆状披针形，长4.5-7厘米，宽1.8-2.5厘米，革质，先端渐尖，基部楔形或宽楔形，疏生细齿；叶柄长6-7毫米，幼时被微毛。总状花序腋生，长1.5-2厘米，无毛；苞片宽椭圆形。花梗长1毫米；小苞片披针形，长1.5毫米；花萼裂

齿三角形，边缘具纤毛；花冠白色，筒状，长4-4.5毫米，内外均无毛，裂片三角状卵形，长1.5毫米；雄蕊花丝极短，无毛，药室背部有短小的距，顶端延伸成直管。浆果球形，近成熟时红色，径5毫米。花期6月，果期11月。

产湖南西部及南部、广东北部、广西东北部、贵州东南部、云南南部，生于海拔750-1600米山地疏林中。

图 1136 长尾乌饭 （余汉平绘）

15. 黄背越桔 图 1137

Vaccinium iteophyllum Hance in Ann. Sci. Nat. ser. 4, 18: 223. 1862.

常绿灌木或小乔木。幼枝被褐色柔毛或绒毛，老枝无毛。叶卵形、长卵状披针形或披针形，长4-9厘米，宽2-4厘米，有疏齿或近全缘，上面沿中脉被微毛，下面被柔毛，沿中脉密；叶柄长2-5毫米，密被毛。总状花序腋生，长3-7厘米；序轴、花梗密被毛；苞片披针形，长3-7毫米。花梗长2-4毫米；小苞片早落；萼齿三角形，长约1毫米；花冠白色或带淡红，筒状或坛状，长5-7毫米，外面沿5条脉上有微毛或无，裂齿小；雄蕊背部的距细，长约1毫米，药管长约为药室4-6倍，花丝密被毛。浆果径4-5毫米，被柔毛。花期4-5月，果期6-8月。

产安徽、浙江、福建、江西、湖北、湖南、广东、广西、贵州、云南、四川及西藏东南部，生于海拔400-1500(-2400)米山地灌丛中、山坡林内。

图 1137 黄背越桔 （引自《图鉴》）

16. 毛萼越桔 图 1138

Vaccinium pubicalyx Franch. in Journ. de Bot. 9: 369. 1895.

常绿灌木或小乔木。幼枝被浅褐色绒毛，老枝无毛。叶卵形、长卵状披针形或披针形，长2-6厘米，宽0.7-2.5厘米，先端渐尖或尾尖，基部楔形、宽楔形，稀钝圆，具细齿，两面沿中脉有柔毛，中脉和侧脉纤细，在两面微突起；叶柄长2-4毫米，被绒毛。总状花序腋生，长1-4厘米，花密集，偏侧且稍下垂；序轴、苞片、花梗、花萼均密被柔毛；苞片卵形，带红色，长5-8毫米，早落。花梗长1-2毫米或更短；小苞片线状披针形；花萼齿缘密被毛；花冠白色带粉红，

图 1138 毛萼越桔 （引自《图鉴》）

筒状或微坛形，长约5毫米，无毛，裂齿短小；雄蕊内藏，药室背部有短距，药管与药室等长或略长。浆果熟时紫黑色，径5-6毫米，顶部有毛。花期4-5月，果期9-10月。

产四川西南部、贵州及云南，生于海拔1300-2700米山坡灌丛、松林或杂木林内。

17. 白果越桔 图 1139

Vaccinium leucobotrys (Nutt.) Nicholson in Ill. Dict. Gardn. 4: 130. f. 146. 1886.

Epigynium leucobotrys Nutt. in Curtis's Bot. Mag. 15: t. 5103. 1859.

常绿灌木，常附生。幼枝具棱，密被褐色细刚毛和微柔毛，有宿存的披针形芽鳞，老枝渐无毛。

叶4-5(-6)枚假轮生，叶长圆形或长圆状卵形，长3-5(-7)厘米，宽1.8-3厘米，纸质，先端短渐尖或锐尖，基部钝圆或微心形，有细齿，两面无毛，下面色淡；叶柄近无或极短。总状花序1-5生于枝顶叶腋，长2-3厘米；序轴无毛，基部有多数披针形宿存芽鳞；苞片早落。小苞片2，生于花梗基部；花梗长2-3毫米，与萼筒间具关节；萼筒无毛，萼齿有1脉；花冠白或绿白色，坛状，长5毫米，裂片极短；雄蕊内藏，药室背部无距，药管与药室近等长。浆果白色，径5-7毫米；果红色，棒状，长0.7-1.2厘米。花期3-4月，果期5-8月。

图 1139 白果越桔 （曾孝濂绘）

产云南东北部及西藏东南部，生于海拔2100-2800米常绿阔叶林中。不丹、印度阿萨姆及缅甸有分布。

18. 广西越桔 图 1140

Vaccinium sinicum Sleumer in Engl. Bot. Jahrb. 71(4): 440. 1941.

常绿小灌木，高达2米；分枝多。幼枝被柔毛，后无毛。叶密集，倒卵形或长圆状倒卵形，长0.9-1.7厘米，宽0.8-1.1厘米，

革质，先端圆，微具突尖，基部楔形，全缘，边反卷，近基部各有1腺体，两面除上面中脉有微毛外，余无毛，侧脉在两面不显；叶柄长1-2毫米。总状花序腋生，开花前覆以数枚长圆形苞片，苞片长6-7毫米，早落，有3-7花，序轴长0.6-1.2厘米。花梗长2-3毫米，无毛；萼裂片长1.5-2毫米，钝头；花冠坛状，白或淡黄绿色，长约5毫米，口部5短裂；雄蕊内藏，花药背部有2伸展的距，药管长为药室1.5倍。浆果熟时紫

图 1140 广西越桔 （张宝福绘）

黑色，径3-6毫米。花期6月，果期7-11月。

产福建西南部、湖南南部及西南部、广东北部、广西东北部及西部，生于海拔1200-1700米林内、山谷石上或附生树干。

19. 荚蒾叶越桔 图 1141

Vaccinium sikkimense C. B. Clarke in Hook. f. Fl. Brit. Ind. 3: 451. 1882.

常绿灌木，高达70厘米；分枝多。幼枝有棱，密被柔毛，老枝散生突起皮孔。叶多数密生，叶长圆形或倒卵形，长2.5-5厘米，宽1.2-2.7厘米，革质，先端钝圆，具短尖头，基部楔形或宽楔形，有具腺头锯齿，除上面沿中脉密生柔毛外，余两面无毛，侧脉4-5对；叶柄长约3毫米，被柔毛。总状花序长1-2厘米；序轴被柔毛；苞片卵圆形或叶状，长0.7-2厘米，早落。花梗长约6毫米；小苞片椭圆形或披针形，长0.6-1.3厘米，早落；萼筒无毛，萼齿短小；花冠淡红色，檐部红色，坛状，长约6毫米；雄蕊长约5毫米，花丝被毛，药室背部有上举的距，药管与药室近等长。浆果蓝黑色，径5-7毫米。花期7月，果期8-11月。

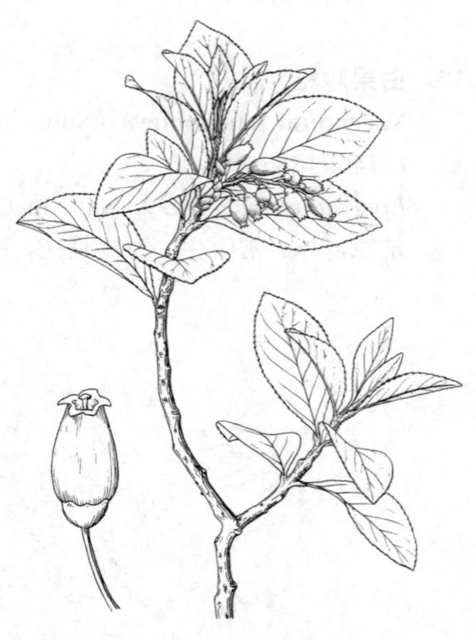

图 1141 荚蒾叶越桔 （引自《图鉴》）

产四川、云南及西藏，生于海拔3000-3400米林下、林缘或灌丛中。锡金及缅甸有分布。

20. 越桔 牙疙瘩 红豆 图 1142

Vaccinium vitis-idaea Linn. Sp. Pl. 351. 1753.

常绿矮小灌木。茎被灰白色柔毛。叶密生，椭圆形或倒卵形，长0.7-2厘米，先端圆，有凸尖或微凹缺，基部宽楔形，有浅钝齿，反卷，上面无毛或沿中脉被微毛，下面具点状伏生短毛；叶柄长约1毫米，被微毛。花序短总状，生于去年生枝顶，长1-1.5厘米，稍下垂，2-8花；序轴有微毛；苞片红色，宽卵形，长约3毫米。花4数；花梗长1毫米；小苞片2，卵形；萼筒无毛，4裂，花冠白或淡红色，钟状，长约5毫米，4裂，裂片直立；雄蕊8，长约3毫米，药室背部无距，药管与药室近等长。浆果紫红色，径0.5-1厘米。花期6-7月，果期8-9月。

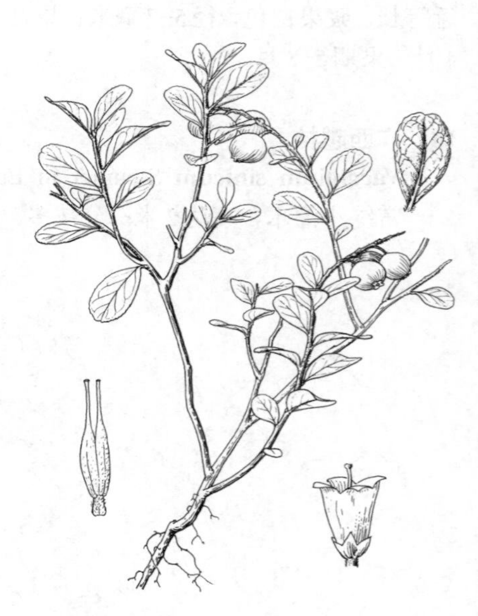

图 1142 越桔 （引自《图鉴》）

产黑龙江、吉林东南部、内蒙古东部、陕西及新疆北部，生于海拔900-3200米落叶松林及白桦林下、草原或水湿台地。北欧、中欧、北美、蒙古、朝鲜、日本、俄罗斯西伯利亚至远东地区有分布。果味酸甜，可食；叶药用，作尿道消毒剂，又可代茶。

21. 苍山越桔 野万年青 图 1143

Vaccinium delavayi Franch. in Journ. Bot. 9: 367. 1895.

常绿小灌木，有时附生。幼枝被柔毛，杂生褐色具腺刚毛。叶密生，倒卵形或长圆状倒卵形，长0.7-1.5厘米，先端微凹，基部楔形，有疏生小齿或近全缘，疏生具腺短缘毛，两面无毛；叶柄长1-1.5毫米，被柔毛。总状花序顶生，长1-3厘米，花多数；序轴毛被同茎；苞片卵形，长5-6毫米，早落。花梗长2-4毫米；小苞片披针形，长3毫米；萼筒无毛，萼齿有缘毛；花冠白或淡红色，坛状，长3-5毫米；雄蕊比花冠短，药室背部有短距，药管与药室近等长。浆果紫黑色，径4-8毫米。花期3-5月，果期7-11月。

图 1143 苍山越桔 （引自《图鉴》）

产四川、云南及西藏东南部，生于海拔2400-3200（-3800）米阔叶林内、干旱山坡、铁杉-杜鹃林或高山杜鹃灌丛，有时附生岩石或树干。

［附］ **台湾越桔** 彩片 291 高山越桔 **Vaccinium delavayi** subsp. **merrillianum**（Hayata）R. C. Fang in Acta Bot. Yunn. 9: 394. 1987. —— *Vaccinium merrillianum* Hayata in Journ. Coll. Sci. Univ. Tokyo 25: 149. Pl. 24. 1908；中国高等植物图鉴 3: 199. 1974. 与模式亚种的区别：花丝被倒向疏柔毛。花期4月。产台湾，生于海拔2000-3730米山地。

22. 抱石越桔 图 1144

Vaccinium nummularia Hook. f. et. Thoms. ex C. B. Clarke in Hook. f. Fl. Brit. Ind. 3: 451. 1882.

常绿小灌木，有时附生。茎披散。幼枝密被褐色具腺长刚毛及灰色柔毛，老枝无毛。叶卵形或卵状长圆形，长1-1.8厘米，两端圆，具疏、浅齿，反卷，齿端有具腺尖头，除上面沿中脉有微毛，余两面无毛，叶脉在上面凹下，在下面微突起；叶柄长约1毫米，被毛。总状花序顶生和生于枝顶叶腋，长约1.5厘米；序轴密被柔毛；苞片宽卵形，长约4毫米，早落。花梗长6-7毫米，无毛；萼筒无毛，萼齿宽三角形或波状圆齿，长约1毫米；花冠白色，上部粉红色，坛状，长5-6毫米，裂片短小；雄蕊内藏，药室背部有伸展的距，药管与药室近等长。浆果熟时紫红转黑色，径5毫米。花期5月，果期7-8月。

图 1144 抱石越桔 （引自《图鉴》）

产云南西北部及西藏南部，生于海拔2900-3500米林下岩石上或山坡灌丛中。锡金、不丹、印度东北部及缅甸有分布。

23. 宝兴越桔 图 1145

Vaccinium moupinense Franch. in Nouv. Arch. Mus. Paris. sér. 2, 43. t. 10.1888. (Pl. David. t. 2: 81. 1887.)

常绿灌木，附生。幼枝密被灰色柔毛，老枝无毛。叶椭圆形或倒卵状椭圆形，长0.7-1.7厘米，宽4-8毫米，先端钝圆或钝尖，基部楔形，边缘反卷，上部有极不显浅齿，上面灰绿色，多横向绉纹，上面沿中脉有微毛，余两面近无毛；叶柄长1-2毫米，被柔毛。总状花序顶生和枝顶腋生，长1.5-3厘米，无毛；苞片宽卵形，长5-6毫米，早落。花梗长3-4毫米；小苞片线形；萼筒无毛，萼齿长约1毫米；花冠鲜紫红色，坛状，长约4毫米，裂片短小；雄蕊内藏，药室背部有伸展的距，药管与药室近等长。浆果径6毫米。花期5-6月，果期7-10月。

图 1145 宝兴越桔 （引自《图鉴》）

产四川、贵州西南部及云南东北部，生于海拔(900-)1800-2400米山区，附生于栎树或铁杉树干。

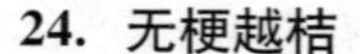

24. 无梗越桔 图 1146

Vaccinium henryi Hemsl. in Journ. Linn. Soc. Bot. 26: 15. 1889.

落叶灌木，高达3米。幼枝密被柔毛，花枝细而短，左右曲折，老枝渐无毛。叶卵形、卵状长圆形或长圆形，长1.5-7厘米，宽0.7-3厘米，纸质，先端锐尖，具小短尖头，基部楔形或圆，全缘，常被纤毛，两面沿叶脉密被柔毛；叶柄长1-2毫米，密被毛。花单生叶腋，有时由枝上部叶呈苞片状，在枝端成假总状花序。花梗长1毫米或近无梗；小苞片2，长不及1毫米，有1脉；萼筒无毛，萼齿短小；花冠黄绿色，钟状，长3-4.5毫米，裂片反折；雄蕊短于花冠，药室背部无距，药管与药室近等长。浆果近扁球形，紫黑色，花期6-7月，果期9-10月。

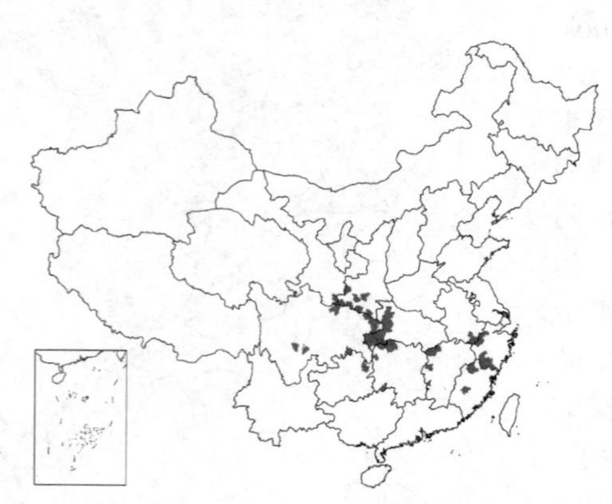

图 1146 无梗越桔 （引自《图鉴》）

产安徽南部、浙江、福建、江西西部、湖北西部、湖南西北部及西南部、贵州东北部、四川、甘肃东南部、陕西南部，生于海拔750-1600(-2100)米山坡灌丛中。

[附] **有梗越桔 Vaccinium henryi** var. **chingii** (Sleumer) C. Y. Wu et R. C. Fang in Acta Bot. Yunn. 9: 395. 1987. —— *Vaccinium chingii* Sleumer in Engl. Bot. Jahrb. 71: 482. 1941； 中国高等植物图鉴 3: 210. 1974.本变种与模式变种的区别：植株各部被毛稀疏；花梗长达3毫米，无毛。产安徽、浙江、福建及江西，生于杂木林下。

25. 腺齿越桔 图 1147

Vaccinium oldhami Miq. in Ann. Mus. Bot. Lugd.-Bat. 2: 161. 1865.

落叶灌木，高达3米。幼枝密被柔毛，杂生腺毛。叶多数，花枝之叶较营养枝的小，叶卵形、椭圆形或长圆形，长2.5-8厘米，宽1.2-4.5厘米，纸质，先端锐尖，基部楔形或钝圆，边缘有细齿，齿端有具腺细刚毛，两面被柔毛和刚毛，有时下面杂生具腺刚毛；叶柄长1-3毫米，被柔毛及腺毛。总状花序顶生，长3-6厘米，序轴、苞片、花梗、萼筒外多少有腺毛或柔毛；苞片长2.5-7毫米。花梗长1.5毫米或更短；花冠棕黄带淡红色，钟状，长3-5毫米，外面无毛；雄蕊稍短于花冠，药室背部无距，药管长约为药室1/2。浆果假10室，熟时紫黑色，径0.7-1厘米。花期5-6月，果期7-10月。

图 1147 腺齿越桔 （肖 溶绘）

产山东及江苏北部沿海地区，生于灌丛中。日本及朝鲜有分布。

26. 笃斯越桔 笃斯 地果 图 1148 彩片 292

Vaccinium uliginosum Linn. Sp. Pl. 350. 1753.

落叶小灌木。幼枝有微毛。叶多数，倒卵形、椭圆形或长圆形，长1-2.8厘米，纸质，先端圆，有时微凹，基部宽楔形或楔形，全缘，上面无毛，下面疏被柔毛；叶柄长1-2毫米，有微毛。花1-3朵生去年生枝顶叶腋，下垂。花梗长0.5-1厘米，下部有2小苞片；萼筒无毛，萼齿4-5，长约1毫米；花冠绿白色，宽坛形，长约5毫米，4-5裂，裂齿短小，反折；雄蕊略短于花冠，药室背部有距。浆果蓝紫色，被白粉，径约1厘米。花期6月，果期7-8月。

图 1148 笃斯越桔 （引自《图鉴》）

产黑龙江、吉林东南部、辽宁东部及内蒙古东北部，生于海拔900-2300米山坡落叶松林下、林缘、高山草原、沼泽湿地。朝鲜、日本、俄罗斯、欧洲及北美有分布。果味佳，可酿酒，制饮料、果酱。

27. 大苞越桔 图 1149

Vaccinium modestum W. W. Smith in Notes Roy. Bot. Gard. Edinb. 8: 210. 1914.

落叶矮小灌木；全株无毛。叶生于茎上部，卵形、倒卵形、椭圆形或卵圆形，长1.3-4厘米，先端钝或圆，稀微凹，基部楔形或钝圆，全缘，叶脉在上面稍凸起，在下面凸起；叶柄

极短或近无。花单生上部叶腋，略下垂。花梗长2.5-4.5厘米，细长、劲直；小苞片2，生于花梗顶部，叶状，卵圆形或近圆形，长0.7-1.2厘米；萼筒无毛，萼齿宽三角形或近半圆形，长1毫米，紫红色；花冠淡红或褐红色，球状钟形，长4-6毫米；雄蕊长4.5毫米，花丝无毛，药室背部有上举的距，药管与药室近等长。浆果深紫色，被白粉，径约1厘米。花期6-8月，果期8-9月。

产云南西北部及西藏东南部，生于海拔(2500-)3100-4000(-4300)米冷杉林间、高山灌丛草甸或岩壁上。印度东北部及缅甸有分布。

图 1149 大苞越桔 （引自《图鉴》）

28. 黑果越桔 图 1150

Vaccinium myrtillus Linn. Sp. Pl. 349. 1753.

落叶矮小灌木，高达30（-60）厘米；全株无毛。茎直立，多分枝，幼枝绿色，具锐棱，无毛。叶多数，卵形或椭圆形，长1-2.8厘米，纸质，先端锐尖或钝圆，基部宽楔形或钝圆，有细齿，两面无毛，叶脉纤细；叶柄长约1毫米。花1（2）朵生于叶腋，下垂。花梗长2.5-3.5毫米，生于2鳞片状苞片间，无毛；萼筒无毛，边缘波状或近全缘；花冠淡绿带淡红色晕，球状坛形，长4-6毫米，4-5浅裂，裂片反折；雄蕊8-10，花丝极短，药室背部的距钻形。浆果5室，蓝黑色，被灰白粉霜，径0.6-1厘米。花期6月，果熟9月。

产新疆北部，生于海拔2200-2500米落叶松-云杉林下，常成片。欧洲大部地区、亚洲北部自阿尔泰经贝加尔湖向东至堪察加有分布。果酸甜可食。

图 1150 黑果越桔 （引自《图鉴》）

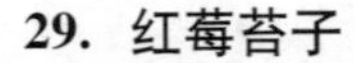

29. 红莓苔子 图 1151

Vaccinium oxycoccos Linn. Sp. Pl. 351. 1753.

Oxycoccus quadripetalus Gilib.；中国高等植物图鉴 3：191. 1974.

常绿亚灌木，高达15厘米。幼枝有微毛，茎皮条状剥离。叶长圆形或卵形，长0.5-1.1厘米，先端锐尖，基部钝圆，全缘，边反卷，上面深绿，下面带灰白色，两面无毛，侧脉和网脉在两面不显；叶柄长约1毫米。花（1）2-4朵生于枝顶，近伞形。花梗细，长1-2厘米，被柔毛，顶端下弯，与萼筒间有关节；苞片长2毫米，生于花梗基部；小苞片线形，生于花梗中部；

花4数；萼筒无毛，萼裂片半圆形；花冠淡红色，分裂近达基部，裂片长圆形，长4-6毫米，反折；雄蕊长2-3毫米，药室背部无距，药管短于药室；子房4室，花柱伸出雄蕊。浆果红色，径约1厘米。染色体2n=48。花期6-7月，果期7-8月。

产吉林东南部，生于水湿台地苔藓丛，植株下部埋在苔藓丛中。日本、俄罗斯、欧洲北部及中部、法国、意大利，北美北卡罗来纳、纽芬兰、格林兰至阿拉斯加有分布。果可食。

［附］**小果红莓苔子 Vaccinium microcarpum**（Turcz. ex Rupr.）Schmalh. Trudy Imp. St. Pétersb. Obsc. Estestv. 2：149. 1871. —— *Oxycoccus microcarpus* Turcz. ex Rupr. in Beitr. Pfl. Russ. Reich. 4：56. 1845；中国高等植物图鉴 3：191. 1974. 本种与红莓苔子的区别：叶长2-6毫米；花常1-2朵；花梗近无毛；果径约6毫米。染色体2n=24。产黑龙江大兴安岭及吉林长白山。朝鲜、日本、俄罗斯、乌克兰、喀尔巴阡山、阿尔卑斯山，北美阿拉斯加及加拿大西部有分布。果可食。

图 1151 红莓苔子 （引自《图鉴》）

30. 扁枝越桔 图 1152

Vaccinium japonicum Miq. var. **sinicum**（Nakai）Rehd. in Journ. Arn. Arb. 5：56. 1924.

Oxycoccoides japonica（Miq.）Nakai var. *sinica* Nakai, Trees and Shrubs Japan ed. 1, 168. 1922.

Hugeria vaccinioides（Lévl.）Hara；中国高等植物图鉴 3：190. 1974.

落叶灌木。枝扁平，绿色，无毛，常有沟棱。叶卵形、长卵形或卵状披针形，长1.5-6厘米，宽0.7-2厘米，纸质，先端尖、渐尖或长渐尖，基部宽楔形或近平截，有细锯齿，齿尖有具腺短芒，两面无毛或有柔毛，叶脉在上面不显；叶柄长1-2毫米。花1(2)生于叶腋，下垂。花梗纤细，长5-8毫米，无关节；小苞片2，生于花梗基部，披针形，长2-4毫米；萼筒无毛，萼裂片4；花冠白色，有时淡红，长0.8-1厘米，4深裂近基部，裂片线状披针形，反卷；雄蕊8，长约9毫米，药室背部无距，药管与药室等长。浆果红色，径约5毫米。花期6月，果期9-10月。

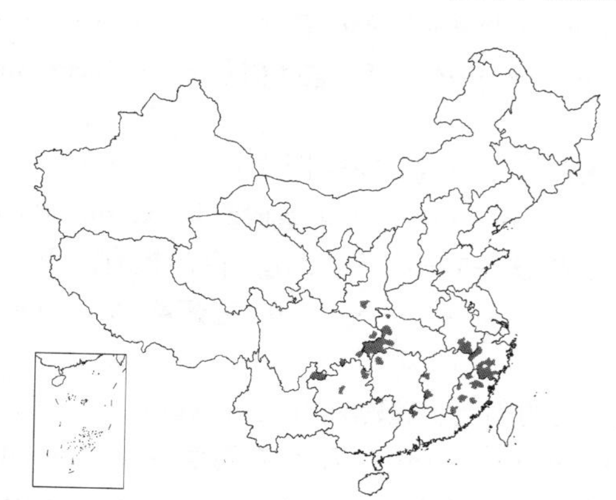

产安徽南部、浙江南部、福建、江西、湖北西部、湖南南部及西北部、广东北部、广西东北部、贵州、云南东北部、四川东部及东南部、陕西南部，生于海拔1000-1900米山坡林下或灌丛中。

图 1152 扁枝越桔 （引自《图鉴》）

15. 树萝卜属 Agapetes D. Don ex G. Don

（方瑞征）

常绿灌木，常附生，稀乔木。根多纺绳状，有时成块状。叶互生、近对生或假轮生，革质；叶柄短或无柄。总状或伞房花序，腋生，稀顶生，稀单花或数花簇生叶腋或老枝上。花梗基部有苞片及2小苞片或无，顶端常棒状或浅杯状；萼筒圆筒状、坛状、钟状或陀螺状，有时有棱或翅，萼檐5浅裂或深裂；花冠圆筒形、窄漏斗形或钟形，有时有5棱，5浅裂或深裂；雄蕊10，花丝扁平，分离或稍合生，花药分离或微粘合，顶端成管状或尖喙，顶孔开裂；子房下位，全部或部分与萼筒合生，5室或假10室，每室胚珠多数，花柱丝状，柱头头状、平截，稀浅裂。浆果球形，5或10室。种子多数。

约80种，分布东喜马拉雅、中国西南部、中南半岛诸国至东南亚。我国51种。本属不少种类花显著而美丽，株形矮小，分枝多，叶常绿，常用作盆景。

1. 花丝极短，短于花药，稀近等长；总状花序、伞房花序或数花簇生，稀单花；叶常较大。
  2. 叶长7厘米以上，常全缘或波状，稀有锯齿。
    3. 总状花序；叶全缘或微波状。
      4. 花冠深裂达冠筒中部，深红色，裂片带状，花萼裂片长3–4毫米；叶互生，卵状披针形或披针形，长4–11厘米 …… 1. **深裂树萝卜 A. lobbii**
      4. 花冠浅裂，淡红或玫瑰红有紫色横纹，裂片窄三角形，花萼裂片长约1厘米；叶假轮生，叶长圆状披针形，长10–25厘米 …… 3. **缅甸树萝卜 A. burmanica**
    3. 伞房稀伞形花序；叶缘浅波状或有细齿，稀全缘。
      5. 叶长9–22厘米，宽3–10厘米，叶缘有连成弧线的边脉；花序被微柔毛；花药背面有距 …… 2. **毛花树萝卜 A. pubiflora**
      5. 叶长10–17厘米，宽0.5–4厘米，叶缘无上述边脉；花序无毛；花药背面距极小或无。
        6. 叶窄长圆形，全缘；萼筒长约5毫米，中部有隆起水平环，花梗顶端浅杯状 …… 4. **环萼树萝卜 A. brandisiana**
        6. 叶椭圆状披针形或披针形，疏生细齿；萼筒长1.5–1.7毫米，圆锥状，略具5棱，花梗顶端略膨大 …… 4(附). **棱枝树萝卜 A. angulata**
  2. 叶长5（–10）厘米以下，叶缘有锯齿，稀全缘。
    7. 萼筒具5翅状棱，花冠常有5棱；伞房花序或1–3花簇生叶腋，稀总状。
      8. 叶长5–10厘米，卵状披针形或长圆形，叶脉在上面凹下，叶面泡状皱突；伞房花序 …… 5. **皱叶树萝卜 A. incurvata**
      8. 叶较小，叶面无泡状皱突。
        9. 叶互生，叶长2–4.5厘米，椭圆形；1–3（–7）花成短总状花序；萼筒、花冠筒无腺毛 …… 6. **中型树萝卜 A. interdicta**
        9. 叶密集成2列，叶长1.2–2厘米，长卵形或卵状长圆形；单花或2–3花；萼筒、花冠筒沿棱有腺毛 …… 9. **五翅莓 A. serpens**
    7. 萼筒、花冠无显著的棱或翅；伞房花序或单花。
      10. 叶卵状披针形，长2.5–4厘米，先端渐尖；枝密被单一或分叉的刚毛；花冠深红色有暗红色波状横纹 …… 7. **伞花树萝卜 A. forrestii**
      10. 叶椭圆形，长0.7–2厘米，先端钝或锐尖；枝密被单一刚毛；花冠深红色，无横纹 …… 8. **灯笼花 A. lacei**
1. 花丝长于花药；花单生叶腋或1–4花簇生叶腋或老枝上；叶常较小。
  11. 茎、花梗、萼筒、花冠外被具腺长硬毛或具腺长柔毛；苞片小而窄，不显著。
    12. 叶长圆形、卵形或长圆状披针形，长3.5–10厘米，宽1–4厘米；花梗长0.6–2.5厘米；具瘤状大块根 …… 10. **长圆叶树萝卜 A. oblonga**
    12. 叶卵形、椭圆形或近圆形，长0.7–1厘米，宽5–8毫米；花梗长1–3毫米；根纺锤状 …… 11. **倒挂树萝卜 A. pensilis**
  11. 茎、花梗、萼筒、花冠外近无毛；苞片蚌壳状，红色，长1.3–1.5厘米；叶倒卵形，长0.8–1.6厘米，宽0.5–1.2厘米；花梗长约1毫米 …… 12. **红苞树萝卜 A. rubrobracteata**

1. 深裂树萝卜

图 1153

Agapetes lobbii C. B. Clarke in Hook. f. Fl. Brit. Ind. 3: 448. 1881.

常绿灌木。小枝无毛。叶互生，卵状披针形或披针形，长4-11厘米，宽2.5-3.5厘米，先端尾尖，基部楔形，全缘，两面无毛；叶柄短。花序总状，腋生，长3-8厘米，多花。花梗长0.5-1.5厘米，顶端杯状，与萼筒间有关节；苞片钻形，长约1毫米，萼筒球形，长2毫米，裂片披针状钻形，长3-4毫米；花冠深红色，窄筒状，长2-2.5厘米，深裂达冠筒中部，裂片带状，直立或略外弯；雄蕊与花冠近等长，花丝长3-4毫米，有微毛，药室长约7毫米，具疣状突起，背部有极不明显的距或无距，药管长约1.3厘米。花期12月至翌年6月，果期7月。

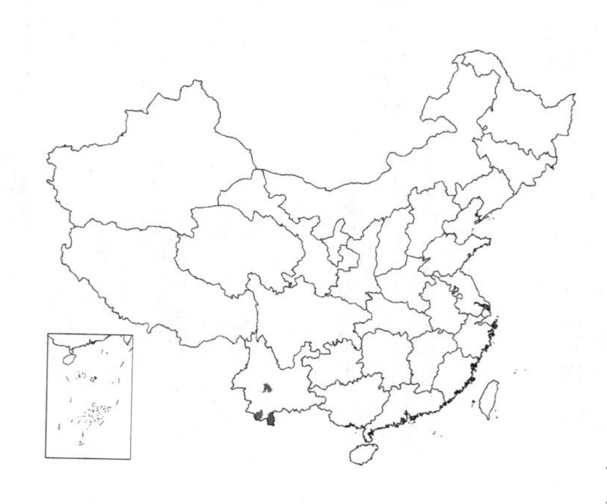

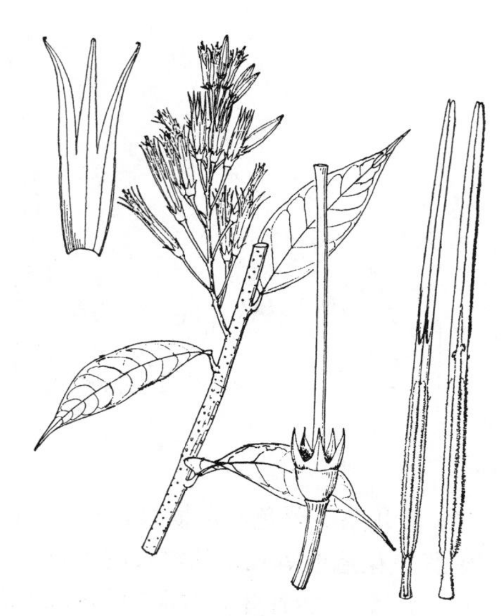

图 1153 深裂树萝卜 （李锡畴绘）

产云南，生于海拔约1350米林中，附生树上或岩石上。印度阿萨姆及缅甸毛淡棉有分布。

2. 毛花树萝卜

图 1154 彩片 293

Agapetes pubiflora Airy Shaw in Kew Bull. Misc. Inform. 1935: 27. 1935.

常绿灌木，高达3米。茎粗且粗糙，具棱，略左右曲折，无毛。叶互生，长圆状椭圆形、椭圆形或椭圆状披针形，长9-22厘米，宽3-10厘米，先端锐尖或短渐尖，基部楔形，边缘浅波状，疏生乳突，近基部两侧各有1大腺点，两面无毛，侧脉15-18对，平行斜伸至叶缘连成边脉；叶柄长0.5-1厘米。伞房花序侧生于老枝，花序梗短，花近簇生，全部被微柔毛。花梗长1-2.5厘米，与萼筒间有关节；萼筒长约2毫米，裂片淡红色，长3-4毫米；花冠筒状。淡红色，长2.5-3厘米，具几条深红色V形横纹，有5棱，裂片绿色，三角状披针形，长4-5毫米，顶端外卷；雄蕊与花冠近等长，花丝长1.5-2毫米，药管长约2厘米，背部有距。花期6-11月。

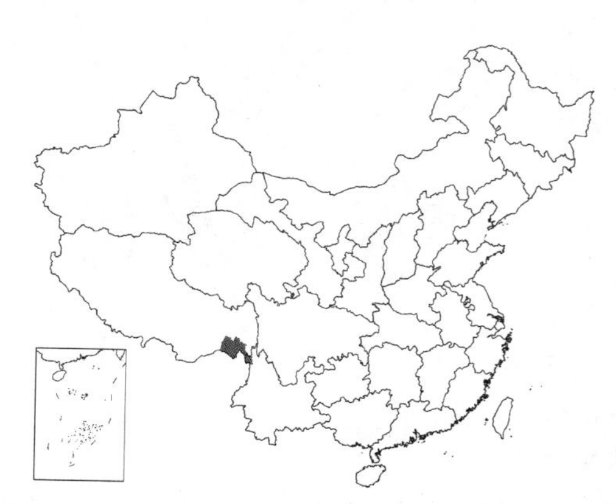

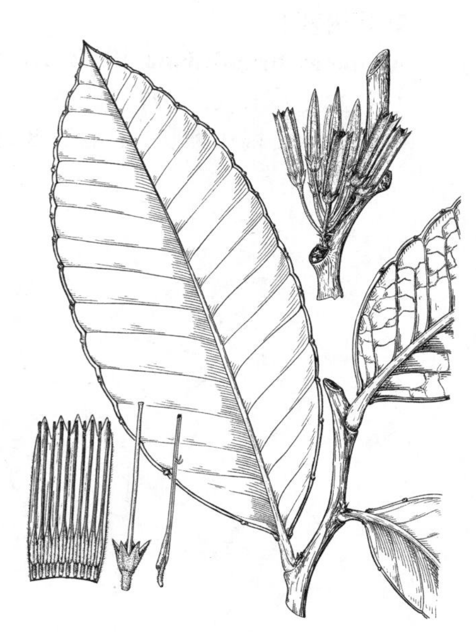

图 1154 毛花树萝卜 （引自《图鉴》）

产云南西北部及西藏东南部，生于海拔(900-)1200-1600米常绿林中，附生树上。缅甸有分布。

3. 缅甸树萝卜

图 1155

Agapetes burmanica W. E. Evans in Notes Roy. Bot. Gard. Edinb. 15: 199. t. 219. 1927.

常绿灌木，常附生，高达3(4)米。块根圆锥状或瘤状。茎无毛，径0.4-1厘米。叶假轮生，长圆状披针形，长10-25厘米，宽2-4.5厘米，革质，先端锐尖或短渐尖，基部圆或耳状，边

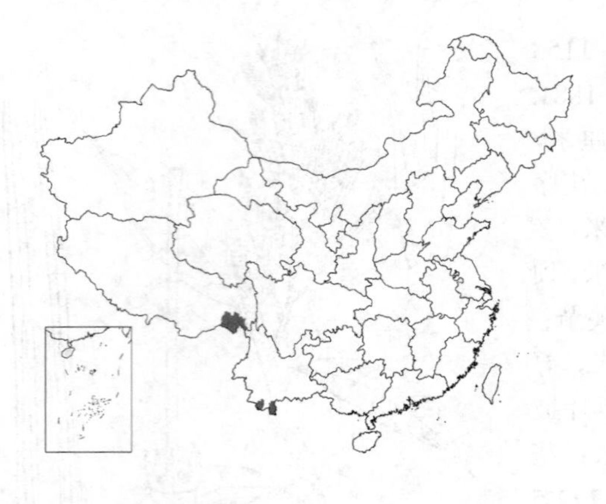

缘微波状，两面无毛，侧脉斜伸至边缘连成边脉；叶柄长2-3毫米或近无柄。总状花序生于老枝，少花，花序梗长0.5-1.5厘米，无毛；苞片长三角形，长1.5-3毫米。花梗长2.5-3厘米，无毛，向顶部扩大，与萼筒间有关节；萼筒长4-5毫米，无毛，裂片长约1厘米；花冠筒状，淡红或玫瑰红色，长4-6厘米，具几条深紫色V形横纹，裂片绿色，窄三角形，长约1.1厘米，平展；雄蕊与花冠近等长，花丝长约2毫米，药室长7-8毫米，密生小瘤突和微毛，药管长3.8厘米，背面中部有2长约1毫米的距。果大。花期9-12月，果期11月翌年1月。

产云南南部及西藏东南部，生于海拔720-1500米石灰岩山地疏林或灌丛中。缅甸有分布。

图 1155 缅甸树萝卜 （曾孝濂绘）

4. 环萼树萝卜 图 1156

Agapetes brandisiana W. E. Evans in Notes Roy. Bot. Gard. Edinb. 15: 201. f. 1, c. 1927.

常绿灌木。根纺锤状。枝径5-8毫米，具棱，无毛。叶互生，窄长圆形，长10-17厘米，宽2.5-3.8厘米，革质，先端略钝或锐尖，基部窄圆，全缘，两面无毛；叶柄近无。伞房花序生于老枝，花少数；花序梗短或近无。花梗长2.6厘米，顶端浅杯状；萼筒长约5毫米，中部有隆起水平环，裂片三角状披针形，长约3毫米；花冠管状，红色，长2.2-2.6厘米，具水平状V形带，裂片三角形，长5-6毫米，外弯；花丝长6-7毫米，基部与花冠筒合生，顶端具柔毛，药室长5-6毫米，具小瘤突，药管长1.7-2厘米，背面无距。果球形，径4毫米。果期2-4月。

产云南西南部，生于海拔1500-1800米雨林中，附生老树上。缅甸有分布。

［附］**棱枝树萝卜 Agapetes angulata**（Griff.）Hook. f. in Benth et Hook. Gen. Pl. 2: 571. 1876. —— *Ceratostemma angulatum* Griff. Notul. 4: 302. 1854. 与环萼树萝卜的区别：叶椭圆状披针形或披针形，疏生锯齿；萼筒长1.5-1.7厘米，圆锥状，微具5棱，花梗顶端稍膨大。花期2-3月。产云南西北部（独龙江河谷）及西藏东南部，生于海拔（750-）1200-1500米，附生树上。印度阿萨姆及缅甸东北部有分布。

图 1156 环萼树萝卜 （引自《图鉴》）

5. 皱叶树萝卜 图 1157

Agapetes incurvata（Griff.）Sleumer in Engl. Bot. Jahrb. 70：105. 1939.

Gaylussacia incurvata Griff. Ic. Pl. Asiat. t. 506. 1854.

常绿灌木。幼枝被硬毛。叶互生，卵状披针形或长圆形，长5-10厘米，宽2-3厘米，边缘常外卷，有锯齿，上面叶脉凹下，叶面绉突不平，两面无毛；近无叶柄。花序伞房状，下垂，少花；花序梗长约6毫米；苞片长约2毫米。花梗长1.8-3.8厘米，基部深红色；萼筒圆锥状，深红色，长约3毫米，具5条翅状棱，裂片长约5毫米；花冠筒状，长约1.9厘米，白、深红或紫色，具紫色或血红色V形横纹，有5棱，裂片短，三角形；花丝长3毫米，药室长4毫米，具小瘤突，药管长1.2厘米，背有细微的距。浆果宽半球形，长约8毫米，有5条棱翅。花期5-6月，果期6-7月。

产西藏南部，生于海拔1200-2400米铁杉-杜鹃林内，附生大树树干上。尼泊尔、锡金、不丹、印度东北部及孟加拉有分布。

图 1157 皱叶树萝卜 （曾孝濂绘）

6. 中型树萝卜 图 1158

Agapetes interdicta（Hand.-Mazz.）Sleumer in Engl. Bot. Jahrb. 70：106. 1939.

Pentapterygium interdictum Hand.-Mazz. in Anz. Akad. Wiss. Wien, Math.-Nat. 60：186. 1923.

Agapetes interdicta var. *stenoloba*（W. E. Evans）Sleumer；中国植物志 57(3)：184. 1991.

常绿小灌木，高达60厘米。茎细长，有锐棱，径1-3毫米，被微硬毛或具腺刚毛或近无毛。叶互生，椭圆形，长2-4.5厘米，全缘或近顶端疏生锯齿，无毛；叶柄长1-2毫米。花1-3朵或7花成短总状花序，腋生；花序梗长4-7毫米。花梗长0.4-1.3厘米，密被微柔毛和具腺短刚毛；萼朱红色，萼筒长3-4毫米，有5翅棱，裂片长卵状三角形，长0.6-1厘米，近膜质；花冠筒状，长2.2-3.4厘米，朱红色，裂片绿色，三角状钻形，长6-9毫米，外弯；花丝长4-5毫米，药室长0.5-1厘米，基部尾状，药管长1.7-2.1厘米，背面无距。花期3月，果期8月。

产云南西北部及西藏东南部，生

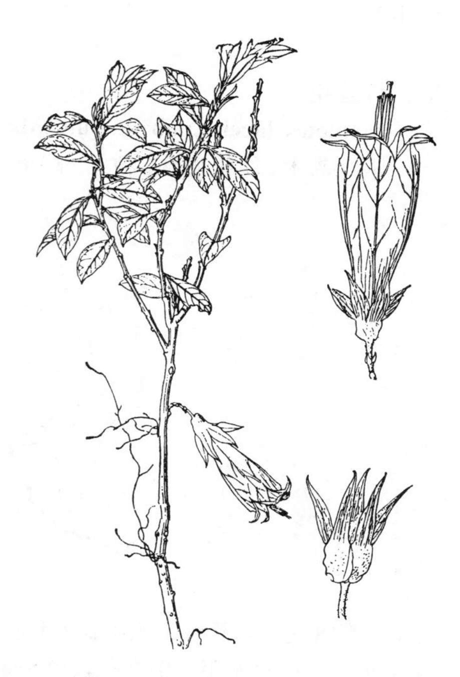

图 1158 中型树萝卜 （肖 溶绘）

于海拔2300-2900米常绿林内，附生树上。缅甸有分布。

7. 伞花树萝卜 柳叶树萝卜 图 1159

Agapetes forrestii W. E. Evans in Notes Roy. Bot. Gard. Edinb. 15: 202. t. 220. 1927.

Agapetes lacei auct non Craib: 中国高等植物图鉴 3: 193. 1974.

常绿灌木或小乔木，高达10米。枝径1-1.5毫米，密被刚毛，毛单一或分叉。叶互生。卵状披针形，长2.5-4厘米，宽0.8-1.2厘米，革质，先端渐尖，基部圆，疏生锯齿，外卷，上面灰绿色，下面苍绿色，两面无毛。花序伞房状，无毛，4-6花；花序梗长约2厘米；苞片小，早落。花梗长约1.5厘米，顶端棒状，被刚毛或柔毛或无毛；萼筒疏生刚毛，裂片三角形；花冠筒状，深红色，长约2厘米，有暗红色波状横纹，裂片三角形，绿色，长约2毫米；花丝长1毫米，药室长3.5毫米，药管长约1厘米，背面无距。果球形，径约5毫米。花期12月至翌年5月。

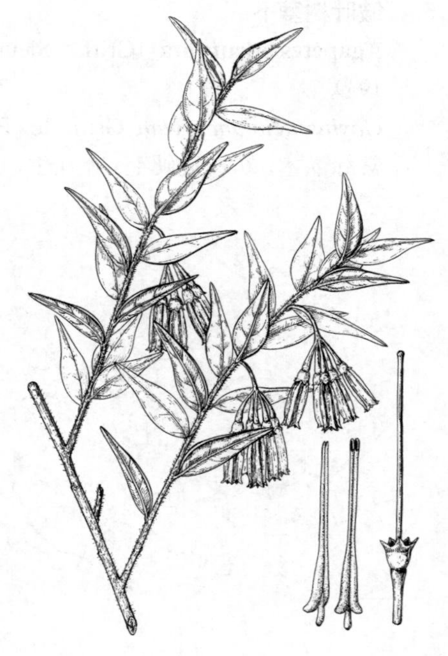

图 1159 伞花树萝卜 （引自《图鉴》）

产云南西部及西藏东南部，生于海拔1800-2700米林内，附生树上或岩石上。缅甸有分布。

8. 灯龙花 图 1160

Agapetes lacei Craib in Bull. Misc. Inf. Kew 1913: 43. 1913.

常绿灌木。块根瘤状。枝细，略下垂，密被褐色单一刚毛。叶互生，密集，椭圆形，长0.7-2厘米，边缘外卷，疏生锯齿，两面无毛；叶柄长1毫米，被微柔毛。花单生叶腋。花梗长1.5-1.8厘米，密被柔毛、具腺柔毛、绒毛或无毛；萼筒长约4毫米，被柔毛、绒毛，杂生具腺刚毛或无毛，裂片三角形，长2.8毫米；花冠筒状，深红色，长2-3厘米，外面无毛，裂片深绿色，三角形，长约8毫米，开展；花丝长1.5毫米，药室长7毫米，基部细尖，药管长1厘米，背面无距。果红色，径5-8毫米。花期1-6月，果期7月。

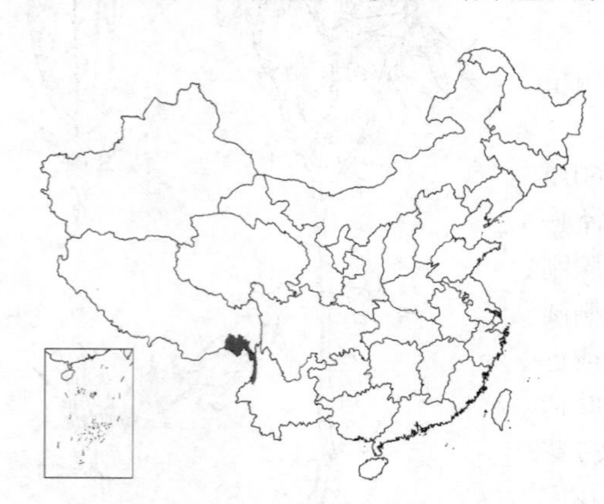

产云南西北部及西藏东南部，在海拔1000-2600米林中，附生树上、岩石上或悬崖上。缅甸有分布。

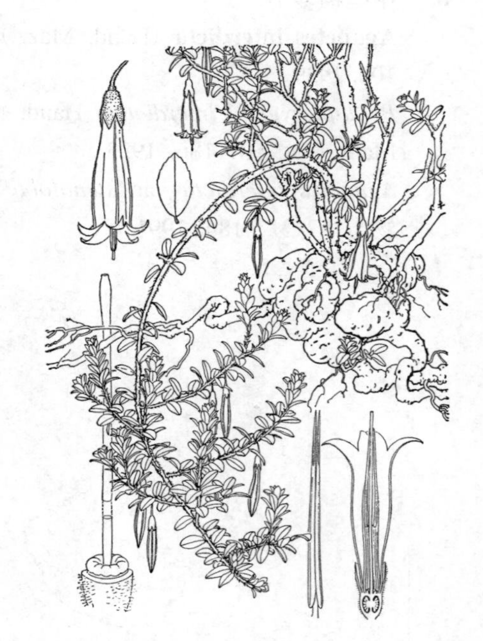

图 1160 灯龙花 （曾孝濂绘）

9. 五翅莓

图 1161

Agapetes serpens (Wight) Sleumer in Engl. Bot. Jahrb. 70: 105. 1939.

Vaccinium serpens Wight in Calc. Journ. Nat. Hist. 8: 171. 1847.

Pentapterygium serpens (Wight) Klotzsch; 中国高等植物图鉴 3: 192. 1974.

常绿灌木，高达60厘米。块根瘤状。枝条细，下垂，密被开展的具腺刚毛。叶互生，密集，近2列，叶长卵形或卵状长圆形，长1.2-2厘米，先端具小尖头，基部圆，中部以上有锯齿，上面深绿，干后有绉纹，下面色淡，两面无毛；叶柄长约1毫米，无毛。花单生或2-3花簇生叶腋。花梗长0.7-2.5厘米，密生具腺刚毛；花萼近钟状，长约7毫米，萼筒具5翅，沿翅有具腺刚毛，裂片卵状三角形，长约4毫米，边缘有具腺缘毛；花冠筒状，鲜红、桔红或淡红色，具深红色横纹，具5棱，沿棱有具腺疏柔毛，裂片三角形，长2-3（-6）毫米，反折；花丝长约3毫米，药室长约7毫米，有小瘤突，基部细尖，药管长1.2厘米，背面无距。果倒卵球形，具5翅，径约6毫米。花期5-6月，果期5-11月。

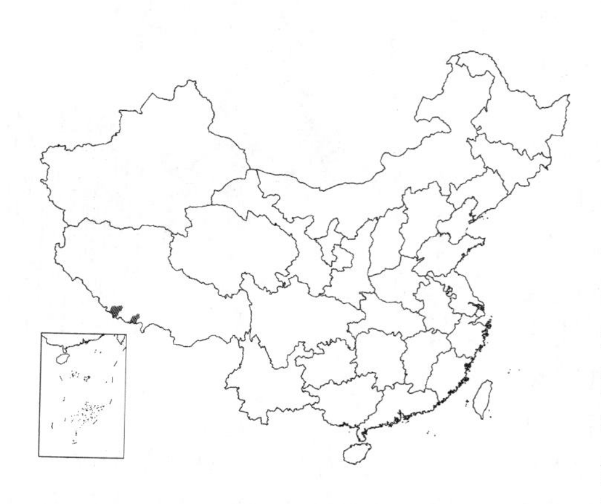

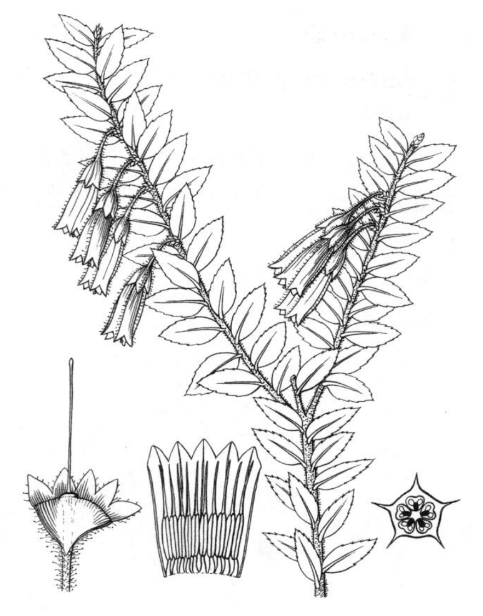

图 1161 五翅莓 （引自《图鉴》）

产西藏南部，生于海拔1200-2400米常绿林中，附生多苔藓的树干上或岩石上。尼泊尔、不丹、锡金及印度东部有分布。

10. 长圆叶树萝卜

图 1162

Agapetes oblonga Craib in Kew Bull. Misc. Inform. 1913: 43. 1913.

常绿灌木，稀小乔木。块根瘤状。枝密被白色柔毛和褐色具腺刚毛。叶互生，长圆形、卵形或长圆状披针形，长3.5-10厘米，全缘或中部以上有浅齿或顶端有几个锐齿，上面平或泡状隆起，下面无毛或沿脉疏生刚毛；叶柄长1-1.5毫米。花1-4朵簇生叶腋或老枝上；苞片、小苞片基生，线状披针形，长3-7毫米。花梗长0.6-2.5厘米，密被柔毛，有时杂生具腺刚毛或无毛，与萼筒间有关节；花萼红色或红色带绿，长4-5毫米，萼筒密被长硬毛，檐部疏生粗毛或无毛。裂片长1.5-2毫米；花冠筒状，朱红或洋红色，长1.3-1.9厘米，有5棱，沿棱疏生长硬毛或无毛，裂片绿或黄色，长约1.5毫米；花丝长4-9毫米，扁平，药室长2-4毫米，药管长2-3毫米，背面具短距。果球形，径4-5毫米。花期10月至翌年4月，果期3-5月。

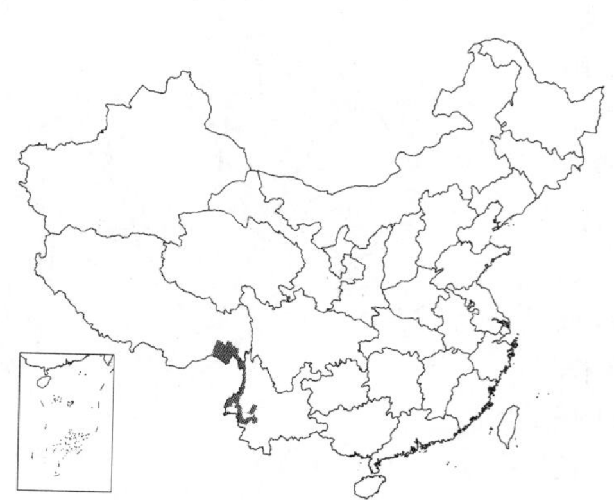

图 1162 长圆叶树萝卜 （李锡畴绘）

产云南西部及西北部、西藏东南部，生于海拔1300-1700（-2700）米常绿阔叶林内，附生树上或岩石上。缅甸有分布。

11. 倒挂树萝卜 图 1163

Agapetes pensilis Airy Shaw in Kew Bull. Misc. Inform. 1935: 52. 1935.

常绿灌木。根纺锤状，径约3.5厘米。枝细长，径1-2毫米，密被锈色或褐色长硬毛。叶互生，卵形、椭圆形或近圆形，长0.7-1厘米毫米，宽5-8毫米，革质，先端锐尖或圆，有小尖头，基部圆或宽楔形，全缘，疏生刚毛。上面干后灰绿色，多绉纹，疏生微毛，下面色淡，疏生或密生糙毛；叶柄长1毫米或近无柄。花单生或2-3朵簇生叶腋。花梗长1-3毫米，密生具腺长柔毛；萼筒密被具腺长柔毛，裂片三角状披针形，长约2毫米，有具腺柔毛；花冠筒状，白色有红色横纹，长1.6厘米，外面密被具腺长柔毛，裂片三角形，绿色，长约1毫米，直立或反折；花丝长约1.1厘米，密被柔毛，药室长3.5毫米，药管长约3毫米，背面有2上举的距。

图 1163 倒挂树萝卜 （引自《图鉴》）

产云南西北部及西藏东南部，生于海拔2300-2700(-3450)米林内，附生树上。缅甸有分布。

12. 红苞树萝卜 三齿越桔 图 1164

Agapetes rubrobracteata R. C. Fang et S. H. Huang in Acta Bot. Yunn. 5: 151. 1983.

Vaccinium chapaense Merr.; 中国高等植物图鉴 3: 197. 1974.

常绿灌木，高达2米。茎粗，分枝短而密集，无毛，幼枝被微毛，稀散生刚毛，有棱。叶互生，密集，倒卵形，长0.8-1.6厘米，先端钝或圆，基部楔形，中部以上有圆齿，两面无毛；叶柄长约2毫米，无毛或有微毛。花序短总状，顶生，2-3花，稀单花顶生或腋生；苞片叶状，绿色带红，草质，长1.3-1.5厘米，宽约1.1厘米，无毛，早落。花梗长约1毫米；小苞片2，长圆形，长4-6毫米；花萼长3-4毫米，无毛，裂片三角形，长约1毫米；花冠筒状，白、绿白或淡红色，长0.7-1.7厘米，外面无毛，内面密被柔毛，裂片长约1毫米；花丝长0.4-1.4厘米，扁平，被绵毛，药室长1-2毫米，具小瘤突，药管长1.5-2.5毫米，背面有2上举的距。果球形或椭圆状，径4-7（-10）毫米，熟后紫黑色，被白粉；果柄长5毫米。花期3-6月，果期10-12月。

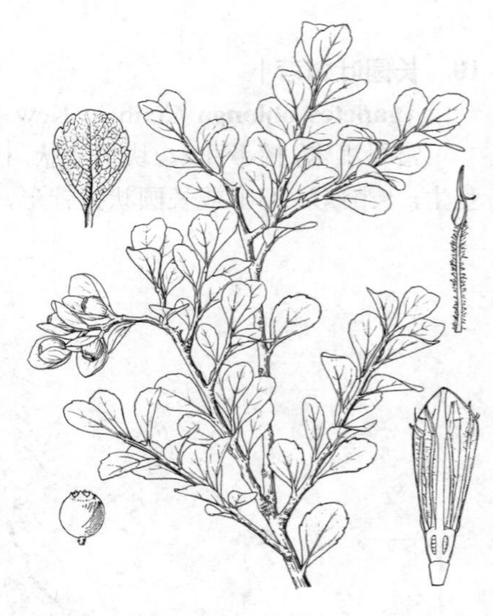

图 1164 红苞树萝卜 （引自《图鉴》）

产广西西部、贵州西南部、云南及四川中南部，生于海拔1000-2400(-3100)米苔藓林、干旱山坡灌丛、竹丛或石灰岩山顶林缘或灌丛中，地生或附生树干上。越南有分布。

93. 鹿蹄草科 PYROLACEAE

（周以良）

常绿草本状小亚灌木，根茎细长。单叶，基生或互生，稀对生或轮生，有细锯齿或不明显疏齿或近全缘；无托叶。花单生或成总状花序、伞房花序或伞形花序。两性花，整齐；萼5全裂；花瓣5；雄蕊10，花药顶孔裂，在芽内反折；子房上位，基部有花盘或无，5（4）心皮合生，胚珠多数，中轴胎座，花柱单一，柱头多少浅裂或圆裂。蒴果，5瓣裂。种子小，多数。

4属40余种，分布于北半球，主产温带和寒温带。我国4属33种4变种。

1. 叶基生、近基生或茎下部生；蒴果由基部向上纵裂；花单生或成总状花序。
 2. 总状花序；花瓣不水平张开，花冠碗状或钟状；蒴果裂瓣的边缘有蛛丝状毛。
  3. 花序的花不偏向一侧，轴光滑；花药有小角，光滑，子房基部无花盘 ………………… 1. **鹿蹄草属 Pyrola**
  3. 花序的花偏向一侧，轴有小疣；花药无小角，有小疣，子房基部有10齿裂花盘 …… 2. **单侧花属 Orthilia**
 2. 花单生于花葶顶端；花瓣水平张开，花冠成碟状；蒴果裂瓣的边缘无蛛丝状毛 …… 3. **独丽花属 Moneses**
1. 叶茎生；蒴果由顶部向下纵裂；伞房花序或伞形花序，有时单生 ……………………… 4. **喜冬草属 Chimaphila**

1. 鹿蹄草属 Pyrola Linn.

草本状小亚灌木；根茎细长。叶常基生，稀聚集茎下部互生或近对生。总状花序。花萼5全裂，宿存；花瓣5，脱落；雄蕊10，花丝扁平，无毛，花药有极短小角，顶端孔裂；子房上位，中轴胎座，5室，花柱单生，柱头下有环状突起或无，柱头5圆裂。蒴果下垂，由基部向上5纵裂，裂瓣边缘常有蛛丝状毛。

约30余种，主产北温带，亚热带山区有分布。我国27种3变种。

1. 叶肾形或心状宽卵形，基部心形。
 2. 叶心状宽卵形或肾圆形，上面绿色，下面带红紫色，有疏圆齿；萼片三角状卵形或近三角形；苞片卵形 ………………………………………………………………………………… 1. **紫背鹿蹄草 P. atropurpurea**
 2. 叶肾形或圆肾形，上面深绿色，下面淡绿色，有不整齐疏细锯齿；萼片半圆形或三角状半圆形；苞片窄披针形 ………………………………………………………………………… 2. **肾叶鹿蹄草 P. renifolia**
1. 叶其他形状，基部非心形。
 3. 花紫红色 …………………………………………………………………………… 3. **红花鹿蹄草 P. incarnata**
 3. 花白、绿、黄或黄绿色，有时带粉红色。
  4. 叶1（2）………………………………………………………………………… 4. **鳞叶鹿蹄草 P. subaphylla**
  4. 叶多数。
   5. 叶厚革质，粗糙，有皱。
    6. 叶有疏腺锯齿；萼片较大，卵状披针形或披针状三角形，先端渐尖 ……… 5. **皱叶鹿蹄草 P. rugosa**
    6. 叶有圆齿；萼片较小，三角形或三角状卵形，先端钝，稀尖 ………… 6. **大理鹿蹄草 P. forrestiana**
   5. 叶纸质或革质，平滑无皱，或稍皱。
    7. 萼片宽三角形、卵状三角形或三角状卵形。
     8. 叶长1-1.6厘米，宽1-1.2厘米，下面苍白色；萼片三角状卵形；花柱长3.5-5毫米，上部向上弯曲 ………………………………………………………………… 7. **绿花鹿蹄草 P. chlorantha**
     8. 叶长2厘米以上，宽1.5厘米以上，下面淡绿色。
      9. 萼片宽三角形或卵状三角形；长1-1.5（-1.8）毫米，花瓣宽卵形或长椭圆形，花柱长2-2.2毫米，直立，不伸出花冠 ………………………………………… 8. **短柱鹿蹄草 P. minor**

9. 萼片三角状卵形，长1.7–2.8毫米，花瓣倒卵状椭圆形，花柱长7–8毫米，倾斜，伸出花冠 ·· 8(附). **台湾鹿蹄草 P. morrisonensis**

7. 萼片其他形状。

10. 花柱长不及6毫米，几不伸出花冠或稍伸出花冠 ························ 9. **小叶鹿蹄草 P. media**

10. 花柱长6毫米以上。

11. 叶上面有淡绿白色脉纹，叶长圆形、倒卵状长圆形或匙形；萼片卵状长圆形，花柱顶端有环状突起 ······································· 10. **普通鹿蹄草 P. decorata**

11. 叶上面无淡绿白色脉纹，或不明显。

12. 叶窄长圆形，长为宽2.5–3倍，先端尖 ························ 11. **长叶鹿蹄草 P. elegantula**

12. 叶近圆形、宽卵形或椭圆形，长不及宽的2倍，先端钝或圆。

13. 萼片披针状三角形，花柱长1.1–1.3厘米；苞片线状披针形 ·············· 12. **日本鹿蹄草 P. japonica**

13. 萼片窄披针形、卵状披针形或舌形，花柱长不及1厘米；苞片披针形、长舌形或卵状披针形。

14. 萼片披针形，花柱顶端有环状突起 ························ 13. **圆叶鹿蹄草 P. rotundifolia**

14. 萼片舌形或卵状披针形，花柱顶端无环状突起或有不明显环状突起。

15. 叶下面淡绿色；花径约1厘米；萼片长3–4毫米，有疏细齿 ······ 14. **兴安鹿蹄草 P. dahurica**

15. 叶下面常有白霜；花径1.5–2厘米；萼片长（4）5–7.5毫米，近全缘 ························ 15. **鹿蹄草 P. calliantha**

1. 紫背鹿蹄草 图 1165

Pyrola atropurpurea Franch. in Journ. de Bot. 9: 372. 1895.

常绿草本状小亚灌木，高7–18厘米。叶2–4，基生，近纸质，肾圆形或心状宽卵形，长（1–）1.5–3厘米，宽（1–）1.2–3厘米，先端钝圆，基部心形，有疏圆齿，上面绿色，下面带红紫色；叶柄长2–4厘米。总状花序有2–4花，花倾斜，稍下垂。花冠碗形，白色；花梗长3–5毫米，腋间有膜质卵形苞片，先端尖，等于或长于花梗之半；萼片常带红紫色，较小，三角状卵形或近三角形，先端钝，有不整齐钝齿；花瓣长圆状倒卵形，长5–7毫米，宽3–4.5（–5）毫米，先端钝圆；雄蕊10，花药黄色；花柱长0.9–1.1厘米，倾斜，上部稍向上弯曲，伸出花冠，顶端有环状突起，柱头5圆裂。蒴果扁球形，径5–6毫米。花期6–7月，果期8–9月。

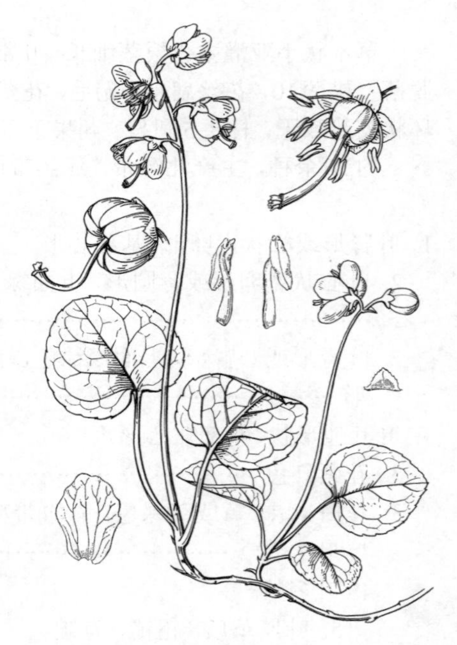

图 1165 紫背鹿蹄草 （许梅娟绘）

产陕西、甘肃东南部、西藏东南部、云南西北部、四川及河南西部，生于海拔1800–4000米山地针叶林、针阔叶混交林或阔叶林下。

2. 肾叶鹿蹄草 图 1166

Pyrola renifolia Maxim. in Mém. Acad. Sci. St. Pétersb. Sav. Etrang. 9: 190. 1859.

常绿草本状小亚灌木，高10–21厘米。叶2–6，基生，薄革质，肾形或圆肾形，长1–2.5（–3）厘米，宽1.5–3.5（–4）厘米，先端钝圆，基部深心形，有不整齐疏细锯齿，上面深绿

色，下面淡绿色；叶柄长2-5（-6）厘米。总状花序有2-5花，花倾斜。花冠宽碗状，白色微带淡绿色；花梗长3.5-5毫米，果期长5-8毫米，腋间有膜质窄披针形苞片，短于花梗之半；萼片较小，半圆形或三角状半圆形，有疏齿；花瓣倒卵圆形，长5-6.5毫米；雄蕊10，花药黄色；花柱长0.8-1.1厘米，倾斜，上部稍向上弯曲，伸出花冠，顶端成环状突起，柱头5圆裂。蒴果扁球形，径（4-）4.5-6（-6.5）毫米。花期6-7月，果期8-9月。

产黑龙江、吉林、辽宁、内蒙古东北部、河北北部及河南西部，生于海拔900-1440米山地云杉、冷杉、落叶松林下。朝鲜、日本及俄罗斯远东地区有分布。

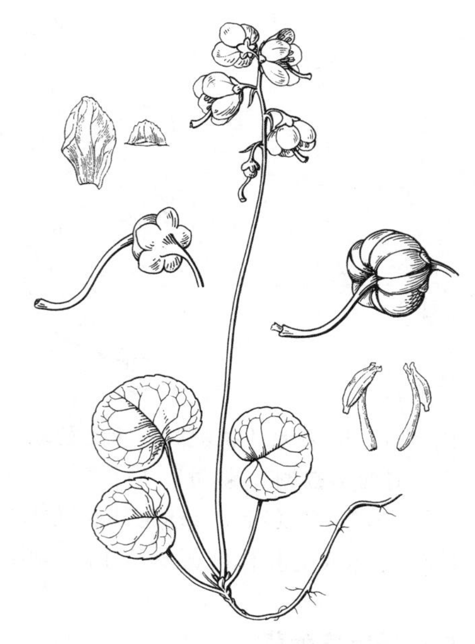

图 1166 肾叶鹿蹄草 （许梅娟绘）

3. 红花鹿蹄草

图 1167

Pyrola incarnata Fisch. ex DC. Prodr. 7: 773. 1839.

常绿草本状小亚灌木，高15-30厘米。叶3-7，基生，薄革质，近圆形、圆卵形或卵状椭圆形，长3.5-6厘米，先端钝圆，基部近圆或圆楔形，近全缘或有不明显浅齿，两面有时带紫色；叶柄长5.5-7厘米，有时带紫色。总状花序有7-15花。花倾斜，稍下垂，花冠碗形，紫红色；花梗长6-7.5毫米，腋间有膜质披针形苞片，长于花梗，稀近等长，先端渐尖；萼片三角状宽披针形；花瓣倒圆卵形；雄蕊10，花药紫色；花柱长0.6-1厘米，上部向上弯曲，顶端有环状突起，伸出花冠，柱头5圆裂。蒴果扁球形，径7-8毫米，带紫红色。花期6-7月，果期8-9月。

产黑龙江、吉林东部、辽宁、内蒙古、宁夏北部、河北、河南、山西及新疆北部，生于海拔1000-2500米针叶林、针阔叶混交林或阔叶林下。朝鲜、蒙古、俄罗斯及日本有分布。

图 1167 红花鹿蹄草 （许梅娟绘）

4. 鳞叶鹿蹄草

图 1168

Pyrola subaphylla Maxim. in Bull. Acad. Sci. St. Pétersb. 11: 433. 1867.

常绿草本状小亚灌木，高12-16（-20）厘米。叶1（2），生于茎基部，革质，卵状长圆形或椭圆形，长1.5-2（-2.5）厘米，先端钝尖，基部楔形或圆楔形，近全缘或有细疏齿；叶柄

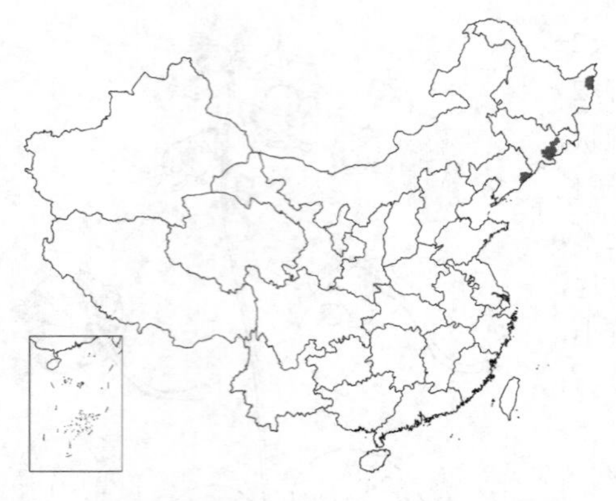

有窄翅，长1.5-2厘米。总状花序有6-10（-12）花，花倾斜，半下垂。花冠碗形，白色；花梗长4-5毫米，腋间有膜质苞片，宽披针形或近舌形，长于花梗；萼片卵状披针形；花瓣椭圆状倒卵形或倒卵状长圆形，长4.5-6毫米；雄蕊10，花药黄色；花柱长0.8-1厘米，倾斜，上部稍弯曲，顶端无环状突起，伸出花冠，柱头5圆裂。蒴果扁球形，径6-7毫米。花期6-7月，果期8-9月。

产黑龙江东部、吉林东部及辽宁东部，生于海拔700-1200米山地针阔叶混交林或阔叶林内苔藓丛生地。朝鲜、俄罗斯远东地区及日本有分布。

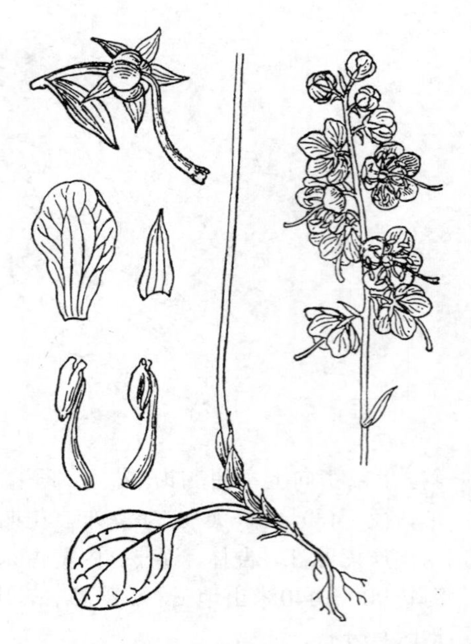

图 1168 鳞叶鹿蹄草 （许芝源绘）

5. 皱叶鹿蹄草 图 1169

Pyrola rugosa H. Andr. in Fedde, Repert Sp. Nov. 40: 233. 1936.

常绿草本状小亚灌木，高14-27厘米。叶（3）4-7，基生，厚革质，有皱，宽卵形或近圆形，长3-4.5厘米，先端钝，基部圆或圆截形，稀楔形，有疏腺锯齿，上面绿色，叶脉凹陷呈皱褶，下面常带红色；叶柄长（4-）4.5-6.5（-7）厘米。总状花序有（4-5）-13花，花倾斜，稍下垂。花冠碗形，白色；花梗长5-7毫米，腋间有膜质窄披针形苞片，稍长于花梗或近等长；萼片卵状披针形或披针状三角形，先端渐尖，全缘或有疏齿；花瓣圆卵形或近圆形，长6-8（9）毫米，宽4-6（7）毫米；雄蕊10，花药黄色；花柱倾斜，不伸出花冠或稍伸出，顶端有环状突起，柱头5圆浅裂。蒴果扁球形，径5-9毫米。花期6-7月，果期8-9月。

产陕西南部、甘肃南部、四川及云南，生于海拔1900-4000米山地林下或灌丛中。

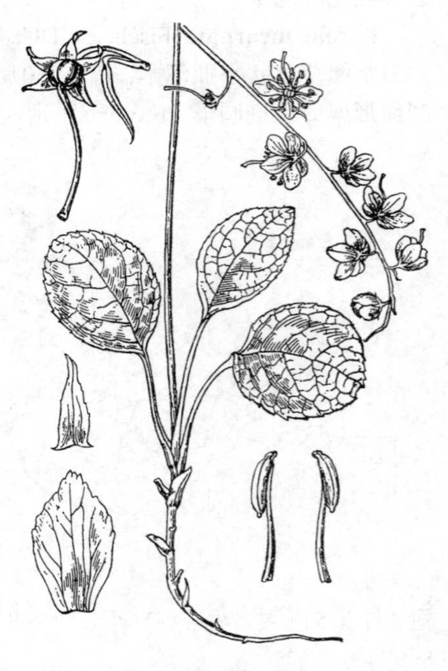

图 1169 皱叶鹿蹄草 （许芝源绘）

6. 大理鹿蹄草 图 1170

Pyrola forrestiana H. Andr. in Notes Roy. Bot. Gard. Edinb. 8: 8. pl. 5. 1913.

常绿草本状小亚灌木，高20-27厘米。叶3-7，基生，厚革质，粗糙，有皱，宽卵形、倒卵形或近圆形，长2.5-4（-4.5）厘米，先端钝圆，基部圆或圆截形，有圆齿，上面叶脉凹陷呈皱褶，下面淡绿色，常带红褐色；叶柄稍长或近等长于叶片。总状花序有（8-）10-12花，花倾斜，稍下垂。花冠碗形，黄绿色，外面带红色，脉绿色；花梗长0.5-1厘米，腋间有膜质长圆状披针形苞片，稍长于花梗；

萼片较小，长约花瓣1/3，三角形或三角状卵形；全缘；花瓣卵圆形或近圆形；雄蕊10，花药黄色；花柱长0.9-1厘米，倾斜，上部向上弯曲，稍伸出花冠，顶端有环状突起，柱头5浅圆裂。蒴果扁球形，径5-7毫米。花期7-8月，果期8-9月。

产四川西南部、云南及西藏东南部，生于海拔1500-3800米山地林下湿润地。

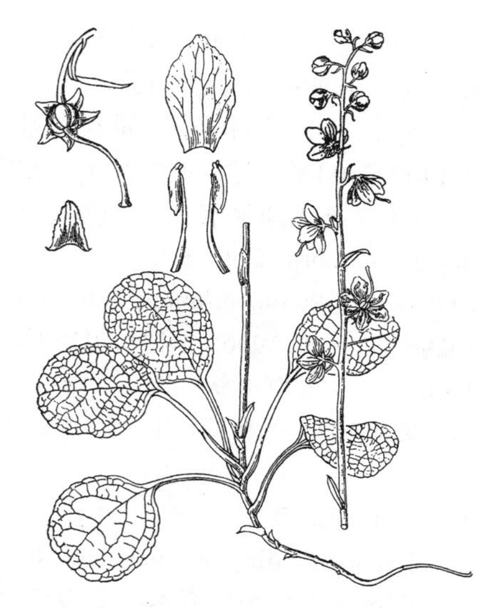

图 1170 大理鹿蹄草 （许芝源绘）

7. 绿花鹿蹄草

图 1171：1-3

Pyrola chlorantha Sw. in Kungl. Sv. Vet. -Akad. Handl. 31: 190. t. 5. 1810.

常绿草本状小亚灌木，高11-18厘米。叶2-4，基生，革质，宽椭圆形、卵状椭圆形或宽卵形，长1-1.6厘米，宽1-1.2厘米，先端钝圆，基部圆或圆楔形，有不明显疏齿，下面苍白色；叶柄长0.8-2厘米。总状花序有2-7花，花倾斜，稍下垂。花冠碗形，白色带绿或淡绿色；花梗长3-4毫米，腋间有披针形苞片，长3-3.8毫米，宽0.6-0.8毫米，近全缘；萼片5，三角状卵形，近全缘；花瓣5，倒卵状长圆形，长4-4.2毫米；雄蕊10，花药黄色；花柱长3.5-5毫米，倾斜，上部向上弯曲，伸出花冠，顶端有环状突起，柱头5圆裂。蒴果扁球形，径4-6毫米。花期7月，果期8月。

产内蒙古东北部，生于海拔1000米以下砂地樟子松林下。欧洲、俄罗斯及北美有分布。

图 1171：1-3.绿花鹿蹄草 4-8.台湾鹿蹄草 （许芝源绘）

8. 短柱鹿蹄草

图 1172

Pyrola minor Linn. Sp. Pl. 396. 1753.

常绿草本状小亚灌木，高（7-）12-20厘米。叶（3）4-8，茎生，纸质，宽椭圆形、近圆形或宽卵形，长（2-）2.5-3.5厘米，先端钝圆，基部圆，下面淡绿色，有浅圆齿；叶柄稍长于叶片或近等长。总状花序有7-20花，花倾斜，稍下垂。花冠球状，花瓣稍张开或几不张开，白或带淡红色；花梗长3-6毫米，腋间有膜质苞片，淡褐绿色，窄披针形，稍长于花梗；萼片宽三角形或宽卵状三角形，长为花瓣1/3；花瓣宽卵形或长椭圆形，长5-6毫米，先端凹入；雄蕊10，花药黄色；花柱长2-2.2毫米，直立，不伸出

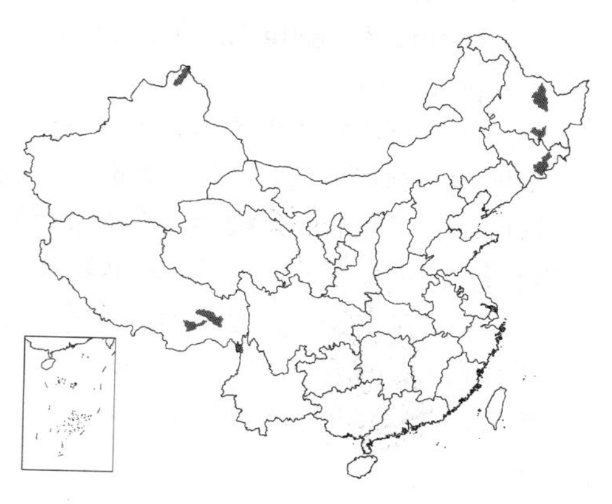

花冠，顶端无环状突起，柱头5圆裂。蒴果扁球形，径3.5-7毫米，宿存花柱直立。花期8月，果期9月。

产黑龙江、吉林东部、新疆北部、西藏东南部及云南西北部，生于海拔1400-3900米山地针叶林林下。朝鲜、俄罗斯、欧洲及北美有分布。

［附］**台湾鹿蹄草** 图 1171：4-8 **Pyrola morrisonensis** (Hayata) Hayata in Journ. Coll. Sci. Univ. Tokyo 25(19)：155 (Fl. Mont. Formos.) 1908. —— *Pyrola elliptica* Nutt. var. *morrisonensis* Hayata in Bot. Mag. Tokyo 20: 18. 1906. 本种与短柱鹿蹄草的区别：萼片三角状卵形，长1.7-2.8毫米，花瓣倒卵状椭圆形，花柱长7-9毫米，倾斜，伸出花冠。花期6月，果期7月。产台湾，生于海拔2300-3700米山地林下。

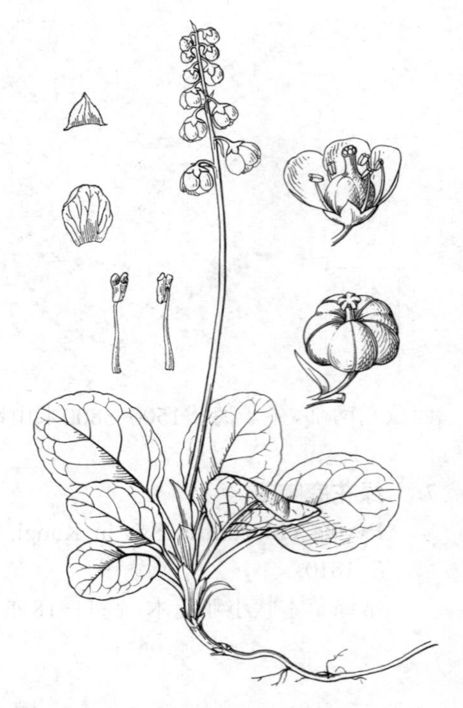

图 1172 短柱鹿蹄草 （许梅娟绘）

9. 小叶鹿蹄草 图 1173

Pyrola media Sw. in Kungl. Sv. Vet. -Akad. Handl. 257. f. 7. 1804.

常绿草本状小亚灌木，高10-30（-33）厘米。叶（3）4-6（7），基生，革质，近圆形、椭圆状圆形或宽卵形，长2.9-3.5厘米，先端钝圆，基部圆或楔圆形，边缘常稍内卷，有疏细齿，上部齿较密，呈小乳头状，上面脉明显，下面淡绿色；叶柄与叶片近等长，稀稍短。总状花序有5-12花，花倾斜，稍下垂。花冠碗形，白色或近基部带淡红色；花梗长3-5毫米，腋间有长圆形苞片，长于花梗；萼片三角状长圆形，先端尖，带淡红色；花瓣椭圆形或近圆形，长6-7毫米，全缘；雄蕊10，花药黄色；花柱长5-5.5毫米，倾斜，上部稍向上弯曲，稍伸出花冠，顶端有环状突起，柱头5浅裂。蒴果扁球形，径6.5-8毫米。花期6-7月，果期8-9月。

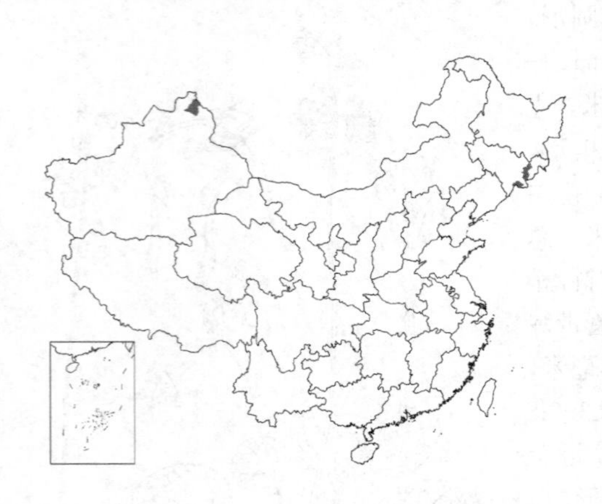

产吉林东南部及新疆北部，生于海拔1900-2600米针叶林下。俄罗斯、欧洲及中亚有分布。

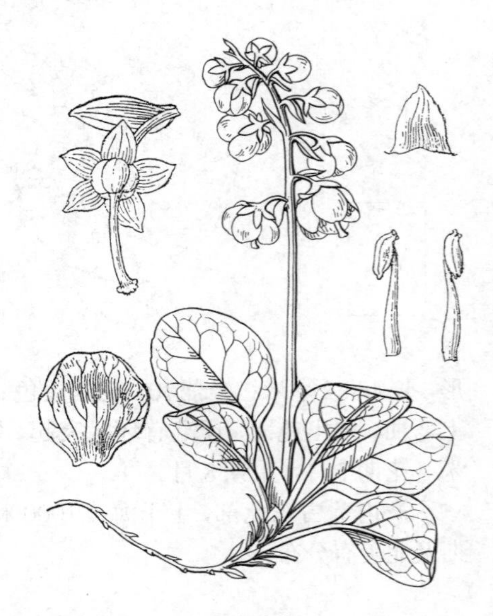

图 1173 小叶鹿蹄草 （许梅娟绘）

10. 普通鹿蹄草 图 1174 彩片 294

Pyrola decorata H. Andr. in Notes Roy. Bot. Gard. Edinb. 8(36)：78. pl. 3. 1913.

常绿草本状小亚灌木，高15-35厘米。叶3-6，近基生，革质，长圆形、倒卵状长圆形或匙形，有时为卵状长圆形，长（3-）5-7厘米，先端钝尖或钝圆，基部楔形或宽楔形，上面深绿色，沿叶脉淡绿白或稍白色，下面色较淡，常带紫色，有疏齿；叶柄较叶片短或近等长。总状花序有4-10花，花倾斜，半下垂。花冠碗形，淡绿、黄绿或近白色；花梗长5-9毫米，腋间有膜质披针形苞片，与花梗近等长；萼片卵状长圆形，长3-6毫米，先端尖；花瓣倒卵状椭圆形，长6-8（-10）毫米，先端圆；雄蕊10，花药黄

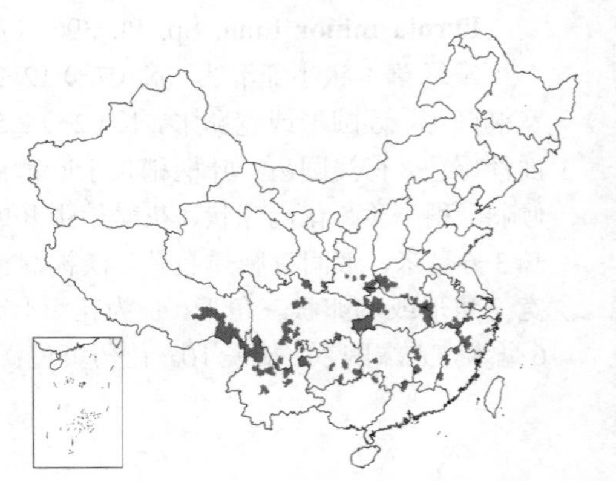

色；花柱长（0.5）0.6-1厘米，倾斜，上部弯曲，顶端有环状突起，稀不明显，柱头5圆裂。蒴果扁球形，径0.7-1厘米。花期6-7月，果期7-8月。

产河南、安徽、江苏、浙江、福建、江西、湖北、湖南、广东北部、广西东北部、贵州、云南、西藏、四川、陕西及甘肃东南部，生于海拔600-3000米山地阔叶林或灌丛下。药用，主治肺病、止咳、筋骨疼痛。

图 1174 普通鹿蹄草 （许梅娟绘）

11. 长叶鹿蹄草 图 1175

Pyrola elegantula H. Andr. in Hand.-Mazz. Symb. Sin. 7(4): 764. 1936.

常绿草本状小亚灌木，高14-25厘米。叶3-6，基生，薄革质，窄长圆形，长（3.5-）4-8厘米，先端尖，基部楔形，上面暗绿色，下面淡绿色，有疏细齿；叶柄长2-3厘米。总状花序有4-6花，花倾斜，半下垂。花冠宽碗状，径1.2-1.5厘米，白色，常带粉红色；花梗长4-9毫米，腋间有披针形膜质，长4-9毫米；萼片长舌形，向上渐窄，先端短渐尖；花瓣倒卵状长圆形，长0.7-1厘米，先端钝圆；雄蕊10，花药黄色；花柱长0.9-1.3厘米，倾斜，上部弯曲，顶端有环状突起，伸出花冠，柱头5圆裂。蒴果扁球形，径0.8-1厘米。花期6月，果期7月。

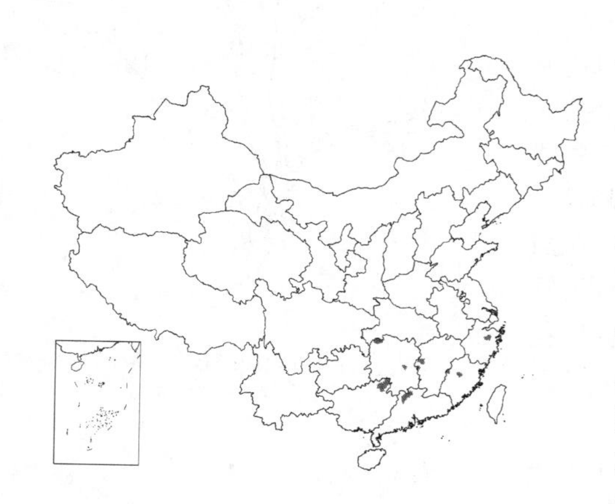

产浙江、福建、江西、湖北、湖南、广东东北部、海南及广西东北部，生于海拔1200-1780米山地林下。药用，治妇女产后痛。

图 1175 长叶鹿蹄草 （许梅娟绘）

12. 日本鹿蹄草 图 1176

Pyrola japonica Klenze ex Alef. in Linnaea 28:57. 1856.

常绿草本状小亚灌木，高15-30厘米。叶3-6（-8），基生，近革质，椭圆形或卵状椭圆形，稀宽椭圆形，长（2.5-）3-6厘米，近全缘或有不明显疏锯齿，上面深绿色，叶脉色较淡，下面绿色；叶柄长3-6厘米。总状花序有（3-）5-10（-12）花，花半下垂。花冠碗形，白色；花梗长4-6毫米，腋间有线状披针形苞片，稍长于花梗或近等长；萼片披针状三角形；花瓣倒卵状椭圆形或卵状椭圆形，长5-6.5毫米；雄蕊10；花柱长1.1-1.3厘米，倾斜，上部向上弯曲，顶端增粗，无环状突起，伸出花冠。蒴果扁球形，径6-7（8）毫米。花期6-7月，果期8-9月。

产黑龙江、吉林、辽宁、内蒙古、河北、河南及台湾，生于海拔800-2000米针阔叶混交林或阔叶林内。朝鲜、日本及俄罗斯远东地区有分布。

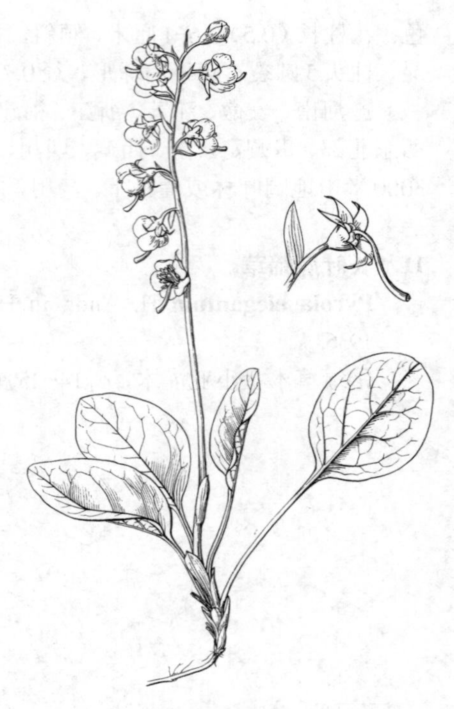

图 1176 日本鹿蹄草 （许梅娟绘）

13. 圆叶鹿蹄草 图 1177

Pyrola rotundifolia Linn. Sp. Pl. 396. 1753.

常绿草本状小亚灌木，高15-25（-30）厘米。叶4-7，基生，革质，圆形或圆卵形，长（2-）3-6厘米，有不明显疏圆齿或近全缘；叶柄长约叶片2倍或近等长。总状花序有（6-）8-15（-18）花，花倾斜，稍下垂。花冠广开，白色；花梗长4.5-5毫米，腋间有膜质披针形苞片，与花梗近等长或稍长；萼片窄披针形，长约为花瓣之半，先端渐尖，全缘；花瓣倒圆卵形，长0.6-1厘米；雄蕊10，花药黄色；花柱长0.8-1厘米，倾斜，上部向上弯曲，伸出花冠，顶端有环状突起，柱头5浅圆裂。蒴果扁球形，径（6）7-8毫米。花期6-7月，果期8-9月。

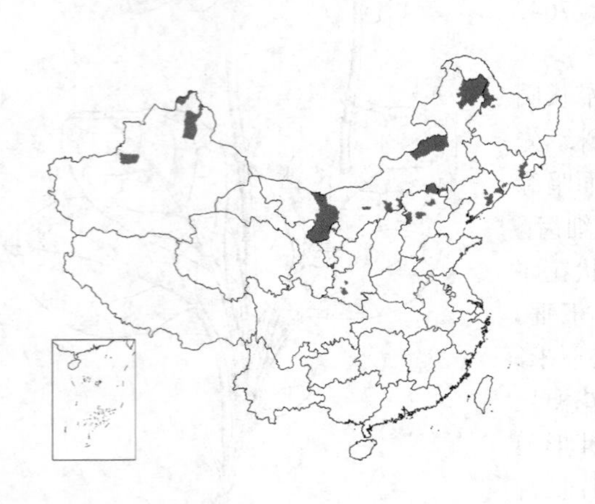

产黑龙江、吉林、辽宁、内蒙古、河北、陕西、宁夏及新疆，生于海拔1000-2000米山地针叶林、针阔叶混交林或阔叶林下。蒙古、俄罗斯及欧洲为其分布中心。

图 1177 圆叶鹿蹄草 （许梅娟绘）

14. 兴安鹿蹄草 图 1178

Pyrola dahurica（H. Andr.）Kom. in Acta. Hort. Petrop. 39: 96. 1923.

Pyrola americana Sw. γ. *dahurica* H. Andr. in Deutsch. Bot. Monatschr. 22: 50. 1911.

常绿草本状小亚灌木，高15-23厘米。叶（2）3-6（7），基生，革质，近圆形或宽卵形，长（2.5-）3-4.7厘米，宽（2.3-）2.5-4.3厘米，基部圆或圆楔形，下面淡绿色，近全缘或有不明显疏圆齿；叶柄长2.8-4.5厘米。总状花序有5-10花，花倾斜，稍下垂。花冠碗状，径约1厘米，白色；花梗长4-5毫米，腋间有舌形或卵状披针形苞片，较花梗长；萼片舌形，稀卵状披针形，长3-4毫米，先端尖或短渐尖，有疏细齿；花瓣宽倒卵形，长5-7毫米，先端钝圆；雄蕊10；花柱长6-7毫米，果期长0.9-1厘米，倾斜，上部向上弯曲，稍伸出花冠，顶端增粗，无环状突起或不明显，近果期有环状突起。蒴果扁球形，径4-6毫米。花期7月，果期8月。

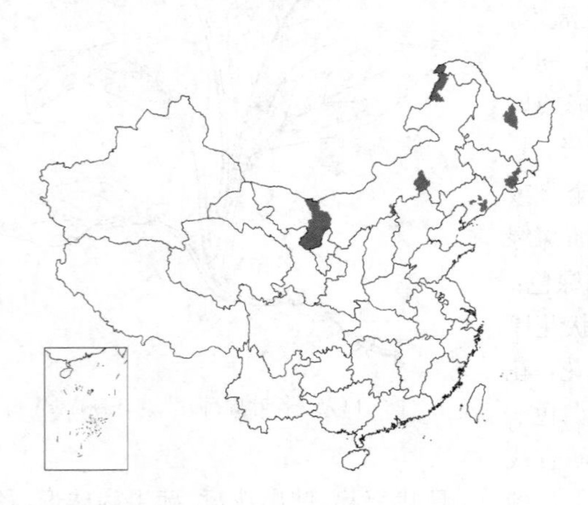

产黑龙江、吉林东南部、辽宁及内蒙古，生于海拔700-1800米针叶林、针阔叶混交林或阔叶林下。朝鲜及俄罗斯远东地区有分布。

15. 鹿蹄草 川北鹿蹄草 图 1179 彩片 295

Pyrola calliantha H. Andr. in Acta Hort. Gothob. 1: 173. f. 1: 9. 1924.

Pyrola rotundifolia Linn. subsp. *chinensis* H. Andr.; 中国高等植物图鉴 3: 13. 1974.

常绿草本状小亚灌木，高（10-）15-30厘米。叶4-7，基生，革质，椭圆形或圆卵形，稀近圆形，长（2.5-）3-5.2厘米，近全缘或有疏齿，下面常有白霜，有时带紫色；叶柄长2-5.5厘米。总状花序有9-13花，密生，花倾斜，稍下垂。花冠径1.5-2厘米，白色，有时稍带淡红色；花梗长5-8（-10）毫米，腋间有长舌形苞片；萼片舌形，长（4）5-7.5毫米，近全缘；花瓣椭圆形或倒卵形，长0.6-1厘米；雄蕊10；花柱长6-8（-10）毫米，近直立或上部稍向上弯曲，顶端增粗，有不明显环状突起。蒴果扁球形，径7.5-9毫米。花期6-8月，果期8-9月。

图 1178 兴安鹿蹄草 （引自《黑龙江植物志》）

产河北、山西、河南、山东胶东半岛、江苏西南部、安徽、浙江、福建、江西、湖北、湖南西南部、贵州东部、云南西北部、西藏东南部、青海东部、四川、陕西南部及甘肃中南部，生于海拔700-4100米山地针叶林、针阔叶混交林或阔叶林下。全草药用，作收敛剂，治虚痨，止咳，强筋健骨。

2. 单侧花属 Orthilia Rafin.

常绿草本状小亚灌木。叶在茎下部互生或近轮生。花小，总状花序，偏向一侧；花序轴有小疣。花萼5全裂；花瓣5，脱落；花盘10齿裂；雄蕊10，直立，花药无小角，顶孔裂，常有小疣，花粉粒离生；花柱细长，直立，柱头盘状。蒴果由基部向上5纵裂，裂瓣边缘有蛛丝状毛。

约4种，主产北半球温带、寒温带。我国2种1变种。

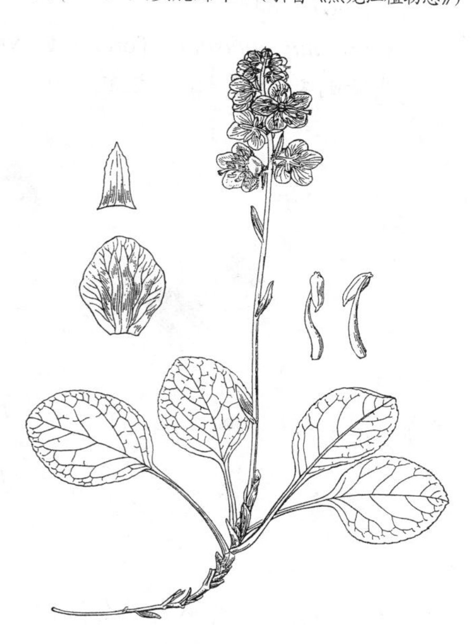

图 1179 鹿蹄草 （许芝源绘）

1. 叶长圆状卵形，长2.2-3.7厘米，先端尖；花序有8-15花 ………………………… 1. **单侧花 Orth. secunda**
1. 叶宽卵形，长1.2-2.3厘米，先端钝或近圆；花序有4-8花 ………………………… 2. **钝叶单侧花 Orth. obtusata**

1. 单侧花 图 1180

Orthilia secunda (Linn.) House in Amer. Midl. Nat. 7: 134. 1921.

Pyrola secunda Linn. Sp. Pl. 396. 1753.

Ramischia secunda (Linn.) Garcke; 中国高等植物图鉴 3: 19. 1974.

植株高10-20（-25）厘米。叶3-4（-5），轮生或近轮生于茎下部，1-2轮，薄革质，长圆状卵形，长2.2-3.7厘米，有圆齿。叶柄长1-1.5厘米。总状花序有8-15花，密生，偏向一侧。花冠卵圆形或近钟形，淡绿白色；花梗长3-3.2毫米，密生小疣，腋间有膜质苞片，宽披针形或卵状披针形；萼片卵圆形或宽三角形，有小齿；花

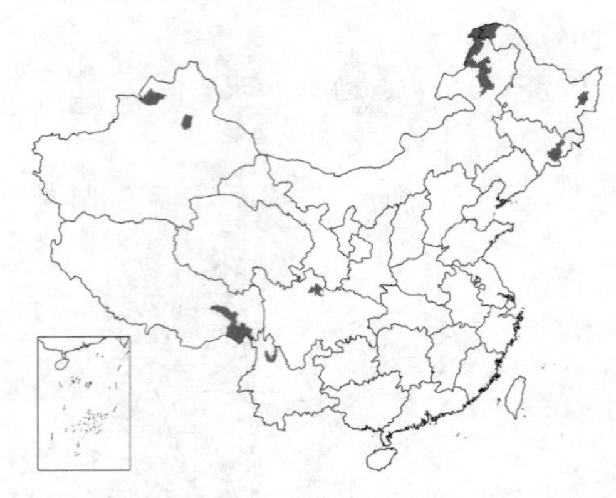

瓣长圆形，长4-4.5毫米，基部有2小突起，有小齿；花柱长5-5.5毫米。蒴果近扁球形，径4.5-6毫米。花期7月，果期7-8月。

产黑龙江东部、吉林东南部、辽宁东南部、内蒙古东北部、新疆北部、西藏东南部、四川北部及云南西北部，生于海拔800-2000米山地针阔叶混交林或暗针叶林下。朝鲜、蒙古、日本、俄罗斯、欧洲及北美有分布。

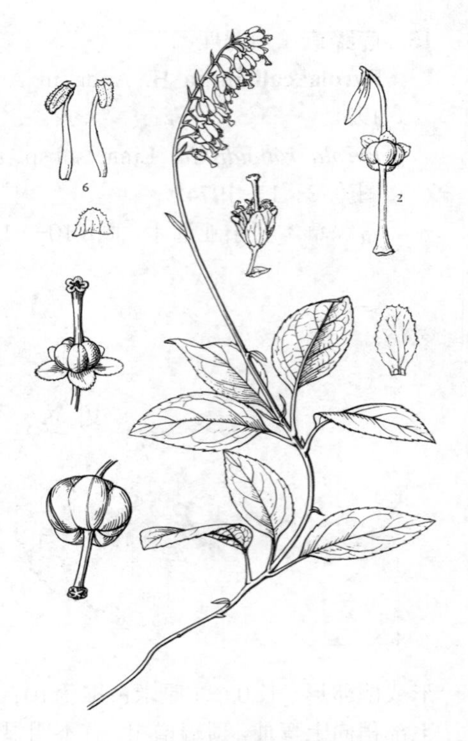

图 1180 单侧花 （许梅娟绘）

2. 钝叶单侧花 团叶单侧花 图 1181

Orthilia obtusata（Turcz.）Hara in Journ. Jap. Bot. 20: 328. 1944.

Pyrola secunda Linn. var. *obtusata* Turcz. in Bull. Soc. Nat. Mosc. 21: 507. 1848.

Ramischia obtusata（Turcz.）Freyn.；中国高等植物图鉴 3: 19. 1974.

植株高4-15厘米。叶近轮生于地上茎下部，薄革质，宽卵形，长1.2-2.3（-2.5）厘米，有圆齿；叶柄长0.6-1.1（-1.3）厘米。总状花序长1.4-2.5（-4）厘米，有4-8花，偏向一侧；花水平倾斜，或下部花半下垂。花冠卵圆形或近钟形，径3.5-4.2毫米，淡绿白色；花梗较短，密生小疣，腋间有膜质苞片，短小，宽披针形或卵状披针形；萼片卵圆形或宽三角状圆形，有齿；花瓣长圆形，长4-4.5毫米，基部有2小突起，有小齿；雄蕊10，花药有小疣，黄色；花柱直立，长4-5毫米，伸出花冠，顶端无环状突起，柱头5浅裂。蒴果近扁球形，径4.5-6厘米。

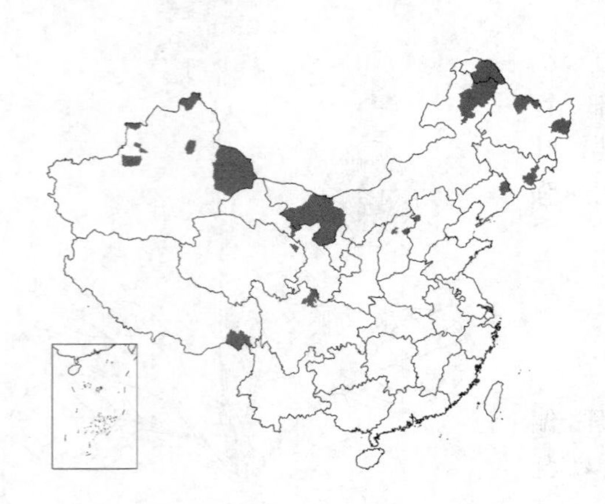

产黑龙江北部及东部、吉林东南部、辽宁东部、内蒙古、河北西部、山西、甘肃中部、青海东北部、新疆、西藏东南部及四川北部，生于海拔800-2000米山地针阔叶混交林或暗针叶林下。朝鲜、蒙古、日本、俄罗斯及北美有分布。

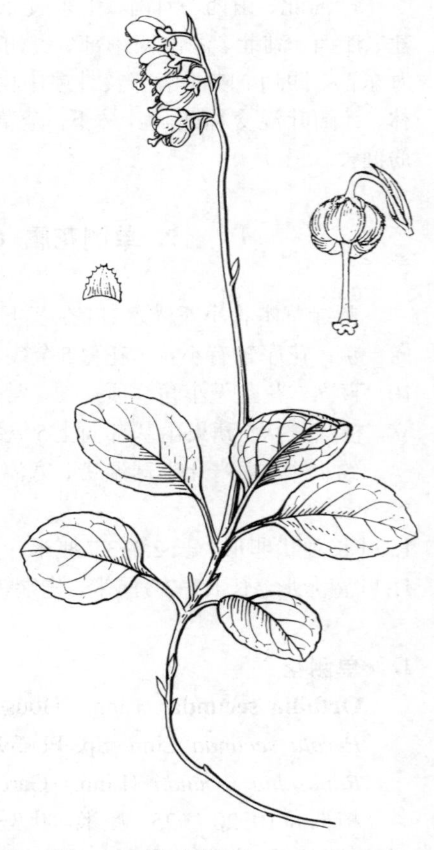
图 1181 钝叶单侧花 （许梅娟绘）

3. 独丽花属 Moneses Salisb. ex S. F. Gray

常绿矮小草本状亚灌木，高4-17厘米；根茎细，线状，有分枝。叶对生或近轮生于茎基部；叶薄革质，圆卵形或近圆形，长0.9-1.5（-2.2）毫米，先端钝圆，基部近圆或稍宽楔形，下延至叶柄，有锯齿，下面淡绿色；叶柄长4-8毫米。花葶有窄翅，有1-2鳞叶，花单生花葶顶端，半下垂。花萼5全裂；花瓣5，水平张开，花冠碟状，半下垂，白色，芳香；无花盘；雄蕊10，花药有较长的小角，顶端孔裂；花柱长3.5-5毫米，直立，柱头头状，5裂。蒴果近球形，径6-8毫米，由基部向上5纵裂，裂瓣边缘无蛛丝状毛。

单种属。

独丽花

图 1182 彩片 296

Moneses uniflora（Linn.）A. Gray, Man. Bot. Ed. 1: 273. 1848.

Pyrola uniflora Linn. Sp. Pl. 397. 1753.

形态特征同属。花期7-8月，果期8月。

产黑龙江、吉林南部、内蒙古西部、河北西部、山西北部、宁夏北部、甘肃中部、新疆北部、西藏东南部、四川、云南西北部及台湾，生于海拔900-3800米山地暗针叶林下。朝鲜、俄罗斯、日本、欧洲及北美有分布。

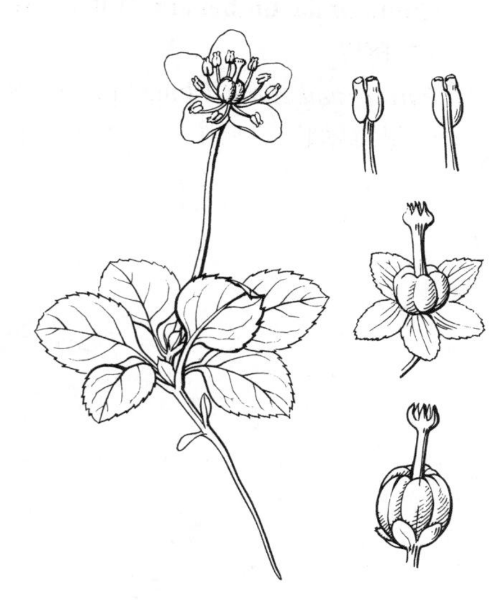

图 1182 独丽花 （许梅娟绘）

4. 喜冬草属 Chimaphila Pursh

小型草本状亚灌木。叶对生或轮生。花聚生茎端，成伞形花序或伞房花序，有时单生。萼片5，宿存；花瓣5；雄蕊10，花丝短，下半部膨大，花药有小角，短，顶孔开裂；花柱极短或近无花柱，柱头宽圆成盾状；花盘杯状。蒴果直立，由顶部向下5纵裂，裂瓣边缘无毛。

约10余种，主要分布北半球，东亚与北美较多。我国3种。

1. 叶宽披针形、长圆形或椭圆形，全部边缘有锯齿 ………… 1. **喜冬草 Ch. japonica**
1. 叶倒卵状长楔形或匙状倒披针形，中部以上有锯齿 ………… 2. **伞形喜冬草 Ch. umbellata**

1. 喜冬草 梅笠草

图 1183

Chimaphila japonica Miq. in Ann. Mus. Bot. Lugd.-Bat. 2: 165. 1866.

常绿草本状小亚灌木，高（6-）10-15（-20）厘米。叶对生或3-4枚轮生，革质，宽披针形、长圆形或椭圆形，长1.6-3厘米，宽0.6-1.2厘米，基部圆楔形或近圆，有锯齿，下面苍白色；叶柄长2-4（-8）毫米。花单1，有时2，顶生或叶腋生，半下垂，白色，径1.3-1.8厘米；萼片膜质，卵状长圆形或长圆状卵形，长5.5-7毫米，有不整齐锯齿；花瓣倒卵圆形，长7-8毫米；雄蕊10，花丝短，下半部膨大并有缘毛，花药有小角，顶孔开裂，黄色；花柱倒圆锥形，柱头圆盾形，5圆浅裂。蒴果扁球形，径5-5.5毫米。花期6-7（-9）月，果期7-8（-10）月。

产吉林东南部、辽宁、山西东南部、陕西南部、甘肃东南部、四川东

北部、西藏东南部、云南、贵州、湖南西北部、湖北西北部及西南部、安徽西部、河南西部、山东胶东半岛及台湾，生于海拔900-3100米针阔叶混交林、阔叶林或灌丛下。朝鲜、俄罗斯远东地区及日本有分布。

图 1183 喜冬草 （许梅娟绘）

2. 伞形喜冬草 伞形梅笠草 图 1184

Chimaphila umbellata (Linn.) W. Barton, Veg. Mat. Med. U. S. 1: 17. 1817.

Pyrola umbellata Linn. Sp. Pl. 396. 1753.

常绿草本状小亚灌木，高10-20厘米。叶近对生或多数轮生，厚革质，倒卵状长楔形或匙状倒披针形，长3.5-6厘米，上部最宽处0.8-1.5米，先端钝圆，基部窄楔形，下延至叶柄，中部以上有疏粗锯齿，下部全缘，上面暗绿色，有皱纹，下面苍白色；叶柄长2-5(-6)毫米。花（2-）3-8（-10）成伞形花序。花倾斜，白色，偶带红色，径0.8-1(1.2)厘米；花梗直立，有小疣；苞片宽线形，长3-4毫米，早落；萼片圆卵形，长1.5-2毫米，有细齿；花瓣倒卵形，长5.5-6毫米，先端钝圆；雄蕊10，花丝下半部膨大并有缘毛，花药有小角，顶孔开裂；近无花柱，柱头圆盾状，5圆浅裂。蒴果扁球形，径5-6毫米。花期6-7月，果期8月。

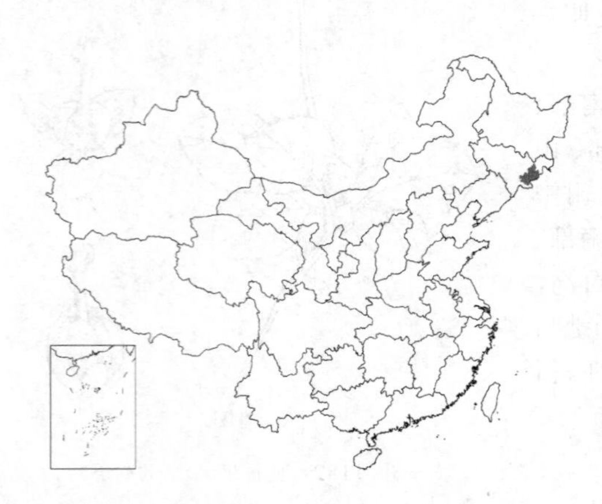

产吉林东南部，生于海拔1100米以下林下。日本、俄罗斯、欧洲及北美有分布。

图 1184 伞形喜冬草 （许梅娟绘）

94. 水晶兰科 MONOTROPACEAE

（周以良）

多年生腐生肉质草本，全株无叶绿素，白色，半透明。叶鳞片状，互生。花两性，整齐；单生或成总状花序。萼2-6全裂；花瓣3-6；雄蕊6-12，花药纵裂或横裂，在芽内直立；子房上位，中轴或侧膜胎座，胚珠多数，1-6室。蒴果或浆果。种子小，多数。

4属约10余种，分布于北温带。我国3属，7种1变种。

1. 子房1室，侧膜胎座；浆果，下垂或半下垂。
  2. 花单生茎顶；侧膜不分叉，与子房壁近垂直 ………………………………………… 1. **假水晶兰属 Cheilotheca**
  2. 花2-7成总状花序；侧膜向两侧分叉扩展成盾状，与子房壁近平行 ……………… 2. **沙晶兰属 Eremotropa**
1. 子房4-5室，中轴胎座；蒴果，直立 ……………………………………………………… 3. **水晶兰属 Monotropa**

1. 假水晶兰属 Cheilotheca Hook. f.

多年生腐生草本，全株无叶绿素，白色，半透明，干后黑色。叶鳞片状，互生。花单生茎顶，下垂。萼片2-5，鳞片状；花瓣3-5，离生，基部常成囊状；雄蕊6-10（-12），花药横裂；子房近球形或椭圆状球形，1室，无中心柱，侧膜胎座5-13；花柱短，圆柱状，柱头肥大，圆形如杯状。浆果，下垂。种子多数，无附属物。

约7种，主要分布于亚洲南部及东南部，日本等国也有分布。我国3种。

1. 花瓣内面有疏毛，子房无毛，花丝有毛 ………………………………………… 1. **球果假水晶兰 Cheil. humilis**
1. 花完全无毛 …………………………………………………………………………… 2. **大果假水晶兰 Cheil. macrocarpa**

1. 球果假水晶兰 图 1185

Cheilotheca humilis（D. Don）H. Keng in Reinwardtia 9(1): 83. 1974.

Monotropa humilis D. Don, Prodr. Fl. Nepal. 151. 1825.

植株高7-17厘米。叶互生，长圆形、宽椭圆形、宽倒卵形或披针状长圆形，长1-2厘米，宽0.4-1.2厘米，全缘或有细小齿，无毛。花单一，顶生，下垂。花冠管状钟形，长1.4-2.5厘米，径0.5-1.3厘米；萼片（2）3-5，长圆形；花瓣3-5，长方状长圆形，长1.4-2.5厘米，边缘外卷，基部成小囊状，内面有长毛；雄蕊8-12，花药被小疣，花丝有疏粗毛；子房无毛，侧膜胎座6-13，花柱长2-5毫米，柱头中央凹入呈漏斗状，有疏长毛。浆果近卵球形或椭圆形，下垂。种子多数，椭圆形或卵状椭圆形，淡褐色，有网状突起。花期6-7月，果期8-9月。

产黑龙江、吉林东南部、辽宁东部、安徽南部、浙江西部、台湾、湖北西部、云南及西藏东南部，生于海拔900-3100米针阔混交林或阔叶林下。朝鲜、俄罗斯远东地区、日本、印度、尼泊尔、锡金、不丹及缅甸有分布。

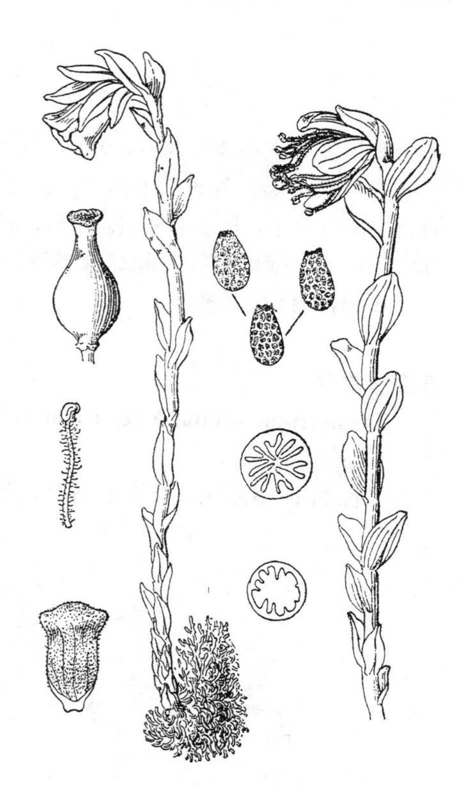

图 1185 球果假水晶兰 （许芝源绘）

2. 大果假水晶兰 拟水晶兰 图 1186 彩片 297

Cheilotheca macrocarpa（H. Andr.）Y. L. Chou in Bull. Bot. Res. (Harbin) 1(4): 116. 1981.

Monotropastrum macrocarpum H. Andr. in Notizbl. Bot. Gart. Berl. 12: 698. 1935; 中国高等植物图鉴 3: 22. 1974.

植株高8-20厘米；茎径3-6毫

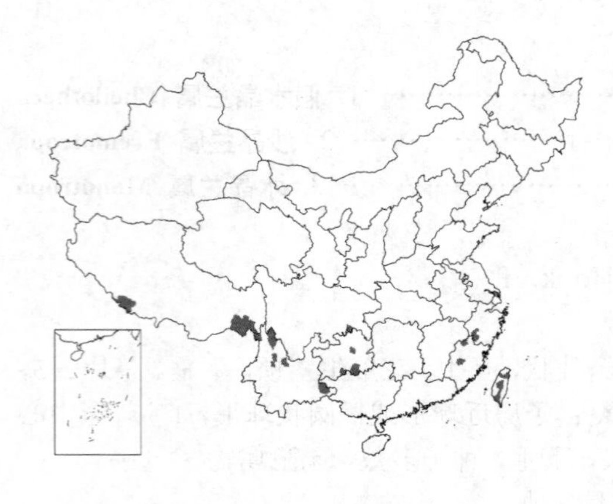

米。叶互生，长圆形或长圆状卵形，长1-1.9厘米，全缘。花单一，顶生，下垂，无毛。花冠管状钟形，长1.5-2.2厘米，径1.4-1.7厘米；萼片4-5，长圆形或长圆状卵形；花瓣4-5，长方状长圆形，长1.8-2厘米，反卷，基部成小囊状，两面无毛；雄蕊8-10，紧贴柱头周缘，花丝无毛；子房无毛，侧膜侧座5-8，花柱粗，长2-3毫米，柱头中央凹入呈漏斗状。浆果椭圆状球形或宽椭圆形，长2.3-2.5厘米，径1.8-2厘米，下垂。种子宽椭圆形或椭圆形，有网状突起。花期（4）5-6（7）月，果期7-8（9）月。

产浙江南部、福建、台湾、贵州、云南、四川及西藏，生于海拔800-3100米林下。缅甸北部有分布。

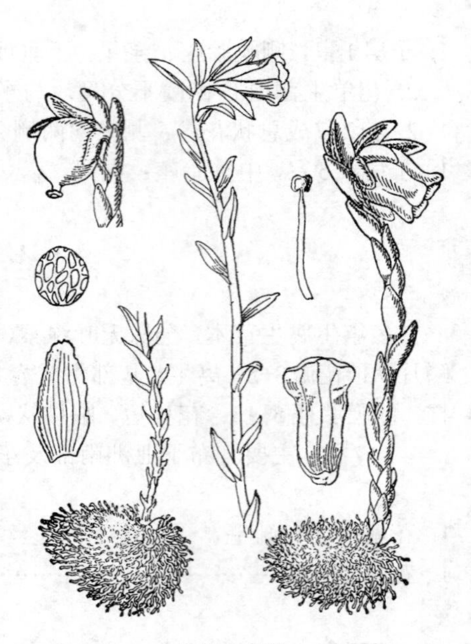

图 1186 大果假水晶兰 （仿《图鉴》）

2. 沙晶兰属 **Eremotropa** H. Andr.

多年生腐生草本，肉质，全株无叶绿素。花成总状花序。花较大，倾斜，半下垂；花梗明显，有疣状毛；花冠管形或管状钟形；花梗有苞片2，近对生；萼片4-5，离生；花瓣4-5，离生；雄蕊8-10，等长，花丝无毛，花药横裂，花粉粒小，极多数；花柱细长或粗短，柱头头状；子房球形，1室，侧膜胎座4-5，侧膜向两侧分叉扩展成盾状，与子房壁近平行；胚珠极多数。浆果，不裂，半下垂。

我国特有属，2种。

五瓣沙晶兰 图 1187

Eremotropa wuana Y. L. Chou in Bull. Bot. Res.（Harbin）1(4)：117. pl. 3. 1981.

植株高4-10厘米，全株半透明，无毛。叶互生，卵状长圆形，全缘或有疏齿。总状花序常2-3花；总苞片2，近对生，倒披针形；花序轴有疣状毛。花倾斜；花冠管状钟形；花梗有疣状毛；苞片2，披针形，基部常具疣状毛的短柄，有疏齿；萼片5，卵状椭圆形，长约为花瓣2/3，上部有不整齐的齿；花瓣5，楔状长圆形，长0.9-1厘米，先端圆截而外卷；雄蕊10；花柱粗，长0.5-1厘米，柱头肥大，中央五棱状凹入；子房无毛，1室，侧膜胎座5。浆果球形，径1-1.5厘米，半下垂。种子极多数，有光泽及螺纹突起。花期10-11月，果期11月。

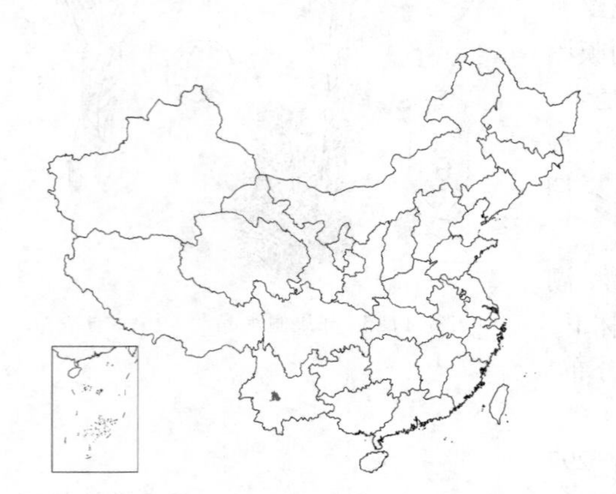

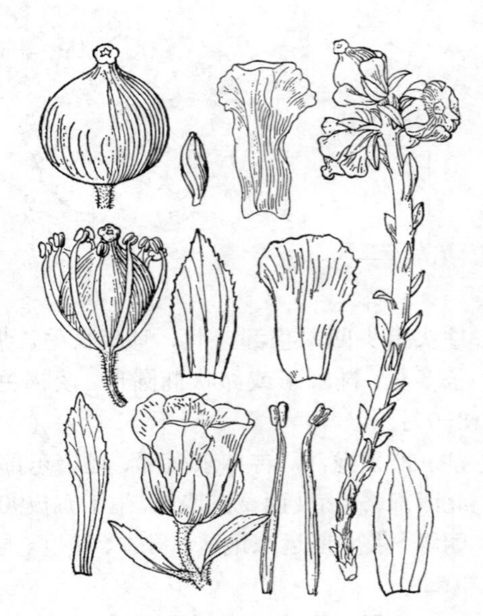

图 1187 五瓣沙晶兰 （许芝源绘）

产云南景东县无量山，生于海拔约2600米湿润山坡的朽木上。

3. 水晶兰属（松下兰属）**Monotropa** Linn.

多年生草本，腐生，全株无叶绿素。茎肉质不分枝。叶鳞片状，互生。花单生或多数成总状花序；花初下垂，后直立；苞片鳞片状。萼片4-5，鳞片状，早落；花瓣4-6，长圆形；雄蕊8-12，花药短，平生；花盘有8-12小齿；子房4-5室，中轴胎座，花柱直立，短粗，柱头漏斗状，4-5圆裂。蒴果直立，4-5室。种子有附属物。

约10种，主要分布于北半球。我国2种1变种。

1. 花多数，聚成总状花序。
   2. 茎、花梗、花萼、花瓣、花丝、子房、花柱均无毛 ………………………………………… 1. **松下兰 M. hypopitya**
   2. 茎、花梗、花萼、花瓣、花丝、子房、花柱均被白色粗毛 … 1(附). **毛花松下兰 M. hypopitya** var. **hirsuta**
1. 花单一，顶生 ……………………………………………………………………………… 2. **水晶兰 M. uniflora**

1. 松下兰　　图 1188：1

Monotropa hypopitys Linn. Sp. Pl. 387. 1753.

Hypopitys monotropa Grantz；中国高等植物图鉴 3：23. 1974.

植株高8-27厘米，全株半透明，肉质。叶鳞片状，直立，互生，上部较稀疏，下部较紧密，卵状长圆形或卵状披针形，长1-1.5厘米，宽5-7毫米，先端钝，近全缘，上部常有不整齐锯齿。总状花序有3-8花；花初下垂，后渐直立。花冠筒状钟形，长1-1.5厘米，径5-8毫米；苞片卵状长圆形或卵状披针形；萼片长圆状卵形，长0.7-1厘米，早落；花瓣4-5，长圆形或倒卵状长圆形，长1.2-1.4厘米，先端钝，上部有不整齐锯齿，早落；雄蕊8-10，花丝无毛；子房无毛，中轴胎座，4-5室，花柱直立，长2.5-4（-5）毫米。蒴果椭圆状球形，长0.7-1厘米，径5-7毫米。花期6-7（8）月，果期7-8（9）月。

产黑龙江南部、吉林东南部、辽宁、河北西部、山西北部、河南、陕西、甘肃东部、新疆北部、青海东北部、四川、湖北西部及台湾，生于海拔1700-3650米山地阔叶林或针阔叶混交林下。朝鲜、俄罗斯、日本、欧洲及北美有分布。

［附］**毛花松下兰** 图 1188：2-5 **Monotropa hypopitys** var. **hirsuta** Roth, Tent. Fl. Grem. 2：462. 1789. —— *Hypopitys monotropa* Grantz var. *hirsuta* Roth.；中国高等植物图鉴 2：23. 1974. 与模式变种的区别：茎、花梗、花萼、花瓣、雄蕊、子房、花柱均被白色粗毛，有时上部叶下面基部被毛。产安徽、福建、台湾、江西、湖北、湖南、山西及西藏，生于海拔1550-4000米阔叶林或针叶林下。俄罗斯及北美有分布。

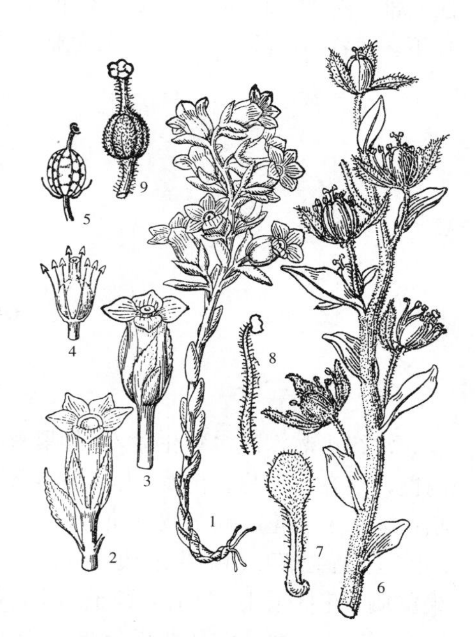

图 1188：1.松下兰 2-5.毛花松下兰
（引自《图鉴》《中国植物志》）

2. 水晶兰　　图 1189

Monotropa uniflora Linn. Sp. Pl. 387. 1753.

植株高10-30厘米，全株无叶绿素，白色，肉质。茎不分枝。叶鳞片状，直立，互生，长圆形、窄长圆形或宽披针形，长1.4-1.5厘米，宽4-4.5毫米，先端钝，无毛或上部叶稍有毛，近全缘。花单一，顶生，先下垂，后直立。花冠筒状钟形，长1.4-2厘米，径1.1-1.6厘米；苞片鳞片状，与叶同形；萼片鳞片状，早落；花瓣5-6，离生，楔形或倒卵状长圆形，长1.2-1.6

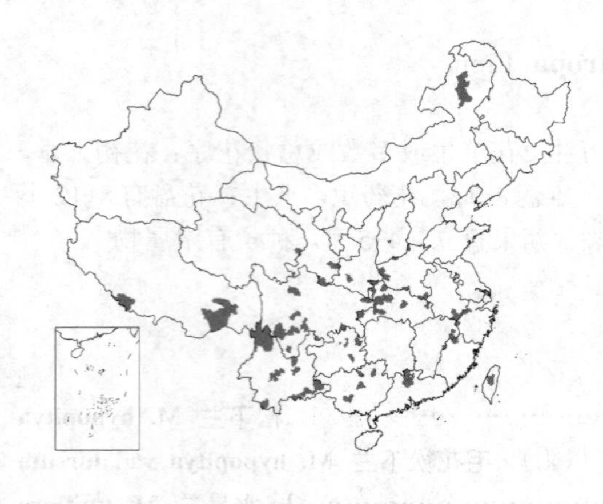

厘米，上部最宽5.5-7毫米，有不整齐的齿，内侧常有密长粗毛，早落；雄蕊10-12，花丝有粗毛，花药黄色；花盘10齿裂；子房5室，中轴胎座，花柱长2-3毫米。蒴果椭圆状球形，直立，长1.3-1.4厘米。花期8-9月，果期（9）10-11月。

产内蒙古东北部、山西南部、河南、陕西南部、甘肃东南部、青海东部、西藏、四川、云南、贵州、湖北、江西、安徽南部、浙江西部、福建东北部、台湾、广东北部及广西，生于海拔800-3850米山地林下。俄罗斯、日本、印度、东南亚及北美有分布。

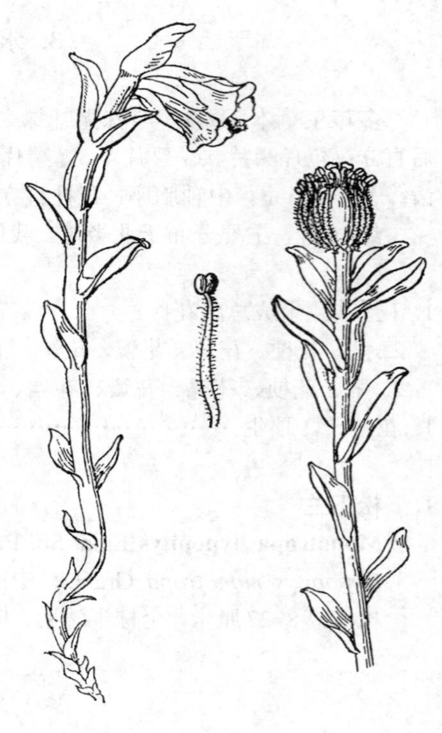

图 1189 沙晶兰 （许芝源绘）

95. 岩梅科 DIAPENSIACEAE

（覃海宁 傅晓平）

常绿小灌木或多年生草本，具紧密或疏散莲座状基生叶丛。具花葶；花单生或为伞形总状花序或头状花序。花两性，整齐；萼片、花瓣、雄蕊均5数；有2苞片；萼片分离，稀合生，宿存；花冠深裂，漏斗状钟形或高脚碟状；雄蕊生于花冠喉部或弯缺处，与裂片互生，或与退化雄蕊（与花冠裂片对生）成环状连合，花丝粗厚，花药1-2室，药隔上部互相贴生或边缘分离药室；子房上位，3心皮合生，3室，每室胚珠多数，中轴胎座，花柱单一。蒴果革质，花柱顶生，宿存。种子细小，种皮膜质或革质。

6属20余种，常环北极分布，向南至印度和我国。我国3属7种和2变种1变型。

1. 常绿平卧亚灌木，高2-10厘米；叶长0.3-1厘米，全缘，具鞘状叶柄；花单生枝顶，几无花梗，果期伸长；无退化雄蕊或具距状突起的微小退化雄蕊 …………………………………………… 1. **岩梅属 Diapensia**
1. 多年生草本，具细长斜生或横生根状茎和基生叶丛；叶长2-12厘米，全缘或有钝齿，具长柄，柄非鞘状；花单生或成伞形总状花序，具长的花葶（花序梗），自基部发出，通常具退化雄蕊，退化雄蕊鳞片状或条状匙形。
  2. 叶和花冠裂片全缘；顶生伞形总状花序具7-13花，雄蕊和具退化雄蕊连合成环状，着生花冠筒基部 ……………………………………………………………………… 2. **岩匙属 Berneuxia**
  2. 叶和花冠裂片常有锯齿或撕裂状；花单生顶端，具长梗；雄蕊和退化雄蕊（如有）离生或分成上下两层 ……………………………………………………………………… 3. **岩扇属 Shortia**

1. 岩梅属 Diapensia Linn.

常绿垫状平卧亚灌木，通常多分枝，高2-10（-15）厘米，无毛。叶小，互生，匙状椭圆形、宽椭圆形或卵形，长0.4-1厘米，全缘，具鞘状叶柄。花单生枝顶，直立，花梗几无（果期伸长）；萼片5，宽卵形，先端钝或具短尖头；花冠白、黄或紫玫瑰色；漏斗状钟形或高脚状碟形，5浅裂，裂片开展而先端钝；雄蕊5，生于花冠筒喉部，花丝宽短，花药钝尖，2室，纵裂；退化雄蕊无或极小；子房球形，3室，胚珠多数，倒生，花柱直立，柱头3浅裂。蒴果近球形，3室，室背开裂，每室具多数种子。种子近方体形，种皮海绵状，胚乳丰富，胚近圆柱形，胚根近种脐。

6种，产我国西南部和缅甸、锡金、日本、俄罗斯、北欧及北美。我国4种1变种1变型。

1. 叶先端尖或渐尖，上面通常平滑而具光泽，有多数气孔 ………………………… 1. **喜马拉雅岩梅 D. himalaica**
1. 叶先端圆钝或圆，上面通常具皱纹和乳头状突起，无光泽或微具光泽，无气孔。
  2. 花蔷薇色 ……………………………………………………………… 2. **红花岩梅 D. purpurea**
  2. 花白色 ……………………………………………………… 2(附). **白花岩梅 D. purpurea f. albida**

1. 喜马拉雅岩梅

图 1190

Diapensia himalaica Hook. f. et Thoms. in Kew Journ. 9: 372. t. 12. 1857.

常绿平卧铺地亚灌木，高约5厘米，多分枝，丛生。叶螺旋状互生，密集，革质，倒卵形或倒卵状匙形，长3-4毫米，先端尖，稀钝尖，基部下延于宽叶柄，全缘，不反卷或微反折，上面平滑，具光泽，密生气孔，下面淡绿色，中脉在上面平或下陷，侧脉不明显；叶柄具翅，上面具宽沟，长1.5-2毫米。花蔷薇色，几无梗；萼片5，分离，紫红色，卵形，果期增大，卵状椭圆形或近平截，长3-4毫米；花冠钟状，花冠筒部长约为萼片2倍，檐部5裂，裂片长约6毫米，开展，圆形；雄蕊5，花药短，几无花丝；子房球形，3室，每室具多数胚珠，花柱直立，无毛，柱头头状，微3浅裂。蒴果球形，径3-4毫米；包被于增大的花萼内，紫红或淡红色。花期5-6月，果期8月。

图 1190 喜马拉雅岩梅 （引自《图鉴》）

产云南西北部及西藏东南部，生于海拔3900-5000米山坡或垭口草丛中岩壁上。锡金及缅甸北部有分布。

2. 红花岩梅

图 1191 彩片 298

Diapensia purpurea Diels in Fedde, Repert. Sp. Nov. 10: 419. 1914.

常绿垫状平卧亚灌木，高3-6厘米，多分枝，主茎极短，主根圆柱形，粗壮。叶密生茎上，革质，匙状椭圆形或匙状长圆形，长3-4(5)毫米，先端圆，基部具宽翅下延于叶柄成鞘状，全缘，反卷，上面无气孔，有细乳头状突起，常具皱纹，深绿色；叶柄具窄翅，下部膨大，

图 1191 红花岩梅 （引自《图鉴》）

包茎，长2-5毫米。花蔷薇紫或粉红色，几无梗；萼片5，分离，匙形或长圆形，长5-6毫米；花冠筒长5-6毫米，圆筒形，檐部5裂，裂片卵圆形，长约6毫米，先端钝尖，常有5条不甚明显脉纹；雄蕊5，生于花冠筒喉部，花丝宽，基部非耳状，退化雄蕊5，短镰状或斜三角形，无毛；花柱单一，直立，长4毫米，不伸出花冠筒部，柱头几不膨大。蒴果球形，径2-2.5毫米，连同宿存萼片长6-7毫米，带褐绿色，宿存萼片纸质或革质，绿色，匙形，内弯，先端钝尖，具3-7条纵脉；果柄粗，长0.5-2.5厘米，上部在花下面常有1-2枚匙状苞片。花果期6-8月。

产四川西部及西南部、云南西北部、西藏东南部，生于海拔2600-4500米山顶或荒坡岩壁上。

［附］**白花岩梅 Diapensia purpurea f. albida** W. E. Evans in Notes Roy. Bot. Gard. Edinb. 15: 232. 1927. 与模式变型的区别：花白色，花冠筒长4.5毫米，裂片长6.5毫米，宽4.5毫米。花果期5-7月。产四川西部及云南西北部，生于海拔3500-4000米潮湿岩坡。

2. 岩匙属 Berneuxia Decne.

多年生草本，高达25厘米，各部无毛。根状茎粗长，稍弯曲，密被黑褐色宽卵形鳞片。基生叶5-10（-13）片成莲座状叶丛；叶革质，倒卵状匙形或椭圆状匙形，长3-10厘米，基部下延，全缘，微反卷，下面灰绿或灰白色，侧脉2-4对，上面不明显或凹下；叶柄比叶片长或稍短。花葶与叶片近等长或稍短，果时长达23厘米；花7-13朵，组成伞形总状花序。花白色；花梗长3-11厘米，常红色，微具柔毛，基部有1大苞片，中部有2小苞片，苞片披针形或线状披针形；萼片5，分离，宽椭圆形或卵状披针形，长4-5毫米，淡红色，具9-11纵脉，全缘，宿存；花冠钟状，5深裂，裂片舌状或长圆形，膜质，长0.9-1厘米，全缘，花后脱落；雄蕊5，生于花冠基部，和退化雄蕊连合成环状；子房微被毛，花柱果期长达9毫米，柱头盘状，微3裂。蒴果球形，径3毫米，包于绿色革质花萼内，室背开裂。

我国特有单种属。

岩匙 小岩匙　图 1192

Berneuxia thibetica Decne. in Soc. Bot. France 20: 159. 1873.

Berneuxia yunnanensis Li; 中国高等植物图鉴 3: 3. 1974.

形态特征同属。花期4-6月，果期8-9月。

产贵州西北部、四川、云南北部及西藏东南部，生于海拔1700-3500米高山或中山林中潮湿地区。

图 1192 岩匙 （引自《图鉴》）

3. 岩扇属 Shortia Torr. et Gray

多年生草本，无毛。根状茎斜生，木质，具羽状脉的卵形鳞片。叶多数，簇生于根状茎顶端，具钝牙齿或锯齿；叶柄长。花葶单一或2-6，伸长，花单生顶端，较大，俯垂，基部具苞片。花萼5深裂，卵形，内向，先端钝尖，质较硬，具纵纹，覆瓦状排列，宿存；花冠钟状，5深裂，具牙齿；雄蕊5，生于花冠筒基部，与花冠裂片互生，花丝线形，花药短，退化雄蕊5，鳞片状，贴生于花冠基部，内屈，与发育雄蕊互一，与花冠裂片对生；子房球形，3室，每室胚珠多数，花柱单一，伸长，柱头微浅3裂。蒴果球形，包于膨大花萼内，室背开裂。种子多数，形小，卵圆形，胚乳肉质，胚轴圆柱形，子叶极短。

9种，分布于东南亚及北美。我国2种。

1. 叶卵状长圆形，长7-13厘米，侧脉5-9对；花粉红或白色，径2-2.5厘米 ………………… 1. **华岩扇 S. sinensis**
1. 叶圆形、倒卵形或卵状长圆形，长不及5厘米，侧脉2-4对；花冠长8毫米，白色 ……… 2. **台湾岩扇 S. exappendiculata**

1. 华岩扇

图 1193

Shortia sinensis Hemsl. in Hook. Icon. Pl. ser. 4, 7: pl. 2624. 1899.

多年生草本。根状茎粗，径3-7毫米，斜升。叶多数，簇生于根状茎顶端（基生），纸质，卵状长圆形，小叶有时鳞片状，包于茎基部；大叶长7-13厘米，先端钝尖，基部圆，下延于叶柄，上中部有粗钝牙齿，齿端有硬凸尖，下面淡绿或粉绿色，叶脉5-9对，两面凸起，叶柄与叶片等长或稍短，上部具窄翅。花葶3-6，发自根状茎顶端，细长，具单花，花葶下2厘米内有1枚披针形苞片。花俯垂，径2-2.5厘米；萼片5，卵形，绿色或微带紫色，长1厘米，有脉纹，宿存，下部有3枚硬质苞片，苞片具硬脉纹，先端渐尖；花冠5深裂，白或粉红色，具脉纹，筒部长不及1毫米，裂片倒卵形，径约8毫米，先端具浅裂片状钝牙齿；雄蕊5，花丝扁线形，白色，花药黄色，2室，纵裂；退化雄蕊鳞片状，生于雄蕊之下，与花冠裂片对生；子房无毛，花柱圆柱形，无毛，高于雄蕊，果期长1.8厘米，柱头头状，微3浅裂。蒴果包于宿存花萼内，倒卵状椭圆形，长7毫米，花柱宿存；果柄与叶近等长。花期2-3月，果期4-5月。

图 1193 华岩扇 （引自《图鉴》）

产云南东南部，生于海拔1000-1500米密林下湿润岩坡。

2. 台湾岩扇

图 1194

Shortia exappendiculata Hayata, Icon. Pl. Formos. 3: 146. 1913.

多年生草本。根状茎细长而弯曲斜生，径2-3毫米，连花葶高8-10厘米。叶多数，簇生于茎顶（基生），革质，近圆形、倒卵形或卵状长圆形，长不及5厘米，先端圆或钝，基部圆截，下延叶柄，中上部有不规则钝尖牙齿，两面无毛，下面无白粉，侧脉2-4对，两面凸起，近边缘分叉网结；叶柄长4-9厘米，上部具窄翅，无毛。花葶单一或2-3，发自茎顶，长5-8厘米，纤细，直立，圆柱形；花单生于花葶，花下常有2或4枚小苞片，小苞片卵状披针形，具中脉。萼片5，分离，卵形或卵状椭圆形，长6毫米，微具3-5纵脉；花冠宽钟形，白色，长8毫米，5深裂，裂片长圆形，先端宽截形，有较深的钝齿状分裂；雄蕊5，生于花冠筒基部，花丝短，与花冠裂片互生，无退化雄蕊；花柱长4-6毫米，柱头盘状。蒴果球形，径5毫米，包于膨大花萼内，室背开裂。花期3-4月，果期4-5月。

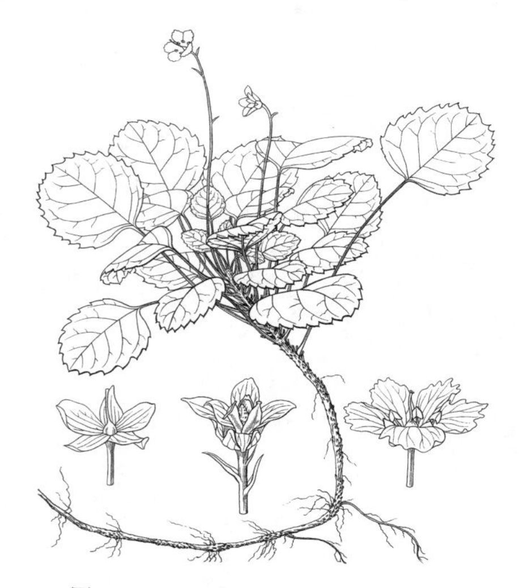

图 1194 台湾岩扇 （引自《图鉴》）

产台湾，生于海拔900-2000米山地岩石上。

本卷审校、图编、绘图、摄影及工作人员

审　校	傅立国	洪　涛					
图　编	傅立国（形态图）	朗楷永（彩片）		林　祁	张明理（分布图）		
绘　图	（按绘图量排列）	白建鲁	余汉平	张桂芝	冯金环	冯先洁	
	陈荣道	冀朝祯	曾孝濂	孙英宝	史渭清	肖　溶	冯晋庸
	刘铭廷	黄少容	王金凤	张泰利	李锡畴	许梅娟	许芝源
	韦力生	路桂兰	马　平	吴彰桦	廖沃根	张荣生	吴锡麟
	张瀚文	张迦得	赖玉珍	蔡淑琴	黄锦添	邓晶发	钟世奇
	仝　青	张宝福	何顺清	余　峰	杨再新	王　颖	谢庆建
	杨建昆	刘怡涛	何冬泉	丑　力	孙玉荣	谭丽霞	王惠敏
	田　虹	邓盈丰	邹贤桂	杨可泗	陈兴中	张作嵩	王竟成
	黄增任	张克威	刘筱蓉	邱　晴	吕发强	李　健	李　伟
摄　影	（按彩片数量排列）	郎楷永	武全安	李泽贤	吕胜由	耿玉英	
	李光照	李延辉	刘玉秀	陈家瑞	林余霖	刘尚武	吴光弟
	邬家林	陈虎彪	熊济华	庄　平	刘　演	刘伦辉	李渤生
	吕正伟	杨　野	喻勋林	靳晓白	方振富	印开蒲	刘铭廷
	冯国楣	陈人栋	陈自强	陈明洪	赵大昌	赵从福	赵志龙
	周世权	侯文虎	明锦棣	董立石	夏聚康	谭策铭	
工作人员	赵　然	李　燕	孙英宝	童怀燕	陈智娟	陈惠颖	

Contributors

(Names are listed in alphabetical order)

Revisers Fu Likuo and Hong Tao

Graphic Editors Fu Likuo, Lang Kaiyung, Lin Qi and Zhang Mingli

Illustrators Bai Jianlu, Cai Shuqin, Chen Rongdao, Cheng Xingzhong, Chou Li, Deng Jingfa, Deng Yingfeng, Feng Jinhuan, Feng Jinrong, Feng Xianjie, He Dongquan, He Shunqing, Huang Jintian, Huang Shaorong, Huang Zengren, Ji Chaozhen, Lai Yuzhen, Li Jian, Li Wei, Li Xichou, Liao Wogen, Liu Mingting, Liu Xiaorong, Liu Yitao, Lu Faqiang, Lu Guilan, Ma Ping, Qiu Qing, Shi Weiqing, Sun Yingbao, Sun Yurong, Tan Lixia, Tian Hong, Tong Qing, Wang Huimin, Wang Jinfeng, Wang Jingcheng, Wang Ying, Wei Lisheng, Wu Xilin, Wu Zhanghua, Xiao Rong, Xie Qingjian, Xu Meijuan, Xu Zhiyuan, Yang Jiankun, Yang Kesi, Yang Zaixin, Yu Feng, Yu Hanping, Zeng Xiaolian, Zhang Baofu, Zhang Guizhi, Zhang Hanwen, Zhang Jiade, Zhang Kewei, Zhang Rongsheng, Zhang Taili, Zhang Zuosong, Zhong Shiqi and Zou Xiangui

Photographers Chen Hubiao, Chen Jiarui, Chen Minghong, Chen Rendong, Chen Ziqiang, Dong Lishi, Fang Zhenfu, Feng Guomei, Gang Yuying, Huo Weihu, Jia Jukang, Jin Xiaobai, Lang Kaiyung, Li Bosheng, Li Guangzhao, Li Yanhui, Li Zexian, Lin Yulin, Liu Lunhui, Liu Mingting, Liu Shangwu, Liu Yan, Liu Yuxiu, Lu Shengyou, Lu Zhengwei, Ming Jindi, Tan Ceming, Wu Guangdi, Wu Jialin, Wu Quanan, Xiong Jihua, Yang Ye, Yin Kaipu, Yu Xunlin, Zhao Congfu, Zhao Dachang, Zhao Zhilong, Zhou Shiquan and Zhuang Ping

Clerical Assistance Chen Huiying, Chen Zhijuan, Li Yan, Sun Yingbao, Tong Huaiyan and Zhao Ran

彩片 1　圆果杜英　*Elaeocarpus sphaericus*（李泽贤）

彩片 2　水石榕　*Elaeocarpus hainanensis*（李泽贤）

彩片 3　日本杜英　*Elaeocarpus japonicus*（吕胜由）

彩片 4　山杜英　*Elaeocarpus sylvestris*（陈家瑞）

彩片 5　灰毛杜英　*Elaeocarpus limitaneus*（刘　演）

彩片 6　猴欢喜　*Sloanea sinensis*（李泽贤）

彩片 7　仿栗　*Sloanea hemsleyana*（武全安）

彩片 8　滇越猴欢喜　*Sloanea mollis*（武全安）

彩片 9　华椴　*Tilia chinensis*（武全安）

彩片 10　南京椴　*Tilia miqueliana*（郎楷永）

彩片 11　破布叶　*Microcos paniculata*（武全安）

彩片 12　小花扁担干　*Grewia biloba* var *parviflora*（郎楷永）

彩片 13　滇桐　*Craigia yunnanensis*（冯国楣）

彩片 14　蚬木 *Excentrodendron hsienmu* (明锦棣)

彩片 15　柄翅果 *Burretiodendron esquirolii* (陈自强)

彩片 16　翅苹婆 *Ptergota alata* (李延辉)

彩片 17　家麻树 *Sterculia pexa* (武全安)

彩片 18　苹婆 *Sterculia nobilis* (武全安)

彩片 19　台湾苹婆 *Sterculia ceramica* (吕胜由)

彩片 20　短柄苹婆 *Steroulia brevissima*（李延辉）

彩片 21　假苹婆 *Sterculia lanceolata*（武全安）

彩片 22　梧桐 *Firmiana simplex*（郎楷永）

彩片 23　蝴蝶树 *Heritiera parvifolia*（陈人栋）

彩片 24　银叶树 *Heritiera littoralis*（吕胜由）

彩片 25　鹧鸪麻 *Kleinhovia hospita*（吕胜由）

彩片 26　两广梭罗 *Reevesia thyrsoidea*（李泽贤）

彩片 27　台湾梭罗 *Reevesia formosana*（吕胜由）

彩片 28　梭罗树 *Reevesia pubscens*（武全安）

彩片 29　火索麻 *Helicteres isora*（刘玉琇）

彩片 30　火绳树 *Eriolaena spectabilis*（武全安）

彩片 31　可可 *Theobroma cacao*（林余霖）

彩片 32　午时花 *Pentapetes phoenicea*（喻勖林）

彩片 33　台湾翅子树 *Pterospermum niveum*（吕胜由）

彩片 34　勐仑翅子树 *Pterospermum menglunense*（夏聚康）

彩片 35　翻白叶树 *Pterospermum heterophyllum*（李泽贤）

彩片 36　昂天莲 *Ambroma augusta*（武全安）

彩片 37　刺果藤 *Byttneria aspera*（李泽贤）

彩片 38　山麻树 *Commersonia bartramia*（武全安）

彩片 39　瓜栗 *Pachira macrocarpa*（林余霖）

彩片 40　木棉 *Bombax malabaricum*（李泽贤）

彩片 41　锦葵 *Malva sinensis*（郎楷永）

彩片 42　新疆花葵 *Lavatera cashemiriana*（郎楷永）

彩片 43　蜀葵 *Althaea rosea*（郎楷永）

彩片 44　药蜀葵 *Althaea officinalis*（陈虎彪）

彩片 45　金铃花 *Abutilon striatum*（陈虎彪）

彩片 46　苘麻 *Abutilon theophrasti*（陈虎彪）

彩片 47　垂花悬铃花 *Malvaviscus arboreus* var. *penduliflorus*（李延辉）

彩片 48　长毛黄葵 *Abelmoschus crinitus*（武全安）

彩片 49　黄葵 *Abelmoschus moschatus*（李延辉

彩片 50　箭叶秋葵 *Abelmoschus sagittifolius*（武全安）

彩片 51　黄槿 *Hibiscus tiliaceus*（李光照）

彩片 52　吊灯扶桑 *Hibiscus schizopetalus*（李延辉）

彩片 53　朱槿 *Hibiscus rosa-sinensis*（郎楷永）

彩片 54　木芙蓉 *Hibiscu mutabilis*（李光照）

彩片 55　木槿 *Hibiscus syriacus*（郎楷永）

彩片 56　红秋葵 *Hibiscus coccineus*（陈虎彪）

彩片 57　芙蓉葵 *Hibiscus moscheutos*（郎楷永）

彩片 58　刺芙蓉 *Hibiscus surattensis*（李延辉）

彩片 59　野西瓜苗 *Hibiscus trionum*（陈虎彪）

彩片 60　玫瑰茄 *Hibiscus sabdariffa*（刘　演）

彩片 61　桐棉 *Thespesia populnea*（李泽贤）

彩片 62　玉蕊 *Barringtonia racemosa*（李泽贤）

彩片 63　梭果玉蕊 *Barringtonia fusicarpa*（李延辉）

彩片 64　猪笼草 *Nepenthes mirabilis*（郎楷永）

彩片 65　茅膏菜 *Drosera peltata* var. *multisepala*（李渤生）

彩片 66　大叶龙角 *Hydnocarpus annamensis*（李延辉）

彩片 67　海南大风子 *Hydnocarpus hainanensis*（李泽贤）

彩片 68　箣柊 *Scolopia chinensis*（李泽贤）

彩片 69　鲁花树 *Scolopia oldhamii*（吕胜由）

彩片 70　大叶刺篱木 *Flacourtia rukam*（吕胜由）

彩片 71　大果刺篱木 *Flacourtia ramontchii*（武全安）

彩片 72　山桐子 *Idesia polycarpa*（吕胜由）

彩片 73　栀子皮 *Itoa orientalis*（刘伦辉）

彩片 74　红木 *Bixa orellana*（陈虎彪）

彩片 75　半日花 *Helianthemum soongaricum*（周世权）

彩片 76　柳叶旌节花 *Stachyurus salicifolius*（熊济华）

彩片 77　倒卵叶旌节花 *Stachyurus obovatus*（邬家林）

彩片 78　凹叶旌节花 *Stachyurus retusus*（邬家林）

彩片 79　中国旌节花 *Stachyurus chinensis*（谭策铭）

彩片 80　西域旌节花 *Stachyurus himalaicus*（李泽贤）

彩片 81　鼠鞭草 *Hybanthus enneaspermus*（李泽贤）

彩片 82　斑叶堇菜 *Viola variegata*（郎楷永）

彩片 83　早开堇菜 *Viola prionantha*（郎楷永）

彩片 84　堇菜 *Viola verecunda*（李泽贤）

彩片 85　双花堇菜　*Viola biflora*（郎楷永）

彩片 86　阿尔泰堇菜　*Viola altaica*（郎楷永）

彩片 87　红砂　*Reaumaria soongarica*（郎楷永）

彩片 88　短穗柽柳　*Tamarix laxa*（刘尚武）

彩片 89　密花柽柳　*Tamarix arceuthoides*（郎楷永）

彩片 90　刚毛柽柳　*Tamarix hispida*（郎楷永）

彩片 91　多枝柽柳　*Tamarix ramosissima*（郎楷永）

彩片 92　细穗柽柳 *Tamaris leptostachys*（陈家瑞）

彩片 93　沙生柽柳 *Tamarix taklamakanensis*（刘铭廷）

彩片 94　匍匐水柏枝 *Myricaria prostrata*（郎楷永）

彩片 95　卧生水柏枝 *Myricaria rosea*（郎楷永）

彩片 96　三春水柏枝 *Myricaria paniculata*（武全安）

彩片 97　钩枝藤 *Ancistrocladus tectorius*（李泽贤）

彩片 98　蛇王藤 *Passiflora moluccana* var. *teysmanniana*（李泽贤）

彩片 99　龙珠果 *Passiflora foetida*（李泽贤）

彩片 100　番木瓜 *Carica papaya*（郎楷永）

彩片 101　假贝母 *Bolbostemma paniculatum*（林余霖）

彩片 102　赤爬 *Thladiantha dubia*（刘玉琇）

彩片 103　南赤爬 *Thladiantha nudiflora*（吕胜由）

彩片 104　异叶赤爬 *Thladiantha hookeri*（李延辉）

彩片 105　罗汉果 *Siraitia grosvenorii*（武全安）

彩片 106　马㼎儿 *Zehneria indica*（李泽贤）

彩片 107　钮子瓜 *Zehneria maysorensis*（林余霖）

彩片 108　茅瓜 *Solena amplexicaulis*（李泽贤）

彩片 109　苦瓜 *Momordica charantia*（郎楷永）

彩片 110　木鳖子 *Momordica cochinchinensis*（刘　演）

彩片 111　丝瓜 *Luffa cylindrica*（郎楷永）

彩片 112　广东丝瓜 *Luffa acutangula*（刘玉琇）

彩片 113　冬瓜 *Benincasa hispida*（郎楷永）

彩片 114　西瓜 *Citrullus lanatus*（郎楷永）

彩片 115　甜瓜 *Cucumis melo*（刘玉琇）

彩片 116　黄瓜 *Cucumis sativus*（郎楷永）

彩片 117　金瓜　*Gymnopetalum chinense*（李泽贤）

彩片 118　凤瓜　*Gymnopetalum integrifolium*（李泽贤）

彩片 119　葫芦　*Lagenaria siceraria*（郎楷永）

彩片 120　瓠子　*Lagenaria siceraria* var. *hispida*（郎楷永）

彩片 121　小葫芦　*Lagenaria siceraria* var. *microcarpa*（郎楷永）

彩片 122　趾叶栝楼　*Trichosanthes pedata*（李泽贤）

彩片 123　中华栝楼　*Trichosanthes rosthornii*（郎楷永）

彩片 124　栝楼　*Trichosanthes kirilowii*（喻勋林）

彩片 125　蛇瓜　*Trichosanthes anguina*（郎楷永）

彩片 126　油渣果　*Hodgsonia macrocarpa*（李泽贤）

彩片 127　西葫芦　*Cucurbita pepo*（刘玉琇）

彩片 128　南瓜 *Cucurbita moschata*（郎楷永）

彩片 129　绞股蓝 *Gynostemma pentaphyllum*（吴光第）

彩片 130　佛手瓜 *Sechium edule*（吴光第）

彩片 131　云南秋海棠 *Begonia yunnanensis*（武全安）

彩片 132　岩生秋海棠 *Begonia ravenii*（吕胜由）

彩片 133　中华秋海棠 *Begonia grandis* subsp. *sinensis*（郎楷永）

彩片 134　心叶秋海棠 *Begonia labordei*（吴光第）

彩片 135　紫背秋海棠 *Begonia fimbristipula*（靳晓白）

彩片 136　一点血 *Begonia wilsonii*（靳晓白）

彩片 137　红孩儿 *Begonia palmata* var *bowringiana*（吕胜由）

彩片 138　周裂秋海棠 *Begonia circumlobata*（李光照）

彩片 139　钻天柳 *Chosenia arbutifolia*（方振富）

彩片 140　椅杨 *Populus wilsonii*（陈家瑞）

彩片 141　灰胡杨 *Populus pruinosa*（侯文虎）

彩片 142　垂柳　*Salix babylonica*（刘玉琇）

彩片 143　巴郎柳　*Salix sphaeronymphe*（郎楷永）

彩片 144　褐毛柳　*Salix fulvopubescens*（吕胜由）

彩片 145　台高山柳　*Salix taiwanalpina*（吕胜由）

彩片 146　大叶柳　*Salix magnifica*（印开蒲）

彩片 147　小叶柳　*Salix hypoleuca*（邬家林）

彩片 148　青藏垫柳　*Salix lindleyana*（武全安）

彩片 149　褐背柳 *Salix daltoniana*（郎楷永）

彩片 150　皂柳 *Salix wallichiana*（郎楷永）

彩片 151　坡柳 *Salix myrtillacea*（郎楷永）

彩片 152　刺山柑 *Capparis spinosa*（郎楷永）

彩片 153　台湾山柑 *Capparis formosana*（吕胜由）

彩片 154　马槟榔 *Capparis masaikai*（武全安）

彩片 155　野香橼花 *Capparis bodinieri*（武全安）

彩片 156　醉蝶花 *Cleome spinosa*（李延辉）

彩片 157　黄花草 *Cleome viscosa*（吕胜由）

彩片 158　甘蓝 *Brassica oleracea* var. *capitata*（刘玉琇）

彩片 159　花椰菜 *Brassica oleracea* var. *botrytis*（李延辉）

彩片 160　擘蓝 *Brassica oleracea* var. *gongylodes*（郎楷永）

彩片 161　芥蓝 *Brassica oleracea* var. *albiflora*（李延辉）

彩片 162　芸苔 *Brassica rapa* var. *oleifera*（林余霖）

彩片 163　芥菜 *Brassica juncea*（吴光第）

彩片 164　白芥 *Sinapis alba*（林余霖）

彩片 165　芝麻菜 *Eruca vesiearia* subsp. *sativa*（吴光第）

彩片 166　萝卜 *Raphanus sativus*（林余霖）

彩片 167　诸葛菜 *Orychophragmus violaceus*（郎楷永）

彩片 168　菘蓝 *Isatis tinctoria*（林余霖）

彩片 169　双果荠 *Megadenia pygmaea*（刘尚武）

彩片 170　菥蓂 *Thlaspi arvense*（邬家林）

彩片 171　疣果匙荠 *Bunias orientalis*（林余霖）

彩片 172　灰毛庭荠 *Alyssum canescens*（郎楷永）

彩片 173　香雪球 *Lobularia maritima*（熊济华）

彩片 174　穴丝荠 *Coelonema draboides*（刘尚武）

彩片 175　矮葶苈 *Draba handelii*（郎楷永）

彩片 176　紫花碎米荠　*Cardamine tangutorum*（陈家瑞）

彩片 177　大叶碎米荠　*Cardmine macrophylla*（郎楷永）

彩片 178　弯曲碎米荠　*Cardamine flexuosa*（邬家林）

彩片 179　单花荠　*Pegaeophyton scapiflorum*（李渤生）

彩片 180　叶城假蒜芥　*Sisymbriopsis yechengica*（郎楷永）

彩片 181　西藏花旗杆　*Dontostemon tibeticus*（陈家瑞）

彩片 182　糖芥 *Erysimum amurense*（郎楷永）

彩片 183　红紫糖芥 *Erysimum roseum*（刘尚武）

彩片 184　山萮菜 *Eutrema yunnanense*（邬家林）

彩片 185　单穗桤叶树 *Clethra monostachya*（刘伦辉）

彩片 186　东北岩高兰 *Empetrum nigrum* var. *japonicum*（赵从福）

彩片 187　松毛翠 *Phyllodoce caerulea*（杨　野）

彩片 188　泡泡叶杜鹃 *Rhododendron edgeworthii*（郎楷永）

彩片 189　木兰杜鹃 *Rhododendron nuttallii*（郎楷永）

彩片 190　大喇叭杜鹃 *Rhododendron excellens*（武全安）

彩片 191　百合花杜鹃 *Rhododendron liliiflorum*（李光照）

彩片 192　睫毛杜鹃 *Rhododendron ciliatum*（耿玉英）

彩片 193　树生杜鹃 *Rhododendron dendrocharis*（吴光第）

彩片 194　毛肋杜鹃 *Rhododendron augustinii*（庄　平）

彩片 195　三花杜鹃 *Rhododendron triflorum*（郎楷永）

彩片 196　云南杜鹃 *Rhododendron yunnanense*（陈家瑞）

彩片 197　山育杜鹃 *Rhododendron oreotrephes*（武全安）

彩片 198　锈叶杜鹃 *Rhododendron siderophyllum*（武全安）

彩片 199　红棕杜鹃 *Rhododendron rubiginosum*（武全安）

彩片 200　灰背杜鹃 *Rhododendron hippophaeoides*（武全安）

彩片 201　隐蕊杜鹃 *Rhododendron intricatum*（郎楷永）

彩片 202　刚毛杜鹃 *Rhododendron setosum*（郎楷永）

彩片 203　多色杜鹃 *Rhododendron rupicola*（武全安）

彩片 204　金黄杜鹃 *Rhododendron rupicola* var. *chryseum*（郎楷永）

彩片 205　头花杜鹃 *Rhododendron capitatum*（刘尚武）

彩片 206　毛蕊杜鹃 *Rhododendron websterianum*（陈家瑞）

彩片 207　北方雪层杜鹃 *Rhododendron nivale* subsp. *boreale*（陈家瑞）

彩片 208　千里香杜鹃 *Rhododendron thymifolium*（郎楷永）

彩片 209　草原杜鹃 *Rhododendron telmateium*（武全安）

彩片 210　照山白 *Rhododendron micranthum*（刘玉琇）

彩片 211　红背杜鹃 *Rhododendron rufescens*（郎楷永）

彩片 212　髯花杜鹃 *Rhododendron anthopogon*（郎楷永）

彩片 213　烈香杜鹃 *Rhododendron anthopogonoides*（刘尚武）

彩片 214　糙毛杜鹃 *Rhododendron trichocladum*（武全安）

彩片 215　爆杖花 *Rhododendron spinuliferum*（武全安）

彩片 216　兴安杜鹃 *Rhododendron dauricum*（刘玉琇）

彩片 217　迎红杜鹃 *Rhododendron mucronulatum*（刘玉琇）

彩片 218　美容杜鹃 *Rhododendron calophytum*（庄　平）

彩片 219　大白杜鹃 *Rhododendron decorum*（郎楷永）

彩片 220　早春杜鹃 *Rhododendron praevernum*（耿玉英）

彩片 221　山光杜鹃 *Rhododendron oreodoxa*（庄　平）

彩片 222　亮叶杜鹃 *Rhododendron vernicosum*（郎楷永）

彩片 223　云锦杜鹃 *Rhododendron fortunei*（耿玉英）

彩片 224　团叶杜鹃 *Rhododendron orbiculare*（郎楷永）

彩片 225　阔柄杜鹃 *Rhododendron platypodum*（熊济华）

彩片 226　腺果杜鹃 *Rhododendron davidii*（耿玉英）

彩片 227　凸尖杜鹃　*Rhododendron sinogrande*（耿玉英）

彩片 228　大树杜鹃　*Rhododendron protistum* var. *giganteum*（吕正伟）

彩片 229　优秀杜鹃　*Rhododendron praestans*（耿玉英）

彩片 230　大王杜鹃　*Rhododendron rex*（耿玉英）

彩片 231　假乳黄杜鹃　*Rhododendron rex* subsp. *fictolacteum*（吕正伟）

彩片 232　革叶杜鹃　*Rhododendron coriaceum*（郎楷永）

彩片 233　黄杯杜鹃 *Rhododendron wardii*（陈家瑞）

彩片 234　芒刺杜鹃 *Rhododendron strigillosum*（庄　平）

彩片 235　绒毛杜鹃 *Rhododendron pachytrichum*（郎楷永）

彩片 236　稀果杜鹃 *Rhododendron oligocarpum*（李光照）

彩片 237　团花杜鹃 *Rhododendron anthosphaerum*（耿玉英）

彩片 238　露珠杜鹃 *Rhododendron irroratum*（武全安）

彩片 239　迷人杜鹃　*Rhododendron agastum*（熊济华）

彩片 240　短脉杜鹃　*Rhododendron brevinerve*（李光照）

彩片 241　牛皮杜鹃　*Rhododendron aureum*（董立石）

彩片 242　大钟杜鹃　*Rhododendron ririei*（邬家林）

彩片 243　猴头杜鹃　*Rhododendron simiarum*（李光照）

彩片 244　海绵杜鹃　*Rhododendron pingianum*（吴光第）

彩片 245　岷江杜鹃 *Rhododendron hunnewellianum*（耿玉英）

彩片 246　马缨杜鹃 *Rhododendron delavayi*（熊济华）

彩片 247　腺房杜鹃 *Rhododendron adenogynum*（武全安）

彩片 248　锈红杜鹃 *Rhododendron bureavii*（赵志龙）

彩片 249　金顶杜鹃 *Rhododendron faberi*（庄　平）

彩片 250　皱皮杜鹃 *Rhododendron wiltonii*（陈明洪）

彩片 251　陇蜀杜鹃 *Rhododendron przewalskii*（郎楷永）

彩片 252　栎叶杜鹃 *Rhododendron phaeochrysum*（郎楷永）

彩片 253　鲁浪杜鹃 *Rhododendron lulangense*（郎楷永）

彩片 254　宽钟杜鹃 *Rhododendron beesianum*（武全安）

彩片 255　镰果杜鹃 *Rhododendron fulvum*（耿玉英）

彩片 256　紫玉盘杜鹃 *Rhododendron uvarifolium*（耿玉英）

彩片 257　钟花杜鹃 *Rhododendron campanulatum*（郎楷永）

彩片 258　绵毛房杜鹃 *Rhododendron facetum*（武全安）

彩片 259　硬刺杜鹃 *Rhododendron barbatum*（耿玉英）

彩片 260　羊毛杜鹃 *Rhododendron mallotum*（耿玉英）

彩片 261　火红杜鹃 *Rhododendron neriiflorum*（武全安）

彩片 262　半圆叶杜鹃 *Rhododendron thomsonii*（耿玉英）

彩片 263　马银花　*Rhododendron ovatum*（李光照）

彩片 264　白马银花　*Rhododendron hongkongense*（李泽贤）

彩片 265　长蕊杜鹃　*Rhododendron stamineum*（李光照）

彩片 266　毛棉杜鹃　*Rhododendron moulmainense*（李光照）

彩片 267　鹿角杜鹃　*Rhododendron latoucheae*（吕胜由）

彩片 268　多花杜鹃　*Rhododendron cavaleriei*（李光照）

彩片 269　羊踯躅 *Rhododendron molle*（刘　演）

彩片 270　满山红 *Rhododendron mariesii*（耿玉英）

彩片 271　砖红杜鹃 *Rhododendron oldhamii*（吕胜由）

彩片 272　锦锈杜鹃 *Rhododendron pulchrum*（李光照）

彩片 273　杜鹃 *Rhododendron simsii*（郎楷永）

彩片 274　溪畔杜鹃 *Rhododendron rivulare*（李光照）

彩片 275　亮毛杜鹃　*Rhododendron microphyton*（武全安）

彩片 276　叶状苞杜鹃　*Rhododendron redowskianum*（赵大昌）

彩片 277　扫帚岩须　*Cassiope fastigiata*（郎楷永）

彩片 278　岩须　*Cassiope selaginoides*（郎楷永）

彩片 279　灯笼树　*Enkianthus chinensis*（郎楷永）

彩片 280　吊钟花　*Enkianthus quinqueflorus*（李泽贤）

彩片 281　毛叶吊钟花 *Enkianthus deflexus*（郎楷永）

彩片 282　美丽马醉木 *Pieris formosa*（武全安）

彩片 283　珍珠花 *Lyonia ovalifolia*（吕胜由）

彩片 284　狭叶珍珠花 *Lyonia ovalifolia* var *lanceolata*（吴光第）

彩片 285　高山白珠树 *Gaultheria borneensis*（吕胜由）

彩片 286　北极果 *Arctous alpinus*（刘尚武）

彩片 287　蛮大越桔　*Vaccinium randaiense*（吕胜由）

彩片 288　南烛　*Vaccinium bracteatum*（吕胜由）

彩片 289　江南越桔　*Vaccinium mandarinorum*（熊济华）

彩片 290　乌鸦果　*Vaccinium fragile*（郎楷永）

彩片 291　台湾越桔　*Vaccinium delavayi* subsp. *merrillianum*（吕胜由）

彩片 292　笃斯越桔　*Vaccinium uliginosum*（杨　野）

彩片 293　毛花树萝卜　*Agapetes pubiflora*（李渤生）

彩片 294　普通鹿蹄草　*Pyrola decorata*（邬家林）

彩片 295　鹿蹄草　*Pyrola calliantha*（刘尚武）

彩片 296　独丽花　*Moneses uniflora*（郎楷永）

彩片 297　大果假水晶兰　*Cheilotheca macrocarpa*（郎楷永）

彩片 298　红花岩梅　*Diapensia purpurea*（刘伦辉）